"十一五" 国家重点图书

● 数学天元基金资助项目

U0292636

俄罗斯数学
教材选译

微积分学教程

（第二卷）（第8版）

□ Г. М. 菲赫金哥尔茨　著

□ 徐献瑜　冷生明　梁文骐　译

□ 郭思旭　校

WEIJIFENXUE JIAOCHENG

高等教育出版社·北京

图字：01–2005–5741 号

Г. М. Фихтенгольц, Курс дифференциального и
интегрального исчисления, том 2
Copyright © FIZMATLIT PUBLISHERS RUSSIA 2003
ISBN 5–9221–0437–3
The Chinese language edition is authorized by FIZMATLIT
PUBLISHERS RUSSIA for publishing and sales in the People's
Republic of China

图书在版编目（CIP）数据

微积分学教程．第 2 卷：第 8 版 /（俄罗斯）菲赫金哥尔
茨著；徐献瑜，冷生明，梁文骐译．—2 版．—北京：高等教
育出版社，2006.1（2021.2 重印）
ISBN 978–7–04–018304–7

Ⅰ．微… Ⅱ.①菲… ②徐… ③冷…④梁… Ⅲ．微积
分 – 高等学校 – 教材 Ⅳ．O172

中国版本图书馆 CIP 数据核字（2005）第 152525 号

策划编辑 张小萍	责任编辑 赵天夫	封面设计 王凌波	责任印制 田 甜

出版发行	高等教育出版社	网　　址	http://www.hep.edu.cn
社　　址	北京市西城区德外大街 4 号		http://www.hep.com.cn
邮政编码	100120	网上订购	http://www.landraco.com
印　　刷	北京市白帆印务有限公司		http://www.landraco.com.cn
开　　本	787mm×1092mm　1/16		
印　　张	43	版　　次	1954 年 10 月第 1 版
字　　数	870 千字		2006 年 1 月第 2 版
购书热线	010-58581118	印　　次	2021 年 2 月第 13 次印刷
咨询电话	400-810-0598	定　　价	69.00 元

本书如有缺页、倒页、脱页等质量问题，请到所购图书销售部门联系调换
版权所有　侵权必究
物 料 号　18304–B0

《俄罗斯数学教材选译》序

从上世纪 50 年代初起，在当时全面学习苏联的大背景下，国内的高等学校大量采用了翻译过来的苏联数学教材．这些教材体系严密，论证严谨，有效地帮助了青年学子打好扎实的数学基础，培养了一大批优秀的数学人才．到了 60 年代，国内开始编纂出版的大学数学教材逐步代替了原先采用的苏联教材，但还在很大程度上保留着苏联教材的影响，同时，一些苏联教材仍被广大教师和学生作为主要参考书或课外读物继续发挥着作用．客观地说，从解放初一直到文化大革命前夕，苏联数学教材在培养我国高级专门人才中发挥了重要的作用，起了不可忽略的影响，是功不可没的．

改革开放以来，通过接触并引进在体系及风格上各有特色的欧美数学教材，大家眼界为之一新，并得到了很大的启发和教益．但在很长一段时间中，尽管苏联的数学教学也在进行积极的探索与改革，引进却基本中断，更没有及时地进行跟踪，能看懂俄文数学教材原著的人也越来越少，事实上已造成了很大的隔膜，不能不说是一个很大的缺憾．

事情终于出现了一个转折的契机．今年初，在由中国数学会、中国工业与应用数学学会及国家自然科学基金委员会数学天元基金联合组织的迎春茶话会上，有数学家提出，莫斯科大学为庆祝成立 250 周年计划推出一批优秀教材，建议将其中的一些数学教材组织翻译出版．这一建议在会上得到广泛支持，并得到高等教育出版社的高度重视．会后高等教育出版社和数学天元基金一起邀请熟悉俄罗斯数学教材情况的专家座谈讨论，大家一致认为：在当前着力引进俄罗斯的数学教材，有助于扩大视野，开拓思路，对提高数学教学质量、促进数学教材改革均十分必要．《俄罗斯数学教材选译》系列正是在这样的情况下，经数学天元基金资助，由高等教育出版社组织出版的．

经过认真选题并精心翻译校订, 本系列中所列入的教材, 以莫斯科大学的教材为主, 也包括俄罗斯其他一些著名大学的教材. 有大学基础课程的教材, 也有适合大学高年级学生及研究生使用的教学用书. 有些教材虽曾翻译出版, 但经多次修订重版, 面目已有较大变化, 至今仍广泛采用、深受欢迎, 反射出俄罗斯在出版经典教材方面所作的不懈努力, 对我们也是一个有益的借鉴. 这一教材系列的出版, 将中俄数学教学之间中断多年的链条重新连接起来, 对推动我国数学课程设置和教学内容的改革, 对提高数学素养、培养更多优秀的数学人才, 可望发挥积极的作用, 并起着深远的影响, 无疑值得庆贺, 特为之序.

李大潜

2005 年 10 月

编者的话

　　格里戈里·米哈伊洛维奇·菲赫金哥尔茨的《微积分学教程》是一部卓越的科学与教育著作, 曾多次再版, 并被翻译成多种文字.《教程》包含实际材料之丰富, 诸多一般定理在几何学、代数学、力学、物理学和技术领域的各种应用之众多, 在同类教材中尚无出其右者. 很多现代著名数学家都提到, 正是 Γ. M. 菲赫金哥尔茨的《教程》使他们在大学时代培养起了对数学分析的兴趣和热爱, 让他们能够第一次清晰地理解这门课程.

　　从《教程》第一版问世至今已有 50 年, 其内容却并未过时, 现在仍被综合大学以及技术和师范院校的学生像以前那样作为数学分析和高等数学的基本教材之一使用. 不仅如此, 尽管出现了新的一批优秀教材, 但自 Γ. M. 菲赫金哥尔茨的《教程》问世起, 其读者群就一直不断扩大, 现在还包括许多数理特长中学 (译注: 在俄罗斯, 除了类似中国的以外语、音乐为特长的中学, 还有以数学与物理学为重点培养方向的中学, 其教学大纲包括更多更深的数学与物理学内容, 学生则要经过特别的选拔.) 的学生和参加工程师数学进修培训课程的学员.

　　《教程》所独有的一些特点是其需求量大的原因.《教程》所包括的主要理论内容是在 20 世纪初最后形成的现代数学分析的经典部分 (不含测度论和一般集合论). 数学分析的这一部分在综合大学的一、二年级讲授, 也 (全部或大部分) 包括在所有技术和师范院校的教学大纲中.《教程》第一卷包括实变一元与多元微分学及其基本应用, 第二卷研究黎曼积分理论与级数理论, 第三卷研究多重积分、曲线积分、曲面积分、斯蒂尔吉斯积分、傅里叶级数与傅里叶变换.

　　《教程》的主要特点之一是含有大量例题与应用实例, 正如前文所说, 通常这些内容非常有趣, 其中的一部分在其他俄文文献中是根本没有的.

　　另外一个重要特点是材料的叙述通俗、详细和准确. 尽管《教程》的篇幅巨大, 但这并不妨碍对本书的掌握. 恰恰相反, 这使作者有可能把足够多的注意力放在新定义的论证和问题的提法, 基本定理的详尽而细致的证明, 以及能使读者更容易理解本课程的其他方面上. 每个教师都知道, 同时做到叙述的清晰性和严格性一般是很困难的 (后者的欠缺将导致数学事实的扭曲). 格里戈里·米哈伊洛维奇·菲赫金哥尔茨的非凡的教学才能使他在整个《教程》中给出了解决上述问题的大量实例, 这与其他一些因素一起, 使《教程》成为初登讲台的教师的不可替代的范例和高等数学教学法专家们的研究对象.

　　《教程》还有一个特点是极少使用集合论的任何内容 (包括记号), 同时保持了叙述的全部严格性. 整体上, 就像 50 年前那样, 这个方法使很大一部分读者更容易初步掌握本课程.

　　在我们向读者推出的 Г. М. 菲赫金哥尔茨的新版《教程》中, 改正了在前几版中发现的一些印刷错误. 此外, 新版在读者可能产生某些不便的地方增补了 (为数不多的) 一些简短的注释, 例如, 当作者所使用的术语或说法与现在最通用的表述有所不同时, 就会给出注释. 新版的编辑对注释的内容承担全部责任.

　　编者对 Б. М. 马卡罗夫教授表示深深的谢意, 他阅读了所有注释的内容并提出了很多有价值的意见. 还要感谢国立圣彼得堡大学数学力学系数学分析教研室的所有工作人员, 他们与本文作者一起讨论了与《教程》前几版的内容和新版的设想有关的各种问题.

　　编辑部预先感谢所有那些希望通过自己的意见来协助进一步提高出版质量的读者.

А. А. 弗洛连斯基

目　录

第八章 原函数 (不定积分)

§1. 不定积分与它的计算的最简单方法

263. 原函数 (即不定积分) 的概念 在科学与技术的许多问题中, 我们所需要的不是由给定的函数求它的导数, 相反地, 是要由一个函数的已知导数还原出这个函数. 在第 91 目中, 假定已知运动的方程 $s = s(t)$, 即是, 路程随时间而变化的变化规律, 我们用微分法先得出了速度 $v = \dfrac{ds}{dt}$, 然后找出加速度 $a = \dfrac{dv}{dt}$. 但实际上, 时常需要解决反面的问题:给定加速度 a 是时间 t 的函数, $a = a(t)$, 要求确定速度 v 与所经路程 s 依赖于 t 的关系. 这样, 就需要由函数 $a = a(t)$ 还原出一个函数 $v = v(t)$, 它的导数就是 a, 然后, 知道了函数 v, 再求一个函数 $s = s(t)$, 而它的导数就是 v.

我们给出下面的**定义**:

如果在给定的整个区间上, $f(x)$ 是函数 $F(x)$ 的导数, 或 $f(x)dx$ 是 $F(x)$ 的微分

$$F'(x) = f(x) \ \ \text{或} \ \ dF(x) = f(x)dx^{①},$$

那么, 在所给定的区间上, 函数 $F(x)$ 叫做 $f(x)$ 的原函数或 $f(x)$ 的积分.

求一个函数的所有的原函数, 叫做求积分, 这是积分学的问题之一; 可以看出, 这是微分学基本问题的反面问题.[35]

---

①在这情形下也可说函数 $F(x)$ 是微分表达式 $f(x)dx$ 的原函数 (或积分).

[35] 关于词 "积分" 的起源参看 **294** 目的第二个脚注, 在积分学中系统地应用某些名词术语, 其中都含有词 "积分":"不定积分"、"定积分"、"反常积分" 等等. 与这些名词术语相应的数学概念以及由其来源得出的问题在今后将仔细予以研究.(此处及今后带序码的脚注是编者注.)

定理 如果在某一个区间 $\mathcal{X}$ (有限的或无穷的, 闭的或非闭的) 上, 函数 $F(x)$ 是 $f(x)$ 的一个原函数, 那么, 函数 $F(x) + C$ 也是 $f(x)$ 的原函数, 其中 C 是任意常数. 反过来说, 在区间 $\mathcal{X}$ 上 $f(x)$ 的每一个原函数可表示成这种形式.

证明只要限于 $\mathcal{X}$ 是有限闭区间 $[a, b]$ 的情形就够了.

证明 $F(x)$ 与 $F(x) + C$ 同是 $f(x)$ 的原函数, 这个情形是十分明显的, 因为 $[F(x) + C]' = F'(x) = f(x)$.

现在设 $\Phi(x)$ 是函数 $f(x)$ 的任何一个原函数, 于是在区间 $[a, b]$ 上

$$\Phi'(x) = f(x).$$

因为函数 $F(x)$ 与 $\Phi(x)$ 在所考虑的区间上有相同的导数, 所以它们只相差一个常数 [**131**, 推论]

$$\Phi(x) = F(x) + C,$$

这就是所要证明的.

由这定理推知, 为要知道给定函数 $f(x)$ 的所有的原函数, 只要求出它的一个原函数 $F(x)$ 就够了, 因为它们彼此之间只差一个常数项.

由此, 表达式 $F(x) + C$ 是导数为 $f(x)$ 或微分为 $f(x)dx$ 的函数的一般形状, 其中 C 是任意常数. 这表达式称为 $f(x)$ 的**不定积分**, 用记号

$$\int f(x)dx$$

来表示 [36], 这个记号中已暗含有任意常数. 乘积 $f(x)dx$ 称为**被积表达式**, 函数 $f(x)$ 称为**被积函数**.

例题 设 $f(x) = x^2$; 不难看出, 这个函数的不定积分是

$$\int x^2 dx = \frac{x^3}{3} + C.$$

这很容易用反面的演算 —— 微分法 —— 来验证.

我们提醒读者注意, 在 "积分" 记号 $\int$ 下写的是所要求原函数的**微分**, 而不是**导数** (在我们的例题里是 $x^2 dx$, 而不是 x^2). 以后在 **294** 目中将要阐明, 这样的记法是有历史根据的; 而且它还表现着许多优点, 因而保留它是十分合理的.

---

[36] 这样一来, 可以说符号 $\int f(x)dx$ 是在某个区间上的函数 $f(x)$ **标准原函数**的表示. 可以有不定积分概念的另外的解释 (同样是十分通行的); 这种解释是: 符号 $\int f(x)dx$ 看作是函数 $f(x)$ 的所有原函数的**集合**. 与此相应, 等式 $\int f(x)dx = F(x) + C$ 这时应看成是更为复杂的记法 $\int f(x)dx = \{F(x) + C : C \in \mathbf{R}\}$ 的简化形式; 与不定积分有关的基本公式这时解释为集合的等式. 因此在课文中证明的有关不定积分的关系式, 对符号 $\int f(x)dx$ 的这一种或另一种解释都保持其正确性, 读者原则上可持其中任一种看法.

从不定积分的定义直接推出下列的一些性质:

1. $d \int f(x)dx = f(x)dx$,

即是,记号 d 与 $\int$, 当前者位于后者的前面时, 可互相消去.

2. 因为 $F(x)$ 是函数 $F'(x)$ 的一个原函数, 我们有

$$\int F'(x)dx = F(x) + C,$$

这式子可以改写为

$$\int dF(x) = F(x) + C.$$

由此可见,在 $F(x)$ 前面的记号 d 与 $\int$, 当 d 在 $\int$ 后面的时候, 也可把它们消去, 但必须在 $F(x)$ 后加上一个任意常数.

回到我们一开始就提出来的那个力学问题上, 现在我们可以写

$$v = \int a(t)dt$$

与

$$s = \int v(t)dt.$$

为了明确起见, 假定我们要讨论的运动是等加速运动, 例如, 在重力作用下的运动; 这时 $a = g$(沿铅垂线向下的方向为正方向), 并且, 不难了解

$$v = \int gdt = gt + C.$$

我们得到了速度 v 的表达式, 在这表达式中, 除时间 t 外, 还包含有一个任意常数 C. 在同一时刻, 对于不同的 C 的值, 我们将得到速度的不同的值; 因此, 对于问题的完全解决, 我们已有的数据是不够的. 为要得出问题的完全确定的解决, 需要知道在某一时刻速度的数值才够. 例如, 设已知在 $t = t_0$ 时速度 $v = v_0$; 我们把这些值代入所求得的速度的表达式中

$$v_0 = gt_0 + C,$$

由此

$$C = v_0 - gt_0,$$

现在我们的解就有了完全确定的形状

$$v = g(t - t_0) + v_0.$$

其次, 我们求得路程 s 的表达式

$$s = \int [g(t - t_0) + v_0]dt = \frac{1}{2}g(t - t_0)^2 + v_0(t - t_0) + C'$$

(用微分法容易验证, 原函数可以取这样的形式). 例如, 假定在 $t = t_0$ 时路程 $s = s_0$ 给定, 我们就可以确定新的未知常数 C'; 求得 $C' = s_0$ 之后, 我们便可以写出解的最后的形状

$$s = \frac{1}{2}g(t - t_0)^2 + v_0(t - t_0) + s_0.$$

习惯上称值 t_0, s_0, v_0 为量 t, s 与 v 的**初始值**.

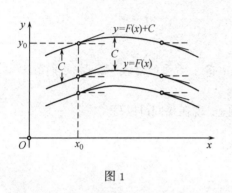

图 1

我们知道, 函数 $y = F(x)$ 的导数给出对应图形的切线的斜率. 因此, 可以这样来解释求给定函数 $f(x)$ 的原函数 $F(x)$ 的问题: 要找出一条曲线 $y = F(x)$, 使它的切线斜率适合给定的变化规律

$$\text{tg } \alpha = f(x).$$

如果 $y = F(x)$ 是这些曲线之一, 那么, 只需把它顺着 y 轴作简单的平移, 便可以得到所有其余的曲线 (移动的距离 C 是任意的, 图 1). 为要从这族曲线得出一条个别的曲线, 只需给出 (举例来说) 这曲线应当通过的一点 (x_0, y_0) 就够了; **初始条件** $y_0 = F(x_0) + C$ 就给出 $C = y_0 - F(x_0)$.

264. 积分与面积定义问题　把原函数解释作曲线图形的面积是更为重要的. 因为在历史上原函数概念与面积的确定有极其紧密的联系, 所以我们就在这儿来讲述这个问题 (这儿只利用平面图形的面积的直觉的表示, 而把这个问题的精确提法留到第十章去讲).

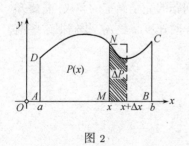

图 2

设给定在区间 $[a, b]$ 上只取正 (或非负) 值的连续函数 $y = f(x)$. 考虑限制在曲线 $y = f(x)$ 下, x 轴上及两纵坐标线 $x = a$ 与 $x = b$ 之间的图形 $ABCD$(图 2); 我们把这类图形叫做**曲边梯形**. 想要确定这图形的面积 P 的值, 我们研究变动图形 $AMND$ 的面积的性质, 这变动图形包含在开始纵坐标线 $x = a$ 以及跟区间 $[a, b]$ 上任意选出的 x 值相对应的纵坐标线之间. 当 x 改变时, 这个面积将随之而变, 并且对应于每一 x 有它的一个完全确定的值, 于是曲线梯形 $AMND$ 的面积是 x 的某一函数; 我们用 $P(x)$ 表示它.

我们首先提出求函数 $P(x)$ 的导数的问题. 为了这个目的, 我们给 x 添上某一个 (比方说, 正的) 改变量 Δx; 此时面积 $P(x)$ 将获得改变量 ΔP.

以 m 及 M 分别表示在区间 $[x, x + \Delta x]$ 上函数 $f(x)$ 的最小值与最大值 [**85**], 并

将面积 ΔP 与底为 Δx, 高为 m 及 M 的矩形的面积加以比较. 显然

$$m\Delta x < \Delta P < M\Delta x,$$

由此

$$m < \frac{\Delta P}{\Delta x} < M.$$

如果 $\Delta x \to 0$, 那么, 由于连续性, m 与 M 趋于 $f(x)$, 因而

$$P'(x) = \lim_{\Delta x \to 0} \frac{\Delta P}{\Delta x} = f(x).$$

这样, 我们就得到一个有名的定理 (通常叫做**牛顿–莱布尼茨定理**)[①]: 变动面积 $P(x)$ 对有限的横坐标 x 的导数等于有限的纵坐标 $y = f(x)$.

换句话说, 变动面积 $P(x)$ 是给定函数 $y = f(x)$ 的**原函数**. 由于当 $x = a$ 时这个原函数变为 0 这一特点, 使得它与原函数族中其他的原函数有所不同. 因此, 如果已知函数 $f(x)$ 的任何一个原函数 $F(x)$, 则按前一目中的定理就有

$$P(x) = F(x) + C,$$

那么, 令 $x = a$, 就容易定出常数 C

$$0 = F(a) + C, \quad \text{于是} \quad C = -F(a).$$

最后

$$P(x) = F(x) - F(a).$$

特别地, 要求得整个曲边梯形 $ABCD$ 的面积 P, 需要取 $x = b$:

$$P = F(b) - F(a).$$

作为例子, 我们求界限在抛物线 $y = ax^2$ 下, x 轴上及对应于给定横坐标 x 的纵坐标之间的图形的面积 $P(x)$(图 3); 因为抛物线交 x 轴于坐标轴的原点, 所以, 在这儿 x 的开始值为 0. 容易找出函数 $f(x) = ax^2$ 的原函数: $F(x) = \dfrac{ax^3}{3}$. 当 $x = 0$ 时这个函数恰好变为 0, 所以

$$P(x) = F(x) = \frac{ax^3}{3} = \frac{xy}{3}$$

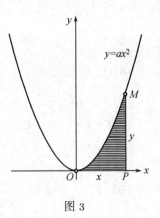

图 3

[比较 **32**,4)].

由于在计算积分与求平面图形的面积之间有联系, 通常习惯于把积分计算本身叫作**求积**.

[①]其实, 这个定理 —— 虽然是在另一种形式里 —— 已为**牛顿**的老师**巴洛** (Is.Barow) 发表过了.

为了把以上所讲的全部事实推广到也取负值的函数的情形, 只要约定把图形中位于 x 轴下面那一部分的面积的值算为负值就行了.

这样, 在区间 $[a, b]$ 上不管怎样的连续函数 $f(x)$, 读者总可以把它的原函数想象成给定函数的图形所划出的变动面积的形式. 可是, 把这个几何的解释就认为是原函数存在性的证明, 当然是不可以的. 因为面积概念本身还没有根据.

在下章 [305] 中, 我们可以对下面的重要事实给出严格的并且纯粹分析的证明, 这个事实就是: 在给定区间上的每个连续函数 $f(x)$ 都有在这区间上的原函数. 这个断言我们现在就加以采用.

在本章中我们只讲连续函数的原函数. 如果实际给出的函数有间断点, 那么我们将只在它连续的区间上考虑它. 因此, 承认了上述断言之后, 我们就无需每次预先讲明积分是否存在:我们所考虑的积分总是存在的.

265. 基本积分表　由微分学中的每个公式, 这公式建立着某一函数 $F(x)$ 的导数是 $f(x)$, 可以直接导出相当的积分学中的公式

$$\int f(x)dx = F(x) + C^{37)}.$$

现在选出第 **95** 目中计算初等函数的导数的那些公式, 也选出后来 (对于双曲函数) 推出的一些公式, 就可作出下面的**积分表**:

1. $\int 0 \cdot dx = C.$

2. $\int 1 \cdot dx = \int dx = x + C.$

3. $\int x^\mu dx = \dfrac{x^{\mu+1}}{\mu+1} + C \quad (\mu \neq -1).$

4. $\int \dfrac{1}{x} dx = \int \dfrac{dx}{x} = \ln |x| + C.$

5. $\int \dfrac{1}{1+x^2} dx = \int \dfrac{dx}{1+x^2} = \operatorname{arctg} x + C.$

6. $\int \dfrac{1}{\sqrt{1-x^2}} dx = \int \dfrac{dx}{\sqrt{1-x^2}} = \arcsin x + C.$

7. $\int a^x dx = \dfrac{a^x}{\ln a} + C.$
   $\int e^x dx = e^x + C.$

8. $\int \sin x dx = -\cos x + C.$

9. $\int \cos x dx = \sin x + C.$

10. $\int \dfrac{1}{\sin^2 x} dx = \int \dfrac{dx}{\sin^2 x} = -\operatorname{ctg} x + C.$

11. $\int \dfrac{1}{\cos^2 x} dx = \int \dfrac{dx}{\cos^2 x} = \operatorname{tg} x + C.$

12. $\int \operatorname{sh} x dx = \operatorname{ch} x + C.$

13. $\int \operatorname{ch} x dx = \operatorname{sh} x + C.$

---

37)类似的记法中总是假设: 函数 $f(x)$ 考虑为在某个 (位于其定义域内的) 区间上.

14. $\int \frac{1}{\text{sh}^2 x} dx = -\text{cth}\, x + C.$

15. $\int \frac{1}{\text{ch}^2 x} dx = \text{th}\, x + C.$

关于公式 4, 我们要作一点说明: 它是应用在不包含零的任何区间上的. 实际上, 如果这个区间在零的右方, 就有 $x > 0$, 而由已知的微分公式 $[\ln x]' = \frac{1}{x}$ 即可直接推出

$$\int \frac{dx}{x} = \ln x + C.$$

如果区间在零的左方, 就有 $x < 0$, 那么, 用微分法容易证实 $[\ln(-x)]' = \frac{1}{x}$, 由此

$$\int \frac{dx}{x} = \ln(-x) + C.$$

合并这两个公式就得公式 4[38].

用**积分法则**, 还可以将上面所得到的积分表的范围加以扩充.

266. 最简单的积分法则 I. 若 a 是常数 $(a \neq 0)$, 则

$$\int a \cdot f(x)dx = a \cdot \int f(x)dx.$$

实际上, 把右端的表达式取微分, 我们便得到 [**105**, I]

$$d[a \cdot \int f(x)dx] = a \cdot d[\int f(x)dx] = a \cdot f(x)dx,$$

所以这个表达式是微分表达式 $a \cdot f(x)dx$ 的原函数, 而这正是所要证明的. 因此, 常数因子可以拿到积分记号的外面来.

II. $\int[f(x) \pm g(x)]dx = \int f(x)dx \pm \int g(x)dx.$

把右端的表达式取微分 [**105**, II]:

$$d[\int f(x)dx \pm \int g(x)dx] = d\int f(x)dx \pm d\int g(x)dx = [f(x) \pm g(x)]dx;$$

所以, 该表达式就是微分表达式 $[f(x) \pm g(x)]dx$ 的原函数, 这就是所要证明的. 微分式的和 (或差) 的不定积分, 等于每个微分式各自积分的和 (或差).

---

[38] 作为对上述的补充, 我们指出: 公式 $1 \sim 15$ 中的每一个公式, 在出现于其中的被积函数的定义域内的任意区间上, 都能使用; 同时, 如果想要求出任何一个函数在整个定义域上的所有原函数, 而定义域又不是区间时, 这些公式并非总是成立的. 例如函数 $f(x) = \frac{1}{x}$ 定义在除去 0 外的所有实数的集合上 [即 $(-\infty, 0), (0, \infty)$ 这两个区间的并], 在这个集合上, 函数

$$F(x) = \ln|x| + \text{sign}x, \text{其中sign}x = \begin{cases} 1 & (x > 0), \\ 0 & (x = 0), \\ -1 & (x < 0) \end{cases}$$

是 $f(x)$ 的一个原函数, 但是函数 $F(x)$ 不可能表示为 $\ln|x| + C$ 的形式, 其中 C 是任意实数. 于是并非 $f(x) = \frac{1}{x}$ 在其定义域上所有原函数都可以用公式 4 求出的.

附注　关于这两个公式, 我们要注意下面这一点. 这两个公式中的每个不定积分都包含一个任意常数项. 这类等式应了解为等式左右两端之间的差是一个常数. 也可以从字面上来了解这些等式, 但这时所有出现于其中的积分之中有一个积分不再是任意原函数: 这个积分中的积分常数, 在其他几个积分常数选定之后, 就被确定了. 这个重要的附注, 在此后应当加以注意.

III. 若

$$\int f(t)dt = F(t) + C,$$

则

$$\int f(ax+b)dx = \frac{1}{a} \cdot F(ax+b) + C'.$$

实际上, 所给的关系式相当于:

$$\frac{d}{dt}F(t) = F'(t) = f(t).$$

但如此, 则

$$\frac{d}{dx}F(ax+b) = F'(ax+b) \cdot a = a \cdot f(ax+b),$$

于是

$$\frac{d}{dx}\left[\frac{1}{a}F(ax+b)\right] = f(ax+b),$$

即是, $\frac{1}{a}F(ax+b)$ 确是函数 $f(ax+b)$ 的一个原函数.

特别时常遇到的情形是 $a = 1$ 或 $b = 0$, 这时:

$$\int f(x+b)dx = F(x+b) + C_1,$$

$$\int f(ax)dx = \frac{1}{a} \cdot F(x) + C_2.$$

[实际上, 规则 III 是不定积分中换元法则的极特别的情形. 关于换元法则, 在下面 **268** 目就要讲到.]

267. 例题　1) $\int (6x^2 - 3x + 5)dx$.

利用规则 II 与 I(及公式 3,2) 我们有

$$\int (6x^2 - 3x + 5)dx = \int 6x^2 dx - \int 3x dx + \int 5 dx$$

$$= 6\int x^2 dx - 3\int x dx + 5\int dx = 2x^3 - \frac{3}{2}x^2 + 5x + C.$$

2) 容易积分一般形状的多项式

$$\int (a_0 x^n + a_1 x^{n-1} + \cdots + a_{n-1}x + a_n)dx$$

$$= a_0 \int x^n dx + a_1 \int x^{n-1}dx + \cdots + a_{n-1}\int x dx + a_n \int dx$$

$$= \frac{a_0}{n+1}x^{n+1} + \frac{a_1}{n}x^n + \cdots + \frac{a_{n-1}}{2}x^2 + a_n x + C. \qquad (\mathrm{II}, \mathrm{I}; 3, 2)$$

3)

$$\int (2x^2+1)^3 dx = \int (8x^6 + 12x^4 + 6x^2 + 1)dx$$
$$= \frac{8}{7}x^7 + \frac{12}{5}x^5 + 2x^3 + x + C. \qquad (\text{例题 } 2)$$

4)

$$\int (1+\sqrt{x})^4 dx = \int (1 + 4\sqrt{x} + 6x + 4x\sqrt{x} + x^2)dx$$
$$= \int dx + 4\int x^{\frac{1}{2}} dx + 6\int x dx + 4\int x^{\frac{3}{2}} dx + \int x^2 dx$$
$$= x + \frac{8}{3}x^{\frac{3}{2}} + 3x^2 + \frac{8}{5}x^{\frac{5}{2}} + \frac{1}{3}x^3 + C. \qquad (\mathrm{II}, \mathrm{I}; 3, 2)$$

5)

$$\int \frac{(x+1)(x^2-3)}{3x^2} dx = \int \frac{x^3 + x^2 - 3x - 3}{3x^2} dx = \int \left(\frac{1}{3}x + \frac{1}{3} - \frac{1}{x} - \frac{1}{x^2} \right) dx$$
$$= \frac{1}{3}\int x dx + \frac{1}{3}\int dx - \int \frac{1}{x} dx - \int x^{-2} dx$$
$$= \frac{1}{6}x^2 + \frac{1}{3}x - \ln|x| + \frac{1}{x} + C. \qquad (\mathrm{II}, \mathrm{I}; 3, 2, 4)$$

6)

$$\int \frac{(x-\sqrt{x})(1+\sqrt{x})}{\sqrt[3]{x}} dx = \int \frac{x\sqrt{x} - \sqrt{x}}{\sqrt[3]{x}} dx = \int x^{\frac{7}{6}} dx - \int x^{\frac{1}{6}} dx$$
$$= \frac{6}{13}x^{\frac{13}{6}} - \frac{6}{7}x^{\frac{7}{6}} + C. \qquad (\mathrm{II}; 3)$$

现在给一些应用规则 III 的例题:

7)

(a) $\int \dfrac{dx}{x-a} = \ln|x-a| + C.$ \qquad (III; 4)

(б) $\int \dfrac{dx}{(x-a)^k} = \int (x-a)^{-k} dx = \dfrac{1}{-k+1}(x-a)^{-k+1} + C$
$$= -\frac{1}{(k-1)(x-a)^{k-1}} + C \quad (k > 1). \qquad (\mathrm{III}; 3)$$

8)

(a) $\int \sin mx dx = -\dfrac{1}{m}\cos mx + C \quad (m \neq 0)$ \qquad (III; 8)

(б) $\int \cos mx dx = \dfrac{1}{m}\sin mx + C \quad (m \neq 0),$ \qquad (III; 9)

(в) $\int e^{-3x} dx = -\dfrac{1}{3}e^{-3x} + C.$ \qquad (III; 7)

9)

(a) $\int \dfrac{dx}{\sqrt{a^2 - x^2}} = \dfrac{1}{a} \int \dfrac{dx}{\sqrt{1 - \left(\dfrac{x}{a}\right)^2}} = \arcsin \dfrac{x}{a} + C \quad (a > 0).$ 　　(III; 6)

(б) $\int \dfrac{dx}{a^2 + x^2} = \dfrac{1}{a^2} \int \dfrac{dx}{1 + \left(\dfrac{x}{a}\right)^2} = \dfrac{1}{a} \operatorname{arctg} \dfrac{x}{a} + C \quad (a > 0).$ 　　(III; 5)

用到全部规则的例题:

10)

$$\int \dfrac{(e^x - 1)(e^{2x} + 1)}{e^x} dx = \int (e^{2x} - e^x + 1 - e^{-x}) dx$$

$$= \dfrac{1}{2} e^{2x} - e^x + x + e^{-x} + C. \qquad (\text{II}, \text{III}; 7, 2)$$

11)

$$\int \dfrac{ax + b}{cx + d} dx.$$

以分母除分子后, 把被积表达式表示成下面的形状

$$\dfrac{a}{c} + \dfrac{bc - ad}{c} \dfrac{1}{cx + d}.$$

由此, 所求积分等于

$$\dfrac{a}{c} x + \dfrac{bc - ad}{c^2} \ln |cx + d| + C. \qquad (\text{II}, \text{I}, \text{III}; 2, 4)$$

12)

$$\int \dfrac{2x^2 - 3x + 1}{x + 1} dx = \int \left(2x - 5 + \dfrac{6}{x + 1}\right) dx = x^2 - 5x + 6 \ln |x + 1| + C.$$

把分母较复杂的分式求积分时, 先把此分式分解为分母更简单的分式的和, 常会变得容易些. 例如,

$$\dfrac{1}{x^2 - a^2} = \dfrac{1}{(x - a)(x + a)} = \dfrac{1}{2a} \left(\dfrac{1}{x - a} - \dfrac{1}{x + a}\right);$$

因此 [参看例题 7)(a)]

13)

$$\int \dfrac{dx}{x^2 - a^2} = \dfrac{1}{2a} \left[\int \dfrac{dx}{x - a} - \int \dfrac{dx}{x + a}\right] = \dfrac{1}{2a} \ln \left|\dfrac{x - a}{x + a}\right| + C.$$

这种方法可以说明, 例如, 对更普遍形状的分式

$$\dfrac{1}{(x + a)(x + b)}$$

显然, $(x + a) - (x + b) = a - b.$ 此时有恒等式

$$\dfrac{1}{(x + a)(x + b)} = \dfrac{1}{a - b} \cdot \dfrac{(x + a) - (x + b)}{(x + a)(x + b)} = \dfrac{1}{a - b} \left(\dfrac{1}{x + b} - \dfrac{1}{x + a}\right).$$

由此可见,

14)

$$\int \dfrac{dx}{(x + a)(x + b)} = \dfrac{1}{a - b} \ln \left|\dfrac{x + b}{x + a}\right| + C.$$

特别地,

15)

(a) $\displaystyle\int \frac{dx}{x^2 - 5x + 6} = \int \frac{dx}{(x-2)(x-3)} = \ln\left|\frac{x-3}{x-2}\right| + C.$

(б) $\displaystyle\int \frac{dx}{4x^2 + 4x - 3} = \frac{1}{4}\int \frac{dx}{\left(x - \frac{1}{2}\right)\left(x + \frac{3}{2}\right)} = \frac{1}{8}\ln\left|\frac{2x-1}{2x+3}\right| + C.$

16)

$$\int \frac{dx}{Ax^2 + 2Bx + C} \quad (\text{当} B^2 - AC > 0 \text{时}).$$

分母可分解为这样的实因式: $A(x - \alpha)(x - \beta)$, 其中

$$\alpha = \frac{-B + \sqrt{B^2 - AC}}{A}, \beta = \frac{-B - \sqrt{B^2 - AC}}{A}.$$

于是, 按照例题 14), 假定 $a = -\beta, b = -\alpha$, 我们得到

$$\int \frac{dx}{Ax^2 + 2Bx + C} = \frac{1}{2\sqrt{B^2 - AC}}\ln\left|\frac{Ax + B - \sqrt{B^2 - AC}}{Ax + B + \sqrt{B^2 - AC}}\right| + C'.$$

有些三角表达式, 经过某些初等变换后, 也可以利用这些简单方法来求积分.

例如, 显然

$$\cos^2 mx = \frac{1 + \cos 2mx}{2}, \quad \sin^2 mx = \frac{1 - \cos 2mx}{2},$$

由此

17)

(a) $\displaystyle\int \cos^2 mx\, dx = \frac{1}{2}x + \frac{1}{4m}\sin 2mx + C,$

$$(m \neq 0)$$

(б) $\displaystyle\int \sin^2 mx\, dx = \frac{1}{2}x - \frac{1}{4m}\sin 2mx + C.$

用类似的方法, 我们有

$$\sin mx \cos nx = \frac{1}{2}[\sin(m+n)x + \sin(m-n)x],$$
$$\cos mx \cos nx = \frac{1}{2}[\cos(m+n)x + \cos(m-n)x],$$
$$\sin mx \sin nx = \frac{1}{2}[\cos(m-n)x - \cos(m+n)x].$$

假定 $m \pm n \neq 0$, 我们得到下面的积分:

18)

(a) $\displaystyle\int \sin mx \cos nx\, dx = -\frac{1}{2(m+n)}\cos(m+n)x - \frac{1}{2(m-n)}\cos(m-n)x + C,$

(б) $\displaystyle\int \cos mx \cos nx\, dx = \frac{1}{2(m+n)}\sin(m+n)x + \frac{1}{2(m-n)}\sin(m-n)x + C,$

(в) $\displaystyle\int \sin mx \sin nx\, dx = \frac{1}{2(m-n)}\sin(m-n)x - \frac{1}{2(m+n)}\sin(m+n)x + C.$

最后考虑几个更复杂的例题.

19)

$$\text{(a)} \int \frac{\sin 2nx}{\sin x} dx \quad (n = 1, 2, 3, \cdots).$$

因为

$$\sin 2nx = \sum_{k=1}^{n} [\sin 2kx - \sin(2k-2)x] = 2\sin x \sum_{k=1}^{n} \cos(2k-1)x,$$

所以被积表达式可以化成 $2\sum_{k=1}^{n} \cos(2k-1)x$, 所求积分就等于

$$2\sum_{k=1}^{n} \frac{\sin(2k-1)x}{2k-1} + C.$$

类似地

$$\text{(б)} \int \frac{\sin(2n+1)x}{\sin x} dx = x + 2\sum_{k=1}^{n} \frac{\sin 2kx}{2k} + C.$$

268. 换元积分法　　现在我们来讲述函数的积分法中最有力的一个积分法——**换元积分法**或**替换法**. 下面的简单的说明就是它所根据的基础:

如果已知

$$\int g(t)dt = G(t) + C,$$

即有

$$\int g(\omega(x))\omega'(x)dx = G(\omega(x)) + C.$$

[假定所有在这里出现的函数 $g(t), \omega(x), \omega'(x)$ 都是连续的.][39)

只要注意 $G'(t) = g(t)$, 上式就可由复合函数的微分法规则 [**98**] 直接推出, 即

$$\frac{d}{dx}G(\omega(x)) = G'(\omega(x))\omega'(x) = g(\omega(x))\omega'(x).$$

我们也可以换一种方法来表示这同样的事实, 只要先说关系式

$$dG(t) = g(t)dt$$

在以函数 $\omega(x)$ 代替自变量 t 时保持有效 [**106**].

设要计算积分

$$\int f(x)dx.$$

在许多情形下, 可以选取这样的 x 的函数, $t = \omega(x)$, 作为新变量, 使得被积表达式可表示成下面的形状

$$f(x)dx = g(\omega(x))\omega'(x)dx, \tag{1}$$

[39)]同样假定: 所考虑的变量 t 与 x 的变化区间 $[\alpha,\beta]$ 与 $[a,b]$ 由等式 $[\alpha,\beta] = \{\omega(x) : x \in [a,b]\}$ 联系着.

这儿 $g(t)$ 是求积分时比 $f(x)$ 更方便的函数. 于是, 按照上面所讲的, 只要求出积分

$$\int g(t)dt = G(t) + C,$$

然后在这积分中作替换 $t = \omega(x)$, 就得到所要求的积分了. 通常简单地写成

$$\int f(x)dx = \int g(t)dt, \qquad (2)$$

式中右端积分所表示出的 t 的函数中, 已经暗含着上面所作的替换了.[40]

例如, 求积分

$$\int \sin^3 x \cos x dx.$$

因为 $d\sin x = \cos x dx$, 那么, 令 $t = \sin x$, 被积表达式就变成

$$\sin^3 x \cos x dx = \sin^3 x d\sin x = t^3 dt.$$

我们容易算出最后的表达式的积分:

$$\int t^3 dt = \frac{t^4}{4} + C.$$

剩下只要回到变量 x, 以 $\sin x$ 代替 t, 即得:

$$\int \sin^3 x \cos x dx = \frac{\sin^4 x}{4} + C.$$

读者注意: 在选取简化被积表达式的替换 $t = \omega(x)$ 时, 应当记住, 在被积表达式中应找出一个因式 $\omega'(x)dx$, 使它给出新变量的微分 dt[参看 (1)]. 在上例中, 因式 $\cos x dx = dt$ 的存在就决定了可以作替换 $t = \sin x$.

关于这点, 有一个很好的例子

$$\int \sin^3 x dx;$$

这儿正因为缺少上述的因式, 作替换 $t = \sin x$ 就会是不合适的. 如果试一试从被积表达式中分出因式 $\sin x dx$, 或者更好一些以 $-\sin x dx$ 作为新变量的微分, 那么, 由此得到替换 $t = \cos x$; 因为剩下的表达式

$$-\sin^2 x = \cos^2 x - 1$$

可用这替换加以简化, 所以这个替换是正确的. 我们有

$$\int \sin^3 x dx = \int (t^2 - 1)dt = \frac{t^3}{3} - t + C = \frac{\cos^3 x}{3} - \cos x + C.$$

[40] 读者应特别注意以楷体 (原文指斜体 —— 译注) 表示的句子, 因为无此则等式 (2) 失去意义.

在技巧相当熟练后, 作替换时变量 t 可以不写出来. 例如, 在积分

$$\int \sin^3 x \cos x dx = \int \sin^3 x d \sin x$$

中, 心里想象着把 $\sin x$ 看作新变量, 一下子就可得到所求结果. 类似地,

$$\int \frac{dx}{\sqrt{a^2 - x^2}} = \int \frac{d\left(\dfrac{x}{a}\right)}{\sqrt{1 - \left(\dfrac{x}{a}\right)^2}} = \arcsin \frac{x}{a} + C,$$

$$\int \frac{dx}{x^2 + a^2} = \frac{1}{a} \int \frac{d\left(\dfrac{x}{a}\right)}{\left(\dfrac{x}{a}\right)^2 + 1} = \frac{1}{a} \operatorname{arctg} \frac{x}{a} + C.$$

这里, 替换 $t = \dfrac{x}{a}$ 只需在心里暗暗记住就行了.

读者现在会看出, 第 **266** 目中的规则 III, 实质上就是化成线性替换 $t = ax + b$:

$$\int f(ax + b)dx = \frac{1}{a} \int f(ax + b)d(ax + b) = \frac{1}{a} \int f(t)dt.$$

有时, 运用替换法的方式与上述方式不同. 即是, 在被积表达式 $f(x)dx$ 中直接以新变量 t 的函数 $x = \varphi(t)$ 代替 x, 于是得到表达式

$$f(\varphi(t))\varphi'(t)dt = g(t)dt.$$

显然, 如果在这个表达式中作替换 $t = \omega(x)$, 其中 $\omega(x)$ 是 $\varphi(t)$ 的反函数, 就会回到原来的被积表达式 $f(x)dx$. 所以, 像在前面写出等式 (2) 那样, 在算出右端积分之后, 应当令 $t = \omega(x)$.

作为例子, 求积分:

$$\int \frac{dx}{\sqrt{x}(1 + \sqrt[3]{x})}.$$

如果令 $x = t^6$(为的是 "消去" 所有的根式), 即得 $\sqrt{x} = t^3, \sqrt[3]{x} = t^2, dx = 6t^5 dt$, 并且

$$\int \frac{dx}{\sqrt{x}(1 + \sqrt[3]{x})} = 6 \int \frac{t^2 dt}{1 + t^2} = 6 \left\{ \int dt - \int \frac{dt}{1 + t^2} \right\} = 6(t - \operatorname{arctg} t) + C.$$

现在剩下只要依公式 $t = \sqrt[6]{x}$ 回到变量 x, 最后得

$$\int \frac{dx}{\sqrt{x}(1 + \sqrt[3]{x})} = 6(\sqrt[6]{x} - \operatorname{arctg} \sqrt[6]{x}) + C.$$

更有兴趣的例子是

$$\int \sqrt{a^2 - x^2} dx.$$

在根号内的平方差 (其中第一项是常数) 提示给我们一个三角函数替换 $x = a\sin t$[①].
我们有

$$\sqrt{a^2 - x^2} = a\cos t, dx = a\cos t dt$$

并且

$$\int \sqrt{a^2 - x^2}\, dx = a^2 \int \cos^2 t\, dt.$$

但我们已经知道积分

$$a^2 \int \cos^2 t\, dt = a^2 \left[\frac{1}{2}t + \frac{1}{4}\sin 2t\right] + C$$

[**267**, 17)(a)]. 为了变回 x, 我们代入 $t = \arcsin\dfrac{x}{a}$; 若利用

$$\frac{a^2}{4}\sin 2t = \frac{1}{2}a\sin t \cdot a\cos t = \frac{1}{2}x\sqrt{a^2 - x^2},$$

可以使第二项的变换更容易些. 最后

$$\int \sqrt{a^2 - x^2}\, dx = \frac{1}{2}x\sqrt{a^2 - x^2} + \frac{a^2}{2}\arcsin\frac{x}{a} + C.$$

寻求合适的替换法的技巧靠多做练习. 关于这点, 虽然不能给出一般的提示, 但是, 使这个寻求更加容易的个别的特殊说明, 读者可在下目中找到. 在标准情况下的替换在本教程中将直接指出.

269. 例题

1) (a) $\int e^{x^2} x\, dx$,   (б) $\int \dfrac{x\, dx}{1 + x^4}$,   (в) $\int \dfrac{x^2}{\cos^2 x^3}\, dx$.

(a) **解**   设 $t = x^2$, 我们有 $dt = 2x\, dx$, 因此

$$\int e^{x^2} x\, dx = \frac{1}{2}\int e^t dt = \frac{1}{2}e^t + C = \frac{1}{2}e^{x^2} + C.$$

(б) **提示**   作同样的替换. **答案** $\dfrac{1}{2}\operatorname{arctg} x^2 + C$.
在两种情形中, 积分都有如下的形状

$$\int g(x^2) x\, dx = \frac{1}{2}\int g(x^2)\, d(x^2),$$

其中 g 是积分时较便利的函数; 对于这些积分, 作替换 $t = x^2$ 是十分自然的. 类似地, 形状如

$$\int g(x^3) x^2\, dx = \frac{1}{3}\int g(x^3)\, d(x^3)$$

的积分采用替换 $t = x^3$. 如此类推. 按照最后的型式可处理第三个积分.

(в) **答案** $\dfrac{1}{3}\operatorname{tg} x^3 + C$.

[①]应当指出: 我们认为 x 在 $-a$ 与 a 之间变化, 而 t 在 $-\dfrac{\pi}{2}$ 与 $\dfrac{\pi}{2}$ 之间变化. 因此 $t = \arcsin\dfrac{x}{a}$.

2) $\int (ax^2 + \beta)^\mu x dx$　$(\mu \neq -1)$.

解　这儿可令 $t = x^2$; 但是可更简单地一下子取 $u = ax^2 + \beta$, 因为因式 xdx 与 $du = 2axdx$ 只差一个数字系数. 这样, 我们有

$$\int (ax^2 + \beta)^\mu x dx = \frac{1}{2a} \int u^\mu du = \frac{1}{2a(\mu+1)} u^{\mu+1} + C = \frac{1}{2a(\mu+1)} (ax^2 + \beta)^{\mu+1} + C.$$

3) (a) $\int \frac{\ln x}{x} dx$,　(б) $\int \frac{dx}{x\ln x}$,　(в) $\int \frac{dx}{x\ln^2 x}$.

提示　所有这些积分都有如下的形状

$$\int g(\ln x) \frac{dx}{x} = \int g(\ln x) d\ln x,$$

因而取替换 $t = \ln x$.

答案　(a) $\frac{1}{2}\ln^2 x + C$;　(б) $\ln\ln x + C$;　(в) $-\frac{1}{\ln x} + C$.

4) 形状为

$$\int g(\sin x)\cos x dx,\quad \int g(\cos x)\sin x dx,\quad \int g(\mathrm{tg}\, x)\frac{dx}{\cos^2 x}$$

的积分, 分别地取替换

$$t = \sin x,\quad u = \cos x,\quad v = \mathrm{tg}\, x.$$

例如,

(a)　$\int \frac{\cos x dx}{1 + \sin^2 x} = \int \frac{dt}{1 + t^2} = \mathrm{arctg}\, t + C = \mathrm{arctg}\,\sin x + C$;

(б)　$\int \mathrm{tg}\, x dx = \int \frac{\sin x}{\cos x} dx = -\int \frac{du}{u} = -\ln|u| + C = -\ln|\cos x| + C$;

(в)　$\int \frac{dx}{A^2\sin^2 x + B^2\cos^2 x} = \int \frac{\dfrac{dx}{\cos^2 x}}{A^2\mathrm{tg}^2 x + B^2} = \int \frac{dv}{A^2 v^2 + B^2}$

$$= \frac{1}{AB}\mathrm{arctg}\frac{Av}{B} + C = \frac{1}{AB}\mathrm{arctg}\left(\frac{A}{B}\mathrm{tg}\, x\right) + C.$$

5) (a) $\int \frac{2x dx}{x^2 + 1}$,　(б) $\int \mathrm{ctg}\, x dx$,　(в) $\int \frac{e^{2x}}{e^{2x} + 1} dx$,　(г) $\int \frac{dx}{\sin x\cos x}$.

解　(a) 如果令 $t = x^2 + 1$, 则分子 $2x dx$ 恰好给出 dt; 积分可化成

$$\int \frac{dt}{t} = \ln|t| + C = \ln(x^2 + 1) + C.$$

我们指出, 当所给出的积分有如下的形状

$$\int \frac{f'(x)}{f(x)} dx = \int \frac{df(x)}{f(x)}$$

时, 也就是说, 在被积表达式中分子是分母的微分时, 替换 $t = f(x)$ 常可一下子就达到目的.

$$\int \frac{dt}{t} = \ln|t| + C = \ln|f(x)| + C.$$

按照这个范式, 我们有

(б) $\displaystyle\int \mathrm{ctg}\, x\, dx = \int \frac{d\sin x}{\sin x} = \ln|\sin x| + C$ [比较4)(б)];

(в) $\displaystyle\int \frac{e^{2x}}{e^{2x}+1}dx = \frac{1}{2}\int \frac{d(e^{2x}+1)}{e^{2x}+1} = \frac{1}{2}\ln(e^{2x}+1) + C;$

(г) $\displaystyle\int \frac{dx}{\sin x \cos x} = \int \frac{\dfrac{dx}{\cos^2 x}}{\mathrm{tg}\, x} = \ln|\mathrm{tg}\, x| + C.$

6) 由上题 (г) 的结果, 容易得到两个有用的积分:

(a) $\displaystyle\int \frac{dx}{\sin x} = \int \frac{d\dfrac{x}{2}}{\sin \dfrac{x}{2}\cos \dfrac{x}{2}} = \ln\left|\mathrm{tg}\dfrac{x}{2}\right| + C.$

(б) $\displaystyle\int \frac{dx}{\cos x} = \int \frac{d\left(x+\dfrac{\pi}{2}\right)}{\sin\left(x+\dfrac{\pi}{2}\right)} = \ln\left|\mathrm{tg}\left(\dfrac{x}{2}+\dfrac{\pi}{4}\right)\right| + C.$

7)

(a) $\displaystyle\int \frac{\sqrt{\mathrm{arctg}\, x}}{1+x^2}dx = \int \sqrt{\mathrm{arctg}\, x}\, d\mathrm{arctg}\, x = \frac{2}{3}(\mathrm{arctg}\, x)^{\frac{3}{2}} + C;$

(б) $\displaystyle\int \frac{e^x dx}{e^{2x}+1} = \int \frac{de^x}{(e^x)^2+1} = \mathrm{arctg}\, e^x + C;$

(в) $\displaystyle\int \mathrm{tg}\frac{1}{x}\cdot\frac{dx}{x^2} = -\int \mathrm{tg}\frac{1}{x}d\frac{1}{x} = \ln\left|\cos\frac{1}{x}\right| + C$ [参看4)(б)].

现在给几个包含二项式 a^2-x^2, x^2+a^2 与 x^2-a^2 的表达式的积分的例子. 在这些情形下, 以新变量 t 的三角函数或双曲函数代替 x, 并利用下列的关系式

$$\sin^2 t + \cos^2 t = 1, \quad 1 + \mathrm{tg}^2 t = \sec^2 t = \frac{1}{\cos^2 t},$$

$$\mathrm{ch}^2 t - \mathrm{sh}^2 t = 1, \quad 1 - \mathrm{th}^2 t = \frac{1}{\mathrm{ch}^2 t},$$

常有很多的便利.

8) $\displaystyle\int \frac{dx}{(x^2+a^2)^2}.$

作替换:$x = a\,\mathrm{tg}\, t^{①}$,$dx = \dfrac{adt}{\cos^2 t}, x^2+a^2 = \dfrac{a^2}{\cos^2 t}$, 于是

$$\int \frac{dx}{(x^2+a^2)^2} = \frac{1}{a^3}\int \cos^2 t\, dt = \frac{1}{2a^3}(t + \sin t \cos t) + C \quad [\text{参看 } \mathbf{267}, 17)(a)].$$

现在回到变量 x, 令 $t = \mathrm{arctg}\dfrac{x}{a}$, 并通过 $\mathrm{tg}\, t = \dfrac{x}{a}$ 表示出 $\sin t$ 与 $\cos t$. 最后得

$$\int \frac{dx}{(x^2+a^2)^2} = \frac{1}{2a^2}\frac{x}{x^2+a^2} + \frac{1}{2a^3}\mathrm{arctg}\frac{x}{a} + C.$$

---

① 假定 t 在 $-\dfrac{\pi}{2}$ 与 $\dfrac{\pi}{2}$ 之间变化即可.

9) $\int \dfrac{dx}{\sqrt{x^2 \pm a^2}}$.

这儿采用双曲替换较为便利. 作为例子, 讨论减号的情形. 令 $x = a\,\mathrm{ch}\,t$(当 x 与 $t > 0$ 时),$dx = a\,\mathrm{sh}\,tdt, \sqrt{x^2 - a^2} = a\,\mathrm{sh}\,t$. 积分可简单地化成 $\int dt = t + C$. 为了变回 x, 回想一下双曲余弦函数的反函数表达式 [**49**,3)]

$$\int \frac{dx}{\sqrt{x^2 - a^2}} = \ln\left(\frac{x}{a} + \sqrt{\left(\frac{x}{a}\right)^2 - 1}\right) + C = \ln(x + \sqrt{x^2 - a^2}) + C',$$

其中常数 C' 包含有 $-\ln a$ 这一项.

10) (a) $\int \dfrac{dx}{(x^2 + a^2)^{\frac{3}{2}}}$, 　(б) $\int \dfrac{dx}{(x^2 - a^2)^{\frac{3}{2}}}$, 　(в) $\int \dfrac{dx}{(a^2 - x^2)^{\frac{3}{2}}}$.

在所给情况中, 三角替换或双曲替换都是可以同样简单地达到目的. 作为例子, 在第二个积分中取 $x = a\sec t, dx = \dfrac{a\sin tdt}{\cos^2 t} = \dfrac{a\,\mathrm{tg}\,tdt}{\cos t}$, 于是 $x^2 - a^2 = a^2\mathrm{tg}^2 t$, 并且

$$\int \frac{dx}{(x^2 - a^2)^{\frac{3}{2}}} = \frac{1}{a^2}\int \frac{\cos tdt}{\sin^2 t} = -\frac{1}{a^2}\frac{1}{\sin t} + C = -\frac{1}{a^2}\frac{x}{\sqrt{x^2 - a^2}} + C.$$

11) $\int \dfrac{dx}{x\sqrt{a^2 - x^2}}$.

作替换:$x = a\sin t, dx = a\cos tdt$, 把这个积分化成下面这样 [参看 6)(a)]:

$$\frac{1}{a}\int \frac{dt}{\sin t} = \frac{1}{a}\ln\left|\mathrm{tg}\,\frac{t}{2}\right| + C.$$

但是

$$\mathrm{tg}\,\frac{t}{2} = \frac{1 - \cos t}{\sin t} = \frac{a - \sqrt{a^2 - x^2}}{x},$$

所以最后得到

$$\int \frac{dx}{x\sqrt{a^2 - x^2}} = \frac{1}{a}\ln\left|\frac{a - \sqrt{a^2 - x^2}}{x}\right| + C.$$

最后再讨论两个换元积分法的例子, 此处所作替换不如上述那些情况来得自然, 但可迅速地达到目的.

12) $\int \dfrac{dx}{\sqrt{x^2 + a}}\,(a \gtrless 0)$.

令 $\sqrt{x^2 + a} = t - x$ 并取 t 作为新的变量. 平方后, 等式两端的 x^2 可以消去, 结果是

$$x = \frac{t^2 - a}{2t},$$

于是

$$\sqrt{x^2 + a} = t - \frac{t^2 - a}{2t} = \frac{t^2 + a}{2t}, dx = \frac{t^2 + a}{2t^2}dt.$$

最后得到

$$\int \frac{dx}{\sqrt{x^2 + a}} = \int \frac{dt}{t} = \ln|t| + C = \ln|x + \sqrt{x^2 + a}| + C.[\text{比较}9)]$$

13) $\int \dfrac{dx}{\sqrt{(x - \alpha)(\beta - x)}}$ 　$(\alpha < x < \beta)$.

令 $x = \alpha\cos^2\varphi + \beta\sin^2\varphi\left(0 < \varphi < \dfrac{\pi}{2}\right)$, 其中 φ 是新变量; 于是

$$x - \alpha = (\beta - \alpha)\sin^2\varphi, \beta - x = (\beta - \alpha)\cos^2\varphi,$$

$$dx = 2(\beta - \alpha)\sin\varphi\cos\varphi d\varphi.$$

这样一来.

$$\int \frac{dx}{\sqrt{(x-\alpha)(\beta-x)}} = 2\int d\varphi = 2\varphi + C = 2\mathrm{arctg}\sqrt{\frac{x-\alpha}{\beta-x}} + C.$$

270. 分部积分法   设 $u = f(x)$ 与 $v = g(x)$ 两个都是 x 的函数, 具有连续导数 $u' = f'(x), v' = g'(x)$. 在这情形下, 依乘积的微分法则, $d(uv) = udv + vdu$ 或 $udv = d(uv) - vdu$. 表达式 $d(uv)$ 的原函数, 显然是 uv; 所以得到公式

$$\int udv = uv - \int vdu. \tag{3}$$

这个公式就是**分部积分法则**. 它能把表达式 $udv = uv'dx$ 的积分归结为表达式 $vdu = vu'dx$ 的积分.

例如, 设要求积分 $\int x\cos xdx$. 令

$$u = x, dv = \cos xdx, \text{于是 } du = dx, v = \sin x^{①},$$

并且, 依公式 (3).

$$\int x\cos xdx = \int xd\sin x = x\sin x - \int \sin xdx$$
$$= x\sin x + \cos x + C. \tag{4}$$

由此可见, 分部积分法使我们能够以简单的函数 $\sin x$ 来代替复杂的被积函数 $x\cos x$. 顺便说说, 在求 v 之时, 必须把表达式 $\cos xdx$ 求积分, 故称**分部积分法**.

在应用公式 (3) 来计算所提出的积分时, 必须分被积表达式成为两个因式; u 及 $dv = v'dx$, 其中第一个因式在公式 (3) 右端取积分时要被微分, 而第二个因式则被积分, 必须极力设法使微分 dv 不难积分, 还要设法使 du 代替 u、v 代替 dv 时总合起来可将被积表达式简化. 例如, 在上面所讨论的例子中, 比方说取 xdx 作为 dv, 而取 $\cos x$ 作为 u, 就显然是不合适的.

在计算熟练后就不必引进记号 u 及 v, 而可以直接应用公式 [比较 (4)].

分部积分法则应用的范围比换元法受到更多的限制. 但有许多类积分, 例如

$$\int x^k\ln^m xdx, \int x^k\sin bxdx, \int x^k\cos bxdx, \int x^ke^{ax}dx$$

等等, 只有借助于分部积分法来计算.

重复应用分部积分法则, 便得到所谓**分部积分法的推广公式**.

假定, 函数 u 与 v 在所考虑区间上有直到第 $(n+1)$ 阶的各阶连续导数: $u', v', u'',$ $v'', \cdots, u^{(n)}, v^{(n)}, u^{(n+1)}, v^{(n+1)}$.

①因为就我们的目的来说, 只要有一种方法能表示 $\cos xdx$ 是 dv 就够, 那么, 就没有必要写出包含一个任意常数的 v 的最普遍的表达式. 这点说明在以后应当加以注意.

在公式 (3) 中以 $v^{(n)}$ 代替 v, 我们有

$$\int uv^{(n+1)}dx = \int u dv^{(n)} = uv^{(n)} - \int v^{(n)}du = uv^{(n)} - \int u'v^{(n)}dx.$$

类似地,

$$\int u'v^{(n)}dx = u'v^{(n-1)} - \int u''v^{(n-1)}dx,$$

$$\int u''v^{(n-1)}dx = u''v^{(n-2)} - \int u'''v^{(n-2)}dx,$$

$$\cdots\cdots\cdots\cdots\cdots\cdots\cdots\cdots\cdots\cdots\cdots$$

$$\int u^{(n)}v'dx = u^{(n)}v - \int u^{(n+1)}vdx.$$

以 $+1$ 及 -1 轮流地乘这些等式, 并且把它们按项加起来, 消去左右两端相同的积分, 我们得到上面所说的公式:

$$\int uv^{(n+1)}dx = uv^{(n)} - u'v^{(n-1)} + u''v^{(n-2)} - \cdots$$

$$+ (-1)^n u^{(n)}v + (-1)^{n+1}\int u^{(n+1)}vdx. \qquad (5)$$

当被积表达式的因式中之一是整多项式时, 利用这个公式是特别方便的. 如果 u 是 n 次多项式, 那么, $u^{(n+1)}$ 恒等于 0, 于是左端的积分可得到最后的表达式.

我们来讲一些例子.

271. 例题

1) $\int x^3 \ln x dx.$

微分 $\ln x$ 可得到简化, 故设

$$u = \ln x, dv = x^3 dx, \text{于是 } du = \frac{dx}{x}, v = \frac{1}{4}x^4$$

因而

$$\int x^3 \ln x dx = \frac{1}{4}x^4 \ln x - \frac{1}{4}\int x^3 dx = \frac{1}{4}x^4 \ln x - \frac{1}{16}x^4 + C.$$

2) (a) $\int \ln x dx$,　(б) $\int \text{arctg } x dx$,　(в) $\int \arcsin x dx$.

在所有的情形中都采用 $dx = dv$, 我们得到

(a) $\displaystyle\int \ln x dx = x \ln x - \int x d\ln x = x \ln x - \int dx = x(\ln x - 1) + C;$

(б) $\displaystyle\int \text{arctg } x dx = x\text{arctg } x - \int x d\text{arctg } x = x\text{arctg } x - \int \frac{x}{x^2+1}dx$

$$= x\text{arctg } x - \frac{1}{2}\ln(x^2+1) + C \quad [\text{参看 } \mathbf{269}, 5)(a)];$$

(в) $\displaystyle\int \arcsin x dx = x\arcsin x - \int x d\arcsin x = x\arcsin x - \int \frac{x}{\sqrt{1-x^2}}dx$

$$= x\arcsin x + \sqrt{1-x^2} + C \quad [\text{参看 } \mathbf{269}, 2)].$$

3) $\int x^2 \sin x dx$.

我们有

$$\int x^2 d(-\cos x) = -x^2 \cos x - \int (-\cos x) dx^2 = -x^2 \cos x + 2\int x \cos x dx.$$

这样一来, 我们已经把所求积分化成已知的积分了 [**270**, (4)]; 以它的值代入, 得到

$$\int x^2 \sin\ x dx = -x^2 \cos x + 2(x \sin x + \cos x) + C.$$

分部积分法则在这里总共用了两次.

同样地, 重复应用这个法则, 可计算积分

$$\int P(x)e^{ax} dx, \quad \int P(x) \sin bx dx, \quad \int P(x) \cos bx dx,$$

其中 $P(x)$ 是 x 的整多项式.

4) 如果利用分部积分法的推广公式, 就可以立即得出这种形状的积分的普遍表达式.
令 $v^{(n+1)} = e^{ax}$, 即有

$$v^{(n)} = \frac{e^{ax}}{a}, \ v^{(n-1)} = \frac{e^{ax}}{a^2}, v^{(n-2)} = \frac{e^{ax}}{a^3}, 等等.$$

于是, 若 $P(x)$ 是 n 次多项式, 依公式 (5), 我们得到

$$\int P(x)e^{ax} dx = e^{ax}\left[\frac{P}{a} - \frac{P'}{a^2} + \frac{P''}{a^3} - \cdots\right] + C.$$

类似地, 如果取 $v^{(n+1)} = \sin bx$, 那么

$$v^{(n)} = -\frac{\cos bx}{b}, \ v^{(n-1)} = -\frac{\sin bx}{b^2}, v^{(n-2)} = \frac{\cos bx}{b^3}, 等等.$$

由此有公式

$$\int P(x) \sin bx dx = \sin bx \cdot \left[\frac{P'}{b^2} - \frac{P'''}{b^4} + \cdots\right] - \cos bx \left[\frac{P}{b} - \frac{P''}{b^3} + \cdots\right] + C.$$

用同样的方式可建立公式

$$\int P(x) \cos bx dx = \sin bx \cdot \left[\frac{P}{b} - \frac{P''}{b^3} + \cdots\right] + \cos bx \cdot \left[\frac{P'}{b^2} - \frac{P'''}{b^4} + \cdots\right] + C.$$

5) $\int x^3 \ln^2 x dx$. 我们有

$$\int \ln^2 x d\frac{x^4}{4} = \frac{1}{4}x^4 \ln^2 x - \frac{1}{4}\int x^4 d\ln^2 x = \frac{1}{4}x^4 \ln^2 x - \frac{1}{2}\int x^3 \ln x dx,$$

我们已把问题化成例题 1) 的积分了. 最后得到

$$\int x^3 \ln^2 x dx = \frac{1}{4}x^4 \ln^2 x - \frac{1}{2}\left(\frac{1}{4}x^4 \ln x - \frac{1}{16}x^4\right) + C$$

$$= \frac{1}{4}x^4\left(\ln^2 x - \frac{1}{2}\ln x + \frac{1}{8}\right) + C.$$

例如, 依次计算积分

$$\int x^k \ln^m x dx,$$

其中 k 是任意实数 $(k \neq -1)$, 而 $m = 1, 2, 3, \cdots$. 如果令 $u = \ln^m x$, 而把分部积分公式应用到这个积分, 就得到**递推公式**

$$\int x^k \ln^m x dx = \frac{1}{k+1} x^{k+1} \ln^m x - \frac{m}{k+1} \int x^k \ln^{m-1} x dx,$$

用这公式计算所考虑的积分时, 能化为计算同一类型的积分, 但是 $\ln x$ 的指数少了一次.

可是, 替换 $t = \ln x$ 还可以把所考虑的积分引向在 3) 及 4) 中已经研究过的积分 $\int t^m e^{(k+1)t} dt$ 的形状.

6) 下列积分是一些很有趣的例子

$$\int e^{ax} \cos bx dx, \quad \int e^{ax} \sin bx dx.$$

若把分部积分法应用到它们上 (两种情形下都取, 比方说, $dv = e^{ax} dx, v = \frac{1}{a} e^{ax}$), 就得到

$$\int e^{ax} \cos bx dx = \frac{1}{a} e^{ax} \cos bx + \frac{b}{a} \int e^{ax} \sin bx dx,$$

$$\int e^{ax} \sin bx dx = \frac{1}{a} e^{ax} \sin bx - \frac{b}{a} \int e^{ax} \cos bx dx.$$

可见这两个积分中的每一个都能用另一个表达出来[①].

但若以第二个公式代入第一个公式中的第二个积分, 就得到对于第一个积分的方程, 由这方程可确定

$$\int e^{ax} \cos bx dx = \frac{b \sin bx + a \cos bx}{a^2 + b^2} e^{ax} + C.$$

类似地可得出第二个积分

$$\int e^{ax} \sin bx dx = \frac{a \sin bx - b \cos bx}{a^2 + b^2} e^{ax} + C'.$$

7) 作为应用分部积分法的最后的一个例子, 我们导出计算积分

$$J_n = \int \frac{dx}{(x^2 + a^2)^n} \quad (n = 1, 2, 3, \cdots)$$

的递推公式.

令 $u = \frac{1}{(x^2 + a^2)^n}, dv = dx$, 于是 $du = -\frac{2nx \cdot dx}{(x^2 + a^2)^{n+1}}, v = x$. 应用公式 (3), 我们得到

$$J_n = \frac{x}{(x^2 + a^2)^n} + 2n \int \frac{x^2}{(x^2 + a^2)^{n+1}} dx.$$

[①]如果把积分了解为确定的 原函数 [比较 **266** 中的附注], 那么, 想要在第二个公式中有与在第一个公式中同样的函数, 严格说来, 我们还必须在右端加进某一常数. 当然, 它会把常数 C 与 C' 吸收到最后的表达式里去.

最后一个积分可变成如下的形式:

$$\int \frac{x^2}{(x^2+a^2)^{n+1}} dx = \int \frac{(x^2+a^2)-a^2}{(x^2+a^2)^{n+1}} dx$$

$$= \int \frac{dx}{(x^2+a^2)^n} - a^2 \int \frac{dx}{(x^2+a^2)^{n+1}} = J_n - a^2 J_{n+1}.$$

将这表达式代入上面的等式中去, 得到关系式

$$J_n = \frac{x}{(x^2+a^2)^n} + 2nJ_n - 2na^2 J_{n+1},$$

于是

$$J_{n+1} = \frac{1}{2na^2} \frac{x}{(x^2+a^2)^n} + \frac{2n-1}{2n} \frac{1}{a^2} J_n. \tag{6}$$

所得到的公式把积分 J_{n+1} 的计算化为下标少 1 的积分 J_n 的计算. 已知积分

$$J_1 = \frac{1}{a} \text{arctg} \frac{x}{a}$$

[**267**, 9)(6); 我们取它的诸值中的一个], 依这公式, 当 $n=1$ 时, 得出

$$J_2 = \frac{1}{2a^2} \frac{x}{x^2+a^2} + \frac{1}{2a^3} \text{arctg} \frac{x}{a}$$

[这个结果我们已在前面用另一方法得到过, 参看 **269**, 8)]. 在公式 (6) 中, 令 $n=2$, 我们就得到

$$J_3 = \frac{1}{4a^2} \frac{x}{(x^2+a^2)^2} + \frac{3}{4a^2} J_2 = \frac{1}{4a^2} \frac{x}{(x^2+a^2)^2} + \frac{3}{8a^4} \frac{x}{x^2+a^2} + \frac{3}{8a^5} \text{arctg} \frac{x}{a}$$

如此下去. 这样, 可算出下标是任何自然数 n 的积分 J_n.

§2. 有理式的积分

272. 在有限形状中积分问题的提出 我们已经熟悉了计算不定积分的一些初等方法. 这些方法并未事先给出为要计算给定的积分所应遵循的确切途径, 而只是提供给计算者以很多技巧. 在本节与下面几节中, 我们要详细讨论若干类重要的函数并对于它们的积分建立出完全确定的计算程序.

现在我们要说明: 在上述各种类的函数的积分中使我们感到兴趣的是什么, 要根据什么样的法则, 才能得出它们的积分.

分析中首先应用着的各种各样类型的函数在 **51** 目中已经描述过; 这就是所谓的初等函数及可利用有限次四则运算与重复 (不取极限步骤) 通过初等函数表示出来的那些函数.

在第三章中我们已看到过, 一切这样的函数是可微分的并且它们的导数仍属于同样的类型. 它们的积分却是另外的一种情况: 属于上述类型的函数的积分函数, 时常是不属于本类中, 即不能经过有限次上述运算, 用初等函数表示出来. 例如

$$\int e^{-x^2} dx, \quad \int \sin x^2 dx, \quad \int \cos x^2 dx,$$

$$\int \frac{\sin x}{x} dx, \quad \int \frac{\cos x}{x} dx, \quad \int \frac{dx}{\ln x}$$

就属于显然不能表示成有限形状的积分之列; 类似的其他例子将在下面 [**280**、**289**、**290** 等目] 引进.

特别强调, 所有这些积分都真实地存在的[①], 但它们只是全然崭新的函数, 并且不能被化成我们叫做初等函数的那些函数[②].

比较为数不多的, 可以在有限形状中施行积分法的那些一般的函数类型, 都是我们所熟悉的; 下面我们就要用最新的方法来研究这些类型. 很重要的**有理函数类型**应当放在它们中的第一位.

273. 部分分式与它们的积分　因为从有理假分式中可删去容易积分的整式部分, 所以只需研究**真分式** (它的分子的幂次数低于分母的幂次数) 的积分就够了.

我们在这里讨论真分式中的**部分分式**; 这就是下列四种类型的分式:

$$\text{I. } \frac{A}{x-a}, \quad \text{II. } \frac{A}{(x-a)^k}, \quad \text{III. } \frac{Mx+N}{x^2+px+q}, \quad \text{IV. } \frac{Mx+N}{(x^2+px+q)^m}$$
$$\quad\quad\quad\quad (k=2,3,\cdots) \quad\quad\quad\quad\quad\quad\quad\quad\quad (m=2,3,\cdots)$$

其中 A, M, N, a, p, q, 都是实数; 此外, 对于 III 与 IV 类型的分式, 假定三项式 $x^2 + px + q$ 没有实根, 于是

$$\frac{p^2}{4} - q < 0 \quad \text{或} \quad q - \frac{p^2}{4} > 0.$$

I 与 II 类型的分式我们已经会积分了 [**267**, 7)]:

$$A \int \frac{dx}{x-a} = A \ln |x-a| + C,$$
$$A \int \frac{dx}{(x-a)^k} = -\frac{A}{k-1} \frac{1}{(x-a)^{k-1}} + C.$$

至于 III 与 IV 类型的分式, 用下面的替换可使它们的积分变为容易. 由表达式 $x^2 + px + q$ 中分出一个二项式的完全平方

$$x^2 + px + q = x^2 + 2 \cdot \frac{p}{2} \cdot x + \left(\frac{p}{2}\right)^2 + \left[q - \left(\frac{p}{2}\right)^2\right] = \left(x + \frac{p}{2}\right)^2 + \left(q - \frac{p^2}{4}\right)$$

最后一个圆括弧中的表达式, 依假定, 是正数, 可令它等于 a^2, 如果取

$$a = +\sqrt{q - \frac{p^2}{4}}$$

[①] 参看在 **264** 目中关于这点所讲的. 我们在下面 **305** 目中还要讲到这点.
[②] 为了帮助读者领会这一事实, 我们提醒他, 有理函数的积分函数

$$\int \frac{dx}{x}, \quad \int \frac{dx}{1+x^2}$$

本身已经不是有理函数了. 如是, 如果对我们来说 "初等的" 只是有理函数, 那么, 上述的 "初等" 函数的积分已经不会通过 "初等" 函数表示出来, 而是 "非初等的" 新性质的函数 ——$\ln x$ 与 $\operatorname{arctg} x$ 了!

的话. 现在作替换

$$x + \frac{p}{2} = t, dx = dt, x^2 + px + q = t^2 + a^2, \ Mx + N = Mt + \left(N - \frac{Mp}{2}\right).$$

在情形 III 即有

$$\begin{aligned}
\int \frac{Mx + N}{x^2 + px + q} dx &= \int \frac{Mt + \left(N - \dfrac{Mp}{2}\right)}{t^2 + a^2} dt \\
&= \frac{M}{2} \int \frac{2t dt}{t^2 + a^2} + \left(N - \frac{Mp}{2}\right) \int \frac{dt}{t^2 + a^2} \\
&= \frac{M}{2} \ln(t^2 + a^2) + \frac{1}{a}\left(N - \frac{Mp}{2}\right) \operatorname{arctg} \frac{t}{a} + C,
\end{aligned}$$

或者, 变回 x 并以 a 的值代替 a:

$$\int \frac{Mx + N}{x^2 + px + q} dx = \frac{M}{2} \ln(x^2 + px + q) + \frac{2N - Mp}{\sqrt{4q - p^2}} \operatorname{arctg} \frac{2x + p}{\sqrt{4q - p^2}} + C.$$

对情形 IV, 同样的替换给出

$$\begin{aligned}
\int \frac{Mx + N}{(x^2 + px + q)^m} dx &= \int \frac{Mt + \left(N - \dfrac{Mp}{2}\right)}{(t^2 + a^2)^m} dt \\
&= \frac{M}{2} \int \frac{2t dt}{(t^2 + a^2)^m} + \left(N - \frac{Mp}{2}\right) \int \frac{dt}{(t^2 + a^2)^m}. \quad (1)
\end{aligned}$$

用替换 $t^2 + a^2 = u, 2t dt = du$, 容易算出右端的第一个积分:

$$\int \frac{2t dt}{(t^2 + a^2)^m} = \int \frac{du}{u^m} = -\frac{1}{m-1} \frac{1}{u^{m-1}} + C = -\frac{1}{m-1} \frac{1}{(t^2 + a^2)^{m-1}} + C. \quad (2)$$

右端第二个积分, 对任何 m, 依照 **271** 目递推公式 (6) 可以算出. 然后, 为要回到变量 x, 只要在最后结果中令 $t = \dfrac{2x + p}{2}$ 就行了.

　　这样就完全解决了关于部分分式的积分问题.

　　274. 分解真分式为部分分式　　现在我们来讲代数学范围中的一个定理, 但它在有理分式的积分定理中有重大的作用:每个真分式

$$\frac{P(x)}{Q(x)}$$

可被表示成有限个部分分式的和的形状.

　　分解真分式成为部分分式与分解它的分母 $Q(x)$ 成素因式有密切的联系. 大家知道, 每个实系数整多项式可以 (并且是唯一地) 被分解成 $x - a$ 与 $x^2 + px + q$ 类型的实因式; 同时, 假定二次式实因式没有实根, 因而不能再分解成线性的实因式. 把

相同的实因式 (假如有的话) 合并起来, 并为简单起见, 假定多项式 $Q(x)$ 的最高次项的系数等于 1, 于是可把这个多项式的分解式概括地写成下面的形状

$$Q(x) = (x-a)^k \cdots (x^2 + px + q)^m \cdots, \tag{3}$$

其中 $k, \cdots, m, \cdots,$ 是自然数.

　　注意, 如果多项式 $Q(x)$ 的次数是 n, 那么, 显而易见地, 所有指数 k 的总和, 加上两倍 所有指数 m 的总和, 就刚好给出 n:

$$\Sigma k + 2\Sigma m = n. \tag{4}$$

　　为了证明这定理, 先建立下面两个辅助命题:

　　1°　考虑任何包含在分母的分解式中而指数 $k \geqslant 1$ 的线性因式 $x-a$, 因而

$$Q(x) = (x-a)^k Q_1(x).$$

其中多项式 Q_1 已不再被 $x-a$ 所整除. 于是给定的真分式

$$\frac{P(x)}{Q(x)} = \frac{P(x)}{(x-a)^k Q_1(x)}$$

可被表示成如下的真分式的和的形状

$$\frac{A}{(x-a)^k} + \frac{P_1(x)}{(x-a)^{k-1} Q_1(x)}^{①},$$

其中第一项是部分分式, 而第二项的分母包含的因式 $x-a$ 的幂次数比先前为低.

　　为了证明, 只须这样选择数 A 及多项式 $P_1(x)$, 使恒等式

$$P(x) - AQ_1(x) = (x-a)P_1(x)$$

成立就够了.

　　我们首先这样确定 A, 使得左边被 $x-a$ 除尽; 为此 (按照著名的贝祖 (Bezout) 定理), 只要对于 $x = a$ 使它的值为零就够了; 于是得到下面的表达式:

$$A = \frac{P(a)}{Q_1(a)}.$$

正因为 $Q_1(a) \neq 0$, 所以这表达式有意义 (仍依照贝祖定理). 在上述的 A 选定时, 多项式 P_1 可作为一个商简单地确定出来.

　　2°　现在设 $x^2 + px + q$ 是包含在分母的分解式中而指数 $m \geqslant 1$ 的二次式因式中的任何一个, 于是在这次可令

$$Q(x) = (x^2 + px + q)^m Q_1(x),$$

---

①字母 P, Q(带不同的下标) 在这里表示整多项式, 而字母 A, M, N 是常数.

其中多项式 Q_1 不能被三项式 $x^2 + px + q$ 整除. 于是给定的真分式

$$\frac{P(x)}{Q(x)} = \frac{P(x)}{(x^2 + px + q)^m Q_1(x)}$$

可以写作真分式的和的形状

$$\frac{Mx + N}{(x^2 + px + q)^m} + \frac{P_1(x)}{(x^2 + px + q)^{m-1} Q_1(x)},$$

其中第一项也是部分分式, 而第二项分母所含上述三项式的次数又降低了.

为了证明, 只需这样选择数 M, N 与多项式 $P_1(x)$, 使它们满足恒等式

$$P(x) - (Mx + N)Q_1(x) = (x^2 + px + q)P_1(x).$$

我们这样来确定 M 及 N, 在这次是使左边部分被二次三项式 $x^2 + px + q$ 所整除. 设以这三项式除 P 与 Q_1 后的余式分别为 $\alpha x + \beta$ 与 $\gamma x + \delta$. 于是问题变成了以 $x^2 + px + q$ 整除表达式

$$\alpha x + \beta - (Mx + N)(\gamma x + \delta)$$
$$= -\gamma M x^2 + (\alpha - \delta M - \gamma N)x + (\beta - \delta N).$$

实际上, 在这里作除法之后, 在余式中即有

$$[(p\gamma - \delta)M - \gamma N + \alpha]x + [q\gamma M - \delta N + \beta].$$

我们应使这两个系数都等于零, 于是, 为了确定 M 及 N, 我们得到线性方程组; 它的行列式

$$\begin{vmatrix} p\gamma - \delta & -\gamma \\ q\gamma & -\delta \end{vmatrix} = \delta^2 - p\gamma\delta + q\gamma^2$$

异于零. 其实, 当 $\gamma \neq 0$ 时可把它写成下面的形状

$$\gamma^2 \left[\left(-\frac{\delta}{\gamma}\right)^2 + p \cdot \left(-\frac{\delta}{\gamma}\right) + q \right];$$

但在方括弧中的表达式是三项式 $x^2 + px + q$ 在点 $x = -\dfrac{\delta}{\gamma}$ 的值, 因而不可能是零, 因为这个三项式没有实根. 当 $\gamma = 0$ 时行列式变成 δ^2, 在这情形下 δ 显然不是零, 因为多项式 Q_1 不为 $x^2 + px + q$ 所整除.

用上述方法定出 M 及 N 的值后, 多项式 P_1 在这里也不难作为一个商而确定出来.

现在来证明最初所说的定理. 这个证明转化为重复应用命题 1° 及 2°, 它们保证由给定的真分式继续分出部分分式一直到分完为止的可能性.

如果包含在 Q 中的因式 $x-a$ 只有一次幂, 那么, 由于 1°(当 $k=1$ 时), 我们有形如

$$\frac{A}{x-a}$$

的唯一的部分分式与它相当.

如果在 $x-a$ 的幂次指数 $k>1$ 的情形, 那么, 根据 1° 分出部分分式

$$\frac{A_k}{(x-a)^k}$$

之后, 对于剩下的分式我们重新应用 1°, 分出部分分式

$$\frac{A_{k-1}}{(x-a)^{k-1}},$$

如此下去, 直到由分解分母所得到的因式 $x-a$ 完全消失时为止. 由此可见, 在所考虑的情形中, 对应于因式 $(x-a)^k(k>1)$ 的就是 k 个部分分式组成的式子:

$$\frac{A_1}{x-a} + \frac{A_2}{(x-a)^2} + \cdots + \frac{A_k}{(x-a)^k}. \tag{5}$$

我们把同样的推理轮流应用到剩下的线性因式中的每一个上去, 直到完全用尽分母或者在它的分解式中只留下一些二次式因式时为止.

与此类似, 利用 2°, 对于二次因式 x^2+px+q, 如果它只是一次幂, 我们就只有一个形如

$$\frac{Mx+N}{x^2+px+q}$$

的部分分式与它相当; 如果这因式的指数 $m>1$, 则有由 m 个部分分式组成的式子:

$$\frac{M_1x+N_1}{x^2+px+q} + \frac{M_2x+N_2}{(x^2+px+q)^2} + \cdots + \frac{M_mx+N_m}{(x^2+px+q)^m}. \tag{6}$$

如果还有其他二次式因式, 同样可以作出与它们相应的部分分式; 这就完成了定理的证明.

275. 系数的确定、真分式的积分　由上可见, 若已知分解式 (3), 我们就能知道分解所给分式 $\frac{P}{Q}$ 为部分分式时那些部分分式的分母. 现在要讲关于确定分子的问题, 即是, 定出系数 A,M,N 的问题. 因为 (5) 式中分式的分子包含 k 个系数, 而 (6) 式中分式的分子包含 $2m$ 个系数, 于是由 (4) 它们的总个数是 n.

为了定出上述的系数, 通常采取下述的**待定系数法**. 如已知分式 $\frac{P}{Q}$ 的分解式的形状, 把它的右端分子系数写成文字系数. 所有部分分式的公分母显然是 Q; 把这些部分分式加起来, 就得到一个真分式①. 现在如果弃去左右两端的分母, 得到两个

---

①有理真分式的和永远是真分式.

恒等的 $(n-1)$ 次的 x 的多项式. 右端多项式中次数不同的系数都是 n 个文字系数的齐次线性多项式; 使它们与多项式 P 的相当的数字系数相等, 最后得到 n 个线性方程的方程组, 由这些方程就可以定出文字系数. 由于分解成部分分式的可能性已经预先建立, 上述的方程组无论何时就都不可能是矛盾的.

不但如此, 因为无论怎样的一组常数项 (多项式 P 的系数), 上述的方程组都有解, 所以它的行列式一定异于 0. 换个说法, 就是方程组永远是确定的. 这个简单的说明顺便就证明了真分式分解成部分分式的唯一性. 现在举一个例子来说明上面所讲的事实.

设给定分式 $\dfrac{2x^2 + 2x + 13}{(x-2)(x^2+1)^2}$. 按照普遍定理它有分解式

$$\frac{2x^2 + 2x + 13}{(x-2)(x^2+1)^2} = \frac{A}{x-2} + \frac{Bx + C}{x^2+1} + \frac{Dx + E}{(x^2+1)^2}.$$

我们由恒等式

$$2x^2 + 2x + 13 = A(x^2+1)^2 + (Bx+C)(x^2+1)(x-2) + (Dx+E)(x-2)$$

确定系数 A, B, C, D, E. 使左右两端同幂次的 x 的系数相等, 得到五个方程的方程组

$$
\begin{array}{c|l}
x^4 & A + B = 0, \\
x^3 & -2B + C = 0, \\
x^2 & 2A + B - 2C + D = 2, \\
x^1 & -2B + C - 2D + E = 2, \\
x^0 & A - 2C - 2E = 13.
\end{array}
$$

由此

$$A = 1,\ B = -1,\ C = -2,\ D = -3,\ E = -4.$$

最后

$$\frac{2x^2 + 2x + 13}{(x-2)(x^2+1)^2} = \frac{1}{x-2} - \frac{x+2}{x^2+1} - \frac{3x+4}{(x^2+1)^2}.$$

我们刚才建立的代数的事实对积分有理分式有直接的应用. 像我们在第 **273** 目中见到过的那样, 部分分式可在有限形状中被积分出来. 现在我们同样可以讲到任何有理分式. 如果我们详细考察那些函数, 整多项式与真分式的积分函数可通过这些函数表示出来, 那么就可以说出一个更确切的结果:

任何有理函数的积分函数, 可借助于有理函数, 对数函数及反正切函数, 在有限形状中表示出来.

例如, 回到刚才讨论的例子上并回忆 **273** 目的公式, 我们有

$$\int \frac{2x^2 + 2x + 13}{(x-2)(x^2+1)^2}\, dx = \int \frac{dx}{x-2} - \int \frac{x+2}{x^2+1}\, dx - \int \frac{3x+4}{(x^2+1)^2}\, dx$$

$$= \frac{1}{2}\frac{3 - 4x}{x^2+1} + \frac{1}{2}\ln \frac{(x-2)^2}{x^2+1} - 4\,\mathrm{arctg}\, x + C.$$

276. 分离积分的有理部分　有一个**奥斯特洛格拉得斯基** (M. B. Остроград-ский) **方法**, 利用这个方法可将有理真分式的求积分大大地简化. 这个方法使我们能用纯粹代数的方法来分离积分的有理部分.

我们在 [**273**] 中看到, 当积分类型 II 与 IV 的部分分式时, 在积分中可得到有理项. 在第一种情形, 积分函数一下子就可写出

$$\int \frac{A}{(x-a)^k}dx = -\frac{A}{k-1}\frac{1}{(x-a)^{k-1}}+C. \tag{7}$$

现在我们要来确定: 积分

$$\int \frac{Mx+N}{(x^2+px+q)^m}dx \quad \left(m > 1, q-\frac{p^2}{4} > 0\right)$$

的有理部分有什么样的形状.

采用我们已经熟悉的替换 $x+\dfrac{p}{2}=t$ 后, 利用等式 (1), (2) 及 **271** 目中当 $n = m-1$ 时的递推公式 (6). 如果回到原变量 x, 就得到

$$\int \frac{Mx+N}{(x^2+px+q)^m}dx = \frac{M'x+N'}{(x^2+px+q)^{m-1}}+\alpha \int \frac{dx}{(x^2+px+q)^{m-1}},$$

其中 M', N' 与 α 表示常数系数. 仍按这个公式, 以 $m-1$ 代替 m, 对于最后一个积分我们得出 (如果 $m > 2$ 的话)

$$\int \frac{\alpha dx}{(x^2+px+q)^{m-1}} = \frac{M''x+N''}{(x^2+px+q)^{m-2}}+\beta \int \frac{dx}{(x^2+px+q)^{m-2}},$$

如此下去, 直到右端积分中三项式 x^2+px+q 的指数变成 1 时为止. 所有分离出的有理项都是真分式. 把它们合并在一起, 得到形如

$$\int \frac{Mx+N}{(x^2+px+q)^m}dx = \frac{R(x)}{(x^2+px+q)^{m-1}}+\lambda \int \frac{dx}{x^2+px+q} \tag{8}$$

的结果, 其中 $R(x)$ 是次数低于分母的整多项式[①], 而 λ 是常数.

设有既约的真分式 $\dfrac{P}{Q}$, 又设它的分母已分解成素因式 [参看 (3)]. 于是这个分式的积分函数可表示成形如 (5) 与 (6) 的分式的积分的和的形状. 如果 k(或 m) 大于 1, 则所有 (5)[或 (6)] 中分式的积分函数, 除第一项外, 都按公式 (7)[或 (8)] 变换形状. 把所有这些结果合并起来. 最后得到形如

$$\int \frac{P(x)}{Q(x)}dx = \frac{P_1(x)}{Q_1(x)}+\int \frac{P_2(x)}{Q_2(x)}dx \tag{9}$$

的公式. 积分函数的有理部分 $\dfrac{P_1}{Q_1}$ 是由上面所分离出的有理部分相加而得到的; 所以, 首先它是一个真分式, 而它的分母有分解式

$$Q_1(x) = (x-a)^{k-1}\cdots(x^2+px+q)^{m-1}\cdots$$

————————
[①] 参看前一脚注.

至于留在积分记号里面的分式 $\dfrac{P_2}{Q_2}$, 可由类型 I 及 III 的分式相加而得到, 因而它也是真分式, 并且

$$Q_2(x) = (x-a)\cdots(x^2+px+q)\cdots$$

显然 [参看 (3)], $Q = Q_1 Q_2$.

公式 (9) 就叫做**奥斯特洛格拉得斯基公式**.

取微分后, 可以把它表示成等价的形式:

$$\frac{P}{Q} = \left[\frac{P_1}{Q_1}\right]' + \frac{P_2}{Q_2}. \tag{10}$$

我们看到过, 如果已知多项式 Q 的分解式 (3), 则多项式 Q_1 与 Q_2 容易求得. 但它们可不用这个分解式而被定出. 实际上, 因为导数 Q' 包含 Q 被分解时得出的所有的素因式只是指数少 1, 于是 Q_1 是 Q 与 Q' 的最大公约式, 因而可由这些多项式来定出, 例如, 依辗转相除法定出. 如果 Q_1 是已知的, 则 Q_2 可由以 Q_1 除 Q 的简单除法定出.

现在来确定公式 (10) 中分子 P_1 与 P_2. 对于这也利用待定系数法.

用 n, n_1, n_2 分别表示多项式 Q, Q_1, Q_2 的次数, 于是有 $n_1 + n_2 = n$; 此时多项式 P, P_1, P_2 的次数将不高于 $n-1, n_1-1, n_2-1$. 令 P_1 与 P_2 为带文字系数的 $n_1 - 1$ 与 $n_2 - 1$ 次多项式; 所有这些系数将是 $n_1 + n_2$ 个, 即 n 个. 将 (10) 中的微分计算出来, 则为

$$\frac{P_1' Q_1 - P_1 Q_1'}{Q_1^2} + \frac{P_2}{Q_2} = \frac{P}{Q}.$$

现在要证第一个分式永远 可以化成分母是 Q, 分子保持是整式的分式. 即是

$$\frac{P_1' Q_1 - P_1 Q_1'}{Q_1^2} = \frac{P_1' Q_2 - P_1 \dfrac{Q_1' Q_2}{Q_1}}{Q_1 Q_2} = \frac{P_1' Q_2 - P_1 H}{Q_1 Q_2},$$

如果 H 表示商 $\dfrac{Q_1' Q_2}{Q_1}$ 的话. 但这个商可以表示成整多项式的形状. 实际上, 如果 $k \geqslant 1$ 而 Q_1 内含有 $(x-a)^k$, 那么, Q_1' 内必含有 $(x-a)^{k-1}$, 而 Q_2 内又有 $x-a$; 这样的结论对于 $m \geqslant 1$ 时的因式 $(x^2+px+q)^m$ 也可以适用. 因此 H 的分子能被分母整除, 以后就可把 H 了解为 ($n_2 - 1$ 次的) 整多项式.

消去公分母 Q, 得到两个 ($n-1$ 次的) 多项式的恒等式

$$P_1' Q_2 - P_1 H + P_2 Q_1 = P.$$

由此, 像上面一样, 为了定出 n 个文字系数, 我们得到 n 个线性方程的方程组.

因为不管对怎样的 P, 分解式 (10) 的可能性是确立的, 所以上述方程组对于任何常数项都是相容的. 由此, 自然得出结论, 它的行列式异于 0, 亦即是方程组一定

是确定的, 而分解式 (10)—— 在上述分母 Q_1 与 Q_2 的情形下 —— 只可能是唯一的①.

例题　设要求分离积分

$$\int \frac{4x^4 + 4x^3 + 16x^2 + 12x + 8}{(x+1)^2(x^2+1)^2} dx$$

的有理部分. 我们有

$$Q_1 = Q_2 = (x+1)(x^2+1) = x^3 + x^2 + x + 1,$$

$$\frac{4x^4 + 4x^3 + 16x^2 + 12x + 8}{(x^3 + x^2 + x + 1)^2} = \left[\frac{ax^2 + bx + c}{x^3 + x^2 + x + 1}\right]' + \frac{dx^2 + ex + f}{x^3 + x^2 + x + 1},$$

由此

$$4x^4 + 4x^3 + 16x^2 + 12x + 8 = (2ax + b)(x^3 + x^2 + x + 1)$$

$$-(ax^2 + bx + c)(3x^2 + 2x + 1) + (dx^2 + ex + f)(x^3 + x^2 + x + 1).$$

令等式两端 x 的同次项的系数相等, 得出方程组, 由它们定出未知数 $a, b, \cdots, f$:

$$
\begin{array}{c|l}
x^5 & d = 0(在下面的计算中不再取 d 了), \\
x^4 & -a + e = 4, \\
x^3 & -2b + e + f = 4, \\
x^2 & a - b - 3c + e + f = 16, a = -1, b = 1, c = -4, \\
x^1 & 2a - 2c + e + f = 12, d = 0, e = 3, f = 3. \\
x^0 & b - c + f = 8.
\end{array}
$$

于是, 所求积分

$$\int \frac{4x^4 + 4x^3 + 16x^2 + 12x + 8}{(x+1)^2(x^2+1)^2} dx = -\frac{x^2 - x + 4}{x^3 + x^2 + x + 1} + 3\int \frac{dx}{x^2 + 1}$$

$$= -\frac{x^2 - x + 4}{x^3 + x^2 + x + 1} + 3\text{arctg}\, x + C.$$

在这个例子中计算最后一个积分是容易一下子作出的. 在其他的情形. 必须再分解部分分式. 虽然如此, 这个步骤仍可以跟上面的步骤合并起来.

277. 例题　现在再举一些积分有理函数的例子.

1) $\int \dfrac{dx}{x^2(1+x^2)^2}$.

在这里可用一个极简单的变换分解成部分分式:

$$\frac{1}{x^2(1+x^2)^2} = \frac{(1+x^2) - x^2}{x^2(1+x^2)^2} = \frac{1}{x^2(1+x^2)} - \frac{1}{(1+x^2)^2}$$

$$= \frac{(1+x^2) - x^2}{x^2(1+x^2)} - \frac{1}{(1+x^2)^2} = \frac{1}{x^2} - \frac{1}{1+x^2} - \frac{1}{(1+x^2)^2}.$$

_____

①参看 **274** 目关于真分式分解成部分分式时类似的说明.

答案　$-\dfrac{1}{x} - \dfrac{1}{2}\dfrac{x}{1+x^2} - \dfrac{3}{2}\operatorname{arctg} x + C.$

2) $\displaystyle\int \dfrac{4x^2 + 4x - 11}{(2x-1)(2x+3)(2x-5)}\,dx.$

我们有

$$\frac{4x^2 + 4x - 11}{(2x-1)(2x+3)(2x-5)} = \frac{\frac{1}{2}x^2 + \frac{1}{2}x - \frac{11}{8}}{\left(x - \frac{1}{2}\right)\left(x + \frac{3}{2}\right)\left(x - \frac{5}{2}\right)} = \frac{A}{x - \frac{1}{2}} + \frac{B}{x + \frac{3}{2}} + \frac{C}{x - \frac{5}{2}},$$

由此推得恒等式

$$\frac{1}{2}x^2 + \frac{1}{2}x - \frac{11}{8} = A\left(x + \frac{3}{2}\right)\left(x - \frac{5}{2}\right) + B\left(x - \frac{1}{2}\right)\left(x - \frac{5}{2}\right) + C\left(x - \frac{1}{2}\right)\left(x + \frac{3}{2}\right).$$

可以换一种作法而不用使等式左右两端 x 的同次项系数相等的办法. 在这恒等式中依次令

$x = \dfrac{1}{2}, -\dfrac{3}{2}, \dfrac{5}{2};$ 立即得到 $A = \dfrac{1}{4}, B = -\dfrac{1}{8}, C = \dfrac{3}{8}$(因为每次右端都只剩下一项).

答案

$$\frac{1}{4}\ln\left|x - \frac{1}{2}\right| - \frac{1}{8}\ln\left|x + \frac{3}{2}\right| + \frac{3}{8}\ln\left|x - \frac{5}{2}\right| + C = \frac{1}{8}\ln\left|\frac{(2x-1)^2(2x-5)^3}{2x+3}\right| + C'^{①}.$$

3) $\displaystyle\int \dfrac{dx}{x^4 + 1}.$

因为

$$x^4 + 1 = (x^4 + 2x^2 + 1) - 2x^2 = (x^2 + 1)^2 - (x\sqrt{2})^2 = (x^2 + x\sqrt{2} + 1)(x^2 - x\sqrt{2} + 1).$$

于是可得出分解式为

$$\frac{1}{x^4 + 1} = \frac{Ax + B}{x^2 + x\sqrt{2} + 1} + \frac{Cx + D}{x^2 - x\sqrt{2} + 1}.$$

由恒等式

$$1 = (Ax + B)(x^2 - x\sqrt{2} + 1) + (Cx + D)(x^2 + x\sqrt{2} + 1)$$

得到方程组

$$\begin{array}{c|l}
x^3 & A + C = 0, \\
x^2 & -\sqrt{2}A + B + \sqrt{2}C + D = 0, \\
x^1 & A - \sqrt{2}B + C + \sqrt{2}D = 0, \\
x^0 & B + D = 1,
\end{array}$$

由此

$$A = -C = \frac{1}{2\sqrt{2}}, \quad B = D = \frac{1}{2},$$

所以

$$\begin{aligned}
\int \frac{dx}{x^4 + 1} &= \frac{1}{2\sqrt{2}}\int \frac{x + \sqrt{2}}{x^2 + x\sqrt{2} + 1}\,dx - \frac{1}{2\sqrt{2}}\int \frac{x - \sqrt{2}}{x^2 - x\sqrt{2} + 1}\,dx \\
&= \frac{1}{4\sqrt{2}}\ln\frac{x^2 + x\sqrt{2} + 1}{x^2 - x\sqrt{2} + 1} + \frac{1}{2\sqrt{2}}\operatorname{arctg}(x\sqrt{2} + 1) + \frac{1}{2\sqrt{2}}\operatorname{arctg}(x\sqrt{2} - 1) + C.
\end{aligned}$$

①显然常数 C' 与常数 C 相差 $-\dfrac{1}{2}\ln 2.$

利用反正切函数的加法公式 [50], 这个结果可表示成这样的形式

$$\frac{1}{4\sqrt{2}}\ln\frac{x^2+x\sqrt{2}+1}{x^2-x\sqrt{2}+1}+\frac{1}{2\sqrt{2}}\text{arctg}\frac{x\sqrt{2}}{1-x^2}+C'.$$

可是, 必须指出, 这个表达式只各别地在区间 $(-\infty,-1),(-1,1),(1,\infty)$ 上适合, 因为在点 $x=\pm1$ 处它失去意义. 对于这些区间, 常数 C' 分别等于

$$C-\frac{\pi}{2\sqrt{2}},\ C,\ C+\frac{\pi}{2\sqrt{2}}.$$

常数的跳跃式的改变补足了函数本身在 $x=\pm1$ 处的间断.

4) $\int\dfrac{2x^4-4x^3+24x^2-40x+20}{(x-1)(x^2-2x+2)^3}dx.$

采用分离积分的有理部分的办法. 我们有

$$Q_1=(x^2-2x+2)^2,\quad Q_2=(x-1)(x^2-2x+2).$$

于是

$$\frac{2x^4-4x^3+24x^2-40x+20}{(x-1)(x^2-2x+2)^3}=\left(\frac{ax^3+bx^2+cx+d}{(x^2-2x+2)^2}\right)'+\frac{e}{x-1}+\frac{fx+g}{x^2-2x+2}.$$

并且, 我们同时已经把这个表达式分成部分分式, 但还需把它积分 (在分离积分的有理部分之后).

恒等式

$$2x^4-4x^3+24x^2-40x+20=(3ax^2+2bx+c)(x^2-2x+2)(x-1)$$
$$-(ax^3+bx^2+cx+d)\cdot2(2x-2)(x-1)$$
$$+e(x^2-2x+2)^3+(fx+g)(x-1)(x^2-2x+2)^2$$

导出方程组

$$
\begin{array}{l|l}
x^6 & e+f=0,\\
x^5 & -a-6e-5f+g=0,\\
x^4 & -a-2b+18e+12f-5g=2,\\
x^3 & 8a+2b-3c-32e-16f+12g=-4,\\
x^2 & -6a+4b+5c-4d+36e+12f-16g=24,\\
x^1 & -4b+8d-24e-4f+12g=-40,\\
x^0 & -2c-4d+8e-4g=20,
\end{array}
$$

由此

$$a=2,\ b=-6,\ c=8,\ d=-9,\ e=2,\ f=-2,\ g=4.$$

答案

$$\frac{2x^3-6x^2+8x-9}{(x^2-2x+2)^2}+\ln\frac{(x-1)^2}{x^2-2x+2}+2\text{arctg}(x-1)+C.$$

5) $\int\dfrac{x^6-x^5+x^4+2x^3+3x^2+3x+3}{(x+1)^2(x^2+x+1)^3}dx.$

分离积分的有理部分, 我们有

$$Q_1=(x+1)(x^2+x+1)^2,\quad Q_2=(x+1)(x^2+x+1).$$

找出分解式

$$\left[\frac{ax^4 + bx^3 + cx^2 + dx + e}{(x+1)(x^2+x+1)^2}\right]' + \frac{fx^2 + gx + h}{(x+1)(x^2+x+1)}.$$

由方程组

$$
\begin{array}{r|l}
x^7 & f = 0, \\
x^6 & -a + g = 1, \\
x^5 & a - 2b + 3g + h = -1, \\
x^4 & 5a - b - 3c + 5g + 3h = 1, \\
x^3 & 4a + 3b - 3c - 4d + 5g + 5h = 2, \\
x^2 & 3b + c - 5d - 5e + 3g + 5h = 3, \\
x^1 & 2c - d - 7e + g + 3h = 3, \\
x^0 & d - 3e + h = 3,
\end{array}
$$

找出

$$a = -1, \ b = 0, \ c = -2, \ d = 0, \ e = -1, \ f = g = h = 0.$$

所以, 在这里积分全部变成自身的有理部分:

$$-\frac{x^4 + 2x^2 + 1}{(x+1)(x^2+x+1)^2} + C.$$

§3. 某些含有根式的函数的积分

278. 形状为 $R\left(x, \sqrt[m]{\dfrac{\alpha x + \beta}{\gamma x + \delta}}\right)$ **的积分**[①]、**例题**　　上面我们已经学会在有限形状中求有理微分式的积分. 在以后积分这些或那些种类微分表达式的基本方法是寻求这样的替换 $t = \omega(x)$(其中 ω 本身能用初等函数表示出来), 这替换会把被积表达式化成有理函数的形状. 我们把这个方法叫做**有理化被积表达式法**.

作为它的应用的第一个例子, 我们考虑形如

$$\int R\left(x, \sqrt[m]{\frac{\alpha x + \beta}{\gamma x + \delta}}\right) dx \tag{1}$$

的积分, 其中 R 表示两个自变量的有理函数, m 是自然数, 而 $\alpha, \beta, \gamma, \delta$ 是常数.

令

$$t = \omega(x) = \sqrt[m]{\frac{\alpha x + \beta}{\gamma x + \delta}}, \ t^m = \frac{\alpha x + \beta}{\gamma x + \delta}, \ x = \varphi(t) = \frac{\delta t^m - \beta}{\alpha - \gamma t^m}.$$

则积分变成

$$\int R(\varphi(t), t)\varphi'(t)dt;$$

[①]我们约定永远用字母 R 表示它自己的变量的**有理函数**.

在这儿微分式已经是有理函数的形状, 因为 R, φ, φ' 都是有理函数. 依上节的法则算出这个积分, 以 $t = \omega(x)$ 代入后, 就变回到旧的变量了.

更普遍的积分

$$\int R\left(x, \left(\frac{\alpha x + \beta}{\gamma x + \delta}\right)^r, \left(\frac{\alpha x + \beta}{\gamma x + \delta}\right)^s, \cdots\right) dx$$

可化为形如 (1) 的积分, 其中所有的指数 $r, s, \cdots$ 都是有理数; 只要把这些指数化成公分母 m, 就可在积分号后得到 x 与根式 $\sqrt[m]{\dfrac{\alpha x + \beta}{\gamma x + \delta}}$ 的有理函数.

例题　1) $\int \dfrac{\sqrt{x+1}+2}{(x+1)^2 - \sqrt{x+1}} dx$.

这里的分式线性函数 $\dfrac{\alpha x + \beta}{\gamma x + \delta}$, 特别地, 容易化成线性函数. 令 $t = \sqrt{x+1}, dx = 2t dt$, 于是

$$\int \frac{\sqrt{x+1}+2}{(x+1)^2 - \sqrt{x+1}} dx = 2\int \frac{t+2}{t^3-1} dt = \int \left(\frac{2}{t-1} - \frac{2t+2}{t^2+t+1}\right) dt$$

$$= \ln \frac{(t-1)^2}{t^2+t+1} - \frac{2}{\sqrt{3}} \text{arctg} \frac{2t+1}{\sqrt{3}} + C,$$

这儿剩下的事只是以 $t = \sqrt{x+1}$ 代入了.

2) $\int \dfrac{dx}{\sqrt[3]{(x-1)(x+1)^2}} = \int \sqrt[3]{\dfrac{x+1}{x-1}} \dfrac{dx}{x+1}$.

令 $t = \sqrt[3]{\dfrac{x+1}{x-1}}, x = \dfrac{t^3+1}{t^3-1}, dx = \dfrac{-6t^2 dt}{(t^3-1)^2}$;

于是

$$\int \sqrt[3]{\frac{x+1}{x-1}} \frac{dx}{x+1} = \int \frac{-3dt}{t^3-1} = \int \left(-\frac{1}{t-1} + \frac{t+2}{t^2+t+1}\right) dt$$

$$= \frac{1}{2} \ln \frac{t^2+t+1}{(t-1)^2} + \sqrt{3}\text{arctg} \frac{2t+1}{\sqrt{3}} + C,$$

此处 $t = \sqrt[3]{\dfrac{x+1}{x-1}}$.

279. 二项式微分的积分、例题　形如

$$x^m(a+bx^n)^p dx$$

的微分式叫做**二项式微分**, 其中 a, b 是任何常数, 而指数 m, n, p 是有理数. 要来弄清楚这些表达式可在有限形状中求积分的情况.

一个这样的情况是很明显的: 如果 p 是整数(正的, 零或负的), 那么, 所考虑的表达式就属于上目研究过的类型. 就是, 如果用 λ 表示分数 m 及 n 的分母的最小公倍数, 我们在这里就有形如 $R(\sqrt[\lambda]{x})dx$ 的表达式, 于是作替换 $t = \sqrt[\lambda]{x}$ 就可把它有理化了.

现在用 $z = x^n$ 来变换给定的表达式. 于是

$$x^m(a + bx^n)^p dx = \frac{1}{n}(a + bz)^p z^{\frac{m+1}{n}-1} dz,$$

并为简明起见, 令

$$\frac{m+1}{n} - 1 = q,$$

即有

$$\int x^m(a + bx^n)^p dx = \frac{1}{n}\int (a + bz)^p z^q dz. \tag{2}$$

如果 q 是整数, 我们就重新得到已研究过的类型的表达式. 实际上, 如果通过 ν 来表示分数 p 的分母, 那么, 变换后的表达式就有 $R(z, \sqrt[\nu]{a + bz})$ 的形状. 若作替换

$$t = \sqrt[\nu]{a + bz} = \sqrt[\nu]{a + bx^n}$$

也可以一下子将表达式 $R(z, \sqrt[\nu]{a + bz})$ 有理化.

最后, 改写 (2) 中第二个积分成这样:

$$\int \left(\frac{a + bz}{z}\right)^p z^{p+q} dz.$$

容易看出, 在 $p + q$ 是整数时我们也得到研究过的情况: 变换后的表达式有 $R\left(z, \sqrt[\nu]{\dfrac{a + bz}{z}}\right)$ 的形状, 用替换

$$t = \sqrt[\nu]{\frac{a + bz}{z}} = \sqrt[\nu]{ax^{-n} + b}.$$

可把给定积分中的被积表达式一下子有理化.

由此可见, 如果

$$p, q, p + q$$

中有一个是整数, 或者(同样地)

$$p, \frac{m+1}{n}, \frac{m+1}{n} + p$$

中有一个是整数, 等式 (2) 的两个积分都可按有限形状表示出来.

这些可积性的情形, 其实牛顿早已知道. 可是, 只在 19 世纪中叶**切比雪夫** (Chebeshev) 才建立这个著名的事实: 在有限形状中二项微分没有其他可积的情形.

考虑一些**例题**.

1) $\int \dfrac{\sqrt[3]{1 + \sqrt[4]{x}}}{\sqrt{x}} dx = \int x^{-\frac{1}{2}}\left(1 + x^{\frac{1}{4}}\right)^{\frac{1}{3}} dx.$

这里 $m = -\dfrac{1}{2}, n = \dfrac{1}{4}, p = \dfrac{1}{3}$; 因为

$$\frac{m+1}{n} = \frac{-\dfrac{1}{2} + 1}{\dfrac{1}{4}} = 2.$$

所以这是第二种可积的情形. 察觉到 $\nu = 3$ 之后, 令 (依一般的规则)

$$t = \sqrt[3]{1 + \sqrt[4]{x}}, x = (t^3 - 1)^4, dx = 12t^2(t^3 - 1)^3 dt;$$

于是

$$\int \frac{\sqrt[3]{1 + \sqrt[4]{x}}}{\sqrt{x}} dx = 12 \int (t^6 - t^3) dt = \frac{3}{7} t^4 (4t^3 - 7) + C \text{等等.}$$

2) $\int \dfrac{dx}{\sqrt[4]{1 + x^4}} = \int x^0 (1 + x^4)^{-\frac{1}{4}} dx.$

这次 $m = 0, n = 4, p = -\dfrac{1}{4}$; 因为 $\dfrac{m+1}{n} + p = \dfrac{1}{4} - \dfrac{1}{4} = 0$, 所以是第三种可积的情形. 这里 $\nu = 4$; 令

$$t = \sqrt[4]{x^{-4} + 1} = \frac{\sqrt[4]{1 + x^4}}{x}, x = (t^4 - 1)^{-\frac{1}{4}}, dx = -t^3 (t^4 - 1)^{-\frac{5}{4}} dt,$$

于是

$$\sqrt[4]{1 + x^4} = tx = t(t^4 - 1)^{-\frac{1}{4}}$$

$$\int \frac{dx}{\sqrt[4]{1 + x^4}} = -\int \frac{t^2 dt}{t^4 - 1} = \frac{1}{4} \int \left(\frac{1}{t+1} - \frac{1}{t-1} \right) dt - \frac{1}{2} \int \frac{dt}{t^2 + 1}$$

$$= \frac{1}{4} \ln \left| \frac{t+1}{t-1} \right| - \frac{1}{2} \text{arctg } t + C \ \text{等等.}$$

3) $\int \dfrac{dx}{x \sqrt[3]{1 + x^5}} = \int x^{-1} (1 + x^5)^{-\frac{1}{3}} dx.$

在此 $m = -1, n = 5, p = -\dfrac{1}{3}$; 是第二种情形 $\dfrac{m+1}{n} = 0; \nu = 3.$ 令

$$t = \sqrt[3]{1 + x^5}, x = (t^3 - 1)^{\frac{1}{5}}, dx = \frac{3}{5} t^2 (t^3 - 1)^{-\frac{4}{5}} dt;$$

我们有

$$\int \frac{dx}{x \sqrt[3]{1 + x^5}} = \frac{3}{5} \int \frac{t \, dt}{t^3 - 1} = \frac{1}{5} \int \left(\frac{1}{t-1} - \frac{t-1}{t^2 + t + 1} \right) dt$$

$$= \frac{1}{10} \ln \frac{(t-1)^2}{t^2 + t + 1} + \frac{\sqrt{3}}{5} \text{arctg} \frac{2t+1}{\sqrt{3}} + C \ \text{等等.}$$

280. 递推公式　因二项式微分的积分总能 [参看 (2)] 变换成如下的形状:

$$J_{p,q} = \int (a + bz)^p z^q dz, \tag{3}$$

所以, 在以后我们就限于考虑这些积分.

我们要建立一系列**递推公式**, 借助于它们, 一般说来, 积分 (3) 可以表示成类似的积分 $J_{p',q'}$, 其中 p' 及 q' 与 p 及 q 只相差一个任意整数.

积分恒等式

$$(a + bz)^{p+1} z^q = a(a + bz)^p z^q + b(a + bz)^p z^{q+1},$$

$$\frac{d}{dz} [(a + bz)^{p+1} z^{q+1}] = (p+1)b(a + bz)^p z^{q+1} + (q+1)(a + bz)^{p+1} z^q,$$

我们得到

$$J_{p+1,q} = aJ_{p,q} + bJ_{p,q+1},$$
$$(a+bz)^{p+1}z^{q+1} = (p+1)bJ_{p,q+1} + (q+1)J_{p+1,q}.$$

由此得到头两个公式

(I) $J_{p,q} = -\dfrac{(a+bz)^{p+1}z^{q+1}}{a(p+1)} + \dfrac{p+q+2}{a(p+1)}J_{p+1,q}$ $(p \neq -1)$;

(II) $J_{p,q} = \dfrac{(a+bz)^{p+1}z^{q+1}}{a(q+1)} - b\dfrac{p+q+2}{a(q+1)}J_{p,q+1}$ $(q \neq -1)$.

它们使我们能够把 p 或 q 增加 1(如果它异于 -1 的话).

从这两个等式解出 $J_{p+1,q}, J_{p,q+1}$ 并分别以 $p-1$ 及 $q-1$ 代替 p 及 q, 我们得到公式

(III) $J_{p,q} = \dfrac{(a+bz)^{p}z^{q+1}}{p+q+1} + \dfrac{ap}{p+q+1}J_{p-1,q}$ $(p+q \neq -1)$;

(IV) $J_{p,q} = \dfrac{(a+bz)^{p+1}z^{q}}{b(p+q+1)} - \dfrac{aq}{b(p+q+1)}J_{p,q-1}$ $(p+q \neq -1)$.

它们使我们能够把 p 或 q 减少 1(如果和数 $p+q$ 异于 -1 的话).

如果无论 p 或 q, 或 $p+q$ 都不是整数 (于是积分 $J_{p,q}$ 不能通过初等函数在有限形状中表示出来), 则递推公式可以无限制地继续应用下去. 借助于它们, 可以把参数 p 及 q 变成, 例如, 真分式.

现在讲一个对我们更有趣的情形, 即当积分可在有限形状中求得时的情形. 在此可假定指数 p 或 q 是整数, 因为整数 $p+q$ 的情形可用替换 $z = \dfrac{1}{u}$ 化成整数 q 的情形.

这时继续应用上述公式, 就可把整数指数 p 或 q 化成 0(假如它是正数的话) 或化成 -1(假如它是负数的话). 这样, 通常就或者把积分作完了, 或者 —— 在任何情形下 —— 把积分大大地简化了.

例题

1) 考虑积分[①]

$$H_m = \int \frac{x^m}{\sqrt{1-x^2}}dx (m \text{ 是整数}).$$

这里 $n = 2, p = -\dfrac{1}{2}$; 所以当 m 是奇数时, $\dfrac{m+1}{n} = \dfrac{m+1}{2}$ 是整数, 而当 m 是偶数时, 数 $\dfrac{m+1}{n} + p = \dfrac{m+1}{2} - \dfrac{1}{2} = \dfrac{m}{2}$, 于是在所有情形下积分都可在有限形状中求得. 用替换 $z = x^2$

[①]类似地, 也可以研究积分

$$\int \frac{x^m}{\sqrt{x^2-1}}dx, \quad \int \frac{x^m}{\sqrt{x^2+1}}dx.$$

可把原式化成

$$\frac{1}{2}\int(1-z)^{-\frac{1}{2}}z^{\frac{m-1}{2}}\,dz = \frac{1}{2}J_{-\frac{1}{2},\frac{m-1}{2}}.$$

如果假定 $m>1$, 把公式 (IV) 应用到所得的积分上去. 就得到

$$J_{-\frac{1}{2},\frac{m-1}{2}} = -2\frac{(1-z)^{\frac{1}{2}}z^{\frac{m-2}{2}}}{m} + \frac{m-1}{m}J_{-\frac{1}{2},\frac{m-3}{2}},$$

或者, 回到原来给定的积分,

$$H_m = -\frac{1}{m}x^{m-1}\sqrt{1-x^2} + \frac{m-1}{m}H_{m-2}.$$

把 m 的值减少 2 的这个公式, 继续把 H_m 的计算当 m 是奇数时化成

$$H_1 = \int\frac{x\,dx}{\sqrt{1-x^2}} = -\sqrt{1-x^2} + C;$$

或者当 m 是偶数时, 化成

$$H_0 = \int\frac{dx}{\sqrt{1-x^2}} = \arcsin x + C.$$

现设 $m<-1$, 于是 $m=-\mu, \mu>1$. 这回应用公式 (II)

$$J_{-\frac{1}{2},\frac{m-1}{2}} = 2\frac{(1-z)^{\frac{1}{2}}z^{\frac{m+1}{2}}}{m+1} + \frac{m+2}{m+1}J_{-\frac{1}{2},\frac{m+1}{2}},$$

由此

$$H_{-\mu} = -\frac{x^{-(\mu-1)}\sqrt{1-x^2}}{\mu-1} + \frac{\mu-2}{\mu-1}H_{-(\mu-2)}.$$

借助于这个公式, 我们有可能把 μ 的值减少 2, 因而, 有可能继续把 $H_{-\mu}$ 的计算当 μ 是奇数时化成

$$H_{-1} = \int\frac{dx}{x\sqrt{1-x^2}} = \ln\left|\frac{1-\sqrt{1-x^2}}{x}\right| + C;$$

或者当 μ 是偶数时, 化成

$$H_{-2} = \int\frac{dx}{x^2\sqrt{1-x^2}} = -\frac{\sqrt{1-x^2}}{x} + C.$$

2) 如果对于积分[①]

$$J_{n+1} = \int\frac{dx}{(x^2+a^2)^{n+1}} = \frac{1}{2}\int(a^2+z)^{-(n+1)}z^{-\frac{1}{2}}\,dz = J_{-(n+1),-\frac{1}{2}} \quad (n=1,2,3,\cdots)$$

应用公式 (I):

$$J_{-(n+1),-\frac{1}{2}} = \frac{(a^2+z)^{-n}z^{\frac{1}{2}}}{na^2} + \frac{2n-1}{2n}\frac{1}{a^2}J_{-n,-\frac{1}{2}},$$

那么, 变回到 J_n, 我们就得到已经知道的递推公式 [**271**, (6)]:

$$J_{n+1} = \frac{1}{2na^2}\frac{x}{(x^2+a^2)^n} + \frac{2n-1}{2n}\frac{1}{a^2}J_n.$$

[①]类似地, 也可以研究积分 $\int\dfrac{dx}{(x^2-a^2)^{n+1}}$.

281. 形状为 $R(x, \sqrt{ax^2+bx+c})$ 的表达式的积分、欧拉替换   现在来考虑很重要的积分类型

$$\int R(x, \sqrt{ax^2+bx+c})dx. \tag{4}$$

当然假定二次三项式没有等根, 于是它的根号不能用有理表达式来替代. 我们研究三种替换, 即所谓**欧拉替换**, 利用它们, 总能把此处的被积表达式有理化.

第 I 种替换应用在 $a>0$ 的情形下. 此时假定

$$\sqrt{ax^2+bx+c} = t - \sqrt{a}x^{①}.$$

将这等式两端平方,(消去 ax^2 项后), 得到 $bx+c = t^2 - 2\sqrt{a}tx$, 于是

$$x = \frac{t^2-c}{2\sqrt{a}t+b}, \quad \sqrt{ax^2+bx+c} = \frac{\sqrt{a}t^2+bt+c\sqrt{a}}{2\sqrt{a}t+b}, \quad dx = 2\frac{\sqrt{a}t^2+bt+c\sqrt{a}}{(2\sqrt{a}t+b)^2}dt.$$

欧拉替换的全部妙处正是在于: 为了定出 x, 就得到一个一次方程, 于是 x 与根式 $\sqrt{ax^2+bx+c}$ 同时可用 t 有理地表示出来.

如果把所得的表达式代入 (4), 问题就变成积分 t 的有理函数了. 在结果中变回到 x 时, 必须令 $t = \sqrt{ax^2+bx+c} + \sqrt{a}x$.

第 II 种替换应用在 $c>0$ 时. 在这种情形下可令

$$\sqrt{ax^2+bx+c} = xt + \sqrt{c}^{②}.$$

如果平方后, 消去两端的 c 并约去 x, 就得到 $ax+b = xt^2+2\sqrt{c}t$—— 又是 x 的一次方程. 由此

$$x = \frac{2\sqrt{c}t-b}{a-t^2}, \quad \sqrt{ax^2+bx+c} = \frac{\sqrt{c}t^2-bt+\sqrt{c}a}{a-t^2}, \quad dx = 2\frac{\sqrt{c}t^2-bt+\sqrt{c}a}{(a-t^2)^2}dt.$$

将这些代入 (4), 显然, 被积表达式就被有理化了. 积分后, 在结果中令

$$t = \frac{\sqrt{ax^2+bx+c}-\sqrt{c}}{x}.$$

附注 I   上面所考虑的情形中 ($a>0$ 及 $c>0$), 用替换 $x = \dfrac{1}{z}$ 可将其中的一种变成另一种. 因而总可以避免使用第 II 种替换.

最后, **第 III 种替换**适用于这种情形: 如果二次三项式 ax^2+bx+c 有 (相异的) 实根 λ 与 μ. 如所周知, 此时这个三项式可分解成线性因式

$$ax^2+bx+c = a(x-\lambda)(x-\mu).$$

---

① 也可以令 $\sqrt{ax^2+bx+c} = t + \sqrt{a}x$.
② 或者 $\sqrt{ax^2+bx+c} = xt - \sqrt{c}$.

令

$$\sqrt{ax^2 + bx + c} = t(x - \lambda).$$

平方并约去 $x - \lambda$, 在这里也得到一次方程 $a(x - \mu) = t^2(x - \lambda)$ 于是

$$x = \frac{-a\mu + \lambda t^2}{t^2 - a}, \quad \sqrt{ax^2 + bx + c} = \frac{a(\lambda - \mu)t}{t^2 - a}, \quad dx = \frac{2a(\mu - \lambda)t}{(t^2 - a)^2}dt$$

等等.

附注 II　在所作的假定下, 根式 $\sqrt{a(x - \lambda)(x - \mu)}$ (为明确起见, 比方说, 认定 $x > \lambda$) 可变成如下的形状

$$(x - \lambda)\sqrt{a\frac{x - \mu}{x - \lambda}},$$

因而在所考虑的情况下

$$R(x, \sqrt{ax^2 + bx + c}) = R_1\left(x, \sqrt{a\frac{x - \mu}{x - \lambda}}\right).$$

于是我们在实质上就是要处理第 **278** 目中所研究过的那类微分式了. 可把第 III 种欧拉替换写成如下的形式

$$t = \sqrt{a\frac{x - \mu}{x - \lambda}},$$

这跟 **278** 目中已经讲过的替换是同样的.

现在我们指出, 为了要在所有可能情况下实现 (4) 中被积表达式的有理化, 只用 I 及 III 两种欧拉替换就足够了. 实际上, 如果三项式 $ax^2 + bx + c$ 有实根, 那么, 如我们已看到过的, 就用第 III 种替换. 如果没有实根, 即是, $b^2 - 4ac < 0$, 则三项式

$$ax^2 + bx + c = \frac{1}{4a}[(2ax + b)^2 + (4ac - b^2)]$$

在变量 x 的一切值下都与 a 有相同的符号. $a < 0$ 的情形对我们是没有兴趣的, 因为此时根式完全没有实值. 在 $a > 0$ 的情形, 就用第 I 种替换.

由这些讨论同时得到一般的断言: 类型 (4) 的积分总可在有限形状中求得, 并且, 为了表示出它们, 除了可用来表示有理微分式的积分的那些函数外, 只再需用二次根式就够了.

282. 欧拉替换的几何解释　表面上如此矫揉造作的欧拉替换, 可以完全由直观的几何观点得出.

考虑二次曲线

$$y = \pm\sqrt{ax^2 + bx + c} \quad \text{或} \quad y^2 = ax^2 + bx + c.$$

如果在这曲线上取任意点 (x_0, y_0), 于是

$$y_0^2 = ax_0^2 + bx_0 + c, \tag{5}$$

那么, 通过这点的割线 $y - y_0 = t(x - x_0)$ 刚刚交曲线于一点 (x, y). 这交点的坐标可用简单的计算找出. 从曲线及割线的方程中消去 y, 就得到

$$[y_0 + t(x - x_0)]^2 = ax^2 + bx + c,$$

由此, 注意到 (5),

$$2y_0t(x - x_0) + t^2(x - x_0)^2 = a(x^2 - x_0^2) + b(x - x_0)$$

或者,—— 约去 $x - x_0$——

$$2y_0t + t^2(x - x_0) = a(x + x_0) + b.$$

这样, 第二个交点的横坐标 x, 随之纵坐标 y, 都可用变动的斜率 t 的有理函数表示出来. 这时适当地变化 t, 显然可使点 (x, y) 描出全部曲线.

现在, 关系式

$$\sqrt{ax^2 + bx + c} - y_0 = t(x - x_0)$$

显然定出把情形 (4) 中的被积表达式有理化的那个替换.

设三项式 $ax^2 + bx + c$ 有实根 λ 及 μ; 这就是说, 我们的曲线交 x 轴于点 $(\lambda, 0)$ 及 $(\mu, 0)$; 例如, 取它们中的第一点作为点 (x_0, y_0), 我们得到第 III 种欧拉替换

$$\sqrt{ax^2 + bx + c} = t(x - \lambda).$$

如果 $c > 0$, 则曲线交 y 轴于点 $(0, \pm\sqrt{c})$; 取其中的一个作点 (x_0, y_0), 我们得到第 II 种欧拉替换

$$\sqrt{ax^2 + bx + c} \pm \sqrt{c} = tx.$$

最后, 实质上在同样的思想程序下, 只要我们取曲线的无穷远点作点 (x_0, y_0), 就得到第 I 种欧拉替换. 即是, 假定 $a > 0$(在这情形下曲线是双曲线), 考查双曲线的渐近线 $y = \pm\sqrt{a}x$, 并用平行于渐近线的直线 $y = t \pm \sqrt{a}x$ 与曲线相交 (这两条直线是通过上述无穷远点的). 每条这样的直线交曲线于第二点 (x, y), 它的坐标是 t 的有理函数. 由此得到替换

$$\sqrt{ax^2 + bx + c} = t \pm \sqrt{a}x.$$

283. 例题　我们已经知道属于所考虑的类型的两个基本积分 [**269**, 9) 及 12); **268**]:

$$\int \frac{dx}{\sqrt{x^2 \pm a^2}} = \ln|x + \sqrt{x^2 \pm a^2}| + C,$$

$$\int \frac{dx}{\sqrt{a^2 - x^2}} = \arcsin \frac{x}{a} + C.$$

从它们出发, 可以计算别的一些积分.

1) $\int \dfrac{dx}{\sqrt{\alpha x^2 + \beta}}$. 在计算这个积分时我们分成两种情形: $\alpha > 0$ 及 $\alpha < 0$.

如果 $\alpha > 0$, 那么容易把积分变成基本积分的第一种 $\left(\text{在} \dfrac{\beta}{\alpha} = \pm a^2 \text{时}\right)$

$$\frac{1}{\sqrt{\alpha}} \int \frac{dx}{\sqrt{x^2 + \dfrac{\beta}{\alpha}}} = \frac{1}{\sqrt{\alpha}} \ln \left| x + \sqrt{x^2 + \frac{\beta}{\alpha}} \right| + C.$$

还可以 α 乘对数函数的自变量, 这就引进一个补充项 $\dfrac{1}{\sqrt{\alpha}} \ln \alpha$, 因而只影响到 C. 最后得到

$$\int \frac{dx}{\sqrt{\alpha x^2 + \beta}} = \frac{1}{\sqrt{|\alpha|}} \ln|\alpha x + \sqrt{\alpha(\alpha x^2 + \beta)}| + C' \quad (\alpha > 0). \tag{6}$$

如果 $\alpha < 0$, 于是 $\alpha = -|\alpha|$, 我们可把根式改写成 $\sqrt{\beta - |\alpha|x^2}$ 的形状. 为了使根式一般地能有实值, 必须在这里假定 $\beta > 0$. 积分可变成基本积分中的第二种 $\left(\text{在} \dfrac{\beta}{|\alpha|} = a^2 \text{时}\right)$, 于是

$$\int \frac{dx}{\sqrt{\alpha x^2 + \beta}} = \frac{1}{\sqrt{|\alpha|}} \arcsin\left(\sqrt{\frac{|\alpha|}{\beta}} x\right) + C \quad (\alpha < 0). \tag{7}$$

许多别的积分可用初等方法化成积分 (6) 及 (7), 例如

2) $\int \sqrt{\alpha x^2 + \beta}\, dx$, 可用分部积分法求得

$$\int \sqrt{\alpha x^2 + \beta}\, dx = x\sqrt{\alpha x^2 + \beta} - \int x\, d\sqrt{\alpha x^2 + \beta} = x\sqrt{\alpha x^2 + \beta} - \int \frac{\alpha x^2}{\sqrt{\alpha x^2 + \beta}}\, dx$$

$$= x\sqrt{\alpha x^2 + \beta} - \int \frac{(\alpha x^2 + \beta) - \beta}{\sqrt{\alpha x^2 + \beta}}\, dx$$

$$= x\sqrt{\alpha x^2 + \beta} - \int \sqrt{\alpha x^2 + \beta}\, dx + \beta \int \frac{dx}{\sqrt{\alpha x^2 + \beta}}.$$

在右端我们重新得到了要计算的积分; 把它移到左端并以 2 除全部等式, 我们得到

$$\int \sqrt{\alpha x^2 + \beta}\, dx = \frac{1}{2} x\sqrt{\alpha x^2 + \beta} + \frac{\beta}{2} \int \frac{dx}{\sqrt{\alpha x^2 + \beta}}. \tag{8}$$

要得到最后结果, 只看 $\alpha > 0$ 或 $\alpha < 0$, 而把最后那个积分用它的表达式 (6) 或 (7) 代入即可.

3) (a) $\int \dfrac{dx}{x\sqrt{\alpha x^2 + \beta}}$, (б) $\int \dfrac{dx}{x^2\sqrt{\alpha x^2 + \beta}}$, (в) $\int \dfrac{dx}{(\alpha x^2 + \beta)^{\frac{3}{2}}}$

可用简单的替换 $x = \dfrac{1}{t}, dx = -\dfrac{1}{t^2} dt$ 化成已经知道的积分, 我们有 (为明确起见, 设 x 及 $t > 0$):

(a) $\int \dfrac{dx}{x\sqrt{\alpha x^2 + \beta}} = -\int \dfrac{dt}{\sqrt{\alpha + \beta t^2}}$

—— 以后的计算可看 β 的符号依公式 (6) 或 (7) 作出. 其次,

(б) $\displaystyle\int \frac{dx}{x^2\sqrt{\alpha x^2 + \beta}} = -\int \frac{t\,dt}{\sqrt{\alpha + \beta t^2}} = -\frac{1}{\beta}\sqrt{\alpha + \beta t^2} + C = -\frac{\sqrt{\alpha x^2 + \beta}}{\beta x} + C,$

也类似地

(в) $\displaystyle\int \frac{dx}{(\alpha x^2 + \beta)^{\frac{3}{2}}} = -\int \frac{t\,dt}{(\alpha + \beta t^2)^{\frac{3}{2}}} = \frac{1}{\beta}\frac{1}{\sqrt{\alpha + \beta t^2}} + C = \frac{1}{\beta}\frac{x}{\sqrt{\alpha x^2 + \beta}} + C.$

4) 被积表达式的恒等的变换可把下面的积分化成已经计算过的积分. 例如:

(а) $\displaystyle\int \frac{x^2\,dx}{\sqrt{\alpha x^2 + \beta}},$ (б) $\displaystyle\int \frac{\sqrt{\alpha x^2 + \beta}}{x}dx,$ (в) $\displaystyle\int \frac{x^2}{(\alpha x^2 + \beta)^{\frac{3}{2}}}dx.$

我们有

(а) $\displaystyle\int \frac{x^2\,dx}{\sqrt{\alpha x^2 + \beta}} = \frac{1}{\alpha}\int \frac{(\alpha x^2 + \beta) - \beta}{\sqrt{\alpha x^2 + \beta}}dx = \frac{1}{\alpha}\int \sqrt{\alpha x^2 + \beta}\,dx - \frac{\beta}{\alpha}\int \frac{dx}{\sqrt{\alpha x^2 + \beta}}$

或者, 利用公式 (8),

$$\int \frac{x^2\,dx}{\sqrt{\alpha x^2 + \beta}} = \frac{1}{2\alpha}x\sqrt{\alpha x^2 + \beta} - \frac{\beta}{2\alpha}\int \frac{dx}{\sqrt{\alpha x^2 + \beta}}\text{以下略 [参看 1)]}.$$

然后

(б) $\displaystyle\int \frac{\sqrt{\alpha x^2 + \beta}}{x}dx = \int \frac{\alpha x^2 + \beta}{x\sqrt{\alpha x^2 + \beta}}dx = \alpha\int \frac{x\,dx}{\sqrt{\alpha x^2 + \beta}} + \beta\int \frac{dx}{x\sqrt{\alpha x^2 + \beta}};$

积分中的第一个一下子就可得到, 第二个在 3) 中已经计算过. 最后,

(в) $\displaystyle\int \frac{x^2}{(\alpha x^2 + \beta)^{\frac{3}{2}}}dx = \frac{1}{\alpha}\int \frac{dx}{\sqrt{\alpha x^2 + \beta}} - \frac{\beta}{\alpha}\int \frac{dx}{(\alpha x^2 + \beta)^{\frac{3}{2}}}\text{[参看 1) 及 3)]}.$

5) 如果在根式中的是完全二次三项式 $ax^2 + bx + c$, 用线性替换把它化成二项式常是有利的. 分出完全平方

$$ax^2 + bx + c = \frac{1}{4a}[(2ax + b)^2 + 4ac - b^2],$$

令 $t = 2ax + b$. 用这样方法, 例如, 从公式 (6) 及 (7), 当 $a > 0$ 时就得到

$$\int \frac{dx}{\sqrt{ax^2 + bx + c}} = \frac{1}{\sqrt{a}}\ln|2ax + b + 2\sqrt{a(ax^2 + bx + c)}| + C$$

$$= \frac{1}{\sqrt{a}}\ln\left|ax + \frac{b}{2} + \sqrt{a(ax^2 + bx + c)}\right| + C. \tag{6*}$$

而当 $a < 0$ 时

$$\int \frac{dx}{\sqrt{ax^2 + bx + c}} = -\frac{1}{\sqrt{|a|}}\arcsin\frac{2ax + b}{\sqrt{b^2 - 4ac}} + C. \tag{7*}$$

6) 现在转到欧拉替换. 在 **269**, 12) 中事实上我们已经把第 I 种替换应用到计算积分

$$\int \frac{dx}{\sqrt{x^2 \pm a^2}}$$

上, 虽然第二个基本积分

$$\int \frac{dx}{\sqrt{a^2 - x^2}}$$

对我们来说从粗浅的讨论就是已知的, 但作为一个练习, 我们还是把欧拉替换应用到这个积分上去.

(a) 如果先利用第 III 种替换 $\sqrt{a^2 - x^2} = t(a - x)$, 则

$$x = a\frac{t^2 - 1}{t^2 + 1}, \quad dx = \frac{4atdt}{(t^2 + 1)^2}, \quad \sqrt{a^2 - x^2} = \frac{2at}{t^2 + 1},$$

因而

$$\int \frac{dx}{\sqrt{a^2 - x^2}} = 2\int \frac{dt}{t^2 + 1} = 2\text{arctg}\, t + C = 2\text{arctg}\sqrt{\frac{a + x}{a - x}} + C.$$

因为恒等式

$$2\text{arctg}\sqrt{\frac{a + x}{a - x}} = \arcsin \frac{x}{a} + \frac{\pi}{2} \quad (-a < x < a)$$

成立, 所以这个结果只是形式和我们已经知道的结果不同.

读者在以后应当注意:由于积分时所用的计算方法不同, 就可能得到不同形式的积分函数.

(б) 如果应用第 II 种替换 $\sqrt{a^2 - x^2} = xt - a$ 到同一积分上去, 则类似地可得

$$\int \frac{dx}{\sqrt{a^2 - x^2}} = -2\int \frac{dt}{t^2 + 1} = -2\text{arctg}\, t + C = -2\text{arctg}\frac{a + \sqrt{a^2 - x^2}}{x} + C.$$

这里我们碰到另一个有趣的情况[①]: 这个结果只是各别地对区间 $(-a, 0)$ 及 $(0, a)$ 适用, 因为在点 $x = 0$ 处, 表达式

$$-2\text{arctg}\frac{a + \sqrt{a^2 - x^2}}{x}$$

失去意义. 这个表达式当 $x \to -0$ 及 $x \to +0$ 时的极限是不同的: 它们分别等于 π 及 $-\pi$, 如果对于上述两区间选择不同的常数 C 的值, 使得它们中的第二个比第一个大 2π, 而在 $x = 0$ 时取其左右极限的公共值作为这个函数的值. 就可以作出在整个区间 $(-a, a)$ 上的连续函数.

然而这次我们得到的不过是在另一种形式的旧的结果, 因为恒等式

$$-2\text{arctg}\frac{a + \sqrt{a^2 - x^2}}{x} = \begin{cases} \arcsin \dfrac{x}{a} - \pi, & \text{对于 } 0 < x < a; \\[2mm] \arcsin \dfrac{x}{a} + \pi, & \text{对于 } -a < x < 0 \end{cases}$$

成立.

7) $\int \dfrac{dx}{x + \sqrt{x^2 - x + 1}}$.

(a) 首先应用第 I 种替换:$\sqrt{x^2 - x + 1} = t - x$,

$$x = \frac{t^2 - 1}{2t - 1}, \quad dx = 2\frac{t^2 - t + 1}{(2t - 1)^2}dt,$$

$$\int \frac{dx}{x + \sqrt{x^2 - x + 1}} = \int \frac{2t^2 - 2t + 2}{t(2t - 1)^2}dt = \int \left[\frac{2}{t} - \frac{3}{2t - 1} + \frac{3}{(2t - 1)^2}\right]dt$$

$$= -\frac{3}{2}\frac{1}{2t - 1} + 2\ln|t| - \frac{3}{2}\ln|2t - 1| + C.$$

[①]比较 **277** 目例题 3).

如果在这里以 $t = x + \sqrt{x^2 - x + 1}$ 代入, 最后就得到

$$\int \frac{dx}{x + \sqrt{x^2 - x + 1}} = -\frac{3}{2} \frac{1}{2x + 2\sqrt{x^2 - x + 1} - 1} - \frac{3}{2} \ln |2x + 2\sqrt{x^2 - x + 1} - 1|$$
$$+ 2 \ln |x + \sqrt{x^2 - x + 1}| + C.$$

(6) 现在应用第 II 种替换: $\sqrt{x^2 - x + 1} = tx - 1$,

$$x = \frac{2t - 1}{t^2 - 1}, dx = -2 \frac{t^2 - t + 1}{(t^2 - 1)^2} dt, \sqrt{x^2 - x + 1} = \frac{t^2 - t + 1}{t^2 - 1}, x + \sqrt{x^2 - x + 1} = \frac{t}{t - 1}.$$

$$\int \frac{dx}{x + \sqrt{x^2 - x + 1}} = \int \frac{-2t^2 + 2t - 2}{t(t - 1)(t + 1)^2} dt = \int \left[\frac{2}{t} - \frac{1}{2} \frac{1}{t - 1} - \frac{3}{2} \frac{1}{t + 1} - \frac{3}{(t + 1)^2} \right] dt$$
$$= \frac{3}{t + 1} + 2 \ln |t| - \frac{1}{2} \ln |t - 1| - \frac{3}{2} \ln |t + 1| + C'.$$

这儿以 $t = \dfrac{\sqrt{x^2 - x + 1} + 1}{x}$ 代入; 在显然的简化后, 得到

$$\int \frac{dx}{x + \sqrt{x^2 - x + 1}} = \frac{3x}{\sqrt{x^2 - x + 1} + x + 1} + 2 \ln |\sqrt{x^2 - x + 1} + 1|$$
$$- \frac{1}{2} \ln |\sqrt{x^2 - x + 1} - x + 1| - \frac{3}{2} \ln |\sqrt{x^2 - x + 1} + x + 1| + C'.$$

这个表达式虽然在形式上与先前所得的不同, 但在 $C = C' + \dfrac{3}{2}$ 时可把它们看作是相同的.

8) $\int \dfrac{dx}{(x^2 + a^2)\sqrt{a^2 - x^2}}$.

(a) 因为在根号内表达式的根是实数, 所以可应用第 III 种替换 $\sqrt{a^2 - x^2} = t(a - x)$; 这里 $-a < x < a$ 及 $t > 0$. 我们有

$$x = a \frac{t^2 - 1}{t^2 + 1}, dx = \frac{4at dt}{(t^2 + 1)^2}, \sqrt{a^2 - x^2} = \frac{2at}{t^2 + 1}, x^2 + a^2 = \frac{2a^2(t^4 + 1)}{(t^2 + 1)^2}.$$

并且

$$\int \frac{dx}{(x^2 + a^2)\sqrt{a^2 - x^2}} = \frac{1}{2a^2} \int \frac{2t^2 + 2}{t^4 + 1} dt = \frac{1}{2a^2} \int \left[\frac{1}{t^2 + t\sqrt{2} + 1} + \frac{1}{t^2 - t\sqrt{2} + 1} \right] dt$$
$$= \frac{1}{a^2 \sqrt{2}} [\text{arctg}(t\sqrt{2} + 1) + \text{arctg}(t\sqrt{2} - 1)] + C,$$

为要得到最后结果, 在此还须代入

$$t = \sqrt{\frac{a + x}{a - x}}.$$

利用反正切函数的和的公式以及明显的关系式

$$\text{arctg} \frac{1}{a} = -\text{arctg}\, a \pm \frac{\pi}{2} \quad (\text{当 } a \gtrless 0 \text{ 时}),$$

可给所得结果以更简单的形式

$$\frac{1}{a^2 \sqrt{2}} \text{arctg} \frac{x\sqrt{2}}{\sqrt{a^2 - x^2}} + C_1 \left(\text{这儿 } C_1 = C + \frac{\pi}{2a^2 \sqrt{2}} \right).$$

(б) 如果应用第 II 种替换 $\sqrt{a^2-x^2}=tx-a$ 到同一积分上去, 就得到

$$\int \frac{dx}{(x^2+a^2)\sqrt{a^2-x^2}} = -\frac{1}{a^2\sqrt{2}}[\operatorname{arctg}(\sqrt{2}+1)t + \operatorname{arctg}(\sqrt{2}-1)t] + C',$$

在此 $t = \dfrac{a+\sqrt{a^2-x^2}}{x}$. 这个结果各别地对区间 $(-a,0)$ 及 $(0,a)$ 适合; 容易了解, 当 x 变到 0 时改变常数 C' 的值, 就可使它在整个区间 $(-a,a)$ 上是适合的. 最后, 如果依反正切函数的和的公式把它变形, 它就与上述结果相同.

9) $\displaystyle\int \frac{dx}{(x^2+\lambda)\sqrt{x^2+\mu}}$.

用第 I 种替换: $\sqrt{x^2+\mu}=t-x$. 我们有

$$\int \frac{dx}{(x^2+\lambda)\sqrt{x^2+\mu}} = 2\int \frac{2t\,dt}{t^4+2(2\lambda-\mu)t^2+\mu^2} = 2\int \frac{du}{u^2+2(2\lambda-\mu)u+\mu^2}.$$

这样一来, 问题就化成计算初等积分了; 在结果中必须以替换

$$u = t^2 = (x+\sqrt{x^2+\mu})^2$$

代入.

284. 其他的计算方法　欧拉替换虽然原则上在所有情况下解决了在有限形状中计算类型 (4) 的积分的问题, 但有时 —— 在应用它们时 —— 甚至简单的微分式也引起繁复的计算. 由于所讨论的这种类型的积分的重要性, 我们要指出它们的另一些计算方法.

为简明起见, 令

$$Y = ax^2+bx+c \ \text{及}\ \ y=\sqrt{Y}.$$

凡有理函数 $R(x,y)$ 都可以表示成 x 及 y 的两个整多项式的商. 如果处处都以 Y 代替 y^2, 我们便把 $R(x,y)$ 化成

$$R(x,y) = \frac{P_1(x)+P_2(x)y}{P_3(x)+P_4(y)y}$$

的形状, 其中 $P_i(x)$ 是整多项式. 以表达式 $P_3(x)-P_4(x)y$ 乘这公式的分子及分母 (并重新以 Y 代替 y^2) 后, 我们得到 R 的新形式

$$R(x,y) = R_1(x)+R_2(x)y.$$

右端第一项的积分我们已经会表示成有限形状; 所以, 我们只需研究第二项, 以 y 乘并除这一项, 最后得到这样的表达式

$$R^*(x)\frac{1}{y} = R^*(x)\frac{1}{\sqrt{ax^2+bx+c}},$$

我们就要研究它的积分

首先从有理函数 $R^*(x)$ 中分离出整式部分 $P(x)$, 而把真分式部分分解成部分分式 [**274**]. 在这样的情形下, 所得表达式的积分被化成为计算下列三种类型的积分:

I. $\int \dfrac{P(x)}{\sqrt{ax^2 + bx + c}} dx$,

II. $\int \dfrac{A\,dx}{(x - \alpha)^k \sqrt{ax^2 + bx + c}}$,

III. $\int \dfrac{Mx + N}{(x^2 + px + q)^m \sqrt{ax^2 + bx + c}} dx$,

这儿所有的系数都是实数, 而三项式 $x^2 + px + q$ 的根是虚根. 我们分别来讨论它们中的每一个.

I. 令 (对于 $m = 0, 1, 2, \cdots$)

$$V_m = \int \frac{x^m}{\sqrt{ax^2 + bx + c}} dx = \int \frac{x^m}{\sqrt{Y}} dx.$$

容易建立这种积分的递推公式. 为了这一目的, 认定 $m \geqslant 1$, 取导数

$$
\begin{aligned}
(x^{m-1}\sqrt{Y})' &= (m - 1)x^{m-2}\sqrt{Y} + \frac{x^{m-1}Y'}{2\sqrt{Y}} \\
&= \frac{2(m - 1)x^{m-2}(ax^2 + bx + c) + x^{m-1}(2ax + b)}{2\sqrt{Y}} \\
&= ma\frac{x^m}{\sqrt{Y}} + \left(m - \frac{1}{2}\right)b\frac{x^{m-1}}{\sqrt{Y}} + (m - 1)c\frac{x^{m-2}}{\sqrt{Y}}
\end{aligned}
$$

并积分所得恒等式

$$x^{m-1}\sqrt{Y} = maV_m + \left(m - \frac{1}{2}\right)bV_{m-1} + (m - 1)cV_{m-2}.$$

在此取 $m = 1$, 我们得到

$$V_1 = \frac{1}{a}\sqrt{Y} - \frac{b}{2a}V_0;$$

然后令 $m = 2$(并利用 V_1 的表达式), 得到

$$V_2 = \frac{1}{4a^2}(2ax - 3b)\sqrt{Y} + \frac{1}{8a^2}(3b^2 - 4ac)V_0.$$

再这样进行下去, 我们得到普遍公式

$$V_m = p_{m-1}(x)\sqrt{Y} + \lambda_m V_0,$$

其中 $p_{m-1}(x)$ 是 $(m - 1)$ 次多项式, 而 $\lambda_m =$ 常数. 这样一来, 整个积分 V_m 就化成 V_0 了.

如果在积分 I 中多项式 $P(x)$ 是 n 次的, 这积分就是积分 $V_0, V_1, \cdots, V_n$ 的线性组合; 也就是说, 依上述公式, 可写成

$$\int \frac{P(x)}{\sqrt{Y}} dx = Q(x)\sqrt{Y} + \lambda \int \frac{dx}{\sqrt{Y}} \tag{9}$$

的形状, 其中 $Q(x)$ 是一个 $(n-1)$ 次的多项式, 而 $\lambda = $ 常数.

通常用**待定系数法**来确定多项式 $Q(x)$ 及常数 λ. 微分 (9) 并以 $\sqrt{Y}$ 乘所得到的等式, 我们得到

$$P(x) = Q'(x)(ax^2 + bx + c) + \frac{1}{2}Q(x)(2ax + b) + \lambda.$$

如果在此处以文字系数的 $(n-1)$ 次多项式代替 $Q(x)$, 在等式两端就都是 n 次多项式. 使它们的系数相等, 得到 $n+1$ 个线性方程的方程组, 多项式 $Q(x)$ 的 n 个系数及常数 λ 就可由这些方程确定出来①.

附注　用公式 (9) 能从积分

$$\int \frac{P(x)}{\sqrt{Y}}dx$$

中分离出代数部分. 类似的分离法对于一般形状的积分

$$\int \frac{R(x)}{\sqrt{Y}}dx$$

也可以被作出, 这儿 R 是任意有理函数的记号. 我们不再讨论这积分了.

II. 积分

$$\int \frac{dx}{(x-\alpha)^k\sqrt{Y}}$$

可用替换 $x - \alpha = \dfrac{1}{t}$ 化成刚才讨论过的类型. 实际上, 我们有

$$dx = -\frac{dt}{t^2}, \quad ax^2 + bx + c = \frac{(a\alpha^2 + b\alpha + c)t^2 + (2a\alpha + b)t + a}{t^2},$$

于是 (为明确起见认定 $x > \alpha$, 于是 $t > 0$)

$$\int \frac{dx}{(x-\alpha)^k\sqrt{ax^2+bx+c}} = -\int \frac{t^{k-1}dt}{\sqrt{(a\alpha^2+b\alpha+c)t^2 + (2a\alpha+b)t + a}}.$$

如果 $a\alpha^2 + b\alpha + c = 0$, 即 α 是三项式 Y 的根, 问题就更被简化了, 我们得到第 **278** 目中研究过的积分类型.

III. (a) 现在我们来讲最后的积分. 我们先考虑一个特殊情形: 三项式 $ax^2 + bx + c$ 与三项式 $x^2 + px + q$ 只相差一个因子 a. 此时所求积分有下面的形状

$$\int \frac{Mx + N}{(ax^2 + bx + c)^{\frac{2m+1}{2}}}dx.$$

---

①从所证明的事实中可明白看出, 这个方程组对常数项的任何值都是相容的, 而在这样的情况下, 它的行列式一定异于 0, 因而方程组总是确定的. 由此顺带着建立了 (9) 的表示法的唯一性 (参看 28 页与 31 ~ 32页).

容易把这积分表示成两个积分的和:

$$\frac{M}{2a} \int \frac{2ax+b}{(ax^2+bx+c)^{\frac{2m+1}{2}}} dx + \left(N - \frac{Mb}{2a}\right) \int \frac{dx}{(ax^2+bx+c)^{\frac{2m+1}{2}}},$$

其中第一个积分可用替换 $t = ax^2 + bx + c$ 立即求出.

为了计算积分

$$\int \frac{dx}{(ax^2+bx+c)^{\frac{2m+1}{2}}} = \int \frac{dx}{Y^{\frac{2m+1}{2}}},$$

作所谓**阿贝尔** (N.H.Abel) **替换**

$$t = (\sqrt{Y})' = \frac{Y'}{2\sqrt{Y}} = \frac{ax + \dfrac{b}{2}}{\sqrt{ax^2+bx+c}}$$

最为方便.

将等式两端平方并以 $4Y$ 去乘, 得到等式

$$4t^2 Y = (Y')^2 = 4a^2 x^2 + 4abx + b^2,$$

以 $4a$ 乘等式

$$Y = ax^2 + bx + c$$

后, 于其中减去上式, 结果得到

$$4(a - t^2)Y = 4ac - b^2,$$

由此

$$Y^m = \left(\frac{4ac - b^2}{4}\right)^m \frac{1}{(a - t^2)^m}. \tag{10}$$

现在微分等式

$$t\sqrt{Y} = ax + \frac{b}{2},$$

我们得到

$$\sqrt{Y}\, dt + t^2 \, dx = a\, dx,$$

于是

$$\frac{dx}{\sqrt{Y}} = \frac{dt}{a - t^2} \tag{11}$$

从 (11) 及 (10)

$$\frac{dx}{Y^{\frac{2m+1}{2}}} = \left(\frac{4}{4ac - b^2}\right)^m (a - t^2)^{m-1} dt,$$

因而, 最后得到

$$\int \frac{dx}{Y^{\frac{2m+1}{2}}} = \left(\frac{4}{4ac - b^2}\right)^m \int (a - t^2)^{m-1} dt. \tag{12}$$

这样, 整个问题就变成计算多项式的积分了.

特别地, 例如, 当 $m = 1$ 时, 就有

$$\int \frac{dx}{(ax^2 + bx + c)^{\frac{3}{2}}} = \frac{2}{4ac - b^2} \frac{2ax + b}{\sqrt{ax^2 + bx + c}}.$$

(б) 在一般情形中, 为了更对称起见, 令

$$ax^2 + bx + c = a(x^2 + p'x + q'),$$

并且现在我们可以假定, 括弧中的三项式不恒等于 $x^2 + px + q$. 摆在我们面前的问题就是: 这样变换变量 x, 使得在两个三项式中同时消去了一次项.

先设 $p \neq p'$. 此时借助于分式线性替换

$$x = \frac{\mu t + \nu}{t + 1}, \tag{13}$$

在适当选取系数 μ 与 ν 之后, 就可以达到我们的目的. 我们有

$$x^2 + px + q = \frac{(\mu^2 + p\mu + q)t^2 + [2\mu\nu + p(\mu + \nu) + 2q]t + (\nu^2 + p\nu + q)}{(t + 1)^2},$$

并且对于第二个三项式也是类似的. 未知系数由条件

$$2\mu\nu + p(\mu + \nu) + 2q = 0, 2\mu\nu + p'(\mu + \nu) + 2q' = 0$$

或

$$\mu + \nu = -2\frac{q - q'}{p - p'}, \quad \mu\nu = \frac{p'q - pq'}{p - p'}$$

定出. 由此可见,μ 与 ν 是二次方程

$$(p - p')z^2 + 2(q - q')z + (p'q - pq') = 0$$

的根. 为要使这些根是相异实数[①] ,(必要且) 充分的条件是

$$(q - q')^2 - (p - p')(p'q - pq') > 0; \tag{14}$$

我们将证明它是满足的.

改写上述条件为等价形式

$$[2(q + q') - pp']^2 > (4q - p^2)(4q' - p'^2). \tag{14*}$$

————————————
[①]当 $\mu = \nu$ 时替换失去意义, 因为它变成 $x = \mu$ 了.

已知 $4q - p^2 > 0$(因三项式 $x^2 + px + q$ 有虚根), 假如同时 $4q' - p'^2 < 0$ 的话, 于是不等式 (14*) 显然被满足. 现在只需研究 $4q' - p'^2 > 0$ 的情形. 这时 $q > 0, q' > 0$ 并且 $4\sqrt{qq'} > pp'$, 于是我们依次有[1]

$$
\begin{aligned}
[2(q + q') - pp']^2 &\geqslant [4\sqrt{qq'} - pp']^2 \\
&= (4q - p^2)(4q' - p'^2) + 4(p\sqrt{q'} - p'\sqrt{q})^2 \\
&\geqslant (4q - p^2)(4q' - p'^2).
\end{aligned}
$$

这里两次不等号跟等号联在一起, 但等号不可能同时发生在两种情形中: 如果 $q \neq q'$, 则等号在第一种情形中一定没有; 而在 $q = q'$ 时, 在第二种情形中等号一定没有. 所以, 不等式 (14*) 与 (14) 就被证明了.

作替换后, 我们把所求的积分变换成下面的形状

$$
\int \frac{P(t)dt}{(t^2 + \lambda)^m \sqrt{\alpha t^2 + \beta}},
$$

这儿 $P(t)$ 是 $2m - 1$ 次多项式 (并且 $\lambda > 0$), 再将 (当 $m > 1$ 时) 真分式

$$
\frac{P(t)}{(t^2 + \lambda)^m}
$$

分解成部分分式, 我们得到形如

$$
\int \frac{At + B}{(t^2 + \lambda)^k \sqrt{\alpha t^2 + \beta}} dt \quad (k = 1, 2, \cdots, m)
$$

的积分的和.

在 $p = p'$ 的例外情形, 消去一次项的步骤可更简单地达到 —— 作替换 $x = t - \frac{p}{2}$, 我们就直接得到刚才所述那种形状的积分.

所得的积分, 自然, 被分解成两个:

$$
\frac{A}{\alpha} \int \frac{\alpha t dt}{(t^2 + \lambda)^m \sqrt{\alpha t^2 + \beta}} + B \int \frac{dt}{(t^2 + \lambda)^m \sqrt{\alpha t^2 + \beta}}.
$$

其中第一个容易用替换 $u = \sqrt{\alpha t^2 + \beta}$ 求得. 把我们已经熟悉的阿贝尔替换

$$
u = \frac{\alpha t}{\sqrt{\alpha t^2 + \beta}}
$$

应用到第二个积分上去. 由 (11), 即有

$$
\frac{dt}{\sqrt{\alpha t^2 + \beta}} = \frac{du}{\alpha - u^2};
$$

---

[1] 因为 $\frac{q + q'}{2} \geqslant \sqrt{qq'}$.

此外, 容易算出

$$t^2 + \lambda = \frac{(\beta - \alpha\lambda)u^2 + \lambda\alpha^2}{\alpha(\alpha - u^2)}.$$

因此

$$\int \frac{dt}{(t^2 + \lambda)^m \sqrt{\alpha t^2 + \beta}} = \alpha^m \int \frac{(\alpha - u^2)^{m-1}}{[(\beta - \alpha\lambda)u^2 + \lambda\alpha^2]^m} du,$$

于是所求积分就变成有理函数的积分了.

　　附注　在本目中我们除了指出计算类型 (4) 的积分的许多新方法外, 上面的全部讨论还给出在第 **281** 目末尾所表述的断言以不依赖于从前的讨论的证明.

　　285. 例题

1) $\int \dfrac{x^3 - x + 1}{\sqrt{x^2 + 2x + 2}} dx$.

令

$$\int \frac{x^3 - x + 1}{\sqrt{x^2 + 2x + 2}} dx = (ax^2 + bx + c)\sqrt{x^2 + 2x + 2} + d\int \frac{dx}{\sqrt{x^2 + 2x + 2}}.$$

由此

$$x^3 - x + 1 = (2ax + b)(x^2 + 2x + 2) + (ax^2 + bx + c)(x + 1) + d.$$

方程组

$$3a = 1, \ 5a + 2b = 0, \ 4a + 3b + c = -1, \ 2b + c + d = 1$$

引出值 $a = \dfrac{1}{3}, b = -\dfrac{5}{6}, c = \dfrac{1}{6}, d = \dfrac{5}{2}$. 这样, 如果考虑到 **283** 目例 5), 最后就得到

$$\int \frac{x^3 - x + 1}{\sqrt{x^2 + 2x + 2}} dx = \frac{1}{6}(2x^2 - 5x + 1)\sqrt{x^2 + 2x + 2} + \frac{5}{2}\ln(x + 1 + \sqrt{x^2 + 2x + 2}) + C.$$

2) $\int \dfrac{dx}{(x - 1)^3 \sqrt{x^2 - 2x - 1}}$.

替换 $x - 1 = \dfrac{1}{t}$ (比方说, 如果 $x > 1$ 及 $t > 0$ 的话) 把积分化成下面的形状

$$-\int \frac{t^2 dt}{\sqrt{1 - 2t^2}}.$$

这个积分容易用初等方法求出 [参看 **283**, 4)].

答案

$$\frac{1}{4}t\sqrt{1 - 2t^2} - \frac{1}{4\sqrt{2}} \arcsin t\sqrt{2} + C$$

$$= \frac{1}{4(x - 1)^2}\sqrt{x^2 - 2x - 1} - \frac{1}{4\sqrt{2}} \arcsin \frac{\sqrt{2}}{x - 1} + C.$$

3) $\int \dfrac{dx}{(2x^2 - x + 2)^{\frac{7}{2}}}$.

阿贝尔替换

$$t = \frac{4x - 1}{2\sqrt{2x^2 - x + 2}}$$

能把积分变换成下面的形式:

$$\frac{64}{3375}\int(2-t^2)^2dt;$$

在此可以重作 **284** 目 III(a) 的对特殊情形的一般计算, 或者利用现成的公式 (12).

答案

$$\frac{64}{3375}\left\{2\frac{4x-1}{(2x^2-x+2)^{\frac{1}{2}}}-\frac{1}{6}\frac{(4x-1)^3}{(2x^2-x+2)^{\frac{3}{2}}}+\frac{1}{160}\frac{(4x-1)^5}{(2x^2-x+2)^{\frac{5}{2}}}\right\}+C.$$

4) $\int\dfrac{(x+3)dx}{(x^2-x+1)\sqrt{x^2+x+1}}$.

分式线性替换

$$x=\frac{\mu t+\nu}{t+1}$$

给出

$$x^2\pm x+1=\frac{(\mu^2\pm\mu+1)t^2+[2\mu\nu\pm(\mu+\nu)+2]t+(\nu^2\pm\nu+1)}{(t+1)^2}.$$

要求满足

$$2\mu\nu\pm(\mu+\nu)+2=0$$

或满足 $\mu+\nu=0, \mu\nu=-1$ 的 μ 及 ν, 例如,$\mu=1,\nu=-1$, 我们有

$$x=\frac{t-1}{t+1},\ dx=\frac{2dt}{(t+1)^2},\ x+3=\frac{4t+2}{t+1},x^2-x+1=\frac{t^2+3}{(t+1)^2}$$

并且

$$\sqrt{x^2+x+1}=\frac{\sqrt{3t^2+1}}{t+1},$$

如果 —— 为明确起见 —— 认定 $t+1>0$(即 $x<1$) 的话, 这样一来,

$$\int\frac{(x+3)dx}{(x^2-x+1)\sqrt{x^2+x+1}}=\int\frac{(8t+4)dt}{(t^2+3)\sqrt{3t^2+1}}.$$

所得积分可分成两个积分:

$$8\int\frac{t\,dt}{(t^2+3)\sqrt{3t^2+1}}+4\int\frac{dt}{(t^2+3)\sqrt{3t^2+1}}.$$

第一个积分容易用替换 $u=\sqrt{3t^2+1}$ 计算出来, 并且等于 $\sqrt{8}\mathrm{arctg}\sqrt{\dfrac{3t^2+1}{8}}+C'$. 把阿贝尔替换

$$u=\frac{3t}{\sqrt{3t^2+1}}$$

应用到第二个积分上, 把它化成下面的形状

$$12\int\frac{du}{27-8u^2}=\frac{1}{\sqrt{6}}\ln\left|\frac{3\sqrt{3}+2\sqrt{2}u}{3\sqrt{3}-2\sqrt{2}u}\right|+C''.$$

剩下的事只是变回变量 x 了.

5) $\int\dfrac{(x^2+1)\sqrt{x^2+x+1}-x^3+1}{\sqrt{x^2+x+1}+x}dx$.

提示　把被积函数表示成下面的形状

$$\frac{2x^4 + x^3 + 2x^2 + 1}{x + 1} - \frac{2x^5 + 2x^4 + 3x^3 - 1}{(x + 1)\sqrt{x^2 + x + 1}}$$

$$= (2x^3 - x^2 + 3x - 3) + \frac{4}{x + 1} - \frac{2x^4 + 3x^2 - 3x + 3}{\sqrt{x^2 + x + 1}} + \frac{4}{(x + 1)\sqrt{x^2 + x + 1}};$$

再把 **284** 目中 I 的方法应用到第三项, 而把替换 $x + 1 = \dfrac{1}{t}$ 应用到最后一项.

§4. 含有三角函数与指数函数的表达式的积分

286. 关于 $R(\sin x, \cos x)dx$ **的积分**　这种形状的微分式总可以用替换 $t = \operatorname{tg}\dfrac{x}{2}(-\pi < x < \pi)$ 把它有理化. 实际上,

$$\sin x = \frac{2\operatorname{tg}\dfrac{x}{2}}{1 + \operatorname{tg}^2\dfrac{x}{2}} = \frac{2t}{1 + t^2}, \quad \cos x = \frac{1 - \operatorname{tg}^2\dfrac{x}{2}}{1 + \operatorname{tg}^2\dfrac{x}{2}} = \frac{1 - t^2}{1 + t^2}, \quad x = 2\operatorname{arctg}t, dx = \frac{2dt}{1 + t^2},$$

于是

$$R(\sin x, \cos x)dx = R\left(\frac{2t}{1 + t^2}, \frac{1 - t^2}{1 + t^2}\right)\frac{2dt}{1 + t^2}.$$

由此可见, 类型

$$\int R(\sin x, \cos x)dx \tag{1}$$

的积分总可在有限形状中求得; 对于它的表达, 除在积分有理微分式时所遇到的那些函数外, 只再需要三角函数就够了.

对类型 (1) 的积分说来是**万能的**上述替换, 有时会引出复杂的计算. 下面指出一些可借助于更简单的替换而能达到目的的情形. 我们先作出下面的来自代数学范围中的初等说明.

如果有理整式或分式函数 $R(u, v)$ 在变更它的一个自变量, 例如, u 的符号时, 它的值不改变, 即是, 如果

$$R(-u, v) = R(u, v),$$

则这个有理函数可以化成只包含有 u 的偶次幂的形状

$$R(u, v) = R_1(u^2, v).$$

相反地, 如果在变更 u 的符号时函数 $R(u, v)$ 也改变符号, 即是, 如果

$$R(-u, v) = -R(u, v),$$

则这个函数可以化成下面的形状

$$R(u, v) = R_2(u^2, v)u;$$

这可立即由上述的说明推出, 如果把它应用到函数 $\dfrac{R(u,v)}{u}$ 上去的话.

I. 现在设当 u 改变符号时 $R(u,v)$ 变更符号; 此时

$$R(\sin x, \cos x)dx = R_0(\sin^2 x, \cos x)\sin x dx = -R_0(1 - \cos^2 x, \cos x)d\cos x,$$

用替换 $t = \cos x$ 就可以达成有理化.

II. 类似地, 如果当 v 改变符号时 $R(u,v)$ 变更符号, 则

$$R(\sin x, \cos x)dx = R_0^*(\sin x, \cos^2 x)\cos x dx = R_0^*(\sin x, 1 - \sin^2 x)d\sin x,$$

于是在这里作替换 $t = \sin x$ 就是合适的.

III. 最后, 假定当 u 与 v 的符号同时改变时, 函数 $R(u,v)$ 不变更自己的值

$$R(-u, -v) = R(u,v).$$

在这情形下, 以 $\dfrac{u}{v}v$ 代替 u, 即有

$$R(u,v) = R\left(\frac{u}{v}v, v\right) = R^*\left(\frac{u}{v}, v\right),$$

依函数 R 的性质, 如果改变 u 与 v 的符号 $\left(\text{比值}\dfrac{u}{v}\text{在此并不改变}\right)$,

$$R^*\left(\frac{u}{v}, -v\right) = R^*\left(\frac{u}{v}, v\right),$$

这时, 像我们知道的,

$$R^*\left(\frac{u}{v}, v\right) = R_1^*\left(\frac{u}{v}, v^2\right).$$

所以

$$R(\sin x, \cos x) = R_1^*(\mathrm{tg}x, \cos^2 x) = R_1^*\left(\mathrm{tg}x, \frac{1}{1 + \mathrm{tg}^2 x}\right),$$

这简直就是

$$R(\sin x, \cos x) = \widetilde{R}(\mathrm{tg}x).$$

这里作替换 $t = \mathrm{tg}x \left(-\dfrac{\pi}{2} < x < \dfrac{\pi}{2}\right)$ 就达到了目的, 因为

$$R(\sin x, \cos x)dx = \widetilde{R}(t)\frac{dt}{1 + t^2}\text{等等.}$$

附注　必须说明, 任何样的有理表达式 $R(u,v)$, 总可以被表示成上面研究过的特别类型的三种表达式的和的形状. 例如, 可令

$$R(u,v) = \frac{R(u,v) - R(-u,v)}{2} + \frac{R(-u,v) - R(-u,-v)}{2} + \frac{R(-u,-v) + R(u,v)}{2}.$$

这些表达式中的第一个在改变 u 的符号时变更符号, 第二个在改变 v 的符号时变更符号, 而第三个在 u 与 v 同时改变符号时保持原来的值不变. 把表达式 $R(\sin x, \cos x)$ 分成适当的几项后, 就可以把替换 $t = \cos x$ 应用到它们中的第一种表达式上去, 替换 $t = \sin x$ 应用到第二种上去, 最后, 替换 $t = \mathrm{tg}x$ 应用到第三种上去. 由此可见, 对于计算类型 (1) 的积分, 这三种替换已经足够了.

287. 关于表达式 $\sin^\nu x \cdot \cos^\mu x$ **的积分**　我们认定 ν 及 μ 是有理数, 而变量 x 在区间 $\left(0, \dfrac{\pi}{2}\right)$ 上变化. 此时替换 $z = \sin^2 x, dz = 2\sin x \times \cos x\, dx$ 给出

$$\sin^\nu x \cos^\mu x\, dx = \frac{1}{2} \sin^{\nu-1} x (1 - \sin^2 x)^{\frac{\mu-1}{2}} 2 \sin x \cos x\, dx$$
$$= \frac{1}{2}(1-z)^{\frac{\mu-1}{2}} z^{\frac{\nu-1}{2}}\, dz,$$

于是问题变成二项式的积分了 [**279**]:

$$\int \sin^\nu x \cos^\mu x\, dx = \frac{1}{2} \int (1-z)^{\frac{\mu-1}{2}} z^{\frac{\nu-1}{2}}\, dz = \frac{1}{2} J_{\frac{\mu-1}{2}, \frac{\nu-1}{2}}. \tag{2}$$

回忆二项式可积性的情形, 我们现在看到:1) 如果 $\dfrac{\mu-1}{2}$ $\left($或 $\dfrac{\nu-1}{2}\right)$ 是整数, 亦即, 如果 μ(或 ν) 是奇数, 或是 2) 如果 $\dfrac{\mu+\nu}{2}$ 是整数, 亦即, 如 $\mu + \nu$ 是偶数, 则使我们感到兴趣的积分可在有限形状中求得.

特别地, 两个指数 μ 及 ν 都是整数时也属于这里的情形; 然而, 此时表达式 $\sin^\nu x \cos^\mu x$ 对于 $\sin x$ 与 $\cos x$ 是有理的, 即是属于上目中已经研究过的那种表达式一类了.

在这种情形, 如果指数 ν(或 μ) 是奇数, 则用替换 $t = \cos x$(或 $t = \sin x$) 立即可以得到有理化. 如果两个指数 ν 与 μ 都是偶数 (如果它们都是奇数, 也是一样的), 则对于同一目的可以应用替换 $t = \operatorname{tg} x$ 或 $t = \operatorname{ctg} x$.

我们指出, 如果指数 ν 及 μ 都是正偶数, 那么最好是根据公式

$$\sin x \cos x = \frac{\sin 2x}{2}, \quad \sin^2 x = \frac{1 - \cos 2x}{2}, \quad \cos^2 x = \frac{1 + \cos 2x}{2}$$

选用其他方法. 即是, 如果 $\nu = 2n, \mu = 2m$, 则当 $\nu \geqslant \mu$ 时写

$$\sin^{2n} x \cos^{2m} x = (\sin x \cos x)^{2m} \sin^{2(n-m)} x = \left(\frac{\sin 2x}{2}\right)^{2m} \left(\frac{1 - \cos 2x}{2}\right)^{n-m},$$

而当 $\nu < \mu$ 时

$$\sin^{2n} x \cos^{2m} x = (\sin x \cos x)^{2n} \cos^{2(m-n)} x = \left(\frac{\sin 2x}{2}\right)^{2n} \left(\frac{1 + \cos 2x}{2}\right)^{m-n}.$$

在展开的形状下可得到形如

$$C \sin^{\nu'} 2x \cos^{\mu'} 2x$$

的诸项的和, 其中 $\nu' + \mu' \leqslant n + m = \dfrac{\nu + \mu}{2}$. 指数 ν', μ' 中至少有一个是奇数的那些项, 容易依上面指出的方法积分出来. 我们对其余各项作同样的分解, 变成 $\sin 4x$ 与 $\cos 4x$, 如此下去. 因为在每次分解时指数的和至少减少一半, 于是演算步骤可迅速地完成.

回到上面所建立的关系式 (2). 我们现在可以利用二项式的积分的递推公式 [280], 来建立所考虑类型积分的递推公式. 在此令 $a = 1, b = -1, p = \dfrac{\mu - 1}{2}, q = \dfrac{\nu - 1}{2}$.

用这样的方法可得到下面的公式 (当然, 它们可以独立地被推出来):

$$(\mathrm{I}) \quad \int \sin^\nu x \cos^\mu x\, dx = -\frac{\sin^{\nu+1} x \cos^{\mu+1} x}{\mu + 1}$$
$$+ \frac{\nu + \mu + 2}{\mu + 1} \int \sin^\nu x \cos^{\mu+2} x\, dx \quad (\mu \neq -1),$$

$$(\mathrm{II}) \quad \int \sin^\nu x \cos^\mu x\, dx = \frac{\sin^{\nu+1} x \cos^{\mu+1} x}{\nu + 1}$$
$$+ \frac{\nu + \mu + 2}{\nu + 1} \int \sin^{\nu+2} x \cos^\mu x\, dx \quad (\nu \neq -1),$$

$$(\mathrm{III}) \quad \int \sin^\nu x \cos^\mu x\, dx = \frac{\sin^{\nu+1} x \cos^{\mu-1} x}{\nu + \mu}$$
$$+ \frac{\mu - 1}{\nu + \mu} \int \sin^\nu x \cos^{\mu-2} x\, dx \quad (\nu + \mu \neq 0),$$

$$(\mathrm{IV}) \quad \int \sin^\nu x \cos^\mu x\, dx = -\frac{\sin^{\nu-1} x \cos^{\mu+1} x}{\nu + \mu}$$
$$+ \frac{\nu - 1}{\nu + \mu} \int \sin^{\nu-2} x \cos^\mu x\, dx \quad (\nu + \mu \neq 0).$$

这些公式普遍地使我们能把指数 ν 及 μ 增加或减少 2(除去所指出的例外以外). 如果两个指数 ν 及 μ 都是整数, 则继续应用递推公式, 可以把问题化成下列九个初等积分中之一 (对应于 ν 及 μ 的值等于 $-1, 0$ 或 1 的不同的组合):

1) $\int dx = x$,   2) $\int \cos x\, dx = \sin x$,

3) $\int \dfrac{dx}{\cos x} = \ln \left| \mathrm{tg} \left(\dfrac{x}{2} + \dfrac{\pi}{4} \right) \right|$,   4) $\int \sin x\, dx = -\cos x$,

5) $\int \sin x \cos x\, dx = \dfrac{\sin^2 x}{2}$,   6) $\int \dfrac{\sin x}{\cos x} dx = -\ln |\cos x|$,

7) $\int \dfrac{dx}{\sin x} = \ln \left| \mathrm{tg} \dfrac{x}{2} \right|$,   8) $\int \dfrac{\cos x}{\sin x} dx = \ln |\sin x|$,

9) $\int \dfrac{dx}{\sin x \cos x} = \ln |\mathrm{tg} x|$.

288. 例题

1) $\int \sin^2 x \cos^3 x\, dx$. 被积表达式在以 $-\cos x$ 代替 $\cos x$ 时改变符号. 作替换 $t = \sin x$:

$$\int \sin^2 x \cos^3 x\, dx = \int t^2 (1 - t^2)\, dt = \frac{t^3}{3} - \frac{t^5}{5} + C = \frac{\sin^3 x}{3} - \frac{\sin^5 x}{5} + C.$$

2) $\int \dfrac{\sin^5 x}{\cos^4 x}dx$. 被积表达式在以 $-\sin x$ 代替 $\sin x$ 时改变符号. 作替换 $t = \cos x$:

$$\int \frac{\sin^5 x}{\cos^4 x}dx = -\int \frac{t^4 - 2t^2 + 1}{t^4}dt = -t - \frac{2}{t} + \frac{1}{3t^3} + C$$

$$= -\cos x - \frac{2}{\cos x} + \frac{1}{3\cos^3 x} + C.$$

3) $\int \dfrac{dx}{\sin^4 x \cos^2 x}$. 被积表达式在以 $-\sin x$ 代替 $\sin x$, 并以 $-\cos x$ 代替 $\cos x$ 时不改变 自己的值. 作替换 $t = \mathrm{tg}x$:

$$\int \frac{dx}{\sin^4 x \cos^2 x} = \int \frac{(1 + t^2)^2}{t^4}dt = t - \frac{2}{t} - \frac{1}{3t^3} + C$$

$$= \mathrm{tg}x - 2\mathrm{ctg}x - \frac{1}{3}\mathrm{ctg}^3 x + C.$$

4) $\int \sin^2 x \cos^4 x\,dx$. 这里作与上题同样的替换是合适的, 但利用倍角公式更为简单

$$\sin^2 x \cos^4 x = \frac{1}{8}\sin^2 2x(\cos 2x + 1) = \frac{1}{8}\sin^2 2x \cos 2x + \frac{1}{16}(1 - \cos 4x).$$

于是

$$\int \sin^2 x \cos^4 x\,dx = \frac{1}{48}\sin^3 2x + \frac{1}{16}x - \frac{1}{64}\sin 4x + C.$$

5) $\int \dfrac{dx}{\sin x \sin 2x} = \dfrac{1}{2}\int \dfrac{dx}{\sin^2 x \cos x}$. 作替换 $t = \sin x$ 是合适的, 但使用递推公式 II 更为 简单:

$$\frac{1}{2}\int \frac{dx}{\sin^2 x \cos x} = -\frac{1}{2\sin x} + \frac{1}{2}\int \frac{dx}{\cos x} = -\frac{1}{2\sin x} + \frac{1}{2}\ln\left|\mathrm{tg}\left(\frac{x}{2} + \frac{\pi}{4}\right)\right| + C.$$

6) $\int \dfrac{dx}{\cos^5 x}$. 作替换 $t = \sin x$ 是合适的, 但两次使用递推公式 I 更为简单:

$$\int \frac{dx}{\cos^5 x} = \frac{\sin x}{4\cos^4 x} + \frac{3}{4}\int \frac{dx}{\cos^3 x},$$

其次

$$\int \frac{dx}{\cos^3 x} = \frac{\sin x}{2\cos^2 x} + \frac{1}{2}\int \frac{dx}{\cos x} = \frac{\sin x}{2\cos^2 x} + \frac{1}{2}\ln\left|\mathrm{tg}\left(\frac{x}{2} + \frac{\pi}{4}\right)\right| + C,$$

于是

$$\int \frac{dx}{\cos^5 x} = \frac{\sin x}{4\cos^4 x} + \frac{3\sin x}{8\cos^2 x} + \frac{3}{8}\ln\left|\mathrm{tg}\left(\frac{x}{2} + \frac{\pi}{4}\right)\right| + C.$$

7) $\int \dfrac{\cos^4 x}{\sin^3 x}dx$. 替换 $t = \cos x$ 是合用的, 但利用递推公式 II 与 III 更为简单:

$$\int \frac{\cos^4 x}{\sin^3 x}dx = -\frac{\cos^5 x}{2\sin^2 x} - \frac{3}{2}\int \frac{\cos^4 x}{\sin x}dx,$$

$$\int \frac{\cos^4 x}{\sin x}dx = \frac{1}{3}\cos^3 x + \int \frac{\cos^2 x}{\sin x}dx = \frac{1}{3}\cos^3 x + \cos x + \ln\left|\mathrm{tg}\frac{x}{2}\right| + C.$$

于是 (在作简化的变换后)

$$\int \frac{\cos^4 x}{\sin^3 x}dx = -\frac{\cos x}{2\sin^2 x} - \cos x - \frac{3}{2}\ln\left|\mathrm{tg}\frac{x}{2}\right| + C.$$

8) $\int \dfrac{dx}{\sin x \cos 2x} = \int \dfrac{dx}{\sin x(2\cos^2 x - 1)}$. 作替换 $t = \cos x$:

$$\int \frac{dx}{\sin x(2\cos^2 x - 1)} = \int \frac{dt}{(1-t^2)(1-2t^2)} = \frac{1}{\sqrt{2}}\ln\left|\frac{1+t\sqrt{2}}{1-t\sqrt{2}}\right| + \frac{1}{2}\ln\frac{1-t}{1+t} + C$$

$$= \frac{1}{\sqrt{2}}\ln\left|\frac{1+\sqrt{2}\cos x}{1-\sqrt{2}\cos x}\right| + \ln\left|\operatorname{tg}\frac{x}{2}\right| + C.$$

9) $\int \dfrac{\sin^2 x \cos x}{\sin x + \cos x}dx$. 因为在改变 $\sin x$ 与 $\cos x$ 的符号时被积表达式不被改变, 所以替换 $t = \operatorname{tg}x$ 是合用的:

$$\int \frac{\sin^2 x \cos x}{\sin x + \cos x}dx = \int \frac{t^2 dt}{(1+t)(1+t^2)^2}$$

$$= \int \left[\frac{1}{4}\frac{1}{t+1} - \frac{1}{4}\frac{t-1}{t^2+1} + \frac{1}{2}\frac{t-1}{(t^2+1)^2}\right]dt$$

$$= \frac{1}{4}\ln\frac{1+t}{\sqrt{1+t^2}} - \frac{1}{4}\frac{1+t}{1+t^2} + C$$

$$= \frac{1}{4}\ln|\sin x + \cos x| - \frac{1}{4}\cos x(\sin x + \cos x) + C.$$

10) $\int \dfrac{dx}{A\cos^2 x + 2B\sin x\cos x + C\sin^2 x}$ 当 $AC - B^2 > 0$ 时. 假定 $-\dfrac{\pi}{2} < x < \dfrac{\pi}{2}$, 利用替换 $t = \operatorname{tg}x$ 可把积分变成下面的形状

$$\int \frac{dt}{A + 2Bt + Ct^2}.$$

答案　$\dfrac{1}{\sqrt{AC - B^2}}\operatorname{arctg}\dfrac{C\operatorname{tg}x + B}{\sqrt{AC - B^2}} + C'.$

11) $\int \dfrac{dx}{a + b\operatorname{tg}x} = \int \dfrac{dt}{(a + bt)(1 + t^2)}$ 当 $t = \operatorname{tg}x\ \left(-\dfrac{\pi}{2} < x < \dfrac{\pi}{2}\right)$ 时. 分解成部分分式

$$\frac{1}{(a + bt)(1 + t^2)} = \frac{A}{a + bt} + \frac{Bt + C}{1 + t^2},$$

为了确定系数 A, B, C, 我们得到方程

$$A + bB = 0, \quad aB + bC = 0, \quad A + aC = 1,$$

由此 $A = \dfrac{b^2}{a^2 + b^2}$, $B = -\dfrac{b}{a^2 + b^2}$, $C = \dfrac{a}{a^2 + b^2}$.

答案

$$\frac{a}{a^2 + b^2}\operatorname{arctg}t + \frac{b}{a^2 + b^2}\ln\frac{a + bt}{\sqrt{1 + t^2}} + C$$

$$= \frac{1}{a^2 + b^2}[ax + b\ln|a\cos x + b\sin x|] + C'.$$

12) 下面两个积分

$$T_1 = \int \frac{\sin x\, dx}{a\cos x + b\sin x}, \quad T_2 = \int \frac{\cos x\, dx}{a\cos x + b\sin x}$$

可化成上题中那样的积分. 然而, 从联系它们的关系式

$$bT_1 + aT_2 = \int dx = x + C_1,$$

$$-aT_1 + bT_2 = \int \frac{-a\sin x + b\cos x}{a\cos x + b\sin x}dx = \int \frac{d(a\cos x + b\sin x)}{a\cos x + b\sin x}$$

$$= \ln|a\cos x + b\sin x| + C_2$$

出发去计算它们更为简单. 由此就得到

$$T_1 = \frac{1}{a^2 + b^2}[bx - a\ln|a\cos x + b\sin x|] + C,$$

$$T_2 = \frac{1}{a^2 + b^2}[ax + b\ln|a\cos x + b\sin x|] + C'.$$

13) $\frac{1}{2}\int \frac{1 - r^2}{1 - 2r\cos x + r^2}dx$ $(0 < r < 1, -\pi < x < \pi)$. 这里应用万能的替换 $t = \mathrm{tg}\frac{x}{2}$, 就有

$$\frac{1}{2}\int \frac{1 - r^2}{1 - 2r\cos x + r^2}dx = (1 - r^2)\int \frac{dt}{(1 - r)^2 + (1 + r)^2 t^2}$$

$$= \mathrm{arctg}\left(\frac{1 + r}{1 - r}t\right) + C = \mathrm{arctg}\left(\frac{1 + r}{1 - r}\mathrm{tg}\frac{x}{2}\right) + C.$$

下面这样的积分也可以化成这种积分

$$\int \frac{1 - r\cos x}{1 - 2r\cos x + r^2}dx = \int \left[\frac{1}{2} + \frac{1}{2}\frac{1 - r^2}{1 - 2r\cos x + r^2}\right]dx$$

$$= \frac{1}{2}x + \mathrm{arctg}\left(\frac{1 + r}{1 - r}\mathrm{tg}\frac{x}{2}\right) + C.$$

14) $\int \frac{dx}{a + b\cos x}$, 假定, $|a| \geqslant |b|(-\pi < x < \pi)$.

首先设 $|a| > |b|$ 并且 (不减普遍性)$a > 0$. 作替换 $t = \mathrm{tg}\frac{x}{2}$, 正如刚才所考虑的特别情形一样, 给出

$$\int \frac{dx}{a + b\cos x} = \frac{2}{\sqrt{a^2 - b^2}}\mathrm{arctg}\left(\sqrt{\frac{a - b}{a + b}}\mathrm{tg}\frac{x}{2}\right) + C.$$

可以把这个表达式变形成下面的形状:

$$\pm \frac{1}{\sqrt{a^2 - b^2}}\arcsin\frac{a\cos x + b}{a + b\cos x} + C',$$

并且取 "+" 号, 如果 $0 \leqslant x < \pi$ 的话, 而取 "−" 号,如果$-\pi < x \leqslant 0$ 的话,常数 C' 的值当 x 通过 0 时增加 $\frac{\pi}{\sqrt{a^2 - b^2}}$.

现设 $|a| < |b|$ 并且 $b > 0$. 作同样替换:

$$\int \frac{dx}{a + b\cos x} = \int \frac{2dt}{(b + a) - (b - a)t^2} = \frac{1}{\sqrt{b^2 - a^2}}\ln\left|\frac{\sqrt{b + a} + \sqrt{b - a}t}{\sqrt{b + a} - \sqrt{b - a}t}\right| + C$$

$$= \frac{1}{\sqrt{b^2 - a^2}}\ln\left|\frac{\sqrt{b + a} + \sqrt{b - a}\mathrm{tg}\frac{x}{2}}{\sqrt{b + a} - \sqrt{b - a}\mathrm{tg}\frac{x}{2}}\right| + C.$$

这个表达式容易变换成下面的形状:

$$\frac{1}{\sqrt{b^2 - a^2}} \ln \left| \frac{b + a \cos x + \sqrt{b^2 - a^2} \sin x}{a + b \cos x} \right| + C.$$

积分 $\int \dfrac{dx}{a + b \sin x}$ 可用替换 $x = \dfrac{\pi}{2} \pm t$ 化成上述的积分.

15) 最后, 积分 $\int \dfrac{dx}{a + b \cos x + c \sin x}$ 也可以化成 14) 的积分. 如果按照条件

$$\cos \alpha = \frac{b}{\sqrt{b^2 + c^2}}, \; \sin \alpha = \frac{c}{\sqrt{b^2 + c^2}}$$

引进角 α, 则积分可改写成下面的形状

$$\int \frac{dx}{a + \sqrt{b^2 + c^2} \cos(x - \alpha)};$$

作替换 $t = x - \alpha$. 但这里, 当然 $|a| \geqq \sqrt{b^2 + c^2}$ 的情况才是有趣的.

289. 其他情形的概述　在 **271**,4) 中我们已经见过, 怎样去积分形如

$$P(x)e^{ax}dx, \; P(x) \sin bx dx, \; P(x) \cos bx dx$$

的表达式, 其中 $P(x)$ 是整多项式. 要特别指出, 分式表达式

$$\frac{e^x}{x^n}dx, \; \frac{\sin x}{x^n}dx, \; \frac{\cos x}{x^n}dx \quad (n = 1, 2, 3, \cdots)$$

已不能在有限形状中求积分.

利用分部积分法, 容易对这些表达式的积分建立一些递推公式, 并分别把它们化成三个基本的公式:

I. $\int \dfrac{e^x}{x}dx = \int \dfrac{dy}{\ln y} = \mathrm{li}y$[①] ("积分对数");

II. $\int \dfrac{\sin x}{x}dx = \mathrm{si}x$("积分正弦")

III. $\int \dfrac{\cos x}{x}dx = \mathrm{ci}x$("积分余弦")[②].

我们已经知道 [**271**,6)] 积分

$$\int e^{ax} \sin bx dx = \frac{a \sin bx - b \cos bx}{a^2 + b^2} e^{ax} + C,$$

$$\int e^{ax} \cos bx dx = \frac{b \sin bx + a \cos bx}{a^2 + b^2} e^{ax} + C.$$

从它们出发, 可以在有限形状中求出下面的积分

$$\int x^n e^{ax} \sin bx dx, \; \int x^n e^{ax} \cos bx dx,$$

[①]作替换 $x = \ln y$.

[②]但是, 在所有三种情形中都还需要固定一个任意常数; 这将在以后作出.

其中 $n = 1, 2, 3, \cdots$ 就是, 按照分部积分法, 得到

$$\int x^n e^{ax} \sin bx dx = x^n \frac{a\sin bx - b\sin bx}{a^2 + b^2} e^{ax}$$
$$- \frac{na}{a^2+b^2} \int x^{n-1} e^{ax} \sin bx dx + \frac{nb}{a^2+b^2} \int x^{n-1} e^{ax} \cos bx dx$$

$$\int x^n e^{ax} \cos bx dx = x^n \frac{b\sin bx + a\cos bx}{a^2 + b^2} e^{ax}$$
$$- \frac{nb}{a^2+b^2} \int x^{n-1} e^{ax} \sin bx dx - \frac{na}{a^2+b^2} \int x^{n-1} e^{ax} \cos bx dx.$$

这些递推公式能把我们关心的积分化成 $n = 0$ 的情形.

如果仍然把 $P(\cdots)$ 了解为整多项式, 那么, 作为最后的结果, 可以断定, 积分

$$\int P(x, e^{a'x}, e^{a''x}, \cdots, \sin b'x, \sin b''x, \cdots, \cos b'x, \cos b''x, \cdots) dx$$

可在有限形状中求得, 其中 $a', a'', b', b'', \cdots$ 是常数.

问题显然可化成求下面的表达式的积分

$$x^n e^{ax} \sin^{k'} b'x \sin^{k''} b''x \cdots \cos^{m'} b'x \cdots$$

如果利用初等三角公式

$$\sin^2 bx = \frac{1 - \cos 2bx}{2},$$
$$\sin b'x \sin b''x = \frac{1}{2}\left[\cos(b'-b'')x - \cos(b'+b'')x\right]$$

以及类似它们的一些公式, 就容易把所考虑的表达式分成类型 $Ax^n e^{ax} \times \sin bx$ 与 $Bx^n e^{ax} \cos bx$ 的许多项, 而我们已经会作这些项的积分了.

§5. 椭圆积分

290. 一般说明及定义　考虑形如

$$\int R(x, y) dx \tag{1}$$

的积分, 其中 y 是 x 的代数函数, 即 [205] 满足代数方程

$$P(x, y) = 0 \tag{2}$$

(这儿 P 是对于 x 及 y 的整多项式). 这样的一类积分叫做 **阿贝尔积分**, 在 §3 中所研究的积分

$$\int R\left(x, \sqrt[m]{\frac{\alpha x + \beta}{\gamma x + \delta}}\right) dx, \quad \int R(x, \sqrt{ax^2 + bx + c}) dx$$

就属于这一类. 实际上, 函数

$$y = \sqrt[m]{\frac{\alpha x + \beta}{\gamma x + \delta}}, \ y = \sqrt{ax^2 + bx + c}$$

分别满足代数方程

$$(\gamma x + \delta)y^m - (\alpha x + \beta) = 0, \ y^2 - (ax^2 + bx + c) = 0.$$

站在几何的观点上来看, 可把阿贝尔积分 (1) 认为是跟方程 (2) 所确定的那种代数曲线相联系着的. 例如, 积分

$$\int R(x, \sqrt{ax^2 + bx + c})dx \tag{3}$$

是跟二次曲线 $y^2 = ax^2 + bx + c$ 联系着的. 积分 (1) 一般地是否可以表示成有限形状, 主要以曲线 (2) 的性质为转移.

如果曲线 (2) 可以表示成这样的参数式

$$x = r_1(t), \ y = r_2(t),$$

使得函数 $r_1(t)$ 与 $r_2(t)$ 是有理函数 (在这情形下曲线被叫做**有理曲线**或**单行曲线**[①]), 积分 (1) 的被积表达式就能够有理化. 作替换 $x = r_1(t)$ 可把它化成下面的形状

$$R(r_1(t), r_2(t))r_1'(t)dt,$$

于是积分就可在有限形状中求得. 上述两种情形就属于这一类. 特别地, 在类型 (3) 的积分中, 被积表达式有理化的可能性正是跟这一事实联系着的, 即二次曲线是有理曲线 [**281,282**].

可是, 这类情形在某种意义上是例外的. 在一般情形下曲线 (2) 不是有理的, 而那时可以证明, 积分 (1) 显然不总是, 亦即不是在任何函数 R 下, 都能表示成有限形状(虽然对个别的具体的 R 还有这种可能).

在讨论包含着三次或四次多项式的二次根式而自然地与积分 (3) 衔接着的两类重要积分

$$\int R(x, \sqrt{ax^3 + bx^2 + cx + d})dx, \\ \int R(x, \sqrt{ax^4 + bx^3 + cx^2 + dx + e})dx \tag{4}$$

时, 我们就碰到这些情形. 形如 (4) 的积分 —— 照例 —— 已经不能通过初等函数表示成有限形状. 因为本章主要研究可在有限形状中求得的那些种类的积分, 为了不致中断本章叙述的主要线索, 所以我们把了解它们这一事情放到最后一节.

[①]可以对有理曲线给出一个纯粹几何上的描述, 但我们不论及这点.

假定在 (4) 中根号内的多项式有实系数. 此外, 我们还总是认定它们没有重根, 因为如不这样, 就有可能从根号内取出一个线性因式到根号外面来; 问题就会化成早已研究过的类型的表达式的积分, 而积分就会表示成有限形状. 最后的情况有时就在没有重根时也可能发生, 例如, 容易验证

$$\int \frac{1+x^4}{1-x^4} \frac{dx}{\sqrt{1-x^4}} = \frac{x}{\sqrt{1-x^4}} + C,$$

$$\int \frac{5x^3+1}{\sqrt{2x^3+1}} dx = x\sqrt{2x^3+1} + C.$$

类型 (4) 的积分通常叫做**椭圆积分**[这与求椭圆弧长的问题中首先碰见它们这一情形有关, **331**,8)]. 但是, 这个名称, 在精确的意义下, 通常只用于不能在有限形状中求得的那些积分; 而其他的积分, 像上面刚刚说到的, 叫做**伪椭圆积分**.

在随意系数 $a, b, c, \cdots$ 下表达式 (4) 的积分的研究与造表 (即作出积分值的表), 当然是困难的. 因此, 希望把这些积分化成不多的几种积分, 在它们中间包含尽可能少的随意系数 (参数), 就是自然的了.

这可借助于我们在下面几目中所讨论的初等变换达到目的.

291. 辅助变换　1°　我们首先指出, 根号内的多项式限制在四次的情形就够, 因为根号内是三次多项式的情形容易化成这种情形. 实际上,实系数三次多项式 $ax^3 + bx^2 + cx + d$ 一定有实根 [**81**], 比方说, 这实根是 λ—— 因而, 可有实分解式

$$ax^3 + bx^2 + cx + d = a(x-\lambda)(x^2 + px + q).$$

作替换 $x - \lambda = t^2$(或 $x - \lambda = -t^2$) 就得到所要求的结果

$$\int R(x, \sqrt{ax^3 + \cdots})dx = \int R(t^2 + \lambda, t\sqrt{at^4 + \cdots})2tdt.$$

往后我们就只讨论包含着根号内是四次多项式的根式的微分式.

2°　按照代数学上著名的定理, 实系数四次多项式可以表示成两个实系数二次三项式的乘积的形状:

$$ax^4 + bx^3 + cx^2 + dx + e = a(x^2 + px + q)(x^2 + p'x + q'). \tag{5}$$

现在我们设法用合适的替换来同时消去两个三项式中的一次项. 我们已经在 **284**,III (6) 中讨论过类似的问题了.

如果 $p = p'$, 那么, 像已经指出过的, 用简单的替换 $x = t - \dfrac{p}{2}$, 我们的目的就达到了. 现在设 $p \neq p'$; 在这情形下我们也像从前那样, 可利用分式线性替换

$$x = \frac{\mu t + \nu}{t + 1}.$$

对于系数 μ 与 ν, 能否规定实而相异的值, 犹如我们见到过的那样, 决定于不等式

$$(q - q')^2 - (p - p')(p'q - pq') > 0. \tag{6}$$

在假定所考虑的两个三项式中的一个有**虚根**时, 这个不等式是成立的这种情形, 我们已经证明过, 并且它在我们的讨论中起着重大的作用. 现在设 (5) 的两个三项式都有实根, 比方说, 第一个有根 α 与 β, 第二个有根 γ 与 δ. 将

$$p = -(\alpha + \beta), \ q = \alpha\beta, \ p' = -(\gamma + \delta), \ q' = \gamma\delta,$$

代入 (6) 便可以把它改写成

$$(\alpha - \gamma)(\alpha - \delta)(\beta - \gamma)(\beta - \delta) > 0, \tag{6'}$$

而为了实现这个不等式, 只要注意不搅乱三项式的根的大小顺序就够了 (例如, 使 $\alpha > \beta > \gamma > \delta$), 这是在我们的权限之内的[①]

这样一来, 适当选取 μ 与 ν, 借助于所指出的替换, 我们得到

$$\int R(x, \sqrt{ax^4 + \cdots})dx = \int R\left(\frac{\mu t + \nu}{t + 1}, \sqrt{\frac{(M + Nt^2)(M' + N't^2)}{(t + 1)^2}}\right)\frac{\mu - \nu}{(t + 1)^2}dt,$$

这也可以 (如果除去退化的情况, 即除去系数 M, N, M', N' 中的任何一个是 0 的情况的话) 改写成下面的形状

$$\int \widetilde{R}(t, \sqrt{A(1 + mt^2)(1 + m't^2)})dt,$$

当 A, m 与 m' 异于 0 时.

3° 完全仿照第 **284** 目开头所用的讨论, 可以把这个积分在相差一个有理函数的积分的范围以内化成这样:

$$\int \frac{R^*(t)}{\sqrt{A(1 + mt^2)(1 + m't^2)}}dt.$$

现在分解有理函数 $R^*(t)$ 成为两项

$$R^*(t) = \frac{R^*(t) + R^*(-t)}{2} + \frac{R^*(t) - R^*(-t)}{2}.$$

[①]顺便指出, 把不等式 (6) 表示成 (6') 的形式, 可用来作出当它的根 $\alpha, \beta, \cdots$ 非实数时那种情形的证明. 如果只是第一个三项式有非实根, 亦即有共轭复数根 α 与 β, 而数 γ 与 δ 是实数, 则因子 $\alpha - \gamma$ 与 $\beta - \gamma$ 将是共轭的, 于是它们的乘积, 如大家所知道的, 是正实数; 对于因子 $\alpha - \delta$ 与 $\beta - \delta$ 有同样的情形. 如果根 α, β 与根 γ, δ 都是两两共轭的复数, 则因子 $\alpha - \gamma$ 与 $\beta - \delta$ 也是共轭的, 而 $\alpha - \delta$ 与 $\beta - \gamma$ 也这样, 于是它们的乘积就又给出正实数了.

第一项当以 $-t$ 代替 t 时不改变自己的值, 所以, 可化成 t^2 的有理函数: $R_1(t^2)$; 第二项在作前述的代换时改变符号, 因而有 $R_2(t^2)t$ 的形状①. 所考虑的积分可表示成积分的和

$$\int \frac{R_1(t^2)dt}{\sqrt{A(1+mt^2)(1+m't^2)}} + \int \frac{R_2(t^2)tdt}{\sqrt{A(1+mt^2)(1+m't^2)}}$$

的形式. 但是, 它们中的第二项可用替换 $u=t^2$ 立即化成初等积分

$$\frac{1}{2}\int \frac{R_2(u)du}{\sqrt{A(1+mu)(1+m'u)}},$$

这积分可在有限形状中求得. 如此, 只需进一步研究积分

$$\int \frac{R_1(t^2)dt}{\sqrt{A(1+mt^2)(1+m't^2)}}. \tag{7}$$

就够了.

292. 化成标准形式　最后, 我们要证类型 (7) 的每一积分可以表示成下面的形式

$$\int \frac{R(z^2)dz}{\sqrt{(1-z^2)(1-k^2z^2)}}, \tag{8}$$

其中 k 是某一正真分数: $0 < k < 1$. 我们把这个形式叫做**标准形式**.

为简明起见, 令

$$y = \sqrt{A(1+mt^2)(1+m't^2)}.$$

不减普遍性, 这里认定 $A = \pm 1$ 是可以的; 此外, 为明确起见, 限制 t 是正值. 现在考虑 A, m, m' 的符号的可能组合并对每种情形指出把积分 (7) 直接化成标准形式的替换.

1) $A = +1, m = -h^2, m' = -h'^2(h > h' > 0)$. 为了使根式有实值, 必须使 $t < \dfrac{1}{h}$ 或 $t > \dfrac{1}{h'}$. 我们令

$$ht = z, \quad \text{这儿 } 0 < z < 1 \text{ 或 } z > \frac{h}{h'}.$$

在这情形下

$$\frac{dt}{y} = \frac{dz}{h\sqrt{(1-z^2)\left(1-\dfrac{h'^2}{h^2}z^2\right)}},$$

于是在这里应当取 $\dfrac{h'}{h}$ 来作为 k.

----
①比较在 **286** 目中关于类似情形的说明.

2) $A = +1, m = -h^2, m' = h'^2 (h, h' > 0)$. 为了使根式有实值, 限制 $t < \dfrac{1}{h}$. 令

$$ht = \sqrt{1 - z^2}, \quad \text{这儿} \ 0 < z \leqslant 1.$$

在这情形下

$$\frac{dt}{y} = -\frac{1}{\sqrt{h^2 + h'^2}} \frac{dz}{\sqrt{(1 - z^2)\left(1 - \dfrac{h'^2}{h^2 + h'^2} z^2\right)}},$$

于是可以取 $k = \dfrac{h'}{\sqrt{h^2 + h'^2}}$.

3) $A = +1, m = h^2, m' = h'^2 (h > h' > 0)$. t 的变化不受任何限制. 令

$$ht = \frac{z}{\sqrt{1 - z^2}}, \quad \text{这儿} \ 0 \leqslant z < 1.$$

在这情形下

$$\frac{dt}{y} = \frac{dz}{h\sqrt{(1 - z^2)\left(1 - \dfrac{h^2 - h'^2}{h^2} z^2\right)}},$$

于是 $k = \dfrac{\sqrt{h^2 - h'^2}}{h}$.

4) $A = -1, m = -h^2, m' = h'^2 (h, h' > 0)$. t 的变化受不等式 $t > \dfrac{1}{h}$ 所限制. 取

$$ht = \frac{1}{\sqrt{1 - z^2}}, \quad \text{这儿} \ 0 < z < 1,$$

于是

$$\frac{dt}{y} = \frac{dz}{\sqrt{h^2 + h'^2}\sqrt{(1 - z^2)\left(1 - \dfrac{h^2}{h^2 + h'^2} z^2\right)}},$$

因而 $k = \dfrac{h}{\sqrt{h^2 + h'^2}}$.

5) $A = -1, m = -h^2, m' = -h'^2 (h > h' > 0)$. 变量 t 只可能在 $\dfrac{1}{h}$ 与 $\dfrac{1}{h'}$ 之间变化. 令

$$h't = \sqrt{1 - \frac{h^2 - h'^2}{h^2} z^2}, \quad \text{这儿} \ 0 < z < 1.$$

我们有

$$\frac{dt}{y} = -\frac{dz}{h\sqrt{(1 - z^2)\left(1 - \dfrac{h^2 - h'^2}{h^2} z^2\right)}},$$

及 $k = \dfrac{\sqrt{h^2 - h'^2}}{h}$. 这就解决了所有可能的情形, 因为在 $A = -1$ 且两个数 $m, m' > 0$ 的情形下, 根式一般不会有实根. 关于因式 $R_1(t^2)$, 我们什么也没有提到, 因为在所有的情形下, 它显然可变换成 z^2 的有理函数.

还要指出, 考虑积分 (8) 时, 我们可以只限制在值 $z < 1$ 的情形中; $z > \dfrac{1}{k}$ 的情形可用替换 $kz = \dfrac{1}{\zeta}$ 化成这种情形, 这儿 $\zeta < 1$.

293. 第一、第二与第三类椭圆积分　现在只剩下研究形如 (8) 的积分中最简单的一些积分, 所有形如 (8) 的积分都可以化成这些最简单的积分, 因而, 归根到底, 就研究了所有一般的椭圆积分.

从 (8) 的被积表达式具有的有理函数 $R(x)$ 中分出整式部分 $P(x)$, 而把它的真分式部分分解成部分分式. 如果不把分母的共轭复数根合并起来 (像我们在 **274** 目中所作的那样), 而像实根那样一个一个地考虑它们, 则 $R(x)$ 可表示成若干乘幂 $x^n (n = 0, 1, 2, \cdots)$ 与形如 $\dfrac{1}{(x-a)^m} (m = 1, 2, 3, \cdots$ 这儿 a 可以是虚数) 的分式各乘以数字系数之后的和. 由此, 积分 (8) 在一般情况下, 显然是下列积分的线性集合:

$$I_n = \int \frac{z^{2n}dz}{\sqrt{(1-z^2)(1-k^2z^2)}} \quad (n = 0, 1, 2, \cdots)$$

与

$$H_m = \int \frac{dz}{(z^2-a)^m\sqrt{(1-z^2)(1-k^2z^2)}} \quad (m = 1, 2, \cdots).$$

现在讲积分 I_n. 如果对 (容易被验证的) 恒等式

$$\left[z^{2n-3}\sqrt{(1-z^2)(1-k^2z^2)} \right]'$$

$$= (2n-3)z^{2n-4}\sqrt{(1-z^2)(1-k^2z^2)} + z^{2n-3}\frac{2k^2z^3 - (k^2+1)z}{\sqrt{(1-z^2)(1-k^2z^2)}}$$

$$= \frac{(2n-1)k^2z^{2n} - (2n-2)(k^2+1)z^{2n-2} + (2n-3)z^{2n-4}}{\sqrt{(1-z^2)(1-k^2z^2)}}$$

施行积分, 就可得到联系着依次三个积分 I 的递推关系式

$$(2n-1)k^2I_n - (2n-2)(k^2+1)I_{n-1} + (2n-3)I_{n-2} = z^{2n-3}\sqrt{(1-z^2)(1-k^2z^2)}, \quad (9)$$

在这里令 $n = 2$, 我们通过 I_0 与 I_1 表示出 I_2; 如果取 $n = 3$ 并以通过 I_0 与 I_1 表示出的 I_2 的表达式来代替 I_2, 则 I_3 也可以通过这些积分表示出来. 这样继续下去, 容易确信, 积分 $I_n (n \geqslant 2)$ 的每一个都可通过 I_0 与 I_1 表示出来, 再考虑到 (9), 就可以建立联系着它们的公式

$$I_n = \alpha_n I_0 + \beta_n I_1 + q_{2n-3}(z)\sqrt{(1-z^2)(1-k^2z^2)},$$

其中 α_n 与 β_n 是常数, $q_{2n-3}(z)$ 是次数为 $2n-3$ 的奇次多项式. 由此显然, 如果 $P_n(x)$ 是 x 的 n 次多项式, 则

$$\int \frac{P_n(z^2)dz}{\sqrt{(1-z^2)(1-k^2z^2)}} = \alpha I_0 + \beta I_1 + zQ_{n-2}(z^2)\sqrt{(1-z^2)(1-k^2z^2)}, \quad (10)$$

其中 α 与 β 是常数, 而 $Q_{n-2}(x)$ 是某一个 x 的 $(n-2)$ 次多项式. 这些常数及多项式 Q 的系数的确定, 可按照待定系数法作出 (如果多项式 P 具体地给出了的话)[比较 **284**,I].

我们指出, 从 (9) 出发也可以通过 I_0 与 I_1 把在负值 $n = -1, -2, \cdots$ 时的积分 I_n 表示出来, 于是在积分 H_m 中只限制于 $a \neq 0$ 的情形就够了.

现在来讲积分 H_m(比方说, 在实数 a 时), 类似地建立对于它们的递推关系式

$$(2m-2)[-a+(k^2+1)a^2-k^2a^3]H_m - (2m-3)[1-2a(k^2+1)+3k^2a^2]H_{m-1}$$
$$+(2m-4)[(k^2+1)-3k^2a]H_{m-2} - (2m-5)k^2H_{m-3}$$
$$= \frac{z}{(z^2-a)^{m-1}}\sqrt{(1-z^2)(1-k^2z^2)},$$

并且当 m 的值是负及 0 时也是对的. 由此, 所有的 H_m 可通过

$$H_1 = \int \frac{dz}{(z^2-a)\sqrt{(1-z^2)(1-k^2z^2)}},$$

$$H_0 = \int \frac{dz}{\sqrt{(1-z^2)(1-k^2z^2)}} = I_0,$$

$$H_{-1} = \int \frac{(z^2-a)dz}{\sqrt{(1-z^2)(1-k^2z^2)}} = I_1 - aI_0,$$

亦即, 最后通过 I_0, I_1 与 H_1 表示出来.

我们强调, 这一切就在参数 a 是虚值时也保持有效; 可是我们不在这里引进关于这点的说明, 而介绍读者去看第十二章 §5.

这样, 由于所有我们讨论的结果, 我们得到这样的一般结论: 借助于初等替换 —— 且在只相差可表示成有限形状的那些项的范围以内, —— 所有椭圆积分可化成[1]下面三个标准积分:

$$\left.\begin{array}{l} 与 \quad \int \dfrac{dz}{\sqrt{(1-z^2)(1-k^2z^2)}}, \ \int \dfrac{z^2 dz}{\sqrt{(1-z^2)(1-k^2z^2)}} \\[4mm] \int \dfrac{dz}{(1+hz^2)\sqrt{(1-z^2)(1-k^2z^2)}} \end{array}\right\} 0 < k < 1$$

(最后一个积分可从 H_1 引用新的参数 $h = -\dfrac{1}{a}$ 代替 $a \neq 0$ 而得到). 这些积分, 如刘维尔已经证明过的, 已经不能在有限形状中求得. 勒让德把它分别叫做第一、第二与第三类椭圆积分. 头两类只含有一个参数 k, 而最后一类, 除它以外, 还包含一个 (复数) 参数 h.

---

[1]虽然为了使任意一个椭圆积分化成上述三个积分的问题能够认为原则上已经被解决, 上面已经给了充分的指示, 但在实际应用时在这条道路上可能遭遇困难. 在专门从事椭圆积分以及相近的一些问题的专论里, 对于这一目的可以找到另外一些实用上方便的方法.

勒让德在这些积分中作替换 $z = \sin\varphi \left(\varphi \text{ 从 } 0 \text{ 变到 } \dfrac{\pi}{2}\right)$ 后, 把它们加以更进一步的简化. 这时它们中的第一个直接变成积分

$$\int \frac{d\varphi}{\sqrt{1 - k^2 \sin^2 \varphi}}. \tag{11}$$

第二个变成这样

$$\int \frac{\sin^2 \varphi d\varphi}{\sqrt{1 - k^2 \sin^2 \varphi}} = \frac{1}{k^2} \int \frac{d\varphi}{\sqrt{1 - k^2 \sin^2 \varphi}} - \frac{1}{k^2} \int \sqrt{1 - k^2 \sin^2 \varphi} d\varphi,$$

即是, 化成上述的积分与新的积分:

$$\int \sqrt{1 - k^2 \sin^2 \varphi} d\varphi. \tag{12}$$

最后, 第三个积分在上述的替换下变成

$$\int \frac{d\varphi}{(1 + h \sin^2 \varphi)\sqrt{1 - k^2 \sin^2 \varphi}}. \tag{13}$$

积分 (11),(12) 与 (13) 也叫做**在勒让德形式下的第一、第二与第三类椭圆积分**.

它们中的头两个特别重要, 并且经常应用. 如果认定这些积分当 $\varphi = 0$ 时变成零, 并以此固定包含在它们中的随意常数, 就可得到两个完全确定的 φ 的函数, 勒让德分别用 $\mathbf{F}(k, \varphi)$ 与 $\mathbf{E}(k, \varphi)$ 来表示它们. 在这里, 除自变量 φ 外, 包含在这些函数的表达式里面的被叫做模的参数 k 也被指出来了.

在不同的 φ 与不同的 k 下的这些函数的庞大的函数值表是勒让德造出来的. 在这些表中, 不仅可解释为角度的幅角 φ 可用度数表示出来, 而且模 k(小于 1 的正数) 可看作某一角度 θ 的正弦函数, 它在表中也用度数而非用模表示出来.

此外, 这些函数的更深奥的性质被勒让德与另外一些学者研究过, 并建立了许多关于它们的公式, 等等. 由于这个缘故, 勒让德函数 F 及 E 就归入分析及其应用中有与初等函数平等的身份的那一类函数里面了.

积分学的初等部分, 我们现在基本上暂时只限于这一部分, 研究 "在有限形状中的积分". 可是, 以为积分学的问题一般地就限于这些, 那就错误了: 椭圆积分 F 及 E 就是这种函数的例子, 它们按照自己的积分表达式被大有成效地研究着, 被成功地应用着, 虽然不能通过初等函数在有限形状中表示出来.

在下章我们还要遇到积分 $\mathbf{F}$ 及 $\mathbf{E}$, 而且一般地, 在本教程以后的部分还将不止一次地遇见它们.

第九章 定积分

§1. 定积分的定义与存在条件

294. 处理面积问题的另一方法 我们回到关于曲边梯形 $ABCD$(图 4) 的面积 P 的定义的问题, 这个问题我们已经在第 **264** 目中研究过. 我们现在要说明解决这个问题的另一个办法[①].

我们用任意方法分割图形的底边为若干部分, 并画出对应于这些分点的纵坐标, 于是曲边梯形被分成一些小条 (见图).

现在用某一个矩形来近似地替代每一个小条, 这个矩形的底边与该小条的底边一样, 它的高度与小条的纵坐标之一相同, 比方说, 与左端的纵坐标相同. 这样, 曲边图形就被许多单个的矩形所组成的阶梯状图形所代替了.

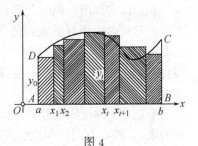

图 4

我们用

$$x_0 = a < x_1 < x_2 < \cdots < x_i < x_{i+1} < \cdots < x_n = b \tag{1}$$

表示分点的横坐标, 第 i 个矩形 $(i = 0, 1, 2, \cdots, n-1)$ 的底边显然等于差数 $x_{i+1} - x_i$, 我们用 Δx_i 来表示这个差数. 至于高度, 则依上面所述, 它等于 $y_i = f(x_i)$. 所以第 i 个矩形的面积是 $y_i \Delta x_i = f(x_i) \Delta x_i$.

[①]这就是将 [**32**,4)] 特例中曾一度应用过的概念, 加以推广.

把所有矩形的面积加起来, 我们得到曲边梯形的面积 P 的近似值

$$P \doteq \sum_{i=0}^{n-1} y_i \Delta x_i \quad \text{或} \quad P \doteq \sum_{i=0}^{n-1} f(x_i) \Delta x_i.$$

当所有的 Δx_i 无限减少时, 这个等式的误差趋向于零.

假定所有的长度 Δx_i 同时趋向于零, 则面积 P 的准确值就是极限:

$$P = \lim \sum y_i \Delta x_i = \lim \sum f(x_i) \Delta x_i. \tag{2}$$

我们用同样的方法来计算图形 $AMND$ (图 2) 的面积 $P(x)$, 只需把线段 AM 分成若干部分. 还要指出, **264** 目末尾约定, 图形在 x– 轴下方部分的面积算作是负的, 这就把 $y = f(x)$ 取负值的情形, 也包罗在内了.

为了表示形如 $\sum y \Delta x$ 的和(更确切些说 —— 这个和的**极限值**) 莱布尼茨引进了符号 $\int y dx$, 其中 $y dx$ 相当于和数的标准项, 而 $\int$ 是拉丁字 "Summa" 的第一个字母 S 的手写体①. 因为表示这个极限值的面积也是函数 y 的一个原函数, 所以同一符号也保留作原函数的符号. 以后, 随着函数符号的引进, 如果讲的是变动的面积时, 就写

$$\int f(x) dx,$$

而与 x 从 a 到 b 的变化相对应的固定图形 $ABCD$ 的面积, 就写成

$$\int_a^b f(x) dx.$$

我们以前利用面积的直觉表示法, 为的是自然地引向形如 (2) 的特殊和 (在历史上这些和正是由于计算面积的问题而被引进的) 的极限的研究. 可是面积概念本身需要论证, 而 —— 如果谈到的是曲边梯形 —— 面积概念正是借助于上述的极限而得到的. 自然, 在这之前应当脱离几何的考虑而研究极限 (2) 本身, 本章就专门来讲这件事情.

形如 (2) 的极限在数学分析及其各种应用中起非常重要的作用. 并且这里所发展的观念, 将以不同的变化形式在整个的课程中不止一次地重复着.

295. 定义　设函数 $f(x)$ 给定在某区间 $[a,b]$ 上. 用任意方法在 a 与 b 之间插入分点 (1), 把这个区间分成若干部分. 以后即用 λ 来表示差 $\Delta x_i = x_{i+1} - x_i (i = 0, 1, \cdots, n-1)$ 中最大的一个.

从部分区间 $[x_i, x_{i+1}]$ 的每一个区间上任意取一点 $x = \xi_i$②

$$x_i \leqslant \xi_i \leqslant x_{i+1} \quad (i = 0, 1, \cdots, n-1).$$

①术语 "积分" (来自拉丁字 integer=整的)是莱布尼茨的学生与同事约翰·伯努利(Joh.Bernoulli) 所提出的; 莱布尼茨最初称之为 "和".

②以上我们在所有的情况下都取最小值 x_i 作为 ξ_i.

并且做出和

$$\sigma = \sum_{i=0}^{n-1} f(\xi_i)\Delta x_i.$$

我们说和 σ 当 $\lambda \to 0$ 时有 (有限) 极限 I, 如果对每个数 $\varepsilon > 0$ 可以找到这样的数 $\delta > 0$, 使得, 只要 $\lambda < \delta$(即是, 整个区间分成长度 $\Delta x_i < \delta$ 的若干部分), 不等式

$$|\sigma - I| < \varepsilon$$

在数 ξ_i 的任意选择之下皆成立.

把这个记作:

$$I = \lim_{\lambda \to 0} \sigma. \tag{3}$$

像通常那样, 可把 "序列说法" 的定义与 "$\varepsilon - \delta$ 说法" 的这一定义相对照.

我们设想, 首先用一种方法, 然后用第二种、第三种等方法逐步作 $[a, b]$ 的区间分划. 如果分划对应的序列 $\lambda = \lambda_1, \lambda_2, \lambda_3, \cdots$ 收敛到零的话, 我们就把这样的区间分划序列叫做基本区间分划序列.

现在可以把等式 (3) 了解为:不论其中 ξ_i 如何选取, 对应于任一基本区间分划序列的和 σ 的序列, 总是趋于极限 I.

证明两个定义的等价性, 可以采用与 **53** 目中的同样的思想程序来进行. 第二个定义使我们可以把极限理论的基本概念与定理施用到这个新的极限形状.

如果当 $\lambda \to 0$ 时和 σ 的 (有限) 极限 I 存在, 则这极限 I 叫做函数 $f(x)$ 在从 a 到 b 的区间上的**定积分**, 并以符号

$$I = \int_a^b f(x)dx \tag{4}$$

来表示; 在这情形下, 函数 $f(x)$ 叫做在区间 $[a, b]$ 上的**可积函数**.

数 a 与 b 分别叫做积分的**下限**与**上限**. 在上、下限是常数时定积分是常数.

上述定义是黎曼 (B.Riemann)的定义, 他首创地把此定义在一般形式下说了出来, 并研究了它的应用范围. 有时就把和 σ 本身叫做**黎曼和**[①]; 我们宁可把它叫作积分和, 以便强调它同积分的联系.

现在我们的任务是要阐明一些条件, 在这些条件下积分和 σ 具有有限极限, 也就是说, 定积分 (4) 存在.

首先应当指出, 所述定义实际上只能应用到有界函数上. 其实, 如果函数 $f(x)$ 在区间 $[a, b]$ 上是无界的, 那么 —— 在把区间分成若干部分的如何一个分划下 —— 这个函数至少会在这些部分区间中的一个上仍是无界的. 于是靠着在这个部分区间上点 ξ 的选取, 可使 $f(\xi)$ 任意大, 随之也就可使和 σ 任意大; 在这些条件下, σ 显然不可能存在有限极限. 所以, 可积函数一定是有界的.

[①]实际上**柯西**早已明白清楚地利用了类似的和的极限, 但只用在连续函数的情况.

因此, 在以后的研究中, 我们总是预先假定所考虑的函数 $f(x)$ 是有界的

$$m \leqslant f(x) \leqslant M \quad (\text{如果} a \leqslant x \leqslant b).$$

296. 达布和　作为研究的辅助工具, 除积分和外, 按照达布 (Darboux) 的方法, 我们再引进另一些类似积分和的但更为简单的和.

用 m_i 与 M_i 分别表示函数 $f(x)$ 在第 i 个部分区间 $[x_i, x_{i+1}]$ 上的下确界与上确界, 并作和

$$s = \sum_{i=0}^{n-1} m_i \Delta x_i, \quad S = \sum_{i=0}^{n-1} M_i \Delta x_i.$$

这些和分别叫做**下积分和**与**上积分和**, 或者**达布和**.

在特别情形, 当 $f(x)$ 连续时, 这些和就简直是对应于所取分划的积分和中的最小与最大和, 因为在这情形下, 函数 $f(x)$ 在每个区间上都达到自己的确界, 于是按我们所希望的, 可以这样来选取点 ξ_i, 使得

$$f(\xi_i) = m_i \quad \text{或} \quad f(\xi_i) = M_i.$$

现在来讲一般的情形. 由下界与上界定义本身, 有

$$m_i \leqslant f(\xi_i) \leqslant M_i.$$

以 $\Delta x_i (\Delta x_i$ 是正的$)$ 乘这些不等式两端并对 i 加起来, 得到

$$s \leqslant \sigma \leqslant S.$$

在固定的分划下和 s 与 S 是常数, 可是由于数 ξ_i 的随意性, 和 σ 仍然是变量. 但容易看出, 靠着 ξ_i 的选取可使 $f(\xi_i)$ 的值与 m_i 或 M_i 任意接近, 这就是说, 可使和 σ 与 s 或 S 任意接近. 这时上面的不等式就引出下面的一般叙述: 在给定的区间分划下, **达布和** s 与 S 分别是积分和的**下确界**与**上确界**.

达布和具有下列的一些简单性质:

第一个性质　如果把一些新的点加进既有的分点里去, 则**达布下和**只可能因此而增大, 而**上和**只可能因此而减小.

证明　为了证明这个性质, 只要讨论在既有的分点中再加进一个分点 x' 的情形就够.

设这个点加在点 x_k 与 x_{k+1} 之间, 于是

$$x_k < x' < x_{k+1}.$$

如果用 S' 表示新的上和, 那么, 这个和仅在这个地方与前面的 S 有所不同; 在和 S 中对应于区间 $[x_k, x_{k+1}]$ 的项是

$$M_k(x_{k+1} - x_k),$$

而在新和 S' 中对应于这区间是两个项的和

$$\overline{M}_k(x' - x_k) + \overline{\overline{M}}_k(x_{k+1} - x'),$$

其中 $\overline{M}_k$ 与 $\overline{\overline{M}}_k$ 是函数 $f(x)$ 在区间 $[x_k, x']$ 与 $[x', x_{k+1}]$ 上的上确界. 因为这些区间是区间 $[x_k, x_{k+1}]$ 的部分区间, 所以

$$\overline{M}_k \leqslant M_k, \quad \overline{\overline{M}}_k \leqslant M_k,$$

于是

$$\overline{M}_k(x' - x_k) \leqslant M_k(x' - x_k),$$
$$\overline{\overline{M}}_k(x_{k+1} - x') \leqslant M_k(x_{k+1} - x').$$

按项把这些不等式加起来, 得到

$$\overline{M}_k(x' - x_k) + \overline{\overline{M}}_k(x_{k+1} - x') \leqslant M_k(x_{k+1} - x_k).$$

由此推知 $S' \leqslant S$. 下和的证明与此类似.

附注 因为差 $M_k - \overline{M}_k$ 与 $M_k - \overline{\overline{M}}_k$ 显然不能超过函数 $f(x)$ 在整个区间 $[a, b]$ 上的振幅 Ω, 所以差 $S - S'$ 不能超过乘积 $\Omega(b - a)$. 如果在第 k 区间上取几个新的分点, 这个结果仍然是对的.

第二个性质 任何一个达布下和都不超过任何一个上和, 即使是对应于区间的另一分划的上和.

证明 用任意方法分割区间 $[a, b]$ 成若干部分, 并作这个分划的达布和

$$s_1 \quad \text{与} \quad S_1. \tag{I}$$

现在考虑区间 $[a, b]$ 的某一与第一个分划完全没有关系的另一个分划. 对应于这个分划的达布和是

$$s_2 \quad \text{与} \quad S_2. \tag{II}$$

要证的是 $s_1 \leqslant S_2$. 为了这一目的, 我们把两种分点联合在一起, 于是得到某一辅助的第三个分划, 对应于它的和是

$$s_3 \quad \text{与} \quad S_3. \tag{III}$$

用加进一些新的分点的办法, 我们从第一个分划得到了第三个分划; 因而, 根据已经证明过的达布和第一个性质, 有

$$s_1 \leqslant s_3.$$

现在把第二个与第三个分划比较一下, 可以完全相同地得到

$$S_3 \leqslant S_2.$$

但 $s_3 \leqslant S_3$, 于是由刚才得到的那些不等式, 推出

$$s_1 \leqslant S_2.$$

这就是所要证明的.

从上面所证明的推知, 下和的整个集合 $\{s\}$ 有上界, 例如, 以任何一个上和 S 为上界. 在此情形下 [11] 这集合有有限的上确界

$$I_* = \sup\{s\}.$$

此外, 对于无论怎样的上和 S,

$$I_* \leqslant S.$$

这样, 因为上和的集合 $\{S\}$ 以 I_* 为一下界, 所以它有有限的下确界

$$I^* = \inf\{S\},$$

并且, 显然

$$I_* \leqslant I^*.$$

把所有上述事实互相比较, 对任何的达布下和与上和, 有

$$s \leqslant I_* \leqslant I^* \leqslant S. \tag{5}$$

数 I_* 与 I^* 分别叫做 **达布下积分与上积分**[比较下面 **301** 目].

297. 积分的存在条件　借助于达布和, 现在容易说出这个条件.

定理　定积分存在的必要与充分条件, 是

$$\lim_{\lambda \to 0}(S - s) = 0. \tag{6}$$

第 **295** 目中所说的事实足以阐明这个极限的意义. 例如, 用 "$\varepsilon - \delta$ 说法", 条件 (6) 就是: 对于如何一个 $\varepsilon > 0$, 可以找到如此的 $\delta > 0$, 使得只要当 $\lambda < \delta$ 时 (即是, 区间分成长度 $\Delta x_i < \delta$ 的若干部分), 不等式

$$S - s < \varepsilon$$

成立.

证明 必要性 假定积分 (4) 存在. 于是对任何一个给定的 $\varepsilon > 0$, 可以找到如此的 $\delta > 0$, 使得只要当所有的 $\Delta x_i < \delta$ 时,

$$|\sigma - I| < \varepsilon \quad \text{或} \quad I - \varepsilon < \sigma < I + \varepsilon,$$

不管我们在相应区间的范围内怎样选取 ξ_i. 但在给定的区间分划下, 如我们所建立过的, 和 s 与 S 分别是积分和的下确界与上确界; 所以, 对于它们就有

$$I - \varepsilon \leqslant s \leqslant S \leqslant I + \varepsilon,$$

于是

$$\lim_{\lambda \to 0} s = I, \quad \lim_{\lambda \to 0} S = I, \tag{7}$$

由此就推出 (6).

充分性 假定条件 (6) 被满足; 于是由 (5) 立即看出 $I_* = I^*$, 并且, 如果用 I 来表示它们的公共值. 就有

$$s \leqslant I \leqslant S. \tag{5*}$$

如果把 σ 了解为借助于和 s, S 所对应的那一个区间分划而作出的诸积分和值中的一个, 则如我们所知,

$$s \leqslant \sigma \leqslant S.$$

按照条件 (6), 如果假定所有的 Δx_i 充分小, 和 s 与 S 的差就可小于任意所取的 $\varepsilon > 0$. 但在这样的情形下, 这对于被包含在 s 与 S 间的数 σ 与 I 也是对的:

$$|\sigma - I| < \varepsilon,$$

于是 I 是 σ 的极限, 即是定积分.

如果用 ω_i 表示函数在第 i 部分区间上的振幅 $M_i - m_i$, 那么就有

$$S - s = \sum_{i=0}^{n-1} (M_i - m_i)\Delta x_i = \sum_{i=0}^{n-1} \omega_i \Delta x_i,$$

定积分存在的条件就可以改写为:

$$\lim_{\lambda \to 0} \sum_{i=0}^{n-1} \omega_i \Delta x_i = 0. \tag{8}$$

通常我们也就应用这种形式.

298. 可积函数的种类 我们应用所求得的判别法来确定一些可积函数的种类.

I. 如果函数 $f(x)$ 在区间 $[a, b]$ 上是连续的, 则函数 $f(x)$ 是可积的.

证明 既然函数 $f(x)$ 是连续的, 则根据 [**87**] 康托尔定理的推论, 对于给定的 $\varepsilon > 0$ 永远可以找到如此的 $\delta > 0$, 使当区间 $[a, b]$ 分成长度 $\Delta x_i < \delta$ 的若干部分时, 所有的 $\omega_i < \varepsilon$. 由此

$$\sum_{i=0}^{n-1} \omega_i \Delta x_i < \varepsilon \sum_{i=0}^{n-1} \Delta x_i = \varepsilon (b - a).$$

因为 $b - a$ 是常数, 而 ε 任意小, 所以条件 (8) 被满足, 由此即可推出积分的存在. 还可以稍微推广一下所证的断言:

II. 如果在 $[a, b]$ 上的有界函数 $f(x)$ 只有有限多个间断点, 则它是可积的.

证明 设间断点是 $x', x'', \cdots, x^{(k)}$. 取任意 $\varepsilon > 0$. 我们用长度皆小于 ε 的诸邻域

$$(x' - \varepsilon', x' + \varepsilon'), (x'' - \varepsilon'', x'' + \varepsilon''), \cdots, (x^{(k)} - \varepsilon^{(k)}, x^{(k)} + \varepsilon^{(k)})$$

来包住这些间断点. 在其余的 (闭) 区间上函数 $f(x)$ 是连续的, 我们就可把康托尔定理的推论各别地应用到它们的每一个上去. 从按照 ε 所得的数 δ 中挑选出最小的 (我们也用字母 δ 来表示它). 此时它对上述区间中的每一个都是合用的. 同时我们无妨取 $\delta < \varepsilon$. 现在分割我们的区间 $[a, b]$ 成这样的若干部分, 使得它们的长度全都小于 δ. 所得的部分区间将有两类:

1) 第一类区间, 即整个区间位于所分出的包住间断点的那些邻域外的那种区间. 在它们中函数的振幅 $\omega_i < \varepsilon$.

2) 第二类区间, 即或是整个地被包在所分出的邻域内部的那种区间, 或是部分地落在这些邻域上的那种区间.

因为已假定函数 $f(x)$ 是有界的, 所以它在这些区间的任何一个区间上的振幅不超过它在整个区间 $[a, b]$ 上的振幅 Ω.

把和

$$\sum_i \omega_i \Delta x_i$$

分成两个和分别分布在第一类及第二类区间上:

$$\sum_{i'} \omega_{i'} \Delta x_{i'} \quad \text{与} \quad \sum_{i''} \omega_{i''} \Delta x_{i''}.$$

对于第一个和, 正如在上述定理中的一样, 将有

$$\sum_{i'} \omega_{i'} \Delta x_{i'} < \varepsilon \sum_{i'} \Delta x_{i'} < \varepsilon (b - a).$$

至于第二个和, 我们指出, 所有整个地落在所分出的邻域内的那种第二类区间的长度总和 $< k\varepsilon$. 只有部分落在所分出的邻域上的那种区间的数目不可能多于 $2k$ 个, 它们长度的总和 $2k\delta$, 也就是说更加 $< 2k\varepsilon$. 因而

$$\sum_{i''} \omega_{i''} \Delta x_{i''} < \Omega \sum_{i''} \Delta x_{i''} < \Omega \cdot 3k\varepsilon.$$

这样, 当 $\Delta x_i < \delta$ 时, 最后有

$$\sum_i \omega_i \Delta x_i < \varepsilon[(b-a) + 3k\Omega].$$

这就证明了我们的断言, 因为包括在方括弧中的是常数. 而 ε 任意小.

最后, 还要指出一种简单的, 不被上述两类函数所包括的可积函数.

III. 单调有界函数 $f(x)$ 永远是可积的.

证明 设 $f(x)$ 是单调增函数. 此时它在区间 $[x_i, x_{i+1}]$ 上的振幅是

$$\omega_i = f(x_{i+1}) - f(x_i).$$

给定任何一个 $\varepsilon > 0$ 并令

$$\delta = \frac{\varepsilon}{f(b) - f(a)}.$$

一当 $\Delta x_i < \delta$ 时, 立即有

$$\sum \omega_i \Delta x_i < \delta \sum [f(x_{i+1}) - f(x_i)] = \delta[f(b) - f(a)] = \varepsilon,$$

由此即推知函数的可积性.

299. 可积函数的一些性质   由第 **297** 目中的判别法可以引出可积函数的许多共同性质.

I. 如果函数 $f(x)$ 在区间 $[a, b]$ 上是可积的, 则函数 $|f(x)|$ 与 $kf(x)$(其中 $k =$ 常数) 在这区间上也都是可积的.

对函数 $|f(x)|$ 加以证明. 因为对于区间 $[a, b]$ 上任何两点 x', x'' 有 **[17]**

$$|f(x'')| - |f(x')| \leqslant |f(x'') - f(x')|,$$

所以函数 $|f(x)|$ 在这区间上的振幅 ω_i^* 不超过 ω_i **[85]**. 由此

$$\sum \omega_i^* \Delta x_i \leqslant \sum \omega_i \Delta x_i,$$

并且, 因为后面那个和趋于零 (当 $\lambda \to 0$ 时), 于是第一个和更是趋于零. 这就得到函数 $|f(x)|$ 的可积性.

II. 如果两个函数 $f(x)$ 与 $g(x)$ 在区间 $[a,b]$ 上是可积的, 则它们的和、差与乘积也都是可积的.

我们限于乘积 $f(x)g(x)$ 情形的证明.

设 $|f(x)| \leqslant K, |g(x)| \leqslant L$. 在区间 $[x_i, x_{i+1}]$ 上取任何两点 x', x'', 考虑差

$$f(x'')g(x'') - f(x')g(x') = [f(x'') - f(x')]g(x'') + [g(x'') - g(x')]f(x').$$

如果用 $\omega_i, \overline{\omega}_i$ 分别表示函数 $f(x), g(x)$ 在区间 $[x_i, x_{i+1}]$ 上的振幅, 显然

$$|f(x'')g(x'') - f(x')g(x')| \leqslant L\omega_i + K\overline{\omega}_i.$$

但此时 [85] 对函数 $f(x)g(x)$ 在这区间上的振幅 Ω_i 就有

$$\Omega_i \leqslant L\omega_i + K\overline{\omega}_i,$$

由此

$$\sum \Omega_i \Delta x_i \leqslant L \sum \omega_i \Delta x_i + K \sum \overline{\omega}_i \Delta x_i.$$

因为后面两个函数都趋于零 (当 $\lambda \to 0$ 时), 所以第一个和更是趋于零. 这就证明了函数 $f(x)g(x)$ 的可积性.

III. 如果函数 $f(x)$ 在区间 $[a,b]$ 上是可积的, 则它在这区间的任何一个部分区间 $[\alpha, \beta]$ 上也是可积的. 反之, 如果区间 $[a,b]$ 被分割成若干部分区间, 并且分别在每个部分区间上 $f(x)$ 是可积的, 则它在整个区间 $[a,b]$ 上也是可积的.

证明 假定函数 $f(x)$ 在区间 $[a,b]$ 上是可积的, 并对这个区间作和数 $\sum \omega_i \Delta x_i$ (认定 α 与 β 包括在分点之中). 如果在这和中略去一些 (正的) 项, 就可得到区间 $[\alpha, \beta]$ 上的类似的和; 如果第一个和趋向于零, 这个和就一定趋于零.

现在设, 比方说, 区间 $[a,b]$ 被分割成两个部分区间 $[a,c]$ 与 $[c,b]$(其中 $a < c < b$), 并且在它们的每一个上函数 $f(x)$ 是可积的. 重新取区间 $[a,b]$ 的和 $\sum \omega_i \Delta x_i$, 如果点 c 包括在分点中, 则所举出的和, 由区间 $[a,c]$ 与 $[c,b]$ 的两个类似的和组成, 并且与这两个和一起趋于零. 对于 c 不是分点的情形, 这个结论仍然有效的: 把这点归并在分点中后, 我们只改变和中的一项, 而这一项本身显然趋于零.

IV. 如果改变可积函数在有限数个 $(= k)$ 点上的值, 则它的可积性并不会被破坏.

证明是显然的, 因为所说的改变牵涉到和 $\sum \omega_i \Delta x_i$ 的项数不多于 k 项.

容易明了, 积分本身的值在这时并不发生变化. 这由如下的事实得到: 对于两个函数 —— 原有的及改变后的 —— 在积分和中的点 ξ_i 总可以如此选取, 使得它们不在使两个函数值不同的那些点上.

附注 由于这一性质, 可知即使 $f(x)$ 在区间 $[a,b]$ 的有限个点上不确定时, 我们也可以谈到积分 $\int_a^b f(x)dx$. 同时可以在这些点给我们的函数加上完全任意的值而考虑在整个区间上用这样的方法所确定的函数. 如我们已经见到过的, 无论是这个积分的存在, 或是它的值都不依赖于在函数没有确定的那些点上所加上的函数值.

300. 例题及补充 作为练习我们再举一些把 **297** 目中的判别法应用到具体函数上的一些例子.

1) 回到在 **70,** 8) 中所考虑的函数: 如果 x 是既约真分数 $\dfrac{p}{q}$, 则 $f(x) = \dfrac{1}{q}$, 如果 x 是区间 $[0,1]$ 的其他的点, 则 $f(x) = 0$.

设区间 $[0,1]$ 分成长度 $\Delta x_i < \lambda$ 的若干部分. 取任意自然数 N, 把所有的部分区间分成两类:

(a) 把包含分母 $q \leqslant N$ 的数 $\dfrac{p}{q}$ 的那些区间列入第一类: 因为这些数只有有限数 $k = k_N$ 个, 所以第一类区间的个数就不大于 $2k$, 而它们长度的总和不超出 $2k\lambda$.

(б) 把不包含上述数字的那些区间列入第二类; 对于它们, 振幅 ω_i 显然小于 $\dfrac{1}{N}$.

如果根据这点把和 $\sum \omega_i \Delta x_i$ 分成两个并分别估计每个的值, 就得到结果

$$\sum \omega_i \Delta x_i < 2k_N \lambda + \frac{1}{N}.$$

先取 $N > \dfrac{2}{\varepsilon}$, 然后取 $\lambda < \dfrac{\varepsilon}{4k_N} = \delta$, 即有 $\sum \omega_i \Delta x_i < \varepsilon$, 这就证明了函数的可积性.

这个例子是有趣的, 因为这里的函数有无穷多个间断点, 但仍然是可积的. [不过, 这类的例子可以在定理 III 的基础上建立起来.]

2) 现在重新考虑狄利克雷函数 [**46;70,**7)]

$$\chi(x) = 1, \quad \text{如果 } x \text{ 是有理数},$$
$$\chi(x) = 0, \quad \text{如果 } x \text{ 是无理数}.$$

因为在区间 $[0,1]$ 的任何部分区间上这个函数的振幅 $\omega = 1$, 所以 $\sum \omega_i \Delta x_i = 1$, 于是函数显然不是可积的.

3) 在 **297** 目中所得出的定积分存在的判别法, 可以表示成下面的形式:

定积分存在[41]的必要与充分条件, 是对给定的数 $\varepsilon > 0$ 与 $\sigma > 0$, 可以找到如此的 $\delta > 0$, 使当所有的 $\Delta x_i < \delta$ 时, 对应于振幅

$$\omega_{i'} \geqslant \varepsilon$$

的那些区间长度的总和

$$\sum_{i'} \Delta x_{i'} < \sigma \quad [42].$$

必要性由不等式

$$\sum_i \omega_i \Delta x_i \geqslant \sum_{i'} \omega_{i'} \Delta x_{i'} \geqslant \varepsilon \sum_{i'} \Delta x_{i'}$$

看出是显然的, 如果靠着 δ 的选择, 使第一个和比 $\varepsilon \sigma$ 小的话.

---

[41]指有界函数的定积分.

[42]由黎曼 (约于 1854 年) 建立的这个命题是历史上最早的函数可积性判别法之一.

充分性由下面的估计推出:

$$\sum_i \omega_i \Delta x_i = \sum_{i'} \omega_{i'} \Delta x_{i'} + \sum_{i''} \omega_{i''} \Delta x_{i''} < \Omega \sum_{i'} \Delta x_{i'} + \varepsilon \sum_{i''} \Delta x_{i''} < \Omega\sigma + \varepsilon(b-a).$$

[这里 Ω 像通常那样, 表示函数在整个所考虑的区间上的振幅; 用记号 i'' 指出的那些部分区间上的振幅 $\omega_{i''} < \varepsilon$.]

4) 把这个新形式的判别法用来证明下面的命题:

如果函数 $f(x)$ 在区间 $[a, b]$ 上是可积的, 并且它的值不越出区间 $[c, d]$ 的范围、在区间 $[c, d]$ 上函数 $\varphi(y)$ 是连续的、则复合函数 $\varphi(f(x))$ 在 $[a, b]$ 上也是可积的.

任取数 $\varepsilon > 0$ 与 $\sigma > 0$. 对于数 ε, 由于函数 $\varphi(y)$ 的连续性, 可找到如此的 $\eta > 0$, 使得在长度 $< \eta$ 的 y 值的任何一个区间上, 函数 φ 的振幅 $< \varepsilon$.

由于函数 f 的可积性, 对于数 η 与 σ 现在可找到如此的数 η, 使当区间分成长度 $\Delta x_i < \delta$ 的若干部分区间时, 它们中函数 f 的振幅:$\omega_{i'}[f] \geqslant \eta$ 的那些区间长度的总和 $\sum_{i'} \Delta x_{i'}$ 小于 σ[参看 3)]. 对于其他的区间, 有 $\omega_{i''}[f] < \eta$, 所以, 按照数 η 的选择,$\omega_{i''}[\varphi(f)] < \varepsilon$. 这样, 对于复合函数 $\varphi(f(x))$, 振幅只在第一群区间中的某些区间上可能 $\geqslant \varepsilon$, 这些区间长度的总和显然 $< \sigma$, 把 3) 的判别法应用到复合函数上, 我们就可断定它的可积性.

5) 如果对于函数 φ 只假定可积性, 则复合函数就可能是不可积的 [43]. 例如:

取上面在 1) 中已经研究过的那个函数作为函数 $f(x)$; 它在区间 $[0, 1]$ 上是可积的, 并且它的值也不越出这个区间的范围. 其次, 设

$$\varphi(y) = 1 \quad \text{对于} \quad 0 < y \leqslant 1$$

及

$$\varphi(0) = 0.$$

函数 $\varphi(y)$ 在 $[0, 1]$ 上也是可积的.

可是, 容易看出, 复合函数 $\varphi(f(x))$ 与狄利克雷函数相同 [参看 2)]: 所以它在 $[0, 1]$ 不是可积的.

301. 看作极限的下积分与上积分　最后我们回到在 **296** 目中被定义作达布和 s 与 S 的确界的下积分与上积分. 我们现在要证: 它们同时就是所说和的极限.

达布定理　对于无论怎样的有界函数 $f(x)$, 恒有

$$I_* = \lim_{\lambda \to 0} s, \quad I^* = \lim_{\lambda \to 0} S.$$

例如, 对于上和加以**证明**.

首先, 对预先给定的 $\varepsilon > 0$, 取如此的区间 $[a, b]$ 的分划, 使得对应于它的上和 S' 有

$$S' < I^* + \frac{\varepsilon}{2}; \tag{9}$$

这是可能的, 因为 I^* 是上和集合的下确界. 设这个再分划包含 m' 个 (内部的) 分点

现在令

$$\delta = \frac{\varepsilon}{2m'\Omega},$$

---

[43]甚至函数 f 是连续的.

其中 Ω 表示函数 $f(x)$ 在整个区间 $[a,b]$ 上的振幅, 并考虑所有 $\Delta x_i < \delta$ 的任意区间分划, 设对应于它的和是 S.

为要估计 S 与 I^* 间的差, 我们再把前面两个分划的分点加以合并, 而引出给定区间的第三个分划. 如果对应于它的上和是 S'', 则依达布和第一个性质 [**296**], $S'' < S'$, 于是更有 [参看 (9)]

$$S'' < I^* + \frac{\varepsilon}{2}. \tag{10}$$

另一方面, 依 **296** 目中的附注, 差 $S - S''$ 不超过 Ω 与第二个分划中那些含有第一个分划之分点的区间的长度 Δx_i 的总和之乘积. 但这些区间的数目不大于 m', 而它们每一个的长度小于 δ, 于是

$$S - S'' < m'\Omega\delta = \frac{\varepsilon}{2},$$

由此, 由于 (10),

$$S < I^* + \varepsilon.$$

另一方面, 因为 $S \geqslant I^*$, 所以只要 $\Delta x_i < \delta$, 即有

$$0 \leqslant S - I^* < \varepsilon,$$

于是, 的确 $S \to I^*$.

从已经证明过的定理直接推出, 总有

$$\lim_{\lambda \to 0}(S - s) = I^* - I_*.$$

这个关系式使我们能把积分存在的判别法叙述成下面的形式 [比较 **297**]:

定积分存在的必要与充分条件, 是使达布下积分与上积分彼此相等

$$I_* = I^*.$$

(当条件满足时, 显然它们的公共值就给出定积分的数值.)

条件的新形式比起以前的形式具有某些优点. 为要证实两个达布积分相等, 只要建立对任意 ε 只要有一对和满足不等式

$$S - s < \varepsilon$$

就够了. 实际上, 由 (5), 这时也有

$$0 \leqslant I^* - I_* < \varepsilon,$$

由此, 由于 ε 的任意性, 就得到所求的等式.

容易了解, 据此可以使前目 [参看 3)] 所说的可积条件, 变得简便一些.

§2. 定积分的一些性质

302. 沿定向区间的积分   到现在为止, 当说到 "在由 a 到 b 的区间上的定积分" 时, 我们总是了解为 $a < b$. 现在要除去这一令人不便的限制.

　　为了这目的, 我们首先建立有向或定向区间的概念. 我们将把**定向区间** $[a,b]$ (其中可以 $a < b$, 也可以 $a > b$) 了解为分别满足不等式

$$a \leqslant x \leqslant b \quad \text{或} \quad a \geqslant x \geqslant b$$

并且顺序由 a 到 b 的 x 值的集合, 即是, 如果 $a < b$, 就是递增顺序, 或者如果 $a > b$, 就是递减顺序. 这样, 我们可区别区间 $[a,b]$ 与 $[b,a]$: 它们在组成成分 (作为数值的集合来说) 方面是一样的, 但在方向上有所不同.

　　在 **295** 目中所给的那个积分定义, 就属于定向区间 $[a,b]$ 的情形, 但只是对于当 $a < b$ 时的情形来说的.

　　现在来讲在假定 $a > b$ 时, 在定向区间 $[a,b]$ 上的积分的定义. 对这种情形可以用由 a 到 b 的方向插入分点:

$$x_0 = a > x_1 > x_2 > \cdots > x_i > x_{i+1} > \cdots > x_n = b$$

的方法重复普通分割区间的步骤. 在每个部分区间 $[x_i, x_{i+1}]$ 上选出一个点 ξ_i, 于是 $x_i \geqslant \xi_i \geqslant x_{i+1}$, 作积分和

$$\sigma = \sum_{i=0}^{n-1} f(\xi_i) \Delta x_i,$$

其中 —— 在这次 —— 所有 $\Delta x_i = x_{i+1} - x_i < 0$. 最后. 当 $\lambda = \max |\Delta x_i| \to 0$ 时, 这个和的极限就把我们引到积分

$$\int_a^b f(x)dx = \lim_{\lambda \to 0} \sigma$$

的概念.

　　如果对区间 $[a,b]$ 与 $[b,a]$ (其中 $a \geqslant b$) 取同样的分点与同样的点 ξ_i, 则对应于它们的积分和将只相差一个符号. 由此, 取极限, 就得到这样的定理:

　　1°　如果 $f(x)$ 在区间 $[b,a]$ 上是可积的, 则它在区间 $[a,b]$ 上也是可积的, 并且

$$\int_a^b f(x)dx = -\int_b^a f(x)dx.$$

而且在假定积分 $\int_b^a$ 存在时, 这个等式正好可以采取作为 $a > b$ 时积分 $\int_a^b$ 的定义 [44].

　　还要指出, 作为定义, 设

$$\int_a^a f(x)dx = 0.$$

----

[44] 这样的定义现在最为通行.

303. 可用等式表示的一些性质 现在列举可用等式表示的定积分的更进一步的一些性质[①].

2° 设 $f(x)$ 在区间 $[a,b],[a,c]$ 与 $[c,b]$ 中最大的一个上是可积的[②] 于是它在其他两个区间上是可积的, 并且不管点 a,b 与 c 的相互位置是怎样的, 等式

$$\int_a^b f(x)dx = \int_a^c f(x)dx + \int_c^b f(x)dx$$

成立.

证明 首先令 $a < c < b$ 并且函数在区间 $[a,b]$ 上是可积的.

函数在区间 $[a,c]$ 与 $[c,b]$ 上是可积的这一事实, 由 **299** 目 III 推知.

考虑把区间 $[a,b]$ 分成若干部分, 并认定点 c 是这些分点中的一个. 作积分和, 即有 (其中记号的意义是明显的)

$$\sum_a^b f(\xi)\Delta x = \sum_a^c f(\xi)\Delta x + \sum_c^b f(\xi)\Delta x.$$

当 $\lambda \to 0$ 时取极限, 我们就得到所求的等式.

点 a,b,c 其他位置的情形可化成这个等式, 例如设 $b < a < c$ 且函数 $f(x)$ 在区间 $[c,b]$ 上 —— 或者由于 1°, 同样在 $[b,c]$ 上 —— 是可积的. 在这情形下, 依已经证过的, 即有

$$\int_b^c f(x)dx = \int_b^a f(x)dx + \int_a^c f(x)dx,$$

由此, 把第一与第二个积分由等式的一端移到另一端并改换积分限 (根据性质 1°), 我们又得到前面的关系式.

3° 如果 $f(x)$ 在区间 $[a,b]$ 上是可积的, 则 $kf(x)$ (其中 $k =$ 常数)在这区间上也是可积的, 并且

$$\int_a^b kf(x)dx = k \int_a^b f(x)dx.$$

4° 如果 $f(x)$ 与 $g(x)$ 在区间 $[a,b]$ 上都是可积的, 则 $f(x) \pm g(x)$ 在这区间上也是可积的, 并且

$$\int_a^b [f(x) \pm g(x)]dx = \int_a^b f(x)dx \pm \int_a^b g(x)dx.$$

由积分和出发并取极限, 对两种情形可以类似地作出证明, 例如, 对最后的断言加以证明.

[①] 在这里以及在以后, 如果讲到积分 $\int_a^b$, 我们认为两种情形, $a < b$ 与 $a > b$ 都是可能的 (在没有特别附加说明时).

[②] 可以不这样假定而假定: 函数 $f(x)$ 在两个较小区间中的每一个上是可积的, 于是它在最大的区间上也就会是可积的.

任意分割区间 $[a,b]$ 成若干部分, 并对所有三个积分作积分和. 同时在每个部分区间上任意选取 ξ_i 点, 但对于所有和则是相同的; 于是即有

$$\sum [f(\xi_i) \pm g(\xi_i)]\Delta x_i = \sum f(\xi_i)\Delta x_i \pm \sum g(\xi_i)\Delta x_i.$$

现设 $\lambda \to 0$; 因为对于等式右端两个和的极限都存在, 所以左端和的极限也存在, 由此建立了函数 $f(x) \pm g(x)$ 的可积性. 在上面等式中取极限, 就得到所求的关系式.

附注　注意在后面两个断言的证明时, 不必须依靠 **299** 目中的定理 I 与 II: 函数 $kf(x)$ 与 $f(x) \pm g(x)$ 的可积性可由取极限直接建立起来.

304. 可用不等式表示的一些性质　到现在为止我们已考虑过可用等式表示的积分的一些性质; 现在来讲可用不等式表示的这样一些性质:

5°　如果在区间 $[a,b]$ 上可积函数 $f(x)$ 是非负的, 并且 $a < b$, 则

$$\int_a^b f(x)dx \geqslant 0.$$

证明是显然的.

较难证明的是下面这更精确的结果:

如果在区间 $[a,b]$ 上可积函数 $f(x)$ 是正的, 且 $a < b$, 则

$$\int_a^b f(x)dx > 0.$$

用反证法**证明**. 假如

$$\int_a^b f(x)dx = 0.$$

于是当 $\lambda \to 0$ 时, 达布上和 S 也趋于零 [**297**(7)]. 取任意 $\varepsilon_1 > 0$ 后, 可使这个和比 $\varepsilon_1(b-a)$ 小. 此时上界 M_i 中至少有一个比 ε_1 小, 换句话说, 在 $[a,b]$ 上可以找到如此的部分区间 $[a_1,b_1]$, 在它的范围内所有 $f(x)$ 的值 $< \varepsilon_1$.

又因为

$$\int_{a_1}^{b_1} f(x)dx = 0 [1],$$

---

①实际上, 按照 2°:

$$\int_a^b = \int_a^{a_1} + \int_{a_1}^{b_1} + \int_{b_1}^b, \quad 并且因为 \int_a^{a_1} \geqslant 0, \int_{b_1}^b \geqslant 0.$$

所以

$$0 \leqslant \int_{a_1}^{b_1} \leqslant \int_a^b = 0.$$

所以类似地, 由 $[a_1, b_1]$ 可分出部分区间 $[a_2, b_2]$, 在它的范围内 $f(x) < \varepsilon_2$, 其中 ε_2 是任何一个正数 $< \varepsilon_1$, 如此下去.

取正数序列 $\varepsilon_k \to 0$ 后, 可以定出一个套着一个 (并且 —— 如果愿意的话 —— 在长度上递减到 0 的) 的这样一串区间,$[a_k, b_k]$, 使得

$$0 < f(x) < \varepsilon_k, \quad \text{如果} \quad a_k \leqslant x \leqslant b_k \quad (k = 1, 2, \cdots)$$

于是依 **38** 目引理, 存在着所有这些区间的公共点 c; 对于它应当有

$$0 < f(c) < \varepsilon_k \quad \text{当} \quad k = 1, 2, \cdots,$$

因为 $\varepsilon_k \to 0$, 这是不可能的. 定理证毕.

由此 (并由 4°) 有简单的推论:

6°　如果函数 $f(x)$ 与 $g(x)$ 在区间 $[a, b]$ 上都是可积的, 并恒有 $f(x) \leqslant g(x)$[或 $f(x) < g(x)$], 则在假定 $a < b$ 时,

$$\int_a^b f(x)dx \leqslant \int_a^b g(x)dx \left[\text{或} \int_a^b f(x)dx < \int_a^b g(x)dx\right].$$

只需把上面的性质应用到差 $g(x) - f(x)$ 上. 同样容易得到:

7°　设函数 $f(x)$ 在区间 $[a, b]$ 上是可积的, 并且 $a < b$; 就有不等式

$$\left|\int_a^b f(x)dx\right| \leqslant \int_a^b |f(x)|dx.$$

后面这个积分的存在由 **299** 目 I 推知. 然后把性质 6° 应用到函数上.

$$-|f(x)| \leqslant f(x) \leqslant |f(x)|$$

可是从积分和

$$\left|\sum f(\xi_i)\Delta x_i\right| \leqslant \sum |f(\xi_i)| \cdot \Delta x_i^{①}$$

出发并取极限, 所求不等式容易直接得出.

8°　如果 $f(x)$ 在 $[a, b]$ 上是可积的, 其中 $a < b$, 并且在整个这个区间上不等式

$$m \leqslant f(x) \leqslant M$$

成立, 则

$$m(b - a) \leqslant \int_a^b f(x)dx \leqslant M(b - a).$$

可以把性质 6° 应用到函数 $m, f(x)$ 与 M 上, 但更简单的是直接利用显然的不等式

$$m\sum \Delta x_i \leqslant \sum f(\xi_i)\Delta x_i \leqslant M \sum \Delta x_i^{①}$$

---

①因为 $a < b$, 故所有的 $\Delta x_i > 0$.

并取极限.

可以赋予所证明的关系式以更方便的等式形式, 同时可以取消 $a < b$ 的限制.

9° **中值定理** 设 $f(x)$ 在 $[a, b]$ 上是可积的 $(a \geqslant b)$, 并设在整个这个区间上, $m \leqslant f(x) \leqslant M$; 那么

$$\int_a^b f(x)dx = \mu(b - a),$$

其中 $m \leqslant \mu \leqslant M$.

证明 如果 $a < b$, 则依性质 8° 即有

$$m(b - a) \leqslant \int_a^b f(x)dx \leqslant M(b - a),$$

由此

$$m \leqslant \frac{1}{b - a} \int_a^b f(x)dx \leqslant M.$$

令

$$\frac{1}{b - a} \int_a^b f(x)dx = \mu,$$

即得所求的等式.

对于 $a > b$ 时的情形, 我们对 $\int_b^a$ 进行同样的考虑, 然后, 改换积分限, 我们得到上面的公式.

刚才所证明的等式当函数 $f(x)$ 连续时取特别简单的形状. 实际上, 如果认定 m 与 M 是依 **85** 目中魏尔斯特拉斯定理而存在着的最小与最大的函数值, 则依 **82** 目中柯西定理, 函数 $f(x)$ 应在区间 $[a, b]$ 上某一点 c 取中间值 μ, 这样一来,

$$\int_a^b f(x)dx = (b - a)f(c),$$

其中 c 包含在 $[a, b]$ 内.

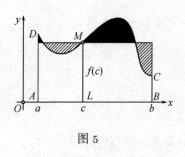

图 5

最后的公式的几何意义是明显的. 设 $f(x) \geqslant 0$. 考虑在曲线 $y = f(x)$ 下的曲线图形 $ABCD$ (图 5). 此时曲线图形的面积 (定积分所表示的), 等于有同一底边及某一中间纵坐标 LM 作为高度的矩形的面积.

10° **推广中值定理** 设 1) $f(x)$ 与 $g(x)$ 在区间 $[a, b]$ 上是可积的; 2) $m \leqslant f(x) \leqslant M$; 3) $g(x)$ 在整个区间上不改变符号: $g(x) \geqslant 0$ [或 $g(x) \leqslant 0$]. 在这些条件下, 有

$$\int_a^b f(x)g(x)dx = \mu \int_a^b g(x)dx,$$

其中 $m \leqslant \mu \leqslant M$[①].

证明 首先设 $g(x) \geqslant 0$ 且 $a < b$; 此时有

$$mg(x) \leqslant f(x)g(x) \leqslant Mg(x).$$

由这个不等式, 根据性质 6° 与 3°, 得到

$$m\int_a^b g(x)dx \leqslant \int_a^b f(x)g(x)dx \leqslant M\int_a^b g(x)dx.$$

由于对函数 $g(x)$ 的假定, 依 5°, 有

$$\int_a^b g(x)dx \geqslant 0.$$

如果这个积分等于零, 则由上面的不等式, 显然同时也有

$$\int_a^b f(x)g(x)dx = 0.$$

定理的断言就成为显然的了. 如果积分大于零, 则以它除上面所得到的两重不等式的所有部分后, 令

$$\frac{\int_a^b f(x)g(x)dx}{\int_a^b g(x)dx} = \mu$$

就得到所求的结果.

由 $a < b$ 的情形容易得到 $a > b$ 的情形, 同样, 由假设 $g(x) \geqslant 0$ 的情形容易得到假设 $g(x) \leqslant 0$ 的情形: 因为改换积分限或变更 $g(x)$ 的符号并不破坏等式.

如果 $f(x)$ 是连续的, 则这个公式可以写成下面的形式:

$$\int_a^b f(x)g(x)dx = f(c)\int_a^b g(x)dx,$$

其中 c 包含在 $[a,b]$ 内.

305. 定积分看作积分上限的函数 如果函数 $f(x)$ 在区间 $[a,b](a \gtrless b)$ 上是可积的, 则由 [**299**,III] 它在区间 $[a,x]$ 上也是可积的, 其中 x 是 $[a,b]$ 中任何一个值. 用变量 x 替换定积分的积分限 b 后, 得到表达式

$$\Phi(x) = \int_a^x f(t)dt^{②}, \tag{1}$$

---

①乘积 $f(x)g(x)$ 的积分存在本身由 **299** 目 II 推知. 但是可以不用函数 $f(x)$ 的可积性, 而直接假定乘积 $f(x) \cdot g(x)$ 本身的可积性

②我们把这里的积分变量用 t 来表示, 为的是不把它与积分上限 x 混淆起来; 当然, 改变积分变量的记号是不影响到积分的值的.

它显然是 x 的函数. 这个函数具有下列的性质:

　　11°　如果函数 $f(x)$ 在 $[a,b]$ 上是可积的, 则 $\Phi(x)$ 在这个区间上是 x 的连续函数.

　　证明　加给 x 以任意增量 $\Delta x = h$(只要使 $x+h$ 不越出所考虑区间的范围就可以) 后, 得到函数 (1) 的新的值

$$\Phi(x+h) = \int_a^{x+h} f(t)dt = \int_a^x + \int_x^{x+h}$$

[参看 2°], 于是

$$\Phi(x+h) - \Phi(x) = \int_x^{x+h} f(t)dt.$$

把中值定理 9° 应用到这个积分上

$$\Phi(x+h) - \Phi(x) = \mu h; \tag{2}$$

这里 μ 被包含在区间 $[x, x+h]$ 上函数 $f(x)$ 的确界 m' 与 M' 之间, 因此, 就更是包含在基本区间 $[a,b]$ 上它的 (常数) 界 m 与 M 之间[①].

　　如果现在使 h 趋于零, 则显然

$$\Phi(x+h) - \Phi(x) \to 0 \ \text{ 或 } \ \Phi(x+h) \to \Phi(x),$$

这就证明了函数 $\Phi(x)$ 的连续性.

　　12°　如果假定函数 $f(t)$ 在点 $t = x$ 是连续的, 则在这点函数 $\Phi(x)$ 有导数, 等于 $f(x)$

$$\Phi'(x) = f(x).$$

　　证明　实际上, 由 (2), 有

$$\frac{\Phi(x+h) - \Phi(x)}{h} = \mu, \ \text{ 其中 } \ m' \leqslant \mu \leqslant M'.$$

但是, 由于函数 $f(t)$ 在 $t = x$ 时的连续性, 对任何一个 $\varepsilon > 0$, 可以找到如此的 $\delta > 0$, 使当 $|h| < \delta$ 时, 对在区间 $[x, x+h]$ 上所有的值 t

$$f(x) - \varepsilon < f(t) < f(x) + \varepsilon.$$

在这样的情形下, 不等式

$$f(x) - \varepsilon \leqslant m' \leqslant \mu \leqslant M' \leqslant f(x) + \varepsilon$$

[①]提醒一下: 凡可积函数都是有界的 [**295**].

就成立, 于是

$$|\mu - f(x)| \leqslant \varepsilon.$$

现在显然

$$\Phi'(x) = \lim_{h \to 0} \frac{\Phi(x+h) - \Phi(x)}{h} = \lim_{h \to 0} \mu = f(x),$$

这就是所要证明的.

我们已经得到具有巨大原则性和实用意义的结论. 如果假定函数 $f(x)$ 在整个区间 $[a,b]$ 上是连续的, 则它是可积的 [**298**,I], 并且上面的断言可被应用到这个区间的任何一点 x 上:积分 (1) 对变动的积分上限的导数处处等于被积函数在这积分限上的值 $f(x)$.

另一说法, 对于在区间 $[a,b]$ 上连续的函数 $f(x)$ 恒有原函数存在; 有变动的积分上限的定积分 (1) 就是它的一个例子.

这样, 最后我们建立了早在 **264** 目中提到过的那个命题.

特别地, 我们现在可以把勒让德函数 F 与 E [**293**] 写成定积分的形状

$$F(k,\varphi) = \int_0^\varphi \frac{d\theta}{\sqrt{1 - k^2 \sin^2 \theta}}, \quad E(k,\varphi) = \int_0^\varphi \sqrt{1 - k^2 \sin^2 \theta}\, d\theta.$$

按照刚才所证明的, 这分别是函数

$$\frac{1}{\sqrt{1 - k^2 \sin^2 \varphi}}, \sqrt{1 - k^2 \sin^2 \varphi}$$

的原函数, 并且当 $\varphi = 0$ 时变成为 0.

附注 在本目中所证明过的那些断言, 容易推广到有变动的积分下限的积分的情形上去, 因为 (1°)

$$\int_x^b f(t)dt = -\int_b^x f(t)dt.$$

由此, 积分对 x 的导数显然等于 $-f(x)$(如果点 x 是 $f(t)$ 在那儿连续的点的话).

306. 第二中值定理 最后再建立一个关于两个函数乘积的积分

$$I = \int_a^b f(x)g(x)dx$$

的定理.

人们把它表示成各种各样的形式. 我们从证明下面的命题开始:

13° 如果在区间 $[a,b](a < b)$ 上 $f(x)$ 单调递减 (即使是广义的也可以) 并且是非负的, 而 $g(x)$ 是可积的, 则

$$\int_a^b f(x)g(x)dx = f(a)\int_a^\xi g(x)dx, \tag{3}$$

其中 ξ 是所述区间中的某一值.

任意用分点 $x_i(i = 0, 1, \cdots, n)$ 把 $[a, b]$ 分成若干部分, 把积分 I 表示成下面的形状

$$I = \sum_{i=0}^{n-1} \int_{x_i}^{x_{i+1}} f(x)g(x)dx = \sum_{i=0}^{n-1} f(x_i) \int_{x_i}^{x_{i+1}} g(x)dx$$
$$+ \sum_{i=0}^{n-1} \int_{x_i}^{x_{i+1}} [f(x) - f(x_i)]g(x)dx = \sigma + \rho.$$

如果用 L 表示函数 $|g(x)|$ 的上界, 而用 ω_i(像通常那样) 表示长度为 Δx_i 的第 i 个区间 $[x_i, x_{i+1}]$ 上函数 $f(x)$ 的振幅, 则显然

$$|\rho| \leqslant \sum_{i=0}^{n-1} \int_{x_i}^{x_{i+1}} |f(x) - f(x_i)||g(x)|dx \leqslant L \sum_{i=0}^{n-1} \omega_i \Delta x_i.$$

由此, 由于函数 $f(x)$ 的可积性 [**298**,III], 显然当 $\lambda = \max \Delta x_i \to 0$ 时 $\rho \to 0$, 于是

$$I = \lim_{\lambda \to 0} \sigma.$$

现在引进函数

$$G(x) = \int_a^x g(t)dt,$$

并利用它把和数 σ 写成这样:

$$\sigma = \sum_{i=0}^{n-1} f(x_i)[G(x_{i+1}) - G(x_i)],$$

或者, 最后, 除去括号并按另一种方式集项,

$$\sigma = \sum_{i=1}^{n-1} G(x_i)[f(x_{i-1}) - f(x_i)] + G(b)f(x_{n-1}).$$

当 x 在区间 $[a, b]$ 上变化时, 连续函数 $G(x)$[**305**,11°] 有最小值 m 与最大值 M [**85**]. 因为所有的因式

$$f(x_{i-1}) - f(x_i) \text{ (当 } i = 1, 2, \cdots, n-1 \text{时) 与 } f(x_{n-1})$$

由于对函数 $f(x)$ 所作的假定, 都是非负的, 所以, 分别用 m 与 M 替换 G 的值, 我们得到两个数:

$$mf(a) \text{ 与 } Mf(a),$$

数 σ 包含在它们之间. 作为这个和极限的积分 I, 显然也包含在同样两数之间, 或者换一种方式

$$I = \mu f(a), \text{ 其中 } m \leqslant \mu \leqslant M.$$

但是, 根据函数 $G(x)$ 的连续性, 在区间 $[a,b]$ 上可以找到如此的值 ξ, 使得 $\mu = G(\xi)$ [**82**]. 在这情形下

$$I = f(a)G(\xi),$$

这就等于公式 (3).

类似地, 如果函数 $f(x)$ 仍然是非负的, 并且单调递增, 则公式

$$\int_a^b f(x)g(x)dx = f(b)\int_\xi^b g(x)dx$$

成立, 其中 $a \leqslant \xi \leqslant b$. 这些公式通常叫做**波内**(O.Bonnet) **公式**. 最后,

14° 如果只保留 $f(x)$ 单调性的假定, 而不要求它的非负性, 则可以断定:

$$\int_a^b f(x)g(x)dx = f(a)\underset{(a\leqslant\xi\leqslant b)}{\int_a^\xi} g(x)dx + f(b)\int_\xi^b g(x)dx. \tag{4}$$

实际上, 例如设函数 $f(x)$ 单调递减; 此时, 显然差 $f(x) - f(b) \geqslant 0$, 于是, 只要把公式 (3) 应用到这个函数上, 经过容易的变换后就得到 (4).

所证明的定理就叫做**第二中值定理** [比较 **304**,10°].

下面的简单说明可使我们能够赋给它以稍微更一般的形式. 如果函数 $f(x)$ 在 a 与 b 两点的值 $f(a)$ 与 $f(b)$, 用满足条件

$$A \geqslant f(a+0) \quad \text{与} \quad B \leqslant f(b-0) \text{ (如果 } f \text{ 递减)}$$
$$A \leqslant f(a+0) \quad \text{与} \quad B \geqslant f(b-0) \text{ (如果 } f \text{ 递增)}$$

的任何两个数 A 与 B 来代替, 则不仅积分 I 的值不变, 而且保持函数 $f(x)$ 的单调性, 于是按照 (4) 的样式, 可以断定:

$$\int_a^b f(x)g(x)dx = A\int_a^\xi g(x)dx + B\int_\xi^b g(x)dx. \tag{5}$$

特别地,

$$\int_a^b f(x)g(x)dx = f(a+0)\int_a^\xi g(x)dx + f(b-0)\int_\xi^b g(x)dx. \tag{5*}$$

在这里, 也像上面一样, ξ 表示区间 $[a,b]$ 中某一数值, 但一般说来, 它依赖于数 A 与 B 的选取.

§3. 定积分的计算与变换

307. 借助于积分和的计算 现在引进计算定积分的一些例子, 在计算中把定积分直接按照定义当作积分和的极限来看. 预先知道了连续函数的积分存在, 为了计算这个积分, 我们可以专从方便着眼来选取区间的分划与 ξ 点.

1) $\int_a^b x^k dx$(a, b 乃是任意实数, 而 k 是自然数).

首先计算积分 $\int_0^a x^k dx$($a \neq 0$). 把区间 $[0, a]$ 分成 n 个相等的部分, 而在每个部分区间上, 如果 $a > 0$, 就对区间的右端点计算函数 x^k, 而当 $a < 0$ 时, 则对左端点计算函数 x^k. 于是积分和是

$$\sigma_n = \sum_{i=1}^n \left(\frac{i}{n}a\right)^k \cdot \frac{a}{n} = a^{k+1} \cdot \frac{1^k + 2^k + \cdots + n^k}{n^{k+1}}$$

并且, 如果考虑到 **33** 目例题 14),

$$\int_0^a x^k dx = \lim_{n \to \infty} \sigma_n = \frac{a^{k+1}}{k+1}.$$

由此已经不难得到一般的公式

$$\int_a^b x^k dx = \int_0^b - \int_0^a = \frac{b^{k+1} - a^{k+1}}{k+1}.$$

2) $\int_a^b x^\mu dx$($b > a > 0, \mu$ 是任意实数).

在这次我们把区间 $[a, b]$ 分成不相等的若干部分, 就是在 a 与 b 间插入 $n-1$ 个几何中项. 换句话说, 令

$$q = q_n = \sqrt[n]{\frac{b}{a}},$$

考虑下列这一串数

$$a, aq, \cdots, aq^i, \cdots, aq^n = b.$$

我们指出, 当 $n \to \infty$ 时公比 $q = q_n \to 1$, 所有差 $aq^{i+1} - aq^i$ 都小于量 $b(q-1) \to 0$.

对左端点计算函数, 有

$$\sigma_n = \sum_{i=0}^{n-1} (aq^i)^\mu (aq^{i+1} - aq^i) = a^{\mu+1}(q-1) \sum_{i=0}^{n-1} (q^{\mu+1})^i.$$

现在假定 $\mu \neq -1$; 于是

$$\sigma_n = a^{\mu+1}(q-1) \frac{\left(\frac{b}{a}\right)^{\mu+1} - 1}{q^{\mu+1} - 1} = (b^{\mu+1} - a^{\mu+1}) \frac{q-1}{q^{\mu+1} - 1}.$$

并且, 利用已经知道的极限 [**77**, 例 5),(в)], 我们得到

$$\int_a^b x^\mu dx = \lim_{n \to \infty} \sigma_n = (b^{\mu+1} - a^{\mu+1}) \lim_{q \to 1} \frac{q-1}{q^{\mu+1} - 1} = \frac{b^{\mu+1} - a^{\mu+1}}{\mu+1}.$$

在 $\mu = -1$ 的情形有

$$\sigma_n = n(q_n - 1) = n\left(\sqrt[n]{\frac{b}{a}} - 1\right),$$

并根据另一已知的结果 [同上,(б)]

$$\int_a^b \frac{dx}{x} = \lim_{n \to \infty} \sigma_n = \lim_{n \to \infty} n\left(\sqrt[n]{\frac{b}{a}} - 1\right) = \ln b - \ln a.$$

3) $\int_a^b \sin x\,dx$. 把区间 $[a,b]$ 分割成 n 个相等部分, 令 $h = \dfrac{b-a}{n}$; 如果 $a < b$, 对右端点计算函数 $\sin x$, 而当 $a > b$ 时, 则对左端点计算 $\sin x$. 于是

$$\sigma_n = h \sum_{i=1}^n \sin(a + ih).$$

我们要找出等式右端和的简明的表达式, 以 $2\sin\dfrac{h}{2}$ 乘并除等式右端的和, 然后把所有的项表示成余弦差的形状, 容易得到

$$\sum_{i=1}^n \sin(a + ih) = \frac{1}{2\sin\dfrac{h}{2}} \sum_{i=1}^n 2\sin(a+ih)\sin\frac{h}{2}$$

$$= \frac{1}{2\sin\dfrac{h}{2}} \sum_{i=1}^n \left[\cos\left(a + \left(i - \frac{1}{2}\right)h \right) - \cos\left(a + \left(i + \frac{1}{2}\right)h \right) \right]$$

$$= \frac{\cos\left(a + \dfrac{1}{2}h\right) - \cos\left(a + \left(n + \dfrac{1}{2}\right)h\right)}{2\sin\dfrac{h}{2}}. \tag{1}$$

这样一来.

$$\sigma_n = \frac{\dfrac{h}{2}}{\sin\dfrac{h}{2}} \left[\cos\left(a + \frac{1}{2}h\right) - \cos\left(b + \frac{1}{2}h\right) \right].$$

因为当 $n \to \infty$ 时 $h \to 0$, 所以

$$\int_a^b \sin x\,dx = \lim_{h\to 0} \frac{\dfrac{h}{2}}{\sin\dfrac{h}{2}} \left[\cos\left(a + \frac{1}{2}h\right) - \cos\left(b + \frac{1}{2}h\right) \right] = \cos a - \cos b.$$

类似地, 由初等公式[①]

$$\sum_{i=1}^n \cos(a + ih) = \frac{\sin\left(a + \left(n + \dfrac{1}{2}\right)h\right) - \sin\left(a + \dfrac{1}{2}h\right)}{2\sin\dfrac{h}{2}}. \tag{2}$$

出发, 容易建立

$$\int_a^b \cos x\,dx = \sin b - \sin a.$$

4) 为要给出一个稍难的例子, 考虑通常所谓的**泊松** (S.D.Poisson) **积分**

$$\int_0^\pi \ln(1 - 2r\cos x + r^2)\,dx.$$

因为

$$(1 - |r|)^2 \leqslant 1 - 2r\cos x + r^2,$$

①它可以从 (1) 以 $a + \dfrac{\pi}{2}$ 代替 a 而得到.

所以, 当假定 $|r| \neq 1$ 时, 我们看出, 被积函数是连续的, 而积分就存在.

把区间 $[0, \pi]$ 分割成 n 个相等部分, 即有

$$\sigma_n = \frac{\pi}{n} \sum_{k=1}^{n} \ln(1 - 2r \cos k\frac{\pi}{n} + r^2) = \frac{\pi}{n} \ln \left[(1+r)^2 \prod_{k=1}^{n-1} \left(1 - 2r \cos k\frac{\pi}{n} + r^2 \right) \right],$$

其中 $\prod$ 是乘积符号. 另一方面, 从代数学知道分解式[1]

$$z^{2n} - 1 = (z^2 - 1) \prod_{k=1}^{n-1} \left(1 - 2z \cos \frac{k\pi}{n} + z^2 \right).$$

当 $z = r$ 时利用这个恒等式, 把 σ_n 表示成下面的形状

$$\sigma_n = \frac{\pi}{n} \ln \left\{ \frac{r+1}{r-1} (r^{2n} - 1) \right\}.$$

现在设 $|r| < 1$, 于是 $r^{2n} \to 0$, 因而

$$\int_0^{\pi} \ln(1 - 2r \cos x + r^2) dx = \lim_{n \to \infty} \sigma_n = 0.$$

如果 $|r| > 1$, 则把 σ_n 改写成

$$\sigma_n = \frac{\pi}{n} \ln \left\{ \frac{r+1}{r-1} \frac{r^{2n} - 1}{r^{2n}} \right\} + 2\pi \ln |r|$$

后, 我们得到

$$\int_0^{\pi} \ln(1 - 2r \cos x + r^2) dx = 2\pi \ln |r|.$$

读者看到, 按和的极限来计算定积分的直接方法, 甚至在简单的情形下也需要重大的努力; 因而很少利用它们. 在下节中所述的方法是最实用的方法.

308. 积分学的基本公式　　在 **305** 目中我们见过, 对于在区间 $[a, b]$ 上连续的函数 $f(x)$, 积分

$$\Phi(x) = \int_a^x f(t) dt$$

是原函数. 如果 $F(x)$ 是函数 $f(x)$ 的任何一个原函数(例如, 用上章 §1 ~ §4 的方法所求得的), 则 [**263**]

$$\Phi(x) = F(x) + C.$$

---

[1]在计算 1 的 $2n$ 次根的值时, 我们有把 $z^{2n} - 1$ 分解成线性因式的这样一个分解式:

$$z^{2n} - 1 = \prod_{k=-n}^{n-1} \left(z - \cos \frac{k\pi}{n} - i \sin \frac{k\pi}{n} \right),$$

这儿 i 是虚数单位. 如果把 (对应于 $k = -n$ 及 $k = 0$ 的) 因子 $(z \pm 1)$ 分出来, 把所有共轭因式收集在一起, 我们就得到 $z^{2n} - 1$ 等于

$$(z^2 - 1) \prod_{k=1}^{n-1} \left(z - \cos \frac{k\pi}{n} - i \sin \frac{k\pi}{n} \right) \left(z - \cos \frac{k\pi}{n} + i \sin \frac{k\pi}{n} \right) = (z^2 - 1) \prod_{k=1}^{n-1} \left(1 - 2z \cos \frac{k\pi}{n} + z^2 \right).$$

容易把常数 C 定出, 在这里令 $x = a$, 因为 $\Phi(a) = 0$, 即有 $0 = \Phi(a) = F(a) + C$, 由此 $C = -F(a)$. 最后

$$\Phi(x) = F(x) - F(a).$$

特别地, 当 $x = b$ 时得到

$$\Phi(b) = \int_a^b f(x)dx = F(b) - F(a). \tag{A}$$

这就是**积分学的基本公式** [1].

所以, 定积分的值可表示成任何一个原函数在 $x = b$ 与 $x = a$ 时的二值的差.

如果把中值定理 [**304**,9°] 应用到积分上, 并记起 $f(x) = F'(x)$, 就得到

$$F(b) - F(a) = f(c) \cdot (b - a) = F'(c) \cdot (b - a) \quad (a \leqslant c \leqslant b);$$

读者认识这是函数 $F(x)$ 的拉格朗日公式 [**112**]. 可见, 借助于基本公式 (A) 可建立微分中值定理与积分中值定理之间的联系.

公式 (A) 给出计算连续函数 $f(x)$ 的定积分的一个有效而简单的方法. 须知对于这些函数的许多简单种类, 我们能通过初等函数把原函数表示成有限形状. 在这些情形下, 定积分可按照基本公式直接计算. 但需注意, 右端的差数通常写成符号 $F(x)\big|_a^b$ ("双重替换从 a 到 b"), 而公式写成如下的形状.

$$\int_a^b f(x)dx = F(x)\bigg|_a^b. \tag{A*}$$

例如, 我们一下子得出:

1) $\int_a^b x^\mu dx = \dfrac{x^{\mu+1}}{\mu+1}\bigg|_a^b = \dfrac{b^{\mu+1} - a^{\mu+1}}{\mu+1}$ $(\mu \neq -1)$,

2) $\int_a^b \dfrac{dx}{x} = \ln x\bigg|_a^b = \ln b - \ln a (a > 0, b > 0)$,

3) $\int_a^b \sin x dx = -\cos x\bigg|_a^b = \cos a - \cos b$,

$\int_a^b \cos x dx = \sin x\bigg|_a^b = \sin b - \sin a$,

—— 这些结果, 正是我们在上目中费了很大力气才得到的结果 [比较例题 1),2),3)] [2].

---

[1] 这个公式也称为牛顿–莱布尼茨公式. 读者可看出, 这里的讨论与我们在 **264** 目中计算函数 $P(x)$ 与面积 P 时所利用的那些事实完全相似. 公式 (A) 本身可以由比较 **264** 目与 **294** 目的那些结果而容易地得到.

[2] 上目中例题 4) 就不能这样简单地解决, 因为对应的不定积分不能在有限形状中表示出来.

309. 例题　我们再举一些利用公式 (A) 的例子:

4)

(а) $\displaystyle\int_{-\pi}^{\pi} \sin mx \sin nx\, dx = \frac{1}{2}\left[\frac{\sin(m-n)x}{m-n} - \frac{\sin(m+n)x}{m+n}\right]\Bigg|_{-\pi}^{\pi} = 0 \quad (n \neq m).$

(б) $\displaystyle\int_{-\pi}^{\pi} \sin^2 mx\, dx = \frac{1}{2}\left[x - \frac{\sin 2mx}{2m}\right]\Bigg|_{-\pi}^{\pi} = \pi \quad$ [参看 **255**, 17), 18)].

类似地

(в) $\displaystyle\int_{-\pi}^{\pi} \sin mx \cos nx\, dx = 0,$

(г) $\displaystyle\int_{-\pi}^{\pi} \cos mx \cos nx\, dx = 0$ 或 π, 看是否 $n \neq m$ 或 $n = m$ 而定.

5) 求下列积分的值 (m, n 是自然数):

(а) $\displaystyle\int_{0}^{\frac{\pi}{2}} \frac{\sin(2m-1)x}{\sin x}\, dx,$

(б) $\displaystyle\int_{0}^{\frac{\pi}{2}} \left(\frac{\sin nx}{\sin x}\right)^2 dx$ [费耶 (L.Fejér)].

提示　(а) 在公式 (2) 中令 $a = 0, h = 2x$ 及 $n = m-1$, 可以导出

$$\frac{1}{2} + \sum_{i=1}^{m-1} \cos 2ix = \frac{\sin(2m-1)x}{2\sin x}.$$

由此, 因为所有单个的项容易按照公式 (A) 积分, 立即可得到

$$\int_{0}^{\frac{\pi}{2}} \frac{\sin(2m-1)x}{\sin x}\, dx = \frac{\pi}{2}.$$

(б) 从公式 (1), 令 $a = -x, h = 2x$, 求出

$$\sum_{m=1}^{n} \sin(2m-1)x = \frac{1 - \cos 2nx}{2\sin x} = \frac{\sin^2 nx}{\sin x}.$$

由此, 如果利用上述结果.

$$\int_{0}^{\frac{\pi}{2}} \left(\frac{\sin nx}{\sin x}\right)^2 dx = n\frac{\pi}{2}.$$

6) 计算积分

$$\int_{-1}^{1} \frac{dx}{\sqrt{1 - 2\alpha x + \alpha^2}\sqrt{1 - 2\beta x + \beta^2}},$$

其中 $0 < \alpha, \beta < 1$.

如果在公式 [**283**(6^*)]

$$\int \frac{dx}{\sqrt{ax^2 + bx + c}} = \frac{1}{\sqrt{a}} \ln\left|ax + \frac{b}{2} + \sqrt{a}\sqrt{ax^2 + bx + c}\right| + C$$

中使

$$ax^2 + bx + c = (1 - 2\alpha x + \alpha^2)(1 - 2\beta x + \beta^2),$$

那么, 微分后, 得出

$$ax + \frac{b}{2} = -\alpha(1 - 2\beta x + \beta^2) - \beta(1 - 2\alpha x + \alpha^2).$$

由此容易推出, 当 $x = 1$ 时, 在对数符号下的表达式得到值

$$-\alpha(1 - \beta)^2 - \beta(1 - \alpha)^2 + 2\sqrt{\alpha\beta}(1 - \alpha)(1 - \beta)$$

$$= -[\sqrt{\alpha}(1 - \beta) - \sqrt{\beta}(1 - \alpha)]^2 = -(\sqrt{\alpha} - \sqrt{\beta})^2(1 + \sqrt{\alpha\beta})^2,$$

而当 $x = -1$ 时, 得到值

$$-(\sqrt{\alpha} - \sqrt{\beta})^2(1 - \sqrt{\alpha\beta})^2.$$

这样一来, 最后对于所求积分就得到只依赖于乘积 $\alpha\beta$ 的简单的表达式[①]

$$\frac{1}{\sqrt{\alpha\beta}} \ln \frac{1 + \sqrt{\alpha\beta}}{1 - \sqrt{\alpha\beta}}.$$

我们指出, 在推导出基本公式时, 事实上不必要求函数 $F(x)$ 是 $f(x)$ 在闭区间 $[a, b]$ 上的原函数, 根据 **131** 目的推论, 假定 $F(x)$ 是 $f(x)$ 在开区间 (a, b) 上的原函数, 而在它的端点上, 只要函数 $F(x)$ 保持连续性就够了.

因此, 例如, 我们有权利写 [**268**]:

7) $\int_{-a}^{a} \sqrt{a^2 - x^2}\,dx = \left[\frac{1}{2}x\sqrt{a^2 - x^2} + \frac{a^2}{2}\arcsin\frac{x}{a}\right]\Big|_{-a}^{a} = \frac{\pi a^2}{2}.$

虽然在 $x = \pm a$ 时所求得的原函数的导数的问题还待研究.

在计算下面的积分时我们会碰到某些困难:

8) $\int_{-\pi}^{\pi} \frac{1 - r^2}{1 - 2r\cos x + r^2}\,dx \quad (0 < r < 1),$

因为在 **288**,13) 中所求得的原函数

$$F(x) = 2\operatorname{arctg}\left(\frac{1 + r}{1 - r}\operatorname{tg}\frac{x}{2}\right)$$

在 $x = \pm\pi$ 时没有意义. 可是, 极限

$$\lim_{x \to -\pi+0} F(x) = -\pi, \quad \lim_{x \to \pi-0} F(x) = \pi$$

显然存在, 并且如果补充规定 $F(-\pi)$ 与 $F(\pi)$ 恰好等于这些极限, 则函数 $F(x)$ 在区间的端点上不仅是确定的, 而且是连续的. 因此仍然有

$$\int_{-\pi}^{\pi} \frac{1 - r^2}{1 - 2r\cos x + r^2}\,dx = F(x)\Big|_{-\pi}^{\pi} = F(\pi) - F(-\pi) = 2\pi.$$

9) 类似地也可计算积分

$$\int_{-\frac{\pi}{2}}^{\frac{\pi}{2}} \frac{dx}{A\cos^2 x + 2B\cos x\sin x + C\sin^2 x} \quad (AC - B^2 > 0).$$

[①]我们的计算只在 $\alpha \neq \beta$ 时是没有错误的, 但容易看出, 这结果在 $\alpha = \beta$ 时也是对的.

我们已经有了 [**288**,10)] 原函数的表达式

$$F(x) = \frac{1}{\sqrt{AC - B^2}}\operatorname{arctg}\frac{C\operatorname{tg}x + B}{\sqrt{AC - B^2}},$$

对 $-\frac{\pi}{2} < x < \frac{\pi}{2}$ 是适合的. 由此

$$\int_{-\frac{\pi}{2}}^{\frac{\pi}{2}} \frac{dx}{A\cos^2 x + 2B\cos x\sin x + C\sin^2 x} = F(x)\Big|_{-\frac{\pi}{2}+0}^{\frac{\pi}{2}-0} = \frac{\pi}{\sqrt{AC - B^2}},$$

其中记号 $-\frac{\pi}{2} + 0, \frac{\pi}{2} - 0$ 象征着取函数 $F(x)$ 的对应的极限值的必要性.

10) 如果在计算积分

$$\int_0^1 \frac{x^4 + 1}{x^6 + 1}dx$$

时从形式上计算出来的原函数

$$-\frac{1}{3}\operatorname{arctg}\frac{3x(x^2 - 1)}{x^4 - 4x^2 + 1}$$

出发并在这儿以 $x = 0$ 与 $x = 1$ 替入, 则对于积分就可以得到离奇的值 0(正函数的积分不可能有零值!)

错误在于这个表达式当 $x = \sqrt{2 - \sqrt{3}} = x_0$ 时经历一个跳跃点. 如果一一地分别从 0 到 x_0 与从 x_0 到 1 来计算积分, 就可得到正确的结果

$$\int_0^1 = \int_0^{x_0 - 0} + \int_{x_0 + 0}^1 = \frac{\pi}{3}.$$

11) 借助于原函数, 容易计算积分

$$\int_1^2 \frac{dx}{x} = \ln x\Big|_1^2 = \ln 2,$$

$$\int_0^1 \frac{dx}{1 + x^2} = \operatorname{arctg}x\Big|_0^1 = \frac{\pi}{4}.$$

如果回想一下对应的积分和数趋向于它们, 就可以得到, 例如, 这样一些极限的关系式:

$$\lim_{n\to\infty}\left(\frac{1}{n + 1} + \frac{1}{n + 2} + \cdots + \frac{1}{2n}\right) = \ln 2,$$

$$\lim_{n\to\infty}\left(\frac{1}{n^2 + 1^2} + \frac{1}{n^2 + 2^2} + \cdots + \frac{1}{2n^2}\right) \cdot n = \frac{\pi}{4}.$$

310. 基本公式的另一导出法　　现在把基本公式 (A) 在更一般的假定下建立起来. 设函数 $f(x)$ 在区间 $[a, b]$ 上是可积的, 而在 $[a, b]$ 上连续的函数 $F(x)$ 在 (a, b) 上处处有导数 $f(x)$

$$F'(x) = f(x) \tag{3}$$

或者甚至只在除有限个点外处处有导数 $f(x)$.

用任意方法把区间 $[a, b]$ 用点

$$x_0 = a < x_1 < x_2 < \cdots < x_i < x_{i+1} < \cdots < x_n = b$$

分成若干部分 [只需照顾到把所有那些不满足关系式 (3) 的点都包括到它们中间就够, 如果有这样的一些点的话], 显然即有

$$F(b) - F(a) = \sum_{i=0}^{n-1} [F(x_{i+1}) - F(x_i)].$$

把有限增量的公式应用到记号 $\sum$ 后面差中的每一个差上去 —— 对于这个公式的应用, 所有的条件都是满足的. 于是得到

$$F(b) - F(a) = \sum_{i=0}^{n-1} F'(\xi_i)(x_{i+1} - x_i),$$

其中 ξ_i 是某一确定的 (虽然对我们来说是未知的) 在 x_i 与 x_{i+1} 之间的 x 值. 因为对于这个值 $F'(\xi_i) = f(\xi_i)$, 所以我们可以写

$$F(b) - F(a) = \sum_{i=0}^{n-1} f(\xi_i)\Delta x_i.$$

在右端得到了函数 $f(x)$ 的积分和 σ. 我们已假定对于和 σ 当 $\lambda \to 0$ 时, 不依赖于数 ξ_i 的选取, 存在着确定的极限. 因此, 特别地, 保持着 (在所指出的这些数的选取之下) 常数值的这一和也趋于这积分, 由此就推出

$$F(b) - F(a) = \int_a^b f(x)dx.$$

在上目中我们曾借助于基本公式计算过定积分. 但它也可以被利用在另一方面. 在基本公式中以 x 代替 b, 而以 $F'(x)$ 代替 $f(x)$ 后, 可以把它写成下面的形状

$$F(x) = F(a) + \int_a^x F'(t)dt.$$

这样, 借助于极限步骤 (因为定积分是极限), 对给定的导数函数 $F'(x)$, 原函数 $F(x)$ 就可以 "还原" 出来.

可是, 这是假定导数函数不仅有界, 而且依黎曼定义可积, 但这并不是永远都能实现的.

311. 递推公式   我们见过, 基本公式在适当的条件下, 一下子就给出定积分的值. 另一方面, 利用它的帮助, 不定积分理论中的各种递推公式就可改造成为定积分中的类似的公式, 而把某一个定积分的计算化成另一个 (一般说来较为简单的) 定积分的计算.

我们首先指的是分部积分公式

$$\int u\,dv = uv - \int v\,du$$

与它的推广 [**270**, (3) 与 (5)], 以及局部地建立在它上面的另外一些递推公式 [**271**, (6); **280**; **287**]. 它们的一般形式是这样的:

$$\int f(x)dx = \varphi(x) - \int g(x)dx. \tag{4}$$

如果这一种公式的应用范围是区间 $[a, b]$, 则在定积分中的对应公式为

$$\int_a^b f(x)dx = \varphi(x)\Big|_a^b - \int_a^b g(x)dx. \tag{5}$$

在这里假定函数 f, g 是连续的.

为了证明起见, 把公式 (4) 中最后一个积分用 $\Phi(x)$ 来表示. 于是

$$\int_a^b f(x)dx = [\varphi(x) - \Phi(x)]\Big|_a^b = \varphi(x)\Big|_a^b - \Phi(x)\Big|_a^b.$$

同时, 因为

$$\int_a^b g(x)dx = \Phi(x)\Big|_a^b,$$

所以我们就得到要证明的公式.

特别地, 分部积分公式现在取如下的形状

$$\int_a^b udv = uv\Big|_a^b - \int_a^b vdu, \tag{6}$$

而推广公式则变成这样:

$$\int_a^b uv^{(n+1)}dx = [uv^{(n)} - u'v^{(n-1)} + \cdots + (-1)^n u^{(n)}v]\Big|_a^b + (-1)^{n+1}\int_a^b u^{(n+1)}vdx; \tag{7}$$

在这里函数 u, v 与所有出现的它们的各级导数仍然都假定是连续的.

确定出数字之间的关系的公式 (5), 原则上比函数参加在内的公式 (4) 更简单些; 如果双重替换等于零, 它就会是特别方便的.

312. 例题

1) 计算积分

$$J_m = \int_0^{\frac{\pi}{2}} \sin^m xdx, \quad J_m' = \int_0^{\frac{\pi}{2}} \cos^m xdx$$

(当 m 为自然数时).

分部积分, 我们得到

$$J_m = \int_0^{\frac{\pi}{2}} \sin^{m-1} xd(-\cos x) = -\sin^{m-1} x\cos x\Big|_0^{\frac{\pi}{2}} + (m-1)\int_0^{\frac{\pi}{2}} \sin^{m-2} x\cos^2 xdx.$$

双重替换变为零. 以 $1 - \sin^2 x$ 代替 $\cos^2 x$, 得到

$$J_m = (m-1)J_{m-2} - (m-1)J_m,$$

由此得到**递推公式**:

$$J_m = \frac{m-1}{m} J_{m-2},$$

依这公式, 积分 J_m 依次地化成 J_0 或 J_1. 即当 $m = 2n$ 时有

$$J_{2n} = \int_0^{\frac{\pi}{2}} \sin^{2n} x\, dx = \frac{(2n-1)(2n-3)\cdots 3 \cdot 1}{2n \cdot (2n-2)\cdots 4 \cdot 2} \cdot \frac{\pi}{2},$$

如果 $m = 2n+1$, 则

$$J_{2n+1} = \int_0^{\frac{\pi}{2}} \sin^{2n+1} x\, dx = \frac{2n \cdot (2n-2)\cdots 4 \cdot 2}{(2n+1)(2n-1)\cdots 3 \cdot 1}.$$

对于 J'_m 也恰好得到同样的一些结果.

为了把所得到的表达式写得更简明些, 可以利用符号 $m!!$[①]. 于是可以写

$$\int_0^{\frac{\pi}{2}} \sin^m x\, dx = \int_0^{\frac{\pi}{2}} \cos^m x\, dx = \begin{cases} \dfrac{(m-1)!!}{m!!} \cdot \dfrac{\pi}{2} & \text{当 } m \text{ 是偶数时,} \\[3mm] \dfrac{(m-1)!!}{m!!} & \text{当 } m \text{ 是奇数时.} \end{cases} \qquad (8)$$

2) 证明公式

(a) $\displaystyle\int_0^{\frac{\pi}{2}} \cos^m x \cos(m+2)x\, dx = 0,$

(б) $\displaystyle\int_0^{\frac{\pi}{2}} \cos^m x \sin(m+2)x\, dx = \frac{1}{m+1},$

(в) $\displaystyle\int_0^{\frac{\pi}{2}} \sin^m x \cos(m+2)x\, dx = -\frac{\sin\dfrac{m\pi}{2}}{m+1},$

(г) $\displaystyle\int_0^{\frac{\pi}{2}} \sin^m x \sin(m+2)x\, dx = \frac{\cos\dfrac{m\pi}{2}}{m+1}$

(其中 m 是**任何一个整数**).

考虑积分

$$\int_0^{\frac{\pi}{2}} \cos^{m+2} x \cos(m+2)x\, dx$$

并对它作**两次**分部积分:

$$\int_0^{\frac{\pi}{2}} \cos^{m+2} x \cos(m+2)x\, dx$$

$$= \frac{1}{m+2}\left[\cos^{m+2} x \sin(m+2)x - \cos^{m+1} x \sin x \cos(m+2)x\right]\Big|_0^{\frac{\pi}{2}}$$

$$+ \frac{1}{m+2}\int_0^{\frac{\pi}{2}} \left[-(m+1)\cos^m x \sin^2 x + \cos^{m+2} x\right]\cos(m+2)x\, dx.$$

[①] 注意, $m!!$ 表示不超过 m 而又与 m 有相同的奇偶性的那些自然数的乘积.

双重替换变为 0. 在这里就用 $1 - \cos^2 x$ 来代替 $\sin^2 x$, 得到等式

$$\int_0^{\frac{\pi}{2}} \cos^{m+2} x \cos(m + 2)x dx$$

$$= -\frac{m+1}{m+2} \int_0^{\frac{\pi}{2}} \cos^m x \cos(m + 2)x dx + \int_0^{\frac{\pi}{2}} \cos^{m+2} x \cos(m + 2)x dx,$$

由此就推出 (a).

类似地可建立其余的等式.

3) 计算 (当 n 为自然数时) 积分

$$K_n = \int_0^{\frac{\pi}{2}} \cos^n x \sin nx dx, \quad L_n = \int_0^{\frac{\pi}{2}} \cos^n x \cos nx dx.$$

分部积分, 即有

$$K_n = \frac{1}{n} - \int_0^{\frac{\pi}{2}} \cos^{n-1} x \sin x \cos nx dx.$$

如果在等式两端各加以 K_n, 那么, 把右端积分符号下的表达式变形后, 容易得到

$$2K_n = \frac{1}{n} + K_{n-1}$$

或者

$$K_n = \frac{1}{2}\left(\frac{1}{n} + K_{n-1}\right).$$

按照这个递推公式就容易得到

$$K_n = \frac{1}{2^{n+1}}\left(\frac{2}{1} + \frac{2^2}{2} + \frac{2^3}{3} + \cdots + \frac{2^n}{n}\right).$$

类似地

$$L_n = \frac{\pi}{2^{n+1}}.$$

4) 求积分

$$H_{k,m} = \int_0^1 x^k \ln^m x dx,$$

其中 $k > 0$, 而 m 为自然数.

分部积分 [比较 **271**,5)]

$$\int_0^1 x^k \ln^m x dx = \frac{1}{k+1} x^{k+1} \ln^m x \Big|_{+0}^1 - \frac{m}{k+1} \int_0^1 x^k \ln^{m-1} x dx$$

引出递推公式

$$H_{k,m} = -\frac{m}{k+1} H_{k,m-1},$$

由此就可得到

$$H_{k,m} = (-1)^m \frac{m!}{(k+1)^{m+1}}.$$

这个例子的特殊性在于: 在点 $x = 0$ 处, 两个被积函数与替换符号下的函数的值都是作为当 $x \to +0$ 时的极限值而确定出来.

5) 按照 **280** 目公式 (III) 有 (认定 p 及 q 是自然数)

$$\int (1-x)^p x^q dx = \frac{(1-x)^p x^{q+1}}{p+q+1} + \frac{p}{p+q+1} \int (1-x)^{p-1} x^q dx,$$

当在从 0 到 1 的区间上取定积分时, 它给出

$$\int_0^1 (1-x)^p x^q dx = \frac{p}{p+q+1} \int_0^1 (1-x)^{p-1} x^q dx.$$

逐次应用这个公式, 我们得到

$$\int_0^1 (1-x)^p x^q dx = \frac{p(p-1)\cdots 1}{(p+q+1)(p+q)\cdots(q+2)} \int_0^1 x^q dx$$

最后

$$\int_0^1 (1-x)^p x^q dx = \frac{p!q!}{(p+q+1)!}.$$

6) 如果在 **287** 目公式 (IV) 中, 当 μ 及 ν 是自然数时取定积分, 那么, 利用例题 1) 的结果, 可得到更普遍的公式

$$\int_0^{\frac{\pi}{2}} \sin x^\nu \cos^\mu x dx = \begin{cases} \dfrac{(\nu-1)!!(\mu-1)!!}{(\nu+\mu)!!} \cdot \dfrac{\pi}{2} & (\text{当 } \mu \text{ 及 } \nu \text{ 是偶数时}), \\[4mm] \dfrac{(\nu-1)!!(\mu-1)!!}{(\nu+\mu)!!} & (\text{在所有其他情形}). \end{cases}$$

313. 定积分的换元公式　同一基本公式 (A) 使我们能够建立定积分符号下的换元法则.

设要求计算积分 $\int_a^b f(x)dx$, 其中 $f(x)$ 是区间 $[a,b]$ 上的连续函数. 令 $x = \varphi(t)$, 使函数 $\varphi(t)$ 合于条件:

1) $\varphi(t)$ 在某一区间 $[\alpha, \beta]$ 上确定且连续, 并且当 t 在 $[\alpha, \beta]$ 上变化时 $\varphi(t)$ 的值不越出区间 $[a,b]$ 的范围[①];

2) $\varphi(\alpha) = a, \varphi(\beta) = b$;

3) 在 $[\alpha, \beta]$ 上连续导数 $\varphi'(t)$ 存在.

在这些条件下, 公式

$$\int_a^b f(x)dx = \int_\alpha^\beta f(\varphi(t))\varphi'(t)dt \tag{9}$$

成立.

由于假定被积函数皆是连续的, 于是不仅是这些定积分而且对应于它们的不定积分就都存在, 那么在公式 (9) 的两侧就都可以利用基本公式. 但如果 $F(x)$ 是第一

[①]可能发生这样的事情: 函数 $f(x)$ 在比 $[a,b]$ 更大的区间 $[A,B]$ 上确定且连续, 于是只需要求 $\varphi(t)$ 的值不越出区间 $[A,B]$ 的范围就够了.

个微分 $f(x)dx$ 的一个原函数, 则函数 $\Phi(t) = F(\varphi(t))$, 如我们所知道的, 就是第二个微分 $f(\varphi(t))\varphi'(t)dt$ 的一个原函数 [参看 **268**]. 因此同时有

$$\int_a^b f(x)dx = F(b) - F(a)$$

与

$$\int_\alpha^\beta f(\varphi(t))\varphi'(t)dt = \Phi(\beta) - \Phi(\alpha) = F(\varphi(\beta)) - F(\varphi(\alpha)) = F(b) - F(a),$$

由此就推出要证明的等式.

    附注　我们指出公式 (9) 的一个重要的特性. 在利用换元法计算不定积分的那个时候, 我们得到了用变量 t 表示出来的所求函数以后, 应当变回到旧有的变量 x; 这儿却不需要这样. 如果 (9) 中的第二个积分计算出来了, 这乃是一个数目, 那么第一个积分自然也就计算出来了.

    314. 例题

1) 借助于替换 $x = a\sin t$ 求积分 $\int_0^a \sqrt{a^2 - x^2}dx$; 这儿值 0 与 $\dfrac{\pi}{2}$ 起 α 与 β 的作用. 我们有

$$\int_0^a \sqrt{a^2 - x^2}dx = a^2 \int_0^{\frac{\pi}{2}} \cos^2 t\,dt = \frac{a^2}{2}\left(t + \frac{\sin 2t}{2}\right)\Big|_0^{\frac{\pi}{2}} = \frac{\pi a^2}{4}$$

[参看 **268**].

2) 一般地, 当 n 是自然数时, 借助于同一替换, 可得

$$\int_0^a (a^2 - x^2)^n dx = a^{2n+1} \int_0^{\frac{\pi}{2}} \cos^{2n+1} t\,dt = a^{2n+1}\frac{(2n)!!}{(2n+1)!!}$$

[参看 (8)], 并且类似地

$$\int_0^a (a^2 - x^2)^{\frac{2n-1}{2}} dx = a^{2n}\frac{(2n-1)!!}{(2n)!!}\frac{\pi}{2}.$$

3) 计算积分

$$\int_a^{2a} \frac{\sqrt{x^2 - a^2}}{x^4}dx.$$

作替换 $x = a\sec t$; 变量 t 的积分限 0 与 $\dfrac{\pi}{3}$ 对应于变量 x 的积分限 a 与 $2a$. 我们得出

$$\frac{1}{a^2} \int_0^{\frac{\pi}{3}} \sin^2 t \cos t\,dt = \frac{1}{a^2}\frac{\sin^3 t}{3}\Big|_0^{\frac{\pi}{3}} = \frac{\sqrt{3}}{8a^2}.$$

4) 考虑积分

$$\int_0^\pi \frac{x\sin x}{1 + \cos^2 x}dx.$$

用替换 $x = \pi - t$ (其中 t 从 π 变到 0) 可化成下面的等式:

$$\int_0^\pi \frac{x\sin x}{1 + \cos^2 x}dx = \int_0^\pi \frac{(\pi - t)\sin t}{1 + \cos^2 t}dt$$

或

$$\int_0^\pi \frac{x\sin x}{1+\cos^2 x}dx = \pi\int_0^\pi \frac{\sin t}{1+\cos^2 t}dt - \int_0^\pi \frac{t\sin t}{1+\cos^2 t}dt.$$

把最后一个积分 (在此积分中仍用 x 代换 t) 移至等号左边, 得到

$$\int_0^\pi \frac{x\sin x}{1+\cos^2 x}dx = \frac{\pi}{2}\int_0^\pi \frac{\sin t}{1+\cos^2 t}dt = -\left.\frac{\pi}{2}\operatorname{arctg}(\cos t)\right|_0^\pi = \frac{\pi^2}{4}.$$

[参看后面的 11), 在那里, 这个例子得到了推广.]

5) 计算积分 $J = \int_0^1 \frac{\ln(1+x)}{1+x^2}dx$.

替换 $x = \operatorname{tg}\varphi$ $\left(\text{其中 }\varphi\text{ 从 } 0\text{ 变到 }\frac{\pi}{4}\right)$ 把积分变成 $\int_0^{\frac{\pi}{4}}\ln(1+\operatorname{tg}\varphi)d\varphi$. 但

$$1+\operatorname{tg}\varphi = \frac{\sqrt{2}\sin\left(\frac{\pi}{4}+\varphi\right)}{\cos\varphi},$$

于是

$$J = \frac{\pi}{8}\ln 2 + \int_0^{\frac{\pi}{4}}\ln\sin\left(\frac{\pi}{4}+\varphi\right)d\varphi - \int_0^{\frac{\pi}{4}}\ln\cos\varphi d\varphi.$$

因为两个积分相等 (例如, 用替换 $\varphi = \frac{\pi}{4}-\psi$, 并且 ψ 从 $\frac{\pi}{4}$ 变到 0, 就可以把第二个积分化成第一个积分), 所以最后

$$J = \frac{\pi}{8}\ln 2.$$

我们指出, 积分 $\int_0^1 \frac{\operatorname{arctg}x}{1+x}dx$ 也有相同的值, 这容易用分部积分法证明.

6) 现在建立

$$\int_0^1 \frac{\operatorname{arctg}x}{x}dx = \frac{1}{2}\int_0^{\frac{\pi}{2}} \frac{t}{\sin t}dt.$$

提示　作替换 $x = \operatorname{tg}\frac{t}{2}$.

7) 把一个积分变形成另一个积分

$$\int_0^\pi (x+\sqrt{x^2-1}\cos\varphi)^n d\varphi = \int_0^\pi \frac{d\theta}{(x-\sqrt{x^2-1}\cos\theta)^{n+1}},$$

认定 $x > 1$ 并且 n 是自然数.

这可按公式

$$(x+\sqrt{x^2-1}\cos\varphi)(x-\sqrt{x^2-1}\cos\theta) = 1$$

用变换变量的方法来作到. 由此

$$\cos\varphi = \frac{-\sqrt{x^2-1}+x\cos\theta}{x-\sqrt{x^2-1}\cos\theta},$$

其中右端表达式的绝对值不超过 1, 而且对于区间 $[0,\pi]$ 上的每一个 θ 都在同一区间上有某一个 φ 与它单值地相对应. 当 $\theta = 0$ 或 π 时也有 $\varphi = 0$ 或 π. 我们有

$$\sin\varphi d\varphi = \frac{\sin\theta d\theta}{(x-\sqrt{x^2-1}\cos\theta)^2},$$

而因为

$$\sin \varphi = \frac{\sin \theta}{x - \sqrt{x^2 - 1} \cos \theta},$$

所以

$$d\varphi = \frac{d\theta}{x - \sqrt{x^2 - 1} \cos \theta},$$

于是最后得到

$$(x + \sqrt{x^2 - 1} \cos \varphi)^n d\varphi = \frac{d\theta}{(x - \sqrt{x^2 - 1} \cos \theta)^{n+1}},$$

由此就推出所要求的等式.

[我们指出, 两个积分 (只相差一因子 π) 都表示第 n 个勒让德多项式 $P_n(x)$,**118**,6).]

8) 对于任何在区间 $[0, a](a > 0)$ 上连续的函数 $f(x)$, 永远有

$$\int_0^a f(x)dx = \int_0^a f(a - t)dt$$

(作替换 $x = a - t, a \geqslant t \geqslant 0$). 特别地, 因为 $\cos x = \sin \left(\frac{\pi}{2} - x \right)$, 所以对任何连续函数 $F(u)$, 有

$$\int_0^{\frac{\pi}{2}} F(\sin x)dx = \int_0^{\frac{\pi}{2}} F(\cos x)dx.$$

9) 设 $f(x)$ 在对称区间 $[-a, a](a > 0)$ 上连续. 此时在偶函数的情形 [**99**,25)]

$$\int_{-a}^a f(x)dx = 2 \int_0^a f(x)dx,$$

而在奇函数的情形

$$\int_{-a}^a f(x)dx = 0.$$

在两种情形中积分 $\int_{-a}^a$ 都可表示成两个积分的和 $\int_{-a}^0 + \int_0^a$ 的形状, 并且应用替换 $x = -t$ 于它们中的第一个.

10) 设有周期为 ω 的连续周期函数 $f(x)$, 于是对任何 $x : f(x + \omega) = f(x)$. 此时在长度等于周期 ω 的任何一个区间上, 这个函数的积分有同样的值

$$\int_a^{a+\omega} f(x)dx = \int_0^\omega f(x)dx.$$

为要证明, 我们分解 $\int_a^{a+\omega} = \int_a^0 + \int_0^\omega + \int_\omega^{a+\omega}$, 并且把替换 $x = t + \omega$ 应用到右端第三个积分上, 可看出, 它与第一个积分只相差一个符号.

11) 证明

$$\int_0^\pi x f(\sin x)dx = \frac{\pi}{2} \int_0^\pi f(\sin x)dx,$$

其中 $f(u)$ 是任何一个在区间 $[0, 1]$ 上的连续函数.

提示 利用替换 $x = \pi - t$.

12) 证明

$$\int_0^{2\pi} \varphi(a \cos \theta + b \sin \theta)d\theta = 2 \int_0^\pi \varphi(\sqrt{a^2 + b^2} \cos \lambda)d\lambda,$$

其中 $\varphi(u)$ 是任何一个对于 $|u| \leqslant \sqrt{a^2 + b^2}$ 连续的函数.

由关系式

$$\cos\alpha = \frac{a}{\sqrt{a^2+b^2}},\ \sin\alpha = \frac{b}{\sqrt{a^2+b^2}}$$

定出 α 后, 我们有

$$a\cos\theta + b\sin\theta = \sqrt{a^2+b^2}\cos(\theta-\alpha).$$

由于 10) 可以写

$$\int_0^{2\pi}\varphi(a\cos\theta+b\sin\theta)d\theta = \int_{\alpha-\pi}^{\alpha+\pi}\varphi(\sqrt{a^2+b^2}\cos(\theta-\alpha))d\theta$$

或者, 如果令 $\theta-\alpha=\lambda$ 并且用 9),

$$\int_{-\pi}^{\pi}\varphi(\sqrt{a^2+b^2}\cos\lambda)d\lambda = 2\int_0^{\pi}\varphi(\sqrt{a^2+b^2}\cos\lambda)d\lambda.$$

13) 证明

$$\int_0^{\frac{\pi}{2}}g(\sin 2u)\cos u\,du = \int_0^{\frac{\pi}{2}}g(\cos^2 v)\cos v\,dv,$$

其中 $g(z)$ 是 z 在区间 $[0,1]$ 上的任何一个连续函数.

把第一个积分表示成两个积分的和的形状 $\int_0^{\frac{\pi}{2}} = \int_0^{\frac{\pi}{4}} + \int_{\frac{\pi}{4}}^{\frac{\pi}{2}}$, 用替换 $u = \frac{\pi}{2} - u'$ 把它们中的第二个也引到区间 $\left[0, \frac{\pi}{4}\right]$ 上, 就得到

$$\int_0^{\frac{\pi}{4}}g(\sin 2u)(\cos u + \sin u)du.$$

在这里我们从关系式

$$\sin 2u = \cos^2 v$$

出发来作换元; 显然 v 从 $\frac{\pi}{2}$ 减少到 0 与 u 从 0 增加到 $\frac{\pi}{4}$ 相对应. 取微分

$$\cos 2u\ du = -\sin v\cos v\ dv;$$

考虑到

$$\cos 2u = \sqrt{1-\sin^2 2u} = \sqrt{1-\cos^4 v} = \sin v\sqrt{1+\cos^2 v}$$

及

$$1+\cos^2 v = 1 + 2\sin u\cos u = (\sin u + \cos u)^2,$$

最后得出:

$$(\sin u + \cos u)du = -\cos v\,dv.$$

现在已经不难得到所要求的结果了.

14) 最后我们回到泊松积分

$$I(r) = \int_0^{\pi}\ln(1-2r\cos x+r^2)dx$$

[比较 **307**,4)]. 我们已经知道, 当 $|r| \neq 1$ 时被积函数连续且积分存在. 我们现在利用一个巧妙方法重新把它计算一下, 在这方法中换元起着重要的作用.

预先指出, 由显然的不等式

$$(1 - |r|)^2 \leqslant 1 - 2r\cos x + r^2 \leqslant (1 + |r|)^2,$$

取对数, 然后从 0 到 π 积分, 得到 (当 $|r| < 1$ 时)

$$2\pi \ln(1 - |r|) \leqslant I(r) \leqslant 2\pi \ln(1 + |r|).$$

由此显见, 当 $r \to 0$ 时也有 $I(r) \to 0$.

现在考虑积分

$$I(-r) = \int_0^\pi \ln(1 + 2r\cos x + r^2)dx.$$

如果在这个积分中令 $x = \pi - t$, 并且 t 从 π 变到 0, 那么就出现

$$I(-r) = \int_\pi^0 \ln(1 + 2r\cos(\pi - t) + r^2)d(\pi - t) = \int_0^\pi \ln(1 - 2r\cos t + r^2)dt = I(r).$$

在这种情形中

$$2I(r) = I(r) + I(-r) = \int_0^\pi \ln[(1 - 2r\cos x + r^2)(1 + 2r\cos x + r^2)]dx$$

或者

$$2I(r) = \int_0^\pi \ln(1 - 2r^2\cos 2x + r^4)dx.$$

令 $x = \dfrac{t}{2}$(其中 t 从 0 变到 2π), 得到

$$2I(r) = \frac{1}{2}\int_0^{2\pi} \ln(1 - 2r^2\cos\ t + r^4)dt = \frac{1}{2}\int_0^\pi + \frac{1}{2}\int_\pi^{2\pi}.$$

所得到的积分中的最后一个积分用替换 $t = 2\pi - u$ 可 (其中 u 从 π 变到 0) 化成第一个积分, 于是我们得到

$$2I(r) = I(r^2),$$

由此

$$I(r) = \frac{1}{2}I(r^2).$$

在这里以 r^2 代替 r, 如此下去, 容易得出普遍公式

$$I(r) = \frac{1}{2^n}I(r^{2^n})\quad (n = 1, 2, \cdots).$$

现在设 $|r| < 1$, 于是当 $n \to \infty$ 时 $r^{2^n} \to 0$; 同时因为 (按照开始时的说明)$I(r^{2^n}) \to 0$, 所以应当恒有

$$I(r) = 0\ \ \text{当}\ \ |r| < 1\text{时}.$$

现在当 $|r| > 1$ 时容易计算这个积分. 实际上

$$1 - 2r\cos x + r^2 = r^2\left(1 - 2\cdot\frac{1}{r}\cos x + \frac{1}{r^2}\right),$$

因而

$$\ln(1 - 2r\cos x + r^2) = 2\ln|r| + \ln\left(1 - 2\cdot\frac{1}{r}\cos x + \frac{1}{r^2}\right),$$

于是, 从 0 到 π 积分, 即有

$$I(r) = 2\pi \ln |r| + I\left(\frac{1}{r}\right).$$

但是, 按照上述, $I\left(\dfrac{1}{r}\right) = 0$; 因而当 $|r| > 1$ 时有

$$I(r) = 2\pi \ln |r|.$$

我们在 **307** 目中也得到同样的结果.

315. 高斯公式、蓝登变换   还是作为换元法的一个例子, 我们考虑高斯 (C.F.Gauss) 为了变换积分

$$G = \int_0^{\frac{\pi}{2}} \frac{d\varphi}{\sqrt{a^2 \cos^2 \varphi + b^2 \sin^2 \varphi}} \quad (a > b > 0)$$

的形状所建立的著名的公式.

这里令

$$\sin \varphi = \frac{2a \sin \theta}{(a+b) + (a-b)\sin^2 \theta},$$

容易看出, 当 θ 从 0 变到 $\dfrac{\pi}{2}$ 时, φ 也在同一范围内增加. 取微分

$$\cos \varphi \, d\varphi = 2a \frac{(a+b) - (a-b)\sin^2 \theta}{[(a+b) + (a-b)\sin^2 \theta]^2} \cos \theta \, d\theta.$$

但是

$$\cos \varphi = \frac{\sqrt{(a+b)^2 - (a-b)^2 \sin^2 \theta}}{(a+b) + (a-b)\sin^2 \theta} \cos \theta,$$

于是

$$d\varphi = 2a \frac{(a+b) - (a-b)\sin^2 \theta}{(a+b) + (a-b)\sin^2 \theta} \frac{d\theta}{\sqrt{(a+b)^2 - (a-b)^2 \sin^2 \theta}}.$$

另一方面

$$\sqrt{a^2 \cos^2 \varphi + b^2 \sin^2 \varphi} = a \frac{(a+b) - (a-b)\sin^2 \theta}{(a+b) + (a-b)\sin^2 \theta},$$

因而最后

$$\frac{d\varphi}{\sqrt{a^2 \cos^2 \varphi + b^2 \sin^2 \varphi}} = \frac{d\theta}{\sqrt{\left(\dfrac{a+b}{2}\right)^2 \cos^2 \theta + ab \sin^2 \theta}}.$$

如果令 $a_1 = \dfrac{a+b}{2}, b_1 = \sqrt{ab}$, 则

$$G = \int_0^{\frac{\pi}{2}} \frac{d\varphi}{\sqrt{a^2 \cos^2 \varphi + b^2 \sin^2 \varphi}} = \int_0^{\frac{\pi}{2}} \frac{d\theta}{\sqrt{a_1^2 \cos^2 \theta + b_1^2 \sin^2 \theta}}.$$

这就是**高斯公式**.

反复应用这个变换, 我们得到

$$G = \int_0^{\frac{\pi}{2}} \frac{d\varphi}{\sqrt{a_n^2 \cos^2 \varphi + b_n^2 \sin^2 \varphi}} \quad (n = 1, 2, 3, \cdots),$$

其中整序变量 a_n, b_n 由递推关系式

$$a_n = \frac{a_{n-1} + b_{n-1}}{2}, \; b_n = \sqrt{a_{n-1} b_{n-1}}$$

定出. 我们已经知道 [35,4)], 这两个整序变量趋于某一公共极限 $\mu = \mu(a,b)$, 我们把它叫做数 a 与 b 的 "**算术几何中值**". 从易于得到的不等式

$$\frac{\pi}{2a_n} < G < \frac{\pi}{2b_n},$$

取极限, 现在得到

$$G = \frac{\pi}{2\mu(a,b)}, \quad \text{由此} \quad \mu(a,b) = \frac{\pi}{2G}.$$

这样一来, 数 G 与 μ 中的每一个都可以用另一个直接表出. 例如, 要计算积分

$$G = \int_0^{\frac{\pi}{2}} \frac{d\theta}{\sqrt{1 + \cos^2\theta}} = \int_0^{\frac{\pi}{2}} \frac{d\theta}{\sqrt{2\cos^2\theta + \sin^2\theta}},$$

这里 $a = \sqrt{2}, b = 1$, 前述的整序变量 a_n 与 b_n 很快地趋于 μ: a_4 与 b_4 二者已近似等于 1.198 140, μ 可以令其等于这个数. 于是我们近似得到

$$G = \frac{\pi}{2\mu} \doteq 1.311\ 028\ 8.$$

反之, 积分 G 可归结到第一类**完全**[①]椭圆积分:

$$G = \frac{1}{a} \int_0^{\frac{\pi}{2}} \frac{d\varphi}{\sqrt{1 - \dfrac{a^2 - b^2}{a^2}\sin^2\varphi}} = \frac{1}{a}\mathbf{K}\left(\frac{\sqrt{a^2 - b^2}}{a}\right)$$

且可以容易地按照椭圆积分表计算. 现在考虑第一类完全椭圆积分

$$\mathbf{K}(k) = \int_0^{\frac{\pi}{2}} \frac{d\varphi}{\sqrt{1 - k^2\sin^2\varphi}};$$

在模 k 的任何值下它可从 G 当 $a = 1$ 及 $b = \sqrt{1 - k^2} = k'$ 时得出. 想把高斯公式应用到第一类完全椭圆积分上, 我们首先计算

$$a_1 = \frac{1 + \sqrt{1 - k^2}}{2} = \frac{1 + k'}{2}, b_1 = \sqrt{k'},$$

$$k_1 = \frac{\sqrt{a_1^2 - b_1^2}}{a_1} = \frac{1 - k'}{1 + k'}, \frac{1}{a_1} = 1 + k_1,$$

于是

$$\int_0^{\frac{\pi}{2}} \frac{d\varphi}{\sqrt{1 - k^2\sin^2\varphi}} = (1 + k_1)\int_0^{\frac{\pi}{2}} \frac{d\theta}{\sqrt{1 - k_1^2\sin^2\theta}}$$

或者

$$\mathbf{K}(k) = (1 + k_1)\mathbf{K}(k_1).$$

这个与高斯公式相当的公式, 实际上在高斯以前就得到了, 而且是所谓的**蓝登(Landen)变换**的特殊情形.

[①]勒让德积分 $\mathbf{F}(k,\varphi)$ 与 $\mathbf{E}(k,\varphi)$ [293,305] 当 $\varphi = \frac{\pi}{2}$ 时叫做**完全积分**: 在这情形时, 在它们的记号中通常没有第二个自变量, 因而简单写作 $\mathbf{K}(k), \mathbf{E}(k)$. 对于完全积分有一些特别的积分值表.

逐次应用这个公式, 我们得到

$$\mathbf{K}(k) = (1+k_1)(1+k_2)\cdots(1+k_n)\mathbf{K}(k_n),$$

其中数列 k_n 由

$$k_n = \frac{1-\sqrt{1-k_{n-1}^2}}{1+\sqrt{1-k_{n-1}^2}},$$

归纳地定出, 于是 $0 < k_n < 1$ 及 $k_n < k_{n-1}^2$, 这就可保证 k_n 当 $n \to \infty$ 时迅速地趋于 0. 同时

$$0 < \mathbf{K}(k_n) - \frac{\pi}{2} = \int_0^{\frac{\pi}{2}} \frac{d\varphi}{\sqrt{1-k_n^2\sin^2\varphi}} - \frac{\pi}{2}$$

$$= \int_0^{\frac{\pi}{2}} \frac{1-\sqrt{1-k_n^2\sin^2\varphi}}{\sqrt{1-k_n^2\sin^2\varphi}} d\varphi < \frac{\pi}{2}\frac{1-\sqrt{1-k_n^2}}{\sqrt{1-k_n^2}},$$

由此当 $n \to \infty$ 时, $\mathbf{K}(k_n) \to \frac{\pi}{2}$, 因而, 最后,

$$\mathbf{K}(k) = \frac{\pi}{2}\lim_{n\to\infty}(1+k_1)(1+k_2)\cdots(1+k_n). \tag{10}$$

积分 $\mathbf{K}(k)$ 的近似计算就以此为根据, 当 n 充分大时, 简直认为它是等于:

$$\mathbf{K}(k) \doteq \frac{\pi}{2}(1+k_1)(1+k_2)\cdots(1+k_n).$$

316. 换元公式的另一导出法 现在我们把假定条件改变一下而给出公式 (9) 的另一导出法.

首先 (而这是最重要的) 我们不假定函数 $f(x)$ 是连续的, 而只假定是可积的. 但从函数 $\varphi(t)$ 那里我们补充要求: 当 t 从 α 变到 β 时它从值 $a = \varphi(\alpha)$ 单调地变到值 $b = \varphi(\beta)$.

为明确起见, 设 $a < b$ 及 $\alpha < \beta$, 于是函数 $\varphi(t)$ 单调递增.

借助于点

$$\alpha = t_0 < t_1 < t_2 < \cdots < t_i < t_{i+1} < \cdots < t_n = \beta$$

任意分区间 $[a,b]$ 成若干部分; 如果令 $x_i = \varphi(t_i)(i = 0,1,2,\cdots,n)$, 则同时就有

$$a = x_0 < x_1 < x_2 < \cdots < x_i < x_{i+1} < \cdots < x_n = b.$$

如果长度 $\Delta t_i = t_{i+1} - t_i$ 中最大的一个 (用 λ 表示它) 趋于零, 那么, 由于函数 $x = \varphi(t)$ 的 (一致) 连续性, 长度 $\Delta x_i = x_{i+1} - x_i = \varphi(t_{i+1}) - \varphi(t_i)$ 中最大的一个同样也趋于零 [参看 **87**].

现在在每一个区间 $[t_i, t_{i+1}]$ 上任取一数 τ_i 并作 (9) 中第二个积分的积分和

$$\sigma = \sum_i f(\varphi(\tau_i))\varphi'(\tau_i)\Delta t_i.$$

令 $\xi_i = \varphi(\tau_i)$, 于是 $x_i \leqslant \xi_i \leqslant x_{i+1}$. 如果在区间 $[t_i, t_{i+1}]$ 上把有限增量公式应用到函数 $\varphi(t)$ 上去, 就得到

$$\Delta x_i = x_{i+1} - x_i = \varphi(t_{i+1}) - \varphi(t_i) = \varphi'(\overline{\tau}_i)\Delta t_i,$$

其中也有 $t_i < \overline{\tau}_i < t_{i+1}$, 但 $\overline{\tau}_i$(对我们来说是未知的) 通常与随意所取的值 τ_i 是不同的. 同时对于 (9) 中第一个积分的积分和

$$\overline{\sigma} = \sum_i f(\xi_i)\Delta x_i.$$

现在可赋予下面的形状

$$\overline{\sigma} = \sum_i f(\varphi(\tau_i))\varphi'(\overline{\tau}_i)\Delta t_i.$$

当 $\lambda \to 0$ 时, 显然这个和的极限就是积分 $\int_a^b f(x)dx$. 为要证明和 σ 也趋于这极限, 只要证明差 $\sigma - \overline{\sigma}$ 趋于零就够了.

给定任意数 $\varepsilon > 0$, 由于函数 $\varphi'(t)$ 的 (一致) 连续性, 可以找到如此的 $\delta > 0$, 使得当 $\lambda < \delta$ 时, 不等式

$$|\varphi'(\tau_i) - \varphi'(\overline{\tau}_i)| < \varepsilon$$

成立 [参看 **87** 目推论]. 于是

$$|\sigma - \overline{\sigma}| \leqslant \sum_i |f(\varphi(\tau_i))||\varphi'(\tau_i) - \varphi'(\overline{\tau}_i)|\Delta t_i < L(\beta - \alpha)\varepsilon,$$

如果用 L 表示 $|f(x)|$ 的上界而用 $\beta - \alpha$ 代替和 $\sum \Delta t_i$ 的话.

现在很清楚, 当 $\lambda \to 0$ 时和 σ 趋于极限 $\int_a^b f(x)dx$, 而这就是说, 积分 $\int_\alpha^\beta f(\varphi(t))\,\varphi'(t)dt$ 存在并且公式 (9) 成立. 证明已完全了.

　　附注　我们特别强调: 根据所证明的结果, 在 **314** 目内例题 8),9),10) 中所建立的那些简单而常常有用的公式, 现可推广到任何可积函数 $f(x)$ 的情形上去了.

§4. 定积分的一些应用

　　317. 沃利斯公式　从 **312** 目中的公式 (8) 容易推出著名的 **沃利斯** (J. Wallis) 公式.
假定 $0 < x < \frac{\pi}{2}$, 即有不等式

$$\sin^{2n+1} x < \sin^{2n} x < \sin^{2n-1} x.$$

在从 0 到 $\frac{\pi}{2}$ 的区间上积分这些不等式

$$\int_0^{\frac{\pi}{2}} \sin^{2n+1} x\,dx < \int_0^{\frac{\pi}{2}} \sin^{2n} x\,dx < \int_0^{\frac{\pi}{2}} \sin^{2n-1} x\,dx.$$

由此, 由于 (8), 得出

$$\frac{(2n)!!}{(2n+1)!!} < \frac{(2n-1)!!}{(2n)!!}\frac{\pi}{2} < \frac{(2n-2)!!}{(2n-1)!!}$$

或

$$\left[\frac{(2n)!!}{(2n-1)!!}\right]^2 \frac{1}{2n+1} < \frac{\pi}{2} < \left[\frac{(2n)!!}{(2n-1)!!}\right]^2 \frac{1}{2n}.$$

因为在两极端表达式之间的差

$$\frac{1}{2n(2n+1)}\left[\frac{(2n)!!}{(2n-1)!!}\right]^2 < \frac{1}{2n}\frac{\pi}{2},$$

显然当 $n \to \infty$ 时趋于零, 所以 $\frac{\pi}{2}$ 是它们的公共极限. 因此

$$\frac{\pi}{2} = \lim_{n\to\infty}\left[\frac{(2n)!!}{(2n-1)!!}\right]^2 \frac{1}{2n+1}$$

或

$$\frac{\pi}{2} = \lim_{n\to\infty} \frac{2\cdot 2\cdot 4\cdot 4\cdots 2n\cdot 2n}{1\cdot 3\cdot 3\cdot 5\cdots (2n-1)\cdot (2n+1)}.$$

这就是**沃利斯公式**. 作为第一个把数 π 表示成容易计算的有理数列的极限的形状, 它有着历史上的兴趣. 在理论上的研究中现在也利用它 [例如, 参看 **406**]. 对于数 π 近似值的计算, 现在有快得多的方法来达到目的 [**410**].

318. 带余项的泰勒公式 [45) 在推广分部积分公式 (7)[**311**] 中, 令 $v = (b-x)^n$. 此时

$$v' = -n(b-x)^{n-1}, v'' = n(n-1)(b-x)^{n-2}, \cdots$$

$$v^{(n)} = (-1)^n n\cdot (n-1)\cdots 2\cdot 1, v^{(n+1)} = 0;$$

当 $x = b$ 时所有函数 $v, v', v'', \cdots, v^{(n-1)}$ 都变成零. 对 $u, u', u''\cdots$ 利用函数记号 $f(x), f'(x), f''(x), \cdots$, 改写 (7) 成下面的形状

$$0 = (-1)^n\left[n!f(b) - n!f(a) - n!f'(a)(b-a) - \frac{n!}{2!}f''(a)(b-a)^2 - \cdots - f^{(n)}(a)(b-a)^n\right]$$

$$+ (-1)^{n+1}\int_a^b f^{(n+1)}(x)(b-x)^n dx.$$

由此得到带定积分形状的余项的**泰勒公式**

$$f(b) = f(a) + \frac{f'(a)}{1!}(b-a) + \frac{f''(a)}{2!}(b-a)^2 + \cdots$$

$$+ \frac{f^{(n)}(a)}{n!}(b-a)^n + \frac{1}{n!}\int_a^b f^{(n+1)}(x)(b-x)^n dx.$$

仍用 **124 ～ 126** 目的记号, 在这儿用 x 代替 b, x_0 代替 a:

$$f(x) = f(x_0) + \frac{f'(x_0)}{1!}(x-x_0) + \frac{f''(x_0)}{2!}(x-x_0)^2 + \cdots$$

$$+ \frac{f^{(n)}(x_0)}{n!}(x-x_0)^n + \frac{1}{n!}\int_{x_0}^x f^{(n+1)}(t)(x-t)^n dt.$$

---

45)在本目中遇到的所有函数都假定是连续的.

与 **124** 及 **126** 目中研究过的余项表达式不同, 这个新的余项表达式中并不包含任何的未知数.

从这个表达式, 我们还可以导出我们已经熟悉的余项公式. 例如, 利用被积函数的因式 $(x-t)^n$ 不改变符号, 可以把 [**304**,10°] 推广中值定理应用到最后的积分上去

$$\frac{1}{n!}\int_{x_0}^x f^{(n+1)}(t)(x-t)^n dt = \frac{1}{n!}f^{(n+1)}(c)\int_{x_0}^x (x-t)^n dt = \frac{f^{(n+1)}(c)}{(n+1)!}(x-x_0)^{n+1},$$

其中 c 包含在区间 $[x_0,x]$ 内. 这样我们重新得到了拉格朗日余项公式.

319. 数 e 的超越性　第 **311** 目的公式 (7) 还可以作为证明一个对于数 e 极著名的**埃尔米特定理**的出发点.

所有的实数 (一般地复数也是) 可以分成两类 —— 代数数与超越数. 一个数, 如果它是一个带有有理系数的 (显然, 不减普遍性, 可以把这些系数认为是整数.) 代数方程的根, 就叫做**代数数**; 在相反的情形下的数叫做**超越数**.

任何一个有理数, 或者用有理数开根号来表示的无理数, 可以作为代数数的例子: 数 $-\frac{11}{17}$ 是方程 $17x+11=0$ 的根, 而数 $\sqrt{1+\sqrt[3]{2}}$ 是方程 $x^6-3x^4+3x^2-3=0$ 的根, 等等.

埃尔米特确定了 e 是超越数[①]. 我们就来证明这个定理.

假定 e 是方程

$$c_0 + c_1 e + c_2 e^2 + \cdots + c_m e^m = 0 \tag{1}$$

的根, 其中所有系数 $c_0, c_1, \cdots, c_m$ 都是整数.

在 **311** 目公式 (7) 中设 $u=f(x)$ 是任意 n 次多项式, 而 $v=(-1)^{n+1}e^{-x}$; 此时, 如果取 $a=0$, 因为 $f^{(n+1)}(x)=0$, 这个公式就取形状:

$$\int_0^b f(x)e^{-x}dx = -e^{-x}[f(x)+f'(x)+\cdots+f^{(n)}(x)]\Big|_0^b.$$

为简便起见, 令

$$f(x)+f'(x)+\cdots+f^{(n)}(x)=F(x),$$

由此有

$$e^b F(0) = F(b) + e^b\int_0^b f(x)e^{-x}dx.$$

在这里依次取 $b=0,1,2,\cdots,m$; 以 $c_0,c_1,\cdots,c_m$ 分别乘所得的等式并相加起来, 由于 (1), 得到最后的等式

$$0 = c_0 F(0) + c_1 F(1) + \cdots + c_m F(m) + \sum_{i=0}^m c_i e^i \int_0^i f(x)e^{-x}dx, \tag{2}$$

注意这个等式对任何多项式 $f(x)$ 应当成立. 现在我们要证, 这个多项式可以如此选取, 使得等式 (2) 成为不可能; 以此证明定理.

为了这个目的, 令

$$f(x) = \frac{1}{(p-1)!}x^{p-1}(x-1)^p(x-2)^p\cdots(x-m)^p,$$

[①]随后**林德曼**(F.Lindemann) 证明了数 π 的超越性, 由此首先确立了自古以来著名的化圆为方问题的不可解性.

其中 p 是大于 m 与 $|c_0|$ 的素数. 这个多项式的 p 阶及 p 阶以上的导数有整系数并且这些系数被 p 整除; 这可由 p 个连贯的自然数的乘积被 $p!$ 整除直接推出[①]. 因此在 x 的任何整数值下所有这些导数的值都是整数, 而且是 p 的倍数. 因为当 $x = 1, 2, \cdots, m$ 时多项式 $f(x)$ 与它的前 $p - 1$ 阶导数变为零, 所以 $F(1), F(2), \cdots, F(m)$ 是一个整数的 p 倍.

$F(0)$ 却是另外一种情形. 当 $x = 0$ 时多项式 $f(x)$ 只有 $p - 2$ 个导数变为零, 于是

$$F(0) = f^{(p-1)}(0) + f^{(p)}(0) + \cdots,$$

所有从第二项开始的那些项, 如我们所知, 都是 p 的整数倍数; 但 $f^{(p-1)}(0) = [(-1)^m m!]^p$, 而 $F(0)$ 就随着它而不被 p 所整除, 又因在对 p 所作的假定下 c_0 不能被 p 所整除, 所以得到结论: 在等式 (2) 右端的前一个和数是不被 p 所整除的整数, 因此显然不等于零.

现在来讨论等式 (2) 中的第二个和数, 在区间 $[0, m]$ 上, 显然

$$|f(x)| < \frac{1}{(p-1)!} m^{p-1} m^p m^p \cdots = \frac{m^{mp+p-1}}{(p-1)!}.$$

因此

$$\left| \int_0^i f(x) e^{-x} dx \right| < \frac{m^{mp+p-1}}{(p-1)!} \int_0^i e^{-x} dx < \frac{m^{mp+p-1}}{(p-1)!},$$

并且, 如果用 C 表示和数 $|c_0| + |c_1| + |c_2| + \cdots + |c_m|$,

$$\left| \sum_{i=0}^m c_i e^i \int_0^i f(x) e^{-x} dx \right| < C e^m \frac{m^{mp+p-1}}{(p-1)!} = C e^m m^m \frac{(m^{m+1})^{p-1}}{(p-1)!}.$$

但我们知道 [**35**,1)], 最后的因式当 $p \to \infty$ 时趋于零, 于是在 (2) 中的第二个和当 p 充分大时[②], 绝对值将比第一个和为小. 在这样的情形下, 它们的和不可能等于零, 我们就得到了矛盾.

320. 勒让德多项式   现在提出一个问题 —— 找这样一个 n 次多项式 $X_n(x)$, 使得对任何次数低于 n 的多项式 $Q(x)$, 等式

$$\int_a^b X_n(x) Q(x) dx = 0 \tag{3}$$

被满足, 其中 a 与 b 是随意的, 但是固定的数.

每一个 n 次多项式 $X_n(x)$ 可以看作某一个 $2n$ 次的多项式 $R(x)$ 的第 n 阶导数, 而 $R(x)$ 可从 $X_n(x)$ 继续作 n 次积分得到. 如果在每个积分下这样选取随意常数, 使得当 $x = a$ 时积分变成零, 则多项式 $R(x)$ 还满足条件

$$R(a) = 0, R'(a) = 0, \cdots, R^{(n-1)}(a) = 0. \tag{4}$$

所以, 我们的问题就归结为寻求这样的一个 $2n$ 次多项式 $R(x)$, 使得对于任何次数低于 n 的多项式 $Q(x)$

$$\int_a^b R^{(n)}(x) Q(x) dx = 0 \tag{5}$$

[①]译者注: 注意 $\dfrac{n(n-1)(n-2)\cdots(n-p+1)}{p!} = C_n^p$.

[②]译者注: 我们有任意大的素数, 因为如若不然的话, 则素数只能有有限个: $p_1, p_2, \cdots, p_k$; 除此而外, 别无素数. 但是 $p_1 p_2 \cdots p_k + 1$ 显然是一个异于 $p_1, p_2, \cdots, p_k$ 的素数, 乃生矛盾.

并且除此之外, 等式 (4) 被满足. 但依 **311** 目公式 (7), 如果在其中以 $n-1$ 代替 n,

$$\int_a^b R^{(n)}(x)Q(x)dx = [Q(x)R^{(n-1)}(x) - Q'(x)R^{(n-2)}(x) + \cdots$$

$$\pm Q^{(n-1)}(x)R(x)]\Big|_a^b \mp \int_a^b Q^{(n)}(x)R(x)dx.$$

如果注意 (4), 及 $Q^{(n)}(x) \equiv 0$, 则条件 (5) 化为下面的形状

$$Q(b)R^{(n-1)}(b) - Q'(b)R^{(n-2)}(b) + \cdots \pm Q^{(n-1)}(b)R(b) = 0. \tag{6}$$

由于 $n-1$ 次多项式 $Q(x)$ 的完全随意性, 这个多项式以及它的逐次导数当 $x = b$ 时的值 $Q(b), Q'(b), \cdots, Q^{(n-1)}(b)$ 可以看作是随意的数, 此时条件 (6) 就与下列条件等价:

$$R(b) = 0, R'(b) = 0, \cdots, R^{(n-1)}(b) = 0. \tag{7}$$

从 (4) 与 (7) 看出, 多项式 $R(x)$ 应当以 a 与 b 为 n 重根, 而因此, 只可能与乘积 $(x-a)^n(x-b)^n$ 相差一个常数因子. 这样, 最后

$$X_n(x) = c_n \frac{d^n}{dx^n}[(x-a)^n(x-b)^n].$$

特别地, 如果取 $a = -1$ 与 $b = +1$, 就得到我们已经熟知的**勒让德多项式**

$$X_n(x) = c_n \frac{d^n(x^2-1)^n}{dx^n}.$$

在前面我们约定 [**118**,6)], 用 $P_n(x)$ 表示勒让德多项式, 如果常数 c_n 这样选择: $c_n = \dfrac{1}{2^n n!} = \dfrac{1}{(2n)!!}$, 则 $P_n(1) = 1, P_n(-1) = (-1)^n$. 通常还令 $P_0(x) = 1$. 多项式 $P_n(x)$ 所有的项的指数都与 n 有相同的奇偶性. 最高次项的系数显然是

$$\frac{2n(2n-1)\cdots(n+1)}{(2n)!!} = \frac{(2n-1)!!}{n!},$$

按照勒让德多项式定义, 永远有

$$\int_{-1}^1 P_n(x)Q(x)dx = 0, \tag{8}$$

不管 $Q(x)$ 是次数低于 n 的怎样的多项式. 特别地, 如果 n 与 m 是两个不相等的非负整数, 则

$$\int_{-1}^1 P_n(x)P_m(x)dx = 0. \tag{9}$$

我们要找出积分 $\int_{-1}^1 P_n^2(x)dx$ 的值; 它与积分 $\int_{-1}^1 \dfrac{d^n(x^2-1)^n}{dx^n} \cdot \dfrac{d^n(x^2-1)^n}{dx^n}dx$ 所不同的只是因子 $c_n^2 = \dfrac{1}{(2n!!)^2}$. 如果重新把 **311**目的公式 (7) 应用到后面这个积分上, 以 $n-1$ 代替 n 并令

$$u = \frac{d^n(x^2-1)^n}{dx^n}, \ v = (x^2-1)^n,$$

则它可化为积分

$$(-1)^n \int_{-1}^{1} \frac{d^{2n}(x^2-1)^n}{dx^{2n}}(x^2-1)^n dx = 2 \cdot 2n! \int_{0}^{1}(1-x^2)^n dx.$$

(所有积分外的项都消失了, 因为函数 v 与它的所有前 $n-1$ 阶导数当 $x = \pm 1$ 时变成 0). 在这几令 $x = \sin t$[参看 **314**,2)], 得到

$$2 \cdot (2n)! \frac{(2n)!!}{(2n+1)!!} = \frac{2}{2n+1}((2n)!!)^2,$$

于是最后

$$\int_{-1}^{1} P_n^2(x)dx = \frac{2}{2n+1}. \tag{10}$$

末了, 利用勒让德多项式的特性, 导出联系着三个相连贯的勒让德多项式的递推关系式.

预先指出, 乘幂 x^n 可以表示成带常数系数的 $P_0, P_1, \cdots, P_n$ 的线性齐次函数的形状; 于是对于任何 n 次多项式同样是对的. 所以

$$xP_n = a_0 P_{n+1} + a_1 P_n + a_2 P_{n-1} + a_3 P_{n-2} + \cdots,$$

其中 $a_0, a_1, a_2, \cdots$ 是常数系数. 容易确定 $a_3 = a_4 = \cdots = 0$. 例如, 为要定出 a_3, 我们以 P_{n-2} 乘这个等式两端并从 -1 到 $+1$ 积分

$$\int_{-1}^{1} xP_n \cdot P_{n-2}dx = a_0 \int_{-1}^{1} P_{n+1}P_{n-2}dx + a_1 \int_{-1}^{1} P_n P_{n-2}dx$$

$$+ a_2 \int_{-1}^{1} P_{n-1}P_{n-2}dx + a_3 \int_{-1}^{1} P_{n-2}^2 dx + \cdots,$$

由于 (8) 与 (9), 所有的积分, 除一个外, 都是零, 我们就得到

$$a_3 \int_{-1}^{1} P_{n-2}^2 dx = 0, \quad \text{由此} \quad a_3 = 0.$$

系数 a_1 也等于零, 因为等式左端完全不包含带 x^n 的项. 为了确定 a_0, 我们使等式两端的 x^{n+1} 的系数相等

$$\frac{(2n-1)!!}{n!} = a_0 \frac{(2n+1)!!}{(n+1)!}, \quad \text{由此} \quad a_0 = \frac{n+1}{2n+1}.$$

最后, 为要找出 a_2, 使等式两端当 $x = 1$ 时相等:

$$1 = a_0 + a_2, \quad \text{于是} \quad a_2 = 1 - a_0 = \frac{n}{2n+1}.$$

把所求得的系数的值代入原式, 最后得到

$$(n+1)P_{n+1} - (2n+1)xP_n + nP_{n-1} = 0. \tag{11}$$

这就是所要求的递推关系式, 它使我们能够从 $P_0 = 1$ 与 $P_1 = x$ 出发依次找出勒让德多项式:

$$P_2 = \frac{3x^2-1}{2}, P_3 = \frac{5x^3-3x}{2}, P_4 = \frac{35x^4-30x^2+3}{8}, \cdots.$$

321. 积分不等式　在 **133** 目与 **144** 目曾讲过一系列有关和式的不等式, 现在指出, 对于积分可以建立类似的不等式, 此处所考虑的函数 $p(x), \varphi(x), \psi(x)$ 都将假定是可积的.[①]

1) 在 **133** 目, 我们有不等式 (4), 它可改写为:

$$e^{\dfrac{\sum p_i \ln a_i}{\sum p_i}} \leqslant \frac{\sum p_i a_i}{\sum p_i}. \tag{12}$$

考虑在区间 $[a, b]$ 内的正函数 $p(x)$ 与 $\varphi(x)$, 用点

$$a = x_0 < x_1 < \cdots < x_i < x_{i+1} < \cdots < x_n = b$$

把区间 $[a, b]$ 分成具有长度 $\Delta x_i = x_{i+1} - x_i$ 的一些部分, 现在在所写出的不等式中令 $p_i = p(x_i) \cdot \Delta x_i, a_i = \varphi(x_i)$; 得到

$$e^{\dfrac{\sum p(x_i) \cdot \ln \varphi(x_i) \cdot \Delta x_i}{\sum p_i(x_i) \cdot \Delta x_i}} \leqslant \frac{\sum p(x_i)\varphi(x_i)\Delta x_i}{\sum p(x_i)\Delta x_i}.$$

在这里所有的和都具有**积分和**的形式并且当 $\Delta x_i \to 0$ 时趋于相应的积分, 这样一来, 在取极限后, 我便得到不等式 (12) 的 "积分类似物":

$$e^{\dfrac{\int_a^b p(x)\ln \varphi(x)dx}{\int_a^b p(x)dx}} \leqslant \frac{\int_a^b p(x)\varphi(x)dx}{\int_a^b p(x)dx}.$$

特别地, 当 $p(x) \equiv 1$ 时, 将有:

$$e^{\frac{1}{b-a}\int_a^b \ln \varphi(x)dx} \leqslant \frac{1}{b-a}\int_a^b \varphi(x)dx.$$

表达式右边称为函数 $\varphi(x)$ 在区间 $[a, b]$ 内的值的算术中项, 而表达式左边 —— 是其几何中项.

2) 现在我们来导出柯西–**赫尔德不等式**与 **闵可夫斯基不等式**的积分类似物 [**133**,(5) 与 (7)]:

$$\sum a_i b_i \leqslant \left\{\sum a_i^k\right\}^{\frac{1}{k}} \cdot \left\{\sum b_i^{k'}\right\}^{\frac{1}{k'}} \tag{13}$$

及

$$\left\{\sum (a_i + b_i)^k\right\}^{\frac{1}{k}} \leqslant \left\{\sum a_i^k\right\}^{\frac{1}{k}} + \left\{\sum b_i^k\right\}^{\frac{1}{k}} \tag{14}$$

$$\left(k, k' > 1; \frac{1}{k} + \frac{1}{k'} = 1\right).$$

设在区间 $[a, b]$ 内给定正函数 $\varphi(x)$ 与 $\psi(x)$; 如同前面那样用点 x_i 对这个区间作分划, 在 (13) 中令

$$a_i = \varphi(x_i) \cdot \Delta x_i^{\frac{1}{k}}, \; b_i = \psi(x_i) \cdot \Delta x_i^{\frac{1}{k'}},$$

而在 (14) 中令

$$a_i = \varphi(x_i) \cdot \Delta x_i^{\frac{1}{k}}, \; b_i = \psi(x_i) \cdot \Delta x_i^{\frac{1}{k}}.$$

[①]从这个假设已可推出其他在后面所遇到的函数的可积性: 为了说明这一点, 只需引用 **299** 目 II 及 **300** 目的 4).

于是有:

$$\sum \varphi(x_i)\psi(x_i)\Delta x_i \leqslant \left\{\sum (\varphi(x_i))^k \cdot \Delta x_i\right\}^{\frac{1}{k}} \cdot \left\{\sum (\psi(x_i))^{k'} \cdot \Delta x_i\right\}^{\frac{1}{k'}}$$

及

$$\left\{\sum (\varphi(x_i)+\psi(x_i))^k \cdot \Delta x_i\right\}^{\frac{1}{k}} \leqslant \left\{\sum (\varphi(x_i))^k \cdot \Delta x_i\right\}^{\frac{1}{k}} + \left\{\sum (\psi(x_i))^k \cdot \Delta x_i\right\}^{\frac{1}{k}}.$$

令 $\Delta x_i \to 0$ 取极限, 最后得

$$\int_a^b \varphi \cdot \psi\, dx \leqslant \left\{\int_a^b \varphi^k dx\right\}^{\frac{1}{k}} \cdot \left\{\int_a^b \psi^{k'} dx\right\}^{\frac{1}{k'}} \tag{13*}$$

及

$$\left\{\int_a^b (\varphi+\psi)^k dx\right\}^{\frac{1}{k}} \leqslant \left\{\int_a^b \varphi^k dx\right\}^{\frac{1}{k}} + \left\{\int_a^b \psi^k dx\right\}^{\frac{1}{k}}. \tag{14*}$$

注意当 $k'=k=2$ 时的特殊情况:

$$\int_a^b \varphi \cdot \psi\, dx \leqslant \sqrt{\int_a^b \varphi^2 dx} \cdot \sqrt{\int_a^b \psi^2 dx} \tag{13'}$$

及

$$\sqrt{\int_a^b [\varphi+\psi]^2 dx} \leqslant \sqrt{\int_a^b \varphi^2 dx} + \sqrt{\int_a^b \psi^2 dx}. \tag{14'}$$

此二式中的第一个属于 **布尼亚科夫斯基**, 第二个经二次方后很容易归结到第一式.

3) 最后转而研究 **詹森不等式** [**144**,(12*)]:

$$f\left(\frac{\sum p_i x_i}{\sum p_i}\right) \leqslant \frac{\sum p_i f(x_i)}{\sum p_i}, \tag{15}$$

在这里假设函数 $f(x)$ 在某个区间 $\mathcal{X}$ 内是凸函数, x_i 是 $\mathcal{X}$ 内的点;p_i 是正数. 设在某个区间 $[a,b]$ 内给定函数 $\varphi(x)$, 其值含于 $\mathcal{X}$ 内, 且函数 $p(x)$ 是正的. 现在令 x_i 表示区间 $[a,b]$ 的分点; 先前在 (15) 中的 x_i 用 $\varphi(x_i)$ 代替, 而 p_i 用 $p_i(x)\Delta x_i$ 代替. 如同上面那样从积分和变到积分, 便得到 **詹森积分不等式**:

$$f\left(\frac{\int_a^b p(x)\varphi(x)dx}{\int_a^b p(x)dx}\right) \leqslant \frac{\int_a^b p(x)f(\varphi(x))dx}{\int_a^b p(x)dx}.$$

§5. 积分的近似计算

322. 问题的提出、矩形及梯形公式 设要求计算定积分 $\int_a^b f(x)dx$, 其中 $f(x)$ 是某一给定在区间 $[a,b]$ 上的连续函数. 在 §3 我们有过许多计算这一种积分的例题, 或是借助于原函数 (如果积分可表示成有限形状的话), 或是 —— 不经过原函数 —— 借助于各种各样的, 大部是技巧性的方法来计算. 但是必须指出, 用这些办法只能解决很狭隘的一类积分; 在它的范围外通常采用各种近似计算的方法.

在本节我们要熟习这些方法中最简单的几种, 在这几种方法中, 积分的近似公式乃是按照一列 (常是等距的) 自变量的值而计算出来的一列被积函数的值所组成的.

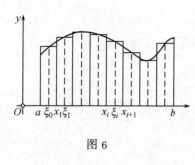

图 6

属于这儿的最初几个最简单的公式, 可从几何的考虑得到. 把定积分 $\int_a^b f(x)dx$ 解释为被曲线 $y = f(x)$ 所界定的图形的面积 [**294**], 我们就提出了关于定出这个面积的问题.

首先, 再一次利用引出定积分概念的那一想法, 可以把整个图形 (图 6) 分成若干小条, 比方说, 有同一宽度 $\Delta x_i = \dfrac{b-a}{n}$[①]的小条, 然后, 用矩形近似地代替每一个小条, 而取它的某一个纵坐标作为矩形的高. 这使我们得到公式

$$\int_a^b f(x)dx \doteq \frac{b-a}{n}[f(\xi_0) + f(\xi_1) + \cdots + f(\xi_{n-1})],$$

其中 $x_i \leqslant \xi_i \leqslant x_{i+1}(i = 0, 1, \cdots, n-1)$. 这儿所求曲边图形的面积就被某一个由矩形组成的阶梯状图形面积所代替 (或者可说 —— 如果乐意的话 —— 定积分被积分和所代替). 这个近似公式就叫做 **矩形公式**.

在实用上通常取 $\xi_i = \dfrac{x_i + x_{i+1}}{2} = x_{i+\frac{1}{2}}$; 如果对应的中间纵坐标 $f(\xi_i) = f\left(x_{i+\frac{1}{2}}\right)$ 用 $y_{i+\frac{1}{2}}$ 表示, 则公式可改写为

$$\int_a^b f(x)dx \doteq \frac{b-a}{n}\left(y_{\frac{1}{2}} + y_{\frac{3}{2}} + \cdots + y_{n-\frac{1}{2}}\right). \tag{1}$$

以后, 当说到矩形公式时, 我们所指的就是这个公式.

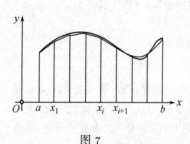

图 7

几何的考虑很自然地也引出另一个常常应用的近似公式, 将给定曲线用内接于它的, 顶点为 (x_i, y_i) 的折线来代替, 其中 $y_i = f(x_i), (i = 0, 1, \cdots, n-1)$. 于是我们的曲边图形就被由一列梯形组成的图形所代替 (图 7). 如预先认定, 区间 $[a, b]$ 分成相等的若干部分, 则这些梯形的面积是

$$\frac{b-a}{n}\frac{y_0 + y_1}{2}, \frac{b-a}{n}\frac{y_1 + y_2}{2}, \cdots, \frac{b-a}{n}\frac{y_{n-1} + y_n}{2}$$

把它们加起来, 我们得到新的近似公式

$$\int_a^b f(x)dx \doteq \frac{b-a}{n}\left(\frac{y_0 + y_n}{2} + y_1 + y_2 + \cdots + y_{n-1}\right). \tag{2}$$

这就是所谓**梯形公式**.

可以证明, 当 n 无限增加时, 矩形公式与梯形公式的误差都无限地减小. 这样, 当 n 充分大时, 这两个公式都以任意程度的精确性表达出所求的积分值.

作为例题取我们已经知道的积分

$$\int_0^1 \frac{dx}{1 + x^2} = \frac{\pi}{4} = 0.785\,398\cdots,$$

而把两个近似公式应用到它上面去, 取 $n = 10$ 并计算到四位小数.

---

① 我们保留 **294** 目的记号.

按照矩形公式有

$$
\begin{aligned}
x_{1/2} &= 0.05 & y_{1/2} &= 0.997\,5 \\
x_{3/2} &= 0.15 & y_{3/2} &= 0.978\,0 \\
x_{5/2} &= 0.25 & y_{5/2} &= 0.941\,2 \\
x_{7/2} &= 0.35 & y_{7/2} &= 0.890\,9 \\
x_{9/2} &= 0.45 & y_{9/2} &= 0.831\,6 \\
x_{11/2} &= 0.55 & y_{11/2} &= 0.767\,8 \\
x_{13/2} &= 0.65 & y_{13/2} &= 0.703\,0 \\
x_{15/2} &= 0.75 & y_{15/2} &= 0.640\,0 \\
x_{17/2} &= 0.85 & y_{17/2} &= 0.580\,6 \\
x_{19/2} &= 0.95 & y_{19/2} &= 0.525\,6 \\
\end{aligned}
$$

$$\dfrac{7.856\,2}{10} = 0.785\,62$$

和　$7.856\,2$

而按照梯形公式

$$
\begin{aligned}
x_0 &= 0.0 & y_0 &= 1.000\,0 \\
x_{10} &= 1.0 & y_{10} &= 0.500\,0 \\
\end{aligned}
$$

和　$1.500\,0$

$$\frac{1}{10}\left(\frac{1.500\,0}{2} + 7.099\,8\right) = 0.784\,98$$

$$
\begin{aligned}
x_1 &= 0.1 & y_1 &= 0.990\,1 \\
x_2 &= 0.2 & y_2 &= 0.961\,5 \\
x_3 &= 0.3 & y_3 &= 0.917\,4 \\
x_4 &= 0.4 & y_4 &= 0.862\,1 \\
x_5 &= 0.5 & y_5 &= 0.800\,0 \\
x_6 &= 0.6 & y_6 &= 0.735\,3 \\
x_7 &= 0.7 & y_7 &= 0.671\,1 \\
x_8 &= 0.8 & y_8 &= 0.609\,8 \\
x_9 &= 0.9 & y_9 &= 0.552\,5 \\
\end{aligned}
$$

和　$7.099\,8$

所得到的两个近似结果具有大约同样的精确度 —— 它们与真值 (在比真值稍大一方面与比真值稍小一方面) 相差小于 $0.000\,5$.

读者当然了解, 我们在这儿能够估计误差, 只因为预先已经知道积分的正确值. 为了使我们的公式对近似计算是真正合适的, 必须有一个关于误差的方便的表达式, 它使我们不仅能够在给定 n 时估计误差, 而且能够挑选保证所要求的精确度的 n. 我们将在 **325** 目中讲述这个问题.

323. 抛物线型插值法　对于积分 $\int_a^b f(x)dx$ 的近似计算, 可以试一试用与 $f(x)$ "逼近" 的多项式

$$y = P_k(x) = a_0 x^k + a_1 x^{k-1} + \cdots + a_{k-1}x + a_k \tag{3}$$

来代替函数 $f(x)$, 并令

$$\int_a^b f(x)dx \doteq \int_a^b P_k(x)dx.$$

可以换一种说法, 在这儿 —— 在计算面积时 —— 给定 "曲线" $y = f(x)$ 可用 "k 级抛物线" 来代替, 因此这一步骤得到**抛物线型插值法**的名称.

插值多项式 $P_k(x)$ 本身的选取多用下面的方法来进行. 在区间 $[a,b]$ 上取自变量 x 的 $k+1$ 个值 $\xi_0, \xi_1, \cdots, \xi_k$ 并且这样挑选多项式 $P_k(x)$, 使得在所取的 x 值下它的值与函数 $f(x)$ 的值一

致. 多项式 $P_k(x)$ 就被这些条件唯一地确定, 而它的表达式可用 (代数学中已知的) **拉格朗日插值公式**

$$P_k(x) = \frac{(x-\xi_1)(x-\xi_2)\cdots(x-\xi_k)}{(\xi_0-\xi_1)(\xi_0-\xi_2)\cdots(\xi_0-\xi_k)}f(\xi_0) + \frac{(x-\xi_0)(x-\xi_2)\cdots(x-\xi_k)}{(\xi_1-\xi_0)(\xi_1-\xi_2)\cdots(\xi_1-\xi_k)}f(\xi_1) + \cdots$$
$$+ \frac{(x-\xi_0)(x-\xi_1)\cdots(x-\xi_{k-1})}{(\xi_k-\xi_0)(\xi_k-\xi_1)\cdots(\xi_k-\xi_{k-1})}f(\xi_k)$$

给出.

在积分时得到关于值 $f(\xi_0),\cdots,f(\xi_k)$ 的线性表达式, 它的系数已经不依赖于这些值. 一次算出这些系数后, 就永远可以对在给定区间 $[a,b]$ 上的任何函数利用它们.

在当 $k=0$ 的最简单情形中, 函数 $f(x)$ 简直就以常数 $f(\xi_0)$ 来代替, 其中 ξ_0 是在区间 $[a,b]$ 中的任何一点, 比方说, 中点: $\xi_0 = \dfrac{a+b}{2}$. 此时近似地

$$\int_a^b f(x)dx \doteq (b-a)f\left(\frac{a+b}{2}\right). \tag{4}$$

在几何上 —— 曲边图形的面积在这儿被高度等于它的中点纵坐标的矩形面积代替了. 当 $k=1$ 时函数 $f(x)$ 被线性函数 $P_1(x)$ 代替, 这个线性函数在 $x=\xi_0$ 与 $x=\xi_1$ 时与它有同样的值. 如果取 $\xi_0=a, \xi_1=b$, 则

$$P_1(x) = \frac{x-b}{a-b}f(a) + \frac{x-a}{b-a}f(b) \tag{5}$$

并且, 容易算出

$$\int_a^b P_1(x)dx = (b-a)\frac{f(a)+f(b)}{2}.$$

这样, 我们在这儿近似地令

$$\int_a^b f(x)dx \doteq (b-a)\frac{f(a)+f(b)}{2}. \tag{6}$$

在这次, 曲边图形的面积可用不取曲线而取连接曲线两端的弦所成的梯形面积所代替.

取 $k=2$, 得到较不显然的结果. 如果令 $\xi_0=a, \xi_1=\dfrac{a+b}{2}, \xi_2=b$, 则插值多项式 $P_2(x)$ 将有下面的形状

$$P_2(x) = \frac{\left(x-\dfrac{a+b}{2}\right)(x-b)}{\left(a-\dfrac{a+b}{2}\right)(a-b)}f(a) + \frac{(x-a)(x-b)}{\left(\dfrac{a+b}{2}-a\right)\left(\dfrac{a+b}{2}-b\right)}f\left(\frac{a+b}{2}\right)$$
$$+ \frac{(x-a)\left(x-\dfrac{a+b}{2}\right)}{(b-a)\left(b-\dfrac{a+b}{2}\right)}f(b). \tag{7}$$

借助于容易的计算, 建立

$$\int_a^b \frac{\left(x-\dfrac{a+b}{2}\right)(x-b)}{\left(a-\dfrac{a+b}{2}\right)(a-b)}dx = \frac{2}{(b-a)^2}\int_a^b \left[(x-b)+\frac{b-a}{2}\right](x-b)dx$$

$$= \frac{2}{(b-a)^2}\left[\frac{(x-b)^3}{3} + \frac{(b-a)}{2}\frac{(x-b)^2}{2}\right]\Bigg|_a^b = \frac{b-a}{6},$$

而类似地

$$\int_a^b \frac{(x-a)(x-b)}{\left(\dfrac{a+b}{2}-a\right)\left(\dfrac{a+b}{2}-b\right)}dx = \frac{4(b-a)}{6},$$

$$\int_a^b \frac{(x-a)\left(x-\dfrac{a+b}{2}\right)}{(b-a)\left(b-\dfrac{a+b}{2}\right)}dx = \frac{b-a}{6}.$$

这样, 得到近似公式

$$\int_a^b f(x)dx \doteq \frac{b-a}{6}\left[f(a)+4f\left(\frac{a+b}{2}\right)+f(b)\right]. \tag{8}$$

在这儿给定曲线下图形的面积被通过曲线两个端点与中点的普通抛物线 (带铅垂方向的轴) 所界出的图形面积代替.

增加插值多项式的次数 k, 也就是, 把抛物线 (3) 通过给定曲线的更多数目的点, 可以计算到极大的精确度. 但更为实用的是另外一个基于把抛物线型插值法的概念与分割区间的概念结合起来的方法.

324. 积分区间的分割　在计算积分 $\int_a^b f(x)dx$ 时可以这样来进行. 首先把区间 $[a,b]$ 分成 n 个相等的区间

$$[x_0,x_1],[x_1,x_2],\cdots,[x_{n-1},x_n] \quad (x_0=a,x_n=b),$$

由此所求的积分可表示成和的形状

$$\int_{x_0}^{x_1} f(x)dx + \int_{x_1}^{x_2} f(x)dx + \cdots + \int_{x_{n-1}}^{x_n} f(x)dx. \tag{9}$$

现在把抛物线型插值法应用到这些区间的每一个上去, 即是, 依照近似公式 (4),(6),(8),$\cdots$ 中的一个公式来着手计算 (9) 的积分.

容易想到, 从公式 (4) 或 (6) 出发, 用这些方法我们重新得出我们已知的矩形与梯形公式 (1) 与 (2).

现在把公式 (8) 应用到 (9) 的积分上去; 同时为简便起见, 与上面一样, 令

$$f(x_i)=y_i,\frac{x_i+x_{i+1}}{2}=x_{x+\frac{1}{2}},f\left(x_{x+\frac{1}{2}}\right)=y_{x+\frac{1}{2}}.$$

我们得到

$$\int_{x_0}^{x_1} f(x)dx \doteq \frac{b-a}{6n}\left(y_0+4y_{\frac{1}{2}}+y_1\right),$$

$$\int_{x_1}^{x_2} f(x)dx \doteq \frac{b-a}{6n}\left(y_1+4y_{\frac{3}{2}}+y_2\right),$$

$$\cdots\cdots\cdots\cdots$$

$$\int_{x_{n-1}}^{x_n} f(x)dx \doteq \frac{b-a}{6n}\left(y_{n-1}+4y_{n-\frac{1}{2}}+y_n\right).$$

最后, 把这些等式按项相加, 得到公式

$$\int_a^b f(x)dx \doteq \frac{b-a}{6n}\left[(y_0+y_n)+2(y_1+y_2+\cdots+y_{n-1})+4\left(y_{\frac{1}{2}}+y_{\frac{3}{2}}+\cdots+y_{n-\frac{1}{2}}\right)\right]. \quad (10)$$

它叫做**辛卜森**(Th.Simpson) **公式**; 对于积分的近似计算, 这个公式比矩形及梯形公式更经常用到, 因为它 —— 在耗费同样劳动下 —— 通常给出更精确的结果.

作为比较, 依辛卜森公式重新计算积分 $\int_0^1 \frac{dx}{1+x^2}$[参看 **322**]. 我们取 $n=2$, 于是在这次所利用的纵坐标甚至比以前要少. 我们有 (计算到五位小数)

$$x_0=0; \qquad x_{\frac{1}{2}}=\frac{1}{4}; \quad x_1=\frac{1}{2}; \quad x_{\frac{3}{2}}=\frac{3}{4}; \qquad x_2=1.$$

$$y_0=1; \ 4y_{\frac{1}{2}}=3.764\,71; \ 2y_1=1.6; \ 4y_{\frac{3}{2}}=2.56; \ y_2=0.5.$$

$$\frac{1}{12}(1+3.764\,71+1.6+2.56+0.5)=\underline{0.785\,39}\cdots$$

—— 所有五位小数都是正确的!

当然, 对于公式 (10), 在 **322** 目末了所作的说明同样适用. 我们现在来讲近似公式误差的估计.

325. 矩形公式的余项　从公式 (4) 开始. 假定在区间 $[a,b]$ 上函数 $f(x)$ 有前两阶连续导数. 在这情形下, 依照二项式 $x-\frac{a+b}{2}$ 的幂次展开 $f(x)$[按泰勒公式, **126**, (13)] 至其二次幂为止, 对于所有在 $[a,b]$ 中的 x 值即有

$$f(x)=f\left(\frac{a+b}{2}\right)+\left(x-\frac{a+b}{2}\right)f'\left(\frac{a+b}{2}\right)+\frac{1}{2!}\left(x-\frac{a+b}{2}\right)^2 f''(\widetilde{\xi}),$$

其中 $\widetilde{\xi}$ 包含在 x 与 $\frac{a+b}{2}$ 之间且依赖于 $x^{46)}$.

如果在从 a 到 b 的区间上积分这个等式, 那么右端第二项就消失了, 因为

$$\int_a^b \left(x-\frac{a+b}{2}\right)dx=0. \quad (11)$$

这样, 我们得到

$$\int_a^b f(x)dx=(b-a)f\left(\frac{a+b}{2}\right)+\frac{1}{2}\int_a^b f''(\widetilde{\xi})\left(x-\frac{a+b}{2}\right)^2 dx,$$

于是恢复公式 (4) 的准确度的余项, 有如下的形状

$$\rho=\frac{1}{2}\int_a^b f''(\widetilde{\xi})\left(x-\frac{a+b}{2}\right)^2 dx.$$

---

46) $\widetilde{\xi}$ 对 x 的依赖性可能相当复杂; 并且 (x 的) 函数

$$\frac{1}{2!}f''(\widetilde{\xi})\cdot\left(x-\frac{a+b}{2}\right)^2 \qquad (A)$$

显然是连续的, 因为它与函数

$$f(x)-f\left(\frac{a+b}{2}\right)-\left(x-\frac{a+b}{2}\right)f'\left(\frac{a+b}{2}\right)$$

相同. 特别, 对函数 (A) 取积分是允许的.

用 m 与 M 分别表示连续函数 $f''(x)$ 在区间 $[a,b]$ 上的最小的与最大的值 [85], 并利用被积表达式中第二个因式不改变符号这一事实, 依推广中值定理 [304,10°], 可以写出

$$\rho = \frac{1}{2}\mu \int_a^b \left(x - \frac{a+b}{2}\right)^2 dx = \frac{(b-a)^3}{24}\mu,$$

其中 μ 包含在 m 与 M 之间. 依照已知的连续函数的性质 [82], 在 $[a,b]$ 上可以找到点 ξ^*, 使得 $\mu = f''(\xi^*)$, 因而最后

$$\rho = \frac{(b-a)^3}{24}f''(\xi^*). \tag{12}$$

附注 想在按 $x - \dfrac{a+b}{2}$ 的幂次展开函数 $f(x)$ 时, 展式在这个二项式的一次幂就已经截断, 即应用公式

$$f(x) = f\left(\frac{a+b}{2}\right) + \left(x - \frac{a+b}{2}\right) f'(\widetilde{\xi})$$

是自然的. 这导致积分后得到等式

$$\int_a^b f(x)dx = (b-a)f\left(\frac{a+b}{2}\right) + \int_a^b f'(\widetilde{\xi})\left(x - \frac{a+b}{2}\right)dx,$$

于是余项被表成积分

$$\rho = \int_a^b f'(\widetilde{\xi})\left(x - \frac{a+b}{2}\right)dx,$$

它仅仅含有一阶导数 $f'(\widetilde{\xi})$. 但此处的被积函数的第二个因子在区间 $[a,b]$ 内改变符号, 从而为了简化 ρ 的表达, 发现要想应用推广的积分中值定理是不可能的. 在泰勒展开中再加上与等式 (11) 有关的一项就保证了我们的成功.

如果把区间 $[a,b]$ 分成 n 个相等的部分, 则对于每个部分区间 $[x_i, x_{i+1}]$ 即有准确的公式

$$\int_{x_i}^{x_{i+1}} f(x)dx = \frac{b-a}{n}f\left(x_{i+\frac{1}{2}}\right) + \frac{(b-a)^3}{24n^3}f''(\xi_i^*) \quad (x_i \leqslant \xi_i^* \leqslant x_{i+1}).$$

把这些等式 (当 $i = 0, 1, \cdots, n-1$ 时) 按项相加起来, 在通常的缩写记号下得到

$$\int_a^b f(x)dx = \frac{b-a}{n}\left(y_{\frac{1}{2}} + y_{\frac{3}{2}} + \cdots + y_{n-\frac{1}{2}}\right) + R_n,$$

其中表达式

$$R_n = \frac{(a-b)^3}{24n^2}\frac{f''(\xi_0^*) + f''(\xi_1^*) + \cdots + f''(\xi_{n-1}^*)}{n}$$

就是矩形公式 (1) 的余项. 因为表达式 $\dfrac{f''(\xi_0^*) + \cdots + f''(\xi_{n-1}^*)}{n}$ 也包含在 m 与 M 之间, 所以它也就表示着函数 $f''(x)$ 的值中的一个.

因此最后有

$$R_n = \frac{(b-a)^3}{24n^2}f''(\xi) \quad (a \leqslant \xi \leqslant b). \tag{13}$$

当 n 增加时这个余项大致像 $\dfrac{1}{n^2}$ 那样减小[①].

[①]我们说大致, 是因为 ξ 也可以随 n 而变化. 这应当在以后记住.

作为例子, 回头来计算在 **322** 目中已经作过的积分 $\int_0^1 \dfrac{dx}{1+x^2}$, 对于被积函数 $f(x) = \dfrac{1}{1+x^2}$ 有 $f''(x) = 2\dfrac{3x^2-1}{(1+x^2)^3}$; 这个导数在区间 $[0,1]$ 上改变符号, 但绝对值保持 $\leqslant 2$. 由此, 按公式 $(13),|R_{10}| < 0.85 \times 10^{-3}$. 我们计算纵坐标到四位小数精确到 $0.000\ 05$; 不难看出, 纵坐标的近似误差可以被包含在上述的估计以内[①]. 真正的误差, 实际上, 小于这个界限.

326. 梯形公式的余项　　现在对于函数 $f(x)$, 在先前的假定下来研究公式 (6). 应用带有余项的拉格朗日插值公式 [**129**,(7)], 我们可以写出 [参看 (5)]

$$f(x) = P_1(x) + \frac{1}{2}f''(\widetilde{\eta})(x-a)(x-b) \quad (a < \widetilde{\eta} < b).$$

从 a 到 b 积分这个公式, 我们得到

$$\int_a^b f(x)dx = (b-a)\frac{f(a)+f(b)}{2} + \frac{1}{2}\int_a^b f''(\widetilde{\eta})(x-a)(x-b)dx,$$

于是公式 (6) 的余项将是

$$\rho = \frac{1}{2}\int_a^b f''(\widetilde{\eta})(x-a)(x-b)dx.$$

像上面那样推理, 并利用被积函数中第二个因式在这儿也不改变符号这一事实, 找出

$$\rho = \frac{1}{2}f''(\eta^*)\int_a^b (x-a)(x-b)dx = -\frac{(b-a)^3}{12}f''(\eta^*) \quad (a \leqslant \eta^* \leqslant b).$$

最后对于分割区间成为 n 个相等部分的情形

$$R_n = -\frac{(b-a)^3}{12n^2}f''(\eta) \quad (a \leqslant \eta \leqslant b). \tag{14}$$

这就是梯形公式 (2) 的余项. 当 n 增加时它也大致像 $\dfrac{1}{n^2}$ 一样减小. 我们看出, 应用梯形公式与应用矩形公式所引起的误差是同级的.

327. 辛卜森公式的余项　　最后回到公式 (8). 可以与刚刚所作的相类似, 仍旧应用带有余项的拉格朗日插值公式 [**129**,(7)], 并令 [参看 (7)]

$$f(x) = P_2(x) + \frac{f'''(\widetilde{\zeta})}{3!}(x-a)\left(x - \frac{a+b}{2}\right)(x-b) \quad (a < \widetilde{\zeta} < b). \tag{15}$$

我们在这里遇到的仍旧是这样的情况: 如同在 **325** 目一样 [参看其附注]. 即, 积分等式 (15) 后, 我们不可能借助于中值定理把余项的积分的表达式简化, 因为在被积函数中的表达式 $(x-a)\left(x - \dfrac{a+b}{2}\right)(x-b)$ 在区间 $[a,b]$ 上已经改变符号. 因此, 我们用另一种办法来进行.

不管怎样的数 K, 表达式

$$P_2(z) + K(z-a)\left(z - \frac{a+b}{2}\right)(z-b)$$

[①] 译者注: 因为实际上 $R_n = \dfrac{(a-b)^3}{24n^2}\dfrac{f''(\xi_0^*)+\cdots+f''(\xi_{n-1}^*)}{n}$; 令 $f''(\xi_0^*) < 0, f''(\xi_9^*) > 0$, 所以 $|R_{10}| < \dfrac{1}{24 \times 10^2} \cdot \dfrac{18}{10} < 0.8 \times 10^{-3}$.

在点 $z = a, \dfrac{a+b}{2}, b$ 取与函数 $f(z)$ 相同的值. 现在容易这样选择数 K, 使得这个表达式的导数在 $z = \dfrac{a+b}{2}$ 处与 $f'\left(\dfrac{a+b}{2}\right)$ 一致. 这样一来, 对于这个 K 值, 上述表达式不是别的, 而是相应于简单结点 a, b 及二重结点 $\dfrac{a+b}{2}$ 的埃尔米特插值多项式 [**130**]. 假定函数 $f(x)$ 存在直到四阶导数, 利用带余项的埃尔米特公式 [**130**,(11)], 我们得到:

$$f(x) = P_2(x) + K(x-a)\left(x - \frac{a+b}{2}\right)(x-b)$$
$$+ \frac{f^{(4)}(\widetilde{\zeta})}{4!}(x-a)\left(x - \frac{a+b}{2}\right)^2 (x-b) \quad (a < \widetilde{\zeta} < b).$$

现在从 a 到 b 积分这个等式, 我们得到

$$\int_a^b f(x)dx = \frac{b-a}{6}\left[f(a) + 4f\left(\frac{a+b}{2}\right) + f(b)\right]$$
$$+ \frac{1}{24}\int_a^b f^{(4)}(\widetilde{\zeta})(x-a)\left(x - \frac{a+b}{2}\right)^2 (x-b)dx,$$

因为

$$\int_a^b (x-a)\left(x - \frac{a+b}{2}\right)(x-b)dx = \int_a^b \left(x - \frac{a+b}{2}\right)\left[\left(x - \frac{a+b}{2}\right)^2 - \frac{(b-a)^2}{4}\right]dx = 0.$$

若假设 $f^{(4)}(x)$ 连续, 则与上面的情形相像, 公式 (8) 的余项

$$\rho = \frac{1}{24}\int_a^b f^{(4)}(\widetilde{\zeta})(x-a)\left(x - \frac{a+b}{2}\right)^2 (x-b)dx,$$

利用被积表达式中第二个因式不改变符号这一事实, 可以表示成这样的形状.

$$\rho = \frac{1}{24}f^{(4)}(\zeta^*)\int_a^b (x-a)\left(x - \frac{a+b}{2}\right)^2 (x-b)dx$$
$$= \frac{1}{24}f^{(4)}(\zeta^*)\int_a^b \left(x - \frac{a+b}{2}\right)^2 \left[\left(x - \frac{a+b}{2}\right)^2 - \frac{(b-a)^2}{4}\right]dx$$
$$= -\frac{(b-a)^5}{180 \times 2^4}f^{(4)}(\zeta^*)[1].$$

如果区间 $[a,b]$ 被分成 n 个相等部分, 那么 —— 对于辛卜森公式 (10) —— 得到下面形状的余项

$$R_n = -\frac{(b-a)^5}{180 \times (2n)^4}f^{(4)}(\zeta) \quad (a \leqslant \zeta \leqslant b). \tag{16}$$

当 n 增加时, 这个表达式大致像 $\dfrac{1}{n^4}$ 一样减小; 这样, 辛卜森公式实际上比上述两个公式更好些.

重新回到积分 $\int_0^1 \dfrac{dx}{1+x^2}$ 的例子. 为了要避免计算公式 (16) 中所有的四阶导数, 我们指出, 函数 $f(x) = \dfrac{1}{1+x^2}$ 本身就是 $y = \operatorname{arctg}x$ 的导数, 于是我们可以利用 **116**,8) 中已有的公式. 按照这个公式

$$f^{(4)}(x) = y^{(5)} = 24\cos^5 y \sin 5\left(y + \frac{\pi}{2}\right) = 24\cos^5 y \cos 5y;$$

---

[1] 如果 $f(x)$ 是不超过三次的多项式, 则显然 ρ 变为零, 这就是说, 对于这样的多项式, 公式 (8) 将是准确的(这也容易直接证实).

这个表达式, 按绝对值来说, 不超过 24, 于是按照公式 (16) $|R_2| < \dfrac{1}{1920} < 0.000\,6$. 真正的误差, 如我们见过的, 大大地小于这个界限.

附注　在这个例子上一望而知, 依我们的公式所求出的误差的界限, 是颇为粗略的. 可惜的是 —— 所导出的公式的实用上的缺点就在这上面 —— 类似的情形时常会遇到.

但是就是借助于这些公式, 毕竟还是使我们能够预先估计误差, 因而可以来实行定积分的近似计算. 现在来讲一些例子.

328. 例题

1) 利用矩形公式计算积分 $\displaystyle\int_1^2 \dfrac{dx}{x} = \ln 2$ 精确到 0.001.

因为对于 $f(x) = \dfrac{1}{x}$, 有 $0 < f''(x) = \dfrac{2}{x^3} \leqslant 2$(如果 $1 \leqslant x \leqslant 2$), 所以按照公式 (13)

$$0 < R_n < \frac{1}{12n^2}.$$

如果取 $n = 10$, 则我们的公式的余项是 $R_{10} < \dfrac{1}{1200} < 0.84 \times 10^{-3}$, 我们还必须加进由于在计算函数值时实行四舍五入所产生的误差; 设法使这个新的误差的界限相差小于 0.16×10^{-3}. 为了这个目的只要计算 $\dfrac{1}{x}$ 的值到四位小数精确到 0.000\,05 就够了. 我们有:

$x_{1/2} = 1.05$	$y_{1/2} = 0.952\,4$	
$x_{3/2} = 1.15$	$y_{3/2} = 0.869\,6$	
$x_{5/2} = 1.25$	$y_{5/2} = 0.8$	
$x_{7/2} = 1.35$	$y_{7/2} = 0.740\,7$	
$x_{9/2} = 1.45$	$y_{9/2} = 0.689\,7$	
$x_{11/2} = 1.55$	$y_{11/2} = 0.645\,2$	$\dfrac{6.928\,4}{10} = 0.692\,84$
$x_{13/2} = 1.65$	$y_{13/2} = 0.606\,1$	
$x_{15/2} = 1.75$	$y_{15/2} = 0.571\,4$	
$x_{17/2} = 1.85$	$y_{17/2} = 0.540\,5$	
$x_{19/2} = 1.95$	$y_{19/2} = 0.512\,8$	
	和　$6.928\,4$	

考虑到对于每一纵坐标 (因而, 也是对于它们的算术平均值) 的修正数被包含在 $\pm 0.000\,05$ 之间, 也注意到余项 R_{10} 的估值, 我们得到, $\ln 2$ 被包含在界限 $0.692\,79 = 0.692\,84 - 0.000\,05$ 与 $0.693\,73 = 0.692\,84 + 0.000\,05 + 0.000\,84$ 之间, 因而就更是包含在 0.692 与 0.694 之间. 这样一来, $\ln 2 = 0.693 \pm 0.001$.

2) 按照梯形公式作同样的计算.

在这情形下, 依公式 (14)

$$R_n < 0,$$
$$|R_n| < \frac{1}{6n^2}.$$

在这儿也试一试取 $n = 10$, 虽然此时仅可以保证 $|R_{10}| < \dfrac{1}{600} < 1.7 \times 10^{-3}$. 纵坐标 (计算到与上面同一的精确度) 是

		$x_0 = 1.0$	$y_0 = 1.000\ 0$
$x_1 = 1.1$	$y_1 = 0.909\ 1$	$x_{10} = 2.0$	$y_{10} = 0.500\ 0$
$x_2 = 1.2$	$y_2 = 0.833\ 3$		和 $1.500\ 0$
$x_3 = 1.3$	$y_3 = 0.769\ 2$		
$x_4 = 1.4$	$y_4 = 0.714\ 3$		
$x_5 = 1.5$	$y_5 = 0.666\ 7$		
$x_6 = 1.6$	$y_6 = 0.625\ 0$	$\dfrac{1}{10}\left(\dfrac{1.500\ 0}{2} + 6.187\ 7\right) = 0.693\ 77$	
$x_7 = 1.7$	$y_7 = 0.588\ 2$		
$x_8 = 1.8$	$y_8 = 0.555\ 6$		
$x_9 = 1.9$	$y_9 = 0.526\ 3$		
	和 $6.187\ 7$		

考虑到所有修正数之后, 我们得到, $\ln 2$ 被包含在界限 $0.692\ 02 = 0.693\ 77 - 0.000\ 05 - 0.001\ 70$ 与 $0.693\ 82 = 0.693\ 77 + 0.000\ 05$ 之间, 即是, 仍然在 0.692 与 0.694 之间, 以下从略.

3) 在同样纵坐标的数目下, 借助于**辛卜森公式**可以得到更精确的结果. 因为被积函数的第四阶导数是 $\dfrac{24}{x^5}$, 所以依公式 (16)

$$R_n < 0$$

并且

$$|R_n| < \frac{24}{180 \cdot (2n)^4} = \frac{2}{15 \cdot (2n)^4}.$$

当 $n = 5$ 时 (此时纵坐标的数目与上述情形是同样的) 有 $|R_5| < 1.4 \times 10^{-5}$. 实行计算到五位数字, 精确到 $0.000\ 005$

$x_1 = 1.2$	$y_1 = 0.833\ 33$	$x_{1/2} = 1.1$	$y_{1/2} = 0.909\ 09$
$x_2 = 1.4$	$y_2 = 0.714\ 29$	$x_{3/2} = 1.3$	$y_{3/2} = 0.769\ 23$
$x_3 = 1.6$	$y_3 = 0.625\ 00$	$x_{5/2} = 1.5$	$y_{5/2} = 0.666\ 67$
$x_4 = 1.8$	$y_4 = 0.555\ 56$	$x_{7/2} = 1.7$	$y_{7/2} = 0.588\ 24$
	和 $2.728\ 18 \times 2$	$x_{9/2} = 1.9$	$y_{9/2} = 0.526\ 32$
	$5.456\ 36$		和 $3.459\ 55 \times 4$
			$13.838\ 20$

$x_0 = 1.0$	$y_0 = 1.000\ 00$	
$x_5 = 2.0$	$y_5 = 0.500\ 00$	$\dfrac{1}{30}(1.500\ 00 + 5.456\ 36 + 13.838\ 20) = 0.693\ 152$
	和 $1.500\ 00$	

由此 $\ln 2$ 被包含在界限

$$0.693\ 133 = 0.693\ 152 - 0.000\ 005 - 0.000\ 014$$

与

$$0.693\ 157 = 0.693\ 152 + 0.000\ 005$$

之间, 于是, 例如, 可以令 $\ln 2 = 0.693\ 15_{\pm 0.000\ 02}$.

实际上 $\ln 2 = 0.693\,147\,18\cdots$，因而真正的误差就小于 $0.000\,005$[参看上目末了的附注].

4) 现在提出按照辛卜森公式计算第二类**全椭圆积分**问题①

$$\mathbf{E}\left(\frac{1}{\sqrt{2}}\right) = \int_0^{\frac{\pi}{2}} \sqrt{1 - \frac{1}{2}\sin^2 x}\,dx$$

精确到 0.001.

对于函数 $f(x) = \sqrt{1 - \frac{1}{2}\sin^2 x}$，当 x 从 0 变到 $\frac{\pi}{2}$ 时, 有 $|f^{(4)}| < 12$②, 因此 [参看 (16)]

$$|R_n| < \frac{\left(\frac{\pi}{2}\right)^5}{180 \cdot (2n)^4} \times 12 < \frac{2}{3} \times \frac{1}{(2n)^4}, \quad \text{因为} \quad \left(\frac{\pi}{2}\right)^5 < 10.$$

取 $n = 3$, 于是 $|R_3| < 0.000\,52$. 在这情形下

$$
\begin{array}{lll}
x_0 = 0(0°) & y_0 = 1.000\,0 & \\
x_{1/2} = \dfrac{\pi}{12}(15°) & 4y_{1/2} = \sqrt{12 + \sqrt{12}} = 3.932\,4 & \\
x_1 = \dfrac{\pi}{6}(30°) & 2y_1 = \sqrt{14}/2 = 1.870\,8 & \\
x_{3/2} = \dfrac{\pi}{4}(45°) & 4y_{3/2} = \sqrt{12} = 3.464\,1 & \dfrac{\pi}{2} \times \dfrac{15.477\,1}{18} = 1.350\,63\cdots \\
x_2 = \dfrac{\pi}{3}(60°) & 2y_2 = \sqrt{10}/2 = 1.581\,1 & \\
x_{5/2} = \dfrac{5\pi}{12}(75°) & 4y_{5/2} = \sqrt{12 - \sqrt{12}} = 2.921\,6 & \\
x_3 = \dfrac{\pi}{2}(90°) & y_3 = \sqrt{2}/2 = 0.707\,1 & \\
\end{array}
$$

$$\text{和}\quad 15.477\,1$$

对于所得到的结果, 除修正数 R_3 外, 还应当加进由于对小数实行四舍五入所产生的 (非负的) 修正数, 这个修正数不超过 $\dfrac{0.000\,3 \cdot \pi}{36} < 0.000\,03$.

这样一来,

$$1.350\,11 < \mathbf{E}\left(\frac{1}{\sqrt{2}}\right) < 1.351\,18,$$

并且可以断定, $\mathbf{E}\left(\dfrac{1}{\sqrt{2}}\right) = 1.351_{\pm 0.001}$.

(实际上在所得结果中所有的数字都是正确的.)

5) 依辛卜森公式计算积分

$$W = \int_0^1 e^{-x^2}\,dx$$

精确到 $0.000\,1$.

---

①参看 **315** 目脚注.

②显然, $y = f(x) \geqslant \dfrac{1}{\sqrt{2}}$; 微分恒等式 $y^2 = 1 - \dfrac{1}{2}\sin^2 x$, 容易依次得出导数 y', y'', y''', $y^{(4)}$ 的绝对值的 (比真值稍大的) 估值.

直接算出被积函数的第四阶导数之后, 可看出其绝对值不超过 12; 因此

$$|R_n| < \frac{12}{180 \cdot (2n)^4}.$$

取 $n = 5$ 就够了, 因为 $|R_5| < 0.7 \times 10^{-5}$. 我们有

$x_0 = 0.0$	$y_0 = 1.000\ 00$	$x_{1/2} = 0.1$	$y_{1/2} = 0.990\ 05$
$x_5 = 1.0$	$y_5 = 0.367\ 88$	$x_{3/2} = 0.3$	$y_{3/2} = 0.913\ 93$
	和 $1.367\ 88$	$x_{5/2} = 0.5$	$y_{5/2} = 0.776\ 80$
		$x_{7/2} = 0.7$	$y_{7/2} = 0.612\ 63$
$x_1 = 0.2$	$y_1 = 0.960\ 79$	$x_{9/2} = 0.9$	$y_{9/2} = 0.444\ 86$
$x_2 = 0.4$	$y_2 = 0.852\ 14$		和 $3.740\ 27 \times 4$
$x_3 = 0.6$	$y_3 = 0.697\ 68$		$14.961\ 08$
$x_4 = 0.8$	$y_4 = 0.527\ 29$		
	和 $3.037\ 90 \times 2$		
	$6.075\ 80$		

$$\frac{1}{30}(1.367\ 88 + 6.075\ 80 + 14.961\ 08) = 0.746\ 825$$

$$0.746\ 813 < W < 0.746\ 837$$

$$W = 0.746\ 8_{+0.000\ 05}.$$

(在这儿所得结果中所有六位数字也都是正确的!)

6) 依**辛卜森公式**求积分 [比较 **314**,6)]

$$G = \int_0^1 \frac{\text{arctg}x}{x} dx,$$

当 $n = 5$ 时, 计算到五位小数;

$y_0 = 1$		$y_{1/2} = 0.996\ 68$	
$y_5 = 0.785\ 40$		$y_{3/2} = 0.971\ 52$	
和 $1.785\ 40$		$y_{5/2} = 0.927\ 30$	
		$y_{7/2} = 0.872\ 46$	
$y_1 = 0.986\ 98$		$y_{9/2} = 0.814\ 24$	
$y_2 = 0.951\ 27$		和 $4.582\ 20 \times 4$	
$y_3 = 0.900\ 70$		$18.328\ 80$	
$y_4 = 0.843\ 43$			
和 $3.682\ 38 \times 2$			
$7.364\ 76$			

$$\frac{1}{30}(1.785\ 40 + 7.364\ 76 + 18.328\ 80) = 0.915\ 965.$$

在所得结果中所有数字都是正确的. 按公式 (16) 估计误差的工作留给读者自己去作. 值 G 有时叫做**卡塔兰** (E.Catalan) **常数** [参看 **440**,6)(a)].

附注 最后三个例子在这方面是使人感到兴趣的: 相应的原函数不能被表示成有限形状, 于是利用原函数来计算定积分就是不可能的.

　　相反地, 如果这些原函数, 表示成带变动的积分上限的定积分的形状, 就可算出对应于一列积分上限值的这些积分的值. 由此, 从原则方面, 阐明了对于只利用积分表达式而给出的函数, 我们也可以作出如同读者对于初等函数所熟知的那样一些表.

　　用这个方法也可以得到上述那些函数的近似表达式.

第十章　积分学在几何学、力学与物理学中的应用

---

§1. 弧长

329. 曲线长的计算　设在平面上用参数方程

$$x = \varphi(t), y = \psi(t) \quad (t_0 \leqslant t \leqslant T) \tag{1}$$

给定连续的简单曲线 $\widehat{AB}$. 在第一卷已经建立了**曲线长**的概念: 它是作为内接于曲线的折线的周长的上确界 S 而定义的:

$$S = \sup\{p\}. \tag{2}$$

假定函数 (1) 有连续导数, 已证明 [**248**], 曲线是**可求长的**, 即曲线长是**有限的**. 不仅如此, 如果考虑不定弧 $\widehat{AM}$, 其中 M 是曲线上任意一点, 这点相应于参数 t, 那么有弧长

$$\widehat{AM} = s = s(t)$$

是 t 的可微函数, 其导数可表为:

$$s'(t) = \sqrt{[\varphi'(t)]^2 + [\psi'(t)]^2}$$

或更简明些:

$$s'_t = \sqrt{x'^2_t + y'^2_t} \tag{3}$$

[**248**,(10)], 并且显然它也是连续的.

掌握了积分概念, 我们现在能来计算曲线 $\overset{\frown}{AB}$ 的长. 按照微积分基本公式, 立刻得到

$$s(T) - s(t_0) = \int_{t_0}^{T} s_t' dt$$

或者

$$\overset{\frown}{AB} = S = \int_{t_0}^{T} \sqrt{x_t'^2 + y_t'^2} \, dt = \int_{t_0}^{T} \sqrt{[\varphi'(t)]^2 + [\psi'(t)]^2} \, dt. \tag{4}$$

前面所说的不定弧 $\overset{\frown}{AM}$ 的长度, 易于理解, 可用公式

$$\overset{\frown}{AM} = s = s(t) = \int_{t_0}^{t} \sqrt{x_t'^2 + y_t'^2} \, dt \tag{5}$$

表示, 可能会出现把任意内点 M_0 取为计算弧长的起始点的情况. 如果 t_0 仍然即是确定此点 (在这种情况下 t_0 已不是区间的端点, 在端点 t 是变动的), 则显然公式 (5) 给出**带有符号的**弧 $\overset{\frown}{AM}$ **的值**—— 若 $t > t_0$, 点 M 位于计算弧长起始点 M_0 的正侧, 则取正号; 若 $t < t_0$, 点 M 位于计算弧长起始点 M_0 的反侧, 则取负号.

若曲线在直角坐标系中由显式方程给出:

$$y = f(x) \quad (x_0 \leqslant x \leqslant X),$$

则取 x 作为参数, 作为特殊情况, 由公式 (4) 得

$$S = \int_{x_0}^{X} \sqrt{1 + y_x'^2} \, dx = \int_{x_0}^{X} \sqrt{1 + [f'(x)]^2} \, dx. \tag{4a}$$

最后, 曲线是以极坐标的形式

$$r = g(\theta) \quad (\theta_0 \leqslant \theta \leqslant \Theta)$$

给定的, 如所知, 同样可借助于一般变换公式归结为参数式:

$$x = r\cos\theta = g(\theta)\cos\theta, y = r\sin\theta = g(\theta)\sin\theta,$$

这里 θ 起着参数的作用, 对这种情况

$$S = \int_{\theta_0}^{\Theta} \sqrt{r^2 + r_\theta'^2} \, d\theta = \int_{\theta_0}^{\Theta} \sqrt{[g(\theta)]^2 + [g'(\theta)]^2} \, d\theta. \tag{4б}$$

对于这两种特殊情形, 容易写出表示不定弧 $\overset{\frown}{AM}$ 量值的表示式, 若 M 对应于横坐标 x 或极角 θ, 则

$$\overset{\frown}{AM} = s = s(x) = \int_{x_0}^{x} \sqrt{1 + y_x'^2} \, dx \tag{5a}$$

或, 相应地

$$\overset{\frown}{AM} = s = s(\theta) = \int_{\theta_0}^{\theta} \sqrt{r^2 + r_\theta'^2} \, d\theta. \tag{5б}$$

330. 定义曲线长度的概念及计算曲线长度的另一种途径   在定义简单连续曲线长度概念本身时, 我们从等式 (2) 出发. 现在我们证明 —— 在非闭曲线的情形 —— 其长度 S 不仅是内接于曲线的折线长的集合 $\{p\}$ 的上确界, 而且在折线 (p) 所有边 (或更确切地说, 是这些边中长度最大者 λ^*) 趋于零的条件下, 确实就是 p 的极限:

$$S = \lim_{\lambda^* \to 0} p. \tag{6}$$

同时, 求出确定曲线上折线 (p) 的各端点位置的参数 t 的值:

$$t_0 < t_1 < \cdots < t_i < t_{i+1} < \cdots < t_n = T \tag{7}$$

并假定所有增量 $\Delta t_i = t_{i+1} - t_i$(或者更确切地, 它们中的最大者 $\lambda = \max \Delta t_i$) 趋于零更为方便. **245** 目的两个引理保证了极限过程两个特性的等价性. 这样, 应当证明极限关系

$$S = \lim_{\lambda \to 0} p \tag{6*}$$

首先指出周长 p 的如下重要性质: 若 p 对应于区间 $[t_0, T]$ 的某个分法 (7), 然后我们还增补一个新的分点 $\bar{t}$:

$$t_k < \bar{t} < t_{k+1},$$

则周长 p 增加, 但同时它的增加不超过 $\varphi(t)$ 与 $\psi(t)$ 振幅的加倍和. 事实上, 添加新点 $\bar{t}$, 是把一项 (边长)

$$\sqrt{[\varphi(t_{k+1}) - \varphi(t_k)]^2 + [\psi(t_{k+1}) - \psi(t_k)]^2} \tag{8}$$

用两项 (两边长度之和)

$$\sqrt{[\varphi(\bar{t}) - \varphi(t_k)]^2 + [\psi(\bar{t}) - \psi(t_k)]^2} + \sqrt{[\varphi(t_{k+1}) - \varphi(\bar{t})]^2 + [\psi(t_{k+1}) - \psi(\bar{t})]^2} \tag{9}$$

来代替.(9) 式在任何情况下都不小于 (8) 式.

另一方面, 任何和式 (9) 都不超过和

$$|\varphi(\bar{t}) - \varphi(t_k)| + |\psi(\bar{t}) - \psi(t_k)| + |\varphi(t_{k+1}) - \varphi(\bar{t})| + |\psi(t_{k+1}) - \psi(\bar{t})|,$$

因此周长 p 的增加更不会超过这个数值, p 的增加显然小于上面提到的振幅的加倍和.

以下的讨论仅限于有限的 S 的情况. 对任意小的数 $\varepsilon > 0$, 按上确界的定义, 存在区间 $[t_0, T]$ 这样的分法: 用点

$$t_0^* = t_0 < t_1^* < t_2^* < \cdots < t_m^* = T \tag{10}$$

把 $[t_0, T]$ 分割成部分, 使得相应的周长 p^* 满足不等式

$$p^* > S - \frac{\varepsilon}{2}. \tag{11}$$

由于函数 $\varphi(t)$ 与 $\psi(t)$ 的一致连续性, 存在这样的小数 $\delta > 0$, 使得只要 $|t'' - t'| < \varepsilon$, 就有

$$|\varphi(t'') - \varphi(t')| < \frac{\varepsilon}{8m}, |\psi(t'') - \psi(t')| < \frac{\varepsilon}{8m}.$$

用 (7) 式中的点把区间 $[t_0, T]$ 分割成部分, 使得 $\lambda < \delta$(即所有的 $\Delta t_i < \delta$), 组成相应的和 p.

考虑把区间 $[t_0, T]$ 分割成部分的第三种分法, 在此分法中, 分法 (7) 中所有的点 t_i 及分法 (10) 中所有的点 t_k^* 都是分点, 设与此分法相应的周长是 p_0. 因为这个分法是从 (10), 用增加新点得到的, 由先前所说的,

$$p_0 \geqslant p^*. \tag{12}$$

另一方面这一分法也是从 (7) 用增加点 t_k^* 得到的, 增加每个点 t_k^*, p 增长不超过相应于函数 $\varphi(t)$ 与 $\psi(t)$ 振幅的加倍和, 即小于 $\frac{\varepsilon}{2m}$ 次, 因为这个过程不超过 m 次, 于是 p_0 超过 p 小于 $\frac{\varepsilon}{2}$:

$$p_0 < p + \frac{\varepsilon}{2}. \tag{13}$$

由不等式 (13), (12), (11) 推出

$$p > S - \varepsilon,$$

因此 $0 < S - p < \varepsilon$, 由此推出所要证明的断言 (6*), 这意味着 (6) 式成立.

因为由 (6) 式可反推出 (2) 式, 于是等式 (6) 可看作与前述曲线长定义等价的定义.

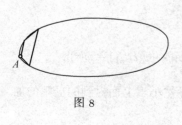

图 8

附注　然而不难看出, 在闭曲线的情形下, 这样的定义却不能无条件地采用: 须知即便符合了所指出的条件, 也毫不能防止折线缩向一点, 而其周长趋近于 0(图 8). 其中的要点就在于:开曲线的情形下, 只要折线 (p) 的每一段都递减以至于 0, 就已经保证了每一段与其对应的部分弧越来越靠得紧密; 正是基于这一点, 取其周长 p 的极限作为整个的弧长才是理之当然. 而在闭曲线的情形就不是这样了.

[我们指出, 若代替要求折线各边趋于 0, 而是要求对于相应各弧的直径趋于 0, 则新的定义可同样地既应用于非闭曲线, 又可应用于闭曲线.]

现在我们证明由定义 (6) 或 (6*) 可直接推出曲线长的表达式 (4). 我们将从折线长 p 的现成表达式出发 [参看 **248**, (7)]:

$$p = \sum_{i=0}^{n-1} \sqrt{[\varphi'(\tau_i)]^2 + [\psi'(\bar{\tau}_i)]^2} \cdot \Delta t_i,$$

其中 $\tau_i, \bar{\tau}_i$ 是区间 $[t_i, t_{i+1}]$ 中的某些值.

如若在根号下的第二项中, 把 $\bar{\tau}_i$ 一一换成 τ_i, 则改造成的表达式

$$\sigma = \sum_{i=0}^{n-1} \sqrt{[\varphi'(\tau_i)]^2 + [\psi'(\tau_i)]^2} \, \Delta t_i$$

显然正是积分 (4) 的积分和. 当 λ 趋近于 0 时, 这个和将以积分 (4)[①]为极限. 为了要证明折线周长 p 也趋于此极限, 只需表明差 $p - \sigma$ 趋近于 0 即可.

因此, 我们对这个差进行估值:

$$|p - \sigma| \leqslant \sum_i \left| \sqrt{[\varphi'(\tau_i)]^2 + [\psi'(\bar{\tau}_i)]^2} - \sqrt{[\varphi'(\tau_i)]^2 + [\psi'(\tau_i)]^2} \right| \Delta t_i.$$

我们如果把基本不等式

$$\left| \sqrt{a^2 + b^2} - \sqrt{a^2 + b_1^2} \right| \leqslant |b - b_1|^{[②]}$$

分别应用到以上所写的和中的每一项, 便得

$$|p - \sigma| \leqslant \sum_i |\psi'(\tau_i) - \psi'(\bar{\tau}_i)| \Delta t_i.$$

根据函数 $\psi'(t)$ 的连续性, 对于任意给定的 $\varepsilon > 0$, 可找出这样的 $\delta > 0$, 使得只要 $|t - \bar{t}| < \delta$, 即有 $|\psi'(t) - \psi'(\bar{t})| < \varepsilon$. 假如取 $\lambda < \delta$ (即所有的 $\Delta t_i < \delta$), 则 $|\tau_i - \bar{\tau}_i|$ 更 $< \delta$, 于是 $|\psi'(\tau_i) - \psi'(\bar{\tau}_i)| < \varepsilon$, 并且

$$|p - \sigma| \leqslant \varepsilon \sum_i \Delta t_i = \varepsilon(T - t_0).$$

这就证明了公式 (4).

331. 例

1) **悬链线** $y = a \mathrm{ch} \dfrac{x}{a}$ (图 9).

[①]它的存在毫无疑义, 因为积分号下的函数是连续的 [第 **298** 目, I].

[②]这个不等式于 $a = 0$ 时是显然的; 而若 $a \neq 0$, 则可从恒等式

$$\sqrt{a^2 + b^2} - \sqrt{a^2 + b_1^2} = \frac{b + b_1}{\sqrt{a^2 + b^2} + \sqrt{a^2 + b_1^2}} (b - b_1)$$

直接推得, 因为 $(b - b_1)$ 前的系数绝对值小于 1.

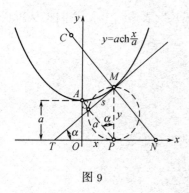

图 9

我们在 **252**, 1) 中已有

$$\sqrt{1 + y_x'^2} = \mathrm{ch}\frac{x}{a}.$$

于是根据公式 (5a), 如果取曲线顶点 A 作为弧的起算点, 则

$$s = \widehat{AM} = \int_0^x \mathrm{ch}\frac{x}{a}dx = a\,\mathrm{sh}\frac{x}{a}.$$

我们回想 $\mathrm{tg}\alpha = y_x' = \mathrm{sh}\frac{x}{a}$, 故我们又有 $s = a\,\mathrm{tg}\alpha$. 这样一来, 在 $\triangle MPS$(图 9) 中直角邻边 $MS = a\,\mathrm{tg}\alpha$ 恰与弧 s 相等 (就长度而论). 我们便得出了测量悬链线弧长的简单图解法.

2) **抛物线**　$y = \dfrac{x^2}{2p}$.

取定顶点 $O(x = 0)$ 作为弧的起算点, 对于横坐标为 x 的任意点 M, 我们有

$$s = \widehat{OM} = \frac{1}{p}\int_0^x \sqrt{x^2 + p^2}dx = \frac{1}{p}\left[\frac{1}{2}x\sqrt{x^2 + p^2} + \frac{p^2}{2}\ln(x + \sqrt{x^2 + p^2})\right]\bigg|_0^x$$

$$= \frac{x}{2p}\sqrt{x^2 + p^2} + \frac{p}{2}\ln\frac{x + \sqrt{x^2 + p^2}}{p}.$$

3) **星形线**　$x = a\cos^3 t, y = a\sin^3 t$.

利用已经计算得的 [第 **224** 目 4)]x_t' 与 y_t' 的值, 我们有

$$\sqrt{x_t'^2 + y_t'^2} = 3a\sin t\cos t\left(假设 0 \leqslant t \leqslant \frac{\pi}{2}\right).$$

根据公式 (4), 在点 $A(a, 0)$ 与 $B(0, a)$ 之间的四分之一星形线, 其长为

$$\widehat{AB} = 3a\int_0^{\frac{\pi}{2}} \sin t\cos t\,dt = \frac{3a}{2}\sin^2 t\bigg|_0^{\frac{\pi}{2}} = \frac{3a}{2},$$

于是整个曲线的长便是 $6a$.

4) **旋轮线**　$x = a(t - \sin t), y = a(1 - \cos t)$.

此处 (当 $0 \leqslant t \leqslant 2\pi$ 时)

$$\sqrt{x_t'^2 + y_t'^2} = a\sqrt{(1 - \cos t)^2 + \sin^2 t} = 2a\sin\frac{t}{2};$$

根据公式 (4), 旋轮线的一拱的长度为

$$2a\int_0^{2\pi} \sin\frac{t}{2}dt = -4a\cos\frac{t}{2}\bigg|_0^{2\pi} = 8a.$$

5) **圆的渐伸线**　$x = a(t\sin t + \cos t), y = a(\sin t - t\cos t)$.

我们有 (当 $t > 0$ 时)

$$\sqrt{x_t'^2 + y_t'^2} = a\sqrt{(t\cos t)^2 + (t\sin t)^2} = at.$$

于是从点 $A(t=0)$ 到任意点 $M(t>0)$ 的不定弧 $\widehat{AM}$ 可表为:

$$\widehat{AM} = s = \frac{at^2}{2}.$$

当 $t<0$ 时, 仅需在上式右端加一负号.

6) 阿基米德螺线 $r = a\theta$.

根据公式 (5б), 计算从极点 O 到任意点 M(对应于 θ 角) 的弧长, 我们得出

$$\widehat{OM} = a\int_0^\theta \sqrt{1+\theta^2}\,d\theta = \frac{a}{2}[\theta\sqrt{1+\theta^2} + \ln(\theta + \sqrt{1+\theta^2})].$$

有趣的是, 此处代入 $\theta = \dfrac{r}{a}$ 后, 我们得出的表达式形式上与抛物线弧长表达式相类似 [参看 2)].

7) 对数螺线 $r = ae^{m\theta}$(图 10).

因为 $r'_\theta = mr$, 所以 $r = \dfrac{1}{m}r'_\theta$, 并且仍根据公式 (5б), 对于在坐标为 (r_0,θ_0) 与 (r,θ) 的两点间的弧 $\widehat{M_0M}$, 我们有

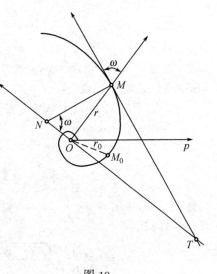

图 10

$$s = \widehat{M_0M} = \int_{\theta_0}^\theta \sqrt{r^2 + r'^2_\theta}\,d\theta$$

$$= \sqrt{1+\frac{1}{m^2}}\int_{\theta_0}^\theta r'_\theta\,d\theta = \sqrt{1+\frac{1}{m^2}}\ (r-r_0).$$

假如记起, 对于对数螺线 $\mathrm{tg}\,\omega = \dfrac{1}{m}$, 则所得结果可以改写成这样:

$$s = \widehat{M_0M} = \frac{r-r_0}{\cos\omega}.$$

将点 M_0 逼近于极点 O, 亦即使 r_0 趋向 0, 并取此时所得的 $\widehat{M_0M}$ 弧长极限作为 $\widehat{OM}$ 弧长, 我们便得出比较更简单的结果

$$s = \widehat{OM} = \frac{r}{\cos\omega}.$$

借此公式之助, 从 ΔMOT(见图) 中就不难看出, 弧长 s 等于极坐标中的切线长 t_p:

$$\widehat{OM} = TM^{①}.$$

我们便得到了对数螺线测长的最简单的图示法.

8) 椭圆 $\dfrac{x^2}{a^2} + \dfrac{y^2}{b^2} = 1$.

不过较方便一些的是把椭圆方程取为参数型 $x = a\sin t, y = b\cos t$. 易见,

$$\sqrt{x'^2_t + y'^2_t} = \sqrt{a^2\cos^2 t + b^2\sin^2 t} = \sqrt{a^2 - (a^2-b^2)\sin^2 t} = a\sqrt{1-\varepsilon^2\sin^2 t},$$

此处 $\varepsilon = \dfrac{\sqrt{a^2-b^2}}{a}$ 是椭圆离心率.

---

① 对数螺线的这个性质, 使得可以很容易地做出这样的命题: 当这曲线毫无滑动地沿着直线 MT 滚动时, 极点 O(假如认定它是始终和曲线连接着的) 就描出了某一条直线. 我们把证明留给读者.

　　自短轴的顶点到第一象限中它的任一点, 计算椭圆的弧长, 我们得到

$$s = a \int_0^t \sqrt{1 - \varepsilon^2 \sin^2 t}\, dt = a E(\varepsilon, t).$$

这样一来, 椭圆的弧长就被表成了椭圆积分的第二种类型 [参看第 **293** 目及第 **305** 目]; 如曾指出的, 此一事实正是 "椭圆" 积分这一名称的由来.

　　特别是椭圆周的四分之一的长度可表成全椭圆积分[①]

$$a \int_0^{\frac{\pi}{2}} \sqrt{1 - \varepsilon^2 \sin^2 t}\ \, dt = a \mathbf{E}(\varepsilon).$$

而整个的周长便是

$$S = 4a \mathbf{E}(\varepsilon).$$

　　有趣的是注意对于正弦曲线 $y = c \sin \dfrac{x}{b}$(此处 $c = \sqrt{a^2 - b^2}$) 的一个波的长, 恰恰一丝不差地也得到这样的结果. 这种几何上的契合, 并不难解释. 设想一个正圆柱, 用一个和它的母线相倾斜的平面截一下, 柱面的截口就是个椭圆. 如果通过短轴的一端, 顺着母线把柱面剖开, 并展平, 则椭圆周就变成了正弦曲线.

　　类似的, 双曲线的弧长计算也得出椭圆积分 (两类).

9) **蜗线**　$r = a \cos \theta + b$.

此处 $r'_\theta = -a \sin \theta$, 并且

$$r^2 + r_\theta'^2 = a^2 + 2ab \cos \theta + b^2 = (a+b)^2 \left[1 - \frac{4ab}{(a+b)^2} \sin^2 \frac{\theta}{2} \right].$$

因此 (当 $b \neq a$ 时), 对于从 $\theta = 0$ 的点到任意的 $\theta < \pi$ 的点的弧长, 我们得出 (第二种类型)**椭圆积分**形式的表达式:

$$\begin{aligned}
s &= (a+b) \int_0^\theta \sqrt{1 - \frac{4ab}{(a+b)^2} \sin^2 \frac{\theta}{2}}\, d\theta \\
&= 2(a+b) \int_0^{\frac{\theta}{2}} \sqrt{1 - \frac{4ab}{(a+b)^2} \sin^2 t}\, dt = 2(a+b) \mathbf{E}\left(\frac{2\sqrt{ab}}{a+b}, \frac{\theta}{2} \right).
\end{aligned}$$

整个曲线的长就表成了全椭圆积分

$$S = 4(a+b) \mathbf{E}\left(\frac{2\sqrt{ab}}{a+b} \right).$$

　　然而在特种情形 ——**心脏线**$(b = a)$, 问题就大大的简化了. 此时

$$r^2 + r_\theta'^2 = 4a^2 \cos^2 \frac{\theta}{2},$$

所以 $(0 < \theta \leqslant \pi)$

$$s = 2a \int_0^\theta \cos \frac{\theta}{2}\, d\theta = 4a \sin \frac{\theta}{2}.$$

如果 (图 11) 以 $2a$ 为半径, 从极点 O 作弧 $\widehat{AL}$, 与向径 OM 的延长线相交, 则易见 AL 弦即等于弧 $s = \widehat{AM}$.

[①]参看第 **315** 目的脚注.

整个心脏线的长就是 $8a$.

10) **双纽线**　$r^2 = 2a^2 \cos 2\theta$.

我们来计算双纽线的弧长, 从顶点 (对应 $\theta = 0$) 到任意点 (极角 $\theta < \dfrac{\pi}{4}$).

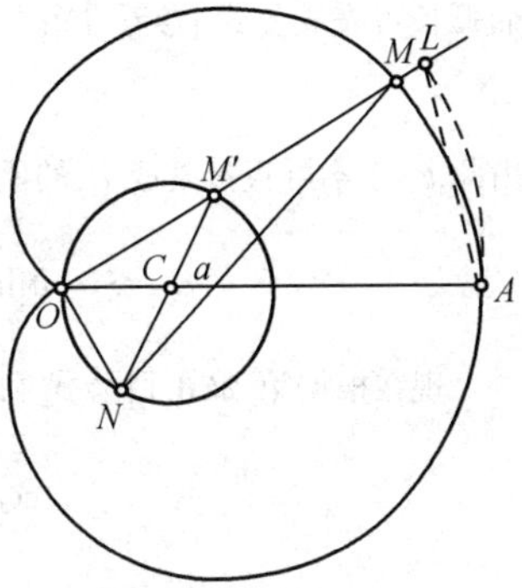

我们有

$$rr'_\theta = -2a^2 \sin 2\theta, \quad \text{由此 } r'_\theta = \frac{-2a^2 \sin 2\theta}{r}.$$

此时

$$\sqrt{r^2 + r'^2_\theta} = \frac{2a^2}{r} = \frac{a\sqrt{2}}{\sqrt{\cos 2\theta}},$$

并且根据公式 (56)

图 11

$$s = a\sqrt{2} \int_0^\theta \frac{d\theta}{\sqrt{\cos 2\theta}} = a\sqrt{2} \int_0^\theta \frac{d\theta}{\sqrt{1 - 2\sin^2 \theta}};$$

我们就又一次得出了 (第一种类型) 椭圆积分. 因为 $\sin^2 \theta$ 的因子 k^2 小于 1 时的积分表已经算出了, 所以我们来做一个变量变换. 命 $2\sin^2 \theta = \sin^2 \phi$(因为 $\theta < \dfrac{\pi}{4}$, 故 $2\sin^2 \theta < 1$, 由此可见 ϕ 角确是可以定出的); 于是

$$\sin \theta = \frac{1}{\sqrt{2}} \sin \phi, \cos \theta d\theta = \frac{1}{\sqrt{2}} \cos \phi d\phi,$$

$$d\theta = \frac{1}{\sqrt{2}} \frac{\cos \phi d\phi}{\sqrt{1 - \dfrac{1}{2} \sin^2 \phi}}, \sqrt{1 - 2\sin^2 \theta} = \cos \phi$$

最后

$$s = a \int_0^\phi \frac{d\phi}{\sqrt{1 - \dfrac{1}{2} \sin^2 \phi}} = aF\left(\frac{1}{\sqrt{2}}, \phi\right).$$

在极限情形[①]下, 令 $\theta = \dfrac{\pi}{4}$, 而 $\phi = \dfrac{\pi}{2}$, 双纽线的四分之一的长度就表示成了**全椭圆积分**.

$$s = a \int_0^{\frac{\pi}{2}} \frac{d\phi}{\sqrt{1 - \dfrac{1}{2} \sin^2 \phi}} = a\mathbf{K}\left(\frac{1}{\sqrt{2}}\right);$$

整个双纽线的长度便是 $S = 4a\mathbf{K}\left(\dfrac{1}{\sqrt{2}}\right)$.

可注意的是: 求曲线弧的长度的问题时常正巧得出椭圆积分.

11) 最后, 在建立**曲线渐伸线**[第 **256** 目] 方面, 我们引一个应用弧长公式的例子.

我们来研究**悬链线**. 若以 ξ, η(与第 **256** 目表示法一致) 表示它的点现在的坐标, 以 σ 表示它的弧长 (从顶点起算), 则曲线方程可写成:

$$\eta = a\mathrm{ch}\frac{\xi}{a},$$

[①]我们不得不把这个情形, 当作 $\theta \to \dfrac{\pi}{4}$ 或 $\phi \to \dfrac{\pi}{2}$ 时 s 的表达式取极限的情形来研究, 因为 $\theta = \dfrac{\pi}{4}$ 时导数 $r'_\theta = \infty$, 于是公式 (56) 就不能直接应用.

而弧长可表成公式 [参看 1)]:

$$\sigma = a\,\mathrm{sh}\frac{\xi}{a}.$$

由此,ξ 与 η 可直接表成 σ 的函数:

$$\xi = a[\ln(\sigma + \sqrt{\sigma^2 + a^2}) - \ln a], \eta = \sqrt{\sigma^2 + a^2}.$$

现在根据第 **256** 目公式 (17), 注意到此处 [参看 (18)]

$$\cos\beta = \frac{a}{\sqrt{\sigma^2 + a^2}}, \sin\beta = \frac{\sigma}{\sqrt{\sigma^2 + a^2}},$$

就可写出任意渐伸线的参数方程

$$x = a[\ln(\sigma + \sqrt{\sigma^2 + a^2}) - \ln a]$$
$$+ (c - \sigma)\frac{a}{\sqrt{\sigma^2 + a^2}},$$
$$y = \sqrt{\sigma^2 + a^2} + (c - \sigma)\frac{\sigma}{\sqrt{\sigma^2 + a^2}}.$$

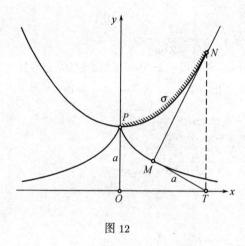

图 12

我们来看对应于 $c = 0$ 的这一条渐伸线; 它从悬链线的顶点起始, 并且在这里有一歧点 (图 12). 消去 σ, 此曲线 (称为**曳物线**)就表成了显方程

$$x = \pm \left[a\ln\frac{a + \sqrt{a^2 - y^2}}{y} - \sqrt{a^2 - y^2} \right].$$

如果记起 "切线长" 的表达式为 [第 **230** 目 (4)]:

$$t = \left| \frac{y}{y'_x}\sqrt{1 + y'^2_x} \right| = y\sqrt{1 + \left(\frac{dx}{dy}\right)^2},$$

则由此易得:$t = a$. 这表示出了曳物线的很值得注意的特性:它的切线长为一常量.[①]

从悬链线的性质中, 也很容易推出这个结果 [参看 1) 中悬链线的弧长的求法, 图 9].

332. 平面曲线的内蕴方程　以曲线上的点的 (对于某一坐标系而说的) 坐标之间的方程来表示曲线, 撇开这种表示法的全部功用不论, 毕竟是时常具有人为的性质, 因为坐标并不是曲线的基本几何因素. 反之, 这种基本因素乃是曲线 (从某一初始点依一确定方向起算的) **弧长** s **及曲率半径** R (或者就是**曲率** $k = \dfrac{1}{R}$) [参看第 **250** 目, 第 **251** 目].

对于每一条曲线, 都可以在这两个因素之间建立起

$$F(s, R) = 0$$

[①]**曳物线**的名称正是和这个相关连着的 (起源于拉丁文的动词trahere—— 引, 曳): 如果一个在水平线上移动着的点 T, 用 TM 线在它后面曳引点 M, 则点 M 就会恰好描出了曳物线.

形式的依从关系, 此方程即称为曲线的**内蕴方程**[①] .

我们证明:具有同一内蕴方程的各曲线, 只能在其平面上的位置上有所不同, 于是内蕴方程便完全唯一的确定了曲线的**形状**.

设 (I) 与(II)两条曲线具有同一内蕴方程, 这内蕴方程我们取成下列形式:

$$\frac{1}{R} = g(s). \tag{14}$$

为了要证这两条曲线全等, 首先我们将其中一条移动一下, 使得两条曲线上的弧长起算点重合, 然后再将这条曲线转动一下, 使得在这点上的切线正向重合.

我们用指标 (1 与 2) 来标记对应于同一 s 值的两条曲线的各项元素:

动点的坐标:(x_1, y_1)与(x_2, y_2),

切线与x轴的交角:α_1与α_2,

曲率半径 : R_1与R_2.

由于 (14), 我们便对所有的 s 都有:$\dfrac{1}{R_1} = \dfrac{1}{R_2}$, 亦即 [第 **250** 目 (2)]

$$\frac{d\alpha_1}{ds} = \frac{d\alpha_2}{ds}. \tag{15}$$

不仅如此, 依假定, 当 $s = 0$ 时

$$x_1 = x_2, y_1 = y_2, \tag{16}$$

并且

$$\alpha_1 = \alpha_2. \tag{17}$$

根据第 **131** 目推论, 从 (15) 推知 α_1 与 α_2 仅差一常量; 但是我们已经看见, 当 $s = 0$ 时这两个量相同, 因之等式 (17) 总是成立的. 此时对于所有的 s 值就有 [第 **249** 目,(15)]

$$\frac{dx_1}{ds} = \cos \alpha_1 = \cos \alpha_2 = \frac{dx_2}{ds},$$
$$\frac{dy_1}{ds} = \sin \alpha_1 = \sin \alpha_2 = \frac{dy_2}{ds},$$

由此以类似的方式我们便得出结论, 即等式 (16) 也总是成立的, 这就是说曲线重合了.

现在我们来说明, 如何根据曲线的内蕴方程 (14) 还原出它的坐标表示法来. 首先, 从 (14) 中我们有 $\dfrac{d\alpha}{ds} = g(s)$, 于是

$$\alpha = \int_0^s g(s)ds + \alpha_0, \tag{18}$$

[①] 德文术语natürliche Gleichung 的译文; 而法文术语 équation intrinseque (即是 "固有方程") 亦颇得要领.

此处 α_0 为常量, 然后从等式

$$dx = \cos\alpha ds, dy = \sin\alpha ds \tag{19}$$

出发, 做积分, 便得到

$$x = \int_0^s \cos\alpha ds + x_0, y = \int_0^s \sin\alpha ds + y_0, \tag{20}$$

此处 x_0 与 y_0 是新的常量.

不难了解, 曲线的转动牵连常量 α_0 的变化, 而曲线的平移牵连常量 x_0, y_0 的变化[1]. 这些常量的等于 0, 显然就是意味着曲线的位置是这样的: 起算弧长的初始点与坐标原点重合, 并且在这点上的切线的正向与 x 轴的正向重合.

现在设方程 (14) 是任意取定的 [我们只假定函数 $g(s)$ 是连续的]. 则先用公式 (18) 确定了 α, 再以方程 (20) 确定了 x 与 y, 我们便得出某条曲线的参数表示法. 微分 (20), 就回到了 (19), 从 (19) 我们首先看出

$$ds^2 = dx^2 + dy^2,$$

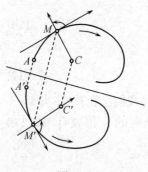

图 13

于是 ds 实际上就是这条曲线的弧微分, 而 s 就是弧长 (假如适当的选择起算的初始点). 其次等式 (19) 还导出结论, 即 α 是这条曲线的切线与 x 轴的交角. 最后, 微分 (18), 我们便得出, 曲率即等于

$$\frac{d\alpha}{ds} = g(s),$$

并且由此可见, 方程 (14) 实际上就是我们曲线的**内蕴方程**. 因而每一个 (14) 型的方程 (其中函数 $g(s)$ 是连续的), 可以看成是某条曲线的内蕴方程.

读者注意, 由于曲线弧长起算的初始点与方向的选择, 可能在曲线的内蕴方程中引起变化 (虽然是非主要的).

最后我们还需注意, 两条位置对称的曲线[2](图 13), 它们的 (14) 型的内蕴方程仅在右端差一符号

$$\frac{1}{R} = g(s) \text{与} \frac{1}{R} = -g(s). \tag{21}$$

实际上, 对称的选择两条曲线弧长的起算初始点与方向时, 它们的曲率半径符号相反. 反之, 两条分别具有 (21) 中的方程的曲线, 可借平面上的移动化成对称的位置. 可以认为这样的两条曲线在形状上没有基本的不同.

---

[1]将这些断言稍加变通, 不难得出前述定理的新的证明.
[2]在平面中的移动是不可能把它们叠合的, 这须得在空间中转动才成.

333. 例   1) 试求对应于内蕴方程 $R^2 = 2as$ 的曲线. 我们有

$$\frac{d\alpha}{ds} = \frac{1}{\sqrt{2as}}, \alpha = \sqrt{\frac{2s}{a}} \ ①, s = \frac{a}{2}\alpha^2,$$

于是 $ds = a\alpha d\alpha$. 取 α 作为参数, 然后我们便得到

$$dx = \cos\alpha ds = a\alpha\cos\alpha d\alpha, dy = \sin\alpha ds = a\alpha\sin\alpha d\alpha,$$

从而

$$x = a(\cos\alpha + \alpha\sin\alpha), y = a(\sin\alpha - \alpha\cos\alpha).$$

曲线就成了圆的渐伸线[第 **225** 目,8)].

2) 同样的问题 —— 对于内蕴方程 $R^2 + s^2 = 16a^2$.

此处

$$\frac{d\alpha}{ds} = \frac{1}{\sqrt{16a^2 - s^2}}, \alpha = \arcsin\frac{s}{4a}, s = 4a\sin\alpha, ds = 4a\cos\alpha d\alpha.$$

于是

$$dx = \cos\alpha ds = 4a\cos^2\alpha d\alpha, dy = \sin\alpha ds = 4a\sin\alpha\cos\alpha d\alpha,$$

并且做积分, 便得出

$$x = 2a\left(\alpha + \frac{1}{2}\sin 2\alpha\right) = a(2\alpha + \sin 2\alpha),$$
$$y = -a\cos 2\alpha = a - a(1 + \cos 2\alpha).$$

如果换成参数 $t = 2\alpha - \pi$, 则得出的曲线方程成为这样

$$x = \pi a + a(t - \sin t), y = a - a(1 - \cos t),$$

我们便得到了旋轮线[第 **225** 目,6)], 仅仅与它的通常位置比较起来是移动并翻转了一下.

3) 同样的问题对于内蕴方程 $R = ms$.

显而易见

$$\frac{d\alpha}{ds} = \frac{1}{ms}, \alpha = \frac{\ln s}{m}, s = e^{m\alpha}, ds = me^{m\alpha}d\alpha,$$
$$dx = \cos\alpha \cdot me^{m\alpha}d\alpha, dy = \sin\alpha \cdot me^{m\alpha}d\alpha,$$

并且最后

$$x = \frac{m}{1 + m^2}(m\cos\alpha + \sin\alpha)e^{m\alpha},$$
$$y = \frac{m}{1 + m^2}(m\sin\alpha - \cos\alpha)e^{m\alpha}.$$

我们化为极坐标. 首先

$$r = \sqrt{x^2 + y^2} = \frac{m}{\sqrt{1 + m^2}}e^{m\alpha}.$$

①因为我们只需求出一条曲线即可, 所以选择积分常数的时候, 我们可以只考虑如何便利. 这个注对于下文也是适用的.

然后, 引入以条件 $\mathrm{tg}\omega = \dfrac{1}{m}$ 所确定的常量角 ω, 便有

$$\frac{y}{x} = \frac{m\sin\alpha - \cos\alpha}{m\cos\alpha + \sin\alpha} = \frac{\mathrm{tg}\alpha - \dfrac{1}{m}}{1 + \dfrac{1}{m}\mathrm{tg}\alpha} = \mathrm{tg}(\alpha - \omega),$$

于是可取极角 θ 等于 $\alpha - \omega$, 由此 $\alpha = \omega + \theta$. 最后, 得出的曲线极坐标方程就是这样:

$$r = \frac{m}{\sqrt{1 + m^2}}e^{m\omega}e^{m\theta};$$

此系对数螺线[226, 3)]. $e^{m\theta}$ 的系数的大小不起作用, 极轴转动一下可把它化为 1.

4) 现在我们来从事另一类的问题: 从给定的曲线出发, 确立它的内蕴方程.

(а) 对于**悬链线**, $y = a\mathrm{ch}\dfrac{x}{a}$ 已有 [331, 1); 252, 1)]

$$s = a\mathrm{sh}\frac{x}{a} = \sqrt{y^2 - a^2}, R = \frac{y^2}{a};$$

从而 $R = a + \dfrac{s^2}{a}$.

(б) 对于**星形线** $x = a\cos^3 t, y = a\sin^3 t$, 如果把它在第一象限的一支的中点, 取作弧长起算的开始, 便有 [参看第 **331** 目,3)]

$$s = \frac{3a}{2}\sin^2 t - \frac{3a}{4}, R = 3a\sin t\cos t.$$

因此

$$R^2 = 4 \cdot \frac{3a}{2}\sin^2 t \cdot \frac{3a}{2}\cos^2 t = 4\left(\frac{3a}{4} + s\right)\left(\frac{3a}{4} - s\right) = \frac{9a^2}{4} - 4s^2,$$

并且最后, 星形线的内蕴方程可以写成 $R^2 + 4s^2 = \dfrac{9a^2}{4}$ 的形状.

(в) 在**心脏线** $r = a(1 + \cos\theta)$ 的情形下, 我们已有 [331, 9); 252, 6)]

$$s = 4a\sin\frac{\theta}{2}, R = \frac{4}{3}a\cos\frac{\theta}{2};$$

易见, $9R^2 + s^2 = 16a^2$.

(г) 上两个结果是下面的个别情形. 对于**圆外旋轮线与圆内旋轮线** [225, 7)], 内蕴方程为

$$(1 + 2m)^2 R^2 + s^2 = 16m^2(1 + m^2)a^2.$$

(д) 不难重新得出自 1) 至 3) 中我们业已知道了的**圆的渐伸线**、**旋轮线与对数螺线**的内蕴方程.

5) 根据曲线的内蕴方程可以确定它的渐屈线的内蕴方程, 我们已有关系式 [255, 15)]

$$\rho = R\frac{dR}{ds}. \tag{22}$$

假如这样来选择渐屈线上的弧长起算初始点, 使得有 $R = \sigma$ [参看 **255**, 2°], 则从这两个关系式与给定的曲线的内蕴方程中, 消去 R 与 s, 便得出 ρ 与 σ 之间的依从关系, 也就是得出了渐屈线的内蕴方程.

(a) 对于**对数螺线** $R = ms$; 于是 $\rho = mR = m\sigma$. 我们便在符号上又回到了以前的方程; 由此我们作出结论, 渐屈线也是这样一根对数螺线, 和原来的对数螺线仅在位置上不同 [参看 **254**, 5)].

(б) 对于**圆的渐伸线**

$$\sigma = R = \sqrt{2as}, s = \frac{\sigma^2}{2a},$$
$$\frac{dR}{ds} = \sqrt{\frac{a}{2}}\frac{1}{\sqrt{s}} = \frac{a}{\sigma}, \rho = \sigma \cdot \frac{a}{\sigma} = a$$

(这是应该预料到的结果).

(в) 假如曲线的内蕴方程形为 $R^2 + k^2 s^2 = c^2$, 则其渐屈线也是这样的曲线, 但在长度上增加到 k 倍.

实际上, 我们有

$$\sigma = R = \sqrt{c^2 - k^2 s^2}, ks = \sqrt{c^2 - \sigma^2},$$
$$\frac{dR}{ds} = -\frac{k^2 s}{\sqrt{c^2 - k^2 s^2}} = -\frac{k\sqrt{c^2 - \sigma^2}}{\sigma},$$

并且最后,

$$\rho = -\sigma \cdot \frac{k\sqrt{c^2 - \sigma^2}}{\sigma} = -k\sqrt{c^2 - \sigma^2} \quad \text{或} \quad \rho^2 + k^2 \sigma^2 = (kc)^2.$$

由此便推出了前述的断言.

所得到的结果可应用到旋轮线 [参看 **254**, 4)], 圆外旋轮线与圆内旋轮线, 特别言之, 可应用到心脏线与星形线 [参看 **254**, 3)].

附注   在所有情形下, 所指出的方法仅仅能够决定渐屈线的形状, 而关于它的位置的问题, 则仍为悬案.

334. 空间的曲线的弧长   对于空间的曲线

$$x = \varphi(t), y = \psi(t), z = \chi(t)$$

(没有重点), 可用和对平面曲线同样的形式 [**249**目, 附注], 给出弧长的定义. 此处也得到与 (4) 相类似的弧长公式

$$s = \widehat{AB} = \int_{t_0}^{T} \sqrt{x_t'^2 + y_t'^2 + z_t'^2}\, dt,$$

以及其他等等. 在这个情形下, 差不多可以毫无变化的把对于平面曲线所讲的种种都移植过来. 在这个上面就毋庸冗言了, 我们来看**例子**.

1) **螺旋线** $x = a\cos t, y = a\sin t, z = ct$.

因为此处

$$\sqrt{x_t'^2 + y_t'^2 + z_t'^2} = \sqrt{a^2 + c^2},$$

所以曲线从点 $A(t = 0)$ 到点 $M(t$ 为任意的) 的弧长为

$$s = \widehat{AM} = \int_0^t \sqrt{a^2 + c^2}\, dt = \sqrt{a^2 + c^2}\, t,$$

如果想一下, 当把圆柱面展平时, 它上面的螺旋线就变成了斜的直线, 那么这便是显然的结果了。

　　2) **维维亚尼曲线** $x = R\sin^2 t, y = R\sin t\cos t, z = R\cos t$.

　　我们有

$$\sqrt{x_t'^2 + y_t'^2 + z_t'^2} = R\sqrt{1 + \sin^2 t}.$$

此时曲线的全长可用第二种类型的全椭圆积分表达

$$S = 4R\int_0^{\frac{\pi}{2}} \sqrt{1 + \sin^2 t}\,dt = 4R\int_0^{\frac{\pi}{2}} \sqrt{1 + \cos^2 t}\,dt$$
$$= 4\sqrt{2}R\int_0^{\frac{\pi}{2}} \sqrt{1 - \frac{1}{2}\sin^2 t}\,dt = 4\sqrt{2}R\mathbf{E}\left(\frac{1}{\sqrt{2}}\right).$$

§2. 面积与体积

　　335. 面积概念的定义、可加性　　介于一条或数条封闭折线之间的任意有限 (还可能是不相连接的) 平面图形, 我们称之为**多边的区域**, 或简称**多边形**. 对于这种图形的面积概念, 在中学的几何课程中已经充分研究过了, 我们现在把它当作基础[47].

　　现在我们在平面上, 取出代表一个有界封闭区域的任意图形 (P). 它的界线或

---

　　[47]因为平面图形面积的一般定义依赖于多边形面积的概念, 我们来简短地讲一下这后一概念.
　　首先明确多边形的定义. 如果没有特殊的约定, 那么所指的是这个术语的最宽泛可能的解释, 这意味着把多边形理解为平面上任何有界图形, 它的边界点含于某个有限的一组线段中(从而容许把自己相交的及退化的折线作为不同类型的边界线; 此外空集同样可规定为多边形). 我们指出, 原则上, 边界点可以属于, 也可以不属于多边形, 或者部分地属于它 (例如三角形可以是开的、闭的、包括其内部及一边或包括其内部及半条边, 等等).
　　在初等数学教程中证明 (读者可以独立地进行):平面图形, 当且仅当它可以表为有限多个三角形 (可能有退化的) 的并时是多边形.这个命题是计算面积的 "初等方法" 的基础. 由定义同样易于推出, 两个任意多边形的并、交及差仍是多边形. 这一事实今后不止一次会用到.
　　根据中学的几何教程,具有如下性质的非负数 $S(P)$ 称为多边形 (P) 的**面积**:
　　1) 若多边形 (P) 被分割成 (或分解成) 两个多边形 (P_1) 与 (P_2)[这意味着, 多边形 (P_1) 与 (P_2) 合成多边形 (P) 并且没有共同的内点], 则 $S(P) = S(P_1) + S(P_2)$(面积的**可加性**).
　　2) 若 (P) 是边长为 a, b 的矩形, 则 $S(P) = ab$, 若 $(P) = \varnothing$(空集), 则 $S(P) = 0$.
　　3)′ 若多边形 (P) 包含于多边形 (P_1) 与 (P_2) 的并, 则 $S(P) \leqslant S(P_1) + S(P_2)$; 若 (P) 包含于 (P_1), 则 $S(P) \leqslant S(P_1)$(面积的**半可加性**与**单调性**).
　　4)′ 相同的多边形面积相等.
　　[此处性质 3) 与 4) 加了撇, 因为它们可以从性质 1),2) 推出, 所以它们不一定要加在定义中.]
　　所述定义的**适定性**(换句话说, 多边形面积的**存在性**与**唯一性**)可能要借助于**三角剖分**(任意多边形分割成三角形) 来建立; 类似的证明通常在 (足够完备的) 初等数学教程中进行.
　　今后, 所有谈及的有关多边形及其面积都在没有特殊约定的情形下加以应用.

周线(K), 我们总设想是 (一条或数条)① 封闭曲线[48].

我们先来研究所有可能的整个被包含在 (P) 里的多边形 (A), 与整个包含了 (P) 的多边形 (B)(图 14). 若 A 与 B 分别代表它们的面积, 则永远 $A \leqslant B$. 任意一个 B 都是数集合 $\{A\}$ 的一个上界, 故有一上确界 P_*[第 11 目], 并且 $P_* \leqslant B$. 同样的, 由于数 P_*, 数集合 $\{B\}$ 有下界, 故有一下确界 $P^* \geqslant P_*$. 此二界数的第一个可称为图形 (P) 的**内面积**, 第二个可称为图形 (P) 的**外面积**.

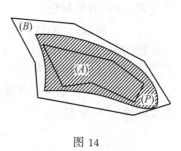

图 14

假若两个界数 $P_* = \sup\{A\}$ 与 $P^* = \inf\{B\}$ 相等, 则其共同值 P 称为**图形 (P) 的面积**. 此时图形 (P) 称为**可求积的**.

易见, 若要面积存在, 必要而且只要: 对于任意的 $\varepsilon > 0$ 可找出这样的两个多边形 (A) 与 (B), 使得 $B - A < \varepsilon$.

实际上, 这个条件的必要性从确界的基本性质 [第 11 目] 便可推知: 若面积 P 存在, 则可找得 $A > P - \dfrac{\varepsilon}{2}$ 与 $B < P + \dfrac{\varepsilon}{2}$. 充分性则由不等式

$$A \leqslant P_* \leqslant P^* \leqslant B$$

立即可以得到.

现在设图形 (P) 分解成了两个图形 (P_1) 与 (P_2)②; 例如, 可以想象这是借助于连接其周线上二点的一条曲线, 或借助于整个含在 (P) 内的一条曲线而分成的 (图 15,a 与 б). 我们证明:

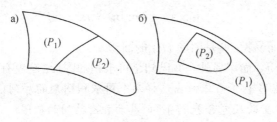

图 15

从这三个图形$(P), (P_1), (P_2)$中两个是可求积的, 可以推知第三个也是可求积的, 并且永远

①在本节中, 讲到曲线, 我们总是指连续曲线, 具有参数表示法并且没有重点. 如若尔当 (C.Jordan) 所曾证明的, 这样类型的封闭曲线永远是把平面分为两个区域, 内部的与外部的, 而此封闭曲线为它们的公共界线.

②它们可能在局部上有公共界线, 但是彼此不相覆盖, 也就是说没有公共**内**点.

[48]当定义图形 (P) 的面积时, 其有界性的假定是本质上的; 有关 (P) 的闭合性及边界 —— 周线 (K)—— 的形状的假定, 仅仅是为了加强叙述的直观性.

$$P = P_1 + P_2, \tag{1}$$

就是说, 面积有**可加性**.

为了明确起见, 假定图形 (P_1) 与 (P_2) 有面积. 我们来研究对应于它们的内含的与外包的多边形 $(A_1), (B_1)$ 与 $(A_2), (B_2)$. 由彼此不相覆盖的多边形 $(A_1), (A_2)$ 组成多边的区域 (A), 面积为 $A = A_1 + A_2$, 而且整个被含在区域 (P) 里. 再由多边形 (B_1) 与 (B_2)(可能是彼此覆盖的) 组成区域 (B), 面积为 $B \leqslant B_1 + B_2$, 而且整个包含着区域 (P). 易见

$$A_1 + A_2 = A \leqslant B \leqslant B_1 + B_2,$$

因为其中 B_1 与 A_1, B_2 与 A_2, 可以相差任意小, 所以 B 与 A 也可以相差任意小, 由此便推出了区域 (P) 是可求积的.

另一方面, 我们同时有

$$A_1 + A_2 = A \leqslant P \leqslant B \leqslant B_1 + B_2$$

以及

$$A_1 + A_2 \leqslant P_1 + P_2 \leqslant B_1 + B_2,$$

于是数 P 与 $P_1 + P_2$ 被包含在同一对而且是任意近的界数 $A_1 + A_2$ 与 $B_1 + B_2$ 之间, 因此, 这两个数是相等的. 证完.

336. 面积看作极限　前目所述的可求积的条件可以改述如次:

1) 为了要使图形 (P) 是可求积的, 必要而且只要, 存在这样的两个多边形序列 $\{(A_n)\}$ 与 $\{(B_n)\}$, 分别是被包含在 (P) 里的及包含着 (P) 的, 其面积有共同的极限

$$\lim A_n = \lim B_n = P. \tag{2}$$

这个极限, 显而易见, 就是图形 (P) 的**面积**.

有时不用多边形, 而用另外一些已知是可求积的图形, 倒更有利一些:

2) 如果对于图形 (P) 可以做出这样两个**可求积**图形的序列 $\{(Q_n)\}$ 与 $\{(R_n)\}$, 分别是被包含在 (P) 里的及包含着 (P) 的, 其面积有共同的极限

$$\lim Q_n = \lim P_n = P, \tag{3}$$

则图形 (P) 也是可求积的, 并且上述的极限即是它的**面积**.

这从前一个命题中立即可以推出, 如果把每一个图形 (Q_n) 换成含于其内的多边形 (A_n), 而图形 (R_n) 换成包含着它的多边形 (B_n); $(A_n), (B_n)$ 与 $(Q_n), (R_n)$ 在面积上是如此的相近, 于是使得 (2) 亦即同时成立了.

虽然在实际中, 以上所讲的两个定则所提到的图形 $(A_n), (B_n), (Q_n), (R_n)$, 选择起来并不困难, 然而廓清关于这些选择的含糊之处还是有着原则性的兴趣的. 为了这个目的, 我们可以这样做, 例如:

将所研究的图形 (P) 放在某个边与坐标轴平行的矩形 (R) 内, 借助于与其边平行的线族, 分割 (P) 为若干部分. 由整个含在区域 (P) 内的诸矩形, 我们组成了图形 $(\widetilde{A})$(在图 16 中它是画了细线条的), 并由与 (P) 有公共内点但可能部分的出了这个区域的诸矩形, 组成了图形 $(\widetilde{B})$. 此二图形显系在面积概念定义中谈到的那些多边形 (A) 与 (B) 的一个特殊情形; 它们的面积 $\widetilde{A}$ 与 $\widetilde{B}$ 依赖于矩形 (R) 的分割方法. 我们用 d 来表示诸部分矩形的对角线的最大长度.

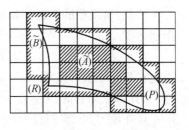

图 16

3) 若当 $d \to 0$ 时, 两个面积 $\widetilde{A}$ 与 $\widetilde{B}$ 趋于共同的极限 P, 而且也只有在这个时候, 区域 (P) 是可求积的. 这个条件成立时, 所说的极限 P 恰是图形 (P) 的**面积**.

读者不难将此处出现的极限概念表成 "ε, δ 的说法" 或 "序列的说法".

只需证明上述条件的**必要性**即可. 我们假设面积 P 存在, 其次我们建立

$$\lim \widetilde{A} = \lim \widetilde{B} = P. \tag{4}$$

根据给定的 $\varepsilon > 0$ 可找到 [第 **335** 目] 这样的多边形 A 与 B, 使得 $B - A < \varepsilon$; 此时可以假定它们的周线与图形 (P) 的周线 (K) 没有公共点[49] 我们以 δ 表此二多边形周线上的点与曲线 (K) 上的点之间的距离的最小者[①]; 今若取 $d < \delta$, 则显然每一个触及 (哪怕只是在一个点上) 曲线 (K) 的部分矩形皆在多边形 (A) 之外, 而在多边形 (B) 之内. 由此推出

$$A \leqslant \widetilde{A} \leqslant P \leqslant \widetilde{B} \leqslant B,$$

于是 $P - \widetilde{A} < \varepsilon$ 并 $\widetilde{B} - P < \varepsilon$, 这就引出了 (4).

十分清楚, 可以在等式 (4) 上作出显然与前者等价的面积概念定义. 这样的定义是最简单的与最自然的; 然而缺点是它依赖于 (当然是表面上) 坐标轴的方向.

[①] 设在平面上我们有两条有限的连续曲线; 比如说我们假定它们用参数给成

$$\text{(I)} \ x = \varphi(t), y = \psi(t); \quad \text{(II)} \ x = \varphi^*(u), y = \psi^*(u),$$
$$t_0 \leqslant t \leqslant T \qquad\qquad u_0 \leqslant u \leqslant U$$

此处 $\varphi, \psi, \varphi^*, \psi^*$ 每一个对于它自己的变量来说皆为连续函数. 于是这两条曲线上任意二点间的距离

$$\sqrt{[\varphi(t) - \varphi^*(u)]^2 + [\psi(t) - \psi^*(u)]^2}$$

便是在封闭区域 $[t_0, T; u_0, U]$ 上的 (t, u) 的连续函数, 因而达到它的最小值 [第 **173** 目]. 如果曲线不相交, 则这个最小距离就不是零.

[49] 这个补充假定的适定性的正式验证可能要求读者费点力气.

337. 可求积的区域的种类　　区域 (P) 的周线曲线 (K), 是这个区域的求积问题中的要点.

如果是可求积的, 则如我们在第 **335** 目所见, 对于给定的 $\varepsilon > 0$, 曲线 (K) 可以被包在某一多边形区域 $(B-A)$ 之内, 此区域是界于两个多边形 (A) 与 (B) 之间的 (参看图 14), 并其面积为 $B - A < \varepsilon$.

现在反过来, 我们设周线 (K) 可以被包在具有面积 $C < \varepsilon$ (此处 ε 是预先给定的正数) 的多边形区域 (C) 之内. 这时可以假定 (并不减少一般性)(C) 没有整个盖住图形 (P). 于是区域 (P) 中不在 (C) 内的点组成了多边形区域 (A), 含于 (P) 之内; 如果将 (C) 与 (A) 合拢来, 便得到多边形区域 (B), 包含了 (P)[50]. 因为差数 $B - A = C < \varepsilon$, 所以 (根据第 **335** 目的准则) 由此推知区域 (P) 是可求积的.

为了叙述上的便利, 我们规定称 (闭的或开的) 曲线 (R) 的面积为 0, 若是可以用面积任意小的多边的区域将它盖住. 这时根据以上所论, 便可叙出以下的可求积的条件:

欲使图形 (P) 是可求积的, 必要而且只要, 其周线 (K) 面积为 0.

以此之故, 划出面积为 0 的曲线的广泛族类就有了重要性.

首先, 不难证明, 每个表成显式方程

$$\underset{(a \leqslant x \leqslant b)}{y = f(x)} \quad \text{或} \quad \underset{(c \leqslant y \leqslant d)}{x = g(y)} \tag{5}$$

(f 与 g 为连续函数) 形式的连续曲线, 都具备这个性质.

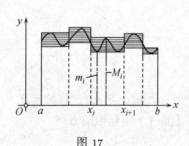

图 17

例如假定来看第一个方程, 对于给定的 $\varepsilon > 0$, 可以将区间 $[a, b]$ 分为部分区间 $[x_i, x_{i+1}](i = 0, 1, \cdots, n-1)$, 使得在每一部分区间 $[x_i, x_{i+1}]$ 中, 函数 f 的振幅 $\omega_i < \dfrac{\varepsilon}{b-a}$ [第 **87** 目]. 若照常以 m_i 与 M_i 表示第 i 个区间内函数 f 的最小值与最大值, 则由多边形

$$[x_i, x_{i+1}; m_i, M_i] \quad (i = 0, 1, \cdots, n-1)$$

所组成的图形 (参看图 17), 其总面积为

$$\sum_i (M_i - m_i)(x_{i+1} - x_i) = \sum_i \omega_i \Delta x_i < \frac{\varepsilon}{b-a} \sum_i \Delta x_i = \varepsilon,$$

它盖住了我们整个的曲线。即表明所欲证的, 就是说, 曲线 (5) 的面积为 0. 由此推知:

---

[50]容易验证 (利用边界点的定义), 无论区域 (A) 的边界, 还是区域 (B) 的边界都是区域 (C) 边界的部分. 由此推出 [因为 (C) 的边界包含于线段的有限并], (A) 与 (B) 实际上都是多边形区域 [参看 **335** 目中的脚注 47)]

如果图形 (P) 界于某几条连续曲线之间, 而其中每一条都分别可表成显式方程 (5)(不论是哪一种), 则这个图形是可求积的.

实际上, 所述曲线既然每一条皆面积为 0. 所以整个周线显见也是面积为 0.

从这个定则可以得出另一比较个别性的定则, 然而在实际中它倒是更方便些.

我们称参数方程

$$x = \varphi(t), y = \psi(t) \atop (t_0 \leqslant t \leqslant T) \tag{6}$$

所给出的曲线为**光滑的**, 若 1) 在整个参数变化区间 $[t_0, T]$ 中, 函数 φ 与 ψ 有连续的导数, 并且 2) 曲线上既没有可除的奇异点, 也没有一般的奇异点. 在封闭曲线的情形下, 还要有等式

$$\varphi'(t_0) = \varphi'(T), \psi'(t_0) = \psi'(T).$$

现在我们来确定: 光滑曲线面积为 0.

在曲线上取任意的参数值 $\bar{t}$ 所确定的点 $\overline{M}$. 因为此点非奇异点, 所以像在第 **223** 目中看到过的一样, 存在有这样的区间:

$$\bar{\sigma} = (\bar{t} - \bar{\delta}, \bar{t} + \bar{\delta}),$$

使得曲线上对应的一段可以表成显式方程.

现在把博雷尔引理 [第 **88** 目] 应用到区间 $[t_0, T]$ 与覆盖着它的区间系统 $\Sigma = \{\sigma\}$; 就从所有的区间中分出了有限个这样的区间, 使得曲线断成有限部分, 每一部分可表成显式方程 (5)(不论是哪一种). 此时只需再引用以上所证者即可. 于是

如果图形 (P) 界于一条或几条光滑曲线之间, 则它显然是可求积的.

在这种场合下, 即当曲线有有限个奇异点时, 这个结论依然有效: 将这些奇异点用任意小面积的邻域分出后, 我们就是在论光滑曲线了.

338. 面积的积分表达式   现在我们来讨论利用积分以计算平面图形之面积.

首先我们研究 (这是第一次用严格的叙述) 早已遇到过的关于曲边梯形 $ABCD$ (图 18) 面积定义的问题. 此图形上以曲线 DC 为界 (曲线 DC 的方程为

$$y = f(x),$$

其中 $f(x)$ 是区间 $[a, b]$ 上正的并连续的函数); 下以 x 轴上的区间 AB 为界, 两侧以纵坐标线 AD 与 BC(每一条纵坐标线都可能退缩成一个点) 为界. 其实我们所研究的图形 $ABCD$ 的面积的存在, 由前目中所证者立即推得, 所以只需来讲它的计算.

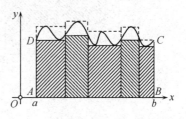

图 18

为了这个目的, 我们和通常一样, 在 a 与 b 之间插入点列

$$a = x_0 < x_1 < x_2 < \cdots < x_i < x_{i+1} < \cdots < x_n = b,$$

将区间 $[a,b]$ 分成若干段. 以 m_i 与 M_i 分别表示第 i 个区间 $[x_i, x_{i+1}](i = 0, 1, \cdots, n-1)$ 中函数 $f(x)$ 的最小值与最大值, 组成 (达布) 和

$$s = \sum_i m_i \Delta x_i, S = \sum_i M_i \Delta x_i.$$

显而易见, 它们分别是内含的与外包的诸矩形所做成的阶梯形图形的面积 (见图 18). 因此

$$s < P < S.$$

但当差 Δx_i 中的最大者趋向于零时, 二个和皆以积分 $\int_a^b f(x)dx$ 为极限[①], 因之, 此积分即等于所求之面积

$$P = \int_a^b ydx = \int_a^b f(x)dx. \tag{7}$$

假若曲边梯形 $CDFE$ 下面与上面皆以曲线为界 (图 19), 曲线方程为

$$y_1 = f_1(x) \text{与} y_2 = f_2(x) \quad (a \leqslant x \leqslant b),$$

则把它当作两个图形 $ABFE$ 与 $ABDC$ 的差来研究, 所述的四边形的面积便得出如下的形式

$$P = \int_a^b (y_2 - y_1)dx = \int_a^b [f_2(x) - f_1(x)]dx. \tag{8}$$

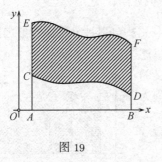

图 19

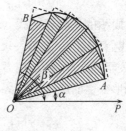

图 20

　　今设给出了一个以曲线 AB 及两个向径 OA, OB(其中每一向径皆可能退缩成一点) 为界的扇形 AOB(图 20). 这时曲线 AB 是用极坐标方程 $r = f(\theta)$ 给出的, 其

[①]由于第 **336** 目 1), 这本身就证明了曲边梯形 $ABCD$ 是可求积的; 为了要得出那里所提到的图形序列, 例如说可以将区间加以等分.

中 $r = f(\theta)$ 为区间 $[\alpha, \beta]$ 上的正的连续函数. 此处的问题也仅在于扇形面积 P 的计算, 因为图形的周线的性质已确定了面积的存在[51].

在 α 与 β 之间插入以下的值 (见图 20)

$$\alpha = \theta_0 < \theta_1 < \theta_2 < \cdots < \theta_i < \theta_{i+1} < \cdots < \theta_n = \beta,$$

做出与这些角相对应的向径. 如果此处也引用函数 $f(\theta)$ 在 $[\theta_i, \theta_{i+1}]$ 中的最小值与最大值: μ_i 与 M_i, 则用这些向径所画出的圆扇形, 对于图形 AOB, 就分别是内含的与外包的. 将内含的各扇形与外包的各扇形分别组成两个图形, 其面积便是

$$\sigma = \frac{1}{2} \sum_i \mu_i^2 \Delta\theta_i \text{与} \Sigma = \frac{1}{2} \sum_i M_i^2 \Delta\theta_i,$$

并且显而易见,

$$\sigma < P < \Sigma.$$

很容易看出, 此二和 σ 与 Σ 即为积分 $\frac{1}{2} \int_\alpha^\beta [f(\theta)]^2 d\theta$ 的达布和; 当差 $\Delta\theta_i$ 中最大者趋向于零时, 它们均以此积分为极限[①], 所以便有

$$P = \frac{1}{2} \int_\alpha^\beta r^2 d\theta = \frac{1}{2} \int_\alpha^\beta [f(\theta)]^2 d\theta. \tag{9}$$

339. 例 1) 试确定界于悬链线 $y = a\text{ch}\frac{x}{a}$, x 轴及对应于横标 0 与 x 的两条纵坐标线之间的面积 P(图 9).

我们有

$$P = \int_0^x a\text{ch}\frac{x}{a} dx = a^2 \text{sh}\frac{x}{a} = as,$$

其中 s 为悬链线的 AM 弧长 [**331**,1)]. 这样一来, 所要找的面积 $AOPM$ 就和线段 PS 与 SM(因为 $SM = AM$) 所做出的矩形面积相等了.

2) 给定椭圆 $\frac{x^2}{a^2} + \frac{y^2}{b^2} = 1$ 及其上一点 $M(x,y)$(图 21). 试确定曲边梯形 $BOKM$ 及扇形 OMB 的面积.

从椭圆方程中, 我们得到 $y = \frac{b}{a}\sqrt{a^2 - x^2}$, 所以根据公式 (7)

$$P_1 = 面积 \, BOKM = \int_0^x \frac{b}{a}\sqrt{a^2 - x^2} dx$$

$$= \frac{ab}{2}\arcsin\frac{x}{a} + \frac{b}{2a}x\sqrt{a^2 - x^2} = \frac{ab}{2}\arcsin\frac{x}{a} + \frac{xy}{2}.$$

因为最后一项是 $\triangle OKM$ 的面积, 所以去掉它我们便得出扇形面积的表达式

$$P_2 = 面积 \, OMB = \frac{ab}{2}\arcsin\frac{x}{a}.$$

[①]此处也可以做出与第 158 页相类似的附注, 但这次是根据 **336**,2).

[51]事实上容易验证, 曲边扇形边界的面积为 0(类似于对曲边梯形边界所作的).

当 $x = a$ 时, 我们得出椭圆的四分之一的面积的值为 $\dfrac{\pi ab}{4}$, 于是整个椭圆面积就是 $P = \pi ab$. 对于圆, $a = b = r$, 便又得出我们熟知的公式 $P = \pi r^2$.

3) 设给定了双曲线 $\dfrac{x^2}{a^2} - \dfrac{y^2}{b^2} = 1$ 及其上一点 $M(x, y)$(图 22). 试确定曲边图形 AKM, OAM 与 $OAML$ 的面积.

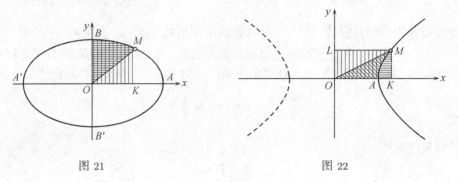

图 21　　　　　　　　　　　　　　　图 22

从双曲线方程中, 我们有 $y = \dfrac{b}{a}\sqrt{x^2 - a^2}$, 并且 —— 根据公式 (7)——

$$P_1 = 面积\ AKM = \frac{b}{a}\int_a^x \sqrt{x^2 - a^2}\, dx$$

$$= \frac{b}{a}\left[\frac{1}{2}x\sqrt{x^2 - a^2} - \frac{a^2}{2}\ln(x + \sqrt{x^2 - a^2})\right]\bigg|_a^x$$

$$= \frac{1}{2}xy - \frac{ab}{2}\ln\frac{x + \sqrt{x^2 - a^2}}{a}.$$

因为 $\dfrac{\sqrt{x^2 - a^2}}{a} = \dfrac{y}{b}$, 故此表达式可以表成较对称的形式

$$P_1 = \frac{1}{2}xy - \frac{1}{2}ab\ln\left(\frac{x}{a} + \frac{y}{b}\right).$$

由此就很容易得到

$$P_2 = 面积\ OAM = \frac{ab}{2}\ln\left(\frac{x}{a} + \frac{y}{b}\right),$$

$$P_3 = 面积\ OAML = \frac{1}{2}xy + \frac{1}{2}ab\ln\left(\frac{x}{a} + \frac{y}{b}\right).$$

附注　所得到的结果可以使我们深入一些的了解三角函数 (圆函数) 与双曲线函数之间的相似性. 我们来把单位圆: $x^2 + y^2 = 1$ 与等轴双曲线: $x^2 - y^2 = 1$ 作一对照 (图 23, а 与 б). 此二曲线可以用参数表示成这样:

$$圆: OP = x = \cos t, PM = y = \sin t,$$

$$双曲线: OP = x = \mathrm{ch}\,t, PM = y = \mathrm{sh}\,t.$$

然而在圆的情形下, t 的几何意义虽则很明显的就是这圆心角 AOM, 可是对于双曲线, 就不可能这样的解释参数 t 了. 不过对于圆可以给出参数 t 的另外一个解释, 即: t 是扇形 AOM 面积的二倍(或是扇形 $M'OM$ 面积). 原来, 这个解释也可以运用到双曲线的情形中去.

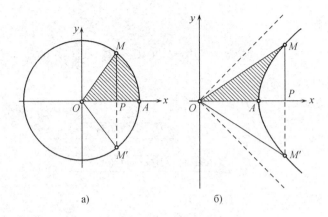

图 23

确实, 若点 M 坐标为

$$x = \mathrm{ch}t = \frac{e^t + e^{-t}}{2}, y = \mathrm{sh}t = \frac{e^t - e^{-t}}{2}$$

则 $x + y = e^t$ 并且 $t = \ln(x+y)$. 如果记起以上所求得的 P_2 的公式并在其中设 $a = b = 1$, 我们便得出: t 等于扇形 AOM 面积的二倍(恰与在圆的情形中一样).

这样, 在圆中, 线段 PM 与 OP 表示 "圆扇形 AOM 面积的二倍" 的圆正弦与圆余弦, 而对于双曲线, 此二线段就表示 "双曲线扇形 AOM 面积的二倍" 的双曲线正弦与双曲线余弦. 双曲线函数在对双曲线的关系上的地位和圆 (三角) 函数在对圆的关系上的地位完全相仿.

反双曲函数的符号 [参看第 **49** 目, 3) 与 4)]

$$\mathrm{Arsh}x, \mathrm{Arch}x 等等$$

即是与所指出的双曲函数的自变量的解释 (看成某一面积) 相联系着的, 其中字母 Ar 是拉丁字 Area(表示面积之意) 的字头.

4) 试求界于坐标轴与抛物线

$$\sqrt{x} + \sqrt{y} = \sqrt{a} \quad (a > 0)$$

之间的图形的面积 P.

答案 $P = \int_0^a ydx = \frac{1}{6}a^2$.(让读者自己来作图.)

5) 试确定被封闭在两条全等的抛物线 $y^2 = 2px$ 与 $x^2 = 2py$ 之间的图形面积 (图 24). 易见, 需利用公式 (8), 设其中

$$y_1 = \frac{x^2}{2p}, y_2 = \sqrt{2px}.$$

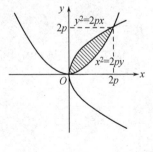

图 24

为了要确定积分的区间, 我们将此二方程联立求解, 便得出两条抛物线的交点 M(非原点) 的横标: 它等于 $2p$. 我们有

$$P = \int_0^{2p} \left(\sqrt{2px} - \frac{x^2}{2p} \right) dx = \left(\frac{2}{3}\sqrt{2p}x^{\frac{3}{2}} - \frac{x^3}{6p} \right) \bigg|_0^{2p} = \frac{4}{3}p^2.$$

6) 试求以方程

$$Ax^2 + 2Bxy + Cy^2 = 1 \quad (AC - B^2 > 0, C > 0) \tag{10}$$

给出的椭圆的面积 P.

解 从这个方程中,

$$y_1 = \frac{-Bx - \sqrt{B^2x^2 - C(Ax^2 - 1)}}{C},$$

$$y_2 = \frac{-Bx + \sqrt{B^2x^2 - C(Ax^2 - 1)}}{C},$$

并且仅对于满足不等式

$$C - (AC - B^2)x^2 \geqslant 0$$

的 x, 亦即含于区间 $[-\alpha, \alpha]$ 内 $\left(\text{此处}\alpha = \sqrt{\dfrac{C}{AC - B^2}}\right)$ 的 x, y_1 及 y_2 才有实值.

于是所求的面积便是

$$P = \int_{-\alpha}^{\alpha} (y_2 - y_1)dx = \frac{2}{C} \int_{-\alpha}^{\alpha} \sqrt{C - (AC - B^2)x^2} dx$$

$$= \frac{2}{C} \sqrt{AC - B^2} \int_{-\alpha}^{\alpha} \sqrt{\alpha^2 - x^2} dx = \frac{2}{C} \sqrt{AC - B^2} \cdot \frac{1}{2}\pi\alpha^2 = \frac{\pi}{\sqrt{AC - B^2}}.$$

7) 最后, 设以**通式**

$$ax^2 + 2bxy + cy^2 + 2dx + 2ey + f = 0$$

给出椭圆, 欲求其面积 P.

这问题可以简化成前面的问题.

若将原点移至所确定的椭圆的心 (ξ, η), 则如所周知, 由方程

$$a\xi + b\eta + d = 0, \quad b\xi + c\eta + e = 0, \tag{11}$$

原方程即成为如下形状:

$$ax^2 + 2bxy + cy^2 + f' = 0,$$

其中
$$d\xi + e\eta + f = f'. \tag{12}$$

从等式 (11) 与 (12) 中消去 ξ, η, 便得

$$\begin{vmatrix} a & b & d \\ b & c & e \\ d & e & f - f' \end{vmatrix} = 0,$$

由此

$$f' = \frac{\Delta}{ac - b^2}, \text{ 其中} \Delta = \begin{vmatrix} a & b & d \\ b & c & e \\ d & e & f \end{vmatrix} ^{①}.$$

---

① 显而易见,f' 与 Δ 皆为负 (否则方程就不代表任何实曲线了).

若设

$$A = -\frac{a}{f'},\ B = -\frac{b}{f'},\ C = -\frac{c}{f'},$$

则所得到的方程不难化成 6) 中所研究过的形状.

于是椭圆面积就是

$$P = \frac{\pi|f'|}{\sqrt{ac - b^2}} = -\frac{\pi\Delta}{(ac - b^2)^{3/2}}.$$

8) 如果曲边梯形的边界曲线是用参数或用 (6) 形的方程给出的, 在这种情形下公式 (7) 仍可利用. 在积分 (7) 中进行换元, 便得 (假定 $t = t_0$ 时 $x = a$ 并 $t = T$ 时 $x = b$):

$$P = \int_{t_0}^{T} yx_t'dt = \int_{t_0}^{T} \psi(t)\varphi'(t)dt. \tag{13}$$

例如, 若是在椭圆面积的计算中, 从它的参数表示法

$$x = a\cos t, y = b\sin t$$

出发, 并考虑到当 t 由 π 减至 0 时, x 由 $-a$ 增至 a, 于是得到

$$P = 2\int_{\pi}^{0} b\sin t \cdot (-a\sin t)dt = 2ab\int_{0}^{\pi} \sin^2 tdt = \pi ab.$$

此处我们计算了椭圆上面一半的面积并二倍之.

9) 类似的, 计算界于旋轮线 $x = a(t - \sin t), y = a(1 - \cos t)$ 之下的图形的面积. 根据公式 (13), 我们有

$$P = \int_{0}^{2\pi} a^2(1 - \cos t)^2dt = a^2\left(\frac{3}{2}t - 2\sin t + \frac{1}{4}\sin 2t\right)\Big|_{0}^{2\pi} = 3\pi a^2.$$

由此可见, 所求的面积原来等于母圆面积的三倍.

10) 试求阿基米德螺线 $r = a\theta$ 一环的面积 (图 25).

根据公式 (9), 我们有

$$P_1 = \frac{1}{2}a^2\int_{0}^{2\pi} \theta^2d\theta = \frac{a^2}{6}\theta^3\Big|_{0}^{2\pi} = \frac{4}{3}\pi^3a^2,$$

而半径为 $2\pi a$ 的圆面积是 $4\pi^3a^2$. 螺线一环的面积等于圆面积的三分之一(这个结果早在阿基米德就已知道了).

留给读者来证明, 界于相邻二环之间的图形的面积形成一等差级数, 公差为 $8\pi^3a^2$.

11) 试求蜗线

$$t = a\cos\theta + b$$

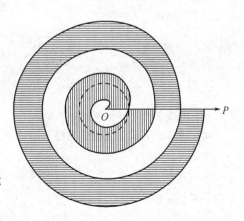

图 25

当 $b \geqslant a$ 时的面积.

根据公式 (9), 我们有

$$
\begin{aligned}
P &= \frac{1}{2} \int_0^{2\pi} (a\cos\theta + b)^2 d\theta \\
&= \frac{1}{2} \left[\left(\frac{1}{2}a^2 + b^2 \right) \theta + \frac{1}{4}a^2\sin 2\theta + 2ab\sin\theta \right] \Big|_0^{2\pi} = \frac{\pi}{2}(a^2 + 2b^2).
\end{aligned}
$$

特别言之,心脏线$(b = a)$ 的面积等于 $\frac{3}{2}\pi a^2$.

12) 试求双纽线$r^2 = 2a^2\cos 2\theta$ 的面积.

只要把右边的一块的面积二倍起来就行了, 这一块对应于极角 θ 从 $-\frac{\pi}{4}$ 变到 $\frac{\pi}{4}$:

$$
P = 2 \cdot \frac{1}{2} 2a^2 \int_{-\frac{\pi}{4}}^{\frac{\pi}{4}} \cos 2\theta d\theta = 4a^2 \int_0^{\frac{\pi}{4}} \cos 2\theta d\theta = 2a^2.
$$

13) 试求笛卡儿叶形线$x^3 + y^3 - 3axy = 0$ 的面积.

化成极坐标. 在方程中命 $x = r\cos\theta, y = r\sin\theta$, 约去 r^2 就得出以下的极坐标方程:

$$
r = \frac{3a\sin\theta\cos\theta}{\sin^3\theta + \cos^3\theta}.
$$

因为曲线的环对应于极角 θ 从 0 变到 $\frac{\pi}{2}$, 故根据公式 (9)

$$
P = \frac{9a^2}{2} \int_0^{\frac{\pi}{2}} \frac{\sin^2\theta\cos^2\theta}{(\sin^3\theta + \cos^3\theta)^2} d\theta.
$$

以 $\text{tg}\theta\cos\theta$ 代替 $\sin\theta$, 积分号下表达式就成为如下形状:

$$
\frac{\text{tg}^2\theta d\text{tg}\theta}{(1 + \text{tg}^3\theta)^2},
$$

由此立刻就找到了原函数

$$
-\frac{1}{3}\frac{1}{1 + \text{tg}^3\theta} = -\frac{1}{3}\frac{\cos^3\theta}{\sin^3\theta + \cos^3\theta}.
$$

由此可见,

$$
P = -\frac{3a^2}{2} \frac{\cos^3\theta}{\sin^3\theta + \cos^3\theta} \Big|_0^{\frac{\pi}{2}} = \frac{3a^2}{2}.
$$

14) 利用极坐标, 重新来解问题 6).

解　引用极坐标, 将椭圆的方程 (10) 表成如下形状:

$$
r^2 = \frac{1}{A\cos^2\theta + 2B\cos\theta\sin\theta + C\sin^2\theta}.
$$

于是根据公式 (9) 立即得到 [**309**,9)]

$$
P = 2 \cdot \frac{1}{2} \int_{-\frac{\pi}{2}}^{\frac{\pi}{2}} \frac{d\theta}{A\cos^2\theta + 2B\cos\theta\sin\theta + C\sin^2\theta} = \frac{\pi}{\sqrt{AC - B^2}}.
$$

此处我们使整个椭圆面积等于它在第一与第四象限部分的面积的二倍. 假若要利用第 **288** 目 10) 的结果来直接计算整个椭圆的面积, 那么就会遇到一些什么困难呢?

15) 公式 (9) 可以使其适合于曲线在以形状 (6) 的参数方程给出时的情形. 因为

$$r^2 = x^2 + y^2, \theta = \operatorname{arctg}\frac{y}{x} \quad 并 \quad \theta'_t = \frac{xy'_t - x'_t y}{x^2 + y^2}.$$

所以

$$\frac{1}{2}r^2 d\theta = \frac{1}{2}(xy'_t - x'_t y)dt.$$

如果极角 θ 自 α 变到 β 对应于参数 t 自 t_0 变到 T, 则

$$P = \frac{1}{2}\int_{t_0}^{T}(xy'_t - x'_t y)dt = \frac{1}{2}\int_{t_0}^{T}[\varphi(t)\psi'(t) - \varphi'(t)\psi(t)]dt. \tag{14}$$

这个公式由于比较对称的缘故, 常使计算较为简便. 例如, 若是根据它来计算椭圆的面积, 从椭圆参数方程 $x = a\cos t, y = b\sin t$ 出发, 我们就得到

$$P = \frac{1}{2}\int_0^{2\pi}(a\cos t \cdot b\cos t + a\sin t \cdot b\sin t)dt = \frac{1}{2}ab\int_0^{2\pi}dt = \pi ab.$$

16) 我们再根据公式 (14) 来计算星形线 $x = a\cos^3 t, y = a\sin^3 t$ 的面积. 我们有

$$P = \frac{1}{2}\int_0^{2\pi}[a\cos^3 t \cdot 3a\sin^2 t\cos t + 3a\cos^2 t\sin t \cdot a\sin^3 t]dt$$

$$= \frac{3}{2}a^2\int_0^{2\pi}\sin^2 t\cos^2 t\,dt = \frac{3}{16}a^2\left(t - \frac{\sin 4t}{4}\right)\Big|_0^{2\pi} = \frac{3}{8}\pi a^2.$$

340. 体积概念的定义及其特性　犹如我们在第 **335** 目中从多边形面积概念出发而建立了任意平面图形的面积概念一样, 现在我们依靠多面体的体积来给出立体的体积定义 [52].

那么设给定一任意形状的立体 (V), 也就是说三维空间的一个有界封闭区域. 立体的边界 (S) 设为一封闭面[①](或几个封闭面).

我们来研究整个被含在这立体里面的多面体 (X) 的体积 X, 以及包含着这个立体的多面体 (Y) 的体积 Y. 恒存在 X 的上确界 V_* 与 Y 的下确界 V^*; 并且 $V_* \leqslant V^*$. 它们可以分别称之为**立体的内体积与外体积**.

如果两个界数

$$V_* = \sup\{X\} \quad 与 \quad V^* = \inf\{Y\}$$

相同, 则其公共值 V 称为立体 (V) 的**体积**.

在这里不难看出, 要体积存在, 必须而且只需: 对于任意的 $\varepsilon > 0$ 可找到这样两个多面体 (X) 与 (Y), 使 $Y - X < \varepsilon$.

----

①我们所指的是连续面, 有参数表示法, 并且没有重点.

[52] **多面体体积**的概念, 基本上类似于**多边形面积**的概念, 但毕竟十分复杂. 由于这一原因, 所有与体积定义及计算体积一般公式有关的问题, 在传统上比类似的面积理论叙述上要概略得多. 与三维和多维空间中体积有关的一系列事实是在**测度论**中更为详细加以研究的.

更进一步:

如果立体 (V) 分解成为两个立体 (V_1) 与 (V_2), 则从这三个立体中的两个的体积存在, 便推知第三个的体积也存在. 此时

$$V = V_1 + V_2.$$

这也就是说体积具有**可加性**.

不难将第 **336** 目中已对于面积证明过了的定理 1),2),3) 按其大意对于体积套用过来.

1) 为要立体 (V) 有体积, 必须而且只需, 分别存在有内含的与外包的多面体的两个序列 $\{(X_n)\}$ 与 $\{(Y_n)\}$, 它们的体积有共同的极限

$$\lim X_n = \lim Y_n = V.$$

这个极限便是立体 (V) 的**体积**.

注意若将此定理中的多面体换成任意已知有体积的立体, 则仍然成立.

2) 若对于立体 (V), 能够分别建立这样的内含的与外包的两个立体的序列 $\{(T_n)\}$ 与 $\{(U_n)\}$, 使得都有体积, 并且这些体积趋于共同的极限.

$$\lim T_n = \lim U_n = V,$$

则立体 (V) 亦有体积, 并且就等于所说的这个极限.

最后, 我们提出以 "标准" 方法择取趋近于要研究的立体的多面体的可能性. 将这个立体装在某一界面与坐标面平行的平行六面体 (W) 内, 再以一组平行于其界面的平面分割此六面体成为若干部分. 我们将含于 (V) 内的小平行六面体组成立体 $(\widetilde{X})$, 然后加上那些局部突出 (V) 的小平行六面体便得到立体 $(\widetilde{Y})$. 这些立体乃是以前讲过的那些多面体 (X) 与 (Y) 的特殊情形. 我们用 d 表示平行六面体 (W) 所分解成的小平行六面体对角线中之最大者.

3) 若当 $d \to 0$ 时, 体积 $\widetilde{X}$ 与 $\widetilde{Y}$ 皆趋于共同的极限 V, 并且也仅仅是当这时候, 立体 (V) 有体积; 这个条件成立时, 立体 (V) 的体积就是所说的极限 V.

所有这些定理的证明, 我们留给读者; 它们不难由模仿第 **336** 目中的论证而得出.

341. 有体积的立体的种类　正和在面积的情形中一样, 立体 (V) 的体积存在与否完全依赖于这个立体的边界 (S) 的性质. 不难 [参看第 **338** 目] 做出这样的准则:要立体 (V) 的体积存在, 必须而且只需, 它的边界 (S) 的体积为 0, 也就是说此边界可以装在体积任意小的多面体内.

首先, 以下面三种形式

$$z = f(x, y), \quad y = g(z, x), \quad x = h(y, z)$$

之一的显式方程表出的曲面, 是体积为 0 的面, 其中 f, g, h 为某有界区域中的二元连续函数.

比如说, 在含于矩形 (R) 中的区域 (P) 上, 给定第一种形式的方程. 根据第 **174** 目定理, 无论 $\varepsilon > 0$ 是什么样的, 总可将这矩形分成如此之小的一些矩形 $(R_i)(i = 1, 2, \cdots, n)$, 以使在区域 (P) 的含于 (R_i) 中的部分 (P_i) 上, 函数 f 的振幅 $< \dfrac{\varepsilon}{R}$. 若 m_i 与 M_i 是函数 f 在 (P_i) 中的最小值与最大值, 则我们的曲面可以整个装在由底面积为 R_i, 高为 $\omega_i = M_i - m_i$ 的长方体所组成的多面体之内. 这个多面体的体积为

$$\sum \omega_i R_i < \frac{\varepsilon}{R} \sum R_i = \varepsilon,$$

证完.

因此, 如果立体 (V) 界于某几个连续曲面之间, 而每一个曲面均分别以 (三种形式之一的) 显方程表出, 则此立体有体积.

为了要给出在实际中通常可用的特殊准则, 我们建立**光滑曲面**的概念.

设曲面被表成参数方程

$$x = \varphi(u, v), y = \psi(u, v), z = \chi(u, v),$$

其中函数 φ, ψ, χ 与其偏导数在 uv 平面的某一有界封闭区域 (Q) 内是连续的. 这个区域的边界 (L) 我们设想是由光滑曲线组成的. 最后, 假定这个曲面没有重点及其他奇异点. 在所有这些条件成立时, 此曲面即称为**光滑的**.

设 $\overline{M}$ 是曲面上由参数值 $u = \bar{u}, v = \bar{v}$ 所确定的任意一点; 因为它不是奇异点, 故可 [参看第 **228** 目][1] 把点 $(\bar{u}, \bar{v})$ 在 uv 平面上用这样一个邻域

$$\bar{\sigma} = (\bar{u} - \bar{\delta}, \bar{u} + \bar{\delta}; \bar{v} - \bar{\delta}, \bar{v} + \bar{\delta})$$

环绕起来, 使得在曲面上的对应区域被表成了显式方程. 为要说明所研究的光滑曲面可以分解成有限部分, 每一部分皆以三种形式之一的显式方程表出, 只需将博雷尔引理 [第 **175** 目] 应用到封闭区域 (Q) 及覆盖它的邻域系统 $\Sigma = \{\bar{\sigma}\}$ 即可. 由此 —— 根据以上 —— 推知, 光滑曲面体积为 0.

现在显然可见

界于一个或几个光滑曲面之间的立体定有体积.

然而, 也准许在立体的界面上存在有限个奇异点, 这些可以用一些体积任意小的邻域分割出去.

342. 体积的积分表达式　我们从几乎是显然的一点开始:高为 H, 底为可求积的平面图形 (P) 的直立柱体有体积, 等于底面积与高的乘积: $V = PH$.

---

[1]如果点 $(\bar{u}, \bar{v})$ 是在区域 (Q) 的边界 (L) 上, 则对于它所指的应是第 **262** 目中所讲的.

我们这样来择取 [第 **336** 目,1)] 分别含于 (P) 内的与包含着 (P) 的多边形 (A_n) 及 (B_n), 使得它们的面积 A_n 与 B_n 趋向于 P. 如果在这些多边形上建立起高为 H 的直立棱柱体 (X_n) 与 (Y_n) 来, 则它们的体积

$$X_n = A_n H \text{ 与 } Y_n = B_n H$$

就趋向共同的极限 $V = PH$, 由于第 **340** 目 1), 这便是我们的柱体的体积.

现在我们来研究含于平面 $x = a$ 及 $x = b$ 之间的某一个立体 (V), 并开始以垂直于 x 轴的一些平面来分割它 (图 26). 假定所有这些截面是可求积的, 并设对应于横坐标 x 的截面面积 —— 以 $P(x)$ 表之 —— 是 $x(a \leqslant x \leqslant b)$ 的连续函数.

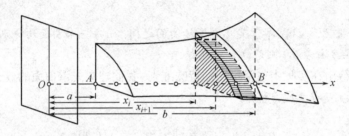

图 26

如果 (不歪不偏的) 投影两个同类的截面到某一垂直 x 轴的平面上, 则它们可能或是一个含在另一个里面 (如图 27,a), 或是局部的一个在另一个之上或是彼此完全分开 (参看图 27,б,в).

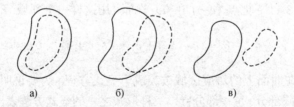

图 27

我们暂且先讨论这种情形: 即两个截面被投射在垂直于 x 轴的平面上,永远是一个含在另一个的里面.

在这个假定下, 可以断言, 立体 (V) 有体积, 表如公式

$$V = \int_a^b P(x)dx. \tag{15}$$

为了证明, 我们将 x 轴上的区间 $[a,b]$ 用点

$$a = x_0 < x_1 < \cdots < x_i < x_{i+1} < \cdots < x_n = b$$

分成若干部分, 并用通过分点的平面 $x = x_i$ 将整个的立体分割成若干片. 我们来研究含于平面 $x = x_i$ 与 $x = x_{i+1}(i = 0, 1, \cdots, n-1)$ 之间的第 i 片. 在区间 $[x_i, x_{i+1}]$ 中, 函数 $P(x)$ 有最大值 M_i 与最小值 m_i; 如若将对应于此区间中不同的 x 值的截面放在一个平面上, 比如说是 $x = x_i$, 则它们 (在所作的假定下) 就都被包含在面积为 M_i 的最大的一个里, 并且都包含着面积为 m_i 的最小的一个. 如果在这些最大的与最小的截面上, 建立起高为 $\Delta x_i = x_{i+1} - x_i$ 的直柱, 则前者就包含了我们立体中所研究的这一片, 而后者就被包含在这一片之内. 根据开始时所讲的一点, 这些柱体体积分别为 $M_i \Delta x_i$ 与 $m_i \Delta x_i$.

内含的各柱体组合成立体 (T), 外包的各柱体组合成立体 (U); 它们的体积分别等于

$$\sum_i m_i \Delta x_i \text{ 与 } \sum_i M_i \Delta x_i,$$

并且当 $\lambda = \max \Delta x_i$ 趋向于零时, 有共同的极限 (15). 由第 **340** 目,2), 这就是立体 (V) 的体积[①].

旋转体是一个重要的特殊情形, 此时以上所讲的关于截面相互间位置的假定显然成立. 设想在 xy 平面上以方程 $y = f(x)(a \leqslant x \leqslant b)$ 给定一条曲线, 此处 $f(x)$ 是连续的并且是非负的; 我们开始将它所界出的曲边梯形环绕 x 轴而旋转 (图 28,a 与 б). 显而易见, 所得出的立体 (V) 合于我们所研究的情形, 因为它的截面投射到垂直于 x 轴的平面上就成了同心圆, 此处 $P(x) = \pi y^2 = \pi[f(x)]^2$, 所以

$$V = \pi \int_a^b y^2 dx = \pi \int_a^b [f(x)]^2 dx. \tag{16}$$

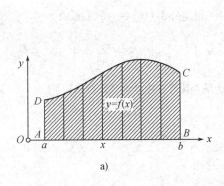

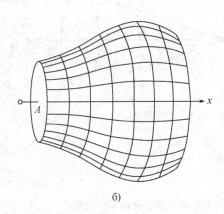

a)   б)

图 28

[①]例如将区间分为等分, 便很容易的选出来了在所引用的定理中讲到的内含的与外包的立体的序列.

如果曲边梯形是下面用曲线 $y_1 = f_1(x)$, 上面用曲线 $y_2 = f_2(x)$ 所界出的, 则显而易见

$$V = \pi \int_a^b [y_2^2 - y_1^2]dx = \pi \int_a^b \{[f_2(x)]^2 - [f_1(x)]^2\}dx, \tag{17}$$

虽然关于截面的假定在这里可能并不成立. 一般来说, 所证得的结果不难推广到所有由满足所述假定的立体的相加或相减而得的立体.

在一般情形下只能肯定: 如果立体 (V) 有体积[①], 则可表成公式 (15).

事实上给定了任意的 $\varepsilon > 0$ 之后, 我们可以在平面 $x = a$ 与 $x = b$ 之间做这样两个由若干平行六面体所组成的立体$(\widetilde{X})$ 与 $(\widetilde{Y})$, 使得 $(\widetilde{X})$ 含于 (V) 里面, 而 $(\widetilde{Y})$ 包含着 (V), 并且还有 $\widetilde{Y} - \widetilde{X} < \varepsilon$. 因为对于 $(\widetilde{X})$ 与 $(\widetilde{Y})$, 我们的公式显然合用, 所以用 $A(x)$ 与 $B(x)$ 表示它们横截面的面积, 便有

$$\widetilde{X} = \int_a^b A(x)dx, \quad \widetilde{Y} = \int_a^b B(x)dx.$$

另一方面, 因为 $A(x) \leqslant P(x) \leqslant B(x)$, 所以又有

$$\widetilde{X} = \int_a^b A(x)dx \leqslant \int_a^b P(x)dx \leqslant \int_a^b B(x)dx = \widetilde{Y},$$

因之体积 V 与积分 $\int_a^b P(x)dx$ 并皆含于同一界限 $\widetilde{X}$ 与 $\widetilde{Y}$ 之间, 而 $\widetilde{X}$ 与 $\widetilde{Y}$ 相差小于 ε. 由此便推出我们所要的结论.

343. 例　1) 试计算底半径为 r 与高为 h 的**圆锥体**的体积 V.

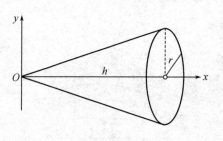

图 29

过锥体的轴作一截面, 并取此轴作为 x 轴, 锥体的顶点算作原点; 并引 y 轴垂直锥体的轴 (图 29). 锥体的母线方程便是

$$y = \frac{r}{h}x,$$

并且 —— 根据公式 (16) —— 我们得到

$$V = \pi \int_0^h \left(\frac{r}{h}x\right)^2 dx = \frac{\pi r^2}{h^2}\frac{x^3}{3}\bigg|_0^h = \frac{1}{3}\pi r^2 h.$$

这个结果读者在中学课程便已熟知了.

2) 设椭圆 $\dfrac{x^2}{a^2} + \dfrac{y^2}{b^2} = 1$ 绕 x 轴旋转.
因为

$$y^2 = \frac{b^2}{a^2}(a^2 - x^2),$$

所以我们得出**旋转椭球体**的体积

$$V = \pi \int_{-a}^a \frac{b^2}{a^2}(a^2 - x^2)dx = 2\pi \frac{b^2}{a^2}\int_0^a (a^2 - x^2)dx = 2\pi \frac{b^2}{a^2}\left(a^2 x - \frac{x^3}{3}\right)\bigg|_0^a = \frac{4}{3}\pi ab^2.$$

[①]例如, 用一个或几个光滑曲面 [第 **341** 目] 所界出的立体便是这样的立体.

类似的我们得出绕 y 轴的旋转椭球体的体积表达式 $\frac{4}{3}\pi a^2 b$. 在这公式中假定 $a = b = r$, 我们便得到半径为 r 的球体体积的熟知的值 $\frac{4}{3}\pi r^3$.

3) 试确定界于对应点 0 与 x 的截面之间的**悬链线** $y = a\mathrm{ch}\frac{x}{a}$ 绕 x 轴旋转而得的立体的体积. 我们有

$$V = \pi a^2 \int_0^x \mathrm{ch}^2\frac{x}{a}dx = \frac{1}{2}\pi a^2 \int_0^x \left(1 + \mathrm{ch}\frac{2x}{a}\right)dx$$

$$= \frac{1}{2}\pi a^2 \left(x + \frac{a}{2}\mathrm{sh}\frac{2x}{a}\right) = \frac{1}{2}\pi a\left(ax + a\mathrm{ch}\frac{x}{a}\cdot a\mathrm{sh}\frac{x}{a}\right).$$

回忆 [第 **331** 目,1)] $a\mathrm{sh}\frac{x}{a}$ 是我们曲线的弧长 s, 最后我们便得到 $V = \frac{1}{2}\pi a(ax + sy)$.

4) 同样试求**旋轮线**的一拱

$$x = a(t - \sin t), y = a(1 - \cos t)(0 \leqslant t \leqslant 2\pi)$$

绕 x 轴旋转所得出的立体的体积.

曲线的参数方程使得在公式

$$V = \pi \int_0^{2\pi a} y^2 dx$$

中很容易做一变换 $x = a(t - \sin t), dx = a(1 - \cos t)$. 即

$$V = \pi a^3 \int_0^{2\pi} (1 - \cos t)^3 dt = \pi a^3 \left(\frac{5}{2}t - 4\sin t + \frac{3}{4}\sin 2t + \frac{1}{3}\sin^3 t\right)\Big|_0^{2\pi} = 5\pi^2 a^3.$$

5) 同样, 对于**星形线** $x^{\frac{2}{3}} + y^{\frac{2}{3}} = a^{\frac{2}{3}}$. 我们有

$$y = \left(a^{\frac{2}{3}} - x^{\frac{2}{3}}\right)^{\frac{3}{2}}, V = \pi \int_{-a}^a \left(a^{\frac{2}{3}} - x^{\frac{2}{3}}\right)^3 dx = \frac{32}{105}\pi a^3.$$

建议读者由星形线的参数方程出发, 并用换元法 (如上题), 重新计算一回.

6) 试求**抛物面** $2az = x^2 + y^2$ 与**球面** $x^2 + y^2 + z^2 = 3a^2$ 的公共部分的体积[53].

解 这两个立体及它们的公共部分皆系旋绕 z 轴的**旋转体**. 所说的这两个曲面的截口是在平面 $z = a$ 上.

垂直于 z 轴的平面截我们所研究的立体成为圆; 当 $z \leqslant a$ 时这些圆的半径平方等于 $2az$, 并只当 z 变得 $> a$ 时, 才等于 $3a^2 - z^2$. 利用类似 (16) 的公式, 便有

$$V = 2\pi a \int_0^a z dz + \pi \int_a^{a\sqrt{3}} (3a^2 - z^2)dz = \frac{\pi a^3}{3}(6\sqrt{3} - 5).$$

7) 试求**球面** $x^2 + y^2 + z^2 = R^2$ 与**圆锥面** $x^2 = y^2 + z^2(x \geqslant 0)$ 的公共部分的体积[53].

提示 此二曲面的截口系在平面 $x = \frac{R}{\sqrt{2}}$ 上. 我们有

$$V = \pi \int_0^{\frac{R}{\sqrt{2}}} x^2 dx + \pi \int_{\frac{R}{\sqrt{2}}}^R (R^2 - x^2)dx = \frac{\pi R^3}{3}(2 - \sqrt{2}).$$

---

[53] 显然上述方程仅仅给出了所应求公共部分体积的区域的边界.

　　直到这里为止, 我们研究的是特殊公式 (16) 的应用例子. 现在我们来看一般的公式 (15). 因为在所有的场合下, 体积的存在可以毫无困难的加以论证, 例如可以根据第 **341** 目中的论证, 因此我们就不来讲体积的存在, 而只单是计算体积.

　　8) 试确定**圆柱弓形体**的体积. 用通过底的直径的平面, 从直圆柱上切下来的几何的立体, 称作圆柱弓形体 (图 30).

　　假设, 圆柱的底是半径为 a 的圆:

$$x^2 + y^2 \leqslant a^2,$$

截面通过直径 AA' 并且与底面作成角 α. 我们来确定垂直于 x 轴并且与之交于点 $M(x)$ 的截面面积. 这个截面是直角三角形; 显然

$$P(x) = MNP\text{的面积} = \frac{1}{2}y^2\text{tg}\alpha = \frac{1}{2}(a^2 - x^2)\text{tg}\alpha,$$

于是根据公式 (15)

$$V = \frac{1}{2}\text{tg}\alpha \int_{-a}^{a}(a^2 - x^2)dx = \frac{2}{3}a^3\text{tg}\alpha = \frac{2}{3}a^2 h,$$

其中 $h = KL$ 是圆柱弓形体的高.

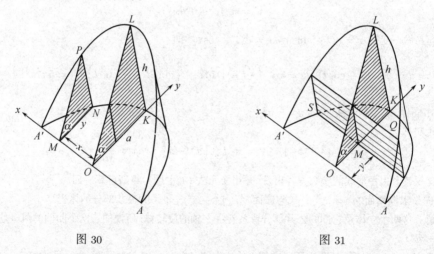

图 30　　　　　　　　　　　　　　图 31

　　有趣的是: 注意若使 y 轴来起 x 轴一向所起的作用, 这就是说, 用垂直 y 轴的平面来截这个立体, 也一样可以得出这体积 (图 31). 通过纵坐标为 y 的点 M 所引出的这样的平面, 截我们的立体于矩形 SQ, 其面积为

$$P(y) = 2xy\text{tg}\alpha = 2\text{tg}\alpha \cdot y\sqrt{a^2 - y^2}.$$

因此, 类似公式 (15),

$$V = 2\text{tg}\alpha \int_{0}^{a} y\sqrt{a^2 - y^2}dy = -\frac{2}{3}\text{tg}\alpha(a^2 - y^2)^{\frac{3}{2}}\Big|_{0}^{a} = \frac{2}{3}a^3\text{tg}\alpha.$$

　　9) 试求以标准方程

$$\frac{x^2}{a^2} + \frac{y^2}{b^2} + \frac{z^2}{c^2} = 1$$

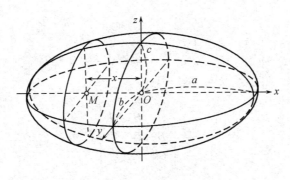

图 32

所给出的三维**椭球体**的体积 (图 32).

垂直于 x 轴并通过此轴上的 $M(x)$ 点的平面, 截椭球体成椭圆; 在 yz 平面上的 (不偏斜的) 投影方程是这样的:

$$\frac{y^2}{b^2\left(1-\frac{x^2}{a^2}\right)} + \frac{z^2}{c^2\left(1-\frac{x^2}{a^2}\right)} = 1 \quad (x = 常量).$$

由此显见其半轴分别为

$$b\sqrt{1-\frac{x^2}{a^2}} \quad 与 \quad c\sqrt{1-\frac{x^2}{a^2}}$$

而面积 [参看第 **339** 目,2),8),15)] 就表成了这样:

$$P(x) = \pi bc\left(1-\frac{x^2}{a^2}\right) = \frac{\pi bc}{a^2}(a^2 - x^2).$$

因此, 根据公式 (15), 欲求之体积

$$V = \frac{\pi bc}{a^2}\int_{-a}^{a}(a^2 - x^2)dx = \frac{4}{3}\pi abc.$$

10) 试求位于中心的**椭球体**

$$Ax^2 + By^2 + Cz^2 + 2Fyz + 2Gzx + 2Hxy = 1$$

的体积.

解 如果固定 z, 则对应的截口方程 (或是 —— 更精确些 —— 它在 xy 平面上的投影) 为

$$ax^2 + 2bxy + cy^2 + 2dx + 2ey + f = 0,$$

其中设

$$a = A, b = H, c = B, d = Gz, e = Fz, f = Cz^2 - 1.$$

根据第 **339** 目 7), 此截面的面积等于

$$P(z) = -\frac{\pi\Delta^*}{(AB-H^2)^{3/2}},$$

Δ^* 表示行列式

$$\begin{vmatrix} A & H & Gz \\ H & B & Fz \\ Gz & Fz & Cz^2 - 1 \end{vmatrix} = \Delta z^2 - (AB - H^2),$$

其中

$$\Delta = \begin{vmatrix} A & H & G \\ H & B & F \\ G & F & C \end{vmatrix}.$$

替换之, 便得

$$P(z) = -\frac{\pi}{(AB - H^2)^{3/2}}[\Delta z^2 - (AB - H^2)].$$

显而易见,z 只能在

$$从 -\sqrt{\frac{AB - H^2}{\Delta}} 到 +\sqrt{\frac{AB - H^2}{\Delta}}$$

界限内变化; 在这个界限内积分, 最后便得

$$V = \frac{4}{3}\pi\frac{1}{\sqrt{\Delta}}.$$

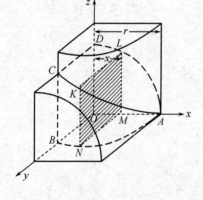

图 33

11) 我们来看两个半径为 r, 其轴相交成直角的圆柱, 并来确定它们所界定的立体的体积.

图 33 上所绘出的立体 $OABCD$ 是我们所注意的立体的八分之一. 通过两个圆柱的轴的交点 O, 引 x 轴垂直这两个轴. 于是用距 O 为 x, 垂直 x 轴的平面来截割立体 $OABCD$, 便得出正方形 $KLMN$, 它的边 $MN = \sqrt{r^2 - x^2}$, 所以 $P(x) = r^2 - x^2$. 于是根据公式 (15)

$$V = 8\int_0^r (r^2 - x^2)dx = \frac{16}{3}r^3.$$

12) 最后, 我们来解决这同一问题, 但假定圆柱有不同的半径:r 与 $R > r$.

和前者相比较, 所不同者仅在于: 以距 O 为 x 的平面来截割我们所研究的立体时, 得出的不是正方形, 而是边长为 $\sqrt{r^2 - x^2}$ 与 $\sqrt{R^2 - x^2}$ 的长方形. 这样一来, 此时体积 V 就表成了椭圆积分

$$V = 8\int_0^r \sqrt{(R^2 - x^2)(r^2 - x^2)}dx$$

或是, 若作代换 $x = r\sin\varphi$ 并命 $k = \dfrac{r}{R}$

$$V = 8Rr^2\int_0^{\frac{\pi}{2}} \cos^2\varphi \cdot \sqrt{1 - k^2\sin^2\varphi}d\varphi = 8Rr^2 \cdot I.$$

我们来把积分 I 化成两种形式的**全椭圆积分**. 首先

$$I = \int_0^{\frac{\pi}{2}} \frac{\cos^2\varphi}{\sqrt{1 - k^2\sin^2\varphi}}d\varphi - k^2\int_0^{\frac{\pi}{2}} \frac{\sin^2\varphi\cos^2\varphi}{\sqrt{1 - k^2\sin^2\varphi}}d\varphi = I_1 + I_2.$$

但是

$$I_1 = \int_0^{\frac{\pi}{2}} \frac{1 - \sin^2 \varphi}{\sqrt{1 - k^2 \sin^2 \varphi}} d\varphi = \frac{k^2 - 1}{k^2} \int_0^{\frac{\pi}{2}} \frac{d\varphi}{\sqrt{1 - k^2 \sin^2 \varphi}}$$

$$+ \frac{1}{k^2} \int_0^{\frac{\pi}{2}} \sqrt{1 - k^2 \sin^2 \varphi} d\varphi = \left(1 - \frac{1}{k^2}\right) \mathbf{K}(k) + \frac{1}{k^2} \mathbf{E}(k).$$

另一方面, 作分部积分, 便有

$$I_2 = \frac{1}{2} \int_0^{\frac{\pi}{2}} \sin 2\varphi d\sqrt{1 - k^2 \sin^2 \varphi} = \frac{1}{2} \sin 2\varphi \sqrt{1 - k^2 \sin^2 \varphi} \Big|_0^{\frac{\pi}{2}}$$

$$- \int_0^{\frac{\pi}{2}} \cos 2\varphi \sqrt{1 - k^2 \sin^2 \varphi} d\varphi$$

$$= \int_0^{\frac{\pi}{2}} (1 - 2\cos^2 \varphi) \sqrt{1 - k^2 \sin^2 \varphi} d\varphi = \mathbf{E}(k) - 2I.$$

由此

$$I = \frac{1}{3} \left[\left(\frac{1}{k^2} + 1 \right) \mathbf{E}(k) - \left(\frac{1}{k^2} - 1 \right) \mathbf{K}(k) \right].$$

这样一来, 最后

$$V = \frac{8R^3}{3} [(1 + k^2)\mathbf{E}(k) - (1 - k^2)\mathbf{K}(k)].$$

344. 旋转曲面的面积 假设在 xy 平面的上部 (即在上半平面中) 有某一条曲线 AB(图 34), 以形状如 (6) 的方程给出, 其中 φ, ψ 是有连续导数 φ', ψ' 的连续函数. 假设曲线上没有奇异点与重点, 我们可将从点 $A(t_0)$ 起算的弧长 s 引为参数, 并且换成表示法.

$$x = \Phi(s), y = \Psi(s). \tag{18}$$

如以 S 表示整个曲线 AB 的长度, 此处参数 s 的变化便是从 0 到 S.

假若曲线环绕 x 轴而旋转, 那么它就描出了某一个旋转面. 让我们来研究这个问题 —— 计算这曲面的面积.

此处我们不谈在一般形式中建立 "曲"(就是说不是平的) 面面积概念的可能性; 这要等到第三卷中去作. 现在我们特别对于旋转面来确定这一概念, 并学会计算它的面积, 而且我们将以早在中学课程中所给定的柱体、锥体、斜截锥体的侧面计算法则作为根据. 以后我们会亲眼看到, 我们所得出的公式是作为一个特殊情形而被包含在曲面面积的一般公式里的.

在曲线 AB 上依照从 A 到 B 的方向选取点列 (见图)

$$A_0 = A, A_1, A_2, \cdots, A_i, A_{i+1}, \cdots, A_{n-1}, A_n = B \tag{19}$$

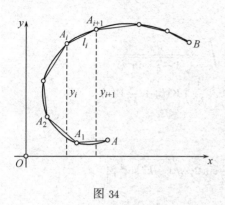

图 34

并来研究内接于曲线的折线 $A_0A_1 \cdots A_{n-1}B$. 我们起始用这条折线代替曲线, 环绕 x 轴而旋转; 它就描出了某一个面, 根据初等几何的法则我们会确定它的面积.**我们规定将曲线所描成的曲面的面积, 了解成当部分弧中最大者趋近于零时, 折线所描成的曲面的面积 Q 的极限 P.**这个旋转面的面积定义就给了我们它的计算法的钥匙.

我们已经知道, 可以根据插于 0 与 S 之间的一串递增的 s 值

$$0 = s_0 < s_1 < s_2 < \cdots < s_i < s_{i+1} < \cdots < s_{n-1} < s_n = S,$$

而得出点列 (19). 折线的每一段当环绕 x 轴而旋转时都描出圆台的侧面[1]来. 如以 y_i 与 y_{i+1} 分别表示点 A_i 与 A_{i+1} 的纵坐标, 而以 l_i 表示线段 A_iA_{i+1} 的长度, 则第 i 段所描出的曲面的面积为

$$2\pi \frac{y_i + y_{i+1}}{2} l_i.$$

整个折线所描出的曲面的面积便是

$$Q = 2\pi \sum_{i=0}^{n-1} \frac{y_i + y_{i+1}}{2} l_i.$$

所得到的和可以分解成两个和, 如以下形状:

$$Q = 2\pi \sum_{i=0}^{n-1} y_i l_i + \pi \sum_{i=0}^{n-1} (y_{i+1} - y_i) l_i.$$

因为函数 $y = \Psi(s)$ 是连续的, 所以 (根据一致连续的性质) 可以假定我们的曲线分成了这样小的部分, 以使所有的差 $y_{i+1} - y_i$ 的绝对值皆不超出任意小的正数 ε. 于是

$$\left| \pi \sum_{i=0}^{n-1} (y_{i+1} - y_i) l_i \right| \leqslant \varepsilon \pi \sum_{i=0}^{n-1} l_i \leqslant \varepsilon \pi S;$$

由此可见, 这个和当 $\max \Delta S_i \to 0$ 时趋近于零.

至于和

$$2\pi \sum_{i=0}^{n-1} y_i l_i$$

---

[1]特别来说, 这个曲面可能退化成锥面或是柱面; 然而, 即使在这种情形下, 它的面积仍可根据求圆台的侧面的一般公式来计算.

则可分之为两个和

$$2\pi \sum_{i=0}^{n-1} y_i \Delta s_i - 2\pi \sum_{i=0}^{n-1} y_i (\Delta s_i - l_i).$$

因为函数 $\Psi(s)$ 是连续的, 所以它是有界的, 于是所有的 $|y_i| \leqslant M$, 其中 M 是某一常数. 用 τ 表示后一个和, 我们有

$$|\tau| = 2\pi \left| \sum_{i=0}^{n-1} y_i (\Delta s_i - l_i) \right| \leqslant 2\pi M \left(S - \sum_{i=0}^{n-1} l_i \right).$$

当曲线所分成的各个部分越来越小时, 根据弧长是内接折线周长极限的定义[1], 差

$$S - \sum_{i=0}^{n-1} l_i$$

应当趋近于零. 然则 τ 亦 $\to 0$.

余下的和

$$\sigma = 2\pi \sum_{i=0}^{n-1} y_i \Delta s_i$$

是积分

$$2\pi \int_0^S y ds$$

的积分和, 而此积分由于函数 $y = \Psi(s)$ 的连续性, 是存在的, 所以当 $\max \Delta s_i \to 0$ 时, 和 σ 趋向此积分.

在所作的假定之下, 最后我们得出: 旋转面的面积存在并且表如公式

$$P = 2\pi \int_0^S y ds = 2\pi \int_0^S \Psi(s) ds. \tag{20}$$

如果我们返回到我们的曲线的一般参数表示法 (6), 则在以上积分中进行换元 [参看第 313 目,(9)], 变之为以下形式:

$$P = 2\pi \int_{t_0}^T y \sqrt{x_t'^2 + y_t'^2} dt = 2\pi \int_{t_0}^T \psi(t) \sqrt{[\varphi'(t)]^2 + [\psi'(t)]^2} dt. \tag{21}$$

特别言之, 如果曲线是用显式方程 $y = f(x)(a \leqslant x \leqslant b)$ 给出的, 于是 x 就相当于参数, 我们便有

$$P = 2\pi \int_a^b y \sqrt{1 + y_x'^2} dx = 2\pi \int_a^b f(x) \sqrt{1 + [f'(x)]^2} dx. \tag{22}$$

---

[1]因为弧的直径显然不超过弧长, 所以当 $\max \Delta s_i \to 0$ 时, 部分弧直径的最大者也趋近于零.

345. 例 1) 试求**球带面**的面积. 设环绕原点以半径 r 作半圆, 绕 x 轴旋转. 从圆的方程中我们有 $y = \sqrt{r^2 - x^2}$; 以及

$$y'_x = -\frac{x}{\sqrt{r^2 - x^2}}, \sqrt{1 + y'^2_x} = \frac{r}{\sqrt{r^2 - x^2}}, y\sqrt{1 + y'^2_x} = r.$$

此时由端点具横坐标 x_1 与 $x_2 > x_1$ 的弧所描出的带面面积, 根据公式 (22), 为

$$P = 2\pi \int_{x_1}^{x_2} r dx = 2\pi r(x_2 - x_1) = 2\pi rh,$$

其中 h 为带的高, 这样一来, 球带面的面积便等于最大圆的圆周与带的高的乘积.

特别在 $x_1 = -r, x_2 = r$ 时, 就是在 $h = 2r$ 时, 我们得到整个球面的面积 $P = 4\pi r^2$.

2) 试求由端点横坐标为 0 与 x 的**悬链线** $y = a\mathrm{ch}\dfrac{x}{a}$ 的弧旋转所产生的曲面的面积.

因为 $\sqrt{1 + y'^2_x} = \mathrm{ch}\dfrac{x}{a}$, 所以根据公式 (22)

$$P = 2\pi a \int_0^x \mathrm{ch}^2\frac{x}{a}dx = \frac{2}{a}V,$$

其中 V 为对应的旋转体的体积 [参看第 **343** 目,3)].

3) 同样的, 对于**星形线** $x = a\cos^3 t, y = a\sin^3 t$.

只要把星形线在第一象限 $\left(0 \leqslant t \leqslant \dfrac{\pi}{2}\right)$ 的弧所描出的曲面的面积, 加一倍即可. 我们已有 $\sqrt{x'^2_t + y'^2_t} = 3a\sin t\cos t$; 此时根据公式 (21)

$$P = 2 \cdot 2\pi \int_0^{\frac{\pi}{2}} a\sin^3 t \cdot 3a\sin t\cos t dt = 12\pi a^2 \int_0^{\frac{\pi}{2}} \sin^4 t\cos t dt$$

$$= 12\pi a^2 \left.\frac{\sin^5 t}{5}\right|_0^{\frac{\pi}{2}} = \frac{12}{5}\pi a^2.$$

4) 同样的, 对于**旋轮线** $x = a(t - \sin t), y = a(1 - \cos t)$.

因为 $y = 2a\sin^2\dfrac{t}{2}, ds = 2a\sin\dfrac{t}{2}dt$, 所以

$$P = 2\pi \int_0^{2\pi} 4a^2\sin^3\frac{t}{2}dt = 16\pi a^2 \int_0^{\pi} \sin^3 u du$$

$$= 16\pi a^2 \left.\left(\frac{\cos^3 u}{3} - \cos u\right)\right|_0^{\pi} = \frac{64}{3}\pi a^2.$$

5) 试求**心脏线** $r = a(1 + \cos\theta)$ 围绕极轴旋转所产生的曲面的面积.

从基本公式 (21) 出发, 变成极坐标:

$$P = 2\pi \int_0^S y ds = 2\pi \int_\alpha^\beta r\sin\theta\sqrt{r^2 + r'^2_\theta}d\theta. \qquad (23)$$

在我们的情形中 $\alpha = 0, \beta = \pi$, 并且

$$y = r\sin\theta = a(1 + \cos\theta)\sin\theta = 4a\cos^3\frac{\theta}{2}\sin\frac{\theta}{2}, ds = 2a\cos\frac{\theta}{2}d\theta,$$

因此

$$P = 2\pi \cdot 8a^2 \int_0^\pi \cos^4\frac{\theta}{3}\sin\frac{\theta}{3}d\theta = \frac{32}{5}\pi a^2.$$

6) 同样的, 对于**双纽线** $r^2 = 2a^2 \cos 2\theta$.

此处 $y = a\sqrt{2}\sqrt{\cos 2\theta} \sin\theta, ds = \dfrac{a\sqrt{2}}{\sqrt{\cos 2\theta}}d\theta$, 所以根据公式 (23)

$$P = 2 \cdot 2\pi \cdot 2a^2 \int_0^{\frac{\pi}{4}} \sin\theta d\theta = 8\pi a^2 \left(1 - \frac{\sqrt{2}}{2}\right) \doteq 7.361a^2.$$

最后,

7) 试确定**旋转椭球体**的表面积, 不论是伸长的或是压缩的 (扁球).

假使椭圆 $\dfrac{x^2}{a^2} + \dfrac{y^2}{b^2} = 1$ 围绕 x 轴而旋转, 并且 $a > b$, 则我们便依序有

$$y^2 = b^2 - \frac{b^2}{a^2}x^2 \quad yy' = -\frac{b^2}{a^2}x,$$

$$y\sqrt{1 + y'^2} = \sqrt{y^2 + (yy')^2} = \sqrt{b^2 - \frac{b^2}{a^2}x^2 + \frac{b^4}{a^4}x^2}$$

$$= \frac{b}{a}\sqrt{a^2 - \frac{a^2 - b^2}{a^2}x^2}.$$

然而 $a^2 - b^2 = c^2$, 此处 c 是焦点至心的距离并且 $\dfrac{c}{a}$ 等于椭圆的离心率 ε. 这样一来,

$$y\sqrt{1 + y'^2} = \frac{b}{a}\sqrt{a^2 - \varepsilon^2 x^2},$$

并且

$$P = 2\pi\frac{b}{a}\int_{-a}^a \sqrt{a^2 - \varepsilon^2 x^2}dx = 4\pi\frac{b}{a}\int_0^a \sqrt{a^2 - \varepsilon^2 x^2}dx$$

$$= 4\pi \cdot \frac{b}{a}\left(\frac{1}{2}x\sqrt{a^2 - \varepsilon^2 x^2} + \frac{a^2}{2\varepsilon}\arcsin\frac{\varepsilon x}{a}\right)\Big|_0^a$$

$$= 2\pi\frac{b}{a}(a\sqrt{a^2 - \varepsilon^2 a^2} + \frac{a^2}{\varepsilon}\arcsin\varepsilon);$$

但是 $a^2 - \varepsilon^2 a^2 = a^2 - c^2 = b^2$, 所以最后我们有

$$P = 2\pi b\left(b + \frac{a}{\varepsilon}\arcsin\varepsilon\right).$$

假使椭圆环绕短轴旋转, 则因利用已经做过的计算更为便捷, 所以将 x 轴作为短轴. 于是在所得出的 $y\sqrt{1 + y'^2}$ 的表达式中仅需把 a 与 b 的位置对调一下即可, 那么现在

$$y\sqrt{1 + y'^2} = \frac{a}{b}\sqrt{b^2 + \frac{a^2 - b^2}{b^2}x^2} = \frac{a}{b}\sqrt{b^2 + \frac{c^2}{b^2}x^2};$$

此时

$$P = 2\pi\frac{a}{b}\int_{-b}^b \sqrt{b^2 + \frac{c^2}{b^2}x^2}dx$$

$$= 2\pi\frac{a}{b}\left[\frac{1}{2}x\sqrt{b^2 + \frac{c^2}{b^2}x^2} + \frac{b^3}{2c}\ln\left(\frac{c}{b}x + \sqrt{b^2 + \frac{c^2}{b^2}x^2}\right)\right]\Big|_{-b}^b$$

$$= 2\pi a\left(\sqrt{b^2 + c^2} + \frac{b^2}{2c}\ln\frac{\sqrt{b^2 + c^2} + c}{\sqrt{b^2 + c^2} - c}\right);$$

然而 $\sqrt{b^2 + c^2} = a, c = \varepsilon a$, 所以最后 P 的表达式就是这样:

$$P = 2\pi a \left(a + \frac{b^2}{2c} \ln \frac{a+c}{a-c} \right) = 2\pi a \left(a + \frac{b^2}{2a} \cdot \frac{1}{\varepsilon} \ln \frac{1+\varepsilon}{1-\varepsilon} \right).$$

346. 柱面面积　我们再来研究一种特殊形式的曲面, 对于它, 我们也于此处 (在那个以后才给出的一般定义之先) 定义出面积概念. 我们所指的是**柱面**.

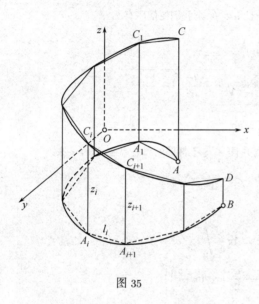

图 35

我们返回到在第 **344** 目中所讲到的 xy 平面上部的曲线 AB. 取它作为准线, 设想母线平行于 z 轴的柱面 (图 35). 在这个面上引曲线 CD, 交每一条母线于一点; 如果在方程组 (6) 中加上第三个方程

$$z = \chi(t) \qquad (\chi > 0), \qquad (24)$$

这条曲线就确定了. 问题是在于计算 "这条曲线下" 的柱面部分的面积 P.

如同在第 **344** 目中一样, 我们引弧长 s 作为参数; 于是不仅是曲线 AB 的方程组 (6) 变成了方程组 (18), 而且方程式 (24) 也化为

$$z = X(s).$$

在曲线 AB 上内接一条折线 $AA_1 \cdots A_{n-1}B$, 并且与此对应的在曲线 CD 上作折线 $CC_1 \cdots C_{n-1}D$(见图 35), 由梯形 $A_i A_{i+1} C_{i+1} C_i$ 组成棱柱面, 内接于我们所研究的柱面之中. 我们在此处就把这柱面的面积理解为所提的棱柱面的面积 Q 的极限 P.

设 $z_i = A_i C_i$, 我们有 (其余保持原符号)

$$Q = \sum_{i=0}^{n-1} \frac{z_i + z_{i+1}}{2} l_i.$$

依靠与第 **344** 目中同样的理由 (读者可以自己把它们完全做出), 问题就化为计算和

$$\sum_{i=0}^{n-1} z_i \Delta s_i$$

的极限, 不难看出, 这是一个积分和, 最后

$$P = \int_0^S z \, ds = \int_0^S X(s) ds^{①}.$$

---

①如果设想柱面展成平面, 则所研究的图形便化为 "曲边梯形", 这个结果就变成完全直观的了.

回到任意的参数 t, 不难得出一般的公式

$$P = \int_{t_0}^{T} z\sqrt{x_t'^2 + y_t'^2}\,dt = \int_{t_0}^{T} \chi(t)\sqrt{[\varphi'(t)]^2 + [\psi'(t)]^2}\,dt. \tag{25}$$

最末, 在曲线 AB 的显式给出 $y = f(x)(a \leqslant x \leqslant b)$ 的情形下, 这个公式就变成这样:

$$P = \int_{a}^{b} z\sqrt{1 + y_x'^2}\,dx = \int_{a}^{b} \chi(x)\sqrt{1 + [f'(x)]^2}\,dx. \tag{26}$$

347. 例   1) 设图 36 中的曲线 AB 是以 B 点为顶点的**抛物线**, 它的方程 (在图中的标记之下) 是

$$y = b - \frac{bx^2}{a^2}.$$

在它的上面建立起柱面, 与方程为

$$z = \frac{c}{a}x$$

的平面 OBC 相截. 试求柱面的 ABC 部分的面积 P.

解   根据公式 (26)

$$P = \int_{0}^{a} z\sqrt{1 + y'^2}\,dx = \frac{c}{a^3}\int_{0}^{a} x\sqrt{a^4 + 4b^2x^2}\,dx$$
$$= \frac{c}{12b^2}[(a^2 + 4b^2)^{\frac{3}{2}} - a^3].$$

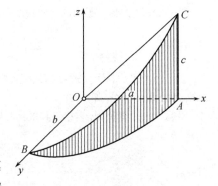

图 36

2) 假使曲线是四分之一圆周 $y = \sqrt{a^2 - x^2}(0 \leqslant x \leqslant a)$, 则公式 (26) 不能无条件地应用, 因为当 $x = a$ 时导数 y_x' 趋于 ∞. 采用参数表示法

$$x = a\cos t, y = a\sin t \quad \left(0 \leqslant t \leqslant \frac{\pi}{2}\right),$$

我们根据一般公式 (25); 便有

$$P = \int_{0}^{\frac{\pi}{2}} z\sqrt{x_t'^2 + y_t'^2}\,dt = ac\int_{0}^{\frac{\pi}{2}} \cos t\,dt = ac.$$

如果返回到第 **343** 目 8) 所讲的圆柱弓形体, 则其侧面由刚才得出的结果推知, 原来等于 $2ah(c = h)$.

3) 最后假定曲线 AB 是四分之一**椭圆**

$$x = a\cos t, y = b\sin t \quad \left(0 \leqslant t \leqslant \frac{\pi}{2}\right),$$

[此处由于和以上同一的原因, 不能利用显式方程], 我们来解决同样的问题.

(a) 首先设 $a > b$. 引入椭圆离心率 $\varepsilon = \dfrac{\sqrt{a^2 - b^2}}{a}$, 根据公式 (25), 便得

$$P = c\int_{0}^{\frac{\pi}{2}} \cos t\sqrt{a^2\sin^2 t + b^2\cos^2 t}\,dt = \frac{c}{a}\int_{0}^{a} \sqrt{b^2 + \varepsilon^2 u^2}\,du$$

(替换 $u = a\sin t$), 并且最后

$$P = \frac{1}{2}ac\left\{1 + \frac{1-\varepsilon^2}{2\varepsilon}\ln\frac{1+\varepsilon}{1-\varepsilon}\right\}.$$

(б) 在 $a < b$ 的情形下, 离心率 $\varepsilon = \dfrac{\sqrt{b^2 - a^2}}{b}$, 并且

$$P = bc\int_0^{\frac{\pi}{2}}\sqrt{1-\varepsilon^2\sin^2 t}\cos t\, dt = \frac{bc}{2}\left\{\sqrt{1-\varepsilon^2} + \frac{1}{\varepsilon}\arcsin\varepsilon\right\}.$$

4) 我们来研究柱面 $x^2 + y^2 = Rx$ 被球面 $x^2 + y^2 + z^2 = R^2$ 所界出的部分, 在截口上得出的曲线 [**维维亚尼曲线**, 见第**229**目,1)], 我们知道可以用参数表成这样:

$$x = R\sin^2 t, y = R\sin t\cos t, z = R\cos t.$$

如果是限制在第一卦限, 则此处 t 就应该从 0 变到 $\dfrac{\pi}{2}$. 显而易见, 头两个方程相当于方程组 (6), 而后一个方程相当于方程 (24).

根据公式 (25), 所提出的曲面的面积便是

$$P = 4R^2\int_0^{\frac{\pi}{2}}\cos t\, dt = 4R^2.$$

5) 两个圆柱, 半径为 r, 轴相交成直角 [参看第 **343** 目,11)], 试确定其公共部分的立体的表面面积. 我们引坐标系, 如图 33.

先限于一个圆柱面, 在第一卦限我们便有

$$x = r\cos t, y = r\sin t$$

而最后

$$z = \sqrt{r^2 - x^2} = r\sin t \quad \left(0 \leqslant t \leqslant \frac{\pi}{2}\right).$$

根据公式 (25), 二分之一的待求面积等于

$$\frac{1}{2}P = 8r^2\int_0^{\frac{\pi}{2}}\sin t\, dt = 8r^2, \text{ 所以 } P = 16r^2.$$

6) 同样的问题, 但在圆柱具有不同的半径 r 与 $R > r$ 的情形下 [参看第 **343** 目,12)].

我们先来计算半径为 r 的柱面部分的面积, 我们有

$$x = r\sin t, y = r\cos t \quad \left(0 \leqslant t \leqslant \frac{\pi}{2}\right),$$
$$z = \sqrt{R^2 - x^2} = \sqrt{R^2 - r^2\sin^2 t} = R\sqrt{1 - k^2\sin^2 t} \quad \left(k = \frac{r}{R}\right).$$

根据公式 (25)

$$P_1 = 8Rr\int_0^{\frac{\pi}{2}}\sqrt{1 - k^2\sin^2 t}\, dt = 8Rr\mathbf{E}(k).$$

现在我们来看半径为 R 的柱面, 将 z 轴与 y 轴的地位对调. 这一次

$$x = R\sin t, z = R\cos t,$$
$$y = \sqrt{r^2 - x^2} = \sqrt{r^2 - R^2\sin^2 t} = r\sqrt{1 - \frac{1}{k^2}\sin^2 t} \quad \left(k = \frac{r}{R}\right),$$

并且 t 只能 (如果和历来一样, 限于第一卦限) 从 0 变到 $\arcsin k$. 于是根据与 (25) 相类似的公式, 便得

$$P_2 = 8 \int_0^{\arcsin k} y\sqrt{x_t'^2 + z_t'^2}\,dt = 8Rr \int_0^{\arcsin k} \sqrt{1 - \frac{1}{k^2}\sin^2 t}\,dt.$$

替换

$$\sin t = k\sin\varphi, dt = \frac{k\cos\varphi\, d\varphi}{\sqrt{1 - k^2\sin^2\varphi}},$$

其中 φ 由 0 变到 $\frac{\pi}{2}$, 便给出

$$\int_0^{\arcsin k} \sqrt{1 - \frac{1}{k^2}\sin^2 t}\,dt = k\int_0^{\frac{\pi}{2}} \frac{\cos^2\varphi\, d\varphi}{\sqrt{1 - k^2\sin^2\varphi}}.$$

最后一个积分我们在第 **343** 目,12) 就已经遇见过了; 它等于

$$\left(1 - \frac{1}{k^2}\right)\mathbf{K}(k) + \frac{1}{k^2}\mathbf{E}(k).$$

这样一来,

$$P_2 = 8R^2\{\mathbf{E}(k) - (1 - k^2)\mathbf{K}(k)\}.$$

最后

$$P = P_1 + P_2 = 8R(R + r)\{\mathbf{E}(k) - (1 - k)\mathbf{K}(k)\}.$$

定积分的最简单的几何应用且即止于此. 在第三卷中我们还会碰到在更复杂而又更普遍的情形下的几何范围内的计算.

§3. 力学与物理学的数量的计算

348. 定积分应用的大意 在进入到定积分于力学、物理学与机械学范畴中的应用以前, 先将在实用问题中通常遵循而导致定积分的途径弄清楚, 是有好处的. 为了这个目的, 我们略述定积分应用的一般大意, 今以已经研究过的几何问题的例子来说明它.

让我们来设想, 要求确定某一个系于区间 $[a, b]$ 的 (几何的或其他的) 常量 Q. 此时命每一个含于 $[a, b]$ 之内的子区间 $[\alpha, \beta]$ 对应于量 Q 的某一部分, 使得区间 $[a, b]$ 分解成若干子区间时便引起量 Q 分解成对应的部分.

更精确些讲, 此处指的是某一个具备 "可加性" 的 "区间函数" $Q([\alpha, \beta])$, 即若区间 $[\alpha, \beta]$ 是由子区间 $[\alpha, \gamma]$ 与 $[\gamma, \beta]$ 组成的, 那么便有

$$Q([\alpha, \beta]) = Q([\alpha, \gamma]) + Q([\gamma, \beta]).$$

问题就是要计算它的对应于整个区间 $[a, b]$ 的值.

我们在平面上取曲线 $y = f(x) (a \leqslant x \leqslant b)$ 作为例子 (图 37)[①], 于是 1) 曲线 AB 的**长度** S, 2) 它的曲边梯形 $AA'B'B$ 所界出的**面积** P 以及 3) 这个四边形环绕 x 轴旋转所得到的立体的**体积** V, 这三个全属于前所指出的类型的量. 不难了解, 它们所产生的是怎样的 "区间函数".

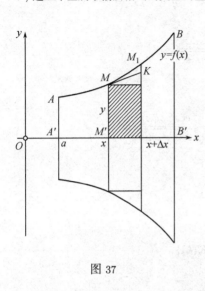

图 37

我们来研究对应于 "元素区间" $[x, x+\Delta x]$ 的量 Q 的 "元素" ΔQ. 根据问题的条件, 想方法找一个 ΔQ 的近似表达式, 形如 $q(x) \Delta x$, 对于 Δx 是一次的, 使得它与 ΔQ 只差一个较 Δx 高阶的无穷小, 换句话说, 从无穷小的 (当 $\Delta x \to 0$ 时)"元素" ΔQ 中分离出它的主要部分来. 那么很明显的, 近似等式

$$\Delta Q \doteq q(x) \Delta x \tag{1}$$

的相对误差便与 Δx 同趋于零.

例如说, 在上例 1) 中, 可以用切线线段 MK 来代替弧的元素 $\widehat{MM_1}$, 因之从 ΔS 中便分出了一次的部分

$$\sqrt{1 + y_x'^2} \Delta x = \sqrt{1 + [f'(x)]^2} \Delta x.$$

在例 2) 中, 元素的狭条 ΔP 自然就以面积为

$$y \Delta x = f(x) \Delta x$$

的内含矩形来代替. 最后, 在例 3) 中, 从元素的薄片 ΔV 中分出它的主要部分, 就是体积为

$$\pi y^2 \Delta x = \pi [f(x)]^2 \Delta x$$

的内含圆柱体.

在所有这三种情形中不难证明, 由于这样的替换所生的误差, 是较 Δx 为高阶的无穷小. 就是[②]情形 1) 中误差小于 $KM_1 = \Delta y - dy$, 情形 2) 中小于 $\Delta x \Delta y$, 而在情形 3) 中小于 $\pi (2y + \Delta y) \Delta x \Delta y$.

只要作了这个, 就可以断言, 待求的量 Q 恰恰表如积分

$$Q = \int_a^b q(x) dx. \tag{2}$$

为了要说明这个 [54], 我们将区间 $[a, b]$ 用点 $x_1, x_2, \cdots, x_{n-1}$ 分成元素区间

$$[a, x_1], [x_1, x_2], \cdots, [x_i, x_{i+1}], \cdots, [x_{n-1}, b].$$

[①]函数 $f(x)$ 假定为连续的, 并具有连续的导数. 为了确切起见, 我们假定这曲线永远向上走, 并且是凹形的向上.

[②]在脚注[①]所作的假定之下.

[54]对等式 (2) 更为正式的解释, 读者可在本目末尾找到.

因为每一个区间 $[x_i, x_{i+1}]$ 或 $[x_i, x_i + \Delta x_i]$ 对应于我们的量的元素部分, 近似地等于 $q(x_i)\Delta x_i$, 所以整个的待求的量 Q 便近似的表成和

$$Q \doteq \sum_i q(x_i)\Delta x_i.$$

部分区间愈小, 所得出的数值准确程度愈高, 于是显而易见 Q 便是上述和的极限, 这就是说, 真正的表成了定积分 $\int_a^b q(x)dx$.

这番话对所有我们研究过的三个例子都成立. 至于以前我们用另外一些方法来求量 S, P, V 的公式, 那是因为我们当时的问题不仅在于计算它们, 而且在于要按照先前所给的定义证明它们的存在.

因此, 所有的问题就归结到建立近似等式 (1), 同时通常以 dx 和 dQ 代替 Δx 与 ΔQ, 写成形式

$$dQ = q(x)dx. \tag{3}$$

其后只需对这些元素 "求和", 而这就导引到公式 (2).

我们着重指出, 此处用积分以代替普通的和是极端重要的. 和只能给出 Q 的近似表达式, 因为个别的 (3) 型的等式的误差会影响到它;而极限过程(借助于此,从和得出了积分)却消灭了误差并导致完全正确的结果. 总之, 在开始时为了想要简单, 在元素 dQ 的表达式中舍弃了高阶无穷小而分出了主要部分, 但其后为了想要精确, 便以积分来代替求和, 而所得到的结果就纯粹成为精确的了.

不过这问题可以用另一个观点来处理. 我们用 $Q(x)$ 来表示对应于区间 $[a, x]$ 的量 Q 的变动部分, 而 $Q(a)$ 自然设其等于零. 不难看出, 以上所讨论的 "区间函数"$Q([\alpha, \beta])$, 应以什么方式, 通过这个 "点函数"$Q(x)$ 而表示出来

$$Q([\alpha, \beta]) = Q(\beta) - Q(\alpha).$$

在我们的例子里, 点函数就是 1) 不定弧 $\widehat{AM}$,2) 可变四边形 $AA'M'M$ 的面积, 而最后 3) 该四边形所旋转出来的立体的体积.

量 ΔQ 是函数 $Q(x)$ 的任意增量, 而表示其主要部分的乘积 $q(x)\Delta x$ 不是别的, 正是这个函数的微分 [第 **103** 目, 第 104目]. 这样一来, 以微分符号写出的等式 (3), 如果将 dQ 就了解作 $dQ(x)$, 事实上就并非是近似的, 而是精确的了. 由此也立刻得到了所要求的结果

$$\int_a^b q(x)dx = Q(b) - Q(a) = Q([a, b]) = Q.$$

然而我们仍要指出, 在应用中更便利和更有效的还是无穷小元素求和的观点.

349. 曲线的静力矩与重心的求法[55] 如所周知, 质量为 m 的质点 M 对于某一个轴的静力矩, 等于质量 m 与点到轴的距离 d 的乘积. 在一个有轴的平面上, 质量为 $m_1, m_2, \cdots, m_n$, 与

---

[55]导出与诸物理量有关的数学公式必须利用物理方面的讨论.

轴的距离分别为 $d_1, d_2, \cdots, d_n$ 的 n 个质点组的情形下, 静力矩便表成和

$$M = \sum_i m_i d_i.$$

此时轴的一侧的点的距离取作正号, 而轴的另一侧的点的距离取作负号.

假使质量不是集中在各别几点, 而是全面的布满了一条曲线或一个平面图形, 那么就要用积分代替和以表达静力矩.

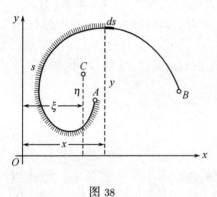

图 38

我们来讲沿着某一平面曲线 AB(图 38) 而分布的质量, 对于 x 轴的静力矩的定义. 此时我们假定曲线是均匀的, 于是它的线密度 ρ(就是在单位长度上所占有的质量) 是一常量; 为了简单起见, 更假定 $\rho = 1$(不然的话, 只需在所得的结果上乘以 ρ 即可). 在这些假定之下, 我们的曲线的任意一段弧的质量, 就直接以它的长度来度量, 并且静力矩的概念获得了单纯的几何性质. 一般地指出, 当说到曲线的静力矩 (或重心) 而不提质量沿着它的分布情形时则永远是指恰恰在上述假定之下而定义出来的静力矩 (重心) 而言.

我们选定曲线的任一元素 ds(其质量也以数 ds 来表示). 将此元素近似地当作与轴相距 y 处的一个质点, 我们便得出了它的静力矩的表达式

$$dM_x = yds.$$

把这些元素的静力矩加在一起, 并取从点 A 起算的弧长 s 作为自变量, 我们便得到

$$M_x = \int_0^S yds. \tag{4}$$

类似的, 对于 y 轴的静力矩也表成了

$$M_y = \int_0^S xds. \tag{5}$$

当然, 此处假定 y(或 x) 是通过 s 表达的. 实际上, 这些公式中的 s 是通过曲线的分析表示法的自变量 (t, x 或 θ) 而表达的.

曲线的静力矩 M_x 与 M_y 使得可以很容易地确定出它的重心 $C(\xi, \eta)$ 的位置. 点 C 具备这样的性质, 就是假如把曲线的全部 "质量"S(这个数也表示长度) 都集中到它上面, 则此质量对于任何的一个轴的静力矩, 皆与曲线对此轴的静力矩相同; 若特别讨论曲线对于坐标轴的静力矩, 便得到

$$S\xi = M_y = \int_0^S xds, S\eta = M_x = \int_0^S yds,$$

由此

$$\xi = \frac{M_y}{S} = \frac{1}{S}\int_0^S xds, \eta = \frac{M_x}{S} = \frac{1}{S}\int_0^S yds. \tag{6}$$

从重心纵标 η 的公式里, 我们得到了很重要的几何结果. 事实上, 我们有

$$\eta S = \int_0^S y ds, \text{ 由此} 2\pi\eta S = 2\pi \int_0^S y ds;$$

然而这个等式的右侧部分是曲线 AB 旋转出来的曲面的面积 P[参看第 **344** 目,(20)], 等式的左侧部分, $2\pi\eta$ 表示曲线绕 x 轴旋转时其重心所描出的圆周的长度, 而 S 是我们的曲线的长度. 这样一来, 我们便导致以下的**古尔丹**(P. Guldin)**定理**:

曲线绕某一条不与其相交的轴旋转, 所得出的曲面的大小, 等于此曲线的弧长乘上曲线重心 C 所描出的圆周的长(图 38)

$$P = S \cdot 2\pi\eta.$$

这个定理使得如果已知曲线长 S 与它所描出的旋转面的面积 P, 就可以很容易地确定曲线重心的纵坐标 η.

350. 例 1) 试求椭圆 $\dfrac{x^2}{a^2} + \dfrac{y^2}{b^2} = 1$(假定 $a > b$) 的周线对于 x 轴的静力矩.

对于上 (或下) 半个椭圆, 这静力矩只比对应的旋转面的大小少一个因数 2π. 因此 [参看第 **345** 目,7)]

$$M_x = 2b\left(b + \frac{a}{\varepsilon}\arcsin\varepsilon\right).$$

2) 如果我们所研究的弧对于某条直线是对称的, 那么弧的重心就必须在这条直线上.

为了要证明起见, 我们取对称轴当作 y 轴, 并取其与曲线的交点当作弧长计算的初始点, 于是函数 $x = \Phi(s)$ 就成为 s 的奇函数, 并且如果在这一次用 $2S$ 来表示整个曲线的长, 我们便有 [参看第 **314** 目,9)]

$$M_y = \int_{-S}^S x ds = 0,$$

因此 $\xi = 0$.

3) 利用古尔丹定理, 试确定半径为 r 的圆弧 $\overset{\frown}{AB}$ 的重心位置 (图 39).

因为这个弧对称于通过它的中点 M 的半径 OM, 所以它的重心 C 在这条半径上, 并且为了要完全确定重心的位置, 仅需求它与心 O 的距离 η. 取轴如图所示, 并以 s 表示弧 $\overset{\frown}{AB}$ 的长, 以 d 表示弦 $AB(= A'B')$ 的长, 我们所研究的弧环绕 x 轴而旋转, 就得出了球带, 它的表面积 P 如我们所知 [第 **345** 目,1)], 是等于 $2\pi r d$. 根据古尔丹定理, 这个表面积又等于 $2\pi\eta s$, 所以 $s\eta = rd$, 即 $\eta = \dfrac{rd}{s}$.

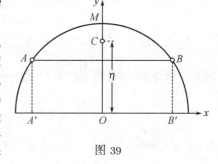

图 39

特别对于**半圆**而言, $d = 2r, s = \pi r$ 并且

$$\eta = \frac{2}{\pi}r \doteq 0.637r.$$

4) 试确定**旋轮线**的一拱

$$x = a(t - \sin t), y = a(1 - \cos t) \quad (0 \leqslant t \leqslant 2\pi)$$

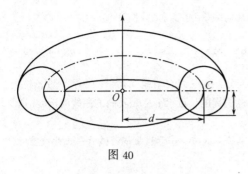

图 40

的重心.

如果注意到对称性, 那么便立即很明显地得到 $\xi = \pi a$. 再考虑到第 **345** 目例 4) 的结果, 跟着又很容易地得到 $\eta = \dfrac{4}{3}a$.

5) 在预先知道了重心位置的场合下, 可以利用古尔丹定理来确定旋转面的面积. 比如说假设要求确定环面 (**环形圆纹曲面**, 亦即圆绕不与其相交的轴旋转而产生的立体的表面) 的大小 (图 40). 因为圆周的重心显而易见是在圆心. 所以 (在图中的标记之下) 我们便有

$$P = 2\pi r \cdot 2\pi d = 4\pi^2 rd.$$

351. 平面图形的静力矩与重心的求法　　我们来研究显式方程 $y = f(x)$ 所给出的曲线 AB 之下所界定的平面图形 $AA'B'B$(图 41). 假定质量是沿着这个图形均匀分布的, 于是它的**面密度**ρ(就是说每单位面积所占有的质量) 就是个常量. 那么可以取 $\rho = 1$, 这就是说我们的图形的任何一部分的质量以其面积来度量, 而在本质上并没有减低一般性. 如果说到平面图形的静力矩 (或重心) 不附加说明, 就永远指的是这种情形.

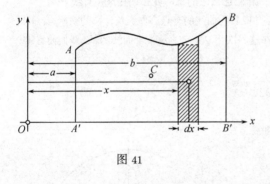

图 41

为了想要确定这图形对于坐标轴的静力矩 M_x, M_y, 我们和通常一样, 将我们的图形的任意元素选成无限窄的竖条 (参看图). 近似的把这个小条看成矩形, 即见其质量 (面积也以这同一个数来表示) 为 ydx. 为了要确定对应的元素的静力矩 dM_x, dM_y, 我们假定这小条的全部质量都集中在它的重心 (即矩形的中心), 那么如所周知, 静力矩的大小不变. 所得到的质点与 x 轴的距离为 $\dfrac{1}{2}y$, 与 y 轴的距离为 $\left(x + \dfrac{1}{2}dx\right)$; 后一个表达式可以简单地换成 x, 因为所舍弃的量 $\dfrac{1}{2}dx$ 乘上质量 ydx 给出了二阶无穷小. 因而我们便有

$$dM_x = \frac{1}{2}y^2dx, \quad dM_y = xydx.$$

将这些元素的静力矩加在一起, 便得到结果

$$M_x = \frac{1}{2}\int_a^b y^2dx, \quad M_y = \int_a^b xydx, \tag{7}$$

这里的 y 当然是了解作曲线 AB 的方程中出现的函数 $f(x)$.

和在曲线的情形中一样, 根据所研究的图形对于坐标轴的这两个静力矩, 现在就不难确定出图形重心的坐标 ξ, η. 如果以 P 表示图形的面积 (因而也是质量), 则根据重心的基本性质

$$P\xi = M_y = \int_a^b xydx, P\eta = M_x = \frac{1}{2}\int_a^b y^2dx.$$

由此

$$\xi = \frac{M_y}{P} = \frac{1}{P}\int_a^b xy\,dx, \quad \eta = \frac{M_x}{P} = \frac{1}{2P}\int_a^b y^2\,dx. \tag{8}$$

并且在这个情形中, 我们从重心纵坐标 η 的公式得到了重要的几何结果. 事实上, 从这个公式我们有

$$2\pi\eta P = \pi\int_a^b y^2\,dx.$$

这个等式的右侧部分表示平面图形 $AA'B'B$ 环绕 x 轴旋转所得到的立体的体积 V[第 **342** 目 (16)], 而左侧部分表示这个图形的面积 P 与 $2\pi\eta$(图形重心所描出的圆周长) 的乘积. 由此便有**古尔丹第二定理**:

平面图形绕不与其相交的轴的旋转体体积, 等于此图形的面积与图形重心所描出的圆周长的乘积:

$$V = P \cdot 2\pi\eta.$$

注意, 公式 (7),(8) 可推广到上下皆以曲线为界的图形 (图 19) 的情形. 比方说, 对于这种情形

$$M_x = \frac{1}{2}\int_a^b (y_2^2 - y_1^2)\,dx, \quad M_y = \int_a^b x(y_2 - y_1)\,dx; \tag{7a}$$

因此公式 (8) 应如何改造就已经很明显了. 如果回想第 **338** 目公式 (8), 那么就不难看出, 古尔丹定理对于这种情形也是正确的.

352. 例   1) 试求界于抛物线 $y^2 = 2px, x$ 轴, 与对应于横标 x 的纵标之间的图形的静力矩 M_x, M_y 与重心坐标.

因为 $y = \sqrt{2px}$, 所以根据公式 (7)

$$M_x = \frac{1}{2}\cdot 2p\int_0^x x\,dx = \frac{1}{2}px^2,$$

$$M_y = \sqrt{2p}\int_0^x x^{\frac{3}{2}}\,dx = \frac{2\sqrt{2p}}{5}x^{\frac{5}{2}}.$$

另一方面, 面积 [第 **338** 目 (7)]

$$P = \sqrt{2p}\int_0^x x^{\frac{1}{2}}\,dx = \frac{2\sqrt{2p}}{3}x^{\frac{3}{2}}.$$

此时根据公式 (8)

$$\xi = \frac{3}{5}x, \eta = \frac{3}{8}\sqrt{2px} = \frac{3}{8}y.$$

利用数值 ξ 与 η, 很容易求得 —— 根据古尔丹定理 —— 所研究的图形绕坐标轴或绕最后的纵坐标的旋转体体积. 例如若就后一种情形而论, 则因重心与旋转轴的距离为 $\frac{2}{5}x$, 所以要求的体积便是

$$V = \frac{8}{15}\pi x^2 y.$$

2) 利用第 **339** 目,2) 与第 **343** 目,2) 的结果, 试求第一象限椭圆 $\dfrac{x^2}{a^2} + \dfrac{y^2}{b^2} = 1$ 的重心.

根据古尔丹定理,$\xi = \dfrac{4a}{3\pi}, \eta = \dfrac{4b}{3\pi}$.

3) 如果图形具有对称轴, 那么图形的重心就必须在此轴上.

我们在图形为上以曲线 $y_1 = f_1(x)$ 为界, 下以曲线 $y_2 = f_2(x)$ 为界的情形下来证明此事. 假如取对称轴作为 y 轴, 则函数 y_1 与 y_2 就都成了偶函数; 此时 x 的变化区间便形如 $[-a, a]$. 于是根据公式 (7a) 中的第二个 [参看第 **314** 目,9)]

$$M'_y = \int_{-a}^{a} x(y_2 - y_1)dx = 0, 连带着\xi也 = 0.$$

4) 试求旋轮线 $x = a(t - \sin t), y = a(1 - \cos t)$ 的一拱与 x 轴所界出的图形的重心.

利用第 **339** 目,9) 与第 **343** 目, 4), 根据古尔丹定理甚易确定:$\eta = \dfrac{5}{6}a$. 由于对称性,$\xi = \pi a$.

5) 同样的, 对于两条抛物线 $y^2 = 2px$ 与 $x^2 = 2py$ 所界出的图形 (参看图 24).

回想第 **339** 目例 5), 便由公式 (7a) 得到

$$\eta = \xi = \frac{1}{P}\int_0^{2p} x\left(\sqrt{2px} - \frac{x^2}{2p}\right)dx = \frac{\frac{6}{5}p^3}{\frac{4}{3}p^2} = \frac{9}{10}p.$$

6) 和古尔丹第一定理一样 [参看第 **350** 目, 5)], 第二定理也可以应用于这种场合, 就是当重心的位置知道了而要想确定对应的旋转体体积的时候. 例如, 对于环形圆纹曲面 (图 40), 便得到体积 $V = 2\pi^2 r^2 d$.

353. 力学上的功　从初等力学中读者业已熟知, 如果加于动点 M 的力保持常量 F, 并与点的运动方向保持常角, 则这个力在点的位移 s 上的功 A 就以乘积 $F\cos(F, s) \cdot s$ 来表示, 其中 (F, s) 表示力的方向与点的运动方向之间的角. 显而易见, 乘积 $F_s = F\cos(F, s)$ 是力 F 在位移 s 上的投影; 引用这个投影, 功的表达式可以表成 $A = F_s s$ 的形状, 如果力的方向与点的运动方向相同, 则 $A = Fs$; 而在两个方向恰恰相反的情形下,$A = -Fs$.

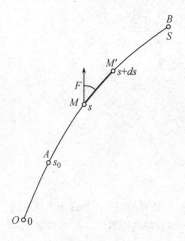

图 42

然而一般说来, 力的大小 F 及其与运动方向间的角 (F, s) 不能始终是个常数. 即使这两个量中的一个连续而变化, 要表达功的大小仍必须采用定积分.

设点所行经的路程 s 为独立变量: 此时我们假定, 这个点的初始位置 A 对应值 $s = s_0$, 而终点 B 对应值 $s = S$(图 42). 区间 (s_0, S) 中的每一个值 s 对应于动点的一个确定的位置, 而也对应于量 F 与量 $\cos(F, s)$ 的确定的值, 因之这两个量可以看作 s 的函数. 在由路程的值 s 所确定的任何一个位置上, 取点 M, 现在我们来找与路程由 s 到 $s + ds$(此时点 M 就走到邻近的点 M', 见图 42) 的增量 ds 相对应的功的元素的近似表达式. 在 M 处, 定力 F 以定角 (F, s) 作用在点上; 因为:—— 在小的 ds 之下 —— 点由 M 过渡到 M' 时, 这些量的变化也很小, 我们便忽略了这些变化, 而认为力 F 与角 (F, s) 近似地是个常量, 就得出了在位移 ds 上的功元素的表达式

$$dA = F\cos(F, s) \cdot ds,$$

因之全部功 A 被表成积分

$$A = \int_{s_0}^{S} F\cos(F, s) \cdot ds. \tag{9}$$

从这个力 F 的功的一般表达式中, 很清楚可以看出, 当 $(F, s) = \dfrac{\pi}{2}$ 时, 功变成为零; 实际上, 此时 $\cos(F, s) = 0$, 于是被积函数就成为零了. 因此垂直于运动方向的力不产生力学上的功.

如将点上的作用力 F 依照途径的切线方向 (即运动方向) 及法线方向 (根据平行四边形法则) 分成两个分力, 则按以上所述, 只有切线分力 $F_s = F \cos(F, s)$ 才产生功:

$$A = \int_{s_0}^{S} F_s ds. \tag{9a}$$

现在我们假定, F 是所有加在点上的力的合力; 于是根据牛顿运动定律, 切线分量 F_s 等于点的质量 m 与其加速度 a 的乘积. 因而功 A 的表达式可以写成

$$A = \int_{s_0}^{S} mads.$$

现在回想:

$$a = \frac{dv}{dt} \text{并且} v = \frac{ds}{dt}, \text{所以} a = \frac{dv}{ds}\frac{ds}{dt} = \frac{dv}{ds} v;$$

此时即得

$$A = \int_{s_0}^{S} mv\frac{dv}{ds}ds = \int_{v_0}^{V} d\left(\frac{1}{2}mv^2\right) = \frac{1}{2}mv^2\Big|_{v_0}^{V} = \frac{1}{2}mV^2 - \frac{1}{2}mv_0^2,$$

其中 v_0 与 V 分别表示在路程的起点与终点处速度的值.

如所周知, $\dfrac{1}{2}mv^2$ 是点的**活力**或**动能**; 因而我们便引出了重要的定理: 使点发生运动的力, 其所做的力学上的功 A 就等于点的动能的增量.(当然, 功 A 与功能增量可以都是负的.) 这条原理可以推广到质点组以至整个的物体, 在力学与物理学中占非常重要的位置, 称之为 "活力定律".

354. 例 1) 作为例子, 我们把公式 (9) 用来计算拉伸 (或压缩) 一端固定的弹簧的功 (图 43); 例如在火车缓冲器的计算中, 就必须涉及这个问题.

大家都知道, 弹簧的伸长 s(只要弹簧不是拉过了度) 做成的张力 p, 其大小比例于伸长量, 于是 $p = cs$, 其中 c 是某一常量, 依赖于弹簧的弹性 (弹簧的 "刚性"). 拉弹簧的力应该胜过这个张力. 如若只计算作用力在这上面所耗掉的部分, 则当伸长量由 0 增至 S 时, 它的功表成这样:

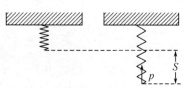

$$A = \int_{0}^{S} pds = c \int_{0}^{S} sds = c\frac{s^2}{2}\Big|_{0}^{S} = \frac{cS^2}{2}. \qquad \text{图 43}$$

用 P 表示张力 (或克服它的力) 的最大值, 它对应于弹簧的伸长量 S(就等于 cS), 我们可以把功的表达式表成以下形状:

$$A = \frac{1}{2}PS.$$

如若力 P 一下子就加到了弹簧自由的一端 (例如挂上一个重物), 则在它的位移 S 上就产生了两倍大的功 PS. 我们知道, 其中只有一半是耗费在弹簧的伸长上面; 而另一半化为弹簧与所挂重物的动能了.

2) 假设有某一定量的气体 (蒸汽) 含于汽缸内活塞的一侧 (图 44), 还假定这气体膨胀了并推动活塞向右. 我们的目的是要确定此时气体所做的功. 倘使以 s_1 与 s_2 表示活塞和汽缸左方的底

的初始与最终距离, 以 p 表示 (活塞单位面积上的) 压力, 而以 Q 表示活塞面积, 那么所有作用在活塞上的力便是 pQ, 而功则如所尽知, 表如积分

$$A = Q \int_{s_1}^{s_2} p\,ds.$$

以 V 表示我们所研究的气体的体积, 显见即有 $V = Qs$. 现在很容易地就从变量 s 转到变量 V 了; 我们得出

$$A = \int_{V_1}^{V_2} p\,dV, \tag{10}$$

其中 V_1 与 V_2 表示体积 V 初始的与最终的值.

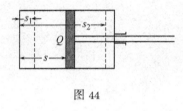

图 44

如果压力 p 是当作体积 V 的一个函数而为我们所已知, 则功 A 即由此被确定. 我们先假定当气体膨胀时, 其温度保持不变, 那么它要膨胀就必须由外面输入热能; 此时称之为**等温**过程. 假想这气体是 "理想的", 由波义耳–马略特定律便有 $pV = c = 常量$, 所以 $p = \dfrac{c}{V}$, 并且我们得到功的值

$$A = \int_{V_1}^{V_2} \frac{c}{V}\,dV = c\ln V \Big|_{V_1}^{V_2} = c\ln \frac{V_2}{V_1}.$$

如果以 p_1 与 p_2 表示过程开始与过程最终时的压力, 则 $p_1 V_1 = p_2 V_2$, 即 $\dfrac{V_2}{V_1} = \dfrac{p_1}{p_2}$. 因此在从压力 p_1 到压力 $p_2 < p_1$ 的过程上, 膨胀的功也可以表如次形

$$A = c\ln \frac{p_1}{p_2}.$$

最后, 在这些公式中可将 c 换为乘积 $p_1 V_1$.

然而时常是更自然地假定在膨胀时, 气体与周围环境之间没有热的流通, 而气体的能量只消耗在作功上, 此时它的温度就降低了: 这种过程称之为**绝热**过程. 在这样的场合下, 我们所研究的气体的压力 p 与体积 V 之间的关系有以下形状

$$pV^k = c = 常量,$$

[这个关系将在以下的第 **361** 目, 3) 中推出], 其中 k 是每一种气体 (蒸汽) 的特征常数, 永远大于1. 因此 $p = cV^{-k}$ 并且

$$A = \int_{V_1}^{V_2} cV^{-k}\,dV = \frac{c}{1-k} V^{1-k}\Big|_{V_1}^{V_2} = \frac{c}{1-k}(V_2^{1-k} - V_1^{1-k}) = \frac{c}{1-k}\left(\frac{1}{V_2^{k-1}} - \frac{1}{V_1^{k-1}}\right).$$

倘若回忆 $cV_1^{-k} = p_1, cV_2^{-k} = p_2$, 则此结果可以表成更简便的形式; 作替换, 便引出以下功的表达式

$$A = \frac{p_1 V_1 - p_2 V_2}{k-1}.$$

我们只不过是为了简单明了起见, 才假定气体是在汽缸里膨胀. 基本公式 (10) 以及由它而推得的各特殊公式, 与当时所研究的气体的形状无关, 总是有效的. 当然, 那些公式也表示了气体由体积 V_2 压缩到体积 $V_1 < V_2$ (伴随着压力由 p_2 升高到 $p_1 > p_2$) 的功, 亦即迫使气体紧缩的外力的功; 而气体本身的功此时就是负的了!

355. 平面轴基的摩擦力的功 一般称垂直旋转轴的支撑部分为**轴基**; 轴在它上面旋转而它本身固定不动的支撑部分称为**轴承**. 在本目中, 我们研究关于消耗在克服轴基摩擦的能的问题, 以最简单的情形 —— **平面轴基**为限.

圆柱体以平底而立在轴承上, 便是平面轴基 (图 45). 这个底一般为圆环形, 外半径为 R, 内半径为 r_0; 在特殊情形下, 当 $r_0 = 0$ 时, 我们就得到实心的圆截面.

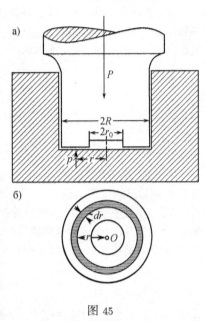

我们用 P 表示轴基所传导的全部压力, 用 $\omega(1/秒)$ 表示轴旋转的角速度, 用 μ 表示摩擦系数, 最后用 p 表示在所研究的点处轴基单位面积所受压力. 暂且不谈压力的**分布**问题, 我们只注意一个显然情形: 轴基上与其中心 O 等距离的点系处于同一条件之下, 它们所受压力也就应该一样. 因此 p 一般可以认作是向径 r 的函数. 以下将述出通常对于此函数所作的假定; 然而无论如何它总得满足一项条件, 即轴基所受的全部压力应与轴方面的压力 P 相抵.

为了要计算这个全压力, 我们仍遵循第 **348** 目的途径采用无穷小量求和的办法, 并取半径 r 作为独立变量, 从 r_0 变到 R. 将此区间分成若干段, 同时也就将整个圆环分成若干元素的同心环, 于是对应于各别元素环形的元素压力加在一起就是整个的压力 P. 现在我们来研究界于半径为 r 及半径为 $r + dr$ 的圆之间的环形 (在图

图 45

45,б 上它画了细线条). 这个环形的面积为 $\pi(r + dr)^2 - \pi r^2 = 2\pi r dr + \pi(dr)^2$; 弃去二阶无穷小 $\pi(dr)^2$, 可以近似地取这个面积等于 $2\pi r dr$. 如果 p 是在与中心相距为 r 的点处的 (单位面积上的) 压力, 则所研究的环形对应于元素压力

$$dP = p \cdot 2\pi r dr,$$

所以总加在一起便得到等式

$$P = 2\pi \int_{r_0}^{R} pr dr. \tag{11}$$

我们重复指出, 它也表明这一事实, 即轴基所受的总压力等于轴方面的压力.

现在我们来确定, 对旋转轴而旋转着的轴基之上的摩擦力矩 M. 我们重新研究上面讲过的元素环形; 在它上面所发生的抵抗旋转的摩擦力为

$$\mu dP = 2\pi \mu pr dr.$$

所以与之对应的元素力矩 dM 就表成了这个力与 (环形上所有的点的共同的) 力臂 r 的乘积:

$$dM = 2\pi \mu pr^2 dr.$$

因此全部的摩擦力矩便是

$$M = 2\pi \mu \int_{r_0}^{R} pr^2 dr. \tag{12}$$

从力学中知道, 在一秒钟之内, 由这常转矩 M 所做的功 A, 系由转矩 M 与旋转角速度 $\omega(1/秒)$ 相乘而得:

$$A = M\omega.$$

为了要把功 A 的计算搞彻底, 现在必须对于 p 在轴基表面上的分布规律作出某种假定. 最简单的是假定压力均匀分布, 就是说 $p = c = $ 常量. 此常量由条件 (11) 来确定. 不过此时可直接看出, 若压力 P 是均匀的分布在环形的面积 $\pi(R^2 - r_0^2)$ 上, 则单位面积所得压力 $p = c = \dfrac{P}{\pi(R^2 - r_0^2)}$.

于 (12) 中以这个值代替 p, 便进而得出

$$M = 2\pi\mu \frac{P}{\pi(R^2 - r_0^2)} \int_{r_0}^{R} r^2 dr = \frac{2}{3}\mu P \frac{R^3 - r_0^3}{R^2 - r_0^2}.$$

特别对于实心的轴基便有:$M = \dfrac{2}{3}\mu PR$.

然而这些结果只能用到新的, 尚未磨损的轴基上去. 问题是在于当轴旋转时, 轴基上面的点离中心 O 越远, 运动速度就越大, 在它上面的摩擦功就越大, 因而无论是轴基还是轴承, 磨损得也就更厉害. 由于这个道理, 受压力的部分就转移到了轴基上距中心较近的部分. 对于旧的, 损耗了的轴基, 通常设其压力分布是这样的, 即 (单位面积上的) 摩擦功以及随之而生的损耗, 处处保持一常量. 将元素的功 $dA = \omega dM$ 分配到元素环形的面积 $2\pi r dr$ 上, 我们的假设便可写成这样.

$$\omega\mu pr = 常量, 因而也就是 \ pr = c = 常量;$$

这样, 我们就假定了 p 是按照其与中心的距离 r 成反比而变的. 于条件 (11) 中以 c 替换 pr, 便求得这个常量的值

$$P = 2\pi c \int_{r_0}^{R} dr = 2\pi c(R - r_0), 由此 c = \frac{P}{2\pi(R - r_0)}.$$

最后, 在 (12) 中将 pr 换成所得到的表达式, 就得出这样的结果:

$$M = 2\pi\mu \frac{P}{2\pi(R - r_0)} \int_{r_0}^{R} r dr = \frac{1}{2}\mu P(R + r_0).$$

而对于实心的轴基, $M = \dfrac{1}{2}\mu PR$.

易见, 在耗损了的轴基的情形中, 损失于摩擦上的能较在新轴基的情形中为少.

356. 无穷小元素求和的问题   我们再引一些应用无穷小元素求和的方法来解决的问题.

1) 试求物体 (V) 对于给定的平面的静力矩 M 的表达式, 假设已知其与此平面平行的横断面面积 (是与该平面的距离 x 的某一函数). 密度假定等于 1.

在第 **343** 目中的符号之下, 与平面相距 x 处, 物体的元素薄片的质量 (体积) 是 $p(x)dx$, 其静力矩 $dM = xP(x)dx$, 于是总加在一堆, 便得到

$$M = \int_a^b xP(x)dx.$$

物体的重心与给定的平面的距离 ξ 表成这样:

$$\xi = \frac{M}{V} = \frac{\int_a^b xP(x)dx}{\int_a^b P(x)dx}.$$

特别对于旋转体

$$\xi = \frac{\int_a^b xy^2dx}{\int_a^b y^2dx}.$$

假使将这个结果应用到 (a) 圆锥与 (б) 半球, 则得出重心与底的距离为 (a) $\frac{1}{4}$ 高, (б) $\frac{3}{8}$ 半径.

2) 试求旋转曲面对于垂直旋转轴的平面的静力矩 M 的表达式. "面密度" 假定等于 1.

取旋转轴作为 x 轴, 并取其与上述平面的交点作为坐标原点. 在第 **344** 目的符号之下, 距弧长初始点 s 处的元素环形片的质量 (面积) 为 $2\pi yds$, 其静力矩 $dM = 2\pi xyds$, 并且最后

$$M = 2\pi \int_0^S xyds = 2\pi \int_0^S \Phi(s)\Psi(s)ds.$$

特别若旋转的曲线以显式方程 $y = f(x)(a \leqslant x \leqslant b)$ 给出, 则

$$M = 2\pi \int_a^b xy\sqrt{1+y_x'^2}dx = 2\pi \int_a^b x \cdot f(x)\sqrt{1+[f'(x)]^2}dx.$$

旋转面的重心与给定的平面的距离 ξ 即为

$$\xi = \frac{M}{P} = \frac{\int_0^S xyds}{\int_0^S yds} = \frac{\int_a^b xy\sqrt{1+y_x'^2}dx}{\int_a^b y\sqrt{1+y_x'^2}dx}.$$

试应用最后一个公式到 (a) 圆锥面, (б) 半球面. **答案** 重心与底的距离等于 (a) $\frac{1}{3}$ 高, (б) $\frac{1}{2}$ 半径.

3) 试确定柱面 [第 **346** 目, 图 35] 对于坐标平面的静力矩 M_{yz}, M_{zx}, M_{xy}, 以及其重心之位置. 并将所得公式应用于圆柱弓形体 [第 **343** 目,8)] 的侧面.

答案 一般公式是

$$M_{yz} = \int_0^S xzds, M_{zx} = \int_0^S yzds, M_{xy} = \frac{1}{2}\int_0^S z^2ds,$$
$$\xi = \frac{M_{yz}}{P}, \eta = \frac{M_{zx}}{P}, \zeta = \frac{M_{xy}}{P},$$

其中 P 为表面积. 在所提到的例子中 $\xi = 0, \eta = \frac{\pi}{4}a, \zeta = \frac{\pi}{8}h$.

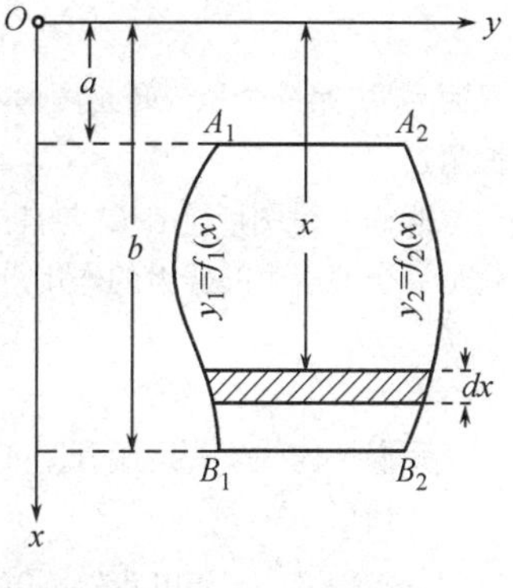

4) 质量 m 与自点至轴 (平面) 的距离 d 的平方的乘积, 称为质量为 m 的质点对该轴 (或平面) 的**转动惯量**(或**平方矩**). 由此出发, 试求一个平面图形 $A_1B_1B_2A_2$(图 46) 对于 y 轴转动惯量 I_y 的表达式, 假定质量分布的 "面密度" 是 1.

我们有

$$dI_y = x^2(y_2 - y_1)dx,$$
$$I_y = \int_a^b x^2(y_2 - y_1)dx.$$

图 46

例如, 在图 47 所画的情形中, 我们得到:

(a) $y_2 - y_1 = b$,

$$I_y = b \int_{c-\frac{h}{2}}^{c+\frac{h}{2}} x^2 dx = bc^2 h + \frac{bh^3}{12},$$

特别在 $c = 0$ 时, 便有 $I_y = \frac{bh^3}{12}$;

(б) $y_2 - y_1 = 2\sqrt{r^2 - (x-c)^2}$,

$$I_y = 2 \int_{c-r}^{c+r} x^2 \sqrt{r^2 - (x-c)^2} dx = \pi r^2 c^2 + \frac{\pi r^4}{4},$$

特别在 $c = 0$ 时, 便有 $I_y = \frac{\pi r^4}{4}$.

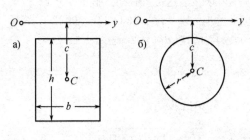

图 47

5) 试确定在问题 1) 中所研究的物体 (V) 对于前述的那个平面的转动惯量. 并应用所得公式计算 (a) 圆锥,(б) 半球, 对于底平面的转动惯量.

答案 $I = \int_a^b x^2 P(x)dx$; 特别是 (a) $I = \frac{\pi}{30} R^2 h^3$, (б) $I = \frac{2\pi}{15} R^5$.

6) 在液面下深 h(米) 的某一平面上, 液体的压力等于以此平面为底, 高为 h 的整个液柱的重量. 因此若以 γ 表示液体的比重 (千克/米^3), 在深度 h(米) 处单位面积上所得的压力 (千克/米^2) 就等于 $h\gamma$.

今假定将一平面图形 $A_1 B_1 B_2 A_2$(图 46) 垂直的沉入液体内[①].

试求在此图形上的全部流体静压力 W 以及它的矩 M(对于自由液面而言).

元素面积 $dp = (y_2 - y_1)dx$ 受到压力 $dW = \gamma x(y_2 - y_1)dx$, 它对于 y 轴的矩等于 $dM = \gamma x^2(y_2 - y_1)dx$. 由此

$$W = \gamma \int_a^b x(y_2 - y_1)dx,$$

$$M = \gamma \int_a^b x^2(y_2 - y_1)dx.$$

显而易见, 第一个积分乃是图形对于 y 轴的**静力矩** M_y; 而第二个积分给出了图形对于该轴的**转动惯量** I_y.

假如 ξ 是图形重心 C 与自由液面的距离, 而 P 是图形面积, 则可写出 $W = \gamma P \xi$. 压力中心, 就是说全部压力的合力的作用点, 与自由液面相去的距离

$$\xi^* = \frac{M}{W} = \frac{I_y}{P\xi}.$$

我们把这些公式运用到图 47 所画的情形上.

在情形 a): $\xi = c, P = bh$ 并且 $W = \gamma bhc$. 不仅如此, 因为在 4) 中我们已经计算出了 $I_y = bc^2 h + \frac{bh^3}{12}$, 所以我们可以立即写出

$$\xi^* = c + \frac{h^2}{12c}.$$

[①]我们将 y 轴取在自由液面上.

特别若是 $c = \dfrac{h}{2}$(就是说矩形的上边在液面上), 我们便有

$$W = \frac{1}{2}\gamma bh^2, \quad \xi^* = \frac{2}{3}h.$$

在情形,б):$\xi = c, P = \pi r^2$ 并且 $W = \gamma c\pi r^2$. 此处 $I_y = \pi r^2 c^2 + \dfrac{\pi r^4}{4}$[参看 4)]. 由此

$$\xi^* = c + \frac{r^2}{4c}.$$

7) 如果在一个灌满了水的容器的壁上, 于水平面下深 h(米) 处有一条水平的裂缝, 那么水就会以速度 (米/秒)

$$v = \sqrt{2gh}①$$

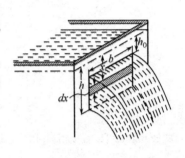

由这里流出. 现在假定在容器的壁上, 有一个长方形的窟窿 (图 48). 要求确定水的流量, 也就是说一秒钟内所流出的水的体积 Q(米^3).

在深度为 x 处, 宽度为 dx 的元素窄条对应于速度 $v = \sqrt{2gx}$; 因为它的面积是 bdx, 所以水通过这个窄条的流量就表成了这样:$dQ = \sqrt{2gx} \cdot bdx$. 总加在一起, 便得到

$$Q = \sqrt{2g}b \int_{h_0}^{h} x^{\frac{1}{2}} dx = \frac{2}{3}\sqrt{2g}b\left(h^{\frac{3}{2}} - h_0^{\frac{3}{2}}\right).$$

图 48

实际的流量比所计算出的要少一些, 因为液体内有摩擦而且液流有压缩的缘故, 通常总是用某一经验系数 $\mu < 1$ 来照顾这些因素的影响, 而将公式写成这样

$$Q = \frac{2}{3}\mu\sqrt{2g}b\left(h^{\frac{3}{2}} - h_0^{\frac{3}{2}}\right).$$

当 $h_0 = 0$ 时, 由此便得到通过矩形水门的水流量

$$Q = \frac{2}{3}\mu\sqrt{2g}bh^{\frac{3}{2}}.$$

8) 在研究电磁场时,**毕奥**与**萨伐尔**得到了一个结果, 即电流作用在磁极上的力可以看作是由个别无穷小 "电流元素" 所发生的力的合力. 按照他们所建立的定律, 电流元素 ds(图 49) 以力

$$dF = \frac{Im\sin\varphi ds}{r^2}②$$

作用于点 O 处的磁性质量 m, 其中 I 是电流强度, r 是距离 OM, 而 φ 是角 (ds, r).

这个力的方向是垂直于通过 O 及 ds 的平面, 并且 —— 在图中所画的情形下 —— 是在读者这边.

要想确定有限的一段电流在磁极上的作用, 必须将这些元素力总加在一起.

例如我们来确定一段直线的电流 BC(图 50), 在图中所标明的符号之下, 作用于单位磁性质量上的力.

———————————————

①这个公式是在流体力学中证明的, 称作**托里拆利公式**. 注意, 它与一个有重量的质点从高 h 处落下时的速度公式有同样的形式.

②仅在适当的选择单位时, 公式方具此形 (例如说力表成达因, 距离表成米, 磁性质量与电流强度表成电磁单位).

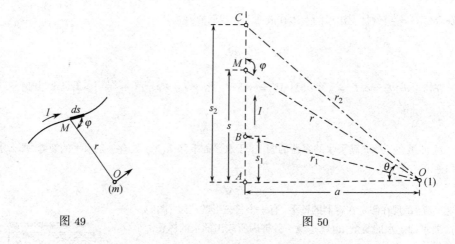

图 49　　　　　　　　　　　　　　　　　　图 50

因为 $\sin\varphi = \sin\angle OMA = \dfrac{a}{r}$, 所以 dF 可以表成这样形状,

$$dF = \frac{aIds}{r^3} = \frac{aIds}{(a^2+s^2)^{\frac{3}{2}}}.$$

此处元素力可以直接相加, 因为它们皆具有同一方向, 因此

$$F = aI\int_{s_1}^{s_2}\frac{ds}{(a^2+s^2)^{\frac{3}{2}}} = \frac{I}{a}\left.\frac{s}{\sqrt{s^2+a^2}}\right|_{s_1}^{s_2} = \frac{I}{a}\left(\frac{s_2}{r_2}-\frac{s_1}{r_1}\right).$$

§4. 最简单的微分方程

357. 基本概念、一阶方程　　在第八章中, 我们研究了由给定的导数

$$y' = f(x) \tag{1}$$

[或者是 —— 同样的 —— 由微分 $dy = f(x)dx$]来确定函数 $y = y(x)$ 的问题, 并且学了作积分或求积的运算法, 由此而问题得以解决,

$$y = \int f(x)dx + C^{①}. \tag{2}$$

在这个**通解**中出现有常数 C. 如我们在 [第 **263** 目, 第 **264** 目] 例子中所见过的, 假使给了**初始条件**

$$当 x = x_0 时 y = y_0. \tag{3}$$

则借此即确定了常数的具体的值 $C = C_0$. 代到 (2) 里面去, 我们便得出了我们的问题的**特解**, 亦即具体的函数 $y = y(x)$, 它不仅具有预先所给定的导数, 而且还满足初始条件 (3).

---

①在本节中, 我们将符号 $\int f(x)dx$ 了解成虽然是任意的, 然而却是确定的原函数, 所以我们不把积分常数包含在这个符号里而另外写出.

然而, 时常需要从更复杂的, 联系着自变量 x 的值与未知函数 y 以及其导数 $y', y'', \cdots$ 的值的关系式

$$F(x, y, y', y'', \cdots) = 0$$

中来确定函数 $y = y(x)$. 这种类型的关系式一般就称作**微分方程**.

我们且来看只包含有一阶导数 y' 的**一阶方程**

$$F(x, y, y') = 0. \tag{4}$$

任意一个函数 $y = y(x)$, 若对于 x 而言恒满足以上方程, 就是它的一个解. 可以证明 (在对于函数 F 的某种假定之下), 和开头所提的最简单的情形一样, 它的**通解**里也包含有任意常量 C, 就是说具有形状

$$y = \varphi(x, C). \tag{5}$$

不过有时候这个解可以成隐式而得到:

$$\Phi(x, y, C) = 0 \quad \text{或} \quad \psi(x, y) = C. \tag{6}$$

求微分方程 (不论是什么形式的) 的通解称为**方程的积分**.

例如, 我们来研究这样的问题: 求次法距不变的曲线. 假如用显式方程 $y = y(x)$ 表示这样的曲线, 那么问题就化为求这样的函数, 使得满足条件 $yy' = p$, 其中 $p =$ 常量 [第 **230** 目, (3)]. 将它改写成 $(y^2)' = 2p$ 形状; 现在很明显的, 它的通解便是

$$y^2 = 2px + C \quad \text{或} \quad y = \pm\sqrt{2px + C}. \tag{7}$$

因此, 整个的抛物线族 (彼此可由平行于 x 轴的移动而得到) 都满足所给的要求.

因为是要找所有具上述性质的曲线, 故此处通解恰恰就给出了问题的答案. 如果在问题中附带指出, 曲线应通过给定的点 (x_0, y_0), 则将这些 x 和 y 的值代入所得到的方程 (7) 中, 我们就可以确定出 C 的值:

$$C_0 = y_0^2 - 2px_0.$$

于 (7) 中命 $C = C_0$, 我们得出**特解** $y^2 = 2px + C_0$, 就表示了具体的曲线.

应该说明, 最常发生的正是这样, 即导出微分方程的问题要求一些具体的**特解**. 这通常皆以问题本身所提出的 (3) 型的初始条件来确定. 根据这些条件, 和刚才一样, 第一步可以定出具体的值 $C = C_0$; 这可由通解 (5)[或 (6)] 中命 $x = x_0, y = y_0$ 所得出的方程来确定. 今若于此通解中, 以所得到的解 C_0 替换 C, 那么就得出了满足问题的那个特解.

358. 导数的一次方程、分离变量 现在我们假定, 在方程 (4) 中导数 y' 是**一次的**, 就是说方程的形状有如

$$P(x, y) + Q(x, y)y' = 0,$$

其中 P, Q 是 x 与 y 的函数. 此处令 $y' = \dfrac{dy}{dx}$, 方程即可表成这个形式

$$P(x, y)dx + Q(x, y)dy = 0, \tag{8}$$

这个形式通常是比较方便些.

此处我们只详细讲一下方程 (8) 的最简单情形, 即当其积分可直接化成求积的时候; 这样一来, 关于这些情形的研究便成为第八章的很自然的补充材料

倘若在方程 (8) 中, 系数 P 事实上只依赖于 x, 而系数 Q 只依赖于 y, 就是说方程的形状有如

$$P(x)dx + Q(y)dy = 0, \tag{9}$$

那么就说,变量被分离了. 此时作积分异常简单.

假定, 函数 $P(x)$ 在区间 $[a, b]$ 中是连续的, 而函数 $Q(y)$ 在区间 $[c, d]$ 中是连续的. 于是 $P(x)dx$ 是函数 $\widetilde{P}(x) = \int P(x)dx$ 的微分, 而 $Q(y)dy$ 是函数 $\widetilde{Q}(y) = \int Q(y)dy$ 的微分, 即使是把 y 了解成满足方程 (9) 的函数 $y(x)$ 亦然[①]. 此时方程 (9) 的左侧部分就成了和 $\widetilde{P}(x) + \widetilde{Q}(y)$ 的微分. 因为这个微分等于 0 (由于方程 (9)), 所以函数本身就成了常量

$$\widetilde{P}(x) + \widetilde{Q}(y) = C. \tag{10}$$

易见, 反之如若函数 $y = y(x)$ 满足这个方程 (对于任意的 x), 则亦满足方程 (9). 等式 (10) 便给出了方程 (9) 的**通解**.

在解方程 (9) 时, 有时宁可将带 dx 与 dy 的项放在方程的两边,

$$Q(y)dy = -P(x)dx. \tag{11}$$

每边分别积分之, 并且不要忘记了任意常数, 这只要加在一个积分上就够了, 便得出和以上所得的全同的结果

$$\int Q(y)dy = -\int P(x)dx + C.$$

假定要求满足初始条件 (3). 不开头找通解再来选择常数 C, 而由这些条件出发, 可以作得比较简单: 将元素的量 (11) "总加在一起", 右边在 x_0 与 x 之间, 而左边在它们的对应值 y_0 与 y 之间. 我们得出等式

$$\int_{y_0}^{y} Q(y)dy = -\int_{x_0}^{x} P(x)dx,$$

这就给出了所要求的特解; 它的形状的本身就有力地显示出, 它在 $x = x_0$ 与 $y = y_0$ 时显然成立. 读者自己很容易搞明白, 这个方法和以前的只是形式上不同.

例 1) 设给定方程

$$\sin x dx + \frac{dy}{\sqrt{y}} = 0.$$

积分之

$$\int \sin dx + \int \frac{dy}{\sqrt{y}} = C \quad \text{或} \quad -\cos x + 2\sqrt{y} = C,$$

由此

$$y = \frac{(\cos x + C)^2}{4}.$$

这即是所提出的方程的**通解**. 如若给了初始条件, 比如说,

$$当 \ x = 0 \ 时 \ y = 1,$$

[①]由于微分形式的不变性 [第 **106** 目].

那么代入这些值, 立即得到 $C = 1$, 就引出了特解

$$y = \frac{(1 + \cos x)^2}{4}.$$

如前所指出者, 在这个情形下可以不必先写出通解, 而立即写出

$$\int_1^y \frac{dy}{\sqrt{y}} = -\int_0^x \sin x dx, \text{ 亦即 } 2(\sqrt{y} - 1) = \cos x - 1,$$

由此

$$\sqrt{y} = \frac{1 + \cos x}{2}, y = \left(\frac{1 + \cos x}{2}\right)^2.$$

时常发生这种情形, 即方程 (8) 虽不具有形式 (9), 但能够变换成这种形式, 其后再和以上所讲的一样进行积分. 这种变换即叫作**分离变量**. 在这样的场合下, 即当系数 P 与 Q 是一些每一个只依赖于一个变量的因子的乘积时,

$$P(x, y) = P_1(x)P_2(y), Q(x, y) = Q_1(x)Q_2(y),$$

变量是很容易分离的. 实际上用 $P_2(y)Q_1(x)$ 除方程

$$P_1(x)P_2(y)dx + Q_1(x)Q_2(y)dy = 0 \tag{12}$$

的两端即可, 由此变量就已经分离开了:

$$\frac{P_1(x)}{Q_1(x)}dx + \frac{Q_2(y)}{P_2(y)}dy = 0.$$

例 2) $y \sin \frac{x}{2} dx - \cos \frac{x}{2} dy = 0$.
方程有 (12) 的形状; 分离变量

$$\frac{dy}{y} = \frac{\sin \frac{x}{2}}{\cos \frac{x}{2}} dx$$

并积分之

$$\ln y = -2 \ln \cos \frac{x}{2} + C.$$

取成指数, 由此即确定出了 y,

$$y = \frac{e^c}{\cos^2 \frac{x}{2}} = \frac{2e^c}{1 + \cos x}.$$

再设 $C = 2e^c$, 通解就变成这个形状

$$y = \frac{C}{1 + \cos x}.$$

359. 问题 我们来研究一些从不同知识范畴中出来的问题, 它们直接导出可分离变量的微分方程.

1) 试求法线长 (到与 x 轴的交点)n 保持一常量 r 的曲线.

回想 n 的表达式 [第 **230** 目, (4)], 以微分方程的形式写下未知函数 $y(x$ 的函数) 所应满足的条件

$$|y\sqrt{1 + y'^2}| = r \quad \text{或} \quad y^2(1 + y'^2) = r^2.$$

由此

$$y' = \frac{dy}{dx} = \pm \frac{\sqrt{r^2 - y^2}}{y} \quad \text{或} \quad \frac{ydy}{\sqrt{r^2 - y^2}} = \pm dx.$$

积分之:

$$-\sqrt{r^2 - y^2} = \pm(x + C) \quad \text{或} \quad (x + C)^2 + y^2 = r^2.$$

果然不出所料, 我们得出了半径为 r, 圆心在 x 轴上的圆周族.

2) 试求 (到与 x 轴的交点的) 切线长 t 保持一常量 a 的曲线.

由于第 **230** 目 (4), 这问题的微分方程的形状有如

$$\left| \frac{y}{y'} \sqrt{1 + y'^2} \right| = a.$$

命 $y' = \dfrac{dy}{dx}$, 很容易的就把它变为这样:

$$\left| y\sqrt{1 + \left(\frac{dx}{dy}\right)^2} \right| = a,$$

或是

$$dx = \pm \frac{\sqrt{a^2 - y^2}}{y} dy.$$

积分之:

$$x + C = \pm \left[a \ln \frac{a + \sqrt{a^2 - y^2}}{y} - \sqrt{a^2 - y^2} \right];$$

我们得出了曳物线族 [参看第 **331** 目, 11)].

3)冷却定律　设温度为 θ ℃的物体逐渐冷却, 周围环境温度为 0 ℃. 牛顿曾建立了一个定律, 根据这个定律, 冷却的速度与其温度 θ 成比例, 就是说

$$\frac{d\theta}{dt} = -k\theta,$$

其中 k 是个正的常数. 试确定物体温度减退的规律.

我们有

$$\frac{d\theta}{\theta} = -kdt,$$

积分之, 从而便得出

$$\ln \theta = -kt + \ln C[①].$$

显而易见,

$$\theta = Ce^{-kt}.$$

在此处设 $t = 0$, 便看出 C 不是别的, 正是初始温度 θ_0. 替换之, 便得出最后的公式

$$\theta = \theta_0 e^{-kt},$$

只要是初始一瞬间的温度 (θ_0) 知道了, 这公式便确定出了任何一瞬刻的物体温度.

[①]预见到要取作指数, 为了方便起见, 我们便直接将常数取成 $\ln C$ 的形式.

系数 k 依赖于物体与环境的性质; 它是由实验的办法来确定的.

4) **断路与通路的瞬时电流** 如果一固定的电压 V 作用于一电路, 那么用 R 表电路的电阻, 用 I 表电流强度, 根据欧姆定律就有 $V = RI$. 而当电压 V 改变时 (在固定电压的电流断开或连通的一瞬间也是这样), 多数情形下会发生自感现象, 它使得有额外的电动势呈现, 与电流强度改变速度 $\dfrac{dI}{dt}$ 成比例而具相反的符号. 因此, 这个自感电动势的大小可以表成:

$$-L\frac{dI}{dt},$$

其中 L 为 "自感系数" ($L > 0$).

倘使有自感, 那么当电流断开时, 它的电流强度并不立即下降到零, 而当连通时, 亦不立即达到它正常的大小. 我们来分析地研究这些现象.

此时欧姆定律采取以下形式:

$$V - L\frac{dI}{dt} = RI \quad 或 \quad \frac{dI}{dt} + \frac{R}{L}I = \frac{V}{L}. \tag{13}$$

(a) 设强度为 I_0 的常电流于瞬时 $t = 0$ 被断开了. 因为此时 $V = 0$, 所以我们有

$$\frac{dI}{dt} + \frac{R}{L}I = 0 \quad 或 \quad \frac{dI}{I} = -\frac{R}{L}dt$$

即 (与 3) 类似)

$$I = I_0 e^{-\frac{R}{L}t}.$$

只在自感电动势的单纯作用之下, 电路中所通过的电流称为**断路的瞬时电流**. 随着 t 的增加, 它的强度很快就趋近于 0, 并且经过一个很短的时间就变得觉察不出了.

(б) 如果电路于瞬时 $t = 0$ 连通, 并且其中常电压 V 开始作用, 则从方程 (13) 中重新分离变量, 即得

$$\frac{-RdI}{V - RI} = -\frac{R}{L}dt, \ln(V - RI) = -\frac{R}{L}t + \ln C,$$
$$V - RI = Ce^{-\frac{R}{L}t}.$$

常数 C 由初始条件 $t = 0$ 时 $I = 0$ 来确定, 易见, $C = V$, 所以最后

$$I = \frac{V}{R}\left(1 - e^{-\frac{R}{L}t}\right).$$

我们看出, 与对应于欧姆定律的电流 $\dfrac{V}{R}$ 同时, 在相反方向还流过电流

$$\frac{V}{R}e^{-\frac{R}{L}t}.$$

这就是**通路的瞬时电流**; 它的强度也随着 t 的增加而很快地减小.

5) **化学反应方程** 我们来研究交互作用着的物质 $A, B, \cdots$ 变化为物质 $M, N, \cdots$ 所做成的化学过程. 为了要计算参与反应的物质的数量, 一般皆将其表成克分子或摩尔. 某项物质若其所称得的量表成克数时等于其分子量, 则称此量为该物质的一个摩尔. 任意物质的一摩尔中永远包含同样数量的分子, 与物质无关.

倘若假定, 在交互作用中, 一物质的每一个分子对另一物质的一个分子, 那么一物质的每个摩尔就对另一物质的一个摩尔. 从反应开始起, 到时间 t 的终了之后, 每一交互作用的物质各以同样的 x 摩尔的量参与了反应. x 对于时间的增加速度, 即导数 $\dfrac{dx}{dt}$, 称为**化学反应速度**.

设有两个物质 A 及 B 参与过程, 以 a 及 b(此时比如说设 $b > a$) 表它们原来的量 (摩尔). 经过一段时间 t, 物质 A 的量为 $a - x$ 而物质 B 的量为 $b - x$. 很自然的, 假定在时间 t 的化学反应速度是与反应着的质量的乘积 (亦即还未经转化的反应物的量的乘积) 成比例. 这便导出了如下的微分方程

$$\frac{dx}{dt} = k(a - x)(b - x) \quad \text{或} \quad \frac{dx}{(a - x)(b - x)} = kdt.$$

积分之, 便得

$$\frac{1}{b - a} \ln \frac{a - x}{b - x} = -kt + C.$$

因为当 $t = 0$ 时我们应有 $x = 0$, 所以 $C = \dfrac{1}{b - a} \ln \dfrac{a}{b}$. 代入 C 的这个值:

$$\ln \frac{(a - x)b}{(b - x)a} = -k(b - a)t,$$

此后不难求得

$$x = ab \frac{1 - e^{-k(b - a)t}}{b - ae^{-k(b - a)t}}.$$

当 t 增加时, 所示之表达式趋近于 0; 经过有限的一段时间后, 它就变得如此之小, 以至 x 与 a 已没有什么区别了, 即反应实际上完成了.

6) **数学摆**　设将一质量为 m 的质点悬挂在一无伸缩性长为 l 的线上或枢轴上 (其重量可以忽略不计), 使之可沿一圆弧运动 (图 51). 此体系称为**数学摆**. 将摆从平衡位置 OA 引至位置 $OB \left(\alpha < \dfrac{\pi}{2}\right)$, 然后使其自由, 不给予任何初速度.

摆运动到对称位置 OB', 然后又返回到位置 OB, 如此往复运动. 问题是在于要确定摆的振动的性质, 也就是说要阐明 (规定摆的位置) 极角 $\theta = \angle AOM$ 与 (从运动开始所经过的) 时间 t 之间的依赖关系. 为了确定起见, 考虑点 M 沿弧 $\overset{\frown}{AB}$ 的运动, 计算从点 A 走过的路程 $s = \overset{\frown}{AM} = l\theta$, 而时间 t 是摆从平衡位置通过的时刻.

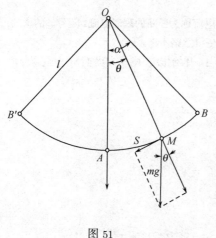

图 51

将作用在点上的重力 $F = mg$, 如图所示, 加以分解, 即见其**切线方向分力** $F_s = -mg \cdot \sin \theta$,[①] 而法线方向分力就被线或枢轴的反作用力抵消了. 若用 v 表示点 M 的速度, 则它在所考虑位置的动能为 $\dfrac{1}{2} mv^2$, 且当 M 到达 B 时变为 0. 另一方面, 在路程 MB 上的力 F_s 所产生的功 A 的大小, 我们有表达式 [第 **353** 目, (9a)]

$$A = -\int_s^S mg \cdot \sin \theta ds$$

①力指向运动的相反方向.

(这里 $S = \widehat{AB}$) 或者, 换成变量 θ,

$$A = -mgl \int_\theta^\alpha \sin\theta d\theta = -mgl(\cos\theta - \cos\alpha).$$

于是根据活力定律 [第 **353** 目] 便有

$$\frac{1}{2}mv^2 = mgl(\cos\theta - \cos\alpha), v = \sqrt{gl}\sqrt{2(\cos\theta - \cos\alpha)}.$$

因为 $v = \dfrac{ds}{dt} = l\dfrac{d\theta}{dt}$, 为了确定 θ 与 t 之间的依赖关系得到微分方程

$$\frac{d\theta}{dt} = -\sqrt{\frac{g}{l}}\sqrt{2(\cos\theta - \cos\alpha)}$$

或

$$dt = -\sqrt{\frac{l}{g}} \cdot \frac{d\theta}{\sqrt{2(\cos\theta - \cos\alpha)}},$$

至此变量已经分离开了.

将左侧从 0 到 t 积分, 而右侧从 0 到 θ 积分, 最后我们便导出所要找的依赖关系:

$$t = \sqrt{\frac{l}{g}} \int_0^\theta \frac{d\theta}{\sqrt{2(\cos\theta - \cos\alpha)}}. \tag{14}$$

然而这一回的求积却得不出有限形状来: 右侧的积分归结到第一类椭圆积分.

把 (14) 改写为如下形式:

$$t = \frac{1}{2}\sqrt{\frac{l}{g}} \int_0^\theta \frac{d\theta}{\sqrt{\sin^2\frac{\alpha}{2} - \sin^2\frac{\theta}{2}}},$$

令 $\sin\dfrac{\alpha}{2} = k(0 < k < 1)$, 按如下公式引入新的积分变量:

$$\sin\frac{\theta}{2} = k \cdot \sin\varphi, \frac{1}{2}\cos\frac{\theta}{2}d\theta = k \cdot \cos\varphi d\varphi; \tag{15}$$

同时使 θ 从 0 变到 α 相应于 φ 从 0 变到 $\dfrac{\pi}{2}$, 于是

$$t = \sqrt{\frac{l}{g}} \int_0^\varphi \frac{d\varphi}{\sqrt{1 - k^2\sin^2\varphi}} = \sqrt{\frac{l}{g}} \cdot F(\varphi, k). \tag{16}$$

因为按照公式 (15) 的第一式, 容易用 θ 表示 φ, 则 t 对于 θ 的依赖关系可以认为是已建立了.

反之, 想要以 t 表示 θ, 我们需要把椭圆积分

$$u = \int_0^\varphi \frac{d\varphi}{\sqrt{1 - k^2\sin^2\varphi}}$$

反演. 这个等式确定 u 作为在区间 $(-\infty, +\infty)$ 内 φ 的单调增加的连续 (甚至可微) 函数, 同时它本身也从 $-\infty$ 变到 $+\infty$. 在这种情况下 [**83**], 变量 φ 原来是 u 在区间 $(-\infty, +\infty)$ 内的单值函数; 雅可比 (Jacobi) 把这个函数表示为 am u[①]. 现在从 (16) 式显然

$$\varphi = \operatorname{am}\sqrt{\frac{g}{l}}t, \text{也就是 } \sin\frac{\theta}{2} = \sin\frac{\alpha}{2} \cdot \sin\operatorname{am}\sqrt{\frac{g}{l}}t.$$

[①] am——amplitudo(振幅) 的前两个字母.

函数 $\sin \operatorname{am} u$("辐角正弦"或"椭圆正弦")通常简单地记为 $\operatorname{sn} u$ [①]. 于是, 最后, θ 对 t 的依赖关系被表示为等式

$$\sin \frac{\theta}{2} = \sin \frac{\alpha}{2} \cdot \operatorname{sn} \sqrt{\frac{g}{l}} t.$$

最后我们来确定摆由位置 OB' 到位置 OB 的一个振幅所用时间 T. 它是从 OA 到 OB 所需时间的两倍大. 设在 (14) 中 $\theta = \alpha$ 或在 (15) 中 $\varphi = \frac{\pi}{2}$ [②], (加倍之后) 我们得到由第一类椭圆积分表示的 T:

$$T = 2\sqrt{\frac{l}{g}} \int_0^{\frac{\pi}{2}} \frac{d\varphi}{\sqrt{1 - k^2 \sin^2 \varphi}} = 2\sqrt{\frac{l}{g}} \cdot \mathbf{K}(k).$$

注意, 振动周期 T 事实上与摆最初的偏离角 α 有关, 因为 k 依赖于 α. 当角 α 很小时, 将系数 k 替换成零, 便得出简洁的近似公式

$$T = \pi \sqrt{\frac{l}{g}},$$

这就是初等物理学课程中所通常引用者.

360. 关于微分方程的构成的附注　我们姑且局限于形如 (8) 的一阶方程, 而谈这一类方程的构成问题. 因此读者可将我们的附注与在第 **348** 目中关于最简单的方程 $dQ = q(x)dx$ 所讲的对照起来看.

照例, 当构成方程时, 必须考察在事物的研究中所出现的一些无穷小元素, 亦即所涉及的那些量的无穷小增量. 固然, 在上目问题中我们显然并没有这样, 而只是利用了已经作好了的斜率表达式以及作好了的那些(在无穷小元素的研究中出现的)量的变化速度表达式.

当建立无穷小元素之间的依赖关系时, 应尽可能地利用简化了的假定与近似替换, 实质上就是在于删弃高阶无穷小. 特别言之, 所研究的量的全部无穷小增量都宜于用它们的微分来替换; 读者都知道, 这归根结底也就是删弃高阶无穷小. 所有这些指示的真正意义, 在例子中 (参看前目) 得到了最好的说明.

此处我们还想来说明一个重要的情形, 即在所有这些简化与删弃的结果中所得出的形如(8)的微分方程

$$P(x,y)dx + Q(x,y)dy = 0$$

原来并非是近似的, 而完全是准确的 [③].

总之, 假定以微分 dx 与 dy 替换增量 Δx 与 Δy 并且 —— 在必要时 —— 删弃较 Δx 高阶的无穷小的项, 我们便得出了方程 (8). 可是如果我们没有做这个替换, 那么就没有 dx 与 dy 而是 Δx 与 Δy 了. 除此而外, 我们恢复所有删弃掉的高阶无穷小, 并且移至右侧, 以 α 表示它们的和; 显而易见, α 也是高阶无穷小. 这样, 严格地来讨论, 我们所得出的就不是等式 (8), 而是这样一个等式:

$$P(x,y)\Delta x + Q(x,y)\Delta y = \alpha,$$

[①]函数 $\operatorname{sn} u$, 看作是复变量函数时, 是所谓的椭圆函数中最简单的一个 (是阿贝尔和雅可比引入的).

[②]若积分 (14) 的上限取为 α, 则积分变成了"反常积分" [参看后面的 **479** 目], 因为在这个上限处, 被积函数变为 ∞. 当应用积分 (16) 时, 这个困难消失了.

[③]这和第**348**目末尾关于等式 $dQ = q(x)dx$ 所述的相类似.

这是完全精确的. 现在用 Δx 除其两侧,

$$P(x,y) + Q(x,y)\frac{\Delta y}{\Delta x} = \frac{\alpha}{\Delta x},$$

并令 $\Delta x \to 0$ 取极限. 因为这时 $\dfrac{\alpha}{\Delta x} \to 0$, 所以在极限中我们得到等式

$$P(x,y) + Q(x,y)y' = 0 \quad \text{或} \quad P(x,y) + Q(x,y)\frac{dy}{dx} = 0,$$

这和等式 (8) 是一样的. 因此等式 (8) 也就是精确的了.

虽然我们在构成方程的通常方法中, 表面上并不采取极限过程, 但是当我们删弃高阶无穷小并以微分替换增量时, 我们所作的正是极限过程.

读者要注意, 我们决不是说删弃高阶无穷小总可得出精确的结果. 仅仅在这种情形下, 即若这个删弃是贯彻始终的, 并且结果得出形如 (8) 的, 对于微分是线性的并同阶的方程, 才能保证它的精确性.[再和第 **348** 目加以比较!]

361. 问题 1) **气压公式**. 问题是要确定海拔高度 h(米) 与大气压力 p(克/米 ^{2}) 之间的关系.

设想在海平面上有一块 1 平方米的平面, 我们来研究它所承受的空气棱柱. 此柱在高度 h 处的截面的压力 p 取决于气柱在此截面上的那一部分的重量. 高度 h 增加一个无穷小量 dh, 就使压力有一减少量 $-dp$, 这由平面 (h) 与 $(h+dh)$ 之间的空气层的重量来测量 (图 52).

$$-dp = sdh,$$

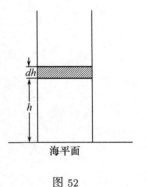

图 52

其中 s 为压力 p 下一立方米空气的重量 (克). 不难从波义耳–马略特定律引出, 量 s 恰与压力 p 成正比:$s = kp$, 所以最后

$$dp = -kpdh \quad \text{或} \quad \frac{dp}{p} = -kdh,$$

这已经是我们所熟悉的形式的方程了 [参看第 **359** 目问题 3) 与 4)(a)]. 由此

$$p = p_0 e^{-kh}.$$

若对于 h 来解这个方程, 那么我们就得到公式

$$h = \frac{1}{k}\ln\frac{p_0}{p},$$

可由大气压力 p 来断定海拔高度 h.

照物理学中所确定的, 常数 $\dfrac{1}{k}$ 等于 (取整值)$8000 \times (1 + 0.004t)$, 其中 t 为大气平均温度. 如果变成以 10 为底的对数 (乘或除以模 $M = 0.43$) 并用气压度数的商 $\dfrac{b_0}{b}$ 来代替压力的商 $\dfrac{p_0}{p}$, 于是便得出最后的公式

$$h = 18\,400(1 + 0.004t)\lg_{10}\frac{b_0}{b}.$$

这个公式也可用以断定: 任意二点, 若对应的气压表度数皆为 b_0 与 b, 则其高度 h 相等.

2) 缆与皮带的摩擦　让我们来想象, 一根缆 (皮带等等) 通过一个固定不移的圆柱状的鼓形轮, 缆与柱面沿着某一条弧 AB 相接触 (图 53,a), 与中心角 ω ("抱角") 相对应. 设在缆的 A 端加一力 S_0, 而在 B 端加一力 S_1.

如果在缆与鼓形轮之间有摩擦, 则力 S_0 可以支持住另一端的甚至比它自己还大的力. 当有摩擦时, 这个力 S_0 可以支持住的最大力 S_1 是怎样的呢?

为了要解决这个问题, 我们先来研究滑动刚刚开始时, 这时沿着缆的 AB 部分的张力 S 是如何分布的. 这个张力不是一个常量. 这从在点 A 与 B 的张力分别等于 S_0 与 S_1, 就已经可以明白看出了.

在 AB 弧上选取任意一点 M, 其位置由角 $\theta = \angle AOM$ 确定, 我们来判断作用在对应于中心角 $d\theta$ 的缆的元素 $\widehat{MM'}$ 上的力是怎样的. 首先, 在点 M 作用的张力是 $S(\theta)$, 而在点 M' 作用的张力是 $S + dS$(图 53,6). 这两个力的方向是沿着鼓形轮圆周的切线. 为了要确定在所研究的元素上的摩擦力, 须得计算法线上的力 dN, 此力将这个元素压向鼓形轮的表面. 它是由两个张力的沿径分量所组成的, 于是

$$dN = S \sin \frac{d\theta}{2} + (S + dS) \sin \frac{d\theta}{2}.$$

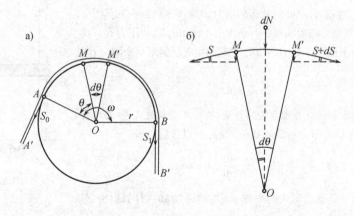

图 53

此处可以将 $dS \sin \dfrac{d\theta}{2}$ 作为高阶无穷小而弃去, 并将 $\sin \dfrac{d\theta}{2}$ 换成与之相抵的无穷小 $\dfrac{d\theta}{2}$ (也就等于弃去高阶无穷小). 最后

$$dN = S d\theta.$$

因为摩擦力与这个法线力成正比, 所以用 μ 表示比例因数 (摩擦系数), 便得

$$dR = \mu dN = \mu S d\theta.$$

摩擦抗阻所发生的运动, 所以力 dR 和在点 M 的张力 S 应该与在点 M' 的张力 $S + dS$ 均衡, 因此

$$dS = \mu S d\theta.$$

我们又得到了熟悉的形式的微分方程. 它的解可以立即写出 (考虑到初始条件当 $\theta = 0$ 时 $S = S_0$)

$$S = S_0 e^{\mu\theta}.$$

最后, 设此处 $\theta = \omega$, 便得

$$S_1 = S_0 e^{\mu\omega}.$$

这个重要的公式是欧拉导出的.

3) **泊松** (S.D.Poisson) **公式**   我们来确定单位质量 (1 克) 的理想气体在绝热过程中 (就是说在气体与周围环境间完全没有热的交换情形下) 体积 V 与压力 p 的关系.

气体的状况除掉量 V 与 p 而外, 还由它的 (绝对) 温度 T 决定. 不过这些量并非是彼此无关的; 它们由熟知的**克拉珀龙**公式

$$pV = RT(R = 常量) \tag{17}$$

联系着.

我们来确定, 为了要将气体从状况 (p, V, T) 变到无限接近的状况 $(p + dp, V + dV, T + dT)$, 所需消耗的能 dU (以热的单位计) 的数量如何.

转变的过程可以想象是由两个阶段组成的. 在第一个阶段, 气体的体积 V 胀大 dV, 而在第二个阶段, 气体的温度 T—— 在固定的体积之下 —— 改变 dT.

因要计算气体膨胀的元素功, 为了简单起见我们假定所研究的气体质量是在一个圆筒里, 一面为一活塞 [参看第 **354** 目 2)]. 从气体方面作用到活塞上的力是 pQ, 其中 Q 是活塞面积. 倘使当气体膨胀时, 活塞移动了距离 ds, 那么气体所作的功就等于 $pQds$, 或 pdV(因为 $Qds = dV$). 这样就表出了功 —— 用普通的功的单位, 比如说, 用克米 (如果 p 是给成克/平方米,V 是给成立方米). 想要确定消耗在这功上的热, 须将所得表达式乘上所谓 "热功当量" $A = \dfrac{1}{427}$ 卡/克米, 便得到 $ApdV$.

温度变化 dT 需热 $c_V dT$ 卡, 此处 c_V 为在固定体积下的气体热容量. 加在一起, 便得

$$dU = c_V dT + ApdV. \tag{18}$$

由此不难消去 dT. 事实上, 将公式 (17) 微分而有

$$pdV + Vdp = RdT, \tag{19}$$

由此

$$dT = \frac{1}{R}(pdV + Vdp),$$

将此表达式代入公式 (18), 就得到

$$dU = \frac{c_V}{R}Vdp + \frac{c_V + AR}{R}pdV.$$

可以证明, $c_V + AR$ 恰恰就是在固定压力 下的气体热容量 c_p [①], 于是最后

$$dU = \frac{c_V}{R}V\,dp + \frac{c_p}{R}p\,dV.$$

现在我们回到开头所作的假定上来, 过程是**绝热**进行的; 于是 $dU = 0$. 这样一来我们便得到联系 p 与 V 的微分方程

$$c_V V\,dp + c_p p\,dV = 0 \quad 或 \quad \frac{dp}{p} + k\frac{dV}{V} = 0 \left(其中 k = \frac{c_p}{c_V} > 1\right).$$

积分之, 即得

$$\ln p + k\ln V = 0 \quad 或 \quad pV^k = C.$$

此即泊松公式.

[①]如果从 (19) 中定出

$$p\,dV = R\,dT - V\,dp$$

并代入 (18), 则得

$$dU = (c_V + AR)dT - AV\,dp.$$

设其中 p 为常量, 即 $dp = 0$ 便得出等式

$$dU = (c_V + AR)dT,$$

这就证明了 $c_V + AR$ 即是 c_p.

第十一章 常数项无穷级数

§1. 引言

362. 基本概念 设给定某一无穷序列

$$a_1, a_2, a_3, \cdots, a_n, \cdots. \tag{1}$$

从这些数所作的符号

$$a_1 + a_2 + a_3 + \cdots + a_n + \cdots \tag{2}$$

叫做**无穷级数**, 而 (1) 中各数叫做级数的项. 利用累加记号 Σ, 常把 (2) 写作

$$\sum_{n=1}^{\infty} a_n, \tag{2a}$$

这里指标 n 通过所有由 1 到 ∞ 的值[①].

依次把级数的各项加起来, 作 (无穷多个) 和:

$$A_1 = a_1, A_2 = a_1 + a_2, A_3 = a_1 + a_2 + a_3, \cdots, A_n = a_1 + a_2 + \cdots + a_n, \cdots, \tag{3}$$

这些和就叫做级数的**部分和**(或**段**). 以后我们将时常把这个部分和的序列 $\{A_n\}$ 跟级数 (2) 相参照: 因为 (2) 这个符号正表示上述序列的结果.

如果级数 (2) 的部分和 A_n 当 $n \to \infty$ 时具有有限或无穷 (但有确定的正号或负号的) 极限 A:

$$A = \lim A_n,$$

[①]但是, 级数的项的下标, 不从 1 开始, 而从 0 或任何一个大于 1 的自然数开始, 有时是更方便的.

那么这个极限就叫做级数的和并写

$$A = a_1 + a_2 + \cdots + a_n + \cdots = \sum_{n=1}^{\infty} a_n,$$

这就给了符号 (2) 或 (2a) 以数值的意义.如果级数具有**有限和**, 就叫它是**收敛的**,相反的情况 (即是, 如果和等于 $\pm\infty$, 或根本没有和), 就叫它是**发散的**.

这样, 级数 (2) 收敛的问题, 按照定义, 就与序列 (3) 的有限极限存在的问题相同. 相反地, 无论事先取什么样的序列 $x = x_n (n = 1, 2, \cdots)$, 这个序列的有限极限存在的问题都可以化成级数

$$x_1 + (x_2 - x_1) + (x_3 - x_2) + \cdots + (x_n - x_{n-1}) + \cdots \tag{4}$$

收敛的问题, 序列 $x_1, x_2, x_3, \cdots, x_n, \cdots$ 的顺次的每个值恰恰就是级数 (4) 的部分和. 而且级数的和就与序列的极限一致.

换句话说, 研究无穷级数及其和不过是研究序列及其极限的一种新的形式. 但是, 读者在以后的叙述中可以看到, 无论在确定极限本身存在的时候, 或者在计算这极限的时候, 这种形式都显示着无法估价的优越性. 这种情况就使无穷级数成为数学分析及其应用中最重要的研究工具.

363. 例题　1) 无穷级数的最简单的例子是读者熟知的几何级数:

$$a + aq + aq^2 + \cdots + aq^{n-1} + \cdots.$$

这个几何级数的部分和是 (如果 $q \neq 1$)

$$s_n = \frac{a - aq^n}{1 - q}.$$

如果级数的公比 q, 其绝对值小于 1, 那么 [如我们已经知道的,**25**,7)] s_n 具有有限极限

$$s = \frac{a}{1 - q},$$

也就是所说级数收敛, 而 s 是它的和.

当 $|q| \geqslant 1$ 时, 这个级数就是发散级数的例子. 如果 $q \geqslant 1$, 级数的和就是无穷 (有确定的正号或负号); 在其他情形下, 和根本不存在. 我们指出, 特别地, 当 $a = 1$ 及 $q = -1$ 时, 就得到一个有趣的级数:

$$1 - 1 + 1 - 1 + \cdots \equiv 1 + (-1) + 1 + (-1) \cdots.^{①}$$

这个级数的部分和轮流地一会儿等于 1, 一会儿等于 0.

2) 展开成无穷小数

$$C_0 \cdot c_1 c_2 c_3 \cdots c_n \cdots$$

———————————
① 如果级数的某一项是负数:$a = -b$(其中 $b > 0$), 那么可不必写作 $\cdots + (-b) + \cdots$, 而写作 $\cdots - b + \cdots$. 我们强调, 这儿级数的项仍然是 $-b$, 而不是 b.

的实数 a[9], 显然是下列级数的和:

$$a = C_0 + \frac{c_1}{10} + \frac{c_2}{10^2} + \frac{c_3}{10^3} + \cdots + \frac{c_n}{10^n} + \cdots.$$

3) 按照 (4) 的样式作成的级数

$$\sum_{n=1}^{\infty} \ln\left(1 + \frac{1}{n}\right) \equiv \sum_{n=1}^{\infty}[\ln(n+1) - \ln n]$$

显然是发散的, 因为 $\ln(n+1) \to \infty$.

4) 在同样的想法下, 构造如下级数 (其中 α 是任意不同于 $-1, -2, -3, \cdots$ 的数):

$$\sum_{n=1}^{\infty} \frac{1}{(\alpha+n)(\alpha+n+1)} \equiv \sum_{n=1}^{\infty} \left[\frac{1}{\alpha+n} - \frac{1}{\alpha+n+1}\right] = \frac{1}{\alpha+1},$$

$$\sum_{n=1}^{\infty} \frac{1}{(\alpha+n)(\alpha+n+1)(\alpha+n+2)}$$

$$\equiv \sum_{n=1}^{\infty} \frac{1}{2}\left[\frac{1}{(\alpha+n)(\alpha+n+1)} - \frac{1}{(\alpha+n+1)(\alpha+n+2)}\right] = \frac{1}{2(\alpha+1)(\alpha+2)},$$

并且, 一般地, 对任意整数 $p \geqslant 1$:

$$\sum_{n=1}^{\infty} \frac{1}{(\alpha+n)(\alpha+n+1)\cdots(\alpha+n+p)} = \frac{1}{p(\alpha+1)\cdots(\alpha+p)}.$$

5) 可类似地讨论级数

$$\sum_{n=1}^{\infty} \frac{x^{2^{n-1}}}{1-x^{2^n}} = \sum_{n=1}^{\infty} \left(\frac{1}{1-x^{2^{n-1}}} - \frac{1}{1-x^{2^n}}\right),$$

其中 x 是不同于 ± 1 的任意固定数, 因其第 n 个部分和等于

$$\frac{1}{1-x} - \frac{1}{1-x^{2^n}},$$

当 $|x| < 1$ 时级数收敛于和 $\frac{x}{1-x}$, 而当 $x > 1$ 时, 级数收敛于和 $\frac{1}{1-x}$.

6) 容易确定级数

$$\sum_{n=1}^{\infty} \frac{1}{\sqrt{n}} = 1 + \frac{1}{\sqrt{2}} + \frac{1}{\sqrt{3}} + \cdots + \frac{1}{\sqrt{n}} + \cdots$$

的发散性. 实际上, 因为这个级数的项是递降的, 所以它的第 n 和

$$1 + \frac{1}{\sqrt{2}} + \frac{1}{\sqrt{3}} + \cdots + \frac{1}{\sqrt{n}} > n \cdot \frac{1}{\sqrt{n}} = \sqrt{n}$$

但这个第 n 和随着 n 的无限增大而趋于无穷.

7) 最后, 我们给出一个值得一提的序列的例子:

$$y_n = 1 + \frac{1}{1!} + \frac{1}{2!} + \cdots + \frac{1}{n!},$$

关于这个序列, 在第 **37** 目中我们已证明过它趋于数 e. 这就等于断定: e 是下面无穷级数的和:

$$e = 1 + \frac{1}{1!} + \frac{1}{2!} + \cdots + \frac{1}{n!} + \cdots = 1 + \sum_{n=1}^{\infty} \frac{1}{n!}.$$

回忆一下第 **37** 目中数 e 的近似计算, 从这个例子, 读者可以看出继续引进愈来愈不紧要的校正数的好处, 这种好处就在于这些校正数是把用部分和的形式表示出的 e 的近似值来逐步地加以改进.

364. 基本定理　　如果在级数 (2) 中弃去前面的 m 个项, 就得到级数:

$$a_{m+1} + a_{m+2} + \cdots + a_{m+k} + \cdots = \sum_{n=m+1}^{\infty} a_n, \tag{5}$$

即所谓**级数** (2) **第 m 项后的余式**.

1°　如果级数 (2) 收敛, 则它的任何一个余式 (5) 也收敛; 反之, 从余式 (5) 的收敛性可推出原来的级数 (2) 的收敛性.

固定 m, 并用 A'_k 表示级数 (5) 的第 k 个和:

$$A'_k = a_{m+1} + a_{m+2} + \cdots + a_{m+k}.$$

于是, 显然

$$A'_k = A_{m+k} - A_m. \tag{6}$$

如果级数 (2) 收敛, 于是 $A_n \to A$, 那么 —— 当 k 无限增大时 —— 就存在一个有限极限

$$A' = A - A_m \tag{7}$$

而对于和 A'_k 来说, 这就表示级数 (5) 的收敛性.

反之, 如果已知级数 (5) 收敛, 于是 $A'_k \to A'$, 那么在等式 (6) 中令 $k = n - m$(当 $n > m$ 时), 改写等式 (6) 成为:

$$A_n = A_m + A'_{n-m};$$

由此就可以看出, 当 n 无限增大时, 部分和 A_n 具有极限

$$A = A_m + A', \tag{8}$$

即是, 级数 (2) 收敛.

换个说法: 弃去级数前面的有限个项或在级数前面加进若干新的项, 并不影响级数的性质(在级数的收敛性或发散性的意义上的性质).

不用 A' 而用符号 α_m 表示级数 (5) 的和 (如果级数 (5) 收敛的话), 新符号的下标指出在什么项以后取余式. 于是公式 (8) 与公式 (7) 可改写成下面的形式:

$$A = A_m + \alpha_m, \alpha_m = A - A_m. \tag{9}$$

如果把 m 增大到无穷, 则 $A_m \to A$, 而 $\alpha_m \to 0$. 所以:

2° 如果级数 (2) 收敛, 则它的第 m 项后的余式的和 α_m 随着 m 的增大而趋于 0.

我们提出收敛级数的如下的一些简单性质:

3° 如果以同一因数 c 去乘收敛级数 (2) 的各项, 则它的收敛性并不受到破坏 (而仅仅在和上乘以 c).

实际上, 级数

$$ca_1 + ca_2 + \cdots + ca_n + \cdots$$

的部分和数 $\overline{A}_n$ 显然等于

$$\overline{A}_n = ca_1 + ca_2 + \cdots + ca_n = c(a_1 + a_2 + \cdots + a_n) = cA_n$$

并且具有极限 cA.

4° 两个收敛级数

$$A = a_1 + a_2 + \cdots + a_n + \cdots$$

与

$$B = b_1 + b_2 + \cdots + b_n + \cdots$$

可以逐项相加 (或相减), 于是级数

$$(a_1 \pm b_1) + (a_2 \pm b_2) + \cdots + (a_n \pm b_n) + \cdots$$

也收敛, 而它的和相应地等于 $A \pm B$.

如果 A_n, B_n 与 C_n 分别表示上述级数的部分和, 那么, 显然,

$$C_n = (a_1 \pm b_1) + (a_2 \pm b_2) + \cdots + (a_n \pm b_n)$$
$$= (a_1 + a_2 + \cdots + a_n) \pm (b_1 + b_2 + \cdots + b_n) = A_n \pm B_n.$$

取极限, 得到

$$\lim C_n = \lim A_n \pm \lim B_n,$$

这就证明了我们的论断.

5° 收敛级数的通项 a_n 趋于 0.

这也完全可用初等方法来证明: 既然 $A_n (A_{n-1}$ 也与 A_n 一样) 具有有限极限 A, 所以

$$a_n = A_n - A_{n-1} \to 0.$$

上述断言中包含着我们时常要利用的级数收敛性的必要条件. 当违反这一条件时, 级数显然是发散的. 但这是很重要的, 就是应该强调这个条件本身并不是级数收

敛性的充分条件. 换句话说,即使在这一条件满足时, 级数也可能发散.上面 [**363**,3)
与 6)] 考察过的级数

$$\sum_{n=1}^{\infty} \ln\left(1+\frac{1}{n}\right) \text{ 与 } \sum_{n=1}^{\infty} \frac{1}{\sqrt{n}}$$

就可作为这种情形的例子; 读者在以后还可发现这种情形的许多别的例子.

§2. 正项级数的收敛性

365. 正项级数收敛的条件　关于确定每项都是非负的级数收敛 (或发散) 的问
题, 可极简单地得到解决; 为简短起见, 我们把这种级数简单地叫做**正项级数**.

设级数

$$\sum_{n=1}^{\infty} a_n = a_1 + a_2 + \cdots + a_n + \cdots \tag{A}$$

是正项级数, 即 $a_n \geqslant 0 (n = 1, 2, 3, \cdots)$. 于是, 显然,

$$A_{n+1} = A_n + a_{n+1} \geqslant A_n,$$

即是, 序列 A_n 是递增的. 回忆单调整序变量的极限的定理 [**34**], 我们就直接得到在
正项级数理论中的下面的基本定理:

正项级数 (A) 恒有和; 如果级数的部分和上有界, 这个和是有限的 (因而级数是
收敛的); 在相反情形下, 这个和就是无穷的 (因而级数是发散的).

正项级数收敛 (或发散) 的所有的判别法, 归根到底, 都是根据着这条简单的定
理的. 但是, 只在很少的情形下才能直接应用这条定理去判断级数的性质. 下面就是
这种应用的例子.

1) 考虑**调和级数**[①]

$$\sum_{n=1}^{\infty} \frac{1}{n} = 1 + \frac{1}{2} + \frac{1}{3} + \cdots + \frac{1}{n} + \cdots.$$

显然有下列不等式:

$$\frac{1}{n+1} + \frac{1}{n+2} + \cdots + \frac{1}{2n} > n \cdot \frac{1}{2n} = \frac{1}{2}. \tag{1}$$

如果在弃去前两项后, 把调和级数其余的项逐次按每组 $2, 4, 8, \cdots, 2^{k-1}, \cdots$ 个项分成若干组:

$$\underbrace{\frac{1}{3} + \frac{1}{4}}_{2}, \underbrace{\frac{1}{5} + \frac{1}{6} + \frac{1}{7} + \frac{1}{8}}_{2^2}, \underbrace{\frac{1}{9} + \cdots + \frac{1}{16}}_{2^3}, \cdots, \underbrace{\frac{1}{2^{k-1}+1} + \cdots + \frac{1}{2^k}}_{2^{k-1}}, \cdots$$

[①]这个级数从第二项开始的每一项, 是相邻两项的调和中项.[数 c 叫做数 a 与 b 的**调和中项**, 如
果 $\frac{1}{c} = \frac{1}{2}\left(\frac{1}{a} + \frac{1}{b}\right)$ 的话.]

那么, 这些和中的每一个和都大于 $\frac{1}{2}$; 在 (1) 中轮流令 $n = 2, 4, 8, \cdots, 2^{k-1}, \cdots$ 就容易断定这件事实的成立. 我们用 H_n 表示调和级数的第 n 部分和, 于是, 显然,

$$H_{2^k} > k \cdot \frac{1}{2}.$$

我们看出, 部分和不可能上有界, 故级数有无穷和.

我们在这里单提到一点, 即当 n 增大时, H_n 增加得很慢. 例如, 欧拉曾经计算过

$$H_{1000} = 7.48\cdots, H_{1\,000\,000} = 14.39\cdots, \text{等等}.$$

以后我们有机会来更精确地叙述和 H_n 增加的情况 [**367**, 10)].

2) 现在考虑一个更普遍的级数:

$$\sum_{n=1}^{\infty} \frac{1}{n^s} = 1 + \frac{1}{2^s} + \frac{1}{3^s} + \cdots + \frac{1}{n^s} + \cdots,$$

其中 s 是一个任意实数; 例题 1) 的级数正好就是这个级数的一个特殊情形 (当 $s = 1$ 时). 因与例题 1) 中的级数相似的缘故, 这个级数也叫做调和级数.

因为当 $s < 1$ 时, 所考虑级数的各项大于例题 1) 中级数的相应项, 所以, 在这一假定下, 所考虑级数的部分和就更加不可能上有界, 于是级数发散.

现在研究 $s > 1$ 的情形; 为方便起见令 $s = 1 + \sigma$, 其中 $\sigma > 0$.

与 (1) 类似, 这次有

$$\frac{1}{(n+1)^s} + \frac{1}{(n+2)^s} + \cdots + \frac{1}{(2n)^s} < n \cdot \frac{1}{n^s} = \frac{1}{n^\sigma}. \tag{2}$$

像上面一样, 逐次分所有的项成若干组:

$$\underbrace{\frac{1}{3^s} + \frac{1}{4^s}}_{2}; \underbrace{\frac{1}{5^s} + \frac{1}{6^s} + \frac{1}{7^s} + \frac{1}{8^s}}_{2^2}; \underbrace{\frac{1}{9^s} + \cdots + \frac{1}{16^s}}_{2^3}; \cdots; \underbrace{\frac{1}{(2^{k-1}+1)^s} + \cdots + \frac{1}{(2^k)^s}}_{2^{k-1}}; \cdots.$$

利用 (2) 容易证明: 这些和分别小于几何级数的下列各相当项

$$\frac{1}{2^\sigma}, \frac{1}{4^\sigma} = \frac{1}{(2^\sigma)^2}, \frac{1}{8^\sigma} = \frac{1}{(2^\sigma)^3}, \cdots, \frac{1}{(2^{k-1})^\sigma} = \frac{1}{(2^\sigma)^{k-1}}, \cdots$$

在这样的情形下, 显然无论怎样取所考虑级数的部分和, 这个部分和总小于常数

$$L = 1 + \frac{1}{2^s} + \frac{\dfrac{1}{2^\sigma}}{1 - \dfrac{1}{2^\sigma}},$$

因而, 级数收敛.

[依 s 的值而决定的这个级数的和, 代表一个著名的黎曼函数 $\zeta(s)$, 这个函数在数论中起着重要的作用.]

366. 级数的比较定理　正项级数的收敛性或发散性, 常常用把它跟另一个已知为收敛或发散的级数相比较的方法来确定. 下面的简单定理就是这种比较法的基础.

定理 1　设给定二正项级数

$$\sum_{n=1}^{\infty} a_n = a_1 + a_2 + \cdots + a_n + \cdots \tag{A}$$

与

$$\sum_{n=1}^{\infty} b_n = b_1 + b_2 + \cdots + b_n + \cdots, \tag{B}$$

如果, 至少从某处开始 (比方说, 对于 $n > N$), 不等式 $a_n \leqslant b_n$ 成立, 那么, 从级数 (B) 的收敛性就可推得级数 (A) 的收敛性; 或者 —— 同样地 —— 从级数 (A) 的发散性可推知级数 (B) 的发散性.

证明　根据弃去级数的前面有限多个项并不影响级数的性质这一事实 [**364**,1°], 不失普遍性, 我们可以认为, 对于所有的值 $n = 1, 2, \cdots$ 都有 $a_n \leqslant b_n$. 分别用 A_n 与 B_n 表示级数 (A) 与 (B) 的部分和, 即有:

$$A_n \leqslant B_n.$$

设级数 (B) 收敛; 于是, 按照基本定理 [**365**], 和 B_n 有界:

$$B_n \leqslant L \quad (L = 常数; n = 1, 2, \cdots).$$

由于上面的不等式, 更加有

$$A_n \leqslant L,$$

再依同样的基本定理, 就引出级数 (A) 的收敛性.

由定理 1 推出的下述定理, 有时在实用上更为方便:

定理 2　如果极限①

$$\lim \frac{a_n}{b_n} = K \quad (0 \leqslant K \leqslant +\infty)$$

存在, 则从级数 (B) 的收敛性, 当 $K < +\infty$ 时, 可推得级数 (A) 的收敛性, 而从级数 (B) 的发散性, 当 $K > 0$ 时, 可推得级数 (A) 的发散性. [由此可见, 当 $0 < K < +\infty$ 时二级数同时收敛或同时发散.]

---

① 在此我们假定 $b_n \neq 0$.

证明 设级数 (B) 收敛且 $K < +\infty$. 任取一数 $\varepsilon > 0$, 依极限定义, 对于充分大的 n, 有

$$\frac{a_n}{b_n} < K + \varepsilon, \text{ 由此 } a_n < (K + \varepsilon) b_n.$$

由于 **364,3°**, 以常数 $K + \varepsilon$ 乘级数 (B) 的各项所得到的级数 $\Sigma(K + s)b_n$ 与级数 (B) 同时收敛. 由此, 按照上面的定理, 推得级数 (A) 的收敛性.

如果级数 (B) 发散且 $K > 0$, 则在此情形下, 相反的比值 $\frac{b_n}{a_n}$ 具有有限极限; 级数 (A) 一定发散, 因为, 如果级数 (A) 收敛, 则依上面的证明, 级数 (B) 也收敛, 这与假定相矛盾.

最后, 再讲一个比较定理, 这也是定理 1 的推论.

定理 3 如果, 至少从某处开始 (比方说, 对于 $n > N$), 不等式①

$$\frac{a_{n+1}}{a_n} \leqslant \frac{b_{n+1}}{b_n} \tag{3}$$

成立, 那么, 从级数 (B) 的收敛性可推知级数 (A) 的收敛性; 或者 —— 同样地 —— 从级数 (A) 的发散性可推知级数 (B) 的发散性.

证明 与定理 1 的证明一样, 不失普遍性, 可以认为, 不等式 (3) 对于所有的值 $n = 1, 2, \cdots$ 都是正确的. 在这情形下, 有

$$\frac{a_2}{a_1} \leqslant \frac{b_2}{b_1}, \frac{a_3}{a_2} \leqslant \frac{b_3}{b_2}, \cdots, \frac{a_n}{a_{n-1}} \leqslant \frac{b_n}{b_{n-1}}.$$

逐项把这些不等式相乘起来, 得到:

$$\frac{a_n}{a_1} \leqslant \frac{b_n}{b_1} \quad \text{或} \quad a_n \leqslant \frac{a_1}{b_1} \cdot b_n \quad (n = 1, 2, \cdots).$$

设级数 (B) 收敛; 则以常数 $\frac{a_1}{b_1}$ 乘级数 (B) 各项所得到的级数 $\sum \frac{a_1}{b_1} \cdot b_n$ 与级数 (B) 同时收敛. 于是, 按照定理 1, 级数 (A) 也收敛. 证毕.

现在讲一些直接应用**比较定理**来确定级数的收敛性或发散性的例子.

367. 例题 1) $\sum_{n=1}^{\infty} \frac{1}{1 + a^n} (a > 0)$.

如果 $a \leqslant 1$, 则违反 **364,5°** 收敛性的必要条件, 因而级数发散. 当 $a > 1$ 时, 级数的每一项小于收敛级数 $\sum \left(\frac{1}{a}\right)^n$ 的各相当项, 故级数收敛 (定理 1).

2) $\sum_{n=1}^{\infty} \frac{(n!)^2}{(2n)!}$ 收敛, 因为

$$\frac{(n!)^2}{(2n)!} = \frac{n!}{2^n(2n-1)!!} < \frac{1}{2^n}$$

---

①在此当然假定 a_n 与 b_n 都异于零.

(定理 1).

3) $\sum_{n=1}^{\infty} 2^n \cdot \sin \dfrac{x}{3^n} \, (0 < x < 3\pi)$.

因为

$$2^n \cdot \sin \dfrac{x}{3^n} < x \cdot \left(\dfrac{2}{3} \right)^n$$

且级数 $\sum \left(\dfrac{2}{3} \right)^n$ 收敛, 所以给定级数也收敛 (定理 1).

4) 重新考虑调和级数 $\sum_{n=1}^{\infty} \dfrac{1}{n}$ 并按照定理 2, 把这个级数跟已知其为发散的级数 $\sum_{n=1}^{\infty} [\ln(n+1) - \ln n] = \sum_{n=1}^{\infty} \ln \left(1 + \dfrac{1}{n} \right)$ [**363**,3] 相比较. 因为 [**77**,5)(a)]

$$\lim \dfrac{\ln \left(1 + \dfrac{1}{n} \right)}{\dfrac{1}{n}} = 1,$$

所以由此就推得调和级数的发散性.

或者按另一种方式: 把有限增量公式应用到区间 $[n, n+1]$ 上的函数 $\ln x$ 上去, 得到

$$\ln(n+1) - \ln n = \dfrac{1}{n + \theta} \quad (0 < \theta < 1).$$

在这情形下, 调和级数的各项都大于这里的各相当项, 因而更加是发散的 (定理 1).

5) 类似地, 当我们把级数 $\sum_{n=1}^{\infty} \dfrac{1}{n^{1+\sigma}}$ (当 $\sigma > 0$ 时) 跟已知为收敛的级数 $\sum_{n=2}^{\infty} \left[\dfrac{1}{(n-1)^{\sigma}} - \dfrac{1}{n^{\sigma}} \right]$ 相比较时, 可以重新确定前者的收敛性. 把有限增量公式应用到区间 $[n-1, n]$ 上的函数 $\dfrac{1}{x^{\sigma}}$ 上去, 得到:

$$\dfrac{1}{(n-1)^{\sigma}} - \dfrac{1}{n^{\sigma}} = \dfrac{\sigma}{(n-\theta)^{1+\sigma}} \quad (0 < \theta < 1).$$

这样, 当 $n \geqslant 2$ 时,

$$\dfrac{1}{n^{1+\sigma}} < \dfrac{1}{\sigma} \left[\dfrac{1}{(n-1)^{\sigma}} - \dfrac{1}{n^{\sigma}} \right],$$

由此, 按照定理 1, 就推得所考虑的级数的收敛性.

6) 为要用类似的方法得到新的结果, 考虑级数 $\sum_{n=2}^{\infty} \dfrac{1}{n \ln n}$ (这个级数的各项比调和级数的各相当项更小).

把这个级数跟已知其为发散的级数

$$\sum_{n=2}^{\infty} [\ln \ln(n+1) - \ln \ln n]$$

相比较. 应用有限增量公式到区间 $[n, n+1]$ 上的函数 $\ln \ln x$ 上去, 得到:

$$\ln \ln(n+1) - \ln \ln n = \dfrac{1}{(n+\theta) \ln(n+\theta)} \quad (0 < \theta < 1),$$

由此, 按照定理 1, 我们断定, 各相当项更大的给定级数更是发散的.

7) 跟调和级数 4) 及 5) 相比较使我们能够确定许多级数的性质. 依定理 1,

(a) $\sum_{n=1}^{\infty} \dfrac{1}{\sqrt{n(n+1)}}$ 发散: $\dfrac{1}{\sqrt{n(n+1)}} > \dfrac{1}{n+1}$;

(б) $\sum_{n=1}^{\infty} \dfrac{1}{\sqrt{n(n^2+1)}}$ 收敛:$\dfrac{1}{\sqrt{n(n^2+1)}} < \dfrac{1}{n^{3/2}}$;

(в) $\sum_{n=2}^{\infty} \dfrac{1}{(\ln n)^p}$ $(p>0)$ 发散:$(\ln n)^p < n$(对于充分大的 n);

(г) $\sum_{n=1}^{\infty} \dfrac{n!}{n^n}$ 收敛:$\dfrac{n!}{n^n} < \dfrac{2}{n^2}$(对于 $n>3$);

(д) $\sum_{n=2}^{\infty} \dfrac{1}{(\ln n)^{\ln n}}$ 收敛:$\dfrac{1}{(\ln n)^{\ln n}} = \dfrac{1}{n^{\ln \ln n}} < \dfrac{1}{n^2}$(对于充分大的 n);

(е) $\sum_{n=3}^{\infty} \dfrac{1}{(\ln \ln n)^{\ln n}}$ 收敛:$\dfrac{1}{(\ln \ln n)^{\ln n}} = \dfrac{1}{n^{\ln \ln \ln n}} < \dfrac{1}{n^2}$(对于充分大的 n);

(ж) $\sum_{n=3}^{\infty} \dfrac{1}{(\ln n)^{\ln \ln n}}$ 发散:$\dfrac{1}{(\ln n)^{\ln \ln n}} = \dfrac{1}{e^{(\ln \ln n)^2}} > \dfrac{1}{e^{\ln n}} = \dfrac{1}{n}$(对于充分大的 n).

8) 按照定理 2,

(a) $\sum_{n=n_0}^{\infty} \dfrac{1}{(a+bn)^s}$ $(b>0)$ 当 $s>1$ 时收敛, 当 $s \leqslant 1$ 时发散:

$$\frac{1}{(a+bn)^s} : \frac{1}{n^s} \to \frac{1}{b^s};$$

(б) $\sum_{n=1}^{\infty} \dfrac{1}{n \sqrt[n]{n}}$ 发散:$\dfrac{1}{n \sqrt[n]{n}} : \dfrac{1}{n} \to 1$;

(в) $\sum_{n=1}^{\infty} \sin \dfrac{x}{n}$ $(0 < x < \pi)$ 发散:$\sin \dfrac{x}{n} : \dfrac{1}{n} \to x$; 类似地, 级数 $\sum_{n=1}^{\infty} \ln \left(1 + \dfrac{x}{n}\right)$ $(x > 0)$ 及 $\sum_{n=1}^{\infty} (\sqrt[n]{a} - 1)$ $(a \neq 1)$ 也发散;

(г) $\sum_{n=1}^{\infty} \left(1 - \cos \dfrac{x}{n}\right)$ 收敛:$1 - \cos \dfrac{x}{n} : \dfrac{1}{n^2} \to \dfrac{x^2}{2}$.

9) 下面是这种类型的更复杂的例子:

(a) $\sum_{n=1}^{\infty} \left(1 - \dfrac{\ln n}{n}\right)^n$

用 x_n 表示这个级数的通项对 $\dfrac{1}{n}$ 的比值:

$$\ln x_n = \ln n + n \ln \left(1 - \frac{\ln n}{n}\right).$$

利用在 **125**,5) 中讲到的 $\ln(1+x)$ 的展开式, 可以写出

$$\ln \left(1 - \frac{\ln n}{n}\right) = -\frac{\ln n}{n} - \frac{1}{2}\left(\frac{\ln n}{n}\right)^2 + a_n \cdot \left(\frac{\ln n}{n}\right)^2$$

其中 $a_n \to 0$, 当 $n \to \infty$ 时. 于是

$$\ln x_n = -\frac{1}{2} \cdot \frac{\ln^2 n}{n} + a_n \cdot \frac{\ln^2 n}{n} \to 0,$$

因而 $x_n \to 1$. 即所给的级数发散.

(б) $\sum_{n=1}^{\infty} \left(n \ln \dfrac{2n+1}{2n-1} - 1\right)$.

这儿也利用 $\ln(1+x)$ 的展开式, 有

$$\ln \frac{2n+1}{2n-1} = \ln \left(1 + \frac{2}{2n-1}\right) = \frac{2}{2n-1} - \frac{1}{2}\left(\frac{2}{2n-1}\right)^2 + \frac{1}{3}\left(\frac{2}{2n-1}\right)^3 + \beta_n \cdot \left(\frac{2}{2n-1}\right)^3,$$

其中 $\beta_n \to 0$, 当 $n \to \infty$ 时, 于是

$$n \ln \frac{2n+1}{2n-1} - 1 = \frac{2n+3}{3(2n-1)} \cdot \left(\frac{1}{2n-1}\right)^2 + \beta_n \cdot \frac{8n}{2n-1} \cdot \left(\frac{1}{2n-1}\right)^2.$$

这样, 所考虑的级数的通项对 $\dfrac{1}{(2n-1)^2}$ 的比值具有极限 $\dfrac{1}{3}$, 所以我们所考虑的级数收敛.

10) 最后, 考虑级数

$$\sum_{n=1}^{\infty}\left(\frac{1}{n}-\ln\frac{n+1}{n}\right).$$

我们已知 [**133**,4)]

$$\ln(1+x)<x \quad (x\neq 0, -1<x<+\infty).$$

利用这不等式, 可以写出:

$$\ln\frac{n+1}{n}=\ln\left(1+\frac{1}{n}\right)<\frac{1}{n},$$

同时

$$\ln\frac{n+1}{n}=-\ln\frac{n}{n+1}=-\ln\left(1-\frac{1}{n+1}\right)>\frac{1}{n+1}.$$

于是

$$0<\frac{1}{n}-\ln\frac{n+1}{n}<\frac{1}{n}-\frac{1}{n+1}=\frac{1}{n(n+1)}<\frac{1}{n^2}.$$

由此可见, 给定级数的各项都是正的且小于收敛级数 $\sum\dfrac{1}{n^2}$ [**365**,2)] 的各相当项, 因而, 给定级数收敛.

如果用 C 表示这个级数的和. 则部分和

$$\sum_{k=1}^{n}\left(\frac{1}{k}-\ln\frac{k+1}{k}\right)=H_n-\ln(n+1)\to C$$

(H_n 总是表示调和级数的部分和). 这儿可以用 $\ln n$ 代替 $\ln(n+1)$, 因为它们的差等于 $\ln\left(1+\dfrac{1}{n}\right)$, 这个差趋于 0. 最后: 用 γ_n 表示某一无穷小, 对于 H_n 我们有一个著名的公式

$$H_n=\ln n+C+\gamma_n. \tag{4}$$

这个公式表明, 当 n 无限增大时, 调和级数的部分和 H_n 像 $\ln n$ 一样增大.

公式 (4) 中固定的常数 C 叫做**欧拉常数**. 这个常数的数值 (它是从另外的办法计算出来的) 是这样的:

$$C=0.577\ 215\ 664\ 90\cdots. \tag{5}$$

368. 柯西判别法与达朗贝尔判别法　把给定级数

$$\sum_{n=1}^{\infty}a_n=a_1+a_2+\cdots+a_n+\cdots \tag{A}$$

跟不同的已知为收敛或发散的标准级数相比较, 能够引出其他的可以说是更有组织性的形式 [56].

---

[56] 如同前一目, 级数 (A) 假定是正项级数.

为了比较, 我们一方面选取收敛的几何级数

$$\Sigma q^n = q + q^2 + \cdots + q^n + \cdots (0 < q < 1),$$

他方面选取发散的级数

$$\Sigma 1 = 1 + 1 + \cdots + 1 + \cdots$$

作为级数 (B).

按定理 1 的方式把所考虑的级数跟上述二级数相比较, 可得到下列的判别法:

柯西判别法   对级数 (A) 作序列

$$\mathcal{C}_n = \sqrt[n]{a_n}.$$

如果当 n 充分大时, 不等式

$$\mathcal{C}_n \leqslant q$$

成立, 其中 q 是小于 1 的**常数**, 则级数收敛; 如果从某处开始,

$$\mathcal{C}_n \geqslant 1,$$

则级数发散.

实际上, 不等式 $\sqrt[n]{a_n} \leqslant q$ 或 $\sqrt[n]{a_n} \geqslant 1$ 分别与不等式 $a_n \leqslant q^n$ 或 $a_n \geqslant 1$ 相当; 剩下的事只是引用定理 1 了[1].

可是, 这个判别法常常采用另一种形式 ——**极限的**形式:

假定序列 $\mathcal{C}_n$ 具有极限 (有限的或无穷的):

$$\lim \mathcal{C}_n = \mathcal{C}.$$

那么当 $\mathcal{C} < 1$ 时级数收敛, 而当 $\mathcal{C} > 1$ 时级数发散.

如果 $\mathcal{C} < 1$, 则取小于 $1 - \mathcal{C}$ 的正数 ε, 于是 $\mathcal{C} + \varepsilon < 1$. 依极限定义, 对于 $n > N$, 有:

$$\mathcal{C} - \varepsilon < \mathcal{C}_n < \mathcal{C} + \varepsilon.$$

数 $\mathcal{C} + \varepsilon$ 与上述公式中 q 的作用相同, 故级数收敛.

如果 $\mathcal{C} > 1$(并且是有限的), 则取 $\varepsilon = \mathcal{C} - 1$, 于是 $\mathcal{C} - \varepsilon = 1$, 这次对于充分大的 n, 即有 $\mathcal{C}_n > 1$, 故级数发散. 当 $\mathcal{C} = +\infty$ 时也有类似的结果.

在 $\mathcal{C} = 1$ 的情形下, 这个判别法就不能够判断出级数是否收敛.

序列 $\mathcal{C}_n$ 叫做柯西序列.

---

[1] 级数的发散性, 当然, 可以简单地引用违反 **364**,5° 中收敛性的必要条件这一事实来确定.

如果依定理 3 把级数 (A) 跟上述的作出的标准级数相比较, 就可得到下面的判别法:

达朗贝尔 (d'Alembert) **判别法**　　考虑对于级数 (A) 的序列

$$\mathcal{D}_n = \frac{a_{n+1}}{a_n}.$$

如果当 n 充分大时, 不等式

$$\mathcal{D}_n \leqslant q$$

成立, 其中 q 是小于 1 的**常数**, 则级数收敛; 如果从某处开始,

$$\mathcal{D}_n \geqslant 1,$$

则级数发散[①].

在这情形下, 也是利用下列的**极限**形式更为方便:

假定序列 $\mathcal{D}_n$ 具有极限 (有限的或无穷的):

$$\lim \mathcal{D}_n = \mathcal{D}.$$

那么当 $\mathcal{D} < 1$ 时级数收敛, 而当 $\mathcal{D} > 1$ 时级数发散.

证明与**柯西**判别法证明的情形一样.

如果 $\mathcal{D} = 1$, 这个判别法就不能决定级数是否收敛.

序列 $\mathcal{D}_n$ 叫做达朗贝尔序列.

在例题 **77**,4) 中我们看到, 从序列 $\mathcal{D}_n$ 的极限的存在性就可以推出序列 $\mathcal{C}_n$ 的极限的存在性, 并且两个极限相等. 由此可见, 在所有用达朗贝尔判别法对级数的收敛性问题能够得到答案的情形下, 利用柯西判别法也可以得到答案. 在下面的例子中我们可以看出, 相反的断言是不正确的; 因而柯西判别法强于达朗贝尔判别法. 但在实用上, 利用达朗贝尔判别法通常是更简单些.

369. 拉阿伯判别法　在上述那些判别法不适用的情形下, 必须采用更复杂的判别法, 这些判别法是根据把所考察的级数跟另一些标准级数 (这些标准级数比起调和级数来可以说是收敛得 "较慢" 或发散得 "较慢"[②]) 相比较而得到的.

在这儿我们就来研究**拉阿伯** (Raabe) **判别法**; 这个判别法就是利用定理 3 把给定级数 (A) 跟收敛的调和级数

$$\sum_{n=1}^{\infty} \frac{1}{n^s} = 1 + \frac{1}{2^s} + \frac{1}{3^s} + \cdots + \frac{1}{n^s} + \cdots \quad (s > 0) \tag{H_s}$$

[①]这儿, 级数的发散性也可从违反收敛性的必要条件直接推出: 事实上, 如果 $\frac{a_{n+1}}{a_n} \geqslant 1$ 或 $a_{n+1} \geqslant a_n$, 则 a_n 不能趋于 0.

[②]参看 **375**,7).

及发散的调和级数

$$\sum_{n=1}^{\infty} \frac{1}{n} = 1 + \frac{1}{2} + \frac{1}{3} + \cdots + \frac{1}{n} + \cdots \tag{H}$$

相比较而得到的. 在此必须研究**拉阿伯序列**

$$\mathcal{R}_n = n\left(\frac{a_n}{a_{n+1}} - 1\right).$$

拉阿伯判别法   如果当 n 充分大时, 不等式

$$\mathcal{R}_n \geqslant r$$

成立, 其中 r 是大于 1 的常数, 则级数收敛; 如果从某处开始

$$\mathcal{R}_n \leqslant 1,$$

则级数发散.

这样, 设 n 充分大时, 即有

$$n\left(\frac{a_n}{a_{n+1}} - 1\right) > r > 1 \quad \text{或} \quad \frac{a_n}{a_{n+1}} > 1 + \frac{r}{n}.$$

现在取介于 1 与 r 之间的任意数 $s : r > s > 1$. 因为根据已知的极限关系[**77**, 5)]

$$\lim_{n \to \infty} \frac{\left(1 + \dfrac{1}{n}\right)^s - 1}{\dfrac{1}{n}} = s,$$

那么对于充分大的 n 有

$$\frac{\left(1 + \dfrac{1}{n}\right)^s - 1}{\dfrac{1}{n}} < r \quad \text{或} \quad \left(1 + \frac{1}{n}\right)^s < 1 + \frac{r}{n},$$

因而

$$\frac{a_n}{a_{n+1}} > \left(1 + \frac{1}{n}\right)^s.$$

这个等式可改写为如下形式:

$$\frac{a_{n+1}}{a_n} < \left(\frac{n}{n+1}\right)^s = \frac{\dfrac{1}{(n+1)^s}}{\dfrac{1}{n^s}}.$$

等式右端是级数 (H_s) 的相继的两项; 应用定理 3, 便可断定级数 (A) 收敛.

如果从某处开始

$$n\left(\frac{a_n}{a_{n+1}} - 1\right) \leqslant 1,$$

则由此立即得到

$$\frac{a_{n+1}}{a_n} \geqslant \frac{n}{n+1} = \frac{\dfrac{1}{n+1}}{\dfrac{1}{n}};$$

把定理 3 应用到级数 (A) 与级数 (H) 上, 就可断定级数 (A) 的发散性.

拉阿伯判别法也多半是应用极限的形式:

假定序列 $\mathcal{R}_n$ 具有极限 (有限的或无穷的):

$$\lim \mathcal{R}_n = \mathcal{R}.$$

那么当 $\mathcal{R} > 1$ 时级数收敛, 而当 $\mathcal{R} < 1$ 时级数发散.

比较达朗贝尔判别法与拉阿伯判别法, 我们看出, 后者要比前者强得多. 如果极限 $\mathcal{D} = \lim \mathcal{D}_n$ 存在且异于 1, 则对于 $\mathcal{R}_n = n \cdot \left(\dfrac{1}{\mathcal{D}_n} - 1 \right)$, 当 $\mathcal{D} < 1$ 时有等于 $+\infty$ 的极限 $\mathcal{R}$, 而当 $\mathcal{D} > 1$ 时有等于 $-\infty$ 的极限 $\mathcal{R}$. 由此可见, 如果达朗贝尔判别法对于给定级数的收敛性问题能够得到答案, 则拉阿伯判别法就更加能够得到这答案; 而且, 所有这些情形都被 $\mathcal{R}$ 所可能取的值中的两个值, 即 $\mathcal{R} = \pm\infty$, 包括净尽. 这样一来, 对于收敛性问题也可以得到答案的所有其余的 $\mathcal{R}$ 值 (除 $\mathcal{R} = 1$ 外), 就对应于达朗贝尔判别法由于 $\mathcal{D} = 1$ 而不能给出确定答案的那些情形.

但是, 就在这儿当 $\mathcal{R} = 1$ 时我们仍然不能回答级数是否收敛的问题; 在类似的情形下 (这是非常少的), 就必须采用更为细致而复杂的判别法 [参看下面第 **371** 目的例题].

现在讲一些例子.

370. 例题　1) 把柯西判别法应用到下列各级数:

(a) $\sum_{n=2}^{\infty} \dfrac{1}{(\ln n)^n}, \mathcal{C}_n = \dfrac{1}{\ln n}, \mathcal{C} = 0$: 级数收敛;

(б) $\sum_{n=1}^{\infty} \left(\dfrac{x}{n} \right)^n (x > 0), \mathcal{C}_n = \dfrac{x}{n}, \mathcal{C} = 0$: 级数收敛;

(в) $\sum_{n=1}^{\infty} \left(\dfrac{x}{a_n} \right)^n (x > 0; a_n$ 是具有极限 a 的正数序列$), \mathcal{C}_n = \dfrac{x}{a_n}$. 如果 $a = 0$, 则 $\mathcal{C} = +\infty$, 因而级数发散; 如果 $a = +\infty$, 则 $\mathcal{C} = 0$, 因而级数收敛; 最后, 当 $0 < a < +\infty$ 时有 $\mathcal{C} = \dfrac{x}{a}$, 级数的收敛与否就决定于 x: 当 $x < a$ 时级数收敛, 当 $x > a$ 时级数发散. 当 $x = a$ 时, 在一般情形下不能判断出级数是否收敛, 级数的收敛与否要由 a_n 接近于 a 的特性来决定.

2) 把达朗贝尔判别法应用到下列各级数:

(a) $1 + \sum_{n=1}^{\infty} \dfrac{x^n}{n!} (x > 0), \mathcal{D}_n = \dfrac{x}{n+1}, \mathcal{D} = 0$: 级数收敛;

(б) $\sum_{n=1}^{\infty} nx^{n-1} (x > 0), \mathcal{D}_n = x\dfrac{n+1}{n}, \mathcal{D} = x$: 级数当 $x < 1$ 时收敛而当 $x \geqslant 1$ 时发散 (当 $x = 1$ 时可直接验证这一点).

(в) $\sum_{n=1}^{\infty} \dfrac{x^n}{n^s} (x > 0, s > 0), \mathcal{D}_n = x \left(\dfrac{n}{n+1} \right)^s, \mathcal{D}_n = x$: 级数当 $x < 1$ 时收敛而当 $x > 1$ 时发散; 当 $x = 1$ 时结果是调和级数, 这个调和级数的收敛与否, 我们已经知道, 是由 s 来决定的.

(г) $\sum_{n=1}^{\infty} n! \left(\dfrac{x}{n}\right)^n$ $(x > 0), \mathcal{D}_n = \dfrac{x}{\left(1+\frac{1}{n}\right)^n}, \mathcal{D} = \dfrac{x}{e}$: 当 $x < e$ 时级数收敛, 当 $x > e$ 时发

散; 当 $x = e$ 时在极限形式下的达朗贝尔判别法不适用, 但因序列 $\left(1+\dfrac{1}{n}\right)^n$ 递增地接近 e, 于是 $\mathcal{D}_n > 1$, 所以原来的判别形式仍然使我们能够断定级数的发散性.

(д) $\sum_{n=1}^{\infty} \dfrac{(nx)^n}{n!}$ $(x > 0), \mathcal{D}_n = x \cdot \left(1+\dfrac{1}{n}\right)^n, \mathcal{D} = x \cdot e$: 当 $x < \dfrac{1}{e}$ 时级数收敛, 而当 $x > \dfrac{1}{e}$ 时发散; 当 $x = \dfrac{1}{e}$ 时, 因为 $\mathcal{D}_n$ 从下面接近 $\mathcal{D} = 1$, 这次如再利用达朗贝尔判别法, 就什么结果也得不到. 我们将在下面 5)(г) 中讨论这种情形.

3) 取级数

$$1 + a + ab + a^2b + a^2b^2 + \cdots + a^nb^{n-1} + a^nb^n + \cdots,$$

其中 a 与 b 是两个相异的正数. 这儿 $\mathcal{D}_{2n-1} = a, \mathcal{D}_{2n} = b$, 因而达朗贝尔判别法 (在原有的形式下) 只在数 a, b 都小于 1 或都大于 1 时, 才使我们能够作出级数收敛或发散的论断.

同时

$$\mathcal{C}_{2n-1} = \sqrt[2n-1]{a^{n-1}b^{n-1}} \text{ 及 } \mathcal{C}_{2n} = \sqrt[2n]{a^nb^{n-1}},$$

于是 $\mathcal{C} = \sqrt{ab}$; 依柯西判别法, 当 $ab < 1$ 时级数收敛而当 $ab > 1$ 时级数发散 (显然, 当 $ab = 1$ 时也这样).

4) 考虑级数 $\sum_{n=1}^{\infty} \tau(n)x^n$, 其中 $x > 0$ 而 $\tau(n)$ 表示自然数 n 的因数的个数. 由于函数 $\tau(n)$ 变化的反复无常, 这儿应用达朗贝尔判别法是不可能的. 但柯西判别法完全可以应用:

$$x \leqslant \mathcal{C}_n = \sqrt[n]{\tau(n)} \cdot x \leqslant \sqrt[n]{n} \cdot x, \text{ 于是 } \mathcal{C} = x,$$

当 $x < 1$ 时级数收敛, 而当 $x > 1$ 时级数发散 (显然, 当 $x = 1$ 时也这样).

5) 现在讲几个应用拉阿伯判别法的例子.

(a) $1 + \sum_{n=1}^{\infty} \dfrac{(2n-1)!!}{(2n)!!} \cdot \dfrac{1}{2n+1}$.

对于这个级数, 达朗贝尔判别法是不适用的, 因为 $\mathcal{D}_n = \dfrac{(2n-1)^2}{2n(2n+1)} \to 1$ (并且 $\mathcal{D}_n < 1$). 作拉阿伯序列:

$$\mathcal{R}_n = n\left(\dfrac{2n(2n+1)}{(2n-1)^2} - 1\right) = \dfrac{(6n-1)n}{(2n-1)^2}.$$

因为 $\mathcal{R} = \lim \mathcal{R}_n = \dfrac{3}{2} > 1$, 所以级数收敛.

(б) $\sum_{n=1}^{\infty} \dfrac{n!}{(x+1)\cdots(x+n)}$ $(x > 0)$.

因为 $\mathcal{D}_n = \dfrac{n+1}{x+n+1}, \mathcal{D} = 1$, 所以这儿达朗贝尔判别法不适用. 其次, 有 $\mathcal{R}_n = \dfrac{n}{n+1}x$, 于是 $\mathcal{R} = x$. 这样, 当 $x < 1$ 时级数发散, 而当 $x > 1$ 时收敛; 当 $x = 1$ 时得到一个发散的调和级数 (缺第一项).

(в) $\sum_{n=1}^{\infty} \dfrac{n!x^n}{(x+a_1)(2x+a_2)\cdots(nx+a_n)}$,

其中 $x > 0$. 而 a_n 是具有极限 a 的正的序列.

我们有:$\mathcal{D}_n = \dfrac{(n+1)x}{(n+1)x + a_{n+1}}$, $\mathcal{D} = 1$.其次,$\mathcal{R}_n = \dfrac{na_{n+1}}{(n+1)x}$, $\mathcal{R} = \dfrac{a}{x}$. 所以, 当 $x < a$ 时级数收敛, 当 $x > a$ 时级数发散. 当 $x = a$ 时在一般情形下不能断定级数是否收敛; 这时级数收敛的情形由 a_n 接近 a 的情形来决定.

(г) 最后, 考虑级数

$$\sum_{n=1}^{\infty} \frac{1}{n!} \left(\frac{n}{e} \right)^n.$$

对于这级数

$$\mathcal{R}_n = n \left[\frac{e}{\left(1 + \dfrac{1}{n} \right)^n} - 1 \right];$$

为要计算这个序列的极限, 我们以下列更普遍的表达式来代替它:

$$\frac{1}{x} \left[\frac{e}{(1+x)^{\frac{1}{x}}} - 1 \right] \qquad (x \to 0),$$

这样, 我们就可以把微分学的方法应用这个表达式上去了. 根据洛必达法则, 取导数的比值:

$$-\frac{e}{\left[(1+x)^{\frac{1}{x}} \right]^2} \left\{ (1+x)^{\frac{1}{x}} \cdot \ln(1+x) \cdot \left(-\frac{1}{x^2} \right) + \frac{1}{x} \cdot (1+x)^{\frac{1}{x}-1} \right\}$$

$$= \frac{e}{(1+x)^{\frac{1}{x}}} \cdot \frac{\ln(1+x) - \dfrac{x}{1+x}}{x^2}.$$

令

$$\ln(1+x) = x - \frac{1}{2}x^2 + o(x^2), \frac{x}{1+x} = x - x^2 + o(x^2),$$

立即得出所求极限等于 $\dfrac{1}{2}$. 级数发散.

371. 库默尔判别法　　现在我们讲一个非常普遍的判别法, 库默尔 (E.E.Kummer) 判别法, 我们可把它看成对所求得的具体的判别法的普遍公式.

库默尔判别法　　设

$$c_1, c_2, \cdots, c_n, \cdots$$

是使级数

$$\sum_{1}^{\infty} \frac{1}{c_n}$$

发散[①]的一个正数序列. 对所考虑的级数 (A) 作序列

$$\mathcal{K}_n = c_n \cdot \frac{a_n}{a_{n+1}} - c_{n+1}.$$

若 (对于 $n > N$) 不等式

$$\mathcal{K}_n \geqslant \delta$$

————————————

[①]读者注意: 级数 $\sum_1^\infty \dfrac{1}{c_n}$ 发散这一假定仅仅在推导发散性判别法时用到; 在推导收敛性判别法时不需要这个假定.

成立, 其中 δ 是一个正常数, 则级数收敛. 如果 (对于 $n > N$)

$$\mathcal{K}_n \leqslant 0,$$

则级数发散.

证明 设

$$\mathcal{K}_n = c_n \cdot \frac{a_n}{a_{n+1}} - c_{n+1} \geqslant \delta > 0$$

(这个不等式, 显然可以认为对所有的 n 都是成立的).

以 a_{n+1} 乘这个不等式的两端, 得到

$$c_n a_n - c_{n+1} a_{n+1} \geqslant \delta \cdot a_{n+1}, \tag{6}$$

也就是

$$c_n a_n - c_{n+1} a_{n+1} > 0 \quad \text{或} \quad c_n a_n > c_{n+1} a_{n+1}.$$

由此推知, 变量 $c_n a_n$ 单调递减, 因而趋于一个有限极限 (因为这变数以 0 下有界).

于是, 级数

$$\sum_{n=1}^{\infty} (c_n a_n - c_{n+1} a_{n+1})$$

收敛, 因为这个级数的前 n 项的和

$$c_1 a_1 - c_{n+1} a_{n+1}$$

具有有限极限. 但在这情形下由不等式 (6), 根据定理 1, 可得级数 $\sum_{n=1}^{\infty} \delta a_{n+1}$ 收敛, 而给定级数 (A) 与这个级数同时收敛.

如果对于 $n > N$,

$$\mathcal{K}_n = c_n \cdot \frac{a_n}{a_{n+1}} - c_{n+1} \leqslant 0,$$

则有

$$\frac{a_{n+1}}{a_n} \geqslant \frac{\dfrac{1}{c_{n+1}}}{\dfrac{1}{c_n}}.$$

因已假定级数 $\sum \dfrac{1}{c_n}$ 发散, 故按照定理 3, 级数 (A) 发散. 这就是所要证明的.

在**极限的**形式下, 库默尔判别法是这样的:

假定序列 $\mathcal{K}_n$ 具有极限 (有限的或无穷的):

$$\lim \mathcal{K}_n = \mathcal{K}.$$

那么当 $\mathcal{K} > 0$ 时级数收敛, 而当 $\mathcal{K} < 0$ 时级数发散.

现在我们要说明: 如何利用库默尔判别法去求得一些作为它的特别情形的重要的收敛性判别法.

a) 例如, 令 $c_n = 1$; 使级数 $\sum \dfrac{1}{c_n}$ 发散的条件被保持着. 我们有:

$$\mathcal{K}_n = \frac{a_n}{a_{n+1}} - 1 = \frac{1}{\mathcal{D}_n} - 1.$$

如果序列 $\mathcal{D}_n$ 趋于极限 $\mathcal{D}$, 则 $\mathcal{K}_n$ 趋于极限 $\mathcal{K} = \dfrac{1}{\mathcal{D}} - 1 (\mathcal{K} = +\infty$ 如果 $\mathcal{D} = 0; \mathcal{K} = -1$, 如果 $\mathcal{D} = +\infty)$. 当 $\mathcal{D} > 1$ 时, 显然, $\mathcal{K} < 0$, 于是按照库默尔判别法, 级数发散; 如果 $\mathcal{D} < 1$, 则 $\mathcal{K} > 0$, 于是级数收敛. 可见, 我们重新得到了达朗贝尔判别法.

б) 其次, 令 $c_n = n$, 并且看出级数 $\sum \dfrac{1}{c_n}$ 发散. 表达式 $\mathcal{K}_n$ 有下列的形状:

$$\mathcal{K}_n = n \cdot \frac{a_n}{a_{n+1}} - (n+1) = \mathcal{R}_n - 1.$$

如果序列 $\mathcal{R}_n$ 趋于极限 $\mathcal{R}$, 则 $\mathcal{K}_n$ 趋于极限 $\mathcal{K} = \mathcal{R} - 1 (\mathcal{K} = \pm\infty$, 如果 $\mathcal{R} = \pm\infty)$. 当 $\mathcal{R} > 1$ 时有 $\mathcal{K} > 0$, 于是按照库默尔判别法, 级数收敛; 如果 $\mathcal{R} < 1$, 则 $\mathcal{K} < 0$, 于是级数发散. 我们又得到了拉阿伯判别法.

в) 最后, 取 $c_n = n \ln n (n \geqslant 2)$, 这样的选取是可以允许的, 因为级数 $\sum \dfrac{1}{n \ln n}$ 发散 [367,6)]. 在这情形下有:

$$\mathcal{K}_n = n \ln n \cdot \frac{a_n}{a_{n+1}} - (n+1) \ln(n+1),$$

这也可以表示成下列的形状:

$$\mathcal{K}_n = \ln n \left[n \left(\frac{a_n}{a_{n+1}} - 1 \right) - 1 \right] - \ln \left(1 + \frac{1}{n} \right)^{n+1} = \mathcal{B}_n - \ln \left(1 + \frac{1}{n} \right)^{n+1}$$

其中 $\mathcal{B}_n$ 表示新的序列:

$$\mathcal{B}_n = \ln n \left[n \left(\frac{a_n}{a_{n+1}} - 1 \right) - 1 \right] = \ln n \cdot (\mathcal{R}_n - 1).$$

由此就得到新的.

贝特朗 (Bertrand) **判别法**　假定序列 $\mathcal{B}_n$ 具有极限 (有限的或无穷的):

$$\mathcal{B} = \lim \mathcal{B}_n.$$

那么当 $\mathcal{B} > 1$ 时级数收敛, 而当 $\mathcal{B} < 1$ 时级数发散.

事实上, 因为 $\lim \ln \left(1 + \dfrac{1}{n} \right)^{n+1} = \ln e = 1$, 所以库默尔序列 $\mathcal{K}_n$ 趋于极限 $\mathcal{K} = \mathcal{B} - 1 (\mathcal{K} = \pm\infty$, 如果 $\mathcal{B} = \pm\infty)$. 余下的事只是引用库默尔判别法了.

比较拉阿伯判别法与贝特朗判别法, 就可以重作前面我们关于达朗贝尔判别法与拉阿伯判别法所作的同样的说明 [**369**]. 这条愈来愈加敏锐的 (但也就更复杂些!) 判别法的链条, 是可以无限制地继续下去的.

372. 高斯判别法　从达朗贝尔、拉阿伯与贝特朗判别法, 可以很容易地得到下面的高斯 (Gauss) 判别法.

高斯判别法　设对于级数 (A), 比值 $\dfrac{a_n}{a_{n+1}}$ 可以表示成下面的形状:

$$\frac{a_n}{a_{n+1}} = \lambda + \frac{\mu}{n} + \frac{\theta_n}{n^2},$$

其中 λ 与 μ 是常数, 而 θ_n 是有界的量:$|\theta_n| \leqslant L$;那么, 级数收敛, 如果 $\lambda > 1$ 或者如果 $\lambda = 1, \mu > 1$; 级数发散, 如果 $\lambda < 1$ 或者如果 $\lambda = 1, \mu \leqslant 1$.

$\lambda \gtrless 1$ 的情形可化成达朗贝尔判别法, 因为 $\lim \dfrac{a_{n+1}}{a_n} = \dfrac{1}{\lambda}$. 现设 $\lambda = 1$; 在这情形下

$$\mathcal{R}_n = n \left(\frac{a_n}{a_{n+1}} - 1 \right) = \mu + \frac{\theta_n}{n}, \mathcal{R} = \mu,$$

而 $\mu \gtrless 1$ 的情形就被拉阿伯判别法包括净尽. 最后, 如果 $\mu = 1$, 则有

$$\mathcal{B}_n = \ln n(\mathcal{R}_n - 1) = \frac{\ln n}{n} \cdot \theta_n.$$

因为已知 $\dfrac{\ln n}{n}$ 当 $n \to \infty$ 时趋于零, 而 θ_n 有界, 故 $\mathcal{B} = \lim \mathcal{B}_n = 0$, 于是按照贝特朗判别法, 级数发散.

例子

1) 考虑所谓**超几何级数**(高斯)

$$F(\alpha, \beta, \gamma, x) = 1 + \sum_{n=1}^{\infty} \frac{\alpha \cdot (\alpha+1) \cdots (\alpha+n-1) \cdot \beta \cdot (\beta+1) \cdots (\beta+n-1)}{n! \gamma \cdot (\gamma+1) \cdots (\gamma+n-1)} x^n$$

$$= 1 + \frac{\alpha \cdot \beta}{1 \cdot \gamma} x + \frac{\alpha \cdot (\alpha+1) \cdot \beta \cdot (\beta+1)}{1 \cdot 2 \cdot \gamma \cdot (\gamma+1)} x^2$$

$$+ \frac{\alpha \cdot (\alpha+1) \cdot (\alpha+2) \cdot \beta \cdot (\beta+1) \cdot (\beta+2)}{1 \cdot 2 \cdot 3 \cdot \gamma \cdot (\gamma+1) \cdot (\gamma+2)} x^3 + \cdots,$$

暂时假定 $\alpha, \beta, \gamma, x > 0$. 这儿

$$\frac{a_{n+1}}{a_n} = \frac{(\alpha+n)(\beta+n)}{(1+n)(\gamma+n)} x \to x,$$

于是依达朗贝尔判别法立即可以确定当 $x < 1$ 时收敛而当 $x > 1$ 时发散. 如果 $x = 1$, 则取比值

$$\frac{a_n}{a_{n+1}} = \frac{(1+n)(\gamma+n)}{(\alpha+n)(\beta+n)} = \frac{\left(1 + \dfrac{1}{n}\right)\left(1 + \dfrac{\gamma}{n}\right)}{\left(1 + \dfrac{\alpha}{n}\right)\left(1 + \dfrac{\beta}{n}\right)}$$

并利用展开式:

$$\frac{1}{1 + \dfrac{\alpha}{n}} = 1 - \frac{\alpha}{n} + \frac{\alpha^2}{1 + \dfrac{\alpha}{n}} \cdot \frac{1}{n^2}, \frac{1}{1 + \dfrac{\beta}{n}} = 1 - \frac{\beta}{n} + \frac{\beta^2}{1 + \dfrac{\beta}{n}} \cdot \frac{1}{n^2},$$

把所取比值表示成下面的形状:

$$\frac{a_n}{a_{n+1}} = 1 + \frac{\gamma - \alpha - \beta + 1}{n} + \frac{\theta_n}{n^2},$$

其中 θ_n 为有界. 应用高斯判别法, 我们看出, 级数 $F(\alpha, \beta, \gamma, 1)$ 当 $\gamma - \alpha - \beta > 0$ 时收敛而当 $\gamma - \alpha - \beta \leqslant 0$ 时发散. 以后我们要回来讲在对 α, β, γ 与 x 更普遍的假定下的超几何级数.

2) 另一个可应用高斯判别法的例子是级数

$$1 + \left(\frac{1}{2}\right)^p + \left(\frac{1 \cdot 3}{2 \cdot 4}\right)^p + \cdots + \left(\frac{(2n-1)!!}{(2n)!!}\right)^p + \cdots \quad (p > 0),$$

这个级数当 $p > 2$ 时收敛, 当 $p \leqslant 2$ 时发散. 在这里按照泰勒公式,

$$\frac{a_n}{a_{n+1}} = \left(\frac{2n}{2n-1}\right)^p = \left(1 - \frac{1}{2n}\right)^{-p} = 1 + \frac{p}{2n} + \frac{p(p+1)}{1\cdot 2}\cdot\frac{1}{(2n)^2} + o\left(\frac{1}{n^2}\right),$$

由此

$$\frac{a_n}{a_{n+1}} = 1 + \frac{\frac{p}{2}}{n} + \frac{\theta_n}{n^2} \quad (\theta_n \text{有界}),$$

等等.

373. 麦克劳林–柯西积分判别法　　这个判别法在形式上与所有上述的判别法有所不同. 它是建立在把级数跟积分相比较的观念上的, 并且是我们为了阐明第 **367** 目例题 4),5),6) 中级数的收敛性与发散性而利用过的那个方法的推广.

设所讲到的级数有下面的形式:

$$\sum_{n=1}^{\infty} a_n \equiv \sum_{n=1}^{\infty} f(n), \tag{7}$$

其中 $f(n)$ 是当 $x = n$ 时对于 $x \geqslant 1^{①}$ 所确定的某一函数 $f(x)$ 的值; 假定这个函数是连续的, 正的单调递减函数.

考虑 $f(x)$ 的任何一个原函数 $F(x)$; 因为它的导数 $F'(x) = f(x) > 0$, 所以 $F(x)$ 与 x 同时增大, 因而, 当 $x \to +\infty$ 时, 一定具有有限的或无穷的极限. 在第一种情形下, 级数

$$\sum_{n=1}^{\infty} [F(n+1) - F(n)] \tag{8}$$

收敛, 而在第二种情形下, 级数发散. 我们就把所考虑的级数跟这个级数相比较.

按照有限增量公式, 级数 (8) 的通项可表示成下面的形状:

$$F(n+1) - F(n) = f(n+\theta) \quad (0 < \theta < 1),$$

于是由函数 $f(x)$ 的单调性

$$a_{n+1} = f(n+1) < F(n+1) - F(n) < f(n) = a_n. \tag{9}$$

在级数 (8) 收敛的情形下, 由定理 1, 级数 $\sum_{n=1}^{\infty} a_{n+1} \equiv \sum_{n=1}^{\infty} f(n+1)$ 收敛, 因为它的每一项小于级数 (8) 的相当项; 也就是说, 给定的级数 (7) 也收敛. 在级数 (8) 发散的情形下, 给定的级数 (7) 也发散, 因为它的每一项大于级数 (8) 的相当项.

这样, 我们就得到下面的积分判别法 —— 柯西判别法(这一判别法首先由麦克劳林以几何形式发现, 但被人们遗忘了,后来又重新被柯西发现).

①可以不用 1, 而用任何一个别的自然数 n_0 来作为序号 n 的开始值; 这时函数 $f(x)$ 就必须在 $x \geqslant n_0$ 下来考虑.

积分判别法 在上面所作的假定下, 级数 (7) 的收敛或发散, 决定于函数

$$F(x) = \int f(x)dx$$

当 $x \to +\infty$ 时是否具有有限的或无穷的极限.

现在讲一些应用这个判别法的例子 (除去 **367** 中所考虑过的以外):

1) $\sum_{n=2}^{\infty} \dfrac{1}{n \cdot \ln^{1+\sigma} n} (\sigma > 0)$.

这儿 $f(x) = \dfrac{1}{x \cdot \ln^{1+\sigma} x}; F(x) = -\dfrac{1}{\sigma \ln^{\sigma} x} \to 0$, 当 $x \to +\infty$ 时: 级数收敛.

2) $\sum_{n=3}^{\infty} \dfrac{1}{n \cdot \ln n \cdot \ln \ln n}$.

我们有 $f(x) = \dfrac{1}{x \ln x \cdot \ln \ln x}; F(x) = \ln \ln \ln x \to +\infty$: 级数发散.

3) $\sum_{n=3}^{\infty} \dfrac{1}{n \cdot \ln n \cdot (\ln \ln n)^{1+\sigma}} (\sigma > 0)$.

在这情形中

$$f(x) = \frac{1}{x \cdot \ln x \cdot (\ln \ln x)^{1+\sigma}}; F(x) = -\frac{1}{\sigma \cdot (\ln \ln x)^{\sigma}} \to 0:$$

级数收敛. 如此等等.

原函数 $F(x)$ 也可以取定积分的形式:

$$F(x) = \int_1^x f(t)dt.$$

当 $x \to +\infty$ 时它的极限叫做 "由 1 到 $+\infty$ 的积分"[1]并这样地表示出来:

$$F(+\infty) = \int_1^{+\infty} f(t)dt.$$

于是,所讲到的级数 (7) 的收敛或发散, 就要看这个积分是否具有有限值或无穷值而定.[2]

在这样的形式下, 积分判别法就可以有一个简单的几何解释. 如果把函数 $f(x)$ 用曲线描绘出来 (图 54), 那么, 积分 $F(x)$ 就表示限制在曲线下,x 轴上及两个纵坐标之间的图形的面积; 积分 $F(+\infty)$, 在某一意义下, 可以看作在曲线下向右无穷延伸的整个图形的面积的表达式. 另一方面, 级数 (7) 的项 $a_1, a_2, \cdots, a_n, \cdots$ 表示在点 $x = 1, 2, \cdots, n, \cdots$ 处纵坐标的大小, 或者, 同样地, 表示底长为 1, 高度等于前述纵坐标的那些矩形的面积.

由此可见, 级数 (7) 的和不是别的, 而是那些外接矩形的面积的和, 也就是那些内接矩形的和只相差了级数的第一项. 这就使得上面所确立的结果完全可从直观来

---

[1]这就是所谓**反常积分**; 类似的积分我们将在第十三章中加以研究.

[2]在判别法证明的这种叙述中, 不假定函数 $f(x)$ 的连续性, 仅利用定积分(对单调函数, 积分存在 [**298**,III]), 便可容易地进行.

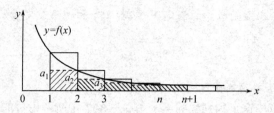

图 54

了解: 如果曲线图形的面积是有限的, 那么, 包含在这曲线图形内的梯形图形的面积就更加是有限的, 因而所讲到的级数收敛; 如果曲线图形的面积是无穷的, 那么, 包含这曲线图形的梯形图形的面积也是无穷的, 于是在这情形下, 级数发散.

现在对不等式 (9) 的更进一步的利用作一些说明:

a) 在有限极限

$$\lim_{x \to +\infty} F(x) = F(+\infty)$$

存在的情形下, 对级数 (7) 的余式可以指出一个很方便的估计. 这就是, 把不等式

$$a_k = f(k) < F(k) - F(k-1) < a_{k-1}$$

对 $k = n+1, \cdots, n+m$ 加起来, 得到:

$$\sum_{k=n+1}^{n+m} a_k < F(n+m) - F(n) < \sum_{k=n}^{n+m-1} a_k.$$

在这里把 m 增大到无穷, 取极限:

$$\sum_{k=n+1}^{\infty} a_k \leqslant F(+\infty) - F(n) \leqslant \sum_{k=n}^{\infty} a_k$$

或

$$F(+\infty) - F(n+1) \leqslant \sum_{k=n+1}^{\infty} a_k \leqslant F(+\infty) - F(n); \qquad (10)$$

这就给出了所求的上下界的估计[1].

---

[1] 因为

$$F(n+m) - F(n) = \int_n^{n+m} f(t)dt.$$

当 $m \to +\infty$ 取极限时这个积分是反常积分 $F(+\infty) - F(n) = \int_n^{+\infty} f(t)dt$, 因此在课文中的不等式 (10) 可以改写成这样:

$$\int_{n+1}^{\infty} f(t)dt \leqslant \sum_{k=n+1}^{\infty} a_k \equiv \sum_{k=n+1}^{\infty} f(k) \leqslant \int_n^{\infty} f(t)dt. \qquad (10a)$$

例如, 对于级数 $\sum_{n=1}^{\infty} \frac{1}{n^{1+\sigma}}$ $(\sigma > 0)$ 有

$$f(x) = \frac{1}{x^{1+\sigma}}, F(x) = -\frac{1}{\sigma \cdot x^{\sigma}}, F(+\infty) = 0$$

及

$$\frac{1}{\sigma} \cdot \frac{1}{(n+1)^{\sigma}} \leqslant \sum_{k=n+1}^{\infty} \frac{1}{k^{1+\sigma}} < \frac{1}{\sigma} \cdot \frac{1}{n^{\sigma}}. \tag{11}$$

б) 如果 $F(x)$ 与 x 同时增大到无穷, 那么这个函数就使判断级数 (7) 部分和增加的速度成为可能. 考虑不等式

$$0 < f(k) - [F(k+1) - F(k)] < f(k) - f(k+1)$$

并且把它们由 $k = 1$ 到 $k = n$ 加起来, 我们得到一个递增的, 但是有界的序列

$$\sum_{k=1}^{n} f(k) - [F(n+1) - F(1)] < f(1) - f(n+1) < f(1),$$

这个序列趋于有限极限. 对于序列

$$\sum_{k=1}^{n} f(k) - F(n+1)$$

这事实同样是正确的. 如果用 C 表示这个序列的极限, 而用 α_n 表示无穷小 (即所述序列与它自己的极限的差), 就得到公式:

$$\sum_{k=1}^{n} f(k) = F(n+1) + C + \alpha_n.$$

例如, 当 $f(x) = \frac{1}{x}$ 时, $F(x) = \ln x$, 由此又得到第 **367** 目的公式 (4).

374. 叶尔马科夫判别法 叶尔马科夫 (Ermakov,1845—1922, 俄罗斯数学家) 提出的独特的判别法在积分判别法的应用范围内是非常好的. 这个判别法的陈述中并不包含积分概念.

叶尔马科夫判别法 仍假定函数 $f(x)$ 当 $x > 1$ 时是连续[1]、正的与单调减函数[2]. 若对充分大的 x(比如说, $x \geqslant x_0$) 成立如下不等式:

$$\frac{f(e^x) \cdot e^x}{f(x)} \leqslant q < 1,$$

则级数 (7) 收敛; 若 (对 $x \geqslant x_0$)

$$\frac{f(e^x) \cdot e^x}{f(x)} \geqslant 1,$$

则级数 (7) 发散.

---

[1] 实际上, 连续性的要求可以省略. 参看 233 页的脚注[2].
[2] 参看 232 页的脚注.

证明　设第一个不等式成立, 对任意 $x \geqslant x_0$ 有 (代换 $t = e^u$)

$$\int_{e^{x_0}}^{e^x} f(t)dt = \int_{x_0}^{x} f(e^u)e^u du \leqslant q \int_{x_0}^{x} f(t)dt,$$

由此

$$(1-q) \int_{e^{x_0}}^{e^x} f(t)dt \leqslant q \left[\int_{x_0}^{x} f(t)dt - \int_{e^{x_0}}^{e^x} f(t)dt \right]$$

$$\leqslant q \left[\int_{x_0}^{e^{x_0}} f(t)dt - \int_{x}^{e^x} f(t)dt \right] \leqslant q \int_{x_0}^{e^{x_0}} f(t)dt,$$

因为

$$e^x > x, \tag{12}$$

在后一方括号内被减项是正的. 在这种情况下

$$\int_{e^{x_0}}^{e^x} f(t)dt \leqslant \frac{q}{1-q} \int_{x_0}^{e^{x_0}} f(t)dt,$$

在不等式两端加上 $\int_{x_0}^{e^{x_0}} f(t)dt$, 得到

$$\int_{x_0}^{e^x} f(t)dt \leqslant \frac{1}{1-q} \int_{x_0}^{e^{x_0}} f(t)dt = L,$$

考虑到式 (12), 从而更有

$$\int_{x_0}^{x} f(t)dt \leqslant L \qquad (x \geqslant x_0).$$

因为随 x 的增加, 积分值增加, 则当 $x \to \infty$ 时存在有限的极限

$$\int_{x_0}^{\infty} f(t)dt,$$

按照 (柯西) 积分判别法, 级数 (7) 收敛.

假设现在是第二个不等式成立, 那么

$$\int_{e^{x_0}}^{e^x} f(t)dt \geqslant \int_{x_0}^{x} f(t)dt,$$

并且若在不等式两端加上 $\int_{x}^{e^{x_0}} f(t)dt$, 则

$$\int_{x}^{e^x} f(t)dt \geqslant \int_{x_0}^{e^{x_0}} f(t)dt = \gamma > 0$$

[因为, 由 (12) 式, $x_0 < e^{x_0}$]. 现在定义序列

$$x_0, x_1, \cdots, x_{n-1}, x_n, \cdots$$

其中令 $x_n = e^{x_{n-1}}$; 按照已证明的

$$\int_{x_{n-1}}^{x_n} f(t)dt \geqslant \gamma,$$

于是

$$\int_{x_0}^{x_n} f(t)dt = \sum_{i=1}^n \int_{x_{i-1}}^{x_i} f(t)dt \geqslant n\gamma.$$

由此显然有

$$\int_{x_0}^{\infty} f(t)dt = \lim_{x \to \infty} \int_{x_0}^x f(t)dt = +\infty,$$

由积分判别法, 级数 (7) 发散.

前一目中的例题, 应用上面证明过的判别法, 很容易解出:

1) $\sum_{n=2}^{\infty} \dfrac{1}{n \cdot \ln^{1+\sigma} n} (\sigma > 0)$.

在本题中 $f(x) = \dfrac{1}{x\ln^{1+\sigma} x}$, 且表达式

$$\frac{f(e^x) \cdot e^x}{f(x)} = \frac{\ln^{1+\sigma} x}{x^{\sigma}} \to 0 \quad (x \to \infty),$$

从而对充分大的 x, 此式小于任意正分数 q: 级数收敛.

2) $\sum_{n=3}^{\infty} \dfrac{1}{n \cdot \ln n \cdot \ln \ln n}$.

这里 $f(x) = \dfrac{1}{x \cdot \ln x \cdot \ln \ln x}$, 而表达式

$$\frac{f(e^x) \cdot e^x}{f(x)} = \ln \ln x \to \infty \quad (x \to \infty)$$

对充分大的 x 此式的值超过 1: 级数发散.

3) $\sum_{n=3}^{\infty} \dfrac{1}{n \cdot \ln n \cdot (\ln \ln n)^{1+\sigma}} \quad (\sigma > 0)$.

这一次 $f(x) = \dfrac{1}{x \cdot \ln x \cdot (\ln \ln x)^{1+\sigma}}$,

$$\frac{f(e^x)e^x}{f(x)} = \frac{(\ln \ln x)^{1+\sigma}}{\ln^{\sigma} x} \to 0 \quad (x \to \infty) : 级数收敛.$$

最后我们指出, 出现在叶尔马科夫判别法中的函数 e^x, 可用任意其他单调增加、有连续导数并满足如下不等式的正函数 $\varphi(x)$ 代替:

$$\varphi(x) > x, \tag{12*}$$

这个不等式代替 (12) 式. 其证明是前述证明的重复. 于是一般形式的叶尔马科夫判别法是对应于不同函数 $\varphi(x)$ 的选择而得到的一系列具体判别法的来源.

375. 补充材料 1) 为了描述黎曼函数

$$\zeta(1+\sigma) = \sum_{n=1}^{\infty} \frac{1}{n^{1+\sigma}}$$

(它仅仅对 $\sigma > 0$ 有定义) 当 σ 趋于零时的性态, 我们应用估计式 (11).

首先在 (11) 的第一个不等式中令 $n = 0$, 然后在第二个不等式中令 $n = 1$, 得

$$1 \leqslant \sigma \cdot \zeta(1+\sigma) \leqslant 1+\sigma$$

由此有

$$\lim_{\sigma \to 0} \sigma \cdot \zeta(1+\sigma) = 1.$$

如果从显然的等式

$$\zeta(1+\sigma) = 1 + \frac{1}{2^{1+\sigma}} + \cdots + \frac{1}{n^{1+\sigma}} + \sum_{k=n+1}^{\infty} \frac{1}{k^{1+\sigma}}$$

出发, 可以得到更精确的结果, 对任意的 n 应用不等式 (11):

$$1 + \frac{1}{2^{1+\sigma}} + \cdots + \frac{1}{n^{1+\sigma}} + \frac{1}{\sigma}\left[\frac{1}{(n+1)^{\sigma}} - 1\right] < \zeta(1+\sigma) - \frac{1}{\sigma}$$

$$< 1 + \frac{1}{2^{1+\sigma}} + \cdots + \frac{1}{n^{1+\sigma}} + \frac{1}{\sigma}\left(\frac{1}{n^{\sigma}} - 1\right).$$

令 $\sigma \to 0$ 而取极限, 得

$$1 + \frac{1}{2} + \cdots + \frac{1}{n} - \ln(n+1) \leqslant \varliminf_{\sigma \to 0}\left[\zeta(1+\sigma) - \frac{1}{\sigma}\right]$$

$$\leqslant \varlimsup_{\sigma \to 0}\left[\zeta(1+\sigma) - \frac{1}{\sigma}\right] \leqslant 1 + \frac{1}{2} + \cdots + \frac{1}{n} - \ln n^{①}$$

最后, 由于 n 的任意性, 使 n 趋于无穷, 因为由 **367** 目的 (4) 式, 上式中第一个和最末一个式子同趋于欧拉常数 C, 于是上极限与下极限重合, 因而普通极限存在并等于

$$\lim_{\sigma \to 0}\left[\zeta(1+\sigma) - \frac{1}{\sigma}\right] = C.$$

[这个结果属于狄利克雷.]

2) 设级数 (A) 的项单调递减; 于是级数 (A) 与级数 $\sum_{k=0}^{\infty} 2^k \cdot a_{2^k}$ 同时收敛或同时发散(柯西).

事实上, 一方面,

$$A_{2^k} < a_1 + (a_2 + a_3) + \cdots + (a_{2^k} + \cdots + a_{2^{k+1}-1}) < a_1 + 2a_2 + \cdots + 2^k a_{2^k},$$

而另一方面,

$$A_{2^k} = a_1 + a_2 + (a_3 + a_4) + \cdots + (a_{2^{k-1}+1} + \cdots + a_{2^k})$$

$$> \frac{1}{2}a_1 + a_2 + 2a_4 + \cdots + 2^{k-1}a_{2^k} = \frac{1}{2}(a_1 + 2a_2 + 4a_4 + \cdots + 2^k a_{2^k}).$$

由此即得所求结果.

例如, 级数 $\sum_1^{\infty} \frac{1}{n}$ 的性质与显然是与发散的级数 $\sum_0^{\infty} 2^k \cdot \frac{1}{2^k} \equiv \sum_0^{\infty} 1$ 的性态相同. 级数 $\sum_1^{\infty} \frac{1}{n^{1+\sigma}} \, (\sigma > 0)$ 与级数 $\sum_0^{\infty} 2^k \cdot \frac{1}{2^{k(1+\sigma)}} \equiv \sum_0^{\infty} \frac{1}{2^{k\sigma}}$ 同时收敛. 级数 $\sum_2^{\infty} \frac{1}{n \ln n}$ 发散, 因为级数 $\sum_1^{\infty} 2^k \cdot \frac{1}{2^k \ln 2^k} \equiv \sum_1^{\infty} \frac{1}{k \cdot \ln 2}$ 发散, 等等.

---

①我们暂时还不知道表达式 $\zeta(1+\sigma) - \frac{1}{\sigma}$ 当 $\sigma \to 0$ 时是否存在极限, 所以应用上极限与下极限 [**42**]. 我们可按照 **77** 目 5),(σ) 来求表达式 $\frac{1}{\sigma}\left[\frac{1}{n^{\sigma}} - 1\right]$ 及 $\frac{1}{\sigma}\left[\frac{1}{(n+1)^{\sigma}} - 1\right]$ 的极限.

在这个定理中, 用作比较的级数 $\sum 2^k a_{2^k}$ 可以用更普遍的级数 $\sum_{k=0}^{\infty} m^k a_{m^k}$ 来代替, 其中 m 是任何一个自然数.

3) 设 (A) 是任意一个收敛级数. 试把通项 a_n 跟 $\frac{1}{n}$ 相比较, 那么关于 a_n 的无穷小的阶, 可以得出什么样的结论呢?

首先, 显然, 如果这些无穷小一般地是可以彼此比较的 [60], 即如果下面的极限存在:

$$\lim \frac{a_n}{\frac{1}{n}} = \lim n a_n = c,$$

则必须 $c = 0$, 于是

$$a_n = o\left(\frac{1}{n}\right). \tag{13}$$

事实上, 如果不这样, 则由于调和级数 $\sum_1^{\infty} \frac{1}{n}$ 的发散性, 给定的级数就会是发散的 [366, 定理 2], 这与原来的假设矛盾.

可是, 这种极限的存在, 一般地说, 并不是非此不可的, 这在下面级数的例子中可以看到:

$$1 + \frac{1}{2^2} + \frac{1}{3^2} + \frac{1}{4} + \frac{1}{5^2} + \frac{1}{6^2} + \frac{1}{7^2} + \frac{1}{8^2} + \frac{1}{9} + \frac{1}{10^2} + \cdots$$

把级数跟级数 $\sum_1^{\infty} \frac{1}{n^2}$ 相比较, 前者的收敛性是显而易见的; 同时, 如果 n 不是完全平方, 则对于这个 n 有 $n a_n = \frac{1}{n}$, 在相反的情形下: $n a_n = 1$.

但是, 如果级数的项单调递减, 那么, 对于级数的收敛性, 条件 (13) 仍然是必要的. 事实上, 对任何的 m 与 $n > m$:

$$(n - m) a_n < a_{m+1} + \cdots + a_n < \alpha_m,$$

其中 α_m 是级数的余式. 由此

$$n a_n < \frac{n}{n - m} \cdot \alpha_m.$$

设首先这样取 m, 使得 α_m 小于任给一数 $\varepsilon > 0$; 现在如果假定 n 如此的大, 使得

$$\frac{n}{n - m} < \frac{\varepsilon}{\alpha_m},$$

则同时有 $n a_n < \varepsilon$, 这就是所要证明的.

作为结束, 我们指出, 甚至对于单调递减的项的级数, 条件 (13) 也决不是收敛性的充分条件. 这在级数 $\sum_2^{\infty} \frac{1}{n \ln n}$ 的例子上可以看出.

4) 若级数 $\sum_1^{\infty} d_n$ 发散, 而 D_n 表示级数的第 n 和, 则级数 $\sum_1^{\infty} \frac{d_n}{D_n}$ 也发散, 可是级数 $\sum_1^{\infty} \frac{d_n}{D_n^{1+\sigma}} (\sigma > 0)$ 收敛. [阿贝尔 (Abel) 及迪尼 (Dini)]

我们有:

$$\frac{d_{n+1}}{D_{n+1}} + \cdots + \frac{d_{n+m}}{D_{n+m}} > \frac{d_{n+1} + \cdots + d_{n+m}}{D_{n+m}} = 1 - \frac{D_n}{D_{n+m}}.$$

不论取 n 如何大, 总可以选出这样的 m, 使得

$$\frac{D_n}{D_{n+m}} < \frac{1}{2}, \text{因而} \frac{d_{n+1}}{D_{n+1}} + \cdots + \frac{d_{n+m}}{D_{n+m}} > \frac{1}{2}.$$

对于级数 $\sum_1^{\infty} \frac{d_n}{D_n}$ 来说, 这违反收敛性的基本条件 [364, 5°], 故级数发散.

为了证明级数 $\sum_1^\infty \dfrac{d_n}{D_n^{1+\sigma}}$ 的收敛性, 我们采用类似于柯西所用的方法 [**373**].

把有限增量公式应用到由 $x = D_{n-1}$ 到 $x = D_n$ 的区间中的函数 $\int \dfrac{dx}{x^{1+\sigma}} = -\dfrac{1}{\sigma} \cdot \dfrac{1}{x^\sigma}$ 上:

$$\frac{1}{\sigma}\left(\frac{1}{D_{n-1}^\sigma} - \frac{1}{D_n^\sigma}\right) = \frac{d_n}{\bar{D}_n^{1+\sigma}}, \text{其中} D_{n-1} < \bar{D}_n < D_n.$$

这样, 所考虑级数的每一项各别地小于收敛级数 $\sum_1^\infty \dfrac{1}{\sigma}\left(\dfrac{1}{D_{n-1}^\sigma} - \dfrac{1}{D_n^\sigma}\right)$ 的每一项, 这就证明了上述的断言.

5) 若级数 $\sum_1^\infty c_n$ 收敛, 而 γ_n 表示此级数第 n 项以后的余式, 则级数 $\sum_1^\infty \dfrac{c_n}{\gamma_{n-1}}$ 发散, 可是级数 $\sum_1^\infty \dfrac{c_n}{\gamma_{n-1}^{1-\sigma}}(0 < \sigma < 1)$ 收敛 (迪尼).

证明与前面相似.

6) 下面的收敛性判别法是不久前萨波果夫 (H.A.Сапогов) 所指出的:

若 u_n 是正的单调递增序列, 则级数

$$\sum_{n=1}^\infty \left(1 - \frac{u_n}{u_{n+1}}\right) \qquad \left[\sum_{n=1}^\infty \left(\frac{u_{n+1}}{u_n} - 1\right) \text{也一样}\right]$$

在这个序列有界的条件下收敛, 而在相反的情形下发散.

令 (当 $n = 1, 2, \cdots$ 时)

$$d_n = u_{n+1} - u_n, \quad D_n = \sum_{k=1}^n d_k = u_{n+1} - u_1.$$

于是所述级数可改写成

$$\sum_{n=1}^\infty \frac{d_n}{D_n + u_1},$$

因而它的收敛与否跟级数

$$\sum_{n=1}^\infty \frac{d_n}{D_n}$$

的收敛与否一致, 也就是说, 跟级数 $\sum_{n=1}^\infty d_n$ 的收敛与否一致 (在级数发散的情形下, 可以引用阿贝尔-迪尼的结果, 4)). 最后的级数的收敛或发散, 由序列 u_n 是否有界或无界来决定.

7) 设给定两个收敛级数

$$\sum_{n=1}^\infty c_n \quad \text{及} \quad \sum_{n=1}^\infty c_n'.$$

后者叫做比前者收敛较慢的级数, 如果后者的余式 γ_n' 比起前者的余式 γ_n 来说, 是低阶的无穷小:

$$\lim \frac{\gamma_n}{\gamma_n'} = 0.$$

对于每一收敛级数 $\sum_1^\infty c_n$, 可作一个收敛较慢的级数. 例如, 只要考虑级数

$$\sum_{n=1}^\infty c_n' \equiv \sum_{n=1}^\infty (\sqrt{\gamma_{n-1}} - \sqrt{\gamma_n})^{①}$$

---

① 我们取整个和 $\sum_1^\infty c_n$ 作为 γ_0.

就够了, 因为在这情形下 $\gamma'_n = \sqrt{\gamma_n}$.

现在考虑两个发散级数

$$\sum_{n=1}^{\infty} d_n \quad 及 \quad \sum_{n=1}^{\infty} d'_n.$$

我们说后者比前者**发散较慢**, 如果后者的部分和 D'_n 比起前者的部分和 D_n 来说, 是**低阶的无穷大**:

$$\lim \frac{D'_n}{D_n} = 0.$$

对于每一发散级数 $\sum_1^{\infty} d_n$. 可作一个发散较慢的级数.为此目的, 例如, 可取级数

$$\sum_{n=1}^{\infty} d'_n \equiv \sqrt{D_1} + \sum_{n=2}^{\infty} (\sqrt{D_n} - \sqrt{D_{n-1}}),$$

这儿 $D'_n = \sqrt{D_n}$.

类似的一些结论可以利用 4) 及 5) 中讨论过的**阿贝尔级数**及**迪尼级数**得出.

上面所建立的例子使我们得到这样的有原则性重要的断言: 任何收敛 (发散) 级数不可能作为建立跟此级数相比较的[①]另一级数的收敛性 (发散性) 的比较法的万能的工具.

这从

$$\frac{c_n}{c'_n} = \frac{\gamma_{n-1} - \gamma_n}{\sqrt{\gamma_{n-1}} - \sqrt{\gamma_n}} = \sqrt{\gamma_{n-1}} + \sqrt{\gamma_n} \to 0$$

及

$$\frac{d_n}{d'_n} = \frac{D_n - D_{n-1}}{\sqrt{D_n} - \sqrt{D_{n-1}}} = \sqrt{D_n} + \sqrt{D_{n-1}} \to +\infty$$

可显然看出.

8) 设给定两个正数序列

$$a_1, a_2, \cdots, a_n \quad 与 \quad b_1, b_2, \cdots, b_n.$$

不论怎样的 n, 对这两个序列的前 n 个数成立

柯西--赫尔德不等式:

$$\sum_{i=1}^{n} a_i b_i \leqslant \left\{ \sum_{i=1}^{n} a_i^k \right\}^{\frac{1}{k}} \cdot \left\{ \sum_{i=1}^{n} b_i^{k'} \right\}^{\frac{1}{k'}}$$

及闵可夫斯基不等式:

$$\left\{ \sum_{i=1}^{n} (a_i + b_i)^k \right\}^{\frac{1}{k}} \leqslant \left\{ \sum_{i=1}^{n} a_i^k \right\}^{\frac{1}{k}} + \left\{ \sum_{i=1}^{n} b_i^k \right\}^{\frac{1}{k}}$$

[**133**,(5) 与 (7)]. 这里 k 是任意 > 1 的数, 而 k' 是另一个 > 1 的数, 二者由下式联系着:

$$\frac{1}{k} + \frac{1}{k'} = 1.$$

[①]利用第 **366** 目三个定理中的任何一个定理.

在这两个不等式中令 $n \to \infty$ 时取极限, 我们就得到类似的无穷级数的不等式:

$$\sum_{i=1}^{\infty} a_i b_i \leqslant \left\{\sum_{i=1}^{\infty} a_i^k\right\}^{\frac{1}{k}} \cdot \left\{\sum_{i=1}^{\infty} b_i^{k'}\right\}^{\frac{1}{k'}}.$$

与

$$\left\{\sum_{i=1}^{\infty} (a_i + b_i)^k\right\}^{\frac{1}{k}} \leqslant \left\{\sum_{i=1}^{\infty} a_i^k\right\}^{\frac{1}{k}} + \left\{\sum_{i=1}^{\infty} b_i^k\right\}^{\frac{1}{k}}.$$

在此可以顺便确立这样的事实: 从这些不等式中任何一个不等式的右端两个级数的收敛性, 可以推出左端级数的收敛性.

§3. 任意项级数的收敛性

376. 级数收敛的一般条件 现在转到其各项有任意值的级数的收敛性问题. 因为根据定义, 级数

$$\sum_{n=1}^{\infty} a_n = a_1 + a_2 + \cdots + a_n + \cdots \tag{A}$$

的收敛性可化归级数的部分和组成的序列

$$A_1, A_2, \cdots, A_n, \cdots, A_{n+m}, \cdots \tag{1}$$

的收敛性, 自然会对这个序列应用**收敛原理** [39]. 由排列在序列中取的两个序号 n 与 n', 不降低一般性, 可认为 $n' > n$, 并令 $n' = n + m$, 其中 m 是任意一个自然数. 若记起

$$A_{n+m} - A_n = a_{n+1} + a_{n+2} + \cdots + a_{n+m},$$

则相应于级数的收敛原理可套用成:

为使级数 (A) 收敛, 必须且只需对任意数 $\varepsilon > 0$ 相应地有这样的数 N, 使得当 $n > N$ 时, 对不论怎样的 $m = 1, 2, 3, \cdots$ 成立不等式

$$|a_{n+1} + a_{n+2} + \cdots + a_{n+m}| < \varepsilon^{①}. \tag{2}$$

换句话说:级数的充分靠后的任意个数接连的项之和应该任意小.

若假设级数收敛, 在不等式 (2) 中特别取 $m = 1$, 便得:

$$|a_{n+1}| < \varepsilon \quad (当 n > N),$$

于是 $a_{n+1} \to 0$ 或 (即是)$a_n \to 0$, 我们便又得到级数收敛的必要条件 [**364**,5°], 这一条件远比收敛原理要求的要少: 收敛原理必须不仅是选取个别的靠后的项小. 而

———
①收敛原理的两个创立者 —— 布尔查诺和柯西 —— 就是把收敛原理叙述为无穷级数的收敛条件.

且是要选取任意数量的靠后的项的和也应当小! 在这个意义上, 回顾一下调和级数 [**365**,1)] 以及对它所建立的不等式 (1)(即 **365** 目中的 (1) 式 —— 译者) 是有教益的. 虽然调和级数的通项趋于 0, 但 (本目的) 不等式 (2) 当 $\varepsilon = \dfrac{1}{2}$ 及 $m = n$ 时, 对任何 n 都不成立, 所以调和级数发散!

然而, 应该指出, 在具体情况中实行上述的级数收敛条件的验证通常是困难的. 所以研究可借助更为简单的工具使问题得以解决的一类情形是有益处的.

377. 绝对收敛   在上节中, 我们看到, 对于正项级数的收敛性, 由于有许多方便的判别法, 大部分是容易确定出来的. 因此, 从把给定级数的收敛性问题化成**正项级数**的收敛性问题这些情形开始我们的研究, 就是很自然的事情了.

如果级数的项不全是正的, 但从某处开始成为正的, 则在弃去级数开始的足够多的项数后 [**364**,1°], 原来的问题就变成正项级数的研究了. 如果级数的项是负的, 或者, 至少从某处开始成为负的, 那么, 用改变所有各项的符号的方法 [**364**,3°], 我们就回到已经考虑过的那些情形了. 这样一来, 主要的新的情形就只是级数的项中有无穷多个是正的, 同时有无穷多个是负的这种情形了. 下面的普遍定理在这儿常常是有用的.

定理   设给定项的符号任意出现的级数 (A). 若由这个级数的项的绝对值所组成的级数[1]

$$\sum_{n=1}^{\infty} |a_n| = |a_1| + |a_2| + \cdots + |a_n| + \cdots \tag{A*}$$

收敛, 则给定级数也收敛.

证明   从收敛原则可立即得到所要的证明: 不等式

$$|a_{n+1} + a_{n+2} + \cdots + a_{n+m}| \leqslant |a_{n+1}| + |a_{n+2}| + \cdots + |a_{n+m}|$$

表明, 如果对级数 (A*) 来说收敛性条件成立, 则对级数 (A) 来说, 这收敛性条件更加成立.

也可以按另一种方式进行讨论. 把级数 (A) 中的**正项**按次序重新编号组成级数

$$\sum_{k=1}^{\infty} p_k = p_1 + p_2 + \cdots + p_k + \cdots ; \tag{P}$$

同样得出 (A) 中**负项**的**绝对值**组成的级数

$$\sum_{m=1}^{\infty} q_m = q_1 + q_2 + \cdots + q_m + \cdots . \tag{Q}$$

---

[1]为简短起见, 以后我们把级数 (A*) 叫做级数 (A) 的**绝对值级数**. —— 译者.

无论是哪一个级数的不论多少项, 全都是包含在收敛级数 (A*) 的项, 对所有的部分和 P_k 与 Q_k, 都成立不等式

$$P_k \leqslant A^*, Q_m \leqslant A^*,$$

因而两个级数 (P) 与 (Q) 收敛 [365]; 它们的和分别用 P 与 Q 表示.

如果取级数 (A) 的 n 项, 那么其组成中比如说有 k 个正项和 m 个负项, 那么

$$A_n = P_k - Q_m.$$

这儿号码 k 与 m 与 n 有关. 若在级数 (A) 中正项与负项都是无穷集, 则当 $n \to \infty$ 时同时有 $k \to \infty$ 与 $m \to \infty$.

在这个等式中取极限, 便重新得到级数 (A) 收敛的结论, 同时它的和等于

$$A = P - Q, \tag{3}$$

可以说, 在上述那些假定下,给定级数的和等于由级数的所有正项组成的级数的和减去由级数所有负项的绝对值组成的级数的和所得之差.下面我们将应用这一点.

如果级数 (A) 与它的绝对值级数 (A*) 同时收敛, 则称级数 (A) **绝对收敛**.依据刚才证明过的定理, 对于级数 (A) 的**绝对收敛性**, 单只要级数 (A*) 的收敛性就够了.

下面可以看到, 级数 (A) 收敛而级数 (A*) 不收敛的情形是可能有的.这时级数 (A) 叫做**非绝对收敛级数**.

为要确定级数 (A) 的绝对收敛性, 可以把上节研究过的所有收敛性判别法应用到正项级数 (A*) 上去. 但对发散性判别法则必须当心些: 甚至级数 (A*) 是发散的, 级数 (A) 也仍然可以收敛 (非绝对收敛). 仅仅柯西判别法与达朗贝尔判别法是例外, 这因为, 当它们断定级数 (A*) 的发散性时, 那就是说, 级数 (A*) 的通项 $|a_n|$ 不趋于 0, 在这情形下,a_n 也就不趋于 0, 于是级数 (A) 也就非发散不可了. 因此, 上述的判别法可以稍加改变后应用到任意项级数上去. 例如, 对于达朗贝尔判别法 (它多半是在实际问题中应用的), 我们作出:

达朗贝尔判别法　设对于序列 $\mathcal{D}_n^* = \dfrac{|a_{n+1}|}{|a_n|}$ 存在一个确定的极限

$$\mathcal{D}^* = \lim \mathcal{D}_n^*,$$

则当 $\mathcal{D}^* < 1$ 时给定级数 (A) 绝对收敛, 而当 $\mathcal{D}^* > 1$ 时级数 (A) 发散.

378. 例题　1) 把达朗贝尔判别法应用到 **370**, 2) 讲过的所有级数 (a) ∼ (д) 上, 但弃去 $x > 0$ 这一要求, 我们得到:

(a) 对于所有的 x 值, 级数绝对收敛;

(б) 级数当 $-1 < x < 1$ 时绝对收敛而当 $x \geqslant 1$ 或 $x \leqslant -1$ 时发散 (当 $x = \pm 1$ 时违反收敛性必要条件);

(в) 级数当 $-1 < x < 1$ 时绝对收敛而当 $x > 1$ 或 $x < -1$ 时发散; 如果 $s > 1$, 则当 $x = \pm 1$ 时级数也绝对收敛, 但若 $0 < s \leqslant 1$, 则当 $x = 1$ 时级数显然发散, 而当 $x = -1$ 时问题暂时是悬而未决的;

(г) 级数当 $-e < x < e$ 时绝对收敛而当 $x \geqslant e$ 或 $x \leqslant -e$ 时发散 (当 $x = \pm e$ 时违反收敛性必要条件);

(д) 级数当 $-\frac{1}{e} < x < \frac{1}{e}$ 时绝对收敛而当 $x \geqslant \frac{1}{e}$ 或 $x < -\frac{1}{e}$ 时发散 (当 $x = -\frac{1}{e}$ 时问题暂时是悬而未决的).

2) $1 + \sum_{n=1}^{\infty} \dfrac{x^n}{(1+x)(1+x^2)\cdots(1+x^n)}$ ($x \neq -1$).

我们有

$$\mathcal{D}_n^* = \frac{|x|}{|1+x^n|}, \mathcal{D}^* = \begin{cases} |x|, & \text{如果 } -1 < x < 1, \\ \dfrac{1}{2}, & \text{如果 } x = 1, \\ 0, & \text{如果 } x < -1 \text{ 或 } x > 1; \end{cases}$$

所以, 对于所有 $x \neq -1$ 的值, 级数绝对收敛.

3) $\sum_{n=1}^{\infty} \dfrac{x^n}{1-x^n}$ ($x \neq \pm 1$).

这儿

$$\mathcal{D}_n^* = \left| \frac{x - x^{n+1}}{1 - x^{n+1}} \right|, \mathcal{D}^* = \begin{cases} |x|, & \text{如果 } -1 < x < 1, \\ 1, & \text{如果 } x > 1 \text{ 或 } x < -1. \end{cases}$$

当 $|x| < 1$ 时级数绝对收敛; 当 $|x| > 1$ 时达朗贝尔判别法不适用, 但由于违反收敛性必要条件, 仍然可以断定级数的发散性.

4) 回到超越几何级数 [372]

$$F(\alpha, \beta, \gamma, x) = 1 + \sum_{n=1}^{\infty} \frac{\alpha \cdot (\alpha+1) \cdots (\alpha+n-1) \cdot \beta \cdot (\beta+1) \cdots (\beta+n-1)}{n! \gamma \cdot (\gamma+1) \cdots (\gamma+n-1)} x^n.$$

其中 α, β, γ, x 是任意的 (只假定参数 α, β, γ 不为 0 及负整数).

应用达朗贝尔判别法的新形式, 我们可以确信: 当 $|x| < 1$ 时这个级数绝对收敛, 而当 $|x| > 1$ 时发散.

现设 $x = 1$; 因为比值

$$\frac{a_n}{a_{n+1}} = 1 + \frac{\gamma - \alpha - \beta + 1}{n} + \frac{\theta_n}{n^2} (|\theta_n| \leqslant L)$$

对于充分大的 n 是正的, 所以以级数的项, 从某处开始后, 将有同样的符号. 在这情形下, 我们照旧把高斯判别法应用到这些项 (或者它们的绝对值) 上去, 这就证明: 当 $\gamma - \alpha - \beta > 0$ 时, 级数收敛 (当然是绝对收敛); 而当 $\gamma - \alpha - \beta \leqslant 0$ 时, 级数发散.

最后, 设 $x = -1$. 由刚才所说的事实显然可知, 当 $\gamma - \alpha - \beta > 0$ 时给定级数 $F(\alpha, \beta, \gamma, -1)$ 的绝对值级数收敛, 于是给定级数在这情形下绝对收敛. 当 $\gamma - \alpha - \beta < -1$ 时, 从某处开始将有

$$\left| \frac{a_n}{a_{n+1}} \right| < 1, \text{即} |a_n| < |a_{n+1}|,$$

a_n 不趋于 0, 级数发散.

在 $x = -1$ 与 $-1 \leqslant \gamma - \alpha - \beta \leqslant 0$ 的情形时级数 $F(\alpha, \beta, \gamma, -1)$ 收敛性的问题暂时是悬而未决的.

379. 幂级数、幂级数的收敛区间　　考虑形如

$$\sum_{n=0}^{\infty} a_n x^n = a_0 + a_1 x + a_2 x^2 + \cdots + a_n x^n + \cdots \tag{4}$$

的**幂级数**, 这幂级数仿佛是变量 x 按升幂展开的一个 "无穷多项式"($a_0, a_1, a_2, \cdots$ 在这儿表示常系数). 前面我们已经不止一次地跟这种幂级数发生过关系 [例如, 参看前目 1) (а) ~ (д)].

现在提出一个问题, 即是要说明: 幂级数的 "收敛范围"(即是使级数 (4) 收敛的那些变数的值的集合 $\mathcal{X} = \{x\}$) 有怎样的形状. 这又是上述应用的一个重要的例子.

引理　　若对异于 0 的值 $x = \bar{x}$ 级数 (4) 收敛, 则对满足不等式 $|x| < |\bar{x}|$ 的任何一个 x 值, 级数 (4) 绝对收敛.

从级数

$$\sum_{n=0}^{\infty} a_n \bar{x}^n = a_0 + a_1 \bar{x} + a_2 \bar{x}^2 + \cdots + a_n \bar{x}^n + \cdots$$

的收敛性推出: 级数的通项趋于 0[**364**,5°], 因而是有界的 [**26**,4°]:

$$|a_n \bar{x}^n| \leqslant M \quad (n = 0, 1, 2, 3, \cdots). \tag{5}$$

现在取任何一个 x, 使 $|x| < |\bar{x}|$, 并作级数

$$\sum_{n=0}^{\infty} |a_n x^n| = |a_0| + |a_1 x| + |a_2 x^2| + \cdots + |a_n x^n| + \cdots. \tag{6}$$

因为 [参看 (5)]

$$|a_n x^n| = |a_n \bar{x}^n| \cdot \left| \frac{x}{\bar{x}} \right|^n \leqslant M \left| \frac{x}{\bar{x}} \right|^n,$$

而级数 (6) 的各项都小于收敛几何级数

$$M + M \cdot \left| \frac{x}{\bar{x}} \right| + M \cdot \left| \frac{x}{\bar{x}} \right|^2 + \cdots + M \cdot \left| \frac{x}{\bar{x}} \right|^n + \cdots$$

$\left(\text{有公比 } \left| \dfrac{x}{\bar{x}} \right| < 1\right)$ 的相当各项, 所以, 依第 **366** 目定理 1, 级数 (6) 收敛. 在这情形下, 我们知道级数 (4) 绝对收敛, 这就是所要证明的.

当 $x = 0$ 时, 任何级数 (4) 都显然收敛. 但除这个值外, 有对任何 x 的值都不收敛的幂级数. 级数 $\sum_{1}^{\infty} n! x^n$ 就可作为这种 "处处发散的" 级数的例子, 这很容易利用达朗贝尔判别法来断定. 我们对这类级数没有什么兴趣.

我们假定, 对级数 (4) 一般地存在着使级数收敛而异于 0 的一些值 $x = \bar{x}$, 并且考虑集合 $\{|\bar{x}|\}$. 这个集合可以是上有界的, 也可以是非上有界的.

在后面一种情形中, 不管怎样取 x 的值, 一定可以找到这样的 $\bar{x}$, 使得 $|x| < |\bar{x}|$, 于是依引理, 对所取的 x 值级数 (4) 绝对收敛. 级数是 "处处收敛的".

现设集合 $\{|\bar{x}|\}$ 上有界, 而 R 是它的上确界. 如果 $|x| > R$, 则立即看出, 对这个 x 值级数 (4) 发散. 现在取任何一个 x, 使 $|x| < R$. 按照确界的定义, 一定可以找到这样的 $\bar{x}$, 使得 $|x| < |\bar{x}| \leqslant R$; 而按照引理, 这又引出级数 (4) 的绝对收敛性.

所以, 在开区间 $(-R, R)$ 上级数 (4) 绝对收敛; 对于 $x > R$ 与 $x < -R$ 级数显然发散, 只有在区间的端点 $x = \pm R$ 上不能作出普遍的断言, 在那儿, 要看情况怎样, 级数可以是收敛, 也可以是发散.

我们所提出的问题已经解决了.

对于每一个形如 (4) 的幂级数, 只要它不是处处发散的, "收敛范围" $\mathcal{X}$ 就是从 $-R$ 到 R (带端点或不带端点) 的整个区间; 这个区间也可以是无穷的. 并且, 在区间内部, 级数绝对收敛.

上述区间叫做**收敛区间**, 而数 $R(0 < R \leqslant +\infty)$ 叫做级数的**收敛半径**. 如果回到上目例题 1)(a) $\sim$ (д), 那么, 容易看出, 有

(a) $R = +\infty$; (б), (в) $R = 1$; (г) $R = e$; (д) $R = \dfrac{1}{e}$.

对于处处发散的级数取 $R = 0$: 它的 "收敛范围" 缩减为一点 $x = 0$.

380. 用系数表示收敛半径 现在我们来证明更为精密的定理, 在这个定理中不仅重新建立收敛半径的存在性, 而且根据级数 (4) 本身的系数确定收敛半径的数值.

考虑序列

$$\rho_1 = |a_1|, \rho_2 = \sqrt{|a_2|}, \cdots, \rho_n = \sqrt[n]{|a_n|}, \cdots.$$

用 ρ 表示这个序列的**上极限** [它总是存在的, **42**], 于是

$$\rho = \varlimsup_{n \to \infty} \rho_n = \varlimsup_{n \to \infty} \sqrt[n]{|a_n|}.$$

柯西–阿达马定理 级数 (4) 的收敛半径是序列 $\rho_n = \sqrt[n]{|a_n|}$ 的上极限 ρ 的倒数:

$$R = \frac{1}{\rho}$$

(这时若 $\rho = 0$, 则 $R = +\infty$, 若 $\rho = +\infty$, 则 $R = 0$).

柯西发现的这个定理后来被遗忘了; 阿达马 (Hadamard) 重新又发现了它, 并指出了它的重要应用.

证明 情形 I: $\rho = 0$. 我们来证明, 在这种情况下 $R = +\infty$, 即对任何 x, 级数 (4) 绝对收敛.

因为序列 $\{\sqrt[n]{|a_n|}\}$ 由正的元素组成, 由 $\rho = 0$ 推出序列有确定的极限:

$$\lim_{n \to \infty} \sqrt[n]{|a_n|} = 0;$$

由此, 柯西序列当 $n \to \infty$ 时, 对任何 x

$$\mathcal{C}_n = \sqrt[n]{|a_n| \cdot |x|^n} = |x| \cdot \sqrt[n]{|a_n|} \to 0.$$

因此, 根据柯西判别法 **[368]**, 由级数 (1) 中各项的绝对值组成的级数收敛, 这意味着级数 (1) 本身绝对收敛.

情形 II: $\rho = +\infty$. 我们证明在这种情况下 $R = 0$, 即对所有的 $x \neq 0$, 级数 (1) 发散.

因为

$$\rho = \varlimsup_{n \to \infty} \sqrt[n]{|a_n|} = +\infty,$$

那么显然可以找到这样的部分序列 $\{n_i\}$, 使得

$$\lim_{i \to \infty} \sqrt[n_i]{|a_{n_i}|} = +\infty.$$

因此, 对任意 $x \neq 0$, 存在这样的号码 i_0, 使得对所有的 $i > i_0$, 成立不等式

$$\sqrt[n_i]{|a_{n_i}|} > \frac{1}{|x|} \quad \text{或} \quad |a_{n_i} \cdot x^{n_i}| > 1.$$

我们看出, 在这种情况下, 级数收敛的必要条件不成立 (级数的通项不趋于零). 因此级数 (4) 发散.

情形 III: ρ 是有限正数: $0 < \rho < +\infty$. 我们证明, 在这种情况下 $R = \frac{1}{\rho}$, 即当 $|x| = \frac{1}{\rho}$ 时级数绝对收敛, 而当 $|x| > \frac{1}{\rho}$ 时级数发散. 取任意的 x, 使得对此有 $|x| < \frac{1}{\rho}$. 取 $\varepsilon > 0$ 如此之小, 使得成立不等式

$$|x| < \frac{1}{\rho + \varepsilon}.$$

对于这个 ε, 显然总可以找到这样的数 N_ε, 根据上极限的第一个性质 **[42]**, 使得对所有的 $n > N_\varepsilon$ 有:

$$\sqrt[n]{|a_n|} < \rho + \varepsilon.$$

由此推出, 对于所有的 $n > N_\varepsilon$, 柯西序列

$$\mathcal{C}_n = \sqrt[n]{|a_n x^n|} = |x| \cdot \sqrt[n]{|a_n|} < |x| \cdot (\rho + \varepsilon) < 1.$$

根据柯西判别法, 由级数 (4) 的各项的绝对值组成的级数收敛, 这意味着级数 (4) 本身**绝对收敛**.

现在取任意的 x, 使得 $|x| > \frac{1}{\rho}$. 取 ε 如此之小, 使得

$$|x| > \frac{1}{\rho - \varepsilon}.$$

根据上极限的第二个性质 **[42]**, 对不论怎么大的 n 成立不等式:

$$\sqrt[n]{|a_n|} > \rho - \varepsilon,$$

所以

$$\sqrt[n]{|a_n x^n|} > |x| \cdot (\rho - \varepsilon) > 1.$$

因此, 对不论怎么大的 n, 级数的通项

$$|a_n x^n| > 1,$$

因而级数 (4) 发散.

381. 交错级数 级数的项轮流地一会儿有正号, 一会儿有负号的级数, 叫做**交错级数**. 把交错级数的项的符号明白地写出来是更方便的, 例如

$$c_1 - c_2 + c_3 - c_4 + \cdots + (-1)^{n-1}c_n + \cdots \quad (c_n > 0), \tag{7}$$

关于交错级数, 有下面的简单定理.

莱布尼茨定理 如果交错级数 (7) 的项的绝对值单调递减:

$$c_{n+1} < c_n \quad (n = 1, 2, 3, \cdots) \tag{8}$$

并且趋于 0:

$$\lim c_n = 0,$$

则级数收敛.

证明 偶数个项的部分和 C_{2m} 可写成下面的形状:

$$C_{2m} = (c_1 - c_2) + (c_3 - c_4) + \cdots + (c_{2m-1} - c_{2m})$$

因为每个括号都是正数 [由 (8)], 由此就显然有, 随着 m 的增大和 C_{2m} 也增大. 另一方面, 如果改写 C_{2m} 成为

$$C_{2m} = c_1 - (c_2 - c_3) - \cdots - (c_{2m-2} - c_{2m-1}) - c_{2m},$$

那么就容易看出, C_{2m} 上有界:

$$C_{2m} < c_1.$$

在这情形下, 按照关于单调序列的定理 [**34**], 当 m 无限增大时部分和 C_{2m} 具有有限极限

$$\lim_{m \to \infty} C_{2m} = C.$$

现在讨论奇数个项的部分和 C_{2m-1}, 显然有, $C_{2m-1} = C_{2m} + c_{2m}$. 因为通项趋于 0, 故也有

$$\lim_{m \to \infty} C_{2m-1} = C.$$

由此推知, C 就是给定级数的和.

附注 我们看见过, 偶数个项的部分和 C_{2m} 递增地向级数的和 C 接近. 写 C_{2m-1} 成

$$C_{2m-1} = c_1 - (c_2 - c_3) - \cdots - (c_{2m-2} - c_{2m-1})$$

后, 容易确定, 奇数个项的和递减地趋近于 C. 这样, 就总有:

$$C_{2m} < C < C_{2m-1}.$$

特别地, 可以断定:

$$0 < C < c_1.$$

这使我们得到一个对于所考虑级数的余式(它本身也是交错级数) 的极简单而方便的估计. 即是, 对于

$$\gamma_{2m} = c_{2m+1} - c_{2m+2} + \cdots,$$

显然有

$$0 < \gamma_{2m} < c_{2m+1};$$

相反地, 对于

$$\gamma_{2m-1} = -c_{2m} + c_{2m+1} - \cdots = -(c_{2m} - c_{2m+1} + \cdots),$$

有

$$\gamma_{2m-1} < 0, |\gamma_{2m-1}| < c_{2m}.$$

这样, 在所有的情形下, 莱布尼茨型级数①的余式都具有与自己的第一项相同的符号, 并且绝对值比这第一项小.

在利用级数作近似计算时 [参看 **409**] 常常要用到这个附注.

382. 例题　1) 下面两个级数都可作为莱布尼茨型级数的最简单的例子:

(а) $\sum_{n=1}^{\infty} \dfrac{(-1)^{n-1}}{n} = 1 - \dfrac{1}{2} + \dfrac{1}{3} - \cdots + (-1)^{n-1}\dfrac{1}{n} + \cdots,$

(б) $\sum_{n=1}^{\infty} \dfrac{(-1)^{n-1}}{2n-1} = 1 - \dfrac{1}{3} + \dfrac{1}{5} - \cdots + (-1)^{n-1}\dfrac{1}{2n-1} + \cdots.$

二者的收敛性都可从上面证明过的定理推得.

但同时, 这两个级数的绝对值级数都发散: 对于级数 (а) 这绝对值级数是调和级数, 对于级数 (б) 可得级数

$$1 + \frac{1}{3} + \frac{1}{5} + \cdots + \frac{1}{2n-1} + \cdots,$$

这个级数的发散性从它的部分和

$$\sum_{k=1}^{n} \frac{1}{2k-1} > \sum_{k=1}^{n} \frac{1}{2k} = \frac{1}{2} H_k$$

可明显地看出.

这样, 我们就有了级数 (а) 与 (б) 这样两个非绝对收敛级数的例子.[以后我们将看到, 第一个级数的和是 $\ln 2$, 而第二个的和等于 $\dfrac{\pi}{4}$; **388**,2);**405**,**404**.]

———————————
①我们把满足莱布尼茨定理的条件的交错级数叫做莱布尼茨型级数.

2) 按照莱布尼茨定理下面几个级数都收敛:

$$\sum_{n=1}^{\infty} \frac{(-1)^{n-1}}{n^s}, \sum_{n=2}^{\infty} \frac{(-1)^n}{n \cdot \ln^s n}, \sum_{n=3}^{\infty} \frac{(-1)^{n-1}}{n \ln n \cdot (\ln \ln n)^s} (s > 0).$$

如果以这些级数的项的绝对值来代替级数的项, 那么, 我们知道, 当 $s > 1$ 时得到收敛级数, 而当 $s \leqslant 1$ 时得到发散级数. 由此可见, 原来的级数当 $s > 1$ 时是绝对收敛的, 而当 $s \leqslant 1$ 时是非绝对收敛的.

特别地, 关于在 **370** 与 **378** 中我们曾经考虑过的幂级数 $\sum_{n=1}^{\infty} \frac{x^n}{n^s}$, 现在可以说, 在级数收敛区间的端点 $x = -1$ 处, 当 $s \leqslant 1$ 时级数仍然收敛, 但非绝对收敛.

3) 对任何 $x \neq 0$ 考虑级数 $\sum_{n=1}^{\infty} (-1)^n \sin \frac{x}{n}$. 莱布尼茨定理是可以应用的, 如果不能应用到这个级数上的话, 也可应用到它的充分远的 (对下标来说的)**余式**上. 事实上, 当 n 充分大时,$\sin \frac{x}{n}$ 有与 x 相同的符号, 并且它的绝对值随着 n 的增大而减少. 所以级数收敛 [显然**非绝对**收敛, 参看 **367**,8),(в)].

4) 为了要说明在莱布尼茨定理中数 c_n 单调递减的要求决不是多余的, 我们考虑交错级数

$$\frac{1}{\sqrt{2}-1} - \frac{1}{\sqrt{2}+1} + \frac{1}{\sqrt{3}-1} - \frac{1}{\sqrt{3}+1} + \cdots + \frac{1}{\sqrt{n}-1} - \frac{1}{\sqrt{n}+1} + \cdots,$$

它的通项趋于 0. 它的 $2n$ 个项的和等于

$$\sum_{k=2}^{n+1} \left(\frac{1}{\sqrt{k}-1} - \frac{1}{\sqrt{k}+1} \right) = \sum_{k=2}^{n+1} \frac{2}{k-1} = 2H_n$$

并且与 n 同时无限增大: 级数发散! 不难验出, 递减的单调性在每一次由项 $-\frac{1}{\sqrt{n}+1}$ 变到项 $\frac{1}{\sqrt{n+1}-1}$ 时都被破坏了.

为了同一目的, 发散级数

$$\sum_{n=1}^{\infty} \left[\frac{(-1)^{n-1}}{\sqrt{n}} + \frac{1}{n} \right]$$

也可以供我们应用, 证明留给读者去作.

5) 最后的级数还引起这样的说明. 如果把那个级数跟收敛级数 $\sum_{n=1}^{\infty} \frac{(-1)^{n-1}}{\sqrt{n}}$ 相比较, 就可发现, 它们的通项的比值趋于 1. 由此可见, 第 **366** 目定理 2 在任意项级数中没有类似的定理.

6) 利用发散级数的计算及在其无穷和上的作用, 可以导致悖论, 下面就是一个例子:

$$\begin{aligned}
\ln 2 &= 1 - \frac{1}{2} + \frac{1}{3} - \frac{1}{4} + \cdots \\
&= \left(1 + \frac{1}{2} + \frac{1}{3} + \frac{1}{4} + \cdots \right) - 2 \left(\frac{1}{2} + \frac{1}{4} + \cdots \right) \\
&= \left(1 + \frac{1}{2} + \frac{1}{3} + \frac{1}{4} + \cdots \right) - \left(1 + \frac{1}{2} + \frac{1}{3} + \frac{1}{4} + \cdots \right) = 0.
\end{aligned}$$

若把同样的变换应用于级数

$$p = 1 - \frac{1}{2^s} + \frac{1}{3^s} - \frac{1}{4^s} + \cdots \quad (s > 0),$$

则得到

$$p = \left(1 - \frac{1}{2^{s-1}}\right) q,$$

其中

$$q = 1 + \frac{1}{2^s} + \frac{1}{3^s} + \frac{1}{4^s} + \cdots.$$

当 $s < 1$ (在这种情况下后一级数发散!) 仍导致悖论: $p < 0$[参看 **381**, 附注]. 当 $s > 1$, 是收敛级数, 得到通常的结果.

383. 阿贝尔变换　常常必须跟形如

$$S = \sum_{i=1}^{m} \alpha_i \beta_i = \alpha_1 \beta_1 + \alpha_2 \beta_2 + \cdots + \alpha_m \beta_m \tag{9}$$

的成对的乘积的和发生关系. 同时在很多情形中阿贝尔 (Abel) 所指出的下面的初等变换是有用的.

在讨论中引进和

$$B_1 = \beta_1, B_2 = \beta_1 + \beta_2, B_3 = \beta_1 + \beta_2 + \beta_3, \cdots, B_m = \beta_1 + \beta_2 + \cdots + \beta_m,$$

于是, 在用这些和表示因数 β_i 之后,

$$\beta_1 = B_1, \beta_2 = B_2 - B_1, \beta_3 = B_3 - B_2, \cdots, \beta_m = B_m - B_{m-1},$$

可以把和 S 写成下面的形状

$$S = \alpha_1 B_1 + \alpha_2 (B_2 - B_1) + \alpha_3 (B_3 - B_2) + \cdots + \alpha_m (B_m - B_{m-1}).$$

如果去掉括号并另外聚集同类项, 就得到最后的公式

$$S = \sum_{i=1}^{m} \alpha_i \beta_i = (\alpha_1 - \alpha_2) B_1 + (\alpha_2 - \alpha_3) B_2 + \cdots$$

$$+ (\alpha_{m-1} - \alpha_m) B_{m-1} + \alpha_m B_m = \sum_{i=1}^{m-1} (\alpha_i - \alpha_{i+1}) B_i + \alpha_m B_m.^{①} \tag{10}$$

[如果把这公式改写成下面的形状

$$\sum_{i=1}^{m} \alpha_i \beta_i = \alpha_m B_m - \sum_{i=1}^{m-1} (\alpha_{i+1} - \alpha_i) B_i,$$

则有限和的这个公式是积分中分部积分的类似公式, 就成为显明的了: 在这儿以差代替微分号, 而以累加号代替积分号].

────────────────

① 实质上, 我们已经利用了在证明第二中值定理时的类似的变换 [**306**].

以公式 (10) 为基础, 现在导出下面的对上述形状和的估计:

引理 若因数 α_i 都不递增 (或都不递减), 而和 B_i 的绝对值都以数 L 为上界:

$$|B_i| \leqslant L \quad (i = 1, 2, \cdots, m),$$

则

$$|S| = \left| \sum_{i=1}^{m} \alpha_i \beta_i \right| \leqslant L \cdot (|\alpha_1| + 2|\alpha_m|).$$

事实上, 因为在 (10) 中所有的差都有相同的符号, 所以

$$|S| \leqslant \sum_{i=1}^{m-1} |\alpha_i - \alpha_{i+1}| \cdot L + |\alpha_m| \cdot L$$
$$= L(|\alpha_1 - \alpha_m| + |\alpha_m|) \leqslant L(|\alpha_1| + 2|\alpha_m|).$$

不难看出, 如果因数 α_i 都不递增并且都是正的, 则和的估计可以简化:

$$|S| = \left| \sum_{i=1}^{m} \alpha_i \beta_i \right| \leqslant L \cdot \alpha_1. \tag{11}$$

以后我们将依不同的情况屡次利用这些估计. 现在我们把它们应用来推导一些比上面所确立的莱布尼茨判别法更普遍的收敛性的判别法.

384. 阿贝尔判别法与狄利克雷判别法 考虑级数:

$$\sum_{n=1}^{\infty} a_n b_n = a_1 b_1 + a_2 b_2 + \cdots + a_n b_n + \cdots, \tag{W}$$

其中 $\{a_n\}$ 与 $\{b_n\}$ 是两个实数序列.

下面的对于这两个序列中的每一个序列的假定, 都保证这个级数的收敛性.

阿贝尔判别法 若级数

$$\sum_{n=1}^{\infty} b_n = b_1 + b_2 + \cdots + b_n + \cdots \tag{B}$$

收敛, 而数 a_n 组成单调有界序列

$$|a_n| \leqslant K (n = 1, 2, 3, \cdots),$$

则级数 (W) 收敛.

狄利克雷判别法 若级数 (B) 的部分和总是有界的[①]:

$$|B_n| \leqslant M (n = 1, 2, 3, \cdots)$$

①这要求比级数 (B) 收敛性的假定更广.

而数 a_n 组成单调序列, 且趋于 0:

$$\lim a_n = 0,$$

则级数 (W) 收敛.

　　为了确立级数 (W) 的收敛性, 在两个情形中, 我们都可求助于收敛原理 **[376]**. 因此考虑和

$$\sum_{k=n+1}^{n+m} a_k b_k = \sum_{i=1}^{m} a_{n+i} b_{n+i};$$

这和具有 (9) 的形状, 如果令 $\alpha_i = a_{n+i}, \beta_i = b_{n+i}$ 的话. 我们试图利用引理来估计这个和.

　　在阿贝尔的假定下, 给定 $\varepsilon > 0$, 可以找到这样的下标 N, 使当 $n > N$ 时, 不管怎样的 p, 不等式

$$|b_{n+1} + b_{n+2} + \cdots + b_{n+p}| < \varepsilon$$

成立 (收敛原理). 因而, 可取 ε 作为引理中提到的数 L. 于是当 $n > N$ 且 $m = 1, 2, 3, \cdots$ 时, 有:

$$\left| \sum_{k=n+1}^{n+m} a_k b_k \right| \leqslant \varepsilon(|a_{n+1}| + 2|a_{n+m}|) \leqslant 3K \cdot \varepsilon,$$

这就证明了级数 (W) 的收敛性.

　　在狄利克雷的假定下, 给定 $\varepsilon > 0$, 可以找到这样的下标 N, 使当 $n > N$ 时有

$$|a_n| < \varepsilon.$$

此外, 显然

$$|b_{n+1} + b_{n+2} + \cdots + b_{n+p}| = |B_{n+p} - B_n| \leqslant 2M,$$

并且也可以在引理中令 $L = 2M$. 于是, 当 $n > N$ 且 $m = 1, 2, \cdots$ 时,

$$\left| \sum_{k=n+1}^{n+m} a_k b_k \right| \leqslant 2M \cdot (|a_{n+1}| + 2|a_{n+m}|) \leqslant 6M \cdot \varepsilon,$$

级数 (W) 的收敛性就被证明了.

　　附注　阿贝尔判别法可从狄利克雷判别法推出. 事实上, 从阿贝尔的假定可推知 a_n 具有有限极限 a. 如果改写级数 (W) 成下面两个级数和的形状

$$\sum_{n=1}^{\infty} (a_n - a) b_n + a \sum_{n=1}^{\infty} b_n,$$

则其中第二个级数按照假定收敛, 而把狄利克雷判别法应用到第一个级数上去.

385. 例题 1) 如果 a_n 单调递减且趋于 0, 而 $b_n = (-1)^{n-1}$, 则狄利克雷定理的条件显然满足. 因而, 级数

$$\sum_{n=1}^{\infty} (-1)^{n-1} a_n = a_1 - a_2 + a_3 - \cdots + (-1)^{n-1} a_n + \cdots$$

收敛, 这样, 莱布尼茨定理就可作为狄利克雷定理的一个特别推论而得到.

2) 在对于 a_n 的同样的假定下, 考虑下列级数 (x 是任意的):

$$\sum_{n=1}^{\infty} a_n \cdot \sin nx, \sum_{n=1}^{\infty} a_n \cdot \cos nx.$$

在第 **307** 目的恒等式 (1) 与 (2) 中, 令 $a = 0, h = x$, 我们得到:

$$\sum_{i=1}^{n} \sin ix = \frac{\cos \frac{1}{2} x - \cos \left(n + \frac{1}{2} \right) x}{2 \sin \frac{1}{2} x},$$

$$\sum_{i=1}^{n} \cos ix = \frac{\sin \left(n + \frac{1}{2} \right) x - \sin \frac{1}{2} x}{2 \sin \frac{1}{2} x},$$

只假定 x 不具有 $2k\pi (k = 0, \pm 1, \pm 2, \cdots)$ 的形状. 这样, 只要 $x \neq 2k\pi$, 对于任何的 n, 两个和的绝对值都以数 $\dfrac{1}{\left| \sin \dfrac{x}{2} \right|}$ 为上界.

依狄利克雷判别法, 两个级数对于异于 $2k\pi$ 的任何 x 值都收敛; 可是, 第一个级数在 $x = 2k\pi$ 时也收敛, 因为它的所有的项都变成为 0.

特别地, 例如, 下列级数收敛:

$$\sum_{n=1}^{\infty} \frac{\sin nx}{n}, \sum_{n=1}^{\infty} \left(1 + \frac{1}{2} + \cdots + \frac{1}{n} \right) \frac{\sin nx}{n}, \text{等等}.$$

3) 我们对形如

$$\sum_{n=1}^{\infty} \frac{a_n}{n^x} \tag{12}$$

的级数感到很大的兴趣, 其中 $\{a_n\}$ 是任意实数序列. 这些级数叫做**狄利克雷级数**.

对于这些级数, 可证得下面的引理, 这引理跟第 **379** 目中属于幂级数的引理具有相似的地方:

若级数 (12) 在某一值 $x = \bar{x}$ 时收敛, 则这级数对任何的 $x > \bar{x}$ 都收敛.

这可从阿贝尔定理立刻推出, 因为当 $x > \bar{x}$ 时级数 (12) 可从收敛级数

$$\sum_{n=1}^{\infty} \frac{a_n}{n^{\bar{x}}}$$

的各项乘以单调递减的正因数 $\dfrac{1}{n^{x-\bar{x}}} (n = 1, 2, 3, \cdots)$ 得到.

级数 (12) 有 "处处收敛" 的, 如像 $\sum_1^{\infty} \dfrac{1}{2^n} \cdot \dfrac{1}{n^x}$; 也有 "处处发散的", 如像 $\sum_1^{\infty} \dfrac{2^n}{n^x}$. 如果除去这些情形, 那么, 利用上述引理, 容易确立收敛边界点 λ 的存在性, 它使得级数 (12) 当 $x > \lambda$

时收敛而当 $x < \lambda$ 时发散. 例如, 对级数 $\sum_1^\infty \dfrac{1}{n^x}$ 说来, 显然, $\lambda = 1$, 而对级数 $\sum_1^\infty \dfrac{(-1)^{n-1}}{n^x}$ 则有 $\lambda = 0$. 如果愿意, 对 "处处收敛" 的级数可认为 $\lambda = -\infty$, 而对 "处处发散" 的级数则令 $\lambda = +\infty$.

读者容易看出它们跟幂级数的类似之点: 在两种情形中, "收敛范围" 都是整个区间. 但也有重大的差别: 绝对收敛的范围在这儿一般地可以跟收敛范围不一致. 例如, 刚才所说的级数 $\sum_1^\infty \dfrac{(-1)^{n-1}}{n^x}$ 对 $x > 0$ 收敛, 但只对 $x > 1$ 绝对收敛.

4) 把级数

$$\sum_{n=1}^\infty \frac{n!a_n}{x(x+1)\cdots(x+n)} \tag{13}$$

跟系数相同的狄利克雷级数 (12) 相比较. 而且, 当然认为 x 异于 $0, -1, -2, \cdots$ 等等.

在这些限制下, 便有这样的定理, **朗道** (E.Landau) **定理**: 级数 (12) 与 (13) 对同样的 x 值收敛.

把狄利克雷级数 (12) 的各项分别乘以因式

$$\frac{n!n^x}{x(x+1)\cdots(x+n)} \quad (n=1,2,3,\cdots), \tag{14}$$

便可得到级数 (13). 当 n 值充分大时, 这些因式有一定的符号. 此外, 从某处开始后, 它们就单调地变化着.

事实上, 第 $n+1$ 个因式与第 n 个因式的比值是这样的:

$$\frac{(n+1)\cdot\left(\frac{n+1}{n}\right)^x}{x+n+1} = \frac{\left(1+\frac{1}{n}\right)^{x+1}}{1+\frac{x+1}{n}}.$$

但 [**125**,4)]

$$\left(1+\frac{1}{n}\right)^{x+1} = 1 + \frac{x+1}{n} + \frac{(x+1)x}{2n^2} + o\left(\frac{1}{n^2}\right)$$

并且, 类似地

$$\frac{1}{1+\frac{x+1}{n}} = 1 - \frac{x+1}{n} + \frac{(x+1)^2}{n^2} + o\left(\frac{1}{n^2}\right),$$

由此

$$\frac{\left(1+\frac{1}{n}\right)^{x+1}}{1+\frac{x+1}{n}} = 1 + \frac{(x+1)x}{2n^2} + o\left(\frac{1}{n^2}\right).$$

从最后的公式中可以明白看出: 当 $(x+1)x > 0$ 时上述比值最后成为大于 1, 而当 $(x+1)x < 0$ 时, 小于 1.

为要确立因式 (14) 的有界性, 我们引用这个事实 [这在以后在 **402**,10) 中要加以证明]: 表达式 (14) 当 $n \to \infty$ 时具有有限极限. 这样, 按照阿贝尔判别法, 级数 (12) 的收敛性就引出级数 (13) 的收敛性.

因为所说的极限 (如我们看到的) 永远异于 0, 所以类似的结论可应用到因式 (14) 的倒数上去. 在这情形下, 根据同一定理, 级数 (13) 的收敛性就可引出级数 (12) 的收敛性. 证明就完全了.

5) 类似的关系可以在所谓兰伯特 (Lambert) 级数

$$\sum_{n=1}^{\infty} a_n \frac{x^n}{1-x^n} \tag{15}$$

与幂级数 [379]

$$\sum_{n=1}^{\infty} a_n x^n \tag{16}$$

之间建立, 其中系数 a_n 是相同的 (值 $x = \pm 1$ 当然除外). 更确切地说:

若级数

$$\sum_{n=1}^{\infty} a_n \tag{A}$$

收敛, 则兰伯特级数 (15) 对所有的 x 值都收敛; 在相反情形下, 这级数恰好在幂级数 (16) 收敛的那些 x 值下收敛.[克诺普 (K.Knopp).]

(a) 首先设级数 (A) 发散, 于是级数 (A) 的收敛半径是 $R \leqslant 1$. 现欲证, 对 $|x| < 1$ 说来, 级数 (15) 与 (16) 的敛散情况是同样的.

如果级数 (15) 收敛, 则以 x^n 乘此级数的项所得到的级数也收敛[1], 因而级数 (16) 也收敛, 因为它是前述二级数的差 [**364**,4°]:

$$\sum_{n=1}^{\infty} a_n x^n \equiv \sum_{n=1}^{\infty} \left[a_n \cdot \frac{x^n}{1-x^n} - a_n \cdot \frac{x^n}{1-x^n} \cdot x^n \right].$$

现设级数 (16) 收敛; 这时, 按照阿贝尔判别法, 以单调递减的因式 $\dfrac{1}{1-x^{2n}}$ 乘此级数的项所得到的级数

$$\sum_{n=1}^{\infty} a_n x^n \cdot \frac{1}{1-x^{2n}}, \quad \text{及} \quad \sum_{n=1}^{\infty} a_n x^n \cdot \frac{x^n}{1-x^{2n}}$$

也收敛. 因而, 级数 (15) 也收敛, 因为它是前面二级数的和 [**364**,4°]:

$$\sum_{n=1}^{\infty} a_n \frac{x^n}{1-x^n} \equiv \sum_{n=1}^{\infty} \left[a_n x^n \cdot \frac{1}{1-x^{2n}} + a_n x^n \cdot \frac{x^n}{1-x^{2n}} \right].$$

对 $|x| > 1$ 说来, 级数 (16) 显然发散; 我们断定, 在这个 x 值下级数 (15) 也发散. 事实上, 在相反情形下, 从级数

$$\sum_{n=1}^{\infty} a_n \frac{x^n}{1-x^n} \equiv -\sum_{n=1}^{\infty} a_n \cdot \frac{1}{1-\left(\frac{1}{x}\right)^n}$$

的收敛性, 就会推出级数

$$\sum_{n=1}^{\infty} a_n \cdot \frac{\left(\frac{1}{x}\right)^n}{1-\left(\frac{1}{x}\right)^n}$$

---

[1] 如果任何级数, 比方说, $\sum_1^{\infty} b_n$ 收敛, 那么这就是说, 幂级数 $\sum_1^{\infty} b_n x^n$ 当 $x = 1$ 时收敛, 于是, 依第 **379** 目引理, 这级数对 $|x| < 1$ 的任何 x 说来, 显然收敛. 在课文内进行的讨论中, 我们还有两次要利用这个说明.

与

$$\sum_{n=1}^{\infty} a_n \equiv \sum_{n=1}^{\infty} \left[a_n \cdot \frac{1}{1-\left(\frac{1}{x}\right)^n} - a_n \cdot \frac{\left(\frac{1}{x}\right)^n}{1-\left(\frac{1}{x}\right)^n} \right]$$

的收敛性 [**364**,4°], 这与假定违背.

(б) 如果级数 (A) 收敛 (于是 $R \geqslant 1$), 则对 $|x| < 1$ 说来, 级数 (16) 收敛, 而级数 (15) 的收敛性可像上面一样确定出来. 剩下的只要证明级数 (15) 当 $|x| > 1$ 时也收敛.

事实上, 此时 $\left|\frac{1}{x}\right| < 1$, 而级数

$$\sum_{n=1}^{\infty} a_n \frac{\left(\frac{1}{x}\right)^n}{1-\left(\frac{1}{x}\right)^n}$$

像上述那样, 收敛; 因而, 级数:

$$\sum_{n=1}^{\infty} a_n \frac{x^n}{1-x^n} \equiv -\sum_{n=1}^{\infty} a_n \cdot \frac{1}{1-\left(\frac{1}{x}\right)^n} \equiv -\sum_{n=1}^{\infty} \left[a_n + a_n \frac{\left(\frac{1}{x}\right)^n}{1-\left(\frac{1}{x}\right)^n} \right]$$

也收敛 [**364**,4°].

6) 最后, 作为直接应用阿贝尔变换 (10) 的一个例子, 我们举出恒等式

$$\sum_{n=0}^{\infty} a_n x^n = (1-x) \sum_{n=0}^{\infty} A_n x^n,$$

这儿

$$A_n = a_0 + a_1 + \cdots + a_n (n = 0, 1, 2, \cdots).$$

同时可假定 $|x|$ 不仅小于第一个级数的收敛半径 R, 而且小于 1.

实际上, 我们有:

$$\sum_{i=0}^{n} a_i x^i = \sum_{i=0}^{n-1} A_i (x^i - x^{i+1}) + A_n x^n.$$

由此, 当 $n \to \infty$ 时, 只要再确立 $A_n x^n \to 0$, 就可得到所要求的等式. 为此目的, 在条件

$$|x| < r < R, r \neq 1$$

下取数 r. 于是 $|a_i| r^i \leqslant L$(对 $i = 0, 1, 2, \cdots$ 而言) 并且

$$|A_n x^n| \leqslant L \left(1 + \frac{1}{r} + \frac{1}{r^2} + \cdots + \frac{1}{r^n} \right) |x|^n = \frac{Lr}{1-r} \left(\frac{|x|}{r} \right)^n - \frac{Lr}{1-r} |x|^n.$$

最后的表达式在所作假定下显然趋于 0.

§4. 收敛级数的性质

386. 可结合性   无穷级数的和数的概念与有限多个项的和数的 (在算术及代数中所考虑的) 概念的主要区别, 在于前者中包含着极限的过程. 虽然普通和数的某些性质也为无穷级数所具有, 但常常只在满足一定的条件下才能具有, 而这些条件正是必须研究的. 在另一些情形中, 我们习惯了的许多普通和的性质却非常显著地被破坏了, 因此, 一般地, 在这问题上必须保持小心谨慎.

考虑收敛级数

$$\sum_{n=1}^{\infty} a_n = a_1 + a_2 + \cdots + a_n + \cdots, \tag{A}$$

并且用任意方式把它的项联合成若干组, 但同时不改变它们的分布位置:

$$a_1 + \cdots + a_{n_1}, a_{n_1+1} + \cdots + a_{n_2}, \cdots, a_{n_{k-1}+1} + \cdots + a_{n_k}, \cdots,$$

这儿 $\{n_k\}$ 是某一从自然数序列中抽出的关于下标的部分增序列.

定理   从这些和组成的级数

$$(a_1 + \cdots + a_{n_1}) + (a_{n_1+1} + \cdots + a_{n_2}) + \cdots + (a_{n_{k-1}+1} + \cdots + a_{n_k}) + \cdots \tag{$\tilde{A}$}$$

恒收敛, 并具有与原级数相同的和. 换句话说:收敛级数具有**可结合性**.

实际上, 新级数的部分和序列

$$\tilde{A}_1, \tilde{A}_2, \cdots, \tilde{A}_k, \cdots$$

并非别的, 而是原来级数的和的部分序列

$$A_{n_1}, A_{n_2}, \cdots, A_{n_k}, \cdots.$$

这 [40] 就证明了我们的断言.

我们看出 —— 暂时地 —— 跟普通和十分相似之点; 但这相似点会被破坏, 譬如说, 如果我们试图把可结合性在相逆的步骤下来应用的话. 如果给定收敛级数 $(\tilde{A})$, 它的每一项都是有限多个加数的和, 那么, 去掉括号之后, 我们得到新的级数 (A), 这级数就可能是发散的. 简单的例子就是: 级数

$$(1-1) + (1-1) + (1-1) + \cdots \equiv 0 + 0 + 0 + \cdots = 0$$

与

$$1 - (1-1) - (1-1) - \cdots = 1 - 0 - 0 - \cdots = 1$$

显然收敛, 然而从这级数去掉括号后所得到的级数

$$1 - 1 + 1 - 1 + \cdots$$

却是发散的.

当然, 如果在去掉括号之后, 我们得到收敛级数 (A), 那么, 它的和就与级数 (Ã) 的和相同. 这由上面已知的事实推出.

在某些条件下, 可以预先保证级数 (A) 收敛. (Ã) 中同一括号内部所有的加数有相同符号①的级数, 就是这种级数的最简单的情形.

实际上, 在这情形下, 当 n 从 n_{k-1} 变到 n_k 时, 部分和 A_n 将单调地变化, 因而将包含在 $A_{n_{k-1}} = \tilde{A}_{k-1}$ 与 $A_{n_k} = \tilde{A}_k$ 之间. 当 k 充分大时, 最后这两个和与级数 (Ã) 的和 $\tilde{A}$ 相差任意小, 因而对于和 A_n 也同样正确, 即当 n 充分大时, 有 $A_n \to \tilde{A}$.

以后我们将屡次利用这个说明.

现在考虑这样的例子:

例题　确定级数 $\sum_{n=1}^{\infty} \dfrac{(-1)^{E(\sqrt{n})}}{n}$ 的收敛性.[57]

这儿首先出来 3 个负项, 之后 5 个正项, 如此下去. 如果把每个这样的相同符号的一群项并成为级数的一项, 就得到交错级数:

$$\sum_{k=1}^{\infty} (-1)^k \left[\frac{1}{k^2} + \frac{1}{k^2+1} + \cdots + \frac{1}{(k+1)^2-1} \right]. \tag{1}$$

容易确立不等式

$$\frac{2}{k+1} < \overbrace{\frac{1}{k^2} + \frac{1}{k^2+1} + \cdots}^{k} + \overbrace{\frac{1}{k^2+k} + \cdots + \frac{1}{(k+1)^2-1}}^{k+1} < \frac{2}{k};$$

例如, 因为开头 k 项的和小于 $k \cdot \dfrac{1}{k^2} = \dfrac{1}{k}$, 而后面 $(k+1)$ 项的和小于 $(k+1) \times \dfrac{1}{k^2+k} = \dfrac{1}{k}$, 所以, 实际上, 整个和将小于 $\dfrac{2}{k}$. 由此断定, 级数 (1) 的项将趋于 0, 并且它们的绝对值单调递减. 在这情形下, 根据莱布尼茨定理, 级数 (1) 收敛, 因而, 由于上面所作的说明, 所提出的级数就收敛.

387. 绝对收敛级数的可交换性　设给定具有和 A 的收敛级数 (A). 在级数 (A) 中用任意方式重新配置级数的项后, 我们得到新的级数:

$$\sum_{k=1}^{\infty} a'_k = a'_1 + a'_2 + \cdots + a'_k + \cdots \tag{A'}$$

这级数的每一项 a'_k 跟原级数的一个确定的项 a_{n_k} 是相同的②.

现在发生了如下的问题: 级数 (A') 是否收敛? 而在收敛情形下, 它的和是否等于原级数的和 A? 在讨论这问题时, 我们必须在绝对收敛与非绝对收敛级数之间实行严格的区别.

---

①对于不同的括号说来, 这个符号可以是不同的.

②并且, 没有遗漏及重复的下标的序列 $\{n_k\}$ 又产生出自然数序列 (只有次序上的不同).

[57]我们记得, $E(x)$ 表示数 x 的整数部分.

定理 若级数 (A) 绝对收敛, 则把它的项重新配置后得到的级数 (A′) 也收敛并且具有与原级数相同的和 A. 换句话说: 绝对收敛级数具有可交换性.

证明 (a) 分成两个步骤来证明. 首先假定, 级数 (A) 是正项级数.

考虑级数 (A′) 的任意部分和 A'_k. 因为

$$a'_1 = a_{n_1}, a'_2 = a_{n_2}, \cdots, a'_k = a_{n_k},$$

所以, 取 n' 大于所有下标 $n_1, n_2, \cdots, n_k$ 后, 显然即有 $A'_k \leqslant A_{n'}$, 因而, 更加有

$$A'_k \leqslant A.$$

在这种情形下 (A′) 是收敛的 [**365**], 并且它的和 A' 不超过 A:

$$A' \leqslant A.$$

但级数 (A) 也可从 (A′) 重新配置级数的项而得到, 因此, 类似地:

$$A \leqslant A'.$$

比较所得到的关系式, 就得到所要求的等式 $A' = A$.

(б) 现在设 (A) 是任意绝对收敛级数.

因为收敛的正项级数

$$\sum_{n=1}^{\infty} |a_n| = |a_1| + |a_2| + \cdots + |a_n| + \cdots \tag{A*}$$

按照上面证明的, 在任意重新配置级数的项时仍是收敛的, 所以根据第 **377** 目中的定理, 级数 (A) 也同时保持自己的 (绝对) 收敛性.

其次, 在 **377** 中我们曾经见过, 在级数 (A)**绝对**收敛的情形下, 它的和可表示成

$$A = P - Q,$$

其中 P 与 Q 是正项级数

$$\sum_{k=1}^{\infty} p_k \tag{P}$$

与

$$\sum_{m=1}^{\infty} q_m \tag{Q}$$

之和, 它们分别是由级数 (A) 的正项和由级数 (A) 的负项的绝对值组成的级数. 级数 (A) 中项的重新配置引起这两个级数中项的重新配置, 但并不影响到 (按上面的证明) 它们的和 P 及 Q. 因而级数 (A) 的和仍然是先前的和, 这就是所要证明的.

388. 非绝对收敛级数的情形　　现在来研究非绝对收敛级数而要确定它们并不具有可交换性: 在每个这样的级数中, 由于级数的项的适当的重新配置, 可能改变它的和, 或者甚至完全破坏了收敛性.

假定级数 (A) 收敛, 但非绝对收敛. 从收敛性推知 $\lim a_n = 0$ [**364**,5°]. 至于我们在上目中讲到过的级数 (P) 与 (Q), 那么, 虽则显然

$$\lim_{k\to\infty} p_k = 0 与 \lim_{m\to\infty} q_m = 0, \tag{2}$$

但在给定的情形下, 它们二者都发散.

事实上, 若 k 与 m 分别表示级数 (A) 中前 n 项中正项的数目与负项的数目, 则成立等式

$$A_n = P_k - Q_m, A_n^* = P_k + Q_m. \tag{3}$$

应强调的是三个号码 n, k, m 中, 有一个可以任取, 其他两个则据它而选定, 从 (P) 或 (Q) 之一的收敛性, 根据 (3) 中第一式必然会得出另一个的收敛性, 而由这两个级数的收敛性, 根据 (3) 中第二式推出级数 (A*) 收敛 —— 这与假设矛盾.

现在要证下面的有名的黎曼定理:

黎曼定理　若级数 (A) 非绝对收敛, 则无论预先取怎样的数 B(有限的或者等于 $\pm\infty$), 都可以这样重新配置这级数中的项, 使得变形后的级数具有和 B.

证明　先讨论有限数 B 的情形. 首先指出, 由级数 (P) 与 (Q) 的发散性, 根据 **364** 目 1°, 可推出, 它们**所有的余式**同样也都发散, 于是这两个级数中的每一个, 从任何地方开始, 可以收集那么多的项, 使得和超过任何一个数.

利用这些说明, 我们就用下面的方式作出级数 (A) 的项的重新配置.

首先取给定级数的这样多的正项 (按照它们在级数中位置的次序), 使得它们的和超过数 B:

$$p_1 + p_2 + \cdots + p_{k_1} > B.$$

在它们之后接着写出负项 (按照它们在给定级数中位置的次序), 取这样多项, 使得总和小于 B:

$$p_1 + p_2 + \cdots + p_{k_1} - q_1 - q_2 - \cdots - q_{m_1} < B.$$

之后又这样放上一些正项 (从其余的数中取出的), 使得

$$p_1 + \cdots + p_{k_1} - q_1 - \cdots - q_{m_1} + p_{k_1+1} + \cdots + p_{k_2} > B.$$

然后收集这样多的负项 (从余下的数中取出的), 使得

$$p_1 + \cdots + p_{k_1} - q_1 - \cdots - q_{m_1} + p_{k_1+1} + \cdots + p_{k_2} - q_{m_1+1} - \cdots - q_{m_2} < B.$$

如此下去. 我们设想这个步骤继续到无穷; 显然级数 (A) 的每一项连同自己的符号, 会在一定的位置出现.

写出项 p 或 q 后, 如果每次收集的项不多于实现所要求的不等式必要的项, 则在这一面或那一面与数 B 的偏差, 按绝对值不超过最后写出的项. 于是从 (2) 显然可见, 级数

$$(p_1 + \cdots + p_{k_1}) - (q_1 + \cdots + q_{m_1}) + \cdots$$
$$+ (p_{k_{i-1}+1} + \cdots + p_{k_i}) - (q_{m_{i-1}+1} + \cdots + q_{m_i}) + \cdots$$

具有和 B. 由于 **386** 的说明, 这在去掉括号之后仍然是正确的.

如果 $B = +\infty$, 那么, 取增大到无穷的数 B_i 的序列后, 就会有可能收集到遵从我们的要求的正数, 使得和依次大于 B_1, B_2, B_3 等等, 而从负项收集的数只需依次放在每一正数组之后, 用这方法, 显然会作出具有和是 $+\infty$ 的级数. 类似地可以得到和是 $-\infty$ 的级数[1].

上面确立的结果着重表明这样的事实:非绝对收敛性只是由于正项与负项的互相抵消才能实现, 并且主要由这些项一个跟着一个的次序来决定; 但是,绝对收敛性则根据这些项减小的速度, 而与它们的次序无关.

例题 1) 考虑显然非绝对收敛的级数

$$1 - \frac{1}{2} + \frac{1}{3} - \frac{1}{4} + \cdots + \frac{1}{2k-1} - \frac{1}{2k} + \cdots, \tag{4}$$

容易证得 [参看 2)] 它的和是 $\ln 2$. 我们这样调动它的项, 使得在一个正项后面跟着两个负项:

$$1 - \frac{1}{2} - \frac{1}{4} + \frac{1}{3} - \frac{1}{6} - \frac{1}{8} + \cdots + \frac{1}{2k-1} - \frac{1}{4k-2} - \frac{1}{4k} + \cdots. \tag{5}$$

我们断定, 这样调换后的级数的和减小了一半.

事实上, 如果分别用 A_n 与 A'_n 表示这两个级数的部分和, 则

$$A'_{3m} = \sum_{k=1}^{m} \left(\frac{1}{2k-1} - \frac{1}{4k-2} - \frac{1}{4k} \right) = \sum_{k=1}^{m} \left(\frac{1}{4k-2} - \frac{1}{4k} \right)$$
$$= \frac{1}{2} \sum_{k=1}^{m} \left(\frac{1}{2k-1} - \frac{1}{2k} \right) = \frac{1}{2} A_{2m},$$

于是 $A'_{3m} \to \frac{1}{2} \ln 2$. 因为

$$A'_{3m-1} = A'_{3m} + \frac{1}{4m} \ \text{与} \ A'_{3m-2} = A'_{3m-1} + \frac{1}{4m-2}$$

趋于同一极限 $\frac{1}{2} \ln 2$, 所以级数 (5) 收敛并且即以此数为自己的和.

---

[1]读者容易想出, 如何安排给定级数的项, 使得变形过的级数的部分和, 具有两个预先给定的数 B 与 $C > B$ 作为最大的与最小的极限.

2) 如果从调和级数的部分和 H_n 的公式 [**367**(4)]

$$H_n = 1 + \frac{1}{2} + \cdots + \frac{1}{n} = \ln n + C + \gamma_n$$

出发 (其中 C 是**欧拉常数**, 而 γ_n 是无穷小), 可以得到更普遍的结果. 由此, 首先有

$$\frac{1}{2} + \frac{1}{4} + \cdots + \frac{1}{2m} = \frac{1}{2}H_m = \frac{1}{2}\ln m + \frac{1}{2}C + \frac{1}{2}\gamma_m,$$

$$1 + \frac{1}{3} + \cdots + \frac{1}{2k-1} = H_{2k} - \frac{1}{2}H_k = \ln 2 + \frac{1}{2}\ln k + \frac{1}{2}C + \gamma_{2k} - \frac{1}{2}\gamma_k.$$

现在把级数 (4) 的项排成这样的次序: 首先放 p 个正项与 q 个负项, 然后又放 p 个正项与 q 个负项, 如此下去. 为了要确定出级数

$$1 + \frac{1}{3} + \cdots + \frac{1}{2p-1} - \frac{1}{2} - \cdots - \frac{1}{2q} + \frac{1}{2p+1} + \cdots + \frac{1}{4p-1} - \frac{1}{2q+2} - \cdots \tag{6}$$

的和, 轮流把 p 项或 q 项的序列组结合起来是更方便的. 用这方法得到的级数的部分和 $\widetilde{A}_{2n}$ 等于

$$\widetilde{A}_{2n} = \ln\left(2\sqrt{\frac{p}{q}}\right) + a_n \quad (a_n \to 0)$$

并且趋于极限 $\ln\left(2\sqrt{\frac{p}{q}}\right)$; 和 $\widetilde{A}_{2n-1}$ 也趋于同一极限. 最后, 由于 **386** 的说明, 级数 (6) 也将以这个数 $\ln\left(2\sqrt{\frac{p}{q}}\right)$ 作为自己的和.

特别地, 对级数 (4) 说来, 可得到 $\ln 2(p = q = 1)$, 对级数 (5) 说来, 与 1) 中一样, 得到 $\frac{1}{2}\ln 2(p = 1, q = 2)$. 类似地:

$$1 + \frac{1}{3} - \frac{1}{2} + \frac{1}{5} + \frac{1}{7} - \frac{1}{4} + \cdots = \frac{3}{2}\ln 2 \quad (p = 2, q = 1),$$

$$1 - \frac{1}{2} - \frac{1}{4} - \frac{1}{6} - \frac{1}{8} + \frac{1}{3} - \frac{1}{10} - \frac{1}{12} - \frac{1}{14} - \frac{1}{16} + \frac{1}{5} - \cdots = 0 \quad (p = 1, q = 4),$$

如此等等.

我们指出, 如果正项及负项的序列组中的项数从一组到另一组还要改变的话, 那么, 实际上这个改变的规则容易这样酌选: 可使变形过的级数收敛到**任何**预先给定的和. 这点留给读者去证明.

389. 级数的乘法　关于两个收敛级数的逐项相加 (或相减), 以及以常数因数与收敛级数逐项相乘, 已经在 **364**,3° 与 4° 中讲过. 现在我们研究**级数乘法**的问题.

设给定两个收敛级数

$$A = \sum_{n=1}^{\infty} a_n = a_1 + a_2 + \cdots + a_n + \cdots \tag{A}$$

与

$$B = \sum_{m=1}^{\infty} b_m = b_1 + b_2 + \cdots + b_m + \cdots. \tag{B}$$

仿照有限和乘法的规则, 在这儿也考虑这两个级数的项所有可能的成对的乘积 $a_i b_k$; 从这些乘积可作出无穷矩阵

$$
\begin{array}{llll}
a_1 b_1 & a_2 b_1 & a_3 b_1 \cdots a_i b_1 \cdots \\
a_1 b_2 & a_2 b_2 & a_3 b_2 \cdots a_i b_2 \cdots \\
a_1 b_3 & a_2 b_3 & a_3 b_3 \cdots a_i b_3 \cdots \\
\cdots\cdots & \cdots\cdots & \cdots\cdots\cdots\cdots \\
a_1 b_k & a_2 b_k & a_3 b_k \cdots a_i b_k \cdots \\
\cdots\cdots & \cdots\cdots & \cdots\cdots\cdots\cdots
\end{array}
\tag{7}
$$

这些乘积可以用很多方法排成简单序列的形状. 例如, 可以按**对角线**或按**正方形**写出乘积

$$
\begin{array}{lll}
a_1 b_1 & a_2 b_1 & a_3 b_1 \cdots \\
a_1 b_2 & a_2 b_2 & a_3 b_2 \cdots \\
a_1 b_3 & a_2 b_3 & a_3 b_3 \\
\cdots\cdots\cdots\cdots\cdots
\end{array}
\qquad
\begin{array}{lll}
a_1 b_1 & a_2 b_1 & a_3 b_1 \cdots \\
a_1 b_2 & a_2 b_2 & a_3 b_2 \\
a_1 b_3 & a_2 b_3 & a_3 b_3 \\
\cdots\cdots\cdots\cdots\cdots
\end{array}
$$

它们分别引出序列

$$
a_1 b_1; a_1 b_2, a_2 b_1; a_1 b_3, a_2 b_2, a_3 b_1; \cdots
\tag{8}
$$

或

$$
a_1 b_1; a_1 b_2, a_2 b_2, a_2 b_1; a_1 b_3, a_2 b_3, a_3 b_3, a_3 b_2, a_3 b_1; \cdots .
\tag{9}
$$

柯西定理   如果级数 (A) 与 (B) 绝对收敛, 则由在任何次序下得到的 (7) 的那些乘积组成的级数也收敛, 并且这级数的和即是和的乘积 AB.

证明   按照假定, 级数

$$
\sum_{n=1}^{\infty} |a_n| = |a_1| + |a_2| + \cdots + |a_n| + \cdots
\tag{A*}
$$

与

$$
\sum_{m=1}^{\infty} |b_m| = |b_1| + |b_2| + \cdots + |b_m| + \cdots .
\tag{B*}
$$

收敛, 即具有有限和, 比方说, A^* 和 B^*.

把乘积 (7) 的那些用任意方式排列成序列的形状后, 从它们作出级数

$$
\sum_{s=1}^{\infty} a_{i_s} b_{k_s} = a_{i_1} b_{k_1} + a_{i_2} b_{k_2} + \cdots + a_{i_s} b_{k_s} + \cdots,
\tag{10}
$$

为要证明相应的绝对值级数

$$\sum_{s=1}^{\infty} |a_{i_s} b_{k_s}| = |a_{i_1} b_{k_1}| + |a_{i_2} b_{k_2}| + \cdots + |a_{i_s} b_{k_s}| + \cdots \tag{11}$$

的收敛性, 考虑它的第 s 部分和; 如果用 ν 表示记号 $i_1, k_1, i_2, k_2, \cdots, i_s, k_s$ 中最大的一个, 则显然,

$$|a_{i_1} b_{k_1}| + |a_{i_2} b_{k_2}| + \cdots + |a_{i_s} b_{k_s}| \leqslant$$

$$(|a_1| + |a_2| + \cdots + |a_\nu|)(|b_1| + |b_2| + \cdots + |b_\nu|) \leqslant A^* \cdot B^*.$$

由此 [365] 得出级数 (11) 的收敛性, 因而也得出级数 (10) 的绝对收敛性.

剩下的只是确定级数的和. 为此, 我们先给级数 (10) 的项以更适当的排列, 因为, 这个级数, 像绝对收敛级数一样, 具有可交换性 [387]. 把这些项按正方形像 (9) 中那样排列出来后, 我们把彼此不在同一正方形的序列组合并起来:

$$a_1 b_1 + (a_1 b_2 + a_2 b_2 + a_2 b_1) + (a_1 b_3 + a_2 b_3 + a_3 b_3 + a_3 b_2 + a_3 b_1) + \cdots \tag{12}$$

若像通常那样用 A_n 与 B_m 表示级数 (A) 与 (B) 的部分和, 则对级数 (12) 说来, 部分和是

$$A_1 B_1, A_2 B_2, A_3 B_3, \cdots, A_k B_k, \cdots$$

它们趋于乘积 AB, 这样一来, AB 就不仅是级数 (12) 的和, 而且也是级数 (10) 的和了.

在级数的实际相乘时, 像 (8) 中按对角线排列 (7) 的那些乘积, 常常是更便利的; 通常把在同一对角线上的那些项结合在一起:

$$AB = a_1 b_1 + (a_1 b_2 + a_2 b_1) + (a_1 b_3 + a_2 b_2 + a_3 b_1) + \cdots \tag{13}$$

柯西即是首次把两个级数的乘积表示成这种形式的. 今后, 我们把上述级数称为级数 (A) 与 (B) 的**柯西形式的乘积**.

例如, 设把下列两个幂级数相乘:

$$\sum_{n=0}^{\infty} a_n x^n = a_0 + a_1 x + a_2 x^2 + \cdots + a_n x^n + \cdots,$$

$$\sum_{m=0}^{\infty} b_m x^m = b_0 + b_1 x + b_2 x^2 + \cdots + b_m x^m + \cdots$$

[并且 x 取在相应的收敛区间内部, **379**]. 在这情形下, 不难想出, 上述方法可得出乘积中同类项的系数:

$$\sum_{n=0}^{\infty} a_n x^n \cdot \sum_{m=0}^{\infty} b_m x^m = a_0 b_0 + (a_0 b_1 + a_1 b_0) x + (a_0 b_2 + a_1 b_1 + a_2 b_0) x^2 + \cdots$$

这样一来, 两个幂级数的柯西形式的乘积被直接表为幂级数的形式.

390. 例题   1) 级数

$$\frac{1}{1-x} = \sum_0^\infty x^n = 1 + x + x^2 + \cdots + x^n + \cdots \quad (|x| < 1)$$

自乘, 用这方法可得

$$\frac{1}{(1-x)^2} = \sum_1^\infty n x^{n-1} = 1 + 2x + 3x^2 + \cdots + n x^{n-1} + \cdots.$$

2) 把级数

$$\frac{1}{1+x} = \sum_0^\infty (-1)^n x^n = 1 - x + x^2 - \cdots + (-1)^n x^n + \cdots$$

与级数

$$\sum_1^\infty (-1)^{m-1} \frac{x^m}{m} = x - \frac{x^2}{2} + \frac{x^3}{3} - \cdots + (-1)^{m-1} \frac{x^m}{m} + \cdots \tag{14}$$

相乘 (其中 $|x| < 1$), 给出这样的结果:

$$\sum_{k=1}^\infty (-1)^{k-1} H_k x^k = x - \left(1 + \frac{1}{2}\right) x^2 + \cdots + (-1)^{k-1} \left(1 + \frac{1}{2} + \cdots + \frac{1}{k}\right) x^k + \cdots.$$

以后我们将看到 [**405**], 级数 (14) 的和是 $\ln(1+x)$, 于是最后的展开式是函数 $\dfrac{\ln(1+x)}{1+x}$.

3) 求出 (z 是任意的)

$$\left\{ 1 + \sum_{\mu=1}^\infty (-1)^\mu \frac{z^{2\mu}}{2^{2\mu} \cdot (\mu!)^2} \right\}^2.$$

提示   利用公式

$$\sum_{\mu=0}^\nu (\mathrm{C}_\nu^\mu)^2 = \mathrm{C}_{2\nu}^\nu = \frac{(2\nu)!}{(\nu!)^2}.$$

答案

$$1 + \sum_{\nu=1}^\infty (-1)^\nu \frac{(2\nu)! z^{2\nu}}{2^{2\nu} \cdot (\nu!)^4}.$$

4) 恒等式 [参看 **385**,6)]

$$\sum_{n=0}^\infty A_n x^n = \frac{1}{1-x} \sum_{n=0}^\infty a_n x^n$$

或

$$\sum_{n=0}^\infty a_n x^n = (1-x) \sum_{n=0}^\infty A_n x^n \quad (\text{其中} A_n = a_0 + a_1 + \cdots + a_n)$$

容易用逐项相乘的方法证明.

同时, 若在区间 $(-R, R)(0 < R \leqslant 1)$ 内, 两个级数之一收敛, 由此已推出另一级数在同一区间内收敛.

5) 证明恒等式 $(a > 0)$

$$\left(\frac{1}{a} + \frac{1}{2} \cdot \frac{x}{a+2} + \frac{1 \cdot 3}{2 \cdot 4} \frac{x^2}{a+4} + \cdots\right) \cdot \left(1 + \frac{1}{2}x + \frac{1 \cdot 3}{2 \cdot 4}x^2 + \cdots\right)$$
$$= \frac{1}{a}\left[1 + \frac{a+1}{a+2}x + \frac{(a+1)(a+3)}{(a+2)(a+4)}x^2 + \cdots\right].$$

6) 我们已经知道 [**378**,1)(a)], 级数

$$\sum_0^\infty \frac{x^n}{n!} = 1 + \frac{x}{1!} + \frac{x^2}{2!} + \frac{x^3}{3!} + \cdots + \frac{x^n}{n!} + \cdots$$

对所有的 x 值绝对收敛; 我们用 $E(x)$ 表示它的和. 以 y 代替 x, 可得类似的级数 $E(y)$, 两个级数柯西形式的乘积可以按照级数乘法的规则得到. 乘积的通项是这样的:

$$1 \cdot \frac{y^n}{n!} + \frac{x}{1!} \cdot \frac{y^{n-1}}{(n-1)!} + \frac{x^2}{2!} \cdot \frac{y^{n-2}}{(n-2)!} + \cdots + \frac{x^k}{k!} \cdot \frac{y^{n-k}}{(n-k)!}$$
$$+ \cdots + \frac{x^n}{n!} \cdot 1 = \sum_{k=0}^n \frac{1}{k!(n-k)!} x^k y^{n-k} = \frac{1}{n!} \sum_{k=0}^n C_n^k x^k y^{n-k} = \frac{(x+y)^n}{n!}.$$

这样, 我们对于暂时未知的函数 $E(x)$ 得到对于任何实数 x 及 y 的关系式

$$E(x) \cdot E(y) = E(x+y).$$

以后这将给我们以建立 $E(x)$ 是指数函数的可能性 [**439**,3]; 比较 **75**,1°.

7) 借助于达朗贝尔判别法容易证明, 级数

$$C(x) = \sum_0^\infty (-1)^n \frac{x^{2n}}{(2n)!} = 1 - \frac{x^2}{2!} + \frac{x^4}{4!} - \cdots + (-1)^n \frac{x^{2n}}{(2n)!} + \cdots,$$
$$S(x) = \sum_1^\infty (-1)^{m-1} \frac{x^{2m-1}}{(2m-1)!} = x - \frac{x^3}{3!} + \frac{x^5}{5!} - \cdots + (-1)^{m-1} \frac{x^{2m-1}}{(2m-1)!} + \cdots,$$

对所有的 x 值绝对收敛. 用级数乘法可以证得关系式

$$C(x+y) = C(x) \cdot C(y) - S(x) \cdot S(y),$$
$$S(x+y) = S(x) \cdot C(y) + C(x) \cdot S(y).$$

因为实际上 $S(x)$ 与 $C(x)$ 不是别的, 而是 $\sin x$ 与 $\cos x$ [**404**], 所以我们在这儿得以知道这些函数的有名的加法定理.

8) 最后, 考虑正项级数

$$\zeta(x) = \sum_1^\infty \frac{1}{n^x},$$

这级数对 $x > 1$ 收敛 [**365**,2)] 并且是黎曼函数 ζ. 借助于级数乘法, 计算它的平方.

我们把所有可能的乘积

$$\frac{1}{n^x} \cdot \frac{1}{m^x} = \frac{1}{(n \cdot m)^x}$$

这样排列, 使得在分母中有同一数目 $k = n \cdot m$ 的那些项列在一起, 然后把它们合并起来. 对应于每一个 k, 形如 $\dfrac{1}{k^x}$ 的项共有 $\tau(k)$ 个 [$\tau(k)$ 是数 k 的除数 n 的个数. 参看 **370**,4)– 译者]. 所以, 最后

$$[\zeta(x)]^2 = \sum_{k=1}^{\infty} \frac{\tau(k)}{k^x}.$$

391. 极限理论中的一般定理 为了在当前一目和今后简化叙述, 我们来建立极限理论中的一个定理, 它是著名的柯西与斯托尔茨 (Stolz) 定理的宽泛的推广. 这个定理属于特普利茨 (Töplitz). 我们用两种方式证明.

I. 设无穷 "三角形" 矩阵的系数 $t_{nm}(1 \leqslant m \leqslant n)$

$$
\begin{array}{llll}
t_{11} & & & \\
t_{21} & t_{22} & & \\
t_{31} & t_{32} & t_{33} & \\
\multicolumn{4}{c}{\cdots\cdots\cdots\cdots\cdots\cdots\cdots} \\
t_{n1} & t_{n2} & t_{n3}\cdots t_{nn} & \\
\multicolumn{4}{c}{\cdots\cdots\cdots\cdots\cdots\cdots\cdots} \\
\multicolumn{4}{c}{\cdots\cdots\cdots\cdots\cdots\cdots\cdots} \\
\end{array}
\qquad (15)
$$

符合如下两个条件:

(a) 位于任意一列中的元素趋于零:

$$t_{nm} \to 0 \quad 当 \quad n \to \infty \quad (m固定).$$

(б) 位于任意一行中元素的绝对值之和被同一个常数界定:

$$|t_{n1}| + |t_{n2}| + \cdots + |t_{nn}| \leqslant K \qquad (K为常数).$$

那么, 若序列 $x_n \to 0$, 则对于借助于矩阵 (15) 系数由原先序列值组成的序列

$$x'_n = t_{n1}x_1 + t_{n2}x_2 + \cdots + t_{nn}x_n \to 0$$

也成立.

证明 对 $\varepsilon > 0$ 存在这样的 m, 当 $n > m$ 时有 $|x_n| < \dfrac{\varepsilon}{2K}$; 利用条件 (б), 对这样一些 n 有

$$|x'_n| < |t_{n1}x_1 + \cdots + t_{nm}x_m| + \frac{\varepsilon}{2}.$$

因为此处 m 已经是常数, 那么 —— 由于条件 (a)—— 存在这样的 $N \geqslant m$, 使得当 $n > N$ 时, 右边的第一项 $< \dfrac{\varepsilon}{2}$, 因此 $|x'_n| < \varepsilon$, 这就是所要证明的.

II. 设系数 t_{nm} 除条件 (a),(б) 外还符合条件

(в) $T_n = t_{n1} + t_{n2} + \cdots + t_{nn} \to 1$, 当 $n \to \infty$ [1]

那么若数列 $x_n \to a(a$—— 有限的), 则同样有

$$x'_n = t_{n1}x_1 + t_{n2}x_2 + \cdots + t_{nn}x_n \to a.$$

---

[1]在应用中通常 $T_n \equiv 1$.

证明　x'_n 的表达式显然可以改写为这样:

$$x'_n = t_{n1}(x_1 - a) + t_{n2}(x_2 - a) + \cdots + t_{nn}(x_n - a) + T_n \cdot a.$$

把定理 I 应用于序列 $x_n - a \to 0$, 且凭借着条件 (в), 可直接达到所要求的结果.

1°　若令

$$t_{n1} = t_{n2} = \cdots = t_{nn} = \frac{1}{n},$$

则由此可得出柯西定理 [**33** 13)]. 符合条件 (a),(б),(в) 是显然的.

2°　现在转向斯托尔茨定理, 并仍保持原先的表示, 于是设有两个序列 x_n 与 y_n, 其中第二个序列单调地趋于 $+\infty$. 设序列

$$\frac{x_n - x_{n-1}}{y_n - y_{n-1}} \to a \quad (n = 1, 2, 3, \cdots; x_0 = y_0 = 0);$$

把定理 II 应用于此式, 设 $t_{nm} = \dfrac{y_m - y_{m-1}}{y_n}$. 容易验证条件 (a),(б),(в) 都成立. 于是得到, 序列

$$\frac{x_n}{y_n} = \sum_{m=1}^{n} t_{nm} \frac{x_m - x_{m-1}}{y_m - y_{m-1}} \to a,$$

这就完成了证明.

我们来举出特普利茨定理 的一系列有用的推论.

3°　设有两个序列 $x_n \to 0$ 与 $y_n \to 0$, 同时后者符合如下条件:

$$|y_1| + |y_2| + \cdots + |y_n| \leqslant K \quad (n = 1, 2, \cdots; K为常数).$$

那么便有序列

$$z_n = x_1 y_n + x_2 y_{n-1} + \cdots + x_n y_1 \to 0.$$

这是当 $t_{nm} = y_{n-m+1}$ 时定理 I 的简单应用.

4°　若序列 $x_n \to a$, 而序列 $y_n \to b$, 则序列

$$z_n = \frac{x_1 y_n + x_2 y_{n-1} + \cdots + x_n y_1}{n} \to ab.$$

首先设 $a = 0$, 要求证明 $z_n \to 0$. 为此只需对 $t_{nm} = \dfrac{y_{n-m+1}}{n}$ 应用定理 I[定理的条件 (б) 由 y_n 的有界性直接推出].

转而证明一般情况, 把 z_n 改写成如下形式:

$$z_n = \frac{(x_1 - a)y_n + (x_2 - a)y_{n-1} + \cdots + (x_n - a)y_1}{n} + a \cdot \frac{y_1 + y_2 + \cdots + y_n}{n}$$

根据刚刚证明过的, 右端第一项趋于 0. 根据柯西定理, 右端第二项中 a 所乘的因子极限为 b, 所以右端第二项的极限为 ab.

5°　若 $x_n \to a$, 则[①]

$$x'_n = \frac{1 \cdot x_0 + C_n^1 x_1 + C_n^2 x_2 + \cdots + C_n^n x_n}{2^n} \to a.$$

———————————————

①序列的号码, 是从 0 开始, 而不是从 1 开始, 这当然不是本质的.

应用定理 II, 令

$$t_{nm} = \frac{C_n^m}{2^n}.$$

因为 $C_n^m < n^m$ 及 $\dfrac{n^m}{2^n} \to 0$ [**32**,9)], 则条件 (a) 成立. 由

$$\sum_{m=0}^{n} C_n^m = 2^n$$

可直接推知条件 (б) 与 (в) 成立.

6° 若 $x_n \to a$ 与 z 为常数 $(z > 0)$, 则

$$x_n' = \frac{1 \cdot x_0 + C_n^1 z \cdot x_1 + C_n^2 z^2 \cdot x_2 + \cdots + C_n^n z^n \cdot x_n}{(1+z)^n} \to a.$$

这是上一论断的简单推广, 其证明也是类似的, 系数的排列次序也可以反过来, 即

$$x_n' = \frac{z^n \cdot x_0 + C_n^1 z^{n-1} \cdot x_1 + C_n^2 z^{n-2} \cdot x_2 + \cdots + 1 \cdot x_n}{(1+z)^n} \to a.$$

392. 级数乘法定理的推广 梅尔滕斯 (F.Mertens) 已经指出, 柯西的结果可以推广到更一般的情形上去.

梅尔滕斯定理 如果级数 (A) 与 (B) 收敛, 并且至少它们中的一个绝对收敛, 则展开式 (13) 成立.

证明 比方说级数 (A) 绝对收敛, 即级数 (A*) 收敛.

把第 n 条对角线上的项合并起来, 令

$$c_n = a_1 b_n + a_2 b_{n-1} + \cdots + a_{n-1} b_2 + a_n b_1$$

而

$$C_n = c_1 + c_2 + \cdots + c_n,$$

于是需要证明 $C_n \to AB$.

首先, 不难看出

$$C_n = a_1 B_n + a_2 B_{n-1} + \cdots + a_{n-1} B_2 + a_n B_1. \tag{16}$$

若令 $B_m = B - \beta_m$(其中余式 $\beta_m \to 0$, 当 $m \to \infty$ 时), 则和式 C_n 可改写为:

$$C_n = A_n B - \gamma_n, \text{其中} \gamma_n = a_1 \beta_n + a_2 \beta_{n-1} + \cdots + a_{n-1} \beta_2 + a_n \beta_1;$$

因为 $A_n \to A$, 所以整个问题就归结为证明关系式 $\lim \gamma_n = 0$.

而这一论断可从 **391** 的 3°(当 $x_n = \beta_n, y_n = a_n$) 一下子推出来, 这只要考虑到:

$$|a_1| + |a_2| + \cdots + |a_n| \leqslant A^*,$$

其中 A^* 按照假定是收敛级数 (A*) 的和.

作为定理的应用, 我们回到 **390** 目的 4). 如我们现在所看到的, 在那里所提到的等式, 在级数 $\sum_0^\infty a_n x^n$ 的收敛区间的端点 $x = \pm R$ 也成立, 这只要 $R < 1$, 且级数在这个端点一般说来是收敛的 (哪怕是非绝对收敛也成).

我们指出,如果两个级数 (A) 与 (B) 都仅仅是非绝对收敛的, 那么就不能保证级数 (13) 的收敛性.作为例子, 试把下述级数 [我们在 **382**,2) 中已知, 它是非绝对收敛的] 自乘一次:

$$\sum_{n=1}^\infty \frac{(-1)^{n-1}}{\sqrt{n}} = 1 - \frac{1}{\sqrt{2}} + \frac{1}{\sqrt{3}} - \cdots + (-1)^{n-1}\frac{1}{\sqrt{n}} + \cdots,$$

在这情形下

$$c_n = (-1)^{n-1}\left(\frac{1}{1\cdot\sqrt{n}} + \frac{1}{\sqrt{2}\cdot\sqrt{n-1}} + \cdots + \frac{1}{\sqrt{i}\cdot\sqrt{n-i+1}} + \cdots + \frac{1}{\sqrt{n}\cdot 1}\right);$$

因为括号中的每一项都大于 $\frac{1}{n}$, 所以 $|c_n| > 1$ (当 $n > 1$ 时), 因而级数发散 [**364**,5°].

然而, 如果类似地处理同样是非绝对收敛的级数 [**382**,1)]

$$\ln 2 = \sum_{n=1}^\infty \frac{(-1)^{n-1}}{n} = 1 - \frac{1}{2} + \frac{1}{3} - \cdots + (-1)^{n-1}\frac{1}{n} + \cdots,$$

那么有

$$c_n = (-1)^{n-1}\left[\frac{1}{1\cdot n} + \frac{1}{2\cdot(n-1)} + \cdots + \frac{1}{i\cdot(n-i+1)} + \cdots + \frac{1}{n\cdot 1}\right]$$

$$= (-1)^{n-1}\frac{2}{n+1}\left(1 + \frac{1}{2} + \cdots + \frac{1}{n}\right).$$

这儿, 随 n 的增大,$|c_n|$ 趋于 0, 单调递减, 因而 [根据莱布尼茨定理, **381**] 级数 $\sum_1^\infty c_n$ 仍然是收敛的. 它的和是怎样的, 是否等于 $(\ln 2)^2$? 下述定理回答了这个问题:

阿贝尔定理　　若刚好是对两个收敛的级数 (A) 与 (B), 其所取柯西形式的乘积也收敛, 则乘积级数的和 C 必然等于 $A \cdot B$.

证明　保持以前的记号, 从 (13) 式容易得到:

$$C_1 + C_2 + \cdots + C_n = A_1 B_n + A_2 B_{n-1} + \cdots + A_n B_1.$$

把这个等式逐项地除以 n, 令 $n \to \infty$ 取极限. 因为 $C_n \to C$, 则根据柯西定理 [**33**; 同样参看 **391**,1°], 算术平均值

$$\frac{C_1 + C_2 + \cdots + C_n}{n} \to C.$$

另一方面, 根据 **391**,4°(若令 $x_n = A_n, y_n = B_n$),

$$\frac{A_1 B_n + A_2 B_{n-1} + \cdots + A_n B_1}{n} \to AB.$$

由此 $C = A \cdot B$, 这就是所要证明的.

§5. 累级数与二重级数

393. 累级数 给定依赖于两个自然数标记的无穷数集

$$a_i^{(k)}(i = 1, 2, \cdots; k = 1, 2, \cdots).$$

想象它们分布为无穷长方矩阵的形状:

$$\tag{1}$$

这种类型的矩阵称为具有两个列表值的无穷长方矩阵.

现在来讲一个与形状 (1) 矩阵的研究有关的概念 —— 累级数概念.

若在无穷长方矩阵中分别把每一行加起来, 便得到形如

$$\sum_{i=1}^{\infty} a_i^{(k)} \tag{2}$$

的级数的无穷序列.

现在把这个序列累加起来, 将有

$$\sum_{k=1}^{\infty} \sum_{i=1}^{\infty} a_i^{(k)}. \tag{3}$$

所得到的记号称为**累级数**. 若把行代之以列, 即若先把无穷矩阵按列加起来, 便得到第二个累级数

$$\sum_{i=1}^{\infty} \sum_{k=1}^{\infty} a_i^{(k)}. \tag{4}$$

累级数 (3) 称为收敛的, 是指:若首先, 按行的所有级数都收敛 (其和相应地记为 $A^{(k)}$), 其次级数

$$\sum_{k=1}^{\infty} A^{(k)}$$

收敛; 其和是累级数 (3) 的和.所有这些都容易照搬到级数 (4).

矩阵 (1) 的元素可用多种方法表为无穷序列

$$u_1, u_2, \cdots, u_r, \cdots \tag{5}$$

的形式, 据此可组成简单级数

$$\sum_{r=1}^{\infty} u_r. \tag{6}$$

[关于这一点, 我们已在 **389** 目 (7) 中, 由于特殊类型的矩阵而说过了.]反之, 若有一通常的序列 (5), 则把它的所有项分开 (不管其位置) 成无穷组的无穷集合, 可能有许多方法将其表为有两个列表值 (1) 的矩阵, 并根据这个矩阵组成累级数 (3). 自然地会提出由同样的项组成的级数 (6) 与 (3) 的联系问题.

定理 1　若级数 (6) 绝对收敛于和 U, 则不管它的各项怎样排列为矩阵 (1) 的形式, 累级数 (3) 收敛, 同时具有相同的和.

证明　按照假设, 级数

$$\sum_{r=1}^{\infty} |u_r| \tag{6*}$$

收敛; 用 U^* 表示它的和.

于是, 首先对任意的 n 与 k,

$$\sum_{i=1}^{n} |a_i^{(k)}| \leqslant U^*,$$

由此得出级数 $\sum_{i=1}^{\infty} |a_i^{(k)}|$ 的收敛性 [**365**], 而意味着级数 $\sum_{i=1}^{\infty} a_i^{(k)}$ 的收敛性 [**377**] (对任意的 k).

其次, 对任意数 $\varepsilon > 0$, 存在这样的 r_0, 使得

$$\sum_{r=r_0+1}^{\infty} |u_r| < \varepsilon. \tag{7}$$

因此, 更加有

$$\left| \sum_{r=r_0+1}^{\infty} u_r \right| = \left| U - \sum_{r=1}^{r_0} u_r \right| < \varepsilon. \tag{8}$$

若 n 与 m 充分大, 则级数 (6) 的项 $u_1, u_2, \cdots, u_r$ 含于矩阵 (1) 的前 n 行与前 m 列之中, 比如说当 $n > n_0, m > m_0$ 时. 那么对于所说的 n 与 m, 表达式

$$\sum_{k=1}^{n} \sum_{i=1}^{m} a_i^{(k)} - \sum_{r=1}^{r_0} u_r$$

是号码大于 r_0 的那一些项 u_r 的和, 根据 (7) 式, 按绝对值 $< \varepsilon$. 令 $m \to \infty$ 取极限 (对于 $n > n_0$), 得

$$\left| \sum_{k=1}^{n} A^{(k)} - \sum_{r=1}^{r_0} u_r \right| \leqslant \varepsilon$$

于是, 由于 (8) 式,

$$\left| \sum_{k=1}^{n} A^{(k)} - U \right| < 2\varepsilon,$$

由此得出累级数 (3) 的收敛性, 并且就收敛于和 U.

附注 矩阵 (1) 的某些行可能由有限数目的项组成; 容易把结果推广到这种情形.

如果我们记起, 在 **386** 目, 把一个简单级数的项分成有限组, 同时不破坏它们的位置次序, 那么很明显, 定理 1 陈述了对绝对收敛级数 (相容地) 结合性质与交换性质的一种深刻的推广.

逆定理仅在对累级数作很强的假定下才成立.

定理 2 设给定累级数 (3), 若将其各项代之以各项的绝对值, 得到的是收敛级数, 则不仅级数 (3) 收敛, 而且由与级数 (3) 相同、按任意次序放置的项组成的简单级数 (6) 也收敛, 且收敛于同一个和.

证明 按照假设, 级数

$$\sum_{k=1}^{\infty} \sum_{i=1}^{\infty} |a_i^{(k)}|$$

收敛; 设 A^* 是它的和. 对任意 n 与 m 有

$$\sum_{k=1}^{m} \sum_{i=1}^{n} |a_i^{(k)}| < A^*. \tag{9}$$

现在取级数 (6*) 的任意部分和:

$$U_r^* = |u_1| + |u_2| + \cdots + |u_r|.$$

对于充分大的 n 与 m, 诸项 $u_1, u_2, \cdots, u_r$ 将包含于矩阵 (1) 的前 n 行及前 m 列中. 那么, 从 (9) 式得出

$$U_r^* < A^*.$$

级数 (6*) 收敛, 即级数 (6) 绝对收敛.

余下的是应用定理 1.

显然, 关于累级数 (3) 所说的一切, 对累级 (4) 也都成立, 于是作为上述诸定理的推论, 得到如下命题, 它通常是有益的[①].

[①] 在德文文献中, 这个命题被称为 "grosser Umordnungssatz".

定理 3　设给定矩阵 (1). 若将级数 (3) 的各项代之以其各项的绝对值, 得到收敛级数, 则两个累级数 (3) 与 (4) 收敛, 并具有同一个和:

$$\sum_{k=1}^{\infty}\sum_{i=1}^{\infty}a_i^{(k)} = \sum_{i=1}^{\infty}\sum_{k=1}^{\infty}a_i^{(k)}.$$

394. 二重级数　二重级数概念与无穷长方矩阵(1)有关. 这就是符号

$$a_1^{(1)} + a_2^{(1)} + a_3^{(1)} + \cdots + a_i^{(1)} + \cdots$$
$$+a_1^{(2)} + a_2^{(2)} + a_3^{(2)} + \cdots + a_i^{(2)} + \cdots$$
$$\cdots\cdots\cdots\cdots\cdots\cdots\cdots\cdots\cdots\cdots$$
$$+a_1^{(k)} + a_2^{(k)} + a_3^{(k)} + \cdots + a_i^{(k)} + \cdots$$
$$+\cdots\cdots\cdots\cdots\cdots\cdots\cdots\cdots \equiv \sum_{i,k=1}^{\infty}a_i^{(k)} \qquad (10)$$

限于前 m 列与前 n 行, 考虑有限和

$$A_m^{(n)} = \sum_{i,k=1}^{i=m,k=n}a_i^{(k)},$$

这和叫做给定二重级数的**部分和**. 我们将同时增大彼此无关的数 m 与 n, 使他们趋于无穷. 如果存在着极限

$$A = \lim_{\substack{m\to\infty\\n\to\infty}}A_m^{(n)},$$

这极限是有限的或无穷的 (但有确定的正号或负号), 则称这极限为二重级数的和, 并写

$$A = \sum_{i,k=1}^{\infty}a_i^{(k)}.$$

如果级数 (10) 具有**有限和**, 则称它是**收敛的**, 在相反的情形下, 则称它是**发散的**.

我们回到前面的一节 [389] 以通项是

$$c_i^{(k)} = a_i b_k,$$

的情形作为矩阵 (7) 的例子. 在这种情形, 部分和显然等于 (如果保持以前的记号)

$$C_m^{(n)} = A_m B_n,$$

于是, 相应于这个矩阵所组成的二重级数恒收敛, 并且具有和

$$C = \lim_{\substack{m\to\infty\\n\to\infty}}A_m B_n = AB.^{①}$$

---

①由此可见, 若两个收敛的简单级数的乘积表为**二重级数**的形式, 则后者的和总是 AB: 难点在于, 要证明用简单级数来表示级数乘积的同样关系.

　　容易把以常数乘收敛级数的各项的定理及两个收敛级数相加或相减的定理 [**364**, 3° 与 4°] 搬用到二重级数上来; 证明留给读者去作.

　　完全同样地, 二重级数收敛性的必要条件也是**通项**趋于 0:

$$\lim_{\substack{i \to \infty \\ k \to \infty}} a_i^{(k)} = 0$$

[比较 **364**,5°]. 这从下面的公式一下子就可看出:

$$a_i^{(k)} = A_i^{(k)} - A_{i-1}^{(k)} - A_i^{(k-1)} + A_{i-1}^{(k-1)}.^{58)}$$

　　自然地要把二重级数 (10) 与前面研究过的累级数 (3) 与 (4) 加以比较. 因为

$$A_m^{(n)} = \sum_{k=1}^{n} \left\{ \sum_{i=1}^{m} a_i^{(k)} \right\}$$

所以, 在这儿固定 n 后取极限, 当 $m \to \infty$ 时 (假定, 行级数收敛) 得到

$$\lim_{m \to \infty} A_m^{(n)} = \sum_{k=1}^{n} A^{(k)},$$

现在显然可见, 累级数 (3) 不是别的, 而正是累极限

$$\lim_{m \to \infty} \lim_{n \to \infty} A_m^{(n)}.$$

　　两个累级数 (3) 与 (4) 的和相等的问题是两个累极限相等的特殊情况.

　　把第 **168** 目中关于二重极限与累极限的一般定理应用到所考虑的情形上去①, 得到这样的结果:

　　定理 4　若 1) 二重级数 (10) 收敛而且 2) 所有的**行级数**收敛, 则累级数 (3) 收敛, 并具有与二重级数相同的和:

$$\sum_{k=1}^{\infty} \sum_{i=1}^{\infty} a_i^{(k)} = A = \sum_{i,k=1}^{\infty} a_i^{(k)}.$$

　　对于第二种累级数 (4), 类似的定理也成立.

　　二重级数 (10) 收敛性的问题, 对于正项级数的情形可直接解决, 所谓正项级数即是级数的所有的项都是非负的: $a_i^{(k)} \geqslant 0$.

---

　　①这儿 m 与 n 起自变量的作用, 而部分和 $A_m^{(n)}$ 则起它们的函数的作用.

　　58)注意, 和通常的序列与级数不同, 如同收敛的二重级数一样, 收敛于零的二重序列可能并不有界. 例如, 若 $a_1^{(k)} = k = -a_2^{(k)}$ 及 $a_i^{(k)} = 0$(对所有 $k = 1, 2, \cdots$ 及 $i = 3, 4, \cdots$), 则级数 $\sum_{i,k=1}^{\infty} a_i^{(k)}$ 收敛并有等于零的和; 同时不是对什么样的 M, 不等式 $|a_i^{(k)}| \leqslant M$, 对所有的 $i, k = 1, 2, \cdots$ 都能成立.

定理 5　若 $a_i^{(k)} \geqslant 0$, 则级数 (10) 收敛的充分必要条件是它的部分和有界.

证明　这个断言的必要性是明显的. 欲证充分性. 设 $A_n^{(m)} \leqslant L$. 取和 $A_m^{(n)}$ 的集合的上确界:

$$A = \sup\{A_m^{(n)}\}.$$

现在要证, 这个上确界就是给定级数的和.

给定任意 $\varepsilon > 0$. 依上确界定义, 可以找到这样的部分和 $A_{m_0}^{(n_0)}$, 使得

$$A_{m_0}^{(n_0)} > A - \varepsilon.$$

如果取 $m > m_0, n > n_0$, 那么就更加有

$$A_m^{(n)} > A - \varepsilon,$$

因为 $A_m^{(n)}$ 显然随着两个附标 n 与 m 的增大而增大.

因为每一部分和不超过 A, 所以可以写

$$|A_m^{(n)} - A| < \varepsilon (\text{当} m > m_0, n > n_0 \text{时}),$$

这就表示

$$A = \lim_{\substack{m \to \infty \\ n \to \infty}} A_m^{(n)},$$

亦即, 级数 (10) 收敛.

在这个定理的基础上, 可以确立类似 **366** 目定理 1 的, 正项二重级数的比较定理; 这留给读者去作.

现在考虑由矩阵组成的二重级数, 而矩阵中的元素不都是正的. 显然如对简单级数那样, 在研究中应除去这样一些情况: 当全部元素都是负的; 或仅仅有有限多个元素是正的或负的, 因为所有这些情况都可归结到已研究过的情形. 所以我们假设, 在所考虑的矩阵 (1) 中, 也意味着在级数 (10) 中, 无论是正的元素, 还是负的元素都是无穷集合.

除矩阵 (1) 外, 从元素的绝对值再作一个矩阵

$$
\begin{array}{llll}
|a_1^{(1)}| & |a_2^{(1)}| \cdots |a_i^{(1)}| \cdots \\
|a_1^{(2)}| & |a_2^{(2)}| \cdots |a_i^{(2)}| \cdots \\
\cdots\cdots & \cdots\cdots\cdots\cdots \\
|a_1^{(k)}| & |a_2^{(k)}| \cdots |a_i^{(k)}| \cdots \\
\cdots\cdots & \cdots\cdots\cdots\cdots
\end{array}
$$

并从这个矩阵作二重级数

$$\sum_{i,k=1}^{\infty} |a_i^{(k)}|. \tag{10*}$$

与第 **377** 目关于简单级数的定理相类似, 在这儿也有

定理 6　若由给定级数 (10) 的项的绝对值所组成的级数 (10*) 收敛, 则给定级数也收敛.

证明　表示 $a_i^{(k)}$ 成为下面的形状:

$$a_i^{(k)} = p_i^{(k)} - q_i^{(k)},$$

其中

$$p_i^{(k)} = \frac{|a_i^{(k)}| + a_i^{(k)}}{2}, q_i^{(k)} = \frac{|a_i^{(k)}| - a_i^{(k)}}{2}.$$

因为 $p_i^{(k)} \leqslant |a_i^{(k)}|, q_i^{(k)} \leqslant |a_i^{(k)}|$, 所以从二重级数 (10*) 的收敛性可推得下列二重级数的收敛性:

$$\sum_{i,k=1}^{\infty} p_i^{(k)} = P, \sum_{i,k=1}^{\infty} q_i^{(k)} = Q.$$

但这时级数

$$\sum_{i,k=1}^{\infty} a_i^{(k)} \equiv \sum_{i,k=1}^{\infty} (p_i^{(k)} - q_i^{(k)})$$

也收敛, 这就是具有和

$$A = P - Q.$$

若级数 (10*) 与级数 (10) 同时收敛, 则级数 (10) 叫做**绝对收敛级数**.若级数 (10) 收敛, 而级数 (10*) 发散, 则级数 (10) 叫做**非绝对收敛级数**[59].

现在证明有关由同样的项组成的二重级数 (10) 与简单级数 (6) 之间联系的定理. 这个定理与定理 1、定理 2 类似.

定理 7　设给定由同样的项组成的二重级数 (10) 与简单级数 (6). 那么, 从它们中一个级数的**绝对**收敛性可引出另一级数的**绝对**收敛性, 并且二者的和相等.

证明　首先假设二重级数 (10) 绝对收敛, 即级数 (10*) 收敛; 后者的和记为 A^*. 取任意一个自然数 r, 构成级数 (6*) 的部分和

$$U_r^* = |u_1| + |u_2| + \cdots + |u_r|.$$

如同在证明定理 2 时一样, 容易建立不等式 $U_r^* < A^*$, 和它一同, 也建立了级数 (6) 的绝对收敛性.

---

[59]二重级数的绝对收敛性 (与非绝对收敛不同) 已经导致其诸项的有界性 (若 $M = \sum_{i,j=1}^{\infty} |a_{ij}|$, 则显然 $|a_{ij}| \leqslant M$).

设现在已知, 简单级数 (6) 绝对收敛, 即级数 (6*) 收敛; 级数 (6*) 和记为 U^*. 不管级数 (10*) 取怎样的部分和

$$A_m^{*(n)} = \sum_{k=1}^{n} \sum_{i=1}^{m} |a_i^{(k)}|,$$

都存在这样大的 r, 使这个和的所有项都含于级数 (6*) 的前 r 项之中, 于是

$$A_m^{*(n)} < U^*.$$

在这种情形下, 按照定理 5, 二重级数 (10*) 收敛, 这意味着级数 (10) 绝对收敛.

最后, 为了计算级数 (6) 的和 U—— 由于它绝对收敛 —— 可以把它的项按任意适当的次序排列 [387]. 我们按正方形的方式将 (1) 排列; 那么若还是把它的项合并, 不在同一正方形的各项排在其后, 便得到

$$U = \lim_{n \to \infty} A_n^{(n)} = A.$$

这就完成了证明.

对照定理 1,2 与 7, 最后我们叙述这样的

推论 设矩阵 (1) 与序列 (5) 由同样的一些项组成. 那么二重级数 (10), 累级数 (3),(4), 最后, 简单级数 (6)—— 若至少其中之一, 当其各项代之以各项的绝对值时是收敛的 —— 则所有四者都是收敛的, 并具有同样的和.

395. 例题

1) 下面的矩阵给出一个有兴趣的例子 $(0 < x < 1)$:

$$
\begin{array}{llllll}
x & -x^2 & x^2 & -x^3 & x^3 & \cdots \\
x(1-x) & -x^2(1-x^2) & x^2(1-x^2) & -x^3(1-x^3) & x^3(1-x^3) & \cdots \\
x(1-x)^2 & -x^2(1-x^2)^2 & x^2(1-x^2)^2 & -x^3(1-x^3)^2 & x^3(1-x^3)^2 & \cdots \\
\cdots & \cdots & \cdots & \cdots & \cdots &
\end{array}
$$

这儿行级数绝对收敛并分别具有和 $x, x(1-x), x(1-x)^2, \cdots$ 由这些和组成的级数也绝对收敛; 它的和等于 1. 然而, 另一种累级数却不收敛, 因为列级数具有轮流等于 $+1$ 或 -1 的和.

这件事实丝毫也不与定理 2 矛盾, 因为对于由绝对值得到的矩阵来说, 任何一种累级数都不收敛. 我们只看出, 行 (或列) 级数的绝对收敛性与由它们的和组成的级数的绝对收敛性的假定, 并不能代替使绝对值矩阵的累级数收敛的要求.

2) 我们来举出著名的 "约翰·伯努利悖论". 考虑如下正矩阵 (其中缺失的项可以用零代替):

$$
\begin{array}{cccccc}
\dfrac{1}{1\cdot 2} & \dfrac{1}{2\cdot 3} & \dfrac{1}{3\cdot 4} & \dfrac{1}{4\cdot 5} & \cdots \\[2mm]
 & \dfrac{1}{2\cdot 3} & \dfrac{1}{3\cdot 4} & \dfrac{1}{4\cdot 5} & \cdots \\[2mm]
 & & \dfrac{1}{3\cdot 4} & \dfrac{1}{4\cdot 5} & \cdots \\[2mm]
 & & & \dfrac{1}{4\cdot 5} & \cdots
\end{array}
$$

并认为与这个矩阵的相应的两个累级数的和相等. 若起初按行求和, 便得诸和 [比较 **25**,9)]: $1, \dfrac{1}{2}$, $\dfrac{1}{3}, \dfrac{1}{4}, \cdots$, 由这些和组成调和级数, 这个调和级数的和记为 s. 若按列求和 (所有这些列都只包含有限项!), 便导致结果: $\dfrac{1}{2}, \dfrac{1}{3}, \dfrac{1}{4}, \dfrac{1}{5}, \cdots$; 由这些数组成了缺少第一项的调和级数, 其和为 $s-1$. 于是 $s = s-1$!

当然, 事实上这个 "悖论" 仅仅是证明了相反的事实: 和 s 不可能是有限数, 即调和级数发散.

3) 设 q 遍历以自然数为底及指数 (大于 1) 的, 所有可能的乘幂, 并且每一个乘幂只通过一次. 求证

$$
G = \sum_q \frac{1}{q-1} = 1.
$$

[哥德巴赫(Goldbach).]

如果 m 取不是乘幂的所有可能的自然数值 (> 1), 则

$$
G = \sum_m \frac{1}{m^2-1} + \sum_m \frac{1}{m^3-1} + \cdots = \sum_m \left\{ \frac{1}{m^2-1} + \frac{1}{m^3-1} + \cdots \right\}
$$

$$
= \sum_m \left\{ \left(\frac{1}{m^2} + \frac{1}{m^4} + \frac{1}{m^6} + \cdots \right) + \left(\frac{1}{m^3} + \frac{1}{m^6} + \frac{1}{m^9} + \cdots \right) + \cdots \right\}
$$

$$
= \sum_m \left\{ \left(\frac{1}{m^2} + \frac{1}{m^3} + \cdots \right) + \left(\frac{1}{m^4} + \frac{1}{m^6} + \cdots \right) + \left(\frac{1}{m^6} + \frac{1}{m^9} + \cdots \right) + \cdots \right\}
$$

$$
= \sum_m \left\{ \frac{1}{m(m-1)} + \frac{1}{m^2(m^2-1)} + \frac{1}{m^3(m^3-1)} + \cdots \right\}.
$$

由此

$$
G = \sum_{n=2}^{\infty} \frac{1}{n(n-1)},
$$

其中 n 在这次就遍历从 2 开始的所有的自然数值, 于是, 实际上, $G = 1$ [**25**,9)].

[引用已证明过的定理来论证的工作, 留给读者去作.]

把这个结果跟下面的施泰纳 (Steiner) 的结果相比较, 是很有趣的:

$$
\sum_{m=2}^{\infty} \sum_{k=2}^{\infty} \frac{1}{m^k} = \sum_{m=2}^{\infty} \frac{1}{m(m-1)} = 1.
$$

(这儿乘幂可以出现不止一次!)

4) 考虑具有通项

$$a_i^{(k)} = \frac{(k-1)!}{i(i+1)\cdots(i+k)} = \frac{(i-1)!}{k(k+1)\cdots(k+i)}$$

的矩阵, 利用在 **363** 目,4) 中所建立的关系式

$$\sum_{n=1}^{\infty} \frac{1}{(\alpha+n)(\alpha+n+1)\cdots(\alpha+n+p)} = \frac{1}{p(\alpha+1)\cdots(\alpha+p)} \tag{11}$$

(当 $\alpha = 0, p = k$ 时), 容易把第 k 行求和:

$$\sum_{i=1}^{\infty} a_i^{(k)} = \frac{(k-1)!}{k \cdot k!} = \frac{1}{k^2};$$

由此, 累级数的和

$$\sum_{k=1}^{\infty} \sum_{i=1}^{\infty} a_i^{(k)} = \sum_{k=1}^{\infty} \frac{1}{k^2}. \tag{12}$$

由于 $a_i^{(k)}$ 的表示式关于 i 与 k 是对称的, 另一个累级数与第一个相等, 把二者的和相比较并不能给出任何新的东西.

现在把矩阵这样变形: 在第 m 行中使前 $m-1$ 项保持原状, 而第 m 项代之以第 m 行从第 m 项开始的所有项的和 r_m, 而丢掉其余的项. 对于新矩阵

$$
\begin{array}{cccccc}
r_1 & & & & & \\
a_1^{(2)} & r_2 & & & & \\
a_1^{(3)} & a_2^{(3)} & r_3 & & & \\
\cdots & \cdots & \cdots & & & \\
a_1^{(m)} & a_2^{(m)} & a_3^{(m)} & \cdots & a_{m-1}^{(m)} & r_m \\
a_1^{(m+1)} & a_2^{(m+1)} & a_3^{(m+1)} & \cdots & a_{m-1}^{(m+1)} & r_{m+1} \\
\cdots & \cdots & \cdots & \cdots & \cdots & \cdots \\
\cdots & \cdots & \cdots & \cdots & \cdots & \cdots
\end{array}
$$

按行求和的诸级数的和, 与先前的第一个累级数的和仍旧一样 [参看 (12)]. 对于按列计算诸级数的和,

$$
\begin{aligned}
r_m &= \sum_{i=m}^{\infty} \frac{(m-1)!}{i(i+1)\cdots(i+m)} \\
&= \sum_{n=1}^{\infty} \frac{(m-1)!}{(m-1+n)\cdots(2m-1+n)} = \frac{(m-1)!}{m^2(m+1)\cdots(2m-1)};
\end{aligned}
$$

这里我们又利用了当 $\alpha = m-1, p = m$ 的关系式 (11). 第 m 列其余各项的和等于

$$
\begin{aligned}
&\sum_{i=m+1}^{\infty} \frac{(m-1)!}{i(i+1)\cdots(i+m)} \\
&= \sum_{n=1}^{\infty} \frac{(m-1)!}{(m+n)(m+n+1)\cdots(2m+n)} = \frac{(m-1)!}{m(m+1)\cdots 2m};
\end{aligned}
$$

[在 (11) 式中我们令 $\alpha = p = m$]. 最后, m 列各项的和等于

$$3 \cdot \frac{(m-1)!}{m(m+1)\cdots(2m-1)\cdot 2m} = 3 \cdot \frac{[(m-1)!]^2}{(2m)!}$$

根据定理 3, 比较这两个累级数的和, 我们得一个有趣的关系式:

$$\sum_{k=1}^{\infty} \frac{1}{k^2} = 3 \sum_{m=1}^{\infty} \frac{[(m-1)!]^2}{(2m)!}. \tag{13}$$

因为右边的级数收敛十分快, 它易于作为对等号左边重要级数和的近似计算. 此外, 今后 [**440**,7)] 我们会看到, 推出的关系式可以把前一级数的和表为 "有限形式": 它等于 $\frac{\pi^2}{6}$[这个结果属于欧拉].

5) 讨论限定在 $|x| < 1$ 的假定下的兰伯特级数

$$\varphi(x) = \sum_{k=1}^{\infty} a_k \frac{x^k}{1 - x^k}.$$

我们见过 [**385**,5)], 在这假定下, 兰伯特级数对于与幂级数

$$f(x) = \sum_{k=1}^{\infty} a_k x^k$$

相同的 x 值收敛. 我们假定这级数的收敛半径 $R > 0$ [**379**], 并且认定 $|x| < R$.

显然

$$\frac{x^k}{1 - x^k} = x^k + x^{2k} + \cdots + x^{ik} + \cdots$$

现在把这些项乘以 a_k 后作矩阵, 把 x 的同次幂排在同一列 (空白处可用 0 补进):

$a_1 x$	$a_1 x^2$	$a_1 x^3$	$a_1 x^4$	$a_1 x^5$	$a_1 x^6$	$a_1 x^7$	$a_1 x^8$	$a_1 x^9$	$a_1 x^{10}$	$\cdots$
	$a_2 x^2$		$a_2 x^4$		$a_2 x^6$		$a_2 x^8$		$a_2 x^{10}$	$\cdots$
		$a_3 x^3$			$a_3 x^6$			$a_3 x^9$		$\cdots$
			$a_4 x^4$				$a_4 x^8$			$\cdots$
				$a_5 x^5$					$a_5 x^{10}$	$\cdots$
					$a_6 x^6$					$\cdots$
						$a_7 x^7$				$\cdots$
							$a_8 x^8$			$\cdots$
								$a_9 x^9$		$\cdots$
									$a_{10} x^{10}$	$\cdots$
									$\cdots\cdots$	$\cdots$
									$\cdots\cdots$	$\cdots$

按行的累级数恰好具有和 $\varphi(x)$. 因为幂级数在以 $|x|$ 代替 x, 以 $|a_k|$ 代替 a_k 时收敛, 而兰伯特级数随同幂级数也收敛, 所以可以应用定理 3 而按列相加. 我们得到 $\varphi(x)$ 的幂级数展开式

$$\varphi(x) = \sum_{n=1}^{\infty} a_n x^n, \text{并且} a_n = \sum_{k/n} a_k;$$

记号 k/n 习惯上表示, 累加号只遍取 n 的除数 k.

例如, 令 $a_k = 1$ 或 $a_k = k^{①}$, 就分别有

$$\sum_{k=1}^{\infty} \frac{x^k}{1 - x^k} = \sum_{n=1}^{\infty} \tau(n) \cdot x^n, \sum_{k=1}^{\infty} \frac{kx^k}{1 - x^k} = \sum_{n=1}^{\infty} \sigma(n)x^n,$$

其中 $\tau(n)$ 表示 n 的所有除数的个数, 而 $\sigma(n)$ 表示 n 的所有除数相加起来的和.

6) 把上题中所有的项按另一种方式排列, 使在矩阵中没有空白:

$$\begin{array}{ccccc}
a_1 x & a_1 x^2 & a_1 x^3 & a_1 x^4 & \cdots \\
a_2 x^2 & a_2 x^4 & a_2 x^6 & a_2 x^8 & \cdots \\
a_3 x^3 & a_3 x^6 & a_3 x^9 & a_3 x^{12} & \cdots \\
a_4 x^4 & a_4 x^8 & a_4 x^{12} & a_4 x^{16} & \cdots \\
\cdots & \cdots & \cdots & \cdots & \cdots
\end{array}$$

按行相加, 就保持与上题按行相加的同一和, 按列相加则依次得到: $f(x), f(x^2), f(x^3), f(x^4) \cdots$, 这样, 我们得到联系函数 φ 与 f 的恒等式:

$$\varphi(x) = \sum_{n=1}^{\infty} f(x^n).$$

例如, 取 $a_k = a^k$, 其中 $|a| \leqslant 1$, 即有

$$f(x) = \frac{ax}{1 - ax}.$$

于是

$$\sum_{k=1}^{\infty} \frac{(ax)^k}{1 - x^k} = \sum_{n=1}^{\infty} \frac{a \cdot x^n}{1 - a \cdot x^n} (|a| \leqslant 1, |x| < 1).$$

7) 所得到的结果可以加以推广. 设给定两个幂级数

$$f(x) = \sum_{n=1}^{\infty} a_n x^n \quad 与 \quad g(x) = \sum_{m=1}^{\infty} b_m x^m.$$

限制 x 的值为 $|x| < 1$, 并且在这些 x 值时两个级数都绝对收敛.

以元素 $a_n b_m x^{mn}$ 作矩阵. 因为 (对 $m > 1$ 与 $n > 1$ 说来) $mn \geqslant m + n$, 所以

$$|a_n b_m x^{mn}| \leqslant |a_n x^n| \cdot |b_m x^m|.$$

由此容易断定, 对应于所取矩阵的二重级数绝对收敛. 根据推论, 由于两种累级数的和相等, 我们得到恒等式:

$$\sum_{m=1}^{\infty} b_m f(x^m) = \sum_{n=1}^{\infty} a_n g(x^n).$$

由此, 当 $b_m = 1$ 时 $\left[于是 g(x) = \dfrac{x}{1 - x} \right]$, 可得到上题的恒等式.

---

① 在两种情形下都容易验明, $R = 1$, 于是只要简单地认定 $|x| < 1$ 就够了.

8) 级数

$$\sum_{i,k=0}^{\infty} x^i y^k$$

可从级数 $\sum_{i=0}^{\infty} x^i$ 与 $\sum_{k=0}^{\infty} y^k$ 相乘得到, 后面两个级数当 $|x| < 1$ 与 $|y| < 1$ 时 (绝对) 收敛; 对于这些 x, y 值来说, 二重级数也 (绝对) 收敛.

若 $|x| > 1$ 或 $|y| > 1$, 则违反收敛性必要条件: 通项不趋于 0, 级数发散. 容易直接验证, 发散性在 $|x| = 1$ 或 $|y| = 1$ 的情形时也出现.

9) 考虑级数

$$\sum_{i,k=1}^{\infty} \frac{1}{i^\alpha k^\beta} (\alpha > 0, \beta > 0).$$

这级数也从级数 $\sum_{i=1}^{\infty} \frac{1}{i^\alpha}$ 与 $\sum_{k=1}^{\infty} \frac{1}{k^\beta}$ 相乘得到, 后二者当 $\alpha > 1$ 与 $\beta > 1$ 时收敛, 于是二重级数在这些假定下也收敛.

反之, 如果 $\alpha \leqslant 1$(或 $\beta \leqslant 1$), 则二重级数一定发散, 因为这时所有行 (或列) 级数发散 (比较前一目的推论).

10) 研究下面级数的收敛性:

$$\sum_{i,k=1}^{\infty} \frac{1}{(i+k)^\sigma} (\sigma > 0).$$

为此, 把级数的项依对角线排列起来后, 把级数表示成为简单级数的形状. 因为在同一对角线上的项都相等, 所以, 为计算方便起见把它们合并起来后, 得到级数

$$\sum_{n=2}^{\infty} (n-1) \frac{1}{n^\sigma}.$$

由于显然的不等式

$$\frac{1}{2} n \leqslant n - 1 < n,$$

以 n^σ 除后, 即有

$$\frac{1}{2} \cdot \frac{1}{n^{\sigma-1}} \leqslant (n-1) \cdot \frac{1}{n^\sigma} \leqslant \frac{1}{n^{\sigma-1}}.$$

由此明白看出, 我们所得到的简单级数当 $\sigma > 2$ 时收敛, 而当 $\sigma \leqslant 2$ 时发散. 根据定理 7, 对二重级数说来, 这同样是正确的.

11) 现在考虑更复杂的级数

$$\sum_{i,k=1}^{\infty} a_i^{(k)} \equiv \sum_{i,k=1}^{\infty} \frac{1}{(Ai^2 + 2Bik + Ck^2)^\rho} \quad (\rho > 0),$$

其中二次型 $Ax^2 + 2Bxy + Cy^2$ 假定是正定的, 于是 $\Delta = AC - B^2 > 0$, 并且 $A, C > 0$.

如果用 L 表示数 $|A|, |B|, |C|$ 中最大的一个, 那么, 显然,

$$Ai^2 + 2Bik + Ck^2 \leqslant L(i+k)^2, a_i^{(k)} \geqslant \frac{1}{L^\rho} \cdot \frac{1}{(i+k)^{2\rho}}.$$

在这情形下, 从 10) 显然看出, 当 $\rho \leqslant 1$ 时给定级数发散.

另一方面, 有

$$Ai^2 + 2Bik + Ck^2 = \frac{1}{C}[(AC - B^2)i^2 + (Bi + Ck)^2] \geqslant \frac{\Delta}{C}i^2,$$

于是

$$a_i^{(k)} \leqslant \frac{C^\rho}{\Delta^\rho} \cdot \frac{1}{i^{2\rho}}, \text{ 并且, 类似地}, a_i^{(k)} \leqslant \frac{A^\rho}{\Delta^\rho} \cdot \frac{1}{k^{2\rho}}.$$

由此容易得到

$$a_i^{(k)} \leqslant \left(\frac{\sqrt{AC}}{\Delta}\right)^\rho \cdot \frac{1}{i^\rho \cdot k^\rho}.$$

把这跟 9) 比较, 我们看出, 当 $\rho > 1$ 时, 所考虑的级数收敛.

12) 在定理 4 中, 与关于二重级数收敛的假设同时, 还特别作了所有行级数都收敛的假定. 下面的简单例子表明: 没有第二个假设是不行的 —— 它不能从第一个假设得出. 照如下图式的二重级数:

$$
\begin{array}{cccccc}
1 & -1 & 1 & -1 & \cdots \\
-1 & 1 & -1 & 1 & \cdots \\
\dfrac{1}{2} & -\dfrac{1}{2} & \dfrac{1}{2} & -\dfrac{1}{2} & \cdots \\
-\dfrac{1}{2} & \dfrac{1}{2} & -\dfrac{1}{2} & \dfrac{1}{2} & \cdots \\
\dfrac{1}{3} & -\dfrac{1}{3} & \dfrac{1}{3} & -\dfrac{1}{3} & \cdots \\
-\dfrac{1}{3} & \dfrac{1}{3} & -\dfrac{1}{3} & \dfrac{1}{3} & \cdots \\
\cdots & \cdots & \cdots & \cdots & \cdots
\end{array}
$$

是收敛的, 其和为 0. 同时, 所有的行级数发散.

13) 确定下列二重级数的和:

(a) $\sum_{m,n=2}^{\infty} \dfrac{1}{(p+n)^m} = \dfrac{1}{p+1} (p > -1)$; (б) $\sum_{m=2,n=1}^{\infty} \dfrac{1}{(2n)^m} = \ln 2$;

(в) $\sum_{m,n=1}^{\infty} \dfrac{1}{(4n-1)^{2m+1}} = \dfrac{\pi}{8} - \dfrac{1}{2} \ln 2$; (г) $\sum_{m,n=1}^{\infty} \dfrac{1}{(4n-1)^{2m}} = \dfrac{1}{4} \ln 2$;

(д) $\sum_{m,n=1}^{\infty} \dfrac{1}{(4n-2)^{2m}} = \dfrac{\pi}{8}$.

提示 从按 m 求和开始, 变为累级数. 利用展开式

$$1 - \frac{1}{2} + \frac{1}{3} - \frac{1}{4} + \cdots = \ln 2,$$

$$1 - \frac{1}{3} + \frac{1}{5} - \frac{1}{7} + \cdots = \frac{\pi}{4}$$

作为已知.

14) 考虑两个变量的函数

$$\varphi(x, z) = e^{\frac{x}{2}(z - z^{-1})} \quad (z \neq 0).$$

把绝对收敛级数

$$e^{\frac{x}{2} \cdot z} = \sum_{i=0}^{\infty} \left(\frac{x}{2}\right)^i \cdot \frac{z^i}{i!}, e^{-\frac{x}{2} \cdot z^{-1}} = \sum_{k=0}^{\infty} \left(\frac{x}{2}\right)^k \frac{(-1)^k}{k!} \cdot z^{-k}$$

相乘, 就得到对这个函数而言的 (也绝对收敛的) 二重级数:

$$\varphi(x,z) = \sum_{i,k=0}^{\infty} \left(\frac{x}{2}\right)^{i+k} \frac{(-1)^k}{i!k!} z^{i-k}.$$

把 z 的同一幂次的项收集在一起 (推论), 可以把二重级数变形成为累级数

$$\varphi(x,z) = \sum_{-\infty}^{+\infty} J_n(x) \cdot z^n \text{①},$$

其中对于 $n \geqslant 0$ 说来

$$J_n(x) = \sum_{k=0}^{\infty} \frac{(-1)^k}{k!(k+n)!} \left(\frac{x}{2}\right)^{2k+n},$$

而对于 $n < 0$ 说来

$$J_n(x) = \sum_{k=-n}^{\infty} \frac{(-1)^k}{k!(k+n)!} \left(\frac{x}{2}\right)^{2k+n}.$$

可是, 容易看出,

$$J_{-n}(x) = (-1)^n J_n(x).$$

函数 $J_n(x)(n = 0, 1, 2, \cdots)$ 叫做带下标 n 的**贝塞尔函数**; 这些函数在数学物理、天体力学等学科中起着重要的作用. 函数 $\varphi(x,z)$(从它的展开式可以得到贝塞尔函数) 叫做贝塞尔函数的 "母函数".

396. 两个变量的幂级数; 收敛区域   按变量 x 与 y 的正整数幂次排列的形如

$$\sum_{i,k=0}^{\infty} a_{i,k} x^i y^k \tag{14}$$

的二重级数, 叫做**两个变量x, y的幂级数**.

我们仅限于研究收敛幂级数 (14) 的一种形式, 即是**绝对**收敛. 与此相联系的是, 我们把绝对收敛的两个变量的幂级数简称为 "收敛的" 级数; 在不存在绝对收敛性时, 我们便说级数 "发散".

像我们在 **379** 目中对简单幂级数作过的那样, 在这儿我们也提出问题: 说明级数 (14) 的 "收敛区域"(即是使级数收敛的那些平面点的集合 $\mathcal{M} = \{M(x,y)\}$) 的形状.

引理   若级数 (14) 在某一点 $\overline{M}(\bar{x}, \bar{y})$(绝对) 收敛, 这点的两个坐标都异于 0, 则级数在满足不等式 $|x| < |\bar{x}|, |y| < |\bar{y}|$ 的所有的点 (即是, 在以坐标的原点为中心而以点 $\overline{M}$ 为一个顶点的整个开矩形内) (绝对) 收敛.

---

①级数 $\sum_{-\infty}^{+\infty} a_n$ 按照定义, 是下列两个级数的和数:

$$\sum_{n=0}^{+\infty} a_n + \sum_{n=1}^{+\infty} a_{-n}.$$

证明与 **379** 目引理的证明完全类似. 从级数 (14) 的项当 $x = \bar{x}, y = \bar{y}$ 时的有界性

$$|a_{i,k}\bar{x}^i\bar{y}^k| \leqslant L \quad (i, k = 0, 1, 2, \cdots)$$

可得

$$|a_{i,k}x^iy^k| \leqslant L \cdot \left|\frac{x}{\bar{x}}\right|^i \left|\frac{y}{\bar{y}}\right|^k,$$

于是 —— 只要 $|x| < |\bar{x}|, |y| < |\bar{y}|$ —— 在右端我们有收敛级数的通项 [**395**,8)]; 由此即推知级数 (14) 的绝对收敛性.

我们只着手研究这样一些级数, 对它们说来, 有类似 $\overline{M}$ 的点存在; 至于其他的级数, 我们并不发生兴趣. 由于引理的特性, 容许了我们只要限制我们的讨论在坐标的第一象限内; 由此所得到的结果 —— 按对称性质 —— 可以很容易地推广到其他象限内.

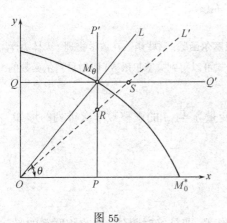

图 55

在第一象限内取从原点开始的射线 OL, 它与 x 轴构成角 θ(图 55). 与 **379** 目中一样, 利用引理, 可以证明: 我们可找到这样的正数 $R(\theta)$(它也可能是无穷), 使得在这射线上的所有的点 M 中, 对于

$$\overline{OM} < R(\theta)$$

的那些点 M 说来, 级数 (14)(绝对) 收敛, 可是, 当

$$\overline{OM} > R(\theta)$$

时, 级数 (14) 发散.

如果至少对于一条射线说来, $R(\theta) = +\infty$, 那么, 由于引理, 级数在全平面上是 (绝对) 收敛的, 这时全平面就是 "收敛区域" M.

现在除去**处处收敛**的级数这种情形. 于是 $R(\theta)$ 就是 θ 的有限函数, 并且在每一条射线 OL 上都可找到一个界点 M_θ, 对于这界点, 有

$$\overline{OM_\theta} = R(\theta).$$

点 M_θ 把射线上使级数 (绝对) 收敛的点 M 同使级数发散的点分开; 而在点 M_θ 本身上, 要看情况, 级数可能收敛, 也可能发散.

如果过 M_θ 作铅垂线 PP' 与水平线 QQ'(看图 55), 那么, 在矩形 $OPM_\theta Q$ 内部级数显然收敛, 而在角 $Q'M_\theta P'$ 内部级数显然发散 (根据引理!). 因此, 在对应于任何另一角度 θ' 的新射线 OL' 上, 沿着 OR 上的点将是收敛性的, 而沿着 SL' 上的点将是发散性的. 因而, 在这条射线上的界点 $M_{\theta'}$, 应当位于 R 与 S 之间. 由此容易看

出, 当 θ 由 0 变到 $\dfrac{\pi}{2}$ 时, $R(\theta)$ 连续地变着, 于是点 M_θ 在第一象限内画出一条连续的**边界曲线**.

因为当 θ 减小时, 点 M_θ 的横坐标 x_θ 不递减, 而它的纵坐标 y_θ 不递增, 所以当 $\theta \to 0$ 时二者都具有极限值. 于是, 显然, $R(\theta)$ 也具有极限值. 如果这极限

$$\lim_{\theta \to 0} R(\theta) = R_0$$

是有限的, 则点 M_θ 趋于 x 轴上的某一极限点 $M_0^*(R_0, 0)$, 而在相反的情形下, 边界曲线具有与 x 轴平行的渐近线 (这渐近线可能就是 x 轴本身). 把 x 换成 y 后, 容易把所有这些说明转用到 $\theta \to \dfrac{\pi}{2}$ 的情形上去.

附注   可是, 不应当以为刚才讲到的极限点 M_0^* 必须跟 x 轴本身上的**边界点** M_0 重合. 点 M_0 可以在 M_0^* 的更右面 (甚至位于无穷远处). 这一可能性不应当使读者惊讶, 因为引理及根据这引理所建立起来的那些推论, 仅与坐标轴外的点有关.

现在在其他象限中作出 (对于二坐标轴与原点而言) 与第一象限中边界曲线对称的曲线. 用这方法我们得到一条完全的**边界曲线**, 这曲线事实上就定出我们感到兴趣的 "收敛区域" M:在有界曲线所划出的那块平面的内部, 级数 (14) (绝对)收敛, 在那块平面的外部, 级数发散[①], 在有界曲线本身的点上, 级数可能收敛, 也可能发散.

现在考虑一些例子.

397. 例题   1) 像在 **395**,8) 中我们已经见过的级数

$$\sum_{i,k=0}^{\infty} x^i y^k,$$

它的 "收敛区域" M 是开矩形 $(-1, 1; -1, 1)$(图 56). 在这矩形的范围内, 级数的和是 $\dfrac{1}{1-x} \cdot \dfrac{1}{1-y}$.

2) 对于与上题类似的级数

$$\sum_{i,k=1}^{\infty} x^i y^k,$$

(这儿指数 i, k 从 1 开始变化), 它的 "收敛区域" 包含着与上题同样的矩形组成的, 并连同两根坐标轴在一起. 在这情形下, 虽然上面讲到的边界点 M_0 当 $\theta \to 0$ 时也趋于 x 轴上的极限点 $M_0^*(1, 0)$, 但收敛性在整个 x 轴上都成立 (参看附注).

3) 级数

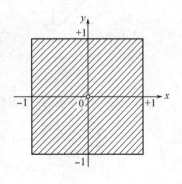

图 56

$$\sum_{i,k=0}^{\infty} \frac{x^i y^k}{i! k!} = \sum_{i=0}^{\infty} \frac{x^i}{i!} \cdot \sum_{k=0}^{\infty} \frac{y^k}{k!},$$

[①]如果不算二坐标轴的话; 因为在有些情形下, 沿着这两根坐标轴, 像已经指出过的, 级数也可能在这界线范围外的点上收敛.

显然, 在全平面上绝对收敛.

4) 为了使级数

$$\sum_{i,k=0}^{\infty} \frac{(i+k)!}{i!k!} x^i y^k,$$

绝对收敛, 亦即级数

$$\sum_{i,k=0}^{\infty} \frac{(i+k)!}{i!k!} |x|^i |y|^k$$

收敛, 必要及充分条件是使级数

$$\sum_{n=0}^{\infty} (|x|+|y|)^n = \frac{1}{1-(|x|+|y|)}$$

收敛, 这级数是上述二重级数按对角线相加得到的. 这使我们得到条件 $|x|+|y|<1$. 因而, 在这儿 "收敛区域" 是斜置的以 $(\pm 1, 0), (0, \pm 1)$ 为顶点的正方形 (图 57).

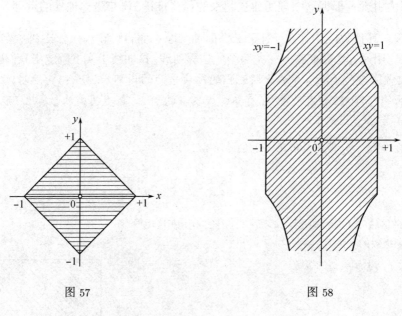

图 57　　　　　　　　　　　　　　　图 58

5) 最后, 考虑下面的二重级数:

$$\sum_{i \geqslant k}^{\infty} x^i y^k = 1 + x + x^2 + \cdots + x^m + \cdots + xy + x^2 y + \cdots + x^m y + \cdots$$
$$+ x^2 y^2 + \cdots + x^m y^2 + \cdots + x^m y^m + \cdots.$$

假定这级数绝对收敛, 如果把它按行加起来, 就得到

$$(1 + x + x^2 + \cdots)[1 + xy + (xy)^2 + \cdots] = \frac{1}{1-x} \cdot \frac{1}{1-xy}.$$

由此显然看出, 对于绝对收敛性说来, 必须 $|x|<1, |xy|<1$; 同时, 这些不等式也是充分的. "收敛区域" 表示在图 58 上; 这区域上的曲线为等轴双曲线.

398. 多重级数　　十分自然地产生了对于无穷级数的概念的更进一步的扩展. 设给定用 $s(s \geqslant 2)$ 个下标 $i, k, \cdots, l$ 编号的无穷数组

$$u_{i,k,\cdots,l}$$

这些下标中的每一个都彼此无关地取所有可能的自然数值. 在这情形下, 符号

$$\sum_{i,k,\cdots,l=1}^{\infty} u_{i,k,\cdots,l}$$

就叫做**多重**(更精确地说是 $s-$**重**)**级数**.

如果级数的部分和数

$$U_{n,m,\cdots,p} = \sum_{i=1}^{n} \sum_{k=1}^{m} \cdots \sum_{l=1}^{p} u_{i,k,\cdots,l}$$

当 $n \to \infty, m \to \infty, \cdots, p \to \infty$ 时趋于有限或无穷 (但有确定的正号或负号) 极限, 则这极限就是**级数的和**. 级数叫做**收敛的**, 如果它具有有限和的话.

多重级数中最重要的一类是**多变量的幂级数**:

$$\sum_{i,k,\cdots,l=0}^{\infty} a_{i,k,\cdots,l} x^i y^k \cdots z^l.$$

上述理论的基本概念及定理也可推广到多重级数上去.

§6. 无穷乘积

399. 基本概念　　如果

$$p_1, p_2, p_3, \cdots, p_n, \cdots \tag{1}$$

是某一给定的序列, 则由它们组成的符号

$$p_1 \cdot p_2 \cdot p_3 \cdots p_n \cdots = \prod_{n=1}^{\infty} p_n^{①} \tag{2}$$

叫做**无穷乘积**.

现在着手把 (1) 中的数连乘起来, 组成**部分乘积**

$$P_1 = p_1, P_2 = p_1 \cdot p_2, P_3 = p_1 \cdot p_2 \cdot p_3, \cdots, P_n = p_1 \cdot p_2 \cdots p_n, \cdots. \tag{3}$$

我们总是把这些部分乘积所作成的序列 $\{P_n\}$ 跟符号 (2) 相参照.

_____

①乘积的这样的表示法我们早已遇见过, 但那时只是有限多个因数.

如果部分乘积 P_n 当 $n \to \infty$ 时具有有限的或无穷的 (但有确定的正号或负号) 极限

$$\lim P_n = P,$$

则这个极限叫做乘积 (2) 的 **值**, 并写作

$$P = p_1 \cdot p_2 \cdot \cdots \cdot p_n \cdots = \prod_{n=1}^{\infty} p_n.$$

如果无穷乘积具**有异于 0 的有限值**P,则乘积本身叫做 **收敛的**,在相反的情形下, 乘积叫做**发散的**①.

为要使所有乘积的值等于 0, 只要乘积的因数中有一个是 0 就够了. 在以后的考虑中, 我们把这种情形除开, 于是我们恒有$p_n \neq 0$.

读者容易建立起跟无穷级数相似的那些事实 [**362**],并可以认识到: 与级数相似, 考虑无穷乘积, 也仅只是研究序列及其极限的一种特殊形式. 熟悉这种形式是有用的, 因为在有些情形下, 这种形式比起另一些形式来是更方便的.

400. 例题　1) $\prod_{n=2}^{\infty} \left(1 - \frac{1}{n^2}\right)$.

因为部分乘积

$$P_n = \left(1 - \frac{1}{2^2}\right)\left(1 - \frac{1}{3^2}\right) \cdots \left(1 - \frac{1}{n^2}\right) = \frac{1}{2} \cdot \frac{n+1}{n} \to \frac{1}{2},$$

所以无穷乘积收敛, 而它的值是 $\frac{1}{2}$.

2) **沃利斯公式** [**317**]

$$\frac{\pi}{2} = \lim_{n \to \infty} \frac{2 \cdot 2 \cdot 4 \cdot 4 \cdot \cdots \cdot 2n \cdot 2n}{1 \cdot 3 \cdot 3 \cdot 5 \cdot \cdots \cdot (2n-1) \cdot (2n+1)},$$

显然, 相当于数 $\frac{\pi}{2}$ 的无穷乘积展开式

$$\frac{\pi}{2} = \frac{2}{1} \cdot \frac{2}{3} \cdot \frac{4}{3} \cdot \frac{4}{5} \cdot \cdots \cdot \frac{2n}{2n-1} \cdot \frac{2n}{2n+1} \cdots.$$

这公式可化成下列公式:

$$\prod_{m=1}^{\infty} \left[1 - \frac{1}{(2m+1)^2}\right] = \frac{\pi}{4}, \quad \prod_{m=1}^{\infty} \left(1 - \frac{1}{4m^2}\right) = \frac{2}{\pi}.$$

3) 证明 (当 $|x| < 1$ 时)

$$(1+x)(1+x^2)(1+x^4) \cdots (1+x^{2^{n-1}}) \cdots = \frac{1}{1-x}.$$

---

①这样一来 (我们强调这点), 如果 $P = 0$, 则乘积对我们说来是发散的. 虽然这个术语跟无穷级数中所采用的术语有些冲突, 但它是大家采用的, 因为它能使许多定理的叙述更为容易.

实际上, 连乘以后就容易断定

$$(1-x) \cdot P_n = (1-x)(1+x)(1+x^2) \cdots (1+x^{2^{n-1}}) = 1 - x^{2^n},$$

$$P_n = \frac{1 - x^{2^n}}{1 - x}.$$

由此取极限, 就得到所求等式.

4) 在 **54**,7a) 中我们曾经有极限

$$\lim_{n \to \infty} \cos \frac{\varphi}{2} \cdot \cos \frac{\varphi}{2^2} \cdots \cos \frac{\varphi}{2^n} = \frac{\sin \varphi}{\varphi} (\varphi \neq 0).$$

现在我们可以写成

$$\prod_{n=1}^{\infty} \cos \frac{\varphi}{2^n} = \frac{\sin \varphi}{\varphi}.$$

特别地, 当 $\varphi = \dfrac{\pi}{2}$ 时, 得到展开式

$$\frac{2}{\pi} = \cos \frac{\pi}{4} \cdot \cos \frac{\pi}{8} \cdots \cos \frac{\pi}{2^{n+1}} \cdots.$$

如果回想一下

$$\cos \frac{\pi}{4} = \sqrt{\frac{1}{2}} \text{与} \cos \frac{a}{2} = \sqrt{\frac{1}{2} + \frac{1}{2} \cos a},$$

则这个展开式可改写成下列的形状:

$$\frac{2}{\pi} = \sqrt{\frac{1}{2}} \cdot \sqrt{\frac{1}{2} + \frac{1}{2}\sqrt{\frac{1}{2}}} \cdot \sqrt{\frac{1}{2} + \frac{1}{2}\sqrt{\frac{1}{2} + \frac{1}{2}\sqrt{\frac{1}{2}}}} \cdots$$

[韦达 (F.Vieta)]. 这个公式与沃利斯公式一起, 在分析史上提供给我们最初两个无穷乘积的例子.

5) 在 **315**(10) 中, 对于第一类全椭圆积分, 我们确立了公式

$$\mathbf{K}(k) = \frac{\pi}{2} \lim_{n \to \infty} (1 + k_1)(1 + k_2) \cdots (1 + k_n),$$

其中序列 k_n 用下面的递推关系式来确定:

$$k_n = \frac{1 - \sqrt{1 - k_{n-1}^2}}{1 + \sqrt{1 - k_{n-1}^2}} \qquad (k_0 = k).$$

这公式给出 $\mathbf{K}(k)$ 的无穷乘积展开式

$$\mathbf{K}(k) = \frac{\pi}{2} \cdot \prod_{n=1}^{\infty} (1 + k_n).$$

6) 再考虑这样的无穷乘积:

$$\prod_{n=1}^{\infty} \frac{e^{\frac{1}{n}}}{1 + \frac{1}{n}}.$$

在给定情形中部分乘积具有下面的形状

$$P_n = \frac{e^{1 + \frac{1}{2} + \cdots + \frac{1}{n}}}{n+1} = \frac{e^{\ln n + C + \gamma_n}}{n+1} = \frac{n}{n+1} \cdot e^C \cdot e^{\gamma_n},$$

其中 C 是欧拉常数,γ_n 是无穷小量 [**367**(4)]. 由此可知, 乘积收敛, 并且它的值

$$P = e^C.$$

401. 基本定理·与级数的关系　　在无穷乘积 (2) 中弃去前 m 个项后, 得到**余乘积**

$$\pi_m = p_{m+1} \cdot p_{m+2} \cdots p_{m+k} \cdots = \prod_{n=m+1}^{\infty} p_n, \tag{4}$$

它与无穷级数的余式完全类似.

1° 若乘积 (2) 收敛, 则对任何一个 m, 乘积 (4) 也收敛; 反之, 从乘积 (4) 的收敛性可推出原来乘积 (2) 的收敛性①.

证明留给读者去作 [比较 **364**,1°].

由此可见, 在无穷乘积的情形下, 弃去开头的有限多个因数或在前头加进一些新的因数, 也都不影响乘积的敛散性.

2° 若无穷乘积 (2) 收敛, 则

$$\lim_{m \to \infty} \pi_m = 1.$$

[参看 (4)].

这从等式

$$\pi_m = \frac{P}{P_m}$$

与 P_m 趋于 $P \neq 0$ 推得.

3° 若无穷乘积 (2) 收敛, 则

$$\lim_{n \to \infty} p_n = 1.$$

实际上,P_n 与 P_{n-1} 同时趋于 P,

$$\lim_{n \to \infty} p_n = \frac{\lim P_n}{\lim P_{n-1}} = \frac{P}{P} = 1.$$

[比较 **364**,5°.]

我们不一一列举类似于无穷级数的其他无穷乘积的性质了. 现在我们来确立无穷乘积与无穷级数的收敛性间的关系, 这关系使我们能够把对于级数详尽地发展了的理论直接对于乘积来利用.

在收敛乘积的情形下, 因数 p_n, 从某处开始, 将全是正的 (3°). 而且, 由于 1°, 如果以后假定所有的 $p_n > 0$, 并不因之破坏普遍性.

---

①提醒一下, 我们永远假定 $p_n \neq 0$.

4° 无穷乘积 (2) 收敛的必要充分条件是级数

$$\sum_{n=1}^{\infty} \ln p_n \tag{5}$$

收敛.

当这一条件满足时, 如果 L 是级数的和, 即有

$$P = e^L.$$

用 L_n 表示级数 (5) 的部分和后, 即有

$$L_n = \ln P_n, P_n = e^{L_n}.$$

从对数函数与指数函数的连续性, 现在推知, 如果 P_n 趋于有限正极限 P, 则 L_n 趋于 $\ln P$; 反之, 如果 L_n 具有有限极限 L, 则对于 P_n 而言, 极限是 e^L.

在研究无穷乘积 (2) 的收敛性时, 令

$$p_n = 1 + a_n,$$

把乘积写成

$$\prod_{n=1}^{\infty} (1 + a_n), \tag{2*}$$

再把级数 (5) 写成

$$\sum_{n=1}^{\infty} \ln(1 + a_n) \tag{5*}$$

这样常常是更方便的.

在这些表示法下, 我们有下面的简单定理:

5° 若至少对于充分大的 n 说来, 有

$$a_n > 0(或 a_n < 0),$$

则乘积 (2*) 收敛的必要充分条件是级数

$$\sum_{n=1}^{\infty} a_n \tag{6}$$

收敛.

因为对于乘积 (2*) 与级数 (6) 的收敛性说来, 在每种情形下, 必要条件都是

$$\lim_{n \to \infty} a_n = 0 \tag{7}$$

[参看 3°], 所以我们假定这一条件是成立的. 于是即有关系式

$$\lim_{n \to \infty} \frac{\ln(1 + a_n)}{a_n} = 1$$

[**77**,5)(a)]. 在这样的情形下, 由于级数 (5*) 与 (6) 二者的项从某处开始都保持一定的符号; 根据 **366** 目定理 2, 这二级数同时收敛或同时发散. 由此, 由于 4°, 就推出我们的断言.

回到一般的情形 $a_n \lessgtr 0$, 还要证明这样的定理:

6°　若级数

$$\sum_{n=1}^{\infty} a_n^2 \tag{8}$$

与级数 (6) 同时收敛, 则无穷乘积 (2*) 收敛.

事实上, 从 (8) 首先推出 (7). 回忆一下函数 $\ln(1 + x)$ 依泰勒公式的展开式 [**125**,5)], 我们有

$$\ln(1 + a_n) = a_n - \frac{1}{2} a_n^2 + o(a_n^2),$$

于是

$$\lim \frac{a_n - \ln(1 + a_n)}{a_n^2} = \frac{1}{2}. \tag{9}$$

由 **366** 目定理 2, 级数 (8) 的收敛性引出级数

$$\sum_{n=1}^{\infty} [a_n - \ln(1 + a_n)] \tag{10}$$

的收敛性. 因为已假定级数 (6) 是收敛的, 所以由此推出级数 (5*) 的收敛性, 这里级数 (5*) 是两个收敛级数的差. 剩下的事就只是应用定理 4° 了.

现在略为讨论一下无穷乘积 "发散" 于 0 的情形.

7°　无穷乘积 (2)[或 (2*)] 具有零值的必要充分条件是级数 (5)[或 (5*)] 具有和 $-\infty$.

特别地, 若 $a_n < 0$ 而级数 (6) 发散, 或级数 (6) 收敛但级数 (8) 发散, 则也有这样结果.

证明留给读者去作. 只是关于最后的假定, 我们指出, 从级数 (8) 的发散性, 由于 (9), 推出级数 (10) 的发散性, 级数 (10) 将有和 $+\infty$. 而在这情形下, 由于级数 (6) 的收敛性, 显然可知级数 (5*) 的和是 $-\infty$.

最后, 我们利用乘积 (2)[或 (2*)] 与级数 (5)[或 (5*)] 之间的关系来建立无穷乘积绝对收敛性的概念. 无穷乘积在它的因数的对数所作的对应级数绝对收敛的情形时, 就叫做**绝对收敛**的.

第 **387** 目与第 **388** 目的研究使我们可能立即断定, 绝对收敛乘积具有可交换性, 可是非绝对收敛乘积 显然不具有这一性质.

按照 5° 的范例, 容易证明

8°   乘积 (2*) 绝对收敛性的必要充分条件是级数 (6) 的绝对收敛性.

402. 例题   1) 把上面证明的定理应用到下列无穷乘积上去:

(a) $\prod_{n=1}^{\infty}\left(1+\dfrac{1}{n^x}\right)(x>0)$ 按照与级数 $\sum_{n=1}^{\infty}\dfrac{1}{n^x}$ 同样的敛散情形, 当 $x>1$ 时收敛, 而当 $x \leqslant 1$ 时发散 (5°); 类似地, $\prod_{n=2}^{\infty}\left(1-\dfrac{1}{n^x}\right)$ 当 $x>1$ 时收敛 (5°), 而当 $0<x\leqslant 1$ 时发散于 0(7°).

(б) $\prod_{n=1}^{\infty}\left[1+\dfrac{(-1)^{n-1}}{n^x}\right]$ 当 $x>\dfrac{1}{2}$ 时收敛: 即, 当 $x>1$ 时乘积绝对收敛, 因为级数 $\sum_{n=1}^{\infty}\dfrac{1}{n^x}$ 收敛 (8°); 而当 $\dfrac{1}{2}<x\leqslant 1$ 时乘积非绝对收敛, 因为级数 $\sum_{n=1}^{\infty}\dfrac{(-1)^{n-1}}{n^x}$ 与 $\sum_{n=1}^{\infty}\dfrac{1}{n^{2x}}$ 收敛(6°); 最后, 当 $0<x\leqslant\dfrac{1}{2}$ 时乘积的值是 0, 因为这两个级数中的第一个收敛, 而第二个并不收敛 (7°).

2) 设 x_n 是包含在区间 $\left(0,\dfrac{\pi}{2}\right)$ 内的任意序列. 这时乘积

$$\prod_{n=1}^{\infty}\cos x_n \quad 与 \quad \prod_{n=1}^{\infty}\frac{\sin x_n}{x_n}$$

收敛与否, 要看级数 $\sum_{n=1}^{\infty}x_n^2$ 是否收敛来决定.

首先假定, 序列 $x_n \to 0$; 这时, 这些论断可从 5° 与 7° 推出, 如果利用下列展开式 [**125**,2) 与 3)] 的话.

$$\cos x_n = 1 - \frac{x_n^2}{2} + o(x_n^2), \frac{\sin x_n}{x_n} = 1 - \frac{x_n^2}{6} + o(x_n^2).$$

若 x_n 不趋于 0, 则同时级数也发散, 而两个乘积都具有零值[①].

3) 从无穷乘积的理论容易得出阿贝尔定理: 若 $\sum_{n=1}^{\infty}a_n$ 是给定的正项级数, A_n 表示其部分和, 则级数 $\sum_{n=1}^{\infty}\dfrac{a_n}{A_n}$ 与给定的正项级数 $\sum_{n=1}^{\infty}a_n$ 同时收敛与发散 [参看 **375**,4)]. 仅需要对发散情形证明. 若 $A_n \to \infty$, 则无穷乘积 $\prod_{n=2}^{\infty}\left(1-\dfrac{a_n}{A_n}\right)\equiv\prod_{n=2}^{\infty}\dfrac{A_{n-1}}{A_n}$ 发散到 0, 于是 [根据 5°] 级数 $\sum_{n=2}^{\infty}\dfrac{a_n}{A_n}$ 发散.

4) 考虑重要的乘积

$$x\prod_{n=1}^{\infty}\left(1-\frac{x^2}{n^2\pi^2}\right)$$

[以后, 在第 **408** 目中, 我们将看到, 这乘积代表函数 $\sin x$]. 设 $x\neq k\pi$, 其中 $k=0,\pm1,\pm2,\cdots$.

乘积的收敛性 (当然是绝对收敛性) 从级数 $\sum_{n=1}^{\infty}\dfrac{x^2}{n^2\pi^2}$ 的收敛性可一下子推出. 如果把每一个因式分解成两个因式而把乘积写成下面的形状:

$$x\left(1-\frac{x}{\pi}\right)\left(1+\frac{x}{\pi}\right)\left(1-\frac{x}{2\pi}\right)\left(1+\frac{x}{2\pi}\right)\cdots\left(1-\frac{x}{n\pi}\right)\left(1+\frac{x}{n\pi}\right)\cdots,$$

那么, 因为 $1-\dfrac{x}{n\pi}\to 1$, 在所指出的因式分解下收敛性保持着, 乘积的值也保持着. 但这次由于级数

$$-\frac{x}{\pi}+\frac{x}{\pi}-\frac{x}{2\pi}+\frac{x}{2\pi}-\cdots-\frac{x}{n\pi}+\frac{x}{n\pi}-\cdots$$

[①]乘积具有确定的有限值, 可从它的所有因式都是真分式这点明白看出; 还有它的值不可能异于 0, 因为这是违反必要条件 (3°) 的.

的非绝对收敛性, 乘积的收敛性成为非绝对的, 于是这些因式不能任意调换位置.

现在以因式 $\left(1 \mp \dfrac{x}{n\pi}\right) e^{\pm \frac{x}{n\pi}}$ 代替每一因式 $1 \mp \dfrac{x}{n\pi}$; 容易看出, 这既不影响无穷乘积的收敛性, 也不影响它的值. 同时新的乘积也是绝对收敛的, 因为 [**125**,1)]

$$e^{\pm \frac{x}{n\pi}} = 1 \pm \frac{x}{n\pi} + \frac{x^2}{2n^2\pi^2} + o\left(\frac{1}{n^2}\right), \left(1 \mp \frac{x}{n\pi}\right) e^{\pm \frac{x}{n\pi}} = 1 - \frac{x^2}{2n^2\pi^2} + o\left(\frac{1}{n^2}\right),$$

并且从某处开始, 因式成为正真分式.

5) 证明恒等式 (当 $0 < q < 1$ 时)

$$(1+q)(1+q^2)(1+q^3)\cdots = \frac{1}{(1-q)(1-q^3)(1-q^5)\cdots}$$

(欧拉).

提示　两个乘积的收敛性都可借助于 5° 来确定. 把它们中的第一个表示成下面的形状:

$$\frac{(1-q^2)(1-q^4)(1-q^6)\cdots}{(1-q)(1-q^2)(1-q^3)\cdots}.$$

6) 证明 (当 $\alpha > \beta$ 时)

$$\lim_{n\to\infty} \frac{\beta(\beta+1)\cdots(\beta+n-1)}{\alpha(\alpha+1)\cdots(\alpha+n-1)} = 0.$$

为此, 只要确立无穷乘积

$$\prod_{n=0}^{\infty} \frac{\beta+n}{\alpha+n} \equiv \prod_{n=0}^{\infty}\left(1 - \frac{\alpha-\beta}{\alpha+n}\right)$$

的发散性或 [参看 7°] 级数

$$\sum_{n=0}^{\infty} \frac{\alpha-\beta}{\alpha+n}$$

的发散性就够了. 而这容易从把所写出的级数跟调和级数相比较而推出.

附注　这个例子以及下面的几个例子在这方面是值得特别注意的, 即是, 这些例子指明: 利用相当发展了的无穷乘积的理论, 把寻求序列的极限的问题化成研究无穷乘积的问题, 有时确实是有利的.

7) 现在讲我们早在 **370**,2)(д) 与 **378**,1)(д) 中考虑过的级数 $\sum_{n=1}^{\infty} \dfrac{(nx)^n}{n!}$. 我们曾把在收敛区间端点 $x = -\dfrac{1}{e}$ 上级数的敛散情况留作悬案.

在这情形下可得到交错级数

$$\sum_{n=1}^{\infty} (-1)^n \frac{n^n}{n!} \cdot \frac{1}{e^n},$$

它的项依绝对值单调递减. 回忆一下莱布尼茨定理 [**381**], 我们看出, 级数收敛性的论断由下面等式的存在来决定:

$$\lim_{n\to\infty} \frac{n^n}{n!} \cdot \frac{1}{e^n} = 0.$$

因为这序列的第 $n+1$ 个值跟第 n 个值的比值是

$$\frac{\left(1+\dfrac{1}{n}\right)^n}{e},$$

所以可把问题表示成等价的形式 —— 求无穷乘值

$$\frac{1}{e}\prod_{n=1}^{\infty}\frac{\left(1+\dfrac{1}{n}\right)^n}{e},$$

的值. 取对数, 得到 [**125**,5)]

$$\ln\frac{\left(1+\dfrac{1}{n}\right)^n}{e}=n\ln\left(1+\frac{1}{n}\right)-1=n\left[\frac{1}{n}-\frac{1}{2n^2}+o\left(\frac{1}{n^2}\right)\right]-1=-\frac{1}{2n}+o\left(\frac{1}{n}\right),$$

于是类型 (5) 的对数级数发散, 并具有和 $-\infty$. 在这样的情形下 (7°), 无穷乘积的值 (所求极限也跟它一样) 实际上就是 0. 级数收敛.

8) 现在来全部解决当 $x=-1$ 时, 在 $-1\leqslant\gamma-\alpha-\beta\leqslant0$ 的假定下 (亦即这种情形我们曾留下了没有考虑过) 超越几何级数

$$F(\alpha,\beta,\gamma,x)=1+\sum_{n=1}^{\infty}\frac{\alpha\cdot(\alpha+1)\cdot\cdots\cdot(\alpha+n-1)\cdot\beta\cdot(\beta+1)\cdot\cdots\cdot(\beta+n-1)}{n!\,\gamma\cdot(\gamma+1)\cdots(\gamma+n-1)}x^n$$

敛散情况的问题 [参看 **372** 与 **378**,4)].

这儿第 $n+1$ 项系数跟第 n 项系数的比值等于

$$\frac{(\alpha+n)(\beta+n)}{(1+n)(\gamma+n)}=1-\frac{\gamma-\alpha-\beta+1}{n}+\frac{\lambda_n}{n^2}\quad(|\lambda_n|\leqslant L).\tag{11}$$

对于充分大的 n 值说来, 这比值是正的; 设 $\gamma-\alpha-\beta>-1$, 于是比值到后来总是小于 1. 这样, 级数

$$1+\sum_{n=1}^{\infty}(-1)^n\frac{\alpha\cdot(\alpha+1)\cdot\cdots\cdot(\alpha+n-1)\cdot\beta\cdot(\beta+1)\cdot\cdots\cdot(\beta+n-1)}{n!\,\gamma\cdot(\gamma+1)\cdots(\gamma+n-1)}\tag{12}$$

如果在弃去若干个开始项后, 就变成每项的绝对值单调递减的交错级数了. 并在这儿, 把求通项的 (绝对值的) 极限化成确定无穷乘积

$$\prod_{n=n_0}^{\infty}\frac{(\alpha+n)(\beta+n)}{(1+n)(\gamma+n)}①$$

的值更为方便. 如果 $\gamma-\alpha-\beta>-1$(像我们已经假定的), 则从 (11), 由于 7°, 可推知这乘积具有 0 值; 级数收敛.

在 $\gamma-\alpha-\beta=-1$ 的情形时, 公式 (11) 得到下面的形状:

$$\frac{(\alpha+n)(\beta+n)}{(1+n)(\gamma+n)}=1+\frac{\lambda_n}{n^2}\quad(|\lambda_n|\leqslant L);$$

_____

①开始值 $n=n_0$ 可假定为如此之大, 使得所有因数都是正的.

按照定理 5°, 无穷乘积的值异于 0, 对级数 (12) 说来违反了收敛性的必要条件, 级数发散.

我们终于完成了对超越几何级数敛散情况的研究. 所得结果可以作成下表:

$\lvert x\rvert < 1$		绝对收敛
$\lvert x\rvert > 1$		发散
$x = 1$	$\gamma - \alpha - \beta > 0$	绝对收敛
	$\gamma - \alpha - \beta \leqslant 0$	发散
$x = -1$	$\gamma - \alpha - \beta > 0$	绝对收敛
	$0 \geqslant \gamma - \alpha - \beta > -1$	非绝对收敛
	$\gamma - \alpha - \beta \leqslant -1$	发散

9) 证明, 级数

$$\sum_{n=1}^{\infty} a_n(x^2-1)(x^2-2^2)\cdots(x^2-n^2)$$

对所有 x 值收敛, 如果至少对一个非整数值 $x = x_0$ 收敛的话 [斯特林 (Stirling)].

这级数的项与收敛级数

$$\sum_{n=1}^{\infty} a_n(x_0^2-1)(x_0^2-2^2)\cdots(x_0^2-n^2)$$

的项只相差因式

$$\frac{(x^2-1)(x^2-2^2)\cdots(x^2-n^2)}{(x_0^2-1)(x_0^2-2^2)\cdots(x_0^2-n^2)},$$

这些因式当 n 充分大时, 是单调变化着的.

还剩下的事只是确立它们的**有界性**(因为这时就可以应用**阿贝尔**判别法了), 为此目的, 最简单的办法是来断定无穷乘积

$$\prod_{n=1}^{\infty} \frac{x^2-n^2}{x_0^2-n^2}$$

的收敛性; 我们把它留给读者去作.

10) 考虑 (像欧拉所考虑过的) 无穷乘积

$$\Gamma(x) = \frac{1}{x}\prod_{n=1}^{\infty} \frac{\left(1+\dfrac{1}{n}\right)^x}{1+\dfrac{x}{n}}, \tag{13}$$

认定 x 异于 0, 并且异于所有负整数.

容易把它的普遍因式表示成这样:

$$\frac{\left(1+\dfrac{1}{n}\right)^x}{1+\dfrac{x}{n}} = 1 + \frac{x(x-1)}{2n^2} + o\left(\frac{1}{n^2}\right);$$

由此, 由于 8°, 推出给定乘积 (绝对) 收敛. 这乘积所确定的函数 $\Gamma(x)$ 是 (在讲了初等函数以后) 在分析中考虑到的最重要的函数中的一个. 以后 [第十四章,§5] 我们要给这函数下一个另外的定义并更深入地研究它的性质.

因为第 n 部分乘积具有下面的形状:

$$\frac{(n+1)^x}{x(1+x)\left(1+\frac{x}{2}\right)\cdots\left(1+\frac{x}{n}\right)} = \left(\frac{n+1}{n}\right)^x \cdot \frac{n!n^x}{x(x+1)(x+2)\cdots(x+n)},$$

所以就可以令

$$\Gamma(x) = \lim_{n\to\infty} \frac{n!n^x}{x(x+1)(x+2)\cdots(x+n)}. \tag{14}$$

写出 $\Gamma(x+1)$ 的类似的公式, 容易看出,

$$\frac{\Gamma(x+1)}{\Gamma(x)} = \lim_{n\to\infty} \frac{nx}{x+1+n} = x,$$

我们就得到一个简单而重要的关系式:

$$\Gamma(x+1) = x \cdot \Gamma(x). \tag{15}$$

如果令 x 等于自然数 m, 就得到递推公式

$$\Gamma(m+1) = m \cdot \Gamma(m).$$

因为 $\Gamma(1) = 1$(这很易验明), 所以由此得

$$\Gamma(m+1) = m!.$$

如果把等式

$$\Gamma(x+1) = \Gamma(x) \cdot x = \prod_{n=1}^{\infty} \frac{\left(1+\frac{1}{n}\right)^x}{1+\frac{x}{n}} \text{与} e^{Cx} = \prod_{n=1}^{\infty} \frac{e^{\frac{x}{n}}}{\left(1+\frac{1}{n}\right)^x}$$

逐项相乘 (其中前者由 (13) 与 (15) 推出, 而后者容易从 **400**,6) 得出), 我们还可得到函数 Γ 的一个重要的公式, 即

$$e^{Cx} \cdot \Gamma(x+1) = \prod_{n=1}^{\infty} \frac{e^{\frac{x}{n}}}{1+\frac{x}{n}}$$

或

$$\frac{1}{\Gamma(x+1)} = e^{Cx} \prod_{n=1}^{\infty} \left(1+\frac{x}{n}\right) \cdot e^{-\frac{x}{n}}. \tag{16}$$

这就是**魏尔斯特拉斯公式**.

11) 现在讲一个也是属于欧拉的变换无穷乘积为级数的著名例子. 如果依递增的次序把素数记上号码:

$$p_1 = 2, p_2 = 3, p_3 = 5, \cdots, p_k, \cdots,$$

则当 $x > 1$ 时就有恒等式

$$\frac{1}{\left(1-\frac{1}{2^x}\right)\left(1-\frac{1}{3^x}\right)\left(1-\frac{1}{5^x}\right)\cdots\left(1-\frac{1}{p_k^x}\right)\cdots} = 1 + \frac{1}{2^x} + \frac{1}{3^x} + \frac{1}{4^x} + \cdots + \frac{1}{n^x} + \cdots$$

或

$$\prod_{k=1}^{\infty} \frac{1}{1 - \frac{1}{p_k^x}} = \sum_{n=1}^{\infty} \frac{1}{n^x},$$

于是这一乘积表示黎曼函数 $\zeta(x)$ [**365**,2].

按几何级数的求和公式, 我们有

$$\frac{1}{1 - \frac{1}{p_k^x}} = 1 + \frac{1}{p_k^x} + \frac{1}{(p_k^2)^x} + \cdots + \frac{1}{(p_k^m)^x} + \cdots,$$

如果把对应于不超过自然数 N 的所有素数的有限个这种级数相乘起来, 那么部分乘积就等于

$$P_x^{(N)} = \prod_{p_k \leqslant N} \frac{1}{1 - \frac{1}{p_k^x}} = \sum_{n=1}^{\infty}{}' \frac{1}{n^x} = \sum_{n=1}^{N} \frac{1}{n^x} + \sum_{n=N+1}^{\infty}{}' \frac{1}{n^x}, \qquad (17)$$

这儿一撇 "'" 表示累加号不是管到所有自然数, 而只是管到它们的那一部分 (还要管到 1), 这一部分自然数在分解成素因式的分解式中, 只包含已经引进的那些素数 (前面 N 个自然数当然具有这种性质). 由此, 更加有

$$0 < P_x^{(N)} - \sum_{n=1}^{N} \frac{1}{n^x} < \sum_{n=N+1}^{\infty} \frac{1}{n^x}.$$

由于级数 $\sum_1^{\infty} \frac{1}{n^x}$ 的收敛性, 表示着这级数第 n 项后余式的右端表达式当 $N \to \infty$ 时趋于 0; 取极限, 就得到所要求的结果.

12) 当 $x = 1$ 时, 关系式 (17) 还保持有效, 由此

$$P_1^{(N)} = \prod_{p_k \leqslant N} \frac{1}{1 - \frac{1}{p_k}} > \sum_{n=1}^{N} \frac{1}{n} = H_n,$$

于是当 $N \to \infty$ 时, 这次 $P_1^{(N)} \to +\infty$, 即是乘积

$$\frac{1}{\left(1 - \frac{1}{2}\right)\left(1 - \frac{1}{3}\right)\left(1 - \frac{1}{5}\right) \cdots \left(1 - \frac{1}{p_k}\right) \cdots} = \prod_{k=1}^{\infty} \frac{1}{1 - \frac{1}{p_k}}$$

发散并具有值 $+\infty$.

欧拉所给的素数集合是无穷的这一事实的新的证明, 就是根据上述结果得出的 (实质上, 在上面所作的讨论中, 我们并不会利用过素集合是无穷的这一事实); 事实上, 当这集合是有限时, 乘积就会具有有限值, 这与上述结果相矛盾. 如果把所得到的结果改写成

$$\left(1 - \frac{1}{2}\right)\left(1 - \frac{1}{3}\right)\left(1 - \frac{1}{5}\right) \cdots \left(1 - \frac{1}{p_k}\right) \cdots = \prod_{k=1}^{\infty} \left(1 - \frac{1}{p_k}\right) = 0,$$

则由于 5°, 可以断定级数

$$\frac{1}{2} + \frac{1}{3} + \frac{1}{5} + \cdots + \frac{1}{p_k} + \cdots = \sum_{k=1}^{\infty} \frac{1}{p_k}$$

的发散性. 此外, 这个重要的命题还给出素数增长的某一特征.[我们强调指出, 这一命题在断定调和级数 $\sum_{n=1}^{\infty} \frac{1}{n}$ 的发散性时是极有力的, 因为这儿只讲到调和级数的所有项的一部分.]

13) 类似地 (当 $x > 1$ 时) 可以确立恒等式

$$\frac{1}{\left(1 + \frac{1}{3^x}\right)\left(1 - \frac{1}{5^x}\right)\left(1 + \frac{1}{7^x}\right)\left(1 + \frac{1}{11^x}\right)\cdots\left(1 \pm \frac{1}{p_{k+1}^x}\right)\cdots} = 1 - \frac{1}{3^x} + \frac{1}{5^x} - \frac{1}{7^x} + \frac{1}{9^x} - \cdots$$

这儿在左端分母中的 + 或−号依据 (奇) 素数是否形如 $4n - 1$ 或 $4n + 1$ 来取定.

§7. 初等函数的展开

403. 展开函数成幂级数; 泰勒级数   在第 **379** 目中我们已经考虑过形如

$$\sum_{0}^{\infty} a_n x^n = a_0 + a_1 x + a_2 x^2 + \cdots + a_n x^n + \cdots \tag{1}$$

的依 x 的乘幂展开的幂级数. 如果除去 "处处发散" 的级数, 则对每一个这样的级数说来, 存在着以点 $x = 0$ 为中心, 从 $-R$ 到 R(这儿**收敛半径**$R > 0$, 但也可以是无穷) 的**收敛区间**. 这区间是否包含端点在内, 要看情况怎样来决定.

考虑依二项式 $x - x_0$(代替 x) 的乘幂展开的更普遍形状的幂级数:

$$\sum_{0}^{\infty} a_n (x - x_0)^n = a_0 + a_1 (x - x_0) + \cdots + a_n (x - x_0)^n + \cdots \tag{2}$$

这种级数跟形如 (1) 的级数没有本质上的差别, 因为用一个简单的变量替换:$x - x_0 = y$(只有变量表示法上的不同) 就可把它化成级数 (1). 对级数 (2) 说来, 如果它不是 "处处发散" 的, 也有收敛区间, 但这次中心是点 x_0, 从 $x_0 - R$ 到 $x_0 + R$. 它的端点, 跟级数 (1) 的情形一样, 可以属于, 但也可以不属于区间内.

在以后几节中我们要详细地研究幂级数的性质, 它们在许多方面都与多项式相似. 多项式是幂级数的段 (部分和), 这使幂级数成为近似计算的便利的工具. 由于这个事实, 把预先给定的函数按 $x - x_0$ 的乘幂 (特别情形, 按 x 的乘幂) 展开的可能性的问题, 亦即把函数表示成类型 (2) 或 (1) 的级数和形状的可能性的问题, 就获得很大的重要性.

在这儿我们要研究初等函数的如此的展开式, 并且在 **124** ~ **126** 目中详细研究过的泰勒公式给我们打开一条通向解决所提出的问题的道路. 事实上, 假定所考虑的函数 $f(x)$ 在区间 $[x_0, x_0 + H]$ 或 $[x_0 - H, x_0](H > 0)$ 上具有各阶导数 (因而它们都是连续的). 于是像我们在第 **126** 目中已经看到的, 对于在这区间上所有的 x 值, 即有公式

$$f(x) = f(x_0) + \frac{f'(x_0)}{1!}(x - x_0) + \frac{f''(x_0)}{2!}(x - x_0)^2 + \cdots$$
$$+ \frac{f^{(n)}(x_0)}{n!}(x - x_0)^n + r_n(x), \tag{3}$$

其中余项 $r_n(x)$ 可以表示成第 **126** 目中所指出的形式中的任一个. **同时我们可以取** n **任意大**,即是,把这展开式进行到 $x - x_0$ 的任意高的乘幂.

这就自然地引出无穷展开式的想法.

$$f(x) = f(x_0) + \frac{f'(x_0)}{1!}(x - x_0) + \frac{f''(x_0)}{2!}(x - x_0)^2 + \cdots$$
$$+ \frac{f^{(n)}(x_0)}{n!}(x - x_0)^n + \cdots \tag{4}$$

这种级数 —— 它跟收敛与否及是否具有和 $f(x)$ 无关 —— 叫做函数 $f(x)$ 的**泰勒级数**.它有 (2) 的形状, 并且它的系数

$$a_0 = f(x_0), a_1 = \frac{f'(x_0)}{1!}, a_2 = \frac{f''(x_0)}{2!}, \cdots, a_n = \frac{f^n(x_0)}{n!}, \cdots$$

叫做泰勒系数.

因为 $f(x)$ 与泰勒级数 $n+1$ 项和数之间的差数, 由于 (3), 恰好是 $r_n(x)$, 所以显然:在某一 x 值时, 展开式 (4) 实际上成立的必要充分条件是, 在这个 x 值时, 泰勒公式的余项 $r_n(x)$ 随着 n 的增大而趋于 0:

$$\lim_{n \to \infty} r_n(x) = 0. \tag{5}$$

这等式是否成立, 以及在怎样的 x 值时这等式成立, 在研究这些问题时, 依赖于 n 的余项 $r_n(x)$ 的各种形式对我们是有用的.

常常要讨论跟 $x_0 = 0$ 与函数 $f(x)$ 直接按 x 的乘幂展开成级数

$$f(x) = f(0) + \frac{f'(0)}{1!}x + \frac{f''(0)}{2!}x^2 + \cdots + \frac{f^{(n)}(0)}{n!}x^n + \cdots ① \tag{6}$$

的情形; 这级数具有 (1) 的形状, 系数为

$$a_0 = f(0), a_1 = \frac{f'(0)}{1!}, a_2 = \frac{f''(0)}{2!}, \cdots, a_n = \frac{f^{(n)}(0)}{n!}, \cdots. \tag{7}$$

现在更详细地写出适合于这一特别假定:$x_0 = 0$ [**126**] 的余项 $r_n(x)$.

$$拉格朗日形式: r_n(x) = \frac{f^{(n+1)}(\theta x)}{(n+1)!}x^{n+1}, \tag{8}$$

$$柯西形式: r_n(x) = \frac{f^{(n+1)}(\theta x)}{n!}(1 - \theta)^n x^{n+1}. \tag{9}$$

并且, 关于因数 θ 只知道它包含在 0 与 1 之间, 但它在 x 或 n 改变时 (甚至在从这一形式换成另一形式时) 可以跟着改变.

现在讲一些具体的展开式.

———————————
①这级数通常叫做**麦克劳林级数**, 参看第一卷 **123** 目和 **125** 目的有关脚注.

404. 展开指数函数、基本三角函数及其他函数成为级数　首先证明下面的简单定理, 它直接包含了一系列的重要情形.

若函数 $f(x)$ 在区间 $[0, H]$ 或 $[-H, 0](H > 0)$ 上具有各阶导数, 并且当 x 在所给区间上变化时, 所有这些导数的绝对值被相同的一个数界定:

$$|f^{(n)}(x)| \leqslant L \tag{10}$$

这儿 L 不依赖于 n), 则在整个区间上展开式 (6) 成立.

事实上, 取拉格朗日形式的余项 $r_n(x)$[见 (8)], 由于 (10), 我们有

$$|r_n(x)| = \frac{|f^{(n+1)}(\theta x)|}{(n+1)!}|x|^{n+1} \leqslant L \cdot \frac{H^{n+1}}{(n+1)!},$$

像我们在 **35**,1) 中见过的, 当 n 无限增加时, 表达式 $\dfrac{H^{n+1}}{(n+1)!}$ 趋于 0; 但是, 这 [由于 **364**,5°] 也可从级数

$$1 + \sum_{n=0}^{\infty} \frac{H^{n+1}}{(n+1)!}$$

的收敛性推出 [**370**,2)(a)]. 但在这样的情形下,$r_n(x)$ 就具有极限 0, 这就证明了我们的断言.

(a) 可把这定理应用于在任何区间 $[-H, H]$ 上的下列函数:

$$f(x) = e^x, \sin x, \cos x.$$

因为它们的导数 $f^{(n)}(x)$ 分别等于

$$e^x, \sin\left(x + n \cdot \frac{\pi}{2}\right), \cos\left(x + n \cdot \frac{\pi}{2}\right),$$

并且在这区间上, 函数 e^x 的各阶导数的绝对值以数 e^H 为上界, 而函数 $\sin x$ 与 $\cos x$ 的各导数的绝对值以 1 为上界.

因为在 **125**,1) ~ 3) 中我们已经计算过这些函数的泰勒系数, 所以可以立即写出展开式:

$$e^x = 1 + \frac{x}{1!} + \frac{x^2}{2!} + \cdots + \frac{x^n}{n!} + \cdots, \tag{11}$$

$$\sin x = x - \frac{x^3}{3!} + \frac{x^5}{5!} - \cdots + (-1)^{k-1}\frac{x^{2k-1}}{(2k-1)!} + \cdots, \tag{12}$$

$$\cos x = 1 - \frac{x^2}{2!} + \frac{x^4}{4!} - \cdots + (-1)^k\frac{x^{2k}}{(2k)!} + \cdots, \tag{13}$$

它们在任意 x 值时都成立.

(б) 不难用类似方式得到基本双曲函数的展开式, 但更简单的是回忆一下它们的定义:

$$\operatorname{sh} x = \frac{e^x - e^{-x}}{2}, \quad \operatorname{ch} x = \frac{e^x + e^{-x}}{2},$$

然后用把级数 (11) 与下面的级数逐项相加或相减的方法引出这些展开式. 这级数是在级数 (11) 中以 $-x$ 代替 x 而得到的:

$$e^{-x} = 1 - \frac{x}{1!} + \frac{x^2}{2!} - \cdots + (-1)^n \frac{x^n}{n!} + \cdots.$$

用这方法我们找到:

$$\operatorname{sh} x = x + \frac{x^3}{3!} + \frac{x^5}{5!} + \cdots + \frac{x^{2k-1}}{(2k-1)!} + \cdots,$$

$$\operatorname{ch} x = 1 + \frac{x^2}{2!} + \frac{x^4}{4!} + \cdots + \frac{x^{2k}}{(2k)!} + \cdots.$$

(в) 开头所证明的定理就不能用到函数 $y = \operatorname{arctg} x$ 上. 实际上, 在 **116**,8) 中已求出的这个函数的第 n 阶导数的普遍表达式

$$y^{(n)} = (n-1)! \cos^n y \cdot \sin n \left(y + \frac{\pi}{2} \right), \tag{14}$$

并不保证所有的 $y^{(n)}$ 有共同的界.

因为对应的泰勒级数 [参看 **125**,6)]

$$x - \frac{x^3}{3} + \frac{x^5}{5} - \cdots + (-1)^{k-1} \frac{x^{2k-1}}{2k-1} + \cdots$$

只在区间 $[-1, 1]$ 上收敛[1], 所以在这区间外已经用不着说到用这级数来表示函数 $\operatorname{arctg} x$. 反之, 对于 $|x| \leqslant 1$, 依拉格朗日公式 (8)[考虑到 (14)], 我们有

$$|r_n(x)| \leqslant \frac{\left| \cos^{n+1} y_\theta \cdot \sin(n+1) \left(y_\theta + \frac{\pi}{2} \right) \right|}{n+1} |x|^{n+1} \leqslant \frac{1}{n+1},$$

其中 $y_\theta = \operatorname{arctg}\theta x$. 由此显然可知,$r_n(x) \to 0$, 于是对于在区间 $[-1, 1]$ 上所有的 x 值有展开式

$$\operatorname{arctg} x = x - \frac{x^3}{3} + \frac{x^5}{5} - \cdots + (-1)^{k-1} \frac{x^{2k-1}}{2k-1} + \cdots. \tag{15}$$

我们再一次强调, 虽然 $\operatorname{arctg} x$ 在这区间外具有确定的意义, 但展开式 (15) 在那儿就是不正确的, 因为级数没有和.

特别地, 当 $x = 1$ 时, 从级数 (15) 可得到著名的莱布尼茨级数

$$\frac{\pi}{4} = 1 - \frac{1}{3} + \frac{1}{5} - \cdots + (-1)^{k-1} \frac{1}{2k-1} + \cdots, \tag{16}$$

这是给出数 π 的展开式的第一个级数.

---

[1] 按 [**377**] 达朗贝尔判别法容易确信: 如果 $|x| < 1$, 级数 (绝对) 收敛, 而当 $|x| > 1$ 时级数发散. 当 $x = \pm 1$ 时级数的 (非绝对) 收敛性可从 [**381**] 莱布尼茨定理推出.

405. 对数级数　如果取 $\ln(1+x)(x > -1)$ 作为函数 $f(x)$, 则对应的泰勒级数是这样的 [**125**,5)]:

$$x - \frac{x^2}{2} + \frac{x^3}{3} - \cdots + (-1)^{n-1}\frac{x^n}{n} + \cdots,$$

这级数只对于在区间 $(-1,1]$ 上的 x 值收敛①; 这就是说, 研究余项 $r_n(x)$ 的情况仅仅对这些值来说才有意义.

首先取拉格朗日形式 (8) 的余项. 因为

$$f^{(n+1)}(x) = (-1)^n \frac{n!}{(1+x)^{n+1}}$$

[**116**,2)], 所以

$$r_n(x) = (-1)^n \frac{1}{n+1} \cdot \frac{x^{n+1}}{(1+\theta x)^{n+1}} \quad (0 < \theta < 1).$$

如果 $0 \leqslant x \leqslant 1$, 则最后的因式不超过 1, 由此

$$|r_n(x)| \leqslant \frac{1}{n+1}, \text{于是} r_n(x) \to 0 (\text{当} n \to \infty \text{时}).$$

但是, 当 $x < 0$ 时, 这个因式的情况不明, 因而必须采用柯西余项形式 [见 (9)].

我们有

$$r_n(x) = (-1)^n x^{n+1} \frac{(1-\theta)^n}{(1+\theta x)^{n+1}} \quad (0 < \theta < 1),$$

于是

$$|r_n(x)| \leqslant \frac{|x|^{n+1}}{1-|x|} \cdot \left(\frac{1-\theta}{1+\theta x}\right)^n.$$

因为当 $x > -1$ 时有 $1 + \theta x > 1 - \theta$, 所以最后的因式小于 1; 因而, 只要 $|x| < 1$, 就显然有 $r_n(x) \to 0$.

很有趣地, 虽然柯西形式完全解决了在 -1 与 1 之间的所有 x 值的问题, 但当 $x = 1$ 时, 它什么结果也不能给出; 因为在这情形下我们得到

$$|r_n(1)| < (1-\theta)^n,$$

但由于 θ 随 n 而变的可能性, 不能断定 $(1-\theta)^n \to 0$.

所以, 总起来说, 对于在区间 $(-1,1]$ 上所有的 x 值, 事实上, 有

$$\ln(1+x) = x - \frac{x^2}{2} + \frac{x^3}{3} - \cdots + (-1)^{n-1}\frac{x^n}{n} + \cdots. \tag{17}$$

特别地, 当 $x = 1$ 时就得到我们熟悉的级数

$$\ln 2 = 1 - \frac{1}{2} + \frac{1}{3} - \cdots + (-1)^{n-1}\frac{1}{n} + \cdots. \tag{18}$$

---

①比较上页的脚注; 当 $x = -1$ 时可得到 (只有符号上的差别) 发散的调和级数.

从级数 (17) 可以导出另一些有用的展开式. 例如, 以 $-x$ 代替其中的 x 后, 从级数 (17) 中逐项减去所得到的级数 (在此我们认定 $|x| < 1$), 就得到下面的级数:

$$\ln \frac{1+x}{1-x} = 2x \left(1 + \frac{1}{3}x^2 + \frac{1}{5}x^4 + \cdots + \frac{1}{2m+1}x^{2m} + \cdots\right). \tag{19}$$

406. 斯特林公式　作为应用, 我们说明, 如何借助于这级数可以导出一个重要的分析公式 —— 斯特林 (Stirling) 公式.

在 (19) 中取 $x = \dfrac{1}{2n+1}$, 其中 n 是任意自然数. 因为在这情形下

$$\frac{1+x}{1-x} = \frac{1 + \dfrac{1}{2n+1}}{1 - \dfrac{1}{2n+1}} = \frac{n+1}{n},$$

所以我们得到展开式

$$\ln \frac{n+1}{n} = \frac{2}{2n+1}\left[1 + \frac{1}{3}\cdot\frac{1}{(2n+1)^2} + \frac{1}{5}\cdot\frac{1}{(2n+1)^4} + \cdots\right], \tag{20}$$

这展开式可以改写成下面的形状:

$$\left(n + \frac{1}{2}\right)\ln\left(1 + \frac{1}{n}\right) = 1 + \frac{1}{3}\cdot\frac{1}{(2n+1)^2} + \frac{1}{5}\cdot\frac{1}{(2n+1)^4} + \cdots$$

这个表达式显然大于 1, 但小于

$$1 + \frac{1}{3}\left[\frac{1}{(2n+1)^2} + \frac{1}{(2n+1)^4} + \cdots\right] = 1 + \frac{1}{12n(n+1)}.$$

所以, 我们有

$$1 < \left(n + \frac{1}{2}\right)\ln\left(1 + \frac{1}{n}\right) < 1 + \frac{1}{12n(n+1)},$$

由此, 取指数, 得到

$$e < \left(1 + \frac{1}{n}\right)^{n+\frac{1}{2}} < e^{1 + \frac{1}{12n(n+1)}}.$$

现在引进序列 $a_n = \dfrac{n!e^n}{n^{n+\frac{1}{2}}}$. 这时

$$\frac{a_n}{a_{n+1}} = \frac{\left(1 + \dfrac{1}{n}\right)^{n+\frac{1}{2}}}{e},$$

从上面的不等式即可推知

$$1 < \frac{a_n}{a_{n+1}} < e^{\frac{1}{12n(n+1)}} = \frac{e^{\frac{1}{12n}}}{e^{\frac{1}{12(n+1)}}},$$

于是, 一方面, $a_n > a_{n+1}$, 另一方面

$$a_n \cdot e^{-\frac{1}{12n}} < a_{n+1} \cdot e^{-\frac{1}{12(n+1)}}.$$

由此可见, 随着 n 的增大, 序列 a_n 递减 (保持下有界, 例如, 以 0 为下界), 并且趋于有限极限 a; 而序列 $a_n \cdot e^{-\frac{1}{12n}}$ 递增, 并显然趋于同一极限 a(因为 $e^{-\frac{1}{12n}} \to 1$). 因为对任何 n, 不等式

$$a_n \cdot e^{-\frac{1}{12n}} < a < a_n$$

成立, 所以可以找到包含在 0 与 1 之间的这样的数 θ, 使得

$$a = a_n \cdot e^{-\frac{\theta}{12n}} \text{ 或} a_n = a \cdot e^{\frac{\theta}{12n}}.$$

(我们指出, 一般说来, 数 θ 依赖于 n.) 回忆一下变量 a_n 的定义, 我们得到

$$n! = a\sqrt{n} \cdot \left(\frac{n}{e}\right)^n \cdot e^{\frac{\theta}{12n}} \, (0 < \theta < 1). \tag{21}$$

现在剩下的事只是定出常量 a. 为此目的, 回忆一下沃利斯公式 [317], 这公式可写成下面的形状:

$$\frac{\pi}{2} = \lim_{n \to \infty} \frac{1}{2n+1} \left[\frac{(2n)!!}{(2n-1)!!}\right]^2.$$

在括号中的表达式可用下面的方式加以变形:

$$\frac{(2n)!!}{(2n-1)!!} = \frac{[(2n)!!]^2}{(2n)!} = \frac{2^{2n} \cdot (n!)^2}{(2n)!};$$

在这儿用公式 (21) 中 $n!$ 的表达式代替 $n!$, 而用类似的表达式

$$(2n)! = a\sqrt{2n} \left(\frac{2n}{e}\right)^{2n} \cdot e^{\frac{\theta'}{24n}} \quad (0 < \theta' < 1)$$

代替 $(2n)!$, 用初等方法化简后, 得到

$$\frac{(2n)!!}{(2n-1)!!} = a\sqrt{\frac{n}{2}} \cdot e^{\frac{4\theta - \theta'}{24n}},$$

于是

$$\frac{\pi}{2} = \lim_{n \to \infty} \frac{1}{2n+1} a^2 \cdot \frac{n}{2} \cdot e^{\frac{2\theta - \theta'}{12n}} = \frac{a^2}{4}.$$

由此

$$a^2 = 2\pi \text{ 而} a = \sqrt{2\pi}.$$

把这个 a 值代入公式 (21), 我们就得到**斯特林公式**

$$n! = \sqrt{2\pi n} \left(\frac{n}{e}\right)^n \cdot e^{\frac{\theta}{12n}} \quad (0 < \theta < 1),$$

这公式使我们可能估计很大的 n 值时阶乘 $n!$ 的数值.

建议读者作为练习实际求出级数

$$\sum_{n=1}^{\infty} \left[n \ln \frac{2n+1}{2n-1} - 1\right]$$

的和. 这个级数的收敛性在 **367** 目 9)(б) 中已证明过了.

提示: 计算第 n 部分和, 借助斯特林公式作变换后, 取极限. 答案: $\frac{1}{2}(1 - \ln 2)$.

407. 二项式级数　最后, 取 $f(x) = (1+x)^m$, 其中 m 是任何异于 0 及异于所有自然数的实数 (在自然数 m 时按牛顿公式可得已知的有限展开式). 在这情形下, 泰勒级数具有下面的形状 [**125**,4)]:

$$1 + mx + \frac{m(m-1)}{1 \cdot 2}x^2 + \cdots + \frac{m(m-1)\cdots(m-n+1)}{1 \cdot 2 \cdot \cdots \cdot n}x^n + \cdots ;$$

这级数叫做**二项式级数**, 而它的系数叫做**二项式系数**. 在对 m 所作的假定下, 这些系数中任何一个都不是 0(反之, 如果 m 是自然数, 则 x^{m+1} 及所有在它后面的系数都变成 0). 利用达朗贝尔判别法 [**377**] 容易确定, 当 $|x| < 1$ 时二项式级数 (绝对) 收敛, 而当 $|x| > 1$ 时级数发散. 我们将在 $|x| < 1$ 的假定下来作余项 $r_n(x)$ 的研究, 并且一开始就取它的柯西形式 (9)(拉格朗日形式在这儿给出的答案不是对所有的 x 值的).

因为

$$f^{(n+1)}(x) = m(m-1)\cdots(m-n+1)(m-n)(1+x)^{m-n-1},$$

所以就有

$$r_n(x) = \frac{m(m-1)\cdots(m-n)(1+\theta x)^{m-n-1}}{1 \cdot 2 \cdot \cdots \cdot n}(1-\theta)^n x^{n+1}.$$

重新配置因数之后, 把它表示成下面的形状:

$$r_n(x) = \frac{(m-1)(m-2)\cdots\overline{(m-1-n+1)}}{1 \cdot 2 \cdot \cdots \cdot n}x^n \cdot mx(1+\theta x)^{m-1}\left(\frac{1-\theta}{1+\theta x}\right)^n.$$

这三个表达式中的第一个是二项式级数的通项, 但对应于指数 $m-1$; 因为当 $|x| < 1$ 时二项式级数收敛, 不管指数是怎样的, 所以这个表达式当 $n \to \infty$ 时趋于 0. 至于其他两个表达式, 则第二个的绝对值包含在与 n 无关的界

$$|mx| \cdot (1-|x|)^{m-1} \quad \text{与} \quad |mx| \cdot (1+|x|)^{m-1}$$

之间; 而第三个, 与 **405** 中一样, 小于 1. 这样一来,$r_n(x) \to 0$, 亦即对于 $|x| < 1$ 说来, 有展开式

$$(1+x)^m = 1 + mx + \frac{m(m-1)}{1 \cdot 2}x^2 + \cdots + \frac{m(m-1)\cdots(m-n+1)}{1 \cdot 2 \cdot \cdots \cdot n}x^n + \cdots \quad (22)$$

它也是跟牛顿的名字联系着的.

我们还没有考虑过在值 $x = \pm 1$ 时展开式的适合的问题. 容易想出, 二项式级数是超越几何级数的特殊情形, 并且可从后者当 $a = -m, \beta = \gamma$ 时, 以 $-x$ 代替 x 而得出. 由于这点, 按照 **402**,8) 中的表, 容易作出二项式级数在它的收敛区间的端点 $x = \pm 1$ 上特征的敛散情况的表:

	$m > 0$	绝对收敛
$x = 1$	$0 > m > -1$	非绝对收敛
	$m \leqslant -1$	发散
$x = -1$	$m > 0$	绝对收敛
	$m < 0$	发散

可以证明, 每一次当二项式级数收敛时, 它的和就是 $(1+x)^m$. 在这儿我们不讨论这点, 借以避免余项的烦难的研究, 因为这结果可简单地从以后将要证明的一个普遍定理 [参看 **437**,6°] 推出.

我们指出二项式定理的一些特别情形, 例如, 对应于 $m = -1, \frac{1}{2}, -\frac{1}{2}$ 的情形:

$$\frac{1}{1+x} = 1 - x + x^2 - \cdots + (-1)^n x^n + \cdots \qquad (-1 < x < 1)$$

(通常的几何级数), 然后,

$$\sqrt{1+x} = 1 + \frac{1}{2}x - \frac{1}{8}x^2 + \frac{1}{16}x^3 - \frac{5}{128}x^4 + \cdots$$
$$+ (-1)^{n-1}\frac{(2n-3)!!}{(2n)!!}x^n + \cdots \quad (-1 \leqslant x \leqslant 1) \tag{23}$$

与

$$\frac{1}{\sqrt{1+x}} = 1 - \frac{1}{2}x + \frac{3}{8}x^2 - \frac{5}{16}x^3 + \frac{35}{128}x^4 - \cdots$$
$$+ (-1)^n\frac{(2n-1)!!}{(2n)!!}x^n + \cdots \quad (-1 < x \leqslant 1) \tag{24}$$

这是重要的, 强调指出: 在有理数 m 的情形下, 二项式级数的和总是给出根式的算术的值.

附注 I. 下面的有趣的展开式, 例如属于施勒米希 (Schlömilch) 的展开式, 就建立在这特别情形上面. 首先, 在 (23) 中令 $x = -y^2$, 其中 $-1 \leqslant y \leqslant 1$, 我们得到

$$\frac{1 - \sqrt{1-y^2}}{y} = \sum_{n=1}^{\infty} \frac{(2n-3)!!}{(2n)!!}y^{2n-1}.$$

然后, 在这儿用表达式 $\frac{2z}{1+z^2}$ 代替 y, 其中 z 在 $-\infty$ 与 $+\infty$ 之间变化. 有

$$\sum_{n=1}^{\infty} \frac{(2n-3)!!}{(2n)!!}\left(\frac{2z}{1+z^2}\right)^{2n-1} = \begin{cases} z & \text{如果}|z| \leqslant 1, \\ \dfrac{1}{z} & \text{如果}|z| \geqslant 1. \end{cases}$$

这个例子因为下面的事实而是很有兴趣的: 因为对于在不同区间上由不同的分析表达式 z 与 $\frac{1}{z}$ 所定义的函数, 同时却给出一个单一的在级数和形状下的分析表达式 [比较 **46,363**,5)].

II. 在上面所有考虑过的例子中, 函数展开成泰勒级数引出这样的结果: 对于使级数收敛的所有的 x 值, 级数的和等于建立起该级数的那个函数. 因此, 可能会引起读者这样的猜疑: 要保证展开式 (4) 或 (6) 的成立, 甚至想不必去检验关系式 (5), 一般地以为只要确立级数的收敛性就够了.

可是, 事实上, 事情并非这样. 例如, 如果回到在 **138** 目附注中考虑过的函数

$$f(x) = e^{-\frac{1}{x^2}} \qquad (\text{当}x \neq 0\text{时}), f(0) = 0,$$

则对于这个函数, 如我们见过的, 虽然在 $x = 0$ 时有各阶导数, 但在这点都变成 0. 系数全部是 0 的形如 (6) 的泰勒级数当然处处收敛, 但是任何一个 x 值 (除 $x = 0$ 外) 都不能够再产生原来的函数的值.

408. 展开 $\sin x$ **与** $\cos x$ **成无穷乘积**　我们在上面熟悉了一些最重要的初等函数依 x 的乘幂展开的无穷级数展开式, 亦即熟悉了把这些函数表示成 "无穷多项式" 的形状. 在本节末了, 我们要把 $\sin x$ 与 $\cos x$ 表示成无穷乘积的形状, 这些乘积仿佛是实现分解成对应于 "无穷多项式" 的因式.

我们从推导一个辅助公式开始. 从代数学中我们已经知道**棣莫弗公式**[①]

$$(\cos z + i \sin z)^m = \cos mz + i \cdot \sin mz,$$

其中 m 认定是自然数. 依普通法则解开左端的括号, 并比较左端与右端的 "虚单位" $i = \sqrt{-1}$ 的系数, 我们得到

$$\sin mz = m \cos^{m-1} z \cdot \sin z - \frac{m(m-1)(m-2)}{1 \cdot 2 \cdot 3} \cos^{m-3} z \cdot \sin^3 z + \cdots.$$

如果 $m = 2n+1$ 是奇数, 则按公式: $\cos^{2k} z = (1 - \sin^2 z)^k$ 替换余弦函数的偶次幂后, 我们把所得结果表示成

$$\sin(2n+1)z = \sin z \cdot P(\sin^2 z), \tag{25}$$

其中 $P(u)$ 是一个 n 次幂多项式.

如果用 $u_1, u_2, \cdots, u_n$ 表示这多项式的根, 那么这多项式可以用下面的方式分解成因式

$$P(u) = a(u - u_1) \cdots (u - u_n) = A \left(1 - \frac{u}{u_1} \right) \cdots \left(1 - \frac{u}{u_n} \right).$$

从 (25) 容易定出根 $u_1, u_2, \cdots, u_n$, 只要注意到, 如果 z 使 $\sin(2n+1)z$ 变成 0, 但保持 $\sin z$ 异于 0, 则 $\sin^2 z$ 就一定是多项式 $P(u)$ 的根. 显然, 包含在 0 与 $\frac{\pi}{2}$ 之间并且依次递增的值 $z = \frac{\pi}{2n+1}, 2\frac{\pi}{2n+1}, \cdots, n\frac{\pi}{2n+1}$, 对应着也是递增着的 (因而是相异的) 根:

$$u_1 = \sin^2 \frac{\pi}{2n+1}, u_2 = \sin^2 2\frac{\pi}{2n+1}, \cdots, u_n = \sin^2 n\frac{\pi}{2n+1}.$$

最后, 系数 $A = P(0)$ 可以作为当 $z \to 0$ 时比值 $\sin(2n+1)z/\sin z$ 的极限而定出; 由此 $A = 2n+1$.

这样一来, 就得到公式

$$\sin(2n+1)z = (2n+1) \sin z \left(1 - \frac{\sin^2 z}{\sin^2 \frac{\pi}{2n+1}} \right) \cdots \left(1 - \frac{\sin^2 z}{\sin^2 n\frac{\pi}{2n+1}} \right).$$

令 $z = \frac{x}{2n+1}$, 可把这公式改写成

$$\sin x = (2n+1) \sin \frac{x}{2n+1} \left(1 - \frac{\sin^2 \frac{x}{2n+1}}{\sin^2 \frac{\pi}{2n+1}} \right) \cdots \left(1 - \frac{\sin^2 \frac{x}{2n+1}}{\sin^2 n\frac{\pi}{2n+1}} \right). \tag{26}$$

我们认定 x 异于 $0, \pm\pi, \pm2\pi, \cdots$, 于是 $\sin x \neq 0$. 在条件 $(k+1)\pi > |x|$ 下取自然数 k, 并设 $n > k$. 现在把 $\sin x$ 表示成下面乘积的形状:

$$\sin x = U_k^{(n)} \cdot V_k^{(n)}, \tag{27}$$

[①]例如, 参看下面 **453** 目.

其中

$$U_k^{(n)} = (2n+1)\sin\frac{x}{2n+1}\left(1 - \frac{\sin^2\dfrac{x}{2n+1}}{\sin^2\dfrac{\pi}{2n+1}}\right)\cdots\left(1 - \frac{\sin^2\dfrac{x}{2n+1}}{\sin^2 k\dfrac{\pi}{2n+1}}\right)$$

只包含 k 个在括弧中的因式, 而

$$V_k^{(n)} = \left(1 - \frac{\sin^2\dfrac{x}{2n+1}}{\sin^2(k+1)\dfrac{\pi}{2n+1}}\right)\cdots\left(1 - \frac{\sin^2\dfrac{x}{2n+1}}{\sin^2 n\dfrac{\pi}{2n+1}}\right)$$

包括所有其余的因式.

　　暂设 k 是固定的; 容易找到当 $n \to \infty$ 时 $U_k^{(n)}$ 的极限, 因为这个表达式由确定的有限多个因式组成. 因为

$$\lim_{n\to\infty}(2n+1)\sin\frac{x}{2n+1} = x,$$

$$\lim_{n\to\infty}\frac{\sin^2\dfrac{x}{2n+1}}{\sin^2 h\dfrac{\pi}{2n+1}} = \frac{x^2}{h^2\pi^2} \qquad (h = 1, 2, \cdots, k),$$

所以

$$U_k = \lim_{n\to\infty}U_k^{(n)} = x\left(1 - \frac{x^2}{\pi^2}\right)\left(1 - \frac{x^2}{4\pi^2}\right)\cdots\left(1 - \frac{x^2}{k^2\pi^2}\right).$$

由于 (27), 极限

$$V_k = \lim_{n\to\infty}V_k^{(n)}$$

存在, 并且

$$\sin x = U_k \cdot V_k.$$

现在研究极限 V_k 的**估值**.

　　已知, 对于 $0 < \varphi < \dfrac{\pi}{2}$, 不等式

$$\frac{2}{\pi}\varphi < \sin\varphi < \varphi$$

成立 $[\mathbf{54}, (9); \mathbf{133}, 1)]$. 所以

$$\sin^2\frac{x}{2n+1} < \frac{x^2}{(2n+1)^2}$$

并且

$$\sin^2 h\frac{\pi}{2n+1} > \frac{4}{\pi^2}\cdot\frac{h^2\pi^2}{(2n+1)^2} \qquad (h = k+1, \cdots, n),$$

于是

$$1 > V_k^{(n)} > \left(1 - \frac{x^2}{4(k+1)^2}\right)\cdots\left(1 - \frac{x^2}{4n^2}\right). \tag{28}$$

无穷乘积

$$\prod_{h=h_0}^{\infty}\left(1 - \frac{x^2}{4h^2}\right)$$

(其中 h_0 如此挑选, 使得 $4h_0^2 > x^2$) 收敛, 因为级数 $\sum_{h=h_0}^{\infty} \dfrac{x^2}{4h^2}$ 收敛 [**401**, 定理 5°]. 因此**余乘积**

$$\bar{V}_k = \prod_{h=k+1}^{\infty} \left(1 - \frac{x^2}{4h^2}\right)$$

当 $k \to \infty$ 时应当趋于 1[**401**,2°]. 显然, 如果写

$$1 > V_k^{(n)} > \bar{V}_k,$$

我们只加强了 (28) 中的第二个不等式; 当 $n \to \infty$ 时取极限 (在固定的 k 下), 得到

$$1 > V_k \geqslant \bar{V}_k.$$

由此推知,

$$\lim_{k \to \infty} V_k = 1, \text{于是} \lim_{k \to \infty} U_k = \sin x,$$

最后, 我们就得到有名的展开式

$$\sin x = x \cdot \prod_{n=1}^{\infty} \left(1 - \frac{x^2}{n^2\pi^2}\right) = x \left(1 - \frac{x^2}{\pi^2}\right)\left(1 - \frac{x^2}{4\pi^2}\right) \cdots \left(1 - \frac{x^2}{n^2\pi^2}\right)\cdots, \qquad (29)$$

这是欧拉首先建立的.

自然, 这个等式对于先前除外的那些值 $x = 0, \pm\pi, \pm 2\pi, \cdots$ 也成立, 因为这时等式的两端都是 0. 容易看出, 这些各别的因式恰好对应于 $\sin x$ 的不同的根[①].

如果在所得到的展开式中令 $x = \dfrac{\pi}{2}$, 就得到

$$\frac{2}{\pi} = \prod_{n=1}^{\infty} \left(1 - \frac{1}{4n^2}\right).$$

于是又推出瓦理斯公式 [**317**; 比较**400**,2)].

我们再指出这个展开式的一个有趣的应用; 以 πx 代替 x, 这展开式可以表示成下面的形状:

$$\sin \pi x = \pi x \prod_{n=1}^{\infty} \left(1 - \frac{x^2}{n^2}\right).$$

回忆一下函数 $\Gamma(x)$ 的定义 [**402**,(13)]

$$\Gamma(x) = \frac{1}{x} \prod_{n=1}^{\infty} \frac{\left(1 + \dfrac{1}{n}\right)^x}{1 + \dfrac{x}{n}},$$

及关系式 $\Gamma(x+1) = x \cdot \Gamma(x)$[**402**,(15)]. 于是

$$\Gamma(1-x) = -x \cdot \Gamma(-x) = \prod_{n=1}^{\infty} \frac{\left(1 + \dfrac{1}{n}\right)^{-x}}{1 - \dfrac{x}{n}}.$$

_____

[①]关于重新配置因式的可能性, 参看 **402**,4).

相乘以后, 立即得到所谓**余元公式**

$$\Gamma(x) \cdot \Gamma(1-x) = \frac{\pi}{\sin \pi x}, \tag{30}$$

这也是欧拉求得的; 这公式在任何非整数的 x 值时成立[①].

类似于 $\sin x$ 的展开式, 可导出展开式

$$\cos x = \prod_{n=1}^{\infty} \left(1 - \frac{4x^2}{(2n-1)^2 \pi^2} \right) = \prod_{n=1}^{\infty} \left(1 - \frac{x^2}{\left(\dfrac{2n-1}{2} \pi \right)^2} \right),$$

它显出 $\cos x$ 的根是 $\pm \dfrac{2n-1}{2} \pi$. 并且, 它也可以从 $\sin x$ 的展开式依下面的公式得到:

$$\cos x = \sin \left(\frac{\pi}{2} - x \right) \quad \text{或} \quad \cos x = \frac{\sin 2x}{2 \sin x}.$$

最后, 我们提一下展开式

$$\operatorname{sh} x = x \cdot \prod_{n=1}^{\infty} \left(1 + \frac{x^2}{n^2 \pi^2} \right), \operatorname{ch} x = \prod_{n=1}^{\infty} \left(1 + \frac{x^2}{\left(\dfrac{2n-1}{2} \pi \right)^2} \right), \tag{31}$$

它们也可以借助于相似的讨论建立起来.

§8. 借助于级数作近似计算

409. 一般说明　在我们所得到的具体的展开式的例子上, 我们要说明, 如何可以利用无穷级数来达到近似计算的目的. 我们预先讲述一些一般说明.

如果我们可把未知数 A 展开成级数

$$A = a_1 + a_2 + a_3 + \cdots + a_n + \cdots,$$

其中 $a_1, a_2, a_3, \cdots$ 是容易计算出的数 (通常是有理数), 并近似地令

$$A \doteq A_n = a_1 + a_2 + \cdots + a_n,$$

那么, 所要弃去的一切其余各项的校正数可用下面的余式表示出来:

$$\alpha_n = a_{n+1} + a_{n+2} + \cdots.$$

当 n 充分大时, 这个误差成为任意小, 所以 A_n 可以以任意预先给定的精确度来表达 A.

我们感到兴趣的是要简单地作出余式 α_n 的估值的可能性; 这使我们当计算接连的部分和时, 在已经得到了所要求精确度的近似值下, 就能够及时停止而不再往下作.

[①]特别地, 在这儿令 $x = \dfrac{1}{2}$, 我们得到 $\left[\Gamma \left(\dfrac{1}{2} \right) \right]^2 = \pi$; 因为当 $x > 0$ 时, $\Gamma(x) > 0$, 所以 $\Gamma \left(\dfrac{1}{2} \right) = \sqrt{\pi}$.

如果所考虑的级数是项的绝对值单调递减的交错级数 ("莱布尼茨型" 的), 那么, 如我们曾经见过的 [**381**, 附注], 余式的符号即第一项的符号, 并且余式的绝对值小于这项的绝对值. 对于这个估值, 在简易这一意义下说来, 不能再希望有比它更好的估值了.

在正项级数的情形下, 事情就稍微复杂一些.

在这情形下, 通常是设法找出一个其各项大于我们所关心的级数的各项, 容易相加起来的正项级数, 并对这新级数的余式估值.

例如, 对于级数 $\sum_1^\infty \frac{1}{m^2}$ 可得到

$$\sum_{m=n+1}^\infty \frac{1}{m^2} < \sum_{m=n+1}^\infty \frac{1}{m(m-1)} = \sum_{m=n+1}^\infty \left(\frac{1}{m-1} - \frac{1}{m}\right) = \frac{1}{n}$$

[这个估值跟 **373**,(11) 式中借助于积分法所得到的估值一致], 而对于级数 $1 + \sum_1^\infty \frac{1}{m!}$, 有

$$\sum_{m=n+1}^\infty \frac{1}{m!} = \frac{1}{n!} \sum_{m=n+1}^\infty \frac{1}{(n+1)\cdots m} < \frac{1}{n!} \sum_{m=n+1}^\infty \frac{1}{(n+1)^{m-n}} = \frac{1}{n!n}$$

[在 **37** 中计算数 e 时, 我们实际上就是利用这个估值的].

通常是求数 A 的十进位近似值, 可是级数的项也可以不用十进位小数来表示. 在把它们变成十进位小数时, 依尾数的取舍规则使它们进一位, 又是新误差的来源, 这也应当计算进去.

最后, 我们指出, 具有使我们感到兴趣的数 A 作为和的任何级数并非都是适合于此数 A 的实际计算的 (哪怕它的项是简单的, 并且余式的估值也容易作出来的). 问题在于收敛的速度, 亦即在于部分和向数 A 接近的速度.

作为例子, 取分别给出数 $\frac{\pi}{4}$ 与 $\ln 2$ 的展式的级数 [参看 **404**(16) 与 **405**(18)]:

$$1 - \frac{1}{3} + \frac{1}{5} - \frac{1}{7} + \cdots \quad \text{与} \quad 1 - \frac{1}{2} + \frac{1}{3} - \frac{1}{4} + \frac{1}{5} - \cdots.$$

为了要利用它们来计算这两个数, 比方说, 精确到 $\frac{1}{10^5}$, 在第一种情形, 必须加到五万项, 而在第二种情形, 加到十万项; 这当然是不能实现的. 下面我们用不着费多大的力就可计算上述两数甚至到很大的精确度, 但利用的是更合适的级数.

410. 数 π 的计算　　利用已知的反正切函数的级数 [**404**,(15)]

$$\operatorname{arctg} x = x - \frac{x^3}{3} + \frac{x^5}{5} - \frac{x^7}{7} + \cdots \quad (-1 \leqslant x \leqslant 1).$$

如果取 $x = \frac{1}{\sqrt{3}}$, 则 $\operatorname{arctg} x = \frac{\pi}{6}$, 我们就得到级数

$$\frac{\pi}{6} = \frac{1}{\sqrt{3}}\left(1 - \frac{1}{3} \cdot \frac{1}{3} + \frac{1}{5} \cdot \frac{1}{3^2} - \frac{1}{7} \cdot \frac{1}{3^3} + \cdots\right),$$

这对于计算已经是合用的.

回忆一下反正切函数的加法公式

$$\operatorname{arctg} x + \operatorname{arctg} y = \operatorname{arctg} \frac{x+y}{1-xy} \text{①}$$

---

① 在这形状下的这个公式, 只在角度的和依绝对值 $\leqslant \frac{\pi}{2}$ 的假定下才是真确的 [**50**].

并选取任何两个满足关系式

$$\frac{x+y}{1-xy} = 1 \quad 或 \quad (x+1)(y+1) = 2$$

的真分数作为 x 及 y, 即有

$$\frac{\pi}{4} = \operatorname{arctg} x + \operatorname{arctg} y = \left(x - \frac{x^3}{3} + \cdots \right) + \left(y - \frac{y^3}{3} + \cdots \right).$$

例如, 令 $x = \frac{1}{2}, y = \frac{1}{3}$, 我们得到

$$\frac{\pi}{4} = \left(\frac{1}{2} - \frac{1}{3} \cdot \frac{1}{2^3} + \frac{1}{5} \cdot \frac{1}{2^5} - \cdots \right) + \left(\frac{1}{3} - \frac{1}{3} \cdot \frac{1}{3^3} + \frac{1}{5} \cdot \frac{1}{3^5} - \cdots \right).$$

可是, 对于数 π 的计算, 还有更方便的级数. 令 $\alpha = \operatorname{arctg} \frac{1}{5}$ 于是

$$\operatorname{tg}\alpha = \frac{1}{5}, \operatorname{tg}2\alpha = \frac{\frac{2}{5}}{1 - \frac{1}{25}} = \frac{5}{12}, \operatorname{tg}4\alpha = \frac{\frac{10}{12}}{1 - \frac{25}{144}} = \frac{120}{119}.$$

由于这数的接近于 1, 显然可知, 角度 4α 接近于 $\frac{\pi}{4}$; 令 $\beta = 4\alpha - \frac{\pi}{4}$, 即有

$$\operatorname{tg}\beta = \frac{\frac{120}{119} - 1}{1 + \frac{120}{119}} = \frac{1}{239}, \text{于是}\beta = \operatorname{arctg}\frac{1}{239}.$$

由此

$$\pi = 16\alpha - 4\beta = 16\left(\frac{1}{5} - \frac{1}{3} \cdot \frac{1}{5^3} + \frac{1}{5} \cdot \frac{1}{5^5} - \frac{1}{7} \cdot \frac{1}{5^7} + \frac{1}{9} \cdot \frac{1}{5^9} - \frac{1}{11} \cdot \frac{1}{5^{11}} + \cdots \right)$$
$$-4\left(\frac{1}{239} - \frac{1}{3} \cdot \frac{1}{239^3} + \cdots \right).$$

这就是**梅钦 (Machin) 公式**.

我们要按照梅钦公式计算数 π 到小数后第 7 位数字. 为此, 只需要上面实际上已经写出的那些项就够. 因为两个级数都是莱布尼茨型的, 所以在被减数与减数中, 弃去了的未写出的项的校正数, 分别是

$$0 < \Delta_1 < \frac{16}{13 \cdot 5^{13}} < \frac{1}{10^8} \quad 与 \quad 0 < \Delta_2 < \frac{4}{5 \cdot 239^5} < \frac{1}{10^8}.$$

把保留下来的项化成十进位小数, 使它们 (依小数的尾数取舍规则) 近似到第 8 位数字. 把计算列

成下表 (括号中的 ± 号指示校正数的符号):

$$\frac{16}{5} = 3.200\ 000\ 00 \qquad\qquad \frac{16}{3 \cdot 5^3} = 0.042\ 666\ 67\ (-)$$

$$\frac{16}{5 \cdot 5^5} = 0.001\ 024\ 00 \qquad\qquad \frac{16}{7 \cdot 5^7} = 0.000\ 029\ 26\ (-)$$

$$+)\ \frac{16}{9 \cdot 5^9} = 0.000\ 000\ 91\ (+) \qquad\qquad +)\ \frac{16}{11 \cdot 5^{11}} = 0.000\ 000\ 03\ (-)$$

$$\overline{\qquad\qquad 3.201\ 024\ 91} \qquad\qquad \overline{\qquad\qquad 0.042\ 695\ 96}$$

$$\frac{4}{239} = 0.016\ 736\ 40\ (+)$$

$$3.201\ 024\ 91$$
$$-)\ 0.042\ 695\ 96 \qquad\qquad\qquad -)\ \frac{4}{3 \cdot 239^3} = 0.000\ 000\ 10\ (-)$$
$$\overline{\qquad 3.158\ 328\ 95} \qquad\qquad\qquad \overline{\qquad 0.016\ 736\ 30}$$

算出全部校正数, 有

$$3.158\ 328\ 95 < 16\alpha < 3.158\ 328\ 98$$

$$-0.016\ 736\ 32 < -4\beta < -0.016\ 736\ 30,$$

于是

$$3.141\ 592\ 63 < \pi < 3.141\ 592\ 68.$$

所以, 最后,$\pi = 3.141\ 592\ 6\cdots$, 并且所有写出的数字都是真确的.

411. 对数的计算　级数

$$\ln\frac{n+1}{n} = \ln(n+1) - \ln n = \frac{2}{2n+1}\left[1 + \frac{1}{3}\cdot\frac{1}{(2n+1)^2} + \frac{1}{5}\cdot\frac{1}{(2n+1)^4} + \cdots\right] \qquad (1)$$

是计算的基础, 在第 **406** 目中 [参看 (20)] 导出斯特林公式时我们已经利用过这公式.

当 $n = 1$ 时, 得到 $\ln 2$ 的展开式:

$$\ln 2 = \frac{2}{3}\left(1 + \frac{1}{3}\cdot\frac{1}{9} + \frac{1}{5}\cdot\frac{1}{9^2} + \frac{1}{7}\cdot\frac{1}{9^3} + \frac{1}{9}\cdot\frac{1}{9^4} + \frac{1}{11}\cdot\frac{1}{9^5}\right.$$
$$\left. + \frac{1}{13}\cdot\frac{1}{9^6} + \frac{1}{15}\cdot\frac{1}{9^7} + \frac{1}{17}\cdot\frac{1}{9^8} + \cdots\right).$$

这级数对计算是完全合用的. 例如, 只要限于已经写出的这些项, 我们证明可以找到有 9 位真确的十进位数字的 $\ln 2$.

事实上, 如果弃去这级数从第 10 项开始的那些项, 那么, 相应的校正数就是:

$$\Delta = \frac{2}{3}\left(\frac{1}{19}\cdot\frac{1}{9^9} + \frac{1}{21}\cdot\frac{1}{9^{10}} + \cdots\right) < \frac{2}{3 \cdot 19 \cdot 9^9}\left(1 + \frac{1}{9} + \frac{1}{9^2} + \cdots\right)$$
$$= \frac{1}{12 \cdot 19 \cdot 9^8} < \frac{2}{10^{10}}.$$

计算到 10 位数字, 作出下表:

$$\frac{2}{3} = 0.666\ 666\ 666\ 7\ (-)$$

$$\frac{2}{3\cdot 3\cdot 9} = 0.024\ 691\ 358\ 0\ (+)$$

$$\frac{2}{3\cdot 5\cdot 9^2} = 0.001\ 646\ 090\ 5\ (+)$$

$$\frac{2}{3\cdot 7\cdot 9^3} = 0.000\ 130\ 642\ 1\ (+)$$

$$\frac{2}{3\cdot 9\cdot 9^4} = 0.000\ 011\ 290\ 1\ (-)$$

$$\frac{2}{3\cdot 11\cdot 9^5} = 0.000\ 001\ 026\ 4\ (-)$$

$$\frac{2}{3\cdot 13\cdot 9^6} = 0.000\ 000\ 096\ 5\ (-)$$

$$\frac{2}{3\cdot 15\cdot 9^7} = 0.000\ 000\ 009\ 3\ (-)$$

$$\frac{2}{3\cdot 17\cdot 9^8} = 0.000\ 000\ 000\ 9\ (+)$$

$$0.693\ 147\ 180\ 5$$

算出所有的校正数后, 我们有

$$0.693\ 147\ 180\ 2 < \ln 2 < 0.693\ 147\ 180\ 9,$$

于是

$$\ln 2 = 0.693\ 147\ 180\cdots,$$

并且所有写出来的九位数字都是真确的.

现在在 (1) 中令 $n = 4$, 我们找到

$$\ln 5 = 2\ln 2 + \frac{2}{9}\left(1 + \frac{1}{3}\cdot\frac{1}{81} + \frac{1}{5}\cdot\frac{1}{81^2} + \cdots\right).$$

利用已经算出来的 $\ln 2$ 的值, 按这公式容易算出 $\ln 5$, 然后也可算出 $\ln 10 = \ln 2 + \ln 5$. 在这之后, 可以算出变自然对数为常用对数时的模

$$M = \frac{1}{\ln 10}$$

到任意精确度; 它等于 $M = 0.434\ 294\ 481\cdots$. 乘以这模后, 得到常用对数:$\lg 2$ 与 $\lg 5$.

在基本公式 (1) 中取常用对数:

$$\lg(n+1) - \lg n = \frac{2M}{2n+1}\left[1 + \frac{1}{3}\cdot\frac{1}{(2n+1)^2} + \frac{1}{5}\cdot\frac{1}{(2n+1)^4} + \cdots\right]. \tag{2}$$

在这儿令 $n = 80 = 2^3 \cdot 10$ 并注意 $n + 1 = 81 = 3^4$, 我们找到

$$4\lg 3 - 3\lg 2 - 1 = \frac{2M}{161}\left[1 + \frac{1}{3}\cdot\frac{1}{25\ 921} + \frac{1}{5}\cdot\frac{1}{25\ 921^2} + \cdots\right],$$

由此容易找到 $\lg 3$. 其次, 在公式 (2) 中令 $n = 2400 = 3\cdot 2^3\cdot 10^2$, 即有 $n + 1 = 2401 = 7^4$ 与

$$4\lg 7 - 3\lg 2 - \lg 3 - 2 = \frac{2M}{4801}\left(1 + \frac{1}{3}\cdot\frac{1}{23\ 049\ 601} + \frac{1}{5}\cdot\frac{1}{23\ 049\ 601^2} + \cdots\right),$$

于是就找到对数 $\lg 7$. 选配类似的数的组合, 可以找到素数的对数到任意精确度, 而按素数的对数用相加及以自然数乘的方法, 可找到复合数的对数.

可以按照另一方式来进行我们的工作, 即直接计算相继的自然数的对数并借助于公式 (2) 把 $\lg n$ 过渡到 $\lg(n+1)$. 例如, 为了计算从 1000 到 10000 的数的对数, 在公式 (2) 中只要取一项, 亦即近似地令

$$\lg(n+1) - \lg n = \frac{2M}{2n+1}(10^3 \leqslant n \leqslant 10^4).$$

在此校正数是

$$\Delta = \frac{2M}{2n+1} \cdot \left[\frac{1}{3} \cdot \frac{1}{(2n+1)^2} + \frac{1}{5} \cdot \frac{1}{(2n+1)^4} + \cdots \right]$$

$$< \frac{2M}{3(2n+1)^3} \left[1 + \frac{1}{(2n+1)^2} + \frac{1}{(2n+1)^4} + \cdots \right] = \frac{2M}{3(2n+1) \cdot 2n \cdot (2n+2)} < \frac{2M}{24n^3}.$$

因为我们有 $n \geqslant 10^3$, 而 $2M < 1$, 所以

$$\Delta < \frac{1}{24 \cdot 10^9} < \frac{1}{2 \cdot 10^{10}}.$$

哪怕把所有的误差都加起来, 一般地说, 误差仍然会小于 $\dfrac{10^4}{2 \cdot 10^{10}} = \dfrac{1}{2 \cdot 10^6}$. 但在按第一种方法算出整系列的控制对数之后, 这种误差的累积是容易避免的. 用这样的方法可以达到极大的精确度, 同时保持了第二种方法所固有的计算的自动化的特点 (这是很有价值的, 尤其在造巨型的表的时候).

412. 根式的计算 根式可最简单地借助于对数表来计算. 可是, 如果一些个别的根式需要很大的精确度, 则更适合的是采用二项式级数 [**407**(22)]

$$(1+x)^m = 1 + mx + \frac{m(m-1)}{1 \cdot 2}x^2 + \frac{m(m-1)(m-2)}{1 \cdot 2 \cdot 3}x^3 + \cdots$$

假定需要计算 $\sqrt[k]{A}$, 并已知这根式的近似值 a(大于或小于真值), 但要求改善它. 如果, 比方说

$$\frac{A}{a^k} = 1 + x,$$

其中 $|x|$ 是不大的一个真分数, 那么可以用下面的方式把根式变形:

$$\sqrt[k]{A} = a \cdot \sqrt[k]{\frac{A}{a^k}} = a \cdot (1+x)^{\frac{1}{k}}$$

并可利用当 $m = \dfrac{1}{k}$ 时的二项式级数. 有时从等式

$$\frac{a^k}{A} = 1 + x'$$

出发是更合适的, 如果 $|x'|$ 又是一个不大的真分数, 并且采用另一变形:

$$\sqrt[k]{A} = \frac{a}{\sqrt[k]{\dfrac{a^k}{A}}} = a \cdot (1+x')^{-\frac{1}{k}},$$

此后取 $m = -\dfrac{1}{k}$, 应用二项式级数.

作为例子, 从 $\sqrt{2}$ 的近似值 1.4 出发, 计算 $\sqrt{2}$ 到很大的精确度. 为此目的, 按上述两种范式中的一种把根式变形:

$$\sqrt{2} = 1.4 \times \sqrt{\frac{2}{1.96}} = 1.4 \times \sqrt{1 + \frac{0.04}{1.96}} = 1.4 \times \left(1 + \frac{1}{49}\right)^{\frac{1}{2}}$$

或

$$\sqrt{2} = \frac{1.4}{\sqrt{\frac{1.96}{2}}} = \frac{1.4}{\sqrt{1 - \frac{0.04}{2}}} = 1.4 \times \left(1 - \frac{1}{50}\right)^{-\frac{1}{2}},$$

为使计算容易起见, 自然宁愿采用第二种方法. 这样, 我们有

$$\sqrt{2} = 1.4 \times \left(1 + \frac{1}{2}\cdot\frac{1}{50} + \frac{3}{8}\cdot\frac{1}{50^2} + \frac{5}{16}\cdot\frac{1}{50^3} + \frac{35}{128}\cdot\frac{1}{50^4} + \frac{63}{256}\cdot\frac{1}{50^5} + \cdots\right).$$

限于已经写出的这些项; 它们都可以表示成有限十进位小数:

$$1 + \cdots + \frac{5}{16}\cdot\frac{1}{50^3} = 1.010\ 152\ 5$$

$$\frac{35}{128}\cdot\frac{1}{50^4} = 0.000\ 000\ 043\ 75$$

$$\frac{63}{256}\cdot\frac{1}{50^5} = 0.000\ 000\ 000\ 787\ 5$$

$$\overline{\qquad 1.010\ 152\ 544\ 537\ 5 \times 1.4 = 1.414\ 213\ 562\ 352\ 50}$$

因为在 $\frac{1}{50}$ 的幂次下的系数递减, 所以校正数可以像通常那样加以估计:

$$\Delta < 1.4 \times \frac{231}{1024 \times 50^6} \times \left(1 + \frac{1}{50} + \frac{1}{50^2} + \cdots\right) = \frac{1.4 \times 231}{1024 \times 50^5 \times 49} < \frac{2.1}{10^{11}}.$$

因此

$$1.414\ 213\ 562\ 352 < \sqrt{2} < 1.414\ 213\ 562\ 373,$$

$$\sqrt{2} = 1.414\ 213\ 562\ 3\cdots,$$

小数后所有 10 个数字都是真确的.

利用变形

$$\sqrt{2} = 1.41\left(1 - \frac{119}{20\ 000}\right)^{-\frac{1}{2}},$$

容易得到非常多的数字, 现在再举出一些类似的变形的例子 (借助于二项式级数的计算留给读者去作):

$$\sqrt{3} = 1.73 \times \left(1 - \frac{71}{30\ 000}\right)^{-\frac{1}{2}};\ \sqrt{11} = \frac{10}{3}\left(1 - \frac{1}{100}\right)^{\frac{1}{2}};$$

$$\sqrt[3]{2} = \frac{5}{4}\left(1 + \frac{3}{125}\right)^{\frac{1}{3}};\ \sqrt[3]{3} = \frac{10}{7}\left(1 + \frac{29}{1000}\right)^{\frac{1}{3}}.$$

413. 欧拉级数的变换　当为近似计算而应用级数时, 先对此级数作一个变换有时是有好处的. 这个按某种规则, 用另一个具有相同和的级数代换已知收敛级数, 称为变换. 当然, 仅在新的级数收敛更快, 并便于计算时, 这样的变换才是合适的.

我们来引入以欧拉的名字命名的经典变换的公式. 设给定收敛级数

$$S(x) = \sum_{k=0}^{\infty} (-1)^k a_k x^k = a_0 - a_1 x + a_2 x^2 - \cdots + (-1)^k a_k x^k + \cdots, \tag{3}$$

其中 $x > 0$, 我们仅仅是为了方便, 才把它的第 k 个系数表为 $(-1)^k a_k$, 完全没有假设所有 $a_k > 0$. 对于序列 $a_k(k = 0, 1, 2, \cdots)$ 我们在研究时引入序列的**差分**(这与在 **122** 目对具有连续变量 x 的函数 $f(x)$ 所作的类似):

$$\Delta a_k = a_{k+1} - a_k, \Delta^2 a_k = \Delta a_{k+1} - \Delta a_k = a_{k+2} - 2a_{k+1} + a_k,$$

一般地

$$\Delta^p a_k = \Delta^{p-1} a_{k+1} - \Delta^{p-1} a_k$$
$$= a_{k+p} - C_p^1 a_{k+p-1} + C_p^2 a_{k+p-2} - \cdots + (-1)^p a_k. \tag{4}$$

把已知级数改写为这样:

$$S(x) = \frac{a_0}{1+x} - \frac{a_1 x - a_0 x}{1+x} + \frac{a_2 x^2 - a_1 x^2}{1+x} - \frac{a_3 x^3 - a_2 x^3}{1+x} + \cdots$$

这是容许的, 因为新级数的第 k 个部分和与级数 (3) 的同类部分和相差的仅仅是 $\frac{1}{1+x}(-1)^{k+1}$ $a_{k+1} x^{k+1}$ 这一项, 由于原先级数的收敛性, 这一项当 $k \to \infty$ 时趋于 0[**364**,5°]. 为了简化记号, 现在引入差分:

$$S(x) = \frac{1}{1+x}\{a_0 - \Delta a_0 \cdot x + \Delta a_1 \cdot x^2 - \Delta a_2 \cdot x^3 + \cdots\}.$$

保留第一项 $\frac{a_0}{1+x}$, 把余下的级数

$$-\frac{x}{1+x}\{\Delta a_0 - \Delta a_1 \cdot x + \Delta a_2 \cdot x^2 - \cdots\}$$

如同 $S(x)$ 那样改写为

$$-\frac{x}{1+x} \cdot \frac{1}{1+x}\{\Delta a_0 - \Delta^2 a_0 \cdot x + \Delta^2 a_1 \cdot x^2 - \cdots\}$$

的形式, 因此, 再次分出第一项, 便有:

$$S(x) = \frac{a_0}{1+x} - \frac{\Delta a_0}{(1+x)^2} \cdot x + \frac{x^2}{(1+x^2)}\{\Delta^2 a_0 - \Delta^2 a_1 \cdot x + \cdots\},$$

继续这样进行下去, 经 p 步之后得:

$$S(x) = \frac{a_0}{1+x} - \frac{\Delta a_0}{(1+x)^2} \cdot x + \frac{\Delta^2 a_0}{(1+x)^3} \cdot x^2 - \cdots + (-1)^{p-1}\frac{\Delta^{p-1} a_0}{(1+x)^p} \cdot x^{p-1} + R_p(x), \tag{5}$$

其中

$$R_p(x) = (-1)^p \frac{x^p}{(1+x)^p} \{\Delta^p a_0 - \Delta^p a_1 \cdot x + \Delta^p a^2 \cdot x^2 - \cdots\}$$

$$= (-1)^p \frac{x^p}{(1+x)^p} \sum_{k=0}^{\infty} (-1)^k \Delta^p a_k \cdot x^k.$$

现在来证明: $R_p(x)$ 当 $p \to \infty$ 时趋于 0.

把 p 阶差分用它的展开式 (4) 代入, 并重新排列和式, 得到

$$R_p(x) = \frac{1}{(1+x)^p} \sum_{k=0}^{\infty} (-1)^{k+p} x^{k+p} \sum_{i=0}^{p} (-1)^i C_p^i a_{k+p-i}$$

$$= \frac{1}{(1+x)^p} \sum_{i=0}^{p} C_p^i x^i \sum_{k=0}^{\infty} (-1)^{k+p-i} a_{k+p-i} x^{k+p-i}.$$

若引入对原先的级数 (3) 的余式的表示, 令

$$r_n = \sum_{k=0}^{\infty} (-1)^{k+n} a_{k+n} x^{k+n} \quad (n = 0, 1, 2, \cdots),$$

则 R_p 的表达式最终可以写成

$$R_p(x) = \frac{\sum_{i=0}^{p} C_p^i x^i \cdot r_{p-1}(x)}{(1+x)^p} = \frac{\sum_{i=0}^{p} C_p^i x^{p-i} \cdot r_i(x)}{(1+x)^p}.$$

因为 $r_n(x) \to 0$, 则根据 **391** 目 $6°, R_p(x) \to 0$.

在 (5) 式中令 $p \to \infty$ 而取极限, 求出

$$S(x) = \frac{1}{1+x} \left\{ a_0 - \Delta a_0 \cdot \frac{x}{1+x} + \Delta^2 a_0 \cdot \left(\frac{x}{1+x}\right)^2 - \cdots \right.$$

$$\left. + (-1)^p \Delta^p a_0 \cdot \left(\frac{x}{1+x}\right)^p + \cdots \right\}.$$

将 $S(x)$ 代之以它的表达式 (3), 便得到欧拉变换:

$$\sum_{k=0}^{\infty} (-1)^k a_k x^k = \frac{1}{1+x} \sum_{p=0}^{\infty} (-1)^p \Delta^p a_0 \cdot \left(\frac{x}{1+x}\right)^p. \tag{6}$$

通常在 $x = 1$ 时应用此式, 那时它把数值级数变为数值级数:

$$\sum_{k=0}^{\infty} (-1)^k a_k = \sum_{p=0}^{\infty} \frac{(-1)^p \Delta^p a_0}{2^{p+1}}. \tag{7}$$

414. 例题

1) 令 $a_k = \dfrac{1}{z+k}$, 其中 z 是异于 $0, -1, -2, -3 \cdots$ 的任意常数. 在级数

$$\sum_{k=0}^{\infty} \frac{(-1)^k}{z+k}$$

中若去掉前面充分多项, 它便是莱布尼茨型级数, 因此级数收敛.

容易计算差分的序列 $\Delta a_k, \Delta^2 a_k, \cdots$, 借助于数学归纳法, 我们得到:

$$\Delta^p a_k = (-1)^p \frac{p!}{(z+k)(z+k+1)\cdots(z+k+p)};$$

特别地

$$\Delta^p a_0 = (-1)^p \frac{p!}{z(z+1)\cdots(z+p)}.$$

于是, 按照公式 (7)

$$\sum_{k=0}^{\infty} \frac{(-1)^k}{z+k} = \sum_{p=0}^{\infty} \frac{1}{2^{p+1}} \cdot \frac{p!}{z(z+1)\cdots(z+p)}.$$

若令 $z = 1$, 便得到著名的对 $\ln 2$ 的级数变换:

$$\ln 2 = \sum_{m=1}^{\infty} (-1)^{m-1} \frac{1}{m} = \sum_{n=1}^{\infty} \frac{1}{n \cdot 2^n}.$$

读者很明了, 对于 $\ln 2$ 的近似计算, 利用第二个级数, 远为有益得多: 为了得到 0.01 的准确度, 第一个级数需要 99 项, 而在第二个级数中只需取 5 项!

2) 设 $a_k = \dfrac{1}{z+2k}$ (z 异于 $0, -2, -4, \cdots$). 把 a_k 改成如下形式:$a_k = \dfrac{1}{2} \cdot \dfrac{1}{\frac{z}{2}+k}$, 对表达式 $\Delta^p a_0$ 可以利用以前的公式:

$$\Delta^p a_0 = (-1)^p \cdot \frac{1}{2} \cdot \frac{p!}{\frac{z}{2}\left(\frac{z}{2}+1\right)\cdots\left(\frac{z}{2}+p\right)} = (-1)^p \cdot \frac{1}{2} \cdot \frac{2^{p+1} \cdot p!}{z(z+2)\cdots(z+2p)}.$$

在这种情况下, 欧拉变换具有如下形式:

$$\sum_{k=0}^{\infty} (-1)^k \frac{1}{z+2k} = \frac{1}{2} \sum_{p=0}^{\infty} \frac{p!}{z(z+2)\cdots(z+2p)}.$$

特别地, 当 $z = 1$ 时由此得出表示 $\dfrac{\pi}{4}$ 的莱布尼茨级数变换:

$$\frac{\pi}{4} = \sum_{k=0}^{\infty} (-1)^k \frac{1}{2k+1} = \frac{1}{2} \sum_{p=0}^{\infty} \frac{p!}{(2p+1)!!}.$$

3) 对 $0 \leqslant x \leqslant 1$, 在 **404** 目,(в) 中有展开式

$$\operatorname{arctg} x = \sum_{k=0}^{\infty} (-1)^k \frac{1}{2k+1} x^{2k+1}.$$

欲对这个一般的级数应用欧拉变换, 在 (6) 式中令 $a_k = \dfrac{1}{2k+1}$; 于是对 $\Delta^p a_0$ 可利用上一例子的公式 (对 $z = 1$):

$$\Delta^p a_0 = (-1)^p \frac{(2p)!!}{(2p+1)!!}.$$

此外, 在 (6) 式中以 x^2 代替 x 且等式两端还乘上因子 x. 结果便得到

$$\operatorname{arctg} x = \sum_{k=0}^{\infty} (-1)^k \frac{1}{2k+1} x^{2k+1} = \frac{x}{1+x^2} \sum_{p=0}^{\infty} \frac{(2p)!!}{(2p+1)!!} \left(\frac{x^2}{1+x^2}\right)^p. \tag{8}$$

4) 不应认为收敛级数的欧拉变换总是导致收敛性的改善.[这时, 比较两个具有任意符号的项的级数 $\sum_{k=0}^{\infty} c_k$ 与 $\sum_{k=0}^{\infty} c_k'$ 的收敛性质, 像在 **375** 目 7) 中那样, 从二者的相应余式 γ_n 与 γ_n' 的比值的性态出发: 若 $\left| \dfrac{\gamma_n}{\gamma_n'} \right| \to 0$, 则第一个级数收敛较快, 而第二个级数收敛较慢.]

下面就是例子:

$$\sum_{k=0}^{\infty} (-1)^k \frac{1}{2^k} \text{ 变为收敛较快的级数} \sum_{p=0}^{\infty} \frac{1}{2} \cdot \frac{1}{4^p},$$

而

$$\sum_{k=0}^{\infty} \frac{1}{2^k} \text{ 变为收敛较慢的级数} \sum_{p=0}^{\infty} \frac{1}{2} \left(\frac{3}{4} \right)^p.$$

5) 在应用级数变换作计算时, 直接计算级数的最先若干项, 仅对级数的余式作变换常常是有益的. 我们现在以在 2) 中讲的借助级数计算 π 值作为例子来加以说明:

$$\pi = 2 \left\{ 1 + \frac{1}{3} + \frac{1 \cdot 2}{3 \cdot 5} + \frac{1 \cdot 2 \cdot 3}{3 \cdot 5 \cdot 7} + \cdots + \frac{1 \cdot 2 \cdot \cdots \cdot p}{3 \cdot 5 \cdot \cdots \cdot (2p+1)} + \cdots \right\}$$

因为后项与前项之比 $\dfrac{p}{2p+1} < \dfrac{1}{2}$, 所以级数丢掉的余式总是小于被计算的最后一项.例如, 因为第 21 项

$$2 \cdot \frac{1 \cdot 2 \cdot 3 \cdot \cdots \cdot 20}{1 \cdot 3 \cdot 5 \cdot \cdots \cdot 41} = 0.000\ 000\ 37 < 0.000\ 000\ 5,$$

对上述级数计算了 21 项之后, 我们得到小数点后 6 位准确数字. 如果直接计算原来级数的前 7 项, 仅仅对第 7 项以后的余式作变换, 得到

$$\pi = 4 \left(1 - \frac{1}{3} + \frac{1}{5} - \frac{1}{7} + \frac{1}{9} - \frac{1}{11} + \frac{1}{13} \right)$$
$$- 2 \left(\frac{1}{15} + \frac{1}{15 \cdot 17} + \frac{1 \cdot 2}{15 \cdot 17 \cdot 19} + \cdots + \frac{1 \cdot 2 \cdot \cdots \cdot p}{15 \cdot 17 \cdot \cdots \cdot (15 + 2p)} + \cdots \right).$$

在这里, 括号中的级数的 8 项已经小于所要求的界:

$$2 \cdot \frac{1 \cdot 2 \cdot 3 \cdot 4 \cdot 5 \cdot 6 \cdot 7}{15 \cdot 17 \cdot \cdots \cdot 29} = 0.000\ 000\ 2 \cdots,$$

为了达到同样的精确度, 对比前述的 21 项, 除了保持原来形状的 7 项外, 只需再计算 8 项, 即总共 15 项!

415. 库默尔变换   我们已看到, 基于准确叙述的规则的欧拉变换导致单一的结果, 当真不总是有益的 [**414**,4)]. 库默尔提出的级数变换的方法允许更大的任意性, 给计算者的技巧提供许多东西, 然而, 在简化近似计算的意义上是目的性更强的. 我们只叙述作为所论方法的思想, 并用少量例子说明它.

设给定收敛级数

$$A^{(1)} + A^{(2)} + \cdots + A^{(k)} + \cdots, \tag{9}$$

欲计算级数具有给定近似程度的和. 显然 $A^{(k)} \to 0 (k \to \infty)$. 取另一个与 $A^{(k)}$ 等价的无穷小 $a_1^{(k)}$ [**62**], 使得级数

$$a_1^{(1)} + a_1^{(2)} + \cdots + a_1^{(k)} + \cdots$$

不仅收敛于有限和 A_1, 而且使得这个和易于计算. 如果令

$$A^{(k)} - a_1^{(k)} = \alpha_1^{(k)},$$

那么

$$\alpha_1^{(k)} = o(A^{(k)}),$$

$$\sum_1^\infty A^{(k)} = A_1 + \sum_1^\infty \alpha_1^{(k)},$$

且计算原先级数的和归纳到计算各项显然更快趋于零的变换级数的和.

例如, 想要计算级数 $\sum_1^\infty \dfrac{1}{k^2}$ 的和, 我们记起和等于 1 的级数 $\sum_1^\infty \dfrac{1}{k(k+1)}$ [**25**,9)] 并注意到:(当 $k \to \infty$ 时)

$$\frac{1}{k^2} \sim \frac{1}{k(k+1)}.$$

因为差

$$\frac{1}{k^2} - \frac{1}{k(k+1)} = \frac{1}{k^2(k+1)},$$

于是

$$\sum_1^\infty \frac{1}{k^2} = 1 + \sum_1^\infty \frac{1}{k^2(k+1)}.$$

且变换级数对计算更为有益.

所指出的过程可以重复进行, 取新的无穷小 $a_2^{(k)}$, 它与 $a_1^{(k)}$ 等价, 使得级数

$$a_2^{(1)} + a_2^{(2)} + \cdots + a_2^{(k)} + \cdots$$

收敛于有限的、易于计算的和 A_2, 我们按公式

$$\sum_1^\infty A^{(k)} = A_1 + A_2 + \sum_1^\infty \alpha_2^{(k)}$$

把计算原先级数的和归结为后一级数和的计算, 这后一级数的项

$$\alpha_2^{(k)} = \alpha_1^{(k)} - a_2^{(k)} = o(\alpha_1^{(k)})$$

趋于零比 $\alpha_1^{(k)}$ 更快.

重复这个过程 p 次, 达到公式

$$\sum_{k=1}^\infty A^{(k)} = A_1 + A_2 + \cdots + A_p + \sum_{k=1}^\infty \alpha_p^{(k)}, \tag{10}$$

其中

$$A_i = \sum_{k=1}^\infty a_i^{(k)} \quad (i = 1, 2, \cdots, p)$$

是一连串分离出来的级数的已知的和. 把事情归结为计算级数 $\sum_1^\infty \alpha_p^{(k)}$ 的和.

这样, 我们在前面引入的, 计算级数 $\sum_{k=1}^{\infty} \frac{1}{k^2}$ 的例子可以照如下进行:

$$\sum_{k=1}^{\infty} \frac{1}{k^2(k+1)} = \sum_{k=1}^{\infty} \frac{1}{k(k+1)(k+2)} + 2! \sum_{k=1}^{\infty} \frac{1}{k^2(k+1)(k+2)},$$

于是

$$\sum_{k=1}^{\infty} \frac{1}{k^2} = 1 + \frac{1}{2^2} + 2! \sum_{k=1}^{\infty} \frac{1}{k^2(k+1)(k+2)};$$

接着是

$$\sum_{k=1}^{\infty} \frac{1}{k^2} = 1 + \frac{1}{2^2} + \frac{1}{3^2} + 3! \sum_{k=1}^{\infty} \frac{1}{k^2(k+1)(k+2)(k+3)},$$

如此等等. 经 p 步之后, 得到

$$\sum_{k=1}^{\infty} \frac{1}{k^2} = 1 + \frac{1}{2^2} + \cdots + \frac{1}{p^2} + p! \sum_{k=1}^{\infty} \frac{1}{k^2(k+1)\cdots(k+p)}. \tag{10a}$$

同时, 我们始终利用为我们已知的公式

$$\sum_{k=1}^{\infty} \frac{1}{k(k+1)\cdots(k+p-1)(k+p)} = \frac{1}{p \cdot p!}$$

[由在 **363** 目 4) 中所引入的关系式中, 当 $\alpha = 0$ 得到的].

这样一来, 计算收敛较慢的级数 $\sum_{k=1}^{\infty} \frac{1}{k^2}$ 的和被归结为计算它的前 p 项 (对适当的 p 值). 的和及一个收敛较快的变换级数.

再举一个更为复杂的例子.

用 $S_p(p$—— 自然数) 表示级数

$$\sum_{k=1}^{\infty} \frac{1}{k^2(k+1)^2 \cdots (k+p-1)^2}.$$

对暂时不定的 y 有

$$\frac{k+y}{k^2(k+1)^2\cdots(k+p-1)^2} - \frac{k+1+y}{(k+1)^2(k+2)^2\cdots(k+p)^2}$$

$$= \frac{(2p-1)k^2 + p(p+2y)k + yp^2}{k^2(k+1)^2\cdots(k+p-1)^2(k+p)^2}.$$

由此可见 (当 $k \to \infty$)

$$\frac{1}{2p-1} \left[\frac{k+y}{k^2(k+1)^2\cdots(k+p-1)^2} - \frac{k+1+y}{(k+1)^2(k+2)^2\cdots(k+p)^2} \right]$$

$$\sim \frac{1}{k^2(k+1)^2\cdots(k+p-1)^2}.$$

如果以级数 S_p 的与这些项等价的各个差代替级数 S_p 的各项, 便得易于计算、其和为

$$\frac{1}{2p-1} \cdot \frac{1+y}{(1 \cdot 2 \cdot 3 \cdot \cdots \cdot p)^2}$$

的级数, 余 ("被变换的") 级数将具有通项

$$\frac{\left[2p - \dfrac{p}{2p-1}(p+2y)\right]k + \left[p^2 - \dfrac{yp^2}{2p-1}\right]}{k^2(k+1)^2 \cdots (k+p)^2}.$$

现在我们就利用 y 的任意性, 选择它使得分子上含有 k 的项为零:

$$y = \frac{3p}{2} - 1.$$

考虑到所有讲过的, 对级数 S_p 得到这样的变换公式:

$$S_p = \frac{3p}{2(2p-1)(p!)^2} + \frac{p^3}{2(2p-1)} \cdot S_{p+1}. \tag{11}$$

由此, 把数值 $1, 2, \cdots, p$ 接连代入 p, 有

$$\sum_{k=1}^{\infty} \frac{1}{k^2} = S_1 = \frac{3}{2} + \frac{1}{2} S_2,$$

$$\frac{1}{2} S_2 = \frac{3}{2 \cdot 2^2} \cdot \frac{1}{3} + \frac{(2!)^3}{2^2 \cdot 3!!} S_3,$$

$$\cdots\cdots\cdots\cdots\cdots\cdots\cdots\cdots\cdots\cdots\cdots\cdots\cdots$$

$$\frac{[(p-1)!]^3}{2^{p-1}(2p-3)!!} S_p = \frac{3}{p \cdot 2^p} \cdot \frac{(p-1)!}{(2p-1)!!} + \frac{(p!)^3}{2^p(2p-1)!!} S_{p+1}, \tag{11*}$$

最后, 将这些等式逐项相加, 得到如下结果:

$$\sum_{k=1}^{\infty} \frac{1}{k^2} = 3\left\{ \frac{1}{2} + \frac{1}{2 \cdot 2^2} \cdot \frac{1}{3} + \frac{1}{3 \cdot 2^3} \cdot \frac{2!}{5!!} + \cdots + \frac{1}{p \cdot 2^p} \cdot \frac{(p!)^3}{(2p-1)!!} \right\}$$

$$+ \frac{(p!)^3}{2^p \cdot (2p-1)!!} \sum_{k=1}^{\infty} \frac{1}{k^2(k+1)^2 \cdot \cdots \cdot (k+p)^2}. \tag{10б}$$

例如, 取 $p = 5$, 在变换级数中也取 5 项, 可以计算原先级数的和准确到 $\dfrac{1}{10^7}$.

416. 马尔可夫变换　　马尔可夫 (A.A.Markov) 所指出的对变换给定的收敛级数 (9)

$$\sum_{k=1}^{\infty} A^{(k)} = A$$

的方法, 同样给计算者留有很多任意性. 以任意方式把每一个 $A^{(k)}$ 展开成收敛级数, 我们有:

$$A^{(k)} = \sum_{i=1}^{\infty} a_i^{(k)}.$$

所有这些级数的项组成具有两个列表值的无穷长方矩阵 [比较 **393**,(1)].

$$
\begin{array}{c|cccc}
A^{(1)} & a_1^{(1)} & a_2^{(1)} & a_3^{(1)} \cdots a_i^{(1)} \cdots \\
A^{(2)} & a_1^{(2)} & a_2^{(2)} & a_3^{(2)} \cdots a_i^{(2)} \cdots \\
A^{(3)} & a_1^{(3)} & a_2^{(3)} & a_3^{(3)} \cdots a_i^{(3)} \cdots \\
\cdots & \cdots & \cdots & \cdots \\
A^{(k)} & a_1^{(k)} & a_2^{(k)} & a_3^{(k)} \cdots a_i^{(k)} \cdots \\
\cdots & \cdots & \cdots & \cdots
\end{array}
\tag{12}
$$

于是所求的数 A 径直是由这个矩阵组成的二重级数

$$A = \sum_{k=1}^{\infty} \sum_{i=1}^{\infty} a_i^{(k)}$$

的和. 其次, 还假设所有按列的级数

$$\sum_{k=1}^{\infty} a_i^{(k)} = A_i$$

收敛, 马尔可夫建立了级数 $\sum_{i=1}^{\infty} A_i$ 收敛于同一个和 A 的必要与充分条件.**马尔可夫变换**是将一个二重级数用另一个二重级数代换:

$$A = \sum_{k=1}^{\infty} A^{(k)} = \sum_{i=1}^{\infty} A_i.$$

例如, 在 **393** 目定理 3 中给出了应用马尔可夫变换的充分条件 [其实, 马尔可夫定理本身十分宽泛, 因为甚至没有假定在定理中所提到的级数的绝对收敛性.]

395 目中的关系式 (13) 是应用马尔可夫变换的例子, 所谈的级数 $\sum_{k=1}^{\infty} \dfrac{1}{k^2}$, 它的第 k 项这次表为有限项的和

$$\frac{1}{k^2} = a_1^{(k)} + a_2^{(k)} + \cdots + a_{k-1}^{(k)} + r_k$$

$$= (k-1)! \left[\frac{1}{1 \cdot 2 \cdots (k+1)} + \frac{1}{2 \cdot 3 \cdots (k+2)} + \cdots \right.$$

$$\left. + \frac{1}{(k-1) \cdot k \cdots (2k-1)} \right] + \frac{(k-1)!}{k^2(k+1) \cdots (2k-1)}.$$

然后按列求和, 便达到所提到的关系式 [参看 **395**,4)].

有趣地指出: 若应用展式

$$\frac{1}{k^2} = \sum_{i=1}^{\infty} a_1^{(k)} = \sum_{i=1}^{\infty} \frac{(k-1)!}{i(i+1) \cdots (i+k)},$$

则马尔可夫变换, 如 **395** 目 4) 中已强调的, 不给出任何新东西, 因为径直回到原先的级数.

可以构造联系于重复应用库默尔变换的矩阵 (12). 关于这一点在上一目已经谈到了 [参看 (10)], 但是在那里, 库默尔的 (变换) 过程重复仅仅有限次, 而在这里我们考虑的重复进行是延续到无穷的. 只不过每次应该验证当 $p \to \infty$ 时 (10) 式的 "余式" 趋于零:

$$\lim_{p \to \infty} \sum_{k=1}^{\infty} \alpha_p^{(k)} = 0.$$

为了证明这一点, 例如, 对于 (10б) 式, 我们指出: 在余式中出现的和不超过表达式

$$\frac{1}{(p!)^2} \sum_{k=1}^{\infty} \frac{1}{k^2},$$

因此整个余式不超过量

$$\frac{p!}{2^p (2p-1)!!} \sum_{k=1}^{\infty} \frac{1}{k^2},$$

显然, 它当 $p \to \infty$ 时趋于零. 在 (106) 中取极限, 便得等式

$$\sum_{k=1}^{\infty} \frac{1}{k^2} = 3 \left\{ \frac{1}{2} + \frac{1}{2 \cdot 2^2} \cdot \frac{1}{3} + \frac{1}{3 \cdot 2^3} \cdot \frac{2!}{5!!} + \cdots + \frac{1}{p \cdot 2^p} \cdot \frac{(p-1)!}{(2p-1)!!} + \cdots \right\}$$

$$= 3 \sum_{p=1}^{\infty} \frac{1}{p \cdot 2^p} \cdot \frac{(p-1)!}{(2p-1)!!}.$$

不难看出它与 **395** 目的 (13) 式恒等.

　　然而类似的极限过程并非总是导致有益的结果: 例如, 若在等式 (10a) 中取极限, 我们直接得到等式

$$\sum_{k=1}^{\infty} \frac{1}{k^2} = \sum_{p=1}^{\infty} \frac{1}{p^2}.$$

这样一来, 马尔可夫提出的方法给出了十分一般的模式, 给计算者提供广泛的可能性, 但对技巧有较多的要求.

§9. 发散级数的求和法

　　417. 导言　在本章整章中, 直到现在为止, 对于已给的数值级数

$$\sum_{n=0}^{\infty} a_n = a_0 + a_1 + a_2 + \cdots + a_n + \cdots, \tag{A}$$

我们是在部分和的极限

$$A = \lim A_n$$

存在并有限 (或者等于有确定符号的无穷大) 的假定下, 取这极限作为级数的和. 我们总认为 "振动" 发散级数没有和, 并且一贯地不考虑它们.

　　在 19 世纪后半期, 由于数学分析领域中的种种事实, 例如两个收敛级数乘积的发散性 [**392**], 自然地提出了在某些新的意义下 (当然与通常意义不同)发散级数求和的可能性问题. 某些这样的 "求和" 方法看来特别有效; 我们来详细谈谈这个问题.

　　必须说明: 在柯西建立严格的极限理论 (以及与它相关的级数理论) 以前, 在数学的应用上已经时常遇到过发散级数. 虽然对于它们在证明中的应用有过争论, 然而有时甚至于曾经有将它们赋予数值意义的企图. 譬如, 从莱布尼茨的时代开始, 已经取数 $\frac{1}{2}$ 作为 "振动" 级数

$$1 - 1 + 1 - 1 + 1 - 1 + \cdots$$

的 "和". 例如欧拉以为这种做法的理由是: 在展开式

$$\frac{1}{1+x} = 1 - x + x^2 - x^3 + x^4 - x^5 + \cdots$$

(实际上这个展开式只对 $|x| < 1$ 成立) 中用 1 代替 x 时, 恰好得到

$$\frac{1}{2} = 1 - 1 + 1 - 1 + 1 - 1 + \cdots.$$

在这里已经包含了真理的核心, 不过问题的提法不够明确; 这样任意选取展开式造成了各种可能, 譬如说, 由另一个展开式 (其中 n 与 m 任意但 $m < n$)

$$\frac{1 + x + \cdots + x^{m-1}}{1 + x + \cdots + x^{n-1}} = \frac{1 - x^m}{1 - x^n} = 1 - x^m + x^n - x^{n+m} + x^{2n} - \cdots,$$

同时就得到

$$\frac{m}{n} = 1 - 1 + 1 - 1 + 1 - \cdots$$

现代分析学用另一种方式提出问题. 它是以级数 "广义和" 的某些精确表述的定义为基础, 这种定义不仅是为了具体的我们感兴趣的数值级数而建立的, 而且还要应用到一整类这样的级数上. 这种方法的合理性不会引起怀疑: 读者必须回忆到不论通常的 "级数和" 概念看起来是怎样简单而自然, 它也是建立在 (只是被证实为合适的) 有条件地被采用的定义上! "广义和" 的定义通常要适合两个条件:

第一, 若级数 Σa_n 取广义和 A, 级数 Σb_n 取广义和 B, 则级数 $\Sigma(pa_n + qb_n)$, 其中 p 与 q 是两个任意常数, 必须取数 $pA + qB$ 作为广义和. 满足这种条件的求和法称为**线性的**.

第二, 新的定义必须包含通常的定义作为特例. 更精确地说, 在通常意义下收敛于和 A 的级数必须有广义和, 并且广义和同样等于 A. 具有这种性质的求和法称为**正则求和法**. 当然, 只有在比通常的求和法更广泛的情形下还可以求得 "和式" 的正则求和法才有用处: 只有这时我们才能有充分的理由说到 "广义求和".

我们现在直接转到讨论在应用的观点上特别重要的两种广义求和法.

418. 幂级数法   在实质上, 这种方法是泊松 (Poisson) 所发现的, 而且他首先企图将它应用到三角级数. 现叙述这种方法如下:

按照已给的数值级数 (A), 作出幂级数

$$\sum_{n=0}^{\infty} a_n x^n = a_0 + a_1 x + a_2 x^2 + \cdots + a_n x^n + \cdots; \tag{1}$$

若这级数关于 $0 < x < 1$ 收敛, 并且它的和 $f(x)$ 在 $x \to 1 - 0$ 时有极限 A:

$$\lim_{x \to 1-0} f(x) = A,$$

则数 A 称为已给级数的 (**在泊松意义下的**) "广义和".

例   1) 在这里, 根据定义本身, 从欧拉所讨论过的级数

$$1 - 1 + 1 - 1 + 1 - 1 + \cdots$$

就可导出它的和为 $\dfrac{1}{1+x}$ 的幂级数当 $x \to 1-0$ 时趋近于极限 $\dfrac{1}{2}$. 这就是说, 实际上, 在此处精确建立的意义下, 数 $\dfrac{1}{2}$ 就是所指出的级数的广义和.

2) 我们取更一般的例子: 三角级数

$$\frac{1}{2} + \sum_{n=1}^{\infty} \cos n\theta \tag{2}$$

对于一切值 $\theta, -\pi \leqslant \theta \leqslant \pi$, 是发散的.

实际上, 如果 θ 有 $\dfrac{p}{q}\pi$ 的形式, 其中 p 与 q 是自然数, 则对于 q 的倍数 n, 就有

$$\cos n\theta = \pm 1,$$

因此违反了级数收敛的必要条件. 如果比值 $\dfrac{\theta}{\pi}$ 是无理数, 则将它展开为无穷连分数, 并且作出其渐近分数 $\dfrac{m}{n}$, 如我们所知, 应有

$$\left| \frac{\theta}{\pi} - \frac{m}{n} \right| < \frac{1}{n^2},$$

从而

$$|n\theta - m\pi| < \frac{\pi}{n}.$$

这样, 对于无穷多个值 n,

$$|\cos n\theta \pm 1| < \frac{\pi}{n},$$

因此

$$|\cos n\theta| > 1 - \frac{\pi}{n}.$$

由此也可见收敛的必要条件不能成立.

如果作出幂级数

$$\frac{1}{2} + \sum_{n=1}^{\infty} r^n \cos n\theta \quad (0 < r < 1)$$

(在这里字母 r 代替了前面的字母 x), 则对于不等于 0 的值 θ, 它的和是:

$$\frac{1}{2} \cdot \frac{1 - r^2}{1 - 2r\cos\theta + r^2} \tag{3}$$

[参考 **440**(5)], 并且当 $r \to 1-0$ 时趋近于 0. 因此, 对于 $\theta \neq 0, 0$ 是级数的广义和. 如果 $\theta = 0$, 则级数 (2) 显然有和等于 $+\infty$; 而在这种情形下表示式 (3) 化为 $\dfrac{1}{2} \cdot \dfrac{1+r}{1-r}$, 也以 $+\infty$ 为极限.

3) 同样, 从只有当 $\theta = 0$ 或 $\pm\pi$ 时收敛的级数

$$\sum_{n=1}^{\infty} \sin n\theta \quad (-\pi \leqslant \theta \leqslant \pi)$$

可导出幂级数

$$\sum_{n=1}^{\infty} r^n \sin n\theta = \frac{r\sin\theta}{1 - 2r\cos\theta + r^2}$$

[**461**,6)(a)], 因此在这次广义和当 $\theta \neq 0$ 时等于 $\dfrac{1}{2}\operatorname{ctg}\dfrac{1}{2}\theta$, 当 $\theta = 0$ 时等于零.

由此显然可见所讨论的广义求和法是线性的. 至于这种方法的正则性, 则可从如下的阿贝尔定理确立:

若级数 (A) 收敛, 并有和 A(在通常的意义下), 则对 $0 < x < 1$, 幂级数 (1) 收敛, 并且当 $x \to 1 - 0$ 时, 其和趋于极限 A. [①]

首先, 很明显 [379], 级数 (1) 的收敛半径不小于 1, 因而事实上对 $0 < x < 1$, 级数 (1) 收敛. 我们已有等式

$$\sum_{n=0}^{\infty} a_n x^n = (1-x) \sum_{n=0}^{\infty} A_n x^n$$

(其中 $A_n = a_0 + a_1 + \cdots + a_n$)[参看 **385**,6);**390**,4)]; 将其与显然的等式

$$A = (1-x) \sum_{n=0}^{\infty} A x^n$$

逐项相减. 令 $A - A_n = \alpha_n$, 便得等式

$$A - \sum_{n=0}^{\infty} a_n x^n = (1-x) \sum_{n=0}^{\infty} \alpha_n x^n. \tag{4}$$

因为 $\alpha_n \to 0$, 则对任意给定的 $\varepsilon > 0$ 存在这样的 N, 使得只要 $n > N$, $|\alpha_n| < \frac{1}{2}\varepsilon$.

将 (4) 式右端的级数和分成两个和式:

$$(1-x) \sum_{n=0}^{N} \alpha_n x^n \quad \text{及} \quad (1-x) \sum_{n=N+1}^{\infty} \alpha_n x^n.$$

第二个和式立即可以估计, 且与 x 无关:

$$\left| (1-x) \sum_{n=N+1}^{\infty} \alpha_n x^n \right| \leqslant (1-x) \sum_{n=N+1}^{\infty} |\alpha_n| x^n < \frac{\varepsilon}{2} \cdot (1-x) \sum_{n=N+1}^{\infty} x^n < \frac{\varepsilon}{2}.$$

至于第一个和式, 则当 $x \to 1$ 时, 它趋于 0, 因而当 x 充分接近 1 时有

$$\left| (1-x) \sum_{n=0}^{N} \alpha_n x^n \right| < \frac{\varepsilon}{2},$$

于是最后有

$$\left| A - \sum_{n=1}^{\infty} a_n x^n \right| < \varepsilon,$$

这就证明了我们的论断.

①这个定理是阿贝尔在研究二项级数理论时证明的 [我们在 **437** 目 6° 中将回到这个定理]. 毋庸怀疑, 即是这个定理导致广义求和法的一般表述. 泊松仅仅是把广义求和法应用到特殊情形. 由于此点, 虽然发散级数求和法的观念与阿贝尔全然无关, 方法本身却常常被称为**阿贝尔法**. 今后, 我们还是把它称为**泊松–阿贝尔法**.

419. 陶伯定理　若用泊松–阿贝尔法求得级数 (A) 的和 A, 则如我们已经看到的, 这级数在通常的意义下可能没有和. 换句话说, 从极限

$$\lim_{x \to 1-0} \sum_{n=0}^{\infty} a_n x^n = A \tag{5}$$

的存在, 一般说来不能推出级数 (A) 收敛. 因此自然地产生了下面的问题: 为了使得可由 (5) 断定的级数 (A) 收敛, 也就是断定它在通常的意义下有和, 应当对这级数各项的性质加上怎样的补充条件?

在这方面的第一个定理是陶伯 (Tauber) 所证明的; 这个定理说:

设级数 (1) 当 $0 < x < 1$ 时收敛, 并且极限等式 (5) 成立. 若级数 (A) 的各项适合

$$\lim_{n \to \infty} \frac{a_1 + 2a_2 + \cdots + na_n}{n} = 0, \tag{6}$$

则

$$\sum_{n=0}^{\infty} a_n = A.$$

证明　我们将证明分成两部分. 首先假定

$$\lim_{n \to \infty} na_n = 0 \text{ 或 } a_n = o\left(\frac{1}{n}\right)^{①}.$$

若令

$$\delta_n = \max_{k \geqslant n} |ka_k|,$$

则当 $n \to \infty$ 时, 数量 δ_n 单调减小, 并趋近于零.

对于任意的自然数 N, 我们有

$$\sum_{0}^{N} a_n - A = \sum_{0}^{N} a_n(1 - x^n) - \sum_{N+1}^{\infty} a_n x^n + \left[\sum_{0}^{\infty} a_n x^n - A\right],$$

因此[②]

$$\left|\sum_{0}^{N} a_n - A\right| \leqslant \sum_{0}^{N} |na_n|(1 - x) + \sum_{N+1}^{\infty} \frac{|na_n| x^n}{n} + \left|\sum_{0}^{\infty} a_n x^n - A\right|$$

$$\leqslant (1 - x)N\delta_0 + \frac{\delta_{N+1}}{(N+1)(1-x)} + \left|\sum_{0}^{\infty} a_n x^n - A\right|.$$

---

①根据著名的柯西定理 [**33**,13)], 由此已可推出条件 (6) 成立, 但是反过来却不正确, 因此我们现在是从比 (6) 更特殊的假定出发.

②我们应用到显而易见的 (当 $0 < x < 1$ 时) 不等式

$$1 - x^n = (1 - x)(1 + x + \cdots + x^{n-1}) < n(1 - x)$$

及

$$\sum_{N+1}^{\infty} x^n = \frac{x^{N+1}}{1-x} < \frac{1}{1-x}.$$

取任意小的数 $\varepsilon > 0$, 令

$$(1-x)N = \varepsilon \quad \text{或} \quad x = 1 - \frac{\varepsilon}{N},$$

因此当 $N \to \infty$ 时,$x \to 1$. 现在设 N 选得充分大, 使得:1) 不等式 $\delta_{N+1} < \varepsilon^2$ 成立; 并且 2) 相对应的 x 是这样接近于 1, 以致

$$\left| \sum_0^\infty a_n x^n - A \right| < \varepsilon.$$

这时

$$\left| \sum_0^N a_n - A \right| < (2 + \delta_0) \cdot \varepsilon,$$

这就证明了定理.

定理的一般情形也可化到所考虑的特殊情形. 令

$$v_n = a_1 + 2a_2 + \cdots + na_n \quad (n \geqslant 1), v_0 = 0,$$

于是

$$a_n = \frac{1}{n}(v_n - v_{n-1}) \quad (n \geqslant 1),$$

然后

$$\sum_0^\infty a_n x^n = a_0 + \sum_1^\infty \frac{v_n}{n} x^n - \sum_1^\infty \frac{v_{n-1}}{n} x^n$$

$$= a_0 + (1-x) \sum_1^\infty \frac{v_n}{n} x^n + \sum_1^\infty \frac{v_n}{n(n+1)} x^{n+1}. \tag{7}$$

但是由定理的假定, 也就是由于 $\frac{v_n}{n}$ 当 $n \to \infty$ 时趋近于零, 我们容易得到

$$\lim_{x \to 1-0} (1-x) \sum_1^\infty \frac{v_n}{n} x^n = 0. \tag{8}$$

为了要证明它, 在这里只需将和式分成两部分:

$$(1-x) \sum_1^N + (1-x) \sum_{N+1}^\infty$$

并且选择 N 使得第二个和式中的一切因子 $\frac{v_n}{n}$ 的绝对值小于预先指定的数 $\varepsilon > 0$ —— 因而无论 x 是怎样, 第二个和式的绝对值小于 ε; 至于由确定的有限个项所组成的第一个和式, 则当 x 接近于 1 时也是这样.

因此, 由 (7),(5) 与 (8) 就有

$$\lim_{x \to 1-0} \sum_1^\infty \frac{v_n}{n(n+1)} x^{n+1} = A - a_0.$$

但是在这里已经能应用定理的已证明的特殊情形, 因此

$$\sum_1^\infty \frac{v_n}{n(n+1)} = A - a_0.$$

另一方面,

$$\sum_1^n \frac{v_m}{m(m+1)} = \sum_1^n \frac{v_m}{m} - \sum_1^n \frac{v_m}{m+1} = \sum_1^n \frac{v_m}{m} - \sum_1^{n+1} \frac{v_{m-1}}{m}$$

$$= -\frac{v_n}{n+1} + \sum_1^n a_m.$$

因为上式右端的第一项趋近于零, 于是

$$\lim_{n \to \infty} \sum_1^\infty a_m = A - a_0,$$

这样就完成了定理的证明.

后来, 许多数学家建立了一系列同一类型的精巧的定理 (称为 "陶伯型" 的定理), 它们包含形状改变了的并且推广了的陶伯条件. 我们对此将不加研究.

420. 算术平均法 这种方法的最简单的观念是弗罗贝尼乌斯(Frobenius) 所提出的. 但是通常它与切萨罗(Cesàro) 的名字发生联系, 因为后者对这个方法作了进一步的发展. 这种方法就是:

根据已给的数值级数 (A) 的部分和 A_n, 作出它们的逐步算术平均

$$\alpha_0 = A_0, \alpha_1 = \frac{A_0 + A_1}{2}, \cdots, \alpha_n = \frac{A_0 + A_1 + \cdots + A_n}{n+1}, \cdots$$

如果变量 α_n 当 $n \to \infty$ 时有极限 A, 则这数称为已给级数的 (在切萨罗的意义下的) 广义和.

例 1) 回到级数

$$1 - 1 + 1 - 1 + 1 - 1 + \cdots,$$

在这里我们有

$$\alpha_{2k} = \frac{k+1}{2k+1}, \alpha_{2k-1} = \frac{1}{2},$$

于是 $\alpha_n \to \frac{1}{2}$. 我们所得到的和数与用泊松–阿贝尔法所求得的相同 [**418**,1].

2) 级数

$$\frac{1}{2} + \sum_{n=1}^\infty \cos n\theta \quad (-\pi \leqslant \theta \leqslant \pi)$$

的部分和是 (只要 $\theta \neq 0$ 时)

$$A_n = \frac{\sin\left(n + \frac{1}{2}\right)\theta}{2\sin\frac{1}{2}\theta}.$$

现在不难计算算术平均:

$$(n+1)\alpha_n = \frac{1}{2\sin\frac{1}{2}\theta}\sum_{m=0}^{n}\sin\left(m+\frac{1}{2}\right)\theta = \frac{1}{4\sin^2\frac{1}{2}\theta}\sum_{m=0}^{n}[\cos m\theta - \cos(m+1)\theta]$$

$$= \frac{1-\cos(n+1)\theta}{4\sin^2\frac{1}{2}\theta} = \frac{1}{2}\left(\frac{\sin(n+1)\frac{\theta}{2}}{\sin\frac{\theta}{2}}\right)^2.$$

因此, 最后得到

$$\alpha_n = \frac{1}{2(n+1)}\left(\frac{\sin(n+1)\frac{\theta}{2}}{\sin\frac{\theta}{2}}\right)^2.$$

显然 $\alpha_n \to 0$: 在这里, 当 $\theta \neq 0$ 时,0 就是广义和 [参考 **418**,2)].

3) 最后, 重新提出级数

$$\sum_{n=1}^{\infty}\sin n\theta \qquad (-\pi \leqslant \theta \leqslant \pi).$$

当 $\theta \neq 0$ 时, 我们有

$$A_n = \frac{\cos\frac{1}{2}\theta - \cos\left(n+\frac{1}{2}\right)\theta}{2\sin\frac{1}{2}\theta},$$

然后

$$(n+1)\alpha_n = \frac{n+1}{2}\operatorname{ctg}\frac{1}{2}\theta - \frac{1}{4\sin^2\frac{1}{2}\theta}\sum_{m=1}^{n+1}[\sin(m+1)\theta - \sin m\theta]$$

$$= \frac{n+1}{2}\operatorname{ctg}\frac{1}{2}\theta - \frac{\sin(n+2)\theta - \sin\theta}{4\sin^2\frac{1}{2}\theta}.$$

由此可见 $\alpha_n \to \frac{1}{2}\operatorname{ctg}\frac{1}{2}\theta$.

在一切情形下, 根据切萨罗法所求得的广义和与根据泊松–阿贝尔法所求得的一样. 以后 [**421**] 要说明这并不是偶然的.

在这里也立即可见切萨罗法是线性的. 在极限

$$\lim_{n\to\infty}A_n = A$$

存在时, 由著名的柯西定理 [**33**,13)] 就可证明算术平均 α_n 也有同样的极限. 因此, 切萨罗法是正则的.

421. 泊松–阿贝尔法与切萨罗法的相互关系   我们从简单的说明开始:如果用算术平均法可求得级数 (A) 的有限 "和"A, 则必须有

$$a_n = o(n).$$

实际上, 由 $\alpha_{n-1} \to A$ 及 $\dfrac{n+1}{n}\alpha_n \to A$, 可知

$$\frac{(n+1)\alpha_n - n\alpha_{n-1}}{n} = \frac{A_n}{n} \to 0.$$

而这时也有

$$\frac{a_n}{n} = \frac{A_n}{n} - \frac{n-1}{n}\frac{A_{n-1}}{n-1} \to 0,$$

这就是所需要证明的.

下面的**弗罗贝尼乌斯**定理可解决在本目标题上所提出的问题:

如果用算术平均法可求得级数 (A) 的有限 "和"A, 则同时用泊松–阿贝尔法也可求得相同的和.

这样, 设 $\alpha_n \to A$. 由本目开始所作的说明, 显然幂级数

$$f(x) = \sum_{n=0}^{\infty} a_n x^n$$

关于 $0 < x < 1$ 收敛. 运用阿贝尔变换两次 [参考 **383**, 并且特别是 **385**,6)], 我们逐步得到:

$$f(x) = (1-x)\sum_{n=0}^{\infty} A_n x^n = (1-x)^2 \sum_{n=0}^{\infty}(n+1)\alpha_n x^{n①}$$

[同时应回忆到 $A_0 + A_1 + \cdots + A_n = (n+1)\alpha_n$]. 已知 (对于 $0 < x < 1)(1-x)^{-2} = \sum_0^{\infty}(n+1)x^n$ 或

$$1 = (1-x)^2 \sum_0^{\infty}(n+1)x^n.$$

用 A 乘这个恒等式的两端, 再逐项减去前一恒等式:

$$A - f(x) = (1-x)^2 \sum_{n=0}^{\infty}(n+1)(A-\alpha_n)x^n.$$

将右端的和式分成两部分:

$$(1-x)^2 \sum_0^{N-1} + (1-x)^2 \sum_N^{\infty},$$

---

① 从右端显然收敛的级数 (由于 α_n 有界) 出发, 不难直接证实上面的恒等式正确:

$$(1 - 2x + x^2)\sum_0^{\infty}(n+1)\alpha_n x^n = \sum_0^{\infty}[(n+1)\alpha_n - 2n\alpha_{n-1} + (n-1)\alpha_{n-2}]x^n$$

$$= \sum_0^{\infty}\{[(n+1)\alpha_n - n\alpha_{n-1}] - [n\alpha_{n-1} - (n-1)\alpha_{n-2}]\}x^n$$

$$= \sum_0^{\infty}(A_n - A_{n-1})x^n = \sum_0^{\infty}a_n x^n.$$

[这时我们令 $\alpha_{-1} = \alpha_{-2} = A_{-1} = 0$.]在这里可知最后一级数收敛.

在这里选择数 N, 使得当 $n > N$ 时,

$$|A - \alpha_n| < \varepsilon,$$

其中 ε 是预先任意给出的正数. 这时第二个和式的绝对值小于 ε(与 x 无关!), 而当 x 接近于 1 时, 第一个和式也是这样. 由此证明就完成了 [与 **418** 目阿贝尔定理的证明相比较].

这样, 我们断定: 在应用切萨罗法的一切情形下, 应用泊松–阿贝尔法也得到同样的结果. 反过来说则不正确: 有的级数可用泊松–阿贝尔法求和, 而在切萨罗的意义下无广义和. 例如, 我们考虑级数

$$1 - 2 + 3 - 4 + \cdots$$

因为在这里显然 (在本目开始所指出的) 用算术平均法求和的必要条件不成立, 所以不能应用这种方法. 而同时级数

$$1 - 2x + 3x^2 - 4x^3 + \cdots$$

有 (对于 $0 < x < 1$) 和 $\dfrac{1}{(1+x)^2}$, 它当 $x \to 1 - 0$ 时趋近于极限 $\dfrac{1}{4}$. 这就是用泊松–阿贝尔法所求得的级数的广义和.

因此, 泊松–阿贝尔法比切萨罗法要强些, 也就是说可应用到比较广泛的一类情形, 但是当同时可应用两种方法时, 它们彼此不相矛盾.

422. 哈代–兰道定理　　与在泊松–阿贝尔法的情形一样, 对于切萨罗法也可证明陶伯型的定理, 亦即确立级数各项的一些补充条件, 使得当那些条件成立时, 如果级数可用算术平均法求和, 则它在通常的意义下收敛.

由弗罗贝尼乌斯定理, 显然从泊松– 阿贝尔法的每个陶伯定理都可特别引导出切萨罗法的这种定理. 例如陶伯定理本身可以改述为: 若 $\alpha_n \to A$, 并且条件

$$\lim_{n \to \infty} \frac{a_1 + 2a_2 + \cdots + na_n}{n} = 0 \tag{9}$$

成立, 则同时也有 $A_n \to A$. 而且在这里, 由容易证实的恒等式

$$A_n - \alpha_n = \frac{a_1 + 2a_2 + \cdots + na_n}{n+1}[①].$$

可直接推出这个结果, 这个恒等式指出了: 在所考虑的情形下, 条件 (9) 是必要的.

[①]我们有

$$(n+1)A_n - (n+1)\alpha_n = (n+1)A_n - (A_0 + A_1 + \cdots + A_n)$$
$$= (A_n - A_0) + (A_n - A_1) + \cdots + (A_n - A_{n-1})$$
$$= (a_1 + a_2 + \cdots + a_n) + (a_2 + \cdots + a_n) + \cdots + a_n = a_1 + 2a_2 + \cdots + na_n.$$

哈代 (Hardy) 证明了: 不仅当 $a_n = o\left(\dfrac{1}{n}\right)$ 时 (这种情形已经包括在前面!), 而且在更广泛的假定

$$|ma_m| < C \quad (C\text{为常数}, m = 1, 2, 3, \cdots)$$

下, 可断定由 $\alpha_n \to A$ 能推出 $A_n \to A$. 兰道 (Landau) 证明了甚至于只要这种关系式 "单侧" 成立, 也就能够得到这样的结论.

若可用算术平均法求得级数 (A) 的 "和" A, 而且条件

$$ma_m > -C \quad (C = \text{常数}; m = 1, 2, 3, \cdots)$$

成立, 则同时也有

$$\sum_0^\infty a_n = A.$$

[改变级数的所有项的符号, 我们看到也可只假定另一方向的不等式成立:

$$ma_m < C.$$

显然这定理可特别应用到各项符号不变的级数.]

为了证明起见, 首先考虑和式

$$S = \sum_{m=n+1}^{n+k} A_m,$$

其中 n 与 k 是任意的自然数; 用恒等变换的方法, 容易将它化成下列形式:

$$S = \sum_{m=0}^{n+k} A_m - \sum_{m=0}^{n} A_m = (n+k+1)\alpha_{n+k} - (n+1)\alpha_n = k\alpha_{n+k} + (n+1)(\alpha_{n+k} - \alpha_n). \quad (10)$$

若取任意的 A_m(当 $n < m \leqslant n + k$ 时), 则利用所假定的不等式 $a_m > -\dfrac{C}{m}$, 可得 A_m 的在下方的估计值:

$$A_m = A_n + (a_{n+1} + \cdots + a_m) > A_n - \frac{k}{n}C,$$

于是对于 m 求和, 就得到

$$S > kA_n - \frac{k^2}{n}C.$$

由此与 (10) 式比较, 得到这样的不等式:

$$A_n < \alpha_{n+k} + \frac{n+1}{k}(\alpha_{n+k} - \alpha_n) + \frac{k}{n}C. \quad (11)$$

现在令 n 任意增加到无穷大, 而令 k 的变化适合下一条件: 比值 $\dfrac{k}{n}$ 趋近于预先给出的数 $\varepsilon > 0$. 这时不等式 (11) 的右端趋近于极限 $A + \varepsilon C$, 因此对于充分大的值 n 就有

$$A_n < A + 2\varepsilon C. \quad (12)$$

完全同样, 考虑下一和式:

$$S' = \sum_{m=n-k+1}^{n} A_m = k\alpha_{n-k} + (n+1)(\alpha_n - \alpha_{n-k}).$$

并且作出 A_m(当 $m-k<m<n$ 时) 的在上方的估计值:

$$A_m = A_n - (a_{m+1} + \cdots + a_n) < A_n + \frac{k}{n-k}C,$$

我们得到不等式

$$S' < kA_n + \frac{k^2}{n-k}C.$$

由此

$$A_n > \alpha_{n-k} + \frac{n+1}{k}(\alpha_n - \alpha_{n-k}) - \frac{k}{n-k}C.$$

如果 $n \to \infty$, 并且与在前面一样, 同时 $\frac{k}{n} \to \varepsilon$ $\left(\text{但这次设}\varepsilon < \frac{1}{2}\right)$, 则这个不等式的右端趋近于极限 $A - \frac{\varepsilon}{1-\varepsilon}C > A - 2\varepsilon C$. 因此, 对于充分大的 n, 应有

$$A_n > A - 2\varepsilon C. \tag{13}$$

比较 (12) 与 (13), 我们看到确乎

$$\lim A_n = A.$$

这样, 定理得证.

我们注意: 对于泊松–阿贝尔求和法, 也建立过类似的陶伯定理 —— 刚才所证明的定理只是这个定理的一个特别的推论. 但是由于它的证明复杂, 我们在这里不能加以研究.

423. 广义求和法在级数乘法上的应用 现在讨论广义求和法在依照柯西法则 [389] 的级数乘法问题上的应用. 设除级数 (A) 外, 还给出级数

$$\sum_{n=0}^{\infty} b_n = b_0 + b_1 + \cdots + b_n + \cdots, \tag{B}$$

则级数

$$\sum_{n=0}^{\infty} c_n \equiv \sum_{n=0}^{\infty}(a_0 b_n + a_1 b_{n-1} + \cdots + a_{n-1}b_1 + a_n b_0) \tag{C}$$

称为级数 (A) 与 (B) 的**乘积**. 如果两个已给的级数收敛, 并且有通常的和 A 与 B, 则级数 (C) 还是可能发散 [在 **392** 中, 我们有过这样的例子].

然而, 在一切情形下, 我们可用泊松–阿贝尔法求级数 (C) 的和, 并且所得和数就是 AB.

实际上, 对于 $0 < x < 1$, 级数 (1) 与级数

$$\sum_{n=0}^{\infty} b_n x^n = b_0 + b_1 x + b_2 x^2 + \cdots + b_n x^n + \cdots$$

都绝对收敛 [379]; 用 $f(x)$ 与 $g(x)$ 分别表示它们的和. 根据古典的柯西定理 [389], 这两个级数的乘积, 亦即级数

$$\sum_{n=0}^{\infty} c_n x^n \equiv \sum_{n=0}^{\infty}(a_0 b_n + a_1 b_{n-1} + \cdots + a_{n-1}b_1 + a_n b_0)x^n$$

收敛, 并且以乘积 $f(x)g(x)$ 作为和. 当 $x \to 1 - 0$ 时, 这个和趋近于 AB, 因为如我们所已经看到的, 分别有

$$\lim_{x \to 1-0} f(x) = A, \ \lim_{x \to 1-0} g(x) = B.$$

因此, 级数 (C) 的 "广义 (在泊松–阿贝尔的意义下) 和" 的确是 AB, 这就是所需要证明的.

　　由此, 作为推论得到了关于级数乘法的阿贝尔定理. 同样地, 由证明本身很清楚, 若级数 (A) 与 (B) 不是在通常意义下收敛, 而仅是按照泊松–阿贝尔法求的和 A 与 B, 则结论同样保持有效.

　　在这样的情况下, 考虑到弗罗贝尼乌斯定理 [421], 可以作出如下断言:若级数 (A), (B) 与 (C) 在切萨罗的意义下可求和, 且分别具有 "广义和" A, B 与 C, 则必然 $C = AB$.

　　作为例子, 我们考虑级数

$$\frac{1}{\sqrt{2}} = 1 - \frac{1}{2} + \frac{1 \cdot 3}{2 \cdot 4} - \cdots + (-1)^m \frac{(2m-1)!!}{(2m)!!} + \cdots$$

的 "平方", 这个级数是在二项展开式

$$\frac{1}{\sqrt{1+x}} = 1 - \frac{1}{2}x + \frac{1 \cdot 3}{2 \cdot 4}x^2 - \cdots + (-1)^m \frac{(2m-1)!!}{(2m)!!}x^m + \cdots$$

中取 $x = 1$ 而得到的. 将所述数值级数自乘, 就得到我们所熟悉的级数

$$1 - 1 + 1 - 1 + 1 - 1 + \cdots [1].$$

无论根据泊松–阿贝尔法或是根据切萨罗法, 它的广义和总是 $\dfrac{1}{2} = \left(\dfrac{1}{\sqrt{2}}\right)^2$.

　　其次, 把这个发散级数自乘, 得到级数

$$1 - 2 + 3 - 4 + \cdots,$$

其泊松–阿贝尔意义下的广义和是 $\dfrac{1}{4} = \left(\dfrac{1}{2}\right)^2$ (在切萨罗意义下它是不可求和的!).

424. 级数的其他广义求和法

1) **沃罗诺伊** (Voronoi) **法**. 设有正的数值序列 $\{p_n\}$ 且

$$P_0 = p_0, \quad P_n = p_0 + p_1 + \cdots + p_n \quad (n > 0).$$

由级数 (A) 的部分和组成表达式

$$w_n = \frac{p_n A_0 + p_{n-1} A_1 + \cdots + p_0 A_n}{P_n}.$$

若当 $n \to \infty$ 时 $w_n \to A$, 则 A 称为级数 (A) 对给定序列 $\{p_n\}$ 的选择**在沃罗诺伊意义下的广义和**.

---

[1]这儿我们利用了数值的等式

$$\sum_0^n \frac{(2m-1)!!}{(2m)!!} \cdot \frac{(2n-2m-1)!!}{(2n-2m)!!} = 1,$$

其中 $(-1)!!$ 与 $0!!$ 约定等于 1.

无论在这种情况下, 还是后面各种情况下, 方法的线性性质都是明显的, 所以我们不再谈它.

对于沃罗诺伊法的正则性, 其必要与充分条件是

$$\lim_{n\to\infty}\frac{p_n}{P_n}=0.$$

必要性   我们首先假设所考虑的方法是正则的: 设由 $A_n \to A$ 总可推出 $w_n \to A$. 特别若取级数

$$1-1+0+0+0+\cdots,$$

对此级数,$A_0 = 1$, 而 $A_n = 0$(因而 $A = 0$), 则必然有

$$w_n = \frac{p_n}{P_n} \to 0.$$

充分性   现在假定定理的条件成立, 我们来证明, 由 $A_n \to A$ 可推出 $w_n \to A$.

注意到特普利茨定理 [**391**] 且以 A_n 代入 $x_n, \dfrac{p_{n-m}}{P_n}$ 代入 t_{nm}, 这个定理的条件 (a) 成立, 因为

$$t_{nm}=\frac{p_{n-m}}{P_n} < \frac{p_{n-m}}{P_{n-m}} \to 0.$$

条件 (б) 与 (в) 成立是显然的, 因为

$$\sum_{m=0}^{n} |t_{nm}| = \sum_{m=0}^{n} t_{nm} = 1.$$

因此, 如所要求证明的, $w_n \to A$.

2) **推广的切萨罗法**. 我们已经熟悉了算术平均法 [**420**]; 它是切萨罗提出的求和法的无穷系列中最简单的一种. 一经确定了自然数 k, 切萨罗引进序列

$$\gamma_n^{(k)} = \frac{S_n^{(k)}}{C_{n+k}^k} = \frac{C_{n+k-1}^{k-1}A_0 + C_{n+k-2}^{k-1}A_1 + \cdots + C_{k-1}^{k-1}A_n}{C_{n+k}^k}$$

且把当 $n \to \infty$ 时它的极限看作是级数 (A) 的 (k 次) 广义和[①]. 当 $k = 1$ 时, 便回到算术平均法.

今后我们将不止一次用到组合系数 C 之间的如下关系式:

$$C_{k-1}^{k-1} + C_k^{k-1} + C_{k+1}^{k-1} + \cdots + C_{n+k-1}^{k-1} = C_{n+k}^k; \tag{14}$$

若从已知的关系式

$$C_{n+k}^k = C_{(n-1)+k}^k + C_{n+(k-1)}^{k-1}$$

出发, 对 n 作数学归纳法, 则 (14) 式易于证明.

首先证明, 所有次数的切萨罗法是正则的沃罗诺伊法的特殊情况. 为此, 只需令 $p_n = C_{n+k-1}^{k-1}$, 因为由 (14) 式便推出 $P_n = C_{n+k}^k$, 加之

$$\frac{p_n}{P_n} = \frac{1}{n+k} \to 0 \quad (\text{当}n \to \infty).$$

[①]在有的书中将其记为 (C, k).—— 译者

借助于等式 (14), 利用量 $S_n^{(k)}$, 可确立

$$S_0^{(k-1)} + S_1^{(k-1)} + \cdots + S_n^{(k-1)} = S_n^{(k)}.① \tag{15}$$

这给出了解释 k 次切萨罗求和与 $(k-1)$ 次切萨罗求和之间关系的可能性. 设级数 (A) 容许 $(k-1)$ 次求和. 因此 $\gamma_n^{(k-1)} \to A$. 根据 (14) 式与 (15) 式, 有

$$\gamma_n^{(k)} = \frac{S_n^{(k)}}{C_{n+k}^k} = \frac{S_0^{(k-1)} + S_1^{(k-1)} + \cdots + S_n^{(k-1)}}{C_{n+k}^k}$$
$$= \frac{C_{k-1}^{k-1}\gamma_0^{(k-1)} + C_k^{k-1}\gamma_1^{(k-1)} + \cdots + C_{n+k-1}^{k-1}\gamma_n^{(k-1)}}{C_{n+k}^k}.$$

到这里应用特普利茨定理 **[391]**, 同时令

$$x_n = \gamma_n^{(k-1)} \quad \text{及} \quad t_{nm} = \frac{C_{m+k-1}^{k-1}}{C_{n+k}^k} \quad (m = 0, 1, \cdots, n)$$

便得到结论: $\gamma_n^{(k)} \to A$. 这样一来, 若级数 (A) 按某一次数的切萨罗法是可求和的, 则这个级数按任意更高次数的切萨罗法也是可求和, 并且求得同样的和.

现在转向已为我们所熟悉的弗罗贝尼乌斯定理 **[421]** 的推广:若级数 (A) 按任意次(比如说,k 次)的切萨罗法可求和, 则它按泊松–阿贝尔法可求和并求得同样的和.

设给定

$$\lim_{n\to\infty} \gamma_n^{(k)} = \lim_{n\to\infty} \frac{S_n^{(k)}}{C_{n+k}^k} = A. \tag{16}$$

由此容易断定: 级数

$$\sum_{n=0}^{\infty} S_n^{(k)} x^n \tag{17}$$

对 $-1 < x < 1$ 收敛. 实际上, 因为 $C_{n+k}^k \sim \frac{n^k}{k!}$, 则从 (16) 式有:

$$\lim_{n\to\infty} \frac{|S_n^{(k)}|}{n^k} = \frac{|A|}{k!}.$$

若 $A \neq 0$, 则

$$\lim_{n\to\infty} \sqrt[n]{|S_n^{(k)}|} = 1,$$

因而, 根据柯西–阿达马定理, 级数 (17) 的收敛半径等于 1. 若 $A = 0$, 级数的收敛半径在任何情况下都不小于 1.

现在考虑等式的系列:

$$\sum_{n=0}^{\infty} a_n x^n = (1-x) \sum_{n=0}^{\infty} A_n x^n = (1-x) \sum_{n=0}^{\infty} S_n^{(0)} x^n,$$
$$\sum_{n=0}^{\infty} S_n^{(0)} x^n = (1-x) \sum_{n=0}^{\infty} S_n^{(1)} x^n,②$$
$$\cdots\cdots\cdots\cdots\cdots\cdots\cdots\cdots\cdots\cdots\cdots$$
$$\sum_{n=0}^{\infty} S_n^{(k-1)} x^n = (1-x) \sum_{n=0}^{\infty} S_n^{(k)} x^n.$$

---

① $S_n^{(0)}$ 就指 A_n.
② 此处与后面, 要注意到等式 (15).

在前面我们已得出上述系列最后一个级数在开区间 $(-1,1)$ 内的收敛性, 由此可推出 [参看 **390**,4)] 前面所有级数的收敛性. 此外

$$\sum_{n=0}^{\infty} a_n x^n = (1-x)^{k+1} \sum_{n=0}^{\infty} S_n^{(k)} x^n = (1-x)^{k+1} \sum_{n=0}^{\infty} \gamma_n^{(k)} C_{n+k}^k x^n. \tag{18}$$

把此式与另一等式

$$1 = (1-x)^{k+1} \sum_{n=0}^{\infty} C_{n+k}^k x^n \tag{19}$$

相比较 ——(19) 式在同一开区间 $(-1,1)$ 成立,(19) 式是由对级数

$$\frac{1}{1-x} = \sum_{n=0}^{\infty} x^n$$

微分 k 次得到的. 等式 (19) 两端乘以 A, 并从其逐项减去等式 (18), 最后得到

$$A - \sum_{n=0}^{\infty} a_n x^n = (1-x)^{k+1} \sum_{n=0}^{\infty} [A - \gamma_n^{(k)}] C_{n+k}^k x^n.$$

随后的论证 [考虑到 (16) 式] 与 **418** 目的阿贝尔定理及 **421** 目的弗罗贝尼乌斯定理的证明中所用的完全类似, 这些都留给读者. 结果我们得到:

$$\lim_{x \to 1-0} \sum_{n=0}^{\infty} a_n x^n = A.$$

这就是所要证明的.

注意, 存在着按照泊松–阿贝尔法可求和的发散级数, 但它按推广的切萨罗法没有一个方法是可求和的. 于是, 所说过的方法当中, 第一个方法原来强过所有后面的, 甚至比它们合起来还强.

3) **赫尔德** (Hölder) **法** 这些方法不过是重复使用算术平均法. 所有有关正则性及相互关系的问题, 都限于引用柯西定理.

可以说, 使用 k 回算术平均法完全等价于应用一回 k 次的切萨罗法, 即对同类级数求和, 并得同样的和.

4) **博雷尔** (Borel) **法** 这个方法是: 根据级数 (A) 及其部分和 A_n 作出表达式

$$\frac{\sum_0^{\infty} A_n \dfrac{x^n}{n!}}{\sum_0^{\infty} \dfrac{x^n}{n!}} = e^{-x} \sum_0^{\infty} A_n \frac{x^n}{n!}.$$

若后一级数收敛, 哪怕是对充分大的 x, 当 $x \to \infty$ 时, 其和有极限 A, 则这个数值就是对级数 (A) 在博雷尔意义下的广义和.

我们来证明博雷尔法的正则性. 设级数 (A) 收敛, 并用 (A) 表示其和, 它的余式 $A - A_n$ 用 α_n 表示.(对于充分大的 x) 有

$$A - e^{-x} \sum_0^{\infty} A_n \frac{x^n}{n!} = e^{-x} \sum_0^{\infty} A \frac{x^n}{n!} - e^{-x} \sum_0^{\infty} A_n \frac{x^n}{n!} = e^{-x} \sum_0^{\infty} \alpha_n \frac{x^n}{n!}.$$

给出任意小的正数 $\varepsilon > 0$; 找出这样的数码 N, 使得对 $n > N$ 成立 $|\alpha_n| < \dfrac{\varepsilon}{2}$. 把最末的式子表为和的形式:

$$e^{-x} \sum_{0}^{N} \alpha_n \frac{x^n}{n!} + e^{-x} \sum_{N+1}^{\infty} \alpha_n \frac{x^n}{n!}.$$

对不论怎样的 x, 第二项按绝对值 $< \dfrac{\varepsilon}{2}$, 而第一项是 e^{-x} 乘以 (对 x 的) 多项式, 对充分大的 x, 变得绝对小于 $\dfrac{\varepsilon}{2}$. 由此就全部证完了. [①]

　5) **欧拉法**. 对级数

$$\sum_{k=0}^{\infty} (-1)^k a_k$$

在 **413** 目有 [参看 (7) 式] 公式

$$\sum_{k=0}^{\infty} (-1)^k a_k = \sum_{p=0}^{\infty} (-1)^p \frac{\Delta^p a_0}{2^{p+1}}, \tag{20}$$

它表示的是"欧拉变换". 同时, 如所证明的, 由左端级数的收敛性已经推出右端级数的收敛性, 并且二者的和相等.

　然而在第一个级数发散的情况下, 第二个级数可能收敛; 在类似的情况下, 它的欧拉和可作为广义和而赋予第一个级数. 级数求和的欧拉法其实质就在这里, 刚才所作的说明保证方法的正则性.

　若把所考虑的级数写成通常的形式 (A), 而不分出正负号 $\pm$, 并回忆起 **413** 目, 对 p 阶差分的表达式 (4), 则可以说按照欧拉求和法, 取通常的级数和

$$\sum_{p=0}^{\infty} \frac{a_0 + \mathrm{C}_p^1 a_1 + \mathrm{C}_p^2 a_2 + \cdots + \mathrm{C}_p^p a_p}{2^{p+1}},$$

作为广义和 (假设后者收敛).

　我们就在这里结束发散级数求和的各种方法的述评, 因为为给读者建立起关于这个问题的方法的多样性的印象, 所引述的已经足够了. 在所有的情况下, 我们都把方法的正则性作为其必需的特性建立了起来. 只可惜我们不总是可能充分深入到不同方法之间关系的问题中去. 其实可能会发生两个方法的使用的范围交叉 (而不是一个覆盖另一个); 可能出现两个方法把不同的广义和赋予同一个发散级数的情形.

　425. 例子

1) 设 $\{a_n\}$ 是正的单调递减序列, 收敛于 0. 令

$$A_0 = a_0, A_n = a_0 + a_1 + \cdots + a_n \quad (n > 0).$$

　证明　变号级数

$$A_0 - A_1 + A_2 - A_3 + \cdots$$

[①] 读者会觉察到这个证明与阿贝尔定理 [**418**] 与其他定理的证明的相似之处.

按 (1 次) 切萨罗法是可求和的, 它的广义和等于收敛的莱布尼茨型级数

$$\alpha = a_0 - a_1 + a_2 - a_3 + \cdots$$

的和的一半[哈代 (Hardy)].

提示 计算所给级数的前 $2m$ 个部分和的算术平均值, 它可表为如下形式:

$$\frac{1}{2} \cdot \frac{(a_0 - a_1) + (a_0 - a_1 + a_2 - a_3) + \cdots + (a_0 - a_1 + \cdots + a_{2m-2} - a_{2m-1})}{m},$$

根据柯西定理 [**33**,13)], 它趋于 $\frac{1}{2}\alpha$. 然后已经容易证明前 $2m+1$ 个部分和的平均值趋于同一极限.

2) 取 $a_n = \dfrac{1}{n+1}$ 或 $a_n = \ln\dfrac{n+2}{n+1}(n = 0, 1, 2, \cdots)$, 根据 1) 中定理, 证明发散级数

$$H_1 - H_2 + H_3 - H_4 + \cdots [1]$$

与

$$\ln 2 - \ln 3 + \ln 4 - \ln 5 + \cdots,$$

二者按切萨罗法可求和, 其广义和分别等于 $\frac{1}{2}\ln 2$ 和 $\frac{1}{2}\ln\frac{\pi}{2}$.

提示 在第二种情形利用沃利斯公式 [**317**].

3) 借助于同一定理证明: 当 $-1 < x < 0$ 时, 发散的狄利克雷级数

$$\sum_{n=1}^{\infty} \frac{(-1)^{n-1}}{n^x} \equiv \sum_{n=1}^{\infty} (-1)^{n-1} n^\xi \quad (\xi = -x, 0 < \xi < 1)$$

可按切萨罗法求和.

提示 把 n^ξ 表为如下和的形状:

$$n^\xi = (1 - 0) + (2^\xi - 1) + \cdots + (n^\xi - (n-1)^\xi),$$

并且用微分学的方法证明, 随 n 的增长, 序列 $n^\xi - (n-1)^\xi$ 递减 [同时, 由于 **32**,5), 序列趋于 0].

4) 若把收敛级数的项用零来 "稀化"(即指用加入零来作为原先的项之间的间隔 —— 译者), 则这绝不会影响级数的收敛性, 也不会影响其和的数值. 由下面的例子可以看出, 发散级数的广义求和法, 可能是另外一种情况, 考虑级数

(a) $\underset{0}{1} - \underset{1}{1} + \underset{2}{1} - \underset{3}{1} + \underset{4}{1} - \underset{5}{1} + \cdots,$

(б) $\underset{0}{1} - \underset{1}{1} + \underset{2}{0} + \underset{3}{1} - \underset{4}{1} + \underset{5}{0} + \underset{6}{1} - \underset{7}{1} + \underset{8}{0} + \cdots,$

(в) $\underset{0}{0} + \underset{1}{1} - \underset{2}{1} + \underset{3}{0} + \underset{4}{1} + \underset{5}{0} + \underset{6}{0} + \underset{7}{0} - \underset{8}{1} + \cdots.[2]$

---

[1](通常)H_n 表示调和级数的第 n 个部分和.

[2](a) 中的 ± 1 项位于第 m 个位置 (其中 $m = 0, 1, 2, 3, \cdots$), 在 (в) 中 ± 1 项移到了第 2^m 个位置, 其余的位置用零填满.

关于第一个级数, 我们已知它的按切萨罗法的广义和等于 $\frac{1}{2}$. 证明:级数 (б) 已经有另外一个和, 即 $\frac{1}{3}$, 而级数 (в) 按切萨罗的意义全然不可求和.

提示　在级数 (в) 的情形, 当 n 从 2^{2m-1} 变到 $2^{2m}-1$ 时, 前 $n+1$ 项的算术平均值

$$从 \quad \frac{1}{3} \cdot \frac{2^{2m}-1}{2^{2m-1}+1} \to \frac{2}{3} \quad 到 \quad \frac{1}{3} \cdot \frac{2^{2m}-1}{2^{2m}} \to \frac{1}{3}$$

振动.

5) 设 k 是任意自然数, 考虑级数

$$\Sigma_k \equiv \sum_{n=0}^{\infty} (-1)^n C_{n+k}^k,$$

证明 Σ_k 用 k 次切萨罗法不可求和, 但用 $(k+1)$ 次切萨罗法可以求和 (趋于 "和" $\frac{1}{2^{k+1}}$).

应用等式 (18) 并应用等式 (19) 两次 (第一次以 $-x$ 代换 x, 而第二次用 x^2 代换 x), 顺次得到:

$$\sum_{n=0}^{\infty} S_n^{(k)} x^n = \frac{1}{(1-x)^{k+1}} \sum_{n=0}^{\infty} (-1)^n C_{n+k}^k x^n = \frac{1}{(1-x^2)^{k+1}} \sum_{m=0}^{\infty} C_{m+k}^k x^{2m}. ①$$

比较第一个和最末一个级数中 x 的同次幂的系数 [在这里我们应用了幂级数恒等的定理, 这个定理将在后面 **437** 目,3° 中证明], 得到结论:

$$S_{2m}^{(k)} = C_{m+k}^k, \quad S_{2m+1}^{(k)} = 0 \quad (m = 1, 2, 3, \cdots) \tag{21}$$

这样一来

$$\gamma_{2m}^{(k)} = \frac{C_{m+k}^k}{C_{2m+k}^k} \to \frac{1}{2^k}, \quad \gamma_{2m+1}^{(k)} = 0,$$

所提到的级数没有 k 次切萨罗广义和.

另一方面, 由于 (21),(15) 和 (14) 式, 无论是对 $n=2m$, 还是对 $n=2m+1$ 都有 $S_n^{(k+1)} = C_k^k + C_{1+k}^k + \cdots + C_{m+k}^k = C_{m+k+1}^{k+1}$. 由此

$$\gamma_{2m}^{(k+1)} = \frac{C_{m+k+1}^{k+1}}{C_{2m+k+1}^{k+1}} \to \frac{1}{2^{k+1}}$$

对 $\gamma_{2m+1}^{(k+1)}$ 也同样成立. 这就证明了我们的论断.

6) 级数

$$\sum_{n=0}^{\infty} (-1)^n (n+1)^k,$$

其中 k 是任意自然数, 同样是按 $(k+1)$ 次切萨罗法可求和的. 依靠上述结果, 可以证明这一点. 事实上, 把 C_{n+k}^k 按照 $(n+1)$ 的幂展开:

$$C_{n+k}^k = \frac{1}{k!} (n+k)(n+k-1) \cdots (n+1)$$
$$= \alpha_1^{(k)} (n+1)^k + \alpha_2^{(k)} (n+1)^{k-1} + \cdots + \alpha_{k-1}^{(k)} (n+1);$$

---

① 最末一个级数在开区间 $(-1, 1)$ 内的收敛性容易借助于柯西–阿达马定理证明, 由此已推出第一个级数的收敛性.

这里 $\alpha_i^{(k)}$ 是常系数, 同时 $\alpha_1^{(k)} = \dfrac{1}{k!} \neq 0$. 再把级数记成这样的等式后, 以 $k-1, k-2, \cdots, 1$ 代换 k, 然后倒容易把 $(n+1)^k$ 表成和的形状:

$$(n+1)^k = \beta_1^{(k)} C_{n+k}^k + \beta_2^{(k)} C_{n+k-1}^{k-1} + \cdots + \beta_k^{(k)} C_{n+1}^1,$$

β 为常系数. 但是

$$\sum_{n=0}^{\infty} (-1)^n (n+1)^k \equiv \beta_1^{(k)} \Sigma_k + \beta_2^{(k)} \Sigma_{k-1} + \cdots + \beta_k^{(k)} \Sigma_1.$$

因为所有的级数 $\Sigma_i (i = 1, 2, \cdots, k)$ 按 $(k+1)$ 次切萨罗法可求和 (我们在此处考虑到一系列次数的切萨罗法的性质!), 则由于所说方法的线性性质, 这一点对所论的级数也成立.

计算广义和本身, 只有在后面 [**449**] 才能够实现.

再举出几个直接应用赫尔德、博雷尔和欧拉法的简单例子.

7) 按赫尔德法计算下列级数的和:

(а) $1 - 2 + 3 - 4 + \cdots$;

(б) $1 - 3 + 6 - 10 + \cdots$.

答案　(а) 两次求平均值给出 $\dfrac{1}{4}$.

(б) 三次求平均值给出 $\dfrac{1}{8}$.

8) 按博雷尔法求级数 $1 - 1 + 1 - 1 + 1 - 1 + \cdots$ 的和.

答案　$\lim\limits_{x \to \infty} e^{-x} \cdot \dfrac{e^x + e^{-x}}{2} = \dfrac{1}{2}$.

9) 按欧拉法求下列级数的和:

(а) $1 - 1 + 1 - 1 + \cdots$;

(б) $1 - 2 + 3 - 4 + \cdots$;

(в) $1 - 2 + 2^2 - 2^4 + \cdots$;

(г) $1^3 - 2^3 + 3^3 - 4^3 + \cdots$.

提示　在所有的情况下应用公式 (20) 中的欧拉变换是方便的.

答案

(а) $A = \dfrac{1}{2}$;

(б) $\Delta^0 a_0 = 1, \Delta^1 a_0 = 1, \Delta^p a_0 = 0 (p > 1), A = \dfrac{1}{2} - \dfrac{1}{4} = \dfrac{1}{4}$;

(в) $\Delta^p a_0 = 1, A = \dfrac{1}{2} - \dfrac{1}{4} + \dfrac{1}{8} - \cdots = \dfrac{1}{3}$;

(г) $\Delta^0 a_0 = 1, \Delta^1 a_0 = 7, \Delta^2 a_0 = 12, \Delta^3 a_0 = 6$, 对 $p > 3, \Delta^p a_0 = 0, A = \dfrac{1}{2} - \dfrac{7}{4} + \dfrac{12}{8} - \dfrac{6}{16} = -\dfrac{1}{8}$.

426. 一般的线性正则求和法类　最后, 我们举出一种极其一般的方式来构成一类线性正则求和法, 在这种求和法中特别包含着上面所详细研究过的所有方法.

设已给出在参数 x 的某一变化区域 $\mathcal{X}$ 中的一个函数序列

$$\varphi_0(x), \varphi_1(x), \varphi_2(x), \cdots, \varphi_n(x), \cdots, \tag{Φ}$$

假定区域 $\mathcal{X}$ 以有限的或广义的数 ω 作为凝聚点. 根据已给的数值级数 (A) 作出由函数构成的级数

$$A_0\varphi_0(x) + A_1\varphi_1(x) + \cdots + A_n\varphi_n(x) + \cdots = \sum_{n=0}^{\infty} A_n\varphi_n(x) \tag{22}$$

(其中 $A_n = a_0 + a_1 + \cdots + a_n$), 若这个级数至少对于充分接近于 ω 的 x 是收敛的, 并且它的和 $\varphi(x)$ 当 $x \to \omega$ 时趋近于极限 A, 则取数 A 作为已给数值级数的广义和.

因此, 与选取序列 (Φ) 及极限点 ω 相关, 我们得到级数的某种求和法. 根据这种方法的作法, 显然可见它是线性的. 现在假定函数 $\varphi_n(x)$ 满足下列三个条件:

a) 对任意常数 n

$$\lim_{x \to \infty} \varphi_n(x) = 0;$$

б) 对充分接近 ω 的 x 值[①]

$$\sum_{n=0}^{\infty} |\varphi_n(x)| \leqslant K \quad (K = 常数);$$

в) 最后

$$\lim_{x \to \omega} \sum_{n=0}^{\infty} \varphi_n(x) = 1.$$

这时求和法就是正则的.

证明　于是, 设

$$\lim_{n \to \infty} A_n = A.$$

那么, 对任意给定的 $\varepsilon > 0$, 可以找到这样的号码 n', 使得对 $n > n'$ 有

$$|A_n - A| < \frac{\varepsilon}{3K}. \tag{23}$$

由于 A_n 的有界性以及级数 $\sum_{n=0}^{\infty} \varphi_n(x)$ 是绝对收敛的, 至少对 $|x - \omega| < \delta'(x > \Delta')$ 级数 $\sum_{n=0}^{\infty} A_n\varphi_n(x)$ 同样收敛. 同时, 显然

$$\sum_{n=0}^{\infty} A_n\varphi_n(x) - A = \sum_{n=0}^{n'}[A_n - A]\varphi_n(x) + \sum_{n=n'+1}^{\infty}[A_n - A]\varphi_n(x)$$
$$+ A\left[\sum_{n=0}^{\infty} \varphi_n(x) - 1\right],$$

因而取绝对值得

$$\left|\sum_{n=0}^{\infty} A_n\varphi_n(x) - A\right| \leqslant \left|\sum_{n=0}^{n'}[A_n - A]\varphi_n(x)\right|$$
$$+ \sum_{n=n'+1}^{\infty} |A_n - A| \cdot |\varphi_n(x)| + |A| \cdot \left|\sum_{n=0}^{\infty} \varphi_n(x) - 1\right|.$$

[①] 即: 若 ω 有限, 对 $|x - \omega| < \delta'$, 或者若 $\omega = +\infty$, 对 $x > \Delta'$.

由于 (23) 式及条件 (б), 右端第二项 $< \dfrac{\varepsilon}{3}$. 至于第一项和第三项, 由于条件 (a) 与条件 (в), 使 x 充分接近 ω 时, 每一项都可使其 $< \dfrac{\varepsilon}{3}$. 因此

$$\lim_{x \to \omega} \sum_{n=0}^{\infty} A_n \varphi_n(x) = A,$$

即广义和是存在的, 并且等于普通和.

若 x 是自然参数 m(因此 $\omega = +\infty$), 则函数序列 (Φ) 被无穷长方矩阵代替:

$$\left.\begin{matrix}
t_{00} & t_{01} & t_{02} \cdots t_{0m} \cdots \\
t_{10} & t_{11} & t_{12} \cdots t_{1m} \cdots \\
t_{20} & t_{21} & t_{22} \cdots t_{2m} \cdots \\
\cdots\cdots & \cdots\cdots & \cdots\cdots \\
t_{n0} & t_{n1} & t_{n2} \cdots t_{nm} \cdots \\
\cdots\cdots & \cdots\cdots & \cdots\cdots
\end{matrix}\right\} \tag{T}$$

取序列

$$T_m = A_0 t_{0m} + A_1 t_{1m} + \cdots + A_n t_{nm} + \cdots,$$

当 $m \to \omega$ 的极限作为级数 (A) 的广义和, 假设这个级数至少对于充分大的数值 m 是收敛的.

对这种情况的正则性条件变为如下形式:

(a) 对任意常数 n

$$\lim_{m \to \infty} t_{nm} = 0,$$

(б) 对充分大的 m

$$\sum_{n=0}^{\infty} |t_{nm}| \leqslant K \quad (K \text{ 为常数}),$$

(в) 最后,

$$\lim_{m \to \infty} \sum_{n=0}^{\infty} t_{nm} = 1.$$

在本质上, 所有这些思想属于特普利茨 [参看 **391**], 读者记得, 只是那里的矩阵假定是三角形矩阵. 这种特殊情况, 对我们来说多半是充分的. 我们还提到: 无论是按泊松– 阿贝尔法求和还是按博雷尔法求和都可达到前面所给的模式. 在第一种情形有

$$\sum_{n=0}^{\infty} a_n x^n = \sum_{n=0}^{\infty} (1-x) x^n A_n,$$

因此, 因子 $(1-x)x^n$ 在区域 $\mathscr{X} = (0,1)(\omega = 1)$ 起 $\varphi_n(x)$ 的作用. 在第二种情形, 在 $\mathscr{X} = (0,+\infty)(\omega = +\infty), \varphi_n(x) = e^{-x} \cdot \dfrac{x^n}{n!}$. 符合条件 (a),(б),(в) 容易验证, 根据前面已证明的一般定理, 仍可建立这些方法的正则性.

前面所给的求和法的一般求和法的定义以及有关它的正则性的定理容易这样来照搬: 使级数 (A) 求和当中参与的不是一部分和而直接是其各项 a_n 的情况. 我们不再谈及这一点了.

第十二章 函数序列与函数级数

§1. 一致收敛性

427. 引言 前面我们研究过无穷序列与它的极限, 无穷级数与它的和; 这些序列的元素或这些级数的项都是常数. 实际上, 有时在它们里面包括一些作为参数的变量, 而在研究的时候, 这些变量看作是确定的常数. 譬如, 当我们证明, 序列

$$1 + \frac{x}{1}, \left(1 + \frac{x}{2}\right)^2, \left(1 + \frac{x}{3}\right)^3, \cdots, \left(1 + \frac{x}{n}\right)^n, \cdots$$

有极限 e^x, 或者级数

$$x - \frac{x^2}{2} + \frac{x^3}{3} - \cdots + (-1)^{n-1}\frac{x^n}{n} + \cdots$$

有和 $\ln(1 + x)$ 的时候, x 是当作常数的. 序列的元素与它的极限的函数性质, 或者级数的项与它的和的函数性质, 以前是完全不考虑的; 而现在引起了我们的注意.

假设已知一序列, 它的元素为同一个变量 x 的函数, (而且确定在同一个变化区域 $\mathcal{X} = \{x\}$[①]上)

$$f_1(x), f_2(x), \cdots, f_n(x), \cdots. \tag{1}$$

设对于 $\mathcal{X}$ 中的每一个 x, 这个序列有有限极限; 因为极限完全由 x 的值来确定, 所以它也是 x 的函数 (在 $\mathcal{X}$ 中):

$$f(x) = \lim_{n \to \infty} f_n(x), \tag{2}$$

我们称它为序列 (1)[或函数 $f_n(x)$] 的**极限函数**.

[①]这区域通常是线段; 但我们现在要暂时保持最大的普遍性, 把 $\mathcal{X}$ 了解成任意一个无穷集合.

现在我们不只是对于在每个各别的 x 值上, 有极限存在的问题有兴趣, 而对于极限函数的函数性质也有兴趣. 为了使读者预先明了, 这里产生了什么样性质的新问题, 我们从这些问题中举出一个来作为例子讲一讲.

假定序列 (1) 的元素都是在区间 $\mathcal{X} = [a,b]$ 内 x 的连续函数; 是否能保证极限函数的连续性? 如像从下列例中看到的那样, 有时极限函数保持连续性的性质, 有时就不.

例　在以下所有的情形中 $\mathcal{X} = [0,1]$.

1) $f_n(x) = x^n$, 当 $x < 1$ 时 $f(x) = 0$, 而 $f(1) = 1$(在 $x = 1$ 处不连续).

2) $f_n(x) = \dfrac{1}{1 + nx}$, 当 $x > 0$ 时 $f(x) = 0$, 而 $f(0) = 1$(在 $x = 0$ 处不连续).

3) $f_n(x) = \dfrac{nx}{1 + n^2 x^2}$, 对于所有的 $x, f(x) = 0$(处处连续).

4) $f_n(x) = 2n^2 x \cdot e^{-n^2 x^2}$, 对于所有的 $x, f(x) = 0$(同上).

很自然的产生了问题 —— 建立极限函数保持连续性的条件; 这是我们要在第 **431** 与 **432** 目中讨论的.

我们已经看到 [**362**], 关于数项级数与它的和的研究只是关于数序列与它的极限的研究的另一种形式. 现在我们来考虑级数的项为同一个变量 x(在域 $\mathcal{X}$ 中) 的函数的情形:

$$\sum_{n=1}^{\infty} u_n(x) = u_1(x) + u_2(x) + \cdots + u_n(x) + \cdots \tag{3}$$

设这级数对在 $\mathcal{X}$ 中每个 x 值都收敛, 则它的和是一个 x 的函数 $f(x)$. 若 $f_n(x)$ 表示部分和

$$f_n(x) = u_1(x) + u_2(x) + \cdots + u_n(x), \tag{4}$$

级数的和可以用等式 (2) 的极限来下定义. 相反地, 如设

$$u_1(x) = f_1(x), u_2(x) = f_2(x) - f_1(x), \cdots$$
$$u_n(x) = f_n(x) - f_{n-1}(x), \cdots$$

关于任意已知序列 (1) 的极限函数的问题, 可以用级数 (3) 求和的形式来研究. 因为这种研究极限函数的方式, 在实际上常是很方便的, 我们就必需时常来处理函数级数.

这里同样也应该强调指出, 我们即将研究的对象不只是级数 (3) 收敛性的问题, 还有它的和的函数性质. 我们可以举出级数和的连续性问题作为例子, 并假定级数的所有各项都是连续的. 这就是与以前提到过的同样的问题.

可见, 极限函数 (或 —— 同一个意思 —— 级数和)$f(x)$ 的函数性质, 主要是依赖于 $f_n(x)$, 对于不同的 x 值, 趋向于 $f(x)$ 的特性. 在下目中, 我们要进行这里提出的一般可能性的研究.

428. 一致收敛性与非一致收敛性　　假设对于 $\mathcal{X}$ 中的所有 x 都有等式 (2). 按照极限的定义, 这就是说: 只要取定了 $\mathcal{X}$ 中 x 的值 (为了要处理固定的数序列), 任意给定 $\varepsilon > 0$, 都可找到这样一个数 N, 使得当 $n > N$ 时, 不等式

$$|f_n(x) - f(x)| < \varepsilon \tag{5}$$

成立. 这里 x 自然就是预先取定的值.

设另取一个 x 的值, 得到另一个数序列, 对于同样的 ε, 先所得到的 N 可能已是没有用了; 只好换个更大的. 如 x 所取的值为一无穷集合, 我们就有趋向于极限的不同数序列的无穷集合. 对于每个各别的数序列, 可找到它的 N; 因此产生这样一个问题: 是否存在适合于所有序列的数 N?

我们举一些例子来说明: 在一种情形, 这样的数 N 存在, 在另一种情形, 不存在.

1) 先设

$$f_n(x) = \frac{x}{1 + n^2 x^2}, \quad \lim_{n \to \infty} f_n(x) = 0 \quad (0 \leqslant x \leqslant 1).$$

因

$$0 \leqslant f_n(x) = \frac{1}{2n} \cdot \frac{2nx}{1 + n^2 x^2} \leqslant \frac{1}{2n},$$

立即就看出, 不管 x 的值为什么, 要使不等式 $f_n(x) < \varepsilon$ 实现, 取 $n > \dfrac{1}{2\varepsilon}$ 就够了. 这样, 在这情形, 数 $N = E\left(\dfrac{1}{2\varepsilon}\right)$ 同时适用于所有的 x.

2) 设 [**427**,3)]

$$f_n(x) = \frac{nx}{1 + n^2 x^2}, \quad \lim_{n \to \infty} f_n(x) = 0 \quad (0 \leqslant x \leqslant 1).$$

对于任意固定的 $x > 0$, 取 $n > E\left(\dfrac{1}{x\varepsilon}\right)$, 就足够使 $f_n(x) < \dfrac{1}{nx} < \varepsilon$. 但是另一方面, 不管 n 取得多大, 对于函数 $f_n(x)$ 在区间 $[0,1]$ 中总能找到一点 $x = \dfrac{1}{n}$, 使函数的值等于 $\dfrac{1}{2}: f_n\left(\dfrac{1}{n}\right) = \dfrac{1}{2}$. 这样, 要想靠着 n 的增加而使得一下子对于从 0 到 1 的所有的 x 值有 $f_n(x) < \dfrac{1}{2}$, 是不可能的. 换句话说, 对于 $\varepsilon = \dfrac{1}{2}$, 已经不存在同时适用于所有 x 的数 N 了.

在图 59 中, 对应于 $n = 4$ 与 $n = 40$, 这函数的图形表示出: 当 n 增加时, 峰高 $\dfrac{1}{2}$ 有从右向左移动的特性. 虽然当 n 增加时, 曲线序列的点沿着任意个别取定的铅垂线无限接近 x 轴, 但是在全部从 $x = 0$ 到 $x = 1$ 的区间上, 没有一个整个曲线是接近这轴的.

而 1) 中所研究的函数则另是一样; 我们不去画它的图了, 因为例如当 $n = 4$ 或 $n = 40$ 时, 它们可由图 59 所画的图形, 分别将全部纵坐标缩短为原来的 1/4 或 1/40 而得出. 此时诸曲线立即在每一处都靠近了 x 轴.

现在我们给出基本的**定义**:

设 1)在 $\mathcal{X}$ 中序列 (1) 有极限函数 $f(x)$,2) 对于每一个数 $\varepsilon > 0$, 存在与 x 无关的数 N, 当 $n > N$ 时, 不等式 (5) 对 $\mathcal{X}$ 中所有的 x 都适合; 那么就说, 序列 (1) 对于区域 $\mathcal{X}$ 中的 x **一致收敛**于 $f(x)$[或函数 $f_n(x)$ 一致趋向于 $f(x)$].

这样, 在第一个提到的例中, 函数 $f_n(x)$ 对于在区间 $[0,1]$ 中的 x 一致收敛于零, 在第二个中就不了.

还需要说明, 前目讨论的其他函数不是一致收敛的.

3) 对于函数 $f_n(x) = x^n [\textbf{427}, 1]$, 不等式 $x^n < \varepsilon (\varepsilon < 1)$, 不可能对所有 $x < 1$ 都成立, 显然因为当 $x \to 1$ 时 (对固定的 n),$x^n \to 1$. 图 60 表示了违反一致性的特性: 这里极限函数有跳跃的改变, 而峰是不变的.

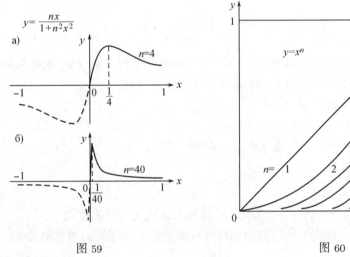
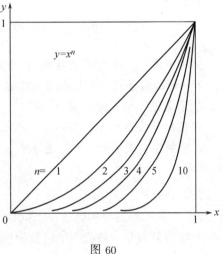

图 59   图 60

今设

4) $f_n(x) = \dfrac{1}{1 + nx}$, 或 5) $f_n(x) = 2n^2 x \cdot e^{-n^2 x^2}$.

极限函数对 $x > 0$ 时, 二种情形都是等于 0, 从

$$f_n\left(\frac{1}{n}\right) = \frac{1}{2}$$

或

$$f_n\left(\frac{1}{n}\right) = \frac{2n}{e}$$

看出一致接近极限函数的不可能. 在第二种情形, 峰高不只破坏了一致趋向于 0, 并且还无限增加.

在函数 x^n 与 $\dfrac{1}{1 + nx}$ 的例中, 我们用另外的方法来研究问题. 不等式

$$x^n < \varepsilon \quad \text{与} \quad \frac{1}{1 + nx} < \varepsilon$$

各相当于

$$n > \frac{\ln \varepsilon}{\ln x} \quad \text{与} \quad n > \frac{1}{x}\left(\frac{1}{\varepsilon} - 1\right) \quad (0 < x < 1; 0 < \varepsilon < 1).$$

因为, 在第一个中当 x 趋向于 1 时, 在第二个中当 x 趋向于 0 时, 表达式的右边无限增加, 所以知道没有一个数 n 可以对于所有的 x 值, 适合不等式.

现在我们要把以上所讲过的关于函数序列的收敛性转移到函数级数 (3) 的情形.

假设级数收敛, 我们来考虑, 它的和 $f(x)$, 部分和 $f_n(x)$[参看 (4)] 与它 n 项以后的余式

$$\varphi_n(x) = \sum_{k=n+1}^{\infty} u_k(x) = f(x) - f_n(x).$$

对于任何固定的 x

$$\lim_{n \to \infty} f_n(x) = f(x), \quad \text{即} \quad \lim_{n \to \infty} \varphi_x(x) = 0.$$

若部分和 $f_n(x)$ 对于在区域 $\mathcal{X}$ 中的 x, 一致趋向于级数和 $f(x)$[或级数的余式 $\varphi_n(x)$ 一致趋向于 0], 则说, 级数 (3) 在这区域中**一致收敛**.

这定义显然与下面的相当:

假设对于在区域 $\mathcal{X}$ 中所有 x 都收敛的级数 (3), 适合以下条件: 对于每一个数 $\varepsilon > 0$, 存在与 x 无关的数 N, 使得当 $n > N$ 时, 不等式

$$|f_n(x) - f(x)| < \varepsilon \quad \text{或} \quad |\varphi_n(x)| < \varepsilon \tag{6}$$

对于在 $\mathcal{X}$ 中所有 x 都同时适合. 这级数就称作在这域中**一致收敛**[①].

一致收敛与非一致收敛的级数的例可以从前面提到的序列的例变换过来. 我们再加一些新的例.

6) 考虑级数 $\sum_{n=1}^{\infty} x^{n-1}$; 它是在开区间 $\mathcal{X} = (-1, 1)$ 内收敛. 对于 $\mathcal{X}$ 中任意 x, 第 n 项以后的余式为

$$\varphi_n(x) = \frac{x^n}{1 - x}.$$

设 n 为任意取定的, 显然

$$\lim_{x \to -1+0} |\varphi_n(x)| = \frac{1}{2}, \lim_{x \to 1-0} \varphi_n(x) = \infty.$$

换言之亦即对于同一个 n, 对于所有的 x, 要同时使得不等式

$$|\varphi_n(x)| < \varepsilon \quad \left(\text{设} \varepsilon < \frac{1}{2}\right)$$

成立是不可能的. 级数在区间 $(-1, 1)$ 内的收敛性是不一致的; 这对于区间 $(-1, 0]$ 与 $[0, 1)$ 也是一样的.

[①]在科学中, 级数一致收敛性的概念是由赛得尔 (Seidel) 与斯托克斯 (Stokes) 同时 (在 1848 年) 引进, 但在他们之先, 魏尔斯特拉斯已经用在他的讲稿里了.

7) 对于 $\mathcal{X} = (-\infty, +\infty)$ 中的任意 x 值, 级数 $\sum_1^\infty \dfrac{(-1)^{n-1}}{x^2+n}$ 收敛, 因为它适合莱布尼茨定理的条件 [381]. 根据在定理证明后面所做的附注, 级数余式的绝对值小于它的第一项:

$$|\varphi_n(x)| < \frac{1}{x^2+n+1} < \frac{1}{n+1}.$$

由此可明了: 在整个无限区间内, 级数是一致收敛的.

8) 同样, 级数 $\sum_1^\infty \dfrac{(-1)^{n-1}x^2}{(1+x^2)^n}$ 在 $\mathcal{X} = (-\infty, +\infty)$ 内一致收敛, 因为当 $x \neq 0$ 时

$$|\varphi_n(x)| < \frac{x^2}{(1+x^2)^n} = \frac{x^2}{1+nx^2+\cdots} < \frac{1}{n}.$$

特别指出, 绝对值组成的级数 $\sum_1^\infty \dfrac{x^2}{(1+x^2)^n}$, 虽然是收敛的, 但不一致收敛. 实际上, 当 $x \neq 0$ 时, 它的余式为

$$\varphi_n(x) = \frac{\dfrac{x^2}{(1+x^2)^{n+1}}}{1 - \dfrac{1}{1+x^2}} = \frac{1}{(1+x^2)^n};$$

对于任意固定的 n, 当 $x \to 0$ 时, 它趋向于 1.

附注　设在例 2) 中, 用任意区间 $[a,1], 0 < a < 1$, 代替区间 $[0,1]$, 那么它的收敛性就是一致的. 因为, 对所有 $x \geqslant a$

$$f_n(x) = \frac{nx}{1+n^2x^2} \leqslant \frac{n}{1+n^2a^2} < \frac{1}{na^2}.$$

在任意区间 $[0,a]$ 中, 它的收敛性显然是非一致的. 这样, 在 $x = 0$ 点的周围 "积集着" 非一致性的性质; 我们就叫它作非一致性的点. 同样在例 4),5) 与 8) 中也如此. 在例 3) 中的 $x = 1$ 点, 在例 6) 中 $x = 1$ 与 $x = -1$ 二点都起相似的作用.

在更复杂的情形, 非一致性的点可能是无限多的.

429. 一致收敛性的条件　布尔查诺-柯西定理 **[39]** 建立了关于给定的数序列的有限极限的存在性的条件 ("收敛性原理"), 因此很自然地引进了, 关于给定在区域 $\mathcal{X}$ 中的函数序列 (1) 的一致收敛性的条件:

为使序列 (1)1) 有极限函数, 而且 2) 对于在区域 $\mathcal{X}$ 中的 x 一致收敛于这个函数, 其必要而且充分条件如下: 对于每一个数 $\varepsilon > 0$, 存在与 x 无关的数 N, 使得对于 $n > N$ 与任意 $m = 1, 2, 3, \cdots$, 不等式

$$|f_{n+m}(x) - f_n(x)| < \varepsilon \tag{7}$$

对于 $\mathcal{X}$ 中所有的 x 同时成立.

[这要求可以简单表述如下: 对于序列 (1) 的收敛性原则必须对于在 $\mathcal{X}$ 中所有 x 都一致适合.]

证明 必要性. 设序列 (1) 有极限函数 $f(x)$, 而且在 $\mathcal{X}$ 中一致收敛于这函数, 那么给定 $\varepsilon > 0$, 可找到与 x 无关的数 N, 使得当 $n > N$ 时, 对于所有的 x, 都有

$$|f_n(x) - f(x)| < \frac{1}{2}\varepsilon.$$

同样,

$$|f_{n+m}(x) - f(x)| < \frac{1}{2}\varepsilon \quad (m = 1, 2, 3, \cdots),$$

从这两个不等式得到 (7).

充分性. 设定理中的条件适合了. 无论取定 $\mathcal{X}$ 中的 x 为何值, 我们由序列 (1) 得到适合布尔查诺– 柯西条件的数值序列. 因此, 对于这个序列, 存在有限的极限, 因此证明了序列 (1) 极限函数的存在性.

现在任意取定 $n > N$ 与 $\mathcal{X}$ 中的 x, 在不等式 (7) 中, 无限增加 $m(n$ 与 x 固定). 取极限, 得到

$$|f(x) - f_n(x)| \leqslant \varepsilon.$$

这就证明 $f_n(x)$ 一致趋于 $f(x)$.

不难把已证明的条件换成关于函数级数的条件:

级数 (3) 在域 $\mathcal{X}$ 中一致收敛的必要与充分条件如下: 对于每一个数 $\varepsilon > 0$, 存在与 x 无关的数 N, 使得对于 $n > N$ 与任意 $m = 1, 2, 3, \cdots$, 不等式

$$\left| \sum_{k=n+1}^{n+m} u_k(x) \right| = |u_{n+1}(x) + u_{n+2}(x) + \cdots + u_{n+m}(x)| < \varepsilon. \tag{8}$$

对于 $\mathcal{X}$ 中所有的 x 同时成立.

从此特别得到以下有用的**推论**.

若级数 (3) 在域 $\mathcal{X}$ 中一致收敛, 它的所有的项都乘上同一个在 $\mathcal{X}$ 中有界的函数 $v(x)$:

$$|v(x)| \leqslant M,$$

则一致收敛性不变.

这里所引入的条件, 对于实际来确定具体的序列或级数的一致收敛性, 并不十分合用. 为了实际应用, 一般都利用 (以这个条件为基础, 但比较便于使用的) 充分的判别法, 这些判别法通常皆表述成适宜于级数之用的形状.

430. 级数一致收敛性的判别法 以下是最简单而且常用的判别法.

魏尔斯特拉斯判别法 若函数级数 (3) 的项在区域 $\mathcal{X}$ 中适合不等式

$$|u_n(x)| \leqslant c_n \quad (n = 1, 2, 3, \cdots), \tag{9}$$

这里 c_n 为一个收敛数项级数

$$\sum_{n=1}^{\infty} c_n = c_1 + c_2 + c_3 + \cdots \tag{C}$$

的项, 则级数 (3) 在 $\mathcal{X}$ 中一致收敛.

当具备不等式 (9) 时, 就说级数 (C) 优于级数 (3), 或级数 (C) 是对于级数 (3) 的**优级数**.

事实上, 从 (9) 我们得到, 对于区域 $\mathcal{X}$ 中所有 x, 同时成立的不等式

$$|u_{n+1}(x) + u_{n+2}(x) + \cdots + u_{n+m}(x)| \leqslant c_{n+1} + c_{n+2} + \cdots + c_{n+m}.$$

应用收敛性原理于数项级数 (C), 对于任一个 $\varepsilon > 0$, 可以找到 N, 使得当 $n > N$ 时, 上面不等式的右边部分小于 ε, 而左边同时对于所有的 x 也这样. 按照第 **429** 目的条件, 这就证明了我们的断言.

这样, 例如, 只要设级数 $\sum_{n=1}^{\infty} a_n$ 绝对收敛, 在任何区间中, 级数

$$\sum_{n=1}^{\infty} a_n \sin nx, \sum_{n=1}^{\infty} a_n \cos nx,$$

一致收敛. 因为

$$|a_n \sin nx| \leqslant |a_n|, |a_n \cos nx| \leqslant |a_n|,$$

所以, 级数 $\sum_{1}^{\infty} |a_n|$ 起了优势的作用.

附注 在 $\mathcal{X}$ 中一致收敛的每一个级数 $\sum_{n=1}^{\infty} u_n(x)$ 都可以用加括号的方法变成一个已可向其应用魏尔斯特拉斯判别法的级数.

事实上, 取任何一个正项收敛级数 $\sum_{k=1}^{\infty} c_k$, 对数 c_1 [**429**] 存在这样的数码 m_1, 使得在 $\mathcal{X}$ 中对 $n > m_1$ 有 $|u_{m_1+1}(x) + \cdots + u_n(x)| < c_1$. 然后对数 c_2 存在这样的数码 $m_2 > m_1$, 使得在 $\mathcal{X}$ 中对 $n > m_2$ 有 $|u_{m_2+1}(x) + \cdots + u_n(x)| < c_2$, 如此等等. 于是对所给级数按如下方式分群:

$$[u_1(x) + \cdots + u_{m_1}(x)] + [u_{m_1+1} + \cdots + u_{m_2}(x)]$$
$$+ [u_{m_2+1}(x) + \cdots + u_{m_3}(x)] + \cdots.$$

所得级数从第二项开始, 按其绝对值在 $\mathcal{X}$ 中不超过所取的数值级数.

假设, 魏尔斯特拉斯判别法适用于级数 (3), 那么级数 (3) 必须是绝对收敛. 而且, 项的绝对值组成的级数

$$\sum_{n=1}^{\infty} |u_n(x)|, \tag{10}$$

与级数 (3), 都一致收敛.

其中可能有这样的情形: 级数 (3) 一致收敛, 而不绝对收敛. 第 **428** 目的级数 7) 是这样的例 (从与调和级数的比较中, 得到这级数的不绝对收敛性). 甚至于可能有这种情形: 级数 (3) 绝对收敛并一致收敛, 但级数 (10) 不一致收敛 [参看在第 **428** 目中的级数 8)]. 这种类似的情形显然是不能用魏尔斯特拉斯判别法来包括的; 对于这些, 需要研究更精确的判别法

现在, 我们建立关于形式为

$$\sum_{n=1}^{\infty} a_n(x) \cdot b_n(x) = a_1(x) \cdot b_1(x) + a_2(x) \cdot b_2(x) + \cdots + a_n(x) \cdot b_n(x) + \cdots, \quad \text{(W)}$$

的函数级数的二种判别法, 其中 $a_n(x), b_n(x)(n = 1, 2, \cdots)$, 都是在 $\mathcal{X}$ 中 x 的函数. 这些判别法是从数项级数理论的阿贝尔判别法与狄利克雷判别法中仿制出来的; 我们就用这二学者的名字来称呼它们.

阿贝尔判别法 设级数

$$\sum_{n=1}^{\infty} b_n(x) = b_1(x) + b_2(x) + \cdots + b_n(x) + \cdots \quad \text{(B)}$$

在域 $\mathcal{X}$ 中一致收敛, 但是, 函数 $a_n(x)$(对于每一个 x) 成为单调序列, 而且对于任意 x 与 n, 都是有界的:

$$|a_n(x)| \leqslant K.$$

则级数 (W) 在域 $\mathcal{X}$ 中一致收敛.

证明与以前的相似. 由于级数 (B) 的一致收敛性, 可以找到与 x 无关的 N, 再引用第 **429** 目的条件 (代替收敛性原理), 其次再用阿贝尔引理 [**383**] 的帮助, 与以前一样的 $(n > N)$, 对于 $\mathcal{X}$ 中所有的 x 我们得到

$$\left| \sum_{k=n+1}^{n+m} a_k(x) \cdot b_k(x) \right| \leqslant \varepsilon(|a_{n+1}(x)| + 2|a_{n+m}(x)|) \leqslant 3K\varepsilon.$$

这就证明了我们的断言.

狄利克雷判别法 设级数 (B) 的部分和, 对于任意的 x 与 n, 都是有界的:

$$|B_n(x)| \leqslant M,$$

而函数 $a_n(x)$(对于每一个 x) 成为在域 $\mathcal{X}$ 中一致趋向于 0 的单调序列. 则级数 (W) 在这域中一致收敛.

这里的证明是与第 **384** 目中的证明一样的. 只要注意, 无关于 x 的 N 的可以取得, 正是由于 $a_n(x)$ 的一致趋向于 0.

实际上, 时常函数序列 $\{a_n(x)\}$ 是通常的数值序列$\{a_n\}$, 或者函数级数 $\sum_1^{\infty} b_n(x)$ 是通常的数项级数 $\sum_1^{\infty} b_n$. 需要注意, 这些情形是前面所讨论的特殊情

形, 事实上, 序列 $\{a_n\}$ 的收敛性与级数 $\sum_1^\infty b_n$ 的收敛性可以当作一致收敛性 (与 x 无关).

例如, 设 $\{a_n\}$ 是单调趋向于 0, 正数的序列, 那么按照狄利克雷判别法, 在任何不包含 $2k\pi(k = 0, \pm 1, \pm 2, \cdots)$ 形式的点的闭区间内, 两个级数

$$\sum_{n=1}^\infty a_n \sin nx, \quad \sum_{n=1}^\infty a_n \cos nx$$

一致收敛. 理由如下: 譬如 [参看 **385**,2)],

$$\left| \sum_{i=1}^n \sin ix \right| = \left| \frac{\cos \frac{1}{2}x - \cos \left(n + \frac{1}{2}\right) x}{2 \sin \frac{1}{2} x} \right| \leqslant \frac{1}{\left| \sin \frac{1}{2} x \right|},$$

并在上述的区间内 $\sin \frac{1}{2} x$ 是不等于 0 的, 所以可以得到关于和的与 x 无关的界.

读者在第 **439** 目以及此后几目中, 可以找到更多的一致收敛性判别法应用的例子.

§2. 级数和的函数性质

431. 级数和的连续性 现在我们转向函数级数和的函数性质的研究, 这些性质是与这些组成级数的函数有关的. 前面已经说明过序列的观点与无穷级数的观点是相当的. 在叙述中, 我们宁愿用无穷级数的观点, 因为在应用里几乎只碰到无穷级数. 第 **436** 目将要特别来讲前述的关于函数级数转移到函数序列的情形.

在所有以后的讨论中, 以前所引进的一致收敛的概念是起决定作用的, 所以要用全部力量把它的重要性弄清楚.

我们从第 **427** 目中已经提到过的关于级数和连续性的问题开始.

定理 1 设函数 $u_n(x)(n = 1, 2, 3, \cdots)$ 定义在区间 $\mathcal{X} = [a, b]$ 上, 并在这区间的一点 $x = x_0$ 上都连续. 若级数 (3) 在区间 $\mathcal{X}$ 上一致收敛, 则级数的和 $f(x)$ 在 $x = x_0$ 点上同样是连续的.

[与此相类似的命题, 是由柯西首先作出的; 不过这位著名的大师把这一命题的形式给得过于宽泛了, 没有提到需要 "一致性", 而缺了这一点, 这命题就不正确了.]

证明 用以前的记号, 对于任意 $n = 1, 2, \cdots$ 与 $\mathcal{X}$ 的任意 x, 就有

$$f(x) = f_n(x) + \varphi_n(x), \tag{11}$$

特别,

$$f(x_0) = f_n(x_0) + \varphi_n(x_0),$$

因为

$$|f(x) - f(x_0)| \leqslant |f_n(x) - f_n(x_0)| + |\varphi_n(x)| + |\varphi_n(x_0)|. \tag{12}$$

现在任意给定 $\varepsilon > 0$. 由于级数的一致收敛性, 可以确定一数 n, 使得不等式

$$|\varphi_n(x)| < \varepsilon. \tag{13}$$

对于在区间 $\mathcal{X}$ 中所有 x 的值 (也对于 $x = x_0$) 都成立. 我们看到, 对于这确定的 n, 函数 $f_n(x)$ 是有限个在 $x = x_0$ 点上连续的函数 $u_n(x)$ 的和. 因此它在这点上也连续, 即给定 $\varepsilon > 0$, 可以找到这样的 $\delta > 0$, 使得当 $|x - x_0| < \delta$ 时,

$$|f_n(x) - f_n(x_0)| < \varepsilon. \tag{14}$$

所以, 由于 (12),(13) 与 (14), 不等式 $|x - x_0| < \delta$ 推出

$$|f(x) - f(x_0)| < 3\varepsilon,$$

这就证明了定理.

自然, 如果函数 $u_n(x)$ 在整个区间 $\mathcal{X} = [a,b]$ 上连续, 那么当具有一致收敛性时, 级数 (3) 的和 $f(x)$ 也在整个区间上连续.

在定理中, 一致收敛性的要求是不可以去掉的, 譬如, 级数

$$\sum_{n=1}^{\infty} \frac{x^2}{(1+x^2)^n}$$

[参看 **428**,8)], 它的和在 $x \neq 0$ 时等于 1, 在 $x = 0$ 时等于 0, 这就说明了这点. 可是一致收敛性只是定理中的充分条件, 不能认为是对于级数和连续性[1]的必要条件: 例如, 虽然两个级数

$$\sum_{n=1}^{\infty} 2x[n^2 e^{-n^2 x^2} - (n-1)^2 e^{-(n-1)^2 x^2}],$$

$$\sum_{n=1}^{\infty} \left[\frac{nx}{1+n^2 x^2} - \frac{(n-1)x}{1+(n-1)^2 x^2} \right] \tag{15}$$

[比较 **428**,5)与 2)]都不一致收敛, 这两个级数在区间 [0,1] 中有连续的和 0.

可是, 有这类的情形, 一致收敛性完全是必要的. 在这方面, 我们要证明以下**迪尼** (U.Dini) **的定理**.

定理 2 设级数 (3) 的项, 在整个区间 $\mathcal{X} = [a,b]$ 上, 是连续的而且是正的. 若级数有在整个区间上也连续的和 $f(x)$, 则它在这区间上一致收敛.

证明 我们考虑级数 (3) 的余式

$$\varphi_n(x) = \sum_{k=n+1}^{\infty} u_k(x) = f(x) - f_n(x).$$

---

[1]参看下一目.

x 的函数 $\varphi_n(x)$ 是两个连续函数的差, 也就是连续的了. 由于级数的项是正的, 对于固定的 x, 序列 $\{\varphi_n(x)\}$ 是下降的 (不上升的):

$$\varphi_1(x) \geqslant \varphi_2(x) \geqslant \cdots \geqslant \varphi_n(x) \geqslant \varphi_{n+1}(x) \geqslant \cdots.$$

最后, 因为级数 (3) 在区间 $\mathcal{X}$ 上收敛, 对于任意固定的 x

$$\lim_{n \to \infty} \varphi_n(x) = 0.$$

为了要建立级数的一致收敛性, 只要证明, 对于每一个数 $\varepsilon > 0$, 存在这样一个值 n, 使得对于所有的 x 同时 $\varphi_n(x) < \varepsilon$ (因为对于更大的值 n, 这不等式就更对).

我们用反证法. 假设对于某一个 $\varepsilon > 0$, 这样的数 n 不存在. 所以对于任意 $n = 1, 2, \cdots$, 在区间 $\mathcal{X}$ 上可找到这种使得 $\varphi_n(x_n) \geqslant \varepsilon$ 的值 $x = x_n$. 所有在序列 $\{x_n\}$ 中的元素都包含在有限的区间 $\mathcal{X}$ 上, 我们应用布尔查诺–魏尔斯特拉斯引理 [**41**], 并从 $\{x_n\}$ 中分出一个收敛于极限 x_0 的部分序列 $\{x_{n_k}\}$.

由于 $\varphi_m(x)$ 的连续性, 无论 m 是什么, 都有

$$\lim_{k \to \infty} \varphi_m(x_{n_k}) = \varphi_m(x_0),$$

在另一方面, 对于任意 m 与足够大的 k,

$$n_k \geqslant m, \quad \text{所以} \quad \varphi_m(x_{n_k}) \geqslant \varphi_{n_k}(x_{n_k}) \geqslant \varepsilon.$$

当 $k \to \infty$ 时, 取极限, 得到

$$\lim_{k \to \infty} \varphi_m(x_{n_k}) = \varphi_m(x_0) \geqslant \varepsilon.$$

但是这些对于任意 m 都成立的不等式就与

$$\lim_{m \to \infty} \varphi_m(x_0) = 0.$$

矛盾. 定理证完.

432. 关于拟一致收敛的附注　若函数级数 (3) 由在区间 $\mathcal{X} = [a, b]$ 连续的函数组成, 并在这个区间上收敛于和 $f(x)$, 则为使 $f(x)$ 是连续的充分条件是级数一致收敛, 但是在一般情形下这完全不是必要的. 迪尼和另外一些人觉察到, 某种 "弱" 一致收敛性也是充分条件, 这种 "弱" 一致收敛性是: *对每一个 $\varepsilon > 0$ 与每一个数码 N', 至少存在一个与 x 无关的数码 $n > N'$, 使得不等式 (6) 对 $\mathcal{X}$ 中所有的 x 成立*. 实际上, 在证明定理 1 时我们仅仅利用了一个数码 n, 对它, 不等式 (13) 对 $\mathcal{X}$ 中所有 x 成立.

然而甚至这种 "弱" 一致性对级数 (3) 的和 $f(x)$ 的连续性仍然不是必要的. 例如收敛于连续和 $f(x) \equiv 0$ 的级数 (15), 不具有这种 "弱" 一致性.

1883 年阿尔泽拉 (Arzelá) 在研究中引入了特殊类型的收敛性 (后来得到了**拟一致收敛**的名称), 它解决了保证收敛级数的和函数的连续性的**精确**特征的问题.

关于在区间 $\mathcal{X} = [a, b]$ 内收敛的级数 (3), 若对于每一个 $\varepsilon > 0$ 及每一个数码 N', 区间 $\mathcal{X}$ 可以被有限个开区间

$$(a_1, b_1), (a_2, b_2), \cdots, (a_i, b_i), \cdots, (a_k, b_k)$$

所覆盖, 与这些区间对应的可提供 k 个数码

$$n_1, n_2, \cdots, n_i, \cdots, n_k \quad (> N'),$$

使得对于 ($\mathcal{X}$ 中) 所有的含于 $(a_i, b_i)(i = 1, 2, \cdots, k)$ 中的 x 一致地成立不等式

$$|f(x) - f_{n_i}(x)| = |\varphi_{n_i}(x)| < \varepsilon,$$

则说级数 (3) 在 $\mathcal{X}$ 中**拟一致收敛**于和 $f(x)$.

对于上面提到的 "弱" 一致收敛性, $\mathcal{X}$ 中所有的 x 值对应于同一个数码 n, 而这里, 所有的 x 被分成若干组, 各组对应于不同的 n 值, 但总是**有限个** n 值.

利用这个概念, 阿尔泽拉证明了如下断言:

定理 3 设函数 $u_n(x)$ 在区间 $\mathcal{X} = [a, b]$ 有定义并且连续, 级数 (3) 在这个区间收敛. 为使级数的和 $f(x)$ 在 $\mathcal{X}$ 同样是连续的, **必须且只需**级数在 $\mathcal{X}$ **拟一致收敛**于 $f(x)$.

必要性 首先假设函数 $f(x)$ 的连续性, 因而意味着所有的余式 $\varphi_n(x)$ 也是连续的. 在 $\mathcal{X}$ 中取任意点 x'. 按照给定的数 ε 和 N, 对点 x' 可找到这样的数码 $n' > N$, 使得

$$\left|\varphi_{n'}(x')\right| < \varepsilon.$$

根据函数 $\varphi_{n'}(x)$ 的连续性, 在 x' 的某个邻域 $\sigma' = (x' - \delta', x' + \delta')$ 内将成立类似的不等式

$$|\varphi_{n'}(x)| < \varepsilon.$$

由对于 $\mathcal{X}$ 中所有可能的 x' 构造的这些开区间 σ' 组成某个无穷的系 $\sum$, 它覆盖区间 $\mathcal{X}$. 那么, 根据博雷尔引理 [**88**]. 从 $\sum$ 中可分出区间的有限的子系

$$\sum\nolimits^* = \{\sigma_1, \sigma_2, \cdots, \sigma_k\},$$

它同样覆盖 $\mathcal{X}$. 这些区间即是在拟一致收敛定义中所提到过的那些开区间.

充分性 现在假设级数 (3) 拟一致收敛于自己的和 $f(x)$. 数 ε 与 N' 被指定以后, 我们以定义中指出的性质构造区间 (a_i, b_i) 并选择数码 $n_i(i = 1, 2, \cdots, k)$. 在 $\mathcal{X}$ 中随意地选择点 x_0; 设该点含于区间 (a_{i_0}, b_{i_0}), 如同在证明定理 1[**431**,(12)] 那样, 可以写出

$$|f(x) - f(x_0)| \leqslant |f_{n_i}(x) - f_{n_i}(x_0)| + |\varphi_{n_i}(x)| + |\varphi_{n_i}(x_0)|. \tag{12a}$$

同时, 显然

$$|\varphi_{n_i}(x_0)| < \varepsilon;$$

若 x 也属于这个区间 (a_{i_0}, b_{i_0}), 则

$$|\varphi_{n_i}(x)| < \varepsilon.$$

可以找到这样的数 $\delta > 0$, 使得当 $|x - x_0| < \delta$ 时, 不仅 x 含于区间 (a_{i_0}, b_{i_0}), 而且 (12a) 式右端第一项也 $< \varepsilon$, 而这意味着

$$|f(x) - f(x_0)| < 3\varepsilon,$$

$f(x)$ 在点 x_0 的连续性得证[①].

从这个定理很容易得出上一目的迪尼定理. 事实上, 若级数 (3) 由正的连续函数组成并收敛于连续的和, 则如我们所见到的, 收敛性必然是拟一致收敛.

利用在这种情况下余式 $\varphi_n(x)$ 随 n 的增大而减小的事实, 只要取数码 N 大过所有 $n_i(i = 1, 2, \cdots, k)$, 使得对 $n > N$, 不等式 (6) 对 $\mathcal{X}$ 中所有 x 一致地成立: 收敛性原来是一致的.

433. 逐项取极限   我们再引进一个定理, 这是定理 1 的推广. 在这定理中, $\mathcal{X} = \{x\}$ 是有凝聚点 a(有限的或非有限的) 的任意无穷集合 [**52**]; 这个点的本身可以属于集合, 可以不属于集合.

定理 4   设对于 x 趋向于 a, 定义在域 $\mathcal{X}$ 上的每一个函数 $u_n(x)(n = 1, 2, \cdots)$ 都有有限的极限:

$$\lim_{x \to a} u_n(x) = c_n. \tag{16}$$

若在域 $\mathcal{X}$ 中, 级数 (3) 一致收敛, 则 1) 这些极限所组成的级数收敛:

$$\sum_{n=1}^{\infty} c_n = C; \tag{C}$$

2) 级数 (3) 的和 $f(x)$, 当 $x \to a$ 时, 有同样的极限:

$$\lim_{x \to a} f(x) = C. \tag{17}$$

证明   按照第 **429** 目一致收敛性的条件, 对于任意取定的 $\varepsilon > 0$, 存在数 N, 使得当 $n > N$ 与 $n = 1, 2, 3, \cdots$ 时, 不等式 (8) 对于 $\mathcal{X}$ 中所有的 x 都成立. 当 $x \to a$ 时, 同时考虑到 (16), 取极限, 我们得到

$$|c_{n+1} + c_{n+2} + \cdots + c_{n+m}| \leqslant \varepsilon,$$

所以对于级数 (C) 收敛性的条件是成立的 [**376**].

像通常一样, 如果用 C, C_n 与 γ_n 分别记级数的和, 部分和与余式, 那么

$$C = C_n + \gamma_n.$$

从 (11) 逐项减去这等式, 很容易得到

$$|f(x) - C| \leqslant |f_n(x) - C_n| + |\varphi_n(x)| + |\gamma_n|. \tag{18}$$

[①]如同读者所觉察的, 所有的号码 n_i 可以选得随便怎样大的假设事实上并没有用到.

由于级数 (3) 的一致收敛性与级数 (C) 的收敛性, 对任意 $\varepsilon > 0$ 可以取定足够大的 n, 使得对于 $\mathcal{X}$ 中所有的 x

$$|\varphi_n(x)| < \varepsilon, \text{ 同样 } |\gamma_n| < \varepsilon. \tag{19}$$

因为, 显然

$$\lim_{x \to a} f_n(x) = \lim_{x \to a} \sum_{k=1}^{n} u_k(x) = \sum_{k=1}^{n} c_k = C_n,$$

如果限制于有限 a 的情形, 那么我们找到这样的 $\delta > 0$, 使得当 $|x - a| < \delta$ 时

$$|f_n(x) - C_n| < \varepsilon. \tag{20}$$

所以, 由于 (18),(19) 与 (20), 对于指定的 x 值, 不等式

$$|f(x) - C| < 3\varepsilon$$

成立, 这就得到了 (17)[①].

等式 (17) 可以写成

$$\lim_{x \to a} \sum_{n=1}^{\infty} u_n(x) = \sum_{n=1}^{\infty} \{\lim_{x \to a} u_n(x)\};$$

这样, 当一致收敛性存在时, 级数和的极限等于它的项的极限所组成的级数的和, 或者换句话说, 在级数中允许逐项取极限.

434. 级数的逐项求积分　　现在我们来考虑关于收敛函数级数的和的积分的问题.

定理 5　若函数 $u_n(x)(n = 1, 2, 3, \cdots)$ 在区间 $\mathcal{X} = [a, b]$ 上连续, 并且它们所组成的级数 (3) 在这区间上一致收敛, 则级数 (3) 的和 $f(x)$ 的积分可表成下列的形状:

$$\int_a^b f(x)dx = \sum_{n=1}^{\infty} \int_a^b u_n(x)dx$$

$$= \int_a^b u_1(x)dx + \int_a^b u_2(x)dx + \cdots + \int_a^b u_n(x)dx + \cdots. \tag{21}$$

证明　由于函数 $u_n(x)$ 与 $f(x)$ 的连续性 [**431**, 定理 1], 所有这些积分的存在是显然的.

在区间 $[a, b]$ 上, 积分恒等式

$$f(x) = u_1(x) + u_2(x) + \cdots + u_n(x) + \varphi_n(x),$$

[①]读者应知在这里所用的方法就是定理 1 的证明中所曾用过的.

我们得到

$$\int_a^b f(x)dx = \int_a^b u_1(x)dx + \int_a^b u_2(x)dx + \cdots + \int_a^b u_n(x)dx + \int_a^b \varphi_n(x)dx.$$

这样, 级数 (21) 的 n 项的和与积分 $\int_a^b f(x)dx$ 差一项 $\int_a^b \varphi_n(x)dx$. 为要证明展开式 (21), 只需要证明

$$\lim_{n\to\infty} \int_a^b \varphi_n(x)dx = 0. \tag{22}$$

由于级数 (3) 的一致收敛性, 对于任意 $\varepsilon > 0$, 可以找到 N, 使得当 $n > N$ 时, 在所考虑的区间上, 对所有的 x 同时有

$$|\varphi_n(x)| < \varepsilon.$$

所以对于这些 n 值, 就有

$$\left| \int_a^b \varphi_n(x)dx \right| \leqslant \int_a^b |\varphi_n(x)|dx < (b-a) \cdot \varepsilon,$$

这就证明了极限关系式 (22).

等式 (21) 可以写成

$$\int_a^b \left\{ \sum_{n=1}^{\infty} u_n(x) \right\} dx = \sum_{n=1}^{\infty} \left\{ \int_a^b u_n(x)dx \right\},$$

所以在一致收敛级数的情形, 级数的和的积分等于它的项的积分组成的级数的和, 或者换句话说, 级数的逐项求积分是允许的.

与在定理 1 的情形一样, 一致收敛性的要求对于展开式 (21) 的正确性是极重要的, 就是不可以简单地去掉, 但是也不是必要的. 在第 **431** 目中, 考虑过的级数 (15) 同样说明这个现象. 它们在区间 [0,1] 上都非一致地收敛于函数 $f(x) = 0$. 但是, 逐项求第一个级数的积分, 作为积分级数的和, 我们得到

$$\lim_{n\to\infty} \int_0^1 2n^2 x \cdot e^{-n^2 x^2} dx = \lim_{n\to\infty} (1 - e^{-n^2}) = 1, \text{ 而 } \int_0^1 f(x)dx = 0;$$

对于第二个级数, 得到

$$\lim_{n\to\infty} \int_0^1 \frac{nx}{1 + n^2 x^2} dx = \lim_{n\to\infty} \frac{\ln(1 + n^2)}{2n} = 0 = \int_0^1 f(x)dx.$$

级数

$$\frac{1}{1+x} = 1 - x + x^2 - \cdots + (-1)^n x^n + \cdots \quad (0 \leqslant x < 1)$$

是个有趣的例子. 这里

$$\int_0^1 \frac{dx}{1+x} = \ln 2 = 1 - \frac{1}{2} + \frac{1}{3} - \cdots;$$

因此级数可逐项积分, 虽然当 $x = 1$ 时, 级数全然是发散的.

现在我们指出定理 5 的推广, 这是关于在放弃所考虑函数的连续性的要求这一方面的推广.

定理 6　若函数 $u_n(x)(n = 1, 2, \cdots)$ 在区间 $\mathcal{X} = [a, b]$ 上是可积的[①]，而且它们组成的级数 (3) 一致收敛，则级数的和 $f(x)$ 同样是可积的，并有展开式 (21).

证明　我们来讨论函数 $f(x)$ 的可积性.

由于级数的一致收敛性，对于预先给定的 ε，我们可以确定足够大的 n，使得在区间 $[a, b]$ 所有的点上有

$$|f(x) - f_n(x)| < \frac{\varepsilon}{2} \text{ 或 } f_n(x) - \frac{\varepsilon}{2} < f(x) < f_n(x) + \frac{\varepsilon}{2}. \tag{23}$$

取区间 $[a, b]$ 的任意部分 $[\alpha, \beta]$，并设 m, M 是函数 $f_n(x)$ 在 $[\alpha, \beta]$ 上的确界，而 $\omega = M - m$ 是它的振幅；函数 $f(x)$ 对应的振幅，我们记作 Ω. 由于 (23)，在区间 $[\alpha, \beta]$ 上

$$m - \frac{\varepsilon}{2} < f(x) < M + \frac{\varepsilon}{2}, \text{ 所以 } \Omega \leqslant \omega + \varepsilon.$$

现在，把区间 $[a, b]$ 分成部分区间 $[x_i, x_{i+1}]$ 并在对应于第 i 个区间的振幅记上指标 i. 所以 $\Omega_i \leqslant \omega_i + \varepsilon$，并且

$$\sum_i \Omega_i \cdot \Delta x_i \leqslant \sum_i \omega_i \cdot \Delta x_i + \varepsilon(b - a).$$

因为右边的第二项可以任意小，而第一项与 $\lambda = \max \Delta x_i$ 同趋于零，那么左边的表达式亦是趋于零的，所以推得函数 $f(x)$ 是可积的 [**297**,(8)].

至于等式 (21)，可以与前面一样地加以证明.

用例子来说明，对于由可积函数组成的，违反一致性的级数，可能有非可积的和. 设当 x 表成不可约的分数 $\frac{m}{n}$ 时，$u_n(x)$(对于 $n = 1, 2, \cdots$) 等于 1，当 x 是 $[0, 1]$ 中其他的点时，等于 0. 这个函数，只有有限个不连续点，在 $[0, 1]$ 上是可积的，而级数的和显然是不可积的狄利克雷函数 [**300**,2)].

当然 (我们已在例子中看出)，对于由可积函数所组成的级数的可积性，一致收敛性不是必要条件.

对于这情形,阿尔泽拉给了同时充分而且必要的条件 ("广义的拟一致收敛性")，比较 **432** 目.

435. 级数的逐项求导数　借助于前一目定理 5，很容易证明以下定理.

定理 7　设函数 $u_n(x)(n = 1, 2, \cdots)$ 在区间 $\mathcal{X} = [a, b]$ 上确定而且有连续的导数 $u'_n(x)$. 若在这区间上，不仅是级数 (3) 收敛，而且由导数所组成的级数

$$\sum_{n=1}^{\infty} u'_n(x) = u'_1(x) + u'_2(x) + \cdots + u'_n(x) + \cdots \tag{24}$$

[①]在第 **295** 目的意义下.

是一致收敛的, 则级数 (3) 的和 $f(x)$ 在 $\mathcal{X}$ 上有导数, 并且

$$f'(x) = \sum_{n=1}^{\infty} u'_n(x) \tag{25}$$

证明 把级数 (24) 的和记作 $f^*(x)$; 由于定理 1, 这是 x 的连续函数. 现在利用定理 5, 逐项地, 在从 a 到 $\mathcal{X}$ 中任意 x 值的区间上, 求级数 (24) 的积分; 我们得到

$$\int_a^x f^*(t)dt = \sum_{n=1}^{\infty} \int_a^x u'_n(t)dt.$$

但是, 显然 $\int_a^x u'_n(t)dt = u_n(x) - u_n(a)$, 所以

$$\int_a^x f^*(t)dt = \sum_{n=1}^{\infty} [u_n(x) - u_n(a)]$$

$$= \sum_{n=1}^{\infty} u_n(x) - \sum_{n=1}^{\infty} u_n(a) = f(x) - f(a).$$

[这个改变由预先知道的级数 $\sum u_n(x)$ 与 $\sum u_n(a)$ 的收敛性所证实; 参看 **364**,4°] 因为, 由于被积函数的连续性, 左边的积分有等于 $f^*(x)$ 的导数 [**305**,12°], 那么与积分只差一个常数的函数 $f(x)$ 就有同样的导数.

等式 (25) 可以写成 (如果按照柯西利用记号 D 表示导数)

$$D\left\{ \sum_{n=1}^{\infty} u_n(x) \right\} = \sum_{n=1}^{\infty} Du_n(x)$$

的形式. 这样, 在提出的条件之下, 级数的和的导数是等于由它的项的导数所组成的级数的和, 或者换句话说, 级数的逐项求导数是允许的.

我们来考察级数

$$\sum_{n=1}^{\infty} [e^{-(n-1)^2 x^2} - e^{-n^2 x^2}]$$

与

$$\frac{1}{2}\ln(1+x^2) + \sum_{n=2}^{\infty} \left[\frac{1}{2n}\ln(1+n^2x^2) - \frac{1}{2(n-1)}\ln(1+(n-1)^2x^2) \right].$$

这里第一个的和当 $x = 0$ 时等于 0, 在其余的点上等于 1, 而第二个的和处处都等于 0. 如果逐项求导数, 那么得到我们已经熟识的级数 (15) [**431**], 这二级数都在整个区间 [0,1] 收敛于零, 但是都不是一致收敛的. 在第一个情形, 导数的级数当 $x = 0$ 时收敛, 在此处原来级数的和不可能有导数, 因为在这点上是不连续的. 反之, 在第二个情形, 逐项求导数处处皆得到正确的结果. 从这些例中, 说明导数级数一致收敛性的要求, 是重要的但不是必要的.

如果不惜将证明变得稍稍复杂一些, 那么就可以去掉定理 7 中某些多余的假设.

定理 8　设函数 $u_n(x)(n = 1, 2, \cdots)$ 确定于区间 $\mathcal{X} = [a, b]$ 上, 而且在这区间上有有限的导数 $u'_n(x)$. 设级数 (3) 至少在一点上收敛, 譬如说是 $x = a$ 点, 而由导数组成的级数 (24) 在整个区间 $\mathcal{X}$ 上一致收敛, 则,1) 级数 (3) 在整个区间上一致收敛, 2) 它的和 $f(x)$ 在 $\mathcal{X}$ 上有等式 (25) 所表示的导数.

证明　在区间 $[a, b]$ 上任取二个不同的点 x_0 与 x, 作级数

$$\sum_{n=1}^{\infty} \frac{u_n(x) - u_n(x_0)}{x - x_0}. \tag{26}$$

我们要证明, 当任意取定 x_0 时, 这级数对所有的 $x \neq x_0$ 都收敛的, 并且还是一致收敛的.

为了这个目的, 任意给定数 $\varepsilon > 0$, 由于级数 (24) 的一致收敛, 找到 N, 使得当 $n > N$ 与 $m = 1, 2, \cdots$ 时, 不等式

$$\left| \sum_{k=n+1}^{n+m} u'_k(x) \right| < \varepsilon \tag{27}$$

对于所有 x 的值都同时成立. 取定 n 与 m, 我们考虑函数

$$U(x) = \sum_{k=n+1}^{n+m} u_k(x);$$

由于 (27) 它的导数

$$U'(x) = \sum_{k=n+1}^{n+m} u'_k(x)$$

的绝对值总 $< \varepsilon$. 但是, 显然,

$$\sum_{k=n+1}^{n+m} \frac{u_n(x) - u_n(x_0)}{x - x_0} = \frac{U(x) - U(x_0)}{x - x_0} = U'(c),$$

这里的 c 包含在 x 与 x_0 之间 [根据拉格朗日定理, **112**]. 因此, 对于所有的 $x \neq x_0$,

$$\left| \sum_{k=n+1}^{n+m} \frac{u_n(x) - u_n(x_0)}{x - x_0} \right| < \varepsilon;$$

因为, 只要 $n > N$, 无论 $m = 1, 2, 3, \cdots$, 这不等式总是对的, 那么这就证明了级数 (26) 的一致收敛性. 从此已经可以看出所有我们所需要的结论.

首先, 取 $x_0 = a$, 从级数

$$\sum_{n=1}^{\infty} \frac{u_n(x) - u_n(a)}{x - a} \quad \text{与} \quad \sum_{n=1}^{\infty} [u_n(x) - u_n(a)]$$

[参看第 **429** 目的推论]的一致收敛性, 以及级数 $\sum_{n=1}^{\infty} u_n(a)$ 的收敛性, 我们推论出级数 $\sum_{n=1}^{\infty} u_n(x)$ 也有一致收敛性.

用 $f(x)$ 记作它的和, 那么级数 (26) 的和显然是 $\dfrac{f(x) - f(x_0)}{x - x_0}$, 这里的 x_0 是在区间 $[a,b]$ 上的任一个 x 的值. 因为在一致收敛的级数里可以逐项取极限 (根据定理 3), 那么, x 趋向于 x_0, 我们得到

$$f'(x_0) = \lim_{x \to x_0} \frac{f(x) - f(x_0)}{x - x_0} = \sum_{n=1}^{\infty} \left\{ \lim_{x \to x_0} \frac{u_n(x) - u_n(x_0)}{x - x_0} \right\} = \sum_{n=1}^{\infty} u_n'(x_0),$$

这就是所要证明的.

附注 所有这些关于逐项取极限, 逐项积分与逐项微分的定理, 都明确出函数级数与有限个函数的和之间的相似性. 不过这相似性要受我们所知道的那些条件的限制, 特别是一致收敛性占着首要地位.

436. 序列的观点 我们对于用函数序列的观点来翻译已经得到的结果是有兴趣的. 这会清楚地指出所考虑的问题与两个极限过程交换的一般问题间的联系, 这在所有分析中都起重要的作用. 另一方面, 指出推广这些结果的方法.

所以, 我们重新比较函数序列 (1) 与函数级数 (3), 它们相互的关系是

$$f_n(x) = \sum_{k=1}^{n} u_k(x) \quad (n = 1, 2, \cdots),$$

或相当于

$$u_1(x) = f_1(x), \quad u_n(x) = f_n(x) - f_{n-1}(x) \quad (n = 2, 3, \cdots).$$

对于序列的极限函数与对应级数的和是一样的. 一致收敛性如果成立, 那么就必定同时既是对于序列的又是对于级数的.

I. 我们先看关于极限函数的极限的问题. 设集合 $\mathcal{X} = \{x\}$ 有凝聚点 a, 且所有的函数都确定在这集合上. 所以第 **433** 目的定理 4 可译成:

定理 4* 若函数 $f_n(x)$ 有极限

$$\lim_{n \to \infty} f_n(x) = f(x) \quad (x \text{ 在 } \mathcal{X} \text{ 中}) \tag{28}$$

并且

$$\lim_{x \to a} f_n(x) = C_n \quad (n = 1, 2, \cdots), \tag{29}$$

同时第一式对于 x(在 $\mathcal{X}$ 中) 是一致收敛于极限, 则两个有限极限

$$\lim_{x \to a} f(x) \quad \text{与} \quad \lim_{n \to \infty} C_n$$

都存在, 而且彼此相等.

　　若注意 (28) 与 (29), 等式

$$\lim_{x \to a} f(x) = \lim_{n \to \infty} C_n$$

可以写成

$$\lim_{x \to a} \lim_{n \to \infty} f_n(x) = \lim_{n \to \infty} \lim_{x \to a} f_n(x).$$

这样, 所考虑的定理指出了, 关于两个变量 x 与 n 的函数 $f_n(x)$, 两个累次极限相等与存在的条件, 这些直接与第 **168** 目中的研究连起来了.

　　第 **431** 目中的两个定理, 请读者把它们译成关于序列的定理.

　　II. 现在假设区域 $\mathcal{X}$ 是区间 $[a, b]$, 我们考虑极限函数的积分的问题. 下面就是类似于定理 6[**434**] 的定理:

　　定理 6* 　设序列 $\{f_n(x)\}$ 是由区间 $[a, b]$ 上是可积函数组成的, 而且对于 $[a, b]$ 中的 x 一致趋向于极限函数 $f(x)$, 则函数 $f(x)$ 在 $[a, b]$ 上是可积的, 并且

$$\int_a^b f(x)dx = \lim_{n \to \infty} \int_a^b f_n(x)dx.$$

　　最后的等式可写成

$$\lim_{n \to \infty} \int_a^b f_n(x)dx = \int_a^b \left\{ \lim_{n \to \infty} f_n(x) \right\} dx, \tag{30}$$

就是说, 对积分取极限是可以直接取被积函数的极限. 这情形说明, 我们允许在积分号下取极限.

　　在等式 (30) 中, 极限符号与积分符号是互相对换了. 因为定积分同样是从某种极限过程的结果得到的, 那么这里所考虑的问题与在 **168** 目里研究的问题是类似的.

　　III. 最后我们转向极限函数的导数的问题. 我们把定理 8[**435**] 译成:

　　定理 8* 　设所有的函数 $f_n(x)$ 在区间 $[a, b]$ 上是可微的, 而且导数的序列 $\{f_n'(x)\}$ 在整个区间上对于 x 是一致收敛的. 如果已知, 这函数序列 $\{f_n(x)\}$ 在区间的一点上收敛, 则可以推断,1) 这序列在整个区间是收敛的, 而且还是一致收敛的, 2) 极限函数 $f(x)$ 是可微的, 而且

$$f'(x) = \lim_{n \to \infty} f_n'(x).$$

　　如果这等式写成更富有表达力的形式

$$D \left\{ \lim_{n \to \infty} f_n(x) \right\} = \lim_{n \to \infty} \{ D f_n(x) \},$$

那么立即就明白了**极限符号**与**导数符号**的交换. 因为导数同样是极限, 那么这个问题与两个极限过程的交换联系起来了.

我们要特别注意以下一点. 如果站在无穷级数的观点上, 那么自然数的参数 n 自然不可能用更普遍的来代替. 而函数序列的情形则不然. 这里函数 $f_n(x)$ 可以用两个变量的函数 $f(x,y)$ 来代替, 其中 y 在一个有凝聚点 y_0(有限或无限) 的任意域 $\mathcal{Y} = \{y\}$ 内变动. $n \to \infty$ 的极限过程可以用 $y \to y_0$ 的极限过程来代替. 对于这种一般情形, 定理的形成与证明都是不难得到的. 以后在第十四章中, 我们将讨论这种一般情形的某些问题.

437. 幂级数的和的连续性   幂级数性质的研究是所有现有理论的应用的最重要的例子. 我们限制于形式为

$$\sum_{n=0}^{\infty} a_n x^n = a_0 + a_1 x + a_2 x^2 + \cdots + a_n x^n + \cdots \tag{31}$$

的幂级数, 因为在 **403** 目中, 我们已看到较普遍形式

$$\sum_{n=0}^{\infty} a_n (x-x_0)^n = a_0 + a_1(x-x_0) + a_2(x-x_0)^2 + \cdots + a_n(x-x_0)^n + \cdots \tag{31*}$$

的幂级数, 用一个简单的变量变换, 就变成 (31) 的形式.

设级数 (31)**有收敛半径** $R > 0$ [**379**]. 首先可以断定:

1° 任意取正数 $r < R$, 级数 (31) 在闭区间 $[-r, r]$ 上对于 x 是一致收敛的.

事实上, 因为 $r < R$, 那么当 $x = r$ 时级数 (31) 绝对收敛, 就是说, 正项级数

$$\sum_{n=0}^{\infty} |a_n| \cdot r^n = |a_0| + |a_1| \cdot r + |a_2| \cdot r^2 + \cdots + |a_n| \cdot r^n + \cdots \tag{32}$$

收敛. 当 $|x| \leqslant r$ 时, 级数 (31) 的项的绝对值不超过这个级数的对应项, 这样这级数起了优级数的作用, 根据魏尔斯特拉斯判别法, 级数 (31) 对于指明的 x 值是一致收敛的.

虽然数 r 可以取得任意接近 R, 但是从证明中, 不能得到在区间 $(-R, R)$ 上的一致收敛性. 在级数的例子里 [**428**,6)], 读者看到, 收敛区间的端点可能是非一致的点.

现在, 我们有定理 1 的推论:

2° 幂级数 (31) 的和 $f(x)$, 对于所有在 $-R$ 与 R 之间的 x 值, 是 x 的连续函数.

无论在收敛区间内如何取值 $x = x_0$, 总可以选个 $r < R$, 使得 $|x_0| < r$. 由于 1°, 在区间 $[-r, r]$ 应用定理 1, 我们得到函数 $f(x)$ 在这区间上的连续性, 当然在 $x = x_0$ 上也连续.

[读者要注意到, 我们是避免在区间 $(-R, R)$ 上应用定理 1 的, 因为在这区间上一致收敛性是不能保证的.]

幂级数的和的连续性可以利用来证明关于**幂级数恒等的定理**(也与关于多项式的定理相类似):

3°　设两个幂级数

$$\sum_{n=0}^{\infty} a_n x^n = a_0 + a_1 x + a_2 x^2 + \cdots + a_n x^n + \cdots$$

与

$$\sum_{n=0}^{\infty} b_n x^n = b_0 + b_1 x + b_2 x^2 + \cdots + b_n x^n + \cdots$$

在 $x = 0$ 点的邻近[1]有同样的和, 则这两级数恒等, 就是说, 对应的系数相等:

$$a_0 = b_0, a_1 = b_1, a_2 = b_2, \cdots, a_n = b_n, \cdots.$$

在等式

$$a_0 + a_1 x + \cdots = b_0 + b_1 x + \cdots$$

中, 设 $x = 0$, 立即得到等式 $a_0 = b_0$. 去掉等式两边的这些项, 再除以 x(此时, 必须假定 $x \neq 0$),我们得到新的等式

$$a_1 + a_2 x + \cdots = b_1 + b_2 x + \cdots,$$

在 $x = 0$ 的邻近但不包括这点本身, 这等式成立. 这里不能取 $x = 0$, 我们可以取 x 趋向于 0; 利用连续性, 在极限中, 我们得到 $a_1 = b_1$. 去掉这些项, 再除以 $x \neq 0$, 当 $x \to 0$ 时, 得到 $a_2 = b_2$, 等等.

这就建立了函数用幂级数展开的唯一性, 这个简单的定理是时常用到的. 由于它的帮助, 即刻得到,偶 (奇) 函数用 (31) 形式幂级数的展开只可能包含 x 的偶 (奇) 次项.

现在我们来观察, 在它的收敛区间端点 $x = \pm R$ 邻近, 关于级数性质的更精密的问题 (今后这区间认为是有限的). 我们可以限制于右端点 $x = R$; 只要简单地以 $-x$ 代替 x, 就把所有关于右端点的说明都变成左端点的情形了.

首先知道:

4°　若幂级数 (31) 在它收敛区间的端点 $x = R$ 是发散的, 则级数在区间 $[0, R)$ 的收敛是不可能一致的.

事实上, 如果一致收敛性存在的话, 根据定理 4, 我们可以对级数当 $x \to R - 0$ 逐项取极限, 就得到极限的收敛级数

$$\sum_{n=0}^{\infty} a_n R^n = a_0 + a_1 R + a_2 R^2 + \cdots + a_n R^n + \cdots,$$

---

[1]这不仅指 $x = 0$ 点两边邻域 $(-\delta, \delta)$ 而言, 还包括单边邻域 $[0, \delta)$ 或 $(-\delta, 0]$.

这与假定相反.

以下是在某种意义下的逆定理.

5° 设幂级数 (31) 当 $x = R$ 时收敛(纵然是非绝对的),则级数在整个区间 $[0, R]$ 的收敛性必然是一致的.

事实上, 如果级数 (31) 表成形式 $\sum_{n=0}^{\infty} a_n x^n = \sum_{n=0}^{\infty} a_n R^n \cdot \left(\frac{x}{R}\right)^n$ $(0 \leqslant x \leqslant R)$, 那么所要求的结论即刻可从阿贝尔判别法得到, 因为级数 $\sum_{n=0}^{\infty} a_n R^n$ 收敛, 而因子 $\left(\frac{x}{R}\right)^n$ 组成单调与一致有界的序列

$$1 \geqslant \frac{x}{R} \geqslant \left(\frac{x}{R}\right)^2 \geqslant \cdots \geqslant \left(\frac{x}{R}\right)^n \geqslant \left(\frac{x}{R}\right)^{n+1} \geqslant \cdots.$$

证明了的命题允许把定理 1 应用到整个区间 $[0, R]$. 于是作为关于开区间 $(-R, R)$ 上幂级数的和的连续性的定理 2° 的补充, 我们得到以下的 (属于阿贝尔的) 定理[①]:

6° **阿贝尔定理** 若幂级数 (31) 当 $x = R$ 时收敛, 则它的和在这 x 值上保持连续性 (自然是左边的连续性), 就是说,

$$\lim_{x \to R - 0} \sum_0^\infty a_n x^n = \sum_0^\infty a_n R^n.$$

阿贝尔定理有很重要的应用.

如果, 只在开区间 $(-R, R)$ 上, 得到函数 $f(x)$ 的幂级数展开式

$$f(x) = \sum_{n=0}^\infty a_n x^n \quad (-R < x < R),$$

但是,在这区间的某一个端点上, 譬如说在 $x = R$ 上, 函数保持连续性, 而级数仍然收敛, 那么这展开式在这端点上还是正确的. 取以上等式当 $x \to R - 0$ 时的极限, 就容易相信这点的.

这样, 例如, 我们只在 $-1 < x < 1$ 时有展开式

$$\ln(1 + x) = x - \frac{x^2}{2} + \frac{x^3}{3} - \cdots + (-1)^{n-1} \frac{x^n}{n} + \cdots,$$

但是, 知道级数

$$1 - \frac{1}{2} + \frac{1}{3} - \cdots + (-1)^{n-1} \frac{1}{n} + \cdots$$

收敛, 我们就作出结论, 这级数的和是 $\ln 2$. 完全同样的方法证明第 **407** 目中的断言, 二项式级数

$$1 + mx + \frac{m(m-1)}{1 \cdot 2} x^2 + \cdots + \frac{m(m-1)(m-2) \cdot \cdots \cdot (m-n+1)}{1 \cdot 2 \cdot 3 \cdot \cdots \cdot n} x^n + \cdots$$

在 $x = \pm 1$ 时的和是 $(1 + x)^m$, 只需要级数是收敛的.

[①]这个定理 (在假定 $R = 1$ 时) 的另一个证明, 我们已在 **418** 目给出, 在那里是与发散级数求和的泊松–阿贝尔方法的正则性问题相关的.

438. 幂级数积分与微分　现在我们把第 **434**, **435** 目中的定理应用到幂级数. 比较已经证明了的性质 1°,5° 与第 **434** 目的定理 5, 我们得到:

7°　幂级数 (31) 在区间 $[0,x]$ 上可以逐项积分, 其中 $|x| < R$, 就是

$$\int_0^x f(x)dx = a_0 x + \frac{a_1}{2}x^2 + \frac{a_2}{3}x^3 + \cdots + \frac{a_{n-1}}{n}x^n + \cdots, \tag{33}$$

若级数 (31) 在收敛区间的一个端点上收敛, 其中 x 值就可以与这端点的值重合.

转到关于幂级数 (31) 求导数的问题.

8°　幂级数 (31) 在其收敛区间内部可以逐项求导数, 于是

$$f'(x) = \sum_{n=1}^{\infty} na_n x^{n-1} = a_1 + 2a_2 x + 3a_3 x^2 + \cdots + na_n x^{n-1} + \cdots. \tag{34}$$

若上述级数在收敛区间的端点收敛, 则上述断言在这个端点保持有效.

取原来级数的收敛区间内的任意一点 x, 于是 $|x| < R$, 在 $|x|$ 与 R 之间插入数 $r': |x| < r' < R$. 由于级数

$$\sum_{n=1}^{\infty} a_n r'^n = a_0 + a_1 r' + a_2 r'^2 + \cdots + a_n r'^n + \cdots$$

的收敛性, 其通项有界:

$$|a_n| r'^n \leqslant L \quad (L为常数, n = 1, 2, \cdots).$$

则对级数 (34) 第 n 项的绝对值得到如下估计:

$$n|a_n| \cdot |x|^{n-1} = n|a_n| \cdot r'^n \cdot \left|\frac{x}{r'}\right|^{n-1} \cdot \frac{1}{r'} \leqslant \frac{L}{r'} \cdot n\left|\frac{x}{r'}\right|^{n-1}.$$

级数

$$\frac{L}{r'}\sum_{n=1}^{\infty} n\left|\frac{x}{r'}\right|^{n-1} = \frac{L}{r'}\left\{1 + 2\left|\frac{x}{r'}\right| + \cdots + n\left|\frac{x}{r'}\right|^{n-1} + \cdots\right\}$$

收敛, 若考虑到 $\left|\dfrac{x}{r'}\right| < 1$, 借助于达朗贝尔判别法容易证实这一点. 在这种情形下级数 (34) 绝对收敛. 由此可以明白, 这个级数的收敛半径 R' 不小于 R.

若现在取任意 $r < R$, 则同时有 $r < R'$; 根据 1°, 级数 (34) 在区间 $[-r,r]$ 一致收敛, 因此按定理 7[**435**], 在这个区间内容许对级数 (31) 逐项求导数. 因为 $r < R$ 是任意的, 定理的基本断言得证.

在级数 (34) 当 $x = R$ 时收敛的情形下, 这一收敛性在区间 $[0,R]$ 上是一致的 [5°], 定理 7 可应用于整个区间 —— 当 $x = R$ 时逐项求导数是容许的.

　　附注　我们已经确认 $R' \geqslant R$. 另一方面, 原先的级数 (31) 的项, 按绝对值不超过级数

$$\sum_{n=1}^{\infty} na_n x^n = a_1 x + 2a_2 x^2 + \cdots + na_n x^n + \cdots$$

的对应的项, 而后者与级数 (34) 有相同的收敛半径 R'. 因此,$R \geqslant R'$. 这样一来, 最后有 $R' = R$:级数 (31) 与由它逐项求导数得到的级数 (34), 二者的收敛半径重合.其实, 若记起 $\sqrt[n]{n} \to 1(n \to \infty)$ [**32**,10], 借助于柯西–阿达马定理 [**380**] 可以证明这一点.

因为级数 (31) 可由级数 (33) 逐项求导数得到, 这两个级数有相同的收敛半径.

最后的定理 8° 揭示了幂级数累次重复求导数的可能性. 这样, 像以前一样,$f(x)$ 记作幂级数 (31) 在它收敛区间所表示的函数, 在这区间内我们处处有:

$$f(x) = a_0 + a_1 x + a_2 x^2 + a_3 x^3 + \cdots + a_n x^n + \cdots$$

$$f'(x) = 1 \cdot a_1 + 2 a_2 x + 3 a_3 x^2 + \cdots + n a_n x^{n-1} + \cdots$$

$$f''(x) = 1 \cdot 2 a_2 + 2 \cdot 3 a_3 x + \cdots + (n-1) n a_n x^{n-2} + \cdots$$

$$f'''(x) = 1 \cdot 2 \cdot 3 a_3 + \cdots + (n-2)(n-1) n a_n x^{n-3} + \cdots$$

$$\cdots\cdots\cdots\cdots\cdots$$

$$f^{(n)}(x) = 1 \cdot 2 \cdot 3 \cdots (n-1) \cdot n a_n + \cdots$$

$$\cdots\cdots\cdots\cdots\cdots$$

如果在这些等式里代入 $x = 0$, 那么我们得到已知的幂级数的系数的表达式:

$$a_0 = f(0), a_1 = f'(0), a_2 = \frac{f''(0)}{2!},$$

$$a_3 = \frac{f'''(0)}{3!}, \cdots, a_n = \frac{f^{(n)}(0)}{n!}, \cdots$$

[比较 **403**(7)]. 如果问题是关于一般形式 (31*) 的级数, 那么只要在这里把 $x = 0$ 的值换作 $x = x_0$. 因此:

9° **幂级数在它的收敛区间内所表示的函数, 在这区间内有任何阶的导数. 这级数本身对于这函数, 不是别的, 就是它的泰勒级数.**

这值得注意的结论使得在前章中讨论的函数展开成幂级数的问题更清楚了. 我们看到, 如果函数展开成幂级数, 那么必须展开成泰勒级数; 因此我们只限于去研究, 对于函数泰勒级数表达的可能性. 注意,展开[60]成 $x - x_0$ 幂的泰勒级数的函数叫做**在 x_0 点上是解析的**.

推广已经阐明了的理论到多重幂级数. 为了明确起见, 我们考虑两个变量的级数

$$\sum_{i,k=0}^{\infty} a_{ik}(x - x_0)^i (y - y_0)^k.$$

在收敛域内 [**396**], 这级数同样可以对于任一个变量逐项求导数任意若干次. 因

[60)]在点 x_0 的某个邻域内.

此很容易得到系数的表达式

$$a_{00} = f(x_0, y_0), a_{10} = \frac{\partial f(x_0, y_0)}{\partial x}, a_{01} = \frac{\partial f(x_0, y_0)}{\partial y}, a_{20} = \frac{1}{2!}\frac{\partial^2 f(x_0, y_0)}{\partial x^2}, \cdots$$

一般地

$$a_{ik} = \frac{1}{i!k!}\frac{\partial^{i+k} f(x_0, y_0)}{\partial x^i \partial y^k}.$$

这样, 函数 $f(x, y)$ 的展开式 (只要它是可能) 必须有形式

$$f(x, y) = \sum_{i,k=0}^{\infty} \frac{1}{i!k!}\frac{\partial^{i+k} f(x_0, y_0)}{\partial x^i \partial y^k}(x - x_0)^i(y - y_0)^k.$$

这级数就叫做泰勒级数; 它很自然地与在 **195** 目中讲过的泰勒公式衔接起来. 当这样的展开式存在[61]时, 函数 $f(x, y)$ 叫做**在 (x_0, y_0) 点上是解析的**.

§3. 应用

439. 级数和连续性与逐项取极限的例

1) 研究级数和

$$f(x) = \sum_{n=1}^{\infty} \frac{x}{n^p + x^2 \cdot n^q}$$

的连续性. 假设 $p \cdot q \geqslant 0$, 且这两个指数之一大于 1(这一点保证对所有的 x 级数收敛). 显然只需限于非负的 x.

如果 $p > 1$, 那么对 $x \leqslant x_0(x_0 > 0$ 是任意数), 级数以

$$x_0 \sum_{n=1}^{\infty} \frac{1}{n^p}$$

为优级数, 因此根据魏尔斯特拉斯判别法, 级数一致收敛, 其和在区间 $[0, x_0]$ 内连续, 由于 x_0 的任意性, 这一点在整个区间 $[0, +\infty)$ 上成立.

如果 $p \leqslant 1$, 但 $q > 1$, 那么对 $x > 0$ 把级数改写为

$$\sum_{n=1}^{\infty} \frac{\dfrac{1}{x}}{n^q + \left(\dfrac{1}{x}\right)^2 n^p}$$

的形式. 如同前面所论证的, 我们得出级数和对所有 $x > 0$ 的连续性. 于是, 仅需解决有关点 $x = 0$ 的问题.

用求导数的方法可以看出, 当 $x = n^{\frac{p-q}{2}}$ 时级数的第 n 项达到其最大值

$$\frac{1}{2} \cdot \frac{1}{n^{\frac{p+q}{2}}}.$$

---

[61]在点 (x_0, y_0) 的某个邻域内.

如果 $p + q > 2$, 那么级数以收敛级数

$$\frac{1}{2} \sum_{n=1}^{\infty} \frac{1}{n^{\frac{p+q}{2}}}$$

为优级数, 这一点保证了包括点 $x = 0$ 在内对所有 x, 函数 $f(x)$ 连续.

留下悬而未决的是若 $p < 1, q > 1$, 但 $p + q \leqslant 2$ 的情形当 $x = 0$ 时 $f(x)$ 的连续性问题. 我们在后面 [**491**,14)] 看到, 在这样一些条件下函数 $f(x)$ 在点 $x = 0$ 处有间断.

2) 我们考虑狄利克雷级数 [**385**,3)]

$$\sum_{n=1}^{\infty} \frac{a_n}{n^x},$$

此处 $\{a_n\}$ 是某个实数序列. 我们假设这个级数不是 "处处发散" 的, 因此对它存在收敛边界点 $\lambda < +\infty$. 无论取什么样的 $x_0 > \lambda$, 级数

$$\sum_{n=1}^{\infty} \frac{a_n}{n^{x_0}}$$

收敛. 由此可以断言所考虑的级数对所有的 $x \geqslant x_0$ **一致**收敛 [与 **437** 目定理 1° 类似]. 如果把级数改为

$$\sum_{n=1}^{\infty} \frac{a_n}{n^{x_0}} \cdot \frac{1}{n^{x-x_0}}$$

的形式, 注意到因子 $\dfrac{1}{n^{x-x_0}}$ 随 n 的增长而递减, 且均以 1 为界. 而那时, 按照定理 1, 级数和对所有 $x > x_0$ 连续, 因此 (由于 x_0 的任意性) 对所有的 $x > \lambda$ 连续 [与定理 2° 类似].

如果 λ 有限, 级数

$$\sum_{n=1}^{\infty} \frac{a_n}{n^{\lambda}}$$

收敛, 这样就可证对 $x \geqslant \lambda$, 所考虑级数的一致收敛性 [与5° 比较] 与级数和当 $x = \lambda$ 时的右连续性 [与 6° 比较].

3) 在 **390**,6) 中, 用等式

$$E(x) = 1 + \sum_{n=1}^{\infty} \frac{x^n}{n!},$$

确定 $E(x)$, 我们知道它适合关系式

$$E(x+y) = E(x) \cdot E(y). \tag{1}$$

现在, 按照第 **437** 目定理 2°, 函数 $E(x)$ 在从 $-\infty$ 到 $+\infty$ 整个区间内是连续的. 由于在 **75** 中 1° 的证明, 方程 (1) 的连续解必须有形式 $E(x) = a^x$. 最后, 底 a 显然确定如下:

$$a = E(1) = 1 + \sum_{n=1}^{\infty} \frac{1}{n!} = e.$$

因此, $E(x) = e^x$ [比较 **404**,(11)].

4) 我们来给出二项式级数 [**407**,(22)]

$$1 + mx + \frac{m(m-1)}{1 \cdot 2}x^2 + \frac{m(m-1)(m-2)}{1 \cdot 2 \cdot 3}x^3 + \cdots + \frac{m(m-1)\cdots(m-n+1)}{1 \cdot 2 \cdot \cdots \cdot n}x^n + \cdots$$

一个新的解释. 若 $|x| < 1$, 此级数绝对收敛. 我们来确定其和. 把这个和表为 m 的函数 (对固定的 $x, |x| < 1)\varphi(m)$. 从初等代数知, 对任意**自然数**m(级数此时在 $(m+1)$ 项中断)$\varphi(m) = (1+x)^m$; 我们来证明, 对所有的 m 都如此.

取任意 k, 考虑类似的级数

$$1 + kx + \frac{k(k-1)}{1 \cdot 2}x^2 + \frac{k(k-1)(k-2)}{1 \cdot 2 \cdot 3}x^3 + \cdots$$
$$+ \frac{k(k-1)\cdots(k-n+1)}{1 \cdot 2 \cdot \cdots \cdot n}x^n + \cdots$$

及其和 $\varphi(k)$, 把两个级数按柯西法则相乘. 不难写出这个乘积的前几项:

$$\varphi(m) \cdot \varphi(k) = 1 + (m+k)x + \left[\frac{m(m-1)}{2} + mk + \frac{k(k-1)}{2}\right]x^2 + \cdots$$
$$= 1 + (m+k)x + \frac{(m+k)(m+k-1)}{1 \cdot 2}x^2 + \cdots,$$

$\dfrac{x^n}{n!}$ 的系数显然是某个关于 m 与 k 的 n 次幂的多项式. 它的形状如何? 若 m 与 k 是任意的**自然数**, 都大于 n, 则从初等的考虑可以断定, 所说的系数是

$$(m+k)(m+k-1)\cdots(m+k-n+1).$$

因此 (正如从两个变量的整多项式的恒等定理推出这一点) 对任意的 m 与 k, 级数乘积也具有这样的形式. 于是所求函数 $\varphi(m)$ 适合函数关系

$$\varphi(m) \cdot \varphi(k) = \varphi(m+k).$$

现在来证明函数 $\varphi(m)$ 的连续性. 对于所有按其绝对值不超过任意取的数 $m_0 > 0$ 的所有数值 m, 可从二项级数的一致收敛性推出 $\varphi(m)$ 的连续性; 对于这些值, 此级数以收敛级数

$$1 + m_0|x| + \frac{m_0(m_0+1)}{1 \cdot 2}|x|^2 + \frac{m_0(m_0+1)(m_0+2)}{1 \cdot 2 \cdot 3}x^3 + \cdots$$

为优级数. 在这种情况下, 正如我们所知 [**75**,1°], 必然有

$$\varphi(m) = a^m.$$

因为 $a = \varphi(1) = 1 + x$, 于是最终有

$$\varphi(m) = (1+x)^m.$$

5) 由关系式 [**77**,5(6)]

$$\ln a = \lim_{k \to \infty} k(\sqrt[k]{a} - 1) \quad (k = 1, 2, \cdots)$$

的帮助, 读者已经知道的对数级数 [**405**(17)] 可以从二项式级数 [**407**(22)] 得到.

设 $a = 1 + x$ (此处 $|x| < 1$) 并把 $(1+x)^{\frac{1}{k}}$ 用它的展开式

$$(1+x)^{\frac{1}{k}} = 1 + \frac{1}{k}x + \frac{\frac{1}{k}\left(\frac{1}{k}-1\right)}{1 \cdot 2}x^2 + \cdots + \frac{\frac{1}{k}\left(\frac{1}{k}-1\right)\cdot \cdots \cdot \left(\frac{1}{k}-n+1\right)}{1 \cdot 2 \cdot \cdots \cdot n}x^n + \cdots$$

来代替. 所以 $\ln(1+x)$ 表示, 当 $k \to \infty$ 时, 表达式

$$k[(1+x)^{\frac{1}{k}} - 1] = x - \frac{x^2}{2}\left(1 - \frac{1}{k}\right) + \frac{x^3}{3}\left(1 - \frac{1}{k}\right)\left(1 - \frac{1}{2k}\right) - \cdots$$
$$+ (-1)^{n-1}\frac{x^n}{n}\left(1 - \frac{1}{k}\right)\left(1 - \frac{1}{2k}\right)\cdot \cdots \cdot \left(1 - \frac{1}{(n-1)k}\right) + \cdots \qquad (2)$$

的极限.

这级数的项 (x 为常数) 包含一个自然参数 k 作为变量. 在它的整个变化域内, 级数 (2) 对于 k 一致收敛; 这点 (按照魏尔斯特拉斯判别法) 是由于它可用不包含 k 的级数

$$|x| + \frac{|x|^2}{2} + \frac{|x|^3}{3} + \cdots + \frac{|x|^n}{n} + \cdots \qquad (x = 常数, |x| < 1)$$

作为优级数. 在这样的情形, 按照定理 4[1], 级数 (2) 当 $k \to \infty$ 时可以逐项取极限, 这就得到对数级数.

6) 从关系式

$$e^x = \lim_{k \to \infty}\left(1 + \frac{x}{k}\right)^k \qquad (k = 1, 2, 3, \cdots)$$

推出指数级数 [**404**(11)] 也是个有趣的例子.

按照二项式的牛顿公式展开, 就有

$$\left(1 + \frac{x}{k}\right)^k = 1 + k \cdot \frac{x}{k} + \frac{k(k-1)}{1 \cdot 2}\left(\frac{x}{k}\right)^2 + \cdots + \frac{k(k-1)\cdots(k-n+1)}{1 \cdot 2 \cdot \cdots \cdot n}\cdot\left(\frac{x}{k}\right)^n + \cdots$$
$$= 1 + \frac{x}{1!} + \frac{x^2}{2!}\left(1 - \frac{1}{k}\right) + \cdots + \frac{x^n}{n!}\left(1 - \frac{1}{k}\right)\cdots\left(1 - \frac{n-1}{k}\right) + \cdots. \qquad (3)$$

实际上, 对于任意 k, 这里的项总共只有有限个 $(= k+1)$, 但是我们可以认为是个 "无穷级数" 而其余的项都等于 0. 这级数对于所有的 k 都一致收敛, 显然, 收敛级数

$$1 + \frac{|x|}{1!} + \frac{|x|^2}{2!} + \cdots + \frac{|x|^n}{n!} + \cdots \qquad (x = 常数)$$

是它的优级数. 在这情形, 按照定理 4, "级数" 当 $k \to \infty$ 时可以逐项取极限. 因为, 当 $k < n$ 时, 这级数的第 $(n+1)$ 项等于 0, 对于所有 $k \geqslant n$, 则有形式

$$\frac{x^n}{n!}\left(1 - \frac{1}{k}\right)\cdot \cdots \cdot \left(1 - \frac{n-1}{k}\right),$$

那么当 $k \to \infty$ 时它的极限为 $\frac{x^n}{n!}$. 用这样的方法, 我们又得到了指数函数 e^x 的展开式.

7) 根据棣莫弗公式, 我们已在 **408** 目看到公式

$$\sin mz = m\cos^{m-1}z \cdot \sin z - \frac{m(m-1)(m-2)}{1 \cdot 2 \cdot 3}\cos^{m-3}z \cdot \sin^3 z + \cdots$$

---

[1]记住, 在定理 4 中讨论的变量 x 的变化域 $\mathcal{X}$ 可以是任意的; 特别它可以是自然数列 (就是 $a = +\infty$).

我们证明: 正是由此可得到函数 $\sin x$ 的幂级数展开.

令 $z = \dfrac{x}{m}$ 并把 $\cos^m \dfrac{x}{m}$ 提到括号外, 上述公式可改写为:

$$\sin x = \cos^m \frac{x}{m} \left\{ m\,\mathrm{tg}\,\frac{x}{m} - \left(1 - \frac{1}{m}\right)\left(1 - \frac{2}{m}\right) \frac{(m\,\mathrm{tg}\,\frac{x}{m})^3}{3!} + \cdots \right\}.$$

把 x 看作是不变的, 在等式右端令 $m \to \infty$ 而取极限.

因为 $\cos^m \dfrac{x}{m} \to 1$[例如, 参看 **79**,4) 当 $\lambda = 0$], 而 $m\,\mathrm{tg}\,\dfrac{x}{m} \to x$, 于是在极限中事实上便得到所要的展开 [**404**,(12)]

$$\sin x = x - \frac{x^3}{3!} + \cdots$$

仍需说明括号中能逐项取极限的理由, 括号中当对每个 m 项数是有限的, 但随着 m 的增长, 项数是无限增长的 [与 6) 比较].

设取 x 含于 $-\dfrac{1}{2} m_0 \pi$ 与 $+\dfrac{1}{2} m_0 \pi$ 之间; 假定 $m > m_0$. 容易证明表达式 $m\,\mathrm{tg}\,\dfrac{x}{m}$ 的绝对值随 m 的增长而递减, 因此是有界的:

$$\left| m\,\mathrm{tg}\,\frac{x}{m} \right| \leqslant L = m_0 \mathrm{tg}\,\frac{x}{m_0} \quad (m > m_0).$$

在这种情况下, 括号中的展开式以收敛级数

$$L + \frac{L^3}{3!} + \cdots$$

为优级数. 正如上一个例子那样, 论证完成了.

类似地可以得到 $\cos x$ 的幂级数展开.

附注 例子 5),6),7) 详细转述了欧拉在其《无穷小分析引论》(1748年) 中的初等函数展开的结论.

8) 证明

(a) $\displaystyle\lim_{x \to 1-0} \sum_{n=1}^{\infty} \frac{(-1)^{n-1}}{n} \cdot \frac{x^n}{1 + x^n} = \frac{1}{2} \ln 2$;

(б) $\displaystyle\lim_{x \to 1-0} (1 - x) \sum_{n=1}^{\infty} (-1)^{n-1} \frac{x^n}{1 - x^{2n}} = \frac{1}{2} \ln 2.$

(a) 设 $0 < x < 1$; 因为级数 $\sum_1^{\infty} \dfrac{(-1)^{n-1}}{n}$ 收敛, 而因子 $\dfrac{x^n}{1 + x^n}$ 以 1 为上界, 且当 n 增加时单调下降, 那么应用阿贝尔判别法, 即知级数对于在 $(0,1)$ 中所有 x 一致收敛. 当 $x \to 1 - 0$ 时, 逐项取极限 (定理 4), 我们就得到所要求的结果.

(б) 设这里 $0 < x < 1$, 就有

$$\sum_{n=1}^{\infty} (-1)^{n-1} \frac{(1-x)x^n}{1 - x^{2n}} = \sum_{n=1}^{\infty} (-1)^{n-1} \frac{x^n}{1 + x + x^2 + \cdots + x^{2n-1}}.$$

在这里级数 $\sum_1^{\infty} (-1)^{n-1}$ 不收敛, 但它的部分和有界. 另一方面, n 增加时因子

$$\frac{x^n}{1 + x + \cdots + x^{2n-1}}$$

不但单调减小, 而且对在 (0,1) 中的 x 一致趋近于 0, 因为

$$\frac{x^n}{1+x+\cdots+x^{2n-1}} < \frac{x^n}{1+x+\cdots+x^{n-1}} < \frac{x^n}{nx^n} = \frac{1}{n}.$$

在这情形应用狄利克雷判别法, 即知级数一致收敛, 故当 $x \to 1-0$ 时, 允许逐项取极限, 等等.

9) 说到幂级数时, 我们总是默认它的项是按照升幂排的. 如果是在收敛区间的内部, 这样理解与否尚无关系, 因为级数绝对收敛; 可是例如阿贝尔定理等, 若缺少了这一条件就会变成是不正确的了.

在级数

$$x - \frac{x^2}{2} - \frac{x^4}{4} + \frac{x^3}{3} - \frac{x^6}{6} - \frac{x^8}{8} + \cdots$$

上验算一下, 这级数是从对数级数重新排列项得来的 [参看 **388**, 例 1)].

10) 给一个阿贝尔定理 [**392**, 6°] 在级数乘法问题中很有趣的应用.

考虑两个收敛级数

$$A = \sum_{n=1}^{\infty} a_n \tag{A}$$

与

$$B = \sum_{n=1}^{\infty} b_n \tag{B}$$

假设这二级数的乘积 (柯西)

$$C = \sum_{n=1}^{\infty} c_n \tag{C}$$

同样收敛, 这里 $c_n = a_1 b_n + \cdots + a_n b_1$, 需要证明

$$A \cdot B = C.$$

从级数 (A) 的收敛性, 首先按照第 **379** 目引理, 我们断定级数

$$A(x) = \sum_{n=1}^{\infty} a_n x^n \tag{A*}$$

在 $|x| < 1$ 时绝对收敛, 所以这个级数的收敛半径 $R \geqslant 1$. 这样, 在任何情形都有关系式

$$\lim_{x \to 1-0} A(x) = A = \sum_{n=1}^{\infty} a_n,$$

就是, 当 $R = 1$ 时, 根据阿贝尔定理, 6°, 当 $R > 1$ 时, 根据定理 2°[**437**]. 如果类似地考虑级数 (当 $|x| < 1$ 时)

$$B(x) = \sum_{n=1}^{\infty} b_n x^n, \tag{B*}$$

$$C(x) = \sum_{n=1}^{\infty} c_n x^n, \tag{C*}$$

那么关于级数 (A*) 所说的那些, 对于它们都对.

现在把柯西定理应用到绝对收敛级数 (A*) 与 (B*), 我们就有

$$A(x) \cdot B(x) = C(x).$$

为了得到要求的结果

$$A \cdot B = C,$$

只需当 $x \to 1 - 0$ 时, 取极限.

440. 级数的逐项求积分的例

1) 级数 $\sum_{n=0}^{\infty} \frac{(-1)^n}{3n+1}$ 的求和可以这样进行:

$$\sum_{n=0}^{\infty} \frac{(-1)^n}{3n+1} = \lim_{x \to 1-0} \sum_{n=0}^{\infty} \frac{(-1)^n}{3n+1} x^{3n+1} = \lim_{x \to 1-0} \int_0^x \sum_{n=0}^{\infty} (-1)^n x^{3n} dx$$

$$= \lim_{x \to 1-0} \int_0^x \frac{dx}{1+x^3} = \lim_{x \to 1-0} \left\{ \frac{1}{6} \ln \frac{(x+1)^2}{x^2 - x + 1} + \frac{1}{\sqrt{3}} \operatorname{arctg} \frac{2x-1}{\sqrt{3}} + \frac{\pi}{6\sqrt{3}} \right\}$$

$$= \frac{1}{3} \ln 2 + \frac{\pi}{3\sqrt{3}}.$$

我们首先应用阿贝尔定理, 而后是应用幂级数的逐项积分 [**437**,6°;**438**,7°].

2) 在区间 $[0, x]$(此处 $|x| < 1$) 上,利用级数

$$\frac{1}{1+x} = 1 - x + x^2 - \cdots + (-1)^{n-1} x^{n-1} + \cdots,$$

$$\frac{1}{1+x^2} = 1 - x^2 + x^4 - \cdots + (-1)^{n-1} x^{2(n-1)} + \cdots$$

的逐项求积分, 立即得到展开式

$$\int_0^x \frac{dx}{1+x} = \ln(1+x) = x - \frac{x^2}{2} + \frac{x^3}{3} - \cdots + (-1)^{n-1} \frac{x^n}{n} + \cdots$$

$$\int_0^x \frac{dx}{1+x^2} = \operatorname{arctg} x = x - \frac{x^3}{3} + \frac{x^5}{5} - \cdots + (-1)^{n-1} \frac{x^{2n-1}}{2n-1} + \cdots$$

这些在 **405** [参看 (17)] 与 **404** [参看 (15)] 中是用比较复杂的方法得到的. 由阿贝尔定理 [**437**,6°] 的帮助, 说明第一个展开式在 $x = 1$ 时是对的, 第二个在 $x = \pm 1$ 时是对的.

3) 如果回想一下, 函数 $\arcsin x$ 的导数 $\frac{1}{\sqrt{1-x^2}}$ 展开成以下形式的级数 [**407**(24)]:

$$\frac{1}{\sqrt{1-x^2}} = 1 + \sum_{n=1}^{\infty} \frac{(2n-1)!!}{(2n)!!} x^{2n} \quad (-1 < x < 1),$$

那么利用这级数的逐项求积分很容易得到反正弦函数本身的展开式 (这对我们是新的):

$$\int_0^x \frac{dx}{\sqrt{1-x^2}} = \arcsin x = x + \sum_{n=1}^{\infty} \frac{(2n-1)!!}{(2n)!!} \cdot \frac{x^{2n+1}}{2n+1} \quad (-1 < x < 1).$$

因为这级数对 $x = \pm 1$ 也收敛 [**370**,5)(a)],[①]那么按照阿贝尔定理, 展开式对于这些值也是对的. 特别, 当 $x = 1$ 时, 我们有数 π 的级数:

$$\frac{\pi}{2} = 1 + \sum_{n=1}^{\infty} \frac{(2n-1)!!}{(2n)!!} \cdot \frac{1}{2n+1}.$$

同样, 展开导数

$$[\ln(x + \sqrt{1+x^2})]' = \frac{1}{\sqrt{1+x^2}}$$

成级数, 再逐项求它的积分, 我们得到展开式

$$\ln(x + \sqrt{1+x^2}) = x + \sum_{n=1}^{\infty} (-1)^n \frac{(2n-1)!!}{(2n)!!} \cdot \frac{x^{2n+1}}{2n+1} \quad (-1 \leqslant x \leqslant 1).$$

这函数不是别的, 而是 Arsh x, 就是 sh x 的反函数 [**49**,4);**339**, 附注].

4) 由于级数逐项求积分的帮助, 我们可以把那些不能表示成初等函数的有限形式的积分, 展开成无穷幂级数 [参看 **272**]. 这些展开式在近似计算中是可以利用的.

如从已知展开式

$$e^{-x^2} = 1 - \frac{x^2}{1!} + \frac{x^4}{2!} - \cdots + (-1)^n \frac{x^{2n}}{n!} + \cdots$$

出发 [比较 **404**(11)], 我们求出

$$\int_0^x e^{-x^2} dx = x - \frac{x^3}{3} + \frac{1}{2!} \cdot \frac{x^5}{5} - \cdots + (-1)^n \cdot \frac{1}{n!} \cdot \frac{x^{2n+1}}{2n+1} + \cdots.$$

我们提出这个问题: 计算积分

$$W = \int_0^1 e^{-x^2} dx$$

的值准确到 0.000 1. 取积分的上限等于 1, 我们得到 W 的一个项的绝对值递减的交错数项级数:

$$I_1 = 1 - \frac{1}{3} + \frac{1}{10} - \frac{1}{42} + \frac{1}{216} - \frac{1}{1\,320} + \frac{1}{9\,360} - \frac{1}{75\,600} + \cdots$$

因为第八项已经大大地小于给定的限度, 所以我们只保留前七项. 对应的误差 (负的)Δ 很容易估计

$$|\Delta| < \frac{1}{75\,600} < \frac{1.5}{10^5}.$$

[①]其实, 级数 $1 + \sum_{n=1}^{\infty} \frac{(2n-1)!!}{(2n)!!} \cdot \frac{1}{2n+1}$ 的收敛性现在可以更简单地证明. 对任意 m, 有

$$x + \sum_{n=1}^{m} \frac{(2n-1)!!}{(2n)!!} \cdot \frac{x^{2n+1}}{2n+1} < \arcsin x < \frac{\pi}{2}.$$

现在使 $x \to 1$ 而取极限, 得到

$$1 + \sum_{n=1}^{\infty} \frac{(2n-1)!!}{(2n)!!} \cdot \frac{1}{2n+1} \leqslant \frac{\pi}{2},$$

由此 [**365**] 推出所求.

计算其他的项到第五位小数, 我们有

$$1 + \frac{1}{10} = 1.100\ 00 \qquad\qquad \frac{1}{3} = 0.333\ 33(+)$$

$$\frac{1}{216} = 0.004\ 63(-) \qquad\qquad \frac{1}{42} = 0.023\ 81(-)$$

$$\begin{array}{ll} & \quad 1.104\ 74 \\ \frac{1}{9360} = 0.000\ 11(-) \qquad\qquad \frac{1}{1320} = 0.000\ 76(-) & -\ 0.357\ 90 \\ \hline \qquad\quad 1.104\ 74 \qquad\qquad\qquad\qquad 0.357\ 90 & \quad 0.746\ 84 \end{array}$$

如果计算全部误差, 则有

$$0.746\ 81 < I_1 < 0.746\ 85,\ W = 0.746\ 8\cdots$$

四位小数完全正确 [比较 **328**,5)].

　　5) 同样, 因为 [参看 **404**(12)]

$$\frac{\sin x}{x} = 1 - \frac{x^2}{3!} + \frac{x^4}{5!} - \cdots + (-1)^{n-1} \frac{x^{2n-2}}{(2n-1)!} + \cdots,$$

所以

$$\int_0^x \frac{\sin x}{x} dx = x - \frac{x^3}{3!3} + \frac{x^5}{5!5} - \cdots + (-1)^{n-1} \frac{x^{2n-1}}{(2n-1)!(2n-1)} + \cdots.$$

我们提出, 由这展开式的帮助, 计算积分

$$\mu = \int_0^\pi \frac{\sin x}{x} dx$$

的值准确到 0.001.

　　取 $x = \pi$, 就有

$$\mu = \pi - \frac{1}{18}\pi^3 + \frac{1}{600}\pi^5 - \frac{1}{35\ 280}\pi^7 + \frac{1}{3\ 265\ 920}\pi^9 - \frac{1}{439\ 084\ 800}\pi^{11} + \cdots,$$

这又是一个项的绝对值递减的交错级数.

　　因为第六项小于 $0.000\ 7$, 那么我们只计算五项, 计算到四位小数

$$\pi = 3.141\ 6(-)$$

$$\frac{1}{600}\pi^5 = 0.510\ 0(+) \qquad\qquad \frac{1}{18}\pi^3 = 1.722\ 6(-)$$

$$\begin{array}{ll} & \quad 3.660\ 7 \\ \frac{1}{3\ 265\ 920}\pi^9 = 0.009\ 1(+) \qquad\qquad \frac{1}{35\ 280}\pi^7 = 0.085\ 6(+) & -\ 1.808\ 2 \\ \hline \qquad\qquad 3.660\ 7 \qquad\qquad\qquad\qquad\qquad 1.808\ 2 & \quad 1.852\ 5 \end{array}$$

考虑到误差, 我们得到结论:

$$1.851\ 7 < \mu < 1.852\ 7,\quad \mu = 1.852 \pm 0.001.$$

　　6) 我们提出把积分

$$\text{(a)}\ \int_0^1 \frac{\text{arctg}\ x}{x} dx,\quad \text{(б)}\ \int_0^1 x^{-x} dx$$

表示成级数的问题.

(a) 回想一下反正切函数的展开式, 就有

$$\int_0^1 \frac{\text{arctg } x}{x} dx = \int_0^1 \left(1 - \frac{1}{3}x^2 + \frac{1}{5}x^4 - \frac{1}{7}x^6 + \cdots\right) dx = 1 - \frac{1}{3^2} + \frac{1}{5^2} - \frac{1}{7^2} + \cdots.$$

因为在积分号下的级数在 $x = 1$ 处收敛, 那么就允许逐项求积分 [438,7°].

我们已经提到过 [328,6)] 所谓 "卡塔兰常数" 的这个积分的值

$$G = 0.915\ 965 \cdots$$

现在我们看到

$$G = \sum_{n=1}^{\infty} \frac{(-1)^{n-1}}{(2n-1)^2}.$$

(б) 把被积表达式写成 $e^{-x \ln x}$ 的形式, 展开它成指数级数

$$x^{-x} = 1 + \sum_{n=1}^{\infty} (-1)^n \frac{x^n \ln^n x}{n!} ①,$$

这级数对于 $0 < x \leqslant 1$ 一致收敛. 因为函数 $|x \ln x|$ 的最大值是 $\frac{1}{e}$(很容易用微分学的方法算出来的), 所以可以写出优级数

$$\sum_{n=1}^{\infty} \frac{\left(\frac{1}{e}\right)^n}{n!}.$$

因此可以逐项求积分. 因为 [312,4)]

$$\int_0^1 x^n \ln^n x\, dx = (-1)^n \frac{n!}{(n+1)^{n+1}},$$

那么最后

$$\int_0^1 x^{-x} dx = \sum_{m=1}^{\infty} \frac{1}{m^m}.$$

7) 我们有展开式 [414,8)]

$$\text{arctg } x = \frac{x}{1+x^2} \sum_{p=0}^{\infty} \frac{(2p)!!}{(2p+1)!!} \left(\frac{x^2}{1+x^2}\right)^p \quad (0 \leqslant x \leqslant 1).$$

此处设 $x = \frac{y}{\sqrt{1-y^2}}$, 并且考虑到 $\text{arctg } \frac{y}{\sqrt{1-y^2}} = \arcsin y$ [50], 求出:

$$\frac{\arcsin y}{\sqrt{1-y^2}} = \sum_{p=0}^{\infty} \frac{(2p)!!}{(2p+1)!!} y^{2p+1} \quad \left(0 \leqslant y \leqslant \frac{1}{\sqrt{2}}\right).$$

从 0 到 y 积分这个等式, 同时右端是逐项积分:

$$\frac{1}{2}(\arcsin y)^2 = \sum_{p=0}^{\infty} \frac{(2p)!!}{(2p+1)!!} \cdot \frac{y^{2p+2}}{2p+2} = \sum_{m=1}^{\infty} \frac{[2(m-1)]!!}{(2m-1)!!} \frac{y^{2m}}{2m}.$$

---

① 当 $x = 0$ 时, 级数的项从 $n = 1$ 开始都用极限值来代替, 就是以零来代替.

这个结果可以改写为:

$$2(\arcsin y)^2 = \sum_{m=1}^{\infty} \frac{[(m-1)!]^2}{(2m)!}(2y)^{2m}.$$

当 $y = \dfrac{1}{2}$ 时, 由此得出:

$$\sum_{m=1}^{\infty} \frac{[(m-1)!]^2}{(2m)!} = \frac{\pi^2}{18}.$$

但是我们已看到 [**395**,(13); 同样可参看 **416**],

$$\sum_{n=1}^{\infty} \frac{1}{n^2} = 3 \sum_{m=1}^{\infty} \frac{[(m-1)!]^2}{(2m)!},$$

于是最后得

$$\sum_{n=1}^{\infty} \frac{1}{n^2} = \frac{\pi}{6}. \qquad (4)$$

我们将不止一次地回到欧拉的这个有趣的结果.

8) 计算积分

$$I = \int_0^1 \frac{\ln(1+x)}{x} dx.$$

如果利用对数级数 [**405**(17)], 那么我们得到被积函数的展开式

$$1 - \frac{1}{2}x + \frac{1}{3}x^2 - \cdots + (-1)^{n-1}\frac{1}{n}x^{n-1} + \cdots,$$

这级数在整个区间 [0,1] 中成立. 逐项求积分, 我们得到

$$I = 1 - \frac{1}{2^2} + \frac{1}{3^2} - \cdots + (-1)^{n-1}\frac{1}{n^2} + \cdots = \sum_{n=1}^{\infty}(-1)^{n-1}\frac{1}{n^2}.$$

我们刚刚建立了等式 (4); 由此式得出

$$\sum_{n=1}^{\infty} \frac{(-1)^{n-1}}{n^2} = \sum_{n=1}^{\infty} \frac{1}{n^2} - 2\sum_{n=1}^{\infty} \frac{1}{(2n)^2} = \frac{\pi^2}{12}.$$

这样, 我们就达到了所要求的积分的 "有限" 的表达式 $I = \dfrac{\pi^2}{12}$.

9) 设要求积分 ($|a| < 1$)

$$\int_0^{\pi} \frac{\ln(1+a\cdot\cos x)}{\cos x} dx$$

的值 $\left(\text{当 } x = \dfrac{\pi}{2} \text{ 时被积表达式的值认为是当 } x \to \dfrac{\pi}{2} \text{ 时的极限值 } a\right)$.

利用对数的展开式, 就有

$$\frac{\ln(1+a\cos x)}{\cos x} = a + \sum_{n=1}^{\infty}(-1)^n \frac{a^{n+1}}{n+1}\cos^n x,$$

而且这级数在区间 $[0,\pi]$ 上一致收敛. 注意 [**312**(8)]

$$\int_0^{\pi}\cos^{2m-1}x\,dx = 0, \quad \int_0^{\pi}\cos^{2m}x\,dx = 2\int_0^{\frac{\pi}{2}}\cos^{2m}x\,dx = \frac{(2m-1)!!}{(2m)!!}\pi,$$

逐项求积分得到

$$\int_0^\pi \frac{\ln(1 + a\cos x)}{\cos x} dx = \pi \left\{ a + \sum_{m=1}^\infty \frac{(2m-1)!!}{(2m)!!} \cdot \frac{a^{2m+1}}{2m+1} \right\}.$$

所得到的级数即反正弦函数的展开式 [参看 3)]. 这样最后得到 (有限形式!)

$$\int_0^\pi \frac{\ln(1 + a\cos x)}{\cos x} dx = \pi \cdot \arcsin a.$$

10) 我们考察展开式 ($|r| < 1$)

$$\frac{1 - r^2}{1 - 2r\cos x + r^2} = 1 + 2\sum_{n=1}^\infty r^n \cdot \cos nx. \tag{5}$$

证明它并不难, 将分母 $1 - 2r\cos x + r^2$ 乘到右侧, 我们便得

$$1 - 2r\cos x + r^2 + 2\sum_1^\infty r^n \cos nx - 2\sum_1^\infty r^{n+1} \cdot 2\cos nx \cdot \cos x + 2\sum_1^\infty r^{n+2}\cos nx.$$

如果以 $\cos(n+1)x + \cos(n-1)x$ 来代替 $2\cos nx \cdot \cos x$, 第二个和就对应地分解为二, 那么经过消去后, 只余下 $1 - r^2$. 这就完成了证明.

由于级数 $\sum_1^\infty |r|^n (|r| < 1)$ 的收敛性, (5) 式右边的级数对 x 在区间 $[-\pi, \pi]$ 一致收敛. 现在在左边右边都取从 $-\pi$ 到 π 的积分, 其中级数是可以逐项求积分的 (定理 5). 因为 $\int_{-\pi}^\pi \cos n\pi dx = 0$, 那么我们得到

$$\int_{-\pi}^\pi \frac{1 - r^2}{1 - 2r\cos x + r^2} dx = 2\pi$$

[比较 **309**,8)].

同样, 等式 (5) 的两边乘以 $\cos mx(m = 1, 2, \cdots)$, 再逐项求积分, 很容易得到

$$\int_{-\pi}^\pi \frac{\cos mx}{1 - 2r\cos x + r^2} dx = 2\pi \frac{r^m}{1 - r^2}.$$

这里利用了已知的结果 [**309**, 4)(r)]

$$\int_{-\pi}^\pi \cos nx \cos mx \, dx = \begin{cases} 0 & \text{当}m \neq n\text{时}, \\ \pi & \text{当}m = n\text{时}. \end{cases}$$

11) 如果在等式 (5) 中, 把 1 移到左边, 再两边除以 $2r$, 那么得到

$$\frac{\cos x - r}{1 - 2r\cos x + r^2} = \sum_{n=1}^\infty r^{n-1} \cos nx.$$

此时, 任意取定 x, 而把 r 当作以 $(-1, 1)$ 为变化域的变量. 把等式的两边对 r 从 0 积分到区间上任意的 r, 而右边的幂级数逐项求积分; 因为左边的分子乘上个常数就是分母对 r 的导数, 所以就得到

$$\ln(1 - 2r\cos x + r^2) = -2\sum_{n=1}^\infty \frac{r^n}{n} \cos nx \quad (|r| < 1).$$

现在重新取定 r, 而 x 可从 0 变到 π. 显而易见, 右边的级数对于在这区间上的 x 是一致收敛的, 所以是许可逐项求积分的 (定理 5). 积分之, 就得到积分

$$\int_0^\pi \ln(1 - 2r\cos x + r^2)dx = 0 \quad (|r| < 1)$$

[比较 **307**,4); **314**,14)]. 因此, 像我们已经看到过那样, 容易得到当 $|r| > 1$ 时积分的值.

12) 依赖于 x 的积分

$$J_0(x) = \frac{2}{\pi}\int_0^{\frac{\pi}{2}} \cos(x\sin\theta)d\theta,$$

$$J_n(x) = \frac{2x^n}{(2n-1)!!\pi}\int_0^{\frac{\pi}{2}} \cos(x\sin\theta)\cos^{2n}\theta d\theta \quad (n = 1, 2, \cdots)$$

表示所谓的贝塞尔函数 [比较 **395**,14)]. 以 $x\sin\theta$ 的幂次展开被积表达式, 再逐项求积分, 就很容易得到我们所熟知的这些函数的 x 幂级数的表达式.

例如, 积分级数

$$\cos(x\sin\theta) = 1 + \sum_{k=1}^\infty (-1)^k \frac{x^{2k}\sin^{2k}\theta}{(2k)!}$$

并利用公式 [**312**(8)]

$$\int_0^{\frac{\pi}{2}} \sin^{2k}\theta d\theta = \frac{(2k-1)!!}{(2k)!!}\cdot\frac{\pi}{2}, \tag{6}$$

我们得到带有零附标的贝塞尔函数

$$J_0(x) = 1 + \sum_{k=1}^\infty (-1)^k \frac{x^{2k}}{(k!)^2\cdot 2^{2k}}.$$

13) 我们已经碰到过所谓**第一种与第二种完全椭圆积分** [**315** 等等]

$$\mathbf{K}(k) = \int_0^{\frac{\pi}{2}} \frac{d\varphi}{\sqrt{1 - k^2\sin^2\varphi}}, \quad \mathbf{E}(k) = \int_0^{\frac{\pi}{2}} \sqrt{1 - k^2\sin^2\varphi}d\varphi.$$

我们提出把它们用模数 $k(0 < k < 1)$ 的幂次展开的问题.

以 $x = -k^2\sin^2\varphi$ 代入第 **407** 目的公式 (24) 中, 得到

$$\frac{1}{\sqrt{1 - k^2\sin^2\varphi}} = 1 + \sum_{n=1}^\infty \frac{(2n-1)!!}{(2n)!!}k^{2n}\cdot\sin^{2n}\varphi.$$

这级数对于 φ 是一致收敛的, 因为对于所有的 φ 值, 有收敛的优级数

$$1 + \sum_{n=1}^\infty \frac{(2n-1)!!}{(2n)!!}k^{2n},$$

因此, 按照定理 5, 这里可以逐项求积分, 我们就这样来做. 重新利用公式 (6), 由此就得到:

$$\mathbf{K}(k) = \int_0^{\frac{\pi}{2}} \frac{d\varphi}{\sqrt{1 - k^2\sin^2\varphi}} = \frac{\pi}{2}\left\{1 + \sum_{k=1}^\infty \left[\frac{(2n-1)!!}{(2n)!!}\right]^2\cdot k^{2n}\right\}.$$

同样, 从第 **407** 目的公式 (23) 出发, 得到

$$\mathbf{E}(k) = \int_0^{\frac{\pi}{2}} \sqrt{1 - k^2 \sin^2 \varphi}\, d\varphi = \frac{\pi}{2} \left\{ 1 - \sum_{n=1}^{\infty} \left[\frac{(2n-1)!!}{(2n)!!} \right]^2 \cdot \frac{k^{2n}}{2n-1} \right\}.$$

这些级数同样可以应用在近似计算方面. 例如, 考察级数

$$\mathbf{E}\left(\frac{1}{\sqrt{2}}\right) = \frac{\pi}{2} \left(1 - \frac{1}{8} - \frac{3}{256} - \frac{5}{2\,048} - \frac{175}{262\,144} - \frac{441}{2\,097\,152} - \cdots \right)$$

如果只保持所写出的几项, 那么对应的误差是负的, 并估计如下:

$$|\Delta| < \left(\frac{11!!}{12!!} \right)^2 \cdot \frac{1}{11 \cdot 2^6} \left(1 + \frac{1}{2} + \cdots \right) < 0.000\ 24;$$

我们可以期望准确到三位小数. 实际上, 计算五位小数, 就有

$$\frac{\pi}{2} = 1.570\ 80(-) \qquad\qquad \frac{\pi}{2} \cdot \frac{1}{8} = 0.196\ 35(-)$$

$$\frac{\pi}{2} \cdot \frac{3}{256} = 0.018\ 41(-)$$

$$\begin{aligned} 1.570\ 80 \qquad\qquad & \frac{\pi}{2} \cdot \frac{5}{2048} = 0.003\ 83(+) \\ -\ 0.219\ 97 \qquad\qquad & \frac{\pi}{2} \cdot \frac{175}{262\ 144} = 0.001\ 05(-) \\ \hline 1.350\ 83 \qquad\qquad & \frac{\pi}{2} \cdot \frac{441}{2\ 097\ 152} = 0.000\ 33(+) \\ & \hline \qquad\qquad\qquad\qquad\quad 0.219\ 97 \end{aligned}$$

$$1.350\ 57 < \mathbf{E}\left(\frac{1}{\sqrt{2}}\right) < 1.350\ 85, \qquad \mathbf{E}\left(\frac{1}{\sqrt{2}}\right) = 1.350 \cdots [\text{比较 } \mathbf{328}, 4].$$

需要说明的, 就是实际上只有 k 的值很小时, 上述的完全椭圆积分 $\mathbf{K}(k)$ 与 $\mathbf{E}(k)$ 的级数对于计算才是很有利的. 但是有一类变换存在, 可以把所说的积分化成任意小的 k 的情形 [比较 **315**].

14) 为了计算积分

$$\int_0^{\frac{\pi}{2}} \frac{\mathbf{E}(h \sin \theta)}{1 - h^2 \cdot \sin^2 \theta} \sin \theta\, d\theta \quad (0 < h < 1),$$

可以利用所得到的函数 $\mathbf{E}(k)$ 的展开式.

首先, 容易验算展开式

$$\frac{\mathbf{E}(k)}{1 - k^2} = \frac{\pi}{2} \left\{ 1 + \left(\frac{1}{2} \right)^2 \cdot 3k^2 + \left(\frac{1 \cdot 3}{2 \cdot 4} \right)^2 \cdot 5k^4 + \left(\frac{1 \cdot 3 \cdot 5}{2 \cdot 4 \cdot 6} \right)^2 \cdot 7k^6 + \cdots \right\}$$

$$= \frac{\pi}{2} \left\{ 1 + \sum_{n=1}^{\infty} \left(\frac{(2n-1)!!}{(2n)!!} \right)^2 \cdot (2n+1)k^{2n} \right\}$$

成立 (例如, 等式的右边乘以 $1 - k^2$).

代入 $k = h \sin \theta$, 再乘以 $\sin \theta$, 我们可以对 θ 从 0 到 $\frac{\pi}{2}$ 逐项求积分, 因为所得到的级数在这个区间一致收敛 (例如, 上面的级数当 $k = h$ 时是它的优级数). 因为 [**312**(8)]

$$\int_0^{\frac{\pi}{2}} \sin^{2n+1} \theta\, d\theta = \frac{(2n)!!}{(2n+1)!!},$$

所以, 我们求得

$$\int_0^{\frac{\pi}{2}} \frac{\mathbf{E}(h \cdot \sin\theta)}{1 - h^2 \cdot \sin^2\theta} \sin\theta d\theta = \frac{\pi}{2} \left\{ 1 + \frac{1}{2}h^2 + \frac{1 \cdot 3}{2 \cdot 4}h^4 + \frac{1 \cdot 3 \cdot 5}{2 \cdot 4 \cdot 6}h^6 + \cdots \right\}$$

$$= \frac{\pi}{2} \left\{ 1 + \sum_{n=1}^{\infty} \frac{(2n-1)!!}{(2n)!!}h^{2n} \right\}.$$

比较括号内的表达式与第 **407** 目的公式 (24), 我们得到未知积分的值的有限形式:

$$\int_0^{\frac{\pi}{2}} \frac{\mathbf{E}(h\sin\theta)}{1 - h^2 \cdot \sin^2\theta} \sin\theta d\theta = \frac{\pi}{2} \cdot \frac{1}{\sqrt{1 - h^2}}.$$

15) 最后, 我们考虑当 $x \geqslant 0$ 时把函数 $y = \arcsin(1 - x)$ 按照 x 的幂 (但不是整数的!) 展开的问题[①].

我们就有 (利用二项式级数)

$$y' = -\frac{1}{\sqrt{1 - (1-x)^2}} = -\frac{1}{\sqrt{2x}} \cdot \frac{1}{\sqrt{1 - \frac{1}{2}x}}$$

$$= -\frac{1}{\sqrt{2x}} \left\{ 1 + \frac{1}{4}x + \frac{3}{32}x^2 + \cdots \right\} = -\frac{1}{\sqrt{2}}x^{-\frac{1}{2}} - \frac{1}{4\sqrt{2}}x^{\frac{1}{2}} - \frac{3}{32\sqrt{2}}x^{\frac{3}{2}} - \cdots$$

并且, 如果去掉在 $x = 0$ 处趋向于 ∞ 的第一项, 级数在任意区间 $[0, x]$ 上是一致收敛的, 其中 $0 < x < 2$. 第一项的原函数是 $-\sqrt{2}x^{\frac{1}{2}}$; 对于剩余的级数, 我们可以用逐项求积分的方法来得到原函数. 因为在 $x = 0$ 处 $y = \frac{\pi}{2}$, 所以最后我们得到这按照 x 的分数幂的展开式 (对于 $0 \leqslant x < 2$ 成立):

$$y = \frac{\pi}{2} - \sqrt{2}x^{\frac{1}{2}} - \frac{1}{6\sqrt{2}}x^{\frac{3}{2}} - \frac{3}{80\sqrt{2}}x^{\frac{5}{2}} - \cdots$$

同样得到展开式

$$\arcsin\sqrt{\frac{2x}{1 + x^2}} = \sqrt{2} \left\{ x^{\frac{1}{2}} + \frac{1}{3}x^{\frac{3}{2}} - \frac{1}{5}x^{\frac{5}{2}} - \frac{1}{7}x^{\frac{7}{2}} + \cdots \right\}$$

对于 $0 \leqslant x < 1$.

[①]这里按照 x 的正整幂的普通型式的展开式是不可能的, 因为否则按照第 **438** 目的定理 9°, 我们的函数在 $x = 0$ 处是要有有限导数的, 而事实上并没有.

441. 级数的逐项求导数的例

1) 重新回到函数 [参看 **390**,6); **439**,3)]

$$y = E(x) = 1 + \sum_{n=1}^{\infty} \frac{x^n}{n!},$$

现在我们很容易求得它的导数; 这只需逐项地对上面的级数求导数即可 [**438**,8°]. 我们得到 $E'(x) = E(x)$, 所以我们所考虑的函数满足微分方程 $y' = y$. 由此 $y = Ce^x$; 因为在 $x = 0$ 处显然 $y = 1$, 所以最后我们找到 $E(x) = e^x$.

2) 可把相同的方法应用于确定二项式级数

$$y = f(x) = 1 + mx + \frac{m(m-1)}{1 \cdot 2}x^2 + \cdots + \frac{m(m-1)\cdots(m-n+1)}{1 \cdot 2 \cdot \cdots \cdot n}x^n + \cdots$$

[这次 m 是固定的, 而 x 在区间 $(-1,1)$ 内变动; 与 **439**,4) 比较]. 对它逐项求导数, 得到

$$f'(x) = m\left\{1 + (m-1)x + \frac{(m-1)(m-2)}{1 \cdot 2}x^2 + \cdots + \frac{(m-1)(m-2)\cdots(m-n)}{1 \cdot 2 \cdot \cdots \cdot n}x^n + \cdots\right\}.$$

现在不难证实[1]:

$$(1+x) \cdot f'(x) = m \cdot f(x).$$

于是,这个函数满足微分方程

$$(1+x) \cdot y' = my$$

由此

$$y = C(1+x)^m$$

因为显然当 $x = 0$ 时 $y = 1$, 则常数 $C = 1$, 最后

$$y = f(x) = (1+x)^m.$$

3) 我们已知狄利克雷级数的和 [**385**,3)]

$$\varphi(x) = \sum_{n=1}^{\infty} \frac{a_n}{n^x}$$

对 $x > \lambda$(其中 λ 是收敛边界点,$\lambda < +\infty$) 是连续函数 [**439**,2)].

可以用逐项求导数来求这个函数的导数:

$$\varphi'(x) = -\sum_{n=1}^{\infty} \frac{a_n}{n^x} \cdot \ln n \quad (x > \lambda).$$

---

[1]当用 $1+x$ 去乘 $f'(x)$ 时, 必须应用二项式系数的性质:

$$\frac{(m-1)(m-2)\cdots(m-n)}{1 \cdot 2 \cdot \cdots \cdot n} + \frac{(m-1)(m-2)\cdots(m-n+1)}{1 \cdot 2 \cdot \cdots \cdot (n-1)}$$
$$= \frac{m(m-1)\cdots(m-n+1)}{1 \cdot 2 \cdot \cdots \cdot n},$$

此式是著名的关系式

$$C_{m-1}^n + C_{m-1}^{n-1} = C_m^n$$

的特殊情形.

我们暂时还只是形式地得到这个结果. 为了证明这样做合理, 只需证实这后一级数对所有适合 $x \geqslant x_0$ 的 x 是一致收敛的, 其中 x_0 是任意 (但是固定的) 大于 λ 的数. 这可如同 **439** 目的 2)中那样, 借助阿贝尔判别法来建立, 根据因子 $\dfrac{\ln n}{n^{x-x_0}}$ 从 $n = 2$ 开始随 n 的增长而递减, 均以数 $\ln 2$ 为上界. 无论取怎样的值 $x > \lambda$, 它都可置于 $x' > \lambda$ 与 $x'' > x'$ 之间; 可应用定理 7 [**435**] 于区间 $[x', x'']$.

用这样的方法可以证实函数 $\varphi(x)$ 的各阶导数的存在性并且得到其级数形式的表达式.

特别地, 所说过的可应用于黎曼 ζ 函数 (当 $x > 0$):

$$\zeta(x) = \sum \frac{1}{n^x}.$$

4) 我们已经碰到过带有零附标的贝塞尔函数展开成幂级数的展开式

$$J_0(x) = 1 + \sum_{k=1}^{\infty} (-1)^k \frac{x^{2k}}{(k!)^2 \cdot 2^{2k}}$$

[**395**,14);**440**,12)].

现在我们证明这个函数适合贝塞尔微分方程

$$xu'' + u' + xu = 0.$$

设 $u = J_0(x)$, 就有

$$xu = \sum_{k=1}^{\infty} (-1)^{k-1} \frac{(2k)^2}{(k!)^2 \cdot 2^{2k}} \cdot x^{2k-1},$$

然后把 u 的展开式逐项求导数二次,

$$u' = \sum_{k=1}^{\infty} (-1)^k \frac{2k}{(k!)^2 \cdot 2^{2k}} \cdot x^{2k-1},$$

$$xu'' = \sum_{k=1}^{\infty} (-1)^k \frac{2k(2k-1)}{(k!)^2 \cdot 2^{2k}} \cdot x^{2k-1}.$$

如果把这些等式相加, 那么 x^{2k-1} 的系数等于

$$\frac{(-1)^k}{(k!)^2 \cdot 2^{2k}} [2k(2k-1) + 2k - (2k)^2] = 0,$$

这就证明所要求的断言.

同样可以验证带有任意自然数附标的贝塞尔函数 $J_n(x)$ 与前面一样的适合一般的贝塞尔方程

$$x^2 u'' + xu' + (x^2 - n^2)u = 0.$$

5) 问题的另一提法大可注意: 设求可对所有的 x 值展开成幂级数, 并且适合贝塞尔方程的所有一切函数.

我们来看, 例如, 最简单的情形 $n = 0$. 我们把未知函数的展开式写成待定系数的级数

$$u = \sum_{m=0}^{\infty} a_m x^m$$

的形式, 并且认为它是处处收敛的, 我们逐项微分二次. 把所有这些展开式代入方程, 我们得到

$$a_1 + \sum_{m=2}^{\infty} (m^2 a_m + a_{m-2}) x^{m-1} = 0.$$

按照定理 $3°$[**437**]

$$a_1 = 0, m^2 a_m + a_{m-2} = 0 \quad (m = 2, 3, \cdots).$$

由此, 首先, 带有奇附标的系数 $a_{2k-1} = 0 (k = 1, 2, \cdots)$, 至于带有偶附标的系数 a_{2k}, 按照递推公式都可以用 a_0 来表示:

$$a_{2k} = (-1)^k \frac{a_0}{(k!)^2 \cdot 2^{2k}}.$$

这样, 只差个任意因子 a_0, 我们又得到函数 $J_0(x)$.

这所得到的级数可以直接验证为处处收敛. 从其得出的方法就可以看出其所表示的函数适合方程.

[读者要注意到待定系数法的特殊的应用法, 此处我们所有的已经是这些系数的无穷集合了, 就必须要利用幂级数恒等定理以代替普通所用的多项式恒等定理.]

6) 高斯引进函数

$$u = F(\alpha, \beta, \gamma, x)$$
$$= 1 + \sum_{n=1}^{\infty} \frac{\alpha(\alpha+1)\cdots(\alpha+n-1) \cdot \beta(\beta+1)\cdots(\beta+n-1)}{n!\gamma(\gamma+1)\cdots(\gamma+n-1)} x^n$$

[**超几何级数**; 参看 **372**; **378**,4)]. 二次逐项求这级数的导数 (当作 $|x| < 1$), 可以证明, 这函数适合所谓超几何微分方程

$$x(x-1)u'' - [\gamma - (\alpha + \beta + 1)x] \cdot u' + \alpha\beta \cdot u = 0.$$

这里留给读者一些繁重的但是不困难的计算. 这里也可以变更一下问题的提法, 就像例题 5) 中所做的一样.

7) 我们用等式

$$f(x) = \sum_{n=1}^{\infty} \frac{x^n}{n^2}$$

来定义对于 $0 \leqslant x \leqslant 1$ 的函数 $f(x)$. 我们要证明, 当 $0 < x < 1$ 时这函数满足有趣的函数方程

$$f(x) + f(1-x) + \ln x \cdot \ln(1-x) = \text{const}.$$

只需要证明左边的表达式对 x 的导数恒等于零:

$$f'(x) - f'(1-x) + \frac{1}{x} \ln(1-x) - \frac{1}{1-x} \ln x = 0.$$

逐项求定义函数 $f(x)$ 的级数的导数, 我们得到

$$f'(x) = \sum_{n=1}^{\infty} \frac{x^{n-1}}{n} = -\frac{1}{x} \ln(1-x);$$

把 x 换成 $1 - x$, 我们得到

$$f'(1 - x) = -\frac{1}{1 - x}\ln x.$$

这就完成了证明.

8) 在 **400**,4), 曾研究过无穷乘积

$$\prod_{n=1}^{\infty}\cos\frac{\varphi}{2^n} = \frac{\sin\varphi}{\varphi}\quad(\varphi \neq 0).$$

假设 $0 < \varphi < \dfrac{\pi}{2}$, 首先把这个等式取对数 [**401**,4°]:

$$\sum_{n=1}^{\infty}\ln\cos\frac{\varphi}{2^n} = \ln\sin\varphi - \ln\varphi,$$

然后将所得级数逐项求导数:

$$\sum_{n=1}^{\infty}\frac{1}{2^n}\operatorname{tg}\frac{\varphi}{2^n} = \frac{1}{\varphi} - \operatorname{ctg}\varphi.$$

因为由求导数所得级数以收敛的几何级数为优级数, 所以逐项求导数是合理的.

9) 在 **408** 中, 我们看到了把 $\sin x$ 展开成无穷乘积

$$\sin x = x\prod_{n=1}^{\infty}\left(1 - \frac{x^2}{n^2\pi^2}\right).$$

取绝对值, 因此我们得到

$$|\sin x| = |x|\prod_{n=1}^{\infty}\left|1 - \frac{x^2}{n^2\pi^2}\right|.$$

如果 x 不取 $k\pi(k = 0, \pm 1, \pm 2, \cdots)$ 形式的数值, 那么取对数, 我们就得出无穷级数

$$\ln|\sin x| = \ln|x| + \sum_{n=1}^{\infty}\ln\left|1 - \frac{x^2}{n^2\pi^2}\right|.$$

逐项微分我们就得到这样一个展开式

$$\frac{\cos x}{\sin x} = \operatorname{ctg} x = \frac{1}{x} + \sum_{n=1}^{\infty}\frac{2x}{x^2 - n^2\pi^2}.$$

为了验证这个, 只需要说明, 这所得到的级数, 在任意不包含 $k\pi$ 形式的点的有限闭区间中, 一致收敛. 事实上, 当 x 在这种区间上变动时, 它的绝对值是保持有界的: $|x| < M$. 所以, 至少对于 $n > \dfrac{M}{\pi}$,

$$\left|\frac{2x}{x^2 - n^2\pi^2}\right| = \frac{2|x|}{n^2\pi^2 - |x|^2} < \frac{2M}{n^2\pi^2 - M^2}.$$

因为级数

$$\sum_{n>\frac{M}{\pi}}^{\infty}\frac{2M}{n^2\pi^2 - M^2}$$

收敛, 所以借助于魏尔斯特拉斯判别法, 就得到所要求的结果.

ctg x 的展开式可以具有形式

$$\frac{\cos x}{\sin x} = \operatorname{ctg} x = \frac{1}{x} + \sum_{n=1}^{\infty} \left(\frac{1}{x - n\pi} + \frac{1}{x + n\pi} \right);$$

这乃是 ctg x 对应于分母 sin x 不同的根 0 与 $\pm n\pi$ 的部分分式的展开式.

按照公式 tg $x = -\operatorname{ctg}\left(x - \dfrac{\pi}{2}\right)$, 可以得到 tg x 的部分分式的展开式:

$$\operatorname{tg} x = -\sum_{n=1}^{\infty} \left(\frac{1}{x - \dfrac{2n-1}{2}\pi} + \frac{1}{x + \dfrac{2n-1}{2}\pi} \right) = -\sum_{n=1}^{\infty} \frac{2x}{x^2 - \dfrac{(2n-1)^2\pi^2}{4}}.$$

同样, 如果利用公式

$$\frac{1}{\sin x} = \frac{1}{2}\left(\operatorname{ctg}\frac{x}{2} + \operatorname{tg}\frac{x}{2} \right),$$

可以得到 $\dfrac{1}{\sin x}$ 的展开式:

$$\frac{1}{\sin x} = \frac{1}{x} + \sum_{n=1}^{\infty} (-1)^n \left(\frac{1}{x - n\pi} + \frac{1}{x + n\pi} \right) = \frac{1}{x} + \sum_{n=1}^{\infty} (-1)^n \frac{2x}{x^2 - n^2\pi^2}.$$

逐项求 ctg x 的展开式的导数 (让读者证明这是许可的), 我们还得一个有用的展开式:

$$\frac{1}{\sin^2 x} = \frac{1}{x^2} + \sum_{n=1}^{\infty} \left[\frac{1}{(x - n\pi)^2} + \frac{1}{(x + n\pi)^2} \right].$$

10) 如果从 sh x 的无穷乘积表达式出发 [408], 那么类似的可以推出展开式

$$\operatorname{cth} x = \frac{1}{x} + \sum_{n=1}^{\infty} \frac{2x}{x^2 + n^2\pi^2},$$

$$\frac{1}{\operatorname{sh} x} = \frac{1}{x} + \sum_{n=1}^{\infty} (-1)^n \frac{2x}{x^2 + n^2\pi^2}, \quad \text{等等.}$$

11) 对于函数 $\Gamma(x)$, 我们在第 **402** 目中引进魏尔斯特拉斯公式 [参看 (16)]

$$\frac{1}{\Gamma(x+1)} = e^{Cx} \prod_{n=1}^{\infty} \left(1 + \frac{x}{n} \right) e^{-\frac{x}{n}}.$$

考虑到 $\Gamma(x+1) = x \cdot \Gamma(x)$, 并且取对数, 就容易得到 (这里 x 不等于 0 与负整数)

$$\ln|\Gamma(x)| = -\ln|x| - Cx + \sum_{n=1}^{\infty} \left(\frac{x}{n} - \ln\left| 1 + \frac{x}{n} \right| \right).$$

逐项求级数的导数, 由此我们形式上得到

$$\frac{\Gamma'(x)}{\Gamma(x)} = -\frac{1}{x} - C + \sum_{n=1}^{\infty} \left(\frac{1}{n} - \frac{1}{x+n} \right).$$

现在我们要证明, 右边的级数在任意有限区间 (不包含负整数) 上一致收敛. 实际上, 因为对于这些 $|x|$ 保持有界的: $|x| < M$, 所以, 至少对于 $n > M$ 就有

$$\left| \frac{1}{n} - \frac{1}{x+n} \right| = \frac{|x|}{n(n+x)} < \frac{M}{n(n-M)}.$$

因为级数 $\sum_{n>M}^{\infty} \dfrac{M}{n(n-M)}$ 收敛, 所以, 按照魏尔斯特拉斯判别法, 一致收敛性是成立的. 我们就得以引用第 **435** 目定理 7, 而且用这来证明 $\ln |\Gamma(x)|$ 的导数的存在, 因而,$\Gamma(x)$ 的导数的存在, 等等.

把级数

$$1 + \sum_{n=1}^{\infty} \left(\frac{1}{n+1} - \frac{1}{n} \right) = 0$$

加到所得到的公式的右边, 就将公式化成以下形状:

$$\frac{\Gamma'(x)}{\Gamma(x)} = -C + \sum_{\nu=0}^{\infty} \left(\frac{1}{\nu+1} - \frac{1}{x+\nu} \right).$$

很容易说明函数 $\Gamma(x)$ 的任意级导数的存在.

442. 隐函数理论中的逐次逼近法　　为了表明函数级数 (或序列) 的理论的功用, 我们重新考虑关于隐函数存在的问题 [**206** 等]. 我们限制于最简单的一个方程

$$F(x,y) = 0 \tag{7}$$

的情形, 其中 y 应定义作 x 的单值函数. 此时我们采用**逐次逼近法**, 这方法使我们不仅可以鉴定这函数的存在, 而且可以给出关于它的实际的计算.

设函数 $F(x,y)$ 与它的导数 $F'_y(x,y)$, 在以 (x_0, y_0) 点为中心的某正方形

$$\mathcal{D} = [x_0 - \Delta, x_0 + \Delta; y_0 - \Delta, y_0 + \Delta]$$

中连续, 并且

$$F(x_0, y_0) = 0, \quad \text{但} \quad F'_y(x_0, y_0) \neq 0, \tag{8}$$

则方程 (6) 在 (x_0, y_0) 点的附近把 y 定义为 x 的单值与连续的函数, 并且在 $x = x_0$ 处等于 y_0.

为了方便, 我们先考虑方程 (7) 有

$$y = y_0 + \varphi(x, y) \tag{7*}$$

形式的特别情形, 这里函数 φ 与 φ'_y 同样适合连续性的条件, 但条件 (8) 替换为

$$\varphi(x_0, y_0) = 0, \quad |\varphi'_y(x_0, y_0)| < 1. \tag{8*}$$

由于导数的连续性, 我们在开始的时候, 可以认为域 $\mathcal{D}$ 是足够小, 使得在这域中恒有

$$|\varphi'_y(x, y)| < \lambda, \tag{9}$$

这里 λ 是个小于 1 的常数. 然后保持变量 y 的变化区间, 还需要我们缩小变量 x 的变化区间, 把它改变为小区间 $[x_0 - \delta, x_0 + \delta]$, 使得在它的范围内, x 的连续函数 $\varphi(x, y_0)$(这个函数在 $x = x_0$ 处是等于零的) 适合不等式

$$|\varphi(x, y_0)| < (1 - \lambda)\Delta.$$

这样我们准备了一个区域

$$\mathcal{D}^* = [x_0 - \delta, x_0 + \delta; y_0 - \Delta, y_0 + \Delta], \tag{10}$$

对此我们将作更进一步的讨论.

把常数 y_0 代入方程 (7^*) 的右边部分中的 y, 我们得到 x 的某函数

$$y_1 = y_1(x) = y_0 + \varphi(x, y_0).$$

同样的, 我们逐次设

$$y_2 = y_2(x) = y_0 + \varphi(x, y_1),$$
$$y_3 = y_3(x) = y_0 + \varphi(x, y_2),$$
$$\cdots\cdots\cdots\cdots$$

而一般的

$$y_n = y_n(x) = y_0 + \varphi(x, y_{n-1}). \tag{11}$$

这些函数

$$y_1(x), y_2(x), \cdots, y_n(x), \cdots$$

就逐渐近似于未知函数 $y(x)$.

当然余下来还要证明的, 是所有这些都不跑出区间 $[y_0 - \Delta, y_0 + \Delta]$ 以外去, 因为, 如果这些中的某个跑出了这区间, 那么它已经不能代替方程 (7^*) 的右边中的 y 了.

我们用归纳法来证明这一点, 假设我们说

$$y_0 - \Delta \leqslant y_{n-1} \leqslant y_0 + \Delta.$$

从 (11)

$$y_n - y_0 = \varphi(x, y_{n-1}).$$

但是

$$|\varphi(x, y_{n-1})| \leqslant |\varphi(x, y_{n-1}) - \varphi(x, y_0)| + |\varphi(x, y_0)|.$$

按照中值定理变换一下右边的第一部分, 并根据 (9)

$$|\varphi(x, y_{n-1}) - \varphi(x, y_0)| = |\varphi'_y(x, \eta) \cdot (y_{n-1} - y_0)| < \lambda \cdot \Delta,$$

但由于 (10), 第二部分小于 $(1 - \lambda)\Delta$, 所以总起来

$$|y_n - y_0| < \lambda\Delta + (1 - \lambda)\Delta = \Delta,$$

这证明了我们的断言.

所利用的归纳法同时还建立起一个断言, 即用上述方法得到的函数都是连续的.

现在转向关于函数序列 $\{y_n\}$ 的极限的问题. 为了方便, 我们考虑级数

$$y_0 + \sum_{n=1}^{\infty}(y_n - y_{n-1}). \tag{12}$$

从我们序列的定义的本身, 就明白

$$y_n - y_{n-1} = \varphi(x, y_{n-1}) - \varphi(x, y_{n-2}).$$

再次利用中值定理与不等式 (9), 我们得到

$$|y_n - y_{n-1}| < \lambda|y_{n-1} - y_{n-2}|.$$

因此, 把 n 改换为 $n-1$, 改换为 $n-2$, 等等, 由于 (10) 最后我们得到

$$|y_n - y_{n-1}| < \lambda^{n-1} \cdot |y_1 - y_0| \leqslant \lambda^{n-1} \cdot (1-\lambda) \cdot \Delta.$$

这样, 几何级数

$$(1-\lambda)\Delta \cdot \sum_{1}^{\infty} \lambda^{n-1} \tag{13}$$

就成为级数 (12) 的优级数, 因之, 级数 (12) 对于在区间 $[x_0 - \delta, x_0 + \delta]$ 内所有 x 的值一致收敛. 所以, 按照第 **431** 目的定理 1, 极限函数

$$y = y(x) = \lim_{n \to \infty} y_n(x)$$

在指定的区间内连续.

取方程 (11) 当 $n \to \infty$ 时的极限, 很容易说明这个函数适合开始所说的方程 (7*). 余下的还要证明, 除去从这函数得到的值以外, 不存在适合方程 (7*) 的其他的值 y. 实际上, 如果对某一 x, 同时有 (7*) 与

$$\widetilde{y} = y_0 + \varphi(x, \widetilde{y})$$

那么, 相减再估计 φ 的差值, 我们得到

$$|y - \widetilde{y}| = |\varphi(x, y) - \varphi(x, \widetilde{y})| < \lambda \cdot |y - \widetilde{y}|,$$

因而 $y \neq \widetilde{y}$ 是不可能的.

由此可见

$$y(x_0) = y_0;$$

不过从所有的 $y_n(x_0) = y_0$ 也可以直接知道的.

定理在所考虑的特殊情形是证明了. 一般情形很容易化成特殊情形; 就是, 方程 (7) 可以写成形式

$$y = y_0 + \left[y - y_0 - \frac{F(x,y)}{F_y'(x_0, y_0)}\right],$$

如果设

$$\varphi(x, y) = y - y_0 - \frac{F(x,y)}{F_y'(x_0, y_0)},$$

这就与 (7*) 一致了. 这函数是满足条件 (8*) 的, 特别对于第二个条件是因为 $\varphi'_y(x_0, y_0)$ 等于 0.

如上面已经提到过的, 所述的步骤使得未知函数 $y(x)$ 关于实际的近似计算就很容易了. 从 $y(x)$ 改变到 $y_n(x)$ 的误差很容易估计, 因为几何级数 (13) 第 n 项以后的余式为级数 (12) 第 n 项以后的余式的优级数. 因此得到:

$$|y(x) - y_n(x)| < \Delta \cdot \lambda^n \quad (n = 1, 2, 3, \cdots).$$

很值得注意的是, 把在第 **206** 目中隐函数定理的证明与这里所提到的证明比较一下. 那里只是关于纯粹的 "存在性的证明", 这里却还有关于未知函数的构造.

用同样的方法, 我们能够有效地证明第 **208** 目中普遍的定理. 我们限制于最简单的情形, 为的是更好地显出这方法的概念.

443. 三角函数的分析定义   读者已看到过三角函数在分析中占着何等重要的位置. 但是, 它们的引进是在于纯粹几何的观察, 完全与分析无关. 因此, 关于利用分析本身的方法来定义三角函数与研究它们基本性质的可能性的问题就有了原则性的重要性. 而无穷级数就正是可以借以实现所有这些的工具, 我们在这目中要按照三角函数的分析定义来进行三角函数的研究, 作为上面所提到的理论的应用方面的新的例子.

于是, 我们考虑两个函数 $C(x)$ 与 $S(x)$, 它们是形式地用 (对所有实值 x 处处收敛的) 级数

$$C(x) = 1 + \sum_{n=1}^{\infty} (-1)^n \frac{x^{2n}}{(2n)!}, \quad S(x) = \sum_{n=1}^{\infty} (-1)^{n-1} \frac{x^{2n-1}}{(2n-1)!}$$

来定义的, 暂时我们丝毫不把它们与我们所熟知的函数 $\cos x$ 与 $\sin x$ 混同起来. 我们已经碰到过一次这样定义的函数 **[390,7)]**; 由于级数乘法的帮助, 如以前提到过的可以建立对于所有 x 与 y 的值都成立的两个基本公式:

$$C(x + y) = C(x) \cdot C(y) - S(x) \cdot S(y), \tag{14}$$

$$S(x + y) = S(x) \cdot C(y) + C(x) \cdot S(y). \tag{15}$$

我们继续研究函数 $C(x)$ 与 $S(x)$ 的性质. 把 x 换成 $-x$, 马上看到, $C(x)$ 是偶函数, 而 $S(x)$ 是奇函数:

$$C(-x) = C(x), \quad S(-x) = -S(x).$$

再取 $x = 0$, 我们得到

$$C(0) = 1, \quad S(0) = 0.$$

现在如果, 保持 x 任意, 在 (14) 中代入 $y = -x$, 那么 —— 只要考虑到已经建立的等式 —— 我们得到连系这两个函数的代数关系式

$$C^2(x) + S^2(x) = 1. \tag{16}$$

倍变量或半变量的公式也是很容易得到的.

从 **437** 的定理 2° 与 **438** 的定理 10° 我们可以断言, 这两个函数 $C(x)$ 与 $S(x)$ 不但连续, 而且有任意阶的导数. 特别是, 把逐项微分 **[438,10°]** 应用到定义函数的级数上, 很容易地看到

$$C'(x) = -S(x), \quad S'(x) = C(x). \tag{17}$$

我们看到的所有这些性质都是很容易建立的. 要求证明所考虑的函数的周期性则需多费一些力气, 现在我们就来从事于此.

开始我们证明, 在区间 $(0,2)$ 中函数 $C(x)$ 存在唯一的根. 事实上, 我们知道 $C(0) = 1. C(2)$ 的值可以写成以下的形式 (把对应的级数的前三项分开, 而其余的两项两项的并起来):

$$C(2) = 1 - \frac{2^2}{2!} + \frac{2^4}{4!} - \left(\frac{2^6}{6!} - \frac{2^8}{8!} \right) - \cdots$$

因为所有括号内都是正的:

$$\frac{2^{2n}}{(2n)!} - \frac{2^{2n+2}}{(2n+2)!} = \frac{2^{2n}}{(2n)!} \left(1 - \frac{2 \cdot 2}{(2n+1)(2n+2)} \right) > 0,$$

而前三项的和是 $-\frac{1}{3}$, 所以 $C(2) < -\frac{1}{3}$, 也就是说 $C(2)$ 是负的。由于函数 $C(x)$ 的连续性, 因此得到, 在区间 $(0,2)$ 中的确有这函数的根.

在另一方面, 在同一区间内函数

$$S(x) = x \left(1 - \frac{x^2}{2 \cdot 3} \right) + \frac{x^5}{5!} \left(1 - \frac{x^2}{6 \cdot 7} \right) + \cdots$$

显然保持正号, 而导数 $C'(x) = -S(x)$ 保持负号, 因而函数 $C(x)$ 当 x 从 0 增加到 2 时递减且只有一次等于 0.

现在我们把函数 $C(x)$ 的所述的根作 $\frac{\pi}{2}$, 这样 π 在这里完全是从形式上引进的, 暂时不能把它和圆周与直径的比值混同起来.

于是, 就有

$$C\left(\frac{\pi}{2} \right) = 0, \quad S\left(\frac{\pi}{2} \right) = 1;$$

最后这个等式是根据 (16) 并考虑到函数 $S(x)$ 当 $0 < x \leqslant 2$ 时为正而得到的.

先以 $x = y = \frac{\pi}{2}$ 代入公式 (13) 与 (14), 然后以 $x = y = \pi$ 代入, 我们就得到:

$$C(\pi) = -1, S(\pi) = 0; \quad C(2\pi) = 1, S(2\pi) = 0.$$

如果在同样这些公式里, 保持 x 任意, 而取 $y = \pi$ 或 $y = 2\pi$, 那么我们得到

$$C(x + \pi) = -C(x), \quad S(x + \pi) = -S(x) \tag{18}$$

与

$$C(x + 2\pi) = C(x), \quad S(x + 2\pi) = S(x).$$

后面的关系式说明, 函数 $C(x)$ 与 $S(x)$ 都有周期 2π.

不难推演出其他的 "化简公式"; 我们把这些留给读者去作.

现在我们企图证明所考虑的函数 $C(x)$ 及 $S(x)$ 与三角函数 $\cos x$ 及 $\sin x$ 重合, 而且同样企图证明我们形式上引进的数 π 与在几何学中占重要位置的数 π 相等.

为了这个目的, 我们来考察由参数方程

$$x = C(t), \quad y = S(t)$$

所给的**曲线**, 这里变量 t 从 0 变到 2π. 由于 (16), 所有它的点满足方程 $x^2 + y^2 = 1$, 就是在圆心为原点半径为 1 的圆周 上(图 61). 我们要证明, 同时圆周上每一点皆可由所给的曲线的参数方程得出, 并且仅只是一次; 自然开始点 A 是要除外的, 这点相当值 $t = 0$ 与 $t = 2\pi$.

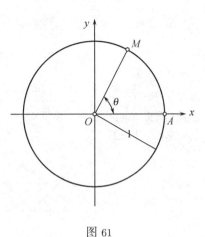

我们已经看到, 当 $0 < t \leqslant 2$ 时 $S(t) > 0$, 显然更不用说在 $0 < t \leqslant \dfrac{\pi}{2}$ 的时候了. 在公式 (18) 的第二个中, 把 x 换成 $-t$, 我们得到

$$S(\pi - t) = S(t);$$

由此可以看到, 当 $\dfrac{\pi}{2} \leqslant t < \pi$ 时 $S(t) > 0$. 在这情形, 导数等于 $-S(t)$ 的函数 $C(t)$ 在 t 从 0 变到 π 时是单调下降的, 所以 $C(t)$ 经过从 1 到 -1 中每一个值一次. 因此变量变化的区间 $[0, \pi]$ 一一对应于我们圆周的上半部分. 由于 [参看 (18)]

图 61

$$C(t + \pi) = -C(t), \quad S(t + \pi) = -S(t),$$

关于变量值的区间 $[\pi, 2\pi]$ 与圆周的下半部分可以得到相似的断言.

现在我们按照第 **329** 目的公式 (4) 来计算弧长 AM, 认为点 M 是对应于变量值 t 的. 注意到 (17) 与 (16), 我们得到

$$s(t) = \int_0^t \sqrt{[C'(t)]^2 + [S'(t)]^2}\, dt = t.$$

这证明了, t 与表成弧度的角度 $\theta = \angle AOM$ 重合, 所以

$$C(\theta) = x = \cos\theta, \quad S(\theta) = y = \sin\theta.$$

同时, 按照我们的公式, 整个圆周的长等于 2π; 因之我们引进的数与在几何学中所讨论的数是恒等的.

444. 没有导数的连续函数的例子　第一个这种例子是魏尔斯特拉斯建立的; 他的函数是用级数

$$f(x) = \sum_{n=0}^{\infty} a^n \cdot \cos(b^n \pi x)$$

来定义的, 这里 $0 < a < 1$ 而 b 是奇整数 $\left(\text{并且 } ab > 1 + \dfrac{3}{2}\pi\right)$. 收敛级数 $\sum_1^{\infty} a^n$ 为这个级数的优级数, 因之这个级数是一致收敛的 [**430, 431** 定理 1], 而且它的和是 x 的处处都连续的函数. 经过精密的研究, 魏尔斯特拉斯成功地证明了, 对于这个函数没有一点上存在有限导数.

我们提出**范德瓦尔登**(van der Waerden) 所建立的更简单的例子, 这个例子实质上是由与上一个例相同的想法而做出来的: 只是把振动曲线 $y = \cos\omega x$ 改换为振动折线.

于是我们用 $u_0(x)$ 来记数 x 与它的最接近整数之间的差的绝对值. 这个函数在每一个 $\left[\dfrac{s}{2},\right.$ $\left.\dfrac{s+1}{2}\right]$ 形式的区间上是线性的, 这里的 s 是整数; 它是连续的并有周期 1. 它的图形就是在图 62a)中表示的折线; 折线的每一节有斜率 ± 1.

然后, 对于 $k = 1, 2, \cdots$, 我们取

$$u_k(x) = \frac{u_0(4^k x)}{4^k}.$$

这个函数在 $\left[\dfrac{s}{2 \cdot 4^k}, \dfrac{s+1}{2 \cdot 4^k}\right]$ 区间上是线性的; 它也是连续的而且有周期 $\dfrac{1}{4^k}$. 它的图形也是折线, 但是具有更细的齿形; 例如在图 62, б) 上画的是函数 $u_1(x)$ 的图形. 在所有情形里, 折线每一节的斜率都等于 ± 1.

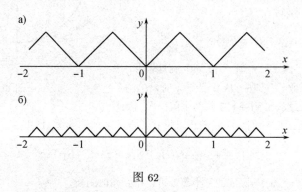

图 62

现在我们对于所有 x 的实数值用等式

$$f(x) = \sum_{k=0}^{\infty} u_k(x)$$

来定义函数 $f(x)$. 因为显然 $0 \leqslant u_k(x) \leqslant \dfrac{1}{2 \cdot 4^k} (k = 0, 1, 2, \cdots)$, 所以收敛级数 $\sum_0^{\infty} \dfrac{1}{2 \cdot 4^k}$ 是这级数的优级数, 因此 (像在魏尔斯特拉斯函数的情形一样) 这级数一致收敛, 并且函数 $f(x)$ 处处连续.

我们取定任意值 $x = x_0$. 计算 x_0, 精确到相差不到 $\dfrac{1}{2 \cdot 4^n}$ (这里 $n = 0, 1, 2, \cdots$), 我们把它放在这种数之间:

$$\frac{s_n}{2 \cdot 4^n} \leqslant x_0 < \frac{s_n + 1}{2 \cdot 4^n},$$

这里的 s_n 是整数. 显然, 这些闭区间

$$\Delta_n = \left[\frac{s_n}{2 \cdot 4^n}, \frac{s_n + 1}{2 \cdot 4^n}\right] \quad (n = 0, 1, 2, \cdots),$$

是一个套一个的. 在每一个这些区间上可以找到一点 x_n, 使得它与 x_0 点的距离等于区间长的一半:

$$|x_n - x_0| = \frac{1}{4^{n+1}};$$

很清楚, n 增加时, 变量 $x_n \to x_0$.

现在我们作改变量的比

$$\frac{f(x_n) - f(x_0)}{x_n - x_0} = \sum_{k=0}^{\infty} \frac{u_k(x_n) - u_k(x_0)}{x_n - x_0}.$$

但是, 当 $k > n$ 时, 数 $\dfrac{1}{4^{n+1}}$ 是函数 $u_k(x)$ 的周期 $\dfrac{1}{4^k}$ 的整数倍, 所以 $u_k(x_n) = u_k(u_0)$, 级数的对应项等于零, 因此就可以去掉了. 如果 $k \leqslant n$, 那么函数 $u_k(x)$ 在区间 Δ_k 上是线性的, 在 Δ_k 所包含的区间 Δ_n 上也是线性的, 并且

$$\frac{u_k(x_n) - u_k(x_0)}{x_n - x_0} = \pm 1 \quad (k = 0, 1, 2, \cdots, n).$$

这样, 最后我们有

$$\frac{f(x_n) - f(x_0)}{x_n - x_0} = \sum_{k=0}^{n} (\pm 1);^{62)}$$

换言之, 当 n 为奇数时这比值等于偶整数, 当 n 为偶数时这比值等于奇整数. 因此可以明白, 当 $n \to \infty$ 时改变量的比不可能趋向有限的极限, 所以我们的函数在 $x = x_0$ 处没有有限的导数.

§4. 关于幂级数的补充知识

445. 关于幂级数的运算   在已经知道的基础上, 我们用这一目来概述一下关于幂级数的运算, 作为更进一步深入的出发点.

考虑两个级数

$$\sum_{n=0}^{\infty} a_n x^n = a_0 + a_1 x + a_2 x^2 + \cdots + a_n x^n + \cdots, \tag{1}$$

$$\sum_{n=0}^{\infty} b_n x^n = b_0 + b_1 x + b_2 x^2 + \cdots + b_n x^n + \cdots. \tag{2}$$

假定这两级数的收敛半径都不等于零, 我们把它们中小的那一个记作 r. 那么对于 $|x| < r$, 我们知道 [**364**,4°; **389**], 这两级数可以逐项相加, 逐项相减与逐项相乘, 并且结果又可写成 x 的幂级数:

$$\sum_{n=0}^{\infty} a_n x^n \pm \sum_{n=0}^{\infty} b_n x^n = \sum_{n=0}^{\infty} (a_n \pm b_n) x^n,$$

$$\sum_{n=0}^{\infty} a_n x^n \cdot \sum_{n=0}^{\infty} b_n x^n = \sum_{n=0}^{\infty} (a_0 b_n + a_1 b_{n-1} + a_2 b_{n-2} + \cdots + a_n b_0) x^n. \tag{3}$$

我们设级数 (2) 与 (1) 恒等; 那么得到, 在收敛区间的范围内, 幂级数可以乘方如下:

$$\left(\sum_{n=0}^{\infty} a_n x^n \right)^2 = \sum_{n=0}^{\infty} (a_0 a_n + a_1 a_{n-1} + \cdots + a_n a_0) x^n.$$

如果按照上面已知的规律, 把最后的级数再乘上级数 (1) 并重复若干次, 那么我们可以断言, 在收敛区间范围内, 这幂级数可以乘任意整数 m 次, 并且结果同样可表

---

62)这个级数中的正负号可能完全任意地交替.

成幂级数的形式:

$$\left(\sum_{n=0}^{\infty} a_n x^n\right)^m = \sum_{n=0}^{\infty} a_n^{(m)} x^n \quad (m = 1, 2, \cdots). \tag{4}$$

系数 $a_n^{(m)}$ 是依赖于原来级数的系数 $a_0, a_1, a_2, \cdots, a_n$ 的, 而且根据 (3), 只要借助于加法与乘法就能得到它们. 这个说明对我们以后是需要的.

现在我们特别来讲幂级数的无穷集合的加法, 这是和我们以后经常有关的. 于是设已知的幂级数的无穷序列为

$$\sum_{n=0}^{\infty} a_{nm} x^n \quad (m = 0, 1, 2, \cdots);$$

我们从它们组成二重级数

$$\sum_{m=0}^{\infty} \left\{\sum_{n=0}^{\infty} a_{nm} x^n\right\}. \tag{5}$$

若对于取定的 x 值, 把它的项都换成它们的绝对值的级数是收敛的话, 则级数 (5) 也收敛, 并且它的和 $A(x)$ 可以径直用归并同次幂项的方法来展开成幂级数:

$$A(x) = \sum_{n=0}^{\infty} A_n x^n, \ \text{这里} \ A_n = \sum_{m=0}^{\infty} a_{nm} \quad (n = 0, 1, 2, \cdots).$$

根据第 **393** 目的定理 3, 证明就解决了.

我们用例子来阐明这个重要定理的应用.

例 1) 把函数

$$\text{(a)} \quad f_1(x) = \sum_{m=0}^{\infty} \frac{1}{m!} \frac{a^m}{1 + a^{2m} x^2}; \quad \text{(б)} \quad f_2(x) = \sum_{m=0}^{\infty} \frac{(-1)^m}{m!} \frac{a^m}{1 + a^{2m} x^2}$$

(假设 $|x| < 1$ 及 $0 < a < 1$) 展开成 x 的幂级数.

(a) 我们有

$$\frac{a^m}{1 + a^{2m} x^2} = \sum_{n=0}^{\infty} (-1)^n a^{m(2n+1)} x^{2n},$$

将其代入 $f_1(x)$ 的表达式并交换求和次序:

$$f_1(x) = \sum_{m=0}^{\infty} \frac{1}{m!} \sum_{n=0}^{\infty} (-1)^n a^{(2n+1)m} x^{2n}$$

$$= \sum_{n=0}^{\infty} (-1)^n x^{2n} \sum_{m=0}^{\infty} \frac{a^{(2n+1)m}}{m!} = \sum_{n=0}^{\infty} (-1)^n e^{a^{2n+1}} x^{2n}.$$

因为二重级数

$$\sum_{m=0}^{\infty} \frac{1}{m!} \sum_{n=0}^{\infty} a^{(2n+1)m} x^{2n} = \sum_{m=0}^{\infty} \frac{a^m}{m!} \cdot \frac{1}{1 - a^{2m} x^2} < \frac{1}{1 - x^2} e^a$$

收敛, 所以交换求和次序是合理的.

(б) 类似地

$$f_2(x) = \sum_{n=0}^{\infty} (-1)^n e^{-a^{2n+1}} x^{2n}.$$

2) 现在我们从函数 $x \operatorname{ctg} x$ 的部分分式展开式 [**441**,9)] 出发, 把它表成幂级数. 为了简单起见, 我们把 x 换成 πx, 所以

$$\pi x \cdot \operatorname{ctg} \pi x = 1 - 2 \sum_{m=1}^{\infty} \frac{x^2}{m^2 - x^2}.$$

如果 $|x| < 1$, 那么对于任意 $m = 1, 2, \cdots$

$$\frac{x^2}{m^2 - x^2} = \frac{\dfrac{x^2}{m^2}}{1 - \dfrac{x^2}{m^2}} = \sum_{n=1}^{\infty} \left(\frac{x^2}{m^2}\right)^n.$$

由于所有的项都是正的, 我们按照定理立即得到

$$\sum_{m=1}^{\infty} \frac{x^2}{m^2 - x^2} = \sum_{n=1}^{\infty} s_{2n} \cdot x^{2n}, \quad \text{这里} \quad s_{2n} = \sum_{m=1}^{\infty} \frac{1}{m^{2n}} \quad (n = 1, 2, \cdots).$$

这样, 对于 $|x| < 1$ 就有

$$\pi x \cdot \operatorname{ctg} \pi x = 1 - 2 \sum_{n=1}^{\infty} s_{2n} x^{2n}.$$

3) 完全相似的, 从函数 $x \cdot \operatorname{cth} x$ 的部分分式展开式 [**441**,10)] 出发, 我们得到表成幂级数的展开式

$$\pi x \cdot \operatorname{cth} \pi x = 1 + 2 \sum_{n=1}^{\infty} (-1)^{n-1} s_{2n} x^{2n} \quad (|x| < 1).$$

以后 [**449**] 我们要对于在 2) 与 3) 的展开式的系数给以另外的表达式.

4) 当无穷个量相加的级数退化为普通的有限多项式的时候, 定理在这情形也保持它的价值. 例如, 根据以下讨论, 我们从二项式级数与指数级数出发来推出对数级数.

对于 $|x| < 1$ 与任意 α 我们有 [**407** (22)]:

$$(1 + x)^{\alpha} = 1 + \alpha x + \frac{\alpha(\alpha - 1)}{1 \cdot 2} x^2 + \frac{\alpha(\alpha - 1)(\alpha - 2)}{1 \cdot 2 \cdot 3} x^3 + \cdots$$

取定 x, 我们开始把这级数的项考虑作关于 α 的多项式. 因为利用达朗贝尔判别法很容易说明级数

$$1 + |\alpha| \cdot |x| + \frac{|\alpha|(|\alpha| + 1)}{1 \cdot 2} |x|^2 + \frac{|\alpha|(|\alpha| + 1)(|\alpha| + 2)}{1 \cdot 2 \cdot 3} |x|^3 + \cdots$$

是收敛的, 所以按照定理, 在前面的那个级数中, 可以归并同次幂项:

$$(1 + x)^{\alpha} = 1 + \alpha \left(x - \frac{x^2}{2} + \frac{x^3}{3} - \cdots\right) + \cdots.$$

另一方面, 显然

$$(1+x)^\alpha = e^{\alpha \ln(1+x)} = 1 + \alpha \ln(1+x) + \cdots.$$

因为两个展开式必须恒等, 所以, 对于 α 的系数令其相等, 我们便得到

$$\ln(1+x) = x - \frac{x^2}{2} + \frac{x^3}{3} - \cdots.$$

我们要注意到, 这证明了的定理可以直接推广到多重级数, 例如推广到级数

$$\sum_{k=0, m=0,}^{\infty} \left\{ \sum_{n=0}^{\infty} a_{nkm} x^n \right\}.$$

事实上, 为了把它变为已经研究过的情形, 只要把二重级数换成简单级数就行了.

446. 把级数代入级数　我们考虑在区间 $(-R, R)$ 可展开成幂级数 (1) 的函数 $y = f(x)$. 此外, 设对于在区间 $(-\rho, \rho)$ 中的 y 值, 给定函数 $\varphi(y)$ 可以展开成幂级数

$$\varphi(y) = \sum_{m=0}^{\infty} h_m y^m = h_0 + h_1 y + h_2 y^2 + \cdots + h_m y^m + \cdots \tag{6}$$

如果 $|a_0| = |f(0)| < \rho$, 那么, 对于足够小的 $x, |f(x)| < \rho$, 因此有**复合**函数 $\varphi(f(x))$.

在唯一的条件 $|a_0| < \rho$ 之下, 如果把级数 (1) 代入 (6) 中的 y, 并且按照 (4) 做出所有乘幂以后再归并同次幂项, 则这函数 $\varphi(f(x))$ 在 $x = 0$ 点的附近就可以展开成 x 的幂级数.

证明　设 $|x| < R$, 我们考察级数

$$\sum_{n=0}^{\infty} |a_n x^n| = |a_0| + |a_1| \cdot |x| + |a_2| \cdot |x|^2 + \cdots + |a_n| \cdot |x|^n + \cdots$$

根据它的和的连续性 [**437**,2°], 由于 $|a_0| < \rho$, 对于足够小的 x 满足不等式

$$\sum_{n=0}^{\infty} |a_n x^n| < \rho, \tag{7}$$

所以级数

$$|h_0| + \sum_{m=1}^{\infty} |h_m| \left(\sum_{n=0}^{\infty} |a_n| \cdot |x|^n \right)^m$$

是收敛的.

与 (4) 相似, 假定

$$\left(\sum_{n=0}^{\infty} |a_n| \cdot |x|^n \right)^m = \sum_{n=0}^{\infty} \alpha_n^{(m)} \cdot |x|^n,$$

前面的级数可以写成

$$|h_0| + \sum_{m=1}^{\infty} |h_m| \cdot \left(\sum_{n=0}^{\infty} \alpha_n^{(m)} \cdot |x|^n \right)$$

这样的形式. 因为 $\alpha_n^{(m)}$ 利用加法与乘法从 $|a_0|, |a_1|, \cdots, |a_n|$ 的得来与 $a_n^{(m)}$ 的从 $a_0, a_1, \cdots, a_n$ 的得来完全相同 [445], 那么显然 $|a_n^{(m)}| \leqslant \alpha_n^{(m)}$. 所以对于上面提到的 x 的值, 级数

$$|h_0| + \sum_{m=1}^{\infty} |h_m| \cdot \left(\sum_{n=0}^{\infty} |a_n^{(m)}| \cdot |x|^n \right)$$

收敛, 因此把前目中最后的断言应用到级数

$$h_0 + \sum_{m=1}^{\infty} h_m \cdot \left(\sum_{n=0}^{\infty} a_n x^n \right)^m = h_0 + \sum_{m=1}^{\infty} h_m \cdot \left(\sum_{n=0}^{\infty} a_n^{(m)} \cdot x^n \right),$$

就证明了定理.

我们的推论所保证函数 $\varphi(f(x))$ 可展开成 x 的幂级数的 x 的变化域, 其特征是除了当然的不等式 $|x| < R$ 以外, 还有不等式 (7). 当 $R = +\infty$ 时就不需要引进第一个限制, 当 $\rho = +\infty$ 时就可以去掉第二个限制.

在定理的大多数应用中, 知道对于 $|x|$ 小的值有展开式就足够了. 如果是有兴趣于所得到级数的整个运用的范围, 那么需要分别的研究它的收敛区间.

作为例子, 我们在简单情形来实行这一点. 在区间 $(-1, 1)[\rho = 1]$ 考虑函数

$$\varphi(y) = \sum_{m=0}^{\infty} y^m,$$

用 $f(x) = 2x - x^2 [R = +\infty]$ 代替 y. 复合函数

$$\varphi(f(x)) = \frac{1}{1 - (2x - x^2)} = \frac{1}{(1-x)^2}$$

仅当 $-1 < 2x - x^2 < 1$, 即 $1 - \sqrt{2} < x < 1 + \sqrt{2}$, 但 $x \neq 1$ 时有意义其对 x 的幂次的展开我们已熟知[1]:

$$\frac{1}{(1-x)^2} = 1 + 2x + 3x^2 + 4x^3 + \cdots,$$

这个级数对 $-1 < x < 1$ 收敛. 总起来, 等式

$$\sum_{m=0}^{\infty} (2x - x^2)^m = 1 + 2x + 3x^2 + \cdots$$

---

[1] 参看 **390**,1), 逐项微分 [**438**,8°] 几何级数

$$\frac{1}{1-x} = 1 + x + x^2 + x^3 + \cdots,$$

可以得到此式.

在条件

$$1 - \sqrt{2} < x < 1$$

下成立. 把这一点与上述论断所说的加以比较是有趣的. 按照论断应该要求, 必须有 [参看 (7)]

$$2|x| + |x|^2 < 1 \quad \text{或} \quad 1 - \sqrt{2} < x < \sqrt{2} - 1.$$

正如我们所看到的, 所得等式事实上可应用于更宽的区域.

　　这里需要注意到定理的更进一步推广的可能性. 例如, 设给定对于 $|y| < \rho$ 与 $|z| < \rho$ 收敛的二重级数

$$\varphi(y, z) = \sum_{k, m = 0}^{\infty} h_{km} y^k z^m,$$

与对于 $|x| < R$ 收敛的两个级数

$$y = f(x) = \sum_{n=0}^{\infty} a_n x^n, \quad z = g(x) = \sum_{n=0}^{\infty} b_n x^n;$$

于是, 在条件 $|a_0| < \rho$ 与 $|b_0| < \rho$ 之下, 若把对应级数代入 y 与 z 的位置, 并完成乘幂与乘法以后归并同类项, 则就可以在 $x = 0$ 点附近展开复合函数 $\varphi(f(x), g(x))$ 成 x 的幂级数.

447. 例 1) 求函数 $\dfrac{1}{e}(1+x)^{\frac{1}{x}}$ 按照 x 的幂次展开式的前几项.

对于 $|x| < 1$, 我们有

$$
\begin{aligned}
\frac{1}{e} \cdot (1+x)^{\frac{1}{x}} &= \frac{1}{e} \cdot e^{\frac{1}{x} \ln(1+x)} = e^{-\frac{x}{2} + \frac{x^2}{3} - \frac{x^3}{4} + \cdots} \\
&= 1 + \left(-\frac{x}{2} + \frac{x^2}{3} - \frac{x^3}{4} + \frac{x^4}{5} - \frac{x^5}{6} + \cdots \right) \\
&\quad + \frac{1}{2} \left(-\frac{x}{2} + \frac{x^2}{3} - \frac{x^3}{4} + \frac{x^4}{5} - \cdots \right)^2 + \frac{1}{6} \left(-\frac{x}{2} + \frac{x^2}{3} - \frac{x^3}{4} + \cdots \right)^3 \\
&\quad + \frac{1}{24} \left(-\frac{x}{2} + \frac{x^2}{3} - \cdots \right)^4 + \frac{1}{120} \left(-\frac{x}{2} + \cdots \right)^5 + \cdots \\
&= 1 - \frac{1}{2}x + \frac{11}{24}x^2 - \frac{7}{16}x^3 + \frac{2447}{5760}x^4 - \frac{959}{2304}x^5 + \cdots.
\end{aligned}
$$

[类似形式的问题近似于在 **125** 中研究过的那些.]

2) 我们提出, 从对数级数与指数级数出发, 求二项式级数的问题.

对于 $|x| < 1$ 与任意 α, 显然有

$$
\begin{aligned}
(1+x)^{\alpha} &= e^{\alpha \ln(1+x)} = e^{\alpha \left(x - \frac{x^2}{2} + \frac{x^3}{3} - \cdots \right)} \\
&= 1 + \alpha \left(x - \frac{x^2}{2} + \frac{x^3}{3} - \cdots \right) + \frac{\alpha^2}{2!} \left(x - \frac{x^2}{2} + \frac{x^3}{3} - \cdots \right)^2 + \cdots \\
&= 1 + \alpha x + \frac{\alpha(\alpha - 1)}{1 \cdot 2} x^2 + \cdots.
\end{aligned}
$$

前几个系数的形式是立即可以确定的. 包括 x^n 的通项的系数可以从下面的推理得到. 直接知道它是关于 α 的 n 次整多项式: $Q_n(\alpha)$. 因为当 $\alpha = 0, 1, 2, \cdots, n-1$ 时在展开式中没有 x^n 项, 所以这多项式在这些点上等于 0, 因而我们有

$$Q_n(\alpha) = c \cdot \alpha(\alpha - 1) \cdot \cdots \cdot (\alpha - n + 1)$$

的形式. 当 $\alpha = n$ 时 x^n 的系数是 $1, Q_n(n) = 1$; 因此 $c = \dfrac{1}{n!}$, 最后,

$$Q_n(\alpha) = \frac{\alpha(\alpha - 1) \cdot \cdots \cdot (\alpha - n + 1)}{1 \cdot 2 \cdot \cdots \cdot n}.$$

3) 设 $f(x)$ 为可展开成 x 的幂级数而没有常数项的一个函数:

$$f(x) = a_1 x + a_2 x^2 + a_3 x^3 + \cdots + a_n x^n + \cdots$$

那么, 按照一般的定理, 对于同样 x 的值, 函数 $g(x) = e^{f(x)}$ 可以展开成级数, 并且常数项显然是等于 1. 要求找这展开式.

我们要指出, 对于这个问题可以利用待定系数法.

设

$$g(x) = e^{f(x)} = 1 + b_1 x + b_2 x^2 + b_3 x^3 + \cdots + b_n x^n + \cdots,$$

微分这个等式, 我们得到

$$e^{f(x)} \cdot f'(x) = b_1 + 2b_2 x + 3b_3 x^2 + \cdots + nb_n x^{n-1} + \cdots.$$

把左边部分的因式代成它们的展开式,

$$(1 + b_1 x + b_2 x^2 + b_3 x^3 + \cdots)(a_1 + 2a_2 x + 3a_3 x^2 + \cdots) = b_1 + 2b_2 x + 3b_3 x^2 + \cdots$$

这个条件引进了下面的方程组:

$$a_1 = b_1, 2a_2 + a_1 b_1 = 2b_2, 3a_3 + 2a_2 b_1 + a_1 b_2 = 3b_3, \cdots,$$

$$na_n + (n-1)a_{n-1} b_1 + \cdots + 2a_2 b_{n-2} + a_1 b_{n-1} = nb_n, \cdots, \tag{8}$$

从这方程组可以依次定出未知系数 b.

例如我们用说过的方法来解决下面的 (魏尔斯特拉斯) 问题.

证明函数

$$g(x) = (1-x)e^{\frac{x}{1} + \frac{x^2}{2} + \cdots + \frac{x^{m-1}}{m-1}}$$

的展开式是从 $1 - \dfrac{x^m}{m} + \cdots$ 项开始的, 而且所有它的系数的绝对值都小于 1.

我们把 $g(x)$ 写成

$$g(x) = e^{\ln(1-x) + \frac{x}{1} + \frac{x^2}{2} + \cdots + \frac{x^{m-1}}{m-1}} = e^{-\frac{x^m}{m} - \frac{x^{m+1}}{m+1} - \cdots}$$

的形式; 那么断言的第一部分显然是成立的. 用归纳法来证明第二部分. 我们假定所有附标小于 n 的系数 b_k 的绝对值都小于 1. 因为在所给的情形

$$当 \ k < m \ 时 \ a_k = 0 \ 而当 \ k \geqslant m \ 时 \ a_k = -\frac{1}{k} \quad (ka_k = -1).$$

所以从 (8) 中的第 n 个等式发现 $|b_n| < 1$.

[建议读者把这里说明的方法用到例 1) 与例 2) 中去.]

4) 方程 (8) 在其他问题中也是有用的. 设给定函数

$$g(x) = 1 + b_1 x + b_2 x^2 + b_3 x^3 + \cdots + b_n x^n + \cdots$$

的展开式, 要找函数

$$f(x) = \ln g(x) = a_1 x + a_2 x^2 + a_3 x^3 + \cdots + a_n x^n + \cdots$$

的展开式. 很容易了解, 系数 a 与 b 是由同样的关系 (8) 联系着的, 但是这一回需要去决定系数 a.

5) 证明无穷乘积

$$F(x) = \prod_{m=1}^{\infty} (1 + q^m x) = (1 + qx)(1 + q^2 x)(1 + q^3 x) \cdots (|q| < 1)$$

对于足够小的 x 可以展开成 x 的幂级数, 并确定这展开式的系数.

当 $|x| < 1$ 时乘积是收敛的并且有正的值; 取对数我们得到

$$\ln F(x) = \sum_{m=1}^{\infty} \ln(1 + q^m x) = \sum_{m=1}^{\infty} \left(q^m x - \frac{1}{2} q^{2m} x^2 + \cdots \right).$$

特别当把 x 换成 $|x|$ 与把 q 换成 $|q|$ 时, 这级数收敛. 因此从 [445] 推出,$\ln F(x)$ 在零的附近可以展开成 x 的幂级数, 而同样地 [按照第 446 目的定理] 也可以展开表达式

$$F(x) = e^{\ln F(x)}.$$

所以, 对于足够小的 x, 我们有

$$F(x) = 1 + b_1 x + b_2 x^2 + \cdots + b_n x^n + \cdots,$$

这里的系数 $b_1, b_2, \cdots, b_n, \cdots$ 还需要决定. 如果从显然的等式

$$F(x) = (1 + qx) \cdot F(qx)$$

出发, 去实行这个计算比一切的方法都要简单, 利用展开式, 这显然可以写成

$$1 + b_1 x + b_2 x^2 + \cdots + b_n x^n + \cdots = (1 + qx)(1 + b_1 qx + b_2 q^2 x^2 + \cdots + b_n q^n x^n + \cdots)$$

的形式. 按照关于幂级数恒等的定理, 因此

$$b_1 q + q = b_1, \quad b_2 q^2 + b_1 q^2 = b_2, \quad \cdots, \quad b_n q^n + b_{n-1} q^n = b_n, \quad \cdots$$

或者

$$b_1 = \frac{q}{1-q}, \quad b_2 = \frac{b_1 q^2}{1-q^2}, \quad \cdots, \quad b_n = \frac{b_{n-1} q^n}{1-q^n}, \quad \cdots,$$

最后

$$b_1 = \frac{q}{1-q}, b_2 = \frac{q^3}{(1-q)(1-q^2)}, \cdots,$$

$$b_n = \frac{q^{\frac{n(n-1)}{2}}}{(1-q)(1-q^2)\cdots(1-q^n)}, \cdots.$$

6) 我们取函数 $\frac{\sin x}{x}$ 的无穷乘积的展开式 [**408**] 与无穷级数的展开式 [**404**,(12)], 令它们的对数相等 [**401**,4°]:

$$\ln \frac{\sin x}{x} = \sum_{n=1}^{\infty} \ln \left(1 - \frac{x^2}{n^2\pi^2}\right) = \ln \left(1 - \frac{x^2}{6} + \frac{x^4}{120} - \cdots\right)$$

或者

$$\sum_{n=1}^{\infty} \left(\frac{x^2}{n^2\pi^2} + \frac{1}{2}\frac{x^4}{n^4\pi^4} + \cdots\right) = \left(\frac{x^2}{6} - \frac{x^4}{120} + \cdots\right) + \frac{1}{2}\left(\frac{x^2}{6} - \frac{x^4}{120} + \cdots\right)^2 + \cdots,$$

把左右两边依照 x 的幂次展开 [**445,446**] 且令两边的系数相等, 我们得到等式

$$\frac{1}{\pi^2}\sum_{1}^{\infty}\frac{1}{n^2} = \frac{1}{6}, \quad \frac{1}{2\pi^4}\sum_{1}^{\infty}\frac{1}{n^4} = \frac{1}{180}, \cdots,$$

因此

$$\sum_{1}^{\infty}\frac{1}{n^2} = \frac{\pi^2}{6}[1], \quad \sum_{1}^{\infty}\frac{1}{n^4} = \frac{\pi^4}{90} \cdots.$$

此外, 我们在以后 [**449**] 要从别的考虑得到这些公式.

7) 若函数 $f(x)$ 在区间 $(-R, R)$ 中能展开成幂级数 (1) 而 $\bar{x}$ 是在这区间中的任意点, 则在这点的附近函数可以依照 $x - \bar{x}$ 的幂次展开成级数.

实际上, 我们在 (1) 中设 $x = \bar{x} + y$; 按照一般的定理 (只是把 x 与 y 互换), 当 $|\bar{x}| + |y| < R$ 或 $|y| < R - |\bar{x}|$ 时, 可以推出这函数依照 y 的幂次的展开式, 就是依照 $\bar{x} - x$ 的幂次的展开式:

$$\sum_{k=0}^{\infty} A_k y^k = \sum_{k=0}^{\infty} A_k(x - \bar{x})^k.$$

在级数 $\sum_{n=1}^{\infty} a_n(\bar{x} + y)^n$ 中, 算出所有的乘幂并归并同类项, 很容易决定这展开式的系数:

$$A_0 = \sum_{n=0}^{\infty} a_n \bar{x}^n = f(\bar{x}),$$

一般地,

$$A_k = \sum_{n=k}^{\infty} \frac{n(n-1)\cdots(n-k+1)}{1\cdot2\cdot\cdots\cdot k} a_n \bar{x}^{n-k}$$

$$= \frac{1}{k!}\sum_{n=k}^{\infty} n(n-1)\cdots(n-k+1)a_n\bar{x}^{n-k} = \frac{f^{(k)}(\bar{x})}{k!}.$$

---

[1]这个结果我们已经知道了 [参看 **440**, (4)].

由于 **438**,9°, 这结果并不显得突然.

只是为了简单起见, 我们才把初始的级数取成依照 x 幂次的展开式, 假设函数 $f(x)$ 是用依照差 $x - x_0$ 的展开式给出的话, 问题还是没有什么改变.

我们要注意, 在 $x = x_0$ 点的附近可以依照 $x - x_0$ 的幂次展开成级数[①] 的函数 $f(x)$ 称为在这点上是**解析的**. 这样, 我们证明了, 在某一点上解析的函数在这点的某--个邻域内的所有的点上也是解析的.

这个断言可以推广到多元函数的情形.

8) 作为最后的例子, 我们考察, 对于任意取定的 x, 函数

$$\frac{1}{\sqrt{1 - 2x\alpha + \alpha^2}} = [1 + (\alpha^2 - 2x\alpha)]^{-\frac{1}{2}}$$

依照 α 的幂次的展开式. 只要 $|\alpha|^2 + 2|x| \cdot |\alpha| < 1$, 我们的定理可以保证这展开式的可能性. 很容易看出, $\alpha^n (n \geqslant 1)$ 的系数是某种 n 次的多项式 $P_n = P_n(x)$, 所以

$$\frac{1}{\sqrt{1 - 2x\alpha + \alpha^2}} = 1 + P_1\alpha + P_2\alpha^2 + \cdots + P_n\alpha^n + \cdots. \tag{9}$$

为了确定这些系数, 我们对 α 求等式 (9) 的导数:

$$\frac{x - \alpha}{(\sqrt{1 - 2x\alpha + \alpha^2})^3} = P_1 + 2P_2\alpha + \cdots + nP_n\alpha^{n-1} + \cdots.$$

把这结果与 (9) 比较, 很容易得到

$$(1 - 2x\alpha + \alpha^2)(P_1 + 2P_2\alpha + \cdots + nP_n\alpha^{n-1} + \cdots)$$
$$= (x - \alpha)(1 + P_1\alpha + P_2\alpha^2 + \cdots + P_n\alpha^n + \cdots).$$

现在我们把两边 α 的同幂次的系数相等起来. 首先, 我们找到

$$P_1 = x \text{ 与 } 2P_2 - 2xP_1 = -1 + xP_1, \text{ 因此 } P_2 = \frac{3x^2 - 1}{2},$$

然后, 一般地

$$(n+1)P_{n+1} - 2nx \cdot P_n + (n-1)P_{n-1} = xP_n - P_{n-1}$$

或是

$$(n+1)P_{n+1} - (2n+1)xP_n + nP_{n-1} = 0.$$

知道了最初的两个多项式, 就可以根据这个递推简化公式循序计算其余的.

一望而知, 多项式 P_1 与 P_2 和最初两个勒让德多项式相同, 而上述的公式, 又和第 **320** 目中所据以计算勒让德多项式的类似公式 (11) 一样. 由此我们得出结论:展式 (9) 的系数恰为勒让德多项式.

因为这个缘故, 二变量 α 与 x 的函数

$$\frac{1}{\sqrt{1 - 2\alpha x + \alpha^2}}$$

称作勒让德多项式的 "**母函数**". 展式 (9) 可以很有成效地利用来研究这些多项式的性质.

[①]这级数必须是它的泰勒级数 [**438**,9°].

448. 幂级数的除法 幂级数的除法问题, 乃是关于级数代入级数的定理的一个重要应用实例.

设级数 (1) 的自由项 a_0 非 0; 将这个级数表示成

$$a_0 \left(1 + \frac{a_1}{a_0} x + \frac{a_2}{a_0} x^2 + \frac{a_3}{a_0} x^3 + \cdots + \frac{a_n}{a_0} x^n + \cdots \right) = a_0(1+y),$$

在其中设

$$y = \frac{a_1}{a_0} x + \frac{a_2}{a_0} x^2 + \cdots + \frac{a_n}{a_0} x^n + \cdots,$$

于是

$$\frac{1}{a_0 + a_1 x + a_2 x^2 + \cdots + a_n x^n + \cdots} = \frac{1}{a_0} \cdot \frac{1}{1+y}$$
$$= \frac{1}{a_0}(1 - y + y^2 - \cdots + (-1)^m y^m + \cdots)$$

最后的级数就相当于级数 (6), 而 ρ 在此处为 1. 按照一般定理, 此表达式至少对于足够小的 x 值, 例如对于满足不等式

$$\left| \frac{a_1}{a_0} \right| \cdot |x| + \left| \frac{a_2}{a_0} \right| \cdot |x|^2 + \cdots + \left| \frac{a_n}{a_0} \right| \cdot |x|^n + \cdots < 1$$

的那些 x 值, 能够按 x 的幂次而展开:

$$\frac{1}{a_0 + a_1 x + \cdots + a_n x^n + \cdots} = c_0 + c_1 x + \cdots + c_n x^n + \cdots.$$

我们来研究第二个幂级数 (设其收敛半径不为 0)

$$b_0 + b_1 x + b_2 x^2 + \cdots + b_n x^n + \cdots$$

那么, 对于足够小的 x, 商式

$$\frac{b_0 + b_1 x + \cdots + b_n x^n + \cdots}{a_0 + a_1 x + \cdots + a_n x^n + \cdots}$$

便可以用乘积

$$(b_0 + b_1 x + \cdots + b_n x^n + \cdots)(c_0 + c_1 x + \cdots + c_n x^x + \cdots)$$

来代替, 因而就又表成了某一幂级数

$$d_0 + d_1 x + d_2 x^2 + \cdots + d_n x^n + \cdots$$

的形式.

按照待定系数法来确定这个级数的系数最为简单; 由关系式

$$(a_0 + a_1x + \cdots + a_nx^n + \cdots)(d_0 + d_1x + \cdots + d_nx^n + \cdots)$$
$$= b_0 + b_1x + \cdots + b_nx^n + \cdots$$

出发, 其中系数 a 及 b 均假定为已知的. 先将左侧级数按照一般法则 [**445**] 作乘法, 然后我们令左右 x 同幂项的系数相等. 用这个办法便得到了无穷方程组

$$a_0d_0 = b_0, a_0d_1 + a_1d_0 = b_1, a_0d_2 + a_1d_1 + a_2d_0 = b_2, \cdots,$$
$$a_0d_n + a_1d_{n-1} + \cdots + a_{n-1}d_1 + a_nd_0 = b_n, \cdots. \tag{10}$$

因为假定了系数 a_0 非 0, 故由第一个方程中立即得到 $d_0 = \dfrac{b_0}{a_0}$, 然后第二个给出 $d_1 = \dfrac{b_1 - a_1d_0}{a_0} = \dfrac{a_0b_1 - a_1b_0}{a_0^2}$, 如此类推. 在一般的情形下, 如果已经找出了 n 个系数 $d_0, d_1, \cdots, d_{n-1}$, 那么第 $n+1$ 个方程仅含有一个未知数 d_n, 就可以确定出它的值来了. 这样一来, 方程组 (10) 就顺序地并且完全单值地, 确定了商式所有的系数.

例　1) 求商式

$$\frac{x}{\ln\dfrac{1}{1-x}} = \frac{x}{x + \dfrac{x^2}{2} + \dfrac{x^3}{3} + \dfrac{x^4}{4} + \cdots} = \frac{1}{1 + \dfrac{x}{2} + \dfrac{x^2}{3} + \dfrac{x^3}{4} + \cdots}$$

的前几项.

方程组 (10) 在这里取以下形状:

$$d_0 = 1, \quad d_1 + \frac{1}{2}d_0 = 0, \quad d_2 + \frac{1}{2}d_1 + \frac{1}{3}d_0 = 0,$$
$$d_3 + \frac{1}{2}d_2 + \frac{1}{3}d_1 + \frac{1}{4}d_0 = 0,$$

以及诸如此类; 由此 $d_0 = 1, d_1 = -\dfrac{1}{2}, d_2 = -\dfrac{1}{12}, d_3 = -\dfrac{1}{24}, \cdots$. 因之

$$\frac{x}{\ln\dfrac{1}{1-x}} = 1 - \frac{1}{2}x - \frac{1}{12}x^2 - \frac{1}{24}x^3 - \cdots.$$

2) 将 tg x 看作是 $\sin x$ 与 $\cos x$ 的商 ($\sin x$ 与 $\cos x$ 的展式是已知的 [第 **404** 目 (12) 与 (13)]), 试求 tg x 在原点的邻域内的展式.

根据一般性定理, 这样的展式存在, 是预先晓得的. 因为 tg x 是奇函数, 所以这个展式仅包含有 x 的奇次幂. 于所求展式中将 x^{2n-1} 的系数取成 $\dfrac{T_n}{(2n-1)!}$ 形状是有便利的. 这样一来, 我们就有

$$\text{tg}\,x = \sum_{n=1}^{\infty} \frac{T_n}{(2n-1)!}x^{2n-1} \tag{11}$$

以及

$$\sum_{n=1}^{\infty} T_n \cdot \frac{x^{2n-1}}{(2n-1)!} \cdot \sum_{n=0}^{\infty} (-1)^n \frac{x^{2n}}{(2n)!} = \sum_{n=1}^{\infty} (-1)^{n-1} \frac{x^{2n-1}}{(2n-1)!}.$$

显而易见, $T_1 = 1$. 为了要确定其余的数 T_n, 令左右 x^{2n-1} 的系数相等, 我们就得到形如

$$\frac{T_n}{(2n-1)!} - \frac{T_{n-1}}{(2n-3)!} \cdot \frac{1}{2!} + \frac{T_{n-2}}{(2n-5)!} \cdot \frac{1}{4!} - \cdots = (-1)^{n-1} \frac{1}{(2n-1)!} \quad (n = 2, 3, \cdots)$$

的方程序列, 或者乘以 $(2n-1)!$:

$$T_n - C_{2n-1}^2 T_{n-1} + C_{2n-1}^4 T_{n-2} - \cdots = (-1)^{n-1}.$$

因为所有的数 C_{2n-1}^k 皆是整数, 所以顺序地, 我们可以肯定所有的 T_n 也都是整数. 以下是其中前几个的值:

$$T_1 = 1, T_2 = 2, T_3 = 16, T_4 = 272, T_5 = 7936, \cdots,$$

因而

$$\mathrm{tg}\, x = x + \frac{1}{3} x^3 + \frac{2}{15} x^5 + \frac{17}{315} x^7 + \frac{62}{2835} x^9 + \cdots.$$

在下一目中, 将要指出这个展式的系数的另一计算法, 并且准确地定出它的可用范围.

449. 伯努利数及含有伯努利数的展式 我们再来研究一个具有重要应用的除法的例:

$$\frac{x}{e^x - 1} = \frac{x}{x + \dfrac{x^2}{2!} + \cdots + \dfrac{x^n}{n!} + \cdots} = \frac{1}{1 + \dfrac{x}{2!} + \cdots + \dfrac{x^{n-1}}{n!} + \cdots}.$$

依据第 **448** 目的一般性结论, 这个商式至少对于足够小的 x 值, 可表成幂级数

$$\frac{x}{e^x - 1} = 1 + \sum_{n=1}^{\infty} \frac{\beta_n}{n!} x^n \tag{12}$$

的形式, 其系数我们取成了 $\dfrac{\beta_n}{n!}$ 的形状, 这 (我们可以看到) 会使顺次确定这些系数时较为方便.

根据关系式

$$\left(1 + \frac{x}{2!} + \frac{x^2}{3!} + \cdots + \frac{x^{n-1}}{n!} + \cdots \right) \times \left(1 + \frac{\beta_1}{1!} x + \frac{\beta_2}{2!} x^2 + \cdots + \frac{\beta_n}{n!} x^n + \cdots \right) = 1.$$

令左侧各个方幂 $x^n (n = 1, 2, 3, \cdots)$ 的系数等于零. 我们便得出方程组, 形状有如

$$\frac{1}{n!1!} \beta_n + \frac{1}{(n-1)!2!} \beta_{n-1} + \cdots + \frac{1}{(n-k+1)!k!} \beta_{n-k+1} + \cdots + \frac{1}{1!n!} \beta_1 + \frac{1}{(n+1)!} = 0,$$

或者乘以 $(n+1)!$:

$$C_{n+1}^1 \beta_n + C_{n+1}^2 \beta_{n-1} + \cdots + C_{n+1}^k \beta_{n+1-k} + \cdots + C_{n+1}^n \beta_1 + 1 = 0.$$

利用其与牛顿二项式相似之点, 这些方程可以在符号上写成这样:

$$(\beta + 1)^{n+1} - \beta^{n+1} = 0 \quad (n = 1, 2, \cdots);$$

依照普通法则将二项式依升幂式展开并消去最高次项之后, 幂方 β^k 就应换成这里的系数 β_k. 这样, 为要确定数 $\beta_n(n = 1, 2, \cdots)$, 我们便有无穷方程组

$$2\beta_1 + 1 = 0, 3\beta_2 + 3\beta_1 + 1 = 0, 4\beta_3 + 6\beta_2 + 4\beta_1 + 1 = 0,$$

$$5\beta_4 + 10\beta_3 + 10\beta_2 + 5\beta_1 + 1 = 0, \cdots.$$

由此顺序得到

$$\beta_1 = -\frac{1}{2}, \beta_2 = \frac{1}{6}, \beta_3 = 0, \beta_4 = -\frac{1}{30}, \beta_5 = 0,$$

$$\beta_6 = \frac{1}{42}, \beta_7 = 0, \beta_8 = -\frac{1}{30}, \beta_9 = 0, \beta_{10} = \frac{5}{66},$$

$$\beta_{11} = 0, \beta_{12} = -\frac{691}{2730}, \beta_{13} = 0, \beta_{14} = \frac{7}{6}, \beta_{15} = 0,$$

$$\beta_{16} = -\frac{3617}{510}, \beta_{17} = 0, \beta_{18} = \frac{43\,867}{798}, \beta_{19} = 0, \beta_{20} = -\frac{174\,611}{330}, \cdots$$

因为数 β 是从整系数线性方程组中确定出来的, 所以它们全都是有理数. 不难确定, 一般情形下, 带奇数附标的数 β(除掉第一个) 皆为零. 事实上将等式 (12) 中 $\frac{x}{2}$ 项搬到左边, 我们在等式左边所得到的, 显而易见, 是一个偶函数

$$\frac{x}{e^x - 1} + \frac{x}{2} = \frac{x}{2} \cdot \frac{e^x + 1}{e^x - 1} = \frac{x}{2} \cdot \frac{e^{\frac{x}{2}} + e^{-\frac{x}{2}}}{e^{\frac{x}{2}} - e^{-\frac{x}{2}}} = \frac{x}{2}\operatorname{cth}\frac{x}{2}.$$

在这种情形下, 它的展式

$$1 + \sum_{n=2}^{\infty} \frac{\beta_n}{n!} x^n$$

不能含有 x 的奇次幂, 此即所欲证.

对于带有偶数附标的数 β, 我们引用比较惯常的符号, 命

$$\beta_{2n} = (-1)^{n-1} B_n{}^{①},$$

于是

$$B_1 = \frac{1}{6}, B_2 = \frac{1}{30}, B_3 = \frac{1}{42}, B_4 = \frac{1}{30}, B_5 = \frac{5}{66},$$

$$B_6 = \frac{691}{2730}, B_7 = \frac{7}{6}, B_8 = \frac{3617}{510}, B_9 = \frac{43\,867}{798}, B_{10} = \frac{174\,611}{330}, \cdots$$

根据雅可比–伯努利的名字而称为伯努利数的, 恰恰就是这些数 B_n, 伯努利在研究顺序的自然数方幂 (其指数也是自然数) 的和时, 首先得到了它们. 伯努利数在许多分析问题中占重要的位置.

那么为了便利起见, 将 x 换成 $2x$, 最后我们就有展式

$$x\operatorname{cth}x = 1 + \frac{2^2 B_1}{2!}x^2 - \frac{2^4 B_2}{4!}x^4 + \cdots + (-1)^{n-1}\frac{2^{2n} B_n}{(2n)!}x^{2n} + \cdots$$

$$= 1 + \sum_{n=1}^{\infty}(-1)^{n-1}\frac{2^{2n} B_n}{(2n)!}x^{2n}, \tag{13}$$

---

①不久我们就会亲眼看到, 所有的 B_n 都是正的.

它对于足够小的 x 值均成立.

在第 **445** 目,3) 中我们已经有了展式

$$\pi x \cdot \text{cth}\pi x = 1 + 2\sum_{n=1}^{\infty}(-1)^{n-1}s_{2n}\cdot x^{2n},$$

其中 s_{2n} 表示级数 $\sum_{m=1}^{\infty}\dfrac{1}{m^{2n}}$ 的和. 在等式 (13) 中将 x 也换作 πx, 将它写成

$$\pi x \cdot \text{cth}\pi x = 1 + \sum_{n=1}^{\infty}(-1)^{n-1}\frac{(2\pi)^{2n}B_n}{(2n)!}\cdot x^{2n}.$$

两个展式当然应该恒等; 因此

$$B_n = \frac{2(2n)!}{(2\pi)^{2n}}\cdot s_{2n},$$

于是就发现所有的数 B_n 原来都是正的. 因为当 $n\to\infty$ 时, 显而易见, $s_{2n}\to 1$, 所以从所得到的公式中可以明白看出, 伯努利数当其附标数码增加时, 上升而无止境[①].

附带我们注意一下对于和数 s_{2n} 得到的一些有用的表达式:

$$s_{2n} = \sum_{m=1}^{\infty}\frac{1}{m^{2n}} = \frac{(2\pi)^{2n}}{2(2n)!}\cdot B_n;$$

其中 [参看第 **447** 目,6)]

$$s_2 = \sum_{m=1}^{\infty}\frac{1}{m^2} = \frac{\pi^2}{6}, \quad s_4 = \sum_{m=1}^{\infty}\frac{1}{m^4} = \frac{\pi^4}{90}.$$

现在我们回忆, 我们也已经有过了 $\pi x\cdot\text{ctg}\pi x$ 的展式 [第 **445** 目,2)], 其中系数也依赖于和数 s_{2n}:

$$\pi x\cdot\text{ctg}\pi x = 1 - 2\sum_{n=1}^{\infty}s_{2n}x^{2n}. \tag{14}$$

将此处的 πx 换成 x, 并用所求得的 s_{2n} 通过伯努利数的表达式来替代 s_{2n}, 便得

$$x\cdot\text{ctg}x = 1 - \sum_{n=1}^{\infty}\frac{2^{2n}B_n}{2n!}x^{2n}. \tag{15}$$

因为我们知道展式 (14) 当 $|x| < 1$ 时成立, 故展式 (15) 当 $|x| < \pi$ 时成立. 但是在 $x\to\pm\pi$ 时, 等式 (15) 左侧无限增大, 因而右侧级数在 $x = \pm\pi$ 时不可能收敛, 在 $|x| > \pi$ 时更不可能收敛: 其收敛半径恰恰正等于 π [②].

[①] 虽然如此, 我们已经看到了, 并非是单调的, 而是遵循着十分错综复杂的规律.

[②] 其实, 所有与确定幂级数收敛半径有关的问题, 都容易借助于柯西– 阿达马定理 [**380**] 解决. 例如, 对级数 (15) 有

$$\rho_{2n-1} = 0,\ \rho_{2n} = \sqrt[2n]{\frac{2^{2n}B_n}{(2n)!}} = \sqrt[2n]{\frac{2^{2n}}{(2n)!}\cdot\frac{2\cdot(2n)!}{(2n)^{2n}}\cdot s_{2n}}$$

$$= \frac{1}{\pi}\sqrt[2n]{2s_{2n}},$$

$$\rho = \varlimsup_{m\to\infty}\rho_m = \frac{1}{\pi},\ R = \frac{1}{\rho} = \pi.$$

顺便提一下, 从这里就显示出级数 (13) 的收敛半径也是同样的, 同时作为出发点的级数 (12) 便有收敛半径 2π.

利用恒等式

$$\operatorname{tg}x = \operatorname{ctg}x - 2\operatorname{ctg}2x,$$

从 (15) 中很容易再度得出 $\operatorname{tg}x$ 的展式:

$$\operatorname{tg}x = \sum_{n=1}^{\infty} \frac{2^{2n}(2^{2n} - 1)}{(2n)!} B_n \cdot x^{2n-1}. \tag{16}$$

它与以前所得到的恒等 [参看 (11)], 然而宁愿把它写成这个形状, 因为伯努利数是被很好地研究过的, 并且对于它们还有很多丰富完备的表格. 代表 $\operatorname{tg}x$ 的级数之收敛半径为 $\frac{\pi}{2}$; 现在, 从其推得的方法本身, 即可看出这一点.

还有许多其他有用的展式也与伯努利数有关. 例如, 因为

$$\left(\ln \frac{\sin x}{x}\right)' = \frac{\cos x}{\sin x} - \frac{1}{x} = \frac{1}{x}(x\operatorname{ctg}x - 1) = -\sum_{n=1}^{\infty} \frac{2^{2n}B_n}{(2n)!} x^{2n-1},$$

所以, 逐项积分, 便得 (对于 $|x| < \pi$)

$$\ln \frac{\sin x}{x} = -\sum_{n=1}^{\infty} \frac{2^{2n}B_n}{(2n)!} \cdot \frac{x^{2n}}{2n}.$$

类似的, 由展式 (16) 逐项积分就得到 $\left(\text{对于 } |x| < \frac{\pi}{2}\right)$

$$\ln \cos x = -\sum_{n=1}^{\infty} \frac{2^{2n}(2^{2n} - 1)B_n}{(2n)!} \cdot \frac{x^{2n}}{2n}.$$

从这些展式中不难得出 $\ln \frac{\operatorname{tg}x}{x}$ 的展式. 这些级数在作三角对数表时是有用处的.

最后, 回到我们在 **425** 目 6) 中所研究过的发散级数

$$\sum_{n=0}^{\infty} (-1)^n (n+1)^k.$$

在那儿曾建立了级数的 k 次切萨罗法的可求和性, 但 "广义和" 本身 (用 $A^{(k)}$ 表示) 我们并未求出, 现在来完成这一步. 其实, 我们按泊松–阿贝尔法对级数求和,—— 如我们所知 [**424**,2)]—— 应导致同一个结果.

当 $t < 0$ 时有 $0 < e^{-t} < 1$, 将级数求和, 得到

$$\sum_{n=0}^{\infty} (-1)^n e^{-(n+1)t} = \frac{e^{-t}}{1 + e^{-t}} = \frac{1}{e^t + 1}$$

$$= \frac{1}{e^t - 1} - \frac{2}{e^{2t} - 1} = \frac{1}{t} \cdot \frac{t}{e^t - 1} - \frac{1}{t} \cdot \frac{2t}{e^{2t} - 1}.$$

应用展开式 (12), 对充分小的 t 有

$$\sum_{n=0}^{\infty} (-1)^n e^{-(n+1)t} = -\sum_{n=1}^{\infty} \frac{(2^{2n} - 1)\beta_n}{n!} t^{n-1}.$$

把两个级数逐项微分 k 次; 对右边的幂级数, 我们根据定理 $8°$[**438**], 对于左边级数若引入变量 $x = e^{-t}$, 这个级数也是幂级数. 对它微分也是根据这个定理. 结果求得

$$\sum_{n=0}^{\infty}(-1)^n(n+1)^k e^{-(n+1)t} = (-1)^{k+1}\sum_{n=k+1}^{\infty}\frac{(2^{2n}-1)\beta_n}{n!}(n-1)(n-2)\cdots(n-k)t^{n-k-1}.$$

现在令 t 趋于 0, 因而 x 趋于 1. 左边取极限得到的即是 $A^{(k)}$, 而右边是常数项

$$(-1)^{k+1}\frac{(2^{2(k+1)}-1)\beta_{k+1}}{k+1}.$$

我们记得, 数 β 对大于 1 的奇数下标均为零, 而具有偶数下标的 β, 导致伯努利数, 最后得到公式:

$$A^{(2m)} = 0, \ A^{(2m-1)} = (-1)^{m-1}\frac{2^{4m}-1}{2m}B_m \quad (m \geqslant 1).$$

450. 利用级数解方程 我们再回到关于从尚未解出的方程

$$F(x, y) = 0 \tag{17}$$

中, 将变量 y 确定作 x 的函数的问题上来 [参看第 **206** 目及第 **442** 目], 不过用另外一种提法:

我们假定, 函数 $F(x, y)$ 在点 (x_0, y_0) 的邻近区域内能够按照 $x - x_0$ 与 $y - y_0$ 的幂次而展成级数, 并且其中常数项等于 0, 而 $y - y_0$ 项的系数不为 0[①]. 于是被方程 (17) 确定在 (x_0, y_0) 邻近区域内的函数 $y = y(x)$ 就也能够在 $x = x_0$ 附近按 $x - x_0$ 的幂次展成级数.

换句话说, 假若方程 (17) 左侧的函数 F 在点 (x_0, y_0) 是解析的, 那么, 由方程所确定的函数 $y = y(x)$ 在点 x_0 就也是解析的. 因此, 这里谈到的就已经不止是未知函数的存在或是它的值的计算, 而且还涉及它的**分析表示法**.

证明 可以取 $x_0 = y_0 = 0$, 而无伤于一般性; 究其实, 这就归结到我们是把差数 $x - x_0$ 取作了新变量, 可是保持了老符号. 如果分出 y 的一次项, 那么把它搬到另一侧并且用它的系数来除, 就可以把这个方程改写成这样:

$$y = c_{10}x + c_{20}x^2 + c_{11}xy + c_{02}y^2 + c_{30}x^3 + c_{21}x^2y + c_{12}xy^2 + c_{03}y^3 + \cdots, \tag{18}$$

我们对 x 的函数 y 寻求下列形状的级数:

$$y = a_1x + a_2x^2 + a_3x^3 + \cdots. \tag{19}$$

[①]这恰恰就相当于通常的条件

$$F(x_0, y_0) = 0, \quad F'_y(x_0, y_0) \neq 0.$$

首先,假使像这样的展式在原点的邻域内成立, 那么它的系数就由关系式 (18) 而完全单值地确定.

实际上, 在其中用展式 (19) 来代替 y(在上述的假定之下), 我们就得到

$$a_1 x + a_2 x^2 + a_3 x^3 + \cdots = c_{10} x + c_{20} x^2 + c_{11} x (a_1 x + a_2 x^2 + \cdots)$$
$$+ c_{02} \cdot (a_1 x + a_2 x^2 + \cdots)^2 + c_{30} x^3 + c_{21} x^2 \cdot (a_1 x + \cdots)$$
$$+ c_{12} x \cdot (a_1 x + \cdots)^2 + c_{03} (a_1 x + \cdots)^3 + \cdots . \tag{18a}$$

根据第 **446** 目定理, 对于足够小的 x, 此处右侧可以做出所有的乘方并归并同类项. 如果这以后再利用幂级数恒等定理, 即令左右两侧 x 的同幂次项系数相等, 则我们得到关于未知系数 $a_1, a_2, a_3, \cdots, c_n, \cdots$ 的 (无穷的!) 方程组

$$a_1 = c_{10}, a_2 = c_{20} + c_{11} a_1 + c_{02} a_1^2,$$
$$a_3 = c_{11} a_2 + 2 c_{02} a_1 a_2 + c_{30} + c_{21} a_1 + c_{12} a_1^2 + c_{03} a_1^3, \cdots \tag{20}$$

因为在 (18) 中右侧所有含 y 的项不低于二次 (就是说或是含有 y 的高次方, 或是 y 为一次, 但乘有 x 的若干次方), 故在方程组 (20) 的第 n 个中, 系数 a_n 就被带有较小附标的一些系数 $a_1, a_2, \cdots, a_{n-1}$(及已知的诸系数 c) 所表出了. 由此即保证了能够循序一个一个地确定系数 a_n:

$$a_1 = c_{10}, a_2 = c_{20} + c_{11} c_{10} + c_{02} c_{10}^2,$$
$$a_3 = (c_{11} + 2 c_{02} c_{10})(c_{20} + c_{11} c_{10} + c_{02} c_{10}^2)$$
$$+ c_{30} + c_{21} c_{10} + c_{12} c_{10}^2 + c_{03} c_{10}^3, \cdots \tag{21}$$

我们顺便来作这样一条说明, 这对于下文颇为重要: 因为在破除 (18a) 中的括弧时, 对于字母 a 及 c 除掉加法与乘法之外, 无需进行其他演算, 所以在等式 (20) 的右侧我们将有关于这些字母的整多项式, 其系数显见为正数(甚至还是自然数). 于是此时公式 (21) 的右侧, 就也是对于字母 c 的, 具正系数的整多项式.

现在我们作出: 具有系数 a(就是由 (21) 诸式算出的) 的级数 (19). 关于级数 (19), 可以指出, 它 "形式地" 满足关系式 (18a). 要是对于足够小的 x, 这个级数的收敛性被证明了, 那么就已经无需再去证明它所代表的函数适合条件 (18), 因为此时级数系数所满足的等式 (20) 与 (18a) 完全等价. 因之, 现在全部问题就归结到: 只需证明在原点的某一邻域内, 级数 (19)(其系数是由公式 (21) 确定的) 收敛.

与 (18) 同时, 我们来研究类似的关系式

$$y = \gamma_{10} x + \gamma_{20} x^2 + \gamma_{11} xy + \gamma_{02} y^2 + \gamma_{30} x^3 + \gamma_{21} x^2 y + \gamma_{12} xy^2 + \gamma_{03} y^3 + \cdots \tag{18*}$$

其中所有的系数 γ_{ik} 都是正的, 并且除此而外还满足不等式

$$|c_{ik}| \leqslant \gamma_{ik}. \tag{22}$$

对于 (18*), 我们 —— 暂时形式地 —— 建立一个与 (19) 类似的级数

$$y = \alpha_1 x + \alpha_2 x^2 + \alpha_3 x^3 + \cdots + \alpha_n x^n + \cdots, \tag{19*}$$

这里, 它的系数和 (21) 相似, 我们用下列诸式

$$\alpha_1 = \gamma_{10}, \alpha_2 = \gamma_{20} + \gamma_{11}\gamma_{10} + \gamma_{02}\gamma_{10}^2,$$

$$\alpha_3 = (\gamma_{11} + 2\gamma_{02}\gamma_{10})(\gamma_{20} + \gamma_{11}\gamma_{10} + \gamma_{02}\gamma_{10}^2)$$

$$+ \gamma_{30} + \gamma_{21}\gamma_{10} + \gamma_{12}\gamma_{10}^2 + \gamma_{03}\gamma_{10}^3, \cdots \tag{21*}$$

来确定. 由于以上所指明的, 这些式子里的各组成项就保证了数 α_n 都是正的. 不仅如此, 与 (21) 相比较, 并且考虑到 (22), 我们便看出还有

$$|a_n| \leqslant \alpha_n \quad (\text{对于所有的 } n). \tag{23}$$

假如能够选得出这样的正系数 γ_{ik}, 使得不仅条件 (22) 成立, 而且相应建立起来的级数 (19*) 还具有非零的收敛半径, 那么由于 (23), 级数 (19) 就也有非零的收敛半径 —— 定理即得证明. 现在我们就专门从事于数 γ_{ik} 的选择.

存在有这样的一对正数 r 与 ρ, 使得二重级数

$$|c_{10}| \cdot r + |c_{20}| \cdot r^2 + |c_{11}| \cdot r\rho + |c_{02}|\rho^2 + \cdots$$

收敛; 既然使得这个级数收敛, 故其一般项 $c_{ik}r^i\rho^k$ 趋近于 0, 因而是有界的:

$$|c_{ik}|r^i\rho^k \leqslant M, \text{ 由此 } |c_{ik}| \leqslant \frac{M}{r^i\rho^k}.$$

令 $\gamma_{ik} = \dfrac{M}{r^i\rho^k}$, 并且按照前所指出的, 我们来考察关系式

$$y = \frac{M}{r}x + \frac{M}{r^2}x^2 + \frac{M}{r\rho}xy + \frac{M}{\rho^2}y^2 + \cdots = \frac{M}{\left(1 - \dfrac{x}{r}\right)\left(1 - \dfrac{y}{\rho}\right)} - M - \frac{M}{\rho}y$$

或者最后

$$y^2 - \frac{\rho^2}{\rho + M}y + \frac{M\rho^2}{\rho + M} \cdot \frac{x}{r - x} = 0.$$

至此就可以将满足方程的函数 $y = y(x)$ 实际求出, 即在 $x = 0$ 时 y 成为 0 的那一支[①]. 解二次方程, 我们便得到 (假定 $|x| < r$):

$$y = \frac{\rho^2}{2(\rho + M)}\left[1 - \sqrt{1 - \frac{4M(\rho + M)}{\rho^2} \cdot \frac{x}{r - x}}\right].[②]$$

[①]由以上二次方程所确定的函数 $y = y(x)$ 是双值函数, 它所代表的曲线有两支, 现在我们取其当 $x = 0$ 时 $y = 0$ 的那一支. —— 译者注.

[②]根式前取负号就是为了要在 $x = 0$ 时有 $y = 0$.

如果为了写起来简单, 引入符号

$$r_1 = r \left(\frac{\rho}{\rho + M} \right)^2, \tag{24}$$

则 y 的表达式可以改写成

$$y = \frac{\rho^2}{2(\rho + M)} \left[1 - \left(1 - \frac{x}{r_1} \right)^{\frac{1}{2}} \left(1 - \frac{x}{r} \right)^{-\frac{1}{2}} \right]$$

的形式, 由此即可明白看出, 倘使利用二项级数, 则对于 $|x| < r_1 < r, y$ 可依 x 的幂次展开. 因为这个展式应该和 (19*) 恒等, 故级数 (19*) 收敛性的证明借此乃告完成. 因而级数 (19) 的收敛性 (至少对于 $|x| < r_1$) 就也得以证明.

　　注意, 定理只是确定了 y 能够在 $x = 0$ 附近按照 x 的幂次 (或者在一般情形下, 在 $x = x_0$ 附近按照 $x - x_0$ 的幂次) 而展开. 要断定这个展式的确切收敛区间则须个别研究.

　　在一般的情形下, 即由方程组来确定一个函数组的时候, 亦可应用类似的方法加以论述.

　　上文中所采用的巧妙研究方法, 是属于柯西的. 其要点就在于: 将给定的 (单变数或多变数的) 幂级数用一个比较便于研究的 "优" 级数 (其系数都是正的, 并相应地大于给定的级数的系数的绝对值) 来代替. 此法之所以获名为优级数法即系于此. 在微分方程的理论中时常会用到这个方法.

　　451. 幂级数之反演　　现在我们将幂级数的反演问题, 作为前目中所解决了的问题的一个特殊情形来研究. 设函数 $y = f(x)$ 在点 $x = x_0$ 的某邻域内, 表成了按照 $x - x_0$ 的幂次而排列的级数. 用 y_0 来表示自由项 (它表达当 $x = x_0$ 时 y 的值), 我们便把这个展式写成了以下形状:

$$y - y_0 = a_1(x - x_0) + a_2(x - x_0)^2 + \cdots + a_n(x - x_0)^n + \cdots.$$

　　当 $a_1 \neq 0$ 时, 在 $y = y_0$ 的邻域内, x 由上式确定成 y 的函数, 并且 x 反转过来可展为按照 $y - y_0$ 幂次的级数. 这样一来, 倘若 y 是在点 x_0 处的 x 的解析函数, 则在对应的点 y_0 处 (在所指出的条件之下) 反函数就也是解析的.

　　这都可由前目中所证明了的定理直接推知. 为了简单起见, 设 $x_0 = y_0 = 0$, 我们仿效 (18) 的样子, 将联系 y 及 x 的关系式写成以下形状:

$$x = by + c_2 x^2 + c_3 x^3 + c_4 x^4 + \cdots \text{①}$$

于是待定的展式

$$x = b_1 y + b_2 y^2 + b_3 y^3 + \cdots$$

―――――――――
①需要注意, 此处 x 与 y 的地位互相调换了.

的诸系数就顺次由以下各方程来确定:

$$b_1 = b, b_2 = c_2 b_1^2, b_3 = 2c_2 b_1 b_2 + c_3 b_1,$$
$$b_4 = c_2(2b_1 b_3 + b_2^2) + 3c_3 b_1^2 b_2 + c_4 b_1^4,$$
$$b_5 = 2c_2(b_1 b_4 + b_2 b_3) + 3c_3(b_1^2 b_3 + b_1 b_2^2) + 4c_4 b_1^3 b_2 + c_5 b_1^5.$$

例如, 知道了正弦展式

$$y = \sin x = x - \frac{1}{6}x^3 + \frac{1}{120}x^5 - \cdots$$

即可求出展式

$$x = \arcsin y = b_1 y + b_3 y^3 + b_5 y^5 + \cdots$$

(我们只写出 y 的奇次幂, 因为由函数 $y = \sin x$ 是奇函数可以推知其反函数也是奇函数). 确定诸系数 b 的各方程此时即有以下形状:

$$b_1 = 1, b_3 = \frac{1}{6}b_1^3 = \frac{1}{6}, b_5 = \frac{1}{2}b_1^2 b_3 - \frac{1}{120}b_1^5 = \frac{3}{40}, \cdots.$$

另一个例子: 设

$$y = e^x - 1 = x + \frac{x^2}{2!} + \frac{x^3}{3!} + \cdots ;$$

由此

$$x = \ln(1+y) = b_1 y + b_2 y^2 + b_3 y^3 + \cdots$$

诸系数 b 可逐次确定:

$$b_1 = 1, b_2 = -\frac{1}{2}b_1^2 = -\frac{1}{2}, b_3 = -b_1 b_2 - \frac{1}{6}b_1^3 = \frac{1}{3},$$
$$b_4 = -\frac{1}{2}(2b_1 b_3 + b_2^2) - \frac{1}{2}b_1^2 b_2 - \frac{1}{24}b_1^4 = -\frac{1}{4},$$
$$b_5 = -(b_1 b_4 + b_2 b_3) - \frac{1}{2}(b_1^2 b_3 + b_1 b_2^2) - \frac{1}{6}b_1^3 b_2 - \frac{1}{120}b_1^5 = \frac{1}{5}, \cdots,$$

于是

$$\ln(1+y) = y - \frac{1}{2}y^2 + \frac{1}{3}y^3 - \frac{1}{4}y^4 + \frac{1}{5}y^5 - \cdots.$$

为保证反函数存在并且所得展式有效力, y 的变动区域可能要根据 **450** 目的考虑来确定, 但是这通常是很过分降低的. 比如说, 若在上述第一个例子中, 改写联系着 x 与 y 的方程为 (18) 的形式:

$$x = y + \frac{x^3}{6} - \frac{x^5}{120} + \cdots$$

并且以 $|x| \leqslant \frac{\pi}{2}, |y| \leqslant 1$ 来限制它, 即取 $\rho = \frac{\pi}{2}, r = 1$, 那么得 $M = 1$, 且 —— 按照公式 (24)——

$$r_1 = \left(\frac{\frac{\pi}{2}}{\frac{\pi}{2} + 2} \right)^2 < 0.2,$$

可是所得结果的合理应用区域是区间 $[-1, 1]$!

附注　弄清条件 $a_1 \neq 0$ 的意义是有益的, 仅在这个条件下, 前述论断才是正确的. 设 $a_1 = 0$ 但 $a_2 \neq 0$, 比如说 $a_2 > 0$, 于是在 $x = 0$ 附近 (为了简单, 设 $x_0 = y_0 = 0$) 有

$$y = a_2 x^2 + a_3 x^3 + a_4 x^4 + \cdots,$$

因此 $y > 0$. 以 $y^{\frac{1}{2}}$ 表示 y 的算术根, 我们看到

$$\sqrt{y} = \sqrt{a_2 x^2 + a_3 x^3 + a_4 x^4 + \cdots} = \pm x \sqrt{a_2} \sqrt{1 + \frac{a_3}{a_2} x + \frac{a_4}{a_2} x^2 + \cdots},$$

同时所置正负符号应与 x 的符号相合. 由于 **50** 目的定理, 在 $x = 0$ 附近后一根式本身是自由项为 1 的幂级数. 于是最后有

$$\pm \sqrt{y} = a_1' x + a_2' x^2 + \cdots,$$

其中 $a_1' = \sqrt{a_2} > 0$. 应用本目的定理 (量 $\pm\sqrt{y}$ 起 y 的作用), 我们得到对 x 的两个不同的展开, 它依赖于符号的选择:

$$x_1 = b_1 y^{\frac{1}{2}} + b_2 y + b_3 y^{\frac{3}{2}} + b_4 y^2 + \cdots > 0 \quad \left(b_1 = \frac{1}{\sqrt{a_2}} > 0 \right)$$

与

$$x_2 = -b_1 y^{\frac{1}{2}} + b_2 y - b_3 y^{\frac{3}{2}} + b_4 y^2 - \cdots < 0.$$

读者既要注意到反函数的双值性, 又要注意到它的每一个分支不是按变量 y 的整数次幂而是按分数次幂展开的.

452. 拉格朗日级数　我们将第 **450** 目的定理应用到形状有如

$$y = a + x\varphi(y) \tag{25}$$

的特殊方程, 此处函数 $\varphi(y)$ 假定在点 $y = a$ 是解析的. 于是我们知道, 对于充分小的 x 值, y 被方程 (25) 确定为 x 的函数, 在点 $x = 0$ 处是解析的, 并且在 $x = 0$ 时 $y = a$.

又设 $u = f(y)$ 是 y 的某一个函数, 在 $y = a$ 处是解析的. 如果在这里把 y 替换为前述的 x 的函数, 则 u 就是 x 的函数, 在 $x = 0$ 处也是解析的. 我们提出的问题就是: 求 u 按照 x 的幂次的展式, 更确切些, 就是求这展式中诸系数的适当的表达式.

我们先注意当 a 为变量时, y 由方程 (25) 确定成 x 与 a 两个变量的函数, 可按照 x 与 $a - a_0$(此处 a_0 是 a 的任意一个固定值) 的幂次而展成二重级数①. 于是变量 u 就也是 x 与 a 这两个变量的函数.

将 (25) 对 x 并对 a 微分, 便得

$$[1 - x \cdot \varphi'(y)]\frac{\partial y}{\partial x} = \varphi(y), \quad [1 - x \cdot \varphi'(y)]\frac{\partial y}{\partial a} = 1,$$

---

①这一项断言是预先假定第 **450** 目的定理被推广到了这种情形: 即在方程中出现有三个变量, 而其中之一被确定作其余两个的函数.

由此显而易见,

$$\frac{\partial y}{\partial x} = \varphi(y) \cdot \frac{\partial y}{\partial a}, \tag{26}$$

而一般的在 $u = f(y)$ 时, 也同样有

$$\frac{\partial u}{\partial x} = \varphi(y) \cdot \frac{\partial u}{\partial a}. \tag{26a}$$

另一方面, 不论 $F(y)$ 是怎样一个函数, 只要它对于 y 的导数存在, 我们就有

$$\frac{\partial}{\partial x}\left[F(y) \cdot \frac{\partial u}{\partial a}\right] = \frac{\partial}{\partial a}\left[F(y) \cdot \frac{\partial u}{\partial x}\right]. \tag{27}$$

直接微分, 并引证恒等式 (26) 与 (26a), 这就很容易得以肯定.

所有附记的这些, 我们用来证明一条于下文中颇为重要的公式:

$$\frac{\partial^n u}{\partial x^n} = \frac{\partial^{n-1}}{\partial a^{n-1}}\left[\varphi^n(y) \cdot \frac{\partial u}{\partial a}\right] ^{①}. \tag{28}$$

当 $n = 1$ 时它就化为 (26a). 现在假定它对于某值 $n \geqslant 1$ 是对的, 我们来确定它对于 $(n + 1)$ 阶导数也对, 将 (28) 对 x 微分, 并利用更换微分次序的法则 [190], 便得

$$\frac{\partial^{n+1} u}{\partial x^{n+1}} = \frac{\partial^{n-1}}{\partial a^{n-1}}\frac{\partial}{\partial x}\left[\varphi^n(y) \cdot \frac{\partial u}{\partial a}\right].$$

但是借助于 (27) 与 (26a), 我们顺次有

$$\frac{\partial}{\partial x}\left[\varphi^n(y) \cdot \frac{\partial u}{\partial a}\right] = \frac{\partial}{\partial a}\left[\varphi^n(y) \cdot \frac{\partial u}{\partial x}\right] = \frac{\partial}{\partial a}\left[\varphi^{n+1}(y) \cdot \frac{\partial u}{\partial a}\right].$$

把这个代到前一个等式里, 就得出

$$\frac{\partial^{n+1} u}{\partial x^{n+1}} = \frac{\partial^n}{\partial a^n}\left[\varphi^{n+1}(y) \cdot \frac{\partial u}{\partial a}\right].$$

因此, 公式 (28) 由归纳法得以证实.

最后, 回到我们所感兴趣的, 函数 u 依照 x 的幂次的展式上来. 在 a 为常量时, 此展式必定具有泰勒展式的形状 [**438**,9°]:

$$u = u_0 + x \cdot \left(\frac{\partial u}{\partial x}\right)_0 + \frac{x^2}{2!} \cdot \left(\frac{\partial^2 u}{\partial x^2}\right)_0 + \cdots + \frac{x^n}{n!} \cdot \left(\frac{\partial^n u}{\partial x^n}\right)_0 + \cdots,$$

其中指标 0 是表示函数及其导数都取 $x = 0$ 时的值. 但 $x = 0$ 时, $y = a$ 所以 $u_0 = f(a)$, 而此后根据公式 (28),

$$\left(\frac{\partial^n u}{\partial x^n}\right)_0 = \frac{d^{n-1}}{da^{n-1}}[\varphi^n(a) \cdot f'(a)].$$

代入这些系数值, 我们就得到展式

$$f(y) = f(a) + x \cdot \varphi(a)f'(a) + \frac{x^2}{2!} \cdot \frac{d}{da}[\varphi^2(a) \cdot f'(a)] + \cdots$$

$$+ \frac{x^n}{n!}\frac{d^{n-1}}{da^{n-1}}[\varphi^n(a) \cdot f'(a)] + \cdots, \tag{29}$$

---

① 此处 $\varphi^n(y)$ 表示自乘方: $[\varphi(y)]^n$.

此即称为**拉格朗日级数**. 由于其系数是表成 a 的显函数的形状, 所以这级数是非常之好.

如果 $f(y) \equiv y$, 则特别就得到

$$y = a + x \cdot \varphi(a) + \frac{x^2}{2!} \cdot \frac{d}{da}[\varphi^2(a)] + \cdots + \frac{x^n}{n!} \cdot \frac{d^{n-1}}{da^{n-1}}[\varphi^n(a)] + \cdots . \tag{29a}$$

本目所考虑的问题与幂级数反演问题有着紧密的联系. 若 (假设 $\varphi(a) \neq 0$) 把方程 (25) 改写为如下形式:

$$x = \frac{y-a}{\varphi(y)} = b_0 + b_1(y-a) + b_2(y-a)^2 + \cdots ,$$

则拉格朗日问题与这个级数按 $y-a$ 的幂次排列的反演是等价的. 反之, 若提出幂级数

$$y = a_1 x + a_2 x^2 + a_3 x^3 + \cdots \quad (a_1 \neq 0)$$

的反演问题, 则把此式改写成:

$$y = x(a_1 + a_2 x + a_3 x^2 + \cdots),$$

把括号内的级数表为 $\psi(x)$. 那时便得 (25) 类型的方程

$$x = y \cdot \frac{1}{\psi(x)};$$

这里 $a = 0, \varphi(x) = \dfrac{1}{\psi(x)}$, 此外, x 与 y 角色互换, 后一说明的重要性还因为对 (29a) 的反演的结果可以立即给出一般表示:

$$x = y \cdot \frac{1}{\psi(0)} + \frac{y^2}{2!}\left[\frac{d}{dx}\frac{1}{\psi^2(x)}\right]_{x=0} + \cdots + \frac{y^n}{n!}\left[\frac{d^{n-1}}{dx^{n-1}}\frac{1}{\psi^n(x)}\right]_{x=0} + \cdots . \tag{30}$$

我们引几个实例.

1) 我们即从应用公式 (30) 开始. 设给定方程

$$y = x(a+x) \quad (a \neq 0)$$

或

$$x = y \cdot \frac{1}{a+x}.$$

因为

$$\frac{d^{n-1}}{dx^{n-1}}\frac{1}{(a+x)^n} = \frac{(-1)^{n-1}n(n+1)\cdots(2n-2)}{(a+x)^{2n-1}},$$

那么得到这样的展开:

$$x = \frac{y}{a} - \frac{y^2}{a^3} + \cdots + (-1)^{n-1}\frac{(2n-2)!}{(n-1)!n!}\frac{y^n}{a^{2n-1}} + \cdots .$$

从 x 的诸值中选择与 y 一起变为 0 的 x 值以后, 若解对 x 的二次方程得到同样展式.

2) 以 (25) 类型的方程

$$y = a + \frac{x}{y}$$

为出发点, 于是这里的 $\varphi(y) = \dfrac{1}{y}$. 设 $f(y) = y^{-k}$, 根据拉格朗日公式 (29) 我们得到

$$\frac{1}{y^k} = \frac{1}{a^k} - x \cdot \frac{k}{a^{k+2}} + \frac{x^2}{2!} \cdot \frac{k(k+3)}{a^{k+4}} - \frac{x^3}{3!} \cdot \frac{k(k+4)(k+5)}{a^{k+6}}$$
$$+ \frac{x^4}{4!} \cdot \frac{k(k+5)(k+6)(k+7)}{a^{k+8}} - \cdots$$

因为给定的方程可以化为二次方程

$$y^2 - ay - x = 0,$$

故显而易见,

$$y = \frac{a}{2} + \sqrt{\frac{a^2}{4} + x}.\text{[①]}$$

例如, 假使 $a = 2$, 则得出 (乘以 2^k) 这样的展式:

$$\left(\frac{2}{1+\sqrt{1+x}} \right)^k = 1 - k \cdot \frac{x}{4} + \frac{k(k+3)}{2!} \left(\frac{x}{4} \right)^2 - \frac{k(k+4)(k+5)}{3!} \left(\frac{x}{4} \right)^3 + \cdots.$$

3) 开普勒方程

$$E = M + \varepsilon \cdot \sin E$$

在理论天文学上占有很重要的地位, 此处 E 是行星的偏近点角 (excentric anomaly),M 是其平均近点角 (mean anomaly), 而 ε 是行星轨道离心率. 利用拉格朗日级数 (29a), 可以求出 E 依照离心率的幂次的展式, 其诸系数依赖于 M:

$$E = M + \varepsilon \cdot \sin M + \frac{\varepsilon^2}{2!} \cdot \frac{d}{dM} \sin^2 M + \cdots + \frac{\varepsilon^n}{n!} \cdot \frac{d^{n-1}}{dM^{n-1}} \sin^n M + \cdots.$$

在这里就显示出知道收敛区间的确切大小的重要性来了. 拉普拉斯 (Laplace) 首先确定了: 对于 $\varepsilon < 0.6627\cdots$ 收敛性成立.

4) 最后, 我们来研究方程

$$y = x + \frac{\alpha}{2}(y^2 - 1).\text{[②]}$$

当 $\alpha = 0$ 时 $y = x$ 这样的解为

$$y = \frac{1 - \sqrt{1 - 2\alpha c + \alpha^2}}{a} = \frac{2x - \alpha}{1 + \sqrt{1 - 2\alpha x + \alpha^2}}.$$

这个函数依照 α 的幂次的展式具有以下形状:

$$y = x + \frac{\alpha}{2}(x^2 - 1) + \frac{1}{2!} \left(\frac{\alpha}{2} \right)^2 \cdot \frac{d(x^2-1)^2}{dx} + \cdots$$
$$+ \frac{1}{n!} \left(\frac{\alpha}{2} \right)^n \cdot \frac{d^{n-1}(x^2-1)^n}{dx^{n-1}} + \cdots.$$

---

①根式前取正号是由于当 $x = 0$ 时应有 $y = a$.
②此处 x 相当于 a, 而 α 相当于 x.

将这等式两侧对 x 微分 (此处 y 是 α 与 x 两个变量的函数, 从它的解析性质可以断定, 级数可以逐项微分). 我们便得到展式

$$\frac{1}{\sqrt{1-2\alpha x + \alpha^2}} = 1 + \alpha \cdot \frac{1}{2}\frac{d(x^2-1)}{dx} + \alpha^2 \cdot \frac{1}{2!2^2} \cdot \frac{d^2(x^2-1)^2}{dx^2} + \cdots$$
$$+ \alpha^n \cdot \frac{1}{n!2^n} \cdot \frac{d^n(x^2-1)^n}{dx^n} + \cdots.$$

现在我们直接看出 [参看 **447**,8)], 它的系数就是勒让德多项式

$$P_n = \frac{1}{n!2^n} \cdot \frac{d^n(x^2-1)^n}{dx^n}.$$

§5. 复变量的初等函数

453. 复数　虽然本教程完全致力于实变量以及实变量的实函数, 而本节将离开这条主线来讲**复变量的初等函数**. 这个问题的论述要归附于幂级数的理论, 而反之它也阐明了幂级数理论上的若干根本特色. 除此而外, 通晓复变函数在实变数分析中以及在计算方面都是有用的 [参看第 **461** 目中各题例, 以及本教程第三卷中用来讲傅里叶级数的第十九章].

我们假定读者在代数中已知道了复数. 因此在这里我们仅限于简略的叙述其基本性质.

复数 z 具有形状:$z = x + yi$, 此处 i 为虚单位, $i = \sqrt{-1}$, 而 x 及 y 为实数. 其中 x 称为数 z 的实组成部分或实部,y 称为数 z 的虚组成部分或虚部, 并且记成

$$x = \text{Re}(z), \quad y = \text{Im}(z).$$

两个复数 $x + yi$ 与 $x' + y'i$, 当而且只当分别有 $x = x'$ 并 $y = y'$ 时, 才是相等的[1]. 复数的加法与乘法依照下列公式来做:

$$(x + yi) + (x' + y'i) = (x + x') + (y + y')i,$$
$$(x + yi)(x' + y'i) = (xx' - yy') + (xy' + x'y)i;$$

不难验算, 差与商皆存在, 可表成这样:

$$(x + yi) - (x' + y'i) = (x - x') + (y - y')i,$$
$$\frac{x + yi}{x' + y'i} = \frac{xx' + yy'}{x'^2 + y'^2} + \frac{x'y - xy'}{x'^2 + y'^2}i$$

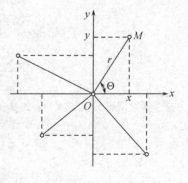

图 63

(在商式中假定 $x' + y'i \neq 0$, 就是说 $x'^2 + y'^2 > 0$). 这样, 复数便保持了运算的一切普通性质, 只要是不牵涉到大于和小于的概念 (这概念对于复数是不成立的). 更确切些说, 第 **3** 目性质 II1°~4° 以及第 **4** 目 III1°~5° 都是复数具有的.

在平面上取直角坐标轴 xOy(图 63).　于是每一个复数 $z = x + yi$ 都可以在平面上用一个点 $M(x,y)$ 来表示, 其坐标就是这个复数的实部与虚部. 显而易见, 反过来讲就是平面

---

[1]换句话说, 在这里, 等式对于我们说来, 也就变成了单纯恒等式 [参看第 **2** 目].

每一个点 M 对应一个完全确定的复数. 以此之故, 所说的平面称之为**复变数 z 的平面**, 或简称**复平面**.

实数 $x = x + 0 \cdot i$ 用 x 轴上的点 (因为对于这些点 $y = 0$) 来表示, 而纯虚数 $yi = 0 + yi(x = 0)$ 用 y 轴上的点来表示. 第一条轴即称为**实轴**, 而第二条轴即称为**虚轴**.

代表复数 $z = x + yi$ 的点的极坐标 r 与 Θ(见图), 也占很重要的地位. 数 r(非负的) 称为复数 z 的**模**或**绝对值**, 并且记成这样: $r = |z|$. 模是由复数 z 而单值确定的:

$$|z| = +\sqrt{x^2 + y^2},$$

并且在而且只在 $z = 0$ 时为 0. 角 Θ 称为复数 z 的**辐角**, $\Theta = \mathrm{Arg}z$. 当 $z \neq 0$ 时, 它由等式

$$\cos\Theta = \frac{x}{r}, \quad \sin\Theta = \frac{y}{r}$$

来确定, 但仅确切到相差一个 $2k\pi(k$ 为整数) 形状的项. 对于 $z = 0$, 则辐角就成为完全不确定的了. 除掉这种情形是个例外以外, 对于每一个数 z, 存在有一个而且仅有一个辐角 θ, 满足不等式 $-\pi < \theta \leqslant \pi$; θ 称为辐角的**主值**, 并用 $\mathrm{arg}z$ 来表示, 如果 $\theta < \pi$ 则

$$\mathrm{tg}\frac{\theta}{2} = \frac{\sin\theta}{1 + \cos\theta} = \frac{r\sin\theta}{r + r\cos\theta} = \frac{y}{x + \sqrt{x^2 + y^2}},$$

并且可用等式

$$\mathrm{arg}z = 2\mathrm{arctg}\frac{y}{x + \sqrt{x^2 + y^2}}$$

来确定角 $\mathrm{arg}z$; 这等式对于除掉负实数 (及 0) 以外的所有复数都适用.

我们注意, 对于复数 $z = x + yi$ 及 $z' = x' + y'i$ 的模, 犹如对于实数绝对值所十分熟悉的情形一样, 不等式

$$|z + z'| \leqslant |z| + |z'|$$

成立. 实际上, 在这种情形下, 它可化为已知的闵可夫斯基不等式的特殊情形 [**133**,(7)]; 还可参看第一卷 295 页的脚注.

$$\sqrt{(x + x')^2 + (y + y')^2} \leqslant \sqrt{x^2 + y^2} + \sqrt{x'^2 + y'^2}.$$

由它所推出的一些推论也是成立的 [参看第 **17** 目].

倘若在复数的记法 $z = x + yi$ 中, 设 $x = r\cos\Theta, y = r\sin\Theta$, 则得到所谓的**复数三角式**:

$$z = r(\cos\Theta + i\sin\Theta).$$

将第二个复数也取成三角式:

$$z' = r'(\cos\Theta' + i\sin\Theta').$$

那么三角式的**乘积** zz' 可以写成

$$zz' = rr'[\cos(\Theta + \Theta') + i\sin(\Theta + \Theta')];$$

这可由正弦及余弦的和角定理直接推得. 由此

$$|zz'| = |z| \cdot |z'|, \operatorname{Arg} zz' = \operatorname{Arg} z + \operatorname{Arg} z'.$$

类似的, 对于数 z 及 z' 的商我们得到

$$\left|\frac{z}{z'}\right| = \frac{|z|}{|z'|}, \operatorname{Arg}\frac{z}{z'} = \operatorname{Arg} z - \operatorname{Arg} z'.$$

从乘积公式可以得出带有自然数指数 n 的乘方公式:

$$z^n = r^n(\cos n\Theta + i\sin n\Theta),$$

特别当 $r = 1$ 时, 就导出了棣莫弗 (A.deMoivre) 公式:

$$(\cos\Theta + i\sin\Theta)^n = \cos n\Theta + i\sin n\Theta.$$

最后, 对于 z 的 n 次根, 我们有

$$\sqrt[n]{z} = \sqrt[n]{r}\left(\cos\frac{\Theta}{n} + i\sin\frac{\Theta}{n}\right),$$

其中 $\sqrt[n]{r}$ 是 r 的**算术**根. 在这里, 例如轮流命

$$\Theta = \theta, \theta + 2\pi, \theta + 4\pi, \cdots, \theta + 2(n-1)\pi,$$

我们就得到根 $\sqrt[n]{z}$ 的 n 个不同的值 (当然是假定 $z \neq 0$); 在其他的 Θ 值之下, 则只不过是再重复这些根值而已.

454. 复整序变量及其极限　　我们来研究一个序列 $\{z_n\}$, 它是由各复数 $z_n = x_n + y_n i(n = 1, 2, \cdots)$ 组成的, 并且变量 z 依照附标增加的顺序来取这些值.

这样的复整序变量的极限, 也用与实整序变量情形中一样的那么一套专门术语来定义 [23]:

常数 $c = a + bi$ 称为整序变量 $z = z_n$ 的极限, 如果不论 $\varepsilon > 0$ 是怎样小的一个数, 对于它总存在有这样的附标 N, 使得所有带有附标 $n > N$ 的值 z_n 满足不等式

$$|z_n - c| < \varepsilon.$$

这时就写 $\lim z_n = c$ 或 $z_n \to c$.

无穷小量与无穷大量的定义也可以照样搬到复数情形里来.

我们注意, 现在不能够讲整序变量趋于确定符号的无穷, 因为一般不加给复数什么符号. 如果 z_n 是无穷大, 即 $|z_n| \to +\infty$, 则说 $z_n \to \infty$ (没有符号!).

例如我们来考察整序变量 $z_n = z^n$, 此处 z 为一复数. 如果这时 $|z| < 1$, 则 $z_n \to 0$, 但若 $|z| > 1$, 则 $z_n \to \infty$; 不难看出, 当 $|z| = 1$(但 $z \neq 1$) 时, 整序变量 z_n 根本没有极限.

不难将极限论的基本定理, 对于复整序变量直接地重证一次, 这差不多就是照以前的论证逐字逐句重复一下. 而另一方面, 所有这些定理可以自然而然地移置到复整序变量的情形, 只需根据以下的简单的定理:

复整序变量 $z_n = x_n + y_n i$ 趋于极限 $c = a + bi$, 当而且只当实整序变量 x_n 与 y_n 对应地趋于极限 a 与 b 的时候.

其证明由不等式

$$\left. \begin{array}{c} |x_n - a| \\ |y_n - b| \end{array} \right\} \leqslant |z_n - c| = \sqrt{(x_n - a)^2 + (y_n - b)^2} \leqslant |x_n - a| + |y_n - b|$$

立即推得.

因此研究一个复整序变量可以变为研究两个实整序变量. 特别是用这个办法可以对于复整序变量也证明**收敛原理** [39].

现在我们来考察具有复数项 $c_n = a_n + b_n i$ 的无穷级数

$$\sum_{n=1}^{\infty} c_n = c_1 + c_2 + \cdots + c_n + \cdots.$$

在这里也将部分和

$$C_n = \sum_{k=1}^{n} c_k$$

的极限称作级数的和. 那么例如于几何级数

$$\sum_{n=0}^{\infty} z^n = 1 + z + z^2 + \cdots + z^{n-1} + \cdots$$

(其中 z 是不等于 1 的复数), 部分和等于

$$C_n = \sum_{k=0}^{n-1} z^k = \frac{1 - z^n}{1 - z};$$

由此显然可见, 当 $|z| < 1$ 时, 级数具有和

$$C = \frac{1}{1 - z},$$

而当 $|z| \geqslant 1$ 时, 级数没有 (有限的) 和.

所有从第 **362** 目, **364** 目的基本概念与定理 (及其证明) 都保留下来了.

研究一个复数级数可以化为研究两个实数级数, 只需根据以下的基本定理:

复数级数

$$\sum_{n=1}^{\infty} c_n \equiv \sum_{n=1}^{\infty} (a_n + b_n i) \tag{C}$$

收敛到和 $C = A + Bi$ 等价于两个实数

$$\sum_{n=1}^{\infty} a_n \tag{A}$$

与

$$\sum_{n=1}^{\infty} b_n \tag{B}$$

对应地收敛到和 A 与 B.

显而易见, 此项断言无非是将以上用整序变量语言证实了的定理, 换了一句话来说而已.

现在我们来证明一个与第 **377** 目定理相类似的定理.

倘若级数 (C) 中各项的模所组成的正项级数

$$\sum_{n=1}^{\infty} |c_n| \qquad\qquad (C^*)$$

收敛, 则级数 (C) 亦收敛.

实际上, 由于显然的不等式

$$\left.\begin{array}{l}|a_n| \\ |b_n|\end{array}\right\} \leqslant |c_n| = \sqrt{a_n^2 + b_n^2},$$

级数 (C*) 的收敛性就包含了

$$\sum_{n=1}^{\infty} |a_n| \quad \text{与} \quad \sum_{n=1}^{\infty} |b_n|$$

两个级数的收敛性. 由此推知 [**377**], 级数 (A) 与 (B) 收敛，于是根据前面的定理, 级数 (C) 也收敛.

级数 (C*) 收敛时, 级数 (C) 称为是绝对收敛的; 注意, 此时如我们在前面所看见的, 级数 (A),(B) 也绝对收敛.

根据这条定理, 例如达朗贝尔判别法 [**377**] 等得以保持有效.

第 **387** 目关于级数的项的调换的定理, 以及第 **389** 目关于级数的逐项相乘的法则, 可以运用于绝对收敛的复数级数. 对于前一个定理, 只需归结到两个实数级数即得证明, 而后者则基本上可以因袭以前的证明.

最后, 应用类似的方式, 可将二重级数理论中的基本概念与定理搬到复数的情形上来.

455. 复变量的函数　设复变量 $z = x + yi$ 在某一个 (几何意义为复平面上开 (或否) 域的) 集合 $\mathcal{Z} = \{z\}$ 内采取一切可能的值. 如果区域 $\mathcal{Z}$ 中的每一个值 z 对应另一复变量 $w = u + vi$ 的一个值或几个值, 则 w(相应地) 称为区域 $\mathcal{Z}$ 中的 z 的 (单值或多值) 函数, 并记作

$$w = f(z) \quad \text{或} \quad w = g(z),$$

以及诸如此类.

$|z|, z^n$ 或是一般地说,**整有理函数**, 即具有任意复数系数 $c_0, c_1, \cdots, c_n$ 的整多项式

$$c_0 z^n + c_1 z^{n-1} + \cdots + c_{n-1} z + c_n.$$

都可以作为单值函数 (并且此时还是在整个复平面上的单值函数) 的实例.**分式有理函数**, 即不可约简的两个多项式的商, 也是单值地确定在整个平面上, 不过在相当于分母的根的那些点上, 函数就变为无穷了. 作为非单值函数的实例, 我们可以引 $\mathrm{Arg}\, z$ 与 $\sqrt[n]{z}$. 以下在 **457 ~ 460** 中, 我们将研究一些其他的重要的复变量函数.

下文中如无其他声明, 则我们将是研究**单值**函数.

假使 $w = u + vi$ 是区域 $\mathcal{Z} = \{z\} = \{x + yi\}$ 中的 $z = x + yi$ 的函数, 则其组成部分 u, v 显然也是 z 的函数, 或者也可以说是在相应的区域 $\mathcal{Z}^* = \{(x, y)\}$(它在几何上所表出的图形与 $\mathcal{Z}$ 相同) 中的 x, y 的函数:

$$u = u(x, y), \quad v = v(x, y).$$

例如, 对于实值函数 $w = |z|$ 或 $w = \arg z$, 我们分别有

$$u = \sqrt{x^2 + y^2} \text{ 或 } u = 2\operatorname{arctg} \frac{y}{x + \sqrt{x^2 + y^2}} \quad (v = 0);$$

对于函数 $w = z^n = (x + yi)^n$, 显而易见,

$$u = x^n - \frac{n(n-1)}{1 \cdot 2} x^{n-2} y^2 + \cdots,$$

$$v = nx^{n-1}y - \frac{n(n-1)(n-2)}{1 \cdot 2 \cdot 3} x^{n-3} y^3 + \cdots.$$

设 c 是区域 $\mathcal{Z}$ 的一个聚点. 假若对于每一个数 $\varepsilon > 0$, 可找到这样的数 $\delta > 0$, 使得只要 $|z - c| < \delta$(并且 $z \neq c$), 就有 $|f(z) - C| < \varepsilon$; 则称函数 $w = f(z)$ 于 z 趋向 c 时, 有极限 C[1].

这件事情通常也记作

$$\lim_{z \to c} w = \lim_{z \to c} f(z) = C.$$

不难把这个定义照搬 c(或 C) 为 ∞ 的情形中去; 这个定义也可以表为 "整序变量语言".

如果 $c = a + bi$. $C = A + Bi$. 则 [不难由第 454 目推出] 以上的关系式等价于

$$\lim_{\substack{x \to a \\ y \to b}} u(x, y) = A, \quad \lim_{\substack{x \to a \\ y \to b}} v(x, y) = B.$$

函数 $f(z)$ 在区域 $\mathcal{Z}$ 的某一点 $z_0 = x_0 + y_0 i$ 的连续性, 用等式

$$\lim_{z \to z_0} f(z) = f(z_0)$$

来定义. 这显然等价于两个组成部分 $u(x, y)$ 与 $v(x, y)$ 在点 (x_0, y_0) 处的连续性.

因此, 回想一下刚才引入的 $|z|$ 以及 z^n 组成部分的表达式, 我们就看出, 这些函数在整个复平面上是连续的. 类似的, $\arg z$ 除掉实轴上负的部分以外, 也是处处连续的.

当然, 也可以从复数考虑, 直接确定其连续性. 例如, 对于函数 $|z|$, 其连续性可由不等式

$$\left| |z| - |z_0| \right| \leqslant |z - z_0|$$

立即推得. 对于函数 z^n, 我们有

$$z^n - z_0^n = (z - z_0)(z^{n-1} + z_0 z^{n-2} + \cdots + z_0^{n-1}).$$

当 z 与 z_0 充分接近时, z 值是有界的而受某一常量限制: $|z| \leqslant M$, 所以

$$|z^n - z_0^n| \leqslant nM^{n-1} \cdot |z - z_0|,$$

由此即得出所要的结论.

---

[1] 此处 c 与 C 皆为复数.

现在不难证明整有理函数及分式有理函数的连续性 (后一种情形需除去分母的各个根).

函数 $w = f(z)$ 在点 $z = z_0$ 处**导数**的定义, 与通常微分学中的定义有同样的形式:

$$w' = f'(z_0) = \lim_{\Delta z \to 0} \frac{f(z_0 + \Delta z) - f(z_0)}{\Delta z} = \lim_{z \to z_0} \frac{f(z) - f(z_0)}{z - z_0}.$$

例如, 对于函数 $w = z^n$, 我们有

$$\frac{z^n - z_0^n}{z - z_0} = z^{n-1} + z_0 z^{n-2} + \cdots + z_0^{n-1},$$

于是在 $z \to z_0$ 时趋于极限, 我们就又得出了熟知的公式

$$w' = n z_0^{n-1}.$$

第 **94** 目中关于反函数的导数的公式以及第 **97,98** 目中所有的微分法则, 可以原封不动地搬运过来, 高阶导数概念的建立也是相类似的.

我们还提出级数

$$\sum_{n=1}^{\infty} f_n(z) = f_1(z) + f_2(z) + \cdots + f_n(z) + \cdots,$$

其中各项均为同一区域 $\mathscr{Z}$ 内的复变量 z 的函数.

在这里, 首先可以用与第 **428** 目中同样的那么一套术语, 建立起**一致收敛性**的概念. 在复变函数级数的情形下, 同样也可以根据正项优级数的存在, 以确定其一致收敛性, 因为魏尔斯特拉斯判别法在这里也是保持有效的. 在关于函数级数的定理中, 我们需要更深入一些的关于一致收敛级数中**逐项取极限**的定理 [**433**, 定理 4], 其证明也和以前是同样的.

现在我们特别来研究**幂级数**, 它在复变量函数的理论中占有非常重要的位置. 我们用单独的一目来讲它.

456. 幂级数　设有级数

$$\sum_{n=0}^{\infty} c_n z^n = c_0 + c_1 z + c_2 z^2 + \cdots + c_n z^n + \cdots \tag{1}$$

其中 $c_0, c_1, c_2, \cdots$ 为常复数系数, 而 z 为变量, 变化于整个复平面. 对于这里的幂级数, 也可以完全如同在第 **379** 目 [或第 **380** 目] 所作的那样, 断定有这样的非负的数 R 存在, 使得对于 $|z| < R$(如果 $R > 0$) 级数 (1) 绝对收敛, 而对于 $|z| > R$ (如果 $R < +\infty$) 级数发散. 这样一来, 如若除掉 $R = 0$ 的情形, 则当 $R = +\infty$ 时, 级数在整个复平面上收敛而当 R 为有限数时, 级数在以原点为心,R 为半径画出的圆的内部收敛而在此圆之外部发散. 此处**收敛区间**是被**收敛圆**代替了, 而 "半径" 这个术语也初次得以兑现.

例如, 借助于达朗贝尔判别法, 不难认出, 级数

$$1 + \sum_{n=1}^{\infty} \frac{z^n}{n!}$$

对于任何复值 z 绝对收敛, 同时级数

$$\sum_{0}^{\infty} z^n, \quad \sum_{1}^{\infty} \frac{z^n}{n^2}, \quad \sum_{1}^{\infty} \frac{z^n}{n}$$

都具有收敛半径 $R = 1$.

在收敛圆的边缘上, 幂级数的性质可以是不同的. 例如, 在刚才所引起的三个级数中, 第一个在圆周 $|z| = 1$ 的所有的点上都发散. 因为与收敛的基本条件不合 —— 通项不趋近于 0; 第二个级数在这圆的所有的点上都绝对收敛, 因为级数 $\sum_{n=1}^{\infty} \frac{1}{n^2}$ 收敛; 最后, 第三个级数, 如果在其中设 $z = \cos\theta + i\sin\theta$, 则取以下形状,

$$\sum_{1}^{\infty} \frac{\cos n\theta}{n} + i \sum_{1}^{\infty} \frac{\sin n\theta}{n},$$

它也是收敛的 (除掉 $\theta = 0$, 亦即 $z = 1$ 的情形) [**385**,2)], 但非绝对收敛, 因为级数 $\sum_{1}^{\infty} \frac{1}{n}$ 发散.

附注 倘若幂级数的系数是实数 (如以上所引的例), 则显然可见, 复平面上 "收敛圆" 的半径 R 与从前实轴上 "收敛区间" 的半径是相同的.

现在我们列举出可以搬到复数幂级数上面来的, 关于幂级数的一些较为深入的定理.

第 **437** 目定理 1° 与 2° 完全保留下来了, 于是在收敛圆的内部, 幂级数 (1) 的和便是 z 的连续函数.

至于阿贝尔定理 [**437**,6°] 也是一样的, 今将其叙述成以下形式:

假若级数 (1) 在圆周 $|z| = R$ 上的某一点 z_0 收敛, 则当点 z 从里面沿着半径逼近于点 z_0 时, 我们有

$$\lim_{z \to z_0} \sum_{n=0}^{\infty} c_n z^n = \sum_{n=0}^{\infty} c_n z_0^n [①].$$

在特殊情形下, 即当 $z_0 = R$ 时, 就可以认为 $z = r$ 是一个正的实变数, 而所要证的等式就表成以下形状

$$\lim_{r \to R-0} \sum_{n=0}^{\infty} c_n r^n = \sum_{n=0}^{\infty} c_n R^n.$$

若设 $c_n = a_n + b_n i$, 则上式分解为这样两个等式:

$$\lim_{r \to R-0} \sum_{n=0}^{\infty} a_n r^n = \sum_{n=0}^{\infty} a_n R^n, \quad \lim_{r \to R-0} \sum_{n=0}^{\infty} b_n r^n = \sum_{n=0}^{\infty} b_n R^n.$$

由于假定了级数

$$\sum_{n=0}^{\infty} c_n R^n = \sum_{n=0}^{\infty} (a_n + b_n i) R^n$$

的收敛性, 因而上两式子右侧的级数收敛, 所以上两个式子的证明只需援引一下普通的阿贝尔定理即可.

我们来看一般情形. 用 θ_0 表示数 z_0 的辐角. 于是可命

$$z_0 = R(\cos\theta_0 + i\sin\theta_0), \quad z = r(\cos\theta_0 + i\sin\theta_0),$$

[①]在更一般的 z 逼近于 z_0 的规律之下, 也可以证明这个等式, 然而我们不预备在这里来讲它.

并且所要证明的等式可以写成这样:

$$\lim_{r \to R-0} \sum_{n=0}^{\infty} c_n(\cos n\theta_0 + i \sin n\theta_0) r^n = \sum_{n=0}^{\infty} c_n(\cos n\theta_0 + i \sin n\theta_0) R^n.$$

若将括弧内因子并入系数之内, 则显而易见, 问题就化成已经考察过了的情形.

现在我们 (不引用关于级数微分的一般定理) 直接来证: 幂级数在其收敛圆内部可以逐项微分, 也就是说, 若对 $|z| < R$ 命

$$f(z) = \sum_{n=0}^{\infty} c_n z^n, \ \text{则} \ f'(z) = \sum_{n=1}^{\infty} n c_n z^{n-1}.$$

首先, 我们注意, 后一个级数的收敛半径也是 R, 例如借助于柯西–阿达玛定理, 就很容易承认这一点.

我们在固定的点 z_0 以及 $|z| < R$, 来进行讨论. 我们有:

$$\frac{f(z) - f(z_0)}{z - z_0} = \sum_{n=1}^{\infty} c_n \frac{z^n - z_0^n}{z - z_0}$$

$$= \sum_{n=1}^{\infty} c_n(z^{n-1} + z_0 z^{n-2} + \cdots + z_0^{n-1}). \tag{2}$$

如果取 ρ 介于 $|z_0|$ 与 R 之间, 那么就也可以算作 $|z| < \rho$; 于是

$$|c_n(z^{n-1} + z_0 z^{n-2} + \cdots + z_0^{n-1})| < n \cdot |c_n| \cdot \rho^{n-1}.$$

级数 $\sum_1^{\infty} n|c_n|\rho^{n-1}$ 收敛, 因为 ρ 小于 R, 而 R (如我们前所指出的) 也是级数 $\sum_1^{\infty} n c_n z^{n-1}$ 的收敛半径. 在此情形下, 应用魏尔斯特拉斯判别法, 我们就肯定了级数 (2) 的一致收敛性; 当其中 $z \to z_0$ 时, 可以逐项取极限, 这就导出了我们所要求的结果.

由此即已推知, 第 **438** 目的定理 8° 与 9° 也可以原封不动地搬到复数的情形里来.

因此, 在收敛圆以内, 幂级数之和及其各阶导数尽皆连续. 换句话说, 如果我们将函数按照 z 的幂次展为级数, 则离原点最近的函数的间断点与原点的距离, 就是这个展式的收敛半径的自然界限.

在级数

$$1 - z + z^2 - \cdots + (-1)^n z^n + \cdots = \frac{1}{1+z}$$

的情形中, 这样的点就是 $z = -1$; 这一点是在实轴上的, 所以我们早也就明白, 函数 $\dfrac{1}{1+z}$ 的展式的收敛半径不能大于 1. 而级数

$$1 - z^2 + z^4 - \cdots + (-1)^n z^{2n} + \cdots = \frac{1}{1+z^2}$$

的情形则是另外一样, 在虚轴上, 距原点为 1 的点 $z = \pm i$ 处, 级数的和数有了间断点; 若仍然是在实轴上, 则沿着实轴, 函数 $\dfrac{1}{1+x^2}$ 以及其各阶导数皆是连续的, 就无法可以理解何以其展式的收敛半径是等于 1.

把实变量的实函数转到复数域里面去的时候, 常有助于理解其展式之具有某些特点的真正原因; 这一类的例子我们在下面还会碰到.

最后, 我们指出, 所有的幂级数运算法则 [**445**], 并于以级数代入级数的定理 [**446**], 关于级数除法的定理 [**448**], 以及末尾关于幂级数的反演的定理 [**451**], 在此处尽皆保持有效; 其中一些形式化的证明, 对于复数幂级数也是完全适用的.

457. 指数函数　　我们在第 404 目 (11) 业已看见, 展式

$$e^x = 1 + \frac{x}{1!} + \frac{x^2}{2!} + \cdots + \frac{x^n}{n!} + \cdots$$

对于任意的实数 x 都成立. 倘若在这个级数里将实变量 x 换为复变量 $z = x + yi$, 则得出级数 $1 + \sum_1^\infty \frac{z^n}{n!}$, 关于这个级数我们已经知道 [**456**] 它收敛了, 就是说在整个复变数平面上, 它有确定的有限和. 根据定义, 就将它的和取作指数函数 e^z 对于任意复数 z 的值, 就是说, 命

$$e^z = 1 + \frac{z}{1!} + \frac{z^2}{2!} + \cdots + \frac{z^n}{n!} + \cdots \tag{3}$$

这个定义, 如我们在前面看见的, 并不与实数指数情形下的普通定义冲突, 而是其自然的推广.

如若利用幂级数相乘的法则, 那么便与在第 **390** 目 6) 中一样, 很容易肯定: 对于任意的复数值 z 与 z', 有

$$e^z \cdot e^{z'} = e^{z+z'}, \tag{4}$$

因而指数函数的这一特性在复数域内仍然得以保持.

函数 e^z 在全平面上是连续的, 不仅如此, 它还具有各阶导数; 逐项微分其定义级数, 便得

$$(e^z)' = e^z,$$

恰和以前是一样的.

设 $z = x + yi$, 其中 x 与 y 为实数; 在 (4) 中把 z 换成 x, 而把 z' 换成 yi, 我们便有

$$e^z = e^x \cdot e^{yi}.$$

现在我们来考察具有纯虚数指数的特殊幂次 e^{yi}. 如若根据定义 (3) 将 z 代为 yi, 则我们得出

$$e^{yi} = 1 + yi - \frac{y^2}{2!} - \frac{y^3}{3!}i + \frac{y^4}{4!} + \cdots + (-1)^n \frac{y^{2n}}{(2n)!} + (-1)^n \frac{y^{2n+1}}{(2n+1)!}i + \cdots$$

或者分离实部与虚部,

$$e^{yi} = \left(1 - \frac{y^2}{2!} + \frac{y^4}{4!} - \cdots + (-1)^n \frac{y^{2n}}{(2n)!} + \cdots \right)$$
$$+ \left(y - \frac{y^3}{3!} + \cdots + (-1)^n \frac{y^{2n+1}}{(2n+1)!} + \cdots \right) i.$$

我们看出上式中的两个级数就是 $\cos y$ 与 $\sin y$ 的展式 [**404**,(12) 与 (13)], 这样一来, 我们便导出了一个很值得注意的公式

$$e^{yi} = \cos y + i \sin y, \tag{5}$$

此公式系由欧拉所首先创立; 因此, 例如有

$$e^{\frac{\pi}{2}i} = i, \quad e^{\pi i} = -1, \quad e^{\frac{3\pi}{2}i} = -i, \quad e^{2\pi i} = 1.$$

于是如果 $z = x + yi$, 则

$$e^z = e^x(\cos y + i \sin y)^{①};\qquad(6)$$

我们看出,

$$e^x = e^{\text{Re}(z)} = |e^z|, y = I(z) = \text{Arge}^z.$$

因为对于任何实数 $x, e^x > 0$, 所以对于任何复数 z, e^z 均非 0.

将 (5) 中的 y 换成 $-y$, 再利用两个公式的相加与相减, 就得出: 以纯虚变量的指数函数来表达实变量的三角函数的关系式

$$\cos y = \frac{e^{yi} + e^{-yi}}{2}, \sin y = \frac{e^{yi} - e^{-yi}}{2i},\qquad(7)$$

在下文中我们还将回头来讲这一值得注意的事实.

假若在等式 (6) 中, 将 y 换作 $y + 2\pi$, 则等式右侧的值 (也就是说等式左侧的值) 不变; 换句话说,

$$e^{z+2\pi i} = e^z,$$

即指数函数乃是具有纯虚周期 $2\pi i$ 的周期函数.

很容易证明, 除了 $2k\pi i(k$ 为整数) 形状的周期以外, 函数 e^z 不能再有其他的周期. 事实上, 假若 $e^{z+\omega} = e^z$, 则 (命 $z = 0$)$e^\omega = 1$. 比如说设 $\omega = \alpha + \beta i$, 那么 [参看 (6)] $e^\alpha(\cos\beta + i\sin\beta) = 1$; 由此 $e^\alpha = 1$ 即 $\alpha = 0$, 其次 $\cos\beta = 1, \sin\beta = 0$, 故 $\beta = 2k\pi$, 是即所欲证者.

现在我们知道了 $e^{\pm 2\pi i} = 1$, 于是才弄明白何以函数 $\dfrac{x}{e^x - 1}$ 展成幂级数 [449,(12)] 时具有收敛半径 2π; 虽然在实轴上函数 $\dfrac{x}{e^x - 1}$ 并没有什么特异之处足以解释这一点, 然而在虚轴上却有着使得函数化为无穷的那样的点, 并且其中与原点相隔最近的恰好就是在距离 2π 处的点 $z = \pm 2\pi i$.

与指数函数推广到任意复数指数的情形相关连, 我们回想一下在第 **138** 目与第 **407** 目所研究过的一个有趣的函数:

$$f(x) = e^{-\frac{1}{x^2}} \quad (x \neq 0), f(0) = 0.$$

虽然这函数本身以及其各级导数在实轴上, 包括点 $x = 0$, 都是连续的, 但无论在零点的怎样一个邻域内, 却总不能将此函数按照 x 的幂次而展开; 这在转换到复变量 $z = x + yi$ 的时候, 就直接变为显而易见的了. 实际上, 当 $z \to 0$ 时, 函数 $e^{-\frac{1}{z^2}}(z \neq 0)$ 是甚至连极限也没有的, 因为例如在沿着虚轴趋近于零时, 即 $z = yi$ 而 $y \to 0$, 则有

$$e^{-\frac{1}{z^2}} = e^{\frac{1}{y^2}} \to \infty.$$

458. 对数函数　我们取出任意一个非零的复数 w, 而我们所提出的问题就是要找数 z, 使得满足方程

$$e^z = w$$

(我们知道, 当 $w = 0$ 时这个方程是无解的). 这样的数 z 就称为 w 的(**自然**) **对数**, 并用等号.

$$z = \text{Ln}w\qquad(8)$$

---

①也可以将这个等式给作复变量的指数函数的定义; 于是 (4) 可由余弦与正弦的和角定理推出.

来记.

若 $w = r(\cos\theta + i\sin\theta)$, 并令 $z = x + yi$, 则根据 (6), 方程 (8) 分解为这样三个方程:

$$e^x = r, \quad \cos y = \cos\theta, \quad \sin y = \sin\theta.$$

由此

$$x = \ln r,[①] \quad y = \theta + 2k\pi \quad (k \text{ 为整数}).$$

我们就得到结论:$w(w \neq 0)$ 的对数永远存在, 等于

$$\mathrm{Ln}\,w = \ln|w| + i\cdot\mathrm{Arg}\,w = \ln|w| + i\cdot\arg w + 2k\pi i, \tag{9}$$

并且因而乃是**多值的**. 不过根据指数函数的周期性, 也很容易预料到这一点. 取 $k = 0$, 我们便得到所谓的**对数主值**:

$$\ln w = \ln|w| + i\cdot\arg w, \tag{10}$$

其特点就在于: 其虚部含于区间 $(-\pi, \pi]$ 之内,

$$-\pi < \mathrm{Im}(\ln w) \leqslant \pi.$$

例如, 我们有

$$\ln 1 = 0, \mathrm{Ln}\,1 = 2k\pi i; \ln(-1) = \pi i, \mathrm{Ln}(-1) = (2k+1)\pi i; \ln i = \frac{\pi}{2}i, \mathrm{Ln}\,i = \frac{4k+1}{2}\pi i, \text{等等}.$$

w 变化时, 公式 (10) 表示多值**对数函数$\mathrm{Ln}\,w$的主支**. 在不同的整数值 k 之下, 根据公式

$$\mathrm{Ln}\,w = \ln w + 2k\pi i,$$

就得到其他的一些支.

不难看出, 在除掉原点及实轴上负的部分以外的整个复变数 w 的平面上, 函数 (10) 都是连续的. 当 $w = 0$ 时的不连续性, 是无法避免的, 因为当 $w \to 0$ 时, 显而易见,$\ln w \to \infty$. 负实值 $w_0 = u_0 < 0$ 的情形则又是一样. 这里所发生的不连续现象, 在某种意义上, 乃是人工造成的, 因为我们的条件是要将 $\arg w$ 取在区间 $(-\pi, \pi]$ 之内. 当 $v > 0$, 而令 $w = u + vi \to w_0$ 时, 则 $\arg w \to \pi = \arg w_0$, 而假如其中 $v < 0$, 则 $\arg w \to -\pi$. 如果我们从第二象限的**主支**$\ln w$ 过渡到第三象限的另外一支 $\ln w + 2\pi i$, 那么连续性就可以恢复. 这样一来, 我们为了要想避免多值性而将多值函数分割成一些单值的支, 同时就对每一个单独的支造成了不连续点. 而反之, 从一支过渡到另外一支时倒是连续着的. 复平面的值得注意的独特之处, 就在于多值函数不同的各支间的这种关系上, 这是与定义在实轴上的多值实函数没有共同之点的.

根据关于反函数导数的一般定理, 我们有 (除掉不连续点以外)

$$(\ln w)' = \frac{1}{(e^z)'} = \frac{1}{e^z} = \frac{1}{w}. \tag{11}$$

将 w 换成 $1 + w$, 我们来研究函数 $z = \ln(1 + w)(w \neq -1)$. 这时

$$e^z = e^{\ln(1+w)} = 1 + w = 1 + \sum_{n=1}^{\infty}\frac{z^n}{n!}, \text{ 因而 } w = \sum_{n=1}^{\infty}\frac{z^n}{n!}.$$

[①]此处表示正数 r 的普通自然对数.

由此推知, 对于充分小 (对于绝对值而言) 的 w 值, 函数 $z = \ln(1+w)$ 可依照 w 的幂次展为级数:

$$z = w + c_2 w^2 + c_3 w^3 + \cdots + c_n w^n + \cdots.$$

这个函数对于 w 的导数便可以表成级数:

$$[\ln(1+w)]' = 1 + 2c_2 w + 3c_3 w^2 + \cdots + nc_n w^{n-1} + \cdots;$$

同时, 由于 (11), 它又可以表成这样:

$$[\ln(1+w)]' = \frac{1}{1+w} = 1 - w + w^2 - \cdots + (-1)^{n-1} w^{n-1} + \cdots.$$

比较这两个展式, 便可看出

$$2c_2 = -1,\ 3c_3 = 1, \cdots,\ nc_n = (-1)^{n-1}, \cdots,$$

由此

$$c_2 = -\frac{1}{2},\ c_3 = \frac{1}{3}, \cdots,\ c_n = (-1)^{n-1}\frac{1}{n}, \cdots.$$

因而, 最后, 在原点的邻域内我们便有展式:

$$\ln(1+w) = w - \frac{w^2}{2} + \frac{w^3}{3} - \cdots + (-1)^{n-1}\frac{w^n}{n} + \cdots. \tag{12}$$

　　很容易验证, 所得到的级数具有收敛半径 $R = 1$. 我们已经知道, 对于足够小的 z, 级数和数是对数的**主值** $\ln(1+w)$; 是不是在整个的圆 $|w| < 1$ 里总是这样呢?

　　因为级数 (12)形式上满足等式

$$e^{w - \frac{w^2}{2} + \frac{w^3}{3} - \cdots} = 1 + w,$$

所以当级数 (12) 收敛时, 也就实际上满足这等式, 这样一来, 在整个圆 $|w| < 1$ 之内, 级数 (12) 的和便一定是 $\mathrm{Ln}(1+w)$ 的值中的一个; 现在所有问题就在于: 是不是永远恰好就是主值呢?

　　如果 $|w| < 1$, 那么数 $1 + w$ 所表示的点便在以点 $w = 1$ 为心而半径为 1 的圆的内部, 所以 $\arg(1+w)$ 介于 $-\frac{\pi}{2}$ 与 $\frac{\pi}{2}$ 之间, 而 $\mathrm{Arg}(1+w)$ 其他的值则在区间

$$\left(-\frac{5\pi}{2}, -\frac{3\pi}{2}\right),\ \left(-\frac{9\pi}{2}, -\frac{7\pi}{2}\right), \cdots$$

或

$$\left(\frac{3\pi}{2}, \frac{5\pi}{2}\right),\ \left(\frac{7\pi}{2}, \frac{9\pi}{2}\right), \cdots$$

之内. 级数 (12) 的和的虚部即是 $\mathrm{Arg}(1+w)$[参看 (9)]. 对于足够小的 $w = u + vi$, 虚部为主值 $\arg(1+w)$, 就是说包含于 $-\frac{\pi}{2}$ 与 $\frac{\pi}{2}$ 之间; 而同时虚部是 u 与 v 的连续函数, 不能跳到其他上述区间之内, 因之, 对于所有的 $|w| < 1$, 它都恰好等于主值 $\arg(1+w)$. 由此得以证明, 等式 (12) 在整个圆 $|w| < 1$内部成立.

　　在 (12) 中将 w 换为 $-w$, 并从级数 (12) 减去这样得到的级数, 我们就得出有用的展式[①]:

$$\frac{1}{2}\ln\frac{1+w}{1-w} = w + \frac{w^3}{3} + \cdots + \frac{w^{2n-1}}{2n-1} + \cdots \tag{13}$$

这个展式适用于 $|w| < 1$.

————————————

[①]因为差数 $\ln(1+w) - \ln(1-w)$ 的虚部介于 $-\pi$ 与 π 之间, 所以这个差数刚好就是主值 $\ln\dfrac{1+w}{1-w}$.

459. 三角函数及反三角函数 我们知道 [**404**(12) 与 (13)], 对于实数 x, 函数 $\cos x$ 与 $\sin x$ 可表为以下的级数:

$$\cos x = 1 + \sum_{n=1}^{\infty} (-1)^n \frac{x^{2n}}{(2n)!}, \quad \sin x = \sum_{n=1}^{\infty} (-1)^{n-1} \frac{x^{2n-1}}{(2n-1)!}.$$

很自然的, 对于任意**复数**z 的函数 $\cos z$ 与 $\sin z$, 就用类似的级数

$$\cos z = 1 + \sum_{n=1}^{\infty} (-1)^n \frac{z^{2n}}{(2n)!}, \quad \sin z = \sum_{n=1}^{\infty} (-1)^{n-1} \frac{z^{2n-1}}{(2n-1)!} \tag{14}$$

来定义, 此二级数在变量 z 的全平面上都收敛.

这种引进三角函数的方法, 对于我们已经不是新的了: 在第 **443** 目中, 还在实数域里的时候, 我们就已经 (为了讨论这些分析上重要的函数时不用到几何) 应用了这种方法. 仿效那里所作的论证, 就可以在这里也建立起余弦与正弦的和角定理, 化简公式, 周期性, 以及它们的微分法 (但已是对于复值自变量而言了).

不过要得出那些结果, 还可以利用其他的办法 —— 建立三角函数与指数函数之间的关系. 即是把第 **457** 目中对于 $z = yi$ 所作的加以推广, 就可以对于任意的复数 z 都得出 [参看 (5)]

$$e^{\pm zi} = \cos z \pm i \cdot \sin z,$$

而由此推知 [参看 (7)]

$$\cos z = \frac{e^{zi} + e^{-zi}}{2}, \quad \sin z = \frac{e^{zi} - e^{-zi}}{2i}. \tag{15}$$

这些公式就将三角函数的研究工作完全化成指数函数的研究工作 [可以不用 (14), 而用 (15) 给出三角函数的定义]. 我们建议读者根据公式 (15), 以重新证明以上所提到的余弦及正弦之各项性质, 并且再确定:1)$\cos z$ 与 $\sin z$ 除掉 $2k\pi$ (k 为整数) 以外, 没有其他的周期,2) 这两个函数的全部的根尽皆是实的.

如若在 (15) 中取 $z = yi$(y 是实数), 则得出

$$\cos yi = \frac{e^y + e^{-y}}{2} = \mathrm{ch}y, \quad \sin yi = \frac{e^y - e^{-y}}{2} \cdot i = i\mathrm{sh}y. \tag{16}$$

这样一来, 就建立了实变量的双曲线函数与纯虚变量的三角函数之间的直接关系. 有趣的是: 注意 $\cos yi$ 乃是实数, 恒大于 1.

现在, 利用和角定理, 可以写出

$$\cos(x + yi) = \cos x \cdot \cos yi - \sin x \cdot \sin yi,$$
$$\sin(x + yi) = \sin x \cdot \cos yi + \cos x \cdot \sin yi$$

或 [注意 (16)]

$$\cos(x + yi) = \cos x \cdot \mathrm{ch}y - i \cdot \sin x \cdot \mathrm{sh}y,$$
$$\sin(x + yi) = \sin x \cdot \mathrm{ch}y + i \cdot \cos x \cdot \mathrm{sh}y,$$

而由此, 余弦与正弦就分成实部与虚部了.

函数 $\mathrm{tg}z$ 与 $\mathrm{ctg}z$ 是用公式

$$\mathrm{tg}z = \frac{\sin z}{\cos z} = \frac{1}{i} \cdot \frac{e^{zi} - e^{-zi}}{e^{zi} + e^{-zi}} \quad \left(z \neq \left(k + \frac{1}{2}\right)\pi\right),$$

$$\mathrm{ctg}z = \frac{\cos z}{\sin z} = i \cdot \frac{e^{zi} + e^{-zi}}{e^{zi} - e^{-zi}} \quad (z \neq k\pi)$$

来定义, 它们具有周期 π.

将第 **449** 目中所得到的 $\mathrm{tg}x$ 与 $x \cdot \mathrm{ctg}x$ 的展式中的实变数 x, 换成复变数 z 以后, 仍然保持有效. $x \cdot \mathrm{ctg}x$ 与 $x \cdot \mathrm{cth}x$ 展式的相似之点, 如果考虑到从 (16) 推出的关系式

$$\mathrm{tg}yi = i \cdot \mathrm{th}y, \quad \mathrm{ctg}yi = -i \cdot \mathrm{cth}y,$$

那么就会成为完全显然的了.

在反三角函数中, 我们选反正切函数与反正弦函数来讲.

由于三角函数化为了指数函数, 因而很自然的就预料到: 其反函数是与对数函数有关的.

我们从某一项注释来入手, 这就是: $w = \mathrm{tg}z$ 不会取值为 $\pm i$ (这一点由反面来论证就很容易明白). 设 $w \neq \pm i$; 此时方程

$$\mathrm{tg}z = \frac{1}{i} \cdot \frac{e^{zi} - e^{-zi}}{e^{zi} + e^{-zi}} = \frac{1}{i} \cdot \frac{e^{2zi} - 1}{e^{2zi} + 1} = w$$

可以解出 z 来:

$$e^{2zi} = \frac{1 + wi}{1 - wi}, \quad z = \frac{1}{2i}\mathrm{Ln}\frac{1 + wi}{1 - wi}.$$

反函数 $\mathrm{Arctg}w$ 这样的一个表达式, 显而易见, 和 Ln 一起都是**无穷多值**的.

如果对数取其主值, 那么我们就得到**反正切的主值**

$$\mathrm{arctg}w = \frac{1}{2i}\ln\frac{1 + wi}{1 - wi} \quad (w \neq \pm i),$$

其特点就在于其实部是包含在区间 $\left(-\frac{\pi}{2}, \frac{\pi}{2}\right)$ 里:

$$-\frac{\pi}{2} < \mathrm{Re}(\mathrm{arctg}w) < \frac{\pi}{2}.$$

根据公式

$$\mathrm{Arctg}w = \mathrm{arctg}w + k\pi \quad (k为整数),$$

就得出其他的值.

在级数 (13) 中, 用 wi 去替换 w, 我们就得出反正切的**主支**的展式

$$\mathrm{arctg}w = w - \frac{w^3}{3} + \cdots + (-1)^{n-1}\frac{w^{2n-1}}{2n - 1} + \cdots,$$

此展式对于 $|w| < 1$ 成立[①].

最后, 我们来看方程

$$\sin z = \frac{e^{iz} - e^{-iz}}{2i} = w$$

[①] 当 $w = \pm i$ 时, 函数 $\mathrm{arctg}w$ 就成为 ∞.

对于 z 的解

$$e^{2iz} - 2wi \cdot e^{iz} - 1 = 0, \quad e^{iz} = wi \pm \sqrt{1 - w^2},$$

由此推知

$$z = \operatorname{Arcsin} w = \frac{1}{i} \operatorname{Ln}(wi \pm \sqrt{1 - w^2});$$

在这里我们也得出了无穷多值函数。

我们限制取对数的主值：

$$z = \frac{1}{i} \ln(wi \pm \sqrt{1 - w^2}).$$

当 $w = +1$ 或 $w = -1$ 时, 根式成为 0, 我们便分别得出 $z = \frac{\pi}{2}$ 或 $z = -\frac{\pi}{2}$, 就取这两个值作为**反正弦的主值**. 现在设 $w \neq \pm 1$, 则在我们面前就有两个 z 值可供选择. 显而易见,

$$(wi + \sqrt{1 - w^2})(wi - \sqrt{1 - w^2}) = -1,$$

于是

$$\frac{1}{i} \ln(wi + \sqrt{1 - w^2}) + \frac{1}{i} \ln(wi - \sqrt{1 - w^2}) = \pm \pi,$$

因而即有

$$\operatorname{Re}\left(\frac{1}{i} \ln(wi + \sqrt{1 - w^2})\right) + \operatorname{Re}\left(\frac{1}{i} \ln(wi - \sqrt{1 - w^2})\right) = \pm \pi,$$

同时其虚部仅相差一符号. 因为每一个实部皆不能出于限制区间 $(-\pi, \pi]$, 故其中仅有一个[1]是被包含在 $-\frac{\pi}{2}$ 与 $\frac{\pi}{2}$ 之间; 其所对应的反正弦的值就取作主值. 只有在两个实部皆等于 $\frac{\pi}{2}$ 或 $-\frac{\pi}{2}$ 的情形下, 是个例外; 此时便将具有正虚部的值取作主值[2]. 可以说, 限制条件就是: 反正弦的主值要由条件

$$-\frac{\pi}{2} \leqslant \operatorname{Re}(\arcsin w) \leqslant \frac{\pi}{2}$$

来确定.

不难验证, 其他的值可表成公式

$$\operatorname{Arcsin} w = \arcsin w + 2k\pi, \quad \operatorname{Arcsin} w = (2k+1)\pi - \arcsin w \quad (k \text{为整数}).$$

在最末尾我们提一下 $\arcsin w$ 依照 w 幂次的展式. 在实变量的区域中, 我们已经看到了对于级数

$$y = x - \frac{x^3}{3!} + \cdots + (-1)^{n-1} \frac{x^{2n-1}}{(2n-1)!} + \cdots$$

[它表示 $\sin x$]加以反演即得级数

$$x = y + \frac{1}{2} \cdot \frac{y^3}{3} + \frac{1 \cdot 3}{2 \cdot 4} \cdot \frac{y^5}{5} + \cdots + \frac{(2n-1)!!}{(2n)!!} \frac{y^{2n+1}}{2n+1} + \cdots$$

[它表示 $\arcsin x$; 参看 **440**,3)]. 因为在复数的情形中, 系数的确定是完全一模一样的, 所以显然可见, **反演**级数

$$w = z - \frac{z^3}{3!} + \frac{z^5}{5!} - \cdots + (-1)^{n-1} \frac{z^{2n-1}}{(2n-1)!} + \cdots$$

---

[1] 仅有一个而且必有一个 —— 译者注.

[2] 例如 $\arcsin 2 = \frac{\pi}{2} + i \ln(2 + \sqrt{3})$.

的结果, 就应该得到级数

$$z = w + \frac{1}{2} \cdot \frac{w^3}{3} + \frac{1 \cdot 3}{2 \cdot 4} \cdot \frac{w^5}{5} + \cdots + \frac{(2n-1)!!}{(2n)!!} \cdot \frac{w^{2n+1}}{2n+1}! + \cdots,$$

其收敛半径 $R = 1$[①]; 当 $|w| < 1$ 时, 它给出 Arcsin$w$ 的**一个值**. 我们证明, 这恰好就是**主值**arcsin$w$. 实际上, $|\mathrm{Re}(z)|$ 不能超过

$$|z| < 1 + \frac{1}{2} \cdot \frac{1}{3} + \frac{1 \cdot 3}{2 \cdot 4} \cdot \frac{1}{5} + \cdots + \frac{(2n-1)!!}{(2n)!!} \cdot \frac{1}{2n+1} + \cdots = \frac{\pi}{2},$$

由此即推得所要求的结论.

460. 乘方函数　设 a 与 b 为两个复数, 其中 $a \neq 0$. 此时乘方 a^b 的定义是这样的:

$$a^b = e^{b\mathrm{Ln}a} = e^{b(\ln a + 2k\pi i)} \quad (k \text{为整数}),$$

因此乘方一般说来乃是多值的. 当 $k = 0$ 时, 就得出所谓的乘方**主值**:

$$a^b = a^{b\ln a}.$$

为了不致发生混淆, 有时将乘方的一般表达式按照柯西的记法, 记成这样:

$$((a))^b = a^b \cdot e^{2k\pi bi} \quad (k \text{为整数}).$$

若 b 等于整数, 则第二个因子成为 1: 在此情形下, 乘方仅有一个值. 当 b 是不可约简的有理分数 $\frac{p}{q} (q > 1)$ 时, 则乘方就恰恰有 q 个不同的值. 最后, 当 b 是任何其他的值时, 乘方的值就构成无穷集合.

例如,

$$2^i = e^{i\ln 2} = \cos(\ln 2) + i \cdot \sin(\ln 2), ((2))^i = 2^i \cdot e^{-2k\pi} \quad (k \text{为整数}),$$
$$i^i = e^{i\ln i} = e^{-\frac{\pi}{2}}, ((i))^i = e^{-(4k+1)\frac{\pi}{2}} \quad (k \text{为整数}).$$

若 m 是任意的常复数, 则一般说来, **乘方函数** $((z))^m$ 乃是多值的. 其主支为 $(z \neq 0)$ [②]

$$z^m = e^{m \cdot \ln z}.$$

由关系式

$$(1+z)^m = e^{m \cdot \ln(1+z)}$$

出发, 与在第 **447** 目,2) 中完全同样地, 可以得出二项式级数:

$$(1+z)^m = 1 + mz + \frac{m(m-1)}{1 \cdot 2}z^2 + \cdots + \frac{m(m-1)\cdots(m-n+1)}{1 \cdot 2 \cdot \cdots \cdot n}z^n + \cdots.$$

假如 $|z| < 1$[③], 则此级数对于任意的复数 m 都是收敛的, 并且从得出这个级数的方法的本身就可看出, 这级数恰好就表达二项式乘方的主值. **阿贝尔**曾经研究过这个级数.

---

①当 $w = \pm 1$ 时, 反正弦的导数 $\frac{1}{\sqrt{1-w^2}}$ 的连续性被破坏了.

②如果 $\mathrm{Re}(m) > 0$, 有时就对于 $z = 0$ 确定 $z^m = 0$.

③当 $z = -1$ 时, 乘方 $(1+z)^m$ 本身或其充分高阶的导数一定会有间断点; 而 m 等于 0 或自然数时, 则为唯一的例外.

461. 例 在本目中, 我们用若干实例来显示出, 复变量及其初等函数如何来为实数分析服务.

1) 如果将函数 $y = \dfrac{1}{x^2+1}$ 表成

$$y = \frac{1}{2i}\left(\frac{1}{x-i} - \frac{1}{x+i}\right),$$

的形状, 则其各阶导数便很容易求得. 即

$$
\begin{aligned}
y^{(n-1)} &= \frac{1}{2i}(-1)^{n-1}(n-1)!\left[\frac{1}{(x-i)^n} - \frac{1}{(x+i)^n}\right] \\
&= \frac{(-1)^{n-1}(n-1)!}{2i} \cdot \frac{(x+i)^n - (x-i)^n}{(x^2+1)^n} \\
&= \frac{(-1)^{n-1}(n-1)!}{(x^2+1)^n} \cdot \left[nx^{n-1} - \frac{n(n-1)(n-2)}{1\cdot 2\cdot 3}x^{n-3} + \cdots\right].
\end{aligned}
$$

例如,

$$\left(\frac{1}{x^2+1}\right)^{(4)} = 24 \cdot \frac{5x^4 - 10x^2 + 1}{(x^2+1)^5}.$$

显而易见, 同时也就得出了函数 arctg x 的各阶导数 [参看 **116**,8) 与 **118**,4)].

2) 通过指数函数以表出余弦与正弦的欧拉公式, 可以多方利用. 例如, 我们要想找和数

$$s = \sum_1^n \cos kx$$

的简短表达式, 这问题可以简化成**几何级数的求和**问题:

$$
\begin{aligned}
s &= \frac{1}{2}\left(\sum_1^n e^{kxi} + \sum_1^n e^{-kxi}\right) \\
&= \frac{1}{2}\left(\frac{e^{xi} - e^{(n+1)xi}}{1 - e^{xi}} + \frac{e^{-xi} - e^{-(n+1)xi}}{1 - e^{-xi}}\right) \\
&= \frac{1}{2}\left(\frac{e^{\frac{1}{2}xi} - e^{(n+\frac{1}{2})xi}}{e^{-\frac{1}{2}xi} - e^{\frac{1}{2}xi}} + \frac{e^{-\frac{1}{2}xi} - e^{-(n+\frac{1}{2})xi}}{e^{\frac{1}{2}xi} - e^{-\frac{1}{2}xi}}\right) \\
&= \frac{1}{2}\cdot \frac{\dfrac{1}{2i}\left(e^{(n+\frac{1}{2})xi} - e^{-(n+\frac{1}{2})xi}\right) - \dfrac{1}{2i}\left(e^{\frac{1}{2}xi} - e^{-\frac{1}{2}xi}\right)}{\dfrac{1}{2i}\left(e^{\frac{1}{2}xi} - e^{-\frac{1}{2}xi}\right)} \\
&= \frac{\sin\left(n+\dfrac{1}{2}\right)x}{2\sin\dfrac{1}{2}x} - \frac{1}{2}.
\end{aligned}
$$

3) $\sin x$ 与 $\cos x$ 的正整数次方, 以及它们的正整数次方的乘积, 都可以表成倍角的正弦与余弦的线性组合. 先依牛顿二项式展开以下表达式:

$$\sin^n x = \left(\frac{e^{xi} - e^{-xi}}{2i}\right)^n, \quad \cos^n x = \left(\frac{e^{xi} + e^{-xi}}{2}\right)^n \cdots,$$

仍然再利用欧拉公式, 这问题就很容易的得以解决. 例如,

$$\sin^5 x = \frac{1}{32i}(e^{5xi} - 5e^{3xi} + 10e^{xi} - 10e^{-xi} + 5e^{-3xi} - e^{-5xi})$$

$$= \frac{1}{16}\left(\frac{e^{5xi} - e^{-5xi}}{2i} - 5\frac{e^{3xi} - e^{-3xi}}{2i} + 10\frac{e^{xi} - e^{-xi}}{2i}\right)$$

$$= \frac{1}{16}(\sin 5x - 5\sin 3x + 10\sin x);$$

$$\cos^4 x \sin^3 x = \left(\frac{e^{xi} + e^{-xi}}{2}\right)^4 \left(\frac{e^{xi} - e^{-xi}}{2i}\right)^3$$

$$= -\frac{1}{128i}(e^{2xi} - e^{-2xi})^3(e^{xi} + e^{-xi})$$

$$= -\frac{1}{128i}(e^{6xi} - 3e^{2xi} + 3e^{-2xi} - e^{-6xi})(e^{xi} + e^{-xi})$$

$$= -\frac{1}{128i}(e^{7xi} + e^{5xi} - 3e^{3xi} - 3e^{xi} + 3e^{-xi} + 3e^{-3xi} - e^{-5xi} - e^{-7xi})$$

$$= -\frac{1}{64}(\sin 7x + \sin 5x - 3\sin 3x - 3\sin x).$$

也可以建立出一般的公式:

(a) $\quad \sin^{2\nu} x = \dfrac{(-1)^\nu}{2^{2\nu-1}}\Big\{\cos 2\nu x - 2\nu\cos(2\nu - 2)x$

$$+ \frac{2\nu(2\nu - 1)}{1 \cdot 2}\cos(2\nu - 4)x - \cdots + \frac{(-1)^\nu}{2}\frac{2\nu(2\nu - 1)\cdots(\nu + 1)}{1 \cdot 2 \cdots \nu}\Big\},$$

(б) $\quad \sin^{2\nu+1} x = \dfrac{(-1)^\nu}{2^{2\nu}}\Big\{\sin(2\nu + 1)x - (2\nu + 1)\sin(2\nu - 1)x$

$$+ \frac{(2\nu + 1)2\nu}{1 \cdot 2}\sin(2\nu - 3)x + \cdots + (-1)^\nu\frac{(2\nu + 1)2\nu\cdots(\nu + 2)}{1 \cdot 2 \cdots \nu}\sin x\Big\},$$

(в) $\quad \cos^n x = \dfrac{1}{2^{n-1}}\Big\{\cos nx + n\cos(n - 2)x + \dfrac{n(n - 1)}{1 \cdot 2}\cos(n - 4)x + \cdots\Big\},$

此处公式 (в) 中后面的项有以下的形状:

$$\frac{1}{2} \cdot \frac{2\nu(2\nu - 1)\cdots(\nu + 1)}{1 \cdot 2 \cdots \nu}, \quad \text{或} \quad \frac{(2\nu + 1)2\nu\cdots(\nu + 2)}{1 \cdot 2 \cdots \nu}\cos x,$$

到底是哪一种就得看 $n = 2\nu$ 呢, 还是 $n = 2\nu + 1$.

当积分时, 这样变换形状是很有利的 [参看 **287**].

4) 积分学中 (有关于求原函数的) 一些最简单的公式, 可以推广到实变量或复变量的复值函数[63].

假定要求出积分

$$\int e^{ax}\cos bx dx, \quad \int e^{ax}\sin bx dx.$$

此问题即等价于要求出积分

$$\int e^{ax}(\cos bx + i \sin bx)dx = \int e^{(a+bi)x}dx,$$

而根据基本公式, 此积分等于

$$\frac{1}{a+bi}e^{(a+bi)x} = \frac{\cos bx + i \sin bx}{a+bi}e^{ax}$$

$$= \frac{a\cos bx + b\sin bx}{a^2+b^2}e^{ax} + i \cdot \frac{a\sin bx - b\cos bx}{a^2+b^2}e^{ax}.$$

令实部与虚部各各相等, 就得到我们所已知的积分 [参看 **271**,6)][64].

形如

$$\int P(x) \cdot e^{ax}dx$$

的积分 (其中 $P(x)$ 是整多项式) 的计算公式 [**271**,4)], 也可以推广到复数 a 的情形. 此时不仅是积分 [**271**,4)]

$$\int P(x)\cos bx dx, \quad \int P(x)\sin bx dx,$$

而且连积分 [**289**]

$$\int P(x)e^{ax}\cos bx dx, \quad \int P(x)e^{ax}\sin bx dx$$

也都可以归结到上述积分.

5) 对数函数与反三角函数之间的关系, 使得积分学中许多看来似乎全然不同的公式, 可以合并到一起, 并且还能够建立出新的公式来. 例如, 积分

$$\int \frac{dx}{x^2-a^2} = \frac{1}{2a}\ln\frac{x-a}{x+a} \quad 及 \quad \int \frac{dx}{x^2+a^2} = \frac{1}{a}\mathrm{arctg}\frac{x}{a}$$

---

[63] 注意, 远非所有与原函数有关的公式当从实函数变为复函数时仍保持有效. 例如容易证实, 公式 $\int \frac{dz}{z} = \ln|z| + C$ 不可能推广到实直线范围之外的不论任何地方; 不但如此, 对复变量 z 的函数 $\ln|z|$ 在任何地方都不可微 (不排除实轴上的点). 类似地, 等式 $\int \frac{dx}{x+a} = \ln|x+a| + C$ (其中假设变量 x 是实数) 中一旦数 a 不再是实数, 等式便失效 (同时函数 $\ln|x+a|$ 对复数 a 关于实变量 x 仍然是可微的).

然而对于初等函数的原函数的基本公式, 依靠已经证明的对导数的公式, 在复变量时的情形是容易验证的. 特别地, 由于已知的公式 $(\ln z)' = \frac{1}{z}$, 其中 $\ln$ 表示对数的主值, 我们有 $\int \frac{dz}{z} = \ln z + C$, 同时 z 可以在复平面上不包含实轴上区间 $(-\infty, 0]$ 的任意区域 $\mathcal{D}$ 的范围内变化. 关于区间 $(-\infty, 0]$ 的约定是本质的: 在这个区间的点处, 对数主值受到间断, 而导数 $(\ln z)'$ 不存在.

进一步验证所遇到的对于原函数的公式以及关于每一个公式应用区域的相应约定的工作留给读者 (注意, 在一系列公式中, 应用形如 $\int f(x)dx = F(x)$ 的记法 —— 没有任意常数; 这种记法意味着, 函数 F 是对 f 的原函数).

更为详尽的复函数的积分是在专门的复变函数论的教科书中加以研究.

[64] 此处变量 x 假定是实的.

或

$$\int \frac{dx}{\sqrt{a^2+x^2}} = \ln(x+\sqrt{a^2+x^2}) \quad 及 \quad \int \frac{dx}{\sqrt{a^2-x^2}} = \arcsin\frac{x}{a},$$

由于将 x 替换为 xi, 就可将其中的一个归入于另外一个[65].

6) 分离已知的复数展式中的实部与虚部, 有时可以很简单的得出实数域里有用的展式.

(a) 取级数 $(|z| < 1)$

$$\frac{z}{1-z} = \sum_{n=1}^{\infty} z^n$$

并设 $z = r(\cos\theta + i\sin\theta)$. 在右侧我们得到级数

$$\sum_{n=1}^{\infty} r^n(\cos n\theta + i\sin n\theta),$$

而在左侧则得到表达式

$$\frac{r(\cos\theta + i\sin\theta)}{(1-r\cos\theta) - ir\sin\theta} = \frac{r\cos\theta - r^2}{1 - 2r\cos\theta + r^2} + \frac{r\sin\theta}{1 - 2r\cos\theta + r^2}\cdot i.$$

令等式两侧实部, 虚部分别相等 (并消去 r), 我们便导出展式:

$$\frac{\cos\theta - r}{1 - 2r\cos\theta + r^2} = \sum_{n=1}^{\infty} r^{n-1}\cos n\theta.$$

$$\frac{\sin\theta}{1 - 2r\cos\theta + r^2} = \sum_{n=1}^{\infty} r^{n-1}\sin n\theta.$$

[参看 **440**,11).]

(б) 对于对数级数

$$\ln(1-z) = -\sum_{n=1}^{\infty} \frac{z^n}{n} \quad (|z| < 1)$$

也来如法炮制, 便得到: 对于 $r < 1$ [参看 **440**, 11)]

$$\frac{1}{2}\ln(1 - 2r\cos\theta + r^2) = -\sum_{n=1}^{\infty} r^n \frac{\cos n\theta}{n},$$

$$\operatorname{arctg}\frac{r\sin\theta}{1 - r\cos\theta} = \sum_{n=1}^{\infty} r^n \frac{\sin n\theta}{n}.$$

设 $0 < \theta \leqslant \pi$; 因为当 $r = 1$ 时, 右侧之二级数仍然收敛 [**385**,2)], 故可利用阿贝尔定理 [**437**,6°], 取 $r \to 1 - 0$ 时之极限. 在头一个式子的左侧我们得到 $\frac{1}{2}\ln(2 - 2\cos\theta) = \ln 2\sin\frac{\theta}{2}$, 而在后一个式子的左侧则得到 $\operatorname{arctg}\left(\operatorname{ctg}\frac{\theta}{2}\right) = \operatorname{arctg}\left(\operatorname{tg}\frac{\pi - \theta}{2}\right) = \frac{\pi - \theta}{2}$. 因而我们就有

$$\ln 2\sin\frac{\theta}{2} = -\sum_{n=1}^{\infty} \frac{\cos n\theta}{n}, \quad \frac{\pi - \theta}{2} = \sum_{n=1}^{\infty} \frac{\sin n\theta}{n} \quad (0 < \theta \leqslant \pi).$$

---

[65] 为使所给替换是正确的, 所列举公式中的变量 x 应当认为是复的. 使所给例子的公式成立的复平面的区域, 可分别根据对数、反正切、反正弦与平方根的主值的性质来求出 (为了详细, 读者应参考复变函数论的教科书).

[在本教程第三卷中, 我们还将碰到许多值得注意的三角展式.]

7) 在第 **447** 目,8) 中, 我们已见到了展式

$$\frac{1}{\sqrt{1-2ax+a^2}} = 1 + \sum_{n=1}^{\infty} P_n(x) \cdot a^n,$$

其中 $P_n(x)$ 是勒让德多项式. 当 x 在 -1 与 1 之间变化时, 可在此处命 $x = \cos\theta$:

$$(1 - 2a\cos\theta + a^2)^{-\frac{1}{2}} = 1 + \sum_{n=1}^{\infty} P_n(\cos\theta) \cdot a^n.$$

现在用 $e^{\theta i} + e^{-\theta i}$ 来代替 $2\cos\theta$; 我们便得到

$$\begin{aligned}
(1 - 2a\cos\theta + a^2)^{-\frac{1}{2}} &= [1 - a(e^{\theta i} + e^{-\theta i}) + a^2]^{-\frac{1}{2}} \\
&= (1 - ae^{i\theta})^{-\frac{1}{2}} \cdot (1 - ae^{-i\theta})^{-\frac{1}{2}} \\
&= \left(1 + \frac{1}{2}ae^{\theta i} + \frac{1\cdot 3}{2\cdot 4}a^2 e^{2i\theta} + \cdots\right) \\
&\quad \times \left(1 + \frac{1}{2}ae^{-i\theta} + \frac{1\cdot 3}{2\cdot 4}a^2 e^{-2i\theta} + \cdots\right).
\end{aligned}$$

将上式中两个级数按照一般法则乘出来, 再令两个展式中 a^n 的系数相等, 我们就导出了 $P_n(\cos\theta)$ 的表达式:

$$\begin{aligned}
P_n(\cos\theta) &= \frac{(2n-1)!!}{(2n)!!}(e^{ni\theta} + e^{-ni\theta}) + \frac{(2n-3)!!}{(2n-2)!!} \cdot \frac{1}{2}(e^{(n-1)i\theta} + e^{-(n-1)i\theta}) \\
&\quad + \frac{(2n-5)!!}{(2n-4)!!} \cdot \frac{1\cdot 3}{2\cdot 4}(e^{(n-2)i\theta} + e^{-(n-2)i\theta}) + \cdots
\end{aligned}$$

现在可顺次将括弧替换为 $2\cos n\theta, 2\cos(n-1)\theta, 2\cos(n-2)\theta$, 等等. 因为这里所有的系数都是正的, 所以非常明显, 当 $\theta = 0$ 时, 也就说是当 $x = \cos 0 = 1$ 时, 这个表达式达到最大值. 这样一来, 利用从复变函数范围内来考虑, 我们就得出了完全属于实数域的结果:当 x 在区间 $[-1, 1]$ 中变化时, 所有的勒让德多项式皆在端点 $x = 1$ 处达到其最大值.

§6. 包络级数与渐近级数 · 欧拉–麦克劳林公式

462. 例　在上一章的 §9, 我们介绍了对发散级数的 "广义和" 的一些重要定义, 同时也知道了, 级数的部分和本身最不适于这个 "和" 的近似计算. 现在, 我们回到发散级数问题, 但完全是另一个方面: 我们证明: 在确定的条件下, 在一定的范围内, 发散级数的**部分和**可能是对这个级数 "引起" 的在某种意义上的数的最好的近似. 为使读者预先感受到在近似计算中应用发散级数的实际重要性, 只需指出, 为了预先计算天体的位置, 天文学家习惯于使用这个方法, 并且所得结果的准确性是完全令人满意的.

我们力求一开始用两个简单的**例子**来解释对我们来说必要的概念.

1) 考虑对数级数

$$x - \frac{x^2}{2} + \frac{x^3}{3} - \cdots + (-1)^{n-1}\frac{x^n}{n} + (-1)^n\frac{x^{n+1}}{n+1} + \cdots \tag{1}$$

已熟知 [405]: 这个级数仅对 $-1 < x \leqslant 1$ 收敛并表示函数 $\ln(1+x)$. 在这个区间之外 (比如 $x > 1$) 级数发散且不存在和. 然而对 $x > 1$, 函数 $\ln(1+x)$ 的拓展与这个发散级数的一个截段有关, 因为按泰勒公式

$$\ln(1+x) = x - \frac{x^2}{2} + \frac{x^3}{3} - \cdots + (-1)^{n-1}\frac{x^n}{n} + r_n(x),$$

其中余式 $r_n(x)$, 比如说, 可以取拉格朗日形式 [**126**]:

$$r_n(x) = \frac{1}{(1+\theta_1 x)^{n+1}} \cdot (-1)^n \frac{x^{n+1}}{n+1} = \theta \cdot (-1)^n \frac{x^{n+1}}{n+1} \quad (0 < \theta, \theta_1 < 1).$$

结果是: 余式绝对值小于级数被丢掉的第一项, 并同这一项有相同的符号. (这正像莱布尼茨型的收敛级数一样!) 于是在 $x > 1$ 时, 如果用发散级数 (1) 的一个截段代替 $\ln(1+x)$ 的值, 那么我们便有对误差的合适估计 (甚至还知道其符号). 为了数 $\ln(1+x)$ 的近似计算, 可利用所说的这一截段, 这就足够了!

当然, 当 $0 < x \leqslant 1$ 时, 随 n 增大到无穷, 误差便趋于 0, 而当给定 n, 但 $x \to 0$ 甚至有

$$\frac{r_n(x)}{x^n} \to 0, \text{ 即 } r_n(x) = o(x^n),$$

即误差同 x 相比是其大于 n 阶的高阶无穷小. 对任意固定的 $x > 1$, 所估计的项本身随 n 的无限增加而增长到无穷大, 因而对给定的 x, 谈不到依靠 n 来使得误差任意小, 然而正如估计本身所表明的

$$|r_n(x)| < \frac{x^{n+1}}{n+1},$$

当 x 充分接近 1 时, 仍然可以作到使误差任意小! 若 x 固定, 但接近于 1, 则级数 (1) 的诸项甚至在 $x > 1$ 时, 最初将按绝对值减小, 即只要比值

$$\frac{x^{n+1}}{n+1} : \frac{x^n}{n} = \frac{n}{n+1}x < 1, \text{ 或 } n < \frac{1}{x-1}$$

时即是如此, 尔后才开始增加. 在标号 $n = E\left(\dfrac{1}{x-1}\right)$ 截断级数较为有利: 这时对给定的 x, 可得数 $\ln(1+x)$ 的最好近似.

在上述例子中, 所研究的级数毕竟在 $-1 < x \leqslant 1$ 时还是收敛的. 第二个在这方面富有教益的例子是: 考虑一个总是发散的级数.

2) 现在设 (对于 $x > 0$)

$$F(x) = \sum_{k=1}^{\infty} \frac{c^k}{x+k},$$

其中 $0 < c < 1$ (级数收敛!).

当 $k < x$ 时, 我们有

$$\frac{1}{x+k} = \frac{1}{x} - \frac{k}{x^2} + \frac{k^2}{x^3} - \frac{k^3}{x^4} + \cdots,$$

可是倘若 $k \geqslant x$, 则此级数发散. 但是虽然如此, 我们先形式地将此展式代入定义 $F(x)$ 的级数里去, 再归并同类项即由此得出级数

$$\frac{A_1}{x} + \frac{A_2}{x^2} + \cdots + \frac{A_n}{x^n} + \cdots \tag{2}$$

其中

$$A_n = (-1)^{n-1} \sum_{k=1}^{\infty} k^{n-1} c^k.$$

不难确知, 确定各系数 A_n 的各级数全都是收敛的. 但是前面的那个级数却显然发散, 因为

$$|A_n| \geqslant n^{n-1} c^n \quad \text{即} \quad \left| \frac{A_n}{x^n} \right| \geqslant \frac{n^{n-1} c^n}{x^n},$$

而最后的表达式当 $n \to \infty$ 时趋于 ∞.

对给定的级数 (2) 其第 n 个截段乃是:

$$S_n(x) = \sum_{\nu=1}^{n} \frac{A_\nu}{x^\nu} = \sum_{k=1}^{\infty} c^k \sum_{\nu=1}^{n} \frac{(-1)^{\nu-1} k^{\nu-1}}{x^\nu}$$

$$= \sum_{k=1}^{\infty} \left[1 + (-1)^{n+1} \frac{k^n}{x^n} \right] \frac{c^k}{x+k},$$

因此余式

$$r_n(x) = F(x) - S_n(x) = (-1)^n \sum_{k=1}^{\infty} \frac{k^n c^k}{(x+k)x^n}.$$

且此处有

$$r_n(x) = \theta \cdot (-1)^n \sum_{k=1}^{\infty} k^n c^k \cdot \frac{1}{x^{n+1}} = \theta \cdot \frac{A_{n+1}}{x^{n+1}} \quad (0 < \theta < 1).$$

又一次出现所熟悉的、莱布尼茨型级数型的特点, 虽然所考虑的级数是发散级数. 当然, 对固定的 x, 使部分和 $S_n(x)$ 与 $F(x)$ 相比较时, 显然不能得到任意的精确度, 但对充分大的 x 可以达到任意的精确度. 对于所考虑的情况, 如下的附注保持有效: 增加保留的项数, 仅到诸项的绝对值还是递减时, 即 $\left| \frac{A_{n+1}}{A_n} \right| < x$, (在增大精确度的意义下) 才是有利的.

显然, 对固定的 n, 若 $x \to \infty$, 余式 $r_n(x)$ 趋于零. 不仅如此, 因为这时

$$x^n r_n(x) = \frac{\theta A_{n+1}}{x} \to 0,$$

则

$$r_n(x) = o\left(\frac{1}{x^n} \right), \tag{3}$$

因此, $r_n(x)$ 乃是高于 n 阶的无穷小.

为了近似表示 $F(x)$, 保留的发散级数的项数越多, 则可期望当 $x \to \infty$ 时, 这个近似的误差造成的无穷小的阶数越高!

463. 定义 现在转向一般的叙述与定义. 设给定数值级数

$$\sum_{0}^{\infty} a_n = a_0 + a_1 + a_2 + \cdots + a_n + a_{n+1} + \cdots. \tag{4}$$

(a) 若其部分和依次地时而小于时而大于某个数 A, 即, 若由公式

$$A = a_0 + a_1 + \cdots + a_n + r_n \tag{5}$$

定义的余式是交错的, 则说级数 (4)**包络数** A.

简单的等式

$$r_n = a_{n+1} + r_{n+1}$$

以显然的方式给出与之等价的定义.

(6) 级数 (4) 被称为是**包络数** A 的, 是指: 若首先, 这个级数是交错级数, 其次, 公式 (5) 中的余式 r_n 按绝对值小于数 a_{n+1}, 并与其有相同的符号[①].

在上一目我们已遇到这样的级数: 级数 (1) 显然对 $\ln(1+x)$ 是包络的 (对任意 $x > 0$), 而级数 (2) 对在 2) 中定义的 $F(x)$ 是包络的 (也是当 $x > 0$).

注意, 在发散级数 (4) 的情形, 它可能同时包络数 A 的无穷集合. 例如级数

$$1 - 2 + 2 - 2 + 2 - \cdots$$

具有部分和 $1, -1, 1, -1, \cdots$, 显然它包络区间 $(-1, 1)$ 中的每一个数.

定义 (6) 中所述包络级数的性质, 通常使其成为近似计算的重要工具, 不言而喻, 远不是任何包络数 A 的级数都可以用于这个目的.

设代替具有常数项的级数 (4) 及常量 A, 是如下的函数项级数

$$\sum_0^\infty a_n(x) = a_0(x) + a_1(x) + \cdots + a_n(x) + a_{n+1}(x) + \cdots \tag{6}$$

及某个函数 $A(x)$, 同时所有的函数 $a_n(x)$ 与 $A(x)$ 都给定在同一个区域 $\mathcal{X}$. 刚才引入的包络给定数的数值级数的定义自然可推广到包络已知函数的函数级数的情况. 不再谈论它而引入一个新的定义, 这是有关这样一种特别的情况: 级的项与 (6) 类似, 含有一个参数 x, 它的变化区域 $\mathcal{X}$ 以有限的或无穷的数 ω 作为聚点. 像往常一样, 我们用等式

$$A(x) = a_0(x) + a_1(x) + \cdots + a_n(x) + r_n(x)$$

来定义余式 $r_n(x)$.

(Б) 级数 (6)被称为函数 $A(x)$ 在 $x = \omega$ 附近的**渐近展开**, 是指: 若对任意固定的 n 有

$$\lim_{x \to \omega} \frac{r_n(x)}{a_n(x)} = 0[②]. \tag{7}$$

这个事实可记为:

$$A(x) \sim a_0(x) + a_1(x) + \cdots + a_n(x) + \cdots.$$

由于

$$r_n(x) = a_{n+1}(x) + r_{n+1}(x)$$

以及

$$\frac{r_n(x)}{a_n(x)} = \frac{a_{n+1}(x)}{a_n(x)} \cdot \left[1 + \frac{r_{n+1}(x)}{a_{n+1}(x)} \right],$$

[①]若在定义中假设的条件仅对 n 充分大成立 (比如说, 对 $n \geqslant n_0 > 1$), 在这种情况下, 我们仍保留名词 "包络的".

[②]同时, 自然地, 假设 $a_n(x)$ 异于零 (至少对于充分接近 ω 的 x 而言).

如同从 (7) 推出的, 得到

$$\lim_{x \to \omega} \frac{a_{n+1}(x)}{a_n(x)} = 0. \tag{8}$$

容易证明如下断言:

若级数 (6) 包络函数 $A(x)$, 同时适合 (8) 式, 则所说的级数就是函数 $A(x)$ 在 $x = \omega$ 附近的渐近展开.

事实上, 我们有

$$|r_n(x)| \leqslant |a_{n+1}(x)|,$$

因此

$$\left| \frac{r_n(x)}{a_n(x)} \right| \leqslant \left| \frac{a_{n+1}(x)}{a_n(x)} \right|.$$

那么从假设 (8) 直接推出 (7).

上文中作为例子引入的两个级数 (1) 与 (2), 都是相应函数的渐近展开, 第一个是在 $x = 0$ 附近, 而第二个是在 $x = \infty$ 附近.

在以下的叙述中, 我们通常会遇到形如

$$A(x) \sim \sum_{n=0}^{\infty} \frac{a_n}{x^n} = a_0 + \frac{a_1}{x} + \frac{a_2}{x^2} + \cdots + \frac{a_n}{x^n} + \cdots \tag{9}$$

在 $x = \infty$ 附近的渐近展开式. 注意上述关系式的意义仅仅是:

无论怎样的固定的 n, 总有

$$r_n(x) = o\left(\frac{1}{x^n} \right)$$

或更详细地

$$\lim_{x \to \infty} \left[A(x) - a_0 - \frac{a_1}{x} - \frac{a_2}{x^2} - \cdots - \frac{a_n}{x^n} \right] x^n = 0. \tag{10}$$

于是, 对于 "大的" x 成立近似公式

$$A(x) \doteq a_0 + \frac{a_1}{x} + \frac{a_2}{x^2} + \cdots + \frac{a_n}{x^n},$$

其性质由等式 (10) 描述.

若把这个等式改写成:

$$\lim_{x \to \infty} \left[A(x) - a_0 - \frac{a_1}{x} - \frac{a_2}{x^2} - \cdots - \frac{a_{n-1}}{x^{n-1}} \right] \cdot x^n = a_n, \tag{10*}$$

则函数 $A(x)$ 的形如 (9) 的渐近展开的唯一性就变得很明显了 —— 当然要假定这个函数一般说来容许这样的展开, 依照公式 (10*), 一切系数 a_n 都可依次完全地唯一确定!

然而相反的断言不正确: 不同的函数可能有同一个渐近展开. 例如, 已知 $e^{-x} \cdot x^n \to 0 (x \to \infty)$; 所以显然形如 $A(x) + C \cdot e^{-x}$ 的函数与函数 $A(x)$ 有同样的渐近展开.

附注　有时为了方便, 我们记

$$B(x) \sim \varphi(x) + \psi(x) \cdot \sum_{n=0}^{\infty} \frac{a_n}{x^n},$$

其中 $B(x), \varphi(x), \psi(x)$——定义在 $\mathcal{X}$ 上的函数, 这意味着

$$\frac{B(x) - \varphi(x)}{\psi(x)} \sim \sum_{n=0}^{\infty} \frac{a_n}{x^n}.$$

464. 渐近展开的基本性质　当谈到渐近展开时, 这里与今后, 都理解为 (9) 形式的展开[①]. 所有被研究的函数都假设定义在具有聚点 $+\infty$ 的区域 $\mathcal{X}$ 内.

1° 若

$$A(x) \sim \sum_{n=0}^{\infty} \frac{a_n}{x^n}, \quad B(x) \sim \sum_{n=0}^{\infty} \frac{b_n}{x^n}, \tag{11}$$

则显然

$$A(x) \pm B(x) \sim \sum_{n=0}^{\infty} \frac{a_n \pm b_n}{x^n},$$

即渐近展开式可以逐项相加或相减.

2° 现在证明: 乘积 $A(x) \cdot B(x)$ 的渐近展开可以把展式 (11) 照 "柯西的规则" 用形式上相乘的方法得到.

对任意的 n, 我们有

$$A(x) = a_0 + \frac{a_1}{x} + \frac{a_2}{x^2} + \cdots + \frac{a_n}{x^n} + o\left(\frac{1}{x^n}\right)$$

及

$$B(x) = b_0 + \frac{b_1}{x} + \frac{b_2}{x^2} + \cdots + \frac{b_n}{x^n} + o\left(\frac{1}{x^n}\right).$$

连乘后得

$$A(x) \cdot B(x) = c_0 + \frac{c_1}{x} + \frac{c_2}{x^2} + \cdots + \frac{c_n}{x^n} + o\left(\frac{1}{x^n}\right),$$

其中

$$c_m = \sum_{i=0}^{m} a_i b_{m-i}.$$

这与断言

$$A(x) \cdot B(x) \sim \sum_{n=0}^{\infty} \frac{c_n}{x^n}$$

等价, 后者是我们原本应予证明的.

若 $B(x)$ 与 $A(x)$ 恒等, 我们便得平方 $[A(x)]^2$ 的渐近展开, 同样可得函数 $[A(x)]^m$ 的渐近展开, 其中 m 是任意自然数.

3° 其次, 设给定在点 $y = 0$ 解析的某个函数 $F(y)$, 即在这个点的邻域中可展开为幂级数:

$$F(y) = \sum_{m=0}^{\infty} \beta_m y^m = \beta_0 + \beta_1 y + \beta_2 y^2 + \cdots + \beta_m y^m + \cdots,$$

除此以外考虑函数 $A(x)$, 它容许无自由项的渐近展开:

$$A(x) \sim \frac{a_1}{x} + \frac{a_2}{x^2} + \cdots + \frac{a_n}{x^n} + \cdots. \tag{12}$$

[①]这样的理论是由庞加莱 (Poincaré) 充分发展了的, 他给出了在微分方程理论和天体力学中的重要应用.

因此, 当 $x \to \infty$ 时 $A(x) \to 0$. 在这种情况下, 至少对于充分大的 x, 复合函数

$$F(A(x)) = \sum_{m=0}^{\infty} \beta_m [A(x)]^m$$

是有意义的.

若 $A(x)$ 的每一个幂 $[A(x)]^m$ 可用 $A(x)$ 的渐近展开式代替且形式上适合归并同类项, 则函数 $F(A(x))$ 也容许有渐近展开, 这个展开可由上述展开式得到 [参看 **446**].

注意, 首先在点 $y = 0$ 的邻域内函数 $F(y)$ 有连续的 (从而是有界的) 导数, 且对这个邻域中的任意两点 y 与 $\bar{y}$ 成立不等式

$$|F(\bar{y}) - F(y)| \leqslant L \cdot |\bar{y} - y| \quad (L \text{ 为常数}).$$

用 $A_n(x)$ 表示 (12) 式的级数的第 n 个截段:

$$A_n(x) = \frac{a_1}{x} + \frac{a_2}{x^2} + \cdots + \frac{a_n}{x^n}.$$

当固定 n 时对充分大的 x, 两个函数 $A(x)$ 与 $A_n(x)$ 落到刚才提到的邻域, 因此当 $x \to \infty$ 时

$$|x^n[F(A(x)) - F(A_n(x))]| \leqslant \mathrm{L} \cdot x^n |A(x) - A_n(x)| = \mathrm{L} \cdot x^n |r_n(x)| \to 0,$$

于是

$$F(A(x)) = F(A_n(x)) + o\left(\frac{1}{x^n}\right).$$

另一方面, 根据我们已知的在 **446** 目的定理, 对充分大的 x:

$$F(A_n(x)) = \beta_0 + \sum_{m=1}^{\infty} \beta_m (A_n(x))^m = \beta_0 + \frac{\beta_1 a_1}{x} + \frac{\beta_1 a_2 + \beta_2 a_1^2}{x^2}$$

$$+ \frac{\beta_1 a_3 + 2\beta_2 a_1 a_2 + \beta_3 a_1^3}{x^3} + \cdots + \frac{\beta_1 a_n + \cdots + \beta_n a_1^n}{x^n} + o\left(\frac{1}{x^n}\right),$$

由前面的关系式, 对 $F(A(x))$ 也可以写出同样的等式, 这就证明了我们说过的渐近展开式

$$F(A(x)) \sim \beta_0 + \frac{\beta_1 a_1}{x} + \frac{\beta_1 a_2 + \beta_2 a_1^2}{x^2} + \frac{\beta_1 a_3 + 2\beta_2 a_1 a_2 + \beta_3 a_1^3}{x^3}$$

$$+ \cdots + \frac{\beta_1 a_n + \cdots + \beta_n a_1^n}{x^n} + \cdots$$

的正确性.

例如, 若取

$$F(y) = e^y = 1 + \sum_{m=1}^{\infty} \frac{y^m}{m!},$$

则有

$$e^{A(x)} \sim 1 + \frac{a_1}{x} + \left[\frac{a_2}{1!} + \frac{a_1^2}{2!}\right] \frac{1}{x^2} + \left[\frac{a_3}{1!} + \frac{2a_1 a_2}{2!} + \frac{a_1^3}{3!}\right] \frac{1}{x^3}$$

$$+ \cdots + \left[\frac{a_n}{1!} + \cdots + \frac{a_1^n}{n!}\right] \frac{1}{x^n} + \cdots$$

　　函数 $B(x)$ 与 $A(x)$ 的渐近展开的相除, 在后一函数假设其自由项 a_0 异于零时, [像在收敛的幂级数的情形一样, **448**] 是关于级数代入级数的定理的一个有趣应用. 因为与 **488** 目相比较, 这里无需引入任何新的思想, 我们就不再停留于此问题了.

　　4° 我们转而讨论渐近展开式的积分.

　　设函数 $A(x)$ 在区间 $\mathcal{X} = [a, +\infty)$ 连续并容许有渐近展开式

$$A(x) \sim \frac{a_2}{x^2} + \frac{a_3}{x^3} + \cdots + \frac{a_n}{x^n} + \cdots, \tag{13}$$

它以含有 $\dfrac{1}{x^2}$ 的项开头. 于是对于这个函数存在着由任意 $x \geqslant a$ 到 $+\infty$[①]的有限积分, 并且这个积分 (作为 x 的函数) 同样也有渐近展开式

$$\int_x^\infty A(x)dx \sim \frac{a_2}{x} + \frac{a_3}{2} \cdot \frac{1}{x^2} + \cdots + \frac{a_n}{n-1} \cdot \frac{1}{x^{n-1}} + \cdots, \tag{14}$$

它可形式地从 (13) 式逐项积分得到.

　　事实上, 设

$$A_n(x) = \sum_{k=2}^n \frac{a_k}{x^k}, \quad r_n(x) = A(x) - A_n(x),$$

当任取 $\varepsilon \to 0$ 时, 且对充分大的 x 任意固定 n, 则有

$$x^n \cdot |r_n(x)| < \varepsilon. \tag{15}$$

若 $X > x$, 则

$$\int_x^X A(x)dx = \int_x^X A_n(x)dx + \int_x^X r_n(x)dx$$
$$= \sum_{k=2}^n \frac{a_k}{k-1}\left(\frac{1}{x^{k-1}} - \frac{1}{X^{k-1}}\right) + \int_x^X r_n(x)dx.$$

当 $X \to \infty$ 时得

$$\int_x^\infty A(x)dx = \frac{a_2}{1} \cdot \frac{1}{x} + \frac{a_3}{2} \cdot \frac{1}{x^2} + \cdots + \frac{a_n}{n-1} \cdot \frac{1}{x^{n-1}} + R_{n-1}(x), \tag{16}$$

其中

$$R_{n-1}(x) = \lim_{X \to \infty} \int_x^X r_n(x)dx = \int_x^\infty r_n(x)dx.$$

　　因为根据 (15) 式, 对充分大的 x

$$\left|\int_x^X r_n(x)dx\right| \leqslant \int_x^X |r_n(x)|dx < \varepsilon \int_x^X \frac{dx}{x^n} = \frac{\varepsilon}{n-1}\left(\frac{1}{x^{n-1}} - \frac{1}{X^{n-1}}\right),$$

_____

① 我们记得 [参看 **373** 目]: 极限

$$\int_a^\infty f(x)dx = \lim_{A \to \infty} \int_a^A f(x)dx$$

称之为函数 $f(x)$ 从 a 到 ∞ 的积分.

则当 $X \to \infty$ 时取极限,(对上述的 x) 有

$$|R_{n-1}(x)| < \frac{\varepsilon}{x^{n-1}},$$

因此

$$\lim_{x \to \infty} x^{n-1} R_{n-1}(x) = 0.$$

而这一点连同等式 (16) 就证明了渐近展开式 (14) 的正确性.

可以证明: 函数 $A(x)$ 的渐近展开式中存在 $\frac{a_1}{x} (a_1 \neq 0)$ 这样的项时, 就使得这个函数从 x 到 ∞ 的有限积分不可能存在 [参看后面的 **474**].

附注　有趣的是: 对渐近展开式形式地逐项微分, 一般说来, 是不容许的, 作为例子考虑函数 $F(x) = e^{-x} \cdot \sin e^x$. 因为对任意 n,

$$\lim_{x \to \infty} F(x) \cdot x^n = 0,$$

那么 $F(x) \sim 0$, 即函数 $F(x)$ 的渐近展开式由零组成. 然而对导数 $F'(x) = -e^{-x} \cdot \sin e^x + \cos e^x$ 来说, 这样的展开式是不可能的, 因为极限 $\lim_{x \to \infty} F'(x)$ 甚至都不存在.

465. 推导欧拉–麦克劳林公式　这个公式在分析中起着重要作用; 特别是, 为了得到具体的包络和渐近展开, 时常要用这个公式. 我们给出它的推导, 并指出它的应用.

我们从带有定积分形式余项的泰勒公式出发 [**318**]:[1]

$$\Delta f(x_0) = f(x_0 + h) - f(x_0)$$
$$= hf'(x_0) + \frac{h^2}{2} f''(x_0) + \cdots + \frac{h^m}{m!} f^{(m)}(x_0) + \rho,$$

其中余式

$$\rho = \frac{1}{m!} \int_{x_0}^{x_0 + h} f^{(m+1)}(t)(x_0 + h - t)^m dt = \int_0^h f^{(m+1)}(x_0 + h - z) \frac{z^m}{m!} dz.$$

这里依次地取函数

$$\frac{1}{h} \int_{x_0}^x f(t) dt, \quad f(x), \quad hf'(x), \quad h^2 f''(x), \quad \cdots, \quad h^{m-2} f^{(m-2)}(x)$$

替代函数 f, 同时相应地以

$$m, \quad m-1, \quad m-2, \quad m-3, \quad \cdots, 1$$

替代 m. 我们得一组 m 个等式:

$$\frac{1}{h} \int_{x_0}^{x_0+h} f(t) dt = f(x_0) + \frac{h}{2!} f'(x_0) + \frac{h^2}{3!} f''(x_0) + \cdots + \frac{h^{m-1}}{m!} f^{(m-1)}(x_0) + \rho_0 \qquad 1$$

$$\Delta f(x_0) = hf'(x_0) + \frac{h^2}{2!} f''(x_0) + \cdots + \frac{h^{m-1}}{(m-1)!} f^{(m-1)}(x_0) + \rho_1 \qquad A_1$$

$$h\Delta f'(x_0) = h^2 f''(x_0) + \cdots + \frac{h^{m-1}}{(m-2)!} f^{(m-1)}(x_0) + \rho_2 \qquad A_2$$

$$\cdots\cdots\cdots\cdots\cdots\cdots\cdots\cdots\cdots\cdots\cdots\cdots\cdots \qquad \cdots$$

$$\cdots\cdots\cdots\cdots\cdots\cdots\cdots\cdots\cdots\cdots\cdots\cdots\cdots \qquad \cdots$$

$$h^{m-2} \Delta f^{(m-2)}(x_0) = \frac{h^{m-1}}{1!} f^{(m-1)}(x_0) + \rho_{m-1} \qquad A_{m-1}$$

---

[1] 我们在这里与今后, 不再专门约定, 总是假设所有提到的导数都存在并且连续.

消去方程组右端所有的导数; 为此把第一个等式与所有其余等式分别乘以数 $A_1, A_2, \cdots, A_{m-1}$ 后逐项相加, 我们选取这些数使得

$$\left.\begin{array}{l} \dfrac{1}{2!} + A_1 = 0, \quad \dfrac{1}{3!} + \dfrac{1}{2!}A_1 + A_2 = 0, \cdots \\[2mm] \dfrac{1}{m!} + \dfrac{1}{(m-1)!}A_1 + \dfrac{1}{(m-2)!}A_2 + \cdots + A_{m-1} = 0 \end{array}\right\} \tag{17}$$

结果得出:

$$f(x_0) = \frac{1}{h}\int_{x_0}^{x_0+h} f(t)dt + A_1\Delta f(x_0) + A_2 h\Delta f'(x_0)$$
$$+ \cdots + A_{m-1}h^{m-2}\Delta f^{(m-2)}(x_0) + r, \tag{18}$$

其中

$$r = -\rho_0 - A_1\rho_1 - A_2\rho_2 - \cdots - A_{m-1}\rho_{m-1}$$
$$= -\frac{1}{h}\int_0^h f^{(m)}(x_0+h-z)\left\{\frac{z^m}{m!} + A_1\frac{hz^{m-1}}{(m-1)!} + A_2\frac{h^2 z^{m-2}}{(m-2)!} + \cdots + A_{m-1}h^{m-1}z\right\}dz,$$

或者更简化些,

$$r = -\frac{1}{h}\int_0^h f^{(m)}(x_0+h-z)\varphi_m(z)dz, \tag{18*}$$

其中令

$$\varphi_m(z) = \frac{z^m}{m!} + A_1\frac{hz^{m-1}}{(m-1)!} + A_2\frac{h^2 z^{m-2}}{(m-2)!} + \cdots + A_{m-1}h^{m-1}z \tag{19}$$

显然, 从线性方程组 (17), 系数 $A_1, A_2, \cdots, A_{m-1}$ 可依次**唯一**确定, 并且它们与函数 f, 数 x_0 及 h 无关. 同时这些系数是我们已知道的了 —— 这些系数就是把 $\dfrac{x}{e^x - 1}$ 按 x 的幂次展开的系数 $\dfrac{\beta_k}{k!}$ [**449**, (12)]. 事实上, 如果我们记起数 β 适合的符号方程

$$(\beta + 1)^k - \beta^k = 0,$$

那么容易证明: 数 $\dfrac{\beta_k}{k!}$ 就是方程 (17) 的解. 由在 **449** 目所说的 β_k 可以断定

$$\left.\begin{array}{l} A_1 = \dfrac{\beta_1}{1!} = -\dfrac{1}{2}, \quad A_{2p-1} = \dfrac{\beta_{2p-1}}{(2p-1)!} = 0 \text{ 对 } p > 1, \\[3mm] A_{2p} = \dfrac{\beta_{2p}}{(2p)!} = (-1)^{p-1}\dfrac{B_p}{(2p)!}, \end{array}\right\} \tag{20}$$

其中 B_p 是第 p 个伯努利数.

设在有限区间 $[a, b]$ 考虑函数 $f(x)$; 令 $h = \dfrac{b-a}{n}$, 其中 n 为自然数, 依次取数

$$a, a+h, a+2h, \cdots, a+(n-1)h = b-h$$

为 x_0, 对每个区间 $[a+(i-1)h, a+ih](i = 1, 2, \cdots, n)$ 分别写出 (18) 型的等式, 并且具有余式 (18*), 并把这些等式逐项相加, 得到 [66]

$$\sum_{i=1}^n f(a+(i-1)h) \equiv \sum_a^b f(x) = \frac{1}{h}\int_a^b f(x)dx + A_1[f(b)-f(a)] + A_2 h[f'(b)-f'(a)] + \cdots$$
$$+ A_{m-1}h^{m-2}[f^{(m-2)}(b) - f^{(m-2)}(a)] + R, \tag{21}$$

---

[66] 符号 ≡ 意味着这里按定义相等, 用它是为了引出新的表示 $\sum_a^b f(x)$.

其中余式

$$R = -\frac{1}{h}\sum_{i=1}^{n}\int_0^h f^{(m)}(a+ih-z)\varphi_m(z)dz \equiv -\frac{1}{h}\sum_a^b\int_0^h f^{(m)}(x+h-z)\varphi_m(z)dz. \quad (21')$$

这个公式就是欧拉–麦克劳林公式, 同时带有余式 (当然, 公式的作者没有把它写出来). 对数 m 可以给从 2 开始的不同的值.

466. 对余式的研究　首先对函数 $\varphi_m(z)$ 作某些说明.

首先, 微分 (19), 得

$$\varphi_m'(z) = \varphi_{m-1}(z) + A_{m-1}h^{m-1}. \quad (22)$$

其次, 对任何 $\geqslant 2$ 的 m, 有

$$\varphi_m(0) = 0, \quad \varphi_m(h) = 0. \quad (23)$$

第一个从多项式 $\varphi_m(z)$ 的形状本身就很明白 [参看 (19) 式], 而第二个可由方程组 (17) 中最后一式推出.

现在证明这样的断言: 函数 $\varphi_{2k}(z)$(偶数次) 在区间 $[0,h]$ 取任何值不可能多于两次, 假设不然, 那么它的导数 [参看 (23) 式]$\varphi_{2k}'(z) = \varphi_{2k-1}(z)$(要知道 $A_{2k-1} = 0$), 除了区间 $[0,h]$ 的端点, 在区间内部, 根据罗尔定理不少于两次取 0 值. 在这种情况下导数 $\varphi_{2k-1}'(z) \equiv \varphi_{2k-2}(z) + A_{2k-2}h^{2k-2}$ 按照同一定理, 在 $[0,h]$ 内部取 0 值应不少于 3 次, 即函数 $\varphi_{2k-2}(z)$ 在这个区间内部取同一值 $-A_{2k-2}h^{2k-2}$ 不少于 3 次. 这样逐步降低函数 φ_{2k} 的次数每次是 2, 最后达到函数 $\varphi_2(z) = \frac{1}{2}z^2 - \frac{1}{2}hz$(二次二项式) 取某个值不少于 3 次, 而这是不可能的! 由此便证明了断言.

由上述断言得出这样重要的推论: 函数 $\varphi_{2k}(z)$ 在区间 $(0,h)$ 保持其符号, 因为在区间的端点它变为 0[参看 (23) 式], 它在区间内部已不再可能变为 0. 容易弄清楚函数 $\varphi_{2k}(z)$ 保持怎样的符号: 对小的 z 值 (意味着在 0 与 h 之间处处) 有低阶项 $A_{2k-2}h^{2k-2}z^2$ 的符号 ($A_{2k-1} = 0$), 即 —— 因为 $A_{2k-2} = (-1)^{k-2}\frac{B_{k-1}}{(2k-2)!}$ —— 符号 $(-1)^k$.

于是, 两个接连的偶次函数 $\varphi_{2k}(z)$ 与 $\varphi_{2k+2}(z)$, 每一个都在 $(0,h)$ 保持确定的符号, 但它们的符号相反! 这个说明正是我们现在需要的.

转而研究余式 R, 将假设 m 是偶数,$m = 2k$, 并假设这次导数 $f^{(2k)}(z)$ 与 $f^{(2k+2)}(z)$ 在区间 $[a,b]$ 上二者都是正的或都是负的.

由 R 的表达式分部积分两次, 并考虑到 (22) 与 (23) 式便逐次得到

$$R = -\frac{1}{h}\sum_a^b\int_0^h \varphi_{2k}f^{(2k)}(x+h-z)dz$$

$$= \frac{1}{h}\sum_a^b\int_0^h (A_{2k}h^{2k} - \varphi_{2k+1}'(z))f^{(2k)}(x+h-z)dz$$

$$= \frac{1}{h}A_{2k}h^{2k}\sum_a^b[f^{(2k-1)}(x+h) - f^{(2k-1)}(x)] - \frac{1}{h}\sum_a^b\int_0^h \varphi_{2k+1}(z)f^{(2k+1)}(x+h-z)dz$$

$$= A_{2k}h^{2k-1}[f^{(2k-1)}(b) - f^{(2k-1)}(a)] - \frac{1}{h}\sum_a^b \int_0^h \varphi'_{2k+2}f^{(2k+1)}(x+h-z)dz$$

$$= A_{2k}h^{2k-1}[f^{(2k-1)}(b) - f^{(2k-1)}(a)] - \frac{1}{h}\sum_a^b \int_0^h \varphi_{2k+2}(z)f^{(2k+2)}(x+h-z)dz$$

因为下面画了着重线的诸积分之和, 根据所作的假设, 二者有**相反的符号**, 那么其中第一个和与表示式

$$A_{2k}h^{2k-1}[f^{(2k-1)}(b) - f^{(2k-1)}(a)]$$

有相同的符号, 其绝对值小于上式的绝对值. 于是最后有

$$R = R_{2k} = \theta \cdot A_{2k}h^{2k-1}[f^{(2k-1)}(b) - f^{(2k-1)}(a)]$$

$$= \theta \cdot (-1)^{k-1}\frac{B_k}{(2k)!}h^{2k-1}[f^{(2k-1)}(b) - f^{(2k-1)}(a)] \quad (0 < \theta < 1). \tag{21*}$$

若现在假设: 所有的偶数阶导数 $f^{(2k)}(z)$ 在区间 $[a,b]$ 保持同一个符号, 并且写出无穷级数代替有限的公式 (21), 另外考虑到系数 A_m 的 (20) 式的值, 则得欧拉–麦克劳林无穷级数

$$\sum_a^b f(x) = \frac{1}{h}\int_a^b f(x)dx - \frac{1}{2}[f(b) - f(a)]$$

$$+ \frac{B_1}{2!}h[f'(b) - f'(a)] - \frac{B_2}{4!}h^3[f'''(b) - f'''(a)]$$

$$+ \cdots + (-1)^{k-2}\frac{B_{k-1}}{(2k-2)!}h^{2k-3}[f^{(2k-3)}(b) - f^{(2k-3)}(a)]$$

$$+ (-1)^{k-1}\frac{B_k}{(2k)!}h^{2k-1}[f^{(2k-1)}(b) - f^{(2k-1)}(a)] + \cdots \tag{24}$$

一般说来, 这个级数发散. (因此符号 "=" 的使用是有条件的!) 根据所作假设, 它至少从第三项开始是交错的, 再考虑到 (21*) 式, 可以说上述级数包络 (24) 式左端的和 $\sum_a^b f(x)$. 若把这个和与积分 $\frac{1}{h}\int_a^b f(x)dx$ 交换地位, 同时把所有其余各项的符号变为相反, 便得所说积分的**包络级数**.

这个级数的部分和有时可以以大的精确度, 在知道积分时计算和 $\sum_a^b$, 或知道和 $\sum_a^b$ 去计算积分 $\frac{1}{h}\int_a^b$. 当然, 所有这些, 预先知道余式的估计这样一件事, 起着基础的作用!

467. 借助于欧拉–麦克劳林公式进行计算的例

1) 求 900 项 (!) 之和

$$\sum_{i=100}^{i=999}\frac{1}{i} \equiv \sum_{100}^{1000}\frac{1}{x}$$

的近似值. 令 $f(z) = \frac{1}{z}, a = 100, b = 1000, h = 1$. 因为

$$f'(z) = -\frac{1}{z^2}, f''(z) = \frac{2}{z^3}, f'''(z) = -\frac{6}{z^4},$$

$$f^{(4)}(z) = \frac{24}{z^5}, f^{(5)}(z) = -\frac{120}{z^6}$$

且, 一般地

$$f^{(2k)}(z) = \frac{(2k)!}{z^{2k+1}}.$$

那么对偶数阶导数, 条件成立.

我们持续展开到含有 f''' 的项, 于是在余式中的项已超过 $f^{(5)}$. 在这种情况下, 欧拉–麦克劳林公式给出:

$$\sum_{100}^{1000} \frac{1}{x} = \int_{100}^{1000} \frac{dx}{x} + \frac{1}{2}\left(\frac{1}{100} - \frac{1}{1000}\right) + \frac{1}{12}\left(\frac{1}{100^2} - \frac{1}{1000^2}\right)$$

$$- \frac{6}{720}\left(\frac{1}{100^4} - \frac{1}{1000^4}\right) + \theta \cdot \frac{12}{3024}\left(\frac{1}{100^6} - \frac{1}{1000^6}\right) \quad (0 < \theta < 1).$$

因为

$$\int_{100}^{1000} \frac{dx}{x} = \ln 10 = 2.302\ 585\ 092\ 994\ 045 \cdots,$$

$$\frac{1}{2}\left(\frac{1}{100} - \frac{1}{1000}\right) = 0.004\ 5$$

$$\frac{1}{12}\left(\frac{1}{100^2} - \frac{1}{1000^2}\right) = 0.000\ 008\ 25$$

$$-\frac{6}{720}\left(\frac{1}{100^4} - \frac{1}{1000^4}\right) = \underline{-0.000\ 000\ 000\ 083\ 325}$$
$$2.307\ 093\ 342\ 910\ 720$$

$$\theta \cdot \frac{12}{3024}\left(\frac{1}{100^6} - \frac{1}{1000^6}\right) < 0.000\ 000\ 000\ 000\ 004$$

则准确到 $\frac{1}{10^{14}}$ 可令 $\sum_{100}^{1000} \frac{1}{x} = 2.307\ 093\ 342\ 910\ 72$.

2) 现在计算 $\int_0^1 \frac{dx}{1+x} = \ln 2$. 这里 $f(z) = \frac{1}{1+z}, a = 0, b = 1$, 取 $h = \frac{1}{10}(n = 10)$. 我们有

$$f'(z) = -\frac{1}{(1+z)^2}, \quad f''(z) = \frac{1}{(1+z)^3}, \quad f'''(z) = -\frac{6}{(1+z)^4}$$

$$f^{(4)}(z) = \frac{24}{(1+z)^5}, \quad f^{(5)}(z) = -\frac{120}{(1+z)^6}, \quad \text{一般地}$$

$$f^{(2k)}(z) = \frac{(2k)!}{(1+z)^{2k}},$$

因此条件依然成立. 应用变形的欧拉–麦克劳林公式, 这次在含有 f''' 的项处截断这个级数:

$$\int_0^1 \frac{dz}{1+z} = \frac{1}{10} + \frac{1}{11} + \frac{1}{12} + \frac{1}{13} + \frac{1}{14} + \frac{1}{15} + \frac{1}{16} + \frac{1}{17} + \frac{1}{18}$$

$$+ \frac{1}{19} - \frac{1}{20}\left(1 - \frac{1}{2}\right) - \frac{1}{1200}\left(1 - \frac{1}{4}\right) + \frac{6}{7\ 200\ 000}\left(1 - \frac{1}{16}\right)$$

$$- \theta \cdot \frac{12}{3\ 024\ 000\ 000}\left(1 - \frac{1}{64}\right) \quad (0 < \theta < 1).$$

其次, 得

$$\frac{1}{10} + \frac{1}{11} + \frac{1}{12} + \cdots + \frac{1}{19} = 0.718\ 771\ 403$$

$$-\frac{1}{20}\left(1 - \frac{1}{2}\right) = -0.025$$

$$-\frac{1}{1200}\left(1 - \frac{1}{4}\right) = -0.000\ 625$$

$$\frac{6}{7\ 200\ 000}\left(1 - \frac{1}{16}\right) = \underline{+0.000\ 000\ 781}$$
$$0.693\ 147\ 184$$

$$\theta \cdot \frac{12}{3\ 024\ 000\ 000}\left(1 - \frac{1}{64}\right) < 0.000\ 000\ 004$$

所以精确到 $\dfrac{1}{2\cdot 10^8}$ 我们得到

$$\int_0^1 \frac{dx}{1+x} = \ln 2 = 0.693\ 147\ 18.$$

3) 最后, 我们说明, 如何借助于欧拉- 麦克劳林级数可以近似地计算收敛, 但又很慢的无穷级数. 即来谈一下级数

$$\pi^2 = 6\sum_{i=1}^{\infty} \frac{1}{i^2}.$$

在一般公式 (21)[及 (21*)] 中

$$f(x) = \frac{1}{x^2}, \quad h = 1, \quad b = a + nh,$$

其中 a 与 n—— 现在暂时是任意自然数. 积分与导数容易计算; 把 A_m 用其表示式代入, 我们得:

$$\sum_{i=0}^{n-1} \frac{1}{(a+i)^2} = -\left[\frac{1}{a+n} - \frac{1}{a}\right] - \frac{1}{2}\left[\frac{1}{(a+n)^2} - \frac{1}{a^2}\right]$$

$$-B_1\left[\frac{1}{(a+n)^3} - \frac{1}{a^3}\right] + B_2\left[\frac{1}{(a+n)^5} - \frac{1}{a^5}\right]$$

$$-(-1)^{k-2}B_{k-1}\left[\frac{1}{(a+n)^{2k-1}} - \frac{1}{a^{2k-1}}\right]$$

$$-\theta_n(-1)^{k-1}B_k\left[\frac{1}{(a+n)^{2k+1}} - \frac{1}{a^{2k+1}}\right] \quad (0 < \theta_n < 1).$$

对固定的 a 与 k, 这里令 n 趋于 $+\infty$ 而取极限. 容易证明, 因子 θ_n 这时也趋于某个极限 $\theta, 0 \leqslant \theta \leqslant 1$, 结果

$$\sum_{i=0}^{\infty} \frac{1}{(a+i)^2} = \frac{1}{a} + \frac{1}{2}\cdot\frac{1}{a^2} + B_1\cdot\frac{1}{a^3} - B_2\cdot\frac{1}{a^5} + B_3\cdot\frac{1}{a^7}$$

$$+(-1)^{k-2}B_{k-1}\cdot\frac{1}{a^{2k-1}} + \theta(-1)^{k-1}B_k\cdot\frac{1}{a^{2k+1}}.$$

现在具体取 $a = 10, k = 10$, 应用已知的伯努利数 [**449**], 最后得

$$\pi^2 = 6\sum_{i=1}^{9} \frac{1}{i^2} + \frac{6}{10} + \frac{3}{100} + \frac{1}{1000} - \frac{1}{5\cdot 10^5} + \frac{1}{7\cdot 10^7} - \frac{1}{5\cdot 10^9}$$

$$+\frac{5}{11\cdot 10^{11}} - \frac{691}{455\cdot 10^{13}} + \frac{7}{10^{15}} - \frac{3617}{85\cdot 10^{17}}$$

$$+\frac{43\ 867}{133\cdot 10^{19}} - \theta\cdot\frac{174\ 611}{55\cdot 10^{21}}.$$

计算到小数点后 19 位:

$$6\sum_{i=1}^{9}\frac{1}{i^2} = 9.238\ 606\ 386\ 999\ 244\ 142\ 1$$

$$\frac{6}{10} + \frac{3}{100} + \frac{1}{1000} = 0.631$$

$$-\frac{1}{5\cdot 10^5} = -0.000\ 002$$

$$\frac{1}{7\cdot 10^7} = 0.000\ 000\ 014\ 285\ 714\ 285\ 7$$

$$-\frac{1}{5\cdot 10^9} = -0.000\ 000\ 000\ 2$$

$$\frac{5}{11\cdot 10^{11}} = 0.000\ 000\ 000\ 004\ 545\ 454\ 5$$

$$-\frac{691}{455\cdot 10^{13}} = -0.000\ 000\ 000\ 000\ 151\ 868\ 1$$

$$\frac{7}{10^{15}} = 0.000\ 000\ 000\ 000\ 007$$

$$-\frac{3\ 671}{85\cdot 10^{17}} = -0.000\ 000\ 000\ 000\ 000\ 425\ 5$$

$$\frac{43\ 876}{133\cdot 10^{19}} = 0.000\ 000\ 000\ 000\ 000\ 033\ 0$$

$$\overline{9.869\ 604\ 401\ 089\ 358\ 621\ 7}$$

如果考虑到舍入及余式的修正, 那么是

$$\pi^2 = 9.869\ 604\ 401\ 089\ 358\ 62,$$

它精确到 $\frac{1}{2}\cdot 10^{-17}$.

这个例子是十分有教益的: 实际上我们是采用包络数值 π^2 的发散级数的部分和去计算收敛级数 π, 而且达到十分高的精确度. 如果我们利用收敛级数本身要达到同样的精确度, 那么必须取超过 10 亿项!

468. 欧拉–麦克劳林公式的另一种形式   回到公式 (21) 与 (21′), 但假设: 函数 $f(x)$ 的所有各阶导数在无穷区间 $[a, +\infty)$ 存在并适合如下条件:

(a) 所有偶数阶的导数 $f^{(2k)}(z)$ 在这个区间具有同样的确定符号;

(б) 所有奇数阶导数 $f^{(2k-1)}(z)$ 当 $z \to \infty$ 时都趋于 0.

设数 m 是偶数:$m = 2k$. 固定数 a 与 h, 而 $b = a + nh$(连同 n) 假设是变动的. 余式 R[参看 (21′)] 现在可表示为如下形式:

$$-\frac{1}{h}\sum_{i=1}^{\infty}\int_0^h \varphi_{2k}(z)f^{(2k)}(a+ih-z)dz + \frac{1}{h}\sum_{i=n+1}^{\infty}\int_0^h \varphi_{2k}(z)f^{(2k)}(a+ih-z)dz$$

$$\equiv -\frac{1}{h}\sum_a^{\infty}\int_0^h \varphi_{2k}(z)f^{(2k)}(x+h-z)dz + \frac{1}{h}\sum_b^{\infty}\int_0^h \varphi_{2k}(z)f^{(2k)}(x+h-z)dz.$$

将这些和式的第一个及 (21) 式当中含有 a 的项合并为一个常数之后:

$$C_k = -A_1 f(a) - A_2 h f'(a) - \cdots - A_{2k-2}h^{2k-3}f^{(2k-3)}(a) - \frac{1}{h}\sum_a^{\infty}\int_0^h,$$

这个常数显然与 b 无关, 把 (21) 式改写为:

$$\sum_a^b f(x) = C_k + \frac{1}{h}\int_a^b f(x)dx + A_1 f(b) + A_2 h f'(b)$$

$$+ \cdots + A_{2k-2}h^{2k-3}f^{(2k-3)}(b) + R', \tag{25}$$

其中

$$R' = \frac{1}{h}\sum_{i=n+1}^{\infty}\int_0^h \varphi_{2k}(z)f^{(2k)}(a+ih-z)dz$$

$$= \frac{1}{h}\sum_{i=1}^{\infty}\int_0^h \varphi_{2k}(z)f^{(2k)}(b+ih-z)dz \equiv \frac{1}{h}\sum_b^{\infty}\int_0^h \varphi_{2k}(z)f^{(2k)}(x+h-z)dz.$$

为了证明所引入的变换合理仅仅还需要确证所用的无穷级数的**收敛性**; 我们从级数 $\frac{1}{h}\sum_a^{\infty}$ 开始. 由 (24) 式推出

$$0 < \frac{\frac{1}{h}\sum_{i=1}^{n-1}\int_0^h \varphi_{2k}(z)f^{(2k)}(a+ih-z)dz}{A_{2k}h^{2k-1}[f^{(2k-1)}(a) - f^{(2k-1)}(a+nh)]} < 1.$$

按照函数 $\varphi_{2k}(z)$ 的性质并因为假设 (а), **分子中所有各项有相同的符号**, 这个符号与分母一样. 由此, 令 $n \to \infty$ 而取极限并考虑到假设 (б) 便作出关于级数

$$\frac{1}{h}\sum_a^{\infty}\int_0^h \varphi_{2k}(z)f^{(2k)}(x+h-z)dz \equiv \frac{1}{h}\sum_{i=1}^{\infty}\int_0^h \varphi_{2k}(z)f^{(2k)}(a+ih-z)dz$$

收敛的结论, 同时级数的和与表达式 $A_{2k}h^{2k-1}\cdot f^{(2k-1)}(a)$ 有相同的符号, 且按其绝对值不超过 $A_{2k}h^{2k-1}f^{(2k-1)}(a)$. 在所进行的论述中以 b 代替 a, 便可证明级数

$$\frac{1}{h}\sum_b^{\infty}\int_0^h \varphi_{2k}(z)f^{(2k)}(x+h-z)dz \equiv \frac{1}{h}\sum_{i=1}^{\infty}\int_0^h \varphi_{2k}(z)f^{(2k)}(b+ih-z)dz$$

的收敛性, 而同样地其和与 $A_{2k}h^{2k-1}\cdot f^{(2k-1)}(b)$ 有同样的符号, 且按绝对值不超过后者.

于是, 我们不仅证明了所用无穷级数的收敛性, 同时也顺便弄清: 公式 (25) 的余式 R' 可记成如下形式:

$$R' = \theta \cdot A_{2k}h^{2k-1}\cdot f^{(2k-1)}(b) = \theta \cdot (-1)^{k-1}\frac{B_k}{(2k)!}h^{2k-1}\cdot f^{(2k-1)}(b) \quad (0 < \theta < 1). \tag{25*}$$

十分有趣的是:(25) 式中的常数 C_k, 按其组成的方法, 不能排除与指标 k 有关的可能性, 而事实上它与 k 却无关! 为了查明这一点, 只需对照公式 (25) 及 (25*) 与 $k = 1$ 时的上述公式:

$$\sum_a^b f(x) = C_1 + \frac{1}{h}\int_a^b f(x)dx + A_1 f(b) + \overline{R'},$$

其中

$$\overline{R'} = \bar{\theta}\cdot A_2 h \cdot f'(b) \quad (0 < \bar{\theta} < 1).$$

我们有:

$$C_1 + \bar{\theta} \cdot A_2 h \cdot f'(b) = C_k + A_2 h f'(b) + \cdots + A_{2k-2} h^{2k-3} f^{(2k-3)}(b)$$
$$+ \theta \cdot A_{2k} h^{2k-1} f^{(2k-1)}(b).$$

如果当 $b \to \infty$ 而取极限, 那么, 考虑到假设 (б), 便得:$C_k = C_2 = C$. 常数 C 很自然地称之为**函数** $f(x)$ 的**欧拉–麦克劳林常数**,C 除了与这个函数有关之外还与 a 和 h 有关.

附注 在不等式中取极限时, 应当把各个符号归并到不等式的符号中, 且对 (25*) 中的因子 θ 写 $0 \leqslant \theta \leqslant 1$, 显然等于 0 可排除, 这立即可明白, 各项具有同样符号的无穷级数不可能为零. 若令 $\theta = 1$, 那么在公式 (25) 中当给号码 k 增加 1 时, 有 $R' = 0$,(如同我们刚才说明的) 这不可能. 于是, 事实上:$0 < \theta < 1$, 这正如我们所写的.

代替有限和 (25), 我们写出无穷级数. 我们得到如下形式的**欧拉–麦克劳林级数**

$$\sum_a^b f(x) = C + \frac{1}{h} \int_a^b f(x)dx - \frac{1}{2}f(b) + \frac{B_1}{2!}hf'(b) - \frac{B_2}{4!}h^3 f'''(b) + \cdots$$
$$+ (-1)^{k-2}\frac{B_{k-1}}{(2k-2)!}h^{2k-3}f^{(2k-3)}(b) + (-1)^{k-1}\frac{B_k}{(2k)!}h^{2k-1}f^{(2k-1)}(b) + \cdots$$

[符号 "=" 在这里同样仅有约定的意义!]由于假设 a), 所有的导数 $f^{(2k-1)}(b)$ 随 b 的增加, 往同一个方向变化; 而因为, 按照假设 (б), 当 $b \to \infty$ 时它们趋于零, 那么它们有同样的符号. 由此 [和由 (25*)] 断定: 在新的形式中欧拉–麦克劳林级数包络位于左方的和 $\sum_a^b f(x)$.

附注 最后, 对于确定前面叙述中出现的常数 C 本身的可能性作一点说明. 选择某一 $b > a$, 对于 b 及级数和、积分的计算是容易的, 对于数 C 可得到包络它的级数:

$$C = \sum_a^b f(x) - \frac{1}{h}\int_a^b f(x)dx + \frac{1}{2}f(b) - \frac{B_1}{2!}hf'(b) + \frac{B_2}{4!}h^3 f'''(b) - \cdots$$

此级数容许在多数情形下求 C 的近似值.

469. 斯特林公式与斯特林级数 作为应用上一目所得到的展开式的例子, 我们应用它于计算

$$\ln(n!) = \ln n + \sum_{i=1}^{n-1}\ln i.$$

取 $a = 1, h = 1$(以 n 代替 $n-1$)$b = n$, 令 $f(z) = \ln z$, 因而 $f^{(m)}(z) = (-1)^{m-1}\dfrac{(m-1)!}{z^m}$, 条件 (a) 与 (б) 都适合. 于是我们得到对 $\ln(n!)$ 的渐近展开[①]:

$$\ln(n!) \sim C + \left(n + \frac{1}{2}\right)\ln n - n + \frac{B_1}{1 \cdot 2}\cdot\frac{1}{n}$$
$$- \frac{B_2}{3 \cdot 4}\cdot\frac{1}{n^3} + \cdots + (-1)^{k-1}\frac{B_k}{(2k-1)\cdot 2k}\cdot\frac{1}{n^{2k-1}} + \cdots \tag{26}$$

[①]在对数的和中加上了另写出的$\ln n$. 当求积分时得到的加项数 1, 已含于 C 内.

这就是所谓的**斯特林级数**; 它显然是发散的, 因为它的通项的绝对值 [449] 等于 $\dfrac{s_{2k}}{2\pi^2 n} \cdot \dfrac{(2k-2)!}{(2\pi n)^{2k-2}}$, 此式趋于 ∞.

由 $\ln(n!)$ 的渐近展开, 如 **464** 目 3° 中所指出的, 可得到阶乘本身的展开. 即把 B_k 的数值代入, 得

$$n! \sim \sqrt{2\pi n}\left(\frac{n}{e}\right)^n \left\{1 + \frac{1}{12n} + \frac{1}{288n^2} - \frac{139}{51\,840n^3} - \frac{571}{2\,488\,320n^4} + \cdots\right\}.$$

若在 (26) 式中满足于在所写出的各项而截断, 但加上余式, 则得到斯特林公式:

$$\ln(n!) = C + \left(n + \frac{1}{2}\right)\ln n - n + \frac{B_1}{1 \cdot 2} \cdot \frac{1}{n} - \frac{B_2}{3 \cdot 4} \cdot \frac{1}{n^3} + \cdots$$
$$+ (-1)^{k-1}\frac{B_k}{(2k-1)\cdot 2k} \cdot \frac{1}{n^{2k-1}} + \theta \cdot (-1)^k \frac{B_{k+1}}{(2k+1)(2k+2)} \cdot \frac{1}{n^{2k+1}}, \quad (27)$$

我们看到, 它对于近似计算已完全适用了.

令 $k = 1$, 我们得到斯特林公式的最简单与最重要的情况:

$$\ln(n!) = C + \left(n + \frac{1}{2}\right)\ln n - n + \frac{\theta}{12n};$$

将对数还原, 公式通常写成如下形式:

$$n! = e^C \sqrt{n}\left(\frac{n}{e}\right)^n \cdot e^{\frac{\theta}{12n}}.$$

这个公式在 **406** 目已用另外的方法引出; 在那里, 我们已求得 $e^C = a = \sqrt{2\pi}$, 因此, 迄今为止不为我们所知的常数 C 原来等于 $\frac{1}{2}\ln 2\pi$.

作为例子, 我们来计算 $\ln(100!)$ 到小数点后 10 位. 按公式 (27), 取 $k = 2$, 把五个数值

$$\frac{1}{2}\ln 2\pi = 0.918\,938\,533\,204$$
$$\left(n + \frac{1}{2}\right)\ln n = 100.5 \cdot \ln 100 = 462.819\,603\,691\,803$$
$$-n = -100 = -100$$
$$\frac{B_1}{2n} = \frac{1}{1200} = 0.000\,833\,333\,333$$
$$-\frac{B_2}{12n^3} = \frac{1}{36 \cdot 10^7} = -0.000\,000\,002\,777$$

加起来便得 $\ln(100!)$ 的值 363.739 375 555 6, 准确到 $\dfrac{1}{2 \cdot 10^{10}}$(考虑到余式及四舍五入的修正值). 逼近的准确性还可以大大地增加, 只要取更多的项并在每一项中写出更多位有效数字. 对本问题, 大约到 300 项以内, 准确性是增加的 (直到各项的绝对值持续下降以前为止).

附注 读者从一系列例子中看到: 明显地, 发散级数的一个截段有时可用于求出所需量的数值, 甚至还有较高的精确度. 在早先与在现今, 某些作者把类似的级数称为 "半收敛的". 然而, 我们倾向于不采用这个术语, 因为很难给它一个足够普遍的同时又是准确的定义.

第十三章 反常积分

§1. 积分限为无穷的反常积分

470. 积分限为无穷的反常积分的定义 第九章里所讲的定积分 $\int_a^b f(x)dx$ 的概念是对于有限区间 $[a, b]$ 与有界函数 $f(x)$ 而说的. 这一章是要把这个概念向各个方向推广. 我们先来看无穷区间上的积分.

假定函数 $f(x)$ 定义在区间 $[a, +\infty)$ 上, 而且在这区间的任一有限部分 $[a, A]$ 上都是可积的; 因而函数 $f(x)$ 对于所有 $x \geqslant a$ 都有定义而且积分 $\int_a^A f(x)dx$ 对于任意一个 $A > a$ 都有意义.

若这积分当 $A \to +\infty$ 时具有一个确定的有限的极限, 则称这极限为函数 $f(x)$ 在由 a 到 $+\infty$ 的区间上的积分而且用符号记作

$$\int_a^{+\infty} f(x)dx = \lim_{A \to +\infty} \int_a^A f(x)dx. \tag{1}$$

在这种情形下我们说积分 (1)**存在**或**收敛**, 而函数 $f(x)$ 则说是在无穷区间 $[a, +\infty]$ 上为**可积**的. 为了要与以前所讲的在通常意义下的积分, 即常义积分, 有所区别, 我们就称刚才所定义的积分为**反常积分**[①].

若极限 (1) 为无穷或根本不存在, 则关于这样的反常积分, 我们说它**不存在**或**发散**.[但是有时候为了方便也把这无穷极限 (在带有定号的时候) 看作积分 (1) 的值.]

例题

1) 函数 $\dfrac{1}{1+x^2}$ 在任意有限区间 $[0, A](A > 0)$ 上都是可积的, 而且我们有

[①]试回忆一下, 我们在第 **373** 目中就已经遇到过反常积分的概念了.

$$\int_0^A \frac{dx}{1+x^2} = \operatorname{arctg} x \Big|_0^A = \operatorname{arctg} A.$$

因这积分当 $A \to +\infty$ 时具有有限极限 $\frac{\pi}{2}$, 所以由 0 到 $+\infty$ 的积分收敛而且其值为

$$\int_0^{+\infty} \frac{dx}{1+x^2} = \lim_{A \to +\infty} \int_0^A = \frac{\pi}{2}.$$

2) 试研究这样一个问题: 问对于指数 $\lambda > 0$ 的哪些值, 反常积分

$$\int_a^{+\infty} \frac{dx}{x^\lambda} \quad (a > 0) \tag{2}$$

是存在的. 先设 $\lambda \neq 1$, 则

$$\int_a^A \frac{dx}{x^\lambda} = \frac{1}{1-\lambda} x^{1-\lambda} \Big|_a^A = \frac{1}{1-\lambda}(A^{1-\lambda} - a^{1-\lambda}).$$

这表达式当 $A \to +\infty$ 时具有极限为 ∞ 或有限数 $\frac{1}{\lambda-1}a^{1-\lambda}$, 要看 $\lambda < 1$ 或 $\lambda > 1$ 而定. 今若 $\lambda = 1$, 则

$$\int_a^A \frac{dx}{x} = \ln x \Big|_a^A = \ln A - \ln a,$$

因而当 $A \to +\infty$ 时得到极限 ∞.

这样看来, 积分 (2) 在 $\lambda > 1$ 时收敛 $\left(\text{且以 } \frac{1}{\lambda-1}a^{1-\lambda} \text{为其值}\right)$, 而在 $\lambda \leqslant 1$ 时发散.

与 (1) 同样, 函数 $f(x)$ 由 $-\infty$ 到 a 的积分定义为:

$$\int_{-\infty}^a f(x)dx = \lim_{A' \to -\infty} \int_{A'}^a f(x)dx. \quad (A' < a), \tag{3}$$

而且一样, 函数 $f(x)$ 由 $-\infty$ 到 $+\infty$ 的积分定义为:

$$\int_{-\infty}^{+\infty} f(x)dx = \lim_{\substack{A' \to -\infty \\ A \to +\infty}} \int_{A'}^A f(x)dx.$$

在讨论积分 (1) 时所引进的术语这里也照样适用.

在最后这一情形, 我们可以取任意一数 a 而把末后这一积分写成

$$\int_{A'}^A f(x)dx = \int_{A'}^a f(x)dx + \int_a^A f(x)dx,$$

因而当 $A' \to -\infty$ 与 $A \to +\infty$ 时左边积分的极限的存在显然是与右边两积分的极限 (1) 与 (3) 的存在等价[①]. 这样, 由 $-\infty$ 到 $+\infty$ 的积分就可以用等式

$$\int_{-\infty}^{+\infty} f(x)dx = \int_{-\infty}^a f(x)dx + \int_a^{+\infty} f(x)dx$$

[①] 仅仅除去这样的情形: 两个积分都是无穷大, 但符号不同.

(假定右边两积分都存在 [67]) 来下定义. 这样定义出来的积分值事实上并不依赖于点 a 的选择.

例题

3) $\int_{-\infty}^{0} \frac{dx}{1+x^2} = \lim_{A' \to -\infty} \int_{A'}^{0} \frac{dx}{1+x^2} = \lim_{A' \to -\infty} (-\operatorname{arctg} A') = \frac{\pi}{2}$;

4) $\int_{-\infty}^{+\infty} \frac{dx}{1+x^2} = \int_{0}^{+\infty} + \int_{-\infty}^{0} = \pi$.

471. 积分学基本公式的用法   在以上所举例题中都是利用原函数先在有限区间上取积分然后再取极限. 我们现在要把这两个步骤合并在一个公式里面.

例如假定函数 $f(x)$ 是定义在区间 $[a, +\infty)$ 上而且在这区间的任一有限部分 $[a, A]$ 上都是可积的. 如果同时 $f(x)$ 还有一个原函数 $F(x)$ 存在于整个区间 $[a, +\infty)$ 上, 则按照积分学基本公式 [**308**] 当有

$$\int_{a}^{A} f(x)dx = F(A) - F(a) = F(x)\Big|_{a}^{A}.$$

由此可见, 要说存在反常积分 (1) 就等于说存在有限极限

$$\lim_{A \to \infty} F(A) = F(\infty),$$

于是

$$\int_{a}^{\infty} f(x)dx = F(\infty) - F(a) = F(x)\Big|_{a}^{\infty}.$$

同样, 若把 $F(-\infty)$ 看成极限 $\lim_{A' \to -\infty} F(A')$, 则

$$\int_{-\infty}^{a} f(x)dx = F(x)\Big|_{-\infty}^{a}, \quad \int_{-\infty}^{\infty} f(x)dx = F(x)\Big|_{-\infty}^{\infty}.$$

双重替换的求值牵涉到其中出现的极限的存在 (而且有限) 的问题, 如果可以求值, 那么就证实了所算积分的存在.

我们要再讲一些例题.

472. 例题

1) $\int_{0}^{\infty} e^{-ax} \sin bx\, dx \ (a > 0)$.
因原函数

$$F(x) = -\frac{a \sin bx + b \cos bx}{a^2 + b^2} \cdot e^{-ax},$$

---

[67] 区别于具有不同符号的无穷大.

所以 $F(0) = -\dfrac{b}{a^2 + b^2}, F(+\infty) = 0$; 因而

$$\int_0^\infty e^{-ax} \sin bx\, dx = \frac{b}{a^2 + b^2}.$$

同样

$$\int_0^\infty e^{-ax} \cos bx\, dx = \left. \frac{b \sin bx - a \cos bx}{a^2 + b^2} \cdot e^{-ax} \right|_0^\infty = \frac{a}{a^2 + b^2}.$$

2) $\displaystyle\int_0^\infty \frac{dx}{1 + x^4} = \left[\frac{1}{4\sqrt{2}} \ln \frac{x^2 + x\sqrt{2} + 1}{x^2 - x\sqrt{2} + 1} \right.$

$$\left. + \frac{1}{2\sqrt{2}} \operatorname{arctg}(x\sqrt{2} + 1) + \frac{1}{2\sqrt{2}} \operatorname{arctg}(x\sqrt{2} - 1) \right] \Bigg|_0^\infty = \frac{\pi}{2\sqrt{2}}.$$

3) $\displaystyle\int_{\frac{2}{\pi}}^\infty \frac{1}{x^2} \sin \frac{1}{x}\, dx = \left. \cos \frac{1}{x} \right|_{\frac{2}{\pi}}^\infty = 1.$

4) $\int_0^\infty \sin x\, dx$. 这里原函数是 $-\cos x$, 但双重替换 $-\cos x \mid_0^\infty$ 没有意义, 因 $\cos x$ 当 $x \to \infty$ 时不趋向任何极限: 这就是说积分不存在.

5) $\displaystyle\int_0^\infty \frac{x \ln x}{(1 + x^2)^3}\, dx.$

用分部积分法与展成简单分式, 得到原函数

$$F(x) = \int \frac{x \ln x}{(1 + x^2)^3}\, dx = -\frac{1}{4} \frac{\ln x}{(1 + x^2)^2} + \frac{1}{4} \ln x - \frac{1}{8} \ln(1 + x^2) + \frac{1}{8} \frac{1}{1 + x^2}.$$

当 $x \to 0$ 时我们有 $\lim F(x) = \dfrac{1}{8}$; 这极限值也就是函数在 $x = 0$ 处所取的值. 但另一方面, $F(+\infty) = 0$, 所以积分值是 $-\dfrac{1}{8}$.

6) 双曲线 $xy = 1$ 绕 x 轴旋转得一立体形, 试计算其相当于 $x \geqslant 1$ 那一部分的体积与侧面积.

这立体形相当于变量 x 由 1 到 $A(A > 1)$ 的有限部分的体积与侧面积为

$$V_A = \pi \int_1^A \frac{dx}{x^2}, \quad S_A = 2\pi \int_1^A \frac{1}{x} \sqrt{1 + \frac{1}{x^4}}\, dx.$$

立体形之全部 (开展到无穷) 体积 V 与侧面积 S 自然就以这些量的极限为其值, 这也就无异乎设

$$V = \pi \int_1^\infty \frac{dx}{x^2}, \quad S = 2\pi \int_1^\infty \frac{1}{x} \sqrt{1 + \frac{1}{x^4}}\, dx.$$

但是这里虽然第一个积分收敛 [**470**,2)] 到有限值 π , 成为所求的体积, 但是第二个积分却是发散的, 因而表明侧面积的值为无穷.

要证实最后这一点, 只需注意

$$S_A > 2\pi \int_1^A \frac{dx}{x} = 2\pi \ln A,$$

因而 S_A 随 A 无穷增大而亦趋向无穷.

7) 假定在坐标原点 O 有质量 m, 吸引一个在 x 轴上距离 O 为 x 而质量为 1 的质点 M, 其力量 (按照牛顿定律) 为

$$F = \frac{m}{x^2}.$$

试问当质点 M 从 $x = r$ 这个位置移到无穷远时, 引力 F 所作的功 A 是多少?

所作的功显然是负的, 因为力的方向与运动的方向相反. 把第 **353** 目公式 (9) 推广到这种情形, 即得:

$$A = \int_r^\infty -\frac{m}{x^2}dx = \frac{m}{x}\bigg|_r^\infty = -\frac{m}{r}.$$

当质点 M 从无穷远往回移动到 $x = r$ 这个位置, 牛顿引力就作了正的功 $\frac{m}{r}$. 这个量叫做所讨论的力在 M 这一点的位势, 而且就用以测量蓄积在这一点的位能的大小.

8) 对于一定质量的气体从体积V_1 膨胀到体积$V_2(V_2 > V_1)$ 所作的功, 我们已有公式[**354**,(10)]:

$$A = \int_{V_1}^{V_2} pdV.$$

假设给定质量为某一定值的理想气体, 当压力为 p_1 时体积为 V_1. 假设这气体膨胀到无穷而且是绝热的,也就是说和周围环境间没有热的流通. 在这些条件下, 我们已知 [**361**,3)] 泊松公式成立:

$$pV^k = c \quad \left(k = \frac{c_p}{c_V} > 1\right).$$

于是这气体膨胀所可能作的功为

$$A_{\max} = \int_{V_1}^\infty cV^{-k}dv = \frac{c}{1-k} \cdot \frac{1}{V^{k-1}}\bigg|_{V_1}^\infty = \frac{c}{k-1} \cdot \frac{1}{V_1^{k-1}}.$$

注意 $c = p_1 V_1^k$ 而且把它代入所得式, 即得结果为

$$A_{\max} = \frac{p_1 V_1}{k-1}.$$

9) 在第 **356** 目问题 8) 里我们曾求出有限线段上的电流作用在单位磁极上的力 F:

$$F = \int_{s_1}^{s_2} \frac{aI}{(a^2 + s^2)^{3/2}}ds.$$

我们现在要看导体 (两端伸展) 为无穷的情形, 即设 $s_1 = -\infty, s_2 = +\infty$. 于是

$$F = \int_{-\infty}^{+\infty} \frac{aI}{(a^2 + s^2)^{3/2}}ds = \frac{I}{a} \cdot \frac{s}{\sqrt{a^2 + s^2}}\bigg|_{-\infty}^{+\infty} = \frac{2I}{a}.$$

当然,无穷的导体只是一种假想; 不过所得结果却能成为有用的: 在导体非常长的情形下, 我们很可以把它看成近似于无穷, 因为由此可以得到十分简单的公式!

10) 若在 $t = 0$ 这瞬间把电流强度为 I_0 而有自感的电路断开, 则引起一种断开余电, 服从这个规律:

$$I = I_0 \cdot e^{-\frac{R}{L}t}$$

[参看 **359**,4)(a); 这里我们仍旧用以前的记号]. 现在我们要算出这电流所给出的全部焦耳热 Q.

在时间 $[t, t + dt]$ 这一段的热的元素量显然为

$$dQ = I^2 R \cdot dt.$$

在无穷区间上求和即得:

$$Q = \int_0^\infty I^2 R \cdot dt = RI_0^2 \cdot \int_0^\infty e^{-\frac{2R}{L}t} dt = \frac{1}{2} LI_0^2.$$

我们要注意, 虽然电流经过有限长的一段时间就已觉察不出来, 但是要确定转变为热的电流全部能量, 就仍然必须在无穷区间上求积分.

473. 与级数类比 · 最简单的定理　以下我们仅限于讨论类型 (1) 的积分: 对它所论的一切容易搬到 (2) 与 (3) 类型的情形去. 同时, 总是假设, 函数 $f(x)$ 在常义下在积分限 a 与 $A > a$ 之间可积, 因而问题仅归结为从 a 到 ∞ 的反常积分.

在反常积分 $\int_a^\infty f(x)dx$ 与数值级数 $\sum_1^\infty a_n$ 之间有着深刻的类比, 指出这一点是有益的.

若用对 x 的积分过程代替对 n 的求和过程, 则类比为

级数的通项	被积函数
a_n;	$f(x)$;
级数的部分和	常义积分
$\sum_1^N a_n$;	$\int_a^A f(x)dx$;
级数的和	反常积分
$\sum_1^\infty a_n$	$\int_a^\infty f(x)$
作为当 $N \to \infty$ 时部分和的极限;	作为上面的积分当 $A \to \infty$ 时的极限;
级数的余式	积分
$\sum_{N+1}^\infty a_n.$	$\int_A^\infty f(x)dx.$

我们来列举与 **364** 目有关级数的定理相似的有关反常积分的定理. 其证明 —— 借助于上述类比 —— 留给读者.

1°　若积分 $\int_a^\infty f(x)dx$ 收敛, 则积分 $\int_A^\infty f(x)dx (A > a)$ 同样收敛, 反之亦然, 同时

$$\int_a^\infty f(x)dx = \int_a^A f(x)dx + \int_A^\infty f(x)dx.$$

2°　在积分 $\int_a^\infty f(x)dx$ 收敛的情形, 有

$$\lim_{A \to \infty} \int_A^\infty f(x)dx = 0.$$

3° 由积分 $\int_a^\infty f(x)dx$ 收敛可得出积分 $\int_a^\infty c \cdot f(x)dx(c = 常数)$ 的收敛性, 并且

$$\int_a^\infty c \cdot f(x)dx = c \cdot \int_a^\infty f(x)dx.$$

最后:

4° 若两个积分 $\int_a^\infty f(x)dx$ 与 $\int_a^\infty g(x)dx$ 收敛, 则积分 $\int_a^\infty [f(x) \pm g(x)]dx$ 收敛, 且

$$\int_a^\infty [f(x) \pm g(x)]dx = \int_a^\infty f(x)dx \pm \int_a^\infty g(x)dx.$$

474. 在正函数情形下积分的收敛性   若函数 $f(x)$ 是正的(非负的) 则积分

$$\Phi(A) = \int_a^A f(x)dx \tag{4}$$

是变量 A 的单调增函数, 对此函数当 $A \to \infty$ 时, 有限极限的存在问题, 很简单地就解决了 —— 根据有关单调函数极限的定理 [**57**]:

在 $f(x)$ 为正函数的情形下, 为使反常积分 (1) 收敛, 必须且只需当 A 增加时积分 (4) 保持上有界:

$$\int_a^A f(x)dx \leqslant L \quad (L = 常数).$$

若这个条件不成立, 则积分 (1) 有 ∞ 值 [与 **365** 目比较.]

下述的对正函数积分的 "比较定理" 以此为基础:

定理 1   若至少当 $x \geqslant A(A \geqslant a)$ 时成立不等式 $f(x) \leqslant g(x)$, 则从积分 $\int_a^\infty g(x)dx$ 的收敛性得出 $\int_a^\infty f(x)dx$ 的收敛性, 或者同样, 由积分 $\int_a^\infty f(x)dx$ 发散得出 $\int_a^\infty g(x)dx$ 发散.

证明   可以照搬 [**366**] 定理 1 的证明.

作为上述定理的推论, 下述定理常常有用:

定理 2   若极限

$$\lim_{x \to \infty} \frac{f(x)}{g(x)} = K \quad (0 \leqslant K < +\infty)$$

存在, 则当 $K < +\infty$ 时, 由积分 $\int_a^\infty g(x)dx$ 的收敛性推出积分 $\int_a^\infty f(x)dx$ 的收敛性, 而当 $K > 0$, 由第一个积分发散推出第二个积分发散.[这样一来, 当 $0 < K < +\infty$ 时两个积分同时收敛或同时发散.]

证明   与 **366** 目定理 2 的证明相似 [参看 **473** 目, 3°].

选定具体的函数来比较, 即可由上面的定理得出积分 $\int_a^{+\infty} f(x)dx$ 的收敛或发散的特殊判别法. 用函数 $\frac{1}{x^\lambda}$ 来比较是有实用意义的, 这函数在 $\lambda > 1$ 时由 a 至 $+\infty$ 是可积的, 在 $\lambda \leqslant 1$ 时则否 [**470**,2)]. 由此得出的判断法都叫**柯西判别法**. 这些判别法就是:

假定对于充分大的 x, 函数 $f(x)$ 具有如下形式:

$$f(x) = \frac{\varphi(x)}{x^\lambda} \quad (\lambda > 0).$$

那么,1) 若 $\lambda > 1$ 而 $\varphi(x) \leqslant c < +\infty$ 则积分 $\int_a^{+\infty} f(x)dx$ 收敛,2) 若 $\lambda \leqslant 1$ 而 $\varphi(x) \geqslant c > 0$ 则这积分发散.

这是由于上面的定理; 比较函数为 $\frac{c}{x^\lambda}$ [**473**,3°].

若当 $x \to \infty$ 时函数 $f(x) \left(\text{与} \frac{1}{x} \text{比较}\right)$ 成为 λ 阶无穷小, $\lambda > 0$, 则积分 $\int_a^{+\infty} f(x)dx$ 收敛或发散随 $\lambda > 1$ 或 $\leqslant 1$ 而定.

这是由于上面的定理 2; $g(x)$ 取为 $\frac{1}{x^\lambda}$.

例题 1) $\int_0^\infty \frac{x^{3/2}}{1+x^2}dx, \quad \int_1^\infty \frac{dx}{x\sqrt{1+x^2}}.$

被积函数当 $x \to +\infty$ 时各为 1/2 阶与 2 阶无穷小. 所以第一个积分发散, 而第二个积分收敛.

2) $\int_a^\infty \frac{P(x)}{Q(x)}dx$, 其中 $P(x)$ 为 m 次整多项式,$Q(x)$ 为 n 次整多项式,$n > m$, 而且 $Q(x)$ 在区间 $(a, +\infty)$ 上没有根.

对于充分大的 x 被积函数保持有一定的符号. 于是 (提出这符号因子之后) 可以运用上面的判断法. 被积式为 $n - m$ 阶无穷小. 所以 $n = m + 1$ 时积分发散,$n \geqslant m + 2$ 时积分收敛.(显然,$n \leqslant m$ 时积分发散.)

475. 一般情形的积分收敛性　反常积分 $\int_a^\infty f(x)dx$ 的存在问题, 按照定义 (1) 就归结到 A 的函数

$$\Phi(A) = \int_a^A f(x)dx \tag{4}$$

当 $A \to +\infty$ 时是否有有限极限存在的问题.

运用布尔查诺与柯西的判别法 [**58**] 到这个函数, 即可把反常积分存在的条件叙述成下列形式:

要反常积分 $\int_a^{+\infty} f(x)dx$[①] 存在, 必须也仅需对于每一数 $\varepsilon > 0$ 都有一数 $A_0 > a$ 使得只要 $A > A_0$ 而且 $A' > A_0$ 就有不等式

$$|\Phi(A') - \Phi(A)| = \left| \int_a^{A'} f(x)dx - \int_a^A f(x)dx \right| = \left| \int_A^{A'} f(x)dx \right| < \varepsilon.$$

[①]这里假定函数 $f(x)$ 在每一区间 $[a, A]$ $(A > a)$ 上都 (在通常意义下) 为可积的.

根据这个判别法很容易证明下面这个命题:

若积分 $\int_a^{+\infty} |f(x)|dx$ 收敛, 则 ① 积分 $\int_a^{+\infty} f(x)dx$ 更加收敛.

其实, 运用上述判别法到积分 $\int_a^{+\infty} |f(x)|dx$, 即可看出, 由于该积分收敛, 就对于任意 $\varepsilon > 0$ 都存在一个 $A_0 > a$, 使

$$\int_A^{A'} |f(x)|dx < \varepsilon,$$

只要 $A' > A > A_0$. 但是显然 $\left|\int_A^{A'} f(x)dx\right| \leqslant \int_A^{A'} |f(x)|dx$, 所以对于这些 A, A' 更加有不等式

$$\left|\int_A^{A'} f(x)dx\right| < \varepsilon;$$

由此引用上述判别法即知积分 $\int_a^{+\infty} f(x)dx$ 收敛.

我们要注意, 由积分 $\int_a^{+\infty} f(x)dx$ 的收敛, 一般说并不能推出积分 $\int_a^{+\infty} |f(x)|dx$ 也收敛. 基于这个事实我们就从一般的收敛情形里特别地划分出下述这个情形来: 若积分 $\int_a^{+\infty} f(x)dx$ 与 $\int_a^{+\infty} |f(x)|dx$ 同时收敛, 则积分 $\int_a^{+\infty} f(x)dx$ 就说是**绝对收敛**, 而函数 $f(x)$ 则说是在区间 $[a, +\infty)$ 上**绝对可积**. 不绝对收敛的积分的例子将在下一目中举出.

至于变号函数 $f(x)$, 则 **474** 目所述判别法不能直接引用. 但是可以先试行应用上述判别法以求证正函数 $|f(x)|$ 收敛; 若这函数已证得为可积, 则函数 $f(x)$ 也一定可积, 而且是绝对地可积.

由上面的比较定理还可推出下面这一常常有用的定理:

若函数 $f(x)$ 在区间 $[a, +\infty]$ 上绝对可积, 而函数 $g(x)$ 有界, 则二者的积为一函数, 在区间 $[a, +\infty]$ 上绝对可积.

为要证明, 只需引用不等式

$$|f(x) \cdot g(x)| \leqslant L \cdot |f(x)|.$$

假定给定积分 $\int_0^\infty \dfrac{\cos ax}{k^2 + x^2} dr$. 这里函数 $f(x) = \dfrac{1}{k^2 + x^2}$ 为 (绝对) 可积, 同时 $g(x) = \cos ax$ 显然有界. 于是由上述定理即知所设积分绝对收敛.

显然, 这里对于变号函数所讲的办法自然只能 —— 在碰巧的情形下 —— 推出绝对收敛性来. 若所给函数的积分根本不收敛, 或虽收敛而不绝对收敛, 则这些情形就不能用刚才所讲的办法来辨别了.

476. 阿贝尔判别法与狄利克雷判别法　　我们现在给出其他类型的判别法, 它们是基于第二中值定理的应用 [**306**], 这两个判别法与无穷级数收敛性的阿贝尔判别法及狄利克雷判别法类似 [**384**], 所以把它们和同样的名字连在一起较为方便. 当不存在绝对收敛性时, 在一系列情况下, 这两个判别法可判明反常积分的收敛性.

---

①参看上一脚注.

阿贝尔判别法　　设函数 $f(x)$ 与 $g(x)$ 定义在区间 $[a, +\infty]$, 并且

1) 函数 $f(x)$ 在这个区间可积, 因此积分 (1) 收敛 (哪怕不是绝对收敛);

2) 函数 $g(x)$ 单调有界:

$$|g(x)| \leqslant L \quad (L = 常数, a \leqslant x < \infty),$$

那么积分

$$\int_a^\infty f(x)g(x)dx \tag{5}$$

收敛.

证明　　根据第二中值定理, 对任意 $A' > A > a$ 有

$$\int_A^{A'} f(x)g(x)dx = g(A) \int_A^\xi f(x)dx + g(A') \int_\xi^{A'} f(x)dx, \tag{6}$$

其中 $A \leqslant \xi \leqslant A'$. 由于假设 1), 对任意给定的 $\varepsilon > 0$, 存在这样的 $A_0 > 0$, 使得当 $A > A_0$ 时有

$$\left| \int_A^\xi f(x)dx \right| < \frac{\varepsilon}{2L}, \quad \left| \int_\xi^{A'} f(x)dx \right| < \frac{\varepsilon}{2L}.$$

由于假设 2), 当 $A' > A > A_0$ 时便有

$$\left| \int_A^{A'} f(x)g(x)dx \right| \leqslant |g(A)| \cdot \left| \int_A^\xi f(x)dx \right| + |g(A')| \cdot \left| \int_\xi^{A'} f(x)dx \right|$$

$$< L \cdot \frac{\varepsilon}{2L} + L \cdot \frac{\varepsilon}{2L} = \varepsilon,$$

结果导致积分 (5) 的收敛性 [**475**].

可以对积分中 $f(x)$ 与 $g(x)$ 加以另一种条件的组合, 在此条件下, 二者乘积的积分收敛:

狄利克雷判别法　　设

1) 函数 $f(x)$ 在任何有限区间 $[a, A](A > 0)$ 可积, 且积分 (4) 有界:

$$\left| \int_a^A f(x)dx \right| \leqslant K \quad (K = 常数, a \leqslant A < +\infty);$$

2) 函数 $g(x)$ 单调地趋于 0(当 $x \to \infty$):

$$\lim_{x \to \infty} g(x) = 0.$$

那么积分 (5) 收敛.

[正如读者所看到的, 前一条件 1) 有所减弱, 因为此处没有要求积分 (1) 收敛; 但是条件 2) 变得更强了!]

证明 像前面一样, 从等式 (6) 出发, 但在这次, 第一个因子 $g(A)$ 与 $g(A')$, 只要 A 与 A' 足够大, 它们便可变得任意小, 而第二个因子以数 $2K$ 为界.

附注 这里阿贝尔判别法可由狄利克雷判别法推出. 事实上, 对有界单调函数 $g(x)$ 必然存在有限极限

$$g(\infty) = \lim_{x \to \infty} g(x).$$

把 $f(x) \cdot g(x)$ 写成如下形式:

$$f(x) \cdot g(x) = f(x) \cdot g(\infty) + f(x) \cdot [g(x) - g(\infty)],$$

可以看出, 对于第二个乘积来说, 它已经适合狄利克雷判别法的条件了 [参看 **473** 目的 3° 与 4°].

容易认定, 比如说, 当 $\lambda > 0$ 时积分

$$\int_a^\infty \frac{\sin x}{x^\lambda} dx \quad \text{与} \quad \int_a^\infty \frac{\cos x}{x^\lambda} dx \quad (a > 0)$$

收敛. 应用狄利克雷判别法, 我们假定 $f(x) = \sin x$ 或者 $\cos x$, 而 $g(x) = \dfrac{1}{x^\lambda}$, 条件 1) 与 2) 都成立, 因为

$$\left| \int_a^A \sin x \, dx \right| = |\cos a - \cos A| \leqslant 2, \quad \text{同样} \quad \left| \int_a^A \cos x \, dx \right| \leqslant 2,$$

而函数 $\dfrac{1}{x^\lambda}$ 单调递减, 当 $x \to \infty$ 时它趋于 0.

特别地, 当 $\lambda = 1$ 时由此推出积分

$$\int_0^\infty \frac{\sin x}{x} dx$$

收敛 (这里我们能取 $a = 0$, 因为被积函数当 $x \to 0$ 时有有限极限). 可以证明, 这个积分非绝对收敛, 即积分

$$\int_0^\infty \frac{|\sin x|}{x} dx$$

发散. 事实上, 若这个积分收敛, 则根据 **474** 目定理 1, 积分

$$\int_a^\infty \frac{\sin^2 x}{x} dx \quad (a > 0)$$

收敛, 因为 $\sin^2 x \leqslant |\sin x|$. 换句话说积分

$$\frac{1}{2} \int_a^\infty \frac{1 - \cos 2x}{x} dx$$

收敛, 将它加上显然收敛的积分

$$\frac{1}{2} \int_a^\infty \frac{\cos 2x}{x} dx,$$

便得出结论: 积分

$$\frac{1}{2} \int_a^\infty \frac{dx}{x}$$

收敛, 但事实上它不收敛 [**470**,2)].

附注　现在, 当我们证明了积分

$$\int_a^\infty \frac{\sin x}{x}dx \quad 与 \quad \int_a^\infty \frac{\cos x}{x}dx$$

的收敛性, 最终我们能说明非初等函数 $\mathrm{si}x$("积分正弦") 与 $\mathrm{ci}x$("积分余弦") 的定义, 关于它们我们曾在 **289** 目提到过. 即是令

$$\mathrm{si}x = -\int_x^\infty \frac{\sin t}{t}dt \quad (x \geqslant 0); \quad \mathrm{ci}x = -\int_x^\infty \frac{\cos t}{t}dt \quad (x > 0).$$

例如, 若把此二式中第二个写成

$$\mathrm{ci}x = -\int_1^x \frac{\cos t}{t}dt - \int_1^\infty \frac{\cos t}{t}dt$$

的形式, 则根据定积分的已知性质 [**305**,12°]—— 显然 $\mathrm{ci}x$ 的导数实际上等于 $\frac{\cos x}{x}$.

477. 把反常积分化为无穷级数　我们知道函数的极限这一概念可以用两种方法来表达, 即 "用 $\varepsilon - \delta$ 说法" 与 "用整序变量说法" [**52,53**]. 若把极限的第二种定义法用到函数 $F(A)$[见 (4)], 则反常积分的定义 (1) 可以解释成这样: 无论如何选取一列上升到无穷的数 $\{A_n\}(A_n > a)$, 相应的积分整序变量 $\left\{\int_a^{A_n} f(x)dx\right\}$ 都应趋向同一个有限的极限①, 这也就是反常积分 $\int_a^{+\infty} f(x)dx$ 的值.

但是就另一方面来说, 整序变量 $\left\{\int_a^{A_n} f(x)dx\right\}$ 的极限问题也就是级数

$$\int_a^{A_1} + \left\{\int_a^{A_2} - \int_a^{A_1}\right\} + \left\{\int_a^{A_3} - \int_a^{A_2}\right\} + \cdots = \int_a^{A_1} + \int_{A_1}^{A_2} + \int_{A_2}^{A_3} + \cdots$$

的和问题 [**362**].

于是可以断言:要反常积分 $\int_a^{+\infty} f(x)dx$ 存在, 必须也只需对于任一列数 $A_n \to +\infty$, 级数

$$\sum_{n=1}^\infty \int_{A_{n-1}}^{A_n} f(x)dx \quad (A_0 = a)$$

都收敛到同一个和; 这和也就是反常积分的值.

我们要注意, 在函数 $f(x)$ 是正的(或非负的) 这种情形, 要反常积分收敛就只要它对于特别选定的一列数,$A_n \to +\infty$ 为收敛就够了. 因为这时 (4) 是 A 的上升函数, 而且以这个级数的和为界, 所以当 $A \to +\infty$ 时它有有限的极限 [**474**].

把积分的收敛问题化成级数的收敛问题, 往往很有用处, 因为这样就有可能运用级数的收敛与发散的许多判别法.

当作例题, 我们来看下面这个重要的积分:

$$\int_0^\infty \frac{\sin x}{x}dx,$$

---

①只要假设所有整序变量 $\left\{\int_a^{A_n} f(x)dx\right\}$ 都收敛, 就已经可以推出它们的极限一定是相同的 [**53**].

在上一目我们已谈到过它了.

因 $\sin x$ 当 x 增加时轮流取正值与负值, 变号的地点在 $n\pi(n=1,2,\cdots)$, 所以我们很自然地就拿这些数作为 A_n 来考虑级数

$$\sum_{n=0}^{\infty} \int_{n\pi}^{(n+1)\pi} \frac{\sin x}{x} dx. \tag{7}$$

对通项 $v_n = \int_{n\pi}^{(n+1)\pi} \frac{\sin x}{x} dx$ 施行变数替换 $x = n\pi + t$ 即得

$$v_n = (-1)^n \int_0^{\pi} \frac{\sin t}{n\pi + t} dt.$$

由此可见, 级数的项是正负相间而绝对值单调递减的. 还有, 当 $n > 0$ 时

$$|v_n| = \int_0^{\pi} \frac{\sin t}{n\pi + t} dt < \int_0^{\pi} \frac{1}{n\pi} dt = \frac{1}{n},$$

所以级数的项的绝对值随附标无限增大而趋于零. 于是级数 (5) 为莱布尼茨型, 而由已知定理 [381] 知其为收敛. 今以 I 表其和. 这样就对于任意 $\varepsilon > 0$ 都有一数 N, 使 $n \geqslant N$ 时有不等式

$$\left| \int_0^{n\pi} \frac{\sin x}{x} dx - I \right| < \varepsilon. \tag{8}$$

现在单 "用 $\varepsilon - \delta$ 说法" 就可完成反常积分存在的证明. 假定 $A > N\pi$; 则有一自然数 n_0 使 $n_0\pi \leqslant A < (n_0+1)\pi$, 因而显然 $n_0 \geqslant N$. 因函数 $\sin x$ 在区间 $n_0\pi$ 到 $(n_0+1)\pi$ 不变号, 所以积分 $\int_0^A$ 介于积分 $\int_0^{n_0\pi}$ 与 $\int_0^{(n_0+1)\pi}$ 之间. 但是后面这两个积分则根据 (8) 又都介于 $I - \varepsilon$ 与 $I + \varepsilon$ 之间, 所以积分 $\int_0^A$ 也必定如此. 于是终于对于所有的 $A > N\pi$ 都有

$$\left| \int_0^A \frac{\sin x}{x} dx - I \right| < \varepsilon,$$

因而存在积分

$$\int_0^{+\infty} \frac{\sin x}{x} dx = \lim_{A \to +\infty} \int_0^A \frac{\sin x}{x} dx = I^{①}.$$

这里我们要顺便注意到一件事实, 即这个积分不绝对收敛, 也就是积分 $\int_0^{+\infty} \frac{|\sin x|}{x} dx$ 发散. 这件事实很容易把积分表成级数来证实. 其实, 假如积分收敛, 我们就会和刚才一样, 有

$$\int_0^{+\infty} \frac{|\sin x|}{x} dx = \sum_{n=0}^{\infty} \int_{n\pi}^{(n+1)\pi} \frac{|\sin x|}{x} dx = \sum_{n=0}^{\infty} \int_0^{\pi} \frac{\sin t}{n\pi + t} dt.$$

但是 $n\pi + t < (n+1)\pi$, 所以

$$\int_0^{\pi} \frac{\sin t}{n\pi + t} dt > \frac{1}{(n+1)\pi} \cdot \int_0^{\pi} \sin t \, dt = \frac{2}{(n+1)\pi},$$

然而级数 $\frac{2}{\pi} \sum \frac{1}{n+1}$ 却是发散的! [365,1)].

---

①这里我们只谈积分的收敛问题. 以后我们会看见 $I = \frac{\pi}{2}$.

478. 例题　1) 讨论下列积分的收敛性:

$$\text{(a)}\ \int_a^\infty \frac{\operatorname{arctg}x}{x}dx,\ \text{(б)}\ \int_{z_0}^\infty \frac{dz}{\sqrt{z(z-a)(z-b)}}\quad (z_0 > a > b > 0),$$

$$\text{(в)}\ \int_0^\infty \left(e^{-\frac{a^2}{x^2}} - e^{-\frac{b^2}{x^2}}\right)dx,\ \text{(г)}\ \int_0^\infty \left(\frac{x}{e^x - e^{-x}} - \frac{1}{2}\right)\frac{dx}{x^2}.$$

解答　(a) 被积函数当 $x \to +\infty$ 时为一阶无穷小: 积分发散.

(б) 被积函数为 3/2 阶无穷小: 积分收敛.

(в) 被积函数当 $x \to 0$ 时趋于 0. 展成级数即见表达式

$$e^{-\frac{a^2}{x^2}} - e^{-\frac{b^2}{x^2}} = \frac{b^2 - a^2}{x^2} + \cdots$$

当 $x \to +\infty$ 时为二阶无穷小: 积分收敛.

(г) 展开 $e^{\pm x}$ 成级数, 易得

$$\frac{x}{e^x - e^{-x}} - \frac{1}{2} = -\frac{x^2}{12} + \cdots$$

所以当 $x \to 0$ 时被积函数趋于 $-\dfrac{1}{12}$. 当 $x \to +\infty$ 时它便是二阶无穷小. 积分收敛.

2) 讨论下列积分的收敛性:

$$\text{(a)}\ \int_a^\infty x^\mu e^{-ax}dx\quad (\mu, a > 0),\ \text{(б)}\ \int_0^\infty \frac{x\,dx}{\sqrt{e^{2x} - 1}},\ \text{(в)}\ \int_1^\infty \frac{\ln x}{x\sqrt{x^2 - 1}}dx.$$

解答　(a) 取任意一个 $\lambda > 1$, 有

$$\frac{x^\mu e^{-ax}}{1/x^\lambda} = \frac{x^{\lambda + \mu}}{e^{ax}} \to 0;$$

积分收敛.

(б) 首先注意, 当 $x \to 0$ 时被积函数趋于 0, 今仍取任意一数 $\lambda > 1$, 得

$$\frac{x}{\sqrt{e^{2x} - 1}} : \frac{1}{x^\lambda} = \frac{1}{\sqrt{e^{2x} \cdot x^{-(2\lambda+2)} - x^{-(2\lambda+2)}}} \to 0\quad 当 x \to +\infty时;$$

积分收敛.

(в) 当 $x \to 1$ 时被积函数趋于 0. 令 $1 < \lambda < 2$, 则被积函数与 $1/x^\lambda$ 之比可以写成这样:

$$\frac{x^\lambda \ln x}{x\sqrt{x^2 - 1}} = \frac{\ln x}{x^{2-\lambda}} \cdot \frac{1}{\sqrt{1 - \dfrac{1}{x^2}}} \to 0\quad 当 x \to +\infty 时;$$

积分收敛.

3) 讨论下列积分的收敛性:

$$\text{(a)}\ \int_0^\infty \frac{\sin\sqrt{x}}{\sqrt{x}(a + x)}dx\quad (a > 0),\ \text{(б)}\ \int_0^\infty x^\mu e^{-ax}\cos x\,dx\quad (\mu, a > 0).$$

提示　两个被积函数都是有界函数与 (绝对) 可积函数之积.

4) 讨论下面积分的收敛性 ($a > 0$):

$$\int_1^\infty dx \int_0^a \sin(\beta^2 x^3) d\beta = \int_1^\infty \left\{ \int_0^a \sin(\beta^2 x^3) d\beta \right\} dx^{①}.$$

今试求 "内层" 积分当 $x \to \infty$ 变小的阶. 在其中令 $\beta^2 x^3 = z$; 有

$$\int_0^a \sin(\beta^2 x^3) d\beta = \frac{1}{2x^{3/2}} \int_0^{a^2 x^3} \frac{\sin z}{\sqrt{z}} dz.$$

因积分 $\int_0^\infty \frac{\sin z}{\sqrt{z}} dz$ 收敛 [**476**], 有一常数 L 存在, 使对于所有 $A > 0$ 都是

$$\left| \int_0^A \frac{\sin z}{\sqrt{z}} dz \right| \leqslant 2L.$$

于是积分 $\int_0^a \sin(\beta^2 x^3) d\beta$ 的绝对值不超过 $\frac{L}{x^{3/2}}$. 由此推知所设积分绝对收敛.

5) 求证下列积分收敛 ($a, k, \lambda > 0$):

$$(\text{a}) \quad \int_0^\infty \frac{x \cdot \sin ax}{k^2 + x^2} dx, \qquad (\text{б}) \quad \int_0^\infty e^{\sin x} \frac{\sin 2x}{x^\lambda} dx,$$

$$(\text{в}) \quad \int_a^\infty |\ln x|^\lambda \frac{\sin x}{x} dx, \qquad (\text{г}) \quad \int_0^\infty \frac{\sin(x + x^2)}{x^\lambda} dx.$$

解答 这几个积分都可用狄利克雷判别法.

(a) 函数 $g(x) = \frac{x}{k^2 + x^2}$, 对于充分大的 x 单调递减而且当 $x \to \infty$ 时趋于零; 积分 $\int_0^A \sin ax dx$ 显然有界.

(б) 函数 $g(x) = \frac{1}{x^\lambda}$, 单调递减而且随 $x \to \infty$ 而趋于零; $f(x) = e^{\sin x} \cdot \sin 2x$, 所以 (若令 $\sin x = t$)

$$\left| \int_0^A f(x) dx \right| = 2 \left| \int_0^{\sin A} t e^t dt \right| < 2e.$$

(в) 函数 $g(x) = |\ln x|^\lambda \cdot \frac{1}{x}$, 对于 x 的充分大的值

$$g'(x) = \frac{(\ln x)^{\lambda - 1}}{x^2} (\lambda - \ln x) < 0,$$

所以 $g(x)$ 递减, 显然 $g(x)$ 趋向零; 等等.

(г) 函数 $g(x) = \frac{1}{x^\lambda}$; $f(x) = \sin(x + x^2)$, 所以 (令 $z = x + x^2$)

$$\int_a^A \sin(x + x^2) dx = \int_{a + a^2}^{A + A^2} \frac{\sin z}{\sqrt{1 + 4z}} dz.$$

这一表达式为有界的, 因为积分 $\int_{a + a^2}^\infty \frac{\sin z}{\sqrt{1 + 4z}} dz$ 是收敛的 (可用狄利克雷判别法验证之).

6) 证明如下断言:

---

① 这里假定 "内层" 积分为 x 的连续函数而不加证明.

设函数 $f(x)$ 给定在区间 $[a, +\infty)$, 其周期 $\omega > 0$, 而函数 $g(x)$ 在同一区间单调, 当 $x \to +\infty$ 时趋于 0, 若 (常义) 积分

$$\int_a^{a+\omega} f(x)dx = 0 \tag{9}$$

则 (反常) 积分

$$\int_a^{\infty} f(x)g(x)dx \tag{5}$$

收敛. 反之, 若

$$\int_a^{a+\omega} f(x)dx = K \neq 0, \tag{9*}$$

则积分 (5) 收敛或发散决定于积分

$$\int_a^{\infty} g(x)dx \tag{10}$$

的收敛或发散.

(a) 首先假设条件 (9) 成立, 来证明积分

$$\int_a^A f(x)dx$$

在这种情况下, 对所有 $A > a$ 保持有界.

根据 **314** 目 10) 及 **316** 目的附注, 显然有

$$\int_a^{a+k\omega} f(x)dx = 0 \quad (k = 1, 2, \cdots),$$

那么, 对无论怎样的 $A > a$, 若取 $k = E\left(\dfrac{A-a}{\omega}\right)$, 将有

$$\left|\int_a^A f(x)dx\right| = \left|\int_{a+k\omega}^A\right| = \left|\int_a^{A-k\omega}\right| \leqslant \int_a^{a+\omega} |f(x)|dx = L,$$

所要的结论可从狄利克雷判别法直接推出.

(б) 在假设 (9*) 中, 把 $f(x)$ 替换为 $f(x) - \dfrac{K}{\omega}$. 因为后者适合 (9) 类型的条件, 则积分

$$\int_a^{\infty} \left[f(x) - \frac{1}{\omega}K\right] g(x)dx \tag{5*}$$

根据所证的是收敛的. 由此已明白: 积分 (5) 与 (10) 同时收敛 (或发散).

7) 例如, 若在区间 $[0, +\infty)$ 内令 $f(x) = \sin^2 x, \omega = \pi$ 则可看出, 积分

$$\int_0^{\pi} \sin^2 xdx = \frac{\pi}{2} \neq 0,$$

因此, 积分

$$\int_0^{\infty} \sin^2 x \cdot g(x)dx$$

(在对 g 的前述假设下) 与积分 (10) 同时收敛或发散.

反之, 积分

$$\int_0^{\infty} \left(\frac{1}{2} - \sin^2 x\right) g(x)dx = \frac{1}{2}\int_0^{\infty} \cos 2x \cdot g(x)dx$$

在任何情况下收敛, 而与积分 (10) 的性态无关!

8) 讨论下列积分的收敛性:

$$\text{(a)} \int_0^\infty e^{\cos x} \cdot \sin(\sin x)\frac{dx}{x}, \quad \text{(б)} \int_0^\infty e^{\sin x} \cdot \sin(\sin x)\frac{dx}{x}.$$

(a) 我们有

$$\int_0^{2\pi} e^{\cos x} \cdot \sin(\sin x)dx = \int_0^\pi + \int_\pi^{2\pi} = 0,$$

因为末后这两个积分 (以 $z = 2\pi - x$ 代入后一个) 只差一个符号. 根据 6), 积分 (a) 收敛.

(б) 这一次

$$\int_0^{2\pi} e^{\sin x} \sin(\sin x)dx > 0,$$

因此 [参看 6)], 由于积分

$$\int_a^\infty \frac{dx}{x} \quad (a > 0)$$

发散, 积分 (б) 发散.

9) 研究积分

$$\int_0^\infty \frac{\sin x}{x^\mu + \sin x}dx$$

依赖于参数值 $\mu > 0$ 的收敛性.

我们有等式

$$\frac{\sin x}{x^\mu + \sin x} = \frac{\sin x}{x^\mu} - \frac{\sin^2 x}{x^\mu(x^\mu + \sin x)}.$$

右端第一项的积分

$$\int_0^\infty \frac{\sin x}{x^\mu}dx$$

如我们所知 [**476**], 总是收敛的, 转而研究右端第二项的积分

$$\int_0^\infty \frac{\sin^2 x}{x^\mu(x^\mu + \sin x)}dx. \tag{11}$$

因为

$$\frac{\sin^2 x}{x^\mu(x^\mu + 1)} < \frac{\sin^2 x}{x^\mu(x^\mu + \sin x)} < \frac{1}{x^\mu(x^\mu - 1)}{}^{68)},$$

则当 $\mu > \dfrac{1}{2}$ 时, 右端表达式的积分收敛, 且积分 (11) 和它一起收敛. 当 $\mu \leqslant \dfrac{1}{2}$ 时, 考虑左边表达式的积分, 根据 7), 与由此得出的积分

$$\int_a^\infty \frac{dx}{x^\mu(x^\mu + 1)} \quad (a > 0)$$

同样是发散的, 从而积分 (11) 与它们一起发散.

结果, 所说的积分当 $\mu > \dfrac{1}{2}$ 收敛, 当 $\mu \leqslant \dfrac{1}{2}$ 发散.

${}^{68)}$不降低一般性, 可以假定 $x > 1$, 因为对于所考虑的同一函数的积分 $\int_0^\infty$ 收敛的充分条件是积分 $\int_2^\infty$ 收敛.

这个例子, 在 $\mu \leqslant \dfrac{1}{2}$ 的情形, 与狄利克雷收敛判别法作一比较是有教益的. 第一个因子 $\sin x$ 的积分有界, 可是第二个因子

$$\frac{1}{x^\mu + \sin x}$$

当 $x \to \infty$ 时趋于 0, 被破坏的仅仅是这个因子的单调性的要求, 所论的积分就是发散的!

10) 研究积分

$$\int_0^\infty \frac{x^\alpha dx}{1 + x^\beta \sin^2 x}$$

与参数值 $\alpha, \beta > 0$ 有关的收敛性.

用 $f(x)$ 表示被积函数, 当 x 在 $n\pi$ 与 $(n+1)\pi$ 之间变化时有

$$\frac{(n\pi)^\alpha}{1 + [(n+1)\pi]^\beta \sin^2 x} \leqslant f(x) \leqslant \frac{[(n+1)\pi]^\alpha}{1 + (n\pi)^\beta \sin^2 x}.$$

积分这个不等式, 考虑到

$$\int_{n\pi}^{(n+1)\pi} \frac{dx}{1 + A\sin^2 x} = \int_0^\pi \frac{dx}{1 + A\sin^2 x} = \frac{\pi}{\sqrt{1+A}}\,[①]; \tag{12}$$

便得

$$\frac{n^\alpha \pi^{\alpha+1}}{\sqrt{1 + (n+1)^\beta \pi^\beta}} \leqslant \int_{n\pi}^{(n+1)\pi} f(x)dx \leqslant \frac{(n+1)^\alpha \pi^{\alpha+1}}{\sqrt{1 + n^\beta \pi^\beta}}.$$

现在对 n 从 0 到 ∞ 求和:

$$\sum_{n=0}^\infty \frac{n^\alpha \pi^{\alpha+1}}{\sqrt{1 + (n+1)^\beta \pi^\beta}} \leqslant \int_0^\infty f(x)dx \leqslant \sum_{n=0}^\infty \frac{(n+1)^\alpha \pi^{\alpha+1}}{\sqrt{1 + n^\beta \pi^\beta}}.$$

因为两端的级数与级数 $\sum_0^\infty n^{\alpha - \frac{1}{2}\beta}$ 同时收敛或发散, 所以对中间的积分也与级数 $\sum_0^\infty n^{\alpha - \frac{1}{2}\beta}$ 同时收敛或发散.

于是所论的积分当 $\beta > 2(\alpha+1)$ 时收敛, 当 $\beta \leqslant 2(\alpha+1)$ 时发散.

11) 对积分

$$\int_0^\infty \frac{x^\alpha dx}{1 + x^\beta |\sin x|} \quad (\alpha, \beta > 0)$$

也进行如同上题的讨论.

论证的方法如同上例. 这里代替积分 (12) 的, 是研究积分 [参考 **288**,14]:

$$\int_0^\pi \frac{dx}{1 + A\sin x} = 2\frac{\ln(A + \sqrt{A^2 - 1})}{\sqrt{A^2 - 1}} \quad (A > 1).$$

因为当 $A \to \infty$ 时

$$\frac{\ln(A + \sqrt{A^2 - 1})}{\sqrt{A^2 - 1}} : \frac{\ln A}{A} \to 1,$$

则只需把所论积分与级数

$$\sum_1^\infty n^\alpha \cdot \frac{\ln(n+1)^\beta}{(n+1)^\beta} \quad 与 \quad \sum_1^\infty (n+1)^\alpha \frac{\ln n^\beta}{n^\beta}$$

———————————
[①]这容易由 **288**,10) 或 **309**,9) 推出.

作比较, 即归根结底同级数

$$\sum_2^\infty \frac{\ln n}{n^{\beta-\alpha}}$$

作比较.

答案 当 $\beta > \alpha + 1$ 时积分收敛, 而当 $\beta \leqslant \alpha + 1$ 时积分发散.

例 6),7),9),10),11) 属于哈代 (Hardy).

12) 试完全确定依赖于参变数 α 与 β 的积分

$$J = \int_0^\infty \frac{dx}{1 + x^\alpha \cdot |\sin x|^\beta} \quad (\alpha > 0, \beta > 0)$$

何时收敛与何时发散.

(a) 假定 $\alpha \leqslant 1$. 则由于

$$\frac{1}{1 + x^\alpha \cdot |\sin x|^\beta} \geqslant \frac{1}{1 + x^\alpha},$$

所以这时积分发散 [**474**].

(б) 假定 $\alpha \leqslant \beta$. 这时把积分拆成级数 [**477**] 即有

$$\sum_{n=0}^\infty \int_{n\pi}^{(n+1)\pi} \frac{dx}{1 + x^\alpha \cdot |\sin x|^\beta}$$
$$= \sum_{n=0}^\infty \int_0^\pi \frac{dz}{1 + (n\pi + z)^\alpha \sin^\beta z} \geqslant \sum_{n=0}^\infty \int_0^{\frac{1}{(n+1)\pi}}.$$

但在 $0 < z < \dfrac{1}{(n+1)\pi}$ 时

$$(n\pi + z)^\alpha \sin^\beta z < (n+1)^\alpha \pi^\alpha z^\beta < (n+1)^\beta \pi^\beta \cdot \left(\frac{1}{(n+1)\pi}\right)^\beta = 1,$$

所以最后一个级数的各项大于发散级数

$$\frac{1}{2\pi} \sum_0^\infty \frac{1}{n+1}$$

的相应项. 可见积分也发散.

(в) 假定 $\alpha > \beta > 1$. 这时我们把积分 J 表成和 $J_1 + J_2$, 其中

$$J_1 = \sum_{n=0}^\infty \int_0^{\frac{\pi}{2}} \frac{dz}{1 + (n\pi + z)^\alpha \sin^\beta z}, \quad J_2 = \sum_{n=1}^\infty \int_0^{\frac{\pi}{2}} \frac{dz}{1 + (n\pi - z)^\alpha \sin^\beta z}.$$

于是, 注意 $0 < z < \dfrac{\pi}{2}$ 与 $n \geqslant 1$ 时

$$(n\pi + z)^\alpha \sin^\beta z \geqslant (n\pi)^\alpha \left(\frac{2}{\pi} z\right)^\beta = n^\alpha c^\beta z^\beta, \quad \text{其中} \quad c = 2\pi^{\frac{\alpha}{\beta} - 1}.$$

由此

$$\int_0^{\frac{\pi}{2}} \frac{dz}{1 + (n\pi + z)^\alpha \sin^\beta z} \leqslant \int_0^{\frac{\pi}{2}} \frac{dz}{1 + n^\alpha c^\beta z^\beta} = \frac{1}{n^{\frac{\alpha}{\beta}} \cdot c} \int_0^{n^{\frac{\alpha}{\beta}} \cdot c \cdot \frac{\pi}{2}} \frac{dt}{1 + t^\beta} \leqslant \frac{c^*}{n^{\frac{\alpha}{\beta}}},$$

其中 $c^* = \dfrac{1}{c} \int_0^\infty \dfrac{dt}{1 + t^\beta}$.

所以

$$J_1 \leqslant \frac{\pi}{2} + c^* \cdot \sum_{n=1}^{\infty} \frac{1}{n^{\frac{\alpha}{\beta}}} < +\infty.$$

同理也有 $J_2 < +\infty$. 可见积分收敛.

(r) 普遍情形 $\alpha > 1$, 同时 $\alpha > \beta$, 可以化归 $\alpha > \beta > 1$ 的情形. 因为这时我们可以任取一数 $\beta' \geqslant \beta$ 使 $\alpha > \beta' > 1$. 因改小 β 的值只有使得积分更收敛, 所以在这普遍情形下所设积分收敛.

总结以上的讨论, 可见积分 J 在 $\alpha > 1$ 同时 $\alpha > \beta$ 的情形下收敛, 在其他情形都发散. 也可以简短些说: 积分 J 在 $\alpha > \max(1, \beta)$ 时收敛, 在 $\alpha \leqslant \max(1, \beta)$ 时发散.

§2. 无界函数的反常积分

479. 无界函数的积分的定义　今看一函数 $f(x)$, 给定在有限区间 $[a, b]$ 上, 但在该区间上为**无界**的. 更确定一些, 假设这函数在任一区间 $[a, b-\eta](0 < \eta < b-a)$ 上都为有界而且可积, 但在 b 点左边的每一区间 $[b-\eta, b]$ 上都是无界的. 在这种情形, 点 b 称为**奇点**.

当 $\eta \to 0$ 时积分 $\int_a^{b-\eta} f(x)dx$ 的 (有限或无穷的) 极限, 称为函数 $f(x)$ 从 a 到 b 的 (反常) 积分, 而且像通常那样记作

$$\int_a^b f(x)dx = \lim_{\eta \to 0} \int_a^{b-\eta} f(x)dx. \tag{1}$$

这时若这个极限是有限的, 则说积分 (1)**收敛**, 而函数 $f(x)$ 则说是在这区间 $[a, b]$ 上为可积. 若极限 (1) 为无穷或完全不存在, 则说积分**发散**.

例题　1) 函数 $\dfrac{1}{\sqrt{1-x^2}}$ 在任一区间 $[0, 1-\eta](0 < \eta < 1)$ 上都有界而且可积, 并且

$$\int_0^{1-\eta} \frac{dx}{\sqrt{1-x^2}} = \arcsin x \Big|_0^{1-\eta} = \arcsin(1-\eta).$$

函数在 $x = 1$ 这点成为无穷: 当 $x \to 1$ 时 $\dfrac{1}{\sqrt{1-x^2}} \to +\infty$. 显然在任一区间 $(1-\eta, 1)$ 内函数都无界, 即 $x = 1$ 这一点为奇点. 在实用上常常遇着的正是这种奇点.

因为算出来的积分当 $\eta \to 0$ 时趋于限极 $\arcsin 1 = \dfrac{\pi}{2}$, 所以存在反常积分

$$\int_0^1 \frac{dx}{\sqrt{1-x^2}} = \lim_{\eta \to 0} \int_0^{1-\eta} = \frac{\pi}{2}.$$

现在假定函数 $f(x)$ 在任一区间 $[a+\eta', b](0 < \eta' < b-a)$ 上都为有界而且可积, 但在 a 这一点 (奇点) 的右边每一区间 $[a, a+\eta']$ 上为无界. 则函数 $f(x)$ 从 a 到 b 的 (反常) 积分用等式

$$\int_a^b f(x)dx = \lim_{\eta' \to 0} \int_{a+\eta'}^b f(x)dx, \tag{2}$$

(在右边的极限存在而且有限的假设之下) 来定义.

在普遍情形下, 区间 $[a, b]$ 上可有若干个奇点 $c_0, c_1, \cdots, c_{m-1}, c_m$, 在这些点附近函数 $f(x)$ 为无界, 但在不包含这些奇点的每一闭区间上, 函数都为有界而且可积.

假定 (为了简单起见) 只有三个这样的点, 而且其中有两个就是区间的端点 a 与 b, 第三点则介于二者之间. 则函数 $f(x)$ 从 a 到 b 的积分由等式

$$\int_a^b f(x)dx = \lim_{\substack{\eta_1 \to 0 \\ \cdots \\ \eta_4 \to 0}} \left\{ \int_{a+\eta_1}^{c-\eta_2} + \int_{c+\eta_3}^{b-\eta_4} \right\} \tag{3}$$

给定, 只要这极限是存在而且有限的.

在区间 $[a, c], [c, b]$ 内各取 d, e 点, 则有

$$\int_{a+\eta_1}^{c-\eta_2} = \int_{a+\eta_1}^{d} + \int_{d}^{c-\eta_2}, \quad \int_{c+\eta_3}^{b-\eta_4} = \int_{c+\eta_3}^{e} + \int_{e}^{b-\eta_4}.$$

很容易看出, 极限 (3) 的存在就等于后面这四个新积分的极限同时存在, 所以定义 (3) 可以改写成

$$\int_a^b f(x)dx = \int_a^d f(x)dx + \int_d^c f(x)dx + \int_c^e f(x)dx + \int_e^b f(x)dx,$$

假设右边的反常积分都存在[①]. 这定义与 d, e 点的选择无关.

对于反常积分 (2) 与 (3), 照样有前面用过的那些术语.

2) $\int_{-1}^0 \dfrac{dx}{\sqrt{1-x^2}}$, 奇点为 -1,

$$\int_{-1}^0 \frac{dx}{\sqrt{1-x^2}} = \lim_{\eta' \to 0} \int_{-1+\eta'}^0 \frac{dx}{\sqrt{1-x^2}} = \lim_{\eta' \to 0} [-\arcsin(-1+\eta')] = \frac{\pi}{2};$$

3) $\int_{-1}^{+1} \dfrac{dx}{\sqrt{1-x^2}}$, 奇点为 -1 与 1,

$$\int_{-1}^1 \frac{dx}{\sqrt{1-x^2}} = \int_{-1}^0 + \int_0^1 = \frac{\pi}{2} + \frac{\pi}{2} = \pi.$$

4) 判断反常积分

$$\int_a^b \frac{dx}{(x-a)^\lambda} \quad (b > a) \tag{4}$$

对于指数 $\lambda > 0$ 的那些值存在.

若 $\lambda \neq 1$, 则积分

$$\int_{a+\eta}^b \frac{dx}{(x-a)^\lambda} = \frac{1}{1-\lambda}[(b-a)^{1-\lambda} - \eta^{1-\lambda}]$$

[①]除去这些积分中有两个等于有不同符号的无穷大的情形.

当 $\eta \to 0$ 时, 其极限为 ∞ 或为有限数 $\dfrac{1}{1-\lambda}(b-a)^{1-\lambda}$, 要看 $\lambda > 1$ 或 $\lambda < 1$ 而定. 若 $\lambda = 1$, 则

$$\int_{a+\eta}^{b} \frac{dx}{x-a} = \ln(b-a) - \ln \eta \to +\infty \quad (\text{当} \eta \to 0).$$

所以积分 (4) 在 $\lambda < 1$ 时收敛而以 $\dfrac{1}{1-\lambda}(b-a)^{1-\lambda}$ 为其值, 但在 $\lambda \geqslant 1$ 时则发散 [比较 **470**,2)].

5) 对于与积分 (4) 没有多大差别的积分

$$\int_{a}^{b} \frac{dx}{(b-x)^{\lambda}} \quad (b > a, \lambda > 0)$$

也有相同的结果.

附注 若函数 $f(x)$ 在区间 $[a,b]$ 上就通常意义而言为可积 (因而积分 $\int_{a}^{b} f(x)dx$ 已有定义), 则极限等式 (1)[或 (2) 或 (3)] 仍然成立. 这可由积分对于变动上 (下) 限的**连续性** [**305**,11°] 直接推知. 这样看来, 我们是把通常积分本来就适合的一个等式当成了反常积分的定义.

最后, 我们来看函数 $f(x)$ 给定在无穷区间上的情形, 譬如说在区间 $[a, +\infty]$ 上, 其中有有限个奇点[①], 在这些点附近 $f(x)$ 是无界的. 假设在每一有限区间 $[a, A]$ 上积分 $\int_{a}^{A} f(x)dx$ 都存在, 为一通常积分或按照上面定义的反常积分. 那么, 再令 $A \to +\infty$ 即可用第 **470** 目等式 (1) 定义出区间 $[a, +\infty]$ 上的反常积分.

在无穷区间的情形, 点 $\pm\infty$ 很像以前对于有限区间所讲的奇点, 必需附带上取极限的步骤. 为了这个缘故, 我们也把 $\pm\infty$ 叫做奇点, 不管 $f(x)$ 当 x 无限增大时为有界与否.

480. 关于奇点的附注 我们来看定义在有限区间 $[a,b]$ 上的一个函数 $f(x)$, 假定它在这区间上就通常意义而言为不可积的. 则在区间 $[a,b]$ 上必有一点 c, 在它的每一邻域内函数都 (在通常意义下) 为不可积的.

其实, 假如根本没有这样的一点存在, 则区间 $[a,b]$ 上的每一点 x 都可用一个邻域 σ 围起来, 使函数在它范围内为可积的. 运用博雷尔引理 [**88**] 到覆盖着区间 $[a,b]$ 的这组邻域 $\sum = \{\sigma\}$, 很容易把区间 $[a,b]$ 分成有限个部分, 在每部分内函数都为可积. 然而这样看来, 函数必然要在整个区间 $[a,b]$ 上为可积, 因而要与假定相反了.

所说的 c 点自然也叫做奇点: 在它这里 "凝结" 着函数的不可积性! 奇点可以有若干个甚至无穷个; 例如狄利克雷函数 [**300**,2)] 的情形, 奇点就毫无例外地充满了整个区间 $[0, 1]$.

我们现在只讨论有限个奇点 $c_1, c_2, \cdots, c_m$ 的情形. 在这种情形, 出现于这些点的 "奇" 性是很容易发觉的: 在这些点的每一个邻域中函数根本就是无界的 (所以无界性就成为于通常意义下不可积的原因). 要证明这件事只需看仅有一个奇点而且就是 b 的情形就够了.

所以假定对任意 $\eta > 0(\eta < b - a)$ 函数 $f(x)$ 都在区间 $[a, b - \eta]$ 上为可积 (因而就为有界), 但在区间 $[b - \eta, b]$ 上为不可积的. 要证明的是, 在这些条件下函数 $f(x)$ 不可能在 b 点附近为有界.

[①]奇点的个数也可以是无穷多个, 只需在每一有限区间 $[a, A](A > a)$ 上仅有有限个 (这个数随 A 而无限增大).

我们且假定这事的反面: 对于 $[a,b]$ 上的所有 x 都有

$$|f(x)| \leqslant L \quad (L = \text{ 常数 }).$$

任意给定一数 $\varepsilon > 0$ 后, 我们取 $\eta = \dfrac{\varepsilon}{6L}$. 因函数 $f(x)$ 在区间 $[a, b-\eta]$ 上为可积, 对于 $\dfrac{\varepsilon}{3}$ 这个正数必可得一数 $\delta > 0$, 使这区间分成长度 $\Delta x_{i'} < \delta$ 的若干段时就有

$$\sum_{i'} \omega_{i'} \Delta x_{i'} < \frac{\varepsilon}{3},$$

其中 $\omega_{i'}$ 像通常一样表示函数的相应振幅 [297]. 我们还可以假定 $\delta < \eta$. 现在把**整个**区间 $[a,b]$ 分成长度 $\Delta x_i < \delta$ 的若干部分, 在区间 $[a, b-\eta]$ 之内的那些部分记作 $\Delta x_{i'}$, 其余的部分记作 $\Delta x_{i''}$; 在后面这些部分中至多 (当 $b-\eta$ 不是分点时) 有一个超出 $[a, b-\eta]$ 的界限. 于是, 像刚才一样, 有

$$\sum_{i'} \omega_{i'} \Delta x_{i'} < \frac{\varepsilon}{3},$$

而另一方面又有

$$\sum_{i''} \omega_{i''} \Delta x_{i''} < 2L \cdot \sum_{i''} \Delta x_{i''} < 2L(\eta + \delta) < 4L\eta = \frac{2}{3}\varepsilon,$$

故得

$$\sum_{i} \omega_i \Delta x_i = \sum_{i'} + \sum_{i''} < \varepsilon.$$

然而这正是函数 $f(x)$ 在整个区间 $[a,b]$ 上可积的条件 [297], 因而 b 并不是奇点, 而与关于它的假定不符合, 这就完成了证明.

这样看来, 在奇点个数为有限的情形, 奇点的特征就在于函数在它们的附近不为有界. 这正是我们在前一目中定义奇点时所采用的.

481. 积分学基本公式的用法 · 例题 假设函数 $f(x)$ 定义在区间 $[a,b]$ 上而且 (就通常意义而言) 于每一个区间 $[a, b-\eta]$ 上可积, 但以 b 为一奇点. 若函数 $f(x)$ 在区间 $[a,b)$ 内也就是对于 $a \leqslant x < b$, 具有一原函数 $F(x)$, 则

$$\int_a^{b-\eta} f(x)dx = F(b-\eta) - F(a) = F(x)\Big|_a^{b-\eta},$$

因而反常积分 (1) 的存在就等于有限极限 $\lim\limits_{\eta \to 0} F(b-\eta)$ 的存在. 若这个极限真的存在而为有限, 我们自然就把它当作原函数 $F(x)$ 在 $x = b$ 时的值 $F(b)$, 以使 $F(x)$ 在整个区间 $[a,b]$ 上连续. 于是积分 (1) 的计算公式呈通常形状:

$$\int_a^b f(x)dx = F(b) - F(a) = F(x)\Big|_a^b. \tag{5}$$

若奇点发生在区间 $[a,b]$ 之内, 或在积分区间上同时有若干个奇点出现, 这个公式也同样成立; 但是 (必须牢牢地记住) 要有一定的条件, 就是要原函数 $F(x)$ 在奇点以外各处都以 $f(x)$ 为其导数, 而且处处连续, 即使在奇点的地方也不要例外. 这样的原函数的存在自然保证了反常积分存在.

附注　关于 "原函数" $F(x)$, 我们可以把它的意义了解得更广泛一些: 函数 $F(x)$ 应该处处以 $f(x)$ 为其导数, 这不仅在 $f(x)$ 的奇点处可以例外, 在某些有限个点处也可以例外, 只要在这些点以及奇点处函数 $F(x)$ 保持连续即可[参看 **310**].

把基本公式 (5) 里的 b 换成 $x, f(x)$ 换成 $F'(x)$, 我们就可以像在第 **310** 目里一样, 把这公式写成

$$F(x) = F(a) + \int_a^x F'(x)dx.$$

这样就把任意给定的导数 $F'(x)$ 还原成原函数 $F(x)$, 只要这导数可积就行, 即使是就反常积分的意义下也罢.

现在来讲一些例题.

1) $\int_{-1}^8 \dfrac{dx}{\sqrt[3]{x}}$, 奇点 $x = 0$; 因原函数 $\dfrac{3}{2}x^{2/3}$ 在这点也连续, 所以积分存在:

$$\int_{-1}^8 \frac{dx}{\sqrt[3]{x}} = \frac{3}{2}x^{\frac{2}{3}}\Big|_{-1}^8 = \frac{9}{2}.$$

2) $\int_{-2}^2 \dfrac{2xdx}{x^2-1}$ 不存在, 因原函数 $\ln|x^2-1|$ 在奇点 $x = \pm 1$ 成为 ∞.

3) $\int_0^1 \dfrac{\arcsin x}{\sqrt{1-x^2}}dx$, 奇点 $x = 1$; 这里原函数 $\dfrac{1}{2}(\arcsin x)^2$ 在 $x = 1$ 处连续; 所以积分存在 $\left(= \dfrac{1}{8}\pi^2\right)$.

4) $\int_0^1 \ln xdx$, 奇点 $x = 0$; 这里原函数 $x\ln x - x$ 当 $x \to 0$ 时以 0 为极限. 把这极限值当作原函数在 $x = 0$ 的值, 即有

$$\int_0^1 \ln xdx = (x\ln x - x)\Big|_0^1 = -1.$$

5) $\int_1^2 \dfrac{dx}{x\sqrt{3x^2-2x-1}}$, 奇点 $x = 1$; 我们有

$$\int_1^2 \frac{dx}{x\sqrt{3x^2-2x-1}} = -\arcsin\frac{x+1}{2x}\Big|_1^2 = \frac{\pi}{2} - \arcsin\frac{3}{4}.$$

6) $\int_1^2 \dfrac{dx}{x\ln x}$, 奇点 $x = 1$; 积分不存在, 因原函数 $\ln\ln x$ 在 $x = 1$ 处成为 ∞.

482. 积分存在的条件和判断法　我们只要讨论与定义 (1) 有关的情形, 因为别的情形可以仿照, 并无困难. 因与无穷区间 $[a, +\infty)$ 上的反常积分完全相仿, 我们仅限于叙述一些基本命题. 证明都与以前的相似.

在 $f(x)$ 是正函数的情形下, 为使反常积分 (1) 收敛, 必须且只需当任何 $\eta > 0$ 时成立不等式

$$\int_a^{b-\eta} f(x)dx \leqslant L \quad (L = \text{常数}).$$

474 目的比较定理的陈述与证明, 在所考虑的情况下几乎是不变的. 我们不加证明地引入由此推出的柯西判别法.

设对于充分靠近 b 的 x 值, 函数 $f(x)$ 具有如下形式:

$$f(x) = \frac{g(x)}{(b-x)^\lambda} \quad (\lambda > 0).$$

那么, 1) 若 $\lambda < 1$, 且 $g(x) \leqslant c < +\infty$, 则积分 $\int_a^b f(x)dx$ 收敛, 2) 若 $\lambda \geqslant 1$, 且 $g(x) \geqslant c > 0$, 则这个积分发散.

在实用上方便的更为特殊的形式:

若当 $x \to b$ 时 $f(x) \left($ 与 $\dfrac{1}{b-x}$ 比较 $\right)$ 是 $\lambda > 0$ 阶无穷大, 则积分 $\int_a^b f(x)dx$ 收敛与发散依 $\lambda < 1$ 或 $\lambda \geqslant 1$ 而定.

例题

1) $\int_0^1 \dfrac{dx}{\sqrt[4]{1-x^4}}$. 被积函数当 $x \to 1$ 时是 $\dfrac{1}{4}$ 阶无穷大:

$$\frac{1}{\sqrt[4]{1-x^4}} : \frac{1}{\sqrt[4]{1-x}} = \frac{1}{\sqrt[4]{1+x+x^2+x^3}} \to \frac{1}{\sqrt[4]{4}} \quad (当\ x \to 1).$$

因此, 积分收敛.

2) $\int_0^1 \dfrac{dx}{\sqrt{(1-x^2)(1-k^2x^2)}}$ $(k^2 < 1)$, 无穷大为 $\dfrac{1}{2}$ 阶, 积分收敛.

3) $\int_0^1 x^\mu \ln x\, dx$, 若 $\mu > 0, f(x) = x^\mu \ln x \to 0 (x \to 0)$, 积分是作为常义积分而存在. 当 $\mu \leqslant 0$, 被积函数在 $x = 0$ 变为无穷大.

若 $\mu > -1$, 则取 λ 符合条件 $1 > \lambda > |\mu| = -\mu$, 于是有

$$\frac{x^\mu \ln x}{\dfrac{1}{x^\lambda}} = x^{\lambda+\mu} \ln x \to 0 \quad (x \to 0);$$

因为积分 $\int_0^1 \dfrac{dx}{x^\lambda}$ 收敛, 则所论积分收敛 [根据与 **474** 目定理 2 类似的定理][1].

最后, 若 $\mu \leqslant -1$, 则积分 $\int_0^1 x^\mu dx$ 发散, 所论的积分则更加是发散的, 因为

$$\frac{x^\mu \ln x}{x^\mu} = \ln x \to \infty \quad (当\ x \to \infty)$$

[根据同一定理].

许多更深入的例子, 读者可在下一目找到.

其次引用布尔查诺与柯西的判别法, 即有这样一个关于收敛的普遍条件:

要反常积分 $\int_a^b f(x)dx$(以 b 为奇点) 存在, 必须且只需对于每一数 $\varepsilon > 0$ 都对应地有这样一个数 $\delta > 0$, 使在 $0 < \eta < \delta$ 与 $0 < \eta' < \delta$ 时总有不等式

$$\left| \int_{b-\eta}^{b-\eta'} f(x)dx \right| < \varepsilon.$$

由此可以像以前一样推出:

若积分 $\int_a^b |f(x)|dx$ 收敛, 则[2]积分, $\int_a^b f(x)dx$ 必然收敛.

---

[1] 我们对函数 $x^\mu \ln x$ 应用适合于正函数的判别法, 因为这个函数迄直变号, 就归结为正函数.

[2] 在 $f(x)$(就通常意义而言) 可积于每一区间 $[a, b-\eta](\eta > 0)$ 上的假设之下.

反之则一般不正确. 所以我们在这里特别分辨出积分 $\int_a^b f(x)dx$ 与 $\int_a^b |f(x)|dx$ 一同收敛的情形; 这时候就说第一个积分是**绝对收敛**, 而函数于区间 $[a,b]$ 上**绝对可积**.

在这里, 类似于 **475** 目最后一个定理, 容易证明:

若函数 $f(x)$ 在区间 $[a,b]$ 上绝对可积, 而函数 $g(x)$ 在 $[a,b]$ 上在通常意义下可积, 则函数 $f(x) \cdot g(x)$ 在上述区间上绝对可积.

与级数的联系由下述定理给出:

要反常积分 $\int_a^b f(x)dx$ (以 b 为奇点) 存在, 必须且只需对于任何一列数 $a_n \to b$, 级数

$$\sum_{n=0}^{\infty} \int_{a_n}^{a_{n+1}} f(x)dx \quad (a_0 = a, a \leqslant a_n < b).$$

都收敛到同一个和数; 这和数也就是反常积分的值.

我们现在给一个例, 表明一个积分可以收敛而不绝对收敛. 设在 $0 < x \leqslant 2$ 时

$$f(x) = 2x \cdot \sin \frac{\pi}{x^2} - \frac{2\pi}{x} \cdot \cos \frac{\pi}{x^2}.$$

这函数在 $x > 0$ 时连续, 在区间 $[0,2]$ 上的唯一奇点为 $x = 0$. 另一方面不难验知 $f(x)$ 的原函数为

$$F(x) = x^2 \cdot \sin \frac{\pi}{x^2},$$

当 $x \to 0$ 时有极限 $F(+0) = 0$. 所以存在积分

$$\int_0^2 f(x)dx = x^2 \cdot \sin \frac{\pi}{x^2} \bigg|_0^2 = 2\sqrt{2}.$$

为要看出积分 $\int_0^2 |f(x)|dx$ 确实发散, 我们把它表成级数. 取一列数 $a_n \to 0$:

$$a_0 = 2, \quad a_{2k-1} = \sqrt{\frac{2}{2k-1}}, \quad a_{2k} = \frac{1}{\sqrt{k}} \quad (k = 1, 2, 3, \cdots).$$

于是

$$\sum_{n=1}^{\infty} \int_{a_n}^{a_{n-1}} |f(x)|dx \geqslant \sum_{k=1}^{\infty} \int_{a_{2k}}^{a_{2k-1}} |f(x)|dx.$$

在区间 $[a_{2k}, a_{2k-1}]$ 上, 即在 $k\pi \geqslant \frac{\pi}{x^2} \geqslant k\pi - \frac{\pi}{2}$ 时, $\sin \frac{\pi}{x^2}$ 与 $\cos \frac{\pi}{x^2}$ 符号相反, 所以 $f(x)$ 保持确定的符号, 因而

$$\int_{a_{2k}}^{a_{2k-1}} |f(x)|dx = \left| \int_{a_{2k}}^{a_{2k-1}} f(x)dx \right| = |F(a_{2k-1}) - F(a_{2k})| = \frac{2}{2k-1} > \frac{1}{k}.$$

由于调和级数 $\sum_1^{\infty} \frac{1}{k}$ 的发散, 推知所考虑的积分级数发散, 因而所设积分也是发散的.

483. 例题 讨论下列各积分的收敛性.

1) (a) $\int_0^\theta \dfrac{d\varphi}{\sqrt{\cos\varphi - \cos\theta}}$, (б) $\int_0^1 \dfrac{dx}{\sqrt[3]{x(e^x - e^{-x})}}$, (в) $\int_0^1 \dfrac{dx}{\ln x}$,

(г) $\int_0^{\frac{\pi}{2}} (\operatorname{tg} x)^p dx$, (д) $\int_{-\frac{\pi}{4}}^{\frac{\pi}{4}} \left(\dfrac{\cos\theta - \sin\theta}{\cos\theta + \sin\theta} \right)^p d\theta$.

解答 (a) 奇点 $\varphi = \theta$. 因存在导数

$$\lim_{\varphi \to \theta} \frac{\cos\varphi - \cos\theta}{\varphi - \theta} = -\sin\theta,$$

被积函数 $\left(\text{当 } \varphi \to \theta \text{ 时就 } \dfrac{1}{\theta - \varphi} \text{ 而言}\right)$ 为 1/2 阶无穷大. 积分收敛.

(б) 奇点 $x = 0$. 因

$$\lim_{x \to 0} \frac{e^x - e^{-x}}{x} = 2,$$

被积函数的阶 $\left(\text{就 } \dfrac{1}{x} \text{ 而言}\right)$ 为 2/3. 积分收敛.

(в) 这里

$$\frac{\ln x}{x - 1} \to 1 \quad \text{当} \quad x \to 1,$$

被积函数的阶 $\left(\text{就 } \dfrac{1}{1 - x} \text{ 而言}\right)$ 等于 1. 积分发散.

(г) 若 $p > 0$ 则奇点为 $\dfrac{1}{2}\pi$, 若 $p < 0$ 则奇点为 0. 在这两种情形被积函数的阶都是 $|p|$. 所以积分在 $|p| < 1$ 时收敛, 在 $|p| \geqslant 1$ 时发散.

(д) 若 $p > 0$, 奇点为 $-\dfrac{\pi}{4}$; 若 $p < 0$, 奇点为 $\dfrac{\pi}{4}$. 答案与刚才相同.

2) (a) $\int_0^1 \dfrac{\ln x}{\sqrt{1 - x^2}} dx$, (б) $\int_0^1 \dfrac{x^{b-1} - x^{a-1}}{\ln x} dx \quad (a, b > 0)$,

(в) $\int_0^{\frac{\pi}{2}} \ln \sin x \, dx$, (г) $\int_0^{\frac{\pi}{2}} \ln |\sin^2 \theta - k^2| d\theta \quad (k^2 \leqslant 1)$.

解答 (a) 当 $x \to 1$ 时被积函数趋向 0. 奇点 $x = 0$. 取 $0 < \lambda < 1$, 则

$$\frac{\ln x}{\sqrt{1 - x^2}} : \frac{1}{x^\lambda} = \frac{x^\lambda \ln x}{\sqrt{1 - x^2}} \to 0 \quad \text{当 } x \to 0.$$

积分收敛.

(б) 当 $x \to 1$ 时, 被积函数成为不定式, 但有有限极限 $(= b - a)$. 奇点 $x = 0$(假定 a, b 二数中至少有一个小于 1, 但我们要假定的正是这样). 被积函数与其分子的比值等于 $\dfrac{1}{\ln x} \to 0$(当 $x \to 0$), 而分子的积分 $\int_0^1 (x^{b-1} - x^{a-1}) dx$ 收敛; 故所设积分收敛.

(в) 奇点 $x = 0$. 取 $0 < \lambda < 1$, 就有

$$\frac{\ln \sin x}{1/x^\lambda} = \left(\frac{x}{\sin x} \right)^\lambda \cdot \sin^\lambda x \cdot \ln \sin x \to 0 \quad (\text{当 } x \to 0);$$

故所设积分收敛.

(г) 令 $k = \sin\omega \left(0 < \omega \leqslant \dfrac{\pi}{2} \right)$, 则奇点 $\theta = \omega$. 仍取 $0 < \lambda < 1$, 则

$$\frac{\ln |\sin^2 \theta - \sin^2 \omega|}{1/|\theta - \omega|^\lambda} = \left| \frac{\theta - \omega}{\sin\theta - \sin\omega} \right|^\lambda \cdot |\sin\theta - \sin\omega|^\lambda \cdot \{\ln |\sin\theta - \sin\omega| + \ln(\sin\theta + \sin\omega)\}$$

当 $\theta \to \omega$ 时趋向零; 故积分收敛.

3) (a) $\int_0^1 x^{a-1}(1-x)^{b-1}dx$, (б) $\int_0^1 x^{a-1}(1-x)^{b-1}\ln x dx$.

解答 (a) 当 $a < 1$ 时 0 为一奇点, 当 $b < 1$ 时 1 为一奇点. 我们分所设积分为二, 譬如分成: $\int_0^1 = \int_0^{\frac{1}{2}} + \int_{\frac{1}{2}}^1$. 因被积函数当 $x \to 0$ 时 (只要 $a < 1$) 就成为 $1-a$ 阶无穷大, 所以第一个积分仅在条件 $1-a < 1$ 之下存在, 即仅在 $a > 0$ 这条件之下收敛. 相似地, 第二个积分仅在 $b > 0$ 的条件之下收敛. 这样看来, 所设积分在而且只在 $a > 0$ 并且同时 $b > 0$ 这种情形才收敛.

(б) 关于点 $x = 0$ 的情形与前相同. 只需把积分 $\int_0^{\frac{1}{2}}$ 就 $a \leqslant 1$ 的情形加以考虑 (当 $a > 1$ 时, 积分成为一个常义积分而存在). 推理与 **482** 目例题 3) 相同. 如像情形 (a) 里一样, 积分在 $a > 0$ 时收敛.

至于点 $x = 1$, 则这里的情形有所不同, 因为当 $x \to 1$ 时 $\ln x$ 成为一阶无穷小. 积分 $\int_{\frac{1}{2}}^1$ 当 $b > -1$ 时存在.

总结起来说, 所设积分的收敛条件为: $a > 0, b > -1$.

4) $\int_0^{\pi} \dfrac{\sin^{n-1}\varphi d\varphi}{|1 + k\cos\varphi|^n}$.

解答 因为 $k < 0$ 的情形可以用变换 $\varphi = \pi - \varphi_1$ 化成 $k > 0$ 这种情形, 所以我们可以只假定 $k \geqslant 0$. 不但如此, 为了要积分在所有的情形都收敛, 还必需: $n > 0$ —— 否则被积函数当 $\varphi \to 0$ (或 $\varphi \to \pi$) 时就至少是一阶无穷大.

若 $k < 1$, 则 $n > 0$ 这个条件也是充分的.

当 $k = 1$ 时, 积分不可能存在, 因为 $\varphi \to \pi$ 时被积函数成为 1 阶无穷大.

最后, 设 $k > 1$. 于是就出现一个奇点 $a = \arccos\left(-\dfrac{1}{k}\right)$, 当 $\varphi \to a$ 时被积式变成 n 阶的无穷大, 这意思是说, 要想积分存在就要求 $n < 1$.

所以积分在两个情形收敛, 即 1) $0 \leqslant k < 1$ 而 $n > 0$, 2) $k > 1$ 而 $0 < n < 1$; 在别的情形都发散.

5) (a) $\int_0^{\infty} \dfrac{x^{a-1}}{1+x}dx$, (б) $\int_0^{\infty} \dfrac{\ln x}{1+x^2}dx$, (в) $\int_0^{\infty} x^{p-1}e^{-x}dx$.

解答 (a) 奇点为 ∞, 而 (当 $a < 1$ 时) 0 也是一个. 若把积分这样拆成两段: $\int_0^{\infty} = \int_0^1 + \int_1^{\infty}$, 则第一段积分当 $a > 0$ 时收敛 (对于 x 而言无穷大的阶为 $1-a < 1$), 而第二段积分当 $a < 1$ 时收敛 (对于 $\dfrac{1}{x}$ 而言无穷小的阶为 $2 - a > 1$). 所以积分在 $0 < a < 1$ 时收敛.

(б) 奇点为 ∞ 和 0, $\int_0^{\infty} = \int_0^1 + \int_1^{\infty}$. 取 $0 < \lambda < 1$, 即有

$$\frac{\ln x}{1+x^2} : \frac{1}{x^{\lambda}} = \frac{x^{\lambda}\ln x}{1+x^2} \to 0, \quad 当 \ x \to 0,$$

故 $\int_0^1$ 收敛. 今取 $1 < \mu < 2$, 则

$$\frac{\ln x}{1+x^2} : \frac{1}{x^{\mu}} = \frac{x^2}{1+x^2} \cdot \frac{\ln x}{x^{2-\mu}} \to 0, \quad 当 \ x \to +\infty,$$

这就表明 $\int_1^{\infty}$ 也收敛. 于是推知 $\int_0^{\infty}$ 收敛.

(в) 奇点为 ∞ 与 0(后者出现于 $p < 1$ 的时候). 仅当 $p > 0$ 时 $\int_0^1$ 存在 (就 $\dfrac{1}{x}$ 而言为 $1-p$ 阶无穷大). 至于 $\int_1^{\infty}$ 则对于任何 p 都存在; 因为, 取 $\lambda > 1$, 即有

$$\frac{x^{p-1}e^{-x}}{1/x^{\lambda}} = \frac{x^{\lambda+p-1}}{e^x} \to 0, \quad 当 \ x \to +\infty.$$

故 $\int_0^{\infty}$ 当 $p > 0$ 时存在.

6) 在这个与后面的两个习题中, 所考虑的函数 $f(x)$ 与 $g(x)$ 都假定是定义在有穷区间 $[a, b]$ 上, 不过也许有有穷个奇点.

求证:

(a) 若函数 f^2 可积, 则函数 f 本身必定是绝对可积 (这样的函数 f 就说是 "平方可积" 的)[69];

(б) 若二函数 f 与 g 是平方可积, 则它们的和 $f + g$ 也是平方可积;

(в) 在同一假设之下, 乘积 fg 也是 (绝对) 可积的函数.

这些都可根据比较定理从下列不等式很简单地推演出来:

$$|f| \leqslant \frac{1 + f^2}{2}, \quad (f + g)^2 \leqslant 2(f^2 + g^2), \quad |fg| \leqslant \frac{f^2 + g^2}{2}.$$

7) 对上述一类的函数可以建立如同在 **321** 目中那样建立过的积分不等式, 而在那里假定所考虑函数在通常意义下是可积的. 例如, 若在任何情况下 b 是唯一的奇点 (它可能是 ∞), 则仅需对区间 $[a, x_0]$ 写出某个不等式, 其中 $a < x_0 < b$, 然后当 $x_0 \to b$ 取极限, 以证明对反常积分来说不等式成立. 同时由不等式右端的积分的收敛性推出左端积分的收敛性, 这与我们在 **375** 目 8) 中对无穷级数所作的一样.

484. 反常积分的主值 假设函数 $f(x)$ 给定在区间 $[a, b]$ 上, 只有一个奇点 c 在这区间内, 在不包含 c 的任一部分区间上都是 (常义) 可积的. 从 a 到 b 的反常积分是用等式

$$\int_a^b f(x)dx = \lim_{\substack{\eta \to 0 \\ \eta' \to 0}} \left\{ \int_a^{c-\eta} + \int_{c+\eta'}^b \right\}$$

来下定义的, 其中极限当 η 和 η' 独立无关地取极限时应该存在. 在有些情形里, 这个极限不存在, 但若令 η 与 η' 保持相等而趋于零: $\eta' = \eta \to 0$, 这样来考察以上表达式的极限, 往往是很有益处的. 如果这个极限存在, 就 (按照柯西的先例) 称为反常积分 $\int_a^b f(x)dx$ 的**主值**而记作

$$\text{V.p.} \int_a^b f(x)dx = \lim_{\eta \to 0} \left\{ \int_a^{c-\eta} + \int_{c+\eta}^b \right\}.$$

[V.p. 是 "Valeur principale" 一词的两个字头, 按法文的意思就是 "主值"]. 在这种情形下, 通常便说积分 $\int_a^b f(x)dx$**在主值的意义之下存在**. 若一个积分 $\int_a^b f(x)dx$ 作为一个反常积分而存在. 则显然也在主值的意义之下存在; 但反过来, 一般地说, 却是不对的. 我们来看一些**例题**.

1) 积分 $\int_a^b \dfrac{dx}{x-c} (a < c < b)$ 当作一个反常积分来看是不存在的, 因为表达式

$$\int_a^{c-\eta} \frac{dx}{x-c} + \int_{c+\eta'}^b \frac{dx}{x-c} = \ln \frac{b-c}{c-a} + \ln \frac{\eta}{\eta'}$$

当 η 与 η' 互相独立无关地趋于 0 时没有确定的极限. 然而若把 η 和 η' 用条件 $\eta' = \eta$ 联系起来, 就得到表达式

$$\int_a^{c-\eta} + \int_{c+\eta}^b = \ln \frac{b-c}{c-a},$$

---

[69]在这里, 区间 $[a, b]$ 假设是有限的.

事实上是与 η 无关的, 所以存在有积分的主值:

$$\text{V.p.} \int_a^b \frac{dx}{x-c} = \ln \frac{b-c}{c-a}.$$

2) 积分

$$\int_a^b \frac{dx}{(x-c)^n} \quad (a < c < b, n \geqslant 2).$$

当 n 为偶数时有无穷大值, 而当 n 为奇数时, 作为反常积分, 全然不存在. 我们现在考虑表达式:

$$\int_a^{c-\eta} \frac{dx}{(x-c)^n} + \int_{c+\eta}^b \frac{dx}{(x-c)^n}$$

$$= \frac{1}{n-1} \left\{ \frac{1}{(a-c)^{n-1}} - \frac{1}{(b-c)^{n-1}} + \frac{1}{\eta^{n-1}} + (-1)^n \frac{1}{\eta^{n-1}} \right\}.$$

当 n 为奇数时, 这表达式成为一个常数; 所以在这个情形是有主值:

$$\text{V.p.} \int_a^b \frac{dx}{(x-c)^n} = \frac{1}{n-1} \left[\frac{1}{(a-c)^{n-1}} - \frac{1}{(b-c)^{n-1}} \right] \quad (n \text{ 为奇数}).$$

3) 再看发散的积分 $\int_0^{\frac{\pi}{2}} \frac{d\theta}{k - \sin\theta} (0 < k < 1)$. 奇点为 $a = \arcsin k$, 而且当 $\theta \to a$ 时被积函数变为一阶无穷大. 我们有

$$\int \frac{d\theta}{k - \sin\theta} = \frac{1}{\sqrt{1-k^2}} \ln \left| \frac{k - \sin\theta}{1 - k\sin\theta - \sqrt{1-k^2}\cos\theta} \right| = \frac{1}{\sqrt{1-k^2}} \ln \left| \frac{\sin a - \sin\theta}{1 - \cos(a-\theta)} \right|.$$

所以

$$\int_0^{a-\eta} + \int_{a+\eta}^{\frac{\pi}{2}} = \frac{1}{\sqrt{1-k^2}} \left\{ \ln \frac{\sin a - \sin(a-\eta)}{\sin(a+\eta) - \sin a} + \ln \frac{1 - \cos a}{\sin a} \right\}.$$

当 $\eta \to 0$ 时第一项里对数符号后面的表达式趋于 1(这是不难用洛必达法则验证的). 于是

$$\text{V.p.} \int_0^{\frac{\pi}{2}} \frac{d\theta}{k - \sin\theta} = \frac{1}{\sqrt{1-k^2}} \ln \frac{1 - \sqrt{1-k^2}}{k} \quad (0 < k < 1).$$

在有一些情形能够预先判断积分主值的存在性. 我们现在要讲一个这样的情形. 假设给定一个积分

$$\int_a^b \frac{dx}{f(x)},$$

其中函数 $f(x)$ 在区间 $[a, b]$ 上连续而且仅在区间内的 c 这一点变为 0. 假设在 c 点邻域内有一阶导数 $f'(x)$ 存在, 当 $x = c$ 时不为 0, 并且在这一点还有二阶导数 $f''(c)$ 存在.

因为 $\frac{1}{f(x)}$ 当 $x \to c$ 时成为一阶无穷大, 且当 x 通过 c 点时变号, 所以所论的积分是发散的. 我们要证明的是它在主值的意义之下存在.

今令

$$\frac{1}{f(x)} = \frac{1}{f'(c)(x-c)} + \varphi(x),$$

则 $\varphi(x)$ 对于 $x \neq c$ 为连续. 在 $x = c$ 附近, 我们根据带有佩亚诺形式余项的泰勒公式 [124] 有

$$f(x) = f'(c)(x-c) + [f''(c) + \alpha(x)] \cdot \frac{(x-c)^2}{2},$$

其中 $\alpha(x)$ 当 $x \to c$ 时趋于 0. 于是显然

$$\varphi(x) = -\frac{\frac{1}{2}[f''(c) + \alpha(x)]}{f'(c)\left[f'(c) + \frac{f''(c) + \alpha(x)}{2}(x - c)\right]},$$

所以 $\varphi(x)$ 在 $x = c$ 附近保持有界, 因而 $\varphi(x)$ 就在通常意义之下也是可积的. 因为函数 $\dfrac{1}{f'(c)(x - c)}$ 的积分在主值意义之下存在 [参看 1)], 所以对所论的积分也是这样.

例如, 用这个判别法就很容易确定例题 3) 里的主值存在. 再举一个例, 就是一个很重要的非初等函数, 即所谓 "积分对数" 的定义:

$$\mathrm{li}\, a = \int_0^a \frac{dx}{\ln x}.$$

这积分只当 $0 < a < 1$ 时收敛; 当 $a > 1$ 时可以取它的主值.

主值的概念并不难推广到所考虑的区间的内部有任意有限个奇点的情形.

到现在为止我们一直撇开区间的端点为奇点这一可能性; 这是可以不讲的, 因若只要建立主值时这种奇点根本是谈不上的.

4) 例如假设提出一显然发散的积分 ($a > 0$)

$$\int_0^2 \frac{x^{a-1}}{1 - x} dx.$$

这里奇点为 $x = 1$ 与 (当 $a < 1$ 时) 区间的端点 $x = 0$. 很容易证明, 在这一情形, 主值

$$\mathrm{V.p.} \int_0^2 \frac{x^{a-1}}{1 - x} dx = \lim_{\eta \to 0} \left\{ \int_0^{1-\eta} + \int_{1+\eta}^2 \right\}$$

可以简单地化成积分

$$\int_0^1 \frac{(1 - t)^{a-1} - (1 + t)^{a-1}}{t} dt.$$

(当 $a < 1$ 时为一反常积分).

最后我们再讲一种变相的 "主值", 这也是常用到的. 这就是要讲展布于两边都延伸到无穷的区间上的积分的主值, 不过我们不假定在这区间内有奇点. 我们都知道这种积分可用极限等式来下定义:

$$\int_{-\infty}^{+\infty} f(x) dx = \lim_{\substack{A \to +\infty \\ A' \to -\infty}} \int_{A'}^{A} f(x) dx,$$

其中极限的取法是按照 A 与 A' 互相独立无关的假定来作. 可是在这个意义下极限不存在的时候, 对于 $A' = -A$ 这一特殊假定来说, 极限仍往往可能存在. 这特殊的极限称为积分 $\int_{-\infty}^{+\infty} f(x) dx$ 的**主值**而且用符号记作

$$\mathrm{V.p.} \int_{-\infty}^{+\infty} f(x) dx = \lim_{A \to +\infty} \int_{-A}^{A} f(x) dx.$$

例如假若 $f(x)$ 是奇函数, 那么它在对于 0 为对称的区间 $(-A, A)$ 上的积分总等于 0, 因之也就

$$\mathrm{V.p.} \int_{-\infty}^{+\infty} f(x) dx = 0,$$

纵然是反常积分 $\int_{-\infty}^{+\infty} f(x)dx$ 不存在也是这样 (譬如说对于函数 $\sin x$ 就是这样).

假若 $f(x)$ 是偶函数, 则

$$\int_{-A}^{A} f(x)dx = 2\int_{0}^{A} f(x)dx,$$

左边的积分有有限极限存在的情形也就是积分 $\int_{0}^{A} f(x)dx$ 有有限极限存在的情形, 所以反常积分 $\int_{0}^{+\infty} f(x)dx$ 要是收敛的话, 积分 $\int_{-\infty}^{+\infty} f(x)dx$ 也就一同收敛了. 由此看来, 对于偶函数而言, 积分的主值只能与反常积分同时存在 (并且自然也就等于它.)

任意一个 (在任何有限区间上都为可积的) 函数 $f(x)$ 都能表成一个偶函数与一个奇函数的和, 这二函数为

$$\varphi(x) = \frac{f(x) + f(-x)}{2} \quad \text{与} \quad \psi(x) = \frac{f(x) - f(-x)}{2}$$

(也还保持有可积性).

现在由以上所讲的, 显然

$$\text{V.p.} \int_{-\infty}^{+\infty} f(x)dx = \int_{-\infty}^{+\infty} \varphi(x)dx,$$

只要后面这一反常积分收敛就是如此. 例如只要注意函数 $\dfrac{1+x}{1+x^2}$ 是由偶函数 $\dfrac{1}{1+x^2}$ 与奇函数 $\dfrac{x}{1+x^2}$ 合成的, 就立刻可以写出

$$\text{V.p.} \int_{-\infty}^{+\infty} \frac{1+x}{1+x^2}dx = \int_{-\infty}^{+\infty} \frac{dx}{1+x^2} = \pi.$$

485. 关于发散积分广义值的附注

在第十一章 §9, 我们讲了**发散级数**的求和, 按照某种规则, 把 "广义和" 赋予这样的级数, 与此类似, 存在着这样的方法, 允许在某些情况下把 "广义值" 赋予**发散积分**. 其实我们在上一目这样做过, 即在极限过程中提出某些简化的特殊约定, 这种极限过程导致普通的反常积分 (在主值的意义下). 在这里我们考虑本质上全然不同的过程, 这些过程与我们对发散级数所应用的那些是相似的. 我们只举这样一些过程的两个例子, 它们与对级数的切萨罗法及泊松– 阿贝尔法类似.

I. 设函数 $f(x)$ 对 $x \geqslant 0$ 有定义, 并在每一个有限区间 $[0, x]$ 上在通常的意义下可积, 但在区间 $[0, \infty)$ 不可积, 定义函数

$$F(x) = \int_{0}^{x} f(t)dt,$$

并取其平均值

$$\frac{1}{x} \int_{0}^{x} F(u)du.$$

若对它存在有限极限

$$\lim_{x \to \infty} \frac{1}{x} \int_{0}^{x} F(u)du = I,$$

则这个数被看成是积分的 "广义值".

作为例子把这个过程应用到我们已知的发散积分

$$\int_{0}^{\infty} \sin x\, dx \tag{6}$$

[**472**,4)]. 这儿 $f(x) = \sin x, F(x) = 1 - \cos x$, 且

$$\lim_{x \to \infty} \frac{1}{x} \int_0^x F(u)du = \lim_{x \to \infty} \frac{x - \sin x}{x} = 1.$$

于是数 1 就被作为发散积分 (6) 的 "广义值" 而得到了.

自然地, 这儿出现所述方法的**正则性**问题: 对按照 **470** 目定义, 具有有限值 I 的收敛积分

$$\int_0^\infty f(x)dx, \tag{7}$$

这个方法赋予它的 "广义值" 是否同样也是 I? 我们来证明情况正是这样.

对任意的数 $\varepsilon > 0$, 由于积分 (7) 收敛, 可以找到这样的 $x_0 > 0$, 使得对 $x \geqslant x_0$ 有

$$|F(x) - I| < \frac{\varepsilon}{2}, \quad \text{其中} \quad F(x) = \int_0^x f(t)dt.$$

假设 $x > x_0$, 有

$$\frac{1}{x} \int_0^x F(u)du - I = \frac{1}{x} \int_0^x [F(u) - I]du$$
$$= \frac{1}{x} \int_0^{x_0} [F(u) - I]du + \left(1 - \frac{x_0}{x}\right) \cdot \frac{1}{x - x_0} \int_{x_0}^x [F(u) - I]du,$$

因此

$$\left| \frac{1}{x} \int_0^x F(u)du - I \right| < \frac{1}{x} \left| \int_0^{x_0} [F(u) - I] \right| + \frac{1}{x - x_0} \int_{x_0}^x |F(u) - I|du.$$

右端第二项 $< \frac{\varepsilon}{2}$(按照数 x_0 本身的选择); 当 x 充分大时, 第一项同样也可变得小于 $\frac{\varepsilon}{2}$, 于是同时有

$$\left| \frac{1}{x} \int_0^x F(u)du - I \right| < \varepsilon.$$

这样一来, 实际上

$$\lim_{x \to \infty} \frac{1}{x} \int_0^x F(u)du = I.$$

这就是所要证明的.

II. 这一次, 对于给定的函数 $f(x)$, 积分 (7) 不存在, 按此函数引入另一积分

$$\int_0^\infty e^{-kx} f(x)dx.$$

若上述积分当 $k > 0$ 时收敛并存在有限极限

$$\lim_{k \to 0} \int_0^\infty e^{-kx} f(x)dx = I,$$

则这个极限可被取作发散积分 (7) 的 "广义值".

为了给出例子, 重新考虑积分 (6), 因为

$$\int_0^\infty e^{-kx} \sin x dx = \frac{1}{k^2 + 1}$$

[**472**,1)]当 $k \to +0$ 时趋于 1, 那么这儿 1 可作为积分 (6) 的 "广义值".

关于第二个方法的正则性问题, 我们后面再回过来谈 [**520**].

§3. 反常积分的性质与变形

486. 最简单的一些性质　我们将要讨论在有限或无穷区间 $[a,b]$ 上的 (就通常意义而言或反常积分的意义而言的) 可积函数. 这样,a 与 b 就不但可以是有限的数, 而且还可以是 $\pm\infty$. 反常积分的最简单的一些性质, 我们只加以列举, 这些都与通常积分的性质完全相似 [**302 ～ 306**] 而且可以用同样方法从它们推出来. 因为反常积分都是通常积分的极限, 所以通常只需把表达我们要求的性质的等式与不等式先对通常积分写出来, 然后再取极限.

首先, 这里也可以引进**按定向区间积分**的概念而且证明:

1° 若 $f(x)$ 在区间 $[b,a]$ 上为可积, 则在区间 $[a,b]$ 上也为可积, 而且还有

$$\int_a^b f(x)dx = -\int_b^a f(x)dx.$$

[这可以直接地当作是积分 $\int_a^b$ 当 $a>b$ 时的定义].

其次:

2° 设 $f(x)$ 在 $[a,b]$ 和 $[a,c],[c,b]$ 这三个区间中的最大的一个① 上为可积. 那么在其余两个区间上也为可积, 而且等式

$$\int_a^b f(x)dx = \int_a^c f(x)dx + \int_c^b f(x)dx$$

成立.

3° 若 $f(x)$ 在 $[a,b]$ 上为可积而且 $c=$ 常数, 则 $c \cdot f(x)$ 也为可积, 而且

$$\int_a^b c \cdot f(x)dx = c \cdot \int_a^b f(x)dx.$$

4° 设函数 $f(x)$ 与 $g(x)$ 都在区间 $[a,b]$ 上可积; 则函数 $f(x) \pm g(x)$ 也可积, 而且

$$\int_a^b [f(x) \pm g(x)]dx = \int_a^b f(x)dx \pm \int_a^b g(x)dx.$$

上面 (及下面)这一性质的证明② 只要留心 **479** 目附注即可直接得出. 譬如说, 假设 b 为对于函数 $f(x)$ 与 $g(x)$ 中任何一个而言的唯一的奇点. 那么只要写出等式

$$\int_a^{x_0} [f(x) \pm g(x)]dx = \int_a^{x_0} f(x)dx \pm \int_a^{x_0} g(x)dx \quad (a < x_0 < b),$$

再对于 $x_0 \to b$ 取极限, 即可得出前面那个公式, 无论所有从 a 到 b 的积分都是反常积分或者只有一个是反常积分, 都是一样.

---

① 更准确地说: 是把其他两个区间包含在其内的一个区间.
② 对于积分限为无穷的积分, 性质 3° 与 4°, 在 **473** 目已提到过, 甚至在随后的一目中还应用过. 这里对此二性质作了更一般的表述.

5°   若两个在区间 $[a,b]$ 上可积的函数 $f(x)$ 与 $g(x)$ 适合不等式 $f(x) \leqslant g(x)$, 则当 $a < b$ 时

$$\int_a^b f(x)dx \leqslant \int_a^b g(x)dx.$$

6°   若函数 $f(x)$ 在区间 $[a,b]$ 上绝对可积, 则当 $a < b$ 时

$$\left| \int_a^b f(x)dx \right| \leqslant \int_a^b |f(x)|dx.$$

7°   若函数 $f(x)$ 在区间 $[a,b]$ 上可积, 则对于这区间上的任何一个 x, 积分

$$\Phi(x) = \int_a^x f(t)dt \tag{1}$$

都存在而且还是 x 的连续函数.

设 $a < x_0 \leqslant b$, 要证的譬如说就是 $\Phi(x)$ 在 $x = x_0$ 的左连续. 在 a 到 x_0 之间取 c 使区间 $[c, x_0]$ 上除去 x_0 可能为奇点而外, 绝无奇点, 就对于 $c < x \leqslant x_0$ 有

$$\int_a^x f(t)dt = \int_a^c f(t)dt + \int_c^x f(t)dt, \tag{2}$$

因而只需证明

$$\lim_{x \to x_0 - 0} \int_c^x f(t)dt = \int_c^{x_0} f(t)dt.$$

然而这个等式无论当右端为常义积分或反常积分时都是成立的 [参看 **479** 目附注].

若 $x_0 = b = +\infty$, 则函数 $\Phi(x)$ 在 $x = +\infty$ 的连续性的意思就是说

$$\lim_{x \to +\infty} \Phi(x) = \Phi(+\infty) = \int_a^{+\infty} f(t)dt.$$

8°   在同一假设之下, 若函数 $f(x)$ 在 $x = x_0$ 连续, 则 (1) 中的函数 $\Phi(x)$ 在这点有导数存在, 而且

$$\Phi'(x_0) = f(x_0).$$

证明只需利用分解式 (2), 并引用常义积分的相似的性质.

很容易对于积分下限为变量的情形相仿地叙述出性质 7° 与 8°.

487. 中值定理   第一中值定理在最初一个形式 [**304**,9°] 中, 本质上要假定函数 $f(x)$ 为有界而区间为有限, 因之不能转移到反常积分的情形. 但是推广了的形式 [**304**,10°] 却可以搬将过来:

第一中值定理   假设二函数 $f(x)$ 与 $g(x)$ 都在区间 $[a,b]$ 上可积, 又假设 $f(x)$ 有界:

$$m \leqslant f(x) \leqslant M,$$

而 $g(x)$ 不改变正负号; 那么函数 $f(x) \cdot g(x)$ 也就可积, 而且

$$\int_a^b f(x) \cdot g(x)dx = \mu \int_a^b g(x)dx,$$

其中 $m \leqslant \mu \leqslant M$.

　　积分的存在性是从 **475** 目末尾的定理以及 **482** 目中与它类似的定理出来的. 而等式本身则可形式上像对于常义积分一样去证明.

　　若函数 $f(x)$ 在闭区间 $[a,b]$ 上连续, 则可取 $f(x)$ 在 $[a,b]$ 上的最小值与最大值作为 m 与 M, 而因子 μ 则与函数 $f(x)$ 的一个值相等:

$$\int_a^b f(x) \cdot g(x)dx = f(c) \cdot \int_a^b g(x)dx,$$

其中 c 在 $[a,b]$ 上. 这在区间 $[a,b]$ 为无穷的情形也对, 因为魏尔斯特拉斯定理与柯西定理 [**85**,**82**] 对于这种情形也是正确的, 这一点请读者自行验证.

　　也还有 [比较 **306**,14°]:

　　第二中值定理　假设函数 $f(x)$ 在区间 $[a,b]$ 上单调而有界, 而函数 $g(x)$ 则在这区间上可积. 那么函数 $f(x) \cdot g(x)$ 也就可积, 而且

$$\int_a^b f(x) \cdot g(x)dx = f(a) \cdot \int_a^\xi g(x)dx + f(b) \int_\xi^b g(x)dx \quad (a \leqslant \xi \leqslant b)$$

　　我们为了明确起见专讨论一个情形, 就是 a 为有限,$b = +\infty$, 而 $g(x)$ 没有 $+\infty$ 以外的奇点这一情形. 积分的存在性可从阿贝尔判别法推出.

　　函数 $f(x)$ 可以看作是递减的而无损于普遍性. 由于它的有界性, 就存在一个有限的极限

$$f(+\infty) = \lim_{x \to +\infty} f(x).$$

于是 $f^*(x) = f(x) \quad f(+\infty) \geqslant 0$. 对于有限区间 $[a, A]$ 总有 [**306**,13°]

$$\int_a^A f^*(x)g(x)dx = f^*(a) \int_a^\eta g(x)dx \quad (a \leqslant \eta \leqslant A). \tag{3}$$

函数 $\int_a^A g(x)dx$ 既在区间 $[a, +\infty]$[70] 上为 A 的连续函数, 就有有限的上下界 M 与 m, 于是 [参看 (3)]

$$m \cdot f^*(a) \leqslant \int_a^A f^*(x)g(x)dx \leqslant M \cdot f^*(a),$$

因而, 就 $A \to +\infty$ 而取极限, 得到

$$m \cdot f^*(a) \leqslant \int_a^{+\infty} f^*(x)g(x)dx \leqslant M \cdot f^*(a).$$

---

[70] 在形如 $[a, \infty], [-\infty, a]$ 及 $[-\infty, \infty]$ 的无穷闭区间上连续的函数的性质, 同读者已很好地了解的在有限闭区间上连续的函数性质完全类似.

由此推知

$$\int_a^{+\infty} f^*(x)g(x)dx = \mu \cdot f^*(a) \quad (m \leqslant \mu \leqslant M). \tag{4}$$

但是连续函数 $\int_a^A g(x)dx$ 达到它自己的上下界 M 与 m 以及介于 M 与 m 之间的任何值, 这就是说 $\mu = \int_a^\xi g(x)dx$, 其中 $a \leqslant \xi \leqslant +\infty$.

把所得到的 μ 的表达式以及 $f^*(x) = f(x) - f(+\infty)$ 代入 (4) 里去, 即得所要证的公式.

488. 反常积分的分部积分法 假设函数 $u = u(x)$ 与 $v = v(x)$ 连同它们的一阶导数在区间 $[a, b]$ 上除掉 b 点 (可能 $b = +\infty$) 以外的全部点上皆有定义而且连续. 于是等式

$$\int_a^b u dv = uv \bigg|_a^b - \int_a^b v du$$

成立, 只需把式中二重替换看成是差数

$$\lim_{x \to b} u(x)v(x) - u(a)v(a).$$

这里假定了一点, 就是从整个等式所含三件东西 (两个积分和一个二重替换) 之中的两件有意义可以推出第三件也存在.

其实, 取 $a < x_0 < b$, 即可写出对于区间 $[a, x_0]$ 的通常的分部积分公式, 其中积分全是常义积分:

$$\int_a^{x_0} u dv = [u(x_0)v(x_0) - u(a)v(a)] - \int_a^{x_0} v du.$$

今使等式中的 x_0 趋于 b. 则整个等式中的三件东西之中的任何两件若有有限的极限[1], 其余一个也就有有限的极限, 因而所求证的等式利用取极限的办法就可以证明了.

489. 例题 1) $\int_0^{\frac{\pi}{2}} \ln \sin x dx = x \ln \sin x \Big|_0^{\frac{\pi}{2}} - \int_0^{\frac{\pi}{2}} x \cdot \frac{\cos x}{\sin x} dx = -\int_0^{\frac{\pi}{2}} \frac{x}{\operatorname{tg} x} dx$ —— 在这里分部积分法把反常积分化成了常义积分, 因而也同时证明了反常积分的存在性. 下面几个例题也有同样的特点.

2)

(a) $\int_0^1 \frac{\ln x}{1 + x^2} dx = \int_0^1 \ln x d\operatorname{arctg} x = \ln x \cdot \operatorname{arctg} x \Big|_0^1 - \int_0^1 \frac{\operatorname{arctg} x}{x} dx = -\int_0^1 \frac{\operatorname{arctg} x}{x} dx.$

(б) 同样,

$$\int_0^1 \frac{\ln x}{\sqrt{1 - x^2}} dx = -\int_0^1 \frac{\arcsin x}{x} dx.$$

---

[1] 参看 **477** 目附注.

3)

$$\int_a^\infty \frac{\sin x}{x}dx = -\int_a^\infty \frac{d\cos x}{x} = -\frac{\cos x}{x}\Big|_a^\infty - \int_a^\infty \frac{\cos x}{x^2}dx \quad (a > 0).$$

因为二重替换和右端的积分都有意义, 所以这也证明了左端积分的存在性 [比较 **476,477**].

可以完全照样来证明积分

$$\int_a^\infty \frac{f(x)}{x^\lambda}dx \quad (a > 0, \lambda > 0)$$

的存在性, 只要对于所有 $x > a$ 函数 $f(x)$ 都连续而且它的积分 $F(x) = \int_a^x f(x)dx$ 又有界. [这可从狄利克雷判别法推出].

用分部积分的方法有时可得出递推公式, 而后用这些递推公式就可以很容易地计算所设积分. 这一点我们用下面各例 (其中 n 与 k 为自然数) 来阐明.

4) $I_n = \int_0^\infty e^{-t} \cdot t^n dt$.

我们有

$$I_n = -e^{-t} \cdot t^n \Big|_0^\infty + n\int_0^\infty e^{-t} \cdot t^{n-1}dt = nI_{n-1},$$

故得 $I_n = n!$

在这里 (同后面各例中) 二重替换为零, 这就产生了分部积分法用在定积分上 (而非不定积分上) 的优点.

5) $E_n = \int_0^\infty e^{-ax} \sin^n x dx \ (a > 0)$.

首先, 我们用分部积分法得到

$$E_n = -\frac{1}{a}e^{-ax}\sin^n x \Big|_0^\infty + \frac{n}{a}\int_0^\infty e^{-ax}\sin^{n-1} x \cos x dx.$$

因二重替换等于零, 所以再引用分部积分法就更进一步得着

$$E_n = -\frac{n}{a^2}e^{-ax}\sin^{n-1} x \cos x \Big|_0^\infty + \frac{n(n-1)}{a^2}\int_0^\infty e^{-ax}\sin^{n-2} x \cos^2 x dx$$
$$-\frac{n}{a^2}\int_0^\infty e^{-ax}\sin^n x dx.$$

若把这里的 $\cos^2 x$ 换成 $1 - \sin^2 x$, 则很容易得到循环公式:

$$E_n = \frac{n(n-1)}{n^2 + a^2} \cdot E_{n-2}.$$

因为 $E_0 = \frac{1}{a}, E_1 = \frac{1}{1+a^2}$, 所以最后要看,$n$ 为奇数或偶数而相应地得到

$$E_{2k-1} = \frac{(2k-1)!}{(1+a^2)(3^2+a^2)\cdots(\overline{2k-1}^2+a^2)},$$
$$E_{2k} = \frac{(2k)!}{a(2^2+a^2)(4^2+a^2)\cdots(2k^2+a^2)}.$$

6) 分部积分法的推广公式 [**311**(7)] 也很容易推广到反常积分的情形.

例如假设要讨论积分

$$K = \int_0^\infty e^{-(p+1)x} \cdot L_n(x)dx,$$

其中 $p > 0$ 而 $L_n(x)$ 为所谓第 n 个切比雪夫–拉盖尔(Laguerre) 多项式.

$$L_n(x) = e^x \cdot \frac{d^n(x^n e^{-x})}{dx^n} \quad (n = 0, 1, 2, \cdots).$$

利用所说公式就有

$$
\begin{aligned}
K &= \int_0^\infty e^{-px} \cdot \frac{d^n(x^n e^{-x})}{dx^n} dx \\
&= \left\{ e^{-px} \cdot \frac{d^{n-1}(x^n e^{-x})}{dx^{n-1}} - \cdots + (-1)^{n-1} \frac{d^{n-1} e^{-px}}{dx^{n-1}} \cdot x^n e^{-x} \right\} \Big|_0^\infty \\
&\quad + (-1)^n \int_0^\infty x^n e^{-x} \cdot \frac{d^n e^{-px}}{dx^n} dx = p^n \int_0^\infty x^n e^{-(p+1)x} dx,
\end{aligned}
$$

因而终于得到 [参看 4)]:

$$K = \frac{p^n}{(p+1)^{n+1}} \cdot n!$$

同样可证得下列结果:

$$
\int_0^\infty e^{-x} L_n(x) \cdot L_k(x) dx = \left\{
\begin{array}{ll}
0, & \text{当 } k \neq n, \\
(n!)^2, & \text{当 } k = n.
\end{array}
\right.
$$

490. 反常积分里的变量变换   假设函数 $f(x)$ 在 $[a, b]$ 这一有限的或无穷的区间上有定义而且连续, 因之在这区间的每一不包含 b 点的部分上都是就通常意义而言为可积的, 而 b 这一点则可能是 $+\infty$; 按假设, b 这一点乃是 $f(x)$ 的唯一的奇点.

我们现在要考虑的是一个单调上升函数 $x = \varphi(t)$, 它同它的导数 $\varphi'(t)$ 在区间 $[\alpha, \beta]$ 上是连续的, 而 β 又可以是 $+\infty$; 我们还假定 $\varphi(\alpha) = a$ 而且 $\varphi(\beta) = b$. 最后这个等式的意义应当了解成 $\lim\limits_{t \to \beta} \varphi(t) = b$.

在这些条件之下就有等式

$$\int_a^b f(x) dx = \int_\alpha^\beta f(\varphi(t)) \cdot \varphi'(t) dt \tag{5}$$

成立, 不过要假定这两个积分中有一个存在 (因而另一个也就可以推知其存在). 后面这个积分也许是常义积分, 也许是以 β 为唯一奇点的反常积分.

按照反函数的定理 [**83**] 显然可以把 t 看成是 x 在 $[a, b]$ 上的单调上升而且连续的函数:$t = \theta(x)$, 并且 $\lim\limits_{x \to b} \theta(x) = \beta$.

现设 x_0 与 t_0 为 x 与 t 在区间 (a, b) 与 (α, β) 上任意一对互相对应的值. 于是引用常义积分中的变量变换即有

$$\int_a^{x_0} f(x) dx = \int_\alpha^{t_0} f(\varphi(t)) \cdot \varphi'(t) dt.$$

假若 (5) 里的两个积分, 譬如说, 是第二个存在, 那么我们就令 x_0 按照任意方式变动去接近 b; 这时 $t_0 = \theta(x_0)$ 就趋于 β, 而我们也就证明了公式 (5) 成立, 同时又用这证明确立了它左边的积分的存在性.

以上的讨论同样可以用到 $\alpha > \beta$ 而函数 $\varphi(t)$ 单调下降的情形. 这就把奇点分布的别种可能情形都解决了. 关于变换积分时积分限的位置, 应当随时记住的是, 积分下限 α 应当对应到积分下限 a, 而积分上限 β 应当对应到积分上限 b, 不管是 $\alpha < \beta$ 或者是 $\alpha > \beta$ 都一样.

491. 例题　1) 积分

$$\int_{x_0}^{\infty} \frac{dx}{\sqrt{x(x-1)(x-k^2)}} \quad (k^2 < 1 < x_0)$$

可用变换 $x = \dfrac{1}{t^2}, dx = -\dfrac{2}{t^3}dt$ 化成

$$-2\int_{\frac{1}{\sqrt{x_0}}}^{0} \frac{dt}{\sqrt{(1-t^2)(1-k^2t^2)}} = 2\int_{0}^{\frac{1}{\sqrt{x_0}}} \frac{dt}{\sqrt{(1-t^2)(1-k^2t^2)}}.$$

这里 $a = x_0, b = \infty, \alpha = \dfrac{1}{\sqrt{x_0}}, \beta = 0$. 反常积分变化成了常义积分.

2) 试用变换 $x = a\cos^2\varphi + b\sin^2\varphi$ 计算积分

$$\int_a^b \frac{dx}{\sqrt{(x-a)(b-x)}}.$$

提示　这里 $\alpha = 0, \beta = \dfrac{\pi}{2}$, 而所求积分可化成常义积分

$$2\int_0^{\frac{\pi}{2}} d\varphi = \pi.$$

3) 为了证实积分 $\int_0^{\infty} \sin x^2 dx$ 的收敛性, 我们在它里面实行变数替换: $x = \sqrt{t}, dx = \dfrac{dt}{2\sqrt{t}}$, $a = \alpha = 0, b = \beta = \infty$. 我们得到已知的收敛的 [**476** 或 **489**,3)] 积分 $\dfrac{1}{2}\int_0^{\infty} \dfrac{\sin t}{\sqrt{t}} dt$, 因之所设积分也收敛. 有趣的一点是, 被积函数当 $x \to \infty$ 时并不趋向任何极限, 而振动于 $+1$ 与 -1 之间.

照样可以解决积分 $\int_0^{\infty} \cos x^2 dx$ 的收敛问题.

下面的例子证明了更为一般的结果.

4) 证明: 若 $f'(x)$ 单调上升且当 $x \to \infty$ 时趋于 ∞, 则积分

$$\int_0^{\infty} \sin(f(x))dx, \quad \int_0^{\infty} \cos(f(x))dx$$

收敛.

首先, 对于充分大的 $x, f'(x) > 0$, 且 $f(x)$ 单调上升, 我们假定从 $x = a$ 开始, 上述就成立. 借助于有限增量公式, 得

$$f(x+1) = f(x) + f'(x+\theta) \geqslant f(a) + f'(x),$$

因此, 函数 $f(x)$ 本身当 $x \to \infty$ 趋于 ∞. 引入新的变量 $t = f(x)$, 因此若以 g 表示 f 的反函数, 则

$$x = g(t), \quad dx = g'(t)dt \quad (\alpha = f(a), \beta = \infty).$$

但导数 $g'(t) = \dfrac{1}{f'(x)}$ 单调下降, 当 $t \to \infty$ 时, 它趋于 0. 所以根据狄利克雷判别法变换后的积分

$$\int_{f(a)}^{\infty} \sin t \cdot g'(t)dt, \quad \int_{f(a)}^{\infty} \cos t \cdot g'(t)dt$$

是收敛的, 而所论的两个积分和它们一起, 都是收敛的.

5) 要算出积分 $\int_0^{\infty} \dfrac{\ln x}{1 + x^2} dx$ 的值 [其收敛性已在 **483**,5)(6) 里证实了] 可以把它分开成两个: $\int_0^{\infty} = \int_0^1 + \int_1^{\infty}$. 在第二个里面作变换 $x = \dfrac{1}{t} (a = 1, b = \infty, \alpha = 1, \beta = 0)$ 就得到结果

$$\int_1^{\infty} \frac{\ln x}{1 + x^2} dx = \int_1^0 \frac{\ln t}{1 + t^2} dt = -\int_0^1 \frac{\ln x}{1 + x^2} dx,$$

于是推知所设积分等于 0.

6) 设所给反常积分为

$$\int_0^1 \frac{e^x}{\sqrt{1 - x^2}} dx;$$

则用变换 $x = \sin t \left(a = 0, b = 1, \alpha = 0, \beta = \dfrac{\pi}{2}\right)$ 即可化成常义积分

$$\int_0^{\frac{\pi}{2}} e^{\sin t} dt.$$

7) 积分 $I = \int_0^{\infty} \dfrac{dx}{1 + x^4}$ 的计算 [比较 **472**,2)] 可以用适当的变换作得很简单.

首先它可以用变换 $x = \dfrac{1}{t} (a = 0, b = \infty, \alpha = \infty, \beta = 0)$ 化成积分

$$\int_0^{\infty} \frac{x^2 dx}{1 + x^4},$$

所以可以写成

$$I = \frac{1}{2} \int_0^{\infty} \frac{(1 + x^2)dx}{1 + x^4} = \frac{1}{2} \int_0^{\infty} \frac{\left(1 + \dfrac{1}{x^2}\right) dx}{x^2 + \dfrac{1}{x^2}}.$$

现在只要引用变换 $x - \dfrac{1}{x} = z(a = 0, b = +\infty, \alpha = -\infty, \beta = +\infty)$, 就立即得到

$$I = \frac{1}{2} \int_{-\infty}^{+\infty} \frac{dz}{z^2 + 2} = \frac{1}{2\sqrt{2}} \text{arctg} \frac{z}{\sqrt{2}} \bigg|_{-\infty}^{+\infty} = \frac{\pi}{2\sqrt{2}}.$$

8) 要算出积分 $\int_0^{\frac{\pi}{2}} \dfrac{d\theta}{\sqrt{\text{tg}\theta}}$ 的值, 很自然地要令 $t = \sqrt{\text{tg}\theta}$, 即 $\theta = \text{arctg} t^2 (a = 0, b = \dfrac{\pi}{2}$, $\alpha = 0, \beta = \infty)$; 于是归结到刚才计算过的积分: $2 \int_0^{\infty} \dfrac{dt}{1 + t^4} = \dfrac{\pi}{\sqrt{2}}$.

9) 试验证下列公式:

(a) $\int_{-1}^{1} \dfrac{dx}{(\alpha^2 - x^2)\sqrt{1 - x^2}} = \dfrac{\pi}{\alpha\sqrt{\alpha^2 - 1}}$ $(\alpha > 1)$;

(б) $\int_{1}^{\infty} \dfrac{dx}{(x^2 - \alpha^2)\sqrt{x^2 - 1}} = \dfrac{\arcsin \alpha}{\alpha\sqrt{1 - \alpha^2}}$ $(0 < \alpha < 1)$;

(в) $\int_{-1}^{1} \dfrac{dx}{(x^2 + \alpha^2)\sqrt{1 - x^2}} = \dfrac{\pi}{\alpha\sqrt{1 + \alpha^2}}$ $(\alpha > 0)$;

(г) $\int_{1}^{\infty} \dfrac{dx}{(x^2 + \alpha^2)\sqrt{x^2 - 1}} = \dfrac{\ln(\alpha + \sqrt{1 + \alpha^2})}{\alpha\sqrt{1 + \alpha^2}}$ $(\alpha > 0)$;

(д) $\int_{0}^{\infty} \dfrac{dx}{(x^2 + \alpha^2)\sqrt{x^2 + 1}} = \begin{cases} \dfrac{\ln(\alpha + \sqrt{\alpha^2 - 1})}{\alpha\sqrt{\alpha^2 - 1}} & (\alpha > 1); \\ 1 & (\alpha = 1); \\ \dfrac{\arccos \alpha}{\alpha\sqrt{1 - \alpha^2}} & (0 < \alpha < 1). \end{cases}$

提示 所有情形中都运用阿贝尔替换 [**284**].

10) 关于下列这两个积分

$$\int_{\alpha}^{\infty} \frac{dx}{x \ln^{\lambda} x}, \quad \int_{A}^{\infty} \frac{dx}{x \cdot \ln x \cdot \ln^{\lambda}(\ln x)} \quad (\lambda > 0, \alpha > 1, A > e),$$

收敛问题都可立即解决, 只要利用变换

$$t = \ln x, \quad u = \ln(\ln x)$$

把它们化成积分

$$\int_{\ln \alpha}^{\infty} \frac{dt}{t^{\lambda}}, \quad \int_{\ln(\ln A)}^{\infty} \frac{du}{u^{\lambda}}$$

—— 两个都在 $\lambda > 1$ 时收敛, 在 $\lambda \leqslant 1$ 时发散.

在以下各题中的 $f(u)$, 不用声明, 都是对于 $u \geqslant 0$ 为连续的某个函数.

11) 求证

$$\int_{0}^{\infty} f\left(\frac{x}{a} + \frac{a}{x}\right) \ln x \frac{dx}{x} = \ln a \cdot \int_{0}^{\infty} f\left(\frac{x}{a} + \frac{a}{x}\right) \frac{dx}{x} \quad (a > 0),$$

只要两个积分都收敛就成立.

提示 引用变换 $x = ae^u$ $(\alpha = -\infty, \beta = +\infty)$.

12) 求证 (当 $p > 0$ 时)

(a) $\int_{0}^{\infty} f(x^p + x^{-p}) \ln x \dfrac{dx}{x} = 0$,

(б) $\int_{0}^{\infty} f(x^p + x^{-p}) \ln x \dfrac{dx}{1 + x^2} = 0$,

只要这些积分收敛就成立.

譬如对于 (a) 我们有 $\int_{0}^{\infty} = \int_{0}^{1} + \int_{1}^{\infty}$, 但 $\int_{1}^{\infty} = -\int_{0}^{1}$ 是很容易用变换 $x = \dfrac{1}{t}$ 验证的, 等等.

13) 试在右边的积分收敛这一假定之下来证明公式

$$\int_0^\infty f\left[\left(Ax - \frac{B}{x}\right)^2\right] dx = \frac{1}{A}\int_0^\infty f(y^2)dy \quad (A > 0, B > 0).$$

变换 $y = Ax - \dfrac{B}{x}(a = -\infty, b = +\infty, \alpha = 0, \beta = +\infty)$ 给出

$$\int_{-\infty}^{+\infty} f(y^2)dy = \int_0^{+\infty} f\left[\left(Ax - \frac{B}{x}\right)^2\right] \cdot \left(A + \frac{B}{x^2}\right) dx$$

$$= A\int_0^{+\infty} f\left[\left(Ax - \frac{B}{x}\right)^2\right] dx + B\int_0^{+\infty} f\left[\left(Ax - \frac{B}{x}\right)^2\right] \cdot \frac{dx}{x^2}.$$

但是最后这个积分可用变换 $x = -\dfrac{B}{At}(a = 0, b = +\infty, \alpha = -\infty, \beta = 0)$ 化成

$$A\int_{-\infty}^0 f\left[\left(At - \frac{B}{t}\right)^2\right] dt,$$

所以

$$\int_{-\infty}^{+\infty} f(y^2)dy = A\int_{-\infty}^{+\infty} f\left[\left(Ax - \frac{B}{x}\right)^2\right] dx.$$

由此 (因为被积函数都是偶函数) 就推出所要证的公式.

14) 作为结尾, 在掌握了反常积分的变量变换后, 我们回到前面还未完成的一个问题. 在 **439**,1) 曾研究了连续函数

$$f(x) = \sum_{n=1}^\infty \frac{x}{n^p + x^2 \cdot n^q},$$

但未弄清当 $0 \leqslant p < 1, q > 1$ 及 $p + q \leqslant 2$ 时, 它在点 $x = 0$ 的性状.

应用 234 页脚注中的公式 (10a), 可以借助于积分

$$f(x) \geqslant \int_1^\infty \frac{xdt}{t^p + t^q \cdot x^2}$$

从下方来估计级数的和. 假设 $t = x^{-\frac{2}{q-p}} \cdot v$, 这样来对不等式作变换:

$$f(x) \geqslant x^{\frac{p+q-2}{q-p}} \int_{x^{\frac{2}{q-p}}}^\infty \frac{dv}{v^p + v^q}.$$

当 $x \to +0$ 时, 积分趋于有限的正极限

$$\int_0^\infty \frac{dv}{v^p + v^q},$$

而积分前的因子当 $x \to +0$ 时或者等于 1(若 $p + q = 2$), 或者就趋于 ∞ (若 $p + q < 2$). 因为 $f(0) = 0$, 则在点 $x = 0$ 的右边在任何情况下都有间断, 在点 $x = 0$ 左边也是如此.

附注 带有无穷限的积分 $\int_a^{+\infty} f(x)dx$ 总是可以用适当的替换化成只带有穷限的积分 (常义的或反常的). 例如, 若 $a > 0$ 即可令 $x = \dfrac{1}{t}$:

$$\int_a^\infty f(x)dx = \int_0^{\frac{1}{a}} f\left(\frac{1}{t}\right) \frac{dt}{t^2}.$$

反之, 以 b 为唯一奇点的反常积分 $\int_a^b f(x)dx$ 也总是可以化成带有无穷限的积分 (无别的奇点). 例如, 令 $x = b - \dfrac{1}{t}$ 即得

$$\int_a^b f(x)dx = \int_{\frac{1}{b-a}}^\infty f\left(b - \frac{1}{t}\right) \cdot \frac{dt}{t^2}.$$

§4. 反常积分的特别计算法

492. 几个有名的积分　我们先讲几个重要积分的特意创造的计算法.

1°　**欧拉** (L.Euler) 积分:

$$J = \int_0^{\frac{\pi}{2}} \ln \sin x \, dx.$$

它的存在性我们已经证明过 [**489**,1)]. 欧拉积分的计算法主要地是利用变量变换. 令 $x = 2t$, 即有

$$J = 2\int_0^{\frac{\pi}{4}} \ln \sin 2t \, dt = \frac{\pi}{2}\ln 2 + 2\int_0^{\frac{\pi}{4}} \ln \sin t \, dt + 2\int_0^{\frac{\pi}{4}} \ln \cos t \, dt.$$

最后这个积分中代入 $t = \dfrac{\pi}{2} - u$, 即化成这样

$$2\int_{\frac{\pi}{4}}^{\frac{\pi}{2}} \ln \sin u \, du,$$

所以结果得到一个确定 J 的方程

$$J = \frac{\pi}{2} \cdot \ln 2 + 2J,$$

于是得知

$$J = -\frac{\pi}{2}\ln 2.$$

下列这两个积分

$$\int_0^{\frac{\pi}{2}} \frac{x}{\text{tg}x}dx, \quad \int_0^1 \frac{\arcsin x}{x}dx,$$

都可以化成欧拉积分, 只相差一个正负号 [比较 **489**,1) 与 2)(б)].

2°　我们现在要来计算见于概率论中的**欧拉–泊松积分**

$$K = \int_0^\infty e^{-x^2}dx.$$

为了这个目的我们要预先建立几个不等式.

以微分学中常用的方法不难验证, 函数 $(1+t)e^{-t}$ 在 $t = 0$ 时达到它的最大值 1. 因之对于 $t \gtrless 0$ 都有

$$(1+t)e^{-t} < 1.$$

令这里的 $t = \pm x^2$, 即得

$$(1 - x^2)e^{x^2} < 1 \quad \text{与} \quad (1 + x^2)e^{-x^2} < 1,$$

由此推知
$$1 - x^2 < e^{-x^2} < \frac{1}{1 + x^2} \quad (x > 0).$$

假若限定这里的第一个不等式中的 x 在区间 $(0,1)$ 内变动 (因而 $1 - x^2 > 0$), 而第二个不等式中的 x 则看作是任意的, 我们就可以把上列各式同升任意自然数 n 次方[①]; 这样即得

$$(1 - x^2)^n < e^{-nx^2} \quad (0 < x < 1)$$

与

$$e^{-nx^2} < \frac{1}{(1 + x^2)^n} \quad (x > 0).$$

取积分, 第一个不等式从 0 到 1, 第二个不等式从 0 到 $+\infty$, 即得

$$\int_0^1 (1 - x^2)^n dx < \int_0^1 e^{-nx^2} dx < \int_0^{+\infty} e^{-nx^2} dx < \int_0^{+\infty} \frac{dx}{(1 + x^2)^n}.$$

但是

$$\int_0^{+\infty} e^{-nx^2} dx = \frac{1}{\sqrt{n}} \cdot K \quad (\text{用变换 } u = \sqrt{n}x),$$

$$\int_0^1 (1 - x^2)^n dx = \int_0^{\frac{\pi}{2}} \sin^{2n+1} t\, dt = \frac{(2n)!!}{(2n+1)!!} \quad (\text{用变换 } x = \cos t).$$

而且

$$\int_0^{+\infty} \frac{dx}{(1 + x^2)^n} = \int_0^{\frac{\pi}{2}} \sin^{2n-2} t\, dt = \frac{(2n-3)!!}{(2n-2)!!} \cdot \frac{\pi}{2} \quad (\text{用变换 } x = \operatorname{ctg} t).$$

[这里我们用了积份值 $\int_0^{\frac{\pi}{2}} \sin^m x\, dx$ 的已知表达式, **312**,(8)]. 这样一来, 对于我们还是未知其值的 K 就被限于下列两个表达式之间:

$$\sqrt{n} \cdot \frac{(2n)!!}{(2n+1)!!} < K < \sqrt{n} \frac{(2n-3)!!}{(2n-2)!!} \cdot \frac{\pi}{2}.$$

所以, 取平方即变成:

$$\frac{n}{2n+1} \cdot \frac{[(2n)!!]^2}{[(2n-1)!!]^2(2n+1)} < K^2$$

$$< \frac{n}{2n-1} \cdot \frac{[(2n-3)!!]^2(2n-1)}{[(2n-2)!!]^2} \cdot \left(\frac{\pi}{2}\right)^2.$$

现在从沃利斯公式 [**317**]:

$$\frac{\pi}{2} = \lim_{n \to \infty} \frac{[(2n)!!]^2}{[(2n-1)!!]^2(2n+1)}$$

[①] 两边都是正的不等式是可以把两边同升一个自然数次方的.

容易看出来, 不等式两端的表达式当 $n \to \infty$ 时都趋于同一个极限 $\frac{\pi}{4}$. 于是推知

$$K^2 = \frac{\pi}{4}, \quad K = \frac{\sqrt{\pi}}{2} \quad (因 K > 0).$$

3°　最后我们来看积分

$$I = \int_0^\infty \frac{\sin x}{x} dx.$$

我们已经知道它是收敛的 [**476;477;489**,3)]. 我们把积分表成级数形状:

$$I = \sum_{\nu=0}^\infty \int_{\nu \cdot \frac{\pi}{2}}^{(\nu+1)\frac{\pi}{2}}.$$

令 $\nu = 2\mu$ 或 $2\mu - 1$, 并相应地采用一下变换 $x = \mu\pi + t$ 或 $x = \mu\pi - t$, 就有

$$\int_{2\mu \cdot \frac{\pi}{2}}^{(2\mu+1) \cdot \frac{\pi}{2}} = (-1)^\mu \int_0^{\frac{\pi}{2}} \frac{\sin t}{\mu\pi + t} dt \quad 与 \quad \int_{(2\mu-1) \cdot \frac{\pi}{2}}^{2\mu \cdot \frac{\pi}{2}} = (-1)^{\mu-1} \int_0^{\frac{\pi}{2}} \frac{\sin t}{\mu\pi - t} dt.$$

由此推知

$$I = \int_0^{\frac{\pi}{2}} \frac{\sin t}{t} dt + \sum_{\mu=1}^\infty \int_0^{\frac{\pi}{2}} (-1)^\mu \left(\frac{1}{t + \mu\pi} + \frac{1}{t - \mu\pi} \right) \sin t dt.$$

但因级数

$$\sum_{\mu=1}^\infty (-1)^\mu \left(\frac{1}{t + \mu\pi} + \frac{1}{t - \mu\pi} \right) \sin t$$

在区间 $0 \leqslant t \leqslant \frac{\pi}{2}$ 上由于有优级数 $\frac{1}{\pi} \sum_1^\infty \frac{1}{\mu^2 - \frac{1}{4}}$ 而一致收敛, 所以它可以逐项积分.

这就使我们可以把 I 的表达式写成这样:

$$I = \int_0^{\frac{\pi}{2}} \sin t \cdot \left[\frac{1}{t} + \sum_1^\infty (-1)^\mu \left(\frac{1}{t + \mu\pi} + \frac{1}{t - \mu\pi} \right) \right] dt.$$

但是方括符内的表达式就是函数 $\frac{1}{\sin t}$ 的部分分式的展开式 [**441**,9)]. 所以最终得到

$$I = \int_0^{\frac{\pi}{2}} dt = \frac{\pi}{2}.$$

上述精致的论证属于罗巴切夫斯基, 是他第一个注意到早先用以计算这个重要积分的一些方法的不严格性.

493. 用积分和计算反常积分 · 积分限都为有限的情形 若函数 $f(x)$ 在区间 $[a,b]$ 上无界, 自然不能用任意(黎曼) 积分和来计算它在这区间上的积分. 可是总可以选取一些和数, 使它们 —— 在细分区间时 —— 趋于反常积分的值. 我们现在要就单调函数这一简单情形来证明这一点.

于是假定函数 $f(x)$ 在区间 $[0,a](a>0)$ 上是正的, 单调下降的, 而且当 $x \to 0$ 时趋向无穷; 同时还假定它从 0 到 a 的反常积分存在. 把区间 $[0,a]$ 分成 n 等分即有

$$\int_0^a f(x)dx = \sum_{\nu=0}^{n-1} \int_{\frac{\nu}{n}a}^{\frac{\nu+1}{n}a} f(x)dx < \int_0^{\frac{a}{n}} f(x)dx + \sum_{\nu=1}^{n-1} f\left(\frac{\nu}{n}a\right) \cdot \frac{a}{n},$$

因而更有

$$\int_0^a f(x)dx < \int_0^{\frac{a}{n}} f(x)dx + \sum_{\nu=1}^{n} f\left(\frac{\nu}{n}a\right) \cdot \frac{a}{n}.$$

同时又显然有

$$\int_0^a f(x)dx > \sum_{\nu=1}^{n} f\left(\frac{\nu}{n}a\right) \cdot \frac{a}{n},$$

所以, 总计起来就有

$$0 < \int_0^a f(x)dx - \frac{a}{n} \cdot \sum_{\nu=1}^{n} f\left(\frac{\nu}{n}a\right) < \int_0^{\frac{a}{n}} f(x)dx.$$

但因最后这个积分当 $n \to \infty$ 时趋于零[①], 故终有

$$\int_0^a f(x)dx = \lim_{n\to\infty} \frac{a}{n} \cdot \sum_{\nu=1}^{n} f\left(\frac{\nu}{n}a\right).$$

对于正的上升函数 $f(x)$, 当 $x \to a$ 时趋向 $+\infty$, 这一情形同样可得

$$\int_0^a f(x)dx = \lim_{n\to\infty} \frac{a}{n} \cdot \sum_{\nu=0}^{n-1} f\left(\frac{\nu}{n}a\right).$$

最后, 改变 f 的正负号, 容易得到关于单调负函数的相似公式.

例题 1) 对于积分值 $\int_0^1 \ln x dx$(以 0 为奇点) 的计算, 我们有

$$\int_0^1 \ln x dx = \lim_{n\to\infty} \frac{1}{n} \sum_{\nu=1}^{n} \ln \frac{\nu}{n} = \lim_{n\to\infty} \ln \frac{\sqrt[n]{n!}}{n}.$$

但因 [**77**,4)] $\lim\limits_{n\to\infty} \dfrac{\sqrt[n]{n!}}{n} = \dfrac{1}{e}$, 所以上列最后一极限值等于 -1; 而这也就是所设积分的值.

[①] 因为这积分可以表成反常积分 $\int_0^a$ 与趋于该反常积分的常义积分 $\int_{\frac{a}{n}}^a$ 两者之差.

2) 我们取这个较为复杂一些的积分

$$\int_0^{\frac{\pi}{2}} \ln \sin x dx$$

作为第二个例题. 在这个情形,

$$\int_0^{\frac{\pi}{2}} \ln \sin x dx = \lim_{n\to\infty} \frac{\pi}{2n} \sum_{\nu=1}^{n-1} \ln \sin \frac{\nu\pi}{2n} = \lim_{n\to\infty} \frac{\pi}{2n} \ln \prod_{\nu=1}^{n-1} \sin \frac{\nu\pi}{2n}.$$

要想得到最后这个乘积的简单的表达式, 我们来看用 $z^2 - 1$ 除 $z^{2n} - 1$ 所得的整多项式, 并且把它分解成线性因子, 再合并相当于共轭根的因子. 这样我们就得到 (对于任何不等于 ± 1 的实数 z 而言):

$$\frac{z^{2n}-1}{z^2-1} = \prod_{\nu=1}^{n-1}\left[\left(z - \cos\frac{\nu\pi}{n}\right)^2 + \sin^2\frac{\nu\pi}{n}\right] \text{①}.$$

由此令 $z \to 1$ 即得

$$n = \prod_{\nu=1}^{n-1}\left[\left(1 - \cos\frac{\nu\pi}{n}\right)^2 + \sin^2\frac{\nu\pi}{n}\right] = 4^{n-1}\prod_{\nu=1}^{n-1}\sin^2\frac{\nu\pi}{2n},$$

故终于有

$$\prod_{\nu=1}^{n-1}\sin\frac{\nu\pi}{2n} = \frac{\sqrt{n}}{2^{n-1}}.$$

于是所求积分就知其等于:

$$\int_0^{\frac{\pi}{2}} \ln \sin x dx = \lim_{n\to\infty} \frac{\pi}{2} \cdot \frac{\frac{1}{2}\ln n - (n-1)\ln 2}{n} = -\frac{\pi}{2}\ln 2.$$

[比较 **492**,1°.]

494. 积分带无穷限的情形　假设函数 $f(x)$ 定义在由 0 到 $+\infty$ 的区间上而且是可积的. 我们把这区间分成无穷个长度都是 $h > 0$ 的区间, 作和数 $\sum_{\nu=0}^{\infty} f(\nu h) \cdot h$, 就它的结构来说, 很像黎曼和数. 这个级数是否收敛, 它的和是否当 $h \to 0$ 时会趋于反常积分 $\int_0^{+\infty} f(x)dx$—— 这些问题我们将在 $f(x)$ 适合某些特殊假定之下来讨论.

首先, 我们假定 $f(x)$ 是正的, 而且当 $x \to +\infty$ 时单调下降趋于 0. 于是

$$\int_0^{\infty} f(x)dx = \sum_{\nu=0}^{\infty}\int_{\nu h}^{(\nu+1)h} f(x)dx < h \cdot \sum_{\nu=0}^{\infty} f(\nu h),$$

而在另一方面, 显然

$$\int_0^{\infty} f(x)dx > h \cdot \sum_{\nu=1}^{\infty} f(\nu h) = h \cdot \sum_{\nu=0}^{\infty} f(\nu h) - h \cdot f(0),$$

———————————

①参看98页脚注①.

所以

$$0 < h \cdot \sum_{\nu=0}^{\infty} f(\nu h) - \int_0^{\infty} f(x)dx < h \cdot f(0),$$

因而

$$\int_0^{\infty} f(x)dx = \lim_{h \to 0} h \cdot \sum_{\nu=0}^{\infty} f(\nu h). \tag{1}$$

例题 1) 设 $f(x) = e^{-x}$. 则

$$\int_0^{\infty} f(x)dx = \lim_{h \to 0} h \cdot \sum_{\nu=0}^{\infty} e^{-\nu h} = \lim_{h \to 0} \frac{h}{1 - e^{-h}} = 1.$$

2) 拿别处的讨论中的积分值

$$\int_0^{\infty} e^{-x^2}dx = \frac{\sqrt{\pi}}{2}$$

来看, 我们仍然可以引用推得的公式 (1), 如此即得

$$\lim_{h \to 0} h \cdot \sum_{\nu=0}^{\infty} e^{-\nu^2 h^2} = \frac{\sqrt{\pi}}{2}.$$

假若令 $e^{-h^2} = t$, 则 $h = \sqrt{\ln \dfrac{1}{t}} \sim \sqrt{1-t}$ 当 $t \to 1$. 由此推得有趣的极限关系式:

$$\lim_{t \to 1-0} \sqrt{1-t} \cdot (1 + t + t^4 + t^9 + t^{16} + \cdots) = \frac{\sqrt{\pi}}{2}.$$

可能会出现函数 $f(x)$ 单调下降的要求仅对 $x \geqslant A > 0$ 成立. 这种情况不妨碍对单调函数应用上述方法; 只是需要设法使比值 $\dfrac{A}{h}$ 为整数. 于是根据常义积分定义本身有

$$\lim_{h \to 0} \sum_{\nu=0}^{\nu=\frac{A}{h}-1} f(\nu h) \cdot h = \int_0^A f(x)dx, \tag{2}$$

而按照前面所证明的

$$\lim_{h \to 0} \sum_{\nu=\frac{A}{h}}^{\infty} f(\nu h) \cdot h = \int_A^{\infty} f(x)dx.$$

例

3) 设 $f(x) = xe^{-x}$; 这个函数从 $x = 1$ 起单调减少. 从而

$$\int_0^{\infty} xe^{-x}dx = \lim_{h \to 0} h^2 \left(e^{-h} + 2e^{-2h} + 3e^{-3h} + \cdots \right)$$

$$= \lim_{h \to 0} h^2 e^{-h}(1 - e^{-h})^{-2} = \lim_{h \to 0} e^h \left(\frac{h}{e^h - 1} \right)^2 = 1,$$

容易用分部积分验证.

现在我们来讨论更普遍的情形, 对于 $f(x)$ 除可积性而外, 暂时不要求任何别的条件. 我们有

$$\int_0^\infty f(x)dx = \int_0^A f(x)dx + \int_A^\infty f(x)dx.$$

最后一个积分的绝对值对于充分大的 A 是会任意小的[①]. 不管 A 怎样,我们今后都选取 h 使 A/h 成为整数. 于是, 当 A 为常数时, 如同刚才一样,(2) 式成立.

现在已很明白, 若要等式 (1) 成立, 只要条件

$$\lim_{\substack{A\to +\infty \\ h\to 0}} \sum_{\nu=\frac{A}{h}}^\infty f(\nu h)\cdot h = 0 \tag{3}$$

成立就够了. 其实, 等式

$$\int_0^\infty - \sum_{\nu=0}^\infty = \left[\int_0^A - \sum_{\nu=0}^{\frac{A}{h}-1}\right] + \int_A^\infty - \sum_{\nu=\frac{A}{h}}^\infty$$

右边的三项当 A 充分大而 h 充分小时都将任意小.

条件 (3) 在本目开头处对 $f(x)$ 所作过的假定之下当然是成立的, 因为

$$0 < \sum_{\nu=\frac{A}{h}}^\infty f(\nu h)\cdot h < \int_A^\infty f(x)dx.$$

又假若 $f(x) = \varphi(x)\cdot\psi(x)$, 其中 $\varphi(x)$ 适合本目开头处对于 $f(x)$ 所作的那些条件 (纵然只是对于 $x \geqslant x_0 > 0$ 而言也可以), 而 $\psi(x)$ 则为有界:$|\psi(x)| \leqslant L$; 那么条件 (3) 也是适合的. 在这情形下,

$$\left|\sum_{\nu=\frac{A}{h}}^\infty \varphi(\nu h)\cdot\psi(\nu h)\right| \leqslant L\cdot\sum_{\nu=\frac{A}{h}}^\infty \varphi(\nu h)\cdot h < L\cdot\int_A^\infty \varphi(x)dx,$$

等等照推.

4) 我们把积分 $\int_0^\infty \dfrac{\sin^2 x}{x^2}dx$ 当作一个**例题**来看; 在这里 $\varphi(x) = \dfrac{1}{x^2}, \psi(x) = \sin^2 x$. 我们有

$$\int_0^\infty \frac{\sin^2 x}{x^2}dx = \lim_{h\to 0} h\cdot\sum_{\nu=1}^\infty \frac{\sin^2 \nu h}{(\nu h)^2} = \lim_{h\to 0} \frac{1}{h}\sum_{\nu=1}^\infty \frac{\sin^2 \nu h}{\nu^2}.$$

为了要算出最后这个和数, 我们先从这件事情着想:

$$\left\{\sum_{\nu=1}^\infty \frac{\sin^2 \nu h}{\nu^2}\right\}'_h = \sum_{\nu=1}^\infty \frac{\sin 2\nu h}{\nu} = \frac{\pi - 2h}{2} = \frac{\pi}{2} - h$$

[①]因为它可以表成反常积分 $\int_0^\infty$ 与趋于这反常积分的常义积分 $\int_0^A$ 两者之差.

[**461**,6)(б)]. 这里对于 $h \neq 0$ 逐项取导数, 根据 **435** 目定理 7, 是可以的, 因为那些导数所作成的级数 [按照狄利克雷判断法, **430**] 是一致收敛的. 取积分, 即得我们所要求的那个和数的表达式: $\frac{\pi - h}{2} \cdot h$. 由此可知

$$\int_0^\infty \frac{\sin^2 x}{x^2} dx = \lim_{h \to 0} \frac{\pi - h}{2} = \frac{\pi}{2}.$$

在别种情形, 要看条件 (3) 适合与否, 需直接去验证.

5) 例如, 假设要讨论的积分就是 $\int_0^\infty \frac{\sin x}{x} dx$. 我们显然可以只讨论 $h = \frac{\pi}{k}$ 与 $A = m\pi$ 这些值, 其中 k 和 m 都是自然数.

把我们要考虑的和数表成这样:

$$\sum_{n=km}^\infty \frac{\sin nh}{nh} \cdot h = \sum_{n=km}^{k(m+1)-1} + \sum_{n=k(m+1)}^{k(m+2)-1} + \cdots.$$

不难验知, 右边每一有限和数之内的各项有相同的正负号, 而与其次一个有限和数之内的各项的正负号相反. 若就总体而言, 则右边这些有限和数所作成的级数是莱布尼茨型的. 因之它的和数的绝对值小于第一项的绝对值. 但这第一项的绝对值, 则由于 $kmh = m\pi = A$, 而有下列估值:

$$\left| \sum_{n=km}^{k(m+1)-1} \frac{\sin nh}{nh} \cdot h \right| = \sum_{n=km}^{k(m+1)-1} \frac{|\sin nh|}{nh} \cdot h$$

$$< \frac{1}{A} \sum_{n=km}^{k(m+1)-1} |\sin nh| \cdot h = \frac{1}{A} \sum_{i=0}^{k-1} \sin ih \cdot h.$$

但这最后一个和数则可看作是积分 $\int_0^\pi \sin x dx = 2$ 的积分和数, 故当 h 充分小时就会小于某一常数 $C > 2$. 于是

$$\left| \sum_{n=km}^\infty \frac{\sin nh}{nh} \cdot h \right| < \frac{C}{A},$$

而由此推知条件 (3) 是适合的.

至于所设积分的计算, 则根据所阐明的道理知其可以这样很简单的作出来 [参看 **461**,6)(б)]:

$$\int_0^\infty \frac{\sin x}{x} dx = \lim_{h \to 0} \sum_{n=1}^\infty \frac{\sin nh}{n} = \lim_{h \to 0} \frac{\pi - h}{2} = \frac{\pi}{2},$$

这结果是我们在以前 [**492**,3°] 曾用别的方法得到过的.

495. 伏汝兰尼积分　我们现在要讨论一类特殊形状的反常积分的存在和计算的问题, 这类反常积分通常称为**伏汝兰尼**(Froullani)**积分**, 形状如下:

$$\int_0^\infty \frac{f(ax) - f(bx)}{x} dx \quad (a > 0, b > 0).$$

I. 我们对于函数 $f(x)$ 作下列的假定: 1° 函数 $f(x)$ 对于 $x \geqslant 0$ 有定义而且连续, 并且 2° 当 $x \to +\infty$ 时具有有限的极限:

$$f(+\infty) = \lim_{x \to +\infty} f(x).$$

从 1° 看来很明白,(当 $0 < \delta < \Delta < +\infty$ 时) 存在有积分

$$\int_\delta^\Delta \frac{f(ax) - f(bx)}{x} dx = \int_\delta^\Delta \frac{f(ax)}{x} dx - \int_\delta^\Delta \frac{f(bx)}{x} dx$$
$$= \int_{a\delta}^{a\Delta} \frac{f(z)}{z} dz - \int_{b\delta}^{b\Delta} \frac{f(z)}{z} dz = \int_{a\delta}^{b\delta} \frac{f(z)}{z} dz - \int_{a\Delta}^{b\Delta} \frac{f(z)}{z} dz.$$

因之所设积分就可以由下面这个等式来确定:

$$\int_0^\infty \frac{f(ax) - f(bx)}{x} dx = \lim_{\delta \to 0} \int_{a\delta}^{b\delta} \frac{f(z)}{z} dz - \lim_{\Delta \to +\infty} \int_{a\Delta}^{b\Delta} \frac{f(z)}{z} dz.$$

分别引用推广了的中值定理到最后两个积分上, 即得

$$\int_{a\delta}^{b\delta} \frac{f(z)}{z} dz = f(\xi) \int_{a\delta}^{b\delta} \frac{dz}{z} = f(\xi) \cdot \ln \frac{b}{a} \quad (\text{其中} a\delta \leqslant \xi \leqslant b\delta),$$

类似地有

$$\int_{a\Delta}^{b\Delta} \frac{f(z)}{z} dz = f(\eta) \int_{a\Delta}^{b\Delta} \frac{dz}{z} = f(\eta) \cdot \ln \frac{b}{a} \quad (\text{其中} a\Delta \leqslant \eta \leqslant b\Delta).$$

因为显然 $\xi \to 0$(当 $\delta \to 0$), 而 $\eta \to +\infty$(当 $\Delta \to +\infty$), 所以由此推知

$$\int_0^\infty \frac{f(ax) - f(bx)}{x} dx = [f(0) - f(+\infty)] \cdot \ln \frac{b}{a}. \tag{4}$$

例题 1) 在积分 $\int_0^\infty \frac{e^{-ax} - e^{-bx}}{x} dx$ 这一情形, 我们有

$$f(x) = e^{-x}, \ f(0) = 1, \ f(+\infty) = 0,$$

故积分值就是 $\ln \frac{b}{a}$.

2) 设要讨论的积分为

$$\int_0^\infty \ln \frac{p + qe^{-ax}}{p + qe^{-bx}} \cdot \frac{dx}{x} \quad (p > 0, q > 0).$$

把其中分数的对数分成分子与分母的对数之差, 即可令这里的 $f(x) = \ln(p + qe^{-x})$, 因而 $f(0) = \ln(p+q), f(+\infty) = \ln p$.

答案 $\ln \left(1 + \frac{q}{p}\right) \cdot \ln \frac{b}{a}$.

3) 试计算积分

$$\int_0^\infty \frac{\text{arctg} ax - \text{arctg} bx}{x} dx.$$

在这一情形,

$$f(x) = \text{arctg} x, \ f(0) = 0, \ f(+\infty) = \frac{\pi}{2}.$$

答案 $\frac{\pi}{2} \cdot \ln \frac{a}{b}$.

II. 有时函数 $f(x)$ 当 $x \to +\infty$ 时没有有限的极限, 但却存在积分

$$\int_A^{+\infty} \frac{f(z)}{z}dz.$$

在推证公式 (4) 的讨论中直接令 Δ 变成 $+\infty$, 则此时所得结果不是 (4) 而是

$$\int_0^\infty \frac{f(ax) - f(bx)}{x}dx = f(0) \cdot \ln \frac{b}{a}. \tag{4a}$$

例题 4) $\int_0^\infty \frac{\cos ax - \cos bx}{x}dx = \ln \frac{b}{a}$

$\left(\text{因积分} \int_A^\infty \frac{\cos z}{z}dz \text{我们知道它是存在的}\right)$.

III. 同一个道理, 假若函数 $f(x)$ 在 $x = 0$ 这一点的连续性被破坏, 不过还存在积分

$$\int_0^A \frac{f(z)}{z}dz \quad (A < +\infty),$$

那么

$$\int_0^\infty \frac{f(ax) - f(bx)}{x}dx = f(+\infty) \cdot \ln \frac{a}{b}. \tag{4b}$$

然而这一情形可用变换 $x = \frac{1}{t}$ 化成前一情形.

496. 有理函数在正负无穷之间的积分 最后, 我们再讲一类上下积分限都是无穷的特殊类型的积分:

$$\int_{-\infty}^{+\infty} \frac{P(x)}{Q(x)}dx,$$

其中 $P(x)$ 与 $Q(x)$ 都是整多项式. 我们要假定的是, 多项式 $Q(x)$ 没有任何实根, 而且 $P(x)$ 的次数至少要比 $Q(x)$ 的次数低二次. 在这些条件下, 积分是存在的 [**474,2**)]; 问题只在于如何计算它.

假令 $x_\lambda = \alpha_\lambda + i\beta_\lambda (\beta_\lambda \gtrless 0; \lambda = 1, 2, \cdots)$ 是多项式 $Q(x)$ 所有不同的根, 则分式 $P(x)/Q(x)$ 可以按照下面这个方式展开成简单分式:

$$\frac{P(x)}{Q(x)} = \sum_\lambda \left[\frac{A_\lambda}{x - x_\lambda} + \frac{A_\lambda'}{(x - x_\lambda)^2} + \cdots \right], \tag{5}$$

而每一个方括符内的分数的个数即等于所对应的根的重数①.

把积分演算的初等方法推广到实变复函数的情形, 即可立刻看出来, 当 $m > 0$ 时,

$$\int_{-\infty}^{+\infty} \frac{dx}{(x - x_\lambda)^{m+1}} = -\frac{1}{m} \cdot \frac{1}{(x - x_\lambda)^m}\Big|_{-\infty}^{+\infty} = 0,$$

① 在第八章 [**274**] 内我们曾有相似的展开式, 但在那里我们曾设法避免引用虚数, 而在虚根的情形都是考虑一些分式, 其分母都是实系数的二次三项式的方幂. 在这里我们却把虚根, 仿照着那里对实根的讲法, 同样地来讲.

于是

$$\int_{-\infty}^{+\infty} \frac{P(x)}{Q(x)}dx = \int_{-\infty}^{+\infty} \sum_{\lambda} \frac{A_{\lambda}}{x-x_{\lambda}}dx = \lim_{h\to+\infty} \int_{-h}^{h} \sum_{\lambda} \frac{A_{\lambda}}{x-x_{\lambda}}dx.$$

但是

$$\frac{1}{x-x_{\lambda}} = \frac{1}{x-\alpha_{\lambda}-\beta_{\lambda}i} = \frac{x-\alpha_{\lambda}}{(x-\alpha_{\lambda})^2+\beta_{\lambda}^2} + i\frac{\beta_{\lambda}}{(x-\alpha_{\lambda})^2+\beta_{\lambda}^2},$$

因而

$$\int_{-h}^{h} \frac{dx}{x-x_{\lambda}} = \left\{ \frac{1}{2}\ln[(x-\alpha_{\lambda})^2+\beta_{\lambda}^2] + i\mathrm{arctg}\frac{x-\alpha_{\lambda}}{\beta_{\lambda}} \right\}\Big|_{-h}^{h}$$

$$= \frac{1}{2}\ln\frac{(h-\alpha_{\lambda})^2+\beta_{\lambda}^2}{(h+\alpha_{\lambda})^2+\beta_{\lambda}^2} + i\left[\mathrm{arctg}\frac{h-\alpha_{\lambda}}{\beta_{\lambda}} + \mathrm{arctg}\frac{h+\alpha_{\lambda}}{\beta_{\lambda}} \right].$$

当 $h\to+\infty$ 时, 最后这个等号后面的第一项趋于 0, 而第二项则趋于 $+\pi i$ 或 $-\pi i$, 随 $\beta_{\lambda}>0$ 或 $\beta_{\lambda}<0$ 而定.

这样一来, 我们就得到结果:

$$\int_{-\infty}^{+\infty} \frac{P(x)}{Q(x)}dx = \pi i\cdot\sum_{\lambda}(\pm A_{\lambda}),$$

其中 A_{λ} 取正号或负号就看所对应的 β_{λ} 是正的或负的而定. 这个公式还可以根据下面的考虑来改变一下形状. 试把恒等式 (5) 的两边遍乘以 x. 于是左边就当 $x\to\infty$ 时趋于 0, 因为 $x\cdot P(x)$ 的次数仍然是低于 $Q(x)$ 的. 右边则在取极限时, 所有分母次数高于一次的分式都成为零, 所以其余那些分式的和的极限也是 0. 由此推知 $\sum_{\lambda}A_{\lambda}=0$ 因之 $\sum^{(+)}A_{\lambda} = -\sum^{(-)}A_{\lambda}$, 记号 $(+)$ 与 $(-)$ 是用来表明对应于 $\beta_{\lambda}>0$ 的 A_{λ} 的和与对应于 $\beta_{\lambda}<0$ 的 A_{λ} 的和. 现在可把所得公式写成:

$$\int_{-\infty}^{+\infty} \frac{P(x)}{Q(x)}dx = 2\pi i\cdot\sum^{(+)} A_{\lambda}. \tag{6}$$

至于 A_{λ} 这些系数的计算, 我们只讲所对应的 x_{λ} 为单根的情形, 即 $Q(x_{\lambda})=0$, 但 $Q'(x_{\lambda})\neq 0$ 的情形; 展开式 (5) 中所对应的只有一个项 $\frac{A_{\lambda}}{x-x_{\lambda}}$. 若把等式 (5) 两边同乘以 $(x-x_{\lambda})$, 则可写成这样:

$$\frac{P(x)}{\dfrac{Q(x)-Q(x_{\lambda})}{x-x_{\lambda}}} = A_{\lambda} + (x-x_{\lambda})\cdot R(x),$$

其中 $R(x)$ 表示当 x 趋近于 x_{λ} 时保持有界的那些项之和. 使 $x\to x_{\lambda}$ 而取极限, 即得

$$A_{\lambda} = \frac{P(x_{\lambda})}{Q'(x_{\lambda})}. \tag{7}$$

现在我们讲一些运用公式 (6) 和 (7) 的**例题**.

1) 首先来看积分

$$\int_{-\infty}^{+\infty} \frac{x^{2m}}{1+x^{2n}} dx,$$

其中 m 与 n 都是自然数, 而 $m < n$. 至于运用建立起来的两个公式, 这里已经具备了一切条件.

分母所有的根就是这些数:

$$x_\lambda = \cos \frac{(2\lambda+1)\pi}{2n} + i \sin \frac{(2\lambda+1)\pi}{2n},$$
$$(\lambda = 0, 1, 2, \cdots, n-1; n, \cdots, 2n-1),$$

只有开头 n 个根的虚数部才是正的. 显然

$$x_\lambda = x_0^{2\lambda+1}, \quad x_0 = \cos \frac{\pi}{2n} + i \sin \frac{\pi}{2n}.$$

按照公式 (7), 当 $\lambda = 0, 1, \cdots, n-1$ 时,

$$A_\lambda = \frac{x_\lambda^{2m}}{2n \cdot x_\lambda^{2n-1}} = -\frac{1}{2n} x_\lambda^{2m+1} = -\frac{1}{2n} x_0^{(2m+1)(2\lambda+1)}$$

(式中用到 $x_\lambda^{2n} = -1$). 按等比级数求和法即得

$$\sum^{(+)} A_\lambda = -\frac{1}{2n} \sum_{\lambda=0}^{n-1} x_0^{(2m+1)(2\lambda+1)} = -\frac{1}{2n} \cdot \frac{x_0^{2m+1} - x_0^{(2m+1)(2n+1)}}{1 - x_0^{2(2m+1)}},$$

或者再用 $x_0^{2n} = -1$ 来化简, 就得到

$$\sum^{(+)} A_\lambda = -\frac{1}{n} \cdot \frac{x_0^{2m+1}}{1 - x_0^{2(2m+1)}} = \frac{1}{n} \cdot \frac{1}{x_0^{2m+1} - x_0^{-(2m+1)}}.$$

将

$$x_0^{\pm(2m+1)} = \cos \frac{2m+1}{2n}\pi \pm i \sin \frac{2m+1}{2n}\pi$$

代入上式即把我们所需要的和数最后表示成

$$\frac{1}{2ni} \cdot \frac{1}{\sin \dfrac{2m+1}{2n}\pi}.$$

由此, 按照公式 (6), 就得到

$$\int_{-\infty}^{+\infty} \frac{x^{2m}}{1+x^{2n}} dx = \frac{\pi}{n} \cdot \frac{1}{\sin \dfrac{2m+1}{2n}\pi} \quad (m < n).$$

2) 较为普遍一点的例题是

$$\int_{-\infty}^{+\infty} \frac{x^{2m} - x^{2m'}}{1 - x^{2n}} dx,$$

其中 m, m', n 都是自然数, 而且 $m, m' < n$.

所应适合的条件, 在这里除去分母有实根 ± 1 而外, 都是适合的. 但这一点在这里并不要紧, 因为这些根在分子里也有, 所以分式上下可以约去 $x^2 - 1$. 以下我们就不再考虑这些根.

分母的其余的根是

$$x_\lambda = \cos\frac{\lambda\pi}{n} + i \cdot \sin\frac{\lambda\pi}{n} = x_1^\lambda \quad (\lambda = 1, 2, \cdots, n-1; n+1, \cdots, 2n-1).$$

这些根里面只有开头 $n-1$ 个的虚数部是正的. 按照公式 (7),

$$A_\lambda = \frac{x_\lambda^{2m} - x_\lambda^{2m'}}{-2n \cdot x_\lambda^{2n-1}} = \frac{1}{2n}\left(x_\lambda^{2m'+1} - x_\lambda^{2m+1}\right).$$

所以

$$\sum{}^{(+)} A_\lambda = \frac{1}{2n}\sum_{\lambda=1}^{n-1}\left(x_\lambda^{2m'+1} - x_\lambda^{2m+1}\right) = \frac{1}{2n}\sum_{\lambda=1}^{n-1}\left(x_1^{\lambda(2m'+1)} - x_1^{\lambda(2m+1)}\right).$$

所得式可以改写如下[①]:

$$\begin{aligned}
\sum{}^{(+)} A_\lambda &= \frac{1}{2n}\left[\frac{x_1^{n(2m'+1)} - x_1^{2m'+1}}{x_1^{2m'+1} - 1} - \frac{x_1^{n(2m+1)} - x_1^{2m+1}}{x_1^{2m+1} - 1}\right] \\
&= \frac{1}{2n}\left[\frac{1 + x_1^{2m'+1}}{1 - x_1^{2m'+1}} - \frac{1 + x_1^{2m+1}}{1 - x_1^{2m+1}}\right] \\
&= \frac{1}{2n}\left[\frac{x_1^{\frac{1}{2}(2m+1)} + x_1^{-\frac{1}{2}(2m+1)}}{x_1^{\frac{1}{2}(2m+1)} - x_1^{-\frac{1}{2}(2m+1)}} - \frac{x_1^{\frac{1}{2}(2m'+1)} + x_1^{-\frac{1}{2}(2m'+1)}}{x_1^{\frac{1}{2}(2m'+1)} - x_1^{-\frac{1}{2}(2m'+1)}}\right] \\
&= \frac{1}{2ni}\left[\operatorname{ctg}\frac{2m+1}{2n}\pi - \operatorname{ctg}\frac{2m'+1}{2n}\pi\right].
\end{aligned}$$

结果,

$$\int_{-\infty}^{+\infty} \frac{x^{2m} - x^{2m'}}{1 - x^{2n}} dx = \frac{\pi}{n}\left[\operatorname{ctg}\frac{2m+1}{2n}\pi - \operatorname{ctg}\frac{2m'+1}{2n}\pi\right] \quad (m, m' < n).$$

注意, 从这个公式很容易地就可以得着前一个公式, 只要把 n 换成 $2n$ 而且令 $m' = m+n$(当 $m < n$).

3) 最后来看积分

$$\int_{-\infty}^{+\infty} \frac{x^{2m}}{x^{4n} + 2x^{2n} \cdot \cos\theta + 1} dx,$$

其中 $m < n$ 而且 $-\pi < \theta < \pi$.

引用角度 $\theta' = \pi - \theta, 0 < \theta' < 2\pi$, 即可把积分写成:

$$\int_{-\infty}^{+\infty} \frac{x^{2m}}{x^{4n} - 2x^{2n} \cdot \cos\theta' + 1} dx.$$

————————————
[①]考虑到 $x_1^n = -1$.

为着要算出分母的根, 我们令 $x^{2n} = z$, 于是 z 就由方程 $z^2 - 2z \cdot \cos\theta' + 1 = 0$ 来确定, 这就是说, $z = \cos\theta' \pm i \cdot \sin\theta'$. 对于 x 就得到两串值:

$$
\left.
\begin{array}{l}
x_\nu = x_0 \cdot \varepsilon^\nu, \quad 其中 \quad x_0 = \cos\dfrac{\theta'}{2n} + i \cdot \sin\dfrac{\theta'}{2n} \\[3mm]
\qquad\qquad\qquad\quad \varepsilon = \cos\dfrac{\pi}{n} + i \cdot \sin\dfrac{\pi}{n} \\[3mm]
与 \quad \overline{x}_\nu = \overline{x}_0 \cdot \overline{\varepsilon}^\nu, \quad 其中 \quad \overline{x}_0 = \cos\dfrac{\theta'}{2n} - i \cdot \sin\dfrac{\theta'}{2n} \\[3mm]
\qquad\qquad\qquad\qquad\quad \overline{\varepsilon} = \cos\dfrac{\pi}{n} - i \cdot \sin\dfrac{\pi}{n}
\end{array}
\right\}
(\nu = 0, 1, \cdots, n-1; n, \cdots, 2n-1).
$$

这时虚数部为正的数, 在第一串中是开头 n 个, 在第二串中是末尾 n 个.

对应于 $x_\nu (\nu = 0, 1, \cdots, n-1)$ 这些根的那些系数 A_ν 可以按照公式 (7) 算出:

$$
A_\nu = \frac{x_\nu^{2m}}{4n(x_\nu^{4n-1} - x_\nu^{2n-1}\cos\theta')} = \frac{1}{4n} \cdot \frac{x_\nu^{2m+1}}{x_\nu^{2n}(x_\nu^{2n} - \cos\theta')}
$$

$$
= \frac{1}{4n} \cdot \frac{x_0^{2m+1} \cdot \varepsilon^{(2m+1)\nu}}{(\cos\theta' + i\sin\theta') \cdot i\sin\theta'}.
$$

把这些系数 A_ν 加起来再用 $2\pi i$ 乘, 即得[1]

$$
\frac{\pi}{2n} \cdot \frac{\cos\left(\dfrac{2m+1}{2n} - 1\right)\theta' + i \cdot \sin\left(\dfrac{2m+1}{2n} - 1\right)\theta'}{\sin\theta'} \cdot \frac{1 - (\varepsilon^n)^{2m+1}}{1 - \varepsilon^{2m+1}}
$$

$$
= \frac{\pi}{n} \cdot \frac{\cos\left(1 - \dfrac{2m+1}{2n}\right)\theta' - i \cdot \sin\left(1 - \dfrac{2m+1}{2n}\right)\theta'}{\sin\theta'} \times \frac{1}{\left(1 - \cos\dfrac{2m+1}{n}\pi\right) - i \cdot \sin\dfrac{2m+1}{n}\pi}.
$$

对于第二组根 $\overline{x}_\nu (\nu = n, n+1, \cdots, 2n-1)$ 同样可以得到一个表达式, 与上面这个成为一对共轭复数; 二者之和即是实数部的二倍. 这个和数经过初等演算即可变化成

$$
\frac{\pi}{n} \cdot \frac{\sin\left[\left(1 - \dfrac{2m+1}{2n}\right)\theta' + \dfrac{2m+1}{2n}\pi\right]}{\sin\theta' \cdot \sin\dfrac{2m+1}{2n}\pi}.
$$

还回到角度 $\theta = \pi - \theta'$, 结果就得到

$$
\int_{-\infty}^{+\infty} \frac{x^{2m}}{x^{4n} + 2x^{2n} \cdot \cos\theta + 1}dx = \frac{\pi}{n} \cdot \frac{\sin\left(1 - \dfrac{2m+1}{2n}\right)\theta}{\sin\theta \cdot \sin\dfrac{2m+1}{2n}\pi} \quad (m < n, -\pi < \theta < \pi).
$$

497. 杂例和习题 1) 试证存在积分

$$
I = \int_\pi^\infty \frac{dx}{x^2 \cdot (\sin x)^{2/3}}.
$$

奇点成一无穷集合: $x = n\pi (n = 1, 2, \cdots)$. 在任一有限区间上, 奇点只有有限个而且积分是存在的. 问题只在于积分在无穷区间上的收敛性.

---
[1] 考虑到 $\varepsilon^n = -1$.

我们有

$$I = \sum_{n=1}^{\infty} \int_{n\pi}^{(n+1)\pi} = \sum_{n=1}^{\infty} \int_0^{\pi} \frac{dx}{(x+n\pi)^2 \cdot (\sin x)^{2/3}} < \int_0^{\pi} \frac{dx}{(\sin x)^{2/3}} \sum_{n=1}^{\infty} \frac{1}{n^2\pi^2} < +\infty.$$

2) 若在收敛的 [**478**,5)(в)] 积分

$$\int_0^{\infty} |\ln t|^{\lambda} \frac{\sin t}{t} dt \quad (\lambda > 0)$$

中作变换 $t = e^x, x = \ln t$, 就得出积分

$$\int_{-\infty}^{+\infty} |x|^{\lambda} \cdot \sin e^x dx;$$

这样看来, 后面这个积分就是收敛的, 虽然它的被积函数当 $|x|$ 无限增大时是摇摆于 $-\infty$ 与 $+\infty$ 之间.

3) 我们刚刚看到了, 为使积分

$$\int^{\infty} f(x)dx \tag{8}$$

收敛,

$$f(x) = 0(1) \quad (当 x \to \infty) \tag{9}$$

全然不是必要的.

然而可证明:

(a) 若存在极限

$$\lim_{x \to \infty} f(x),$$

则在积分 (8) 收敛的情况下, 这个极限必然等于 0; 不但如此,

(б) 若极限

$$\lim_{x \to \infty} x \cdot f(x)$$

存在, 则这个极限必然等于 0, 即

$$f(x) = o\left(\frac{1}{x}\right), \tag{10}$$

(в) 若在区间 $[a, \infty]$ 可积的函数单调减少, 则条件 (10) 必然成立.

(б) 及 (в) 的证明与对无穷级数的类似断言的证明 [**375**,3)] 是相似的.

还要注意 (类似于级数), 甚至对单调减少函数 $f(x)$, 满足条件 (10) 并不能保证积分 (8) 的收敛性: 发散积分

$$\int_a^{\infty} \frac{dx}{x \cdot \ln x} \quad (a > 1)$$

可作为一个例子.

4) 函数 $f(x)$ 在区间 $[a, a+\omega]$ 在反常的意义下可积 (保持其他条件) 的情况下, 推广 [**478** 目,6)] 中所证明的断言. 借助于此断言, 证明: 假设当 $x \to \infty$ 时 $g(x)$ 单调趋于 0, 积分

$$\int_0^{\infty} \ln |\sin x| \cdot g(x)dx$$

与积分

$$\int_0^\infty g(x)dx$$

同时收敛或发散, 而积分

$$\int_0^\infty \ln 2|\sin x| \cdot g(x)dx$$

在任何情况下收敛.

5) 计算积分

(a) $\int_0^\pi x \cdot \ln \sin x dx$,　(б) $\int_0^1 \dfrac{\ln x}{\sqrt{1-x^2}}dx$,　(в) $\int_0^\infty \dfrac{xdx}{\sqrt{e^{2x}-1}}$.

提示　(a) 利用变换 $x = \pi - t$ 可以看出积分可化成

$$\int_0^\pi \ln \sin x dx = 2\int_0^{\frac{\pi}{2}} \ln \sin t dt.$$

(б),(в) 积分可用变换 $x = \sin t, \ln \dfrac{1}{\sin t}$ 化成 $\int_0^{\frac{\pi}{2}} \ln \sin t dt$.

6) 计算积分

$$J = \int_0^1 \sqrt{1-x^2}\, \ln \left|1 - \frac{1}{x^2}\right| dx.$$

我们 (令 $x = \sin\theta$) 有

$$J = 2\int_0^{\frac{\pi}{2}} \cos^2\theta \cdot \ln \mathrm{ctg}\theta d\theta = \int_0^{\frac{\pi}{2}} \cos 2\theta \cdot \ln \mathrm{ctg}\theta d\theta.$$

于是分部积分即得

$$J = \frac{1}{2}\sin 2\theta \cdot \ln \mathrm{ctg}\theta \Big|_0^{\frac{\pi}{2}} + \frac{1}{2}\int_0^{\frac{\pi}{2}} \sin 2\theta \cdot \frac{1}{\mathrm{ctg}\theta} \cdot \frac{1}{\sin^2\theta}d\theta = \int_0^{\frac{\pi}{2}} d\theta = \frac{\pi}{2}.$$

7) 试求积分

$$K = \int_0^{\frac{\pi}{2}} \ln|\sin^2\theta - a^2|d\theta \quad (a^2 \leqslant 1).$$

设 $a = \sin\omega$ 并用恒等式

$$\sin^2\theta - \sin^2\omega = \sin(\theta - \omega)\sin(\theta + \omega),$$

即得

$$K = \int_{\omega-\frac{\pi}{2}}^{\omega+\frac{\pi}{2}} \ln|\sin\theta|d\theta = \int_0^\pi \ln \sin\theta d\theta = -\pi \ln 2.$$

8) 计算积分

$$L = \int_0^\infty e^{-ax^2 - \frac{b}{x^2}}dx \quad (a, b > 0).$$

解　利用 **491**,13) 中的公式即有

$$L = e^{-2\sqrt{ab}}\int_0^\infty e^{-\left(\sqrt{a}x - \frac{\sqrt{b}}{x}\right)^2}dx = \frac{1}{\sqrt{a}}e^{-2\sqrt{ab}}\int_0^\infty e^{-y^2}dy$$

$$= \frac{1}{2}\sqrt{\frac{\pi}{a}}e^{-2\sqrt{ab}}.$$

[参看 **492**,2°.]

9) 计算积分

$$J_0 = \frac{2}{\pi} \int_0^\theta \frac{\cos\frac{1}{2}\varphi}{\sqrt{2(\cos\varphi - \cos\theta)}} d\varphi, \quad J_1 = \frac{2}{\pi} \int_0^\theta \frac{\cos\frac{3}{2}\varphi}{\sqrt{2(\cos\varphi - \cos\theta)}} d\varphi.$$

解 用 x 表示 $\cos\theta$ 并作变换 $z = \cos\varphi$; 则

$$\cos\frac{1}{2}\varphi = \sqrt{\frac{1+z}{2}}, \quad \cos\frac{3}{2}\varphi = \sqrt{\frac{1+z}{2}} \cdot (2z - 1),$$

因而

$$J_0 = \frac{1}{\pi} \int_x^1 \frac{dz}{\sqrt{(z-x)(1-z)}}, \quad J_1 = \frac{1}{\pi} \int_x^1 \frac{(2z-1)dz}{\sqrt{(z-x)(1-z)}}.$$

再按等式 $\sqrt{(z-x)(1-z)} = t(1-z)$ 来引进新变量 t, 即得

$$J_0 = \frac{2}{\pi} \int_0^\infty \frac{dt}{t^2 + 1} = 1,$$

$$J_1 = \frac{2}{\pi} \int_0^\infty \frac{t^2 + 2x - 1}{(t^2 + 1)^2} dt = \frac{2}{\pi} \left\{ \int_0^\infty \frac{dt}{t^2 + 1} + 2(x-1) \int_0^\infty \frac{dt}{(t^2 + 1)^2} \right\} = x.$$

于是 $J_0 = 1, J_1 = \cos\theta$. 以后在 **511**,3) 中我们还要建立更普遍的结果.

10) 用分部积分法建立下列结果:

(a) $\displaystyle\int_0^\infty \frac{\cos ax - \cos bx}{x^2} dx = \frac{\pi}{2}(b - a),$

(б) $\displaystyle\int_0^\infty \frac{e^{-a^2 x^2} - e^{-b^2 x^2}}{x^2} dx = \sqrt{\pi}(b - a),$

(в) $\displaystyle\int_0^\infty \frac{\ln(1 + a^2 x^2) - \ln(1 + b^2 x^2)}{x^2} dx = \pi(a - b).$

11) 容易看出 [**492**,3°;**494**,5)]

$$\int_0^\infty \frac{\sin\alpha x}{x} dx = \begin{cases} \dfrac{\pi}{2}, & \text{当 } \alpha > 0, \\[2mm] 0, & \text{当 } \alpha = 0, \\[2mm] -\dfrac{\pi}{2}, & \text{当 } \alpha < 0. \end{cases}$$

由此, 又因

$$\int_0^\infty \frac{\sin\alpha x}{x} \cos\beta x dx = \frac{1}{2} \left\{ \int_0^\infty \frac{\sin(\alpha + \beta)x}{x} dx + \int_0^\infty \frac{\sin(\alpha - \beta)x}{x} dx \right\},$$

故显然易见 (如果为了简单而认定 $\alpha > 0$ 与 $\beta > 0$)

$$\int_0^\infty \frac{\sin\alpha x}{x} \cos\beta x dx = \begin{cases} \dfrac{\pi}{2}, & \text{当 } \alpha > \beta, \\[2mm] \dfrac{\pi}{4}, & \text{当 } \alpha = \beta, \\[2mm] 0, & \text{当 } \alpha < \beta. \end{cases}$$

这个积分狄利克雷曾屡次用过, 因而有 **狄利克雷间断因子** 的名称.

许多别的积分可以化成这个积分. 例如 (设 $\alpha, \beta, \gamma > 0$ 而且 α 是其中最大的):

$$\int_0^\infty \frac{\sin \alpha x \cdot \sin \beta x \cdot \sin \gamma x}{x} dx = \begin{cases} \dfrac{\pi}{4}, & \text{当 } \alpha < \beta + \gamma, \\[2mm] \dfrac{\pi}{8}, & \text{当 } \alpha = \beta + \gamma, \\[2mm] 0, & \text{当 } \alpha > \beta + \gamma \end{cases}$$

(把两个正弦的积变成余弦的差即得), 或者 (仍然认定 $\alpha, \beta > 0$):

$$\int_0^\infty \frac{\sin \alpha x}{x} \cdot \frac{\sin \beta x}{x} dx = \begin{cases} \dfrac{\pi}{2}\beta, & \text{当 } \alpha \geqslant \beta, \\[2mm] \dfrac{\pi}{2}\alpha, & \text{当 } \alpha \leqslant \beta, \end{cases}$$

(用分部积分即得).

最后这个结果可以推广成下列这个普遍形式. 设 $\alpha, \alpha_1, \alpha_2, \cdots, \alpha_n > 0$ 而且 $\alpha > \sum_1^n \alpha_i$ 则

$$J = \int_0^\infty \frac{\sin \alpha x}{x} \cdot \frac{\sin \alpha_1 x}{x} \cdot \cdots \cdot \frac{\sin \alpha_n x}{x} dx = \frac{\pi}{2}\alpha_1 \alpha_2 \cdots \alpha_n.$$

证明可以用数学归纳法来作 (仍然用分部积分法!).

12) 计算积分

$$\int_0^\infty (\sin ax - \sin bx)^2 \frac{dx}{x^2}$$

提示 分部积分; 应用狄利克雷的间断因子. **答案** $\dfrac{\pi}{2} \cdot |a - b|$.

13) 计算

$$\text{V.p.} \int_0^\infty \frac{2x \cdot \sin \alpha x}{x^2 - r^2} dx \quad (\alpha, r > 0).$$

解 奇点是 $x = r$. 利用恒等式

$$\frac{2x}{x^2 - r^2} = \frac{1}{x + r} + \frac{1}{x - r}$$

我们就立即从原积分里分解出来一个收敛的积分:

$$\int_0^\infty \frac{\sin \alpha x}{x + r} dx = \cos \alpha r \cdot \int_r^\infty \frac{\sin \alpha y}{y} dy - \sin \alpha r \cdot \int_r^\infty \frac{\cos \alpha y}{y} dy.$$

利用一些简单的变换又得到

$$\left(\int_0^{r-\varepsilon} + \int_{r+\varepsilon}^\infty \right) \frac{\sin \alpha x}{x - r} dx$$

$$= \cos \alpha r \cdot \int_r^\infty \frac{\sin \alpha y}{y} dy + \sin \alpha r \cdot \int_r^\infty \frac{\cos \alpha y}{y} dy + 2\cos \alpha r \cdot \int_\varepsilon^r \frac{\sin \alpha y}{y} dy,$$

所以只需在最后一积分中直接令 $\varepsilon = 0$ 就可得

$$\text{V.p.} \int_0^\infty \frac{\sin \alpha x}{x - r} dx.$$

最后得到

$$\mathrm{V.p.} \int_0^\infty \frac{2x \sin \alpha x}{x^2 - r^2} dx = 2 \cos \alpha r \cdot \int_0^\infty \frac{\sin \alpha y}{y} dy = \pi \cdot \cos \alpha r.$$

14) 设函数 $f(x)$ $(0 \leqslant x < \infty)$ 适合条件

$$f(x + \pi) = f(x) \ \ \text{及} \ \ f(\pi - x) = f(x).$$

假设在下式中左端的积分存在, 证明此公式:

$$\int_0^\infty f(x) \frac{\sin x}{x} dx = \int_0^{\frac{\pi}{2}} f(x) dx.$$

[此公式属于罗巴切夫斯基 (Lobachevskiĭ), 它可如同 **492** 目 3° 中 $f(x) \equiv 1$ 的特殊情况那样, 借助于把函数 $\dfrac{1}{\sin x}$ 展开成部分分式来加以证明.]

应用这个公式计算如下积分:

(a) $\displaystyle\int_0^\infty \frac{\sin^{2\nu+1} x}{x} dx = \int_0^\infty \sin^{2\nu} x \cdot \frac{\sin x}{x} dx$　$(\nu = 1, 2, \cdots)$;

(б) $\displaystyle\int_0^\infty \operatorname{arctg}(a \cdot \sin x) \frac{dx}{x} = \int_0^\infty \frac{\operatorname{arctg}(a \cdot \sin x)}{\sin x} \cdot \frac{\sin x}{x} dx$　$(a > 0)$.

积分 (a) 可化归已知的积分 [**312**,(8)]

$$\int_0^{\frac{\pi}{2}} \sin^{2\nu} x dx = \frac{\pi}{2} \cdot \frac{(2\nu - 1)!!}{(2\nu)!!},$$

而积分 (б) 则可化归积分

$$\int_0^1 \frac{\operatorname{arctg} at}{t\sqrt{1 - t^2}} dt$$

(变量变换:$t = \sin x$), 其值

$$\frac{\pi}{2} \ln(a + \sqrt{1 + a^2})$$

将在后文 [**511**,9)] 中弄清楚.

15) 对函数 $f(x)$ 加上与上题同样的条件, 证明公式 (仍然假设公式左端的积分存在):

$$\int_0^\infty f(x) \cdot \frac{\sin^2 x}{x^2} dx = \int_0^{\frac{\pi}{2}} f(x) dx.$$

提示　这儿应用罗巴切夫斯基的方法, 只不过引用函数 $\dfrac{1}{\sin^2 x}$ 展成部分分式 [**441**,9)]. 当 $f(x) \equiv 1$, 由此得到为我们所熟知的积分

$$\int_0^\infty \frac{\sin^2 x}{x^2} dx = \frac{\pi}{2}$$

[参看 **494**,4)].

16) 计算积分 $(a, b > 0)$

(a) $\displaystyle\int_0^\infty \frac{\sin ax \sin bx}{x} dx$,　(б) $\displaystyle\int_0^\infty \frac{1 - \cos ax}{x} \cos bx dx$,　(в) $\displaystyle\int_0^1 \frac{x^{a-1} - x^{b-1}}{\ln x} dx$.

提示 都可以化归伏汝兰尼积分; 头两个当 $a = b$ 时发散.

答案   (a) $\ln\sqrt{\dfrac{a+b}{|a-b|}}$,   (б) $\ln\dfrac{\sqrt{|a^2-b^2|}}{b}$,   (в) $\ln\dfrac{a}{b}$.

17) 计算积分 $(a, b > 0)$

(a) $\displaystyle\int_0^\infty \frac{b\cdot\sin ax - a\cdot\sin bx}{x^2}dx$;   (б) $\displaystyle\int_0^\infty \frac{b\cdot\ln(1+ax) - a\cdot\ln(1+bx)}{x^2}dx$;

(в) $\displaystyle\int_0^\infty (e^{-ax}-e^{-bx})^2\frac{dx}{x^2}$.

提示 三个都可以用分部积分法化归伏汝兰尼积分.

18) 试求积分 $(a > 0)$

$$\int_0^\infty \left(\frac{x}{e^x - e^{-x}} - \frac{1}{2}\right)\frac{dx}{x^2}.$$

解 我们有恒等式

$$\frac{1}{x^2}\left(\frac{x}{e^x - e^{-x}} - \frac{1}{2}\right) = -\frac{1}{2x}(e^{-x} - e^{-2x}) + \frac{1}{x}\left(\frac{1}{e^x - 1} - \frac{1}{x} + \frac{1}{2}e^{-x}\right)$$
$$-\frac{1}{x}\left(\frac{1}{e^{2x} - 1} - \frac{1}{2x} + \frac{1}{2}e^{-2x}\right).$$

最后两大项的积分 (容易用变量变换验证) 彼此相消, 因而所设积分可以化成一个伏汝兰尼积分. **答案** $-\dfrac{1}{2}\ln 2$.

19) 试求积分 $(a, b > 0)$

$$\int_0^\infty \frac{e^{-ax} - e^{-bx} + x(a-b)e^{-bx}}{x^2}dx.$$

解 我们 (对于 $\eta > 0$) 有

$$\int_\eta^\infty = \int_\eta^\infty \frac{e^{-ax} - e^{-bx}}{x^2}dx + (a - b)\int_\eta^\infty \frac{e^{-bx}}{x}dx^{①}.$$

右边第一个积分可用分部积分法来变换一下:

$$\int_\eta^\infty \frac{e^{-ax} - e^{-bx}}{x^2}dx = -\frac{e^{-ax} - e^{-bx}}{x}\Big|_\eta^\infty + \int_\eta^\infty \frac{be^{-bx} - ae^{-ax}}{x}dx,$$

故终于有

$$\int_\eta^\infty \frac{e^{-ax} - e^{-bx} + x(a-b)e^{-bx}}{x^2}dx = \frac{e^{-a\eta} - e^{-b\eta}}{\eta} + a\int_\eta^\infty \frac{e^{-bx} - e^{-ax}}{x}dx.$$

当 $\eta \to 0$ 时右边第一项趋于 $b - a$, 而第二项则趋于伏汝兰尼积分:

$$a\int_0^\infty \frac{e^{-bx} - e^{-ax}}{x}dx = a\cdot\ln\frac{a}{b}.$$

20) 求证公式

$$\int_0^\infty \frac{A\cos ax + B\cos bx + \cdots + K\cos kx}{x}dx = -\{A\ln a + B\ln b + \cdots + K\ln k\},$$

①这些积分当 $\eta = 0$ 时并不收敛.

假定 $a, b, \cdots, k > 0$ 而且 $A + B + \cdots + K = 0$(后一条件显然对于积分的存在是必要的).

　　提示　令 $K = -A - B - \cdots$, 利用公式

$$\int_0^\infty \frac{A\cos ax - A\cos kx}{x}dx = -A\ln a + A\ln k$$

等等.

　　所述公式很容易推广到适合于 **495**, II 的条件的任一函数 $f(x)$.

　　21) 试求积分

$$\int_0^\infty \frac{\sin^n x}{x^m}dx$$

的表达式, 其中 n 与 m 都是自然数而且 $n \geqslant m \geqslant 2$.

　　解　把分部积分法的推广公式 [**311**] 推广到无穷区间的情形上, 立即 (由于双重替换之消掉) 得到:

$$\int_0^\infty \frac{\sin^n x}{x^m}dx = \frac{1}{(m-1)!}\int_0^\infty \frac{d^{m-1}}{dx^{m-1}}\sin^n x \cdot \frac{dx}{x}. \tag{11}$$

　　要计算最后这个积分, 比较方便的是利用我们已知的把 $\sin^n x$ 表示成正弦或余弦的倍角展开式 [**461**,3),(a) 和 (б)].

　　我们来看这里可能出现的各种情形.

　　(a) $n = 2\nu + 1, m = 2\mu + 1$. 这时

$$\frac{d^{2\mu}}{dx^{2\mu}}\sin^{2\nu+1}x = \frac{(-1)^{\nu+\mu}}{2^{2\nu}}\Big[(2\nu+1)^{2\mu}\sin(2\nu+1)x - (2\nu+1)(2\nu-1)^{2\mu}\sin(2\nu-1)x$$
$$+\frac{(2\nu+1)\cdot 2\nu}{1\cdot 2}(2\nu-3)^{2\mu}\sin(2\nu-3)x - \cdots\Big]$$

因而按照公式 (11) 当有

$$\int_0^\infty \frac{\sin^{2\nu+1}x}{x^{2\mu+1}}dx = \frac{(-1)^{\nu+\mu}}{2^{2\nu}\cdot(2\mu)!}\cdot\frac{\pi}{2}\Big[(2\nu+1)^{2\mu} - (2\nu+1)(2\nu-1)^{2\mu}$$
$$+\frac{(2\nu+1)\cdot 2\nu}{1\cdot 2}(2\nu-3)^{2\mu} - \cdots\Big].$$

　　(б) $n = 2\nu, m = 2\mu + 1$. 在这一情形

$$\frac{d^{2\mu}}{dx^{2\mu}}\sin^{2\nu}x = \frac{(-1)^{\nu+\mu}}{2^{2\nu-1}}\Big[(2\nu)^{2\mu}\cos 2\nu x - 2\nu\cdot(2\nu-2)^{2\mu}\cos(2\nu-2)x$$
$$+\frac{2\nu\cdot(2\nu-1)}{1\cdot 2}(2\nu-4)^{2\mu}\cos(2\nu-4)x - \cdots\Big].$$

显而易见, 左边 (因 $\nu > \mu$) 当 $x = 0$ 时成为 0, 所以所有余弦的系数, 其总和等于 0. 于是可以利用前一题 20). 由此即得

$$\int_0^\infty \frac{\sin^{2\nu}x}{x^{2\mu+1}}dx = \frac{(-1)^{\nu+\mu+1}}{2^{2\nu-1}\cdot(2\mu)!}\Big[(2\nu)^{2\mu}\ln 2\nu - 2\nu(2\nu-2)^{2\mu}\ln(2\nu-2)$$
$$+\frac{2\nu\cdot(2\nu-1)}{1\cdot 2}(2\nu-4)^{2\mu}\ln(2\nu-4) - \cdots\Big].$$

对于情形:(в)$n = 2\nu + 1, m = 2\mu$ 和 (г)$n = 2\nu, m = 2\mu$, 也照样可以建立公式. 要指出的是, 在特殊情形, 对于任一整数 $n \geqslant 2$ 都有

$$\int_0^\infty \left(\frac{\sin x}{x}\right)^n dx = \frac{\pi}{2^n \cdot (n-1)!}\left[n^{n-1} - n(n-2)^{n-1} + \frac{n(n-1)}{1 \cdot 2}(n-4)^{n-1} - \cdots\right].$$

22) 利用同一展式 **461**,3) (б) 容易求得 (当 $p > 0$ 时)

$$\int_0^\infty \frac{\sin^{2\nu+1} px}{x}dx = \frac{(-1)^\nu \pi}{2^{2\nu+1}}\left[1 - (2\nu+1) + \frac{(2\nu+1) \cdot 2\nu}{1 \cdot 2} - \cdots + \right.$$
$$\left. (-1)^\nu \frac{(2\nu+1) \cdot 2\nu \cdots \cdots (\nu+2)}{1 \cdot 2 \cdots \cdots \nu}\right].$$

同时, 借助于初等的考虑, 这个表达式可化得更为简单:

$$\frac{\pi}{2} \cdot \frac{(2\nu-1)!!}{(2\nu)!!}.$$

积分 $\int_0^\infty \frac{\sin^{2\nu} px}{x}dx$ 是发散的. 伏汝兰尼积分

$$\int_0^\infty \frac{\sin^{2\nu} px - \sin^{2\nu} qx}{x}dx \quad (p, q > 0)$$

也不适合 **495** 目那些条件; 但是利用 **461**,3) (a) 的展式容易证明它能够化成伏汝兰尼积分的情形 II, 只需把 $\sin^{2\nu} x$ 换成

$$\sin^{2\nu} x - \frac{1}{2^{2\nu}} \cdot \frac{2\nu \cdot (2\nu-1) \cdots \cdots (\nu+1)}{1 \cdot 2 \cdots \cdots \nu}.$$

于是按照公式 (4a) 终于得到

$$\int_0^\infty \frac{\sin^{2\nu} px - \sin^{2\nu} qx}{x}dx = -\frac{(2\nu-1)!!}{(2\nu)!!}\ln\frac{q}{p}.$$

积分 $\int_0^\infty \frac{\cos^n x}{x}dx$ 对于任何自然数 n 都不收敛. 但是当 $n = 2\nu + 1$ 时积分 $\int_A^\infty$ 收敛, 因而按照伏汝兰尼公式 (4a) 立即得到

$$\int_0^\infty \frac{\cos^{2\nu+1} px - \cos^{2\nu+1} qx}{x}dx = \ln\frac{q}{p}.$$

当 $n = 2\nu$ 时, 利用 **461**,3) (в) 中的展式, 如像对于正弦的情形一样, 即得

$$\int_0^\infty \frac{\cos^{2\nu} px - \cos^{2\nu} qx}{x}dx = \left(1 - \frac{(2\nu-1)!!}{(2\nu)!!}\right)\ln\frac{q}{p}.$$

23) 求证下列公式[①]:

$$\text{(a)} \int_0^\infty \cos\gamma x dx \int_x^\infty \frac{\cos t}{t}dt = \begin{cases} \dfrac{\pi}{2\gamma}, & \text{当 } |\gamma| > 1, \\[2mm] \dfrac{\pi}{4}, & \text{当 } |\gamma| = 1, \\[2mm] 0, & \text{当 } |\gamma| < 1. \end{cases}$$

[①] 积分

$$-\int_x^\infty \frac{\sin t}{t}dt \quad \text{与} \quad -\int_x^\infty \frac{\cos t}{t}dt$$

也就是函数 si x 与 ci x("积分正弦" 与 "积分余弦"), 这两个函数曾在 **289** 目里提到过.

(б) $\displaystyle\int_0^\infty \sin\gamma x\,dx \int_x^\infty \frac{\sin t}{t}\,dt = \begin{cases} \dfrac{\pi}{2\gamma}, & \text{当 } |\gamma| > 1, \\[2mm] \dfrac{\pi}{4}, & \text{当 } |\gamma| = 1, \\[2mm] 0, & \text{当 } |\gamma| < 1. \end{cases}$

(в) $\displaystyle\int_0^\infty \cos\gamma x\,dx \int_x^\infty \frac{\sin t}{t}\,dt = \begin{cases} \dfrac{1}{2\gamma}\ln\left|\dfrac{1+\gamma}{1-\gamma}\right|, & \text{当 } \gamma \neq 0, \pm 1, \\[2mm] 1, & \text{当 } \gamma = 0^{①}. \end{cases}$

(г) $\displaystyle\int_0^\infty \sin\gamma x\,dx \int_x^\infty \frac{\cos t}{t}\,dt = \begin{cases} \dfrac{1}{\gamma}\ln|1-\gamma^2|, & \text{当 } \gamma \neq 0, \pm 1, \\[2mm] 0, & \text{当 } \gamma = 0^{①}. \end{cases}$

(д) $\displaystyle\int_0^\infty e^{-\gamma x}\,dx \int_x^\infty \frac{e^{-t}}{t}\,dt = \begin{cases} \dfrac{1}{\gamma}\ln(1+\gamma), & \text{当 } \gamma > 0, \\[2mm] 1, & \text{当 } \gamma = 0. \end{cases}$

证明　(a) 暂设 $\gamma \gtrless 0$, 即可分部积分:

$$\int_0^\infty \cos\gamma x\,dx \int_x^\infty \frac{\cos t}{t}\,dt = \frac{1}{\gamma}\sin\gamma x \cdot \int_x^\infty \frac{\cos t}{t}\,dt\bigg|_0^\infty + \frac{1}{\gamma}\int_0^\infty \frac{\sin\gamma x}{x}\cos x\,dx.$$

因为

$$\left|\int_x^\infty \frac{\cos t}{t}\,dt\right| \leqslant \left|\int_1^\infty \frac{\cos t}{t}\,dt\right| + \left|\int_x^1 \frac{dx}{x}\right| = c + |\ln x|,$$

所以上面那个双重替换化为 0, 而积分就成为狄利克雷间断因子 [11)].

现在单来讨论 $\gamma = 0$ 的情形. 对于任意 $A > 0$, 两次分部积分即得

$$\int_0^A dx \int_x^\infty \frac{\cos t}{t}\,dt = x\int_x^\infty \frac{\cos t}{t}\,dt\bigg|_0^A + \int_0^A \cos x\,dx = A\int_A^\infty \frac{\cos t}{t}\,dt + \sin A$$

$$= A\frac{\sin t}{t}\bigg|_A^\infty + A\int_A^\infty \frac{\sin t}{t^2}\,dt + \sin A = A\int_A^\infty \frac{\sin t}{t^2}\,dt.$$

根据第二中值定理 [**487**], 最后一式可化成这个形式: $\int_A^{\overline{A}} \frac{\sin t}{t}\,dt\,(\overline{A} > A)$, 然而这个积分当 $A \to \infty$ 时趋于 0, 这只需将布尔查诺–柯西条件 [**475**] 运用到收敛的积分 $\int_0^\infty \frac{\sin t}{t}\,dt$ 上, 即可明白. 所以得知

$$\int_0^\infty dx \int_x^\infty \frac{\cos t}{t}\,dt = 0.$$

其余情形的证明都相似.

24) 求证下列公式 $(\alpha, \beta > 0)$:

(a) $\displaystyle\int_0^\infty dx\left\{\int_{\alpha x}^\infty \frac{\cos t}{t}\,dt \cdot \int_{\beta x}^\infty \frac{\cos t}{t}\,dt\right\} = \begin{cases} \dfrac{\pi}{2\alpha}, & \text{当 } \alpha \geqslant \beta, \\[2mm] \dfrac{\pi}{2\beta}, & \text{当 } \alpha \leqslant \beta. \end{cases}$

---

① 当 $\gamma = \pm 1$ 时积分不收敛.

(б) $\displaystyle\int_0^\infty dx\left\{\int_{\alpha x}^\infty \frac{\sin t}{t}dt\cdot\int_{\beta x}^\infty \frac{\sin t}{t}dt\right\}=\begin{cases}\dfrac{\pi}{2\alpha}, & \text{当 } \alpha\geqslant\beta,\\[2mm]\dfrac{\pi}{2\beta}, & \text{当 } \alpha\leqslant\beta.\end{cases}$

(в) $\displaystyle\int_0^\infty dx\left\{\int_{\alpha x}^\infty \frac{\cos t}{t}dt\cdot\int_{\beta x}^\infty \frac{\sin t}{t}dt\right\}$

$=\begin{cases}\dfrac{1}{2\alpha}\ln\left|\dfrac{\alpha+\beta}{\alpha-\beta}\right|+\dfrac{1}{2\beta}\ln\dfrac{|\alpha^2-\beta^2|}{a^2}, & \text{当 } \alpha\neq\beta,\\[2mm]\dfrac{1}{\alpha}\ln 2, & \text{当 } \alpha=\beta.\end{cases}$

(г) $\displaystyle\int_0^\infty dx\left\{\int_{\alpha x}^\infty \frac{e^{-t}}{t}dt\cdot\int_{\beta x}^\infty \frac{e^{-t}}{t}dt\right\}=\ln\frac{(\alpha+\beta)^{\frac{1}{\alpha}+\frac{1}{\beta}}}{\alpha^{\frac{1}{\beta}}\beta^{\frac{1}{\alpha}}}.$

证明 (a) 所设积分用分部积分法即可化成 23)(a) 中讨论过的那一类型的积分:

$$\int_0^\infty dx\left\{\int_{\alpha x}^\infty \frac{\cos t}{t}dt\cdot\int_{\beta x}^\infty \frac{\cos t}{t}dt\right\}$$

$$=x\cdot\int_{\alpha x}^\infty \frac{\cos t}{t}dt\cdot\int_{\beta x}^\infty \frac{\cos t}{t}dt\Big|_{x=0}^{x=\infty}+\int_0^\infty \cos\alpha x\,dx\int_{\beta x}^\infty \frac{\cos t}{t}dt$$

$$+\int_0^\infty \cos\beta x\,dx\int_{\alpha x}^\infty \frac{\cos t}{t}dt$$

$$=\frac{1}{\beta}\int_0^\infty \cos\frac{\alpha}{\beta}x\,dx\int_x^\infty \frac{\cos t}{t}dt+\frac{1}{\alpha}\int_0^\infty \cos\frac{\beta}{\alpha}x\,dx\int_x^\infty \frac{\cos t}{t}dt=\frac{\pi}{2\alpha} \text{ 或 } \frac{\pi}{2\beta}.$$

要看 $\alpha\geqslant\beta$ 或 $\alpha<\beta$ 而定.

还要说明的就是双重替换化为 0. 从我们已知的估计式

$$\left|\int_x^\infty \frac{\cos t}{t}dt\right|<c+|\ln x|$$

可以明白看出来, 替换号下的表达式随 x 而趋于 0. 但是另一方面,

$$\int_x^\infty \frac{\cos t}{t}dt=\frac{\sin t}{t}\Big|_x^\infty+\int_x^\infty \frac{\sin t}{t^2}dt,\quad \left|\int_x^\infty \frac{\cos t}{t}dt\right|<\frac{2}{x},$$

由此又知道所说表达式当 $x\to\infty$ 时也趋于 0.

其余那些公式的证明可以引用 23)(б),(в)和 (г),(д) 中所建立的那些公式来照样进行.

§5. 反常积分的近似计算

498. 有限区间上的积分 · 奇点分出法 以上在 **322—328** 目中, 我们研究了通常意义下的定积分的各种近似计算法. 这些方法和专对它们而讲的误差估计都是不能直接运用到反常积分上来的. 有时候用变量变换法或分部积分法是可以把反常积分变成常义积分的. 这时候反常积分的近似计算就化成了我们业已通晓的问题.

在很多情形下,(积分限为有穷的) 反常积分 $\int_a^b f(x)dx$ 的近似计算可以使用**奇点分出法**而变得容易些[①]. 这个方法在于找到一个形状简单的函数 $g(x)$, 吸收函数 $f(x)$ 所有的奇点, 使差函数 $\varphi(x) = f(x) - g(x)$ 不再有任何奇点, 也就是说, 就普通意义而言为可积的. 这时函数 $g(x)$ 的选择是要想法作得使 $g(x)$ 的积分可表成有尽形状, 而函数 $\varphi(x)$ 具有充分高阶的导数, 以便在做 $\varphi(x)$ 的积分的近似计算时能够利用已有的那些误差公式.

函数 $g(x)$ 的选择有各种方法, 要看情形而定. 作为是一个实例, 我们对于一类常见的积分来指出函数 $g(x)$ 的一般的作法.

设被积函数有这样的形状:

$$f(x) = (x - x_0)^{-\alpha} \cdot h(x) \quad (a \leqslant x_0 \leqslant b, 0 < \alpha < 1),$$

其中 $h(x)$ 对于 $a \leqslant x \leqslant b$ 可以展成幂级数

$$h(x) = c_0 + c_1(x - x_0) + c_2(x - x_0)^2 + \cdots + c_n(x - x_0)^n + \cdots$$

我们就令

$$g(x) = (x - x_0)^{-\alpha} \cdot [c_0 + c_1(x - x_0) + \cdots + c_n(x - x_0)^n],$$
$$\varphi(x) = (x - x_0)^{-\alpha} \cdot [c_{n+1}(x - x_0)^{n+1} + \cdots]$$
$$= (x - x_0)^{n+(1-\alpha)} \cdot [c_{n+1} + \cdots].$$

函数 $g(x)$ 的积分既容易作, 而函数 $\varphi(x)$ 又显然在区间 $[a, b]$ 上, 连 x_0 这一点在内, 具有 n 个连续导数.

499. 例题　1) 设要计算积分

$$\int_0^1 x^{-\frac{1}{2}}(1 - x)^{-\frac{1}{2}}dx = 2\int_0^{\frac{1}{2}} x^{-\frac{1}{2}}(1 - x)^{-\frac{1}{2}}dx;$$

后面这个积分只有一个奇点, 就是 0.

按 x 的幂展开 $(1 - x)^{-\frac{1}{2}}$ 到含 x^4 那一项为止, 而且令

$$g(x) = x^{-\frac{1}{2}}\left(1 + \frac{1}{2}x + \frac{3}{8}x^2 + \frac{5}{16}x^3 + \frac{35}{128}x^4\right),$$
$$\varphi(x) = x^{-\frac{1}{2}}\left[(1 - x)^{-\frac{1}{2}} - \left(1 + \cdots + \frac{35}{128}x^4\right)\right] = \frac{63}{256}x^{\frac{9}{2}} + \cdots$$

于是就有

$$I = \int_0^{\frac{1}{2}} x^{-\frac{1}{2}}(1 - x)^{-\frac{1}{2}}dx = \int_0^{\frac{1}{2}} g(x)dx + \int_0^{\frac{1}{2}} \varphi(x)dx = I_1 + I_2.$$

其中 I_1 的值是很容易算出来的:

$$I_1 = \frac{715\ 801}{645\ 120}\sqrt{2} = 1.569\ 158\ 5\cdots$$

[①] 这个方法是康托洛维奇提出的.

至于 I_2 则可按照辛普森公式, 分区间 $\left[0, \dfrac{1}{2}\right]$ 成 $2n = 10$ 等分而实行数字演算到六位小数, 这样来求它的值:

$$y_0 = y_{1/2} = 0 \qquad 2y_1 = 0.000\ 018$$
$$4y_{3/2} = 0.000\ 225$$
$$2y_2 = 0.000\ 431$$
$$4y_{5/2} = 0.002\ 496 \qquad I_1 \doteq 1.569\ 158\ 5$$
$$2y_3 = 0.003\ 017 \qquad I_2 \doteq 0.001\ 638\ 5$$
$$4y_{7/2} = 0.012\ 901 \qquad \overline{\ I \doteq 1.570\ 797\ 0\ }$$
$$2y_4 = 0.012\ 632$$
$$4y_{9/2} = 0.046\ 350$$
$$y_5 = 0.020\ 239$$
$$\overline{\qquad 0.098\ 309 \quad}\big|\ 60$$
$$0.001\ 638\ 5$$

而 I 的真值则 [由 β 函数的理论推知, 见 **529**, (5a)] 等于

$$\frac{\pi}{2} = 1.570\ 796\ 3\cdots.$$

我们现在来进行误差的估计 (当然我们在这里不利用这个真值, 而能够由别的考虑法来得到积分的准确值). 我们有

$$\varphi^{(4)}(x) = \frac{63}{256} \cdot \frac{9}{2} \cdot \frac{7}{2} \cdot \frac{5}{2} \cdot \frac{3}{2} \cdot x^{\frac{1}{2}} + \cdots > 0,$$

因而 $\varphi^{(4)}$ 随 x 一同上升, 所以在 $x = \dfrac{1}{2}$ 时达到最大值. 由此容易推知 $\max \varphi^{(4)}(x) = 288$.

辛普森公式的误差可按已知公式 [**327**,(16)] 表成

$$R = -\frac{\left(\dfrac{1}{2}\right)^5}{10^4} \cdot \frac{\varphi^{(4)}(\zeta)}{180}.$$

这样一来, 可见

$$R < 0,\ |R| < \frac{\left(\dfrac{1}{2}\right)^5}{10^4} \cdot \frac{288}{180} = \frac{5}{10^6},$$

但在另一方面, 计算 I_2 时取末位小数所引起的误差其绝对值小于 $\dfrac{5 \cdot 10^{-6}}{60} < 10^{-7}$. 而对于 I_1 的值的绝对误差也是 $< 10^{-7}$. 可见总误差介于 $-\dfrac{5.2}{10^6}$ 与 $\dfrac{0.2}{10^6}$ 之间, 所以

$$1.570\ 791\ 8 < I < 1.570\ 797\ 2$$

或

$$1.570\ 791 < I < 1.570\ 798.$$

于是最后得到

$$I = 1.570\ 79_{+0.000\ 01}.$$

2) 对于积分 $I = \int_0^1 x^{-\frac{1}{2}}(1-x)^{-\frac{3}{4}}dx$ 来说,0 与 1 这两点都是奇点; 我们相应地把积分分成两个:$I = \int_0^1 = \int_0^{\frac{1}{2}} + \int_{\frac{1}{2}}^1 = I_1 + I_2$. 为要计算 I_1 我们令

$$g(x) = x^{-\frac{1}{2}}\left(1 + \frac{3}{4}x + \frac{31}{32}x^2 + \frac{77}{128}x^3 + \frac{1155}{2048}x^4\right),$$

$$\varphi(x) = x^{-\frac{1}{2}}\left[(1-x)^{-\frac{3}{4}} - \left(1 + \cdots + \frac{1155}{2048}x^4\right)\right],$$

因之

$$I_1 = \int_0^{\frac{1}{2}} g(x)dx + \int_0^{\frac{1}{2}} \varphi(x)dx = I_{11} + I_{12}.$$

我们直接得到

$$I_{11} = \frac{576\ 293}{491\ 520}\sqrt{2} \doteq 1.658\ 124\ 8.$$

积分 I_{12} 可按辛普森公式, 取 $2n = 10$ 来计算到小数六位:$I_{12} \doteq 0.003\ 813$. 于是推知 $I_1 \doteq 1.661\ 938$. 误差的估计则像刚才一样, 我们得到

$$I_1 = 1.661\ 93_{+0.000\ 01}.$$

同样,

$$I_2 = \int_{\frac{1}{2}}^1 x^{-\frac{1}{2}}(1-x)^{-\frac{3}{4}}dx = \int_0^{\frac{1}{2}} x^{-\frac{3}{4}}(1-x)^{-\frac{1}{2}}dx$$

$$= \int_0^{\frac{1}{2}} x^{-\frac{3}{4}}\left(1 + \frac{1}{2}x + \cdots + \frac{35}{128}x^4\right)dx + \int_0^{\frac{1}{2}} x^{-\frac{3}{4}}\left[(1-x)^{-\frac{1}{2}} - (1+\cdots)\right]dx$$

$$= I_{21} + I_{22}.$$

我们求得

$$I_{21} \doteq 3.580\ 291, \quad I_{22} \doteq 0.002\ 033, \quad I_2 \doteq 3.582\ 324.$$

若照以上一样来估计误差即得

$$I_2 = 3.582\ 32_{+0.000\ 005}.$$

于是得到

$$I = 5.244\ 25_{+0.000\ 015}$$

或

$$I = 5.244\ 26_{\pm 0.000\ 01}.$$

3) 设要计算的积分为 $I = \int_0^1 \frac{\ln x}{1-x}dx$; 奇点在 $x = 0$.

要分出这一奇点, 我们可以采用类似于上面已经用过的方法. 令

$$I = \int_0^1 (1 + x + x^2 + x^3 + x^4)\ln x\,dx + \int_0^1 \frac{x^5 \ln x}{1-x}dx = I_1 + I_2.$$

很容易 (用分部积分法) 求得: $I_1 = -1.463\ 61\cdots$. 至于 I_2 则可按照辛普森公式 (取 $2n = 10$, 计算到小数五位) 来算出; 其结果为: $I_2 \doteq -0.181\ 35$. 于是 $I \doteq -1.644\ 96$. 所计算的积分,其真值 [**519**,1)(б)] 为 $-\frac{\pi^2}{6} = -1.644\ 934\cdots$.

要估计误差, 需按莱布尼茨公式 [117] 算出导数 $\varphi^{(4)}(x)$. 这时还可以方便一点的是利用容易证明的公式:

$$\left[\frac{f(x)-f(a)}{x-a}\right]^{(k)} = \frac{1}{k+1}f^{(k+1)}(c)$$

(其中 c 在 a 与 x 之间), 取 $f(x)=\ln x, a=1$. 粗略地估计即有 $|\varphi^{(4)}(x)| < 200$, 于是推知

$$|R| < \frac{1}{10^4}\cdot\frac{200}{180} \doteq 0.000\,11.$$

总误差为 $\pm 0.000\,13$. 结果,

$$|I| = 1.645_{\pm 0.0002}.$$

4) 最后我们来看另一类型的例:

$$I = \int_0^{\frac{\pi}{2}} \lg\sin x dx,$$

其奇点为 0.

我们很自然会把被积函数和 $g(x)=\lg x$ 这个函数比较起来看, 这个函数的积分是很容易算出来的[1]:

$$I_1 = \int_0^{\frac{\pi}{2}} \lg x dx = M\cdot\int_0^{\frac{\pi}{2}} \ln x dx = Mx(\ln x - 1)\Big|_0^{\frac{\pi}{2}}$$
$$= \frac{\pi}{2}\cdot\left(\lg\frac{\pi}{2} - M\right) \doteq -0.374\,123.$$

至于函数 $\varphi(x) = \lg\dfrac{\sin x}{x}$ 的积分 I_2 则可照辛普森公式, 取 $2n=18$, 算到六位小数. 我们有

$$I_2 = -\int_0^{\frac{\pi}{2}} [\lg x - \lg\sin x]dx \doteq -0.098\,733.$$

于是

$$I = I_1 + I_2 \doteq -0.472\,856.$$

其实积分 I 与我们已知的 [492,1°] 积分

$$\int_0^{\frac{\pi}{2}} \ln\sin x dx = -\frac{\pi}{2}\cdot\ln 2$$

之间只差一个因子 M, 因之

$$I = -\frac{\pi}{2}\cdot\lg 2 = -0.472\,856\,8\cdots;$$

可见上面所得的数值六位小数都是正确的.

我们若不知道这个真值, 就需要引用辛普森公式来估计误差. 这里

$$\varphi(x) = M(\ln x - \ln\sin x), \quad \varphi^{(4)}(x) = M\frac{6(x^4 - \sin^4 x) - 4x^4\sin^2 x}{x^4\sin^4 x}.$$

可以证明 $0 < \varphi^{(4)}(x) < \dfrac{\pi^4}{12}M < 3.6$; 因之 $R < 0$ 而且 $|R| < 0.000\,002$. 再考虑到取末位小数时的误差, 我们就只能确定

$$|I| \doteq 0.472\,85_{+0.000\,01}.$$

---

[1] 以下用字母 M 代表换自然对数为常用对数的 "兑换率"(通称为模).

500. 关于常义积分的近似计算的附注　　奇点分出法对于常义积分的近似计算也往往是适用的, 这在被积函数虽然连续却无足够多阶的连续导数的情形 (因而误差估计发生困难的时候) 就是如此. 我们举例来说明这点.

试看积分

$$I = \int_0^1 \ln x \cdot \ln(1+x)dx.$$

显而易见, 当 $x \to 0$ 时被积函数趋于 0, 所以该函数可以认为在整个积分区间上是连续的. 但是被积函数的一阶导数就已经在 $x = 0$ 处成为无穷了. 我们利用对数展开式把被积函数表成下列二函数的和:

$$g(x) = \ln x \cdot \left(x - \frac{x^2}{2} + \frac{x^3}{3} - \frac{x^4}{4} \right),$$
$$\varphi(x) = \ln x \cdot \left[\ln(1+x) - \left(x - \frac{x^2}{2} + \frac{x^3}{3} - \frac{x^4}{4} \right) \right].$$

第一个函数的积分容易算出其值为 $-0.205\,28\cdots$. 而第二个函数 (已有四阶连续的导数了!) 其积分的计算可以引用辛普森公式, 取 $2n = 10$, 算到小数五位. 我们得到 $-0.003\,48$, 因之总结果为 -0.20876.

因为 $|\varphi^{(4)}(x)| < 36$, 所以 $|R| < 0.000\,02$. 结果有

$$|I| = 0.208\,76_{\pm 0.000\,03} = 0.208\,7_{\pm 0.000\,1}.$$

(其实所得近似值的各位小数都是正确的, 因为 I 的真值是 $-0.208\,761\,8\cdots$.)

有趣的是, 若不预先利用奇点分出法而把辛普森公式 (同样取 $2n = 10$ 而且仍旧计算到小数五位) 直接用到被积函数上, 那么得到的结果就是 $I \doteq -0.2080$, 这就是说, 只精确到三位小数. 这样一来, 若不使用奇点分出法, 不但误差的估计也发生很大的困难, 而且结果的准确性实际上被减小.

501. 带有无穷限的反常积分的近似计算　　假若要根据积分 $\int_a^{+\infty} f(x)dx$ 的定义, 把它当作常义积分 $\int_a^A f(x)dx$ 的极限, 近似地 (对于充分大的 A) 设 $\int_a^{+\infty} \doteq \int_a^A$, 再用刚讲过的方法来计算最后这个积分; 这样做起来往往是不行的. 这样做法只有在一种情形才会合用, 那就是被积函数当 x 上升时它下降得很快, 以致于 —— 对于并不怎样大的 A—— 上面所写的那个近似等式就有充分的准确性.

1) 例如积分 $\int_0^\infty e^{-x^2}dx$ 的情形就是这样.

从不等式 $x^2 \geqslant 2Ax - A^2$ 推知

$$e^{-x^2} < e^{A^2} \cdot e^{-2Ax},$$

因而

$$\int_A^\infty e^{-x^2}dx \leqslant e^{A^2} \cdot \int_A^\infty e^{-2Ax}dx = \frac{1}{2A}e^{-A^2}.$$

在 $A = 3$ 时:

$$\int_3^\infty e^{-x^2}dx < 0.000\,02.$$

至于积分 $\int_0^3 e^{-x^2}dx$ 则可按照辛普森公式, 取 $2n = 30$, 算到小数五位; 得到 $0.886\ 21$. 不难得出估计式 $|(e^{-x^2})^{(4)}| \leqslant 12, |R| < 2\cdot 10^{-5}$. 可知总误差介于 $-0.000\ 04$ 与 $0.000\ 06$ 之间. 于是

$$0.886\ 17 < I < 0.886\ 27, \quad I \doteq 0.886\ 2_{\pm 0.000\ 1}.$$

至于 I 的真值, 则我们已知 [**492**,2°] 其为 $\frac{1}{2}\sqrt{\pi} = 0.886\ 226\cdots$

计算积分 $\int_a^\infty$ 常用的办法是, 或者把它变形成积分限为有限的, 或者先分为二: $\int_a^A + \int_A^\infty$. 再把第二个变形成积分限为有限的.

2) 今仍取积分 $I = \int_0^\infty e^{-x^2}dx$ 为例, 而把它表成和的形状:

$$\int_0^\infty = \int_0^1 + \int_1^\infty = I_1 + I_2.$$

积分值 I_1 可按辛普森公式, 取 $2n = 10$, 计算到小数五位, 得 $|R| < 0.000\ 01, I_1 = 0.746\ 83_{\pm 0.000\ 02}$. 至于 I_2 我们就用变换 $x = \frac{1}{t}$ 把它变成这样:

$$I_2 = \int_0^1 \frac{1}{t^2}e^{-\frac{1}{t^2}}dt.$$

用通常的方法即得 $I_2 \doteq 0.139\ 45$, 因之 $I \doteq 0.886\ 28$.

这里误差的估计我们就不作了.

如果带无穷限的积分在有限距离内有奇点存在, 那么就要把它分成两个, 使每一个只含有一个奇点.

3) 试看 (当 $0 < a < 1$ 时的) 积分

$$I = \int_0^\infty \frac{x^{a-1}}{1+x}dx = \int_0^1 \frac{x^{a-1}}{1+x}dx + \int_1^\infty \frac{x^{a-1}}{1+x}dx = I_1 + I_2.$$

积分 I_1 可用奇点分出法来求它:

$$I_1 = \int_0^1 (x^{a-1} - x^a + x^{a+1} - x^{a+2} + x^{a+3})dx - \int_0^1 \frac{x^{a+4}}{1+x}dx = I_{11} - I_{12}.$$

其中 $I_{11} = \frac{1}{a} - \frac{1}{a+1} + \frac{1}{a+2} - \frac{1}{a+3} + \frac{1}{a+4}$, 而 I_{12} 则可按照辛普森公式来计算.

例如假定 $a = \frac{\sqrt{2}}{2} = 0.707\ 106\ 8\cdots$; 则 $I_{11} = 1.140\ 52\cdots$. 对于 I_{12} 则 (取 $2n = 10$ 而算到小数五位) 得值为 $0.095\ 18$. 于是 $I_1 \doteq 1.045\ 34$.

积分 I_2 经过变换 $x = \frac{1}{t}$ 即化成这样

$$I_2 = \int_0^1 \frac{t^{b-1}}{1+t}dt,$$

其中 $b = 1 - a = 0.292\ 893\ 1\cdots$. 像计算 I_1 一样可得 : $I_2 \doteq 2.902\ 89$. 于是终于得到 $I \doteq 3.948\ 23$. 以后 [**522**,1°] 我们会知道 I 的真值为 $\frac{\pi}{\sin \pi a} = 3.948\ 246\cdots$.

有时候在 "缓慢地收敛的积分" $\int_a^\infty f(x)dx$ 的情形, 还是能够由它 (譬如接连利用分部积分法) 分出一些容易计算出来的部分, 而使剩下的积分的值却又是很小的.

4) 设给定积分

$$I = \int_0^\infty \frac{\sin x}{x} dx,$$

我们把它写成两个积分的和的样子: $\int_0^A + \int_A^\infty$, 但并不一定要第二个积分的值很小. 于是分部积分即有

$$\int_A^\infty \frac{\sin x}{x} dx = \left\{ -\frac{\cos x}{x} - \frac{\sin x}{x^2} + 2\frac{\cos x}{x^3} + 6\frac{\sin x}{x^4} - 24\frac{\cos x}{x^5} - 120\frac{\sin x}{x^6} \right\} \Big|_A^\infty$$

$$+ 720 \int_A^\infty \frac{\sin x}{x^7} dx.$$

譬如取 $A = 2\pi$ 罢, 就得到

$$\int_{2\pi}^\infty \frac{\sin x}{x} dx = \frac{1}{2\pi} - \frac{2}{(2\pi)^3} + \frac{24}{(2\pi)^5} + 720 \int_{2\pi}^\infty \frac{\sin x}{x^7} dx.$$

积出来的各项之和等于 $0.153\ 54\cdots$. 还有

$$0 < 720 \int_{2\pi}^\infty \frac{\sin x}{x^7} dx < 720 \int_{2\pi}^\infty \frac{dx}{x^7} = \frac{120}{(2\pi)^6} < 0.002.$$

照辛普森公式 (取 $2n = 40$ 算到小数四位) 来计算积分 $\int_0^{2\pi}$ 即得近似值:1.418 2. 误差的估计则如下:

$$f(x) = \sum_0^\infty \frac{(-1)^m x^{2m}}{(2m+1)!}, \quad f^{(4)}(x) = \sum_0^\infty \frac{(-1)^m x^{2m}}{(2m)!(2m+5)},$$

$$|f^{(4)}(x)| < \frac{1}{5}\text{ch}2\pi < 54, \quad |R| < 0.001\ 2.$$

因此, 考虑上全部误差, 即得结果:

$$1.570\ 2 < I < 1.575\ 2, \quad I = 1.57_{+0.01}.$$

其实, 如我们在 **492**,3° 中所知的, 真值 $I = \frac{\pi}{2} = 1.570\ 7\cdots$.

502. 渐近展开的应用　在对形如

$$\int_x^\infty f(t) dt$$

的积分进行近似计算时, 应用积分的渐近展开常常是有益的. 我们以例子来说明这一点.

1°　**积分对数**　若 $0 < a < 1$, 积分对数 li a 是这样定义的:

$$\text{li}\ a = \int_0^a \frac{du}{\ln u}; \tag{12}$$

在 $a > 1$ 的情况下, 这个积分发散, 在主值意义下来理解它:

$$\text{li}\ a = \text{V.p.} \int_0^a \frac{du}{\ln u} = \lim_{\varepsilon \to +0} \left(\int_0^{1-\varepsilon} + \int_{1+\varepsilon}^a \right) \frac{du}{\ln u} \tag{12*}$$

[参看 **484**].

首先设 $a < 1$. 当 $x > 0$ 时令 $a = e^{-x}$, 并在积分 (12) 中作代换 $u = e^{-t}$:

$$\mathrm{li}(e^{-x}) = -\int_x^\infty \frac{e^{-t}}{t} dt. \tag{13}$$

设 $t = x + v$, 得到积分

$$\mathrm{li}(e^{-x}) = -e^{-x} \int_0^\infty \frac{e^{-v} dv}{x + v}. \tag{14}$$

因为

$$\frac{1}{x+v} = \frac{1}{x} - \frac{v}{x^2} + \frac{v^2}{x^3} - \cdots + (-1)^{n-1}\frac{v^{n-1}}{x^n} + (-1)^n \frac{v^n}{x^n(x+v)},$$

则由此 [**489**,4)]

$$\mathrm{li}(e^{-x}) = -e^{-x}\left[\frac{1}{x} - \frac{1}{x^2} + \frac{2!}{x^3} - \frac{3!}{x^4} + \cdots + (-1)^{n-1}\frac{(n-1)!}{x^n} + r_n(x)\right], \tag{15}$$

其中余式由积分

$$r_n(x) = (-1)^n \int_0^\infty \frac{v^n \cdot e^{-v} dv}{x^n(x+v)} \tag{15a}$$

表示, 若丢掉余式, 使展开继续到无穷项:

$$\mathrm{li}(e^{-x}) \sim -e^{-x}\left\{\frac{1}{x} - \frac{1}{x^2} + \frac{2!}{x^3} - \cdots + (-1)^{n-1}\frac{(n-1)!}{x^n} + \cdots\right\}, \tag{16}$$

则所得到的级数明显是发散的, 因为后项与前项的比

$$\frac{n}{x} \to \infty \quad \text{当} \quad n \to \infty.$$

但由表示余式的 (15a) 式看出, 它具有被丢掉的级数的第一项的符号, 并且按绝对值小于这样的项

$$|r_n(x)| < \frac{1}{x^{n+1}} \int_0^\infty e^{-v} \cdot v^n dv = \frac{n!}{x^{n+1}}.①$$

这样一来, 级数 (16) 包络函数 $\mathrm{li}(e^{-x})$ 并且同时也是对这个函数的渐近表示 [**463**]. 由上一章 §6, 读者已知道类似的级数如何被用于近似计算, 若 $n = E(x)$, 就得到最好的结果.

若 $a > 1$ 且 $x < 0$, 则事情变得相当复杂. 在这种情况下同样可以建立公式 (13) ~ (16), 但这里所有的积分只能理解为主值意义下的. 展开式 (16) 在这种情况下是常号的 (要知道 $x < 0$); 余式的估计的表示更为困难. 借助于详细而精致的研究, 斯蒂尔切斯 (Stieltjes) 得以证明. 在所给 $x < 0$ 时, 为了得到对于数 $\mathrm{li}(e^{-x})$ 最好的逼近同样应取 $n = E(|x|)$, 同时逼近的阶可用表达式 $\sqrt{\dfrac{2\pi}{|x|}}$ 来估计.

可以对函数 $\mathrm{li}(e^{-x})$ 得到对于所有实值 x 的按 x 的整升幂的实展开. 为此把 (13) 式改写成如下形状:

$$\mathrm{li}(e^{-x}) = \int_0^1 (1 - e^{-t})\frac{dt}{t} - \int_1^\infty e^{-t}\frac{dt}{t} + \int_1^x \frac{dt}{t} - \int_0^x (1 - e^{-t})\frac{dt}{t}.$$

---

① 在所考虑的 $a < 1$ 的情况下可对积分 (13) 逐次地应用分部积分法来得到渐近展开 (16) 与对余式的表示, 但这个方法对 $a > 1$ 的情况行不通.

当 $x < 0$ 积分 $\int_1^x \dfrac{dt}{t}$ 发散, 需要取它的主值; 主值等于

$$\lim_{\varepsilon \to +0} \left(\int_1^\varepsilon + \int_{-\varepsilon}^x \right) \frac{dt}{t} = \lim_{\varepsilon \to +0} \left[\ln \varepsilon + \ln \frac{-x}{\varepsilon} \right]$$
$$= \ln(-x) = \ln|x|.$$

前两个积分的和是不依赖于 x 的常数 C[①]. 余下的只是最后一个积分按 x 的幂次展开, 以便得到所要的结果:

$$\mathrm{li}(e^{-x}) = C + \ln|x| - x + \frac{x^2}{2! \cdot 2} - \frac{x^3}{3! \cdot 3} + \frac{x^4}{4! \cdot 4} - \cdots + (-1)^n \frac{x^n}{n! \cdot n} + \cdots \tag{17}$$

然而这个展开对大的 $|x|$ 值, 用起来不怎么好, 此前的发散展开 (16) 有本质上的优点. 斯蒂尔切斯取了 (16) 式的 23 项, 求出

$$\mathrm{li}\, 10^{10} = 455\ 055\ 614.586;$$

为了达到同样的精确度, 在级数 (17) 中需要取超过 10^{10} 项才行!

　　$2°$　　积分余弦与积分正弦:

$$P = \mathrm{ci}\, x = -\int_x^\infty \frac{\cos t}{t} dt, \quad Q = \mathrm{si}\, x = -\int_x^\infty \frac{\sin t}{t} dt.$$

为了简化计算, 在研究中我们引入实变量的复函数的积分:

$$P + Qi = -\int_x^\infty \frac{e^{it}}{t} dt = i \int_x^\infty \frac{de^{it}}{t}.$$

逐次地应用分部积分得到公式

$$P + Qi = \frac{e^{ix}}{ix} + \frac{e^{ix}}{(ix)^2} + 2! \frac{e^{ix}}{(ix)^3} + \cdots + (n-1)! \frac{e^{ix}}{(ix)^n} + r_n(x),$$

其中

$$r_n(x) = (-1)^{n-1} i^n \cdot n! \int_x^\infty \frac{e^{it}}{t^{n+1}} dt$$

　　若把所得公式逐项除以 $-e^{ix}$, 并使等式两端的实部和虚部分别相等, 则得到对计算更为方便的公式:

$$\int_x^\infty \frac{\cos(t-x)}{t} dt = -P\cos x - Q\sin x$$
$$= \frac{1}{x} \left\{ \frac{1}{x} - \frac{3!}{x^3} + \cdots + (-1)^{m-1} \frac{(2m-1)!}{x^{2m-1}} \right\} + r'_{2m-1}(x) \tag{18}$$

及

$$\int_x^\infty \frac{\sin(t-x)}{t} dt = P\sin x - Q\cos x$$
$$= \frac{1}{x} \left\{ 1 - \frac{2!}{x^2} + \cdots + (-1)^{m-1} \frac{(2m-2)!}{x^{2m-2}} \right\} + r''_{2m-2}, \text{[②]} \tag{19}$$

---

① 正如以后所看到的, 这个和实际上恒等于欧拉常数 [**538**,3)].

②注意, 有趣的是, 在 $\{\cdots\}$ 中的各项刚好是对于我们所熟知的正弦与余弦的幂级数的各项的倒数 [**404**,(12) 与 (13)].

其中, 相应地,

$$r'_{2m-1}(x) = (-1)^m (2m+1)! \int_x^\infty \frac{\sin(t-x)}{t^{2m+2}} dt$$

与

$$r''_{2m-2}(x) = (-1)^m (2m)! \int_x^\infty \frac{\sin(t-x)}{t^{2m+1}} dt.$$

容易证明 [例如借助于波内公式, **306** 目,(3)]

$$\left| \int_x^X \frac{\sin(t-x)}{t^n} dt \right| \leqslant \frac{2}{x^n}.$$

当 $X \to \infty$ 而取极限, 我们得出: 公式 (18) 与 (19) 中的余式, 按绝对值不超过 (相应展开式的) 已列出各项随后的那一项的两倍. 由此可看清把展开 (18) 与 (19) 延续到无穷, 我们便达到左端积分的渐近表示.

例如, 特别地, 当设 $x = k\pi (k = 1, 2, 3, \cdots)$ 时从 (19) 式可求出

$$\rho_k = \mathrm{si}(k\pi) = -\int_{k\pi}^\infty \frac{\sin t}{t} dt \sim (-1)^{k+1} \left\{ \frac{1}{k\pi} - \frac{2!}{(k\pi)^3} + \frac{4!}{(k\pi)^5} - \frac{6!}{(k\pi)^7} + \cdots \right\}.$$

当 $k > 2$ 由此容易求出 ρ_k 的近似值:

$$\rho_3 = 0.104\,0, \quad \rho_4 = -0.078\,6, \quad \rho_5 = 0.063\,1, \quad \rho_6 = -0.052\,8, \cdots.$$

例如, 为了计算 ρ_4 只需在括号内的三项:

$$0.079\,58 - 0.001\,01 + 0.000\,08 = 0.078\,65;$$

因为误差绝对小于 $2 \times 0.000\,015 = 0.000\,03$, 那么 $|\rho_4|$ 包含在 $0.078\,62$ 与 $0.078\,68$ 之间, 最后有

$$\rho_4 = -0.078\,6 \cdots.$$

第十四章　依赖于参数的积分

§1. 基本理论

503. 问题的提出　试考虑一个二元函数 $f(x,y)$, 设其对于 x 在某一区间 $[a,b]$ 上的所有的值与 y 在集合 $\mathcal{Y} = \{y\}$ 中的所有的值都有定义. 假设对于 $\mathcal{Y}$ 中的每一常数值 y, $f(x,y)$ 在区间 $[a,b]$ 上无论在常义积分或反常积分意义下都是可积的. 则积分

$$I(y) = \int_a^b f(x,y)dx \tag{1}$$

显然是**辅助变量**或**参数** y 的函数.

在第 **436** 目中讲到函数序列 $\{f_n(x)\}$ 时, 我们考虑了积分

$$I_n = \int_a^b f_n(x)dx,$$

上式表示出积分 (1) 式的特殊情形: 这里自然数附标 n 做了参数.

关于函数 $I(y)$, 很自然的引出了一系列的问题 —— 在规定的取极限过程中, $I(y)$ 的极限的存在及其表达式, 特别是关于它对 y 的连续性, 关于它的可微性及其导数的表达式; 最后是关于它的积分. 本章中将专门来说明这一切问题.

对于用积分 (1) 式所表示的, 依赖于参数的函数 $I(y)$, 它的性质是富有独特的趣味 (这一方面例如可参看 §5), 但除此以外, 这些性质, 读者今后会看到也有多式多样的应用, 特别是关于反常积分的计算问题.

504. 一致趋于极限函数　标题中所指示的概念将在以后的研究中起着决定性的作用. 设函数 $f(x,y)$, 在一般情形下, 定义在两维的集合 $\mathcal{M} = \mathcal{X} \times \mathcal{Y}$ 中, 这里 $\mathcal{X}$

与 $\mathcal{Y}$ 表示数值的集合, 变量 x 与 y 各在其中取值; 并且 $\mathcal{Y}$ 中有一个聚点, 例如有限的数值 y_0.

若 1) 对于函数 $f(x,y)$ 当 $y \to y_0$ 时, 有一个有限的极限函数

$$\lim_{y \to y_0} f(x,y) = \varphi(x) \quad (x \text{ 是在 } \mathcal{X} \text{ 中的数值})\tag{2}$$

存在, 及 2) 对于任意一个数 $\varepsilon > 0$, 可以找出一个不依赖于 x 的数 $\delta > 0$, 当 $|y - y_0| < \delta$ 时, 对于 $\mathcal{X}$ 中所有的 x 值, 使

$$|f(x,y) - \varphi(x)| < \varepsilon,\tag{3}$$

则我们说这个函数 $f(x,y)$ 对于 $\mathcal{X}$ 区域中的 x 值, 为一致趋向于极限函数 $\varphi(x)$.

当 y_0 不是通常的数值, 例如 $+\infty$ 的情形下, 我们也不难用另外的方法来叙述这个定义: 这儿只要把不等式 $|y - y_0| < \delta$ 换成不等式 $y > \Delta$ 就够了. 在第十二章 [428] 中我们已经讨论过关于一致逼近于极限函数的特殊情形; 那儿, 我们讲到函数 $f_n(x)$, 其中所含的自然数指标 n 就算为参数.

在第 429 目中讨论到函数序列时, 我们提出过一种说法: 一致收敛的必要与充分条件是收敛原理一致适合. 在一般情形下那样说法也是可以的, 就是 (倘使限制在 y_0 为有限的数值这一假定之下):

1° 当 $y \to y_0$ 时要使函数 $f(x,y)$ 有一极限函数, 且对于 $\mathcal{X}$ 区域中的 x 值一致趋向于这个极限函数, 其必要与充分条件是: 对任意一个数 $\varepsilon > 0$, 有这样一个不依赖于 x 的数 $\delta > 0$ 存在, 对于 $\mathcal{X}$ 中的一切 x 值, 使下列不等式成立

$$|f(x,y') - f(x,y)| < \varepsilon\tag{4}$$

其中只要

$$|y - y_0| < \delta, \quad |y' - y_0| < \delta \quad (y, y' \text{ 是在 } \mathcal{Y} \text{ 中的数值}).\tag{5}$$

[在 $y_0 = +\infty$ 的情形下, 把最后的不等式换成不等式 $y > \Delta, y' > \Delta$.]

必要性 设是一致收敛. 用 $\dfrac{\varepsilon}{2}$ 代换定义中的 ε, 并相应地选择 δ 之后, 我们即可从 $\mathcal{Y}$ 中取两个数值 y 与 y' 使满足条件 (5), 则无论 x 为何值可得到

$$|f(x,y') - \varphi(x)| < \frac{\varepsilon}{2} \text{ 及 } |\varphi(x) - f(x,y)| < \frac{\varepsilon}{2},$$

由此就得到 (4) 式.

充分性 倘使以上所提的条件适合, 则首先显然极限函数 (2) 存在. 其次, 当 $y' \to y_0$ 时, 在不等式 (4) 中取极限 (并且固定 y 使 $|y - y_0| < \delta$), 可得到

$$|\varphi(x) - f(x,y)| \leqslant \varepsilon,$$

由此建立了函数 $f(x,y)$ 一致趋于极限函数 $\varphi(x)$.

以上所考虑的问题可能化为函数序列的一致收敛问题, 现在讨论如下:

2°　当 $y \to y_0$ 时要使函数 $f(x,y)$ 一致趋向于函数 $\varphi(x)$(对于 $\mathcal{X}$ 区域中的 x 值) 其必要与充分的条件是: 当 y_n(在 $\mathcal{Y}$ 中的值) 按照任何变化的规律趋向于 y_0 时, 每一序列 $\{f(x,y_n)\}$ 一致收敛于 $\varphi(x)$.

证明只限于有限的 y_0 值的情形.

必要性　假定 $f(x,y)$ 一致趋于 $\varphi(x)$, 对于任意选取的一个 $\varepsilon > 0$, 按照定义可以找到一个数 $\delta > 0$,[参看 (3)]. 无论 y_n 怎么样变化而 $\to y_0$, 对于它总有这样一个数 N, 只要在 $n > N$ 时 $|y_n - y_0| < \delta$. 但是对于同样的那些值 n, 由于式 (3), 不等式

$$|f(x,y_n) - \varphi(x)| < \varepsilon.$$

对于所有的 x 值得以适合. 这样, 序列 $\{f(x,y_n)\}$ 的一致收敛性也就证明了.

充分性　今设每一个这样的序列一致收敛于 $\varphi(x)$.

为了要证明函数 $f(x,y)$ 一致趋于 $\varphi(x)$, 我们假定相反的结论, 则对于某一个 $\varepsilon > 0$ 无论怎样取 $\delta = \delta' > 0$, 可以从 $\mathcal{Y}$ 中找出这样的 $y = y'$ 值, 虽然 $|y' - y_0| < \delta'$, 但至少在 $\mathcal{X}$ 中有一值 $x = x'$ 使满足不等式

$$|f(x',y') - \varphi(x')| \geqslant \varepsilon.$$

现在取一正数的序列 $\{\delta_n\}$, 它收敛于零. 按以上所说的, 对于每一个 δ_n 可以找到两个值 y_n 与 x_n 使

$$|y_n - y_0| < \delta_n \text{ 但 } |f(x_n,y_n) - \varphi(x_n)| \geqslant \varepsilon. \tag{6}$$

显然 $y_n \to y_0$(因为 $\delta_n \to 0$), 但是序列 $\{f(x,y_n)\}$, 由于式 (6) 不能一致收敛于 $\varphi(x)$. 对于所给定的条件我们得到了一个矛盾.

今设集合 $\mathcal{X}$ 代表有限的区间 $[a,b]$. 我们知道 [**436**] 如果函数序列 $\{f_n(x)\}$ 一致收敛于极限函数, 其中 $f_n(x)$ 是连续的 (或在常义积分意义下为可积的), 则后面的极限函数也一定是连续的 (可积的). 由于 2°, 很显然地这所有的结果可以推广到一般情形.

3°　若对于 $\mathcal{Y}$ 中的任意 y 值, 就区间 $\mathcal{X} = [a,b]$ 上的 x 来说, 函数 $f(x,y)$ 是连续的 (可积的), 并当 $y \to y_0$ 时一致趋于极限函数 $\varphi(x)$, 则后面的极限函数也是连续的 (可积的).

为了以后解释的便利, 我们再建立下面的命题即广义的迪尼定理 [**431**]. 这儿我们考虑所有的 $y < y_0$.

4°　假设对于 $\mathcal{Y}$ 中的任意 y 值, 就区间 $\mathcal{X} = [a,b]$ 上的 x 来说, 函数 $f(x,y)$ 是连续的, 并且当 y 值上升时, 它也单调上升而趋于连续的极限函数 $\varphi(x)$, 则对于 $\mathcal{X}$ 区间上的 x 值, 这个趋向一定是一致的.

为了证明, 从 $\mathcal{Y}$ 中挑选一个单调上升的 y 值的序列 $\{y_n\}$, 它趋向于 y_0, 然后考虑相应的函数序列 $\{f(x, y_n)\}$, 显然它也跟着 n 单调上升. 因为级数

$$f(x, y_1) + \sum_{n=2}^{\infty}[f(x, y_n) - f(x, y_{n-1})] = \varphi(x)$$

的项都是正的 (可能除去第一项外), 所以迪尼定理使我们能这样地断定: 这个级数对于在区间 $\mathcal{X}$ 上的 x 值是一致收敛的. 因此, 给定 $\varepsilon > 0$, 可以找出这样一个数 n_0, 对于 $\mathcal{X}$ 中的所有 x 值使不等式

$$|\varphi(x) - f(x, y_{n_0})| < \varepsilon$$

得以适合. 由于函数 f 跟着 y 单调上升, 所以只要 $y > y_{n_0}$, 不等式

$$|\varphi(x) - f(x, y)| < \varepsilon$$

也适合; 因此我们的断语得以证明.

虽然以上所建立的一致逼近的特殊判断法, 似乎是很狭隘的, 但是除了一些必须用其他方法来说明一致逼近的存在外, 这法则常是很有用的.

505. 两个极限过程的互换　有几种类型的两个极限步骤的互换问题, 将要很显然地贯彻在本章所有的叙述中. 这个问题的最简单形式, 我们初次在第 **168** 目中碰到过, 当时在二重极限

$$\lim_{\substack{x \to x_0 \\ y \to y_0}} f(x, y)$$

存在的假定下, 讲述了累次极限

$$\lim_{x \to x_0} \lim_{y \to y_0} f(x, y) = \lim_{y \to y_0} \lim_{x \to x_0} f(x, y) \tag{7}$$

的存在与相等. 其后在第 **436** 目中我们看见了关于在一致收敛的函数级数中, 逐项取极限过程的定理也可以用相似的形式来表达:

$$\lim_{x \to a} \lim_{n \to \infty} f_n(x) = \lim_{n \to \infty} \lim_{x \to a} f_n(x),$$

这儿假定当 $n \to \infty$ 时函数 $f_n(x)$ 一致收敛于极限函数.

利用上目中所引入的概念, 现在我们建立一个同一类型的一般性的定理. 假定函数 $f(x, y)$ 定义在二维集合 $\mathcal{M} = \mathcal{X} \times \mathcal{Y}$ 中, 这里集合 $\mathcal{X} = \{x\}$ 及 $\mathcal{Y} = \{y\}$ 各有聚点 x_0 及 y_0(有限的或无穷的).

设对于 $\mathcal{X}$ 中每一个 x 值对应一个简单的极限

$$\lim_{y \to y_0} f(x, y) = \varphi(x),$$

且对于 $\mathcal{Y}$ 中每一个 y 值对应一个简单的极限

$$\lim_{x \to x_0} f(x,y) = \psi(y),$$

若当 $y \to y_0$ 时函数 $f(x,y)$ 对于 $\mathcal{X}$ 区域中的 x 值一致趋向于极限函数 $\varphi(x)$, 则 (7) 式中的两个累次极限都存在而且相等.

很容易把这个定理化成前面所提及的定理的特殊情形, 但是 —— 为了明晰起见 —— 我们宁可在这儿给出一个独立的证明 (为了确定的缘故, 假定 x_0 及 y_0 为两个有限的数值).

给定任意一数 $\varepsilon > 0$, 由于定理 $1°$[504] 我们可以找出与它相应的数 $\delta > 0$, 使不等式 (5) 能对于无论 $\mathcal{X}$ 中的任何 x 值, 都推出不等式 (4). 今固定 y 与 y' 值适合条件 (5), 但假定 x 趋于 x_0, 让 $f(x,y)$ 在式 (4) 中趋于极限, 则得

$$|\psi(y') - \psi(y)| \leqslant \varepsilon. \tag{8}$$

可见函数 $\psi(y)$ 在 $y \to y_0$ 的过程中, 它适合经典的布尔查诺 - 柯西的条件 [58], 所以有一个有限的极限存在

$$\lim_{y \to y_0} \psi(y) = A.$$

现在很明显, 只要 $|y - y_0| < \delta$ 就有 (对于 $\mathcal{X}$ 中的任意 x 值)

$$|\varphi(x) - f(x,y)| \leqslant \varepsilon, \text{ 同时 } |\psi(y) - A| \leqslant \varepsilon;$$

上式是很容易说明的, 当 $y' \to y_0$ 时, 且固定 x 及 y, 让函数 $f(x,y')$ 及 $\psi(y')$ 在不等式 (4) 及 (8) 中趋向极限就得了. 其次, 保留所选定的 y 值, 我们可以找到一数 $\delta' > 0$, 在 $|x - x_0| < \delta'$ 时使 $|f(x,y) - \psi(y)| < \varepsilon$. 然后从所有这些不等式, 推得不等式

$$|\varphi(x) - A| < 3\varepsilon,$$

它在 $|x - x_0| < \delta'$ 时总是适合的. 因此

$$\lim_{x \to x_0} \varphi(x) = A,$$

定理得以证明.

　　　附注　还可以证明, 对于并进的极限过程 $x \to x_0, y \to y_0$ 而言, 这个刚讲到的数 A 也是函数 $f(x,y)$ 的二重极限. 这个情形把已证得了的定理联系到第 **168** 目中的定理.

506. 在积分号下的极限过程　　现在回到所考虑的依赖于参数 y 的积分 (1), 并首先限制在有限区间 $[a,b]$ 上, 及函数在通常的意义下为可积的这一情形.

假定参变数的区域 $\mathcal{Y}$ 有一个聚点 y_0, 我们提出对于 $y \to y_0$ 有关函数 (1) 的极限问题.

定理 1　若函数 $f(x,y)$ 当 y 为常量时对于 $[a,b]$ 上的 x 值为可积, 并且在 $y \to y_0$ 时对于 x 一致趋于极限函数 (2) 则等式

$$\lim_{y \to y_0} I(y) = \lim_{y \to y_0} \int_a^b f(x,y)dx = \int_a^b \varphi(x)dx, \tag{9}$$

得以成立.

证明[①]　极限函数 $\varphi(x)$ 的可积性是已知的 [**504**,3°]. 给定任意数 $\varepsilon > 0$, 可以找出一数 $\delta > 0$ 使式 (3) 成立. 然后在 $|y - y_0| < \delta$ 中得出

$$\left| \int_a^b f(x,y)dx - \int_a^b \varphi(x)dx \right| = \left| \int_a^b [f(x,y) - \varphi(x)]dx \right|$$

$$\leqslant \int_a^b |f(x,y) - \varphi(x)|dx < \varepsilon(b-a),$$

亦即公式 (9) 得证.

公式 (9) 可以写成以下的形式

$$\lim_{y \to y_0} \int_a^b f(x,y)dx = \int_a^b \lim_{y \to y_0} f(x,y)dx.$$

在这个情形下, 我们说对于参数容许在积分号下取极限.

假定所有的 $y < y_0$, 则得

推论　若函数 $f(x,y)$ 在 y 不变时对于在 $[a,b]$ 上的 x 值为连续而在 y 值上升时单调上升地趋于连续的极限函数, 则公式 (9) 是正确的.

参考广义的迪尼定理 [**504**,4°]

假定区域 $\mathcal{Y}$ 自身代表一个有限区间 $[c,d]$, 我们考虑在结论中关于函数 (1) 的连续性的问题.

定理 2　若二元函数 $f(x,y)$ 在矩形 $[a,b;c,d]$ 上是确定, 且连续的, 则积分 (1) 在区间 $[c,d]$ 上是参数 y 的连续函数.

证明　由于函数 $f(x,y)$ 的一致连续性 [**174**], 对于任意 $\varepsilon > 0$, 可以找出 $\delta > 0$, 从不等式 $|x'' - x'| < \delta, |y'' - y'| < \delta$ 推出不等式

$$|f(x'',y'') - f(x',y')| < \varepsilon.$$

_____
[①]为了明确起见我们假定 y_0 为有限的.

特别设 $x'' = x' = x, y' = y_0, y'' = y$; 则当 $|y - y_0| < \delta$ 时, 无论 x 为何值得到

$$|f(x, y) - f(x, y_0)| < \varepsilon.$$

这样, 函数 $f(x, y)$ 当 y 趋于任意的特殊值 y_0 时, 对于 x 一致趋于 $f(x, y_0)$. 在这条件下按照定理 1

$$\lim_{y \to y_0} \int_a^b f(x, y) dx = \int_a^b f(x, y_0) dx$$

或

$$\lim_{y \to y_0} I(y) = I(y_0).$$

这就证明了我们的断言.

例如, 不用计算积分

$$\int_0^1 \operatorname{arctg} \frac{x}{y} dx, \quad \int_0^1 \ln(x^2 + y^2) dx,$$

我们便可以立刻看到它们对于任意正的 y 值是参数 y 的连续函数.

507. 在积分号下的微分法　　在用含有参数 y 的积分所给定的函数 (1) 的性质的研究中, 关于这个函数对参数的导数的问题具有重要的意义.

假定偏导数 $f_y'(x, y)$ 存在, 莱布尼茨给出了一个法则, 这个法则在拉格朗日的记法下可以写成

$$I'(y) = \int_a^b f_y'(x, y) dx \tag{10}$$

或 —— 倘使利用柯西的更能表达的记法 ——

$$D_y \int_a^b f(x, y) dx = \int_a^b D_y f(x, y) dx.$$

倘使 (对 y 的) 导数符号与 (对 x 的) 积分符号的互换是容许的话, 则我们叫函数 (1)**可以对参数在积分号下取导数**.

按照所指示的公式取导数的计算法称为 "**莱布尼茨法则**".

为了这个法则的应用, 下面的定理给出简单的充分条件.

定理 3　　设函数 $f(x, y)$ 定义在矩形 $[a, b; c, d]$ 上, 当 y 在 $[c, d]$ 上为任意常量时, 它对于 x 是连续的. 其次假定在矩形区域上偏导数 $f_y'(x, y)$ 存在, 同时把 $f_y'(x, y)$ 看成二元函数, 它是连续的[①], 则当 y 在 $[c, d]$ 上为任意值时, 公式 (10) 得以成立.

函数 $f(x, y)$ 对 x 的连续性保证了积分 (1) 的存在.

固定任意的 $y = y_0$ 值. 给它加上改变量 $\Delta y = k$, 则

$$I(y_0) = \int_a^b f(x, y_0) dx, \quad I(y_0 + k) = \int_a^b f(x, y_0 + k) dx,$$

[①]严格说来, 从这些条件, 函数 $f(x, y)$ 对两个变量的连续性是可以推出的, 但是我们没有利用这个推论.

因此

$$\frac{I(y_0+k)-I(y_0)}{k}=\int_a^b \frac{f(x,y_0+k)-f(x,y_0)}{k}dx. \tag{11}$$

右面的积分依赖于参数 k. 我们将证明当 $k \to 0$ 时, 这儿容许在积分号下取极限. 由此建立导数

$$I'(y_0)=\lim_{k\to 0}\frac{I(y_0+k)-I(y_0)}{k},$$

的存在与所需求的等式

$$I'(y_0)=\lim_{k\to 0}\int_a^b \frac{f(x,y_0+k)-f(x,y_0)}{k}dx$$
$$=\int_a^b \lim_{k\to 0}\frac{f(x,y_0+k)-f(x,y_0)}{k}dx=\int_a^b f_y'(x,y_0)dx.$$

为了这个目的我们首先按照拉格朗日公式写出

$$\frac{f(x,y_0+k)-f(x,y_0)}{k}=f_y'(x,y_0+\theta k)\quad(0<\theta<1). \tag{12}$$

利用函数 $f_y'(x,y)$ 的一致连续性, 对于任意 $\varepsilon>0$ 可以找出 $\delta>0$, 当

$$|x''-x'|<\delta,\quad|y''-y'|<\delta,$$

使满足不等式

$$|f_y'(x'',y'')-f_y'(x',y')|<\varepsilon.$$

今假定 $x'=x''=x, y'=y_0, y''=y_0+\theta k$ 且假定 $|k|<\delta$, 则由 (12) 我们立刻得到对于所有的 x 值

$$\left|\frac{f(x,y_0+k)-f(x,y_0)}{k}-f_y'(x,y_0)\right|<\varepsilon.$$

由此很清楚地知道被积函数 (12) 当 $k \to 0$ 时一致 (对于 x) 趋向于极限函数 $f_y'(x,y_0)$. 因此按照定理 1 证实了极限过程可放在 (11) 的积分号下.

今举例来说明. 我们重新考虑上目中所讲到的积分. 显然对于 $y>0$,

$$D_y\int_0^1 \text{arctg}\frac{x}{y}dx=\int_0^1 D_y\text{arctg}\frac{x}{y}dx=-\int_0^1 \frac{xdx}{x^2+y^2}=\frac{1}{2}\ln\frac{y^2}{1+y^2},$$
$$D_y\int_0^1 \ln(x^2+y^2)dx=\int_0^1 D_y\ln(x^2+y^2)dx=\int_0^1 \frac{2y}{x^2+y^2}dx=2\text{arctg}\frac{1}{y}.$$

很容易来证实所得到的结果; 我们可以直接计算出这些积分到最后的样式

$$I_1(y)=\int_0^1 \text{arctg}\frac{x}{y}dx=\text{arctg}\frac{1}{y}+\frac{1}{2}y\ln\frac{y^2}{1+y^2},$$
$$I_2(y)=\int_0^1 \ln(x^2+y^2)dx=\ln(1+y^2)-2+2y\cdot\text{arctg}\frac{1}{y}.$$

然后对 y 取导数.

当 $y = 0$ 时定理 3 的条件破坏了. 我们考虑当 $y = 0$ 时函数 $I_1(y)$ 及 $I_2(y)$ 的导数情形怎样, 倘使在第一积分中当 $y = 0$ 及 $x > 0$ 时, 被积表达式保持它的连续性, 而写成 $\dfrac{\pi}{2}$, 则得到 $I_1(0) = \dfrac{\pi}{2}$, 因此函数 $I_1(y)$ 对于 $y > 0$ 及当 $y \to 0$ 时都连续. 但是当 $y \to 0$ 时

$$\frac{I_1(y) - I_1(0)}{y} = \frac{1}{2} \ln \frac{y^2}{1 + y^2} - \frac{\operatorname{arctg} y}{y} \to -\infty.$$

所以在 $y = 0$ 有限的导数不存在. 对于函数 $I_2(y)$, 我们得出当 $y \to 0$ 时

$$I_2(0) = -2, \quad \frac{I_2(y) - I_2(0)}{y} = \frac{\ln(1 + y^2)}{y} + 2\operatorname{arctg} \frac{1}{y} \to \pi.$$

这儿 $I_2'(0) = \pi$. 但被积函数在 $y = 0$ 时对 y 的导数等于零, 所以它的积分也等于零: 莱布尼茨法则不能运用.

508. 在积分号下的积分法　最后提出关于函数 (1) 在 $[c, d]$ 区间上对 y 的积分问题.

我们特别有兴趣的情形, 就是这个积分可以表成公式

$$\int_c^d I(y) dy = \int_c^d \left\{ \int_a^b f(x, y) dx \right\} dy = \int_a^b \left\{ \int_c^d f(x, y) dy \right\} dx.$$

平常不用括号写成

$$\int_c^d dy \int_a^b f(x, y) dx = \int_a^b dx \int_c^d f(x, y) dy. \tag{13}$$

在这种情形下, 我们说函数 (1)**可以对参数 y 在 (对 x 的) 积分号下求积分**.

关于两个累次积分 (13) 的相等, 下面的定理给出最简单的充分条件:

定理 4　若函数 $f(x, y)$ (对于两个变量) 在矩形 $[a, b; c, d]$ 上连续, 则公式 (13) 可以成立.

我们证明更普遍一些的等式

$$\int_c^\eta dy \int_a^b f(x, y) dx = \int_a^b dx \int_c^\eta f(x, y) dy, \tag{13*}$$

这里 $c \leqslant \eta \leqslant d$.

上式的左方和右方我们有含参数 η 的两个函数, 我们现在要计算它们对于 η 的导数.

在左方的外层积分具有被积函数 (1), 由于定理 2, 它对于 y 是连续的. 所以它对上限变量的导数就是被积函数, 以 $y = \eta$ 来计算, 亦即积分

$$I(\eta) = \int_a^b f(x, \eta) dx.$$

在右方 (13*) 有积分

$$\int_a^b \varphi(x,\eta)dx \text{ 这里 } \varphi(x,\eta) = \int_c^\eta f(x,y)dy.$$

函数 $\varphi(x,\eta)$ 适合定理 3 的条件. 事实上由于定理 2 $\varphi(x,\eta)$ 对 x[①]是连续的. 再取导数, 得

$$\varphi'_\eta(x,\eta) = f(x,\eta).$$

把 $\varphi'_\eta(x,\eta)$ 看成二元函数, 它是连续的, 所以可以运用莱布尼茨法则到以上提及的积分:

$$D_\eta \int_a^b \varphi(x,\eta)dx = \int_a^b \varphi'_\eta(x,\eta)dx = \int_a^b f(x,\eta)dx = I(\eta).$$

这样, 等式 (13*) 的左方和右方看成 η 的函数具有相等的导数, 因此, 只能相差一个常数. 但当 $\eta = c$ 时以上提及的两个表达式显然变成零; 因此它们对于所有的 η 值是恒等的; 所以等式 (13*) 得证.

由此, 特别当 $\eta = d$ 时我们可得等式 (13).

例　1) 设 $f(x,y) = x^y$ 在矩形 $[0,1;a,b]$ 上, 这儿 $0 < a < b$. 定理的条件是适合的. 我们有

$$\int_a^b dy \int_0^1 x^y dx = \int_0^1 dx \int_a^b x^y dy.$$

从左方容易得出最后的结果.

$$\int_a^b \frac{dy}{1+y} = \ln\frac{1+b}{1+a}.$$

从右方我们也引得了积分 $\int_0^1 \frac{x^b - x^a}{\ln x}dx$. 这样, 由于积分的互换我们找到这个积分的数值 [参看 **497**,16),(в)].

2) 在函数 $f(x,y) = \dfrac{y^2 - x^2}{(x^2+y^2)^2}$ 于矩形 $[0,1;0,1]$ 上的情形下, 定理的条件并不适合: 在 $(0,0)$ 点是间断的, 我们有

$$\int_0^1 f dx = \frac{x}{x^2+y^2}\bigg|_{x=0}^{x=1} = \frac{1}{1+y^2} \quad (y > 0),$$

$$\int_0^1 dy \int_0^1 f dx = \text{arctg} y\bigg|_0^1 = \frac{\pi}{4},$$

同时

$$\int_0^1 dx \int_0^1 f dy = -\frac{\pi}{4}.$$

---

①这儿把 x 当作参数.

509. 积分限依赖于参数的情形　我们现在来讨论更复杂的情形, 就是不仅被积表达式含有参数, 而且其积分限也依赖于参数.

在这种情形下积分的形式是

$$I(y) = \int_{\alpha(y)}^{\beta(y)} f(x,y)dx. \tag{14}$$

我们仅限于研究这类积分中对于参数的连续性及可微性问题.

定理 5　设函数 $f(x,y)$ 在矩形 $[a,b;c,d]$ 上是确定而且连续的, 并设曲线

$$x = \alpha(y), \quad x = \beta(y) \quad [c \leqslant y \leqslant d]$$

是连续的; 而且它没有落在矩形的界限以外, 则积分 (14) 代表 $[c,d]$ 上的 y 的连续函数.

倘使 y_0 是 y 的任一特殊值, 则积分 (14) 可以写成

$$I(y) = \int_{\alpha(y_0)}^{\beta(y_0)} f(x,y)dx + \int_{\beta(y_0)}^{\beta(y)} f(x,y)dx - \int_{\alpha(y_0)}^{\alpha(y)} f(x,y)dx. \tag{15}$$

第一个积分, 因为它的积分限是常量, 当 $y \to y_0$ 时按定理 2 趋于

$$I(y_0) = \int_{\alpha(y_0)}^{\beta(y_0)} f(x,y_0)dx;$$

其余两个积分可以作以下的估计

$$\left| \int_{\beta(y_0)}^{\beta(y)} f(x,y)dx \right| \leqslant M \cdot |\beta(y) - \beta(y_0)|,$$

$$\left| \int_{\alpha(y_0)}^{\alpha(y)} f(x,y)dx \right| \leqslant M \cdot |\alpha(y) - \alpha(y_0)|.$$

这里 $M = \max|f(x,y)|$, 是 $|f(x,y)|$ 的最大值; 由于函数 $\alpha(y)$ 与 $\beta(y)$ 的连续性, 当 $y \to y_0$ 时, 两个积分趋于零.

这样, 最后得到

$$\lim_{y \to y_0} I(y) = I(y_0),$$

所以定理得证.

定理 6　若 $f(x,y)$ 像以上所说的一样, 且在矩形 $[a,b;c,d]$ 上具有连续的偏导数 $f'_y(x,y)$, 同时导数 $\alpha'(y)$ 与 $\beta'(y)$ 都存在, 则积分 (14) 对于参数有导数可以用下面公式表出:

$$I'(y) = \int_{\alpha(y)}^{\beta(y)} f'_y(x,y)dx + \beta'(y) \cdot f(\beta(y),y) - \alpha'(y) \cdot f(\alpha(y),y). \tag{16}$$

这儿我们将从等式 (15) 讲起. 当 $y = y_0$ 时第一个积分按定理 3 是有导数, 可用以下取偏导数后的积分来表示

$$\int_{\alpha(y_0)}^{\beta(y_0)} f_y'(x, y_0)dx.$$

对于第二个积分 (当 $y = y_0$ 时它的值是零), 按中值定理我们有

$$\frac{1}{y - y_0} \int_{\beta(y_0)}^{\beta(y)} f(x, y)dx = \frac{\beta(y) - \beta(y_0)}{y - y_0} \cdot f(\overline{x}, y),$$

这里 $\overline{x}$ 是在 $\beta(y_0)$ 及 $\beta(y)$ 中间的值. 因此当 $y = y_0$ 时第二个积分的导数就是当 $y \to y_0$ 时以上表达式的极限, 也就是

$$\beta'(y_0) \cdot f(\beta(y_0), y_0),$$

同样, 当 $y = y_0$ 时对于第三个积分的导数我们得到

$$-\alpha'(y_0) \cdot f(\alpha(y_0), y_0).$$

合并这一切结果, 我们知道导数 $I'(y_0)$ 存在, 并且给出了以上所提出的公式.

附注 如果函数 $f(x, y)$(具有所提出的性质) 只规定在曲线

$$x = \alpha(y) \text{ 及 } x = \beta(y)$$

之间的范围内, 以上两个定理的结论还是有效的. 但为了推理简单起见, 用到了把函数考虑在这个范围以外的可能性.

值得注意的是用以下的观点来看一看这个结果的建立. 积分 $I(y)$ 可以从下列积分得出:

$$I(y, u, v) = \int_u^v f(x, y)dx$$

依赖于三个参数 y, u, v; 以 u, v 代替了 $u = \alpha(y), v = \beta(y)$ 应用关于复合函数的连续性及可微性的一般定理, 问题就得以解决. 特别, 公式 (16) 可以按经典的样式写成

$$\frac{dI}{dy} = \frac{\partial I}{\partial y} + \frac{\partial I}{\partial u}\alpha'(y) + \frac{\partial I}{\partial v}\beta'(y).$$

510. 仅依赖于 x 的因子的引入 我们容易求得以上所建立的一些结果的推广, —— 用不到引进新的概念. 事实上代替式 (1) 我们可以考虑积分

$$I(y) = \int_a^b f(x, y) \cdot g(x)dx, \tag{1*}$$

这里 $g(x)$ 是 x 的函数, 它在区间 $[a, b]$ 上是绝对可积的,(可能在反常积分的意义之下). 用以上同样的方法还可以部分地把前述的基本理论推广到反常积分.

我们叙述以下与定理 1, 2, 3 及 4 相似的命题:

定理1*　在定理 1 的假定下我们有以下公式

$$\lim_{y \to y_0} \int_a^b f(x, y)g(x)dx = \int_a^b \varphi(x) \cdot g(x)dx.$$

首先我们注意, 在这公式中所写出的积分都是存在的. 极限函数 $\varphi(x)$ 的可积性是已经证明过的. $f \cdot g$ 及 $\varphi \cdot g$ 的积分 (一般说来是反常积分) 的存在可从第 **482** 目推得.

现在, 给定数 $\varepsilon > 0$, 由于 $f(x, y)$ 一致趋于 $\varphi(x)$, 我们可以找出这样的数 $\delta > 0$, 使有式 (3)① 的结果. 当 $|y - y_0| < \delta$ 时以下的估计是正确的.

$$\left| \int_a^b f(x, y)g(x)dx - \int_a^b \varphi(x)g(x)dx \right|$$
$$\leqslant \int_a^b |f(x, y) - \varphi(x)| \cdot |g(x)|dx < \varepsilon \cdot \int_a^b |g(x)|dx,$$

这样已经证明了我们的公式, 因为右面的式子是一个任意小量乘上一个有限常量 $\int_a^b |g(x)|dx$.

特别, 对于以 n 为参数的函数序列 $\{f_n(x)\}$ 也有相似的定理. 我们用 "无穷级数的说法" 来叙述这个结果, 因为它是常常在这样的形式中被应用的.

推论　倘使 1) 级数

$$\sum_{n=1}^{\infty} u_n(x)$$

的各项在 $[a, b]$ 上是可积的函数 (在通常意义下), 并且级数为一致收敛, 2) $g(x)$ 是在 $[a, b]$ 上绝对可积的函数 (甚至于在反常积分的意义下), 则级数

$$\sum_{n=1}^{\infty} u_n(x)g(x)$$

可以逐项积分.

完全同定理 2 及 3 一样 (但只参考定理 1*, 而不是定理 1) 我们可以证明:

定理 2*　在定理 2 的假定下, 积分 (1*) 是 y 在区间 $[c, d]$ 上的连续函数.

定理 3*　在定理 3 的假定下, 函数 (1*) 对于参数是可微的并且有公式:

$$I'(y) = \int_a^b f_y'(x, y) \cdot g(x)dx,$$

最后:

---

① 我们只考虑有限值 y_0 的情形不过是为了举例而已; 将它推广到 $y_0 = +\infty$ 的情形也没有什么困难.

定理 4*   在定理 4 的假定下, 以下二重积分的等式是正确的

$$\int_c^d I(y)dy = \int_c^d dy \int_a^b f(x,y)g(x)dx = \int_a^b g(x)dx \int_c^d f(x,y)dy.$$

证明可以逐字地重复定理 4 的证明 (但只参考定理 2* 及 3*, 而不是定理 2 及 3).

在下一目中读者可以找到很多的应用这些定理 (以及从前的定理) 的例题.

511. 例题

1) 利用函数 e^x 的级数的展开式, 把以下的积分:

(a) $\displaystyle\int_0^1 e^x \ln x\, dx$ (б) $\displaystyle\int_0^1 \frac{e^x - 1}{\sqrt{x^3}} dx$

表示成级数和的形式.

由定理 1* 的推论, 我们有

$$\text{(a)} \quad \int_0^1 e^x \ln x\, dx = \int_0^1 \ln x \cdot \left\{ 1 + \sum_{m=1}^{\infty} \frac{x^m}{m!} \right\} dx$$

$$= \int_0^1 \ln x\, dx + \sum_{m=1}^{\infty} \frac{1}{m!} \int_0^1 x^m \ln x\, dx$$

$$= -\left\{ 1 + \sum_{m=1}^{\infty} \frac{1}{(m+1)!(m+1)} \right\}.$$

$$\text{(б)} \quad \int_0^1 \frac{e^x - 1}{\sqrt{x^3}} dx = \int_0^1 \sum_{m=1}^{\infty} \frac{1}{m!} x^{m-\frac{3}{2}} dx = 2 \sum_{m=1}^{\infty} \frac{1}{(2m-1)\cdot m!}.$$

2) 用级数的展开式计算积分

$$I = \int_0^1 \ln x \cdot \ln(1+x)dx.$$

按第 **437** 目中 5° 的定理, 以下级数

$$\ln(1+x) = \sum_1^{\infty} \frac{(-1)^{n-1}}{n} x^n$$

在区间 $[0,1]$ 上一致收敛. 因为 $\ln x$ 在这区间上是绝对可积, 所以由定理 1* 的推论, 得

$$I = \sum_1^{\infty} \frac{(-1)^{n-1}}{n} \int_0^1 x^n \ln x\, dx = \sum_1^{\infty} \frac{(-1)^n}{n(n+1)^2}.$$

由于恒等式

$$\frac{1}{n(n+1)^2} = \frac{1}{n} - \frac{1}{n+1} - \frac{1}{(n+1)^2},$$

于是考虑到已知的展开式

$$\sum_{\nu=1}^{\infty} \frac{(-1)^{\nu-1}}{\nu} = \ln 2, \quad \sum_{\nu=1}^{\infty} \frac{(-1)^{\nu-1}}{\nu^2} = \frac{\pi^2}{12} \text{①}$$

I 的表达式可以写成以下形式

$$I = \sum_{n=1}^{\infty} (-1)^n \left[\frac{1}{n} - \frac{1}{n+1} - \frac{1}{(n+1)^2} \right] = 2 - 2\ln 2 - \frac{\pi^2}{12}.$$

这里, 对于 I 我们得到了 "有限形式" 的数值. 自然, 这并不是常常可能的.

3) 用 $P_n(x)$ 表示勒让德的 n 次多项式, 证明

$$P_n(\cos\theta) = \frac{2}{\pi} \int_0^\theta \frac{\cos\left(n+\frac{1}{2}\right)\varphi d\varphi}{\sqrt{2(\cos\varphi - \cos\theta)}}.$$

如果回想到勒让德多项式的起源是从表达式 $\dfrac{1}{\sqrt{1-2\alpha x+\alpha^2}}$ [**447**, 8]按 α 的次数展开式中所得出的系数, 则只考虑以下级数

$$\frac{2}{\pi} \sum_{n=0}^{\infty} \alpha^n \int_0^\theta \frac{\cos\left(n+\frac{1}{2}\right)\varphi d\varphi}{\sqrt{2(\cos\varphi - \cos\theta)}}, \tag{17}$$

且建立它的和就等于刚提及的 (当 $x = \cos\theta$ 时的) 表达式, 那就够了.

因为 [参看 **461**,2)] 当 $|\alpha| < 1$ 时

$$\sum_{n=0}^{\infty} \alpha^n \cos\left(n+\frac{1}{2}\right)\varphi = (1-\alpha)\frac{\cos\frac{1}{2}\varphi}{1-2\alpha\cos\varphi+\alpha^2}$$

并且这级数对于 φ 是一致收敛 (因为它以等比级数 $\sum_0^\infty |\alpha|^n$ 为优级数) 所以再由以上的推论, 级数 (17) 可以写成

$$2\frac{1-\alpha}{\pi} \int_0^\theta \frac{\cos\frac{1}{2}\varphi}{\sqrt{2(\cos\varphi-\cos\theta)}} \cdot \frac{d\varphi}{1-2\alpha\cos\varphi+\alpha^2}.$$

采用像在 **497** 目问题 9) 中所用的替换法一样 (那儿, 严格地说, 就是在建立特殊的结果, 即 $n=0$ 及 $n=1$ 的情形) 我们逐步地得到

$$\frac{1-\alpha}{\pi} \int_x^1 \frac{1}{\sqrt{(z-x)(1-z)}} \cdot \frac{dz}{1-2\alpha z+\alpha^2}$$

$$= \frac{2}{\pi}(1-\alpha) \int_0^\infty \frac{dt}{(1-\alpha)^2 t^2 + (1-2\alpha x+\alpha^2)} = \frac{1}{\sqrt{1-2\alpha x+\alpha^2}}.$$

这样就完成了证明.

---

①参考第 **405**, (18); **440**, 8).

4) 我们来转述欧拉用以得出其结果

$$\sum_{n=1}^{\infty} \frac{1}{n^2} = \frac{\pi^2}{6}$$

的方法之一.

利用已知的反正弦展开

$$\arcsin x = x + \sum_{n=1}^{\infty} \frac{(2n-1)!!}{(2n)!!} \cdot \frac{x^{2n+1}}{2n+1}$$

(它在区间 $[0,1]$ 上一致收敛) 我们来计算积分

$$E = \int_0^1 \arcsin x \cdot \frac{dx}{\sqrt{1-x^2}} = \int_0^1 \arcsin x \, d\arcsin x = \frac{\pi^2}{8}.$$

我们有

$$E = \int_0^1 \left\{ x + \sum_{n=1}^{\infty} \cdots \right\} \frac{dx}{\sqrt{1-x^2}}$$

$$= \int_0^1 \frac{x \, dx}{\sqrt{1-x^2}} + \sum_{n=1}^{\infty} \frac{(2n-1)!!}{(2n)!!(2n+1)} \int_0^1 \frac{x^{2n+1}}{\sqrt{1-x^2}} dx.$$

因为

$$\int_0^1 \frac{x^{2n+1}}{\sqrt{1-x^2}} dx = \int_0^{\frac{\pi}{2}} \sin^{2n+1} \varphi \, d\varphi = \frac{(2n)!!}{(2n+1)!!},$$

那么得到

$$E = \frac{\pi^2}{8} = 1 + \sum_{n=1}^{\infty} \frac{1}{(2n+1)^2} = \sum_{n=1}^{\infty} \frac{1}{(2n-1)^2},$$

由此已容易得到开始所提到的公式.

5) 曾借助罗巴切夫斯基方法在 **497** 目 14) 与 15) 中推出公式

$$\int_0^{\infty} f(x) \frac{\sin x}{x} dx = \int_0^{\frac{\pi}{2}} f(x) dx, \qquad \int_0^{\infty} f(x) \frac{\sin^2 x}{x^2} dx = \int_0^{\frac{\pi}{2}} f(x) dx,$$

罗巴切夫斯基方法可以应用于下述情况: 函数 $f(x)$ 在区间 $\left[0, \frac{\pi}{2}\right]$ 上在反常积分意义下可积 (其他条件保持不变).

例如, 借助这些公式得到如下积分:

(a) $\displaystyle\int_0^{\infty} \ln|\sin x| \cdot \frac{\sin x}{x} dx = \int_0^{\frac{\pi}{2}} \ln\sin x \, dx = -\frac{\pi}{2} \ln 2;$

(б) $\displaystyle\int_0^{\infty} \frac{\ln|\cos x|}{x^2} dx = \int_0^{\infty} \frac{\ln|\cos x|}{\sin^2 x} \cdot \frac{\sin^2 x}{x^2} dx = \int_0^{\frac{\pi}{2}} \frac{\ln\cos x}{\sin^2 x} dx = -\frac{\pi}{2};$

(в) $\displaystyle\int_0^{\infty} \frac{\ln^2|\cos x|}{x^2} dx = \int_0^{\frac{\pi}{2}} \frac{\ln^2\cos x}{\sin^2 x} dx = \pi \ln 2.$

6) 对于以下积分 (此处 $y > 0$)

(a) $\int_0^1 \dfrac{2xy^2}{(x^2+y^2)^2}dx$,   (б) $\int_0^1 \dfrac{x^3}{y^2}e^{-\frac{x^2}{y}}dx$,

直接建立当 $y \to 0$ 时的极限过程不能在积分符号下运算. 证明这是违背了定理 2 的条件.

7) 应用莱布尼茨法则计算以下积分对于参数的导数

$$I(a) = \int_0^{\frac{\pi}{2}} \ln(a^2 - \sin^2 \theta)d\theta   \quad (a > 1).$$

容易证实定理 3 的条件在这儿是遵守的, 我们得到

$$I'(a) = \int_0^{\frac{\pi}{2}} \frac{2a d\theta}{a^2 - \sin^2 \theta} = \frac{\pi}{\sqrt{a^2-1}}.$$

由此, 对 a 积分, 还原到 $I(a)$ 的数值:

$$I(a) = \pi \ln(a + \sqrt{a^2-1}) + C.$$

为了决定常量 C, 把积分表成以下形式

$$I(a) = \pi \ln a + \int_0^{\frac{\pi}{2}} \ln\left(1 - \frac{1}{a^2}\sin^2\theta\right) d\theta,$$

如果利用已经求出的 $I(a)$ 的表达式, 则

$$C = \int_0^{\frac{\pi}{2}} \ln\left(1 - \frac{1}{a^2}\sin^2\theta\right) d\theta - \pi \ln \frac{a + \sqrt{a^2-1}}{a}.$$

这儿当 $a \to +\infty$ 求其极限; 因为

$$\left|\ln\left(1 - \frac{1}{a^2}\sin^2\theta\right)\right| \leqslant \left|\ln\left(1 - \frac{1}{a^2}\right)\right|,$$

所以积分趋于零, 并且求出:$C = -\pi \ln 2$. 最后, 对于 $a > 1$[参看 **497**,7)]:

$$I(a) = \pi \ln \frac{a + \sqrt{a^2-1}}{2}.$$

应该注意的就是按莱布尼茨法则的微分法, 我们可以援用它来找出所要求的积分的有限表达式. 这个方法往往引导我们达到这样的目的.

8) 更简单地来计算以下积分 [这积分对我们是已知的, **307**, 4); **314**, 14); **440**, 11)]:

$$I(r) = \int_0^{\pi} \ln(1 - 2r\cos x + r^2)dx   \quad (|r| < 1).$$

按照莱布尼茨法则:

$$I'(r) = \int_0^{\pi} \frac{-2\cos x + 2r}{1 - 2r\cos x + r^2}dx.$$

借助于代换 $t = \mathrm{tg}\dfrac{x}{2}$, 容易建立所获得的积分等于零. 在这情形下.

$$I(r) = C = \text{常量}.$$

但 $I(0) = 0$, 即 $C = 0$. 所以当 $|r| < 1$ 积分 $I(r) = 0$.

9) 计算积分

$$I = \int_0^1 \frac{\operatorname{arctg}x}{x\sqrt{1-x^2}}dx.$$

引进参数 y, 我们考虑更普遍的积分

$$I(y) = \int_0^1 \frac{\operatorname{arctg}xy}{x\sqrt{1-x^2}}dx \quad (y \geqslant 0),$$

由这积分当 $y = 1$ 时即得原来所设的积分. 设

$$f(x,y) = \frac{\operatorname{arctg}xy}{x}, \quad \text{及} \quad g(x) = \frac{1}{\sqrt{1-x^2}},$$

定理 3* 的条件是满足的. 对 y(在积分号下) 取微分, 得到

$$I'(y) = \int_0^1 \frac{dx}{(1+x^2y^2)\sqrt{1-x^2}};$$

这个积分是容易计算的, 例如借助于代换 $x = \cos\theta$,

$$I'(y) = \int_0^{\frac{\pi}{2}} \frac{d\theta}{1+y^2\cos^2\theta} = \frac{1}{\sqrt{1+y^2}}\operatorname{arctg}\frac{\operatorname{tg}\theta}{\sqrt{1+y^2}}\Big|_0^{\frac{\pi}{2}} = \frac{\pi}{2}\frac{1}{\sqrt{1+y^2}}.$$

由此取积分得到

$$I(y) = \frac{\pi}{2}\ln(y + \sqrt{1+y^2}) + C.$$

因 $I(0) = 0$, 所以 $C = 0$; 当 $y = 1$ 我们得到最后所需求的积分

$$I = I(1) = \frac{\pi}{2}\ln(1 + \sqrt{2}).$$

10) 证明下列表达式 (当整数 $n \geqslant 0$)

(a) $u = x^n \cdot \int_0^\pi \cos(x\cos\theta)\sin^{2n}\theta d\theta$ 及 (б) $u = \int_0^\pi \cos(n\theta - x\sin\theta)d\theta$

适合所谓贝塞尔微分方程

$$x^2 u'' + xu' + (x^2 - n^2)u = 0.$$

这儿取 x 为参数. 在积分号下微分两次 (定理 3), 我们得到方程的左边的和 (把指定的表达式代替 u) 等于

(a) $x^{n+1}\int_0^\pi [x\cos(x\cos\theta)\sin^{2n+2}\theta - (2n+1)\sin(x\cos\theta)\cos\theta\sin^{2n}\theta]d\theta$

$= -\sin^{2n+1}\theta\sin(x\cos\theta)\big|_0^\pi = 0,$

(б) $-\int_0^\pi [(x^2\sin^2\theta + n^2 - x^2)\cos(n\theta - x\sin\theta) - x\sin\theta\sin(n\theta - x\sin\theta)]d\theta$

$= -(n + x\cos\theta)\sin(n\theta - x\sin\theta)\big|_0^\pi = 0.$

11) 证明函数 $Au_1 + Bu_2(A, B$ 为任意常数), 此处

$$u_1 = \int_0^\pi e^{nr\cos\theta}d\theta, \quad u_2 = \int_0^\pi e^{nr\cos\theta}\ln(r\sin^2\theta)d\theta,$$

适合 (对于整数 n) 方程

$$\frac{d^2u}{dr^2} + \frac{1}{r}\frac{du}{dr} - n^2u = 0.$$

显然只需证明函数 u_1, u_2 分别地适合方程就够了. 像从前一样借助于积分号下的微分法, 这是适合的, 但对于函数 u_1 应用定理 3, 而对于函数

$$u_2 = \ln r \cdot \int_0^\pi e^{nr\cos\theta}d\theta + 2\int_0^\pi e^{nr\cos\theta}\ln\sin\theta d\theta$$

应用定理 3*.

12) 从下列完全椭圆积分

$$\mathbf{E}(k) = \int_0^{\frac{\pi}{2}} \sqrt{1 - k^2\sin^2\varphi}d\varphi, \quad \mathbf{K}(k) = \int_0^{\frac{\pi}{2}} \frac{d\varphi}{\sqrt{1 - k^2\sin^2\varphi}},$$

求对于模 $k(0 < k < 1)$ 的导数.

我们有

$$\frac{d\mathbf{E}}{dk} = -\int_0^{\frac{\pi}{2}} k\sin^2\varphi(1 - k^2\sin^2\varphi)^{-\frac{1}{2}}d\varphi$$

$$= \frac{1}{k}\left\{\int_0^{\frac{\pi}{2}}(1 - k^2\sin^2\varphi)^{\frac{1}{2}}d\varphi - \int_0^{\frac{\pi}{2}}(1 - k^2\sin^2\varphi)^{-\frac{1}{2}}d\varphi\right\} = \frac{\mathbf{E} - \mathbf{K}}{k},$$

相似地

$$\frac{d\mathbf{K}}{dk} = \frac{1}{k}\left\{\int_0^{\frac{\pi}{2}}(1 - k^2\sin^2\varphi)^{-\frac{3}{2}}d\varphi - \int_0^{\frac{\pi}{2}}(1 - k^2\sin^2\varphi)^{-\frac{1}{2}}d\varphi\right\}.$$

但

$$\int_0^{\frac{\pi}{2}}(1 - k^2\sin^2\varphi)^{-\frac{3}{2}}d\varphi = \frac{1}{1 - k^2}\int_0^{\frac{\pi}{2}}(1 - k^2\sin^2\varphi)^{\frac{1}{2}}d\varphi^{①},$$

因此

$$\frac{d\mathbf{K}}{dk} = \frac{\mathbf{E}}{k(1 - k^2)} - \frac{\mathbf{K}}{k}.$$

所得到的公式具有有趣的应用. 例如, 倘使引入共轭模 $k' = \sqrt{1 - k^2}$, 和函数

$$\mathbf{E}'(k) = \mathbf{E}(k'), \quad 及 \quad \mathbf{K}'(k) = \mathbf{K}(k'),$$

则容易获得

$$\frac{d}{dk}(\mathbf{E}\mathbf{K}' + \mathbf{E}'\mathbf{K} - \mathbf{K}\mathbf{K}') = 0,$$

---

① 从下面容易证得的恒等式

$$(1 - k^2\sin^2\varphi)^{-\frac{3}{2}} = \frac{1}{1 - k^2}(1 - k^2\sin^2\varphi)^{\frac{1}{2}} - \frac{k^2}{1 - k^2}\frac{d}{d\varphi}[\sin\varphi\cos\varphi(1 - k^2\sin^2\varphi)^{-\frac{1}{2}}],$$

上式即可推得.

由此推得

$$EK' + E'K - KK' = c = \text{ 常量}.$$

为了决定这个常量 c, 建立左边当 $k \to 0(k' \to 1)$ 的极限: 这个极限显然就是 c. 首先容易得到

$$\lim_{k \to 0} \mathbf{K} = \lim_{k \to 0} \int_0^{\frac{\pi}{2}} \frac{d\varphi}{\sqrt{1 - k^2 \sin^2 \varphi}} = \int_0^{\frac{\pi}{2}} d\varphi = \frac{\pi}{2};$$

$$\lim_{k \to 0} \mathbf{E}' = \lim_{k' \to 1} \int_0^{\frac{\pi}{2}} \sqrt{1 - k'^2 \sin^2 \varphi} \, d\varphi = \int_0^{\frac{\pi}{2}} \cos \varphi \, d\varphi = 1$$

[**506**, 定理 2], 然后我们得到

$$\mathbf{K}' = \int_0^{\frac{\pi}{2}} \frac{d\varphi}{\sqrt{1 - k'^2 \sin^2 \varphi}} < \frac{\pi}{2} \cdot \frac{1}{\sqrt{1 - k'^2}} = \frac{\pi}{2k},$$

$$|\mathbf{E} - \mathbf{K}| = \mathbf{K} - \mathbf{E} = \int_0^{\frac{\pi}{2}} \frac{k^2 \sin^2 \varphi}{\sqrt{1 - k^2 \sin^2 \varphi}} d\varphi < \frac{\pi}{2} \cdot k^2,$$

因此

$$|\mathbf{K}'(\mathbf{E} - \mathbf{K})| < \frac{\pi^2}{4} \cdot k \quad 及 \quad \lim_{k \to 0} \mathbf{K}'(\mathbf{E} - \mathbf{K}) = 0.$$

所要求的极限是 $\frac{\pi}{2}$; 最后, 我们得到著名的勒让德的关系式

$$EK' + E'K - KK' = \frac{\pi}{2}.$$

13) 证明恒等式

$$\underbrace{\int_a^x dt_{n-1} \int_a^{t_{n-1}} dt_{n-2} \cdots \int_a^{t_1}}_{n} f(t) dt = \frac{1}{(n-1)!} \int_a^x (x - t)^{n-1} f(t) dt,$$

其中 $f(t)$ 是任意函数, 在区间 $[a, b]$ 上是连续的; 且 $a \leqslant x \leqslant b$.

解 采用数学归纳法, 当 $n = 1$ 时恒等式是显然的. 现在我们承认它对于任意一个 $n \geqslant 1$ 时是正确的, 我们要证明当 $n + 1$ 代替 n 时也是正确的.

为了简单起见, 设

$$I_n(x) = \frac{1}{(n-1)!} \int_a^x (x - t)^{n-1} f(t) dt.$$

用定理 6 对于 x 取表达式

$$I_{n+1}(x) = \frac{1}{n!} \int_a^x (x - t)^n f(t) dt$$

的导数. 因为这儿下限是常量, 但在上限即当 $t = x$ 时被积函数是零, 所以公式 (16) 中不含积分的两项消灭了, 我们得到

$$\frac{dI_{n+1}(x)}{dx} = I_n(x).$$

由于 $I_n(a) = 0$, 因此

$$I_{n+1}(x) = \int_a^x I_n(t_n) dt_n.$$

将 I_n 在累次积分的形式下的表达式代替 I_n, 则对于 I_{n+1} 也得到同样的表达式.

用完全同样的方法, 可以证明更普遍的结果:

$$\int_a^x \varphi'(t_{n-1})dt_{n-1} \int_a^{t_{n-1}} \varphi'(t_{n-2})dt_{n-2} \cdots \int_a^{t_1} f(t)dt = \frac{1}{(n-1)!} \int_a^x [\varphi(x) - \varphi(t)]^{n-1} f(t)dt,$$

这儿 f 和 φ 是在区间 $[a, b]$ 上连续的, 并且 φ 具有连续的导数.

14) 求下列积分对参数 α 的导数

$$I(\alpha) = \int_0^\alpha \frac{\varphi(x)dx}{\sqrt{\alpha - x}},$$

这儿 $\varphi(x)$ 与它的导数 $\varphi'(x)$ 在区间 $[0, a]$ 上是连续的, 且 $0 < \alpha \leqslant a$.

因为被积表达式当 $x = \alpha$ 时, 一般说来, 变成无穷, 所以我们不能直接应用公式 (16). 我们采用迂回的办法即代换 $x = \alpha t$, 将积分变成以下形式

$$I(\alpha) = \sqrt{\alpha} \int_0^1 \frac{\varphi(\alpha t)}{\sqrt{1 - t}} dt;$$

这儿可以应用定理 3*. 按莱布尼茨法则积分求导数, 我们得到

$$I'(\alpha) = \frac{1}{2\sqrt{\alpha}} \int_0^1 \frac{\varphi(\alpha t)}{\sqrt{1 - t}} dt + \sqrt{\alpha} \int_0^1 \frac{t\varphi'(\alpha t)}{\sqrt{1 - t}} dt,$$

如果回到以前的变量 x, 则

$$I'(\alpha) = \frac{1}{2\alpha} \int_0^\alpha \frac{\varphi(x)}{\sqrt{\alpha - x}} dx + \frac{1}{\alpha} \int_0^\alpha \frac{x\varphi'(x)}{\sqrt{\alpha - x}} dx.$$

将这些积分中的第一个用分部积分法来变换即可使公式具有更简单的形式

$$I'(\alpha) = \frac{\varphi(0)}{\sqrt{\alpha}} + \int_0^\alpha \frac{\varphi'(x)}{\sqrt{\alpha - x}} dx.$$

15) 设

$$\begin{cases} f(x, y) = \operatorname{arctg} \dfrac{y}{x} - \dfrac{xy}{x^2 + y^2}, & \text{当 } 0 < x \leqslant 1, 0 \leqslant y \leqslant 1, \\ f(0, y) = \dfrac{\pi}{2}. \end{cases}$$

直接证明: 对于积分 $\int_0^1 f(x, y)dx$, 当 $y = 0$ 时莱布尼茨法则不能应用.

同样, 对于函数

$$\begin{cases} f(x, y) = xe^{-\frac{x^2}{y}}, & \text{当 } 0 \leqslant x \leqslant 1, 0 < y \leqslant 1, \\ f(x, 0) = 0 \end{cases}$$

证明此结论.

16) 以下积分

$$I = \int_0^1 \frac{\operatorname{arctg} x}{x\sqrt{1 - x^2}} dx$$

的计算, 我们已经在 9) 中用对参数的微分法算出. 试用其他方法以表示之.

被积表达式 $\dfrac{\operatorname{arctg} x}{x}$ 用它的积分式

$$\frac{\operatorname{arctg} x}{x} = \int_0^1 \frac{dy}{1 + x^2 y^2}$$

来替换, 把 I 写成累次积分的形式

$$I = \int_0^1 \frac{dx}{\sqrt{1 - x^2}} \int_0^1 \frac{dy}{1 + x^2 y^2}.$$

应用定理 4*, 调换积分

$$I = \int_0^1 dy \int_0^1 \frac{dx}{(1 + x^2 y^2)\sqrt{1 - x^2}} = \frac{\pi}{2} \int_0^1 \frac{dy}{\sqrt{1 + y^2}} = \frac{\pi}{2} \ln(1 + \sqrt{2}).$$

17) 用积分号下求积分法计算积分

$$K = \int_0^{\frac{\pi}{2}} \ln \frac{a + b\sin x}{a - b\sin x} \cdot \frac{dx}{\sin x} \quad (a > b > 0).$$

把被积函数表示为

$$\frac{1}{\sin x} \ln \frac{a + b\sin x}{a - b\sin x} = 2ab \int_0^1 \frac{dy}{a^2 - b^2 y^2 \sin^2 x},$$

因此

$$K = 2ab \int_0^{\frac{\pi}{2}} dx \int_0^1 \frac{dy}{a^2 - b^2 y^2 \sin^2 x}.$$

调换积分 (按定理 4) 我们得到

$$K = 2ab \int_0^1 dy \int_0^{\frac{\pi}{2}} \frac{dx}{a^2 - b^2 y^2 \sin^2 x}.$$

因

$$\int_0^{\frac{\pi}{2}} \frac{dx}{a^2 - b^2 y^2 \sin^2 x} = \frac{\pi}{2a\sqrt{a^2 - b^2 y^2}},$$

所以结果是

$$K = \pi b \int_0^1 \frac{dy}{\sqrt{a^2 - b^2 y^2}} = \pi \cdot \arcsin \frac{b}{a}.$$

18) 再举出以下的例子, 它们具有这样的条件, 两个积分的互换是不容许的:

(a) $\displaystyle\int_0^1 dy \int_0^1 \frac{y - x}{(x + y)^3} dx = \frac{1}{2}$, $\displaystyle\int_0^1 dx \int_0^1 \frac{y - x}{(x + y)^3} dy = -\frac{1}{2}$;

(б) $\displaystyle\int_0^1 dy \int_0^1 \left(\frac{x^5}{y^4} - \frac{2x^3}{y^3} \right) e^{-\frac{x^2}{y}} dx = -\frac{1}{e}$, $\displaystyle\int_0^1 dx \int_0^1 \left(\frac{x^5}{y^4} - \frac{2x^3}{y^3} \right) e^{-\frac{x^2}{y}} dy = -\frac{1}{e} + \frac{1}{2}$.

自然在这些情形下, 其相对应的定理的条件是违反的: 被积函数在 $(0, 0)$[①] 点遭受到间断.

[①] 在 (б) 的情形, 当 $y = 0$ 但 $x \neq 0$ 时, 被积函数, 如果假定它在这儿等于零, 可以认为是连续的.

512. 代数学基本定理的高斯证明　　运用定理 4, 高斯贡献了一个首创的代数学基本定理的证明.

这个定理说明任意整函数

$$f(x) = x^n + a_1 x^{n-1} + a_2 x^{n-2} + \cdots + a_n$$

(实系数或复系数) 具有实根或复根.

假定 $x = r(\cos\theta + i\sin\theta)$; 则

$$x^k = r^k(\cos k\theta + i\sin k\theta),$$

使

$$f(x) = P + Qi,$$

这儿

$$P = r^n \cos n\theta + \cdots, \quad Q = r^n \sin n\theta + \cdots,$$

并且没有写出的项只包含低于 r 的 n 幂的项. 而与 r 无关的项就变为常数.

显然, 如果可以建立表达式 $P^2 + Q^2$ 对于某一组 r 和 θ 的值变成零, 则定理就证明了.

在我们的考虑中, 引入函数:

$$U = \operatorname{arctg} \frac{P}{Q}.$$

则

$$\frac{\partial U}{\partial r} = \frac{\dfrac{\partial P}{\partial r}Q - P\dfrac{\partial Q}{\partial r}}{P^2 + Q^2}, \quad \frac{\partial U}{\partial \theta} = \frac{\dfrac{\partial P}{\partial \theta}Q - P\dfrac{\partial Q}{\partial \theta}}{P^2 + Q^2},$$

使

$$\frac{\partial^2 U}{\partial r \partial \theta} = \frac{H(r, \theta)}{(P^2 + Q^2)^2}.$$

这儿 $H(r, \theta)$ 是 r 和 θ 的连续的函数, 它的准确表达式对于我们的考虑没有什么关系.

最后, 构成累次积分

$$I_1 = \int_0^R dr \int_0^{2\pi} \frac{\partial^2 U}{\partial r \partial \theta} d\theta \ \ \text{及} \ \ I_2 = \int_0^{2\pi} d\theta \int_0^R \frac{\partial^2 U}{\partial r \partial \theta} dr,$$

这儿 R 是一个正的常数, 它的值我们在以后来决定.

如果函数 $P^2 + Q^2$ 无论何时永不等于零, 则被积函数是连续的, 且按定理 4 必须是 $I_1 = I_2$. 然而我们可以证明当 R 为充分大时类似的等式是不适合的, 关于这点的证实, 在于取半径为 R 绕原点的圆中, 得出 $P^2 + Q^2$ 必须取零值, 因而定理得证.

算出 I_1 的内层积分, 得到

$$\int_0^{2\pi} \frac{\partial^2 U}{\partial r \partial \theta} d\theta = \frac{\partial U}{\partial r}\bigg|_{\theta=0}^{\theta=2\pi} = 0,$$

因为从 $\dfrac{\partial U}{\partial r}$ 的表达式显然可见它是 θ 的函数, 具有周期 2π. 所以 $I_1 = 0$.

回到积分 I_2, 我们有

$$\int_0^R \frac{\partial^2 U}{\partial r \partial \theta} dr = \frac{\partial U}{\partial \theta}\bigg|_{r=0}^{r=R}.$$

为了今后的便利, 现在考虑分式 $\dfrac{\partial U}{\partial \theta}$ 的分子和分母中 r 的高次项.

因为

$$\frac{\partial P}{\partial \theta} = -nr^n \sin n\theta + \cdots; \quad \frac{\partial Q}{\partial \theta} = nr^n \cos n\theta + \cdots,$$

所以

$$\frac{\partial P}{\partial \theta}Q - P\frac{\partial Q}{\partial \theta} = -nr^{2n} + \cdots.$$

另一方面

$$P^2 + Q^2 = r^{2n} + \cdots,$$

以致结果是

$$\frac{\partial U}{\partial \theta} = \frac{-nr^{2n} + \cdots}{r^{2n} + \cdots}.$$

因为没有写出的项只包含低于 r 的 $2n$ 幂的项, 它们的系数是 θ 的有界函数, 所以不只是:

$$\lim_{r \to \infty} \frac{\partial U}{\partial \theta} = -n,$$

而且对于 θ 是一致趋于极限 $-n$.

因为当 $r = 0$ 时, $\dfrac{\partial U}{\partial \theta} = 0 \left(\text{在这情形下, 因 } \dfrac{\partial P}{\partial \theta} = \dfrac{\partial Q}{\partial \theta} = 0\right)$, I_2 的内层积分成为 $\dfrac{\partial U}{\partial \theta}$ 当 $r = R$ 时的值. 当 $R \to \infty$ 这个极限值对于 θ 是一致趋于 $-n$. 按定理 1 则

$$\lim_{R \to \infty} I_2 = -2\pi n.$$

这样, 对于足够大的 R, 积分 I_2 是负的, 于是等式 $I_1 = I_2$ 变为不可能了.

§2. 积分的一致收敛性

513. 积分的一致收敛性的定义   在叙述依赖于参数的积分理论推广到反常积分的情形时, 积分的一致收敛性的概念起着特殊的作用. 对于这个概念我们预先来阐明一下.

设函数 $f(x, y)$ 对于 x 在所有 $x \geqslant a$ 的值及 y 在某 $\mathcal{Y}$ 范围上的所有的值都有定义. 并设在这个范围上对于每一个 y 值, 以下积分

$$I(y) = \int_a^\infty f(x, y)dx \tag{1}$$

存在.

按照无穷限的反常积分的定义 [**470**]

$$\int_a^\infty f(x, y)dx = \lim_{A \to \infty} \int_a^A f(x, y)dx.$$

这样, 积分

$$F(A, y) = \int_a^A f(x, y)dx, \tag{2}$$

表示是 A 和 y 的函数. 当 $y =$ 常量及 $A \to \infty$ 时, 则其极限为 $I(y)$. 若这个积分对于在 $\mathcal{Y}$ 范围上的 y 值是一致地趋向于 $I(y)$, 则叫积分对于参数 y 在所说的范围上是 **一致收敛**.

换言之, 即对于任意 $\varepsilon > 0$ 可以找到这样一个不依赖于 y 的数 $A_0 \geqslant a$, 只要 $A > A_0$ 便能使不等式

$$\left| \int_a^\infty f(x, y)dx - \int_a^A f(x, y)dx \right| = \left| \int_A^\infty f(x, y)dx \right| < \varepsilon$$

对于在 $\mathcal{Y}$ 上的所有的 y 值同时适合.

试举一例, 考虑积分

$$\int_0^\infty ye^{-xy}dx,$$

这个积分对于每一个定值 $y \geqslant 0$ 是收敛的.

计算反常积分

$$\int_A^\infty ye^{-xy}dx.$$

当 $y = 0$ 时无论 A 为何值, 它是零. 如果 $y > 0$ 则借助于代换 $xy = t$, 容易得出

$$\int_A^\infty ye^{-xy}dx = \int_{Ay}^\infty e^{-t}dt = e^{-Ay}.$$

当 y 为固定值时, 这个表达式在 $A \to \infty$ 时很明显地趋于 0, 并且不管任何 $\varepsilon > 0$, 不等式

$$e^{-Ay} < \varepsilon \tag{3}$$

对于所有 $A \geqslant A_0(y)$ 是适合的, 这儿 $A_0(y) = \dfrac{\ln \dfrac{1}{\varepsilon}}{y}$ 依赖于 y.

如果 y 的变化限制在区间 $[c, d]$ 上, 此处 $c > 0$, 则可以找到不依赖于 y 的数 A_0, 当 $A > A_0$ 时, 使不等式 (3) 对于所有 y 值都适合: 对于 A_0 只需取 $A_0(c)$, 因为当 $A > A_0$ 则

$$e^{-Ay} \leqslant e^{-Ac} < \varepsilon \quad (c \leqslant y \leqslant d).$$

换句话说, 我们的积分对于 y 在区间 $[c, d]$ 上是一致收敛的.

如果我们取参数 y 在区间 $[0, d]$ 上 $(d > 0)$, 则情形就不一样了. 在这情形下, 这样的 A_0 并不存在 (至少在设 $\varepsilon < 1$ 时). 这是明显的, 因为不论取 A 如何大, 表达式 e^{-Ay} 当 $y \to 0$ 时是趋向于 1, 因此对于足够小的 y 值, 它就比任意一个数 $\varepsilon < 1$ 为大, 所以当变量 y 在区间 $[0, d]$ 上, 积分对 y 的收敛是并不一致的.

514. 一致收敛的条件·与级数的联系　利用函数的一致收敛于极限的一般判别法 $[504, 1^\circ]$, 对于所考虑的情形, 可以相应地构成以下的判别法.

为了要积分 (1) 对于 y 在范围 $\mathcal{Y}$ 上一致收敛, 它的必要与充分条件是: 当给定任意值 $\varepsilon > 0$ 时, 可以找出这样的数 A_0 不依赖于 y, 只要 $A' > A > A_0$, 使不等式

$$\left| \int_a^{A'} f(x, y)dx - \int_a^A f(x, y)dx \right| = \left| \int_A^{A'} f(x, y)dx \right| < \varepsilon,$$

对于所有的 y 值在范围 $\mathcal{Y}$ 上同时成立.

这里, 像平常一样, 我们也可把它化成这样的事实, 就是对于所有的 y 值一致满足于收敛原理 [参看 **475**].

在 **477** 目中我们比较了无穷限的反常积分和无穷级数, 积分 (1) 的一致收敛问题与无穷级数也有联系.

像我们从 **504**,2° 中所知道的, 为了要近似函数 $F(A, y)$[参看 (2)] 当 $A \to \infty$ 时 (对 y 的) 一致趋于积分 (1), 它的必要与充分条件是对于任何一个函数序列 $\{F(A_n, y)\}$ 无论 A_n 如何趋向 $+\infty$, 它是一致收敛于这个积分.

最后, 如果从 "序列的说法" 转换到 "无穷级数的说法" 则我们增加一个最后结论, 就是积分 (1)(对于 y 的) 一致收敛是完全相等于以下级数形状的一致收敛:

$$\sum_{n=0}^{\infty} \int_{A_n}^{A_{n+1}} f(x, y)dx \quad (A_0 = a, A_n \geqslant a),$$

这儿 A_n 是任意的变量, 趋向 $+\infty$.

515. 一致收敛的充分判别法　现在我们建立某些判别法, 按照这些法则在实际上常常可用来判断关于积分的一致收敛性.

这些判别法是按照函数级数一致收敛的魏尔斯特拉斯和阿贝尔判别法 [**430**] 的样子建立的, 同样也和与阿贝尔、狄利克雷名字相连的反常积分收敛判别法近似 [**476**].

1°　设函数 $f(x, y)$ 对 x 在每一个有限区间 $[a, A]$ 上 $(A \geqslant a)$ 是可积的. 如果存在这样一个只依赖于 x 的函数 $\varphi(x)$, 它在无穷区间 $[a, +\infty]$ 上是可积的, 并使对于 y 在 $\mathcal{Y}$ 上的所有的值有 $|f(x, y)| \leqslant \varphi(x)$(对于 $x \geqslant a$), 则积分 (1) 对于 y 是一致收敛, 这儿 y 是在它取值范围上的数值.

倘使利用上目中的判别法, 可以从以下不等式

$$\left| \int_A^{A'} f(x, y)dx \right| \leqslant \int_A^{A'} \varphi(x)dx$$

直接推得这个结果.

对于以上所说到的条件有时我们说函数 $f(x, y)$ 有一个可积的优函数 $\varphi(x)$, 或则说积分 (1) 以不包含参变量的积分 $\int_a^{\infty} \varphi(x)dx$ 为一优积分.

2°　像在 **476** 目一样, 我们应用第二中值定理, 给出更精确的判别法.

考虑两个函数乘积的积分

$$I(y) = \int_a^{\infty} f(x, y)g(x, y)dx. \tag{4}$$

这儿假定函数 $f(x, y)$ 在任意区间 $[a, A]$ 上对 x 为可积, 并且函数 $g(x, y)$ 对 x 为单调的.

若积分

$$\int_a^\infty f(x, y) dx$$

对 y 在 $\mathcal{Y}$ 范围上是一致收敛; 并且函数 $g(x, y)$ 一致有界:

$$|g(x, y)| \leqslant L \quad (L = 常量, x \geqslant a, y \text{ 从 } \mathcal{Y} \text{ 上取值})$$

则积分 (4) 对 y 在 $\mathcal{Y}$ 范围上是一致收敛.

代替 **476** 目的 (6) 式, 这次我们有

$$\int_A^{A'} f(x, y) g(x, y) dx = g(A, y) \int_A^\xi f(x, y) dx + g(A', y) \int_\xi^{A'} f(x, y) dx.$$

若根据 **514** 目, 取 A_0 这样大, 使得当 $A' > A > A_0$ 时对所有的 y 一致地有

$$\left| \int_A^{A'} f(x, y) dx \right| < \frac{\varepsilon}{2L},$$

则 (如同在 **476** 目) 不难得到估计

$$\left| \int_A^{A'} f(x, y) g(x, y) dx \right| < \varepsilon,$$

[**514**]这样就证明了我们的断言.

3° 像在 **476** 目一样, 也可以指出其他加在函数 f 与 g 上的条件的组合.

若积分

$$\int_a^A f(x, y) dx$$

作为 A 与 y 的函数是一致有界的:

$$\left| \int_a^A f(x, y) dx \right| \leqslant K \quad (K = 常量, A > a, y \text{ 从 } \mathcal{Y} \text{ 上取值})$$

并且当 $x \to \infty, g(x, y) \to 0$ 对 y (在 $\mathcal{Y}$ 范围上) 是一致的, 则积分 (4) 对 y (在 $\mathcal{Y}$ 范围上取值) 一致收敛.[71]

让读者自己给以证明.

4° 最后, 我们注意在实际中常碰到的情形是两个因子 f 与 g 中, 事实上只有一个包含参数 y. 因此时法则 2°,3° 中的每一个都给出两个个别的法则 (看这些因子那一个包含 y 而定).

---

[71]首先假设对任意固定的 y, 函数 $g(x)$ 在 x 变化的整个区间上对 x 是单调的.

构成这些法则中的一个是从 2° 推得的, 而在实际中最常用的法则:

若积分

$$\int_a^\infty f(x)dx$$

收敛, 并且函数 $g(x,y)$, 对 x 单调, 而且一致有界, 则积分

$$\int_a^\infty f(x)g(x,y)dx$$

对 y 是一致收敛.

作为例题来讲, 在假定积分 $\int_a^\infty f(x)dx$ 收敛下, 下列积分

$$\int_a^\infty e^{-xy}f(x)dx, \quad \int_a^\infty e^{-x^2 y}f(x)dx \quad (a \geqslant 0)$$

的收敛性对 y, 而 $y \geqslant 0$, 是一致的. 事实上, 这两个函数: $e^{-xy}, e^{-x^2 y}$, 对 x 单调递减, 而且是以 1 为界的.

这一个注解在以后对我们是屡次有用的.

516. 一致收敛性的其他情形   现在考虑一个函数 $f(x,y)$ 当 x 在有限区间 $[a,b]$ 上取值, 并且 y 在某范围 $\mathcal{Y}$ 上取值时都有定义. 设当 $y =$ 常量时它对 x 从 a 到 b 是可积的 (在常义积分或反常积分的意义之下). 则积分

$$I(y) = \int_a^b f(x,y)dx, \tag{5}$$

无论在常义积分或反常积分的意义之下都是下列积分当 $\eta \to 0$ 时的极限:

$$\varphi(\eta, y) = \int_a^{b-\eta} f(x,y)dx. \tag{6}$$

若当 $\eta \to 0$ 时这个积分趋于极限 $I(y)$, 对于 y 在范围 $\mathcal{Y}$ 上取值是一致的, 则称积分 (5) 对 y 在所说的范围上**一致收敛**.

这就是说, 给定任意 $\varepsilon > 0$, 可以找出这样一个不依赖于 y 的数 $\delta > 0$, 只要 $\eta < \delta$ 时, 便能使不等式

$$\left| \int_a^b f(x,y)dx - \int_a^{b-\eta} f(x,y)dx \right| = \left| \int_{b-\eta}^b f(x,y)dx \right| < \varepsilon$$

对于所有的 $\mathcal{Y}$ 上的 y 值同时成立.

对于这个情形不难做出关于一致收敛性的必要与充分的条件. 这儿也就引到收敛原理的一致成立: 即对于数 $\varepsilon > 0$, 可以找出这样一个不依赖于 y 的数 $\delta > 0$, 当 $0 < \eta' < \eta < \delta$ 时, 无论 y 在范围 $\mathcal{Y}$ 上为何值, 使下列不等式

$$\left| \int_{b-\eta}^{b-\eta'} f(x,y)dx \right| < \varepsilon$$

得以成立.

完全同样地可以把积分的一致收敛性的问题归结到无穷级数的一致收敛性的问题:

$$\int_a^b f(x,y)dx = \sum_{n=0}^{\infty} \int_{a_n}^{a_{n+1}} f(x,y)dx \quad (a_0 = a, a \leqslant a_n \leqslant b),$$

不管这个变量 a_n 怎样趋于 b[参看 514].

最后在 515 目中的充分判别法可以转移到现在所考虑的情形, 让读者自己作出.

我们把从 a 到 b 的积分 (5) 看成了从 a 到 $b-\eta$ 的积分 (6) 的极限, 并且我们关心后面的积分逼近于它的极限的特性. 这样, 这一点 b(像在 513 目中的一点 $x = \infty$ 一样) 在这儿起了特别的作用. 我们必须指出 (看情形而定, 这种情形以后再说明) 区间中其他的点也可能有相似的作用. 例如可以考虑这同一积分 (5) 看成当 $\eta \to 0$ 时积分

$$\int_{a+\eta}^b f(x,y)dx$$

的极限. 倘使当 $\eta \to 0$ 时上面的积分逼近于它的极限的过程中对 y 是一致的, 则同样地称积分 (5)一致收敛. 以上所说的一切都可转移到现在这个情形.

关于说的是哪种一致收敛, 万一发生怀疑时, 则需个别说出积分一致收敛 (对于 y 在规定范围上) 是当 $x = +\infty$ 或当 $x = b$ 或当 $x = a$, 等等.

须注意的, 就是凡是说积分 (5) 当 $x = b$ 时一致收敛, 我们通常关心的只是当点 $x = b$ 是积分 (5) 的奇点的情形 [在 479 目的意义下]—— 当 y 取某些或其他的值的时候.

然而当积分 (5) 对所有的 y 值为正常时, 这个定义非但在形式上保持有效, 而且还可能在这种情形中真是有用的.

例如, 积分

$$\int_0^1 \frac{y}{x^2 + y^2}dx$$

对于每一个在区间 $[0,d](d > 0)$ 的 y 值按常义是存在的. 然而在变量 y 的所说到的区间内, 它的收敛当 $x = 0$ 时并不是一致的. 事实上, 不等式

$$\int_0^\eta \frac{y}{x^2 + y^2}dx = \operatorname{arctg}\frac{\eta}{y} < \varepsilon.$$

只要 $\varepsilon < \frac{\pi}{2}$ 时就不可能对于所有的 $y > 0$ 值, 同时地适合; 因为取 η 无论怎样小, 不等式的左面当 $y \to 0$ 时趋于 $\frac{\pi}{2}$, 即对于充分小的 y 值, 将一定大于 ε.

517. 例题 1) 直接证明以下积分

$$\int_1^\infty \frac{y^2 - x^2}{(x^2 + y^2)^2}dx$$

对 y 的所有值是一致收敛.

我们有

$$\left| \int_A^\infty \frac{y^2 - x^2}{(x^2 + y^2)^2} dx \right| = \frac{A}{A^2 + y^2} \leqslant \frac{1}{A},$$

由此推得所要求的结果.

2) 借助于优函数证明以下积分

$$\text{(a)} \int_0^\infty e^{-tx^2} dx, \quad \text{(б)} \int_0^\infty e^{-tx} x^a \cos x dx \quad (a \geqslant 0)$$

对 t 在 $t \geqslant t_0 > 0$ 时是一致收敛的.

提示 (a) 优函数 $e^{-t_0 x^2}$, (б) 优函数 $e^{-t_0 x} x^a$.

3) 直接证明以下积分

$$\int_1^\infty \frac{n}{x^3} e^{-\frac{n}{2x^2}} dx$$

对一切自然数 n 不一致收敛.

这是这样推得的: 就是让 A 是无论怎样的一个常量,

$$\int_A^\infty \frac{n}{x^3} e^{-\frac{n}{2x^2}} dx = e^{-\frac{n}{2x^2}} \Big|_A^\infty = 1 - e^{-\frac{n}{2A^2}} \to 1 \quad \text{当} n \to \infty.$$

4) 直接证明以下积分 $\int_0^\infty \frac{\sin \alpha x}{x} dx$ 对 α 在范围 $\alpha \geqslant \alpha_0 > 0$ 内是一致收敛; 并且在范围 $\alpha \geqslant 0$ 内是不一致的.

如果 A_0 是这样大, 当 $A > A_0$ 时使

$$\left| \int_A^\infty \frac{\sin x}{z} dz \right| < \varepsilon,$$

这儿 $\varepsilon > 0$ 是任意一个预先给定的数, 则

$$\int_A^\infty \frac{\sin \alpha x}{x} dx = \int_{A\alpha}^\infty \frac{\sin z}{z} dz \tag{7}$$

其绝对值在 $\alpha \geqslant \alpha_0 > 0$ 时是小于 ε, 只要 $A > \dfrac{A_0}{\alpha_0}$, 这样证明了这断言的第一部分.

其第二部分可从以下事实推得, 就是表达式 (7) 在 $A =$ 任意常量时趋于极限

$$\int_0^\infty \frac{\sin z}{z} dz = \frac{\pi}{2},$$

当 $\alpha \to 0$.

5) 证明以下积分

$$\int_0^\infty \frac{\sin ax}{x} \cos x dx$$

对 a 的一致收敛性, 当 a 在任意闭区间上, 不包含 ± 1 点.

提示 变换积分到以下的形状

$$\frac{1}{2} \int_0^\infty \frac{\sin(a+1)x + \sin(a-1)x}{x} dx.$$

6) 研究关于以下积分

$$\int_0^\infty x \sin x^3 \sin tx \, dx$$

对 t 的一致收敛性的问题.

提示 借助于两次分部积分, 把 $\int_A^\infty$ 化为以下的形状

$$-\frac{\cos x^3 \cdot \sin tx}{3x} + \frac{t}{3} \cdot \frac{\sin x^3 \cdot \cos tx}{3x^3} \bigg|_A^\infty$$

$$-\frac{1}{3} \int_A^\infty \frac{\cos x^3 \cdot \sin tx}{x^2} dx + \frac{t}{3} \int_A^\infty \frac{\sin x^3 \cdot \cos tx}{x^4} dx + \frac{t^2}{9} \int_A^\infty \frac{\sin x^3 \cdot \sin tx}{x^3} dx;$$

由此, 很明显地看出对 t 在任何有限的区间内的一致收敛性.

7) 证明以下积分

$$\text{(a)} \int_0^1 x^{p-1} dx, \quad \text{(б)} \int_0^1 x^{p-1} \ln^m x \, dx$$

(m 是自然数) 对 p(当 $x=0$) 在 $p \geqslant p_0 > 0$ 范围内一致收敛, 并且在 $p > 0$ 范围内并不一致收敛.

优函数:(a) x^{p_0-1},(б) $x^{p_0-1}|\ln^m x|$(对于 $p \geqslant p_0 > 0$ 范围内). 另一方面, 不管怎样取 $\eta =$ 常量

$$\int_0^\eta x^{p-1} dx = \frac{\eta^p}{p} \to \infty, \quad \text{当} p \to 0.$$

8) 类似地, 证明以下积分

$$\int_0^1 x^{p-1}(1-x)^{q-1} dx$$

对 p(当 $x=0$) 在 $p \geqslant p_0 > 0$, 和对 q(当 $x=1$) 在 $q \geqslant q_0 > 0$ 是一致收敛.

9) 证明以下积分

$$\int_0^1 \frac{\sin x}{x^y} dx$$

(当 $x=0$) 对 y 在 $y \leqslant y_0 < 2$ 是一致收敛, 并且在 $y < 2$ 并不一致收敛.

优函数 $\dfrac{1}{x^{y_0-1}}$(在 $y \leqslant y_0 < 2$ 的情形). 其次, 固定了任意的 $\eta > 0$, 但让它如此小, 当 $x \leqslant \eta$ 时使 $\dfrac{\sin x}{x} \geqslant \dfrac{1}{2}$; 则

$$\int_0^\eta \frac{\sin x}{x^y} dx > \frac{1}{2} \int_0^\eta \frac{dx}{x^{y-1}} = \frac{1}{2} \frac{1}{2-y} \eta^{2-y} \to \infty, \quad \text{当} y \to 2.$$

10) 证明以下积分

$$\int_0^1 (1 + x + x^2 + x^3 + \cdots + x^{n-1}) \sqrt{\ln \frac{1}{x}} \, dx$$

对 $n(n = 1, 2, 3, \cdots)$ 一致收敛 (在 $x=0$ 时也在 $x=1$ 时).

因为 $1 + x + x^2 + \cdots + x^{n-1} < \dfrac{1}{1-x}$, 所以函数 $\dfrac{1}{1-x}\sqrt{\ln \dfrac{1}{x}}$ 可以作优函数, 它在区间 $[0,1]$ 内是可积的.

11) 直接证明以下积分

$$\int_0^1 \frac{y^2 - x^2}{(x^2 + y^2)^2} dx$$

的收敛性 (在 $x = 0$) 对变量 y 在区间 $[0,1]$ 内并不是一致的.

对于任意一个 $\eta = $ 常量, 我们有

$$\int_0^\eta \frac{y^2 - x^2}{(x^2 + y^2)^2} dx = \frac{x}{x^2 + y^2}\bigg|_{x=0}^{x=\eta} = \frac{\eta}{\eta^2 + y^2} \to \frac{1}{\eta}, \quad 倘使\ y \to 0.$$

12) 同样也对于以下积分

$$\int_0^1 \frac{8x^3 y - 8xy^3}{(x^2 + y^2)^2} dx.$$

证明其收敛对变量 y 的不一致性, 这儿积分

$$\int_0^\eta = -\frac{4\eta^2 y}{(\eta^2 + y^2)^2}$$

当 $y = \eta$ 时变成 $-\dfrac{1}{\eta}$.

13) 证明以下积分

$$\int_0^\infty e^{-xy} \frac{\cos\ x}{x^a} dx \quad (0 < a < 1)$$

对 y 在 $y \geqslant 0$ 是一致收敛的 (在 $x = 0$ 时, 也在 $x = \infty$ 时).

对于 $x = 0$, 由于优函数 $\dfrac{1}{x^a}$ 的存在这是明显的; 而对于 $x = \infty$ 则可从以下积分 [476]

$$\int_0^\infty \frac{\cos\ x}{x^a} dx$$

的收敛性, 连系到 **515** 目中最后的注意而推得

14) 设函数 $f(t)$ 在 $t > 0$ 时是连续的. 如果积分

$$\int_0^\infty t^\lambda f(t) dt$$

在 $\lambda = \alpha$ 与 $\lambda = \beta (\alpha < \beta)$ 时是收敛的, 则它在介于 α 与 β 间所有的 λ 值时也是收敛的, 而且对 λ(在 $t = 0$ 时, 亦在 $t = \infty$ 时) 一致收敛.

证明   积分 $\int_0^1 t^\alpha f(t) dt$ 是收敛的, 而 $t^{\lambda - \alpha}$ 对于 $\lambda \geqslant \alpha$ 的值是 t 的单调函数, 并以 1 为界. 因此积分

$$\int_0^1 t^\lambda f(t) dt = \int_0^1 t^{\lambda - \alpha} \cdot t^\alpha f(t) dt$$

对于所说及的 λ 值一致收敛(当 $t = 0$). 类似的可以看出以下的积分

$$\int_1^\infty t^\lambda f(t) dt = \int_1^\infty t^{\lambda - \beta} \cdot t^\beta f(t) dt,$$

对于 λ 在 $\lambda \leqslant \beta$ 时一致收敛 (当 $t = \infty$).

15) 证明以下积分

$$\int_0^\infty \frac{\cos\ xy}{x^a} dx \quad (0 < a < 1)$$

对 y 在 $y \geqslant y_0 > 0$ 是一致收敛的, 但在以下情形它的一致性是破坏了, 如果变量 y 仅由不等式 $y > 0$ 来限定.

关于所言的第一部分可以利用 **515** 目 3° 中 (参看 4°) 的法则, 因为对于任意的 $A \geqslant 0$ 与 $y \geqslant y_0$

$$\left| \int_0^A \cos\ xy\ dx \right| = \left| \frac{\sin\ Ay}{y} \right| \leqslant \frac{1}{y_0},$$

并且函数 $\dfrac{1}{x^a}$ 单调递减; 当 $x \to \infty$ 它趋于零.

应该注意的, 也可直接考虑以下表达式

$$\int_A^\infty \frac{\cos\ xy}{x^a} dx = y^{a-1} \int_{Ay}^\infty \frac{\cos\ z}{z^a} dz.$$

断言的第二部分是可这样推得的, 就是这个表达式当 $A = \dfrac{1}{y}$ 与 $y \to 0$ 成为无穷的上增.

[容易看出当 $x = 0$ 时, 积分对 y 在变量 y 的任意范围内是一致收敛的.]

16) 证明积分

$$\int_0^\infty \frac{x \sin\ \beta x}{\alpha^2 + x^2} dx, \quad (\alpha, \beta > 0)$$

对 β 在 $\beta \geqslant \beta_0 > 0$ 时是一致收敛的.

这可从 **515** 目 3° 推得. 事实上, 对于 $\beta \geqslant \beta_0$,

$$\left| \int_0^A \sin\ \beta x\ dx \right| = \frac{1 - \cos\ A\beta}{\beta} \leqslant \frac{2}{\beta_0}.$$

另一方面表达式

$$\frac{x}{\alpha^2 + x^2},$$

并不包含 β, 跟着 x 的增加而递减 (至少对于 $x \geqslant \alpha$), 并且当 $x \to +\infty$ 时趋于 0.

§3. 积分一致收敛性的应用

518. 在积分号下的极限过程　现在让我们主要的来研究关于无穷区间上的积分在积分号下取极限的问题. 第 **506** 目中的定理 1 不能推展到现在这个情形; 纵使在完全的无穷区间内, 当 $y \to y_0$ 时函数 $f(x, y)$ 一致趋向于极限函数 $\varphi(x)$, 积分号下的极限过程仍是不容许的.

试举例来说, 考虑函数 $(n = 1, 2, 3, \cdots)$

$$\begin{cases} f_n(x) = \dfrac{n}{x^3} e^{-\frac{n}{2x^2}} & (x > 0), \\ f_n(0) = 0. \end{cases}$$

用寻常微分法容易弄清这函数当 $x = \sqrt{\dfrac{n}{3}}$ 时达到最大值, 并且等于 $\dfrac{3\sqrt{3}}{\sqrt{n}} e^{-\frac{3}{2}}$. 因为当 $n \to \infty$ 时, 这个值趋于零, 因此很明显函数 $f_n(x)$ 当 $n \to \infty$ 时在完全区间

$[0, +\infty)$ 内一致趋于 $\varphi(x) = 0$, 然而积分

$$\int_0^\infty f_n(x)dx = 1$$

当 $n \to \infty$, 并不趋于零.

关于容许极限过程的充分条件给出以下的定理:

定理 1 设函数 $f(x,y)$ 当 y 在 $\mathcal{Y}$ 范围上时, 对于任一个 $A > a$ 它都是在区间 $[a, A]$ 上对 x 为可积的 (在通常意义下), 并且在每一个这样的区间上, 当 $y \to y_0$ 时, 函数 $f(x,y)$ 对 x 一致趋于极限函数 $\varphi(x)$. 再若积分

$$I(y) = \int_a^\infty f(x,y)dx \tag{1}$$

对 y (在 $\mathcal{Y}$ 上) 一致收敛, 则有公式

$$\lim_{y \to y_0} \int_a^\infty f(x,y)dx = \int_a^\infty \varphi(x)dx. \tag{2}$$

像从前一样, 设

$$F(A, y) = \int_a^A f(x,y)dx. \tag{3}$$

因为这个积分适合第 **506** 目中定理 1 的条件, 所以

$$\lim_{y \to y_0} F(A, y) = \int_a^A \varphi(x)dx. \tag{4}$$

另一方面显然

$$\lim_{A \to \infty} F(A, y) = \int_a^\infty f(x,y)dx, \tag{5}$$

而且按照假定, 这儿函数 $F(A, y)$ 的趋于它的极限对 y 是一致的. 在这个情形下, 我们有权利援引 **505** 目中关于极限过程互换的一般定理, 并且断定累次极限的存在和相等; 这样, 就直接引到了公式 (2).

由此运用广义迪尼定理 [**504**, 4°] 可以得到这样的

推论[①] 设非负的函数 $f(x,y)$ 对 x 在区间 $[a, +\infty)$ 内是连续的, 并且跟着 y 的增加而增加, 趋于极限函数 $\varphi(x)$, 而 $\varphi(x)$ 也在所说的区间内是连续的, 则从积分

$$\int_a^\infty \varphi(x)dx \tag{6}$$

———————————

[①]我们这里假定所有的 $y < y_0$.

的存在, 可推得积分 (1) 的存在 (当所有的 y 在 $\mathcal{Y}$ 上), 也可得出公式 (2) 的成立.

按所提及的定理, 在所说到的条件下, 函数 $f(x,y)$ 的趋于 $\varphi(x)$ 对 x 在任意的有限区间内将是一致的. 再由第 474 目的定理, 因为

$$f(x,y) \leqslant \varphi(x),$$

所以积分 (1) 存在, 函数 $\varphi(x)$ 同时也起了优函数的作用 [515], 保证了积分 (1) 对 y 的一致收敛性. 这样对于要应用以上定理的所有的条件都遵守了.

读者容易证实关于极限函数的积分 (6) 的存在的假定可以在这儿被有限的极限

$$\lim_{y \to y_0} \int_a^\infty f(x,y)dx$$

的存在的假定来代替—— 由此可以推得积分 (6) 的存在, 以及公式 (2) 的成立.

在同样一系列的想法中, 可以得到 510 目中对于有限区间的定理 1* 的一些推广.

定理 1′　设函数 $f(x,y)(y$ 在 $\mathcal{Y}$ 上$)$ 在区间 $[a, b-\eta]$ 上是可积的 (在通常意义下), 对任意 $\eta > 0$(但 $< b-a$), 并在每一个这样的区间上当 $y \to y_0$ 时对 x 一致趋于极限函数 $\varphi(x)$, 再若积分

$$\int_a^b f(x,y)dx$$

(当 $x = b$) 对 y 在 $\mathcal{Y}$ 上一致收敛, 则有公式

$$\lim_{y \to y_0} \int_a^b f(x,y)dx = \int_a^b \varphi(x)dx.$$

证明是与从前所叙述的没有什么不同的地方, 在这个情形下也容易把推论推广.

最后, 区间上任意其他的点也可能起 b 点所起的作用, 并且区间上这样相似的点可以有几个.

像以上一样, 在积分号下取极限过程常常是适合于函数序列 $\{f_n(x)\}$. 从序列变为无穷级数, 这样可以得到关于函数级数逐项积分的新的定理.

例如, 试看推论可以取得出什么形状.

设级数

$$\sum_{n=1}^\infty u_n(x)$$

的项是正的, 在 $x \geqslant a$(或在 $a \leqslant x < b$) 中是连续的函数, 且对于这些 x 值这级数有一个连续的和函数 $\varphi(x)$. 如果函数 $\varphi(x)$ 在区间 $[a, +\infty]$(或 $[a, b]$) 上是可积的, 则在这个区间上这个级数可以逐项积分. 这里同以上一样, 代替级数和的可积性, 可以假定积分级数

$$\sum_{n=1}^\infty \int_a^\infty u_n(x)dx \left[或 \sum_{n=1}^\infty \int_a^b u_n(x)dx \right]$$

的收敛性.

很显然这样的断言在以下的情形中仍是有效的, 就是当级数的所有项都是负的: 这里只需变号就可把它引到以上的结论.

519. 例题 1) 借助于级数的展开, 计算积分

(a) $\int_0^1 \dfrac{\ln(1-x)}{x}dx$, (б) $\int_0^1 \dfrac{\ln x}{1-x}dx$.

解 a) 把被积函数展开为级数

$$\frac{\ln(1-x)}{x} = -1 - \frac{x}{2} - \frac{x^2}{3} - \frac{x^3}{4} - \cdots,$$

其中所有的项都是负的. 在 $x=1$ 附近, 一致收敛性是破坏了. 对于级数的和, 这一点 $x=1$ 是奇点, 然而在区间 $[0,1]$ 上, 这个和是可积的. 应用上目中最后的命题, 逐项积分, 得

$$\int_0^1 \frac{\ln(1-x)}{x}dx = -\sum_{n=1}^{\infty} \frac{1}{n}\int_0^1 x^{n-1}dx = -\sum_{n=1}^{\infty}\frac{1}{n^2} = -\frac{\pi^2}{6}$$

[**440**,(4)]

б) 用代换 $x=1-z$ 可以把第二个积分引到第一式, 然而为了作练习计, 重新用 $\dfrac{1}{1-x}$ 展开为级数来计算:

$$\frac{\ln x}{1-x} = \sum_{n=0}^{\infty} x^n \ln x;$$

这儿所有的项都是负的. 这次在附近 $x=0$ 及 $x=1$ 两点, 一致收敛性是破坏了, 但是分别来取区间, 例如, $\left[0,\dfrac{1}{2}\right]$ 及 $\left[\dfrac{1}{2},1\right]$, 则以前所提到的命题还是可用的. 最后

$$\int_0^1 \frac{\ln x}{1-x}dx = \sum_{n=0}^{\infty}\int_0^1 x^n \ln\ xdx = -\sum_{n=1}^{\infty}\frac{1}{n^2} = -\frac{\pi^2}{6}.$$

2) (a) 由

$$\frac{1}{2n+1} = \int_0^1 x^{2n}dx, \quad (n=0,1,2,\cdots)$$

计算级数的和

$$\sigma = 1 + \frac{1}{3} - \frac{1}{5} - \frac{1}{7} + \frac{1}{9} + \frac{1}{11} - \cdots$$

解 我们有

$$\sigma = \sum_{n=0}^{\infty}(-1)^n\int_0^1 (x^{4n} + x^{4n+2})dx$$

$$= \int_0^1 dx \sum_{n=0}^{\infty}(-1)^n x^{4n}(1+x^2) = \int_0^1 \frac{1+x^2}{1+x^4}dx = \frac{\pi\sqrt{2}}{4}.$$

虽然这个级数和没有什么特别, 但是在附近 $x=1$ 点时一致收敛性是破坏了, 然而因为对于级数的部分和有

$$0 \leqslant \sum_0^{n-1}(-1)^\nu x^{4\nu}(1+x^2) = \frac{1 \pm x^{4n}}{1+x^4}(1+x^2) \leqslant 2\frac{1+x^2}{1+x^4} \leqslant 4.$$

所以这个常量就起了优函数的作用. 并且这个和的积分是 (在 $x = 1$ 时) 对 n 一致收敛的. 这些事实证明了可以引用逐项积分法 (定理 $1'$).

(б) 同样地, 证明

$$1 - \frac{1}{7} + \frac{1}{9} - \frac{1}{15} + \frac{1}{17} - \cdots = \frac{\pi}{4} \cdot \frac{1 + \sqrt{2}}{2}.$$

3) 由以下公式

$$\frac{1}{p(p+1)\cdots(p+n)} = \frac{1}{n!} \int_0^1 (1-x)^n x^{p-1} dx,$$

计算级数的和:

(a) $\quad \dfrac{1}{1 \cdot 2 \cdot 3} + \dfrac{1}{3 \cdot 4 \cdot 5} + \dfrac{1}{5 \cdot 6 \cdot 7} + \cdots,$

(б) $\quad \dfrac{1}{2 \cdot 3 \cdot 4} + \dfrac{1}{4 \cdot 5 \cdot 6} + \dfrac{1}{6 \cdot 7 \cdot 8} + \cdots,$

(в) $\quad \dfrac{1}{1 \cdot 2 \cdot 3 \cdot 4} + \dfrac{1}{4 \cdot 5 \cdot 6 \cdot 7} + \dfrac{1}{7 \cdot 8 \cdot 9 \cdot 10} + \cdots.$

答案:

(a) $\quad \dfrac{1}{2} \displaystyle\int_0^1 \dfrac{(1-x)^2}{1-x^2} dx = \ln 2 - \dfrac{1}{2},$

(б) $\quad \dfrac{1}{2} \displaystyle\int_0^1 \dfrac{(1-x)^2 x}{1-x^2} dx = \dfrac{3}{4} - \ln 2,$

(в) $\quad \dfrac{1}{6} \displaystyle\int_0^1 \dfrac{(1-x)^3}{1-x^3} dx = \dfrac{1}{6} - \dfrac{1}{4} \ln 3 + \dfrac{1}{2\sqrt{3}} \cdot \dfrac{\pi}{6}.$

4) 计算欧拉积分:

(a) $I = \displaystyle\int_0^\infty \dfrac{x^{a-1}}{1+x} dx \quad (0 < a < 1),$　　(б) $K = \displaystyle\int_0^\infty \dfrac{x^{a-1} - x^{b-1}}{1-x} dx \quad (a, b > 0)$

解　(a) 分开积分为两部分

$$I = \int_0^1 + \int_1^\infty = I_1 + I_2,$$

把它们分别计算.

在 $0 < x < 1$ 我们有级数的展开式

$$\frac{x^{a-1}}{1+x} = \sum_{\nu=0}^\infty (-1)^\nu x^{a+\nu-1},$$

它只在 $0 < \varepsilon \leqslant x \leqslant 1 - \varepsilon' < 1$ 内一致收敛. 但部分和有优函数

$$0 \leqslant \sum_{\nu=0}^{n-1} (-1)^\nu x^{a+\nu-1} = \frac{x^{a-1}[1 - (-x)^n]}{1+x} < x^{a-1},$$

在 $[0,1]$ 中是可积的, 所以它的积分是一致收敛 (在 $x = 0$ 亦在 $x = 1$), 按定理 $1'$ 逐项积分得到

$$I_1 = \sum_{\nu=0}^\infty \int_0^1 (-1)^\nu x^{a+\nu-1} dx = \sum_{\nu=0}^\infty \frac{(-1)^\nu}{a+\nu}.$$

由 $x = \dfrac{1}{z}$ 的代换, 积分 I_2 化到以下的形状

$$I_2 = \int_0^1 \frac{x^{-a}}{1+x} dx = \int_0^1 \frac{x^{(1-a)-1}}{1+x} dx.$$

应用以上所得到的展开式, 求得

$$I_2 = \sum_{\nu=1}^{\infty} \frac{(-1)^{\nu}}{a-\nu}.$$

这样

$$I = I_1 + I_2 = \frac{1}{a} + \sum_{\nu=1}^{\infty} (-1)^{\nu} \left(\frac{1}{a+\nu} + \frac{1}{a-\nu} \right).$$

我们知道这个表达式 [参看 **441**,9)] 是函数 $\dfrac{\pi}{\sin \pi a}$ 展开的部分分式. 因此

$$\int_0^{\infty} \frac{x^{a-1}}{1+x} dx = \frac{\pi}{\sin \pi a}.$$

(б) 像以上一样分开积分为两部分, 并在第二部分用同样的代换, 我们得到

$$K = \int_0^1 \frac{x^{a-1} - x^{-a}}{1-x} dx - \int_0^1 \frac{x^{b-1} - x^{-b}}{1-x} dx = K_1 - K_2{}^{[1]}$$

很显然, 只需找出 K_1 就够了. 如像刚讲过的一样, 把被积函数展开为级数我们得到

$$K_1 = \frac{1}{a} + \sum_{\nu=1}^{\infty} \left(\frac{1}{a+\nu} + \frac{1}{a-\nu} \right),$$

但 [**441**,9)] 我们知道这是函数 $\pi \mathrm{ctg} \pi a$ 的部分分式展开式. 所以

$$\int_0^{\infty} \frac{x^{a-1} - x^{b-1}}{1-x} dx = \pi (\mathrm{ctg} \pi a - \mathrm{ctg} \pi b).$$

5) 求以下积分的值 ($|r| < 1$)

(a) $I_1 = \displaystyle\int_0^{\infty} \frac{1 - r \cos \beta x}{(1+x^2)(1 - 2r \cos \beta x + r^2)} dx$,

(б) $I_2 = \displaystyle\int_0^{\infty} \frac{\ln(1 - 2r \cos \beta x + r^2)}{1+x^2} dx$,

这儿在两个情形中都把积分

$$\int_0^{\infty} \frac{\cos kx}{1+x^2} dx = \frac{\pi}{2} e^{-k} \quad (k > 0)$$

当作已知的 [参看 **522**,4°, 也参看 **523**,9)].

解 (a) 由展开式

$$\frac{1 - r \cos \beta x}{1 - 2r \cos \beta x + r^2} = \sum_{\nu=0}^{\infty} r^{\nu} \cos \nu \beta x{}^{[2]};$$

---

[1] 在 $x = 1$ 时两个积分都没有奇点, 奇点是在 $x = 0$; 但积分存在.

[2] 它从 **440** 目中 10) 及 11) 的展开式很容易得到.

乘上 $\dfrac{1}{1+x^2}$，再求逐项积分，得

$$I_1 = \sum_{\nu=0}^{\infty} r^\nu \int_0^\infty \frac{\cos \nu \beta x}{1+x^2} dx.$$

因为开始的级数——乘上分式因子 $\dfrac{1}{1+x^2}$——甚至于在整个无穷区间上对 x 是一致收敛的，它的部分和有优函数的形状如 $\dfrac{c}{1+x^2}$，所以逐项积分法是可用的 (定理 1).

倘使现在利用所说的积分数值，则最后得到

$$I_1 = \frac{\pi}{2} \cdot \sum_0^\infty r^\nu e^{-\nu\beta} = \frac{\pi}{2} \cdot \frac{1}{1-re^{-\beta}} = \frac{\pi}{2} \cdot \frac{e^\beta}{e^\beta - r}.$$

(б) **提示**　从以下展开式 [**461**,6)(б)] 开始：

$$\ln(1 - 2r\cos\beta x + r^2) = -2\sum_{\nu=1}^\infty \frac{r^\nu}{\nu} \cos \nu \beta x.$$

解答　$I_2 = \pi \ln(1 - re^{-\beta})$.

6) 展开积分 (拉普拉斯)

(a) $\displaystyle\int_0^\infty e^{-x^2} \cos 2bx\ dx$,　(б) $\displaystyle\int_0^\infty e^{-x^2} \operatorname{ch} 2bx\ dx$,　(в) $\displaystyle\int_0^\infty e^{-x^2} \sin 2bx\ dx$

成为 $b(b > 0)$ 的幂级数. 这儿在所有的情形中把以下的积分视为已知的 [**492**,2°]：

$$\int_0^\infty e^{-x^2} dx = \frac{\sqrt{\pi}}{2}.$$

(a) **解**　利用余弦函数的已知展开式，并由逐项积分得到

$$\int_0^\infty e^{-x^2} \cos 2bx\ dx = \int_0^\infty e^{-x^2} \sum_{\nu=0}^\infty \frac{(-1)^\nu (2bx)^{2\nu}}{(2\nu)!} dx$$

$$= \sum_{\nu=0}^\infty \frac{(-1)^\nu (2b)^{2\nu}}{(2\nu)!} \int_0^\infty e^{-x^2} x^{2\nu} dx.$$

以上级数在任意区间 $[0, A]$ 上的一致收敛性是很显然的；它的部分和有一优函数

$$e^{-x^2} \sum_{\nu=0}^\infty \frac{(2bx)^{2\nu}}{(2\nu)!} = e^{-x^2} \operatorname{ch} 2bx$$

它在 0 到 ∞ 是可积的. 这就证明了可以逐项积分.

剩下还须确定积分 $\int_0^\infty e^{-x^2} x^{2\nu} dx = I_\nu$. 由分部积分，很容易推得以下的递推公式

$$I_\nu = \frac{2\nu - 1}{2} I_{\nu-1}, \quad 由此 \quad I_\nu = \frac{(2\nu - 1)!!}{2^{\nu+1}} \sqrt{\pi}.$$

将这个结果代入以前所获得的展开式中, 最后得到

$$\int_0^\infty e^{-x^2}\cos 2bx\,dx = \frac{\sqrt{\pi}}{2} + \sum_{\nu=1}^\infty \frac{(-1)^\nu (2b)^{2\nu}}{(2\nu)!}\cdot\frac{(2\nu-1)!!}{2^\nu}\cdot\frac{\sqrt{\pi}}{2}$$

$$= \frac{\sqrt{\pi}}{2}\left\{1 + \sum_{\nu=1}^\infty \frac{(-b^2)^\nu}{\nu!}\right\} = \frac{\sqrt{\pi}}{2}e^{-b^2}\,[1].$$

(б) **解答** $\dfrac{\sqrt{\pi}}{2}e^{b^2}$

(в) 相似的可得出展开式

$$\int_0^\infty e^{-x^2}\sin 2bx\,dx = b\sum_{\nu=1}^\infty \frac{1}{(2\nu-1)!!}(-2b^2)^{\nu-1},$$

但是这次它并不变成 "有限型" 的公式. 此后, 用另外的方法我们将阐明一个新的 (非初等的) 函数的性质, 这个函数对于我们的积分的表达式是必需的 [**523**,5)(б)].

7) 求积分

$$I_k = \int_0^\infty \frac{x^{2k-1}}{e^{2\pi x}-1}dx$$

$(k=1,2,3,\cdots)$ 之值.

解 展开

$$\frac{1}{e^{2\pi x}-1} = \frac{e^{-2\pi x}}{1-e^{-2\pi x}}$$

为级数, 我们得到正项级数

$$\frac{x^{2k-1}}{e^{2\pi x}-1} = \sum_{n=1}^\infty x^{2k-1}\cdot e^{-2n\pi x},$$

这个级数在任意区间 $[\eta, A](0 < \eta < A < +\infty)$ 上是一致收敛的. 因为级数的和在区间 $[0,\infty]$ 内为可积的, 所以逐项积分是容许的[2].

$$I_k = \sum_{n=1}^\infty \int_0^\infty x^{2k-1}e^{-2n\pi x}dx = \sum_{n=1}^\infty \frac{(2k-1)!}{(2n\pi)^{2k}} = \frac{(2k-1)!}{(2\pi)^{2k}}\sum_{n=1}^\infty \frac{1}{n^{2k}}.$$

回想到第 k 个伯努里数 B_k 有以下的表达式

$$B_k = \frac{2\cdot(2k)!}{(2\pi)^{2k}}\sum_{n=1}^\infty \frac{1}{n^{2k}},$$

[**449**], 最后得出

$$I_k = \frac{B_k}{4k}.$$

---

[1] 我们利用以下很明显的变换:

$$(2\nu)! = (2\nu)!!(2\nu-1)!! = 2^\nu\,\nu!(2\nu-1)!!$$

[2] 我们在这儿 (也在以后的问题中) 由于分别取区间, 例如 $[1, +\infty]$ 及 $[0,1]$, 直接利用了上目中的定理 1 与定理 1′.

8) 求以下积分 (勒让德) 的表达式

(a) $\displaystyle\int_0^\infty \frac{\sin mx}{e^{2\pi x}-1}dx$,　(б) $\displaystyle\int_0^\infty \frac{\sin mx}{e^{2\pi x}+1}dx$.　$(m>0)$

解　(a) 展开式

$$\frac{\sin mx}{e^{2\pi x}-1}=\sum_{\nu=1}^\infty e^{-2\nu\pi x}\sin mx$$

也在任意区间 $[\eta,A]$ 上一致收敛, 它的部分和有优函数 $\dfrac{|\sin mx|}{e^{2\pi x}-1}$, 所以容许逐项积分.

$$\int_0^\infty \frac{\sin mx}{e^{2\pi x}-1}dx=\sum_{\nu=1}^\infty \int_0^\infty e^{-2\pi\nu x}\sin\ mx\ dx$$

$$=\sum_{\nu=1}^\infty \frac{m}{m^2+4\nu^2\pi^2}=\frac{1}{2}\left(\frac{1}{e^m-1}-\frac{1}{m}+\frac{1}{2}\right)=\frac{1}{4}\frac{e^m+1}{e^m-1}-\frac{1}{2m}①.$$

(б) 相似的得出 (利用同样的优函数)

$$\int_0^\infty \frac{\sin mx}{e^{2\pi x}+1}dx=\sum_{\nu=1}^\infty (-1)^{\nu-1}\frac{m}{m^2+4\nu^2\pi^2}=\frac{1}{2m}-\frac{1}{2}\cdot\frac{1}{e^{\frac{m}{2}}-e^{-\frac{m}{2}}}①.$$

附注　这是很自然的也可用 $\sin\ mx$ 展开为级数的方法来寻求所论的积分的值. 例如, 在 (a) 的情形下, 我们得到一个积分, 曾在 7) 内考虑过的, 但是为了要求结果成为 "有限形状", 所以利用已知展开式:

$$\frac{1}{e^m-1}-\frac{1}{m}+\frac{1}{2}=\sum_{k=1}^\infty (-1)^{k-1}\frac{B_k}{(2k)!}m^{2k-1}.$$

[**449**]等等. 但是这个方法有一个主要的缺点 —— 它需要假定 $m<2\pi$, 可是结果却是对于任意一个 m 都是正确的.

9) 如果在以下初等公式中 [参看 **492**,2°]

$$\int_0^\infty \frac{dx}{(1+x^2)^n}=\frac{(2n-3)!!}{(2n-2)!!}\frac{\pi}{2}.$$

设 $x=\dfrac{z}{\sqrt{n}}$, 则获得

$$\int_0^\infty \frac{dz}{\left(1+\dfrac{z^2}{n}\right)^n}=\frac{(2n-3)!!}{(2n-2)!!}\sqrt{n}\cdot\frac{\pi}{2}.$$

函数 $\dfrac{1}{\left(1+\dfrac{z^2}{n}\right)^n}$, 随 n 的增加而单调减少, 趋于极限 e^{-z^2}. 应用第 **518** 目的推论 (它对于单调递减函数是有效的) 这儿当 $n\to\infty$ 在积分号下可以取其极限. 如果为了确定右部的极限, 利用沃利斯公式 [**317**], 则最后得到结果如下:

$$\int_0^\infty e^{-z^2}dz=\lim_{n\to\infty}\int_0^\infty \frac{dz}{\left(1+\dfrac{z^2}{n}\right)^n}=\frac{\sqrt{\pi}}{2}$$

———————————

①这些结果可以从函数 $\operatorname{cth} x$ 与 $\dfrac{1}{\operatorname{sh}x}$ [**441**,10)] 的展开为部分分式得出.

[参看 **492**,2°].

10) 已知费耶积分 [**309**,5)(б)]

$$\frac{1}{n}\int_0^{\frac{\pi}{2}}\left(\frac{\sin nz}{\sin z}\right)^2 dz = \frac{\pi}{2}.$$

如果设 $z = \dfrac{x}{n}$, 它可以写成以下的形状

$$\int_0^{n\frac{\pi}{2}}\left(\frac{\sin x}{x}\right)^2 \frac{\left(\dfrac{x}{n}\right)^2}{\left(\sin\dfrac{x}{n}\right)^2}dx = \frac{\pi}{2}.$$

当 $n \to \infty$ 时, 这儿极限的过程由于以下的情况稍有困难, 就是非但被积函数而且积分的上限都依赖于参数 n.

但设

$$f_n(x) = \left(\frac{\sin x}{x}\right)^2\left(\frac{\dfrac{x}{n}}{\sin\dfrac{x}{n}}\right)^2, \quad \text{对于} \quad 0 \leqslant x \leqslant n\cdot\frac{\pi}{2}$$

并

$$f_n(x) = 0, \quad \text{对于其他 } x \text{ 的值},$$

则积分可以写成:

$$\int_0^\infty f_n(x)dx = \frac{\pi}{2}. \tag{7}$$

很明显, 对于任何 $x > 0$ 都有

$$\lim_{n\to\infty} f_n(x) = \left(\frac{\sin x}{x}\right)^2,$$

这儿在任意的有限的区间 $[0, A]$ 上, 函数 $f_n(x)$ 的趋于极限是一致的. 另一方面已知对于 $0 < z \leqslant \dfrac{\pi}{2}$,

$$\frac{\sin z}{z} \geqslant \frac{2}{\pi},$$

所以对于 $0 < x \leqslant n\dfrac{\pi}{2}$,

$$f_n(x) \leqslant \left(\frac{\sin x}{x}\right)^2\cdot\frac{\pi^2}{4};$$

这个不等式在 $x > n\dfrac{\pi}{2}$ 时更加成立. 因为这时 $f_n(x) = 0$.

应用 **518** 目中的定理 1, 在等式 (7) 内当 $n \to \infty$ 可以在积分号下取极限, 我们得到以下的结果

$$\int_0^\infty \left(\frac{\sin x}{x}\right)^2 dx = \frac{\pi}{2}$$

[参看 **494**,4);**497**,15)].

11) 同样的其他例子, 已知 [参看 **440**,10)] 积分

$$\int_0^\pi \frac{\cos mx}{1 - 2r\cos x + r^2}dx = \pi\frac{r^m}{1 - r^2},$$

此处 m 是自然数; $|r| < 1$, 设 $x = \dfrac{z}{m}$, 且 $r = 1 - \dfrac{h}{m}$ (这儿 $h > 0$); 假定 $m > h$ 则得到

$$\int_0^{m\pi} \frac{\cos z\, dz}{h^2 + 2m^2 \left(1 - \cos \dfrac{z}{m}\right)\left(1 - \dfrac{h}{m}\right)}$$

$$= \int_0^{m\pi} \frac{\cos z\, dz}{h^2 + z^2 \left(\dfrac{\sin \dfrac{z}{2m}}{\dfrac{z}{2m}}\right)^2 \left(1 - \dfrac{h}{m}\right)} = \frac{\pi}{h} \cdot \frac{\left(1 - \dfrac{h}{m}\right)^m}{2 - \dfrac{h}{m}}$$

若取 "积分号下" 当 $m \to \infty$ 时的极限, 而不管积分上限跟着 m 无限地增加这一事实, 我们就得到:

$$\int_0^\infty \frac{\cos z}{h^2 + z^2}\, dz = \frac{\pi}{2h} e^{-h}.$$

但这样做对不对呢? 需设法来证实其适合极限过程的根据.

这儿引进函数

$$f_m(z) = \frac{\cos z}{h^2 + z^2 \left(\dfrac{\sin \dfrac{z}{2m}}{\dfrac{z}{2m}}\right)^2 \left(1 - \dfrac{h}{m}\right)}, \quad \text{当 } 0 \leqslant z \leqslant m\pi, \quad f_m(z) = 0, \quad \text{当 } z > m\pi,$$

于是我们所讨论的等式的左部可以写成

$$\int_0^\infty f_m(z)\, dz.$$

很显然

$$\lim_{m \to \infty} f_m(z) = \frac{\cos z}{h^2 + z^2},$$

这里在有限的区间内这个趋向是一致的. 最后, 如果 $m_0 > h$, 并只考虑 $m \geqslant m_0$ 的值, 则下列函数

$$\frac{1}{h^2 + \dfrac{4}{\pi^2} z^2 \left(1 - \dfrac{h}{m_0}\right)}$$

可用为优函数, 剩下只需引证 **518** 目中定理 **1** 的叙述.

12) 在例 10) 与 11) 中强调了给出取极限根据的必要性, 下述与此类似的例子也强调了这点, 在这个例子中不能给出这样的根据; 无法支持取极限的根据的结果是靠不住的.

考虑积分

$$I_n = \int_0^n \frac{n}{n^2 + x^2}\, dx;$$

若由此着手, 如前述各例那样令 $n \to \infty$ 则得

$$\lim I_n = \int_0^\infty 0 \cdot dx = 0.$$

实际上 (借助于变量变换容易证实) 积分为常值 $\dfrac{\pi}{4}$!

以下再引进两个并不是陈旧的例子, 并且在其他方面像我们所看到的, 它们还是有趣味的.

13) 试由已知积分

$$\int_0^\infty \frac{\sin t}{t} dt = \frac{\pi}{2}$$

[参看 **492**,3°;**494**,5)]计算以下积分 (这儿 a 是任意的数)

$$I = \int_0^\infty e^{a\cos x} \sin(a\sin x) \frac{dx}{x},$$

[参看 **478**,8)(a)].

很方便的引进复变数

$$z = a(\cos x + i \sin x);$$

则 [**457**(6)]

$$e^z = e^{a\cos x}[\cos(a\sin x) + i\sin(a\sin x)]$$

展开级数得

$$1 + \sum_{n=1}^\infty \frac{a^n(\cos\ nx + i\sin\ nx)}{n!}.$$

使虚数部分相等, 我们得出积分号下的第一个因子的展开式:

$$e^{a\cos x}\sin(a\sin\ x) = \sum_{n=1}^\infty \frac{a^n}{n!}\sin\ nx,$$

由此得出

$$I = \int_0^\infty \sum_{n=1}^\infty \frac{a^n}{n!} \cdot \frac{\sin\ nx}{x} dx.$$

如果这儿可以运用逐项积分, 我们立刻得到

$$I = \sum_{n=1}^\infty \frac{a^n}{n!} \int_0^\infty \frac{\sin\ nx}{x} dx = \frac{\pi}{2} \sum_{n=1}^\infty \frac{a^n}{n!} = \frac{\pi}{2}(e^a - 1).$$

但在给定条件下要证实这是可以的, 那就需要特别考虑.

因为在积分号下的级数是以常数项级数

$$a \sum_{\nu=0}^\infty \frac{a^\nu}{\nu!}$$

为它的优函数, 所以在有限的区间 $[0, A]$ 上可以逐项积分

$$\int_0^A \sum_{n=1}^\infty \frac{a^n}{n!} \frac{\sin\ nx}{x} dx = \sum_{n=1}^\infty \frac{a^n}{n!} \int_0^A \frac{\sin\ nx}{x} dx = \sum_{n=1}^\infty \frac{a^n}{n!} \int_0^{nA} \frac{\sin\ t}{t} dt. \tag{8}$$

还需在 $A \to \infty$ 时取极限. 但不难看出, 由于积分 $\int_0^\infty \frac{\sin t}{t} dt$ 的存在, 积分 $\int_0^{t_0} \frac{\sin t}{t} dt$ 在所有的值 $t_0 \geqslant 0$ 是一致有界的:

$$\left| \int_0^{t_0} \frac{\sin t}{t} dt \right| \leqslant L.$$

所以级数 (8) 它的各项依赖于变量 A, 是以常数级数

$$L \cdot \sum_{n=1}^\infty \frac{|a|^n}{n!}$$

为它的优函数, 因此对于 A 是一致收敛的. 在这情形下, 按已知定理 [**433**] 可以在 $A \to \infty$ 时取其极限, 这样得以完成证明.

14) 同类的其他的例子. 设级数

$$\sum_{n=0}^{\infty} a_n = s$$

是收敛的, 且对于 $x \geqslant 0$, 令

$$g(x) = \sum_{n=0}^{\infty} a_n \frac{x^n}{n!};$$

这个级数也是收敛的, 而且在有限的区间 $[0, A]$ 上对于 x 是一致收敛的 [按照阿贝尔–狄利克雷判别法, 参看 **430**], 因为这个因子 $\dfrac{x^n}{n!}$ 至少对于 $n > A$ 时跟着 n 的增加而减少。

然后证明

$$\int_0^{\infty} e^{-x} g(x) dx = s. \tag{9}$$

如果逐项积分, 我们立刻得出这个结果

$$\int_0^{\infty} e^{-x} \sum_{n=0}^{\infty} a_n \cdot \frac{x^n}{n!} dx = \sum_{n=0}^{\infty} \frac{a_n}{n!} \int_0^{\infty} e^{-x} \cdot x^n dx = \sum_{n=0}^{\infty} a_n = s,$$

因为 $\int_0^{\infty} e^{-x} \cdot x^n dx = n!$ [**489**,4)], 现在回来证实这是对的.

只在有限的区间上, 逐项积分是容许的:

$$\int_0^{A} e^{-x} \sum_{n=0}^{\infty} a_n \cdot \frac{x^n}{n!} dx = \sum_{n=0}^{\infty} a_n \cdot \frac{1}{n!} \int_0^{A} e^{-x} x^n \cdot dx. \tag{10}$$

用分部积分, 容易证明

$$\frac{1}{n!} \int_0^{A} e^{-x} \cdot x^n dx < \frac{1}{(n-1)!} \int_0^{A} e^{-x} \cdot x^{n-1} dx < 1,$$

所以这个因子

$$\frac{1}{n!} \int_0^{A} e^{-x} \cdot x^n dx,$$

依赖于 A 及 n, 是随着 n 的增加 (在 $A = $ 常量) 而单调的减少; 以致保持了一致的有界. 在这样条件下 (只按刚提出的判别法) 在 (10) 式右边的级数是对于 A 一致收敛的, 也就是在 $A \to \infty$ 时可以逐项取其极限等等.

以下我们证明两个应用的例子, 它们是从漂亮的公式 (9) 得来的.

(a) 考虑所谓积分正弦

$$-\mathrm{si}\ x = \int_x^{\infty} \frac{\sin t}{t} dt = \frac{\pi}{2} - x + \frac{x^3}{3!3} - \frac{x^5}{5!5} + \cdots, \text{①}$$

---

　　①以上的展式是容易导出的, 只需写

$$-\mathrm{si} x = \int_0^{\infty} \frac{\sin t}{t} dt - \int_0^{x} \frac{\sin t}{t} dt,$$

而且在第二个积分内把正弦用它的级数展开式去代替, 然后再逐项积分.

这级数是从级数

$$\frac{\pi}{2} - 1 + 0 + \frac{1}{3} + 0 - \frac{1}{5} + \cdots$$

按照 $g(x)$ 的方式组成的.

照公式 (9) 即得

$$-\int_0^\infty e^{-x}\mathrm{si}xdx = \frac{\pi}{2} - \left(1 - \frac{1}{3} + \frac{1}{5} - \cdots\right) = \frac{\pi}{2} - \frac{\pi}{4} = \frac{\pi}{4}.$$

(6) 另外一个有趣的函数 —— 零附标的贝塞尔函数 $J_0(x)$ 有它的展开式 [**441**,4),5)]:

$$J_0(x) = 1 + \sum_{\nu=1}^\infty (-1)^\nu \frac{x^{2\nu}}{(\nu!)^2 \cdot 2^{2\nu}},$$

它的组成是按照 $g(x)$ 型的, 如果令

$$a_0 = 1, \quad a_{2\nu} = (-1)^\nu \frac{(2\nu-1)!!}{(2\nu)!!}, \quad a_{2\nu-1} = 0.$$

然后由 (9)

$$\int_0^\infty e^{-x} \cdot J_0(x)dx = \sum_{\nu=0}^\infty (-1)^\nu \frac{(2\nu-1)!!}{(2\nu)!!} = \frac{1}{\sqrt{2}};$$

最后的结果是这样得到的, 就是借助于函数 $\dfrac{1}{\sqrt{1+x}}$ 展开为二项式级数 [**407**,(24)], 且令 $x = 1$.

附注 我们来弄清楚末后这两个例子里所应用的推论方法的特殊性是有益处的 —— 同其他的关于在无穷区间内级数的逐项积分的例子相比较.

如果回到关于无穷限的积分号下极限过程的一般问题 [**518**], 则它就等价于对某二元函数 $F(A,y)$ 的两个累次极限的存在与相等问题 [参看 (3)]. 按照 **505** 目中的一般定理, 在这情形下其充分条件是 —— 在两个简单极限存在时 —— 函数的一致趋向于 (4) 式或 (5) 式中的一个, 而其趋向于哪一个反正是一样的. 寻常我们假设这样的一致性是对极限 (5) 而说的, 这与无穷限 "积分的一致收敛性" 相对应. 但是如果替代以函数 F 的一致近似于极限 (4), 这样的结论也是完全有效的!

在级数 $\sum_1^\infty u_n(x)$ 具有部分和 $f_n(x)$ 的情形下, 或者可以证明函数

$$F_n(A) = \int_a^A f_n(x)dx$$

(对 n) 当 $A \to \infty$ 时一致近似于极限 $\int_a^\infty f_n(x)dx$, 也就是这个积分的一致收敛性, 那是我们常常这样做的; 或者也可以证实所说的函数 (对 A) 当 $n \to \infty$ 时一致近似于极限 $\int_a^A \varphi(x)dx$, 也就是级数

$$\sum_{n=1}^\infty \int_a^A u_n(x)dx = \int_0^A \varphi(x)dx,$$

(对 A) 的一致收敛性, 那对我们于在 13) 和 14) 两例内更为方便.

520. 含参数的积分的连续性与可微性　让我们首先把 **506** 目定理 2 与 **507** 目中的定理 3 转移到在无穷区间的情形.

定理 2　设函数 $f(x, y)$ 定义于 x 的值在 $x \geqslant a, y$ 的值在区间 $[c, d]$ 上, 并在此定义范围里 (作为一个二元函数) 是连续的. 若积分

$$I(y) = \int_a^\infty f(x, y) dx \tag{1}$$

对 y 在区间 $[c, d]$ 上是一致收敛, 则它在这区间上表示着一个参数 y 的连续函数.

这是定理 1 的推论. 事实上像我们在 **506** 目中所看到的, 当变量 x 在任意有限区间 $[a, A]$ 上, 则函数 $f(x, y)$ 当 $y \to y_0$ 时 (此处 y_0 是 y 的任意一个特殊值) 对 x 一致趋于极限函数 $f(x, y_0)$, 于是按照定理 1, 在积分 (1) 内可以在积分号下取极限:

$$\lim_{y \to y_0} I(y) = \lim_{y \to y_0} \int_a^\infty f(x, y) dx = \int_a^\infty f(x, y_0) dx = I(y_0),$$

这就证明了我们的断言.

在 **485** 目我们叙述把 "广义值" 赋予发散积分的两个方法时, 留下了这样一个问题: 即第二个方法的正则性. 借助于刚才证明的定理, 现在我们有能力来解决这个问题, 若积分 $\int_0^\infty f(x) dx$ 收敛, 则积分 $\int_0^\infty e^{-kx} f(x) dx$ 对于参数 $k \geqslant 0$ 是一致收敛的[参看 **515** 目末尾的附注], 因此 —— 至少在 $f(x)$ 连续的情形下 —— 积分对 $k \geqslant 0$ 是参数 k 的连续函数. 特别地, 我们有

$$\lim_{k \to +0} \int_0^\infty e^{-kx} f(x) dx = \int_0^\infty f(x) dx.$$

于是收敛积分的值与其 "广义值" 重合, 这就是所提到的正则性.

附注　如果函数 $f(x, y)$ 是非负的, 即在 $f(x, y) \geqslant 0$ 的情形下, 则我们得出一个在某种意义上的逆定理: 把积分 (1) 作为参数的函数, 可以从它的连续性推出它的收敛性是一致的.

在这情形下, 当 A 增加时, y 的连续函数

$$F(A, y) = \int_0^A f(x, y) dx \tag{3}$$

也在增加, 所以 (按照 **504**, 4° 中**迪尼推广定理**) 它对 y 一致趋向于极限 (1). 定理得以证明.

定理 3　设函数 $f(x, y)$ 定义于 x 的值在 $x \geqslant a; y$ 的值在区间 $[c, d]$ 上, 并在此定义范围里是连续的; 而且设导数函数 $f'_y(x, y)$ 对于两个变数在所说的范围内是连续的, 再假定积分 (1) 对于 $[c, d]$ 上所有的 y 值存在, 并且积分

$$\int_a^\infty f'_y(x, y) dx \tag{11}$$

非但存在, 而且对于 y 在这个区间上是一致收敛, 则对于 $[c,d]$ 中的任意一个 y 得出公式 ①

$$I'(y) = \int_a^\infty f_y'(x,y)dx.$$

取一个特殊值 $y = y_0$, 考虑比数

$$\frac{I(y_0 + k) - I(y_0)}{k} = \int_a^\infty \frac{f(x, y_0 + k) - f(x, y_0)}{k}dx \tag{12}$$

我们要证明对于参数 $k \to 0$ 的极限过程在这儿可容许在积分号下进行.

在 **507** 目中我们已经看到, 如果 x 在任意的有限的区间 $[a,A]$ 上变化, 则被积函数 $\dfrac{f(x, y_0 + k) - f(x, y_0)}{k}$ 在 $k \to 0$ 时对于 x 一致趋向于极限函数 $f_y'(x, y_0)$. 为了要能够应用定理 1, 我们必须说明积分 (12) 对 k 是一致收敛.

由于积分 (11) 一致收敛的假定, 对于任何 $\varepsilon > 0$ 可找出这样一个 $A_0 \geqslant a$, 只要 $A' > A > A_0$, 可使

$$\left| \int_A^{A'} f_y'(x,y)dx \right| < \varepsilon \tag{13}$$

对于所有的 y 值都适合 [**514**]. 我们要证明, 同时可使

$$\left| \int_A^{A'} \frac{f(x, y_0 + k) - f(x, y_0)}{k} \cdot dx \right| < \varepsilon \tag{14}$$

对于所有可能的 k 值都适合.

为了这个目的 (固定 A 及 A') 我们考虑函数

$$\Phi(y) = \int_A^{A'} f(x,y)dx.$$

按 **507** 目定理 3, 它的导数可照莱布尼茨法则来计算

$$\Phi'(y) = \int_A^{A'} f_y'(x,y)dx,$$

且由 (13) $\Phi'(y)$ 的绝对值永小于 ε. 但下列比值

$$\frac{\Phi(y_0 + k) - \Phi(y_0)}{k} = \int_A^{A'} \frac{f(x, y_0 + k) - f(x, y_0)}{k}dx,$$

照拉格朗日公式等于 $\Phi'(y_0 + \theta k)$, 其绝对值也小于 ε, 就是说式 (14) 是适合的. 因此, 根据 **514** 目中的法则, 可以推出积分 (12) 的一致收敛性, 定理得证.

容易得出关于有限区间 $[a,b]$ 的定理 2* 与 3* [**510**] 的推广, 那只需用点 $x = b$ 代换点 $x = \infty$ 来叙述在这里的公式和考虑.(这种做法好像从定理 1 推到定理 1' 的过程.)

---

① 此处按这个公式计算导数, 称为莱布尼茨法则.

附注 在陈述这里的理论时我们没有利用积分和级数的联系, 而宁可每处陈述一个观念, 这个观念 —— 一致趋于极限函数的观念, 事实上是一切结论的根据. 然而在另外情形中根据已经发展的级数理论能够在论据上创立出形式上的简化. 今试给出定理 3 的新的证明来作解释 (这里以上所提到的简化是相当多的).

用以下级数 [**477**]

$$I(y) = \sum_1^\infty \int_{A_{n-1}}^{A_n} f(x,y)dx \quad (A_n \to \infty)$$

来替换积分 $I(y)$. 这级数中的每项

$$u_n(y) = \int_{A_{n-1}}^{A_n} f(x,y)dx,$$

由于 **506** 及 **507** 目的定理 2 及 3, 是连续的而且有连续的导数

$$u_n'(y) = \int_{A_{n-1}}^{A_n} f_y'(x,y)dx.$$

由这些导数所组成的级数对 y 在区间 $[c,d]$ 上是一致收敛的. 这可从积分 (11)[**514**] 的一致收敛性推得. 因此根据级数的逐项微分法定理 [**435**] 以下的导数 $I'(y)$ 存在,

$$I'(y) = \sum_1^\infty u_n'(y) = \sum_1^\infty \int_{A_{n-1}}^{A_n} f_y'(x,y)dx = \int_a^\infty f_y'(x,y)dx,$$

这就是所要求证的.

用同样的方法并联系到函数级数理论中相应的定理, 我们可得出定理 1[**518**] 及 2[**520**] 的证明 (并同样得出下一目的定理 4 的证明). 至于怎样实现这些证明, 让读者自己作出.

521. 含参数的积分的积分法 首先证明以下定理:

定理 4 照定理 2 中的假定, 我们有以下积分公式

$$\int_c^d I(y)dy = \int_c^d dy \int_a^\infty f(x,y)dx = \int_a^\infty dx \int_c^d f(x,y)dy. \tag{15}$$

事实上, 按 **508** 目定理 4 对于任意有限的 $A \geqslant a$, 以下等式

$$\int_c^d dy \int_a^A f(x,y)dx = \int_a^A dx \int_c^d f(x,y)dy$$

是正确的. 根据假定, 函数 (3) 对 y 是连续的, 并当 $A \to \infty$ 时它对 y 一致趋向于极限 (1). 因此, 根据 **506** 目定理 1, 左面的积分可以与极限过程 $A \to \infty$, 在积分号下互换, 这就是

$$\lim_{A \to \infty} \int_c^d dy \int_a^A f(x,y)dx = \int_c^d dy \int_a^\infty f(x,y)dx.$$

而在这种情形下右面的积分当 $A \to \infty$ 时其极限存在, 这也就是说它与积分

$$\int_a^\infty dx \int_c^d f(x,y)dy$$

有同一数值. 这正是所要求证的.

如果利用关于定理 2[**520**] 中的附注, 则不难由此推出以下的

推论 在非负函数 $f(x,y)$ 情形下, 一个对 y 连续的积分,(1) 蕴含着公式 (15).

这样 —— 在已知的条件下 —— 我们建立了两个积分互换的法则, 其中只有一个积分推广到无穷区间, 另一个仍是有限的.

在许多情形下需要按照公式

$$\int_0^\infty dy \int_a^\infty f(x,y)dx = \int_a^\infty dx \int_c^\infty f(x,y)dy \tag{16}$$

作两次无穷限积分的互换. 要证实这样的互换常常是复杂而费力的事情. 读者在以下可遇到许多这样的例题.

只就狭窄的一类情形, 按一般考虑来推证公式 (16):

定理 5 若函数 $f(x,y)$ 定义在 $x \geqslant a$ 及 $y \geqslant c$ 上并且在那里是连续的. 再假设积分

$$\int_a^\infty f(x,y)dx \ \text{及} \ \int_c^\infty f(x,y)dy \tag{17}$$

在任意有限区间上一致收敛 —— 第一个积分对于 y, 而第二个积分对于 x. 于是如果在两个二重积分

$$\int_c^\infty dy \int_a^\infty |f(x,y)|dx, \ \int_a^\infty dx \int_c^\infty |f(x,y)|dy \tag{18}$$

中至少有一个积分存在, 则 (16) 中的二重积分都存在而且相等.

假设积分 (18) 中的第二个存在. 由于积分 $\int_a^\infty f dx$ 的一致收敛性, 根据以上定理, 对于任何有限的 $C > c$, 我们有

$$\int_c^C dy \int_a^\infty f(x,y)dx = \int_a^\infty dx \int_c^C f(x,y)dy.$$

还需证明右面的积分当 $C \to \infty$ 时容许在积分号下取极限, 因而将有

$$\int_c^\infty dy \int_a^\infty f(x,y)dx = \lim_{C \to \infty} \int_c^C dy \int_a^\infty f(x,y)dx$$

$$= \lim_{C \to \infty} \int_a^\infty dx \int_c^C f(x,y)dy = \int_a^\infty dx \lim_{C \to \infty} \int_c^C f(x,y)dy$$

$$= \int_a^\infty dx \int_c^\infty f(x,y)dy.$$

要证实以上所说的极限过程, 需根据 **518** 目中的定理 1. x 与 C 的函数

$$\int_c^C f(x,y)dy,$$

对于 x 是连续的 [**506** 目,定理 2], 当 $C \to \infty$ 时它对于 x 在任何有限区间上一致趋于极限函数

$$\int_c^\infty f(x,y)dy.$$

这函数的积分

$$\int_a^\infty dx \int_c^C f(x,y)dy$$

对于 C 是一致收敛, 因为由于

$$\left| \int_c^C f(x,y)dy \right| \leqslant \int_c^\infty |f(x,y)|dy,$$

它以积分 (18) 中的第二式为一个优积分. 这样定理 1 的所有的条件在这儿都满足, 所以我们的断言也证实了.

在函数不变号的情形下, 事情比较简单, 例如. 对于非负函数 (限于这种情形就够了) 我们有

推论 设对于非负连续函数 $f(x,y)$, 式 (17) 中的两个积分是连续函数,——— 第一个积分是 y 的连续函数, 第二个积分是 x 的连续函数 —— 那么只要式 (16) 中的二重积分中有一个存在, 则其他一个也存在, 而且与第一个相等.

按照定理 2 及其附注, 很显然关于式 (17) 中积分的连续性的假定相当于要求它们的一致收敛性. 剩下的只需应用以上的定理, 并注意给定的条件 $|f(x,y)| = f(x,y)$.

本节的命题也可在有限区间的情形下逐句地描述: 这儿只需把有限的奇点 $x = b$ 替换奇点 $x = \infty$;(如果必须的话) 并以奇点 $y = d$ 代换奇点 $y = \infty$.

522. 对于一些积分计算的应用　我们应用以上所陈述的理论来计算一些重要的积分.

1°　欧拉积分

$$\int_0^\infty \frac{x^{a-1}}{1+x}dx, \qquad \int_0^\infty \frac{x^{a-1} - x^{b-1}}{1-x}dx, \qquad \int_0^\infty \frac{x^{a-1}dx}{x^2 + 2x\cos\theta + 1}.$$

$$(0 < a < 1) \qquad\quad (0 < a, b < 1) \qquad (0 < a < 1, -\pi < \theta < \pi)$$

由 **496** 目,1) 的结果, 立刻得出

$$\int_0^\infty \frac{z^{2m}}{1+z^{2n}}dz = \frac{\pi}{2n} \cdot \frac{1}{\sin\dfrac{2m+1}{2n}\pi} \quad (m < n).$$

若令 $z = x^{\frac{1}{2n}}$, 我们可求得当 $a = \dfrac{2m+1}{2n}$ 时的欧拉积分中的第一个:

$$\int_0^\infty \frac{x^{\frac{2m+1}{2n}-1}}{1+x}dx = \frac{\pi}{\sin\dfrac{2m+1}{2n}\pi}. \tag{19}$$

要由此对于任意满足不等式 $0 < a < 1$ 的 a 值, 得出所要求的积分值, 须要验证这积分对于给定的参数值是 a 的连续函数.

当 $0 < x < +\infty$ 及 $0 < a < 1$ 时, 被积函数对于这两个变量保持其连续性, 并且当 $x = 0$ 时所考虑的积分对 $a \geqslant a_0 > 0$ 一致收敛, 并当 $x = \infty$ 时对 $a < a_1 < 1$ 也是一致收敛. 实际上分开积分 $\int_0^\infty$ 为两部:$\int_0^1 + \int_1^\infty$, 不难看出积分

$$\int_0^1 \frac{x^{a_0-1}}{1+x}dx \quad \text{及} \quad \int_1^\infty \frac{x^{a_1-1}}{1+x}dx$$

分别是优积分.

应用定理 2 于积分 $\int_1^\infty$, 也应用对于有限区间的相似定理于积分 $\int_0^1$, 即可看出这两个积分在看作参数的函数时是连续的.

对于任意值 $a, 0 < a < 1$, 可以借助于 $\dfrac{2m+1}{2n}$ (m 及 n 为自然数,$m < n$) 形式的值来任意接近它. 当 $\dfrac{2m+1}{2n} \to a$, 在式 (19) 取极限过程, 并利用已证得的积分的连续性, 最后我们求得

$$\int_0^\infty \frac{x^{a-1}}{1+x}dx = \frac{\pi}{\sin \pi a} \quad [\text{参看 } \mathbf{519}, 4)].$$

完全相似地从 **496** 目 2) 及 3) 得出

$$\int_0^\infty \frac{x^{a-1} - x^{b-1}}{1-x}dx = \pi(\operatorname{ctg} a\pi - \operatorname{ctg} b\pi)$$

及

$$\int_0^\infty \frac{x^{a-1}dx}{x^2 + 2x \cdot \cos\theta + 1} = \pi\frac{\sin(1-a)\theta}{\sin\theta \cdot \sin \alpha\pi}.$$

2° 积分

$$\int_0^\infty \frac{\sin x}{x}dx$$

[参看 **492**,3°].

考虑积分

$$J_0 = \int_0^\infty \frac{\sin ax}{x}dx \quad (a > 0).$$

借助于对参数 a 的导数来计算积分的值. 然而若直接应用莱布尼茨法则, 这里就引到一个发散的积分

$$\int_0^\infty \cos ax \, dx.$$

因此我们引入一个 "收敛因子" $e^{-kx}(k > 0)$, 然后开始求下列积分

$$I = \int_0^\infty e^{-kx} \frac{\sin ax}{x} dx \quad (a \geqslant 0)$$

的值.

对于 I 在积分号下对 a 取导数是容许的, 因为定理 3 的条件是满足的: 被积函数及其对 a 的偏导数在 $x \geqslant 0$ 及 $a \geqslant 0$ 连续, 且由导数结果而得出的积分

$$\int_0^\infty e^{-kx} \cos ax \, dx = \frac{k}{a^2 + k^2},$$

对 a 一致收敛, 因为优积分 $\int_0^\infty e^{-kx} dx$ 并不包含 a.

所以对于 $a \geqslant 0$

$$\frac{dI}{da} = \frac{k}{a^2 + k^2}.$$

再对 a 求积分, 得到

$$I = \operatorname{arctg} \frac{a}{k}.$$

(这里引进积分的常数项是不必要的, 因为这个表达式的左右两面, 当 $a = 0$ 时, 都变为零.)

这个公式是在假定 $k > 0$ 之下导得的. 但当 $a =$ 常量时积分 I 是 k 的函数, 且在 $k = 0$ 连续; 这是根据定理 2 从积分对 k 当 $k \geqslant 0$ 时的一致收敛性推得的 [参看 **515**,4°]. 换句话说:

$$I_0 = \lim_{k \to +0} I.$$

若 $a > 0$ 则

$$I_0 = \lim_{k \to +0} \operatorname{arctg} \frac{a}{k} = \operatorname{arctg}(+\infty) = \frac{\pi}{2}.$$

特别是 (当 $a = 1$)

$$\int_0^\infty \frac{\sin x}{x} dx = \frac{\pi}{2}.$$

3° 欧拉–泊松积分

$$J = \int_0^\infty e^{-x^2} dx$$

[参看 **492**,2°].

令 $x = ut$, 其中 u 为任意正数, 我们得出

$$J = u \int_0^\infty e^{-u^2 t^2} dt.$$

现在用 $e^{-u^2} du$ 乘等式的左右两面, 再对 u 从 0 到 ∞, 作积分:

$$J \cdot \int_0^\infty e^{-u^2} du = J^2 = \int_0^\infty e^{-u^2} u \, du \int_0^\infty e^{-u^2 t^2} dt.$$

不难看出, 积分的互换在这里很快的就可以引出所要求的结果, 事实上在互换以后, 得到

$$J^2 = \int_0^\infty dt \int_0^\infty e^{-(1+t^2)u^2} u du = \frac{1}{2} \int_0^\infty \frac{dt}{1+t^2} = \frac{\pi}{4},$$

由此 (显然因为 $J > 0$)

$$J = \int_0^\infty e^{-x^2} dx = \frac{\sqrt{\pi}}{2}.$$

为了说明所实行的交换积分次序是合理的, 我们试着使用 **521** 目定理 5 的推论. 然而积分

$$\int_0^\infty e^{-(1+t^2)u^2} u du = \frac{1}{2} \cdot \frac{1}{1+t^2}$$

对所有 $t \geqslant 0$ 是 t 的连续函数, 而积分

$$\int_0^\infty e^{-(1+t^2)u^2} u dt = e^{-u^2} \cdot J$$

仅对 $u > 0$ 连续, 而当 $u = 0$ 变为 0, 在这一点产生间断. 所以直接对矩形 $[0,\infty; 0,\infty]$ 应用上述推论是不行的! 我们对矩形 $[u_0,\infty; 0,\infty]$ 可应用推论, 其中 $u_0 > 0$, 因为积分

$$\int_{u_0}^\infty e^{-(1+t^2)u^2} u du = \frac{1}{2} \cdot \frac{1}{1+t^2} \cdot e^{-(1+t^2)u_0}$$

对所有 $t \geqslant 0$ 乃是 t 的连续函数, 由此证明了等式

$$\int_{u_0}^\infty du \int_0^\infty e^{-(1+t^2)u^2} u dt = \int_0^\infty dt \int_{u_0}^\infty e^{-(1+t^2)u^2} u dt$$

是合理的, 余下的仅仅是: 使 u_0 减小, 当 $u_0 \to 0$ 时取极限, 根据 **518** 目的推论, 在等式右边可在积分号下实行.

4° 拉普拉斯(Laplace) 积分:

$$y = \int_0^\infty \frac{\cos \beta x}{\alpha^2 + x^2} dx, \quad z = \int_0^\infty \frac{x \sin \beta x}{\alpha^2 + x^2} dx \quad (\alpha, \beta > 0).$$

在其中第一个积分, 令

$$\frac{1}{\alpha^2 + x^2} = \int_0^\infty e^{-t(\alpha^2 + x^2)} dt.$$

我们得到

$$y = \int_0^\infty \cos \beta x \, dx \int_0^\infty e^{-t(\alpha^2 + x^2)} dt.$$

这里根据定理 5 把对 x 的积分和对 t 的积分互换

$$y = \int_0^\infty e^{-\alpha^2 t} dt \int_0^\infty e^{-tx^2} \cos \beta x \, dx.$$

但内层积分是已知的 [**519**, 6)(a)]

$$\int_0^\infty e^{-tx^2}\cos\beta x\,dx = \frac{1}{2}\sqrt{\frac{\pi}{t}}e^{-\frac{\beta^2}{4t}},$$

所以

$$y = \frac{\sqrt{\pi}}{2}\int_0^\infty e^{-\alpha^2 t - \frac{\beta^2}{4t}}\frac{dt}{\sqrt{t}} = \sqrt{\pi}\int_0^\infty e^{-\alpha^2 z^2 - \frac{\beta^2}{4z^2}}dz \quad (t = z^2).$$

回忆 **497** 目, 8), 最后求出

$$y = \frac{\pi}{2\alpha}e^{-\alpha\beta},$$

拉普拉斯第二个积分可从第一个对参数 β 导数得到

$$z = -\frac{dy}{d\beta} = \frac{\pi}{2}e^{-\alpha\beta}.$$

莱布尼茨法则的应用是合理的, 因为积分对于 β 在 $\beta \geqslant \beta_0 > 0$ 时是一致收敛的 [**517**, 16)].

5°　菲涅尔(Fresnel) 积分:

$$\int_0^\infty \sin x^2 dx, \quad \int_0^\infty \cos x^2 dx.$$

令 $x^2 = t$, 我们得到

$$\int_0^\infty \sin x^2 dx = \frac{1}{2}\int_0^\infty \frac{\sin t}{\sqrt{t}}dt, \quad \int_0^\infty \cos x^2 dx = \frac{1}{2}\int_0^\infty \frac{\cos t}{\sqrt{t}}dt;$$

先求在改变形式的两个积分中的第一个积分.

用下列等式

$$\frac{1}{\sqrt{t}} = \frac{2}{\sqrt{\pi}}\int_0^\infty e^{-tu^2}du$$

的右方来替换 (在积分号下) 表达式 $\frac{1}{\sqrt{t}}$, 将所求的积分化成下列形状:

$$\int_0^\infty \frac{\sin t}{\sqrt{t}}dt = \frac{2}{\sqrt{\pi}}\int_0^\infty \sin t\,dt\int_0^\infty e^{-tu^2}du.$$

积分的互换在这里可立刻化成最后的结果:

$$\int_0^\infty \frac{\sin t}{\sqrt{t}}dt = \frac{2}{\sqrt{\pi}}\int_0^\infty du\int_0^\infty e^{-tu^2}\sin t\,dt$$
$$= \frac{2}{\sqrt{\pi}}\int_0^\infty \frac{du}{1+u^4} = \frac{2}{\sqrt{\pi}}\cdot\frac{\pi}{2\sqrt{2}} = \sqrt{\frac{\pi}{2}}①.$$

因为这样互换的合理性的直接证实需要艰难的变换和估计, 我们宁可在这里 (参看 2°) 引用 "收敛因子" e^{-kt} $(k > 0)$.

①参看 **472**, 2) 或 **491**, 7).

我们有

$$\int_0^\infty \frac{\sin t}{\sqrt{t}} e^{-kt} dt = \frac{2}{\sqrt{\pi}} \int_0^\infty e^{-kt} \sin t dt \int_0^\infty e^{-tu^2} du$$

$$= \frac{2}{\sqrt{\pi}} \int_0^\infty du \int_0^\infty e^{-(k+u^2)t} \sin t dt = \frac{2}{\sqrt{\pi}} \int_0^\infty \frac{du}{1+(k+u^2)^2}.$$

这里可借助于定理 5 建立积分互换的可能性. 最后, 当 $k \to 0$ 时还需取极限的过程, 这个极限 —— 不难证明 —— 可以在积分号下进行.

因此, 最后

$$\int_0^\infty \frac{\sin t}{\sqrt{t}} dt = \sqrt{\frac{\pi}{2}}.$$

对于积分 $\int_0^\infty \frac{\cos t}{\sqrt{t}} dt$ 我们得出同一数值. 由此

$$\int_0^\infty \sin x^2 dx = \int_0^\infty \cos x^2 dx = \frac{1}{2}\sqrt{\frac{\pi}{2}}.$$

523. 在积分号下取导数的例题

1) 从已知的积分 (当 $a > 0$)

(a) $\int_0^\infty e^{-ax^2} dx = \frac{1}{2}\sqrt{\frac{\pi}{a}}$,   (б) $\int_0^\infty \frac{dx}{a+x^2} = \frac{1}{2}\frac{\pi}{\sqrt{a}}$,   (в) $\int_0^1 x^{a-1} dx = \frac{1}{a}$.

累次对参数微分以推得新的积分.

(a) **解** 按照莱布尼茨法则, 经 n 次微分后, 我们得出

$$\int_0^\infty e^{-ax^2} x^{2n} dx = \frac{(2n-1)!!}{2^{n+1} a^n} \sqrt{\frac{\pi}{a}}.$$

因为在这里所得到的积分都是对 a 当 $a \geqslant a_0 > 0$ 时一致收敛 (例如, 所写出的积分的优积分是 $\int_0^\infty e^{-a_0 x^2} x^{2n} dx$) 所以莱布尼茨法则的引用是合理的.

(б) **解答**

$$\int_0^\infty \frac{dx}{(a+x^2)^{n+1}} = \frac{1}{2}\frac{(2n-1)!!}{(2n)!!} \cdot \frac{1}{a^n} \cdot \frac{\pi}{\sqrt{a}}.$$

(в) **解答**

$$\int_0^1 x^{a-1} \ln^n x dx = (-1)^n \frac{n!}{a^{n+1}}.$$

2) 用对参数的微分法计算下列积分 ($\alpha, \beta, k > 0$):

(a) $J = \int_0^\infty \frac{1-\cos \alpha x}{x} e^{-kx} dx.$

(б) $H = \int_0^\infty \frac{\sin \alpha x}{x} \cdot \frac{\sin \beta x}{x} e^{-kx} dx.$

(a) **解** J 对 α 的导数可用以下积分来表达, 这个积分对 α 是一致收敛的:

$$\frac{dJ}{d\alpha} = \int_0^\infty e^{-kx} \sin \alpha x \, dx = \frac{\alpha}{\alpha^2 + k^2},$$

由此

$$J = \frac{1}{2}\ln(\alpha^2 + k^2) + C.$$

因为当 $\alpha = 0$ 时积分 J 变为 0, 所以 $C = -\frac{1}{2}\ln k^2$, 故最后

$$J = \frac{1}{2}\ln\left(1 + \frac{\alpha^2}{k^2}\right).$$

(б) 用 H 对 α 在积分号下求微分, 我们得出

$$\frac{dH}{d\alpha} = \int_0^\infty e^{-kx}\frac{\sin\ \beta x\cos\ \alpha x}{x}dx.$$

莱布尼茨法则的应用是合理的, 因为在这里不难说明定理 3 的条件成立.

把正弦与余弦的乘积化成两个正弦的差, 即可将所得到的积分化为已知积分的形状 [**522**,2°];

$$\frac{dH}{d\alpha} = \frac{1}{2}\left[\int_0^\infty e^{-kx}\frac{\sin(\alpha+\beta)x}{x}dx - \int_0^\infty e^{-kx}\frac{\sin(\alpha-\beta)x}{x}dx\right]$$
$$= \frac{1}{2}\left(\text{arctg}\frac{\alpha+\beta}{k} - \text{arctg}\frac{\alpha-\beta}{k}\right).$$

对 α 求积分:

$$H = \frac{\alpha+\beta}{2}\text{arctg}\frac{\alpha+\beta}{k} - \frac{\alpha-\beta}{2}\text{arctg}\frac{\alpha-\beta}{k} + \frac{k}{4}\ln\frac{k^2+(\alpha-\beta)^2}{k^2+(\alpha+\beta)^2} + C,$$

其中常数 $C = 0$ (因为当 $\alpha = 0$ 时, $H = 0$).

3) 计算积分

$$\int_0^\infty \frac{1 - e^{-t}}{t}\cos t\,dt$$

提示　考虑更普遍的带有参数的积分

$$\int_0^\infty \frac{1 - e^{-\alpha t}}{t}\cos t\,dt,$$

借助于微分法计算以上积分, 然后令 $\alpha = 1$.

答　$\ln\sqrt{2}$.

4) 计算积分

(a) $J_1 = \displaystyle\int_0^\infty \frac{\ln(1 + a^2 x^2)}{b^2 + x^2}dx \quad (a, b > 0)$;

(б) $J_2 = \displaystyle\int_0^\infty \frac{\text{arctg}rx}{x(1 + x^2)}dx \quad (r \geqslant 0)$;

(в) $J_3 = \displaystyle\int_0^\infty \frac{\text{arctg}ax \cdot \text{arctg}bx}{x^2}dx \quad (a, b > 0)$.

(a) **提示**　当 $a \geqslant 0, J_1$ 对 a 是连续的; 对于 $0 \leqslant a \leqslant a_1, \dfrac{\ln(1 + a_1^2 x^2)}{b^2 + x^2}$ 是优函数. 对于 $a > 0$ 取导数

$$\frac{dJ_1}{da} = \int_0^\infty \frac{2ax^2}{(b^2 + x^2)(1 + a^2 x^2)}dx = \frac{\pi}{ab + 1};$$

对于 $0 < a_0 \leqslant a \leqslant a_1$, $\dfrac{2a_1 x^2}{(b^2+x^2)(1+a_0^2 x^2)}$ 是优函数.

答 $J_1 = \dfrac{\pi}{b} \ln(ab+1)$.

(б) **提示** 当 $r \geqslant 0$, 取导数

$$\frac{dJ_2}{dr} = \int_0^\infty \frac{dx}{(1+r^2 x^2)(1+x^2)} = \frac{\pi}{2} \frac{1}{1+r};$$

$\dfrac{1}{1+x^2}$ 是优函数. **答** $J_2 = \dfrac{\pi}{2} \ln\ (1+r)$.

(в) **提示** 对 a 取导数引到积分 J_2 的形状:

$$\frac{dJ_3}{da} = \int_0^\infty \frac{1}{1+a^2 x^2} \cdot \frac{\operatorname{arctg} bx}{x} dx = \int_0^\infty \frac{\operatorname{arctg} \dfrac{b}{a} t}{t(1+t^2)} dt = \frac{\pi}{2} \ln \frac{a+b}{a} \quad (a>0).$$

答 $J_3 = \dfrac{\pi}{2} \ln \dfrac{(a+b)^{a+b}}{a^a \cdot b^b}$.

附注 当 $r = 1$, 并变换 $x = \operatorname{tg} t$, 从 J_2 得出以下积分

$$\int_0^{\frac{\pi}{2}} \frac{t}{\operatorname{tg} t} dt = \frac{\pi}{2} \ln 2.$$

由此用分部积分法, 重新求得 [参看 **492**,1°]

$$\int_0^{\frac{\pi}{2}} \ln \sin\ t dt = -\frac{\pi}{2} \ln 2.$$

5) (a) 计算积分

$$J = \int_0^\infty e^{-x^2} \cos 2bx\ dx.$$

解 我们有

$$\frac{dJ}{db} = -\int_0^\infty e^{-x^2} \cdot 2x \cdot \sin 2bx dx.$$

用分部积分法, 然后得到

$$\frac{dJ}{db} = -2b \int_0^\infty e^{-x^2} \cos 2bx dx = -2bJ.$$

这样对于 J 的确定, 我们得到了一个可分离变量的简单的微分方程 [**358**]. 求积分, 得出

$$J = Ce^{-b^2}$$

因为当 $b = 0$ 时, 我们应有 $J = \dfrac{\sqrt{\pi}}{2}$, 所以 C 就等于这个数值. 最后

$$J = \frac{\sqrt{\pi}}{2} e^{-b^2}$$

[参看 **519**,6)(a)].

(б) 如果用同一方法计算积分 $H = \int_0^\infty e^{-x^2} \sin 2bx\ dx$, 则我们得到下列的微分方程

$$\frac{dH}{db} + 2bH = 1.$$

两面乘以 e^{b^2}, 在左方显然得到乘积 $e^{b^2} \cdot H$ 对 b 的导数, 从 0 到 b 求积分, 得出

$$e^{b^2} \cdot H = \int_0^b e^{b^2} db$$

(因为当 $b = 0, H = 0$). 这样,

$$H = e^{-b^2} \int_0^b e^{t^2} dt.$$

这里为要表达这个积分, 就必须引进一个新的 "非初等" 函数:

$$\varphi(x) = \int_0^x e^{t^2} dt$$

[参看 **519**,6)(в)]

6) 计算积分 $(a, b > 0)$

$$\int_0^\infty e^{-ax^2 - \frac{b}{x^2}} dx.$$

解　所要求的积分与下列积分

$$J = \int_0^\infty e^{-y^2 - \frac{c^2}{y^2}} dy,$$

只差一个因子 $\dfrac{1}{\sqrt{a}}$, 其中 $c^2 = ab$(用代换 $y = \sqrt{a}x$).

我们有

$$\frac{dJ}{dc} = -2c \int_0^\infty e^{-y^2 - \frac{c^2}{y^2}} \frac{dy}{y^2} = -2 \int_0^\infty e^{-z^2 - \frac{c^2}{z^2}} dz = -2J$$

$\left(\text{用代换 } y = \dfrac{c}{z}\right)$. 由此

$$J = Ae^{-2c}, \quad A = \frac{\sqrt{\pi}}{2}.$$

答　$\dfrac{1}{2}\sqrt{\dfrac{\pi}{a}}e^{-2\sqrt{ab}}$[参看 **497**,8)].

7) 计算积分

$$J = \int_0^\infty \frac{e^{-at} \cos bt - e^{-a_1 t} \cos b_1 t}{t} dt \quad (a, a_1 > 0).$$

解　分别对 a 及对 b 取导数, 得到

$$\frac{\partial J}{\partial a} = -\int_0^\infty e^{-at} \cos bt\, dt = -\frac{a}{a^2 + b^2},$$

$$\frac{\partial J}{\partial b} = -\int_0^\infty e^{-at} \sin bt\, dt = -\frac{b}{a^2 + b^2}.$$

根据这两偏导数不难还原到原来的函数[①]

$$J = -\frac{1}{2}\ln(a^2 + b^2) + C,$$

其中 C 与 a 及 b 无关. 因为当 $a = a_1$ 及 $b = b_1$ 时 $J = 0$, 所以

$$C = \frac{1}{2}\ln(a_1^2 + b_1^2),$$

[①]以后我们将系统地来讲解这个问题, 这里只从观察来建立这个 "原函数".

于是

$$J = \frac{1}{2} \ln \frac{a_1^2 + b_1^2}{a^2 + b^2}.$$

8) 计算积分 $(a > 0, b \geqslant 0)$:

$$u = \int_0^\infty e^{-ax^2} \cos bx^2 dx, \quad v = \int_0^\infty e^{-ax^2} \sin bx^2 dx.$$

解 利用莱布尼茨法则我们得到这两积分对参数 b 的导数:

$$\frac{du}{db} = -\int_0^\infty x^2 e^{-ax^2} \sin bx^2 dx, \quad \frac{dv}{db} = \int_0^\infty x^2 e^{-ax^2} \cos bx^2 dx.$$

由此分部积分容易得出

$$\frac{du}{db} = -\frac{1}{2a} v - \frac{b}{a} \frac{dv}{db}, \quad \frac{dv}{db} = \frac{1}{2a} u + \frac{b}{a} \frac{du}{db}.$$

或 —— 对导数解这方程组 ——

$$\frac{du}{db} = -\frac{bu + av}{2(a^2 + b^2)}, \quad \frac{dv}{db} = \frac{au - bv}{2(a^2 + b^2)}. \tag{20}$$

这样对于未知的 b 的函数 u, v 的定义, 我们得出了微分方程组.

引进实变量 b 的复函数 $w = u + iv$, 容易把问题化为一个方程 (有可分离的变量). 也就是把 i 乘方程 (20) 的第二式, 与第一式按项相加则得到方程

$$\frac{dw}{db} = \frac{-b + ai}{2(a^2 + b^2)} w = \frac{i}{2} \cdot \frac{w}{a - bi}.$$

用寻常的可分离变量的方法可求积分. 为了避免利用复数的对数, 可以直接验证上式, 就是

$$\frac{d}{db}(w \cdot \sqrt{a - bi}) = 0.$$

根据微分方程, 得出

$$w \cdot \sqrt{a - bi} = c = 常量.$$

令 $b = 0$ 容易得到 $c = \frac{\sqrt{\pi}}{2}$, 因此

$$w = \frac{\sqrt{\pi}}{2} \cdot \frac{1}{\sqrt{a - bi}} = \frac{\sqrt{\pi}}{2} \frac{\sqrt{a + bi}}{\sqrt{a^2 + b^2}}.$$

至于符号 $\sqrt{a \pm bi}$ 我们了解为这个根的一个分支, 它当 $b = 0$ 时成为算术根 $+\sqrt{a}$.

大家都知道

$$\sqrt{a + bi} = \sqrt{\frac{a + \sqrt{a^2 + b^2}}{2}} + i\sqrt{\frac{-a + \sqrt{a^2 + b^2}}{2}};^①$$

---

① 令 $\sqrt{a + bi} = x + yi$, 我们有 $a = x^2 - y^2, b = 2xy$, 由此得出

$$x = \pm\sqrt{\frac{a + \sqrt{a^2 + b^2}}{2}}, \quad y = \pm\sqrt{\frac{-a + \sqrt{a^2 + b^2}}{2}}.$$

这里我们取两根都是正号, 因为这才符合刚才所同意的约定, 而且使得 $xy = \frac{1}{2} b > 0$.

这样,

$$w = \frac{1}{2}\sqrt{\frac{\pi}{2}}\left(\sqrt{\frac{a+\sqrt{a^2+b^2}}{a^2+b^2}}+i\sqrt{\frac{-a+\sqrt{a^2+b^2}}{a^2+b^2}}\right).$$

分别使实数与虚数部分相等, 我们最后得到

$$u = \int_0^\infty e^{-ax^2}\cos bx^2 dx = \frac{1}{2}\sqrt{\frac{\pi}{2}}\sqrt{\frac{a+\sqrt{a^2+b^2}}{a^2+b^2}},$$

$$v = \int_0^\infty e^{-ax^2}\sin bx^2 dx = \frac{1}{2}\sqrt{\frac{\pi}{2}}\sqrt{\frac{-a+\sqrt{a^2+b^2}}{a^2+b^2}}.$$

这些公式的得来是在主要的假定 $a > 0$ 下的. 但借助于定理 2[参看 **515**,4°] 容易看出这两积分是 a 的连续函数, 并当 $a = 0$ 时, 它们也连续. 所以当 $a \to 0$ 时把所得的等式趋于极限, 我们得出 (若 $b > 0$)

$$\int_0^\infty \cos bx^2\, dx = \int_0^\infty \sin bx^2\, dx = \frac{1}{2}\sqrt{\frac{\pi}{2b}}.$$

这就是菲涅尔积分 [参看 **522**,5°].

9) 证明借助于微分方程可以简单地来计算拉普拉斯积分 [参看 **522**,4°]

$$y = \int_0^\infty \frac{\cos \beta x}{\alpha^2+x^2}dx \ \ 及 \ \ z = \int_0^\infty \frac{x\sin \beta x}{\alpha^2+x^2}dx \ \ (\alpha,\beta > 0).$$

我们已经看到

$$\frac{dy}{d\beta} = -z.$$

再次对 β 的微分不能在积分号下进行, 因为这样微分所得的结果已经是发散的积分.

但是如果将所写出的等式按项加上以下的等式

$$\frac{\pi}{2} = \int_0^\infty \frac{\sin \beta x}{x}dx$$

[**522**,2°][①], 则得到

$$\frac{dy}{d\beta} + \frac{\pi}{2} = \alpha^2\int_0^\infty \frac{\sin \beta x}{x(\alpha^2+x^2)}dx.$$

这里在积分号下取微分, 又重新是可能的, 用这样的做法, 我们得到

$$\frac{d^2y}{d\beta^2} = \alpha^2\int_0^\infty \frac{\cos \beta x}{\alpha^2+x^2}dx$$

这就是

$$\frac{d^2y}{d\beta^2} = \alpha^2 y.$$

对于这个常系数二阶的简单微分方程, 按照其 "特征方程" 的根 $\pm\alpha$, 很容易作出方程的一般解:

$$y = C_1 e^{\alpha\beta} + C_2 e^{-\alpha\beta},$$

[①]然而在以后我们完全不需要有这积分的数值, 我们只需知道对于所有 $\beta > 0$ 这积分保持一个常量数值. 关于这一点只用代换 $t = \beta x$ 容易来说明的.

其中 C_1 及 C_2 是常数. 但对于所有 β 值, 量 y 是有界的:

$$|y| \leqslant \int_0^\infty \frac{dx}{\alpha^2 + x^2} = \frac{\pi}{2\alpha},$$

因此知道 C_1 必须等于 0 (因为如果不然, 当 $\beta \to \infty$, 量 y 将无限制地增加).

为了确定常数 C_2, 令 $\beta = 0$, 显然

$$C_2 = \frac{\pi}{2\alpha}.$$

最后

$$y = \frac{\pi}{2\alpha} e^{-\alpha\beta}.$$

由此取微分, 得出 z.

10) 计算积分:

$$u = \int_0^\infty e^{-x^2} \cos \frac{\alpha^2}{x^2} dx, \quad v = \int_0^\infty e^{-x^2} \sin \frac{\alpha^2}{x^2} dx.$$

对于所有的 α 值, 由于有优函数 e^{-x^2} 保证了积分的存在性及连续性. 照莱布尼茨法则

$$\frac{du}{d\alpha} = -\int_0^\infty e^{-x^2} \sin \frac{\alpha^2}{x^2} \cdot \frac{2\alpha}{x^2} dx = -2 \int_0^\infty e^{-\frac{\alpha^2}{y^2}} \sin y^2 dy \quad \left(y = \frac{\alpha}{x} \right).$$

第二个积分 —— 在 $y = 0$, 也在 $y = \infty$—— 对于所有的 α 值, 是一致收敛, 所以第一个积分 —— 在 $x = 0$, 也在 $x = \infty$—— 对于适合不等式 $0 < \alpha_0 \leqslant \alpha \leqslant A < +\infty$ 的 α 值也一致收敛[72]. 这样, 对于 $\alpha > 0$ 用莱布尼茨法则是合理的.

再次对 α 微分 (它的合理性可以类似地证实) 给出

$$\frac{d^2u}{d\alpha^2} = -2 \int_0^\infty e^{-\frac{\alpha^2}{y^2}} \sin y^2 \cdot \frac{-2\alpha}{y^2} dy = 4 \int_0^\infty e^{-x^2} \sin \frac{\alpha^2}{x^2} dx = 4v.$$

完全同样地, 得到

$$\frac{d^2v}{d\alpha^2} = -4u.$$

令 $w = u + iv$. 对于 w 的定义我们有以下微分方程

$$\frac{d^2w}{d\alpha^2} = -4iw.$$

组成 "特征" 方程 $\lambda^2 + 4i = 0$, 其根为 $\lambda = \pm\sqrt{2} \mp \sqrt{2}i$. 我们写出微分方程的一般解:

$$w = u + iv = Ae^{-\alpha\sqrt{2}}(\cos \alpha\sqrt{2} + i \sin \alpha\sqrt{2}) + Be^{\alpha\sqrt{2}}(\cos \alpha\sqrt{2} - i \sin \alpha\sqrt{2}).$$

---

[72]请读者注意: 第二个积分的一致收敛性是对所有的 $\alpha \in [0, \infty)$ 成立的, 而对第一个积分却不能这样断言: 仅能说当 $\alpha \in [\alpha_0, A]$ 时的一致收敛性. 不难证明, 第一个积分对 $\alpha \in [0, \infty)$ 的一致收敛性事实上不成立.

本例是对如下重要情况的一个很好的说明: 在作变量变换时, 积分的一致收敛性不一定保持, 在变换下, 它可能消失, 也可能呈现 (为了检验第一个积分当 $\alpha \in [\alpha_0, A]$ 时的一致收敛性, 读者可能要以一致收敛的定义为出发点估计同一个函数的积分 $\int_0^\delta$ 与 $\int_\Delta^\infty$, 为此目的, 例如可以在每一个积分中作变量变换 $y = \frac{\alpha}{x}$).

因为函数 w 对于一切 α 是有界的, 所以必须 $B = 0$; 并且当 $\alpha = 0$ 应得 $w = \dfrac{\sqrt{\pi}}{2}$, 因此 $A = \dfrac{\sqrt{\pi}}{2}$. 最后

$$u = \frac{\sqrt{\pi}}{2} e^{-\alpha\sqrt{2}} \cos\alpha\sqrt{2}, \quad v = \frac{\sqrt{\pi}}{2} e^{-\alpha\sqrt{2}} \sin\alpha\sqrt{2}.$$

11) 证明恒等式

$$\int_0^\infty \frac{e^{-x^2} x\, dx}{\sqrt{x^2 + a^2}} = \frac{a}{\sqrt{\pi}} \int_0^\infty \frac{e^{-x^2}\, dx}{x^2 + a^2} \quad (a > 0).$$

用 u 记第一个积分, v 记第二个积分. 在 u 中令 $x^2 + a^2 = y^2$, u 改变为

$$u = e^{a^2} \int_a^\infty e^{-y^2}\, dy.$$

在 v 中引进新的变量 $x = az$, 得出

$$v = \frac{1}{\sqrt{\pi}} \int_0^\infty \frac{e^{-a^2 z^2}\, dz}{z^2 + 1}.$$

取对 a 的微分 (按照莱布尼茨法则) 把导数 $\dfrac{dv}{da}$ 表达成以下形式

$$\frac{dv}{da} = -\frac{2a}{\sqrt{\pi}} \left\{ \int_0^\infty e^{-a^2 z^2}\, dz - \int_0^\infty \frac{e^{-a^2 z^2}}{z^2 + 1}\, dz \right\},$$

由此求得了确定 v 的线性微分方程:

$$\frac{dv}{da} - 2av = -1.$$

以 "积分" 因子 e^{-a^2} 乘上式的左右两面得出以下等式

$$\frac{d}{da}[v e^{-a^2}] = -e^{-a^2};$$

如果对 a 从 0 到 a 求积分, 则得到

$$v \cdot e^{-a^2} = v_0 - \int_0^a e^{-t^2}\, dt.$$

这里 v_0 自然是 v 的极限值

$$v_0 = \lim_{a \to 0} v = \frac{1}{\sqrt{\pi}} \int_0^\infty \frac{dz}{z^2 + 1} = \frac{\sqrt{\pi}}{2}.$$

因为这同一数是积分 $\int_0^\infty e^{-t^2} dt$ 的值, 所以对于 v 最后得出

$$v = e^{a^2} \int_a^\infty e^{-t^2}\, dt.$$

这就是与 u 是同一表达式.

12) 证明等式 (当 $k > 0$ 时)

$$\int_0^\infty \frac{e^{-kx}}{1 + x^2}\, dx = \int_k^\infty \frac{\sin(x - k)}{x}\, dx.$$

两个积分作为 k 的函数适合微分方程

$$y'' + y = \frac{1}{k}.$$

对第一个积分, 按莱布尼茨法则对它微分两次便可证明这一点, 对第二个积分, 可表为

$$\cos k \cdot \int_k^\infty \frac{\sin t}{t} dt - \sin k \cdot \int_k^\infty \frac{\cos t}{t} dt,$$

由此来求其导数更为简单.

因上述两个所论积分的差 $z = z(k)$ 适合齐次方程 $z'' + z = 0$, 那么此差具有如下形式:

$$z = c_1 \cdot \sin(k + c_2),$$

其中 c_1 与 c_2 是常数, 但是两个积分, 以及随之它们的差, 当 $k \to \infty$ 时趋于 0, 由此 $c_1 = 0, z(k) \equiv 0$. 所求等式证毕.

524. 在积分号下求积分的例题

1) 用积分号下求积分法求下列积分的值:

(a) $\displaystyle\int_0^\infty \frac{e^{-ax} - e^{-bx}}{x} dx$; (б) $\displaystyle\int_0^\infty \frac{\cos ax - \cos bx}{x^2} dx$ $(a, b > 0)$.

解 (a) 积分

$$\int_0^\infty e^{-yx} dx = \frac{1}{y} \quad (y > 0)$$

对于 y 在 $y \geqslant y_0 > 0$ 一致收敛. 对 y 从 a 到 b 求这等式的积分, 其中左面的积分可以在积分号下进行, 我们得到

$$\int_0^\infty dx \int_a^b e^{-yx} dy = \int_0^\infty \frac{e^{-ax} - e^{-bx}}{x} dx = \int_a^b \frac{1}{y} dy = \ln \frac{b}{a}$$

[参看 **495**,1)].

(б) 相似的从以下的积分出发:

$$\int_0^\infty \frac{\sin yx}{x} dx = \frac{\pi}{2} \quad (y > 0).$$

它对于 y 在 $y \geqslant y_0 > 0$ 也一致收敛, 我们得出

$$\int_0^\infty \frac{dx}{x} \int_a^b \sin yx \, dy = \int_0^\infty \frac{\cos ax - \cos bx}{x^2} dx = \frac{\pi}{2}(b - a)$$

[参看 **497**,10)(a)].

2) 将第一型完全椭圆积分

$$\mathbf{K}(k) = \int_0^{\frac{\pi}{2}} \frac{d\varphi}{\sqrt{1 - k^2 \sin^2 \varphi}}$$

看作模 k 的函数, 试求这函数在区间 $[0, 1]$ 上的积分.

我们有

$$\int_0^1 \mathbf{K}(k)dk = \int_0^1 dk \int_0^{\frac{\pi}{2}} \frac{d\varphi}{\sqrt{1-k^2\sin^2\varphi}} = \int_0^{\frac{\pi}{2}} d\varphi \int_0^1 \frac{dk}{\sqrt{1-k^2\sin^2\varphi}}$$

$$= \int_0^{\frac{\pi}{2}} \frac{\varphi}{\sin\varphi} d\varphi,$$

上式经代换 $x = \mathrm{tg}\dfrac{\varphi}{2}$ 引到了以下的积分值的两倍:

$$\int_0^1 \frac{\mathrm{arctg}x}{x} dx = G = 0.915\,965\cdots$$

[G 为 "卡塔兰" 常数, 参看 **328**, 6) 及 **440**,6)(a)].

由于定理 5 的推论 (修改的), 积分的互换是可以进行的. 被积函数在矩形 $[0, \pi/2; 0, 1]$ 中处处是正的, 并且连续; 只除开 $\left(\dfrac{\pi}{2}, 1\right)$ 这一点, 在这点上, 它成为 ∞, 积分

$$\int_0^{\frac{\pi}{2}} \frac{d\varphi}{\sqrt{1-k^2\sin^2\varphi}}.$$

在 $k < 1$ 时是 k 的连续函数, 而积分

$$\int_0^1 \frac{dk}{\sqrt{1-k^2\sin^2\varphi}}$$

在 $\varphi < \dfrac{\pi}{2}$ 时是 φ 的连续函数. 最后, 二重积分中的第二个显然存在. 这样, 推论中所指定的条件都适合.

在以下紧跟着的例中, 我们将重新讨论已经知道的零附标的贝塞尔函数 [**440**,12);**441**,4)].

$$J_0(x) = \frac{2}{\pi} \int_0^{\frac{\pi}{2}} \cos(x\sin\theta)d\theta,$$

但是要假定 $J_0(x)$ 的 "渐近" 公式作为我们结论的基础, 这个公式我们用而不证. 这公式就是

$$J_0(x) = \sqrt{\frac{2}{\pi x}} \cos\left(x - \frac{\pi}{4}\right) + \frac{\varphi_0(x)}{x^{3/2}}, \tag{21}$$

其中 $\varphi_0(x)$ 对于无限增大的 x 是有界的:

$$|\varphi_0(x)| \leqslant L.$$

3) 计算积分

$$A = \int_0^\infty e^{-ax} J_0(x)dx \quad (a > 0).$$

我们有

$$A = \frac{2}{\pi} \int_0^\infty e^{-ax}dx \int_0^{\frac{\pi}{2}} \cos(x\sin\theta)d\theta$$

$$= \frac{2}{\pi} \int_0^{\frac{\pi}{2}} d\theta \int_0^\infty e^{-ax}\cos(x\sin\theta)dx = \frac{2}{\pi} \int_0^{\frac{\pi}{2}} \frac{a}{a^2+\sin^2\theta}d\theta = \frac{1}{\sqrt{1+a^2}}.$$

由于以下积分

$$\int_0^\infty e^{-ax}\cos(x\sin\theta)dx$$

(优函数:e^{-ax}) 的一致收敛性, 积分的互换是容许的.

因为从 (21) 就知道积分

$$\int_0^\infty J_0(x)dx$$

收敛[①], 所以积分 A 是 a 的连续函数, 且当 $a = 0$ 时它也是连续的 [**515**, 4°, 定理 2], 因此以上积分的值可以从 A 的表达式当 $a \to 0$ 时取极限得来, 这样

$$\int_0^\infty J_0(x)dx = 1.$$

4) 计算积分

$$B = \int_0^\infty \frac{\sin ax}{x} J_0(x)dx, \quad (a > 0).$$

我们有

$$B = \frac{2}{\pi}\int_0^\infty \frac{\sin ax}{x}dx \int_0^{\frac{\pi}{2}}\cos(x\sin\theta)d\theta = \frac{2}{\pi}\int_0^{\frac{\pi}{2}} d\theta \int_0^\infty \frac{\sin ax}{x}\cos(x\sin\theta)dx.$$

但内层积分是狄利克雷的 "间断因子"[**497**,11]:

$$\int_0^\infty \frac{\sin ax}{x}\cos(x\sin\theta)dx = \begin{cases} \dfrac{\pi}{2}, & \text{若 } \sin\theta < a, \\ 0, & \text{若 } \sin\theta > a. \end{cases}$$

因此

$$B = \int_0^\infty \frac{\sin ax}{x} J_0(x)dx = \begin{cases} \dfrac{\pi}{2}, & \text{当 } a \geqslant 1, \\ \arcsin a, & \text{当 } a < 1. \end{cases}$$

我们要建立积分互换的容许性. 我们有

$$\frac{2}{\pi}\int_0^A \frac{\sin ax}{x}dx \int_0^{\frac{\pi}{2}}\cos(x\sin\theta)d\theta = \frac{2}{\pi}\int_0^{\frac{\pi}{2}} d\theta \int_0^A \frac{\sin ax}{x}\cos(x\sin\theta)dx.$$

但内层积分可以写成以下的形状:

$$\int_0^A \frac{\sin ax}{x}\cos(x\sin\theta)dx = \frac{1}{2}\left\{\int_0^A \frac{\sin(a+\sin\theta)x}{x}dx + \int_0^A \frac{\sin(a-\sin\theta)x}{x}dx\right\}$$

$$= \frac{1}{2}\left\{\int_0^{A(a+\sin\theta)} \frac{\sin z}{z}dz + \int_0^{A(a-\sin\theta)} \frac{\sin z}{z}dz\right\}. \tag{22}$$

若 $a > 1$, 因而 $a - \sin\theta > a - 1 > 0$, 则这表达式当 $A \to \infty$ 时对 θ 是一致趋于极限; 换言之, 积分 $\int_0^\infty \frac{\sin ax}{x}\cos(x\sin\theta)dx$ 一致收敛, 所以积分互换是合理的. 当 $a \leqslant 1$ 时, 在 $\theta = \arcsin a$ 的

[①]这是立刻可以了解的, 如果把 (21) 式右面的和的第一项写成以下形状:

$$\sqrt{\frac{2}{\pi x}}\left(\cos x\cos\frac{\pi}{4} + \sin x\sin\frac{\pi}{4}\right) = \frac{1}{\sqrt{\pi}}\left(\frac{\cos x}{\sqrt{x}} + \frac{\sin x}{\sqrt{x}}\right).$$

附近一致性是违反了. 但因表达式 (22) 对于所有的 A 和 θ 值还是一致有界的 (优函数是常量!), 所以外层积分当 $\theta = \arcsin a$ 时对 A 一致收敛, 因此当 $A \to \infty$ 时在积分号下取极限仍是容许的, 所以积分的互换是合理的.

5) 由积分 B, 对参数 a 取微分可以得出另一个有趣的积分:

$$C = \int_0^\infty J_0(x) \cos\ ax\ dx = \begin{cases} 0, & \text{当 } a > 1, \\ \dfrac{1}{\sqrt{1-a^2}}, & \text{当 } a < 1. \end{cases}$$

为了在积分号下取微分的正确根据, 我们注意, 积分 C 对于 a 在任何不包含 $a = 1$ 的闭区间, 都是一致收敛的, 这个结论是可从渐近公式 (21) 推得. 把公式写成以下形状[①]

$$J_0(x) = \frac{1}{\sqrt{\pi x}}(\cos x + \sin x) + \frac{\varphi_0(x)}{x^{3/2}},$$

两面乘以 $\cos ax$:

$$J_0(x) \cos ax = \frac{1}{2\sqrt{\pi}} \cdot \frac{\cos(1+a)x + \cos(1-a)x + \sin(1+a)x + \sin(1-a)x}{\sqrt{x}} + \frac{\varphi_0(x)\cos ax}{x^{3/2}},$$

和的第二部分有优函数 $\dfrac{L}{x^{3/2}}$. 至于和的第一部分的积分, 则当 $|1-a| \geqslant \delta > 0$, 它是一致收敛的.

上一个公式也证明了当 $a = 1$ 时积分 C 是发散的.

6) 计算积分

$$D = \int_0^\infty \frac{1-\cos ax}{x} J_0(x) dx \quad (a > 0).$$

我们有

$$\begin{aligned} D &= \frac{2}{\pi} \int_0^\infty \frac{1-\cos ax}{x} dx \int_0^{\frac{\pi}{2}} \cos(x\sin\theta) d\theta \\ &= \frac{2}{\pi} \int_0^{\frac{\pi}{2}} d\theta \int_0^\infty \frac{1-\cos ax}{x} \cos(x\sin\theta) dx \\ &= \frac{2}{\pi} \int_0^{\frac{\pi}{2}} [\ln\sqrt{|a^2 - \sin^2\theta|} - \ln\sin\theta] d\theta. \end{aligned}$$

[参看 **497** 16),(б)]. 这样 [**497**,7) 及 **511**,7)]:

$$D = \int_0^\infty \frac{1-\cos ax}{x} J_0(x) dx = \begin{cases} \ln(a + \sqrt{a^2-1}), & \text{当 } a \geqslant 1, \\ 0, & \text{当 } a < 1. \end{cases}$$

为了积分互换的理由, 我们首先对于有限量 A 写出

$$\begin{aligned} &\frac{2}{\pi} \int_0^A \frac{1-\cos ax}{x} dx \int_0^{\frac{\pi}{2}} \cos(x\sin\theta) d\theta \\ &= \frac{2}{\pi} \int_0^{\frac{\pi}{2}} d\theta \int_0^A \frac{1-\cos ax}{x} \cos(x\sin\theta) dx. \end{aligned}$$

现在问题是可不可以从等号右面式子当 $A \to \infty$ 时在积分号下取极限.

[①]参看前一脚注.

为要研究内层积分趋于极限的性质, 我们考虑积分

$$\int_A^{A'} \frac{1-\cos ax}{x} \cos(x\sin\theta)dx$$

$$= \frac{1}{2}\int_A^{A'} \frac{dx}{x}[2\cos(x\sin\theta) - \cos(a+\sin\theta)x - \cos|a-\sin\theta|x]$$

$$= \frac{1}{2}\left[2\int_{A\sin\theta}^{A'\sin\theta} - \int_{A(a+\sin\theta)}^{A'(a+\sin\theta)} - \int_{A|a-\sin\theta|}^{A'|a-\sin\theta|}\right]\frac{\cos z}{z}dz$$

$$= \frac{1}{2}\left[\int_{A\sin\theta}^{A(a+\sin\theta)} - \int_{A'\sin\theta}^{A'(a+\sin\theta)} + \int_{A\sin\theta}^{A|a-\sin\theta|} - \int_{A'\sin\theta}^{A'|a-\sin\theta|}\right]\frac{\cos z}{z}dz.$$

由于积分 $\int_{z_0}^\infty \frac{\cos z}{z}dz(z_0 > 0)$ 存在, 很清楚地知道, 对于所有的 θ 值在任何闭区间上不包含 0 或 arcsin a(若 $a \leqslant 1$), 就是取 A 和 A' 充分大, 可使这和数随意小. 这样, 内层积分当 $A \to \infty$ 时一致趋向于极限, 只在一个或两个所提及的值附近是违反的.

但是, 在另一方面, 这个内层积分有优函数 $|\ln\sqrt{a+\sin\theta}| + |\ln\sqrt{a-\sin\theta}| + |\ln\sin\theta| + C$, 它在区间 $\left[0, \frac{\pi}{2}\right]$ 上是可积的, 其中 $C = C(a)$ 是不依赖于 θ 的常数[73]; 这意味着无论在 $\theta = 0$, 还是 $\theta = $ arcsin a(若 $a \leqslant 1$), 外层积分是一致收敛的. 因此, 照 **518** 目定理 **1′**, 以上提及的极限过程终究是容许的.

7) 由于对参数的微分得出积分

$$E = \int_0^\infty J_0(x)\sin ax dx = \begin{cases} \dfrac{1}{\sqrt{a^2-1}}, & \text{当} a > 1, \\ 0, & \text{当} a < 1. \end{cases}$$

运用公式 (21), 同例 5) 一样可引出我们的论据, 当 $a = 1$ 时, 这积分是发散的.

8) (a) 在

$$J = \int_1^\infty dy \int_1^\infty \frac{y^2 - x^2}{(x^2+y^2)^2}dx$$

的情形中, 试直接验证积分互换的容许性.

我们有

$$\int_1^\infty \frac{y^2-x^2}{(x^2+y^2)^2}dx = \frac{x}{x^2+y^2}\bigg|_{x=1}^{x=\infty} = -\frac{1}{1+y^2},$$

所以

$$J = -\int_1^\infty \frac{dy}{1+y^2} = -\text{arctg}y\bigg|_1^\infty = -\frac{\pi}{2} + \frac{\pi}{4} = -\frac{\pi}{4}.$$

---

[73]我们来说明积分的估计, 为了简明, 用 $\int_0^A g(x)dx$ 表示这个积分. 因为 $\int_0^A = \int_0^1 + \int_1^A$ 且显然积分 $\int_0^1 |g(x)|dx$ 被某个常数 $C_1 = C_1(a)$ 所界限, 只需在 $A > 1$ 时估计 $\int_1^A g(x)dx$. 应用在正文中所得积分 $\int_A^{A'} g(x)dx$ 的表示, 我们可以把 $\int_1^A g(x)dx$ 记为三个形如 $\int_p^{p'} \frac{\cos z}{z}dz$ 的积分 (其积分下限相应地等于 $\sin\theta, a+\sin\theta, |a-\sin\theta|$) 之和. 因为 $\int_1^\infty \frac{\cos z}{z}dz$ 收敛, 当 $p' \geqslant p > 1$ 时积分 $\int_p^{p'} \frac{\cos z}{z}dz$ 按其模被某个常数 C_2 所界限. 由此, 对于 $p' \geqslant p > 0$ 有 $\left|\int_p^{p'} \frac{\cos z}{z}dz\right| \leqslant \left|\int_p^1 \frac{\cos z}{z}dz\right| + C_2 \leqslant |\ln p| + C_2$. 因此 $\left|\int_1^A g\right| \leqslant \frac{1}{2}(2 \cdot |\ln\sin\theta| + |\ln(a+\sin\theta)| + |\ln|a-\sin\theta|| + 4C_2)$, 这就导致具有常数 $C = C_1 + 2C_2$ 的所求积分 $\int_0^A g(x)dx$ 的估计.

同时对于另一个二重积分

$$\widetilde{J} = -\int_1^\infty dx \int_1^\infty \frac{x^2 - y^2}{(x^2 + y^2)^2} dy$$

相似地得出 $\widetilde{J} = \dfrac{\pi}{4}$;互换是不容许的.

特别地注意 [像我们在 **517**,1) 中所说明的] 以下积分

$$\int_1^\infty \frac{y^2 - x^2}{(x^2 + y^2)^2} dx$$

对 y 在所有的 $y \geqslant 1$ 是一致收敛; 相似的也可证明积分

$$\int_1^\infty \frac{y^2 - x^2}{(x^2 + y^2)^2} dy$$

对 x 在所有的 $x \geqslant 1$ 是一致收敛.

在这里定理 5 不能应用, 因为 (容易直接证实) 积分

$$\int_1^\infty dx \int_1^\infty \frac{|y^2 - x^2|}{(x^2 + y^2)^2} dy, \quad \int_1^\infty dy \int_1^\infty \frac{|y^2 - x^2|}{(x^2 + y^2)^2} dx$$

是发散的.

(б) 在

$$\int_1^\infty dx \int_0^1 \frac{y - x}{(x + y)^3} dy = -1, \quad \int_0^1 dy \int_1^\infty \frac{y - x}{(x + y)^3} dx = -\frac{1}{2}$$

的情形中, 容易证明积分互换是不容许的.

这里, 积分

$$\int_1^\infty \frac{y - x}{(x + y)^3} dx$$

—— 从定理 4 已经可以明白 —— 对于 y 在区间 $[0, 1]$ 上不能一致收敛 (关于这点是容易直接证明的.)

(в) 再举一个同类型的漂亮的例 [哈代]:[①]

$$\int_0^1 dx \int_1^\infty (p e^{-pxy} - q e^{-qxy}) dy - \int_1^\infty dy \int_0^1 (p e^{-pxy} - q e^{-qxy}) dx$$

$$= \int_0^\infty \frac{e^{-px} - e^{-qx}}{x} dx = \ln \frac{q}{p}.$$

若取 $p > 0, q > 0, p \neq q$, 积分并不等于零.

9) 引进两个新的方法来计算拉普拉斯积分:

$$J = \int_0^\infty \frac{\cos \beta x}{1 + x^2} dx$$

[参看 **522**,4°]

因为

$$\frac{1}{1 + x^2} = \int_0^\infty e^{-xy} \sin y dy,$$

[①] 伏汝兰尼积分 [**495**,1)].

代入即把 J 写成以下形状

$$J = \int_0^\infty \cos\ \beta x dx \int_0^\infty e^{-xy} \sin\ y dy.$$

积分互换, 得出

$$J = \int_0^\infty \sin\ y dy \int_0^\infty e^{-xy} \cos\ \beta x dx = \int_0^\infty \frac{y \sin y}{\beta^2 + y^2} dy = \int_0^\infty \frac{x \sin \beta x}{1 + x^2} dx.$$

但最后的积分, 除了正负号以外, 表示是 $\dfrac{dJ}{d\beta}$, 所以 J 满足以下简单的微分方程:

$$\frac{dJ}{d\beta} = -J, \quad \text{由此} \quad J = Ce^{-\beta},$$

因为当 $\beta = 0$ 时, $J = C = \dfrac{\pi}{2}$, 所以最后 $J = \dfrac{\pi}{2} e^{-\beta}$.

　　剩下还须说明积分互换的根据. 若 $0 < a < A < \infty$, 容易说明以下等式是合法的

$$\int_a^A \frac{\cos \beta x}{1 + x^2} dx = \int_a^A \cos \beta x dx \int_0^\infty e^{-xy} \sin y dy$$

$$= \int_0^\infty \sin\ y dy \int_a^A e^{-xy} \cos \beta x dx$$

$$= \int_0^\infty \sin y dy \left[\frac{\beta \sin \beta A - y \cos \beta A}{y^2 + \beta^2} e^{-Ay} - \frac{\beta \sin \beta a - y \cos \beta a}{y^2 + \beta^2} e^{-ay} \right]$$

$$= \beta \sin \beta A \cdot \int_0^\infty \frac{\sin y}{y^2 + \beta^2} e^{-Ay} dy - \cos \beta A \cdot \int_0^\infty \frac{y \sin y}{y^2 + \beta^2} e^{-Ay} dy$$

$$- \beta \sin \beta a \cdot \int_0^\infty \frac{\sin y}{y^2 + \beta^2} e^{-ay} dy + \cos \beta a \cdot \int_0^\infty \frac{y \sin y}{y^2 + \beta^2} e^{-ay} dy.$$

所有的积分相应地对于 a 及 A 的一致收敛性, 容许在积分号下取 $a \to 0$ 及 $A \to \infty$ 的极限过程. 由此可知, 所考虑的表达式, 在所指出的两次极限过程中, 实际上趋于极限 $\int_0^\infty \dfrac{y \sin y}{y^2 + \beta^2} dy$.

　　10) 利用另一个恒等式

$$\frac{x}{1 + x^2} = \int_0^\infty e^{-y} \sin\ xy\ dy,$$

我们可写出

$$J = \int_0^\infty \frac{\cos\ \beta x}{x} dx \int_0^\infty e^{-y} \sin\ xy dy.$$

在这里互换积分:

$$J = \int_0^\infty e^{-y} dy \int_0^\infty \frac{\sin xy}{x} \cos\ \beta x dx,$$

由于内层积分的性质我们得到狄利克雷 "间断因子" [**497**, (1)]

$$\int_0^\infty \frac{\sin\ xy}{x} \cos\ \beta x dx = \begin{cases} 0, & \text{当} 0 < y < \beta, \\ \dfrac{\pi}{2}, & \text{当} 0 < \beta < y. \end{cases}$$

这样

$$J = \frac{\pi}{2} \int_\beta^\infty e^{-y} dy = \frac{\pi}{2} e^{-\beta}.$$

关于积分互换的理由, 我们注意下列积分

$$\int_0^\infty e^{-y} \frac{\sin\ xy}{x} \cdot \cos\beta x dy$$

对 x 是一致收敛 (以 ye^{-y} 为优函数). 因此

$$\int_0^A \frac{\cos\beta x}{1+x^2} dx = \int_0^A \frac{\cos\beta x}{x} dx \int_0^\infty e^{-y}\sin\ xy\ dy$$
$$= \int_0^\infty e^{-y} dy \int_0^A \frac{\sin\ xy}{x}\cos\beta x\ dx.$$

在最后的积分中, 当 $A \to \infty$ 能不能 (对 y) 在积分号下取极限呢? 被积函数是 e^{-y} 乘以

$$\int_0^A \frac{\sin\ xy}{x}\cos\beta x\ dx = \frac{1}{2}\int_0^A \frac{\sin(y+\beta)x + \sin(y-\beta)x}{x}dx$$
$$= \frac{1}{2}\left\{\int_0^{(y+\beta)A} \frac{\sin z}{z}dz + \int_0^{(y-\beta)A} \frac{\sin z}{z}dz\right\}.$$

当 $A \to \infty$ 时, 它对 y 是一致趋于极限, 除了在 $y=\beta$ 点的近旁. 因为第二个因子对所有的 A 及 y 是一致有界, 所以被积表达式有优函数 Ce^{-y}, 因此当 $y=\beta$ 及 $y=\infty$ 时(外层的) 积分对 A 是一致收敛. 于是在积分号下取极限过程是合法的, 并且积分可以互换.

11) 在结尾, 我们再指出用另一个漂亮的方法导得下列积分值

$$K = \int_0^\infty \frac{\sin x}{x}dx.$$

因为

$$\frac{1}{x} = \int_0^\infty e^{-xy}dy,$$

所以

$$K = \int_0^\infty \sin\ xdx \int_0^\infty e^{-xy}dy = \int_0^\infty dy \int_0^\infty e^{-xy}\sin\ xdx = \int_0^\infty \frac{dy}{1+y^2} = \frac{\pi}{2}.$$

转入积分互换的合法问题, 取 $0 < a < A < +\infty$, 容易证明以下等式:

$$\int_a^A \frac{\sin x}{x}dx = \int_a^A \sin xdx \int_0^\infty e^{-xy}dy = \int_0^\infty dy \int_a^A e^{-xy}\sin xdx$$
$$= \int_0^\infty dy\left\{\frac{y\sin a + \cos a}{1+y^2}e^{-ay} - \frac{y\sin A + \cos A}{1+y^2}e^{-Ay}\right\}$$
$$= \sin a \int_0^\infty \frac{y}{1+y^2}e^{-ay}dy + \cos a \int_0^\infty \frac{1}{1+y^2}e^{-ay}dy$$
$$- \sin A \int_0^\infty \frac{y}{1+y^2}e^{-Ay}dy - \cos A \int_0^\infty \frac{1}{1+y^2}e^{-Ay}dy.$$

因为最后两个积分对 $A(A \geqslant A_0 > 0)$ 是一致收敛, 所以当 $A \to \infty$ 在积分号下取极限, 我们就看到两个都趋于 0. 第二个积分对 a(在 $a \geqslant 0$) 是一致收敛, 当 $a \to 0$ 时它显然趋于 $\frac{\pi}{2}$. 剩下

还需说明第一个积分在乘以 $\sin a$ 而取极限时, 它趋向于 0. 我们有

$$\int_0^\infty \frac{y}{1+y^2} e^{-ay} dy = \int_0^\infty \frac{t}{a^2+t^2} e^{-t} dt = \int_0^1 + \int_1^\infty,$$

$$\int_0^1 < \int_0^1 \frac{t\,dt}{a^2+t^2} = \frac{1}{2}\ln(1+a^2) - \ln a, \int_1^\infty < \int_1^\infty \frac{dt}{te^t} = C.$$

由此可推出所要求的结论.

§4. 补充

525. 阿尔泽拉引理 虽然专就计算的目的来说, 前三节所讲的材料足够了, 但在理论结构上, 有时还须有一些更细致的定理. 顺便, 根据这些定理即给出了以上所研究的各个运算手续的较简的应用条件.

我们开头先证一个关于区间系的辅助命题; 此命题系由阿尔泽拉 (Arzelà) 所提出.

引理 设有限区间 $[a,b]$ 含有区间系 $D_1, D_2, \cdots, D_k, \cdots$, 其中每一区间系都是由有限个彼此不相覆盖的闭区间所组成[①]. 假若每一系 $D_k (k=1,2,3,\cdots)$ 的区间的长度的总和大于某一固定的正数 δ, 则至少可以找到一点 $x=c$, 使其属于无穷多个系 D_k.

证明 如果某一系 $D_k (k>1)$ 中的一个区间覆盖了前面各系 $D_1, D_2, \cdots, D_{k-1}$ 中的若干区间, 于是被这些区间的端点分割成好几段, 以后我们便把这些段视为系 D_k 中几个不同的区间. 因此, 倘若 d' 是系 $D_{k'}$ 中的区间而 d'' 是系 $D_{k''}$ 中的区间, 并且 $k' < k''$ 则 d' 与 d'' 或者是彼此不相覆盖, 或者是 d'' 含于 d' 之内.

然而系 D_{k+1} 未必整个包含在前面的系 D_k 之内. 由于这种情况是不方便的, 所以我们根据以下法则做成另外的区间系 Δ_k 来代替系 D_k. 为要得出 Δ_k, 我们取 D_k 为基础, 再加上系 D_{k+1} 中不含在 D_k 中的那些区间, 其后再加上系 D_{k+2} 中不含在 D_k 与 D_{k+1} 中的那些区间, 以此类推至于无穷.

用这办法所造成的系 Δ_k 就可能已经是由无穷多区间构成的了. 但这时却有: 1)系 Δ_{k+1} 中的每个区间必定含在系 Δ_k 的某一个区间之内. 抑且 2) 组成 Δ_k 的各区间的长度的和数 (或者更精确些 —— 长度的级数 的和)越发大于 δ, 因为这对于 D_k 就已经成立了.

下一步是这样的: 我们再把这些系 Δ_k 用它们的有限部分 $\Delta^{(k)}$ 来代替, 不过同时要保留适才对于系 Δ_k 指出的前一条性质. 这件事我们照下面这样来做.

如果系 Δ_1 的区间的个数有限, 那么就简单地命 $\Delta' = \Delta_1$. 反之, 我们就从 Δ_1 中取出一个由区间 $d_1', d_2', \cdots, d_r'$ 所构成的有限系 Δ', 而使得系 Δ_1 中其余区间 $d_{r+1}', d_{r+2}', \cdots$ 的长度的总和小于 δ[②]. 系 Δ_2 中的某些区间一定包含在 Δ' 的诸区间之内, 因为倘使 Δ_2 的区间全包含在诸区间 $d_{r+1}', d_{r+2}', \cdots$ 之内, 那么它们的长度的总和便比 δ 小了, 乃与系 Δ_k 的第二条性质相悖.

如果系 Δ_2 中含在 Δ' 之内的区间只有有限个, 那么就拿这些区间来构成系 Δ''. 反之, 我们就从其中分出有限 系 Δ'' 来, 使得 Δ_2 的所有其他区间 (**包括那些不被包含在 Δ' 之内的区间**)

[①] 译者注: 这里所说的覆盖二字的确切意义是指两个区间有公共区间, 下同.
[②] 根据收敛级数的余数的性质, 这是可以做到的.

的长度的总和小于 δ. 将此手续延续下去以至于无穷; 顺次由 Δ_3 中分出有限系 Δ''', $\cdots$, 由 Δ_k 中分出有限系 $\Delta^{(k)}$, $\cdots$. 此时系 $\Delta^{(k+1)}$ 的每个区间包含在系 $\Delta_k^{(k)}$ 的某一个区间之内. (系 Δ_k 的第二条性质一般来说是丧失了, 但是以此为代价我们恢复了系的有限性, 犹如 D_k 一样.)

最后, 结尾的一步就是从每一系 $\Delta^{(k)}$ 中分出一个区间 $d^{(k)}$ 来, 使得这些区间中的每一个包含在前面的一个之内.

就是说, 在系 Δ' 的诸区间之中, 至少能找出一个 (我们以 d' 来表示它) 是含有以后诸系的无穷多个区间的. 实际上, 假定不是这样, 即在 Δ' 的每一个区间之内仅含以后诸系的有限数个区间; 那么这话就对于整个的系 Δ' 也是正确的 (正是因为 Δ' 是由有限个区间组成的). 换言之, 我们可以找到如此之大的附标 k_0, 使得系 $\Delta^{(k_0)}$ 中任何一个区间都不含在 Δ' 里, 而这就与系 $\Delta^{(k)}$ 的着重指出的性质 1 相冲突了.

在 d' 中必含有系 Δ'' 的若干个区间 (因为不然的话, Δ''' 等的诸区间就全都不在 d' 中了). 不仅如此, d' 所含 Δ'' 的诸区间里, 至少还要有一个 (以 d'' 表之) 应该具有以上对于 d' 着重指出的性质, 这就是说, 含有以后诸系的无穷多个区间, 因为否则就连 d' 也不能具有此性质了 (这里又是系 Δ'' 的有限性起了作用). 延续此手续以至于无穷, 我们就顺序地从每一个系 $\Delta^{(k)}$ 中分出了一个区间 $d^{(k)}$, 含于先所分出的区间 $d^{(k-1)}$ 之内.

得到了彼此相包含的区间序列 $d^{(k)} = [a_k, b_k]$ $(k = 1, 2, 3, \cdots)$ 之后, 我们就和在证明熟知的基本引理 [38] 时一样, 可以确定单调变量 a_k 与 b_k 存在有极限

$$\lim a_k = a \leqslant \beta = \lim b_k.$$

因为关于区间 $d^{(k)}$ 的长度我们一无所知, 所以我们不能在这里断言极限相等. 但是在条件 $a \leqslant c \leqslant \beta$ 之下所取的任意一点 c, 显然属于所有的各区间 $d^{(k)}$ $(k = 1, 2, 3, \cdots)$. 同时点 c 属于每一个系 Δ_k $(k = 1, 2, 3, \cdots)$; 因而, 不论 k 是怎样的, 点 c 必须还属于 (如果考虑到 Δ_k 的建立法则) 某一系 $D_{k'}$, 此处 $k' \geqslant k$. 由此即明白看出, 点 c 属于无穷多个系 D_k, 是即所欲证明.

526. 积分号下取极限　现在, 代替第 **436** 目定理 6*, 我们来建立以下的定理, 其中函数 $f_n(x)$ 一致趋于其极限的要求被换成了较为宽泛的条件: $f_n(x)$ 的有界性.

定理 1 (阿尔泽拉)　假设给定函数序列

$$f_n(x) \quad (n = 1, 2, 3, \cdots)$$

在区间 $[a, b]$ 中 (常义) 可积并且为总体有界:

$$|f_n(x)| \leqslant L \quad (L = \text{常量}; a \leqslant x \leqslant b; n = 1, 2, 3, \cdots).$$

倘若对于 $[a, b]$ 中所有的 x, 存在有极限

$$\varphi(x) = \lim_{n \to \infty} f_n(x),$$

并且函数 $\varphi(x)$ 也可积, 则

$$\lim_{n \to \infty} \int_a^b f_n(x) dx = \int_a^b \varphi(x) dx.$$

证明 最初我们且局限于一个特殊的前提之下, 即函数 $f_n(x)$ 是非负的:

$$f_n(x) \geqslant 0,$$

并且极限为零,

$$\lim_{n \to \infty} f_n(x) = 0. \tag{1}$$

在此假定前提之下, 我们应当证明的是:

$$\lim_{n \to \infty} \int_a^b f_n(x)dx = 0. \tag{2}$$

取正数序列 $\eta_n \to 0$; 我们对于每一个 n 皆可将区间 $[a, b]$ 分为若干部分 $d_i^{(n)} (i = 1, 2, \cdots, h_n)$, 使得相应的达布下和

$$s_n = \sum_{i=1}^{h_n} m_i^{(n)} d_i^{(n)} \text{①}$$

满足不等式

$$0 \leqslant \int_a^b f_n(x)dx - s_n < \eta_n.$$

此时显而易见

$$\lim_{n \to \infty} \left[\int_a^b f_n(x)dx - s_n \right] = 0,$$

而为要证明 (2) 我们只需确定

$$\lim_{n \to \infty} s_n = 0 \tag{3}$$

就行了.

为此目的, 取定任意的小数 $\varepsilon > 0$ 与 $\delta > 0$, 我们试肯定以下一点: 可以找出这样的附标 N, 使得当 $n > N$ 时, 第 n 次分割的诸区间 $d_i^{(n)}$ 中那些对应于下界 $m_i^{(n)} \geqslant \varepsilon$ 的区间的长度的总和 $\leqslant \delta$.

实际上, 假定不是这样. 那么对于无穷多个 n 的值:

$$n = n_1, n_2, \cdots, n_k, \cdots$$

那些区间 $d_i^{(n_k)} (m_i^{(n_k)} \geqslant \varepsilon)$ 的长度的总和皆大于 δ. 我们将前目中的引理应用到由这些区间所组成的系 D_k 上来. 根据这条引理, 可在 $[a, b]$ 中找到这样的点 c, 使其属于无穷多个系 D_k. 因此对于无穷多个 n 的值, 不等式

$$f_n(c) \geqslant \varepsilon$$

皆成立, 而这就和假定 (1) 发生冲突了, 因为 (1) 对于 $x = c$ 也是应该成立的.

于是上述的附标 N 存在; 设 $n \geqslant N$. 以 i' 与 i'' 表示第 n 次分割时那些区间的附标, 使对于 i' 与 i'' 分别有

$$m_{i'}^{(n)} < \varepsilon \quad \text{或} \quad m_{i''}^{(n)} \geqslant \varepsilon.$$

---

①我们既用 $d_i^{(n)}$ 表示部分区间本身, 又用它表示它的长度; $m_i^{(n)}$ 是区间 $d_i^{(n)}$ 中的 $\inf f_n(x)$.

与此相应地将和数也加以分离:

$$s_n = \sum_i m_i^{(n)} d_i^{(n)} = \sum_{i'} m_{i'}^{(n)} d_{i'}^{(n)} + \sum_{i''} m_{i''}^{(n)} d_{i''}^{(n)}.$$

现在, 不难看出,

$$\sum_{i'} m_{i'}^{(n)} d_{i'}^{(n)} < \varepsilon \cdot \sum_{i'} d_{i'}^{(n)} < \varepsilon \cdot (b-a),$$

$$\sum_{i''} m_{i''}^{(n)} d_{i''}^{(n)} \leqslant L \cdot \sum_{i''} d_{i''}^{(n)} < L \cdot \delta,$$

因为显然 $m_i^{(n)} \leqslant L$(根据定理的条件). 因此

$$s_n < \varepsilon(b-a) + L \cdot \delta.$$

由于 ε 与 δ 二数之任意性, 这就证明了命题 (3).

一般的情形很容易化到适才所解决的这个特殊情形. 事实上, 借助于不等式

$$\left| \int_a^b f_n(x) dx - \int_a^b \varphi(x) dx \right| \leqslant \int_a^b |f_n(x) - \varphi(x)| dx,$$

将所证明的命题应用到非负并趋向于零的函数 $|f_n(x) - \varphi(x)|$ 上即可.

推论 当定理的各项条件, 除掉关于极限函数的可积性的假定以外, 尽皆成立时, 则恒可断言存在有有限极限

$$\lim_{n \to \infty} \int_a^b f_n(x) dx.$$

为要证明, 只需确定对于任意的 $\varepsilon > 0$ 可找到这样的附标 N, 使得当 $n'' > n' \geqslant N$ 时

$$\left| \int_a^b f_{n''}(x) dx - \int_a^b f_{n'}(x) dx \right| = \left| \int_a^b [f_{n''}(x) - f_{n'}(x)] dx \right| < \varepsilon,$$

就足够了 [39].

我们设其不然. 那么就存在有这样的一个数 $\varepsilon_0 > 0$ 与这样的两个无限增加的数列 n'_m 及 $n''_m(m = 1, 2, 3, \cdots, n''_m > n'_m)$, 使得关系式

$$\left| \int_a^b [f_{n''_m}(x) - f_{n'_m}(x)] dx \right| \geqslant \varepsilon_0 \tag{4}$$

恒成立.

另一方面,

$$|f_{n''_m}(x) - f_{n'_m}(x)| \leqslant 2L \quad \text{并且} \quad \lim_{m \to \infty} [f_{n''_m}(x) - f_{n'_m}(x)] = 0.$$

如若将上面的定理应用到函数

$$f_m^*(x) = f_{n''_m}(x) - f_{n'_m}(x),$$

则得

$$\lim_{m\to\infty}\int_a^b f_m^*(x)dx = \lim_{m\to\infty}\int_a^b [f_{n_m''}(x) - f_{n_m'}(x)]dx = 0,$$

此与关系式 (4) 矛盾. 这一矛盾就证明了我们的断言.

从只取自然数为值的参数 n 很容易推到任意的参数 y[参看第 **506** 目定理 1].

定理 2 设函数 $f(x,y)$ 对于区间 $[a,b]$ 中的 x 值及区间 $\mathcal{Y}$ 中的 y 值有定义, 在 $[a,b]$ 上对于 x(当 y 固定时) 可积, 并且对于上述的 x 与 y 诸值一致有界:

$$|f(x,y)| \leqslant L \quad (L = 常量).$$

如果对于所有的 x 存在有也在 $[a,b]$ 上可积的极限函数

$$\varphi(x) = \lim_{y\to y_0} f(x,y)^{①},$$

则

$$\lim_{y\to y_0}\int_a^b f(x,y)dx = \int_a^b \varphi(x)dx. \tag{5}$$

只需将定理 1 应用到函数 $f_n(x) = f(x, y_n)$ 上即可, 此处 $\{y_n\}$ 是 $\mathcal{Y}$ 中 y 值的趋于 y_0 的任意序列. 用这样的办法所得出的关系式:

$$\lim_{n\to\infty}\int_a^b f(x, y_n)dx = \int_a^b \varphi(x)dx$$

与 (5) 是相互等价的.

527. 积分号下取导数 根据阿尔泽拉定理不难得出以下结果, 作为是第 **507** 目定理 3 的类似命题以及推广.

定理 3 设函数 $f(x,y)$ 在矩形 $[a,b;c,d]$ 上有定义, 并且对于 $[c,d]$ 上任意一个固定的 y, 函数 $f(x,y)$ 在 $[a,b]$ 上对于 x 可积. 还假定在整个区域上存在有偏导数 $f_y'(x,y)$, 也对于 x 可积. 如果这导数作为二元函数而言是有界的:

$$|f_y'(x,y)| \leqslant L \quad (L = 常量; a \leqslant x \leqslant b; c \leqslant y \leqslant d),$$

则函数

$$I(y) = \int_a^b f(x,y)dx$$

对于 $[c,d]$ 中任意的 y 恒有公式

$$I'(y) = \int_a^b f_y'(x,y)dx.$$

证明 取定任意一个值 $y = y_0$, 与在第 **507** 目中的证明一样 [参看 (11)], 我们有

$$\frac{I(y_0 + k) - I(y_0)}{k} = \int_a^b \frac{f(x, y_0 + k) - f(x, y_0)}{k}dx.$$

---

①此时当然是假定能够在区域 $\mathcal{Y}$ 里取极限 $y \to y_0$.

因为, 根据拉格朗日定理,

$$\frac{f(x, y_0 + k) - f(x, y_0)}{k} = f'_y(x, y_0 + \theta k),$$

所以依赖于 x 与 k 的被积函数, 对于这些变量的所有的值, 以常量 L 为界 (就绝对值而言). 将定理 2 应用到这个情形中, 我们可以当 $k \to 0$ 时在积分号下取极限, 这就给出了我们所要的结果.

528. 积分号下取积分　在这方面有一个定理, 大大地推广了第 **508** 目定理 4.

定理 4　设函数 $f(x, y)$ 定义于矩形 $[a, b; c, d]$ 之上, 它对 $[a, b]$ 的 $x(y$ 固定) 以及在 $[c, d]$ 上的 $y(x$ 固定) 都是可积的. 如果此外函数 $f(x, y)$ 还对于所有的上述的 x 与 y 的值有界

$$|f(x, y)| \leqslant L \quad (L = 常量),$$

则存在有两个累次积分

$$\int_c^d dy \int_a^b f(x, y)dx, \quad \int_a^b dx \int_c^d f(x, y)dy,$$

并且它们彼此相等

证明　设

$$I(y) = \int_a^b f(x, y)dx, \quad K(x) = \int_c^d f(x, y)dy.$$

我们来研究任意一个分割序列, 其中每一分割将区间 $[c, d]$ 分为若干部分, 各具长度

$$\delta_1^{(n)}, \delta_2^n, \cdots, \delta_{h_n}^{(n)} \quad (n = 1, 2, 3, \cdots),$$

但服从于这样一个条件: $\max\{\delta_i^{(n)}\}$ 随着 n 的增加而趋向于 0. 在第 n 次分割的任何一个第 i 部分中随意选取值 $y = y_i^{(n)}$, 并组成函数 $I(y)$ 的积分和:

$$\sigma_n = \sum_{i=1}^{h_n} I(y_i^{(n)}) \cdot \delta_i^{(n)} = \sum_{i=1}^{h_n} \left\{ \int_a^b f(x, y_i^{(n)})dx \right\} \cdot \delta_i^{(n)}$$

$$= \int_a^b \left\{ \sum_{i=1}^{h_n} f(x, y_i^{(n)}) \cdot \delta_i^{(n)} \right\} dx.$$

如果设

$$\sum_{i=1}^{h_n} f(x, y_i^{(n)}) \cdot \delta_i^{(n)} = f_n^*(x),$$

则 σ_n 可改写为以下形状:

$$\sigma_n = \int_a^b f_n^*(x)dx.$$

因为显而易见, 存在有极限

$$\lim_{n \to \infty} f_n^*(x) = \int_c^d f(x, y)dy = K(x) \tag{6}$$

并且对于所有的 x 与 n 的值还有

$$|f_n^*(x)| \leqslant L \cdot (d-c),$$

所以, 根据第 **526** 目推论, 我们便断定极限

$$\lim_{n \to \infty} \sigma_n$$

存在.

因此, 不管区间是怎样分割的 (只要各部分的长度的最大者趋向于零), 也不管值 $y_i^{(n)}$ 是怎样在各部分中选取的, 这个极限总存在. 由此显见, 这个极限在任何情形下都应该是同一的, 这就是说, 存在有积分

$$\int_c^d I(y)dy = \lim_{n \to \infty} \sigma_n = \lim_{n \to \infty} \int_a^b f_n^*(x)dx.$$

但是应用类似的方法也可以证明积分 $\int_a^b K(x)dx$ 存在, 这就是说, $f_n^*(x)$ 的极限函数可积 [参看 (6)]. 于是将定理 1 应用到 $f_n^*(x)$, 最后便得

$$\int_c^d I(y)dy = \lim_{n \to \infty} \int_a^b f_n^*(x)dx = \int_a^b K(x)dx,$$

即

$$\int_c^d dy \int_a^b f(x,y)dx = \int_a^b dx \int_c^d f(x,y)dy,$$

是即所欲证明.

在本节中我们是局限于常义积分的情形下. 如果把在这个情形下所证得的诸定理作为基础, 则可分别将关于反常积分的诸结果加以推广; 不过我们不来从事于此了.

§5. 欧拉积分

529. 第一型欧拉积分 (根据勒让德的提议) 具有下列形状的积分

$$\mathrm{B}(a,b) = \int_0^1 x^{a-1}(1-x)^{b-1}dx, \tag{1}$$

其中 $a, b > 0$, 称为第一型欧拉积分.(1) 型的积分确定出两个参变量 a 与 b 的一个函数: β 函数.

我们知道 [**483**,3)(a)], 这里所要研究的积分对于正值 a 与 b(即使是小于 1 也罢) 是收敛的[①], 因之的确可以作为 β 函数的定义的基础. 我们来确定它的一些性质.

1° 首先, 差不多直接地 (利用替换 $x = 1-t$) 即可得出:

$$\mathrm{B}(a,b) = \mathrm{B}(b,a),$$

[①]反之, 若参数 a 与 b 中只要有一个是 $\leqslant 0$, 则积分发散.

所以 β 函数对于 a 与 b 乃是对称的.

2° 公式 (1) 于 $b > 1$ 时, 借助于分部积分可得[①]

$$\begin{aligned}
B(a,b) &= \int_0^1 (1-x)^{b-1} d\frac{x^a}{a} \\
&= \frac{x^a(1-x)^{b-1}}{a}\bigg|_0^1 + \frac{b-1}{a}\int_0^1 x^a(1-x)^{b-2}dx \\
&= \frac{b-1}{a}\int_0^1 x^{a-1}(1-x)^{b-2}dx - \frac{b-1}{a}\int_0^1 x^{a-1}(1-x)^{b-1}dx \\
&= \frac{b-1}{a}B(a,b-1) - \frac{b-1}{a}B(a,b),
\end{aligned}$$

由此

$$B(a,b) = \frac{b-1}{a+b-1}B(a,b-1). \tag{2}$$

当 b 保持大于 1 而减少整值的时候, 总可应用这个公式; 因此, 总能够达到使 $b \leqslant 1$ 的地步.

不过在 a 的方面, 也可达到同样结果, 因为 (由于 B 的对称性) 另一个递推化简公式

$$B(a,b) = \frac{a-1}{a+b-1}B(a-1,b) \quad (a > 1) \tag{2'}$$

也成立.

如果 b 等于自然数 n, 则顺次地应用公式 (2), 便得:

$$B(a,n) = \frac{n-1}{a+n-1} \cdot \frac{n-2}{a+n-2} \cdots \frac{1}{a+1} \cdot B(a,1).$$

但是

$$B(a,1) = \int_0^1 x^{a-1}dx = \frac{1}{a}.$$

因此, 对于 $B(a,n)$, 同时也就是对于 $B(n,a)$, 得到了最后的表达式

$$B(n,a) = B(a,n) = \frac{1 \cdot 2 \cdot 3 \cdot \cdots \cdot (n-1)}{a \cdot (a+1) \cdot (a+2) \cdot \cdots \cdot (a+n-1)}. \tag{3}$$

若 a 也等于自然数 m, 则

$$B(m,n) = \frac{(n-1)!(m-1)!}{(m+n-1)!}.$$

如果将符号 0! 了解成 1, 则此公式当 $m = 1$ 或 $n = 1$ 时仍可应用.

[①]我们利用以下的恒等式

$$x^a = x^{a-1} - x^{a-1}(1-x).$$

3° 我们来给出 β 函数的另外一种解析表示, 这种表示常常是有益的. 即, 若在积分 (1) 中进行替换 $x = \dfrac{y}{1+y}$, 其中 y 是新的变量, 它从 0 变到 ∞, 则得到

$$B(a,b) = \int_0^\infty \frac{y^{a-1}}{(1+y)^{a+b}} dy. \tag{4}$$

4° 在公式 (4) 中命 $b = 1 - a$, 并设 $0 < a < 1$; 我们就得到

$$B(a, 1-a) = \int_0^\infty \frac{y^{a-1}}{1+y} dy.$$

读者业已认出, 此即以前所计算过的, 亦系有欧拉之名的积分 [参看 **519**,4)(a) 或 **522**,1°]. 代入它的值, 即导出公式

$$B(a, 1-a) = \frac{\pi}{\sin a\pi} \quad (0 < a < 1). \tag{5}$$

假如特别取 $a = 1 - a = \dfrac{1}{2}$, 则得到:

$$B\left(\frac{1}{2}, \frac{1}{2}\right) = \pi. \tag{5a}$$

我们权且只讲 β 函数这不多的几个性质, 因为马上就会看到, β 函数可以很简单的用另一个函数 —— Γ 函数表达出来, 而 Γ 函数也是本节中我们所研究的主要对象.

530. 第二型欧拉积分   勒让德对以下重要积分

$$\Gamma(a) = \int_0^\infty x^{a-1} e^{-x} dx \tag{6}$$

命名为 第二型欧拉积分, 此积分对于任意的 $a > 0$ 皆收敛 [**483**,5,(в)][1] 并确定出 Γ 函数. Γ 函数是继初等函数之后, 在分析及分析应用中最重要的函数之一. 根据 Γ 函数的积分的定义 (6), 我们详细研究其性质, 同时就可作为以前所讲的依赖于参变量的积分之理论的最好应用实例.

在第十一章及第十二章 [**402**,10);**408**;**441**,11)] 中我们已遇到了 Γ 函数, 不过是用其他办法来定义的; 首先, 我们来证明两个定义的恒等性 (当然是对于 $a > 0$).

在 (6) 中命 $x = \ln \dfrac{1}{z}$, 便得

$$\Gamma(a) = \int_0^1 \left(\ln \frac{1}{z}\right)^{a-1} dz.$$

如所周知 [**77**,5)(6)],

$$\ln \frac{1}{z} = \lim_{n \to \infty} n\left(1 - z^{\frac{1}{n}}\right),$$

───────────
[1] 当 $a \leqslant 0$ 时, 积分发散.

此处当 n 增加时表达式 $n\left(1-z^{\frac{1}{n}}\right)$ 上升而趋于其极限[①]. 此时, 根据 **518** 就证明了等式

$$\Gamma(a) = \lim_{n \to \infty} n^{a-1} \int_0^1 \left(1 - z^{\frac{1}{n}}\right)^{a-1} dz$$

或应用替换 $z = y^n$,

$$\Gamma(a) = \lim_{n \to \infty} n^a \int_0^1 y^{n-1}(1-y)^{a-1} dy.$$

但是根据 (3),

$$\int_0^1 y^{n-1}(1-y)^{a-1} dy = \mathrm{B}(n, a) = \frac{1 \cdot 2 \cdot 3 \cdots (n-1)}{a \cdot (a+1) \cdot (a+2) \cdots (a+n-1)}.$$

因此, 最后我们便导出著名的**欧拉–高斯公式**:

$$\Gamma(a) = \lim_{n \to \infty} n^a \cdot \frac{1 \cdot 2 \cdot 3 \cdots (n-1)}{a \cdot (a+1) \cdot (a+2) \cdots (a+n-1)}, \tag{7}$$

这在以前是作为我们的出发点的 [**402**,(14)]. 关于 Γ 函数的进一步的性质, 我们将照以前所指出的, 从它的积分表示法 (6) 来推求.

531. Γ 函数的一些最简单的性质

1° 函数 $\Gamma(a)$ 对于 $a > 0$ 是连续的并且具有所有各阶连续的导数. 只需证明导数存在就够了. 在积分号下对积分 (1) 求导数便得

$$\Gamma'(a) = \int_0^\infty x^{a-1} \ln x \cdot e^{-x} dx. \tag{8}$$

因为应用莱布尼茨法则两个积分

$$\int_0^1 x^{a-1} \cdot \ln x \cdot e^{-x} dx \quad \text{与} \quad \int_1^\infty x^{a-1} \cdot \ln x \cdot e^{-x} dx$$

对 a 一致收敛: 第一个 —— 当 $x = 0$ 时对 $a \geqslant a_0 > 0$(优函数为 $x^{a_0-1}|\ln x|$), 而第二个 —— 当 $x = \infty$ 时对 $a \leqslant A < \infty$ (优函数为 $x^A e^{-x}$).[②]

用这个方法可以证明存在二阶导数

$$\Gamma''(a) = \int_0^\infty x^{a-1}(\ln x)^2 e^{-x} dx \tag{8*}$$

以及所有更高阶导数的存在。

2° 在 (6) 式中分部积分, 便立即得到:

$$a \int_0^\infty x^{a-1} e^{-x} dx = x^a e^{-x} \Big|_0^\infty + \int_0^\infty x^a e^{-x} dx,$$

[①]将表达式 $\dfrac{1-z^a}{a}$ 考虑作 a 的函数, 再利用微分学中的方法, 就可以肯定这一点.

[②]对于 $x > 0$, 显而易见 $\ln x < x$.

这就是说 [参看 **402** (15)]

$$\Gamma(a+1) = a \cdot \Gamma(a) \tag{9}$$

重复应用这个公式, 就给出

$$\Gamma(a+n) = (a+n-1)(a+n-2)\cdots(a+1)a\Gamma(a). \tag{10}$$

利用这种办法, 无论是对于多么大的 a 值来计算 Γ, 总可以化为对于 $a < 1$ 来计算 Γ.

若在 (10) 中取 $a = 1$ 并注意

$$\Gamma(1) = \int_0^\infty e^{-x} dx = 1, \tag{11}$$

那么就发现

$$\Gamma(n+1) = n!. \tag{12}$$

Γ 函数是仅对自然数 n 定义的阶乘 $n!$ 到任意正值区域的推广.

3° **Γ 函数的变化情况** 我们现在可以对函数 $\Gamma(a)$ 当 a 从 0 增长到 ∞ 时的性态有一般的了解.

由 (11) 与 (12) 式有 $\Gamma(1) = \Gamma(2) = 1$, 因此根据罗尔定理, 在 1 与 2 之间应有导数 $\Gamma'(a)$ 的根 a_0. 因为从 (8*) 式显然看出二阶导数 $\Gamma''(a)$ 总为正, 所以 $\Gamma'(a)$ 恒增长. 因此, 当 $0 < a < a_0$, 导数 $\Gamma'(a) < 0$, 函数 $\Gamma(a)$ 减少, 而当 $a_0 < a < \infty$ 时 $\Gamma'(a) > 0$, 因之 $\Gamma(a)$ 增加, 当 $a = a_0$ 存在极小值. 我们不作计算而给出

$$a_0 = 1.4616\cdots, \ \min\Gamma(a) = \Gamma(a_0) = 0.8856\cdots$$

令人感兴趣的是弄清当令 a 趋于 0 或无穷时 $\Gamma(a)$ 的极限. 由 (11) 式 [以及由 1°] 显然有: 当 $a \to +0$

$$\Gamma(a) = \frac{\Gamma(a+1)}{a} \to +\infty.$$

另一方面, 由于 (12) 式, 只要 $a > n+1$ 就有

$$\Gamma(a) > n!$$

即当 $a \to +\infty$ 时 $\Gamma(a) \to +\infty$.

Γ 函数的图像见图 64.[现在我们感兴趣的是它位于第一象限的部分.]

4° **β 函数与 Γ 函数之间的联系** 为了弄清楚这种联系, 我们利用替换 $x = ty(t>0)$ 将 (6) 变为以下形状:

$$\frac{\Gamma(a)}{t^a} = \int_0^\infty y^{a-1} e^{-ty} dy. \tag{13}$$

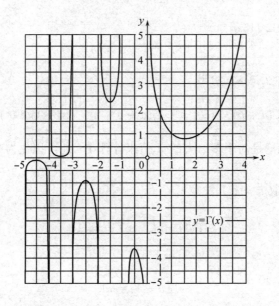

图 64

将这里的 a 换成 $a+b(b>0)$ 并同时将 t 换成 $1+t$, 便得:

$$\frac{\Gamma(a+b)}{(1+t)^{a+b}} = \int_0^\infty y^{a+b-1} e^{-(1+t)y} dy.$$

现在把这个等式两边乘上 t^{a-1}, 并从 0 到 ∞ 对 t 取积分:

$$\Gamma(a+b) \int_0^\infty \frac{t^{a-1}}{(1+t)^{a+b}} dt = \int_0^\infty t^{a-1} dt \int_0^\infty y^{a+b-1} e^{-(1+t)y} dy.$$

左边的积分我们认出就是函数 $\mathrm{B}(a,b)$[参看 (4)], 而右边的积分我们来重新加以配置. 结果便得出 [考虑到 (13) 与 (6)]:

$$\begin{aligned}
\Gamma(a+b) \cdot \mathrm{B}(a,b) &= \int_0^\infty y^{a+b-1} e^{-y} dy \int_0^\infty t^{a-1} e^{-ty} dt \\
&= \int_0^\infty y^{a+b-1} e^{-y} \cdot \frac{\Gamma(a)}{y^a} dy = \Gamma(a) \int_0^\infty y^{b-1} e^{-y} dy = \Gamma(a) \cdot \Gamma(b),
\end{aligned}$$

因而最后便有

$$\mathrm{B}(a,b) = \frac{\Gamma(a) \cdot \Gamma(b)}{\Gamma(a+b)}. \tag{14}$$

关于欧拉积分的这个关系的精彩结论, 系由狄利克雷所导出. 不过为要确立这个关系, 尚须证明重新配置积分是有道理的.

我们就来作这件事, 首先限于假定: $a>1, b>1$. 那么对函数

$$t^{a-1} y^{a+b-1} e^{-(1+t)y}$$

来说, **521** 目的推论的所有条件都成立: 这个函数对 $y \geqslant 0$ 及 $t \geqslant 0$ 连续 (并且是正的), 而积分

$$t^{a-1} \int_0^\infty y^{a+b-1} e^{-(1+t)y} dy = \Gamma(a+b) \cdot \frac{t^{a-1}}{(1+t)^{a+b}}$$

与

$$y^{a+b-1} e^{-y} \int_0^\infty t^{a-1} e^{-ty} dt = \Gamma(a) y^{b-1} e^{-y}$$

本身同样是连续函数, 首先, 对 t 当 $t \geqslant 0$ 连续, 其次, 对 y 当 $y \geqslant 0$ 连续. 引用所提到的推论就证明了积分替换的合理性, 与此一起公式 (14) 对 $a > 1, b > 1$ 是正确的.

若仅知道 $a > 0$ 及 $b > 0$, 那么按照所证明的有

$$\mathrm{B}(a+1, b+1) = \frac{\Gamma(a+1)\Gamma(b+1)}{\Gamma(a+b+2)}.$$

而由此, 应用 β 函数的简约公式 (2),(2') 及 Γ 函数的简约公式 (9). 容易重新得到没有了不必要的限制的公式 (14).

5° **余元公式**   如果在公式 (14) 中命 $b = 1-a$(假定 $0 < a < 1$), 则由于 (5) 及 (11), 我们就得到关系式 [参看 **408**(30)]

$$\Gamma(a)\Gamma(1-a) = \frac{\pi}{\sin a\pi}, \tag{15}$$

这就叫作余元公式.

当 $a = \dfrac{1}{2}$ 时, 由此即得 (因为 $\Gamma(a) > 0$):

$$\Gamma\left(\frac{1}{2}\right) = \sqrt{\pi}. \tag{16}$$

倘若在积分

$$\int_0^\infty \frac{e^{-z}}{\sqrt{z}} dz = \sqrt{\pi}$$

中作替换 $z = x^2$, 则重新得到欧拉–泊松积分的值:

$$\int_0^\infty e^{-x^2} dx = \frac{\sqrt{\pi}}{2}.$$

6°   作为余元公式的应用, 我们来确定 (欧拉) 乘积

$$\boldsymbol{E} = \Gamma\left(\frac{1}{n}\right) \Gamma\left(\frac{2}{n}\right) \cdots \Gamma\left(\frac{n-2}{n}\right) \Gamma\left(\frac{n-1}{n}\right)$$

(其中 n 是任意的自然数) 的大小. 将这个乘积依相反的次序重新写下:

$$\boldsymbol{E} = \Gamma\left(\frac{n-1}{n}\right) \Gamma\left(\frac{n-2}{n}\right) \cdots \Gamma\left(\frac{2}{n}\right) \Gamma\left(\frac{1}{n}\right),$$

把这两个表达式相乘起来:

$$E^2 = \prod_{\nu=1}^{n-1} \Gamma\left(\frac{\nu}{n}\right) \Gamma\left(\frac{n-\nu}{n}\right)$$

并对于每一对因子 $\Gamma\left(\dfrac{\nu}{n}\right) \Gamma\left(\dfrac{n-\nu}{n}\right)$ 应用余元公式, 我们便得到

$$E^2 = \frac{\pi^{n-1}}{\sin\dfrac{\pi}{n} \cdot \sin 2\dfrac{\pi}{n} \cdot \cdots \cdot \sin(n-1)\dfrac{\pi}{n}}.$$

现在为要计算正弦乘积 (参看第 **493** 目例 2), 我们来考察恒等式

$$\frac{z^n - 1}{z - 1} = \prod_{\nu=1}^{n-1} \left(z - \cos\frac{2\nu\pi}{n} - i\sin\frac{2\nu\pi}{n} \right)$$

并在其中使 z 趋于 1. 取极限的结果为

$$n = \prod_{\nu=1}^{n-1} \left(1 - \cos\frac{2\nu\pi}{n} - i\sin\frac{2\nu\pi}{n} \right)$$

或 (令模相等),

$$n = \prod_{\nu=1}^{n-1} \left| 1 - \cos\frac{2\nu\pi}{n} - i\sin\frac{2\nu\pi}{n} \right| = 2^{n-1} \prod_{\nu=1}^{n-1} \sin\frac{\nu\pi}{n},$$

故

$$\prod_{\nu=1}^{n-1} \sin\frac{\nu\pi}{n} = \frac{n}{2^{n-1}}.$$

将此代入 E^2 之表达式内, 我们便最后得到:

$$E = \prod_{\nu=1}^{n-1} \Gamma\left(\frac{\nu}{n}\right) = \frac{(2\pi)^{\frac{n-1}{2}}}{\sqrt{n}}. \tag{17}$$

7° **拉阿伯积分**　计算重要的积分

$$R_0 = \int_0^1 \ln\Gamma(a)\,da$$

时, 也牵涉到余元公式, 显然这个积分存在, 因为 [参看 (9)]

$$\ln\Gamma(a) = \ln\Gamma(a+1) - \ln a.$$

将 a 换为 $1-a$, 则可以写成

$$R_0 = \int_0^1 \ln\Gamma(1-a)\,da,$$

再相加

$$2R_0 = \int_0^1 \ln \Gamma(a) \Gamma(1-a) da = \int_0^1 \ln \frac{\pi}{\sin a\pi} da$$
$$= \ln \pi - \frac{1}{\pi} \int_0^\pi \ln \sin x \, dx = \ln \pi - \frac{2}{\pi} \int_0^{\frac{\pi}{2}} \ln \sin x \, dx.$$

在这里代入我们所已知的 [**492**,1°] 积分值, 便得

$$R_0 = \int_0^1 \ln \Gamma(a) da = \ln \sqrt{2\pi}. \tag{18}$$

拉阿伯研究了积分 (当 $a > 0$ 时)

$$R(a) = \int_a^{a+1} \ln \Gamma(a) da = \int_0^{a+1} - \int_0^a.$$

因为显然

$$R'(a) = \ln \Gamma(a+1) - \ln \Gamma(a) = \ln a$$

[参看 (9)], 故积分之, 便得 (对于 $a > 0$)

$$R(a) = a(\ln a - 1) + C.$$

但是 $R(a)$ 在 $a = 0$ 时也保持连续; 在此处使 $a \to 0$ 取极限, 我们便看出 $C = R_0$. 代入值 (18), 我们便导出**拉阿伯公式**:

$$R(a) = \int_a^{a+1} \ln \Gamma(a) da = a(\ln a - 1) + \ln \sqrt{2\pi}. \tag{19}$$

8°   **勒让德公式**   如果在积分

$$B(a,a) = \int_0^1 x^{a-1}(1-x)^{a-1} dx = \int_0^1 \left[\frac{1}{4} - \left(\frac{1}{2} - x \right)^2 \right]^{a-1} dx$$
$$= 2 \int_0^{\frac{1}{2}} \left[\frac{1}{4} - \left(\frac{1}{2} - x \right)^2 \right]^{a-1} dx$$

中作替换 $\frac{1}{2} - x = \frac{1}{2}\sqrt{t}$, 则得

$$B(a,a) = \frac{1}{2^{2a-1}} \int_0^1 t^{-\frac{1}{2}} (1-t)^{a-1} dt = \frac{1}{2^{2a-1}} B\left(\frac{1}{2}, a \right).$$

在等式两边将 β 函数代以其通过 Γ 的表达式 (14):

$$\frac{\Gamma(a)\Gamma(a)}{\Gamma(2a)} = \frac{1}{2^{2a-1}} \cdot \frac{\Gamma\left(\frac{1}{2} \right) \Gamma(a)}{\Gamma\left(a + \frac{1}{2} \right)}.$$

消去 $\Gamma(a)$ 并将 $\Gamma\left(\dfrac{1}{2}\right)$ 代以它的值 $\sqrt{\pi}$[参看 (16)], 我们就导出勒让德公式:

$$\Gamma(a)\Gamma\left(a+\frac{1}{2}\right)=\frac{\sqrt{\pi}}{2^{2a-1}}\cdot\Gamma(2a). \tag{20}$$

532. 由 Γ 函数的特性而得的同义定义　我们知道, 函数 $\Gamma(a)$ 及其导数对于 a 的正值都是连续的. 除此而外 [参看 (9),(20), 与 (15)], 它还满足下列关系:

$$\text{(I)}\ \Phi(a+1)=a\Phi(a),$$
$$\text{(II)}\ \Phi(a)\Phi\left(a+\frac{1}{2}\right)=\frac{\sqrt{\pi}}{2^{2a-1}}\Phi(2a),$$
$$\text{(III)}\ \Phi(a)\Phi(1-a)=\frac{\pi}{\sin a\pi}.$$

我们来证明,这些特性完全确定出了 Γ 函数(因而任何一个具备了这些特性的函数必与 Γ 恒等).

单只是特性 (I) 与 (II) 是不够的, 因为函数

$$\Phi(a)=\Gamma(a)\cdot[4\sin^2 a\pi]^\mu\quad(\mu>0)$$

和 Γ 一样,也具备特性 (I) 与 (II). 而特性 (II) 与 (III) 同样也是不够的, 因为函数

$$\Phi(a)=\Gamma(a)\cdot z^{a-\frac{1}{2}}\quad(z>0)$$

也具备此二特性. 最后, 特性 (I) 与 (III) 则显然使得当 $0<a<\dfrac{1}{2}$ 时函数 $\Phi(a)$ 的值可以任意. 但若这三个特性一齐具备, 那么情形就不同了. 不过特性 (III) 可以用一个较弱的条件来代替, 就是只要函数 $\Phi(a)$ 当 $a>0$ 时不为 0, 而这一点恰可由 (III) 推得[①].

总之,设函数 $\Phi(a)$ 及其导数对于 $a>0$ 皆连续, 而且 $\Phi(a)$ 异于 0 并满足关系 (I) 与 (II). 我们来证明此时 $\Phi(a)\equiv\Gamma(a)$.

我们设 $\Phi(a)=M(a)\cdot\Gamma(a)$; 显而易见, 函数 $M(a)$ 及其导数也都是连续的而且 $M(a)$ 异于 0. 除此而外, 因为 $\Phi(a)$ 与 $\Gamma(a)$ 皆满足条件 (I) 与 (II), 故 $M(a)$ 满足关系式

$$(\text{I}')\ M(a+1)=M(a)\ \text{及}\ (\text{II}')\ M(a)M\left(a+\frac{1}{2}\right)=M(2a).$$

从 (I′) 即可明白看出, 当 $a\to+0$ 时 $M(a)$ 存在有限的极限, 如果将此极限取作 $M(0)$ 的值, 则 $M(a)$ 及其导数就一直到 $a=0$ 都是连续的.

我们注意, 当 $a=\dfrac{1}{2}$ 时由 (II′) 推知 $M\left(\dfrac{1}{2}\right)=1$; 这就是说对于所有的 $a\geqslant 0$ 皆有 $M(a)>0$. 这样我们就可以来研究函数

$$L(a)=\ln M(a),$$

此函数及其导数对于 $a\geqslant 0$ 也同样是连续的, 不过所满足的关系式乃是:

$$(\text{I}'')\ \ L(a+1)=L(a)\ \text{及}\ (\text{II}'')\ L(a)+L\left(a+\frac{1}{2}\right)=L(2a).$$

[①]这是对于 $0<a<1$; 而对于其他的 a 值; 则由 (I) 即已推知此条件仍得成立.

最后, 我们还引入一个连续函数

$$\Delta(a) = L'(a);$$

它适合关系式

$$(\text{I}''')\quad \Delta(a+1) = \Delta(a) \quad \text{及} \quad (\text{II}''')\quad \Delta(a) + \Delta\left(a+\frac{1}{2}\right) = 2\Delta(2a).$$

在 (II''') 中将 a 换成 $\dfrac{a}{2}$, 便得

$$\frac{1}{2}\left\{\Delta\left(\frac{a}{2}\right) + \Delta\left(\frac{a+1}{2}\right)\right\} = \Delta(a).$$

如若在其中先将 a 复换为 $\dfrac{a}{2}$, 其次再将 a 换为 $\dfrac{a+1}{2}$, 并将所得到的两个等式相加, 则得出

$$\frac{1}{4}\left\{\Delta\left(\frac{a}{4}\right) + \Delta\left(\frac{a+1}{4}\right) + \Delta\left(\frac{a+2}{4}\right) + \Delta\left(\frac{a+3}{4}\right)\right\} = \Delta(a).$$

利用数学归纳法, 不难建立一般的关系式

$$\frac{1}{2^n}\sum_{\nu=0}^{2^n-1}\Delta\left(\frac{a+\nu}{2^n}\right) = \Delta(a).$$

但是, 不管 a 是怎么样的, 左边的和数总可看成是积分

$$\int_0^1 \Delta(x)dx$$

的积分和[1], 因此

$$\Delta(a) = \lim_{n\to\infty}\frac{1}{2^n}\sum_0^{2^n-1}\Delta\left(\frac{a+\nu}{2^n}\right) = \int_0^1 \Delta(x)dx = L(1) - L(0) = 0$$

[由于 (I'')]. 在这种情形下, $L(a) = $ 常量, 也就是说 $M(a) = $ 常量. 但是我们已经看到了 $M\left(\dfrac{1}{2}\right) = 1$, 故 $M(a) \equiv 1$, 亦即 $\Phi(a) \equiv \Gamma(a)$, 此即所欲证明.

在最后我们还要注意, 可微分的条件在这里占有极重要的位置而是不可缺少的. 例如若设

$$L(a) = \sum_{n=1}^{\infty}\frac{1}{2^n}\sin(2^n\pi a),$$

则由 $L(a)$ 的外形上即知其为连续函数, 并满足条件 (I'') 与 (II''). 同时 $L(0) = 0$, 而 $L\left(\dfrac{1}{4}\right) = \dfrac{1}{2}$, 所以, $L(a)$ 不能成为常量!

533. Γ 函数的其他函数特性   在上一目给出了函数 $\Gamma(a)$ 作为函数本身及其导数皆连续, 并适合函数方程 (I) 与 (II) 且 (对 $a > 0$) 异于 0 的唯一的函数. 在这里, 我们给出函数 $\Gamma(a)$ 更为简单的特征, 只应用一个函数方程 (I), 但假设对函数还有一个要求: "对数凸性", 其含义我们马上来解释.

---

[1] 此时要利用 (I''') 而考虑到函数 $\Delta(a)$ 的周期性.

在 **141** 目曾给出凸函数的定义. 给定在区间 $\mathcal{X}$ 上的正函数 $f(x)$ 称为在这个区间上是对数凸的,是指其对数 $\ln f(x)$ 是凸函数, 因为

$$f(x) = e^{\ln f(x)},$$

那么, 根据 **142** 目 3°, 由函数 $f(x)$ 的对数凸性可推知函数本身的凸性. 反过来的结论, 一般说来不正确. 于是, 对数凸函数仅仅是整个凸函数类的一部分.

应用 **143** 目定理 2 可以证明对数凸性的条件: 设正函数 $f(x)$ 及其导数在区间 $\mathcal{X}$ 上连续, 并在区间内部有有限的二阶导数 $f''(x)$; 那么为使函数 $f(x)$ 在区间 $\mathcal{X}$ 是对数凸的, 必须且只需在 $\mathcal{X}$ 的内部有

$$f(x) \cdot f''(x) - [f'(x)]^2 \geqslant 0.$$

其证明是要对函数 $\ln f(x)$ 应用上面提到的定理.

现在回到函数 $\Gamma(x)$. 其一、二阶导数由公式 (8) 及 (8*) 表出. 按照布尼亚科夫斯基不等式 $[\mathbf{321}, (13'); \mathbf{483}, 7]$

$$\int_a^b [\varphi(x)]^2 dx \cdot \int_a^b [\psi(x)]^2 dx - \left\{ \int_a^b \varphi(x)\psi(x)dx \right\}^2 \geqslant 0,$$

若此处令

$$a = 0, \quad b = \infty, \quad \varphi(x) = \sqrt{x^{a-1}e^{-x}}, \quad \psi(x) = \sqrt{x^{a-1}e^{-x}} \cdot \ln x,$$

便得

$$\Gamma(a) \cdot \Gamma''(a) - [\Gamma'(a)]^2 \geqslant 0.$$

由此, 按照刚才引述的条件, 函数 $\Gamma(a)$ 在区间 $(0, \infty)$ 内是对数凸的. 就是用这个性质, 连同方程 (I), 确定 Γ 函数**准确到常数因子**, 换句话说:

若 1) 在区间 $(0, \infty)$ 内 $\Phi(a)$ 适合方程 (I)

$$\Phi(a+1) = a \cdot \Phi(a),$$

2) $\Phi(a)$ 是对数凸的且

3) $\Phi(1) = 1$, 则 $\Phi(a) \equiv \Gamma(a)$.

假设对 $\Phi(a)$ 所有这三个条件成立.

重复应用方程 (I), 就得到一般等式

$$\Phi(a+n) = (a+n-1)(a+n-2) \cdot \cdots \cdot (a+1) \cdot a \cdot \Phi(a), \tag{21}$$

其中 n 是任意一个自然数, 由此, 设 $a = 1$[参看 3)] 并以 $n-1$ 代替 n, 便求得

$$\Phi(n) = (n-1)! \tag{22}$$

注意, 只需证明 $\Phi(a)$ 与 $\Gamma(a)$ 在区间 $(0, 1]$ 重合, 因为由于 (I) 式, 这两个函数处处重合. 设 $0 < a \leqslant 1$, 回忆起 **143** 目的不等式 (6),

$$\frac{f(x_1) - f(x)}{x_1 - x} \leqslant \frac{f(x_2) - f(x)}{x_2 - x},$$

对凸函数 $f(x)$ 在唯一的条件 $x_1 < x_2$① 下成立. 把这个不等式应用两次于凸函数 $\ln \Phi(a)$(根据 2)), 对任意的 $n \geqslant 2$, 得到

$$\frac{\ln \Phi(-1+n) - \ln \Phi(n)}{(-1+n) - n} \leqslant \frac{\ln \Phi(a+n) - \ln \Phi(n)}{(a+n) - n} \leqslant \frac{\ln \Phi(1+n) - \ln \Phi(n)}{(1+n) - n}$$

或者 —— 考虑到 (22),

$$\ln(n-1) \leqslant \frac{\ln \Phi(a+n) - \ln(n-1)!}{a} \leqslant \ln n.$$

由此推出

$$\ln[(n-1)^a \cdot (n-1)!] \leqslant \ln \Phi(a+n) \leqslant \ln[n^a \cdot (n-1)!].$$

这意味着

$$(n-1)^a \cdot (n-1)! \leqslant \Phi(a+n) \leqslant n^a \cdot (n-1)!.$$

现在借助 (21) 式, 变到 $\Phi(a)$ 的值本身, 便引到不等式

$$\frac{(n-1)^a (n-1)!}{a(a+1) \cdots (a+n-1)} \leqslant \Phi(a) \leqslant \frac{n^a (n-1)!}{a(a+1) \cdots (a+n-1)}.$$

最后, 用 $n+1$ 代替 n, 把所得不等式表为

$$\Phi(a) \leqslant n^a \frac{1 \cdot 2 \cdot 3 \cdots (n-1)}{a(a+1) \cdots (a+n-1)} \leqslant \Phi(a) \cdot \frac{a+n}{n}.$$

由此已很明显有

$$\Phi(a) = \lim_{n \to \infty} n^a \frac{1 \cdot 2 \cdot 3 \cdots (n-1)}{a(a+1) \cdots (a+n-1)} = \Gamma(a),$$

—— 这是根据欧拉–高斯公式 (7).

534. 例题 1) 试求积分

$$\int_0^1 x^{p-1}(1-x^m)^{q-1} dx \quad (p, q, m > 0).$$

提示 设 $x^m = y$, 将其化成第一种类型的欧拉积分.
答案

$$\frac{1}{m} B\left(\frac{p}{m}, q\right) = \frac{1}{m} \frac{\Gamma\left(\frac{p}{m}\right) \Gamma(q)}{\Gamma\left(\frac{p}{m} + q\right)}.$$

例如根据此结果, 试证对任意自然数 n

$$\int_0^1 \frac{dx}{\sqrt{1-x^{2n}}} \cdot \int_0^1 \frac{x^n dx}{\sqrt{1-x^{2n}}} = \frac{\pi}{2n} \quad (欧拉).$$

2) 计算积分

$$\int_0^1 \frac{x^{p-1}(1-x)^{q-1}}{[\alpha x + \beta(1-x) + \gamma]^{p+q}} dx \quad (\alpha, \beta \geqslant 0; \gamma, p, q > 0).$$

---

① 诚然, 在所提到的地方曾假设: $x_1 < x < x_2$, 但不难证明, 所说的不等式对任意正的点 x, 只要它不与 x_1 及 x_2 重合, 就是成立的.

借助于替换

$$\frac{(\alpha+\gamma)x}{\alpha x+\beta(1-x)+\gamma}=t, \quad \frac{(\beta+\gamma)(1-x)}{\alpha x+\beta(1-x)+\gamma}=1-t, \quad \frac{(\alpha+\gamma)(\beta+\gamma)dx}{[\alpha x+\beta(1-x)+\gamma]^2}=dt,$$

所给的积分可化为以下形状

$$\frac{1}{(\alpha+\gamma)^p(\beta+\gamma)^q}\int_0^1 t^{p-1}(1-t)^{q-1}dt=\frac{\mathrm{B}(p,q)}{(\alpha+\gamma)^p(\beta+\gamma)^q}.$$

3) 试求积分

$$\text{(a)} \int_0^1 \frac{x^{a-1}(1-x)^{b-1}}{(x+p)^{a+b}}dx \quad (a,b,p>0);$$

$$\text{(б)} \int_{-1}^{+1} \frac{(1+x)^{2m-1}(1-x)^{2n-1}}{(1+x^2)^{m+n}}dx \quad (m,n>0).$$

提示　(a) 替换 $y=(1+p)\dfrac{x}{x+p}$. (б) 替换 $u=\dfrac{1}{2}\dfrac{(1+x)^2}{1+x^2}$.

答案　(a) $\dfrac{1}{(1+p)^a p^b}\mathrm{B}(a,b)$; (б) $2^{m+n-2}\mathrm{B}(m,n)$.

由此可依次得出一系列的有趣的积分来. 例如, 若在后一个积分中取 $n=1-m$, 设 $2m-1=\cos 2\alpha$ 并作替换 $x=\mathrm{tg}\varphi$, 则得出

$$\int_{-\frac{\pi}{4}}^{\frac{\pi}{4}}\left(\frac{\cos\varphi+\sin\varphi}{\cos\varphi-\sin\varphi}\right)^{\cos 2\alpha}d\varphi=\frac{\pi}{2\sin(\pi\cos^2\alpha)}.$$

4) 试求积分:

$$\text{a)} \int_0^{\frac{\pi}{2}}\sin^{a-1}\varphi\cos^{b-1}\varphi d\varphi \quad (a,b>0);$$

$$\text{б)} \int_0^{\frac{\pi}{2}}\sin^{a-1}\varphi d\varphi=\int_0^{\frac{\pi}{2}}\cos^{a-1}\varphi d\varphi \quad (a>0);$$

$$\text{в)} \int_0^{\frac{\pi}{2}}\mathrm{tg}^c\varphi d\varphi \quad (|c|<1).$$

解　(a) 设 $x=\sin\varphi$, 就将其化为积分

$$\int_0^1 x^{a-1}(1-x^2)^{\frac{b}{2}-1}dx,$$

所以, 利用 1) 题, 我们便有

$$\int_0^{\frac{\pi}{2}}\sin^{a-1}\varphi\cos^{b-1}\varphi d\varphi=\frac{1}{2}\mathrm{B}\left(\frac{a}{2},\frac{b}{2}\right)=\frac{1}{2}\frac{\Gamma\left(\frac{a}{2}\right)\Gamma\left(\frac{b}{2}\right)}{\Gamma\left(\frac{a+b}{2}\right)}.$$

(б) 特别当 $b=1$ 时, 由此便得

$$\int_0^{\frac{\pi}{2}}\sin^{a-1}\varphi d\varphi=\frac{\sqrt{\pi}}{2}\frac{\Gamma\left(\frac{a}{2}\right)}{\Gamma\left(\frac{a+1}{2}\right)}①.$$

---

①不难验出, 第 **312** 目 (8) 的两个公式都作为特殊情形, 而被包含在这个公式里了.

借助于勒让德公式, 此结果可改写为以下形状:

$$\int_0^{\frac{\pi}{2}} \sin^{a-1} \varphi d\varphi = 2^{a-2} \frac{\left[\Gamma\left(\frac{a}{2}\right)\right]^2}{\Gamma(a)} = 2^{a-2} \mathrm{B}\left(\frac{a}{2}, \frac{a}{2}\right).$$

(в) 最后, 在 (a) 中令 $a = 1 + c$ 且 $b = 1 - c$, 此处 $|c| < 1$, 便得到 (利用余元公式)

$$\int_0^{\frac{\pi}{2}} \mathrm{tg}^c \varphi d\varphi = \frac{1}{2}\Gamma\left(\frac{1+c}{2}\right)\Gamma\left(\frac{1-c}{2}\right) = \frac{\pi}{2\cos\frac{c\pi}{2}}.$$

5) 试定曲线

$$r^4 = \sin^3 \theta \cos \theta$$

所界出的图形面积 P.

解 曲线有两个环, 在第一象限与第三象限; 只需将其中之一的面积二倍起来就行了. 根据极坐标中面积公式 [**338**, (9)], 我们有

$$P = 2 \cdot \frac{1}{2} \int_0^{\frac{\pi}{2}} \sin^{\frac{3}{2}} \theta \cos^{\frac{1}{2}} \theta d\theta = \frac{\Gamma\left(\frac{5}{4}\right)\Gamma\left(\frac{3}{4}\right)}{2\Gamma(2)} = \frac{1}{8}\Gamma\left(\frac{1}{4}\right)\Gamma\left(\frac{3}{4}\right) = \frac{\pi\sqrt{2}}{8},$$

[参看 4) 题 (a) 及关系式 (9), (12), (15)].

6) 试定 (a) 由曲线

$$r^m = a^m \cos m\theta$$

的一支所界出的面积 P 以及 (б) 这一支的长度 S.

解 (a) $P = 2 \cdot \frac{a^2}{2} \int_0^{\frac{\pi}{2m}} \cos^{\frac{2}{m}} m\theta d\theta = \frac{a^2}{m} \int_0^{\frac{\pi}{2}} \cos^{\frac{2}{m}} \varphi d\varphi$

$$= \frac{a^2}{m} \cdot \frac{\sqrt{\pi}}{2} \cdot \frac{\Gamma\left(\frac{1}{m} + \frac{1}{2}\right)}{\Gamma\left(\frac{1}{m} + 1\right)} = \frac{\pi a^2}{\sqrt[m]{4}} \cdot \frac{\Gamma\left(\frac{2}{m}\right)}{\left[\Gamma\left(\frac{1}{m}\right)\right]^2}$$

[参看 4) 题 (б) 及关系式 (9), (20)].

(б) 根据极坐标中弧长公式 [**329**, (4б)]:

$$S = 2a \int_0^{\frac{\pi}{2m}} \cos^{\frac{1}{m}-1} m\theta d\theta = \frac{2a}{m} \int_0^{\frac{\pi}{2}} \cos^{\frac{1}{m}-1} \varphi d\varphi = \frac{a}{m} \cdot 2^{\frac{1}{m}-1} \cdot \frac{\left[\Gamma\left(\frac{1}{2m}\right)\right]^2}{\Gamma\left(\frac{1}{m}\right)}.$$

[参看 4) 题 (б)].

7) 计算积分

(a) $\int_0^{\pi} \frac{d\theta}{\sqrt{3 - \cos\theta}}$,

(б) $\int_0^{\pi} \left(\frac{\sin\varphi}{1 + k\cos\varphi}\right)^{a-1} \frac{d\varphi}{1 + k\cos\varphi}$ $(a > 0, 0 < k < 1)$.

(a) **提示** 替换: $\cos\theta = 1 - 2\sqrt{x}$. **答案** $\frac{1}{4\sqrt{\pi}}\left[\Gamma\left(\frac{1}{4}\right)\right]^2$.

(6) **提示** 替换: $\operatorname{tg}\dfrac{\theta}{2}=\sqrt{\dfrac{1-k}{1+k}}\operatorname{tg}\dfrac{\varphi}{2}$.

答案 $\dfrac{2^{a-1}}{(1-k^2)^{a/2}}\cdot\dfrac{\left[\Gamma\left(\frac{a}{2}\right)\right]^2}{\Gamma(a)}$.

8) 试证

$$\int_{-\infty}^{1}(1-x^3)^{-\frac{1}{2}}dx=\sqrt{3}\int_{1}^{\infty}(x^3-1)^{-\frac{1}{2}}dx.$$

解 设

$$\int_{0}^{1}(1-x^3)^{-\frac{1}{2}}dx=I_1,\quad \int_{1}^{\infty}(x^3-1)^{-\frac{1}{2}}dx=I_2.$$

$$\int_{-\infty}^{0}(1-x^3)^{-\frac{1}{2}}dx=\int_{0}^{\infty}(1+x^3)^{-\frac{1}{2}}dx=I_3.$$

应该证明等式

$$I_1+I_3=\sqrt{3}I_2.$$

分别应用替换 $x=t^{\frac{1}{3}},x=t^{-\frac{1}{3}},x=(t^{-1}-1)^{\frac{1}{3}}$ 于这几个积分, 我们就将它们化成了第一种类型的欧拉积分. 其后则只需再利用几次余元公式即可.

9) 试证 (狄利克雷) 公式

$$\Gamma(r)\int_{0}^{\infty}\frac{e^{-fx}x^{s-1}}{(g+x)^r}dx=\Gamma(s)\int_{0}^{\infty}\frac{e^{-gy}y^{r-1}}{(f+y)^s}dy\quad (f,s,g,r>0).$$

提示 替换

$$\frac{\Gamma(r)}{(g+x)^r}=\int_{0}^{\infty}e^{-(g+x)y}y^{r-1}dy,\quad \frac{\Gamma(s)}{(f+y)^s}=\int_{0}^{\infty}e^{-(f+y)x}x^{s-1}dx,$$

并利用调换对于 x 与对于 y 积分的次序 (正函数的情形.)

10) 在第 **511** 目 12) 题中, 我们证明了恒等式

$$\mathbf{EK}'+\mathbf{E}'\mathbf{K}-\mathbf{KK}'=c=常量$$

(关于符号请参看所指出的地方). 然后借助于某种极限过程, 就确定出 $c=\dfrac{\pi}{2}$. 但对于某一特殊的 k 值算出了左边的量, 也可以得到这同一结果.

命 $k=1/\sqrt{2}$; 于是 $k'=k,\mathbf{E}'=\mathbf{E}$ 并且 $\mathbf{K}'=\mathbf{K}$, 恒等式就取成了以下形状:

$$2\mathbf{EK}-\mathbf{K}^2=(2\mathbf{E}-\mathbf{K})\cdot\mathbf{K}=c.$$

顺次利用替换 $\cos\varphi=t,t^4=x$, 可把积分

$$\mathbf{K}=\int_{0}^{\frac{\pi}{2}}\frac{d\varphi}{\sqrt{1-\frac{1}{2}\sin^2\varphi}},\quad \mathbf{E}=\int_{0}^{\frac{\pi}{2}}\sqrt{1-\frac{1}{2}\sin^2\varphi}d\varphi$$

化为第一种类型的欧拉积分:

$$\mathbf{K}=\frac{1}{2\sqrt{2}}\int_{0}^{1}x^{-\frac{3}{4}}(1-x)^{-\frac{1}{2}}dx,$$

$$\mathbf{E}=\frac{1}{4\sqrt{2}}\left\{\int_{0}^{1}x^{-\frac{3}{4}}(1-x)^{-\frac{1}{2}}dx+\int_{0}^{1}x^{-\frac{1}{4}}(1-x)^{-\frac{1}{2}}dx\right\},$$

因而

$$2\mathbf{E} - \mathbf{K} = \frac{1}{2\sqrt{2}} \int_0^1 x^{-\frac{1}{4}} (1-x)^{-\frac{1}{2}} dx,$$

由此所求常量

$$c = \frac{1}{8} \frac{\Gamma\left(\frac{1}{4}\right)\Gamma\left(\frac{1}{2}\right)}{\Gamma\left(\frac{3}{4}\right)} \cdot \frac{\Gamma\left(\frac{3}{4}\right)\Gamma\left(\frac{1}{2}\right)}{\Gamma\left(\frac{5}{4}\right)} = \frac{\pi}{2}.$$

11) 试将积分

$$(\text{a}) \int_0^\infty \frac{x^{s-1}}{e^x - 1} dx \quad (s > 1), \quad (\text{б}) \int_0^\infty \frac{x^{s-1}}{e^x + 1} dx \quad (s > 0)$$

展为级数.

解

$$(\text{a}) \int_0^\infty \frac{x^{s-1}}{e^x - 1} dx = \int_0^\infty x^{s-1} \sum_1^\infty e^{-nx} dx = \sum_1^\infty \int_0^\infty x^{s-1} e^{-nx} dx$$

$$= \Gamma(s) \cdot \sum_1^\infty \frac{1}{n^s} = \Gamma(s) \cdot \zeta(s),$$

$\zeta(s)$[黎曼 ζ 函数]和通常一样, 表示最后的级数的和. 在这里我们利用了关于正项级数的积分的定理 [**518**] 以及公式 (13).

$$(\text{б}) \int_0^\infty \frac{x^{s-1}}{e^x + 1} dx = \Gamma(s) \sum_1^\infty \frac{(-1)^{n-1}}{n^s}. \quad \text{优函数}: \frac{2x^{s-1}}{e^x + 1}.$$

若 $s > 1$, 则此结果可表成 $\Gamma(s)(1 - 2^{1-s}) \cdot \zeta(s)$ 的形状, 因为

$$\sum_1^\infty \frac{1}{n^s} (1 - 2^{1-s}) = \sum_1^\infty \frac{1}{n^s} - 2 \sum_1^\infty \frac{1}{(2n)^s} = \sum_1^\infty \frac{(-1)^{n-1}}{n^s}.$$

12) 上题稍加推广即得以下各展式:

$$(\text{a}) \int_0^\infty \frac{x^{s-1} e^{-ax}}{1 - e^{-x}} dx = \Gamma(s) \cdot \sum_{n=0}^\infty \frac{1}{(a+n)^s} \quad (s > 1, a > 0)$$

[当 $a = 1$ 时, 由此即得 11)(a)];

$$(\text{б}) \int_0^\infty \frac{z x^{s-1} dx}{e^x - z} = \Gamma(s) \cdot \sum_{n=1}^\infty \frac{z^n}{n^s} \quad (-1 \leqslant z < 1 \text{ 且 } s > 0, \text{ 或 } z = 1 \text{ 且 } s > 1)$$

[当 $z = 1$ 时, 由此得出 11)(a), 而当 $z = -1$ 时, 由此即得 11) (б)].

13) 以 $F(\alpha, \beta, \gamma, x)$ 表示超几何级数 [参看 **441**,6)]

$$1 + \sum_{n=1}^\infty \frac{\alpha(\alpha+1)\cdots(\alpha+n-1)\beta(\beta+1)\cdots(\beta+n-1)}{1 \cdot 2 \cdot \cdots \cdot n \cdot \gamma(\gamma+1)\cdots(\gamma+n-1)} x^n,$$

试证明关系式

$$F(\alpha,\beta,\gamma,1) = \frac{\Gamma(\gamma)\Gamma(\gamma-\alpha-\beta)}{\Gamma(\gamma-\alpha)\Gamma(\gamma-\beta)}$$

(高斯).

假定 $\alpha > 0$ 并且 $\gamma - \alpha > 0$, 我们来对 $0 < x < 1$ 考察以下积分

$$I(x) = \int_0^1 z^{\alpha-1}(1-z)^{\gamma-\alpha-1}(1-zx)^{-\beta}dz.$$

因为级数

$$(1-zx)^{-\beta} = \sum_{n=0}^{\infty} \frac{\beta(\beta+1)\cdots(\beta+n-1)}{1\cdot 2\cdots\cdot n}x^n z^n$$

(在固定的 x 之下) 对于 z 而言在区间 $[0,1]$ 内乃是一致收敛的, 所以用一个在此区间上的可积函数 $z^{\alpha-1}(1-z)^{\gamma-\alpha-1}$ 来乘, 所得出的级数可以逐项积分. 于是我们就得到了展式

$$I(x) = \sum_0^{\infty} I_n \cdot x^n,$$

其中

$$\begin{aligned}I_n &= \frac{\beta(\beta+1)\cdots(\beta+n-1)}{1\cdot 2\cdots\cdot n}\cdot\frac{\Gamma(\alpha+n)\cdot\Gamma(\gamma-\alpha)}{\Gamma(\gamma+n)}\\ &= \frac{\Gamma(\alpha)\Gamma(\gamma-\alpha)}{\Gamma(\gamma)}\cdot\frac{\alpha(\alpha+1)\cdots(\alpha+n-1)\beta(\beta+1)\cdots(\beta+n-1)}{1\cdot 2\cdots\cdot n\cdot\gamma(\gamma+1)\cdots(\gamma+n-1)}\end{aligned}$$

[参看 (10)].

因此,

$$I(x) = \frac{\Gamma(\alpha)\Gamma(\gamma-\alpha)}{\Gamma(\gamma)}\cdot F(\alpha,\beta,\gamma,x).$$

为要得出高斯公式, 则需在此处对于 $x \to 1$ 来取极限即可 (假定 $\gamma - \alpha - \beta > 0$). 根据阿贝尔定理 [**437**, 6°], 这个极限过程可以在级数里逐项来做. 而对于积分可在积分号下来取极限, 这是由于存在有优函数:

$$z^{\alpha-1}(1-z)^{\gamma-\alpha-1} \text{ (对于 } \beta \leqslant 0) \text{ 或 } z^{\alpha-1}(1-z)^{\gamma-\alpha-\beta-1} \text{ (对于 } \beta > 0).$$

其结果即 [参看 (14)]:

$$\frac{\Gamma(\alpha)\Gamma(\gamma-\alpha-\beta)}{\Gamma(\gamma-\beta)} = \frac{\Gamma(\alpha)\Gamma(\gamma-\alpha)}{\Gamma(\gamma)}\cdot F(\alpha,\beta,\gamma,1),$$

由此就推得所要证明的关系式.

特别是在 $\gamma = 1, \beta = -\alpha$ 时, 从这个关系式便得出 [注意到 (11), (9), (15)] 有趣的展式 $(0 < \alpha < 1)$

$$\frac{\sin\alpha\pi}{\alpha\pi} = 1 - \frac{\alpha^2}{1} + \frac{\alpha^2(\alpha^2-1)}{(1\cdot 2)^2} - \frac{\alpha^2(\alpha^2-1)(\alpha^2-4)}{(1\cdot 2\cdot 3)^2} + \cdots.①$$

---

①不过, 将我们所熟知的正弦的无穷乘积表达式 [**408**] 加以变化, 也可得到这个展式.

535. Γ 函数的对数导数 为要继续研究 Γ 函数的特性, 我们来考察其对数导数, 即表达式

$$\frac{d\ln\Gamma(a)}{da} = \frac{\Gamma'(a)}{\Gamma(a)}.$$

9° 从公式 (8) 即可得出这个表达式的各种积分的表示法. 不过由以下的考虑出发是比较简捷的. 我们有

$$\Gamma(b) - \mathrm{B}(a,b) = \Gamma(b) - \frac{\Gamma(a)\Gamma(b)}{\Gamma(a+b)} = \frac{\Gamma(b)\cdot b}{\Gamma(a+b)}\cdot\frac{\Gamma(a+b)-\Gamma(a)}{b}$$
$$= \frac{\Gamma(b+1)}{\Gamma(a+b)}\cdot\frac{\Gamma(a+b)-\Gamma(a)}{b},$$

所以, 如果在这里对于 $b\to 0$ 来取极限, 则

$$\frac{\Gamma'(a)}{\Gamma(a)} = \lim_{b\to 0}[\Gamma(b) - \mathrm{B}(a,b)].$$

我们首先取 [参看 (6) 与 (4)]:

$$\Gamma(b) = \int_0^\infty x^{b-1}e^{-x}dx, \quad \mathrm{B}(a,b) = \int_0^\infty \frac{x^{b-1}}{(1+x)^{a+b}}dx.$$

于是

$$\frac{\Gamma'(a)}{\Gamma(a)} = \lim_{b\to+0}\int_0^\infty x^{b-1}\left[e^{-x} - \frac{1}{(1+x)^{a+b}}\right]dx,$$

并且将极限过程拿到积分号下来进行, 我们便得出**柯西公式**:

$$\frac{\Gamma'(a)}{\Gamma(a)} = \int_0^\infty \left[e^{-x} - \frac{1}{(1+x)^a}\right]\frac{dx}{x}. \tag{23}$$

为要说明极限过程是合理的, 可注意在 $x=0, b=0$ 附近表达式

$$\frac{1}{x}\left[e^{-x} - \frac{1}{(1+x)^{a+b}}\right]$$

乃是 x 与 b 的连续函数, 而 $x^b < 1$. 对于充分大的 x 与 $b\leqslant b_0$ 存在有优函数

$$x^{b_0-1}\left[\frac{1}{(1+x)^a} - e^{-x}\right].$$

倘使在 B 的表达式 (1) 中先做替换 $x = e^{-t}$:

$$\mathrm{B}(a,b) = \int_0^\infty e^{-at}(1-e^{-t})^{b-1}dt,$$

则可重新写成

$$\frac{\Gamma'(a)}{\Gamma(a)} = \lim_{b\to+0}\int_0^\infty [e^{-x}x^{b-1} - e^{-ax}(1-e^{-x})^{b-1}]dx.$$

在这里于积分号下取极限 (类似地也可说明这是合理的), 便得到另一公式:

$$\frac{\Gamma'(a)}{\Gamma(a)} = \int_0^\infty \left(\frac{e^{-x}}{x} - \frac{e^{-ax}}{1 - e^{-x}} \right) dx. \tag{24}$$

反之, 从积分号下函数也很可以作出几个有代表性的表达式来. 为此, 我们在 (23) 中命 $a = 1$:

$$\frac{\Gamma'(1)}{\Gamma(1)} = \Gamma'(1) = \int_0^\infty \left[e^{-x} - \frac{1}{1+x} \right] \frac{dx}{x} = -C,$$

其中 C 就是所谓的**欧拉常数**①. 从 (23) 中逐项减去此等式, 便得

$$\frac{\Gamma'(a)}{\Gamma(a)} + C = \int_0^\infty \left[\frac{1}{1+x} - \frac{1}{(1+x)^a} \right] \frac{dx}{x}.$$

最后, 用替换 $t = \dfrac{1}{1+x}$, 我们便导出**高斯公式**:

$$\frac{\Gamma'(a)}{\Gamma(a)} + C = \int_0^1 \frac{1 - t^{a-1}}{1 - t} dt. \tag{25}$$

536. Γ 函数之叠乘定理　10° 现在我们依据对数导数的表达式 (25), 来建立以下的一个也是属于高斯的著名公式:

$$\Gamma(a) \Gamma\left(a + \frac{1}{n} \right) \cdots \Gamma\left(a + \frac{n-1}{n} \right) = \frac{(2\pi)^{\frac{n-1}{2}}}{n^{na-\frac{1}{2}}} \Gamma(na) \tag{26}$$

(n 为任意的自然数). 此即表出 Γ 函数之**叠乘定理**.

在 (25) 中设 $t = u^n$, 便得:

$$\frac{\Gamma'(a)}{\Gamma(a)} + C = n \int_0^1 \frac{u^{n-1} - u^{na-1}}{1 - u^n} du,$$

由此将 a 替换成 $a + \dfrac{\nu}{n} (\nu = 0, 1, \cdots, n-1)$,

$$\frac{\Gamma'\left(a + \dfrac{\nu}{n} \right)}{\Gamma\left(a + \dfrac{\nu}{n} \right)} + C = n \int_0^1 \frac{u^{n-1} - u^{na+\nu-1}}{1 - u^n} du$$

并依照 ν 从 0 到 $n-1$ 相加,

$$\sum_{\nu=0}^{n-1} \frac{\Gamma'\left(a + \dfrac{\nu}{n} \right)}{\Gamma\left(a + \dfrac{\nu}{n} \right)} + nC = n \int_0^1 \left[\frac{nu^{n-1}}{1 - u^n} - \frac{u^{na-1}}{1 - u} \right] du.$$

①我们在第十一章中 [**367**, 10)] 已经有了这个常数的另一定义. 我们将在下文看到, 两个定义是恒等的.

我们将此等式与下列等式

$$\frac{\Gamma'(na)}{\Gamma(na)} + C = \int_0^1 \frac{1 - u^{na-1}}{1 - u} du$$

来作比较. 用 n 乘后一个等式再从前一个等式中减去之, 就得到

$$\sum_{\nu=0}^{n-1} \frac{\Gamma'\left(a + \dfrac{\nu}{n}\right)}{\Gamma\left(a + \dfrac{\nu}{n}\right)} - n\frac{\Gamma'(na)}{\Gamma(na)} = n\int_0^1 \left[\frac{nu^{n-1}}{1 - u^n} - \frac{1}{1 - u}\right] du$$

$$= -n\ln\frac{1 - u^n}{1 - u}\bigg|_0^1 = -n\ln n,$$

这可以改写成下面形状:

$$\frac{d}{da}\ln\frac{\Gamma(a)\Gamma\left(a + \dfrac{1}{n}\right)\cdots\Gamma\left(a + \dfrac{n-1}{n}\right)}{\Gamma(na)} = -n\ln n.$$

由此积分之, 便得

$$\ln\frac{\Gamma(a)\Gamma\left(a + \dfrac{1}{n}\right)\cdots\Gamma\left(a + \dfrac{n-1}{n}\right)}{\Gamma(na)} = -an\ln n + \ln C^{①}$$

或

$$\frac{\Gamma(a)\Gamma\left(a + \dfrac{1}{n}\right)\cdots\Gamma\left(a + \dfrac{n-1}{n}\right)}{\Gamma(na)} = \frac{C}{n^{na}}.$$

为要确定出常数 C, 在其中令 $a = \dfrac{1}{n}$. 显而易见, $C = n\boldsymbol{E}$, 此处 $\boldsymbol{E}$ 就是我们在第 **531** 目 6° 所已见过的欧拉乘积. 代入 (17) 中的值, 我们就得出了公式 (26).

以前独立地导出的勒让德公式 (20) 乃是高斯公式之一特殊情形, 实际上, 若在 (26) 中取 $n = 2$, 则得出公式

$$\Gamma(a)\Gamma\left(a + \frac{1}{2}\right) = \frac{\sqrt{2\pi}}{2^{2a-\frac{1}{2}}}\Gamma(2a),$$

这等价于 (20).

537. 几个级数展式与乘积展式 11° 这几个展式的根源也还是在于公式 (25). 我们将积分号下表达式展为级数:

$$\frac{1 - t^{a-1}}{1 - t} = (1 - t^{a-1})\sum_{\nu=0}^{\infty} t^\nu = \sum_{\nu=0}^{\infty}(t^\nu - t^{a+\nu-1}),$$

---

① 由于预见到要取作幂次, 故我们事先将任意常数取成 $\ln C$ 形状.

这级数的所有的项皆具同一符号. 逐项积分, 便给出:

$$D\ln\Gamma(a) + C = \sum_{\nu=0}^{\infty}\left(\frac{1}{\nu+1} - \frac{1}{a+\nu}\right). \tag{27}$$

此级数对于 $0 < a \leqslant a_0$ 一致收敛, 因存在有优级数 $(a_0+1)\sum_{1}^{\infty}\frac{1}{\nu^2}$.

倘若将其对于 a 逐项来微分, 则得到以简单而著称的展式

$$D^2\ln\Gamma(a) = \sum_{\nu=0}^{\infty}\frac{1}{(a+\nu)^2}. \tag{28}$$

因为这个级数对于 $a > 0$ 也是一致收敛的 $\left(\text{优级数}\sum_{\nu=1}^{\infty}\frac{1}{\nu^2}\right)$, 故逐项微分是准许的.

12° 将级数 (27) 对于 a 从 1 到 $a > 0$ 来逐项积分 (由于级数的一致收敛性, 逐项积分是合理的), 便得到

$$\ln\Gamma(a) + C(a-1) = \sum_{\nu=0}^{\infty}\left(\frac{a-1}{\nu+1} - \ln\frac{a+\nu}{\nu+1}\right). \tag{29}$$

将 a 换成 $a+1$(对于 $a > -1$), 重新将展式写为以下形状:

$$\ln\Gamma(a+1) + Ca = \sum_{n=1}^{\infty}\left(\frac{a}{n} - \ln\frac{a+n}{n}\right)$$

或是

$$\ln\frac{1}{\Gamma(a+1)} = Ca + \sum_{n=1}^{\infty}\left[\ln\left(1+\frac{a}{n}\right) - \frac{a}{n}\right].$$

由此, 取为幂次, 便导出展 $\dfrac{1}{\Gamma(a+1)}$ 为无穷乘积的著名的 **魏尔斯特拉斯公式** [参看 **402** (16)]:

$$\frac{1}{\Gamma(a+1)} = e^{Ca}\prod_{n=1}^{\infty}\left(1+\frac{a}{n}\right)e^{-\frac{a}{n}} \quad (a > -1). \tag{30}$$

13° 我们回到 (29) 上来, 在其中使 $a = 2$. 因为 $\ln\Gamma(2) = \ln 1 = 0$, 所以我们得到:

$$C = \sum_{\nu=0}^{\infty}\left(\frac{1}{\nu+1} - \ln\frac{\nu+2}{\nu+1}\right). \tag{31}$$

顺便注意一下, 由此

$$C = \lim_{n\to\infty}\left[\sum_{k=1}^{n}\frac{1}{k} - \ln(n+1)\right]$$

我们便导出了我们所已知的欧拉常数之定义 [**367**, 10)].

最后, 以 $a-1$ 乘 (31), 并由 (29), 逐项相减, 我们就消去了 C:

$$\ln\Gamma(a) = \sum_{\nu=0}^{\infty}\left[(a-1)\ln\frac{\nu+2}{\nu+1} - \ln\frac{a+\nu}{\nu+1}\right]$$

$$= \lim_{n\to\infty}\ln\left[n^{a-1}\frac{1\cdot 2\cdot\cdots\cdot(n-1)}{a\cdot(a+1)\cdot\cdots\cdot(a+n-2)}\right].$$

由此, 利用取幂次的办法, 我们便重新得出了以前曾以他法而建立之欧拉 – 高斯公式 (7).

538. 例与补充 1) 试利用

$$e^{-t} = \lim_{n\to\infty}\left(1-\frac{t}{n}\right)^n,$$

以证明 (对于 $a>0$)

$$\Gamma(a) = \int_0^{\infty} t^{a-1}e^{-t}dt = \lim_{n\to\infty}\int_0^n t^{a-1}\left(1-\frac{t}{n}\right)^n dt,$$

并由此导出公式 (7).

提示 这极限等式可依照第 **519** 目 10 题及 11 题中所做的那样来建立. 应用替换 $\tau = \dfrac{t}{n}$ 来改变积分的形状:

$$\int_0^n t^{a-1}\left(1-\frac{t}{n}\right)^n dt = n^a\int_0^1 \tau^{a-1}(1-\tau)^n d\tau = n^a\cdot\mathrm{B}(a,n+1),$$

并再利用公式 (3).

2) 试从公式 (23)

$$\frac{\Gamma'(a)}{\Gamma(a)} = \int_0^{\infty}\left[e^{-x} - \frac{1}{(1+x)^a}\right]\frac{dx}{x}$$

直接导出公式 (24)

$$\frac{\Gamma'(a)}{\Gamma(a)} = \int_0^{\infty}\left[\frac{e^{-u}}{u} - \frac{e^{-au}}{1-e^{-u}}\right]du.$$

我们注意, 这里的困难之点就在于积分 (24) 不能看作是两个积分的差 (否则应用替换 $x = e^u - 1$ 改变第二个积分的形状, 问题就完结了). 因此为要避免这一点, 我们这样写:

$$\frac{\Gamma'(a)}{\Gamma(a)} = \lim_{\varepsilon\to 0}\left\{\int_\varepsilon^{\infty}\frac{e^{-x}dx}{x} - \int_\varepsilon^{\infty}\frac{dx}{(1+x)^a\cdot x}\right\}$$

$$= \lim_{\varepsilon\to 0}\left\{\int_\varepsilon^{\infty}\frac{e^{-u}du}{u} - \int_{\ln(1+\varepsilon)}^{\infty}\frac{e^{-au}}{1-e^{-u}}du\right\}$$

$$= \lim_{\varepsilon\to 0}\int_0^{\infty}\left[\frac{e^{-u}}{u} - \frac{e^{-au}}{1-e^{-u}}\right]du = \int_0^{\infty}\left[\frac{e^{-u}}{u} - \frac{e^{-au}}{1-e^{-u}}\right]du,$$

因为

$$\lim_{\varepsilon\to 0}\int_{\ln(1+\varepsilon)}^{\varepsilon}\frac{e^{-au}}{1-e^{-u}}du = 0.$$

$$\left[\text{关于这一点只需用表达式 } \frac{\varepsilon-\ln(1+\varepsilon)}{\varepsilon(1+\varepsilon)^{a-1}} < \frac{\varepsilon}{2(1+\varepsilon)^{a-1}} \text{ 来对积分估值, 即可明白看出}\right].$$

3) 试根据欧拉常数的定义等式

$$C = \lim_{n \to \infty} \left(\sum_{\nu=1}^{n} \frac{1}{\nu} - \ln n \right),$$

以建立积分公式:

$$(\text{a})\ C = \int_0^1 (1 - e^{-x}) \frac{dx}{x} - \int_1^\infty e^{-x} \frac{dx}{x},$$

$$(\text{б})\ C = \int_0^\infty \left(\frac{1}{1+u} - e^{-u} \right) \frac{du}{u}.$$

因为

$$\sum_1^n \frac{1}{\nu} = \int_0^1 \sum_1^n t^{\nu-1} dt = \int_0^1 \frac{1 - t^n}{1 - t} dt = \int_0^1 \frac{1 - (1-s)^n}{s} ds,$$

而

$$\ln n = \int_1^n \frac{ds}{s},$$

所以

$$\begin{aligned}
C &= \lim_{n \to \infty} \left[\int_0^1 \frac{1 - (1-s)^n}{s} ds - \int_1^n \frac{ds}{s} \right] \\
&= \lim_{n \to \infty} \left\{ \int_0^n \left[1 - \left(1 - \frac{x}{n} \right)^n \right] \frac{dx}{x} - \int_1^n \frac{dx}{x} \right\} \\
&= \lim_{n \to \infty} \left\{ \int_0^1 \left[1 - \left(1 - \frac{x}{n} \right)^n \right] \frac{dx}{x} - \int_1^n \left(1 - \frac{x}{n} \right)^n \frac{dx}{x} \right\}.
\end{aligned}$$

关于第二个积分的极限过程, 和在 1) 中同样地来进行. 关于 (a) 变形成为 (б) 则参看 2).

4) 设 (对于 $a > 0$, 并 $s > 1$)

$$\zeta(s, a) = \sum_{n=0}^{\infty} \frac{1}{(a+n)^s},$$

试证

$$\lim_{s \to 1+0} \left[\zeta(s, a) - \frac{1}{s-1} \right] = -\frac{\Gamma'(a)}{\Gamma(a)}.$$

我们已经有了 [**534**,12)(a)]

$$\zeta(s, a) = \frac{1}{\Gamma(s)} \int_0^\infty \frac{x^{s-1} e^{-ax}}{1 - e^{-x}} dx.$$

因此

$$\begin{aligned}
\zeta(s, a) - \frac{1}{s-1} &= \frac{1}{\Gamma(s)} \left\{ \int_0^\infty \frac{x^{s-1} e^{-ax}}{1 - e^{-x}} dx - \Gamma(s-1) \right\} \\
&= \frac{1}{\Gamma(s)} \int_0^\infty x^{s-1} \left[\frac{e^{-ax}}{1 - e^{-x}} - \frac{e^{-x}}{x} \right] dx.
\end{aligned}$$

对于 $s \to 1$ 的极限过程可以在积分号下来做, 因为积分号下的表达式在区间 $[0, 1]$ 与 $[1, +\infty]$ 内分别单调地趋于其极限 [**518**]. 然后再利用公式 (24).

特别当 $a = 1$ 时, 就得到

$$\lim_{s \to 1+0} \left[\zeta(s) - \frac{1}{s-1} \right] = C$$

[参看 **375**, **1**)].

5) 试计算无穷乘积

$$P = \prod_{n=1}^{\infty} u_n,$$

其中

$$u_n = \frac{(n+a_1)(n+a_2)\cdots(n+a_k)}{(n+b_1)(n+b_2)\cdots(n+b_k)} \quad (a_i, b_i, > -1).$$

[因为

$$u_n = \left(1 + \frac{a_1}{n}\right) \cdots \left(1 + \frac{a_k}{n}\right) \left(1 + \frac{b_1}{n}\right)^{-1} \cdots \left(1 + \frac{b_k}{n}\right)^{-1}$$

$$= 1 + \frac{(a_1 + a_2 + \cdots + a_k) - (b_1 + b_2 + \cdots + b_k)}{n} + \frac{A_n}{n^2}$$

$$(|A_n| \leqslant A < +\infty),$$

所以仅只在条件

$$a_1 + a_2 + \cdots + a_k = b_1 + b_2 + \cdots + b_k$$

之下无穷乘积方才收敛; 而我们提出来要计算 P 也正是以此为前提的.]

提示 先将 u_n 表成以下形状:

$$u_n = \frac{\left(1 + \dfrac{a_1}{n}\right) e^{-\frac{a_1}{n}} \cdots \left(1 + \dfrac{a_k}{n}\right) e^{-\frac{a_k}{n}}}{\left(1 + \dfrac{b_1}{n}\right) e^{-\frac{b_1}{n}} \cdots \left(1 + \dfrac{b_k}{n}\right) e^{-\frac{b_k}{n}}},$$

再利用魏尔斯特拉斯公式 (30).

答案

$$P = \frac{\Gamma(1 + b_1)\Gamma(1 + b_2)\cdots\Gamma(1 + b_k)}{\Gamma(1 + a_1)\Gamma(1 + a_2)\cdots\Gamma(1 + a_k)}.$$

6) 设 $0 < |a_i|, |b_i| < 1$, 从 5) 推出欧拉的另一结果:

$$\prod_{n=-\infty}^{n=+\infty} u_n = \frac{\sin b_1 \pi \cdot \sin b_2 \pi \cdot \cdots \cdot \sin b_k \pi}{\sin a_1 \pi \cdot \sin a_2 \pi \cdot \cdots \cdot \sin a_k \pi}.$$

提示 应用公式

$$\Gamma(1 + c) \cdot \Gamma(1 - c) = \frac{\pi c}{\sin \pi c} \quad (0 < |c| < 1),$$

它是从 (9) 与 (15) 推出来的.

7) 回到高斯公式:

$$F(\alpha, \beta, \gamma, 1) = \frac{\Gamma(\gamma) \cdot \Gamma(\gamma - \alpha - \beta)}{\Gamma(\gamma - \alpha) \cdot \Gamma(\gamma - \beta)},$$

此式在 **534** 目 13) 题中, 是在

$$\alpha > 0, \quad \gamma - \alpha > 0 \ \text{及} \ \gamma - \alpha - \beta > 0$$

的假设下证明的. 现在提出用另一方法的证明: 仅在公式右端对 Γ 函数假设其自变量为正的, 而取消不必要的条件 $\alpha > 0$.

我们来指出证明的计划. 相应地以 a_n, b_n, c_n 表示超几何级数

$$A = F(\alpha, \beta, \gamma, 1), \quad B = F(\alpha - 1, \beta, \gamma, 1), \quad C = F(\alpha, \beta, \gamma + 1, 1)$$

的通项, 关系式

$$a_n - a_{n+1} = \left(1 - \frac{\beta}{\gamma}\right) c_n - b_{n+1}$$

$$(\gamma - \alpha)(a_n - b_n) = \beta a_{n-1} + (n - 1)a_{n-1} - n a_n$$

可直接验证, 且可证明 $n a_n \to 0$. 对上述关系式, 指标从 1 到 n 求和并取极限, 得:

$$\gamma B = (\gamma - \beta)C, \quad (\gamma - \alpha)(A - B) = \beta A,$$

由此

$$A = \frac{(\gamma - \alpha)(\gamma - \beta)}{\gamma(\gamma - \alpha - \beta)} C.$$

现在研究表达式

$$F(\alpha, \beta, \gamma, 1) \cdot \frac{\Gamma(\gamma - \alpha) \cdot \Gamma(\gamma - \beta)}{\Gamma(\gamma) \cdot \Gamma(\gamma - \alpha - \beta)}; \tag{32}$$

上述关系式 (由于 (9)) 表明, 当以 $\gamma + 1$ 替换 γ 时, 这个表达式的值不变. 于是

$$F(\alpha, \beta, \gamma, 1) \cdot \frac{\Gamma(\gamma - \alpha) \cdot \Gamma(\gamma - \beta)}{\Gamma(\gamma) \cdot \Gamma(\gamma - \alpha - \beta)}$$

$$= F(\alpha, \beta, \gamma + m, 1) \frac{\Gamma(\gamma + m - \alpha) \cdot \Gamma(\gamma + m - \beta)}{\Gamma(\gamma + m) \cdot \Gamma(\gamma + m - \alpha - \beta)}.$$

等式右端令 $m \to \infty$ 而取极限. 由级数 $F(\alpha, \beta, \gamma + m, 1)$ 对 m 的一致收敛性推出 [**433**], 其和趋于 1. 因子

$$\frac{\Gamma(\gamma + m - \alpha) \cdot \Gamma(\gamma + m - \beta)}{\Gamma(\gamma + m) \cdot \Gamma(\gamma + m - \alpha - \beta)}$$

也趋于同样的极限, 因为根据 5) 题, 它是对于收敛乘积

$$\prod_{n=1}^{\infty} \frac{(\gamma - \alpha + n)(\gamma - \beta + n)}{(\gamma + n)(\gamma - \alpha - \beta + n)}$$

的余乘积. 在这样的情况下表达式 (32) 等于 1, 而这与高斯公式等价.

由此公式, 当 $\gamma = 1, \alpha = \beta = -\frac{1}{2}$ 时, 现在可以得到展开式

$$1 + \left(\frac{1}{2}\right)^2 + \left(\frac{1 \cdot 1}{2 \cdot 4}\right)^2 + \left(\frac{1 \cdot 1 \cdot 3}{2 \cdot 4 \cdot 6}\right)^2 + \left(\frac{1 \cdot 1 \cdot 3 \cdot 5}{2 \cdot 4 \cdot 6 \cdot 8}\right)^2 + \cdots = \frac{1}{\left[\Gamma\left(\frac{3}{2}\right)\right]^2} = \frac{4}{\pi};$$

可以证明更一般的结果: 与指数为 m 的二项式对应的二项式系数之和, 当 $m > -\frac{1}{2}$ 时, 等于

$$\frac{\Gamma(1 + 2m)}{\left[\Gamma(1 + m)\right]^2} \quad (\gamma = 1, \alpha = \beta = -m).$$

先前, 由于 $\alpha > 0$ 的限制, 我们不能做到这一点.

8) $\Gamma(a)$ 推广到负 a 的情形. 根据公式 (9)

$$\Gamma(a) = \frac{\Gamma(a+1)}{a},$$

故 $\Gamma(a)$ 的值可通过 $\Gamma(a+1)$ 的值来确定. 倘若 $-1 < a < 0$. 则 $a + 1 > 0, \Gamma(a+1)$ 就有意义. 我们就依照上面这个公式来定义 $\Gamma(a)$; 这样一来, 函数 $\Gamma(a)$ 的定义便推广到了 $-1 < a < 0$ 的情形. 一般言之, 倘若 $-n < a < -(n-1)$, 则为要将公式 (10) 推广到这个情形, 我们就以等式

$$\Gamma(a) = \frac{\Gamma(a+n)}{a(a+1)\cdots(a+n-1)} \tag{33}$$

来定义 $\Gamma(a)$.

若要作得更清晰一些, 可于其中使 $a = -n + \alpha$, 此处 $0 < \alpha < 1$, 于是这定义即可改写如下:

$$\Gamma(a-n) = (-1)^n \frac{\Gamma(a)}{(1-a)(2-a)\cdots(n-a)}, \tag{34}$$

由此立刻看出, 对于 $-n < a < -(n-1), \Gamma(a)$ 之符号系取决于因子 $(-1)^n$. 当 a 靠近 $-n$ 或 $-(n-1)$ 时 (也就是说当 α 靠近 0 或 1 时)$\Gamma(a)$ 趋于 ∞(一阶无穷大!)

9) 建议读者, 试根据 8), 将公式 (7),(9),(15),(20),(26),(30) 推广到变量为任意实值的情形 (只是避开变量的负整数及 0 等各值).

提示 当推广公式 (30) 时, 考虑等式 (33).

10) 试根据公式 (34), 证明当 α 由 0 变到 1 时, $\Gamma'(\alpha-n)$ 恰有一次 (比如说, 当 $\alpha = \alpha_n$ 时) 通过 0, 符号由 $(-1)^{n+1}$ 变为 $(-1)^n$. 这样一来. 对于相应的值 $\alpha = \alpha_n - n$, 函数 $\Gamma(a)$ 就有正的极小 (当 n 为偶数时), 或是负的极大 (当 n 为奇数时). 参看图 64 中的 Γ 函数的图形.

建议再证明 (当 n 增加时)α_n 与 $\Gamma_n = |\Gamma(\alpha_n - n)|$ 皆单调减少而趋向于 0.

提示 以下各等式 $(0 < \alpha < 1)$

$$|\Gamma(\alpha - (n+1))| = \frac{|\Gamma(\alpha-n)|}{n+1-\alpha},$$

$$|\Gamma(\alpha - (n+1))|' = \frac{|\Gamma(\alpha-n)|'}{n+1-\alpha} + \frac{|\Gamma(\alpha-n)|}{(n+1-\alpha)^2}$$

以及

$$\frac{\Gamma'(\alpha_n)}{\Gamma(\alpha_n)} = -\sum_{\nu=1}^{n} \frac{1}{\nu - \alpha_n},$$

可作为这些断言的根据.

11) 试证, 当 $-n < a < -(n-1)$ 时, 函数 $\Gamma(a)$ 可表为积分

$$\Gamma(a) = \int_0^\infty x^{a-1} \left(e^{-x} - 1 + \frac{x}{1!} - \frac{x^2}{2!} + \cdots + (-1)^n \frac{x^{n-1}}{(n-1)!} \right) dx.$$

提示 利用分部积分; 参看 8).

12) 在第十一章中 [**402**, 10)], 我们曾经根据作为函数 $\Gamma(a)$ 的定义的欧拉 – 高斯公式 (7), —— 并且就直接地对于变量的任意实值 (除去零与负整数), 建立了 Γ 函数的某些简单性质 [可再参看 **408**]. 但这些性质亦可由所研究过的一些其他的性质上面建立出来.

在附加条件 $\Gamma(1) = \Gamma(2) = 1$ 之下, 级数

$$D^2 \ln \Gamma(a) = \sum_{n=0}^{\infty} \frac{1}{(a+n)^2}$$

即可作为对于任意实值 a(有着同样的那些例外情形) 来研究函数 $\Gamma(a)$ 的这样一个出发点.

13) 最后, 我们注意, 函数 $\Gamma(a)$ 可以被定义为在整个复平面上的变量 a 的单值解析函数[①]. 这可以这样来做. 即以其积分定义 (6) 为出发点, 分离

$$\int_0^{\infty} \text{为两部} \int_0^1 + \int_1^{\infty} = P(a) + Q(a).$$

于是函数

$$P(a) = \int_0^1 x^{a-1} e^{-x} dx = \int_0^1 x^{a-1} \sum_0^{\infty} \frac{(-1)^n x^n}{n!} dx$$

$$= \sum_0^{\infty} \frac{(-1)^n}{n!} \int_0^1 x^{a+n-1} dx = \sum_0^{\infty} \frac{(-1)^n}{n!} \frac{1}{a+n}$$

就自然而然地被推广到了整个复变数平面, 并且乃是一个亚纯函数, 在 $0, -1, -2, \cdots, -n, \cdots$ 各点处有一阶极点, 分别对应有留数 $1, -1, \frac{1}{2!}, \cdots, (-1)^n \frac{1}{n!}, \cdots$. 而函数

$$Q(a) = \int_1^{\infty} x^{a-1} e^{-x} dx$$

对于复值 a 也有意义, 并且还是整函数.

根据众所周知的关于解析函数的定理, 对于变量的正实值所证的函数 $\Gamma(a)$ 的那些特性 (我们指的是那些用解析函数间等式来表达的特性) 自然就推广到了整个平面, 特别言之, 余元公式 (15) 可以改写成这样:

$$\frac{1}{\Gamma(1-a)} = \frac{1}{\pi} \sin a\pi \cdot \Gamma(a) = \frac{1}{\pi} \sin a\pi [P(a) + Q(a)].[②]$$

由此明白看出, $1/\Gamma(a)$ 在整个平面上是全纯的. 因此,$\Gamma(a)$ 没有根.

最后我们指出, 魏尔斯特拉斯公式 (30) 与欧拉–高斯公式 (7) 一样, 也很可以取作函数 $\Gamma(a)$(而且是一下子就是在整个平面上) 的定义的基础.

539. 若干定积分之计算　我们回头来研究一些利用了函数 $\Gamma(a)$ 及其特性来计算的定积分.

1) 在 **531**,1° 中, 将公式

$$\Gamma(a) = \int_0^{\infty} x^{a-1} e^{-x} dx$$

对于 a 来微分, 我们得到了

$$\Gamma'(a) = \int_0^{\infty} x^{a-1} e^{-x} \ln x \, dx.$$

[①]最后的这一条关于 Γ 函数的推广的附注, 只能为那些通晓复变函数论基本概念与术语的读者们所了解.

[②]在 $P(a)$ 有极点的那些点处,$\sin a\pi$ 为 0.

令此处 $a = 1$, 因为 $\Gamma'(1) = -C$, 故得

$$\int_0^\infty e^{-x} \ln x dx = -C.$$

作替换 $x = -\ln u$, 就导出了有趣的积分

$$\int_0^1 \ln(-\ln u) du = -C.$$

倘若取 $a = \frac{1}{2}$, 并设 $x = t^2$, 便求得

$$\int_0^\infty e^{-t^2} \ln t dt = \frac{1}{4}\Gamma'\left(\frac{1}{2}\right) = -\frac{\sqrt{\pi}}{4}(C + 2\ln 2),$$

因为这很容易由展式 (27) 以及考虑到对数级数而得出.

再一次对于 a 来微分, 就导出等式

$$\Gamma''(a) = \int_0^\infty x^{a-1} e^{-x} \ln^2 x dx.$$

令 $a = 1$, 它就给出

$$\int_0^\infty e^{-x} \ln^2 x dx = \Gamma''(1) = C^2 + \frac{\pi^2}{6}.$$

以上的结果可由 (28) 得出, 只要此时利用一下熟知的级数

$$\sum_1^\infty \frac{1}{n^2} = \frac{\pi^2}{6}.$$

最后, 也在这里令 $a = \frac{1}{2}$, 借助于替换 $x = t^2$ 我们又得到了这样的积分:

$$\int_0^\infty e^{-t^2} \ln^2 t dt = \frac{\sqrt{\pi}}{8}\left[(C + 2\ln 2)^2 + \frac{\pi^2}{2}\right].$$

诸如此类, 不能枚举.

2) 试计算积分

$$J = \int_0^\infty \frac{\sin^p x}{x} dx.$$

其中 p 为具有奇数分子与奇数分母的有理分数.

提示   应用罗巴切夫斯基公式 [**497**,14)], 根据这个公式

$$J = \int_0^{\frac{\pi}{2}} \sin^{p-1} x dx.$$

参看 **534**,4,(6).**答案**

$$J = \frac{\sqrt{\pi}}{2}\frac{\Gamma\left(\frac{p}{2}\right)}{\Gamma\left(\frac{p+1}{2}\right)} = 2^{p-2}\frac{\left[\Gamma\left(\frac{p}{2}\right)\right]^2}{\Gamma(p)}.$$

3) 试计算积分 $(b > 0)$:

$$A = \int_0^\infty \frac{\cos bx}{x^s} dx \quad (0 < s < 1), \quad B = \int_0^\infty \frac{\sin bx}{x^s} dx \quad (0 < s < 2).$$

我们有 [参看 (13)]:

$$\frac{1}{x^s} = \frac{1}{\Gamma(s)} \int_0^\infty z^{s-1} e^{-zx} dz,$$

所以

$$A = \frac{1}{\Gamma(s)} \int_0^\infty \cos bx \, dx \int_0^\infty z^{s-1} e^{-zx} dz.$$

重新配置积分, 便得

$$A = \frac{1}{\Gamma(s)} \int_0^\infty z^{s-1} dz \int_0^\infty e^{-zx} \cos bx \, dx = \frac{1}{\Gamma(s)} \int_0^\infty \frac{z^s dz}{z^2 + b^2}.$$

或命 $b^2 t = z^2$,

$$A = \frac{b^{s-1}}{2\Gamma(s)} \int_0^\infty \frac{t^{\frac{s-1}{2}}}{1+t} dt = \frac{b^{s-1}}{2\Gamma(s)} \mathrm{B}\left(\frac{s+1}{2}, \frac{1-s}{2}\right)$$

$$= \frac{b^{s-1}}{2\Gamma(s)} \cdot \frac{\pi}{\sin \frac{s+1}{2}\pi} = \frac{\pi b^{s-1}}{2\Gamma(s) \cdot \cos \frac{s\pi}{2}}$$

[参看 (4), (5)]. 类似地,

$$B = \frac{\pi b^{s-1}}{2\Gamma(s) \sin \frac{s\pi}{2}}.$$

重新配置积分的理论根据, 与在 **524**,11) 中计算积分 $\int_0^\infty \frac{\sin x}{x} dx$ 时是同样的.

4) 试计算积分

$$\int_0^\infty \frac{\sin x}{x} \ln x \, dx, \quad \int_0^\infty \frac{\sin x}{x} \ln^2 x \, dx.$$

根据 3), 积分 $(0 < s < 2)$

$$J = \int_0^\infty \frac{\sin x}{x^s} dx = \frac{\pi}{2\Gamma(s) \sin \frac{s\pi}{2}}.$$

对于参数 s 来微分它 (利用莱布尼茨法则), 便得:

$$\int_0^\infty \frac{\sin x}{x^s} \ln x \, dx = \frac{\pi}{2} \cdot \frac{1}{\left[\Gamma(s) \cdot \sin \frac{s\pi}{2}\right]^2} \left\{\Gamma'(s) \cdot \sin \frac{s\pi}{2} + \frac{\pi}{2}\Gamma(s) \cdot \cos \frac{s\pi}{2}\right\}.$$

由于所得到的积分无论是在 $x = \infty$ 时 (对于 $s \geqslant s_0 > 0$, 参看 **515**, 4°) 或是在 $x = 0$ 时 (对于 $s \leqslant s_1$, 优函数为 $|\ln x| : x^{s_1-1}$) 对于 s 一致收敛, 故应用莱布尼茨法则是合理的.

将所得的等式再微分一次 (其根据与上相类似), 便得

$$\int_0^\infty \frac{\sin x}{x^s} \cdot \ln^2 x \, dx = \frac{\pi}{\left[\Gamma(s) \cdot \sin \frac{s\pi}{2}\right]^3} \left\{\Gamma'(s) \sin \frac{s\pi}{2} + \frac{\pi}{2}\Gamma(s) \cos \frac{s\pi}{2}\right\}^2$$

$$- \frac{\pi}{2} \frac{1}{\left[\Gamma(s) \sin \frac{s\pi}{2}\right]^2} \left\{\Gamma''(s) \sin \frac{s\pi}{2} + \pi\Gamma'(s) \cos \frac{s\pi}{2} - \frac{\pi^2}{4}\Gamma(s) \sin \frac{s\pi}{2}\right\}.$$

在两等式中命 $s = 1$, 就得出了要求的积分的值:

$$\int_0^\infty \frac{\sin x}{x} \ln x \, dx = \frac{\pi}{2} \cdot \Gamma'(1),$$

$$\int_0^\infty \frac{\sin x}{x} \ln^2 x \, dx = \pi [\Gamma'(1)]^2 - \frac{\pi}{2} \cdot \Gamma''(1) + \frac{\pi^3}{8}.$$

考虑到 [参阅 1)]

$$\Gamma'(1) = -C, \quad \Gamma''(1) = C^2 + \frac{\pi^2}{6},$$

最后便有:

$$\int_0^\infty \frac{\sin x}{x} \ln x \, dx = -\frac{\pi}{2} \cdot C, \quad \int_0^\infty \frac{\sin x}{x} \ln^2 x \, dx = \frac{\pi}{2} \cdot C^2 + \frac{\pi^3}{24}.$$

5) 我们已有 [参看 **534**, 4)(6)] 公式

$$\int_0^{\frac{\pi}{2}} \sin^{2a-1} \varphi \, d\varphi = \frac{\sqrt{\pi}}{2} \cdot \frac{\Gamma(a)}{\Gamma\left(a + \frac{1}{2}\right)} \quad (a > 0).$$

对于 a 来微分 [应用莱布尼茨法则, **520**], 便得

$$\int_0^{\frac{\pi}{2}} \sin^{2a-1} \varphi \cdot \ln \sin \varphi \, d\varphi = \frac{1}{2} \cdot \frac{\sqrt{\pi}}{2} \cdot \frac{\Gamma(a)}{\Gamma\left(a + \frac{1}{2}\right)} \left[\frac{d \ln \Gamma(a)}{da} - \frac{d \ln \Gamma\left(a + \frac{1}{2}\right)}{da} \right].$$

如果利用高斯公式 (25), 则括弧中的表达式可改写成 $\int_0^1 \frac{t^{a-\frac{1}{2}} - t^{a-1}}{1-t} dt$ 的形状. 现在设 $2a - 1 = 2n$, 这里的 n 是任意的自然数或是零, 再作替换: $t = u^2$. 于是我们得到

$$\int_0^{\frac{\pi}{2}} \sin^{2n} \varphi \ln \sin \varphi \, d\varphi = -\frac{\sqrt{\pi}}{2} \cdot \frac{\Gamma\left(n + \frac{1}{2}\right)}{\Gamma(n+1)} \int_0^1 \frac{u^{2n}}{1+u} du.$$

当 $n = 0$ 时, 此公式给出已经熟知了的结果

$$\int_0^{\frac{\pi}{2}} \ln \sin \varphi \, d\varphi = -\frac{\pi}{2} \ln 2.$$

当 $n \geqslant 1$ 时, 我们便得出新的积分

$$\int_0^{\frac{\pi}{2}} \sin^{2n} \varphi \ln \sin \varphi \, d\varphi = \frac{\pi}{2} \cdot \frac{(2n-1)!!}{(2n)!!} \left(1 - \frac{1}{2} + \frac{1}{3} - \cdots - \frac{1}{2n} - \ln 2 \right).$$

6) 试计算积分 $(a > 0, p > 0)$

$$u = \int_0^\infty e^{-ax} x^{p-1} \cos bx \, dx, \quad v = \int_0^\infty e^{-ax} x^{p-1} \sin bx \, dx.$$

解法与第 **523** 目 8) 相类似. 和在那里一样, 对于 b 的函数 $w = u + vi$ 得到一个微分方程式

$$\frac{dw}{db} = -\frac{p}{a^2 + b^2}(b - ai)w,$$

这可以改写成以下形状:

$$\frac{dw}{db} = pw \cdot \frac{i}{a - bi}.$$

很容易验证 —— 借助于此方程,

$$w \cdot (a - bi)^p = c = 常量.^{①}$$

令此处 $b = 0$, 便得 $c = \Gamma(p)$. 因而

$$w = \frac{\Gamma(p)}{(a - bi)^p} = \frac{\Gamma(p)}{(a^2 + b^2)^p}(a + bi)^p$$

$$= \frac{\Gamma(p)}{(a^2 + b^2)^{p/2}}\left\{\cos p\,\mathrm{arctg}\frac{b}{a} + i\sin p\,\mathrm{arctg}\frac{b}{a}\right\}.$$

分别使实部与实部相等, 虚部与虚部相等, 最后便得:

$$u = \frac{\Gamma(p)}{(a^2 + b^2)^{p/2}}\cos p\theta, \quad v = \frac{\Gamma(p)}{(a^2 + b^2)^{p/2}}\sin p\theta.$$

其中为了简短起见, 设 $\theta = \mathrm{arctg}\dfrac{b}{a}$.

将 $\sqrt{a^2 + b^2}$ 换成 $\dfrac{b}{\sin\theta}$ 或 $\dfrac{a}{\cos\theta}$, 就可以把结果改写如以下形状,

$$u = \frac{\Gamma(p)}{b^p}\sin^p\theta\sin p\theta = \frac{\Gamma(p)}{a^p}\cos^p\theta\sin p\theta,$$

$$v = \frac{\Gamma(p)}{b^p}\sin^p\theta\sin p\theta = \frac{\Gamma(p)}{a^p}\cos^p\theta\sin p\theta.$$

建议令 $p = 1 - s$ 并使 a 趋向于 0(当 $b > 0$ 时, 角 $\theta = \mathrm{arctg}\dfrac{b}{a}$ 将趋向于 $\dfrac{\pi}{2}$), 由此求得问题 3) 中的积分 A 与 B.

将积分 u 与 v 对于 p 来微分, 可以得到新的积分的级数; 这一工作留给读者.

7) 以上所求出的积分 u 与 v 的值使得我们可以进而计算另外一些有趣的积分. 把等式

$$\frac{\Gamma(p)}{a^p}\cos^p\theta\cdot\cos p\theta = \int_0^\infty e^{-ax}x^{p-1}\cos bx\,dx$$

的两端乘以

$$a^q \cdot \mathrm{tg}^{q-1}\theta\cdot\frac{d\theta}{\cos^2\theta} = b^{q-1}db$$

(假定 $0 < q < p$ 以及 $q < 1$), 并将左边对于 θ 从 0 到 $\dfrac{\pi}{2}$ 取积分, 而右边则对于 b 从 0 到 ∞ 取积分[②]. 结果我们就得出

$$J_1 = \int_0^{\frac{\pi}{2}}\cos^{p-q-1}\theta\cdot\sin^{q-1}\theta\cdot\cos p\theta\,d\theta$$

$$= \frac{a^{p-q}}{\Gamma(p)}\int_0^\infty b^{q-1}db\int_0^\infty e^{-ax}x^{p-1}\cos bx\,dx.$$

[①]在此处以及在下文中, 我们总是把 $(a \pm bi)^p$ 了解成为幂指函数的这样一支: 即当 $b = 0$ 时它就化为正实数 a^p 的那一支.

[②]变量 b 与 θ 之间的关系由公式 $b = a\,\mathrm{tg}\theta(a = 常量)$ 给出.

如果重新配置右边的积分, 则立即导出积分 J_1 的计算法

$$J_1 = \frac{a^{p-q}}{\Gamma(p)} \int_0^\infty e^{-ax} x^{p-1} dx \int_0^\infty \frac{\cos bx}{b^{1-q}} db.$$

由 3) 不难确定, 含在内部的这个积分的值是 $\Gamma(q) \cos \frac{q\pi}{2} x^{-q}$, 所以

$$J_1 = \frac{a^{p-q} \Gamma(q) \cos \frac{q\pi}{2}}{\Gamma(p)} \int_0^\infty e^{-ax} x^{p-q-1} dx$$

而最后,

$$J_1 = \int_0^{\frac{\pi}{2}} \cos^{p-q-1}\theta \cdot \sin^{q-1}\theta \cdot \cos p\theta d\theta = \frac{\Gamma(q)\Gamma(p-q)}{\Gamma(p)} \cos \frac{q\pi}{2}.$$

类似的可以推出

$$J_2 = \int_0^{\frac{\pi}{2}} \cos^{p-q-1}\theta \cdot \sin^{q-1}\theta \cdot \sin p\theta d\theta = \frac{\Gamma(q)\Gamma(p-q)}{\Gamma(p)} \sin \frac{q\pi}{2}.$$

现在我们来证明重新配置积分之无误, 若少了这一步, 当然就不能肯定所得出的结果是正确的. 因为积分

$$\int_0^\infty x^{p-1} e^{-ax} b^{q-1} \cos bx dx$$

对于 $0 < b_0 \leqslant b \leqslant B < +\infty$ 乃是一致收敛的, 故

$$\int_{b_0}^B b^{q-1} db \int_0^\infty x^{p-1} e^{-ax} \cos bx dx = \int_0^\infty e^{-ax} x^{p-1} dx \int_{b_0}^B b^{q-1} \cos bx db$$

$$= \int_0^\infty e^{-ax} x^{p-q-1} dx \int_{b_0 x}^{Bx} u^{q-1} \cos u du.$$

由于积分 $\int_0^\infty u^{q-1} \cos u du$ 存在, 内层积分当 $b_0 \to 0$ 并 $B \to +\infty$ 时趋于它, 因而就成为是有界的:

$$\left| \int_{b_0 x}^{Bx} u^{q-1} \cdot \cos u du \right| \leqslant L,$$

所以整个的积分号下表达式有优函数 $L \cdot e^{-ax} \cdot x^{p-q-1}$, 于是 $b_0 \to 0$ 与 $B \to +\infty$ 的极限过程就可以在积分号下进行了, 如此等等.

8) 我们来证

$$\psi(t) = D \ln \Gamma(t) = \int_0^1 \frac{1 - x^{t-1}}{1 - x} dx - C$$

[参看 (25)]. 此时

$$\int_0^1 \frac{x^p - x^q}{1 - x} dx = \psi(q+1) - \psi(p+1)$$

(对于 $p + 1 > 0, q + 1 > 0$).

注意这一点, 我们试来研究积分

$$J = \int_0^1 \frac{(1 - x^\alpha)(1 - x^\beta)}{(1 - x) \ln x} dx \quad (\alpha > -1, \beta > -1, \alpha + \beta > -1).$$

其对于 α 的导数为

$$\frac{dJ}{d\alpha} = -\int_0^1 \frac{x^\alpha(1-x^\beta)}{1-x}dx = \psi(\alpha+1) - \psi(\alpha+\beta+1)$$
$$= \frac{d}{d\alpha}\ln\frac{\Gamma(\alpha+1)}{\Gamma(\alpha+\beta+1)}.$$

因此

$$J = \ln\frac{\Gamma(\alpha+1)}{\Gamma(\alpha+\beta+1)} + C.$$

因为当 $\alpha = 0$ 时 $J = 0$, 故必须 $C = \ln\Gamma(\beta+1)$, 随之即有

$$J = \ln\frac{\Gamma(\alpha+1)\Gamma(\beta+1)}{\Gamma(\alpha+\beta+1)}.$$

类似地, 求得积分

$$K = \int_0^1 \frac{x^\alpha(1-x^\beta)(1-x^\gamma)}{(1-x)\ln x}dx$$
$$= \ln\frac{\Gamma(\alpha+\gamma+1)\Gamma(\alpha+\beta+1)}{\Gamma(\alpha+1)\Gamma(\alpha+\beta+\gamma+1)} \quad (\alpha > -1, \alpha+\beta > -1, \alpha+\gamma > -1, \alpha+\beta+\gamma > -1),$$
$$L = \int_0^1 \frac{(1-x^\alpha)(1-x^\beta)(1-x^\gamma)}{(1-x)\ln x}dx$$
$$= \ln\frac{\Gamma(\alpha+1)\Gamma(\beta+1)\Gamma(\gamma+1)\Gamma(\alpha+\beta+\gamma+1)}{\Gamma(\alpha+\beta+1)\Gamma(\alpha+\gamma+1)\Gamma(\beta+\gamma+1)} \quad (\alpha > -1等等)$$

以及诸如此类.

若在积分 K 中取 $\gamma = \dfrac{1}{2}, \alpha = \dfrac{a}{2} - 1, \beta = \dfrac{b-a}{2}$ 并作替换 $x = t^2$, 则导出以下积分

$$\int_0^1 \frac{t^{a-1}-t^{b-1}}{(1+t)\ln t}dt = \ln\frac{\Gamma\left(\dfrac{a+1}{2}\right)\Gamma\left(\dfrac{b}{2}\right)}{\Gamma\left(\dfrac{a}{2}\right)\Gamma\left(\dfrac{b+1}{2}\right)}. \quad (a,b > 0)$$

当 $b = 1 - a$ 时由此得到有趣的积分

$$\int_0^1 \frac{t^{a-1}-t^{-a}}{(1+t)\ln t}dt = \ln\operatorname{tg}\frac{a\pi}{2} \quad (0 < a < 1).$$

所有以上所引的例子, 充分地表示出依靠援用 Γ 函数, 使得我们以有限的式子来表达积分的可能性扩张了怎样的地步. 甚而至于在那些有限的式子里除了初等函数外并不包含其他的函数的情形下, 利用 Γ 函数 (虽然是在中间计算里) 也还是常常使其推求手续大大简化.

540. 斯特林公式　现在我们来推求 $\ln\Gamma(a)$ 的一些方便的近似公式, 并来研究这个对数 (以及 Γ 函数本身) 的值的计算问题.

我们是将 Γ 的对数的导数公式 (24)

$$D\ln\Gamma(a) = \int_0^\infty \left(\frac{e^{-x}}{x} - \frac{e^{-ax}}{1-e^{-x}}\right)dx$$

取作我们的出发点.

因为积分号下表达式乃是当 $x \geqslant 0$ 并 $a > 0$ 时 x 与 a 两个变量的连续函数 (对于 $x = 0$ 只需展为级数即可确信这一断言), 而当 $x = \infty$ 时积分对于 a 在 $a \geqslant a_0 > 0$ 一致收敛优函数为

$$\frac{e^{-x}}{x} + \frac{e^{-a_0 x}}{1 - e^{-x}},$$

故可在积分号下对于 a 从 1 到 a 取积分:

$$\ln \Gamma(a) = \int_0^\infty \left[(a-1)e^{-x} - \frac{e^{-x} - e^{-ax}}{1 - e^{-x}} \right] \frac{dx}{x} \quad (a > 0).$$

改变积分变量的符号, 我们就换到了区间 $[-\infty, 0]$ 上:

$$\ln \Gamma(a) = \int_{-\infty}^0 \left[\frac{e^{ax} - e^x}{e^x - 1} - (a-1)e^x \right] \frac{dx}{x}. \tag{35}$$

而这个积分又当 $x = -\infty$ 时对于 $0 < a_0 \leqslant a \leqslant A < +\infty$ 一致收敛: 再在积分号下对于 a 从 a 到 $a+1$ 取积分

$$R(a) = \int_a^{a+1} \ln \Gamma(a) da$$
$$= \int_{-\infty}^0 \left[\frac{e^{ax}}{x} - \frac{e^x}{e^x - 1} - \left(a - \frac{1}{2} \right) e^x \right] \frac{dx}{x}. \tag{36}$$

为了要化简表达式 (35), 我们利用所得到的积分 (36) 以及初等的伏汝兰尼积分 [**495**]:

$$\frac{1}{2} \ln a = \int_0^\infty \frac{e^{-x} - e^{-ax}}{2} \cdot \frac{dx}{x} = \int_{-\infty}^0 \frac{e^{ax} - e^x}{2} \cdot \frac{dx}{x}. \tag{37}$$

这就是说, 从 (35) 里减掉 (36) 并加上 (37), 我们便得出

$$\ln \Gamma(a) - R(a) + \frac{1}{2} \ln a = \int_{-\infty}^0 \left[\frac{1}{e^x - 1} - \frac{1}{x} + \frac{1}{2} \right] \frac{e^{ax} dx}{x}.$$

为了方便起见, 设

$$\omega(a) = \int_{-\infty}^0 \left[\frac{1}{e^x - 1} - \frac{1}{x} + \frac{1}{2} \right] \frac{e^{ax} dx}{x} \tag{38}$$

并以我们所已知的拉阿伯积分的表达式 (19) 来代替 $R(a)$, 便得

$$\ln \Gamma(a) = \ln \sqrt{2\pi} + \left(a - \frac{1}{2} \right) \ln a - a + \omega(a). \tag{39}$$

在第十二章 [**441**, 10)] 中我们已经有了双曲余切的展为简单分式的展式:

$$\operatorname{cth} x = \frac{1}{x} + \sum_{k=1}^\infty \frac{2x}{x^2 + k^2 \pi^2},$$

对于所有 $x \neq 0$ 的值尽皆成立. 将此处 x 换为 $x/2$, 可将其化为以下形状 [参看 **449**]:

$$\frac{x}{e^x - 1} + \frac{x}{2} = 1 + \sum_{k=1}^\infty \frac{2x^2}{x^2 + 4k^2 \pi^2}$$

或者最后

$$f(x) = \frac{1}{x}\left(\frac{1}{e^x - 1} - \frac{1}{x} + \frac{1}{2}\right) = 2\sum_{k=1}^{\infty}\frac{1}{x^2 + 4k^2\pi^2}.$$

从 $f(x)$ 的形状上我们就认出这是包含在积分表达式 (38) 内的函数.

我们固定任意一个非负的整数 m 并将级数中每一项代以与之恒等的和数

$$\frac{1}{x^2 + 4k^2\pi^2} = \frac{1}{4k^2\pi^2} - \frac{x^2}{(4k^2\pi^2)^2} + \frac{x^4}{(4k^2\pi^2)^3} - \cdots + (-1)^{m-1}\frac{x^{2m-2}}{(4k^2\pi^2)^m}$$

$$+ (-1)^m\frac{x^{2m}}{(4k^2\pi^2)^{m+1}}\cdot\frac{1}{1 + \frac{x^2}{4k^2\pi^2}}$$

分别对以下形状的项

$$(-1)^{n-1}\frac{x^{2n-2}}{(4k^2\pi^2)^n}\qquad(1\leqslant n\leqslant m)$$

按照 $k = 1, 2, 3, \cdots$ 来求和. 照常令

$$\sum_{k=1}^{\infty}\frac{1}{k^{2n}} = s_{2n},$$

我们即得出结果

$$(-1)^{n-1}\frac{1}{(2\pi)^{2n}}\cdot s_{2n}\cdot x^{2n-2};$$

如果引用第 n 个伯努利数 [**449**]:

$$B_n = \frac{2\cdot(2n)!}{(2\pi)^{2n}}\cdot s_{2n}, \tag{40}$$

则此结果可改写如下:

$$(-1)^{n-1}\cdot\frac{B_n}{2\cdot(2n)!}\cdot x^{2n-2}.$$

至于说到最后面的带有因子 $\dfrac{1}{1 + \dfrac{x^2}{4k^2\pi^2}}$ (这是一些正的真分数) 的那些项, 则将它们加在一起就

得出这样一项

$$(-1)^m\cdot\widetilde{\theta}\cdot\frac{B_{m+1}}{2(2m+2)!}\cdot x^{2m},$$

其中 $\widetilde{\theta}$ 亦是一个正的真分数.

最后我们便得到了 $f(x)$ 这样的一个表达式:

$$f(x) = \frac{B_1}{2!} - \frac{B_2}{4!}x^2 + \frac{B_3}{6!}x^4 - \cdots + (-1)^{m-1}\frac{B_m}{(2m)!}x^{2m-2}$$

$$+ (-1)^m\cdot\widetilde{\theta}\cdot\frac{B_{m+1}}{(2m+2)!}x^{2m}\quad(0 < \widetilde{\theta} < 1).$$

把这代到 (38) 里, 而逐项积分之. 因为

$$\int_{-\infty}^0 e^{ax}x^{2n}dx = \int_0^{\infty} e^{-ax}x^{2n}dx = \frac{(2n)!}{a^{2n+1}},$$

并且

$$\int_{-\infty}^0 e^{ax}\cdot\widetilde{\theta}\cdot x^{2m}dx = \theta\cdot\int_{-\infty}^0 e^{ax}x^{2m}dx = \theta\cdot\frac{(2m)!}{a^{2m+1}}\quad(0 < \theta < 1)^{①},$$

①读者要注意, $\widetilde{\theta}$ 系依赖于 x 而 θ 则否.

所以我们求得

$$\omega(a) = \frac{B_1}{1 \cdot 2} \cdot \frac{1}{a} - \frac{B_2}{3 \cdot 4} \cdot \frac{1}{a^3} + \frac{B_3}{5 \cdot 6} \cdot \frac{1}{a^5} - \cdots$$
$$+ (-1)^{m-1} \frac{B_m}{(2m-1)2m} \cdot \frac{1}{a^{2m-1}}$$
$$+ (-1)^m \theta \cdot \frac{B_{m+1}}{(2m+1)(2m+2)} \cdot \frac{1}{a^{2m+1}} \quad (0 < \theta < 1).$$

最后, 如若在 (39) 中将 $\omega(a)$ 代为所求得的表达式, 则我们得到以下的公式:

$$\ln \Gamma(a) = \ln \sqrt{2\pi} + \left(a - \frac{1}{2}\right) \ln a - a + \frac{B_1}{1 \cdot 2} \cdot \frac{1}{a}$$
$$- \frac{B_2}{3 \cdot 4} \cdot \frac{1}{a^3} + \cdots + (-1)^{m-1} \frac{B_m}{(2m-1)2m} \cdot \frac{1}{a^{2m-1}}$$
$$+ (-1)^m \cdot \theta \cdot \frac{B_{m+1}}{(2m+1)(2m+2)} \frac{1}{a^{2m+1}} \quad (0 < \theta < 1), \tag{41}$$

此公式名为**斯特林 (Stirling) 公式**.

在最简单的情形, 对于 $m = 0$ 公式具有以下形状:

$$\ln \Gamma(a) = \ln \sqrt{2\pi} + \left(a - \frac{1}{2}\right) \ln a - a + \frac{\theta}{12a} \quad (0 < \theta < 1).$$

如果取消 (含有因子 θ 的)余项, 而将公式中项的行列延续以至于无穷, 便得出所谓的斯特林级数:

$$\ln \Gamma(a) \sim \ln \sqrt{2\pi} + \left(a - \frac{1}{2}\right) \ln a - a + \frac{B_1}{1 \cdot 2} \cdot \frac{1}{a} - \frac{B_2}{3 \cdot 4} \cdot \frac{1}{a^3} + \cdots$$
$$+ (-1)^{m-1} \frac{B_m}{(2m-1) \cdot 2m} \cdot \frac{1}{a^{2m-1}} + \cdots .$$

这个级数乃是发散的. 实际上, 由于 (40), 斯特林级数的通项的绝对值当 $n \to \infty$ 时

$$\frac{B_n}{(2n-1)2n} \cdot \frac{1}{a^{2n-1}} = \frac{1}{\pi} \cdot \frac{(2n-2)!}{(2\pi a)^{2n-1}} s_{2n} \to \infty.$$

然而这个级数对于函数 $\ln \Gamma(a)$ 的计算十分有益, 它是这个函数的**渐近表示**, 同时又是这个函数的**包络**. 我们已经遇到过 $\ln(n!)$ 的斯特林公式和斯特林级数了 [参看 **469**,(26) 与 (27)]. 适才得到的展开式具有更为一般的特征. 如果要想由它导出早先的结果, 则应令 $a = n$, 此外还要加上 $\ln n$, 因为 $\Gamma(n) = (n-1)!$, 而不是 $n!$, 并且在所研究的一般情形求反对数 [**464**,3°] 可得到函数 $\Gamma(a)$ 本身的渐近展开 [参看 **469**].

541. 欧拉常数之计算 我们回到公式 (39), 将其对于 a 来微分:

$$D \ln \Gamma(a) = \ln a - \frac{1}{2a} + \omega'(a),$$

其中

$$\omega'(a) = \int_{-\infty}^{0} x e^{ax} f(x) dx.$$

重复前面的计算, 便得

$$\omega'(a) = -\frac{B_1}{2} \cdot \frac{1}{a^2} + \frac{B_2}{4} \cdot \frac{1}{a^4} - \cdots - (-1)^m \frac{B_m}{2m} \cdot \frac{1}{a^{2m}}$$
$$+ (-1)^{m+1} \theta' \frac{B_{m+1}}{2m+2} \cdot \frac{1}{a^{2m+2}} \quad (0 < \theta' < 1). \tag{42}$$

由此即得渐近展式

$$D \ln \Gamma(a) - \ln a + \frac{1}{2a} \sim -\frac{B_1}{2} \cdot \frac{1}{a^2} + \frac{B_2}{4} \cdot \frac{1}{a^4} - \cdots + (-1)^n \frac{B_n}{2n} \cdot \frac{1}{a^{2n}} + \cdots.$$

形式上, 它可以由斯特林级数逐项微分而得出[①].

从所导出的公式 (42) 可以求得欧拉常数 C 的一个方便的计算法.

在高斯公式 (25) 中设 a 等于自然数 k, 就得出

$$C = \int_0^1 \frac{1 - t^{k-1}}{1-t} dt - D \ln \Gamma(k).$$

但是

$$\frac{1 - t^{k-1}}{1-t} = 1 + t + \cdots + t^{k-2},$$

故

$$\int_0^1 \frac{1 - t^{k-1}}{1-t} dt = 1 + \frac{1}{2} + \cdots + \frac{1}{k-1}.$$

利用当 $a = k$ 时的公式 (42), 便最后得到

$$C = 1 + \frac{1}{2} + \cdots + \frac{1}{k-1} - \ln k + \frac{1}{2k} + \frac{1}{12k^2} - \frac{1}{120k^4} + \frac{1}{252k^6} - \frac{1}{240k^8} + \cdots$$
$$+ (-1)^n \frac{B_n}{2n} \cdot \frac{1}{k^{2n}} + (-1)^{n+1} \theta' \frac{B_{n+1}}{2n+2} \cdot \frac{1}{k^{2n+2}} \quad (0 < \theta' < 1).$$

欧拉根据这个公式, 取 $k = 10$ 并计算到含有 k^{12} 的项, 求出了具有 15 位小数的 C 的值:

$$C = 0.577\,215\,664\,901\,532\cdots.$$

542. Γ 函数的以 10 为底的对数表的编制　　我们来简略地指出编制此表之方法.

我们回到公式 (27), 将 a 换成 $1 + a$, 而写成下面的形状:

$$\frac{d \ln \Gamma(1+a)}{da} = -C + \sum_{k=1}^{\infty} \left(\frac{1}{k} - \frac{1}{a+k} \right).$$

顺序微分之, 即得出 n 阶导数的公式

$$\frac{d^n \ln \Gamma(1+a)}{da^n} = (-1)^n (n-1)! \sum_{k=1}^{\infty} \frac{1}{(a+k)^n}$$

(所得出的各个级数的一致收敛性使得逐项微分有了根据).

因此, 我们便求得了泰勒级数的诸系数:

$$\frac{1}{n!} \left[\frac{d^n \ln \Gamma(1+a)}{da^n} \right]_{a=0} = (-1)^n \frac{s_n}{n},$$

[①]因此,**在这个情形下**,渐近展式的逐项微分成为是可以的了 [参看 **464** 目的附注].

其中

$$s_n = \sum_{k=1}^{\infty} \frac{1}{k^n}.$$

于是对于 $|a| < 1$ 我们就有

$$\ln \Gamma(1+a) = -Ca + \frac{1}{2}s_2 a^2 - \frac{1}{3}s_3 a^3 + \frac{1}{4}s_4 a^4 - \cdots.$$

因为数 s_k(尤其是对于大的 k) 靠近于 1, 所以逐项地加上展式 (也是对于 $|a| < 1$ 成立)

$$\ln(1+a) = a - \frac{1}{2}a^2 + \frac{1}{3}a^3 - \frac{1}{4}a^4 + \cdots$$

是有好处的, 这就给出

$$\ln \Gamma(1+a) = -\ln(1+a) + (1-C)a + \frac{1}{2}(s_2 - 1)a^2 - \frac{1}{3}(s_3 - 1)a^3 + \cdots.$$

乘以系数 M[74], 并设

$$M(1-C) = C_1, \quad \frac{1}{2}M(s_2 - 1) = C_2, \quad \frac{1}{3}M(s_3 - 1) = C_3, \cdots,$$

便得

$$\lg \Gamma(1+a) = -\lg(1+a) + C_1 a + C_2 a^2 - C_3 a^3 + C_4 a^4 - \cdots. \tag{43}$$

将 a 换为 $-a$, 并将这样得出的展式

$$\lg \Gamma(1-a) = -\lg(1-a) - C_1 a + C_2 a^2 + C_3 a^3 + C_4 a^4 + \cdots$$

由前一展式中减掉. 因为依照余元公式,

$$\Gamma(1-a)\Gamma(1+a) = \frac{a\pi}{\sin a\pi},$$

即

$$\lg \Gamma(1-a) = -\lg \Gamma(1+a) + \lg \frac{a\pi}{\sin a\pi},$$

故得

$$\lg \Gamma(1+a) = \frac{1}{2}\lg \frac{a\pi}{\sin a\pi} - \frac{1}{2}\lg \frac{1+a}{1-a} + C_1 a - C_3 a^3 - C_5 a^5 - \cdots. \tag{44}$$

勒让德给出了 $n \leqslant 15$ 时诸系数 C_n 与其对数的值, 并且借助于公式 (43) 与 (44), 计算出当 a 从 1 每次增加 0.001 递升以至于 2 时 $\Gamma(a)$ 以 10 为底的对数, 起初是具有 7 位小数, 而后来则是有了 12 位小数.

当我们以本目作为对于 Γ 函数的研究的结束时, 我们看到, 由其借助于含有参数 a 的积分的表示法出发, 我们不仅知晓了它的若干深入的性质, 而且还学会了计算它. 我们对于这新的函数的掌握程度与对于初等函数乃是一样的.

---

[74]参看 **499** 目中的脚注.

索 引

校订后记

Γ. Μ. 菲赫金哥尔茨《微积分学教程》一书, 在我国 20 世纪 50 年代以来的数学教育中曾产生过巨大的影响. 大体说来, 现在 50 岁以上的数学工作者, 鲜有不知此书的, 鲜有未读过 (参考过) 此书的. 它内容丰富而论述深刻 (虽然从今天看来, 处理方法是经典的), 使许多学习过数学类各专业的人受益良多.

本书最早的中译本是根据俄文 1951 年第 4 版 (一、二卷) 和 1949 年版 (第三卷) 译出的, 于 1954 — 1956 年先后由商务印书馆和高等教育出版社出版、印行. 1959 年又根据俄文 1958 年版对其中第一卷作过修订. 中译本是由多所高等学校的多位数学老师分别翻译, 高等教育出版社多位编辑经手的.

这次高等教育出版社在国家自然科学基金委员会天元数学基金的支持下, 根据 2003 年印行的俄文版进行修订. 由于本书的各位译者大多年事已高 (有的已经谢世), 高等教育出版社在得到主要译者的首肯后, 让我来担任全书的校订工作, 这既使我感到荣幸, 又感到诚惶诚恐, 如履薄冰. 在校订过程中, 原书各位译者认真仔细的工作作风和高质量的翻译, 让我深感敬佩, 并得到很多教益. 从 2003 年印行的俄文版中, 我们看到, 担任本书俄文版的校订、编辑工作的圣彼得堡大学的 A. A. 弗洛连斯基教授除改正原先各版中一些印刷错误外, 又从读者的角度出发, 对书中可能产生不便的地方增加了 122 个注释. 他们这种为使经典名著臻于完善的、认真细致的作风值得我们借鉴.

对本书的校订工作主要在两个方面: 一方面是在新版中 (应是 1959 年以前) 作者作了不少的修订与增删, 尤其是第二卷与第三卷中改动较多. 而由于历史的原因, 在 20 世纪 60 年代以后, 高等教育出版社与各位译者一直没有机会按新版修订译本. 因而这次需要作不少补译的工作. 还有就是翻译 122 个编者注的工作. 另一方面是,涉及数学名词、外国数学家的中译名的规范问题. 由于在 1993 年, 全国自然科学名词委员会 (现改称全国科学技术名词委员会) 已颁布了《数学名词》, 所以校订中首先以此为准, 对数学名词、外国数学家中译名作了统一性的订正. 在此范围之外的则以《中国大百科全书·数学卷》、《数学百科全书》(五卷本) 以及张鸿林、葛显良先生编订的《英汉数学词汇》为准. 此外还参考了齐玉霞、林凤藻、刘远图先生合编的《新俄汉数学词汇》. 还有个别的在上述范围之外的名词以及其他一些难于处理的问题, 则是由张小萍、沈海玉、郭思旭三人经商讨后定下来的.

还应当说明的是, 书中有关物理、力学方面的量和单位, 有少数地方与我国现在执行的国家标准不一致. 但是, 改动它们会导致计算过程和结果中数据的改变, 作为译本, 恐怕反而不妥当, 宜保留原作的用法为好. 还有个别数学符号也与我国目前适用的不一致, 也未作改动.

本书的校订过程, 充分体现为一种集体的力量和成果. 首先是本书的策划张小萍编审, 她为本书的修订、出版工作作了周到细致的安排, 并负责一至三卷的终审工作, 作了十分仔细的审阅并提出很多重要意见; 沈海玉先生对一、三卷和第二卷的 13 ～ 14 章作了认真的通读加工和校阅, 提出了许多很好的意见; 李植教授和邵常虹老师为本书翻译了俄文版《编者的话》. 在补译过程中, 我经常得到外语分社田文琪编审在俄译中表达方面耐心而宝贵的指教. 对以上各位的指导、合作与帮助, 表示由衷的感谢!

由于个人的水平所限, 虽经努力, 但在新加内容的补译工作方面、在个别译名的确定方面等, 错误和疏漏恐难于避免, 还请读者不吝指正.

郭思旭

2005 年 8 月

相关图书清单

序号	书号	书名	作者
1	9787040183030	微积分学教程（第一卷）（第8版）	[俄] Г. М. 菲赫金哥尔茨
2	9787040183047	微积分学教程（第二卷）（第8版）	[俄] Г. М. 菲赫金哥尔茨
3	9787040183054	微积分学教程（第三卷）（第8版）	[俄] Г. М. 菲赫金哥尔茨
4	9787040345261	数学分析原理（第一卷）（第9版）	[俄] Г. М. 菲赫金哥尔茨
5	9787040351859	数学分析原理（第二卷）（第9版）	[俄] Г. М. 菲赫金哥尔茨
6	9787040287554	数学分析（第一卷）（第7版）	[俄] В. А. 卓里奇
7	9787040287561	数学分析（第二卷）（第7版）	[俄] В. А. 卓里奇
8	9787040183023	数学分析（第一卷）（第4版）	[俄] В. А. 卓里奇
9	9787040202571	数学分析（第二卷）（第4版）	[俄] В. А. 卓里奇
10	9787040345247	自然科学问题的数学分析	[俄] В. А. 卓里奇
11	9787040183061	数学分析讲义（第3版）	[俄] Г. И. 阿黑波夫 等
12	9787040254396	数学分析习题集（根据2010年俄文版翻译）	[俄] Б. П. 吉米多维奇
13	9787040310047	工科数学分析习题集（根据2006年俄文版翻译）	[俄] Б. П. 吉米多维奇
14	9787040295313	吉米多维奇数学分析习题集学习指引（第一册）	沐定夷、谢惠民 编著
15	9787040323566	吉米多维奇数学分析习题集学习指引（第二册）	谢惠民、沐定夷 编著
16	9787040322934	吉米多维奇数学分析习题集学习指引（第三册）	谢惠民、沐定夷 编著
17	9787040305784	复分析导论（第一卷）（第4版）	[俄] Б. В. 沙巴特
18	9787040223606	复分析导论（第二卷）（第4版）	[俄] Б. В. 沙巴特
19	9787040184075	函数论与泛函分析初步（第7版）	[俄] А. Н. 柯尔莫戈洛夫 等
20	9787040292213	实变函数论（第5版）	[俄] И. П. 那汤松
21	9787040183986	复变函数论方法（第6版）	[俄] М. А. 拉夫连季耶夫 等
22	9787040183993	常微分方程（第6版）	[俄] Л. С. 庞特里亚金
23	9787040225211	偏微分方程讲义（第2版）	[俄] О. А. 奥列尼克
24	9787040257663	偏微分方程习题集（第2版）	[俄] А. С. 沙玛耶夫
25	9787040230635	奇异摄动方程解的渐近展开	[俄] А. Б. 瓦西里亚娃 等
26	9787040272499	数值方法（第5版）	[俄] Н. С. 巴赫瓦洛夫 等
27	9787040373417	线性空间引论（第2版）	[俄] Г. Е. 希洛夫
28	9787040205251	代数学引论（第一卷）基础代数（第2版）	[俄] А. И. 柯斯特利金
29	9787040214918	代数学引论（第二卷）线性代数（第3版）	[俄] А. И. 柯斯特利金
30	9787040225068	代数学引论（第三卷）基本结构（第2版）	[俄] А. И. 柯斯特利金
31	9787040502343	代数学习题集（第4版）	[俄] А. И. 柯斯特利金
32	9787040189469	现代几何学（第一卷）曲面几何、变换群与场（第5版）	[俄] Б. А. 杜布洛文 等

序号	书号	书名	作者
33	9787040214925	现代几何学（第二卷）流形上的几何与拓扑（第5版）	[俄] Б. A. 杜布洛文 等
34	9787040214345	现代几何学（第三卷）同调论引论（第2版）	[俄] Б. A. 杜布洛文 等
35	9787040184051	微分几何与拓扑学简明教程	[俄] A. C. 米先柯 等
36	9787040288889	微分几何与拓扑学习题集（第2版）	[俄] A. C. 米先柯 等
37	9787040220599	概率（第一卷）（第3版）	[俄] A. H. 施利亚耶夫
38	9787040225556	概率（第二卷）（第3版）	[俄] A. H. 施利亚耶夫
39	9787040225549	概率论习题集	[俄] A. H. 施利亚耶夫
40	9787040223590	随机过程论	[俄] A. B. 布林斯基 等
41	9787040370980	随机金融数学基础（第一卷）事实·模型	[俄] A. H. 施利亚耶夫
42	9787040370973	随机金融数学基础（第二卷）理论	[俄] A. H. 施利亚耶夫
43	9787040184037	经典力学的数学方法（第4版）	[俄] B. H. 阿诺尔德
44	9787040185300	理论力学（第3版）	[俄] A. П. 马尔契夫
45	9787040348200	理论力学习题集（第50版）	[俄] И. B. 密歇尔斯基
46	9787040221558	连续介质力学（第一卷）（第6版）	[俄] Л. И. 谢多夫
47	9787040226331	连续介质力学（第二卷）（第6版）	[俄] Л. И. 谢多夫
48	9787040292237	非线性动力学定性理论方法（第一卷）	[俄] L. P. Shilnikov 等
49	9787040294644	非线性动力学定性理论方法（第二卷）	[俄] L. P. Shilnikov 等
50	9787040355338	苏联中学生数学奥林匹克试题汇编（1961—1992）	苏淳 编著
51	9787040533705	苏联中学生数学奥林匹克集训队试题及其解答(1984—1992)	姚博文、苏淳 编著
52	9787040498707	图说几何（第二版）	[俄] Arseniy Akopyan

购书网站： 高教书城（www.hepmall.com.cn），高教天猫（gdjycbs.tmall.com），京东，当当，微店

其他订购办法：

各使用单位可向高等教育出版社电子商务部汇款订购。书款通过银行转账，支付成功后请将购买信息发邮件或传真，以便及时发货。**购书免邮费**，发票随书寄出（大批量订购图书，发票随后寄出）。

单位地址：北京西城区德外大街4号
电　话：010-58581118
传　真：010-58581113
电子邮箱：gjdzfwb@pub.hep.cn

通过银行转账：

户　　名：高等教育出版社有限公司
开 户 行：交通银行北京马甸支行
银行账号：110060437018010037603